Nutrição
Contemporânea

W266n Wardlaw, Gordon M.
Nutrição contemporânea / Gordon M. Wardlaw, Anne M. Smith ; tradução: Laís Andrade, Maria Inês Corrêa Nascimento ; revisão técnica: Ana Maria Pandolfo Feoli. – 8. ed. – Porto Alegre : AMGH, 2013.
768 p. : il. color. ; 28 cm.

ISBN 978-85-8055-188-4

1. Nutrição. I. Smith, Anne M. II. Título.

CDU 612.39

Catalogação na publicação: Ana Paula M. Magnus – CRB 10/2052

Gordon M. Wardlaw
Ph.D.
Formerly of Department of Human Nutrition
College of Human Ecology
The Ohio State University

Anne M. Smith
Ph.D., R.D., L.D.
Department of Human Nutrition
College of Human Ecology
The Ohio State University

Nutrição Contemporânea

8ª Edição

Tradução:
Laís Andrade
Maria Inês Corrêa Nascimento

Consultoria, supervisão e revisão técnica desta edição:
Ana Maria Pandolfo Feoli
Nutricionista. Coordenadora e Professora do Curso de Nutrição da Faculdade de Enfermagem, Nutrição e Fisioterapia (FAENFI) da Pontifícia Universidade Católica do Rio Grande do Sul (PUCRS).
Mestre e Doutora em Ciências Biológicas: Bioquímica pela Universidade Federal do Rio Grande do Sul (UFRGS).

AMGH Editora Ltda.

2013

Obra originalmente publicada sob o título
Contemporary nutrition, 8th Edition
ISBN 0073040541 / 9780073040547

Gerente editorial: *Letícia Bispo de Lima*

Colaboraram nesta edição

Editor: *Simone de Fraga*

Arte sobre a capa original: *VS Digital Ltda.*

Preparação de originais: *Márcio Christian Friedl*

Leitura final: *Alda Rejane Barcelos Hansen*

Editoração: *Techbooks*

Reservados todos os direitos de publicação, em língua portuguesa, à
AMGH EDITORA LTDA., uma parceria entre GRUPO A EDUCAÇÃO S.A. e McGRAW-HILL EDUCATION
Av. Jerônimo de Ornelas, 670 – Santana
90040-340 – Porto Alegre – RS
Fone: (51) 3027-7000 Fax: (51) 3027-7070

Unidade São Paulo
Av. Embaixador Macedo Soares, 10.735 – Pavilhão 5 – Cond. Espace Center
Vila Anastácio – 05095-035 – São Paulo – SP
Fone: (11) 3665-1100 Fax: (11) 3667-1333

SAC 0800 703-3444 – www.grupoa.com.br

IMPRESSO NO BRASIL
PRINTED IN BRAZIL

Sobre os autores

GORDON M. WARDLAW, Ph.D., foi professor em cursos de Introdução à Nutrição do Department of Human Nutrition da Ohio State University e em outras faculdades e universidades. Dr. Wardlaw é autor de vários artigos publicados em importantes revistas das áreas de Nutrição, Biologia, Fisiologia e Bioquímica e, em 1985, recebeu o prêmio Mary P. Huddleson da American Dietetic Association. É membro da American Society for Nutritional Sciences e Especialista em Nutrição Humana pelo American Board of Nutrition. Atualmente está aposentado da vida acadêmica.

ANNE M. SMITH, Ph.D., R.D., L.D., é professora de Nutrição em cursos de graduação da Ohio State University e, em 1995, recebeu o prêmio Outstanding Teacher do College of Human Ecology. Dra. Smith é diretora do Didactic Program in Dietetics no Department of Human Nutrition, College of Education and Human Ecology da Ohio State University, tendo recebido, em 2008, o prêmio Outstanding Dietetic Educator da Ohio Dietetic Association e, em 1998, o prêmio Emerging Dietetic Leader da American Dietetic Association. Também foi laureada, em 2006, com o prêmio Outstanding Faculty Member do Department of Human Nutrition, por sua dedicação ao ensino universitário de graduação na área de Nutrição. Conduz pesquisas na área de metabolismo vitamínico e mineral, tendo recebido, em 1996, um prêmio de pesquisa do Ohio Agricultural Research and Development Center. Tem artigos publicados sobre suas pesquisas em revistas de renome da área de Nutrição. Dra. Smith é membro da American Nutrition Society e da American Dietetic Association.

Prefácio

Esta nova edição de *Nutrição contemporânea* foi revisada para incluir informações mais atuais sobre nutrição, sempre em formato que facilita a consulta. A seguir, estão descritas as novas características e os destaques da 8ª edição, bem como os conteúdos que foram acrescentados conforme os recentes avanços na ciência da nutrição.

Nossa abordagem para o ensino da nutrição

Nós, professores de nutrição, consideramos o assunto fascinante. Ao mesmo tempo, ensinar nutrição pode ser um grande desafio, porque as pesquisas revelam novos resultados a todo momento. São inúmeras as alegações e contra-argumentos relativos às necessidades e aos benefícios de certos componentes e suplementos na nossa alimentação. *Nutrição contemporânea* é um livro destinado a ajudar educadores a levar aos estudantes de disciplinas básicas de nutrição informação consistente sobre tópicos em constante mudança e às vezes controversos. Nossos estudantes costumam ter muitas dúvidas em relação à nutrição, muitos deles com conhecimentos limitados de biologia ou química. *Nutrição contemporânea* apresenta conceitos científicos complexos de uma forma que permite aos estudantes de graduação transpor para o seu cotidiano os assuntos explorados em sala de aula.

Como se manter atualizado

A imensa variedade de publicações sobre pesquisas reformula constantemente nossos conceitos sobre a ciência da nutrição. Como autores e professores, examinamos reiteradamente a literatura para garantir que os alunos tenham acesso, por meio do livro *Nutrição contemporânea*, a informações confiáveis e precisas nesse campo em que as mudanças ocorrem com grande rapidez. Enfatizamos as recomendações publicadas por organismos federais, como o U.S. Department of Agriculture (USDA) e a Food and Drug Administration (FDA), e também por entidades profissionais, como a American Heart Association. A 8ª edição inclui uma cobertura mais ampla das Dietary Guidelines for Americans (diretrizes alimentares para americanos), de 2005 e do programa *MyPyramid* do USDA. Foram acrescentados os programas recém-lançados *MyPyramid para Pré-escolares, MyPyramid para Crianças* e *MyPyramid Modificado para Idosos*, além de outras recomendações e resultados de pesquisas recentes. Continuamos buscando informações em muitas fontes confiáveis para alcançar um bom equilíbrio nos conceitos de nutrição que publicamos. Cada capítulo contém uma lista atualizada de leituras complementares e *links* para acesso a páginas confiáveis de internet sobre nutrição e saúde. Procuramos sempre apresentar tópicos novos ou controversos de modo objetivo, para que os estudantes aprendam a filtrar as informações sobre nutrição às quais têm acesso. Esses tópicos são apresentados nos quadros "Decisões alimentares", existentes em todos os capítulos.

Compreendendo nosso público-alvo

Nutrição contemporânea foi escrito para estudantes de graduação com conhecimentos limitados de biologia, química ou fisiologia. Tivemos o cuidado de incluir os fundamentos científicos essenciais para uma adequada compreensão de certos assuntos relativos à nutrição, como, por exemplo, noções básicas sobre síntese proteica, no Capítulo 6. As discussões científicas foram escritas em linguagem simples e direta.

Estudantes de disciplinas básicas de nutrição geralmente são oriundos de várias áreas de graduação e têm interesses diversificados. Procuramos levar em conta essa diversidade incorporando um completo sistema de ferramentas pedagógicas – Objetivos do aprendizado, perguntas para estimular o raciocínio crítico e os novos Mapas conceituais que ajudam a dominar o uso do conteúdo.

Nutrição personalizada

Atualmente, um tema de grande interesse na área da nutrição é a *individualidade*. Esse aspecto foi incorporado ao nome do mais recente guia alimentar do USDA: *MyPyramid*.* Ao longo do livro, reforçamos a ideia de que cada pessoa responde de modo particular aos nutrientes. Nem todos, por exemplo, pensam que a gordura saturada da nossa alimentação aumenta os níveis de colesterol sanguíneo acima dos padrões recomendados. As discussões contidas nesta obra partem do pressuposto de que nem todos os alunos são iguais. Alguns conteúdos e características dos capítulos, por exemplo, os tópicos "Decisões alimentares", "Para refletir", "Nutrição e Saúde", "Estudo de caso" e "Avalie sua refeição", incentivam os estudantes a aprenderem mais sobre eles mesmos e sua saúde e aplicar os novos conhecimentos para se manterem mais saudáveis.

Depois de ler este livro, o estudante estará melhor preparado para compreender as informações sobre nutrição que chegam de várias fontes – rótulos de alimentos, páginas de internet, noticiário, revistas e jornais ou comunicados do governo – e como essas informações estão associadas a ele. Nossa meta é que compreendam que seu conhecimento

---

* N. de R.T.: Em 2011, o U.S. Department of Agriculture (USDA) substituiu a representação gráfica da pirâmide alimentar por um prato. A nova representação recebeu o nome de *MyPlate* e divide um prato em quatro porções: frutas, verduras, proteínas e cereais. Além disso, ao desenho é adicionado um copo, que representa leite e derivados. Mais detalhes sobre esse guia alimentar e suas indicações podem ser encontrados no *site*: www.choosemyplate.gov.

sobre nutrição lhes permite avaliar e personalizar as informações sobre o assunto, em vez de seguir diretrizes que se destinam à população como um todo. Enfatizamos que a população consiste em indivíduos com diferentes perfis genéticos e culturais e que apresentam diferentes respostas à alimentação. O item "Genética e nutrição - um olhar mais atento" (no Cap. 3) foi bastante ampliado, a fim de incluir informações sobre testes genéticos e o novo campo de estudo denominado *epigenética*.

Com o objetivo de trazer o assunto "nutrição" para o nível pessoal, o livro aborda ainda tópicos de particular interesse para estudantes universitários, como dietas populares para perder peso, transtornos alimentares, suplementos, vegetarianismo e nutrição desportiva. Esses assuntos são apresentados no tópico "Como se alimentar bem na faculdade", no Capítulo 1. Qualquer que seja o assunto, a ênfase geral é a mesma - a importância das escolhas alimentares conscientes e a adaptação da dieta de cada pessoa às suas necessidades individuais.

Organização

A 8ª edição de *Nutrição contemporânea* está organizada em cinco partes, que contêm os grandes tópicos habitualmente abordados em um curso básico de nutrição:

Parte I	Nutrição: receita para a saúde
Parte II	Nutrientes calóricos e balanço energético
Parte III	Vitaminas, minerais e água
Parte IV	Nutrição: além dos nutrientes
Parte V	Nutrição: um foco nos estágios da vida

A forma como o livro foi organizado possibilita que os professores possam omitir partes ou capítulos para adaptar o conteúdo de acordo com as necessidades. Por exemplo, a Parte V, Nutrição: um foco nos estágios da vida, pode ser facilmente omitida em cursos básicos. Além disso, os capítulos foram escritos de tal maneira que funcionam independentemente, para que os professores possam utilizar o material na ordem mais adequada conforme as necessidades de cada curso específico.

Novas fotos e ilustrações contribuem para o aprendizado

Acreditamos que, quanto mais um livro-texto prende a atenção do leitor, mais efetivo é o aprendizado. Ilustrações elaboradas e conectadas com as explicações do texto são elementos-chave para criar uma ferramenta de estudo dinâmica. Com esse propósito, a 8ª edição de *Nutrição contemporânea* inclui um projeto gráfico totalmente renovado. Mais de 100 diagramas, novos ou atualizados, e 200 novas fotografias foram incorporados, para melhorar a transmissão de conceitos científicos complexos e para fornecer exemplos atualizados da vida real. Também melhoramos as ilustrações com um estudo mais moderno e cores mais vibrantes, visando agradar aos estudantes de hoje. O novo projeto gráfico dinâmico, torna *Nutrição contemporânea* o livro-texto mais ricamente ilustrado e visualmente atrativo do mercado.

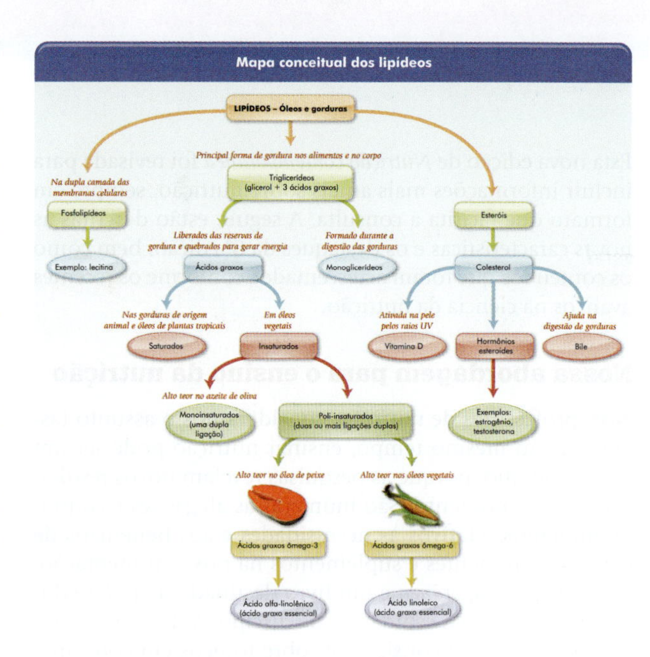

Novos Mapas conceituais de cada um dos macronutrientes exemplificam como usamos as ilustrações para ajudar os estudantes a perceberem a inter-relação de conceitos complexos. Esses Mapas conceituais fornecem a base para que os alunos entendam as características e funções dos carboidratos, lipídeos e proteínas, respectivamente.

Revisões capítulo a capítulo

Em resposta aos comentários de professores que usam este e outros livros sobre nutrição, resumimos e refinamos o conteúdo para atender melhor às necessidades dos estudantes de hoje. A lista a seguir destaca apenas algumas das novidades contidas na 8ª edição de *Nutrição contemporânea.*

Capítulo 1: O que comemos e por que

- A Tabela 1.2 foi atualizada para fornecer novas informações (2008) estatísticas do CDCP sobre as principais causas de morte nos Estados Unidos.
- Foi incluída uma atualização sobre a próxima edição prevista dos objetivos do *Healthy People* 2020.
- Um novo quadro ilustra a drástica mudança no percentual da renda familiar das famílias americanas destinado à alimentação dentro e fora de casa.
- O tópico "Nutrição e Saúde: como se alimentar bem na faculdade" foi atualizado e passou a incluir uma tabela de "Dicas sobre bombas calóricas para estudantes universitários".

Capítulo 2: Orientação para uma dieta saudável

- Nas recomendações para uma alimentação saudável, foi incluída a pirâmide alimentar mediterrânea atualizada (2009).

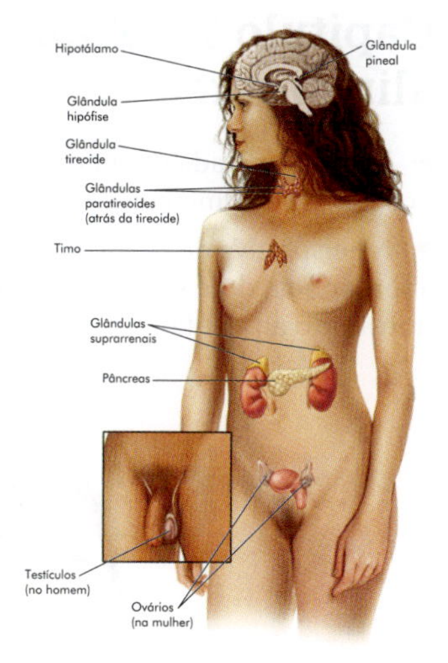

- A apresentação das diretrizes alimentares passou a incluir recomendações para grupos específicos, além de recomendações-chave para a população em geral.
- As Physical Activity Guidelines for Americans de 2008 foram incluídas como uma nota complementar às diretrizes alimentares.
- O capítulo termina com o tópico "Nutrição e Saúde: avaliação de propriedades nutricionais e suplementos dietéticos" e com um estudo de caso sobre suplementos alimentares, ambos trazendo sugestões para decisões alimentares lógicas e saudáveis.

Capítulo 3: O corpo humano e a nutrição

- Esta edição dá maior ênfase à relação entre nutrição e genética. O item "Genética e nutrição – um olhar mais atento", inclui agora uma discussão sobre epigenética e nutrigenômica. A nutrição personalizada é abordada em "Decisões alimentares", e o tópico "Seu perfil genético" inclui uma ampla discussão sobre testes genéticos.
- O capítulo termina com o tópico "Nutrição e Saúde: problemas digestivos comuns" e com um estudo de caso de refluxo gastresofágico. A Figura 3.24 é uma nova ilustração do refluxo gastresofágico.

Capítulo 4: Carboidratos

- Um novo mapa conceitual sobre carboidratos resume as características e funções dos carboidratos simples e complexos.
- A discussão sobre "Edulcorantes alternativos" foi ampliada para incluir uma explicação sobre as diretrizes de ingestão diária aceitável (ADI) relativas ao consumo seguro de adoçantes artificiais. Também foram incluídas informações sobre estévia*, o novo edulcorante, recentemente adicionado à lista GRAS (substâncias geralmente reconhecidas como seguras).
- Um novo quadro sobre "Decisões alimentares" fornece respostas à pergunta: "Você tem pré-diabetes?"

Capítulo 5: Lipídeos

- O novo mapa conceitual de lipídeos ilustra as características e funções das gorduras e dos óleos.
- O texto passou a incluir considerações sobre a distribuição aceitável de macronutrientes relativa às gorduras.
- A Figura 5.11 é uma nova ilustração sobre o papel dos ácidos biliares na digestão e absorção de grandes glóbulos de gordura.

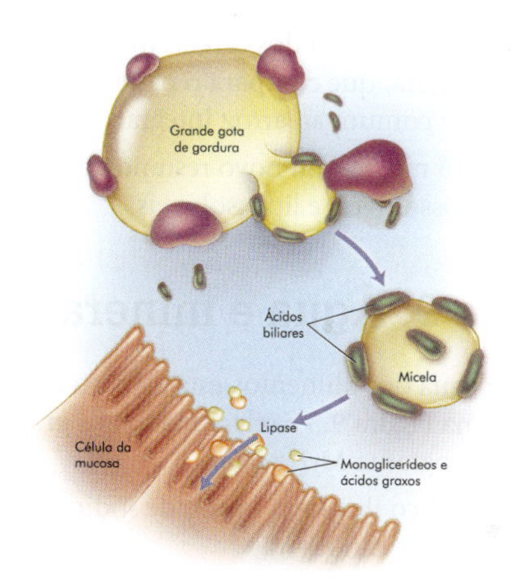

- O capítulo termina com a nova atividade "Avalie sua refeição", que permite aos alunos responderem à pergunta: "Você está consumindo muita gordura saturada e gordura *trans*?"

Capítulo 6: Proteínas

- O texto agora dá mais atenção à efetividade das dietas para perda de peso que preconizam alto consumo de proteínas, no tópico "Contribuindo para a saciedade".
- A Tabela 6.2 ilustra o teor proteico de novos cardápios típicos de 1.600 kcal e 2.000 kcal.
- As funções das proteínas estão agora resumidas no novo mapa conceitual de proteínas.

Capítulo 7: Balanço energético e controle do peso

- O aumento da incidência de obesidade desde 1990 é mostrado agora na Figura 7.1, que contém os mapas do CDC Behavioral Risk Factor Surveillance System de 1990, 1998 e 2007.
- O tópico sobre "Estimativa do conteúdo de gordura corporal e diagnóstico de obesidade" inclui agora considerações sobre o monitoramento da composição corporal utilizando o cálculo da gordura corporal.
- O tópico "Nutrição e Saúde: dietas populares – razão de preocupação" foi revisado para incluir um resumo atualizado das dietas populares para controle do peso (Tab. 7.6), além dos resultados de recente estudos sobre o assunto.

---

* N. de R.T.: Alguns dos produtos mencionados neste livro não são comercializados no Brasil.

Capítulo 8: Vitaminas

- A disponibilidade de frutas e legumes nas cooperativas diretas do produtor, a agricultura de base comunitária e os mercados regionais foram tópicos enfatizados em "Preservação das vitaminas nos alimentos".
- Foi incluída uma discussão ampliada sobre segurança e monitoramento do análogo de vitamina A isotretinoína, juntamente com informações sobre o iPLEDGE, programa de distribuição obrigatório.
- A vantagem nutricional dos cereais integrais é ilustrada em uma nova figura, que compara o pão integral ao pão branco e o arroz comum ao arroz integral.
- A Figura 8.36 mostra um novo resumo das funções das vitaminas hidrossolúveis e lipossolúveis.

Capítulo 9: Água e minerais

- O teor de água dos alimentos está agora representado graficamente na Figura 9.3 e relacionado aos grupos alimentares do programa *MyPyramid*.
- Um novo gráfico ilustra as fontes de sódio da alimentação dos norte-americanos.
- Os valores diários foram adicionados a todas as tabelas de fontes alimentares.
- A Figura 9.29 foi melhorada com ilustrações de mulheres com e sem osteoporose.

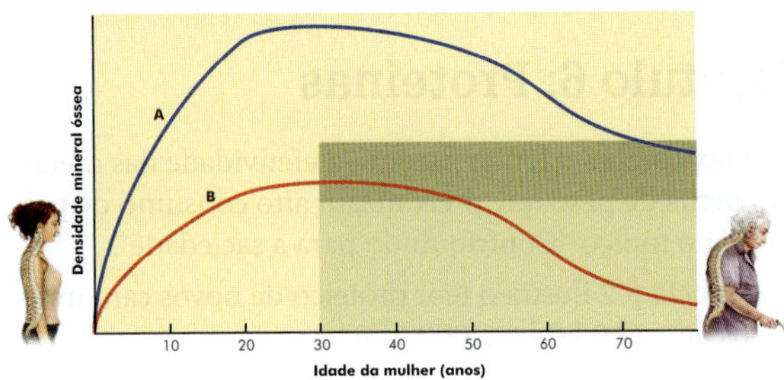

Capítulo 10: Nutrição: forma física e esportes

- O projeto *Exercise Is Medicine*, lançado pelo *American College of Sports Medicine*, é agora discutido e recomendado como recurso para que sejam incorporadas metas de boa forma física à assistência médica de rotina.
- A Figura 10.2 é uma nova ilustração sobre o efeito da idade na estimativa da frequência cardíaca máxima.
- O tópico "Nutrição e Saúde: recursos ergogênicos e desempenho atlético" foi atualizado para incluir informações sobre os gastos dos consumidores com suplementos nutricionais esportivos.

Capítulo 11: Transtornos alimentares

- Foi acrescentada uma nota sobre a relação entre comportamentos alimentares e abuso de drogas entorpecentes.
- A perspectiva de raciocínio crítico foi expandida para abordar qual deve ser a atitude dos pais ao suspeitarem de transtorno alimentar.

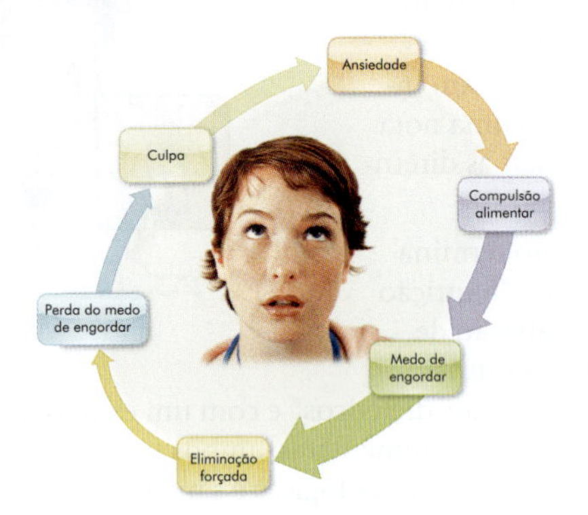

Capítulo 12: Desnutrição no mundo

- O conteúdo deste capítulo foi amplamente revisado e passou a incluir uma discussão da correlação entre insegurança alimentar, falta de moradia, fome e desnutrição.
- O capítulo discute também o impacto da Americam Recovery and Reinvestment Act (Lei de Recuperação e Reinvestimento) de 2009 sobre os programas de alimentação subsidiados pelo governo federal americano. Também foram incluídos dados atualizados do Food Stamp Program(Programa de cupons de alimentação) F, que passou a se chamar Supplemental Nutrition Assistance Program (SNAP).
- O impacto global do HIV/Aids está agora representado na Figura 12.4, que mostra a prevalência da infecção por HIV em adultos em vários países.
- A seção sobre disponibilidade de alimentos foi revisada para incluir o conceito de Agricultura sustentável como um tópico relevante e também para atualizar o conteúdo sobre biotecnologia.

Capítulo 13: Segurança alimentar

- O capítulo foi revisado para se concentrar na segurança dos alimentos. A segurança da água para consumo passou a ser abordada no Capítulo 9, Água e minerais.
- Uma seção inteiramente nova, "Escolhas na fabricação de alimentos", foi acrescentada; inclui considerações importantes sobre alimentos orgânicos, agricultura sustentável, alimentos vindos direto do produtor e agricultura de base comunitária.
- A Tabela 13.1 foi atualizada com informações relativas a surtos recentes de doenças transmitidas por alimentos.

- O aluno é convidado a dar mais atenção aos alimentos orgânicos na nova atividade "Avalie sua refeição".

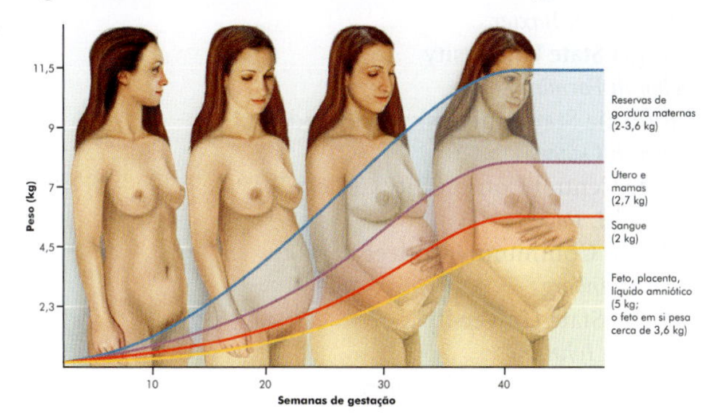

Capítulo 14: Gravidez e amamentação

- "Mantendo-se ativa durante a gravidez" é o foco do novo tópico sobre decisões alimentares.
- Sugere-se a consulta da página na internet do *MyPyramid for Pregnancy and Breastfeeding*, na qual o leitor encontrará as recomendações relativas a cada trimestre da gestação.

Capítulo 15: Nutrição desde a infância até a adolescência

- Foi incluída uma nota com informações sobre o bisfenol A (BPA) usado na fabricação de mamadeiras.
- São indicadas ao leitor as páginas de internet *MyPyramid for Preschoolers* e *Start Healthy, Stay Healthy* para saber como planejar um cardápio adequado para cada idade. O novo *MyPyramid* para crianças foi incluído sob a forma de figura (Fig. 15.3).
- O tópico "Problemas nutricionais em crianças pré-escolares" foi atualizado, passando a incluir considerações sobre autismo e as teorias de base nutricional sobre sua causa e tratamento, além de informações sobre intoxicação por chumbo.
- Foram adicionadas mais ideias saudáveis para a merenda da criança em idade escolar, destacando-se, na Tabela 15.4, nutrientes importantes contidos nesses alimentos (ferro, zinco, cálcio, vitamina C e fibra).

Capítulo 16: Nutrição no adulto

- O tema *sarcopenia* foi acrescentado à discussão sobre fatores relacionados ao consumo de alimentos e necessidades nutricionais.
- "Intervenções nutricionais na artrite" foi um tópico acrescentado ao quadro sobre "Decisões alimentares".
- O programa *MyPyramid modificada para idosos* é abordado e ilustrado na Figura 16.5.

AGRADECIMENTOS ESPECIAIS

Escrever um livro-texto requer muita energia e apoio constante. Somos gratos a diversas pessoas por suas habilidades criativas e seu genuíno interesse na produção desta obra. Inicialmente, gostaríamos de testemunhar nossa mais profunda gratidão à nossa editora, Lynne Meyers, cuja paciência e incentivo foram fantásticos. Ela e a equipe da McGraw-Hill nos apoiaram e nos orientaram durante todas as fases da revisão e tornaram possíveis as melhorias desta edição em termos de projeto gráfico. Esta edição também foi aperfeiçoada graças às contribuições de Angela Collene, M.S., R.D. para o texto. Gostaríamos de agradecer a ela por estar sempre pronta a colaborar e por sua ajuda na atualização de vários capítulos. Também agradecemos a Doug Lance e Tim Hickey por suas frequentes contribuições relativas às notícias mais recentes veiculadas na imprensa a respeito do assunto nutrição. Por fim, somos gratos a April Southwood e sua equipe pela meticulosa coordenação da produção editorial desta 8ª edição, visualmente atraente e, ao mesmo tempo, precisa no seu conteúdo informativo.

AGRADECIMENTOS AOS REVISORES

Nossa meta é proporcionar a alunos e professores o texto mais útil, atualizado e correto possível. Assim como nas edições anteriores, a qualidade da 8ª edição de *Nutrição contemporânea* dependeu, em grande parte, da ajuda profissional e dedicada de professores de nutrição de várias instituições acadêmicas. Somos gratos a esses colegas que revisaram a 7ª edição, avaliaram o novo material para a 8ª edição, participaram dos simpósios de orientação e responderam aos questionários. Suas opiniões e sugestões foram usadas em todos os capítulos e resultaram em um livro-texto atual e convidativo.

Alyce D. Fly
Indiana University
Art Gilbert
University of California Santa Barbara
Bernard L. Frye
University of Texas at Arlington
Beverley Roe
Erie Community College
Brian A. Rash
Our Lady of the Lake College
Bruce Rengers
Metropolitan State College of Denver
Cheryl L. Neudauer
Minneapolis Community and Technical College
Dana Sherman
Ozarks Technical Community College
Darlene E. Berryman
Ohio University
Dawn D. Brown
Cuesta College
Dea Hanson Baxter
Georgia State University
Deborah Forman
California State University Northridge
Deborah Ocken
Seattle Central Community College
Donna M. Pace
Delgado Community College
Ellen Steinberg
Georgia State University
Glenn D. Johnson
Los Angeles Trade Tech College
James Stevens
Metropolitan State College of Denver
Janine Jensen
Tulsa Community College
Jen Nickelson
University of North Florida
Jennifer Weddig
Metropolitan State College of Denver
Judy Stauter
University of Northern Colorado
Karen Israel
Anne Arundel Community College
Karen Schuster
Florida Community College at Jacksonville
Kimberly Heidal
East Carolina University
Lee-Ellen C. Kirkhorn
University of Wisconsin–Eau Claire
Linda D. DeTurk
North Platte Community College
Melissa Davis Gutschall
Radford University
Molly M. Michelman
University of Nevada, Las Vegas
Nancy Harris
East Carolina University
Owen Murphy
University of Colorado
Prithiva Chanmugam
Louisiana State University, Baton Rouge
Richard Tulley
Louisiana State University
Rickelle Richards
Brigham Young University
Sally E. Weerts
University of North Florida
Sue Carol Carr
Patrick Henry Community College
Teresa Marcus
Chattanooga State Technical Community College
Victoria Pachero
Pasadena City College

Sumário resumido

Sumário detalhado

Parte I Nutrição: receita para a saúde

PARTE I

NUTRIÇÃO: RECEITA PARA A SAÚDE

CAPÍTULO 1 O que comemos e por que

Objetivos do aprendizado

1. Identificar os hábitos alimentares e os estilos de vida relacionados às 10 principais causas de morte no mundo industrializado.
2. Definir os termos nutrição, carboidratos, proteínas, lipídeos (gordura), álcool, vitamina, mineral, água, quilocaloria (kcal) e fibra.
3. Determinar as calorias totais (kcal) de um alimento ou de uma dieta com base no peso e conteúdo calórico dos nutrientes que fornecem energia e usar unidades básicas do sistema métrico para calcular percentuais, como o de calorias provenientes de gorduras.
4. Elaborar um plano básico para promover a saúde e prevenir doenças.
5. Listar as principais características da dieta e os hábitos alimentares que precisam ser melhorados.
6. Descrever como os hábitos alimentares são afetados por processos fisiológicos, tamanho e composição das porções, experiências prévias, costumes étnicos, preocupações com a saúde, publicidade, classe social e economia.
7. Identificar problemas alimentares e nutricionais relevantes para estudantes universitários.

Conteúdo do capítulo

ESTOU CONSUMINDO GORDURA SATURADA, GORDURA *TRANS* E COLESTEROL EM EXCESSO? Seriam os carboidratos os responsáveis pelos nossos problemas de saúde? A dieta rica em proteínas é sempre segura e garantida? Existem alimentos perigosos? Preciso tomar suplementos minerais e vitamínicos? Devo me tornar vegetariano? Se você se faz essas perguntas e tem dúvidas quanto ao que comer, você não está sozinho. O Capítulo 1 apresenta os fundamentos da nutrição como ciência e pode ajudar a esclarecer algumas dessas questões.

Ao iniciar esse estudo sobre nutrição, lembre-se: pesquisas feitas nos últimos 40 anos mostraram que uma dieta saudável – especialmente rica em frutas, vegetais e cereais integrais – combinada com exercícios vigorosos e regulares, prolongados, somados a alguns exercícios de musculação pode prevenir e tratar muitas doenças do envelhecimento. De modo geral, pode-se dizer que os hábitos alimentares no mundo industrializado estão em desacordo com o metabolismo e a fisiologia das pessoas. Nosso tempo de vida é mais longo do que o dos nossos ancestrais, por isso prevenir doenças do envelhecimento é mais importante hoje do que foi no passado.

O que influencia a escolha dos alimentos no dia a dia? Sabor é importante? Aparência? Valor nutricional? Conveniência? Custo (valor)? Os aspectos sociais (ver quadrinhos a seguir)? A escolha diária de alimentos influencia nossa saúde a longo prazo? Em que medida? Se escolhermos bem, talvez possamos alcançar a meta de uma vida longa e sadia. Esse tema está presente não só no Capítulo 1, mas ao longo de todo este livro.

Para relembrar

Antes de começar a estudar o que você come e porque come no capítulo 1, talvez seja interessante revisar o seguinte tópico:

- O Sistema Métrico, no Apêndice H.

1.1 Boa saúde: relação com a nutrição

Ao longo da vida, fazemos cerca de 70 mil refeições e consumimos 60 toneladas de alimentos. No Capítulo 1 serão analisadas as classes gerais de nutrientes fornecidas pelos alimentos, o papel que a pesquisa desempenha na escolha de componentes alimentares essenciais para a manutenção da saúde e o evidente efeito dos hábitos alimentares sobre a nossa saúde. Muitos fatores que influenciam nossas escolhas alimentares (ver quadrinhos a seguir) também serão discutidos no Capítulo 1.

O que é nutrição?

Nutrição é a ciência que relaciona os alimentos à saúde e às doenças. Além disso, estuda os processos de ingestão, digestão, absorção, transporte e excreção de substâncias alimentares pelo organismo humano.

Os nutrientes vêm dos alimentos

Qual é a diferença entre alimentos e **nutrientes**? Os alimentos fornecem energia (na forma de calorias) e também os materiais necessários para formar e manter todas as células do corpo. Nutrientes são substâncias obtidas dos alimentos, os quais são vitais para o crescimento e a manutenção da saúde do corpo ao longo da vida. Para que uma substância seja considerada um **nutriente essencial**, são necessárias três características:

- Deve-se identificar pelo menos uma função biológica específica do nutriente no organismo.
- A supressão do nutriente da dieta deve levar a um declínio de certas funções biológicas, por exemplo, a produção de células sanguíneas.

nutrientes Substâncias presentes nos alimentos e que contribuem para a saúde, algumas delas sendo componentes essenciais da dieta. Os nutrientes nos alimentam fornecendo calorias para suprir nossa necessidade de energia, matéria-prima para formar partes do nosso corpo e fatores que regulam processos químicos essenciais.

nutriente essencial Em termos nutricionais, é uma substância que, se não estiver presente na dieta, acarretará sinais de saúde precária. É um nutriente que o corpo não tem capacidade de produzir ou produz em quantidade insuficiente para suprir suas necessidades. Se adicionado à dieta antes de causar dano permanente, ajuda a restaurar os aspectos da saúde que foram comprometidos.

- A reposição do nutriente suprimido da dieta antes que ocorra dano permanente restaura aquelas funções biológicas normais.

Por que estudar nutrição?

A nutrição é um fator do estilo de vida fundamental para o desenvolvimento e para a manutenção de um bom estado de saúde. Uma alimentação inadequada e um estilo de vida sedentário são **fatores de risco** conhecidos de doenças **crônicas** potencialmente fatais, como **doenças cardiovasculares (coração)**, **hipertensão**, **diabetes** e algumas formas de **câncer** (Tab. 1.1). Além disso, esses e outros distúrbios relacionados são responsáveis por dois terços de todas as mortes que ocorrem em países industrializados, por exemplo, os Estados Unidos (Tab. 1.2). Se não tivermos nossas necessidades nutricionais supridas nos primeiros anos de vida, ficaremos mais propensos, nas fases tardias da vida, a sofrer algumas consequências,

▲ Os principais problemas de saúde do mundo industrializado são provocados, em grande parte, por uma alimentação inadequada, ingestão excessiva de calorias e pouca atividade física.

TABELA 1.1 Glossário de termos auxiliares na introdução à nutrição*

Termo	Definição
Câncer	Doença caracterizada pelo crescimento descontrolado de células anormais.
Doença cardiovascular	Termo geral que se refere a qualquer doença do coração e sistema circulatório. Doença caracterizada, em termos gerais, pela deposição de matéria gordurosa nos vasos sanguíneos, causando endurecimento das artérias e lesões nos órgãos, o que pode levar à morte. Também chamada cardiopatia coronariana, pois os vasos do coração são os sítios primários da doença.
Colesterol	Lipídeo de consistência semelhante à da cera, encontrado em todas as células do corpo; sua estrutura contém múltiplos anéis químicos. O colesterol só é encontrado em alimentos de origem animal.
Crônico	De longa duração, que se desenvolve ao longo do tempo. Quando falamos em doença, esse termo indica que o processo patológico, uma vez instalado, é lento e duradouro. Um bom exemplo é a doença cardiovascular.
Diabetes	Grupo de doenças caracterizado pelo nível elevado de açúcar no sangue (glicemia). O diabetes do tipo 1 decorre da insuficiência ou ausência de liberação do hormônio insulina pelo pâncreas e, portanto, requer terapia diária com insulina. O diabetes do tipo 2 ocorre quando a liberação de insulina é insuficiente ou quando a insulina não consegue exercer seu efeito em certas células do corpo, por exemplo, nas células musculares. Pessoas com diabetes do tipo 2 podem ou não necessitar de tratamento com insulina.
Hipertensão	Doença em que a pressão arterial permanece constantemente elevada. Obesidade, vida sedentária, consumo de bebida alcoólica, ingestão excessiva de sal e fatores genéticos podem contribuir para o problema.
Quilocaloria (kcal)	Unidade que indica o teor de energia dos alimentos. Especificamente, 1 quilocaloria (kcal) corresponde à energia calorífica necessária para elevar em 1°C (um grau Celsius) a temperatura de 1.000 gramas (1 L) de água. A abreviatura kcal corresponde a 1.000 calorias, mas geralmente se usam, de forma aleatória, os termos quilocalorias ou calorias. A expressão "kcal" será usada neste livro para designar o teor calórico dos alimentos.
Obesidade	Condição física caracterizada pelo excesso de gordura corporal.
Osteoporose	Diminuição da massa óssea em decorrência do envelhecimento (nas mulheres, decorre também da queda dos níveis de estrogênio durante a menopausa), da constituição genética do indivíduo ou de uma dieta insuficiente.
Fator de risco	Termo usado frequentemente para designar fatores que contribuem para o desenvolvimento de uma doença. Um fator de risco é uma circunstância individual, como hereditariedade, hábitos de vida (p. ex., tabagismo) ou hábitos alimentares.

* Muitos termos que aparecem em negrito também estão definidos nas margens das páginas de cada capítulo e constam no glossário que se encontra no final do livro.

glicose Açúcar com seis átomos de carbono em forma de anel; encontrada em forma simples no sangue; no açúcar de mesa, encontra-se ligada à frutose; também pode ser chamada dextrose, sendo classificada como um açúcar simples.

▲ Muitos alimentos são fontes de nutrientes.

como fraturas por osteoporose. Ao mesmo tempo, o consumo excessivo de certos nutrientes, como os suplementos de vitamina A, por exemplo, também pode ser prejudicial. Outro hábito danoso, o consumo excessivo de bebida alcoólica, está associado a muitos problemas de saúde.

Cientistas do governo dos Estados Unidos calculam que uma dieta deficitária combinada com um grau insuficiente de atividade física contribua para que centenas de milhares de adultos venham a falecer, todos os anos, de doenças cardiovasculares, câncer e diabetes. Portanto, a combinação da má alimentação com o sedentarismo talvez seja a segunda maior causa de morte nos Estados Unidos. Além disso, a **obesidade** é considerada a segunda causa de morte evitável nos EUA (a primeira é o tabagismo). Juntos, obesidade e tabagismo provocam ainda mais problemas de saúde. A obesidade e as doenças crônicas são, muitas vezes, evitáveis. O custo da prevenção é uma pequena fração do custo do tratamento dessas doenças. Envelhecer rápida ou lentamente: essa escolha, em parte, é sua.

A boa notícia é que o aumento do interesse pela saúde, a boa forma e a nutrição vêm apontando para uma tendência de diminuição de doenças cardíacas, câncer e AVC (as três principais causas de morte), a longo prazo, nos EUA. A mortalidade por doenças cardíacas, principal causa de morte, vem diminuindo desde 1980. Quanto mais soubermos a respeito de nossos hábitos alimentares e quanto mais conhecimento tivermos sobre a nutrição adequada, maiores serão nossas chances de reduzir, de modo significativo, o risco dessas doenças tão co-

AVC Redução ou perda de fluxo sanguíneo cerebral decorrente da presença de um coágulo ou outra alteração nas artérias que levam sangue ao cérebro. Esse processo acarreta a morte do tecido cerebral. O nome por extenso é acidente vascular cerebral.

TABELA 1.2 Quinze maiores causas de morte nos Estados Unidos

Classificação	Causa de morte	Percentual do total de mortes
	Todas as causas	100
1	Doenças cardíacas (cardiopatias)*†#	26,6
2	Neoplasias malignas (câncer)*‡	22,8
3	Acidente vascular cerebral (AVC)*†‡#	5,9
4	Doenças crônicas do trato respiratório inferior (doenças pulmonares)‡	5,3
5	Acidentes (lesões não intencionais)	4,8
6	Diabetes melito*	3,1
7	Doença de Alzheimer*	2,9
8	Gripe e pneumonia	2,6
9	Doença renal*‡	1,8
10	Infecções transmitidas pelo sangue	1,4
11	Suicídio	1,3
12	Doença hepática crônica e cirrose†	1,1
13	Hipertensão essencial*	1
14	Doença de Parkinson	0,8
15	Homicídio	0,7

National Vital Statistics Report, Dados finais de 2005 – 24 de abril de 2008 – do Centro de Centers for Disease Control and Prevention dos EUA. As estatísticas do Canadá são muito semelhantes às dos EUA.

* A dieta contribuiu para aumentar essas causas de morte.

† O consumo excessivo de álcool contribuiu para aumentar essas causas de morte.

‡ O tabagismo contribuiu para aumentar essas causas de morte.

\# Doenças cardíacas e cerebrovasculares estão incluídas sob o termo mais abrangente "doenças cardiovasculares".

muns. Para mais informações, o governo federal dos EUA mantém duas páginas de Internet com *links* para diversas fontes de consulta sobre saúde e nutrição (www.healthfinder.gov e www.nutrition.gov). Outras páginas úteis são webmd.com e www.eatright.org.*

1.2 Classes e fontes de nutrientes

Para iniciar o estudo da nutrição, começaremos com um panorama das seis classes de nutrientes. É bem provável que você já esteja bem-familiarizado com os termos **carboidratos**, **lipídeos** (gorduras e óleos), **proteínas**, **vitaminas** e **minerais**. Esses elementos, junto com a **água**, compõem as seis classes de nutrientes encontradas nos alimentos (Tab. 1.3).

Os nutrientes podem ser divididos em três categorias funcionais: (1) nutrientes que fornecem, basicamente, calorias para suprir nossas necessidades energéticas (expressas em **quilocalorias [kcal]**); (2) nutrientes importantes para o crescimento, desenvolvimento e manutenção e (3) nutrientes que mantêm o organismo em pleno funcionamento. Há superposição das funções entre essas categorias. Nutrientes que fornecem energia – carboidratos, gorduras e proteínas – estão presentes na maioria dos alimentos (Tab. 1.4).

Agora, analisaremos detalhadamente essas seis classes de nutrientes.

Carboidratos

Do ponto de vista químico, os carboidratos são compostos principalmente pelos **elementos** carbono, hidrogênio e oxigênio. São a principal fonte de calorias do corpo, fornecendo, em média, 4 kcal por grama. Os carboidratos podem ser encontrados na forma de açúcares simples e carboidratos complexos. Os **açúcares simples**, que costumam ser chamados apenas de açúcares, são moléculas relativamente pequenas. Os menores açúcares simples consistem em uma única unidade de açúcar chamada monossacarídeo. O açúcar do sangue (a glicose, também chamada dextrose) é um exemplo de monossacarídeo. Outros açúcares simples se formam pela junção de dois **monossacarídeos**, que formam um **dissacarídeo**. O açúcar de mesa (sacarose) é um exemplo de dissacarídeo, pois é formado por frutose e glicose (ambos monossacarídeos). A combinação de muitos monossacarídeos – geralmente uma mesma molécula que se repete – dá origem aos **polissacarídeos**, também chamados **carboidratos complexos**. Por exemplo, as plantas armazenam carboidratos na forma de **amido**, um polissacarídeo formado por centenas de unidades de glicose encadeadas.

Durante a digestão, os carboidratos complexos são fragmentados em moléculas de açúcar isoladas (como a glicose), que são absorvidas pelas **células** que revestem a parede do intestino delgado e passam para dentro da corrente sanguínea (ver no Cap. 3 mais informações sobre digestão e absorção). Entretanto, as **ligações** entre moléculas de açúcar em alguns carboidratos complexos (**fibras**) não podem ser quebradas pelo processo de digestão do ser humano. A fibra passa pelo intestino delgado sem ser digerida e contribui para o volume das fezes formadas no intestino grosso (colo).

Precisamos de açúcares (que geralmente são saborosos) e outros carboidratos em nossa dieta primariamente para ajudar a satisfazer as necessidades calóricas das nossas células. A glicose, um açúcar que o organismo extrai da maioria dos carboidratos, é uma fonte importante de calorias para muitas células. Quando não consumimos carboidratos suficientes para fornecer a quantidade necessária de glicose, o organismo é obrigado a produzir glicose clivando proteínas, o que não é uma troca saudável. No Capítulo 4, você aprenderá mais sobre carboidratos.

carboidrato Composto formado por átomos de carbono, hidrogênio e oxigênio. São conhecidos, em sua maioria, como açúcares, amidos e fibras.

lipídeo Composto que contém muito carbono e hidrogênio, pouco oxigênio e, às vezes, outros átomos. Os lipídeos não são solúveis em água e englobam gorduras, óleos e colesterol.

proteína Alimentos e compostos corporais formados por aminoácidos. As proteínas contêm carbono, hidrogênio, oxigênio, nitrogênio e, às vezes, outros átomos, arranjados segundo uma configuração específica. O nitrogênio contido nas proteínas é a forma desse elemento químico mais facilmente utilizável pelo corpo.

vitamina Composto que deve estar presente na dieta em pequenas quantidades para ajudar a regular e sustentar reações e processos químicos do corpo.

mineral Elemento usado pelo corpo em reações químicas e para formar estruturas moleculares.

água Solvente universal; sua fórmula química é H_2O. Nosso corpo é composto por 60% de água. A necessidade de água é de aproximadamente 9 copos por dia para mulheres e 13 para homens; as necessidades aumentam com o exercício físico.

quilocaloria (kcal) Energia térmica necessária para elevar em 1°C (1 grau Celsius) a temperatura de 1.000 g (1 L) de água; também chamada simplesmente caloria.

elemento Substância que não pode ser separada em outras, mais simples, por processos químicos. Os elementos geralmente utilizados em nutrição incluem carbono, oxigênio, hidrogênio, nitrogênio, cálcio, fósforo e ferro.

açúcar simples Monossacarídeo ou dissacarídeo presente na dieta.

monossacarídeo Açúcar simples, como a glicose, que não sofre degradação adicional durante a digestão.

dissacarídeo Classe de açúcares formados pela ligação química entre dois monossacarídeos.

polissacarídeo Carboidrato complexo formado por 10 a 1.000 moléculas de glicose interligadas.

carboidrato complexo Carboidrato composto por várias moléculas de monossacarídeo. Por exemplo, glicogênio, amido e fibras.

célula Elemento estrutural básico dos organismos animais e vegetais. As células contêm o material genético e os sistemas necessários à síntese de compostos energéticos. Eas têm capacidade de retirar compostos e excretar compostos de e para o meio circundante.

* N. de R.T.: No Brasil, o governo federal também disponibiliza um *site* para consultas sobre saúde e nutrição (http://nutricao.saude.gov.br).

Alguns nutrientes que realizam funções importantes podem ser produzidos pelo organismo se faltarem na dieta. Não está claro se esses nutrientes são essenciais. Por exemplo, o ser humano necessita de vitamina D, mas o organismo é capaz de sintetizar sua própria vitamina D, mediante exposição da pele à luz solar. Por isso, as pessoas que se expõem regularmente ao sol têm menor necessidade de ingerir vitamina D na alimentação (ver Cap. 8).

TABELA 1.3 Nutrientes essenciais na alimentação humana – classes* e boas fontes dietéticas

	Nutrientes que fornecem energia			Água
Classe	**Carboidratos**	**Lipídeos†**	**Proteínas**	
Nutrientes essenciais	Glicose (ou um carboidrato que forneça glicose)‡	Ácido linoleico Ácido alfa-linolênico	Aminoácidos	
Boas fontes dietéticas	Pães, vegetais amiláceos, laticínios e frutas	Óleos vegetais e gorduras animais	Carnes, ovos e leguminosas	Todas as bebidas e frutas

TABELA 1.4 Principais funções das classes de nutrientes

Classes de nutrientes que fornecem energia	Classes de nutrientes que promovem crescimento, desenvolvimento e manutenção	Classes de nutrientes que regulam processos orgânicos
Maioria dos carboidratos	Proteínas	Proteínas
Proteínas	Lipídeos	Alguns lipídeos
Maioria dos lipídeos	Algumas vitaminas	Algumas vitaminas
	Alguns minerais	Alguns minerais
	Água	Água

Precisamos de carboidratos, proteínas, lipídeos e água em quantidade relativamente grande, por isso eles são denominados *macronutrientes*. Precisamos de vitaminas e minerais na dieta em quantidades tão pequenas que os chamamos de *micronutrientes*.

macronutriente Nutriente necessário em quantidades significativas na dieta.

micronutriente Nutriente necessário na dieta no nível de miligramas (mg) ou microgramas (μg).

ligações Junção entre dois átomos que compartilham elétrons ou que se atraem.

fibras Substâncias presentes nos alimentos de origem vegetal e que não são digeridas pelo estômago ou intestino delgado humanos. As fibras aumentam o volume das fezes. Naturalmente presentes nos alimentos, as fibras são também denominadas fibras dietéticas.

Vitaminas		Minerais	
Solúvel em água	**Solúvel em gordura**	**Macroelementos**	**Oligoelementos**
Tiamina	A	Cálcio	Cromo
Riboflavina	D§	Cloro	Cobre
Niacina	E	Magnésio	Flúor‖
Ácido pantotênico	K	Fósforo	Iodo
Biotina		Potássio	Ferro
B6		Sódio	Manganês
B12		Enxofre	Molibdênio
Folato			Selênio
C			Zinco
Verduras e frutas	Laticínios, cereais matinais e óleos	Frutas e laticínios	Peixes e oleaginosas (nozes, etc.)

* Essa tabela inclui nutrientes que fazem parte das publicações sobre recomendações nutricionais para seres humanos. A fibra poderia ser adicionada à lista de substâncias essenciais, mas ela não é um nutriente (ver Cap. 4).

† Os lipídeos listados são necessários apenas em pequenas quantidades, cerca de 5 a 10% da necessidade calórica total (ver Cap. 5).

‡ Para evitar a cetose e, consequentemente, a perda de massa muscular que ocorreria se fossem usadas proteínas para sintetizar carboidratos (ver Cap. 4).

§ A luz solar, ao incidir sobre a pele, também permite ao corpo produzir sua própria vitamina D (ver Cap. 8).

‖ Basicamente para saúde dental (ver Cap. 9).

Lipídeos

Os lipídeos (principalmente gorduras e óleos) são compostos, basicamente, pelos elementos carbono e hidrogênio; possuem menos **átomos** de oxigênio do que os carboidratos. Os lipídeos fornecem mais calorias por grama do que os carboidratos – 9 kcal por grama, em média – devido a essa diferença em sua composição. Os lipídeos se dissolvem em alguns solventes (p. ex., éter e benzeno), mas não em água.

A estrutura básica da maioria dos lipídeos é o **triglicerídeo**. Os triglicerídeos são uma fonte vital de calorias (p. ex., **ácidos graxos**) para o organismo e são o principal tipo de gordura encontrado nos alimentos. Eles também são a principal forma de energia armazenada no organismo. Neste livro, em vez de lipídeos ou triglicerídeos, serão usados preferencialmente os termos mais conhecidos: gorduras e óleos. De modo geral, as gorduras são lipídeos que se solidificam em temperatura ambiente, e os óleos são lipídeos que permanecem na forma líquida em temperatura ambiente.

A maioria dos lipídeos pode ser dividida em dois tipos básicos – gorduras saturadas e insaturadas – com base na estrutura química de seus ácidos graxos. A presença de ligações duplas carbono-carbono determina se o lipídeo é saturado ou não e, portanto, se é sólido ou líquido em temperatura ambiente. Pense na dupla

átomo Menor unidade combinante de um elemento químico, como ferro ou cálcio. Os átomos são formados por prótons, nêutrons e elétrons.

triglicerídeo Principal forma dos lipídeos presentes no corpo e nos alimentos. É composto por três ácidos graxos ligados a uma molécula de glicerol.

ácido graxo Componente principal da maioria dos lipídeos; composto, basicamente, por uma cadeia de átomos de carbono ligados a átomos de hidrogênio.

ligação como um "engate" em algum ponto da cadeia de carbonos do ácido graxo. A presença de um ou mais engates limita o grau de compressão que os ácidos graxos podem suportar e, portanto, seu caráter mais ou menos sólido. As gorduras saturadas são ricas em **ácidos graxos saturados**. Esses ácidos graxos não contêm ligações duplas carbono-carbono. As gorduras animais, como manteiga ou banha de porco, costumam ser ricas em ácidos graxos saturados, o que as torna sólidas em temperatura ambiente. As gorduras insaturadas são ricas em **ácidos graxos insaturados**. Esses ácidos graxos contêm uma ou mais ligações duplas carbono-carbono.

ácido graxo saturado Ácido graxo que não contém duplas ligações carbono-carbono.

ácido graxo insaturado Ácido graxo que contém uma ou mais ligações duplas carbono--carbono.

Os óleos vegetais, como óleo de milho, tendem a conter muitos ácidos graxos insaturados, por isso tornam-se líquidos em temperatura ambiente. Quase todos os alimentos contêm vários ácidos graxos saturados e insaturados. A gordura saturada deveria ser limitada nas dietas porque ela pode aumentar o **colesterol** sanguíneo. O nível elevado de colesterol provoca obstrução das artérias e pode, eventualmente, causar doenças cardiovasculares (ver Cap. 5).

▲ A manteiga é uma gordura animal produzida a partir da nata do leite, sendo rica em gorduras saturadas.

DECISÕES ALIMENTARES

Gordura *trans*

Quando um óleo é processado para gerar gordura sólida, como margarina ou gordura de uso culinário, podem se formar lipídeos não naturais, denominados ácidos graxos ou gorduras *trans*. Essas gorduras costumam ser encontradas em alimentos industrializados, especialmente em salgados fritos. Grandes quantidades de gorduras *trans* na dieta resultam em riscos para a saúde, por isso devem ser evitadas (ver mais detalhes no Cap. 5). Em países como Estados Unidos e Canadá, todos os rótulos de alimentos mostram o teor de gordura *trans**. Você ainda quer comer alimentos ricos em gordura *trans*?

Alguns ácidos graxos insaturados são nutrientes essenciais e precisam estar presentes na alimentação. Esses ácidos graxos importantes, que o organismo é incapaz de produzir, são ácidos graxos essenciais e desempenham diversas funções no corpo: ajudam a regular a pressão arterial e participam da síntese e do reparo de partes celulares vitais. Entretanto, precisamos de apenas quatro colheres de sopa de óleo vegetal comum (como óleo de canola ou de soja) por dia para suprir a necessidade desses ácidos graxos essenciais. Uma porção de peixe rico em gordura, como salmão ou atum, pelo menos duas vezes por semana, é outra fonte saudável de ácidos graxos essenciais. Os ácidos graxos específicos desses peixes complementam os benefícios dos óleos vegetais comuns. Essa questão será explicada em detalhes no Capítulo 5, dedicado aos lipídeos.

Proteínas

Assim como os carboidratos e as gorduras, as proteínas são compostas pelos elementos carbono, oxigênio e hidrogênio. Porém, diferentemente de outros nutrientes que fornecem energia, todas as proteínas também contêm nitrogênio. As proteínas são o principal material estrutural do organismo. Por exemplo, as proteínas constituem grande parte dos ossos e dos músculos; além disso, são importantes componentes do sangue, das células do corpo, de **enzimas** e dos fatores de defesa imunológica. As proteínas também fornecem calorias, em média 4 kcal por grama. Entretanto, nosso corpo costuma usar pouca proteína para suprir suas necessidades calóricas diárias. As proteínas se formam pela união de **aminoácidos**. Os alimentos fornecem 20 ou mais aminoácidos comuns, sendo 9 deles essenciais para adultos e 1 essencial para lactentes.

ácidos graxos *trans* Forma de ácido graxo não saturado, geralmente monoinsaturado quando presente nos alimentos, no qual os hidrogênios ligados aos átomos de carbono que formam a ligação dupla estão situados em lados opostos dessa ligação, e não no mesmo lado, como na maioria das gorduras naturais. As principais fontes são margarina, gorduras culinárias em geral e frituras.

enzima Composto que acelera uma reação química, sem ser alterado por essa reação. Quase todas as enzimas são proteínas (algumas são feitas de material genético).

aminoácido Unidade formadora das moléculas de proteínas; contém um carbono central, ligado a átomos de nitrogênio e outros ao redor.

A maioria das pessoas nos países industrializados, como os Estados Unidos, por exemplo, consome 1,5 a 2 vezes mais proteínas do que o corpo necessita para se manter saudável. Em pessoas sem manifestações de doenças cardiovasculares ou renais, diabetes ou história familiar de câncer de colo ou cálculos renais, essa quantidade excessiva de proteína na dieta não costuma ser nociva – reflete o padrão de vida

* N. de R.T.: No Brasil, a Agência Nacional de Vigilância Sanitária (Anvisa) estabeleceu que, a partir de 2006, as empresas declarassem a quantidade de gorduras *trans* nos rótulos de seus produtos.

e os hábitos alimentares da população. O excesso de proteínas é usado para suprir necessidades calóricas e para a produção de carboidratos, mas pode contribuir, eventualmente, para o armazenamento de gordura. O Capítulo 6 é dedicado às proteínas.

Vitaminas

As vitaminas têm várias estruturas químicas e podem conter os elementos carbono, hidrogênio, nitrogênio, oxigênio, fósforo, enxofre, etc. A principal função das vitaminas é viabilizar **reações químicas** no organismo. Algumas dessas reações ajudam a liberar a energia contida nos carboidratos, nos lipídeos e nas proteínas. Entretanto, é preciso lembrar que as vitaminas em si não contêm calorias que possam ser utilizadas pelo corpo.

As 13 vitaminas dividem-se em dois grupos: vitaminas solúveis em gordura (A, D, E e K) e vitaminas solúveis em água (vitaminas do complexo B e vitamina C). Os dois grupos de vitaminas têm diferentes funções e características. Por exemplo, o cozimento destrói as vitaminas solúveis em água de forma mais rápida do que as solúveis em gordura. As **vitaminas hidrossolúveis** também são excretadas pelo organismo de modo mais rápido do que as solúveis em gordura. Portanto, é mais provável que as **vitaminas lipossolúveis** se acumulem excessivamente no corpo causando toxicidade, o que pode ocorrer, por exemplo, com a vitamina A. O Capítulo 8 é dedicado às vitaminas.

reação química Interação entre duas substâncias químicas que modifica ambos os compostos.

inorgânico Qualquer composto que não contenha, em sua estrutura, átomos de carbono ligados a átomos de hidrogênio.

orgânico Qualquer composto que contenha, em sua estrutura, átomos de carbono ligados a átomos de hidrogênio.

eletrólitos Substâncias cujos íons se separam na água e que, dessa forma, são capazes de conduzir a corrente elétrica. Por exemplo, sódio, cloreto e potássio.

solvente Líquido utilizado para dissolver outras substâncias.

Minerais

Os minerais são substâncias **inorgânicas**, simples, do ponto de vista estrutural, que existem em grupos compostos por um ou mais átomos iguais. Todos os nutrientes sobre os quais se falou até o momento são compostos **orgânicos**. Os termos "orgânico" e "inorgânico" baseiam-se em conceitos simples de química e não têm relação com o termo "alimentos orgânicos", usado para descrever alimentos produzidos segundo certos padrões (ver Cap. 2 para saber mais sobre o uso do termo "orgânico" em rótulos de alimentos). As substâncias inorgânicas, na maior parte, não contêm átomos de carbono.

Minerais como sódio e potássio atuam, em geral, de maneira independente no organismo, ao passo que minerais como cálcio e fósforo fazem parte de substâncias compostas, como a matriz mineral dos ossos. Por terem estrutura simples, os minerais não são destruídos durante o cozimento, mas podem ser perdidos se a água de cozimento na qual estão dissolvidos for descartada. Os minerais são essenciais para o funcionamento do sistema nervoso, para o equilíbrio hídrico, para os sistemas estruturais do corpo, como o sistema esquelético, por exemplo, e para muitos processos celulares, mas não são fonte de calorias.

Há 16 ou mais minerais essenciais à saúde, classificados em dois grupos – **macroelementos** e **oligoelementos** – de acordo com as quantidades necessárias na dieta, que são muito variáveis. Um mineral é classificado como oligoelemento quando sua necessidade diária é inferior a 100 mg; acima dessa faixa, trata-se de um macroelemento. A necessidade alimentar de alguns oligoelementos ainda não foi determinada. **Eletrólitos** são minerais que funcionam com base em sua carga elétrica quando dissolvidos em água; entre eles, podemos citar sódio, potássio e cloreto. O Capítulo 9 é dedicado aos minerais.

Água

A água representa a sexta classe de nutrientes. Embora não seja considerada um nutriente propriamente dito, a água (fórmula química: H_2O) tem várias funções vitais no organismo. Atua como **solvente** e lubrificante, como veículo para o transporte de nutrientes e resíduos e como meio para regulação térmica e processos químicos. Por esses motivos, e também porque 60% do corpo humano são constituídos de água, um homem de estatura média deveria consumir, diariamente, cerca de 3 L (10 a 15 copos) de água e/ou outros líquidos aquosos. As mulheres precisam consumir um pouco menos – cerca de 2,5 L ou nove copos de água por dia.

▲ Frutas, vegetais, leguminosas, pães e cereais integrais costumam ser ricos em fitoquímicos.

A água não está disponível apenas em fontes óbvias, mas é também um componente importante de alguns alimentos, como certas frutas e vegetais (p. ex., alface, uva e melão). O próprio organismo também produz certa quantidade de água como subproduto do **metabolismo**. O Capítulo 9 analisa em detalhes o elemento água.

Outros componentes importantes dos alimentos

Outro grupo de compostos encontrado nos alimentos vegetais, principalmente em frutas e legumes, é o grupo dos chamados **fitoquímicos**, na terminologia científica. Embora não sejam consideradas nutrientes essenciais, muitas dessas substâncias proporcionam importantes benefícios para a saúde. Muitas pesquisas vêm sendo feitas com fitoquímicos considerados capazes de reduzir o risco de doenças como o câncer, por exemplo. Embora alguns fitoquímicos estejam disponíveis em suplementos dietéticos, pesquisas mostram que os benefícios para a saúde são maiores quando esses elementos são ingeridos na alimentação. Alimentos com teor elevado de fitoquímicos às vezes são chamados "superalimentos" em razão dos benefícios que supostamente oferecem. Não há definição formal para o termo "superalimento", mas atualmente observa-se certo exagero no uso do termo em propagandas de alimentos. A Tabela 1.5 apresenta alguns fitoquímicos importantes e suas fontes alimentares. O Capítulo 2 dá sugestões de como aumentar o teor de fitoquímicos na sua alimentação.

TABELA 1.5 Fontes alimentares de fitoquímicos em fase de pesquisa

Fitoquímico	Fontes alimentares
Alil-sulfetos/compostos orgânicos de enxofre	Alho, cebola, alho-poró
Saponinas	Alho, cebola, alcaçuz, legumes
Carotenoides (p. ex., licopeno)	Frutas e vegetais de cor laranja, vermelha e amarela (também gema de ovo)
Monoterpenos	Laranja, limão, toranja (*grapefruit*)
Capsaicina	Pimenta *chili*
Ligninas	Semente de linhaça, frutas vermelhas, grãos integrais
Indóis	Vegetais crucíferos (brócolis, repolho, couve)
Isotiocianatos	Vegetais crucíferos, principalmente brócolis
Fitoesteróis	Soja, outras leguminosas, pepino, frutas e legumes
Flavonoides	Frutas cítricas, cebola, maçã, uva, vinho tinto, chá, chocolate, tomate
Isoflavonas	Soja, outras leguminosas
Catequinas	Chá
Ácido elágico	Morango, framboesa, uva, maçã, banana, oleaginosas
Antocianosídeos	Vegetais vermelhos, azuis e roxos (mirtilo, berinjela)
Fruto-oligossacarídeos	Cebola, banana, laranja (pequenas quantidades)
Resveratrol	Uva, amendoim, vinho tinto

Alguns desses compostos em fase de estudo são encontrados em produtos de origem animal, como esfingolipídeos (carne e laticínios) e ácido linoleico conjugado (carne e queijo). Não são propriamente fitoquímicos porque sua origem não é vegetal, mas também se mostram benéficos à saúde.

metabolismo Processos químicos que ocorrem no corpo visando fornecer energia utilizável e manter as atividades vitais.

fitoquímico Substância química encontrada nas plantas. Alguns fitoquímicos podem contribuir para reduzir o risco de câncer ou doença cardiovascular, se consumidos regularmente.

1.3 Composição nutricional da dieta e o corpo humano

São muito variáveis as quantidades de nutrientes que consumimos ao ingerirmos diferentes alimentos. Diariamente, consumimos cerca de 500 g de proteínas, gorduras e carboidratos. Em comparação, a ingestão diária de minerais costuma totalizar cerca de 20 g (cerca de 4 colheres de chá) e a de vitaminas, menos de 300 mg (1/15 de uma colher de chá). Embora necessitemos, diariamente, de cerca de 1 g de alguns minerais, como cálcio e fósforo, precisamos de apenas alguns miligramas ou menos de outros minerais. Por exemplo, precisamos de muito pouco zinco por dia, cerca de 10 mg.

A Figura 1.1 compara as proporções relativas das principais classes de nutrientes em um homem e uma mulher, ambos sadios, com as proporções desses nutrientes em um bife e em uma batata assada. Observe como a composição nutricional do corpo humano difere dos perfis nutricionais dos alimentos que consumimos. Isso ocorre porque o crescimento, o desenvolvimento e a manutenção do corpo humano são comandados pelo material genético (DNA) presente dentro das nossas células. Essa programação genética determina a maneira como cada célula usa os nutrientes essenciais para desempenhar suas funções. Esses nutrientes podem ser provenientes de fontes variadas. Para as células, não importa se os aminoácidos vieram de fontes animais ou vegetais. A glicose do carboidrato pode ser oriunda de açúcares ou amido. Portanto, você certamente não é o que você come. Pelo contrário, o alimento que você ingere fornece às suas células a matéria-prima para que elas funcionem sob o comando do código genético (**genes**) que elas contêm. Genética e nutrição são discutidos no Capítulo 3.

gene Segmento específico de um cromossomo. Os genes fornecem a matriz para a produção das proteínas celulares.

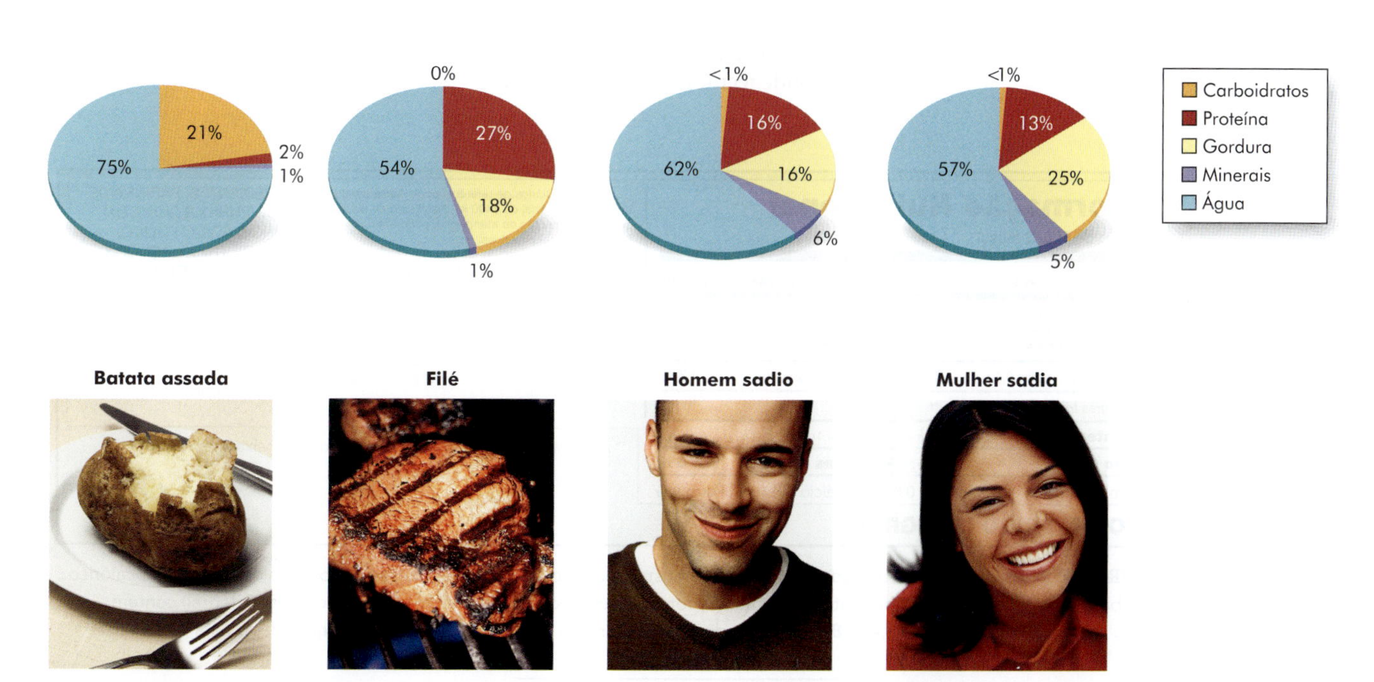

FIGURA 1.1 ▶ Proporções aproximadas de nutrientes no corpo humano comparadas às encontradas em alimentos comuns, de origem animal ou vegetal. A quantidade de vitaminas encontradas no corpo é insignificante, por isso não aparece na figura.

álcool Álcool etílico ou etanol (CH_3CH_2OH) é o composto que caracteriza as bebidas alcoólicas.

composto Grupo de diferentes tipos de átomos reunidos e ligados em proporções predefinidas.

íon Átomo com número desigual de elétrons e prótons. Os íons com carga negativa têm mais elétrons do que prótons; os íons com carga positiva têm mais prótons do que elétrons.

1.4 Fontes de energia e seus usos

Calorias

O ser humano extrai de diversas fontes a energia de que necessita para realizar funções orgânicas involuntárias e atividades físicas voluntárias. Essas fontes são carboidratos, gorduras e proteínas. Os alimentos geralmente contêm mais de uma fonte de calorias. Os óleos vegetais são uma exceção: são 100% gordura.

O **álcool**, que também é uma fonte de calorias para algumas pessoas, fornece cerca de 7 kcal/g. Entretanto, não é considerado um nutriente essencial porque não exerce qualquer função necessária. Ainda assim, bebidas alcoólicas, como a cerveja (que também é rica em carboidratos), contribuem com calorias para a alimentação de muitos adultos.

O organismo libera a energia das ligações químicas de carboidratos, proteínas e gorduras (e álcool) transformando-a para:

- Formar novos **compostos**.
- Realizar movimentos musculares.
- Promover a transmissão do impulso nervoso.
- Manter o equilíbrio **iônico** dentro das células.

▲ Teor calórico de alguns nutrientes energéticos e do álcool.

Os Capítulos 7 e 10 descrevem como a energia é liberada das ligações químicas presentes nos nutrientes energéticos para ser usada pelas células com o objetivo de sustentar os processos supracitados.

O teor de energia dos alimentos costuma ser expresso, nos rótulos, em termos de calorias. Conforme definido anteriormente, uma caloria corresponde à quantidade de calor necessária para aumentar a temperatura de 1 g de água em 1 grau Celsius (1°C ou 1 grau centígrado). (No Cap. 7, você encontra um diagrama de uma bomba calorimétrica que pode ser usada para medir as calorias dos alimentos.) A caloria é uma quantidade ínfima de calor, por isso a energia dos alimentos é expressa de forma mais conveniente em termos de quilocalorias (kcal), que equivalem a 1.000 calorias (a abreviatura de quilocaloria pode ser "kcal" ou um "C" maiúsculo). Uma kcal é a quantidade de calor necessária para aumentar em 1°C a temperatura de 1.000 gramas (1 L) de água. Neste livro, será utilizada sempre a abreviatura kcal. Nos rótulos dos alimentos, o termo "caloria" significa, de fato, uma "quilocaloria". Todo valor que consta nos rótulos nos alimentos em calorias significa quilocalorias (Fig. 1.2). Portanto, quando se indica uma ingestão diária de 2.000 calorias, isso corresponde tecnicamente a 2.000 kcal.

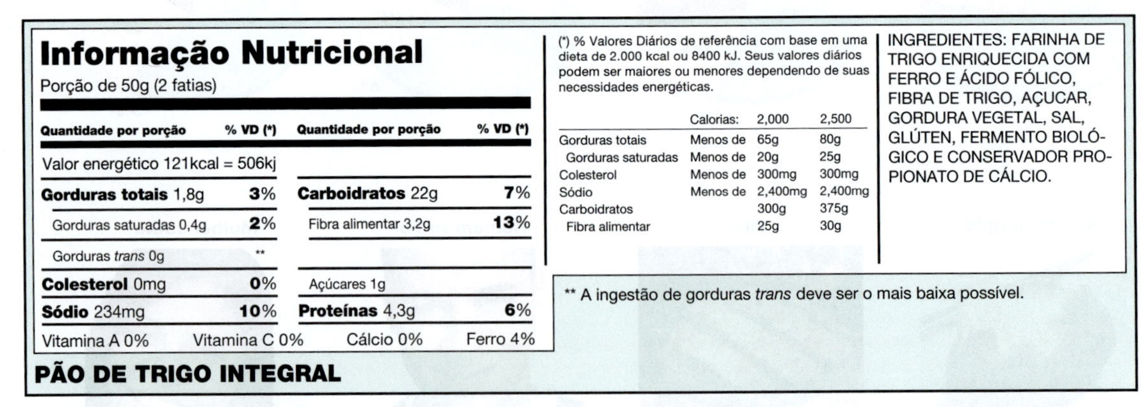

Informação Nutricional
Porção de 50g (2 fatias)

Quantidade por porção	% VD (*)	Quantidade por porção	% VD (*)
Valor energético 121kcal = 506kj			
Gorduras totais 1,8g	**3%**	**Carboidratos** 22g	**7%**
Gorduras saturadas 0,4g	**2%**	Fibra alimentar 3,2g	**13%**
Gorduras *trans* 0g	**		
Colesterol 0mg	**0%**	Açúcares 1g	
Sódio 234mg	**10%**	**Proteínas** 4,3g	**6%**
Vitamina A 0%	Vitamina C 0%	Cálcio 0%	Ferro 4%

(*) % Valores Diários de referência com base em uma dieta de 2.000 kcal ou 8400 kJ. Seus valores diários podem ser maiores ou menores dependendo de suas necessidades energéticas.

	Calorias:	2,000	2,500
Gorduras totais	Menos de	65g	80g
Gorduras saturadas	Menos de	20g	25g
Colesterol	Menos de	300mg	300mg
Sódio	Menos de	2,400mg	2,400mg
Carboidratos		300g	375g
Fibra alimentar		25g	30g

INGREDIENTES: FARINHA DE TRIGO ENRIQUECIDA COM FERRO E ÁCIDO FÓLICO, FIBRA DE TRIGO, AÇUCAR, GORDURA VEGETAL, SAL, GLÚTEN, FERMENTO BIOLÓGICO E CONSERVADOR PROPIONATO DE CÁLCIO.

** A ingestão de gorduras *trans* deve ser o mais baixa possível.

PÃO DE TRIGO INTEGRAL

FIGURA 1.2 ► As quantidades de cada nutriente que constam nos rótulos de alimentos servem para calcular seu valor calórico. Com base na quantidade de carboidratos, gorduras e proteínas, uma porção desse alimento (pão de trigo integral) contém 81 kcal ([15 × 4] + [1 × 9] + [3 × 4] = 81). O rótulo diz 80, o que indica que o valor calórico foi arredondado para baixo.

* N. de R.T.: Este é um rótulo nos padrões norte-americanos. Nota: No Brasil, a Agência Nacional de Vigilância Sanitária (Anvisa) é o órgão que regulamenta a rotulagem nutricional.

Como calcular calorias

Utilize a regra 4-9-4 para determinar as calorias provenientes de carboidratos, gorduras e proteínas, conforme já foi mencionado. Considere os seguintes alimentos:

1 hambúrguer grande		
Carboidratos	39 g × 4 =	156 kcal
Gordura	32 g × 9 =	288 kcal
Proteína	30 g × 4 =	120 kcal
Álcool	0 g × 7 =	0 kcal
Total		**564 kcal**

Piña Colada – 237 mL		
Carboidratos	57 g × 4 =	228 kcal
Gordura	5 g × 9 =	45 kcal
Proteína	1 g × 4 =	4 kcal
Álcool	23 g × 7 =	161 kcal
Total		**438 kcal**

Você também pode usar a regra 4-9-4 para definir em que medida cada um dos diferentes nutrientes que fornecem calorias contribui para o total de calorias do alimento. Suponha que, em um dia, você se alimente com 290 g de carboidratos, 60 g de gordura e 70 g de proteína. Esse consumo fornece, no total, 1.980 kcal ([290 × 4] + [60 × 9] + [70 × 4]5 = 1.980). O percentual proveniente de cada nutriente pode ser, então, determinado pelo seguinte cálculo:

% de kcal na forma de carboidrato = (290 × 4) ÷ 1980 = 0,59 (×100 = 59%)
% de kcal na forma de gordura = (60 × 9) ÷ 1980 = 0,27 (×100 = 27%)
% de kcal na forma de proteína = (70 × 4) ÷ 1980 = 0,14 (×100 = 14%)

Verifique se o cálculo está correto somando os percentuais. A soma foi 100?

DECISÕES ALIMENTARES

Percentuais e sistema métrico

Você precisará aplicar alguns conceitos matemáticos ao estudar nutrição. Além de operações de soma, subtração, multiplicação e divisão, é preciso saber calcular percentuais e conhecer a fórmula de conversão de unidades entre o sistema inglês e o sistema métrico, um conhecimento útil quando se consultam fontes de estudo internacionais.

Percentuais

O termo percentual (%) refere-se a uma parte de um total quando esse total representa 100 partes. Por exemplo, se você tiver 80% de aproveitamento na sua primeira prova de nutrição, terá respondido, corretamente, o equivalente a 80 de 100 perguntas. Essa equivalência poderia corresponder também a 8 respostas corretas de 10 perguntas; 80% também correspondem a 16 de 20 (16/20 = 0,80 ou 80%). A forma decimal do percentual baseia-se no fato de 100% ser igual a 1. É difícil ter sucesso em um curso de nutrição se você não souber o que significa percentual e como fazer esse cálculo. Os percentuais costumam ser usados quando se fala em cardápios e composição dos alimentos. A melhor maneira de dominar esse conceito é calcular alguns percentuais. Veja a seguir alguns exemplos:

Pergunta	**Resposta**
Quanto é 6% de 45?	6% = 0,06 então 0,06 × 45 = 2,7
O valor 3 representa que percentual de 99?	3/99 = 0,03 ou 3% (0,03 × 100)

Joe consumiu, no almoço, 15% da ingestão diária recomendada (RDA, do inglês Recomended Dietary Allowance) de ferro. Quantos miligramas ele ingeriu? (RDA = 8 mg)

0,15 × 8 mg = 1,2 mg

Sistema métrico

As unidades básicas do sistema métrico são o metro, que indica extensão; o grama, que indica massa ou peso e o litro, que indica volume. O Apêndice H deste livro contém uma lista de conversões entre o sistema métrico e o sistema usado em alguns países de língua inglesa. Veja alguns exemplos:

- Uma onça corresponde a cerca de 28 g.
- 5 g de açúcar ou sal correspondem a cerca de 1 colher de chá.
- Uma libra (lb) corresponde a 454 g.
- Um quilograma (kg) equivale a 1.000 g e corresponde a 2,2 libras.
- Quando o peso de alguém é expresso em libras, basta dividir o valor por 2,2 para obter o peso em quilos.
- O peso de um homem adulto médio é de 70 kg ou 154 libras, no sistema inglês.
- Um grama pode ser dividido em 1.000 miligramas (mg) ou 1.000.000 de microgramas (μg). Assim, 10 mg de zinco (quantidade aproximada de que um adulto necessita) corresponderiam a alguns grãos de zinco.
- Litros se dividem em 1.000 unidades chamadas mililitros (mL).
- Uma colher de chá equivale a cerca de 5 mililitros (mL); 1 copo, a cerca de 240 mL. Para formar 1 L, são necessárias mais ou menos 4 xícaras.

Quem trabalha na área científica usa frequentemente o sistema métrico. *Lembre-se de ter sempre à mão as tabelas de conversão quando consultar materiais ou fontes de referência que utilizem o sistema inglês.* Além disso, veja que frações os prefixos a seguir representam: micro (1/1.000.000), mili (1/1.000), centi (1/100) e quilo (1.000).

REVISÃO CONCEITUAL

A nutrição é o estudo dos alimentos e nutrientes – sua digestão, absorção e seu metabolismo, bem como seu efeito sobre a saúde e as doenças. Os alimentos contêm nutrientes essenciais imprescindíveis para a boa saúde: carboidratos, lipídeos (gorduras e óleos), proteínas, vitaminas, minerais e água. Os nutrientes têm três funções gerais no organismo: (1) fornecer matéria para a formação e manutenção do corpo; (2) atuar como reguladores em reações metabólicas importantes; (3) participar de reações metabólicas que forneçam a energia necessária para a vida. Uma unidade de medida comum dessa energia é a quilocaloria (kcal). Em média, os carboidratos e as proteínas fornecem 4 kcal/g, ao passo que os lipídeos fornecem 9 kcal/g. Embora não seja considerado um nutriente, o álcool fornece cerca de 7 kcal/g. As outras classes de nutrientes não fornecem calorias, mas são essenciais para o funcionamento adequado do corpo.

1.5 Padrões atuais de saúde e alimentação na América do Norte

O Food and Nutrition Board (FNB) da National Academy of Sciences recomenda, em suas diretrizes alimentares, que seja reduzido o consumo de gorduras saturadas, gorduras *trans* e colesterol (ver Cap. 5).

O Food and Nutrition Board (FNB) da National Academy of Sciences recomenda que 10 a 35% das calorias da dieta sejam provenientes de proteínas; 45 a 65%, de carboidratos e 20 a 35%, de gorduras (esses padrões se aplicam à população dos Estados Unidos e do Canadá). Estima-se que o consumo de calorias pelos adultos norte-americanos esteja dentro das recomendações do FNB, com 16% das calorias sendo provenientes de proteínas, 50% de carboidratos e 33% de gorduras. Esses percentuais são estimativas que não levam em conta o álcool e variam pouco ano a ano e de pessoa para pessoa.*

Cerca de dois terços das proteínas da dieta da maioria dos norte-americanos provêm de alimentos de origem animal, e somente um terço, aproximadamente, vem de fontes vegetais. Em muitas outras partes do mundo, ocorre justamente o contrário: as proteínas vegetais – provenientes de alimentos como arroz, feijão, milho e outros grãos e vegetais – são as fontes de proteínas predominantes. Cerca de

* N. de R.T.: As recomendações de nutrientes para os brasileiros podem ser encontradas no *Guia alimentar para a população brasileira* do Ministério da Saúde. O Guia recomenda que a ingestão de carboidratos totais fique entre 55 a 75% das calorias da dieta. Desse total, 45 a 65% devem ser provenientes de carboidratos complexos e fibras e menos de 10% de açúcares livres (ou simples), como açúcar de mesa, refrigerantes e sucos artificiais, doces e guloseimas em geral. Para gorduras, a recomendação é de 15 a 30% das calorias da dieta, sendo que o consumo de gorduras saturadas deve ser inferior a 10% do consumo calórico total diário; para a ingestão de ácidos graxos trans, o valor máximo é de 1% do consumo calórico total diário. O consumo de proteínas deve estar entre 10 a 15% das calorias da dieta. http://189.28.128.100/nutricao/docs/geral/guia_alimentar_conteudo.pdf.

metade dos carboidratos da dieta norte-americana se origina de açúcares simples; a outra metade é oriunda de amidos (como massas, pães e batatas). Cerca de 60% da gordura alimentar são de origem animal, e 40%, de origem vegetal.

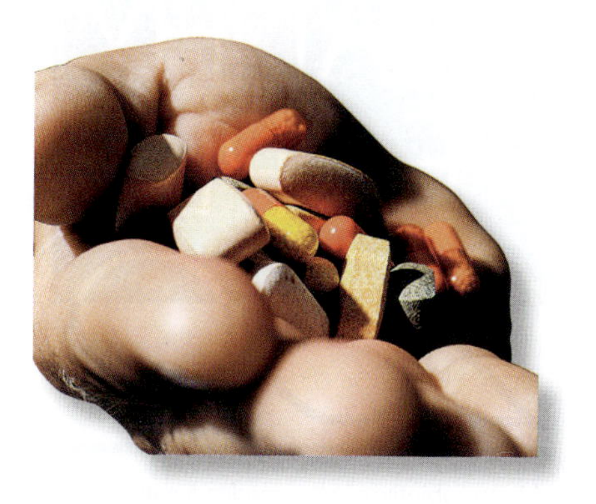

▲ Tomar muitos suplementos nutricionais pode prejudicar sua saúde. O Capítulo 8 abordará em detalhes o uso adequado e seguro de suplementos nutricionais.

Avaliação da dieta norte-americana atual

Com o objetivo de descobrir o que e quando os norte-americanos comem, as agências governamentais realizaram pesquisas para coletar dados sobre o consumo de alimentos e nutrientes e sobre as conexões entre dieta e saúde. Nos Estados Unidos, o U.S. Department of Health and Human Services monitora o consumo de alimentos por meio da National Health and Nutrition Examination Survey (NHANES). No Canadá, essas informações são obtidas pelo Health Canada em conjunto com o Agriculture and Agrifood Canada.

Os resultados das pesquisas nacionais sobre nutrição e de outros estudos mostram que os norte-americanos consomem grande variedade de alimentos, mas não costumam escolher os alimentos de forma equilibrada para atender as suas necessidades nutricionais. O Capítulo 2 analisará mais detalhadamente essa situação. Por enquanto, vamos nos concentrar nos alimentos ricos em ferro, cálcio, potássio, magnésio, vitaminas do complexo B, vitamina C (principalmente para fumantes), vitamina D, vitamina E e fibras. A ingestão diária de um suplemento vitamínico-mineral balanceado é uma das estratégias para suprir as necessidades nutricionais, mas não compensa uma dieta pobre, principalmente no que diz respeito à ingestão de cálcio, potássio e fibras. Lembre-se também de que tomar muitos suplementos dietéticos pode provocar problemas de saúde (ver Cap. 8).

De modo geral, os especialistas também recomendam que se dê mais atenção ao equilíbrio entre a ingestão de calorias e a necessidade calórica. A ingestão excessiva de calorias costuma estar relacionada ao consumo demasiado de açúcar, gorduras e bebidas alcoólicas. Os afro-americanos e hispânicos têm maior risco de desenvolverem hipertensão, se comparados a outros grupos étnicos da América do Norte e, portanto, podem precisar diminuir a quantidade de **sal** (cloreto de sódio) da dieta e o consumo de álcool. Essas substâncias estão entre os fatores de risco para hipertensão. Moderar o consumo de sal e álcool, além de gorduras saturadas, gorduras *trans*, colesterol e calorias, é uma prática recomendada a todos os adultos.

sal Composto formado por sódio e cloreto, na proporção 40:60.

Na América do Norte e em outros países, muitas pessoas poderiam se beneficiar se adotassem uma dieta mais saudável e balanceada. Moderação deve ser a palavra de ordem para certos alimentos, como refrigerantes com açúcar e frituras. Outros alimentos, como frutas e vegetais, devem ser consumidos em maior quantidade e variedade. Atualmente, poucos adultos seguem a recomendação de comer 5 a 9 porções diárias de legumes e frutas.*

Metas de saúde para 2010 nos Estados Unidos

A promoção da saúde e a prevenção de doenças são estratégias de saúde pública aplicadas na América do Norte desde o final dos anos 1970. Parte dessa estratégia é o *Healthy People 2010*, relatório divulgado em 2000 pela Área de Saúde Pública do U.S. Department of Health and Human Services (HHS). Esse relatório apresentava os objetivos nacionais de promoção da saúde e prevenção de doenças para o ano de 2010 e designava cada um desses objetivos à agência governamental apropriada. O documento final incluía muitos objetivos relacionados à nutrição (Tab. 1.6). As metas fundamentais do *Healthy People 2010* foram aumentar a qualidade e o período de vida saudável e eliminar disparidades na área da saúde.

▲ O consumo moderado de certos alimentos, como refrigerantes com açúcar e frituras, pode levar a um equilíbrio alimentar mais saudável na dieta norte-americana.

---

* N. de R.T.: Avaliação da alimentação atual do brasileiro: A Pesquisa de Orçamentos Familiares (POF) 2008-2009 realizada pelo instituto Brasileiro de Geografia e Estatística (IBGE) indicou, por meio do estudo Análise de Consumo Alimentar Pessoal no Brasil, que a alimentação da população brasileira com 10 anos ou mais de idade é composta principalmente por arroz e feijão, integrados alimentos com poucos nutrientes e muitas calorias, 90% da população consome diariamente quantidade insuficiente de frutas, legumes e verduras. Já as bebidas com adição de açúcar (sucos, refrescos e refrigerantes) têm consumo elevado, especialmente entre os adolescentes, que ingerem o dobro da quantidade registrada para adultos e idosos, além de apresentarem alta frequência de consumo de biscoitos, linguiças, salsichas, mortadelas, sanduíches e salgados e uma menor ingestão de feijão, saladas e verduras. http://www.ibge.gov.br/home/estatistica/populacao/condicaodevida/pof/2008_2009_analise_consumo/default.shtm.

▲ Muitos objetivos relacionados à nutrição fazem parte do relatório *Healthy People 2010*. O relatório destaca os objetivos de promoção da saúde e prevenção de doenças para 2010 nos Estados Unidos.*

* N. de R.T.: Os objetivos do *Healthy People 2020* já estão disponíveis no site: www.healthypeople.gov/2020.

TABELA 1.6 Exemplos de objetivos relacionados à nutrição constantes no relatório *Healthy People 2010*

	Meta	Estimativa atual
Aumentar a proporção de adultos com peso saudável	60%	42%
Reduzir a proporção de crianças e adolescentes obesos ou com sobrepeso	5%	11%
Aumentar a proporção de pessoas de 2 anos de idade ou mais que consomem:		
• Pelo menos 2 porções de fruta por dia.	75%	28%
• Pelo menos 3 porções de vegetais por dia, sendo no mínimo um terço deles na forma de folhas ou legumes vermelhos.	50%	3%
• Pelo menos 6 porções de cereais por dia, sendo no mínimo 3 delas de cereais integrais (p. ex., pão de trigo integral e aveia).	50%	7%
• Menos de 10% das calorias provenientes de gorduras saturadas.	75%	36%
• 6 g ou menos de sal (2.400 mg ou menos de sódio) por dia.	65%	21%
• Quantidade suficiente de cálcio (ver tabela de RDA dos elementos químicos na tabela F).	74%	45%
Reduzir os casos de deficiência de ferro entre mulheres com potencial para engravidar.	7%	11%

Observação: Nos próximos capítulos, vamos abordar outros objetivos relacionados à nutrição, como o controle da osteoporose, várias formas de câncer, tratamento e prevenção do diabetes, alergias alimentares, doenças cardiovasculares, peso baixo ao nascer, nutrição durante a gravidez e a amamentação, distúrbios alimentares, atividades físicas e consumo de álcool.

A cada 10 anos, o HHS desenvolve um novo conjunto de metas para promover a saúde e prevenir doenças. Os objetivos do *Healthy People 2020* já foram elaborados juntamente com diretrizes para alcançar as novas metas da próxima década. Mais detalhes sobre o programa *Healthy People* podem ser encontrados na página de Internet www.healthypeople.gov.

Outra maneira de promover a saúde e evitar doenças crônicas no futuro é seguir as recomendações apresentadas na Tabela 1.7. Em conjunto, essas medidas contribuem para maximizar a saúde e a prevenção das doenças.

1.6 Como melhorar nossa alimentação

Na sociedade norte-americana, assim como em outros países industrializados, há uma grande diversidade cultural, culinárias variadas, e o padrão nutricional pode ser considerado elevado. Graças à inovação contínua na fabricação de alimentos, hoje é possível escolher entre uma variedade de produtos alimentícios.

Muitos hábitos alimentares melhoraram nas últimas décadas. Nos Estados Unidos está se consumindo mais cereais matinais, massas leves, carnes e vegetais grelhados servidos com arroz, saladas, *tacos*, *burritos* e *fajitas*. As vendas de leite integral diminuíram, ao passo que, no mesmo período, as vendas de leite desnatado e semidesnatado aumentaram. O consumo de vegetais congelados, em vez de enlatados, também está crescendo.

▲ Uma dieta saudável beneficia pessoas de todas as idades.

Uma meta alimentar que merece mais atenção é desenvolver o hábito de comer junto com outras pessoas. As refeições são uma grande oportunidade de socialização. Os japoneses estão mais avançados nesse aspecto, já que há muito reconhecem que fazer uma refeição não é apenas se alimentar. No Japão, as recomendações dietéticas enfatizam a importância de consumir alimentos variados, manter um peso saudável e moderar o consumo de gorduras, mas elas também orientam as pessoas a realizar todas as atividades relacionadas à comida e a se alimentar de forma prazerosa.

Hoje, mais do que nunca, a população de países desenvolvidos vive mais tempo e goza de melhor saúde geral. Além disso, muitas pessoas dispõem de mais dinheiro e mais opções de alimentos e estilos de vida. As consequências nutricionais dessas tendências ainda não são totalmente conhecidas. Por exemplo, as mortes decorrentes de várias formas de doença cardiovascular diminuíram muito desde o final dos anos 1960, em parte devido ao melhor tratamento médico e à dieta. Entretanto, se a riqueza material levar a uma vida sedentária, com alto consumo

TABELA 1.7 Recomendações para promover a saúde e prevenir doenças: o que os adultos podem esperar de uma nutrição adequada e bons hábitos alimentares?

Dieta
O consumo suficiente de nutrientes essenciais, inclusive fibras, e a ingestão moderada de calorias, gorduras saturadas, gorduras *trans*, colesterol e álcool podem proporcionar: • Aumento da massa óssea durante a infância e a adolescência • Prevenção das perdas ósseas e da osteoporose no adulto, especialmente em idosos • Menos cáries dentárias • Prevenção de problemas digestivos, como constipação • Menor suscetibilidade a alguns tipos de câncer • Menor degradação da retina (principalmente pelo consumo de vegetais folhosos e vermelhos) • Menor risco de obesidade e doenças correlacionadas, como diabetes tipo 2 e doença cardiovascular • Menor risco de doenças carenciais, como bócio (por carência de iodo), escorbuto (carência de vitamina C) e anemia (carência de ferro, folato e outros nutrientes)
Atividade física
A atividade física regular, adequada (pelo menos 30 min todos ou quase todos os dias), ajuda a reduzir o risco de: • Obesidade • Diabetes tipo 2 • Doença cardiovascular • Perda de massa óssea e do tônus muscular no adulto • Envelhecimento precoce • Alguns tipos de câncer
Estilo de vida
Reduzir o consumo de bebidas alcoólicas (máximo 2 doses/dia para homens e 1 dose/dia para mulheres e para indivíduos de ambos os sexos a partir dos 65 anos de idade) ajuda a prevenir: • Doença hepática • Acidentes
Não fumar cigarros ou charutos ajuda a prevenir: • Câncer pulmonar, outras doenças pulmonares, doenças renais, doenças cardiovasculares e doenças oculares degenerativas
Além disso, usar medicamentos na quantidade mínima necessária, não usar drogas ilícitas, ter as horas de sono necessárias (7 a 8 h), beber água e líquidos aquosos em volume adequado (9 a 13 copos por dia) e reduzir o estresse (gerenciar melhor o tempo, relaxar, ouvir música, fazer massagem e realizar atividades físicas) são medidas que complementam a busca da saúde e da boa nutrição. Tudo isso sem deixar de manter um bom relacionamento com outras pessoas e de ter uma visão positiva sobre a vida. Por fim, é importante ir ao médico regularmente, pois o diagnóstico precoce é fundamental para controlar os danos causados por várias doenças. A prevenção de doenças é uma boa maneira de investir o seu tempo durante seus anos de estudante universitário.

▲ A atividade física regular complementa a dieta saudável. O ideal é incluir pelo menos 30 a 60 minutos de atividade física em sua rotina diária, que podem ser praticados de uma só vez ou de forma segmentada ao longo do dia.

de gorduras saturadas, gorduras *trans*, colesterol, sal e álcool, esse estilo de vida poderá provocar problemas cardiovasculares, hipertensão e obesidade. As pessoas, de modo geral, precisam se esforçar mais para reduzir a ingestão de gorduras saturadas, gorduras *trans* e colesterol, bem como para melhorar a variedade da dieta. Com melhor tecnologia e mais alternativas, podemos ter uma dieta muito melhor atualmente do que tínhamos no passado – basta saber escolher.

O objetivo deste livro é ajudar a encontrar o melhor caminho para uma boa nutrição. Geralmente, os especialistas em nutrição concordam que não há alimentos "bons" ou "maus", mas alguns desses alimentos têm baixo valor nutricional em relação ao seu teor calórico. Na avaliação nutricional, o foco adequado é a dieta total da pessoa. O Capítulo 2 destaca esse aspecto e mostra como manter uma dieta balanceada. Ao reavaliar seus hábitos alimentares, lembre-se de que você é responsável, em grande parte, por sua saúde. Seu organismo tem uma capacidade natural de se curar. Se tiver o que é preciso, poderá lhe prestar um bom serviço. Mensagens conflitantes e confusas sobre a saúde dificultam a mudança de hábitos alimentares. A ciência da nutrição não tem todas as respostas, mas como é possível perceber, há conhecimento suficiente para ajudar a determinar um caminho para a boa saúde e saber relativizar os conselhos que você ouvir, no futuro, sobre sua dieta.

REVISÃO CONCEITUAL

Pesquisas realizadas nos Estados Unidos e Canadá mostram que geralmente temos vários alimentos à nossa escolha. Entretanto, talvez pudéssemos melhorar nossa dieta concentrando-nos em fontes alimentares ricas em vitaminas, minerais e fibras. Além disso, muitas pessoas precisam reduzir o consumo de calorias, açúcar, proteínas, gorduras saturadas, gorduras *trans*, colesterol, sal e bebidas alcoólicas. Essas recomendações estão em linha com a meta geral de alcançar e manter uma boa saúde.

1.7 Por que sinto tanta fome?

Entender o que nos leva a comer e os fatores que afetam nossas escolhas alimentares ajudará a compreender a complexidade dos aspectos que influenciam sua alimentação, especialmente aqueles ligados a tradições étnicas e mudanças sociais. Será possível perceber por que os alimentos têm diferentes significados para diferentes pessoas e, dessa forma, compreender melhor os hábitos alimentares que diferem dos seus.

Dois impulsos, **fome** e **apetite**, influenciam nosso desejo de comer. Esses impulsos são bem-diferentes um do outro. A fome é, basicamente, o impulso físico, biológico, que nos leva a comer; é controlada por mecanismos internos do corpo. Por exemplo, à medida que os nutrientes são digeridos e absorvidos pelo estômago e intestino delgado, esses órgãos enviam sinais ao fígado e ao cérebro para que diminuam a ingestão alimentar.

O apetite, no entanto, é um impulso psicológico primário, determinado por mecanismos externos que nos levam a fazer escolhas alimentares; é o que ocorre, por exemplo, quando vemos uma sobremesa tentadora ou sentimos o cheiro de pipoca na fila do cinema. A satisfação de um ou ambos os impulsos por meio da ingestão de alimentos geralmente leva a um estado de **saciedade**, uma sensação de plenitude que bloqueia, temporariamente, nosso desejo de continuar comendo.

fome Impulso fisiológico (de natureza interna) de buscar e consumir alimentos, regulado, principalmente, por uma atração inata pela comida.

apetite Impulso primariamente psicológico (externo) que nos incentiva a buscar e ingerir alimentos, em geral na ausência de sinais evidentes de fome.

saciedade Estado em que não há desejo de comer; sensação de satisfação ou plenitude gástrica.

hipotálamo Região da base do cérebro que contém células atuantes nos mecanismos de controle da fome, da respiração, da temperatura corporal e de outras funções do corpo.

O hipotálamo contribui para a saciedade

O **hipotálamo** é uma região do cérebro que ajuda a regular a saciedade (Fig. 1.3). Imagine que, dentro do seu cérebro, está acontecendo uma "queda de braço": dois locais do hipotálamo – o centro da fome e o centro da saciedade – atuam de modo oposto para que seu corpo sempre receba os nutrientes de que necessita. Quando estimuladas, as células do centro da fome do hipotálamo enviam um sinal que nos leva a comer. À medida que nos alimentamos, as células do centro da saciedade são estimuladas, então paramos de comer.

O que estimula esses dois centros do hipotálamo? As quantidades de macronutrientes no sangue provavelmente estimulam ambos os centros: o da saciedade e o da fome. Por exemplo, quando estamos sem comer há algum tempo, o centro da fome é estimulado e nos envia um sinal para nos alimentarmos. Quando o nível de macronutrientes no sangue se eleva, após a refeição, o centro da saciedade é estimulado, e o desejo de buscar alimento desaparece. (A inter-relação exata entre esses dois centros está sendo estudada.) Algumas substâncias químicas, cirurgias e alguns tipos de câncer podem destruir um desses centros do hipotálamo. Sem a ativação do centro de saciedade, animais de laboratório (e seres humanos) acabam comendo até que se tornam obesos. Sem a ativação do centro da fome, acontece o oposto, e o resultado é o emagrecimento.

Logicamente, essa analogia com a "queda de braço" entre os centros da fome e da saciedade representa uma extrema simplificação de um processo complexo. Todo o sistema depende da capacidade do hipotálamo de processar os sinais gerados por nervos periféricos que são influenciados de várias maneiras pela ingestão de alimentos. De fato, o hipotálamo tem vários centros nervosos entremeados com feixes de nervos que recebem e transmitem, constantemente, informações sobre o estado nutricional do organismo. Além disso, outra área do cérebro, o córtex, controla o pensamento consciente e se sobrepõe aos impulsos naturais dos centros hipotalâmicos da fome e da saciedade.

Tamanho e composição da refeição afetam a saciedade

A distensão do estômago decorrente da ingestão de alimentos, aliada à absorção intestinal dos nutrientes durante a refeição, resulta em diminuição do nosso desejo de continuar comendo. Esses fenômenos que se passam no **trato gastrintestinal** (GI) contribuem para a sensação de saciedade. Na prática, geralmente terminamos a refeição antes que haja uma quantidade significativa de nutrientes disponível para metabolização e armazenamento. Aplicando esse conceito na prática, pesquisadores demonstraram, recentemente, que refeições volumosas (ricas em fibras e água) produzem mais sensação de saciedade do que refeições concentradas. À medida que aumenta o teor de fibras e água dos alimentos, nos sentimos mais saciados e, portanto, demoramos mais tempo para querer comer outra vez. Imagine como você se sentiria mais saciado se comesse cinco maçãs em vez de uma porção pequena de batatas fritas (ambas equivalentes a 380 kcal).

Hormônios afetam a saciedade

Os hormônios e as substâncias semelhantes a hormônios influenciam nossos hábitos alimentares. Os hormônios que aumentam a fome são as **endorfinas**, a **grelina** e o **neuropeptídeo Y**; os que provocam saciedade são a **leptina** (que age em conjunto com a insulina), a **serotonina** e a **colecistoquinina**. Pesquisas recentes mostram como a leptina, descoberta em 1995, e a grelina, descoberta em 1999, atuam em conjunto para equilibrar a fome e a saciedade. A leptina é produzida por células que armazenam gordura, também chamadas **células adiposas**. A leptina circula e chega ao cérebro, onde estimula o centro da saciedade e desativa o centro da fome. A grelina é produzida no estômago e atua no cérebro estimulando o centro da fome e desativando o centro da saciedade. Níveis elevados de leptina também desativam a produção de grelina. Quando os níveis de leptina ficam elevados por um período longo, o centro da saciedade fica insensível a ela – é o que ocorre na obesidade. Para piorar a situação, níveis baixos de grelina fazem o centro da fome ficar mais sensível à grelina. Essa situação ajuda a explicar por que níveis elevados de leptina, em pessoas obesas, provocam maior sensibilidade do centro da fome ao baixo nível de grelina e não diminuem a fome. Com base nesses mecanismos, esses hormônios e seus mecanismos são alvos potenciais para novos medicamentos redutores do peso.

O apetite afeta a escolha de alimentos?

As mensagens de fome e saciedade enviadas pelas células não determinam, isoladamente, o que comemos. Quase todos nós já nos vimos diante de uma sobremesa "de dar água na boca" e não resistimos à tentação de devorá-la, mesmo estando com o estômago cheio. O apetite pode ser afetado por uma ampla gama de forças externas, como fatores ambientais e psicológicos, além de hábitos sociais (Fig. 1.4).

Muitas vezes, comemos porque o alimento nos atrai. Ele cheira bem, tem gosto bom e aspecto bonito. Às vezes, comemos porque está na hora da refeição, para comemorar alguma coisa, ou quando estamos tristes, buscando consolo emocional. Depois de uma refeição, a lembrança do paladar e das sensações agradáveis reforça o apetite. Se o estresse ou a depressão fazem você abrir a geladeira, o que você quer é conforto emocional e não calorias. O apetite pode não ser um processo físico, mas ele influencia a ingestão de alimentos. Na Tabela 1.8, listamos outros fatores, sociais e de ordem geral, que influenciam nossas escolhas alimentares.

DECISÕES ALIMENTARES

Saciedade

A saciedade associada à refeição pode depender basicamente de aspectos psicológicos, como o nosso estado de espírito. Estamos acostumados a ingerir certa quantidade de alimento em uma refeição. Se consumirmos menos do que essa quantidade, não ficaremos satisfeitos. Uma das estratégias para perder peso consiste em treinar os olhos para esperar menos comida, reduzindo gradativamente o tamanho das porções (ver exemplos na Fig. 2.5 do Cap. 2) O seu apetite irá se reajustando, e você passará a ter a expectativa de consumir uma quantidade menor de alimento. Observe, durante alguns dias, que fatores despertam sua vontade de comer. É fome ou apetite? Lembre-se de que a regulação da saciedade não é perfeita; o peso corporal pode variar.

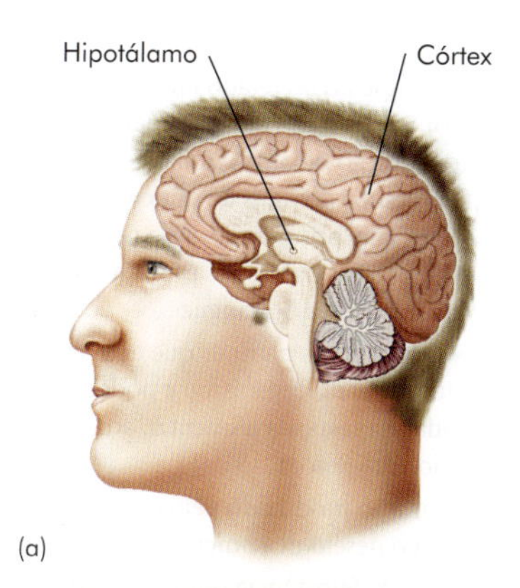

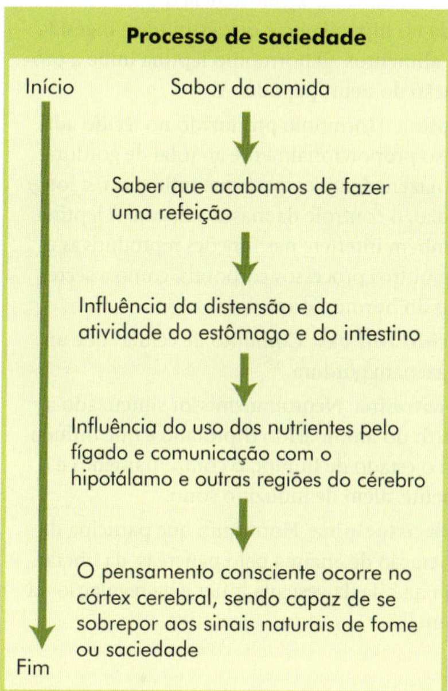

FIGURA 1.3 ▶ O hipotálamo e a saciedade (a) O hipotálamo é uma região importante do cérebro, que influencia a decisão de comer ou não. (b) O processo de saciedade começa com a ingestão de alimentos e termina com os impulsos do hipotálamo e de outras regiões do cérebro, como o córtex.

trato gastrintestinal (GI) Principal conjunto de órgãos responsável pela digestão e absorção de nutrientes. É formado por boca, esôfago, estômago, intestino delgado, intestino grosso, reto e ânus. Também chamado trato digestório.

hormônio Composto secretado na corrente sanguínea por um tipo de célula, o qual atua controlando a função de outro tipo de célula. Por exemplo, algumas células do pâncreas produzem insulina que, por sua vez, atua no músculo e em outros tipos de células promovendo a captação de nutrientes do sangue.

endorfinas Substâncias naturais que exercem efeito tranquilizante no organismo e podem estar envolvidas na resposta alimentar, atuando também como analgésicos.

grelina Hormônio produzido pelo estômago e que aumenta o desejo de comer.

neuropeptídeo Y Substância química produzida no hipotálamo e que estimula a ingestão de alimentos. O hormônio leptina inibe a produção do neuropeptídeo Y.

leptina Hormônio produzido no tecido adiposo proporcionalmente ao total de gordura armazenada no corpo e que influencia, a longo prazo, o controle da massa adiposa. A leptina também interfere nas funções reprodutivas e em outros processos corporais, como a secreção do hormônio insulina.

tecido adiposo Conjunto de células que armazenam gordura.

serotonina Neurotransmissor sintetizado a partir do aminoácido triptofano e que influencia o estado de humor, o comportamento e o apetite, além de induzir o sono.

colecistocinina Hormônio que participa da liberação de enzima pelo pâncreas, da liberação da bile da vesícula biliar e da regulação da fome.

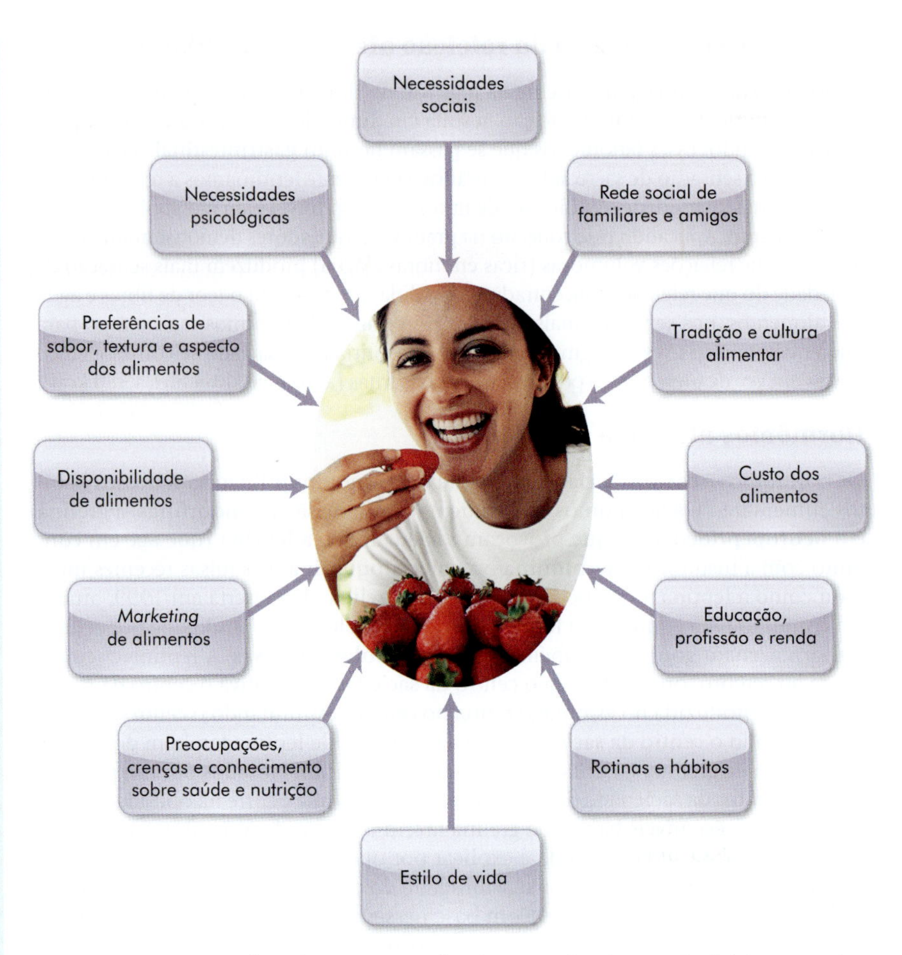

FIGURA 1.4 ▶ As escolhas alimentares são afetadas por muitos fatores. Qual deles tem maior impacto nas suas?

A verdade sobre fome e apetite

Na próxima vez em que você pegar um doce ou pensar em repetir um prato, lembre-se das influências internas e externas sobre o seu comportamento alimentar. As células do nosso corpo (do cérebro, estômago, intestino delgado, fígado e de outros órgãos), os macronutrientes presentes no sangue, os hormônios (como leptina e grelina), as substâncias químicas do cérebro (como serotonina e neuropeptídeo Y) e os costumes sociais são fatores que influenciam o que comemos. Quando a comida é farta, em geral é o apetite – e não a fome – o que desencadeia o ato de comer.

PARA REFLETIR

Sara está se formando em nutrição e tem consciência da importância de uma dieta saudável. Recentemente, analisou sua alimentação e ficou intrigada. Percebeu que consome muitos alimentos gordurosos e poucas frutas, vegetais e grãos integrais. Também passou a gostar muito de doces. Cite três fatores que possam estar influenciando as escolhas alimentares de Sara. Que conselho você daria para que a dieta de Sara fosse compatível com suas necessidades?

REVISÃO CONCEITUAL

A fome é o desejo físico ou interno de buscar e consumir alimentos. Satisfazer esse desejo leva à saciedade, ou seja, cessa a vontade de comer. A saciedade depende de sinais relacionados à fome (internos), sinais provenientes do cérebro, trato gastrintestinal, fígado e outros órgãos, e também sofre influência da quantidade de fibra e água dos alimentos que compõem a refeição. Vários hormônios e substâncias de natureza hormonal também participam desse processo. A ingestão de alimentos também é afetada por forças relacionadas ao apetite (externas), como hábitos sociais, horário, sabor, aspecto e textura dos alimentos, bem como a companhia de outras pessoas. Questões relativas a saúde, economia, conveniência, busca de conforto emocional e mudanças sociais também estão se tornando importantes fatores determinantes da dieta. Algumas pessoas escolhem sua alimentação mais influenciadas pelas forças externas que despertam o apetite do que pela fome propriamente dita.

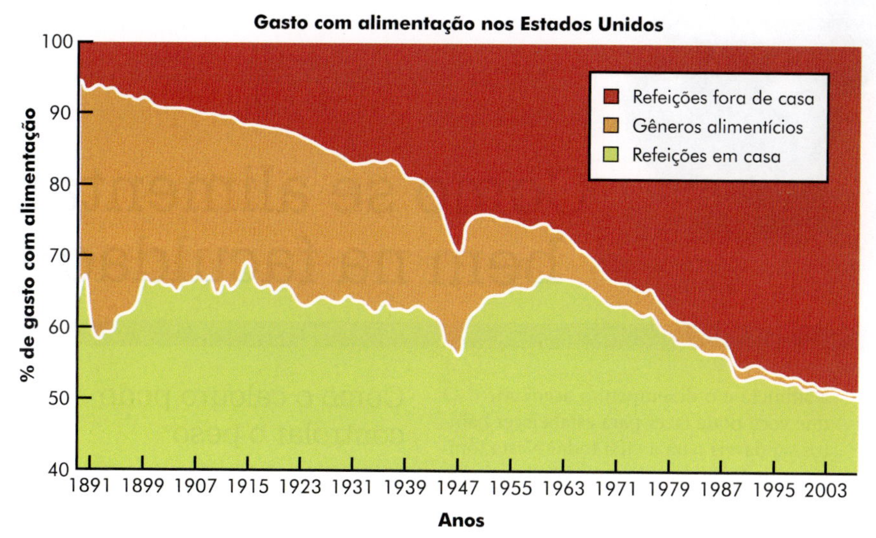

◄ Esse gráfico mostra o percentual de despesas com alimentação, até 2003, no orçamento doméstico de uma família típica dos Estados Unidos, incluindo alimentos comprados para consumo em casa, gêneros para preparo de refeições e refeições fora de casa. Pouco mais da metade das refeições foi feita em casa e, atualmente, as refeições fora de casa correspondem a cerca de 49% dos gastos com alimentação dos norte-americanos.

Fonte: http://www.nielsen.com.

TABELA 1.8 Que outros fatores influenciam nossas escolhas alimentares?

A alimentação significa muito mais para nós do que apenas nutrição e reflete muito daquilo que pensamos sobre nós mesmos. O tempo total que dedicamos à alimentação equivale a 13 ou 15 anos da nossa vida. Deixando de lado a fome e os impulsos emocionais, por que escolhemos o que comer?

- **O sabor, a textura e o aspecto** são os fatores mais importantes que determinam nossas escolhas alimentares. Um dos principais objetivos da indústria alimentícia é produzir alimentos mais saborosos, saudáveis e lucrativos (que as empresas rotulam como "bons para a saúde do consumidor").
- Nossa **exposição, desde a infância**, ao contato com pessoas, lugares e eventos tem impacto permanente sobre nossas escolhas alimentares. Nossos primeiros contatos com a alimentação, quando ainda somos crianças, já são influenciados por padrões raciais.
- Há **rotinas e hábitos** relacionados a certas escolhas alimentares. Essas escolhas são determinadas por hábitos, disponibilidade e conveniência do acesso aos alimentos. A maioria de nós consome alimentos de alguns grupos principais: cerca de 100 itens básicos correspondem a 75% da nossa alimentação.
- A **nutrição**, ou aquilo que consideramos "alimentos saudáveis", direciona o tipo de comida que compramos. Em geral, as pessoas com nível de escolaridade mais elevado tendem a fazer escolhas alimentares relacionadas à saúde. Essas mesmas pessoas preocupam-se com a saúde, têm estilos de vida ativos e estão atentas ao controle do peso. Nos Estados Unidos, no período entre 1995 e 2006, diminuiu a frequência de uso dos rótulos de alimentos como fator de orientação da compra, principalmente na população de 20 a 29 anos de idade e cuja língua-mãe é o espanhol.
- A **publicidade** é um importante recurso para atrair o interesse do consumidor pelos produtos alimentícios. A indústria alimentícia dos Estados Unidos gasta mais de 30 bilhões de dólares em publicidade. Parte dessa publicidade é útil, pois divulga a importância de certos componentes, como cálcio e fibras, na dieta. Entretanto, a indústria também anuncia cereais açucarados, biscoitos, bolos e refrigerantes, porque esses são os produtos mais lucrativos. Um estudo feito em 2008 pela Comissão Federal do Comércio mostrou que, em 2006, nos Estados Unidos, 44 grandes empresas de alimentos e bebidas gastaram quase 2 bilhões de dólares na promoção de produtos para crianças e adolescentes.
- O ramo de **restaurantes** vem crescendo muito, sobretudo na América do Norte. Hoje, cerca de 49% das despesas com alimentos correspondem a refeições fora de casa. A comida servida em restaurantes costuma ser rica em calorias e pobre em valor nutricional, comparada à comida caseira. Todavia, para atender à demanda do consumidor, os restaurantes passaram a incluir itens mais saudáveis em seus cardápios, e muitos deles apresentam as informações nutricionais dos pratos.
- Devido às **mudanças sociais**, as pessoas têm cada vez menos tempo disponível. Com isso, surge a preocupação com a conveniência. Os supermercados passaram a oferecer refeições prontas, pratos para micro-ondas e vários itens congelados rápidos de preparar.
- A questão **econômica** tem menor impacto em nossas escolhas alimentares. Nos Estados Unidos, por exemplo, somente cerca de 12% da renda líquida familiar são gastos com alimentos (esse percentual é maior nas famílias de baixa renda). Entretanto, quanto maior a renda, maior o gasto com alimentação fora de casa.

De modo geral, a ingestão diária de alimentos é uma complexa combinação de influências biológicas e sociais. Na primeira atividade da série "Avalie sua refeição", no Capítulo 1, você deverá registrar os fatores que influenciam sua alimentação diária. Essa avaliação é importante para o desenvolvimento de um plano de melhoria da dieta, caso ele seja necessário. Como você se situa em relação à média da população?

Como se alimentar bem na faculdade

Para muitos jovens, a faculdade marca a entrada definitiva na vida adulta. É a conquista da liberdade e o momento em que se definem estilos de vida pessoais. Pesquisas mostram que estudantes universitários não têm uma alimentação ou hábitos de vida saudáveis. Em geral, não consomem a quantidade recomendada de grãos integrais, legumes, frutas, leite e carne; em vez disso, preferem consumir alimentos ricos em gorduras, doces e bebidas alcoólicas. Do ponto de vista de saúde pública, essa realidade é alarmante porque, nessa fase da vida, o adulto jovem define muitos comportamentos de saúde que provavelmente persistirão por toda a vida. A independência traz responsabilidade, inclusive a de fazer escolhas alimentares inteligentes.

O que acontece na vida universitária para dificultar tanto a criação de hábitos saudáveis? Por que tantos jovens ganham peso durante os primeiros meses de faculdade? Por que o consumo de álcool afeta a silhueta e o desempenho acadêmico? O que você pode fazer para estabelecer hábitos saudáveis para a vida toda? Neste tópico, vamos abordar diversos tópicos e oferecer possíveis soluções para essas e outras perguntas.

▲ A pizza da madrugada adiciona calorias à dieta do estudante universitário.

Escolhas alimentares

A experiência de estar na faculdade é estimulante, porém estressante. São muitas as mudanças que ocorrem nessa fase: novas exigências acadêmicas, relações interpessoais e ambiente de convívio. O estresse decorrente dessas mudanças contribui para a formação de maus hábitos de saúde. Por exemplo, quando chega a época de provas, de entrega de trabalhos e de passar a noite estudando, é muito fácil trocar uma alimentação balanceada por refeições do tipo *fast-food* e salgadinhos, ricos em gorduras e calorias, combinados com bebidas cheias de açúcar e cafeína. A atividade física é sacrificada em nome do tempo de estudo.

Pense também no ambiente universitário. No campus, há uma grande variedade de lanchonetes, algumas oferecendo refeições saudáveis, outras nem tanto. As praças de alimentação, redes de *fast food*, bares e máquinas automáticas oferecem comida 24 horas por dia. Embora certamente seja possível fazer boas escolhas alimentares em todos esses lugares, as tentações da conveniência, das guloseimas e da economia (porções grandes pelo mesmo preço) podem acabar levando o estudante universitário a fazer opções pouco saudáveis.

Comer é mais do que apenas "recarregar as energias". As refeições e os lanches são momentos de socialização. Você pode ser levado a comer demais no horário do almoço, mesmo sem fome, quando encontra os colegas no refeitório para discutir um trabalho ou conversar sobre assuntos banais. Durante a conversa, é fácil perder a noção de quantidade e comer demais. Além disso, a comida pode trazer uma sensação de familiaridade e conforto nesse ambiente novo e estressante.

Como o calouro pode controlar o peso

Aprender a comer apenas em resposta aos sinais de fome do seu corpo é uma ótima maneira de evitar o ganho de peso. Pesquisas mostram que a maioria dos estudantes universitários engorda durante o primeiro ano. Nos Estados Unidos e no Canadá, existe uma expressão – "os sete quilos dos calouros" – que se refere a esse ganho de peso do estudante durante o primeiro ano de faculdade. Embora a maioria dos alunos não ganhe exatamente esses 7 kg, um estudo recente feito com estudantes universitários dos Estados Unidos e do Canadá mostrou que os alunos engordaram de 2,5 a 4 kg em seu primeiro ano longe de casa. Embora não haja um aumento expressivo do consumo de calorias, o acentuado aumento do consumo de cerveja e a diminuição significativa da atividade física são os principais motivos do ganho de peso.

Há vários motivos para se tentar manter um peso saudável. A longo prazo, o risco de doenças crônicas aumenta com o peso. A curto prazo, a perda do excesso de peso pode melhorar a sua autoimagem, a percepção que os outros têm de você, o modo como se sente e seu desempenho. Perceber um "pneuzinho" ao redor da cintura ou sentir que suas roupas estão ficando apertadas são dois bons indicadores de que você está com excesso de peso. Se você verificar que precisa perder peso, com algum conhecimento e perseverança, conseguirá perder o excesso com segurança.

Como fazer para alcançar a meta? Pesquisas de comportamento mostram claramente que definir várias metas pequenas e factíveis aumenta a motivação. Conforme será visto no Capítulo 7, o peso corporal é o equilíbrio entre calorias consumidas e calorias utilizadas. Procure registrar seu consumo de calorias durante vários dias e compare suas anotações com as suas necessidades energéticas, de acordo com a idade, o sexo e o nível de atividade. Você

▲ Pesquisas mostram que bebidas especiais à base de café, como cappuccino e outras, podem aumentar o consumo de calorias em cerca de 200 kcal por dia.

pode usar uma das equações apresentadas no Capítulo 7 ou as ferramentas interativas disponíveis em www.choosemyplate.gov para fazer a estimativa de suas necessidades energéticas.

Perder de 450 a 900 g de peso por semana é uma meta saudável. Se você tentar perder mais do que isso, provavelmente não conseguirá cumprir a meta por muito tempo. Lembre-se de que os números na balança não são tão importantes quanto a sua composição corporal, ou seja, a quantidade de gordura em relação à massa magra. Uma perda de peso da ordem de 450 g requer um déficit de 3.500 kcal. Portanto, para perder 450 g por semana, será preciso reduzir o consumo de alimentos e/ou aumentar sua rotina de exercícios de modo a inverter a equação do equilíbrio de energia em 500 kcal por dia.

Muitos estudantes não tomam café da manhã, seja para economizar tempo, dinheiro ou calorias. Entretanto, o café da manhã é a refeição mais importante do dia. Começar o dia com uma refeição composta por cereal integral, leite desnatado e frutas colocará você no caminho certo para seguir as recomendações de ingestão de fibras, cálcio e frutas. Embora possa parecer que uma xícara de café faz seu cérebro funcionar pela manhã, ele funciona melhor com carboidratos, não com cafeína. Além disso, vários estudos mostram que tomar café da manhã evita o consumo excessivo de alimentos ao longo do dia, pois impede que a fome determine suas escolhas alimentares.

As calorias podem invadir sorrateiramente a vida do estudante universitário. Um dos fatores que mais contribuem para o ganho de peso é o consumo de refrigerantes com alto teor de açúcar e de bebidas alcoólicas. Uma lata de refrigerante de 350 mL (versão normal) tem cerca de 140 kcal. Uma lata de 350 mL de cerveja tem 150 kcal. Além disso, pesquisas mostram que bebidas especiais à base de café, como cappuccino e outras, aumentam o consumo médio de calorias em cerca de 200 kcal por dia. Até os sucos de frutas, que são considerados saudáveis, contêm pelo menos 100 kcal por copo de 240 mL. Beber duas latinhas de refrigerante acrescenta mais 300 kcal e sacia menos a sede do que se fosse ingerido o mesmo volume de água. A melhor maneira de saciar sua sede é beber água.

Os exercícios físicos são muito importantes em qualquer programa de perda ou manutenção de peso. É fácil iniciar uma rotina de exercícios, difícil é mantê-la. Quando estamos sem tempo, o exercício costuma ser a primeira coisa que sacrificamos. Para garantir o sucesso do progresso diário, escolha atividades de que você goste, como fazer exercícios com amigos no ginásio da universidade, participar de competições internas da sua faculdade ou fazer aulas de ginástica ou dança. E não se esqueça de caminhar dentro do campus, entre uma aula e outra. Para mais informações sobre como montar um programa de exercícios, consultar o Capítulo 10.

Sugestões simples para evitar os sete quilos do calouro

- **Tome café da manhã.** Para "acordar" seu metabolismo, inclua nessa refeição uma fonte de proteína, como ovo ou iogurte semidesnatado, pelo menos uma porção de cereal integral e uma fruta, por exemplo, banana.
- **Programe seu dia.** Faça uma refeição ou lanche balanceado a cada 3 a 4 horas.
- **Limite as calorias líquidas**. Beba água em vez de refrigerantes calóricos, sucos de frutas, álcool ou café; se beber álcool, limite o consumo a uma ou duas doses por dia.
- **Abasteça sua geladeira**. Faça um estoque de alimentos nutritivos de baixa caloria, como *pretzels*, pipoca *light* para micro-ondas, frutas (frescas, secas ou enlatadas).
- **Faça exercícios regularmente**. Encontre um amigo que queira se exercitar com você. Os especialistas recomendam 30 minutos de exercício moderado pelo menos 5 dias por semana.

Álcool e alcoolismo

O consumo excessivo de álcool é um grande problema nas universidades. Muitos estudantes universitários consideram que o consumo de bebida alcóolica é um "rito de passagem" para a vida adulta, sem levar em conta se estão descumprindo alguma norma ou lei. O alcoolismo se tornou uma verdadeira epidemia no ambiente universitário (caracteriza-se pelo consumo de cinco ou mais doses ingeridas pelos homens e quatro ou mais doses ingeridas pelas mulheres). E os níveis de consumo podem, de fato, alcançar cifras bem maiores. Estudos recentes, por exemplo, mostram que estudantes universitários comemoram seus 21 anos de idade tomando, em média, cerca de 10 doses de uma só vez.

As estatísticas sobre o impacto do consumo imoderado de álcool nas universidades são sombrias. Estima-se que dois em cada cinco estudantes universitários bebam exageradamente. Todos os anos, 1.400 estudantes universitários de 18 a 24 anos morrem por lesões não intencionais relacionadas ao álcool, inclusive acidentes automobilísticos. Além das mortes e lesões, outros problemas decorrentes da embriaguez são a prática do sexo desprotegido e suas consequências, problemas de saúde a longo prazo, suicídios, mau desempenho nos estudos, problemas com a lei e alcoolismo. No meio universitário, 31% dos estudantes preenchem os critérios de diagnóstico de consumo abusivo de álcool, e 6% são alcoólicos.

Além dessas terríveis consequências, o consumo de álcool definitivamente contribui para o ganho de peso, tanto por seu teor calórico propriamente dito quanto pelo fato de vir acompanhado, muitas vezes, do aumento do consumo de alimentos em festas e eventos. Se você quer consumir bebidas alcóolicas, faça isso com moderação; não beba mais do que uma ou duas doses por dia. Para o seu próprio bem e para segurança de seus colegas, preste atenção aos sinais de alerta e riscos de intoxicação por álcool apresentados a seguir.

Transtornos alimentares

Na universidade, o estresse da busca pelo sucesso acadêmico e social põe em risco muitos alunos, principalmente as mulheres. Até 30% dos estudantes universitários têm risco de desenvolver um transtornos alimentar. Conforme será visto no Capítulo 11, transtornos alimentares são alterações discretas, de curto prazo, nos padrões de alimentação, que costumam acontecer em resposta a situações de estresse, ao desejo de mudar a aparência física ou em decorrência de maus hábitos. Às vezes, hábitos alimentares desorganizados podem levar a um transtorno alimentar, como anorexia nervosa, bulimia nervosa ou compulsão alimentar periódica (chamada *binge eating*, em inglês). Nesse grupo, também se enquadram os estudantes que fazem musculação e exercícios extenuantes de forma obsessiva para eliminar calorias. O Capítulo 11 traz orientações sobre o que fazer se você suspeitar que algum colega ou amigo está desenvolvendo um transtorno alimentar.

Fazer o corpo passar fome tem como consequência o fato de o cérebro também passar fome, e isso limita, entre outras coisas, o desempenho acadêmico; além disso, as consequências negativas dos transtornos alimentares podem durar a vida toda. Em última análise, os transtornos alimentares não decorrem de problemas com a alimentação propriamente dita, e sim de problemas de autoestima, controle e relacionamentos pouco saudáveis. O alimento é simplesmente o foco de muitos problemas emocionais. Frequentemente, o que começa como uma dieta evolui para um problema muito maior. Os transtornos alimentares não são apenas dietas que deram errado – eles exigem intervenção profissional. Se não forem tratados, os transtornos alimentares causarão graves efeitos adversos, como falha de ciclos menstruais, enfraquecimento dos ossos, problemas gastrintestinais, problemas renais, alterações cardíacas e, eventualmente, morte.

Opção pelo estilo de vida vegetariano

Durante a faculdade, muitos estudantes experimentam ou adotam um padrão de alimentação vegetariano. O interesse por dietas à base de vegetais vem crescendo continuamente à medida que as pesquisas demonstram seus benefícios para a saúde. Embora possam preencher as necessidades nutricionais e diminuir o risco de muitas doenças crônicas, as dietas à base de vegetais exigem um planejamento adequado em todas as fases da vida.

Não é comum haver deficiência de proteína, mesmo com a dieta totalmente vegetariana, na qual não se consome nenhum produto de origem animal. Entretanto, os vegetarianos podem correr risco de deficiência de vitaminas e minerais. O consumo de um cereal matinal é uma maneira fácil e barata de obter esses nutrientes. No Capítulo 6, são encontradas mais informações sobre o planejamento alimentar para vegetarianos.

Com o aumento do interesse pelo vegetarianismo, os restaurantes e lanchonetes das universidades passaram a oferecer várias opções vegetarianas. Para que se alcance o benefício ideal para a saúde, os alimentos devem ser assados, cozidos em vapor ou refogados, devendo-se evitar frituras; prefira cereais integrais a carboidratos refinados e escolha alimentos fortificados com vitaminas e minerais. Mesmo que você não opte por uma dieta radicalmente vegetariana, faça várias refeições à base de vegetais toda semana para ajudar a controlar seu peso e aumentar a ingestão de fibras e de muitos fitoquímicos saudáveis.

Energia para competir: estudantes atletas

Os estudantes que participam de competições esportivas internas ou entre universidades precisam consumir mais calorias e nutrientes. Apesar da importância atribuída a um físico esbelto ou da tentação de competir em uma categoria de peso mais baixo, os atletas precisam se cuidar para não restringir demais o consumo de calorias, pois isso poderia ter um impacto sobre o desempenho e a saúde. Os músculos precisam de carboidratos em quantidade adequada para gerar energia e de proteínas para desenvolvimento e recuperação. As gorduras também são uma fonte importante de energia armazenada para uso durante a atividade física. As mulheres que reduzem a gordura corporal a níveis muito baixos podem ter amenorreia (parar de menstruar), problema que prejudica muito a saúde dos ossos a longo prazo.

Sinais e sintomas de intoxicação pelo álcool

- Perda parcial ou total da consciência
- Respiração lenta, de oito ou menos incursões respiratórias por minuto, ou intervalos de mais de oito segundos entre os movimentos respiratórios
- Pele fria, pegajosa, pálida ou de coloração azulada
- Forte odor de álcool acompanhando esses sintomas

Dicas sobre "bombas" calóricas para estudantes universitários:

Número de calorias	
Embalagem com 6 latas de cerveja	900
2 punhados de amêndoas	500
2 punhados de granola	330
Pizza individual	500 – 600
1 porção de 200 g de sorvete	300
2 punhados de cereal com açúcar	250

Fonte: Ann Litt, The College Student's Guide to Eating Well on Campus.

Muitos estudantes adotam uma dieta vegetariana durante a faculdade. No Capítulo 6, serão encontradas sugestões para planejar uma dieta vegetariana nutritiva.

Os líquidos são essenciais para a saúde e para o nosso desempenho; além disso, abastecem o corpo com calorias. A ingestão de água é suficiente para atividades físicas que durem menos de 60 minutos. Para eventos mais longos, as bebidas esportivas são a opção ideal porque fornecem carboidratos e, portanto, energia aos músculos fatigados, e também eletrólitos, que repõem os que foram perdidos na transpiração. A perda intencional de líquidos para "chegar ao peso" exigido na competição é prejudicial para a saúde e para o desempenho físico.

Os atletas também devem se cuidar para não serem seduzidos pela indústria de suplementos. O aumento da ingestão de alimentos para suprir as demandas energéticas do treinamento atlético geralmente é suficiente também para suprir as necessidades de vitaminas e minerais. Em raros casos, os atletas podem sofrer de anemia ferropriva. O consumo de um suplemento mineral e multivitamínico balanceado é suficiente para a maioria das pessoas. Não se recomenda o consumo de suplementos concentrados de determinadas vitaminas, minerais, aminoácidos e extratos de plantas, apesar de toda a publicidade feita pelos fabricantes de suprimentos.

Dicas para comer bem sem gastar muito

Se existe algo que você aprende na faculdade é que curso superior pode doer no bolso! Felizmente, é possível comer bem na universidade sem estourar o orçamento.

Se houver algum programa de vale-alimentação na sua faculdade, aproveite. Algumas faculdades, sobretudo na América do Norte, oferecem comida boa e barata, com várias opções de alimentos saudáveis. Se você não mora no campus ou tem sua própria cozinha, programe-se com antecedência, tanto diária quanto semanalmente. Levar um lanche ou almoço feito em casa, em vez de comer sempre na rua, é uma forma de economizar e lhe dá mais oportunidades de manter uma dieta saudável. Por exemplo, um sanduíche preparado em casa custa menos da metade do mesmo tipo de refeição comprada na lanchonete.

Nunca saia para comprar gêneros alimentícios de estômago vazio, pois você vai achar todos os produtos atraentes e vai acabar comprando mais. Além disso, vá ao supermercado com uma lista de compras e siga essa lista, porque compras feitas por impulso tendem a esvaziar a carteira. Ao comprar alimentos, prefira os de fabricação própria do mercado aos itens de marca. Mantenha um estoque de frutas e vegetais enlatados ou congelados: esses produtos são tão nutritivos quanto frutas e vegetais frescos, principalmente se você escolher opções com baixo teor de sódio e açúcar. Em vez de comprar sucos de frutas prontos, prefira os néctares concentrados que você pode misturar com água em casa. Também é muito mais econômico preparar um chá gelado em casa, de preferência sem açúcar, do que comprar esse tipo de bebida em lata, nas máquinas automáticas. Alimentos enlatados (frutas, atum) ou desidratados (aveia) podem ser nutritivos e duram mais tempo, assim você evita jogar alimentos estragados no lixo. Por fim, ovos, pasta de amendoim ou de avelãs são fontes simples e relativamente baratas de proteína.

Estudo de caso: estudante universitário americano típico

Andy é um típico estudante universitário americano. Cresceu comendo um cereal com leite, às pressas, no café da manhã, e depois almoçando hambúrguer, batatas fritas e refrigerante, na lanchonete da escola ou no caminho para casa. No jantar, geralmente deixava no prato a salada ou os legumes e, às 9 horas da noite, já estava faminto, devorando salgadinhos e biscoitos. Andy levou a maioria desses hábitos para a universidade. Pela manhã, prefere café e, às vezes, acrescenta uma barra de chocolate. O almoço continua sendo, em geral, um hambúrguer, batatas fritas e refrigerante, mas agora ele alterna esse cardápio com pizza e *tacos*, com maior frequência do que fazia no colegial. O que mais agrada Andy nos restaurantes próximos ao campus é que, com 1 dólar a mais, se tanto, ele pode comprar uma porção extra de qualquer lanche. Assim, seu dinheiro rende mais, e essa busca pelas promoções vem se tornando parte da sua rotina diária, no almoço e no jantar.

Que conselhos você daria a Andy quanto à alimentação? Comece pelos hábitos positivos e faça críticas construtivas, com base nos conhecimentos já adquiridos.

Responda às seguintes perguntas e verifique as respostas no Apêndice A.

1. **Começando com os hábitos positivos de Andy:**
   Quais são as escolhas saudáveis de Andy quando ele for ao restaurante da faculdade?
2. **Agora, faça algumas críticas construtivas:**
   a. Quais são os aspectos negativos da alimentação em restaurantes do tipo *fast food*?
   b. Por que aumentar o tamanho da porção é um hábito perigoso?
   c. Que escolhas mais saudáveis ele poderia fazer em cada refeição?
   d. Cite algumas escolhas saudáveis que Andy poderia fazer nos restaurantes de *fast food* do campus.

Resumo

1. A nutrição é um aspecto do nosso estilo de vida fundamental para desenvolver e manter a saúde ideal. Alimentação deficiente e vida sedentária são fatores de risco conhecidos de doenças crônicas potencialmente fatais, como doença cardíaca, hipertensão, diabetes e câncer. Se não suprirmos nossas necessidades nutricionais durante a juventude, haverá maior risco de consequências para a nossa saúde no futuro. Consumir um nutriente excessivamente também pode causar problemas. O consumo excessivo de bebida alcoólica é outro fator associado a muitos problemas de saúde.

2. A Nutrição é o estudo das substâncias essenciais para a saúde presentes nos alimentos e de como o organismo usa essas substâncias para promover e sustentar o crescimento, a manutenção e a reprodução das células. Os nutrientes classificam-se em seis categorias: (1) carboidratos, (2) lipídeos (principalmente gorduras e óleos), (3) proteínas, (4) vitaminas, (5) minerais e (6) água. Os três primeiros, e também o álcool, fornecem calorias que são utilizadas pelo organismo.

3. O corpo transforma a energia contida nos carboidratos, nas proteínas e nas gorduras em outras formas de energia que, por sua vez, permitem o funcionamento do organismo. As gorduras fornecem, em média, 9 kcal/g, ao passo que as proteínas e os carboidratos fornecem, em média, 4 kcal/g. As vitaminas, os minerais e a água não fornecem calorias ao organismo, mas são essenciais para seu adequado funcionamento.

4. Um plano básico para promoção da saúde e prevenção de doenças inclui manter uma dieta variada, realizar atividades físicas regulares, não fumar, não usar ou não abusar de suplementos nutricionais, consumir água e outros líquidos em volume adequado, dormir o suficiente, evitar ou limitar o consumo de álcool, além de reduzir o estresse ou aprender a lidar com ele. O foco primário do planejamento nutricional são os alimentos e não os suplementos dietéticos. O foco nos alimentos para suprir as necessidades nutricionais evita o risco de desequilíbrios nutricionais.

5. Os resultados de pesquisas nutricionais de grande porte conduzidas nos Estados Unidos e no Canadá indicam que algumas pessoas precisam se concentrar em consumir alimentos mais ricos em vitaminas, minerais e fibras. O uso diário de um suplemento mineral e multivitamínico balanceado não substitui a dieta saudável, mas é uma estratégia de compensação de algumas deficiências.

6. Existem grupos de células no hipotálamo e em outras regiões do cérebro que afetam a fome, o desejo primariamente interno de buscar e consumir alimentos. Essas células monitoram os sinais hormonais e nervosos dos órgãos digestivos bem como as quantidades de nutrientes e outras substâncias presentes no sangue a fim de controlar a saciedade.

   Diversos fatores externos (relacionados ao apetite) afetam a saciedade. Os estímulos de fome combinam-se com os de apetite, como a facilidade de acesso aos alimentos, por exemplo, e determinam o impulso de comer.

   O sabor, o aspecto e a textura dos alimentos influenciam nossa escolha alimentar. Vários outros fatores também ajudam a determinar hábitos e escolhas alimentares: tradições familiares, fatores sociais e culturais, imagem que queremos projetar para outras pessoas, aspectos econômicos, conveniência, estado emocional e preocupações com a saúde.

Não há alimentos totalmente "bons" ou "maus", mas algumas escolhas alimentares são mais saudáveis do que outras. O foco deve estar em equilibrar a dieta como um todo, com preferência para alimentos nutritivos.

7. Pesquisas mostram que estudantes universitários não têm uma alimentação ou hábitos de vida saudáveis. Em geral, não consomem a quantidade recomendada de grãos integrais, legumes, frutas, leite e carne; em vez disso, preferem consumir alimentos ricos em gorduras, doces e bebidas alcoólicas. Do ponto de vista de saúde pública, essa informação é alarmante porque o adulto jovem, nessa fase, forma muitos comportamentos de saúde que provavelmente persistirão por toda a vida. Algumas questões especialmente importantes durante os anos de faculdade são o controle do peso, a escolha de refeições saudáveis, o consumo exagerado de bebidas alcoólicas e os transtornos alimentares.

Questões para estudo

1. Cite uma doença crônica associada a maus hábitos alimentares. Agora, cite alguns fatores de risco dessa doença.
2. Explique o conceito de calorias e sua relação com os alimentos. Que valor se considera padrão como teor de quilocalorias por grama de carboidrato, gordura, proteína e álcool?
3. Identifique três formas de uso da água no organismo.
4. Um sanduíche de uma rede de *fast food* contém 44 g de carboidratos, 36 g de gordura e 37 g de proteínas. Calcule o percentual de calorias provenientes das gorduras desse sanduíche.
5. Descreva dois tipos de gorduras e explique por que as diferenças entre elas são importantes para a saúde.
6. Que nutrientes tendem a faltar ou ser pouco consumidos pelos norte-americanos, segundo as pesquisas? Por que você acha que isso acontece?
7. Cite quatro objetivos de saúde dos Estados Unidos para o ano 2010. Como você se classificaria em cada um desses quesitos? Por quê?
8. Descreva os vários órgãos e hormônios que controlam a fome e a saciedade. Cite outros fatores que influenciam os padrões alimentares.
9. Descreva como suas preferências alimentares foram moldadas pelos seguintes fatores:
   a. Exposição a alimentos nos primeiros anos de vida
   b. Publicidade (que alimento novo você experimentou mais recentemente?)
   c. Comer fora
   d. Pressão de colegas
   e. Fatores econômicos
10. Que produtos no supermercado onde você faz compras refletem a demanda do consumidor por alimentos mais saudáveis? E a demanda por conveniência?
11. Cite cinco estratégias para evitar o ganho de peso durante os anos de faculdade.

Teste seus conhecimentos

As respostas das próximas questões de múltipla escolha encontram-se a seguir.

1. Nutrientes que fornecem energia incluem
   a. vitaminas, minerais e água.
   b. carboidratos, proteínas e gorduras.
   c. oligoelementos e vitaminas lipossolúveis.
   d. ferro, vitamina C e potássio.
2. Os nutrientes essenciais
   a. devem ser consumidos em todas as refeições.
   b. são necessários para lactentes, mas não para adultos.
   c. podem ser produzidos pelo organismo quando são necessários.
   d. não podem ser produzidos pelo organismo e, portanto, devem ser consumidos para manter a saúde.
3. Açúcares, amidos e fibras alimentares são exemplos de
   a. proteínas.
   b. vitaminas.
   c. carboidratos.
   d. minerais.
4. Que classes de nutrientes são mais importantes na regulação de processos orgânicos?
   a. vitaminas
   b. carboidratos
   c. minerais
   d. lipídeos
   e. a e c
5. Uma quilocaloria é
   a. uma medida de energia calorífica.
   b. uma medida de gordura dos alimentos.
   c. um dispositivo de aquecimento.
   d. um termo usado para descrever a quantidade de açúcar e gordura nos alimentos.
6. Um alimento que contenha 10 g de gordura forneceria _____ kcal.
   a. 40
   b. 70
   c. 90
   d. 120
7. Se você consumir 300 g de carboidrato em um dia em que seu consumo de calorias seja de 2.400 kcal, os carboidratos irão fornecer ____% do seu consumo total de energia.
   a. 12,5
   b. 30
   c. 50
   d. 60

8. Quais das seguintes afirmativas é verdadeira em relação à dieta norte-americana?
   a. A maior parte das proteínas é proveniente de fontes vegetais.
   b. Cerca de metade dos carboidratos consiste em açúcares simples.
   c. A maior parte das gorduras é proveniente de fontes vegetais.
   d. A maior parte dos carboidratos provém de amidos.

9. __________ é um termo usado para descrever a quantidade de peso que os estudantes universitários ganham durante o primeiro ano da faculdade.
   a. Os 8 quilos do esporte
   b. Os 7 quilos do estádio
   c. Os 12 quilos do dormitório
   d. Os 15 quilos do calouro

10. A região do cérebro que ajuda a regular a fome é
    a. córtex.
    b. hipotálamo.
    c. hipófise.
    d. encéfalo.

Respostas: 1. b, 2. d, 3. c, 4. e, 5. a, 6. c, 7. c, 8. b, 9. d, 10. b

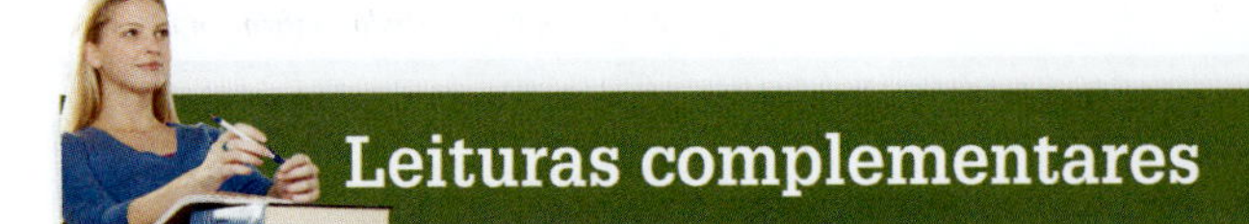

Leituras complementares

1. Bachman JL et al.: Sources of food group intakes among the US population, 2001 - 2002. Journal of the American Dietetic Association 108:804, 2008.

   O artigo descreve os principais grupos de alimentos da pirâmide dietética dos americanos conforme definidos para o período 2001 - 2002. A ingestão de folhas, legumes vermelhos e cereais integrais ficou bem abaixo dos níveis recomendados. Segundo a pesquisa, a dieta dos americanos era composta de alimentos ricos em gorduras sólidas e açúcar adicionado. Os alimentos que mais contribuíram para as discrepâncias entre as recomendações e a ingestão, por grupo alimentar, foram refrigerantes, doces, sobremesas ricas em carboidratos, laticínios integrais e carnes gordurosas. Os americanos não costumavam consumir as opções mais nutritivas de cada grupo. As escolhas alimentares parecem ter sido afetadas por muitos fatores, inclusive o aumento do número de refeições feitas fora de casa.

2. Brown LB et al.: College students can benefit by participating in a prepaid meal plan. Journal of the American Dietetic Association, 105:445, 2005.

   A oferta de refeições subsidiadas, na faculdade, gerou alguns benefícios nutricionais para os alunos, principalmente com o aumento da proporção de frutas, vegetais e carnes na dieta.

3. Cordain L et al.: Origins and evolution of the Western diet: health implications for the 21st century. American Journal of Clinical Nutrition 1:341, 2005.

   Na trajetória do homem, houve um aumento gradativo do número de alimentos ricos em açúcares refinados, farinhas refinadas, sal e gordura animal, o que levou à queda da qualidade da dieta no mundo moderno.

4. de Graaf C et al.: Biomarkers of satiation. American Journal of Clinical Nutrition 79:946, 2004.

   A sensação de saciedade depende de um conjunto de fatores, como distensão do estômago, ação de vários hormônios, como a grelina, e comunicação entre vários órgãos e o cérebro. Esse artigo revisa os mais recentes achados relacionados a esses e outros fatores que afetam a saciedade.

5. Edmonds MJ et al.: Body weight and percent body fat increase during the transition from high school to university in females. Journal of the American Dietetic Association 108:1033, 2008.

   A hipótese do ganho de peso durante o primeiro ano da universidade foi estudada em jovens mulheres canadenses na transição do colegial para a faculdade. Houve aumento significativo do peso corporal, da ordem de 2,4 kg, nos primeiros 6 a 7 meses de faculdade. O percentual de gordura corporal também aumentou, passando de 23,8% para 25,6%. Embora o consumo de energia na dieta (calorias) não tenha aumentado, a redução da atividade física foi um importante fator preditivo do peso. Portanto, o peso corporal pode ser modificado por fatores relacionados ao estilo de vida durante esse período de formação.

6. Federal Trade Commission: Marketing food to children and adolescents: A review of industry expenditures, activities, and self-regulation, a report to Congress. July 2008. http://www.ftc.gov/os/2008/07/P064504foodmktingreport.pdf.

   Esse estudo feito pela Federal Trade Commission mostrou que, em 2006, nos Estados Unidos, 44 grandes empresas de alimentos e bebidas gastaram quase 2 bilhões de dólares na promoção de produtos para crianças com menos de 12 anos de idade e adolescentes dos 12 aos 17 anos de idade. O relatório mostra que a publicidade de alimentos para jovens é dominada por campanhas publicitárias que combinam mídia tradicional, como televisão, com recursos de marketing que não haviam sido identificados anteriormente, como aspecto das embalagens, publicidade no ponto de venda, distribuição de prêmios e Internet. Além disso, as empresas lançam mão do chamado "merchandising", em que o produto é divulgado em associação com um novo filme ou com um programa de televisão popular. Segundo o relatório, todas as indústrias alimentícias deveriam "adotar e seguir padrões voltados para o valor nutricional ao promover produtos para crianças com menos de 12 anos de idade".

7. Guenther PM et al.: Diet quality of Americans in 1994–96 and 2001–02 as measured by the Healthy Eating Index-2005. Nutrition Insight 37, U.S. Department of Agriculture. December 2007. http://www.cnpp.usda.gov/Publications/NutritionInsights/Insight37.pdf.

   Nos períodos de 1994 a 1996 e 2001 a 2002, houve poucas mudanças na qualidade da dieta dos americanos, segundo o Índice de Alimentação Saudável 2005. Os escores do Health Eating Index-2005 foram baixos para os "grupos alimentares recomendáveis" identificados nas Dietary Guidelines for Americans de 2005. Embora os escores de componentes das categorias "Cereais", "Carnes" e "Leguminosas" tenham permanecido no nível máximo, os escores das categorias "Frutas", "Vegetais" e "Cereais Integrais" diminuíram. Houve melhora nos escores das categorias "Laticínios", "Óleos" e "Sódio", mas não houve mudança significativa nas categorias "Frutas", "Folhas e Legumes Vermelhos" e "Gorduras Saturadas". Esses resultados indicam que a qualidade da dieta dos americanos precisa melhorar.

8. Hoffman DY et al.: Changes in body weight and fat mass of men and women in the first year of college: A study of the "freshman 15." Journal of American College of Health. 55:41, 2006.

   Sabe-se que os estudantes universitários têm alto risco de ganharem 7 kg de peso durante o primeiro ano da faculdade. Nesse estudo, as mudanças no peso corporal e no percentual de gordura corporal foram medidas em estudantes que estavam no primeiro ano da faculdade. O peso corporal aumentou, em média, 1,3 kg, e a gordura corporal aumentou, em média, 0,7%. Portanto, esse estudo mostrou que pode haver ganho de peso e de gordura durante o primeiro ano da faculdade.

9. Lichtenstein AH et al.: Diet and lifestyle recommendations revision 2006. A scientific statement from the American Heart Association Nutrition Committee. Circulation 114:82, 2006.

   A American Heart Association apresenta recomendações para diminuir o risco de doença cardiovascular na população geral. As metas específicas incluem o consumo de uma dieta saudável, visando manter um peso corporal saudável, além do controle dos níveis de colesterol no sangue, da pressão arterial e da glicemia; além disso, é preciso evitar o tabagismo.

10. Litt, AS: The College Student's Guide to Eating Well on Campus. Tulip Hill Press, Glen Echo, MD, 2005.

O livro traz informações importantes sobre como sobreviver e comer bem durante os anos de faculdade e aborda como evitar e identificar distúrbios alimentares.

11. Lubin F et al.: Lifestyle and ethnicity play a role in all-cause mortality. Journal of Nutrition 133:1180, 2003.

    Os hábitos que diminuem a mortalidade por todas as causas incluem o consumo de alimentos ricos em fibras e pobres em gorduras saturadas e colesterol. Manter uma atividade física regular e evitar o fumo e a obesidade são hábitos de vida positivos.

12. Mokdad AH et al.: Actual causes of death in the United States, 2000. Journal of the American Medical Association 291:1238, 2004.

    O tabagismo é a principal causa de morte evitável nos Estados Unidos; em segundo lugar, bem próxima, vem a obesidade. A combinação de uma dieta inadequada com um estilo de vida sedentário pode ser responsável por um terço das mortes nos Estados Unidos.

13. Olshansky SJ et al.: A potential decline in life expectancy in the United States in the 21st century. The New England Journal of Medicine 352:1138, 2005.

    O crescente problema de sobrepeso e obesidade na sociedade moderna deverá provocar mais mortes prematuras. É alarmante pensar que esse aumento generalizado do peso corporal possa resultar em uma expectativa de vida mais curta para as crianças de hoje, comparadas a seus pais. É fundamental reverter essa tendência de sobrepeso e obesidade.

14. Oz D: The Dorm Room Diet: The 8-Step Program for Creating a Healthy Lifestyle Plan that Really Works. Newmarket Press, 2006.

    Esse livro foi escrito para ajudar os alunos a ficarem em forma durante a faculdade. O programa, dividido em oito passos, mostra aos alunos como parar de comer por necessidade emocional; como transitar pelas "zonas de perigo" mais comuns na faculdade; como fazer exercícios, mesmo em pequenos espaços; como escolher vitaminas e suprimentos de modo inteligente e como relaxar e se manter jovem em meio ao estresse da vida acadêmica.

15. Paeratakul S et al.: Fast-food consumption among U.S. adults and children: Dietary and nutrient intake profile. Journal of the American Dietetic Association 103:1332, 2003.

    O consumo constante de alimentos do tipo fast food acrescenta muita gordura e calorias à dieta. Esses alimentos também podem impedir o consumo de alimentos mais saudáveis. Recomenda-se às pessoas que consomem fast food com frequência que procurem escolher alimentos com menor teor de gordura e limitem muito ou evitem a ingestão de refrigerantes doces e batatas fritas.

16. Rutledge PC et al.: 21st birthday drinking: extremely extreme. Journal of Consulting and Clinical Psychology 76:511, 2008.

    Os exageros no consumo de bebidas alcoólicas ultrapassam as 4 ou 5 doses seguidas que caracterizam a chamada "bebedeira". Na Universidade do Missouri nos Estados Unidos, um estudo feito com 2.518 estudantes mostrou que 34% dos homens e 24% das mulheres que se embriagaram na festa de 21 anos tomaram pelo menos 21 doses. Os autores concluíram que as intervenções eficazes, de modo geral, nos casos de consumo exagerado de álcool podem funcionar nesses casos extremos.

17. Shields DH et al.: Gourmet coffee beverage consumption among college women. Journal of the American Dietetic Association, 104:650, 2004.

    Esse estudo mostra que um percentual significativo de alunas universitárias consome bebidas especiais à base de café, que contribuem, diariamente, para um aporte extra de calorias e gorduras.

18. Tholin S et al.: Genetic and environmental influence on eating behavior: the Swedish Young Male Twins Study. American Journal of Clinical Nutrition 81:564, 2005.

    A genética desempenha um claro papel no desenvolvimento de certos transtornos alimentares, por exemplo os determinados por fatores emocionais ou de restrição alimentar. Esse fenômeno pode estar relacionado aos níveis hormonais e a outros fatores fisiológicos que influenciam os hábitos alimentares.

19. Todd JE and Variyam JN: The decline in consumer use of food nutrition labels, 1995–2006. Economic Research Service Report. U.S. Department of Agriculture, August 2008.

    O uso das informações nutricionais presentes nos rótulos dos alimentos no momento da compra diminuiu de 1995 a 2006. No período de 10 anos, não houve redução do uso das informações sobre fibras e açúcares. A diminuição variou por grupo populacional, mas foi maior entre indivíduos de 20 a 29 anos e cuja língua-mãe era o espanhol.

20. Woolf K et al.: Physical activity is associated with risk factors for chronic disease across adult women's life cycle. Journal of the American Dietetic Association 108:948, 2008.

    Os resultados desse estudo confirmam que mulheres mais jovens e que praticam mais atividade física têm níveis séricos de lipídeos mais controlados, menos inflamação, menor concentração sérica de insulina, glicose e leptina e composição corporal mais favorável. Esses fatores estão associados a menor risco de diversas doenças crônicas, inclusive doença cardiovascular, diabetes do tipo 2 e obesidade.

21. U.S. Department of Health and Human Services. 2008 physical activity guidelines for Americans. www.health.gov/paguidelines.

    O sedentarismo continua sendo relativamente alto entre crianças, adolescentes e adultos americanos. Essas diretrizes de base científica foram desenvolvidas para ajudar os americanos a partir dos seis anos de idade a manter um grau de atividade física benéfico para a saúde. As diretrizes incluem informações sobre os benefícios da atividade física para a saúde, sobre como seguir as orientações referentes a exercícios físicos, como reduzir o risco de lesões relacionadas à atividade física e como contribuir para que outras pessoas se exercitem regularmente.

22. Yanover T and Sacco WP. Eating beyond satiety and body mass index. Eating and Weight Disorders 13:119, 2008.

    A relação entre a fome e os hábitos, como continuar comendo depois de estar saciado, comer nos intervalos entre refeições e no meio da noite, foi analisada em estudantes (sexo feminino) de cursos de graduação. Continuar comendo após a saciedade foi o principal fator preditivo da massa corporal e, portanto, pode ser uma variável a se considerar em intervenções para evitar e tratar o sobrepeso e a obesidade.

AVALIE SUA REFEIÇÃO

I. Examine de perto seus hábitos alimentares

Escolha um dia da semana em que você se alimente de forma típica. Com a ajuda da primeira tabela apresentada no Apêndice D, faça uma lista de todos os alimentos e bebidas que você consumiu nas últimas 24 horas. Anote também as medidas dos alimentos que você consumiu, em xícaras, gramas, colheres de chá e colheres de sopa. Depois de registrar a quantidade de cada alimento e bebida consumidos, indique na tabela por que você escolheu consumir cada item. Use as abreviaturas correspondentes nos espaços fornecidos para indicar por que você escolheu determinada comida ou bebida.

SAB	Sabor/ textura	PUB	Publicidade	COL	Colegas
CONV	Conveniência	CTRP	Controle do peso	NUTR	Valor nutricional
EMO	Emoções	FOM	Fome	$	Custo
DISP	Disponibilidade	FAM	Família/ cultural	SAU	Saúde

Pode haver mais de uma razão para escolher uma comida ou bebida específica.

Aplicação

Pergunte a si mesmo qual é sua motivação mais frequente para comer e beber. Em que grau a saúde ou o valor nutricional determinam suas escolhas alimentares? Você gostaria que esses aspectos fossem mais prioritários?

II. Observe os dados de crescimento dos supermercados

Atualmente, os supermercados têm até 60 mil itens, comparados a 20 mil itens há 10 anos. Pense na sua última ida ao mercado e nos itens que você comprou para se alimentar. A seguir, apresentamos uma lista de 20 novos produtos alimentícios recém-adicionados às prateleiras dos supermercados. Marque os produtos que você já tenha experimentado. Em seguida, use a legenda da Parte I do exercício "Avalie sua refeição" para tentar identificar por que você escolheu esses produtos.

_______Salada verde pronta para consumo (embalagens mistas)_______________

_______Tempero pronto especial para salada (com óleo de avelãs, amêndoas, oliva ou gergelim) _______
____

_______Vinagres especiais (balsâmico ou de arroz) _______________

_______Refeições prontas (comida mexicana, pizza) _______________

_______Hambúrger de peru congelado pré-cozido_______________

_______Sopas prontas (lentilha, feijão, leguminosas em geral) _______________

_______Sanduíches para micro-ondas (sanduíches congelados ou não, em embalagens para viagem)_______
____

_______Massa pré-cozida refrigerada (tortellini, fettucini) e molhos (pesto, tomate com manjericão)_______
____

_______Massas e grãos importados (risoto, farfaline, nhoque, fusili) _______________

_______Refeições completas congeladas (qualquer tipo)_______________

_______Molhos importados para culinária (molho *shoyu*, marinado chinês, gergelim, *curry* ou óleos aromáticos) __
____

_______Água mineral (com ou sem sabor artificial) _______________

_______Sucos especiais (maçã, ponche) _______________

_______Cafés torrados e/ou aromatizados (em grão, moído ou instantâneo)_______________

_______Balas e doces *gourmet* (balas de goma ou chocolates importados)_______________

______Mingau instantâneo (pré-cozido)______

______Macarrão instantâneo (basta adicionar água) ______

______Barras de cereais (granola ou com frutas) ______

______Substitutos de refeições/formadores de massa muscular (barras "energéticas", barras ricas em proteínas, bebidas esportivas) ______

______Pratos de carne e massa com baixo teor de carboidratos ______

Por fim, indique três produtos alimentícios novos que não fazem parte dessa lista e que você tenha visto ao longo do último ano. Fale sobre o apelo desses produtos ao consumidor.

PARTE I

NUTRIÇÃO: RECEITA PARA A SAÚDE

CAPÍTULO 2 Orientação para uma dieta saudável

Objetivos do aprendizado

1. Elaborar um plano alimentar saudável.
2. Conhecer os parâmetros utilizados na avaliação nutricional: antropométricos, bioquímicos, clínicos, dietéticos e ambientais.
3. Aprender a respeito dos grupos alimentares citados na ferramenta *MyPyramid*.
4. Descrever as regras dietéticas e as doenças que podem ser evitadas ou minimizadas de acordo com tais regras.
5. Explicar o que significam os valores de ingestão diária recomendada (RDA) e outros padrões alimentares.
6. Compreender os fundamentos do método científico e sua aplicação no desenvolvimento de hipóteses e teorias no campo da nutrição, incluindo a determinação de necessidades nutricionais.
7. Descrever os componentes da tabela de informações nutricionais constante nos rótulos de alimentos, as indicações clínicas e os termos permitidos.
8. Identificar fontes confiáveis de informações nutricionais.

Conteúdo do capítulo

QUANTAS VEZES VOCÊ JÁ OUVIU DIZER QUE CERTOS ALIMENTOS SÃO MARAVILHOSOS PARA A SUA SAÚDE? À medida que cresce o interesse dos consumidores pela relação entre a alimentação e as doenças, os fabricantes de alimentos fazem questão de enfatizar os benefícios de seus produtos para a saúde. "Coma mais azeite de oliva e aveia para reduzir o colesterol." "Beba suco de romã para se proteger dos radicais livres." Ao ouvir essas alegações, você poderá pensar que os fabricantes de alimentos têm soluções para todos os problemas de saúde.

Propagandas à parte, a ingestão de nutrientes em desacordo com as nossas necessidades – ou seja, excesso de calorias, gordura saturada, colesterol, gordura *trans*, sal, álcool e açúcar – tem relação com várias doenças que podem causar a morte. Essas doenças, abordadas no Capítulo 1, incluem obesidade, hipertensão, doença cardiovascular, câncer, doença hepática e diabetes tipo 2. O sedentarismo também é um problema muito comum. No Capítulo 2, discute-se sobre o que significam uma dieta e um estilo de vida saudáveis e como esses fatores diminuem o risco de desenvolver doenças de causa nutricional. A meta é proporcionar um claro entendimento desses conceitos antes de abordar detalhadamente os nutrientes.

Para relembrar

Antes de começar a estudar o planejamento alimentar no Capítulo 2, talvez seja interessante revisar o seguinte tópico:

- Termos que aparecem nas margens das páginas do Capítulo 1 e na Tabela 1.1.

2.1 Uma filosofia alimentar saudável

Talvez você se surpreenda ao descobrir que a alimentação correta para evitar doenças de causa nutricional é exatamente a que você já conhece: *consumir alimentos variados em quantidades moderadas.* Nos últimos 50 anos, os profissionais de saúde vêm fazendo as mesmas recomendações quanto à saúde e à alimentação: não coma demais, concentre-se nos grandes grupos alimentares e mantenha sua atividade física. Pães e cereais integrais, frutas e legumes, como você pode ver nos quadrinhos abaixo, sempre foram alimentos recomendados com ênfase nesses últimos 50 anos.

No entanto, lamentavelmente, segundo uma recente pesquisa da American Dietetic Association, duas em cada cinco pessoas dos Estados Unidos acham que manter uma dieta saudável significa desistir totalmente de comer as coisas de que gostam. Ao contrário, uma dieta saudável requer apenas um pouco de planejamento e não significa que você precise abrir mão do que gosta e ficar infeliz. Além disso, quando você elimina seus alimentos favoritos, geralmente a sua dieta acaba não funcionando a longo prazo. O melhor plano consiste em conhecer os fundamentos de uma dieta saudável: alimentos variados, de todos os grupos, consumidos em quantidades moderadas. Para muitos de nós, também é importante monitorar a ingestão total de calorias, especialmente se estivermos ganhando mais peso do que gostaríamos. A partir desse ponto, vamos ser mais específicos e falar sobre variedade, equilíbrio e moderação, bem como sobre nutrientes e densidade calórica.

▲ Nos últimos 50 anos, os alimentos mais frequentemente recomendados foram frutas, legumes, pães integrais e cereais.

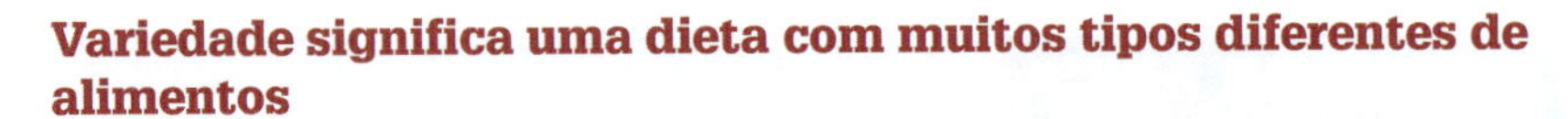

Variedade significa uma dieta com muitos tipos diferentes de alimentos

Variedade na dieta significa escolher diferentes tipos de alimentos de cada grupo em vez de comer a mesma coisa todos os dias. Além disso, significa fazer refei-

Quais são os pontos comuns entre as recomendações dos especialistas para uma alimentação ou dieta saudável? Por que se recomenda uma dieta rica em fibras, que inclua peixe, pouca fritura e gordura animal e que seja acompanhada de pelo menos 30 minutos de atividade física por dia ou quase todos os dias? As pessoas costumam seguir essas recomendações? Quais são as possíveis consequências de não segui-las? O Capítulo 2 traz algumas respostas a essas perguntas.

ções que assegurem uma dieta com conteúdo suficiente de nutrientes. Variedade é importante porque nenhum alimento isoladamente preenche todas as nossas necessidades nutricionais. A carne fornece proteína e ferro, mas pouco cálcio e nenhuma vitamina C. Ovos fornecem proteína, mas pouco cálcio, já que o cálcio fica principalmente na casca. O leite de vaca contém cálcio, mas muito pouco ferro. Nenhum desses alimentos contém fibras. Sendo assim, precisamos ter variedade na alimentação porque os nutrientes de que necessitamos estão espalhados pelos vários tipos de alimentos. Por exemplo, talvez a cenoura – fonte importante de um pigmento que dá origem à vitamina A – seja o seu legume preferido; entretanto, se todos os dias você comer apenas cenoura como vegetal, possivelmente você terá falta de uma outra vitamina, o folato. Outros vegetais, como brócolis e aspargos, são importantes fontes desse nutriente. Esse conceito se aplica a todos os grupos de alimentos: frutas, legumes, cereais, etc. Os alimentos que compõem cada grupo também podem variar em termos do seu conteúdo de nutrientes, mas geralmente eles fornecem tipos semelhantes de nutrientes.

Para adicionar ainda mais variedade à dieta, especialmente no tocante a frutas e legumes, é interessante incluir uma fonte de **fitoquímicos.** No Capítulo 1, abordamos os fitoquímicos em conjunto com as classes de nutrientes. Muitas dessas substâncias proporcionam benefícios significativos à saúde. Vários fitoquímicos têm sido objeto de pesquisas por reduzirem o risco de certas doenças (p. ex., câncer). Porém, não se pode, simplesmente, comprar um frasco de fitoquímicos; geralmente, eles só estão disponíveis nos alimentos integrais. Os atuais suplementos minerais e polivitamínicos não contêm ou contêm muito pouco dessas substâncias químicas derivadas das plantas.

Diversos estudos populacionais mostram menor risco de câncer em pessoas que consomem regularmente frutas e legumes. Os pesquisadores acreditam que alguns fitoquímicos presentes nas frutas e nos legumes bloqueiam os processos de formação do câncer. Esses processos e os papéis específicos de alguns fitoquímicos na doença são descritos no tópico "Nutrição e Saúde" do Capítulo 16. Certos fitoquímicos também parecem estar associados a menor risco de doença cardiovascular. Podemos nos perguntar se o organismo humano não teria desenvolvido, ao longo da sua evolução, graças ao consumo de diversos alimentos de origem vegetal, uma necessidade de ingerir fitoquímicos, além dos vários nutrientes presentes nesses alimentos, para manter um estado de saúde ideal.

Atualmente, os alimentos ricos em fitoquímicos fazem parte dos chamados **alimentos funcionais.** Um alimento funcional é aquele que proporciona benefícios à saúde além daqueles trazidos pelos nutrientes que ele contém. Por exemplo, o tomate contém um fitoquímico chamado licopeno, por isso pode ser denominado alimento funcional. No futuro, esse termo será ouvido com mais frequência, associado aos produtos da indústria alimentícia.

alimentos funcionais Alimentos que proporcionam benefícios à saúde além daqueles oriundos dos nutrientes tradicionais que eles contêm. Por exemplo, o tomate contém um fitoquímico denominado licopeno, por isso pode ser considerado alimento funcional.

Com certeza, ainda levará muitos anos até que os cientistas desvendem os importantes efeitos dos diversos fitoquímicos presentes nos alimentos, e é pouco provável que se consigam produzir versões efetivas de todos eles como suplementos alimentares. Por isso, os maiores especialistas em medicina e nutrição indicam uma dieta rica em frutas, legumes, pães e cereais integrais como meio mais confiável de conseguir os benefícios potenciais dos fitoquímicos. Existem pesquisas que mostram que o aumento da variedade na dieta pode levar a excessos alimentares. Assim, quando se incorporam vários tipos de alimentos à dieta, é importante atentar para a ingestão calórica total. A Tabela 2.1 oferece diversas sugestões para aumentar o aporte de fitoquímicos na dieta. É possível também consultar as páginas de internet www.fruitsandveggiesmorematters.org e www.fruitsandveggiesmatter.gov.

Equilíbrio significa consumir alimentos de todos os grupos

Um meio de equilibrar sua dieta, quando você consome alimentos variados, é escolher, todos os dias, alimentos de cada um dos seis grandes grupos alimentares:

- Cereais
- Legumes
- Frutas

▲ Concentre-se em alimentos nutritivos, já que você precisa preencher suas necessidades nutricionais. Quanto mais colorido for o seu prato, maior será seu teor de nutrientes e fitoquímicos.

- Leite
- Carne e leguminosas
- Óleos

Ainda neste capítulo, será explorada a chamada "pirâmide alimentar", na qual se baseia o Guia Alimentar *MyPyramid*, que contém sugestões de cardápios e dicas para escolher bem entre os alimentos de cada grupo. Uma refeição que contém, por exemplo, uma panqueca de carne, salada de alface e tomate com molho de azeite e vinagre, um copo de leite e uma maçã cobre todos os grupos alimentares.

Moderação tem relação basicamente com o tamanho da porção

Comer moderadamente significa comer pequenas porções de alimento, fazendo um planejamento para todas as refeições do dia, de modo que não se consuma excessivamente nenhum nutriente. Por exemplo, se em uma das refeições comer um hambúrguer com queijo e *bacon*, ou seja, um sanduíche rico em gordura, sal e calorias, nas demais refeições daquele dia, deverá comer frutas e salada verde, já que

TABELA 2.1 Dicas para uma dieta mais rica em fitoquímicos

• Inclua sempre verduras nos pratos principais e acompanhamentos. Combine-os com arroz, omelete, salada de batata e massas. Procure comer brócolis, couve-flor, cogumelos, ervilhas, cenouras, milho e pimentão.
• Procure no supermercado versões práticas de cereais para servir como acompanhamento. Arroz pilaf, cuscus e trigo para tabule são alguns exemplos.
• Prefira doces que contenham frutas, como barrinhas, em vez de biscoitos açucarados. Adicione frutas frescas ou em compota a pudins, misturas de cereais, panquecas doces e sobremesas geladas.
• Adicione passas, uvas, pedacinhos de maçã, abacaxi, cenoura ralada, abobrinha ou pepino à salada de folhas verdes, de frango ou de atum.
• Seja criativo ao preparar suas saladas: coma espinafre cru, alface, repolho roxo, abobrinha, abóbora, couve-flor, ervilha, cogumelos, pimentões vermelhos ou amarelos.
• Leve frutas frescas ou secas para comer nos lanches fora de casa, em vez de comer doces ou simplesmente ficar com fome.
• Ao preparar um sanduíche, além de alface e tomate, agregue também fatias de pepino, abobrinha, espinafre e tirinhas de cenoura.
• Procure fazer uma ou duas refeições vegetarianas por semana, que contenham pratos com leguminosas, arroz ou massas; experimente também legumes grelhados ou espaguete com molho de tomates.
• Se a sua ingestão diária de proteínas exceder a quantidade recomendada, reduza em um terço ou metade a quantidade de carne, peixe ou frango nos pratos cozidos e sopas, substituindo esses ingredientes por verduras e legumes.
• Mantenha na geladeira uma porção de vegetais frescos para comer nos intervalos.
• Prefira sucos de frutas ou legumes feitos na hora em vez de refrigerantes.
• Procure sempre tomar chá em vez de café ou refrigerante.
• Tenha sempre frutas frescas à mão.
• Prefira alface romana em vez de alface do tipo repolhuda.
• Para molhar torradas como aperitivo, prefira molhos verdes ou vermelhos, porém sem creme ou maionese.
• Prefira cereais, pães e biscoitos integrais.
• Torne seus pratos mais saborosos acrescentando gengibre, rosmarinho, manjericão, tomilho, alho, cebola, salsa e cebolinha, em vez de sal.
• Incorpore à sua refeição produtos à base de soja, como tofu, leite de soja, proteína isolada de soja e grãos de soja torrados (Cap. 6).

PARA REFLETIR

Andy precisa de uma alimentação mais variada. Que conselhos práticos ele pode seguir para comer mais frutas e legumes?

são fontes menos concentradas desses nutrientes. Isso ajudará a manter o equilíbrio da sua dieta. Se você não gosta de leite desnatado ou semidesnatado e prefere leite integral, reduza o conteúdo de gordura de outras refeições. Procure temperar a salada com pouca gordura e passe geleia no pão em vez de manteiga ou margarina. De modo geral, procure se servir moderadamente de certos alimentos em vez de eliminá-los totalmente da dieta.

Conforme foi visto no Capítulo 1, muitos especialistas em nutrição concordam que não existem alimentos totalmente "bons" ou "ruins". No entanto, muitas pessoas têm hábitos alimentares que negligenciam os princípios básicos de uma dieta saudável: variedade, equilíbrio e moderação. Uma alimentação sobrecarregada de carnes gordurosas, frituras, refrigerantes doces e carboidratos refinados pode acarretar um risco substancial de doenças crônicas relacionadas à nutrição.

▲ Os cereais integrais são uma excelente opção para aumentar o teor de nutrientes da dieta. O ideal é que o cereal tenha pelo menos 3 g de fibras por porção.

Densidade nutricional tem relação com teor de nutrientes

A **densidade nutricional** de um alimento é o que define seu valor nutricional. Essa densidade nutricional é determinada comparando-se seu teor de proteína, vitaminas ou minerais com a quantidade de calorias que o alimento fornece. Diz-se que um alimento tem alta densidade nutricional quando fornece uma grande quantidade de nutrientes com teor relativamente baixo de calorias em comparação com outras fontes. Quanto mais alta for a densidade nutricional do alimento, melhor ele será como fonte de nutrientes. Comparar a densidade nutricional de diversos alimentos é uma forma fácil de calcular seu valor nutricional. Geralmente, a densidade nutricional é determinada em relação a nutrientes específicos. Por exemplo, muitas frutas e vegetais têm alto teor de vitamina C em comparação com seu baixo teor calórico, ou seja, em relação à vitamina C, esses alimentos têm alta densidade nutricional. A Figura 2.1 mostra que o leite desnatado é muito mais denso em relação a vários nutrientes, especialmente proteínas, vitamina A, riboflavina e cálcio, do que os refrigerantes que contêm açúcar.

Conforme já foi visto, o planejamento do cardápio deve ser voltado principalmente para a dieta como um todo e não selecionar um único tipo de alimento para ser a base da dieta. Alimentos com alta densidade nutricional, como leite desnatado e semidesnatado, carnes magras, leguminosas, laranja, cenoura, brócolis, pão de trigo integral e cereais, compensam alimentos de menor densidade nutricional, como biscoitos e batatas fritas, que são apreciados por uma grande quantidade de pessoas. Costuma-se dizer que esses alimentos fornecem "calorias vazias", pois contêm muito açúcar e/ou gordura e uma quantidade muito pequena de outros nutrientes.

O consumo de alimentos de alta densidade nutricional é especialmente importante para pessoas que tendem a seguir uma dieta de relativamente baixa caloria. É o caso das pessoas idosas e daqueles que fazem dietas para perder peso.

Densidade calórica afeta o aporte de energia

Densidade calórica é o parâmetro mais adequado para medir o teor de calorias de um alimento. A densidade calórica de um alimento é determinada pela quantidade de calorias (kcal) que ele contém por unidade de peso. Diz-se que tem alta densidade calórica um alimento rico em calorias e cujo peso é relativamente baixo. Exemplos: nozes e amêndoas; biscoitos; frituras em geral; salgados e massas sem gordura, como *pretzels*. São exemplos de alimentos de baixa densidade calórica frutas, legumes e qualquer alimento cujo preparo exija a adição de um grande volume de água, como a aveia (Tab. 2.2).

As pesquisas mostram que a ingestão de muitos alimentos de baixa densidade calórica leva à saciedade sem aumentar o aporte de calorias. Provavelmente isso ocorra porque tendemos a consumir uma quantidade constante de alimentos em cada refeição em vez de uma quantidade constante de calorias. Não se sabe o que regula essa quantidade constante de alimento, mas vários estudos laboratoriais rigorosos mostram que as pessoas ingerem menos calorias em uma refeição quando optam por alimentos de baixa densidade calórica em vez de outros com alta densidade calórica. Uma dieta de baixa densidade calórica pode ajudar a perder (ou manter) peso.

densidade nutricional Resultado da divisão do teor de nutrientes pelo teor calórico do alimento. Quando um alimento contribui mais para as nossas necessidades de um determinado nutriente do que para as nossas necessidades calóricas, esse alimento é considerado de boa densidade nutricional.

densidade calórica Relação entre o teor calórico (kcal) de um alimento e o peso deste. Um alimento de alta densidade calórica pesa pouco, mas tem muitas calorias (p. ex., batata *chips*), enquanto um alimento de baixa densidade calórica tem poucas calorias em comparação ao seu peso (p. ex., laranja).

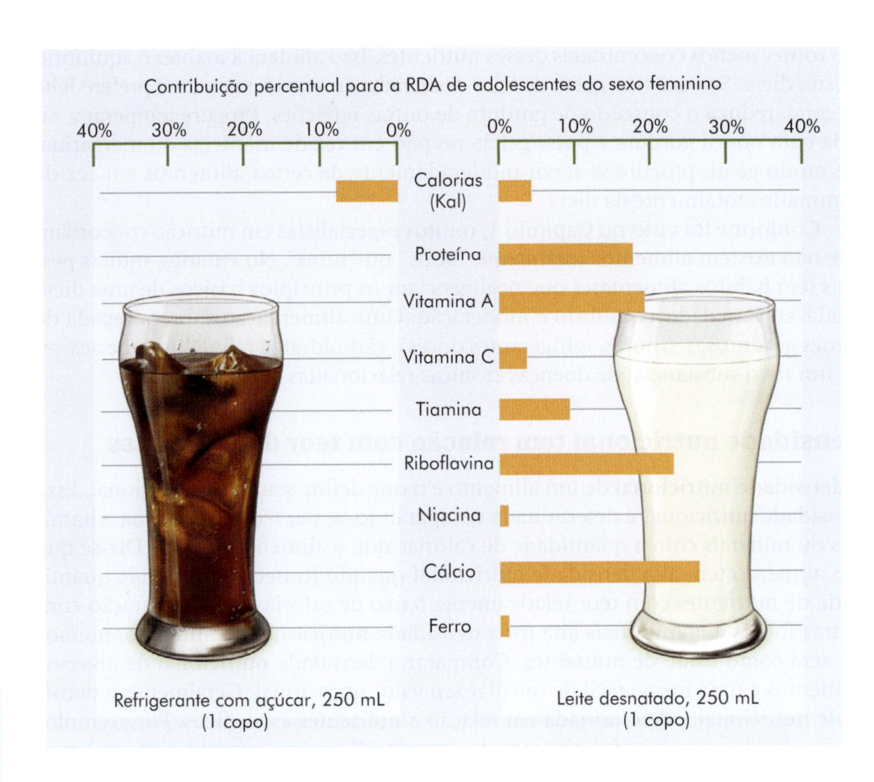

FIGURA 2.1 ▶ Comparação entre um refrigerante com açúcar e um leite desnatado ou semidesnatado, em termos de densidade nutricional. Se você escolher tomar um copo de leite desnatado em vez de um refrigerante, estará contribuindo com muito mais nutrientes para a sua alimentação. Um modo fácil de determinar a densidade nutricional com base nesse quadro é comparar o comprimento das barras que indicam o teor de vitaminas ou minerais com o comprimento da barra que representa as calorias. Veja que, no refrigerante, nenhum nutriente ultrapassa o teor calórico. No leite desnatado, ao contrário, as barras correspondentes a proteína, vitamina A, tiamina, riboflavina e cálcio mineral são mais longas do que a barra das calorias. A inclusão na dieta de vários alimentos de alta densidade nutricional é uma forma de suprir as necessidades nutricionais ingerindo menos calorias.

DECISÕES ALIMENTARES

Algumas pessoas costumam escolher batatas fritas como a parte vegetal da dieta. Qual é o teor de nutrientes das batatas fritas? Verifique o suplemento sobre composição alimentar para ver o teor de vitamina C das batatas fritas. Quantas porções você precisaria comer para suprir suas necessidades de vitamina C (75-95 mg)?

(Resposta: 4-5 porções)

De modo geral, alimentos que contêm muita água e fibras não aumentam a densidade calórica da refeição, mas promovem saciedade, ao passo que os alimentos de alta densidade calórica precisam ser ingeridos em maior quantidade para que a pessoa se sinta saciada. Essa é mais uma razão para adotarmos uma dieta rica em frutas, legumes, pães e cereais integrais – padrão alimentar típico de muitas pessoas que vivem em áreas rurais.

No entanto, os seus alimentos favoritos, mesmo que sejam de alta densidade calórica, podem continuar fazendo parte da sua dieta, desde que você faça um bom planejamento alimentar. Por exemplo, chocolate é um alimento de alta densidade calórica, mas uma pequena porção como sobremesa pode trazer muita satisfação ao paladar. Além disso, os alimentos de alta densidade calórica podem ser úteis para pessoas com queda do apetite, como os idosos, ajudando-os a ganhar ou a não perder peso.

Os próximos itens do Capítulo 2 descrevem vários padrões de saúde nutricional e disponibilizam ferramentas e diretrizes para o planejamento de dietas saudáveis.

▲ Saladas têm baixa densidade calórica, especialmente se restringirmos a quantidade de molhos e, sobretudo, de itens adicionais, como cubinhos de *bacon*, queijo ou *croutons*.

REVISÃO CONCEITUAL

Entre os preceitos básicos de um bom planejamento alimentar, podemos citar o consumo de alimentos variados, uma dieta balanceada que inclua alimentos dos cinco grupos principais e moderação no tamanho das porções, para evitar o excesso de calorias. Ao escolhermos alimentos de alta densidade nutricional, como leite desnatado, frutas, legumes, pães e cereais integrais, estaremos garantindo uma dieta rica em nutrientes, sem muitas calorias. Muitos desses alimentos também são importantes fontes de fitoquímicos, o que adiciona ainda mais benefícios à dieta. Consumir alimentos de baixa densidade calórica, como frutas e legumes, também ajuda a controlar o peso, já que esses alimentos promovem saciedade por terem poucas calorias em relação ao seu peso ou volume.

2.2 Estados de saúde nutricional

A saúde nutricional do nosso corpo é determinada considerando-se o **estado nutricional** em relação a cada nutriente de que necessitamos. Em geral, três categorias

TABELA 2.2 Densidade calórica de alguns alimentos comuns (em ordem relativa)

Muito baixa densidade calórica (< 0,6 kcal/g)	Baixa densidade calórica (0,6-1,5 kcal/g)	Média densidade calórica (1,5-4 kcal/g)	Alta densidade calórica (> 4 kcal/g)
Alface	Leite integral	Ovos	Bolacha salgada
Tomate	Aveia	Presunto	Biscoito recheado sem gordura
Morango	Queijo *cottage*	Torta de abóbora	Chocolate
Brócolis	Feijão ou ervilhas	Pão integral	Biscoito de chocolate
Molho	Banana	Pão francês	Tortilhas
Toranja	Peixe grelhado	Pão branco	*Bacon*
Leite desnatado	Iogurte desnatado	Passas	Batata chips
Cenoura	Cereal matinal com leite semidesnatado	Requeijão	Amendoim Manteiga de amendoim
Sopa de legumes	Batata assada sem recheio	Bolo com cobertura	Maionese
	Arroz cozido	*Pretzel*	Manteiga ou margarina
	Espaguete	Pão de queijo	Óleo vegetal

Tabela adaptada de Rolls B, *The Volumetrics Eating Plan*. New York: HarperCollins, 2005.

▲ Atualmente, os refrigerantes são muito mais consumidos do que o leite, mas não são benéficos para a dieta. O consumo de refrigerantes representa 10% da ingestão de calorias dos adolescentes na América do Norte e está associado à ingestão deficiente de cálcio pelos jovens dessa faixa etária.

de estado nutricional são reconhecidas: estado de nutrição desejável, subnutrição e supernutrição. O termo **distúrbio nutricional** pode se referir a um estado de **supernutrição** ou de **subnutrição.** Nenhuma dessas condições é favorável à saúde. A quantidade de cada nutriente necessária para manter um bom estado nutricional é a base da ingestão diária recomendada, que vemos nos rótulos de alimentos e publicações. O planejamento alimentar que visa atender essas necessidades será discutido adiante, neste Capítulo.

Nutrição desejável

Diz-se que o estado nutricional de determinado nutriente é o desejável quando os tecidos corporais recebem uma quantidade desse nutriente suficiente para manter as funções metabólicas normais, além de formar reservas que possam ser usadas em períodos de maior necessidade. Um estado nutricional desejável pode ser alcançado com o aporte de nutrientes essenciais provenientes de alimentos variados.

Subnutrição

A subnutrição ocorre quando a ingestão de nutrientes não preenche as necessidades. Nesse caso, o organismo lança mão de todas as suas reservas, e a saúde fica comprometida. Há nutrientes cuja demanda é maior por conta de processos constantes de perda e regeneração de células, como ocorre, por exemplo, no trato gastrintestinal. Por isso, as reservas desses nutrientes, que incluem várias vitaminas do complexo B, esgotam-se rapidamente e, portanto, esses nutrientes precisam ser ingeridos regularmente. Além disso, algumas mulheres não consomem ferro em quantidade suficiente para suprir as necessidades causadas pelas perdas mensais e, muitas vezes, acabam esgotando as reservas de ferro (Fig. 2.2).

Quando o aporte de um determinado nutriente diminui muito, começam a surgir sinais bioquímicos de que os processos metabólicos do organismo estão mais lentos ou foram interrompidos. Nesse estágio da carência alimentar, não há **sintomas** visíveis, por isso ela é chamada carência **subclínica** e pode se prolongar por algum tempo sem que o médico consiga detectar seus efeitos sobre o organismo.

estado nutricional Saúde nutricional da pessoa, determinada pelos parâmetros antropométricos (altura, peso, circunferências corporais, etc.), pela dosagem bioquímica dos nutrientes ou de seus subprodutos no sangue e na urina, pelo exame clínico (físico) e pela análise da dieta e da situação socioeconômica.

má nutrição Comprometimento da saúde em consequência de hábitos alimentares incompatíveis com as necessidades nutricionais.

supernutrição Condição em que a ingestão de nutrientes excede as necessidades do organismo.

subnutrição Comprometimento da saúde em consequência de um período prolongado de ingestão alimentar insuficiente para suprir as necessidades.

sintoma Alteração do estado de saúde percebida pela pessoa, por exemplo, dor no estômago.

subclínico Estágio de uma doença ou distúrbio que não são suficientemente graves para produzirem sintomas que possam ser detectados ou diagnosticados.

FIGURA 2.2 ► Representação esquemática do estado nutricional. A cor verde indica bom estado nutricional; o amarelo representa uma situação marginal; o vermelho indica mau estado nutricional (sub ou supernutrição). Esse conceito genérico pode ser aplicado a todos os nutrientes. Escolhemos o ferro como exemplo porque a carência de ferro é a deficiência nutricional mais comum em todo o mundo.

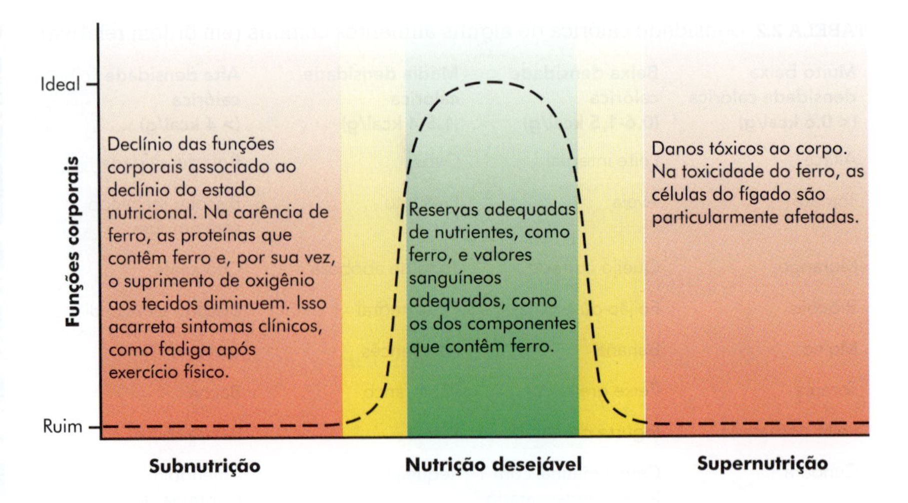

Com o tempo, surgem sintomas clínicos da deficiência nutricional, que podem ser alterações de pele, cabelos, unhas, língua ou olhos. Essas alterações podem se manifestar dentro de alguns meses ou levar vários anos para que sejam notadas. Com frequência, o médico não consegue detectar o problema até que existam sintomas, por exemplo, as equimoses que surgem na pele quando há carência de vitamina C.

Supernutrição

O consumo prolongado de mais nutrientes do que o corpo necessita pode causar supernutrição. A curto prazo (1-2 semanas), a supernutrição pode causar apenas alguns sintomas, como desconforto estomacal, no caso da ingestão excessiva de ferro. Porém, se o excesso continua, alguns nutrientes podem se acumular gerando níveis tóxicos, que levam a doenças graves. Um exemplo é a ingestão excessiva de vitamina A durante a gravidez, causando defeitos congênitos.

O tipo mais comum de supernutrição nos países industrializados é o consumo excessivo de calorias, que frequentemente causa obesidade. A longo prazo, a obesidade acaba sendo a causa de outras doenças graves, como o diabetes tipo 2 e algumas formas de câncer.

No caso da maioria das vitaminas e dos minerais, há uma grande distância entre a ingestão recomendável e o excesso. Por isso, mesmo quando a pessoa faz uso diário de um suplemento vitamínico e mineral, junto a uma dieta balanceada, provavelmente não haverá risco de ingestão de uma dose nociva de qualquer nutriente. No caso da vitamina A e dos minerais cálcio, ferro e cobre, a distância entre a ingestão recomendável e a supernutrição é menor. Logo, se você faz uso de suplementos nutricionais, preste atenção no total de vitaminas e minerais que você está ingerindo, somando-se os suplementos com a dieta, a fim de evitar toxicidade (ver outros conselhos sobre suplementos nutricionais no Cap. 8).

▲ O tipo mais comum de supernutrição na América do Norte é a ingestão excessiva de calorias que, frequentemente, leva à obesidade.

2.3 Como medir seu estado nutricional?

Se você quiser saber qual é o seu estado nutricional, deverá passar pela chamada avaliação nutricional (que pode ser total ou parcial) (Tab. 2.3). Geralmente, essa avaliação é feita por um médico, auxiliado por um nutricionista.

Análise de fatores de base

A história familiar tem importante papel na determinação do seu estado nutricional e de saúde, por isso deve ser cuidadosamente registrada e submetida a uma análise crítica, como parte de toda avaliação nutricional. Outras informações preliminares

TABELA 2.3 Avaliando a saúde nutricional

Parâmetros	Exemplo
Informações básicas	História clínica (p. ex., doenças atuais, cirurgias realizadas no passado, peso atual, história de peso e medicamentos usados atualmente) História social (estado civil, condições de moradia) História clínica familiar Escolaridade Situação econômica
Nutricionais	Avaliação antropométrica: peso, altura, espessura das pregas cutâneas, circunferência muscular do braço, entre outros parâmetros Exames bioquímicos (laboratoriais) do sangue e da urina: atividade enzimática, concentrações de nutrientes ou seus subprodutos. Exame clínico (físico): aspecto geral da pele, dos olhos e da língua; queda de cabelo em pouco tempo, sensação tátil; capacidade de caminhar Avaliação alimentar: ingestão habitual ou registro das refeições nos últimos dias

relacionadas são (1) história clínica, especialmente doenças ou tratamentos que possam diminuir a absorção e utilização dos nutrientes pelo corpo; (2) uma lista de todos os medicamentos utilizados; (3) história social (p. ex., estado civil, condições de moradia); (4) escolaridade, para determinar o grau de complexidade viável nos materiais impressos e na conversa com a pessoa e (5) situação econômica, para determinar o poder de compra e a capacidade de transportar e preparar alimentos.

Avaliação do estado nutricional pelo ABCD

Em complemento aos fatores de base, quatro categorias de parâmetros compõem a avaliação do estado nutricional. A **antropometria** é a medida de parâmetros como peso (e suas variações), altura, espessura da pele e circunferências corporais e fornece informações sobre o estado nutricional atual do indivíduo. A maioria das medidas de composição corporal é de fácil obtenção e, quase sempre, confiável. Entretanto, não é possível aprofundar o estudo da saúde nutricional sem os exames **bioquímicos**, que são recursos mais caros, os quais envolvem a dosagem das concentrações de nutrientes e seus subprodutos no sangue, na urina e nas fezes, além da medida de atividade de algumas enzimas específicas no sangue.

Em seguida, é feita a avaliação **clínica**, na qual o profissional de saúde busca evidências físicas (p. ex., pressão arterial elevada) de doenças ou deficiências relacionadas à dieta. A seguir, procede-se a uma avaliação detalhada da dieta da pessoa (avaliação **dietética**), que inclui o registro da ingestão de alimentos nos últimos dias, para determinar qualquer possível área problemática. Por fim, acrescenta-se a esses dados a **avaliação das condições econômicas** (obtida da análise dos fatores de base), que inclui detalhes das condições de moradia, escolaridade e capacidade de adquirir e pre-

avaliação antropométrica Medida do peso, da altura, das circunferências corporais e da espessura de pregas cutâneas em algumas partes do corpo.

avaliação bioquímica Medida de parâmetros bioquímicos relacionados às funções de um determinado nutriente (p. ex., concentração de subprodutos de nutrientes ou atividades enzimáticas no sangue ou na urina).

avaliação clínica Exame do aspecto geral da pele, dos olhos e da língua, sinais de queda de cabelos; sensação tátil e capacidade de tossir e caminhar.

avaliação dietética Estimativa das escolhas alimentares típicas, com base, principalmente, no relato feito pela própria pessoa, a respeito das refeições dos últimos dias.

avaliação das condições ambientais Inclui detalhes sobre condições de vida, nível de escolaridade e capacidade para comprar, transportar e preparar alimentos. Um importante elemento a considerar é o orçamento de que a pessoa dispõe, semanalmente, para a compra de alimentos.

DECISÕES ALIMENTARES

Avaliação nutricional

Veja um exemplo prático de avaliação do estado nutricional pelo método ABCDE. O médico examina um indivíduo que tem história de alcoolismo crônico e encontra o seguinte:

(A) Peso baixo em relação à altura, história de perda recente de cerca de 5 kg, desgaste da musculatura do tronco e dos membros superiores
(B) Baixa concentração das vitaminas tiamina e folato no sangue
(C) Transtorno psicológico, lesões faciais e movimentos descoordenados
(D) Na última semana, a alimentação consistiu, basicamente, em vinho e hambúrgueres
(E) Mora, atualmente, em um abrigo para indigentes; tem apenas 70 reais na carteira e está desempregado

Avaliação: requer atendimento médico e recuperação nutricional.

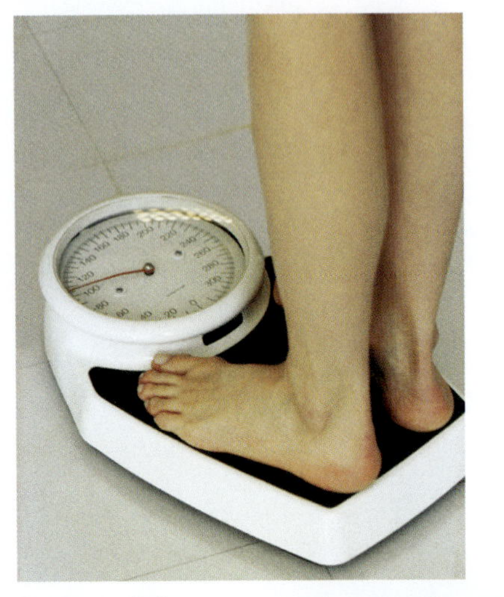

Antropométricos

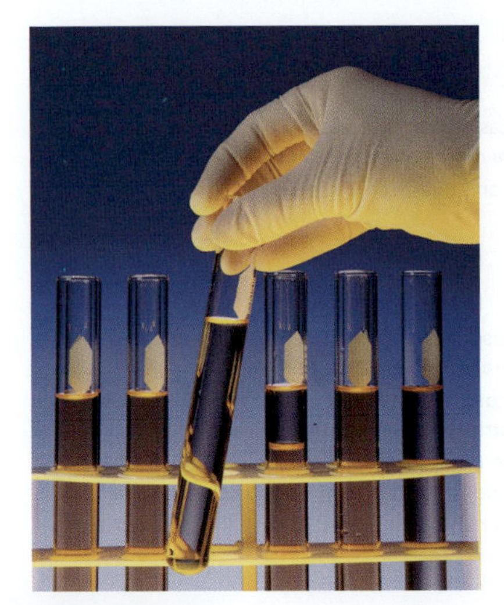

Bioquímicos

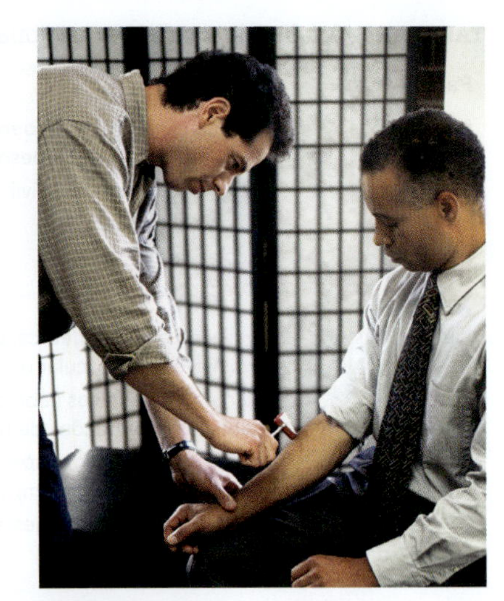

Clínicos

Dietéticos

Econômicos (socioeconômicos e ambientais)

FIGURA 2.3 ► A avaliação nutricional completa inclui dados antropométricos, bioquímicos, clínicos e dietéticos. As informações sobre as condições econômicas (socioeconômicas e ambientais) complementam o processo de avaliação nutricional.

parar os alimentos necessários à manutenção da saúde. Assim se desenha o estado nutricional da pessoa, combinando-se esses cinco aspectos avaliados: antropométrico, bioquímico, clínico, dietético, econômico (socioeconômico e ambiental) (Fig. 2.3).

Limitações da avaliação nutricional

Pode ser bem longo o intervalo entre o início de um processo de deficiência nutricional e o aparecimento das primeiras evidências clínicas do problema. Uma dieta rica em gorduras saturadas (geralmente sólidas) costuma produzir elevação do colesterol sanguíneo, mas não provoca sintomas a não ser após vários anos. Nesse momento, quando os vasos sanguíneos já estão bloqueados pela placa de ateroma resultante do excesso de colesterol, o indivíduo poderá ter dor no peito durante uma atividade física (angina) ou mesmo apresentar um quadro de ataque cardíaco (infarto do miocárdio). Há muitas pesquisas em andamento que visam desenvolver métodos mais adequados para detecção precoce de problemas relacionados à nutrição, por exemplo, o risco de infarto.

ataque cardíaco Redução súbita da função cardíaca em decorrência da diminuição do fluxo de sangue nos vasos que suprem o coração. Com frequência, parte do tecido cardíaco morre em consequência desse processo. O termo técnico é infarto do miocárdio.

Outro exemplo de um quadro grave e cujos sintomas demoram a se manifestar é a diminuição da densidade óssea, que resulta da deficiência de cálcio. Esse é um problema particularmente relevante para mulheres jovens e adolescentes. Muitas vezes, a mulher jovem não ingere a quantidade necessária de cálcio, porém não percebe os efeitos dessa falta na juventude. Entretanto, a estrutura óssea dessas mulheres não alcança todo o seu potencial de desenvolvimento na fase de crescimento, o que torna mais provável a ocorrência de osteoporose em períodos mais tardios da vida.

Além disso, os sintomas clínicos de algumas carências nutricionais - diarreia, problemas da marcha e lesões faciais - não são muito específicos e podem ocorrer em razão de outras causas não ligadas à nutrição. A demora no aparecimento de sintomas e o fato de eles serem de natureza vaga dificultam o estabelecimento de uma correlação entre os hábitos alimentares da pessoa e seu estado nutricional.

Sua saúde nutricional merece atenção

A Tabela 1.7, do Capítulo 1, demonstra a estreita relação entre nutrição e saúde. A boa notícia é que as pessoas que se preocupam em manter um bom estado de saúde nutricional estão aptas a gozar de uma vida longa e cheia de vigor. Um estudo recente mostrou que mulheres que mantêm um estilo de vida saudável têm menor risco de sofrerem infarto do miocárdio (80% menor) em comparação com as mulheres que não têm esses hábitos saudáveis, que incluem:

- Consumir uma dieta saudável
  - Variada
  - Rica em fibras
  - Que inclua peixe
  - Com o mínimo possível de gordura animal e gorduras *trans*
- Manter o peso dentro de uma faixa saudável
- Consumir álcool apenas eventualmente, em pequena quantidade
- Fazer exercício físico por pelo menos 30 minutos, diariamente
- Não fumar

Será que todos os adultos deveriam seguir esse exemplo (sendo o consumo de álcool opcional)?

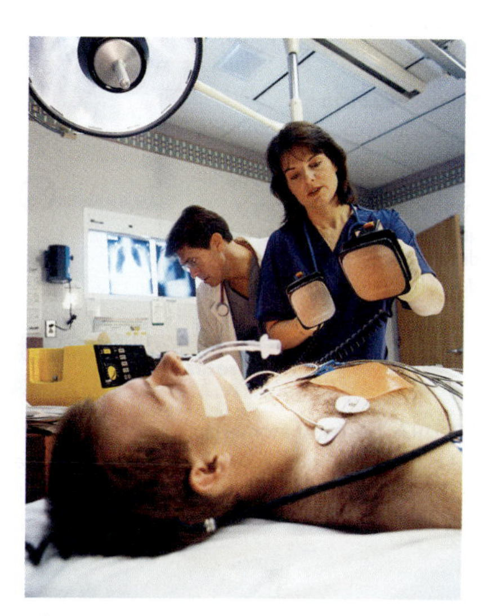

▲ Às vezes, o infarto do miocárdio é o primeiro sinal de que a alimentação da pessoa não está equilibrada com suas necessidades fisiológicas. Cerca de 25% das vítimas de infarto não sobrevivem a esse evento.

REVISÃO CONCEITUAL

O estado nutricional desejável é aquele em que o corpo recebe nutrientes em quantidade suficiente para funcionar bem e ainda consegue acumular reservas para os períodos de maior necessidade. Quando a ingestão de nutrientes não supre as necessidades do corpo, surge o quadro de subnutrição. Os sintomas desse aporte inadequado de nutrientes podem levar meses ou anos para se manifestar. Deve-se evitar sobrecarregar o organismo com nutrientes, pois isso leva à supernutrição. O estado nutricional pode ser avaliado por meio dos dados antropométricos, bioquímicos, clínicos, dietéticos e econômicos (ABCDE).

2.4 Recomendações para uma alimentação saudável

As próximas seções do Capítulo 2 contêm várias orientações para o planejamento de uma alimentação saudável.

*MyPyramid** - como preparar seu cardápio

Desde o início do século XX, estudiosos e pesquisadores procuram traduzir a ciência da nutrição em termos práticos, para que pessoas sem formação específica na

* N. de R.T.: Em 2011, o US Department of Agriculture (USDA) substituiu a representação gráfica da pirâmide alimentar por um prato. A nova representação recebeu o nome de *MyPlate* e divide um prato em quatro porções: frutas, verduras, proteínas e cereais. Além disso, ao desenho é adicionado um copo, que representa leite e derivados. Mais detalhes sobre esse guia alimentar e suas indicações podem ser encontrados no *site*: www.choosemyplate.gov.

Atividade
A atividade é representada pelos degraus e pela pessoa subindo, para relembrar a importância da atividade física diária.
Moderação
A moderação é representada pelo estreitamento de cada grupo alimentar de baixo para cima. A base mais ampla representa os alimentos que contêm pouca ou nenhuma gordura sólida ou açúcar adicionado e que devem ser consumidos mais frequentemente. O topo, mais estreito, representa os alimentos que contêm mais açúcar adicionado e gorduras sólidas. Quanto maior for o seu grau de atividade, mais desses alimentos você pode consumir.
Personalização
A personalização é representada pela pessoa que sobe os degraus, pelo *slogan* e pela página de internet. Descubra os tipos e quantidades de alimentos que você deve consumir acessando a página do MyPyramid.gov na internet.
Proporcionalidade
A proporcionalidade é representada pelas diferentes larguras das faixas dos grupos alimentares. Essas larguras indicam quanto a pessoa deve consumir de cada grupo, mas são apenas uma orientação geral e não proporções exatas. Acesse a página e veja qual é a quantidade certa para você.
Variedade
A variedade é simbolizada pelas 6 cores que representam os 5 grupos alimentares e os óleos, na pirâmide. A ideia é ilustrar que, para ter boa saúde, precisamos consumir, diariamente, alimentos de todos os grupos.
MyPyramid
O CAMINHO PARA A SAÚDE
Melhora gradual
A melhora gradual é encorajada pelo *slogan* – ele sugere o benefício que esses pequenos passos podem trazer no sentido de melhorar a dieta e o estilo de vida.
Cereais
Legumes
Frutas
Óleos
Leite
Carne e leguminosas

FIGURA 2.4 ▶ Anatomia do guia *MyPyramid*. As orientações do USDA representam uma abordagem personalizada dos temas alimentação saudável e atividade física. A simbologia foi idealizada para simplificar o conceito e lembrar ao consumidor que ele deve escolher alimentos saudáveis e manter um nível diário de atividade física. Essa figura descreve as diferentes partes da pirâmide.

área possam verificar se estão suprindo suas necessidades nutricionais. Em meados dos anos 1950, o United States Department of Agriculture (USDA) simplificou as recomendações, organizando os alimentos em quatro grupos principais: laticínios, carnes, frutas e legumes, pães e cereais. Em 1992, esse conceito passou a ser ilustrado pela chamada "pirâmide alimentar".

Em abril de 2005, o USDA modificou o diagrama e lançou seu mais recente guia alimentar, denominado *MyPyramid*. Esse novo guia, intitulado "Como ser uma pessoa mais saudável", aborda, de forma mais individualizada, o planejamento de uma alimentação e de um estilo de vida saudáveis. A meta dessas orientações é nos permitir viver mais tempo e levar uma vida melhor e mais saudável (Fig. 2.4).

O diagrama piramidal representa a proporção recomendada dos alimentos de cada grupo (cereais, legumes, frutas, leite, carnes e leguminosas) para formar uma dieta saudável. A atividade física é o elemento novo na pirâmide.

O conceito *MyPyramid* foi idealizado para representar uma abordagem personalizada, melhora gradual, atividade, variedade, proporcionalidade e moderação. Esses conceitos são explicados na Figura 2.4. Também foram desenvolvidas mensagens ao consumidor, que ajudam a navegar no conceito *MyPyramid* (Fig. 2.5).

Uma inovação do *MyPyramid* é a tecnologia interativa disponível na página do MyPyramid na internet. Para obter a orientação individualizada que constitui a marca registrada desse conceito, é preciso usar a internet. São os seguintes os recursos oferecidos:

MyPyramid Plan – permite uma rápida estimativa da quantidade e natureza dos alimentos de cada grupo a serem consumidos pela pessoa, de acordo com idade, sexo e grau de atividade física.

calorias discricionárias São as calorias permitidas na dieta além daquelas necessárias para suprir as necessidades nutricionais. Essa quantidade de calorias, que geralmente é pequena, permite flexibilidade de consumo de certos alimentos e bebidas que contenham álcool (p. ex., cerveja e vinho), açúcar adicionado (p. ex., refrigerantes, balas e doces) ou gorduras adicionadas, como parte dos alimentos com teor moderado ou elevado de lipídeos (p. ex., muitos alimentos industrializados, salgadinhos, etc.).

Cereais Metade deles devem ser integrais	Legumes Bem variados	Frutas Foco nas frutas	Leite Sua fonte de cálcio	Carne e leguminosas Prefira carnes magras
Coma pelo menos 100 g de cereais, pães, bolachas, arroz ou massa de grão integral diariamente 30 g correspondem, aproximadamente, a 1 fatia de pão, 1 xícara de cereal matinal ou ½ xícara de arroz, outros grãos ou massa, já cozidos	Coma mais verdes, como brócolis, espinafre e outros vegetais folhosos Coma mais vegetais alaranjados como cenoura e batata doce Coma mais ervilhas, vagens e lentilhas	Coma frutas variadas. Você pode escolher entre frutas frescas, em conserva ou secas Beba com moderação sucos de frutas	Prefira leite, iogurte e outros derivados lácteos desnatados ou semidesnatados Se você não quiser ou não puder consumir leite, inclua na sua dieta produtos sem lactose e outras fontes de cálcio, como alimentos e bebidas fortificados	Prefira carnes e aves magras Prepare as carnes assadas, cozidas ou grelhadas Varie sua ingestão proteica – coma mais peixe, leguminosas, ervilhas, oleaginosas e sementes
Para compor uma dieta de 2.000 calorias, de cada grupo alimentar, serão necessárias as seguintes quantidades. Veja o consumo certo para cada perfil de pessoa na página MyPyramId.gov				
Coma cerca de 200 g/dia	Coma 2½ xícaras/dia	Coma 2 xícaras/dia	Beba 3 copo/dia; 2 copo/dia dos 2 aos 8 anos	Coma 180 g/dia

Encontre o equilíbrio entre alimentação e atividade física

- Mantenha o consumo dentro das suas necessidades calóricas diárias.
- Faça atividade física pelo menos 30 min por dia, quase todos os dias.
- Podem ser necessários 60 min/dia de atividade física para evitar o ganho de peso.
- Para perder peso, podem ser necessários pelo menos 60 a 90 min/dia de atividade física.
- Crianças e adolescentes devem fazer atividade física 60 min/dia, quase todos os dias.

Conheça os limites de consumo de gorduras, açúcares e sal (sódio)

- Prefira peixes, oleaginosas e óleos vegetais como fontes de gorduras.
- Limite a ingestão de gorduras sólidas, como manteiga, margarina e toucinho, e alimentos que contenham essas gorduras.
- Verifique as informações nutricionais nos rótulos, para controlar a ingestão de gordura saturada, gordura trans e sódio.
- Prefira alimentos e bebidas com pouco açúcar adicionado, pois ele contribui com muitas calorias e pouco ou nenhum nutriente.

FIGURA 2.5 ► As mensagens acima apresentadas desenvolvidas pelo USDA para ajudar o consumidor a navegar na página *MyPyramid*. As quantidades de cada grupo alimentar mostradas são adequadas para uma dieta de 2.000 calorias. As quantidades referentes a outras dietas encontram-se na Tabela 2.4.

Inside MyPyramid – informações detalhadas sobre cada grupo alimentar, incluindo a ingestão diária recomendada expressa em medidas caseiras (xícara, colher, etc.) com exemplos e sugestões práticas. Esse tópico inclui também recomendações para escolha de óleos saudáveis, atividade física e **calorias discricionárias**, ou seja, as calorias permitidas, decorrentes do consumo de alimentos com alto teor de açúcar adicionado ou gorduras sólidas. A ideia geral é não exceder as quantidades recomendadas de calorias, considerando aquelas provenientes de alimentos e bebidas habituais somadas às calorias de bebidas alcoólicas, doces e alimentos gordurosos. Para a maioria das pessoas, a quantidade de calorias discricionárias permitida na alimentação diária é muito pequena. Ver item "Decisões Alimentares" para saber como calcular as calorias discricionárias.

Como fica a questão da atividade física no conceito *MyPyramid*? Atividade física é qualquer movimento corporal que use energia. Caminhada, jardinagem, empurrar o carrinho do bebê com pressa, subir escadas, jogar futebol ou sair para dançar são exemplos de atividade física. Para trazer algum benefício à saúde, a atividade física deve ser moderada ou vigorosa e deve perfazer pelo menos 30 minutos em todos os dias ou quase todos os dias da semana.

DECISÕES ALIMENTARES

Calorias discricionárias

As calorias discricionárias podem ser calculadas da seguinte forma:

Ingestão calórica (kcal)	Calorias discricionárias (kcal)	Ingestão calórica (kcal)	Calorias discricionárias (kcal)
1.000	165*	2.200	290
1.200	171*	2.400	362
1.400	171*	2.600	410
1.600	132	2.800	426
1.800	195	3.000	512
2.000	267	3.200	648

*A quantidade de calorias discricionárias é maior quando a dieta é de 1.000–1.400 kcal do que quando se trata de uma dieta de 1.600 kcal, porque as dietas de menor teor calórico se destinam a crianças na faixa dos 2 aos 8 anos de idade. As recomendações de calorias para adultos começam com a dieta de 1.600 kcal.

▲ Um estilo de vida ativo é o que inclui um nível de atividade física equivalente a caminhar mais de 5 Km por dia, na velocidade de 5 a 6 km/h, além da atividade leve associada à rotina normal.

MyPyramid Tracker – permite ao usuário escolher entre 8.000 alimentos e 600 atividades e fornece informações mais detalhadas sobre a qualidade da dieta e o grau de atividade física, comparando um dia típico, em termos de ingestão alimentar, com as recomendações do *MyPyramid*. As mensagens sobre nutrição e atividade física dependem da necessidade de manter ou perder peso.

Start Today – sugestões e recursos que o usuário pode baixar para o seu próprio computador, acerca dos grupos alimentares e da atividade física, além de uma planilha para acompanhamento da dieta.

Como colocar a pirâmide em prática. Para colocar em prática os conceitos da página *MyPyramid*, primeiramente você precisa calcular suas necessidades calóricas (a página de internet ajuda a fazer esse cálculo). A Figura 2.6 dá uma orientação geral. O planejamento *MyPyramid* traduz, em última análise, a ingestão dietética recomendada em 12 pirâmides distintas, que se baseiam na necessidade calórica (1.000 a 3.200 kcal).

Uma vez que você tenha determinado a necessidade calórica adequada no seu caso, poderá usar a Tabela 2.4 para descobrir como essa quantidade de calorias corresponde às porções recomendadas de cada grupo alimentar.

Em que consiste uma porção? A página *MyPyramid* fornece informações sobre as porções dos alimentos dos vários grupos, em medidas caseiras. Verifique com atenção o tamanho das porções de cada alimento escolhido para controlar a ingestão total de calorias. A Figura 2.7 contém orientações práticas sobre como medir os tamanhos de porções mais comuns.

- **Cereais:** 1 fatia de pão, 1 xícara de cereal matinal, ½ xícara de arroz cozido, de massa ou de cereal equivalem a mais ou menos 30 g.
- **Legumes:** 1 xícara de legumes crus ou cozidos ou de suco de legumes ou 2 xícaras de folhas cruas.

TABELA 2.4 Recomendações do programa *MyPyramid* para consumo diário de alimentos com base na necessidade calórica – as orientações se classificam em 12 pirâmides separadas

Quantidades diárias dos alimentos de cada grupo												
Teor calórico	1.000	1.200	1.400	1.600	1.800	2.000	2.200	2.400	2.600	2.800	3.000	3.200
Frutas	1 xícara	1 xícara	1,5 xícara	1,5 xícara	1,5 xícara	2 xícaras	2 xícaras	2 xícaras	2 xícaras	2,5 xícaras	2,5 xícaras	2,5 xícaras
Vegetais[1,2]	1 xícara	1,5 xícara	1,5 xícara	2 xícaras	2,5 xícaras	2,5 xícaras	3 xícaras	3 xícaras	3,5 xícaras	3,5 xícaras	4 xícaras	4 xícaras
Cereais[3]	90 g	120 g	150 g	150 g	180 g	180 g	210 g	240 g	270 g	300 g	300 g	300 g
Carne e leguminosas	60 g	90 g	120 g	150 g	150 g	165 g	180 g	195 g	195 g	210 g	210 g	210 g
Leite[4]	2 copos	2 copos	2 copos	3 copos	3 copos	3 copos	3 copos	3 copos	3 copos	3 copos	3 copos	3 copos
Óleos[5]	3 col de chá	4 col de chá	4 col de chá	5 col de chá	5 col de chá	6 col de chá	6 col de chá	7 col de chá	8 col de chá	8 col de chá	10 col de chá	11 col de chá
Calorias discricionárias permitidas[6]	165	171	171	132	195	267	290	362	410	426	512	648

[1] Os vegetais se subdividem em cinco grupos (folhosos escuros, vermelhos, legumes, feculentos [amido] e outros). Em uma semana, devem-se consumir vários tipos de vegetais, sobretudo folhosos e vermelhos.

[2] Feijões secos e ervilhas podem ser computados como vegetais ou podem integrar o grupo das carnes e leguminosas. Em geral, as pessoas que consomem carne, aves e peixes regularmente consideram que feijões e ervilhas pertencem ao grupo dos vegetais, ao passo que as pessoas que raramente consomem carne, aves ou peixe (vegetarianos) tendem a consumir mais feijão e ervilhas e preferem enquadrar alguns desses no grupo das carnes, até completar o número de porções suficientes desse grupo para o consumo de um dia.

[3] Pelo menos metade das porções deve ser de cereais integrais.

[4] A maioria das porções deve ser de leite desnatado ou semidesnatado.

[5] Limitar a ingestão de gorduras sólidas, como manteiga, margarina de mesa e culinária, e a gordura das carnes, bem como alimentos que contenham essas gorduras.

[6] As calorias discricionárias se referem às calorias dos alimentos ricos em gorduras sólidas ou que têm adição de açúcar.

	Faixa de calorias (Kcal)	
Crianças	Sedentários ⟶	Ativos
2-3 anos	1.000 ⟶	1.400
Fem.		
4-8 anos	1.200 ⟶	1.800
9–13	1.600 ⟶	2.200
14–18	1.800 ⟶	2.400
19–30	2.000 ⟶	2.400
31–50	1.800 ⟶	2.200
51+	1.600 ⟶	2.200
Masc.		
4-8 anos	1.400 ⟶	2.000
9–13	1.800 ⟶	2.600
14–18	2.200 ⟶	3.200
19–30	2.400 ⟶	3.000
31–50	2.200 ⟶	3.000
51+	2.000 ⟶	2.800

FIGURA 2.6 ► Estimativas de necessidades calóricas (kcals) fornecidas pelo *MyPyramid*.

▲ Vida sedentária é aquela em que só se tem a atividade física leve, associada à rotina diaria.

FIGURA 2.7 ► Objetos como xícaras, baralho de cartas e outros servem como referências práticas para o tamanho das porções. Sua mão também é uma referência (É possível comparar seu punho fechado com uma xícara, por exemplo, e ajustar as medidas conforme descrito a seguir).

Punho ou um punhado = 1 xícara
Polegar = 30 g de queijo
Extremidade do dedo polegar = 1 colher de chá
Palma da mão = 90 g
Mão cheia = 30 ou 60 g de salgadinhos ou chips

- **Frutas:** 1 xícara de frutas ou 1 copo de suco de fruta natural ou ½ xícara de frutas secas.
- **Leite:** 1 copo de leite ou iogurte, 45 g de queijo natural ou 60 g de queijo processado.
- **Carne e leguminosas:** 30 g de carne, frango ou peixe; 1 ovo; 1 colher de sopa de manteiga de amendoim; ¼ de xícara de feijão cozido sem caldo ou 15 g de nozes ou sementes (90 g de carne é um pedaço mais ou menos do tamanho de um baralho de cartas).
- **Óleos:** uma colher de sopa de qualquer óleo vegetal ou de peixe, que seja líquido em temperatura ambiente, corresponde a uma porção, o mesmo valendo para alimentos ricos em óleo (p. ex., maionese e margarina cremosa).

Como montar um cardápio no *MyPyramid*. Ao usar o programa *MyPyramid* para montar seus cardápios diários, lembre-se:

1. As recomendações não servem para lactentes nem para crianças abaixo de dois anos de idade.

▲ As refeições servidas em restaurantes geralmente contêm muitas porções dessas citadas no programa *MyPyramid*.

TABELA 2.5 Teor de nutrientes dos alimentos dos vários grupos citados no programa *MyPyramid*

Categoria alimentar	Contribuição dos principais nutrientes
Cereais	Carboidratos Vitaminas (p. ex., tiamina) Minerais (p. ex., ferro) Fibras*
Vegetais	Carboidratos Vitaminas (p. ex., pigmentos que formam vitamina A) Minerais (p. ex., magnésio) Fibras
Frutas	Carboidratos Vitaminas (p. ex., folato e vitamina C) Minerais (p. ex., potássio) Fibras
Óleos	Gorduras Ácidos graxos essenciais Vitaminas (p. ex., vitamina E)
Leite	Carboidratos Proteína Vitaminas (p. ex., vitamina D) Minerais (p. ex., cálcio e fósforo)
Carnes e leguminosas	Proteína Vitaminas (p. ex., vitamina B6) Minerais (p. ex., ferro e zinco)

*Cereais integrais

2. Não há um alimento que, isoladamente, seja absolutamente essencial para uma boa nutrição. Cada alimento é rico em certos nutrientes e pobre em pelo menos um nutriente essencial (Tab. 2.5).
3. Nenhum grupo alimentar sozinho supre todos os nutrientes essenciais em quantidade adequada. Cada grupo alimentar dá uma contribuição distinta e importante para o valor nutricional das refeições.
4. A variedade é a chave do sucesso do uso do programa *MyPyramid*, e o que garante variedade é a escolha de alimentos dos diferentes grupos. Além disso, devem-se consumir vários alimentos diferentes de cada grupo, com exceção, naturalmente, do grupo do leite, iogurte e queijo.
5. Alimentos pertencentes a um mesmo grupo podem variar muito quanto ao teor de nutrientes e calorias. Por exemplo, o teor calórico de 90 g de batata assada é de 98 kcal, mas 90 g de batatas fritas contêm 470 kcal. Em relação à vitamina C, por exemplo, uma laranja tem 70 mg, ao passo que uma maçã tem apenas 10 mg.

De modo geral, o programa *MyPyramid* incorpora os fundamentos de uma dieta saudável: variedade, equilíbrio e moderação. Entretanto, o grau de adequação da dieta planejada por meio dessa ferramenta dependerá da escolha de alimentos variados (ver exemplo da Tab. 2.6). Além disso, as dietas elaboradas com base nesse programa podem ter baixo teor de vitamina E, vitamina B6, magnésio e zinco. Para garantir um consumo adequado desses nutrientes, são feitas as seguintes recomendações:

1. Escolher produtos lácteos semidesnatados ou desnatados. Reduzindo, dessa forma, o aporte de calorias, será possível escolher mais itens de outros grupos alimentares. Se o consumo de leite causar flatulência e distensão abdominal, prefira iogurtes e queijos (ver detalhes sobre a intolerância ou má digestão da lactose no Cap. 4).
2. Incluir alimentos de origem vegetal que sejam boas fontes de proteína, como feijão e nozes, várias vezes por semana, pois muitos deles são ricos em vitaminas (p. ex., vitamina E), minerais (magnésio) e fibras.

TABELA 2.6 *MyPyramid* na prática. O cardápio a seguir supre as necessidades de todas as vitaminas e minerais de um adulto médio que necessite de 1.800 kcal. Para adolescentes, jovens e idosos, acrescentar uma porção de leite ou outro alimento rico em cálcio

Refeição	Grupo alimentar
Café da manhã	
1 laranja pequena	Frutas
¾ de xícara de granola com baixo teor de gordura	Cereais
com ½ copo de leite desnatado	Leite
½ pãozinho tostado	Cereais
com 1 colher de chá de margarina	Óleos
Opcional: café ou chá	
Almoço	
Sanduíche de peito de peru	
2 fatias de pão integral	Cereais
60 g de peito de peru	Carne e leguminosas
2 colheres de chá de mostarda	
1 maçã pequena	Frutas
2 biscoitos de aveia com passas (pequenos)	Calorias discricionárias
Opcional: refrigerante *diet*	
15 h Lanche da tarde	
6 bolachas integrais	Cereais
1 colher de sopa de pasta de amendoim	Carne e leguminosas
½ copo de leite desnatado	Leite
Jantar	
Salada temperada	
1 xícara de alface romana	Vegetais
½ xícara de tomate fatiado	Vegetais
1½ colher de sopa de molho italiano	Óleos
½ cenoura ralada	Vegetais
90 g de salmão grelhado	Carne e leguminosas
½ xícara de arroz	Cereais
½ xícara de vagem	Vegetais
com 1 colher de chá de margarina	Óleos
Opcional: café ou chá	
Ceia	Leite
1 copo de iogurte *light*	
Composição nutricional	
1.800 kcal	
Carboidratos	56% das calorias
Proteínas	18% das calorias
Gorduras	26% das calorias

3. No que diz respeito aos vegetais e frutas, procure incluir na dieta, diariamente, uma folha escura ou um vegetal laranja, rico em vitamina A, além de uma fruta rica em vitamina C, como a laranja. Procure evitar sempre escolher a batata (p. ex., batatas fritas) como alimento vegetal. As pesquisas mostram que menos de 5% dos adultos comem uma porção completa de vegetais folhosos ao longo de um dia qualquer, mas é importante aumentar o consumo desses alimentos porque eles contribuem com vitaminas, minerais, fibras e fitoquímicos.
4. Prefira pães, cereais, arroz e massas integrais porque eles fornecem vitamina E e fibra. Essa recomendação pode ser cumprida com um prato em que dois terços sejam cereais, frutas e vegetais, e um terço ou menos seja de alimentos ricos em proteínas. Uma porção diária de cereal integral, no café da manhã, é uma excelente escolha porque as vitaminas (p. ex., vitamina B6) e os minerais (p. ex., zinco) que são adicionados a esses cereais, juntamente com as fibras, ajudam a preencher as lacunas mencionadas anteriormente.

5. Inclua diariamente alguns óleos vegetais, por exemplo, no tempero da salada, e coma peixe pelo menos duas vezes por semana para garantir o aporte de ácidos graxos essenciais, benéficos para a saúde.

▲ Vegetais folhosos contribuem com muitos nutrientes para a dieta.

Dietary Guidelines for Americans (Diretrizes alimentares para americanos) Metas gerais de ingestão de nutrientes e composição da dieta definidas pelos órgãos reguladores da agricultura (USDA) e da saúde (Department of Health and Human Services) nos EUA.

DECISÕES ALIMENTARES

Tamanho das porções

Você conhece as medidas de porções? As medidas mais utilizadas se encontram no Apêndice H. Uma porção de alimento pode ser indicada em unidades de massa (grama, quilo) ou de volume (litro, cm^3) ou pode ser expressa em medidas caseiras, como colher de sopa, colher de chá, xícara, etc. Embora as medidas caseiras sejam menos precisas, são mais práticas para o consumidor, pois fornecem um referencial de fácil entendimento. Em muitos rótulos, as porções são expressas nas duas formas para garantir que o consumo seja o recomendado.

Como está a sua dieta? A comparação periódica da sua alimentação diária com as recomendações do programa *MyPyramid* referentes à idade, ao sexo e ao grau de atividade física é um método relativamente simples de avaliar a qualidade da sua dieta. Procure seguir as recomendações. (A maioria dos adultos segue uma dieta de baixa qualidade, segundo esses padrões, principalmente no que diz respeito ao consumo de leite, legumes, frutas, pães e cereais integrais.) Se não for possível segui-las, identifique os nutrientes de cada grupo que estão faltando na sua dieta (consultar a Tab. 2.5). Por exemplo, se você não estiver consumindo leite em quantidade suficiente, sua ingestão de cálcio provavelmente estará muito baixa. É preciso buscar alimentos de que goste e que forneçam cálcio, como suco de laranja fortificado com cálcio. Personalizar o programa *MyPyramid* para adequá-lo aos seus hábitos alimentares pode parecer muito complicado, mas não será difícil se você aprender um pouco mais sobre nutrição.

Vamos lá! Comece a colocar em prática o programa *MyPyramid* e use a ferramenta *MyTracker* para acompanhar seu progresso. Mesmo pequenas mudanças na sua rotina alimentar e de exercícios físicos podem ter resultados positivos. Sua saúde provavelmente irá melhorar à medida que você procura preencher suas necessidades nutricionais e equilibrar sua atividade física com o aporte calórico. Além disso, siga as orientações do relatório 2005 Dietary Guidelines for Americans relacionadas ao consumo de álcool e sódio e ao preparo seguro dos alimentos.

REVISÃO CONCEITUAL

O programa *MyPyramid* reflete as necessidades gerais de carboidratos, proteínas, gorduras, vitaminas e minerais, traduzindo-as em número de porções diárias de cada um dos cinco principais grupos alimentares e de óleos. É uma ferramenta prática e valiosa para o planejamento do cardápio diário.

A pirâmide alimentar mediterrânea

A pirâmide alimentar mediterrânea, desenvolvida pela Oldways, uma organização sem fins lucrativos muito respeitada e que promove o debate sobre questões alimentares, é outro conjunto de ferramentas práticas para a promoção da saúde.

A dieta descrita na pirâmide alimentar mediterrânea inclui elementos da dieta de alguns locais da região mediterrânea onde há a menor incidência de doenças crônicas e a mais longa expectativa de vida. Os benefícios dessa dieta para a saúde são corroborados por estudos epidemiológicos e pesquisas nutricionais experimentais.

A pirâmide alimentar mediterrânea foi atualizada e divulgada em 2009. Agora ela enfatiza os benefícios dos vegetais para a saúde, reunindo em um mesmo grupo esses alimentos saudáveis e saborosos (frutas, vegetais, cereais, nozes, legumes, sementes, azeitonas e azeite de oliva). Ervas e especiarias também figuram nesse grupo, tanto por serem saudáveis quanto por seu efeito no paladar. A pirâmide também ressalta os benefícios do consumo de peixe e crustáceos pelo menos duas vezes por semana.

A pirâmide alimentar mediterrânea se baseia em hábitos alimentares tradicionais, que incluem os seguintes itens (as notas entre parênteses acrescentam uma perspectiva contemporânea de saúde pública): as quantidades médias apresentadas são, propositalmente, inespecíficas, já que se sabe que existe grande variação dentro desse padrão.

- Muitos alimentos de origem vegetal, incluindo frutas, legumes variados, batatas, pães e cereais, leguminosas, oleaginosas e sementes.
- Ênfase em alimentos minimamente processados e, sempre que possível, frescos e/ou plantados no local (o que garante o máximo teor de micronutrientes e substâncias antioxidantes).
- Azeite de oliva como principal fonte de gordura, em lugar de outros tipos de óleos e gorduras (inclusive manteiga e margarina).
- Gorduras totais que representem entre menos de 25% e não mais de 35% das calorias ingeridas, sendo não mais de 7 a 8% das calorias provenientes de gorduras saturadas.
- Consumo diário de quantidades baixas a moderadas de queijo e iogurte (preferir as versões desnatadas ou semidesnatadas).

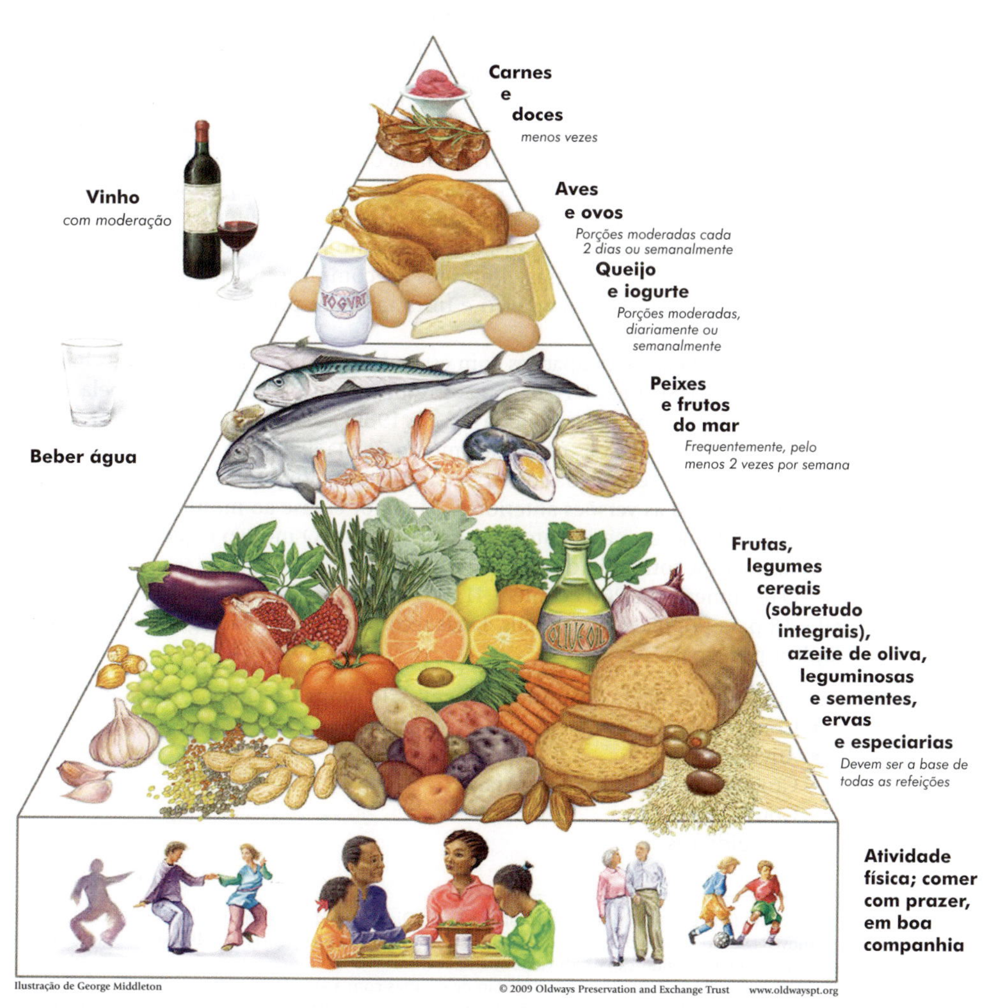

▲ A pirâmide alimentar mediterrânea se baseia nos hábitos alimentares da região mediterrânea que tem baixa incidência de doenças crônicas e longa expectativa de vida.

- Consumo semanal de quantidades baixas a moderadas de peixe e aves (pesquisas recentes indicam que peixe é ligeiramente melhor do que ave) e até quatro ovos por semana (incluindo os ovos usados no preparo de alimentos e em itens assados).
- Frutas frescas como sobremesa, diariamente, reduzindo o consumo de doces que tenham quantidade significativa de açúcar (geralmente na forma de mel) e gordura saturada a não mais do que poucas vezes por semana.
- Carne vermelha algumas vezes por mês (pesquisas recentes indicam que o consumo de carne vermelha, se houver, deve ser limitado a 340 a 450 g por mês; se possível, deve-se dar preferência às carnes magras).
- Praticar atividade física regularmente, em nível que promova um peso saudável, boa forma física e bem-estar.
- Consumo moderado de vinho, geralmente durante as refeições, 1 ou 2 taças por dia, no caso dos homens, e 1 taça por dia, no caso das mulheres (o ponto de vista contemporâneo de saúde pública é que o vinho deva ser considerado opcional e evitado sempre que seu consumo colocar o próprio indivíduo ou outras pessoas sob risco).

(Extraído de: Oldways Food Issues Think Tank, 266 Beacon St., Boston, MA 02116, http://www.oldwayspt.org)

Diretrizes alimentares – outra ferramenta para planejar seu cardápio

O programa *MyPyramid* foi idealizado para ajudar a atender suas necessidades nutricionais de carboidratos, proteínas, gorduras, vitaminas e minerais. Entretanto, a maioria das doenças crônicas que são as principais causadoras de morte na América do Norte, como é o caso das doenças cardiovasculares, câncer e alcoolismo, não está associada, em princípio, a deficiências desses nutrientes. As doenças de carência, como o escorbuto (falta de vitamina C) e a pelagra (carência de niacina) já não são frequentes hoje em dia. Para muitas pessoas, o principal vilão é o consumo excessivo de um ou mais dos seguintes itens: calorias, gordura saturada, colesterol, gordura *trans*, álcool e sódio (sal). O consumo insuficiente de cálcio, ferro, folato e outras vitaminas do complexo B, vitamina C, vitamina D, vitamina E, potássio, magnésio e fibra também pode ser um problema em alguns casos.

Há um folheto informativo destinado ao público geral, que se baseia nas Dietary Guidelines for Americans de 2005, intitulado Finding Your Way to a Healthier You (Encontre o caminho para a saúde). Ele aborda os principais temas contidos, mas usa uma linguagem simples e pode ser encontrado na página www.healthierus.gov/dietaryguidelines.

Em resposta às preocupações com essas doenças fatais ligadas a maus hábitos alimentares, o USDA e o DHHS (órgãos responsáveis pela agricultura e pela saúde nos EUA) publicaram, pela primeira vez em 1980, as Dietary Guidelines for Americans para ajudar as pessoas no planejamento de sua dieta.

A versão mais recente das diretrizes alimentares foi publicada em 2005* e, em comparação com as versões anteriores, dá maior ênfase ao monitoramento da ingestão de calorias e ao aumento da atividade física. O motivo é que cada vez mais pessoas estão se tornando obesas, todos os anos.

O documento de 2005 contém 41 recomendações, sendo 23 para o público geral e 18 para populações especiais. Essas recomendações estão agrupadas em nove tópicos principais:

- Ingestão adequada de nutrientes dentro do limite de calorias necessárias
- Controle do peso
- Atividade física
- Grupos alimentares preferenciais
- Gorduras
- Carboidratos

* N. de R.T.: Em 2010, foi lançada uma atualização do Dietary Guidelines for Americans com o objetivo de promover a saúde, reduzir o risco de doenças crônicas e reduzir a prevalência de sobrepeso e obesidade por meio de uma melhor nutrição e prática de atividade física.
O novo Guia enfatiza o equilíbrio da ingestão de calorias com a atividade física, incentiva o consumo de alimentos mais saudáveis, como legumes, frutas, grãos integrais, produtos lácteos sem ou com baixo teor de gordura e frutos do mar, e estimula a redução do consumo de sódio, gorduras saturadas e *trans*, açúcares adicionados e grãos refinados. O material completo pode ser acessado no *site*: www.dietaryguidelines.gov.

- Sódio e potássio
- Bebidas alcoólicas
- Segurança alimentar

A Figura 2.8 mostra as principais recomendações para o público geral e para os grupos populacionais especiais dentro de cada tópico. As orientações se aplicam a partir dos dois anos de idade.

A premissa básica das diretrizes alimentares é que as necessidades nutricionais devem ser preenchidas, basicamente, pelo consumo de alimentos. Os alimentos fornecem diversos nutrientes e outros compostos que podem ter efeitos benéficos para a saúde. Alimentos enriquecidos e suplementos dietéticos, contudo, são especialmente importantes para pessoas cujas escolhas alimentares não cumprem pelo menos uma das recomendações, por exemplo, a de ingestão de vitamina E ou cálcio. Entretanto, suplementos dietéticos não substituem uma dieta saudável.

As Dietary Guidelines for Americans de 2005 (e a brochura para o público consumidor) estão disponíveis na página www.healthierus.gov/dietaryguidelines. Em geral, as diretrizes alimentares recomendam:

- Consumir alimentos e bebidas variados, de alta densidade nutricional, de todos os grupos básicos citados no programa *MyPyramid*, procurando limitar a ingestão de alimentos que contenham gorduras *trans* e saturadas, colesterol, adição de açúcar, sal e álcool (se for consumido). Os alimentos apontados como preferenciais são vegetais, frutas, leguminosas (feijão, soja), cereais integrais, leite desnatado ou semidesnatado ou derivados lácteos equivalentes.
- Manter o peso corporal dentro de uma faixa saudável, buscando equilibrar a ingestão de calorias dos alimentos e bebidas com as calorias gastas. Para tanto, deve-se praticar atividade física de intensidade moderada, pelo menos 30 minutos por dia, além da atividade habitual, realizada no trabalho ou em casa, na maior parte dos dias da semana.
- Adotar práticas seguras no manuseio dos alimentos a serem preparados. Essas práticas incluem lavar as mãos, superfícies de contato com alimentos, frutas e vegetais antes do preparo e cozinhar os alimentos em temperatura que garanta a eliminação dos microrganismos.

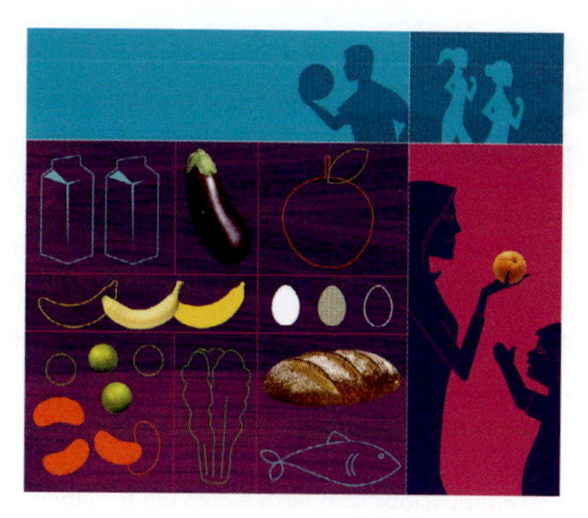

Dietary Guidelines for Americans, 2005

Uso prático das diretrizes alimentares As diretrizes alimentares foram idealizadas para atender às necessidades nutricionais, diminuindo, ao mesmo tempo, o risco de obesidade, hipertensão, doença cardiovascular, diabetes do tipo 2, alcoolismo e intoxicações alimentares.

Não é difícil implementar as diretrizes alimentares. A Tabela 2.7 mostra exemplos das mudanças que podem ser feitas na dieta com base nas diretrizes alimentares. Apesar da falsa impressão do público geral, essa estratégia alimentar não é particularmente cara. Frutas, vegetais e leite desnatado ou semidesnatado não são mais caros do que salgadinhos, biscoitos e refrigerantes que devem ser substituídos, ao menos em parte. Frutas e legumes congelados e enlatados e leite em pó desnatado são alimentos disponíveis a baixo custo.

Outras entidades científicas também emitiram recomendações alimentares para adultos, por exemplo, a American Heart Association, U.S. Surgeon General, National Academy of Sciences, American Cancer Society, Canadian Ministries of Health e a World Health Organization. Todas seguem os mesmos preceitos das diretrizes alimentares. Essas entidades incentivam as pessoas a modificarem seus hábitos alimentares de modo saudável e prazeroso.

PARA REFLETIR

Shannon cresceu consumindo a típica dieta americana. Recentemente, começou a ler e ouvir notícias e reportagens sobre a relação entre nutrição e saúde e começou a lançar um olhar crítico para sua dieta e a pensar em fazer algumas mudanças. Entretanto, não sabe por onde começar. Que conselho você daria a ela?

Você e as diretrizes alimentares Ao usar as diretrizes alimentares, você deve levar em conta o seu estado de saúde. Faça mudanças específicas e veja se elas estão funcionando. Às vezes, os resultados são frustrantes, mesmo que você cumpra todas as orientações de mudança da alimentação. Algumas pessoas conseguem consumir grandes quantidades de gordura saturada e ainda manter seu colesterol sob controle. Infelizmente, outras pessoas continuam tendo colesterol elevado mesmo quando seguem uma dieta com baixo teor de gordura saturada. As diferenças genéticas entre as pessoas são a principal razão para essa variação de resposta, conforme veremos no Capítulo 3. Portanto, cada um de nós tem necessidades nutricionais

NUTRIENTES ADEQUADOS PARA AS NECESSIDADES ENERGÉTICAS

- Consumir uma boa variedade de alimentos e bebidas de alta densidade nutricional dentro e entre os grupos alimentares básicos, escolhendo alimentos que tenham pouca quantidade de gordura *trans* e gordura saturada, colesterol, açúcar adicionado, sal e álcool.
- Atender à ingestão recomendada, compatível com as necessidades energéticas, adotando uma alimentação balanceada, como a sugerida na página *MyPyramid* ou na dieta DASH (ver Cap. 14).

Recomendações básicas para grupos específicos de pessoas

- *Pessoas de mais de 50 anos.* Consumir vitamina B12 na forma cristalina (alimentos fortificados ou suplementos).
- *Mulheres com potencial para engravidar.* Consumir alimentos de origem animal ou vegetal ricos em ferro ou enriquecidos com ferro e com um facilitador da absorção de ferro, por exemplo, vitamina C.
- *Mulheres com potencial para engravidar ou que estejam no primeiro trimestre da gravidez.* Consumir quantidades adequadas da forma sintética da vitamina do complexo B folato (ácido fólico), diariamente (em alimentos enriquecidos ou suplementos), além das formas contidas nos alimentos.
- *Adultos mais idosos, pessoas de pele escura ou que não sejam expostas à radiação ultravioleta em nível suficiente (luz solar).* Consumir quantidades extras de vitamina D sob a forma de alimentos enriquecidos e/ou suplementos.

CONTROLE DE PESO

- Para manter o peso dentro de uma faixa saudável, equilibrar o aporte de calorias de alimentos e bebidas com o gasto de energia.
- Para evitar o aumento gradativo do peso, fazer pequenas reduções da ingestão calórica, aumentando, ao mesmo tempo, o grau de atividade física.

Recomendações básicas para grupos específicos de pessoas

- *Pessoas que necessitem perder peso.* Procurar perder peso de modo lento e contínuo, diminuindo a ingestão de calorias e mantendo uma ingestão adequada de nutrientes, enquanto aumenta a atividade física.
- *Crianças com sobrepeso.* Reduzir a taxa de ganho de peso sem prejudicar o crescimento e o desenvolvimento. Consultar o médico antes de iniciar uma dieta para redução de peso.
- *Gestantes.* Garantir o ganho de peso adequado, conforme especificado pelo médico.
- *Mulheres que amamentam.* Uma redução de peso moderada é segura e não compromete o ganho de peso do lactente.
- *Adultos e crianças com sobrepeso e doenças crônicas e/ou que fazem uso constante de medicamentos.* Consultar o médico acerca de possíveis estratégias para redução de peso antes de iniciar qualquer programa de dieta para garantir o manejo adequado dos problemas de saúde.

GRUPOS ALIMENTARES PREFERENCIAIS

- Consumir frutas e legumes em quantidade suficiente, mantendo-se dentro das necessidades calóricas. Ingerir 2 xícaras de frutas e 2 ½ xícaras de legumes por dia são as recomendações para uma dieta de 2.000 calorias, com variações para cima e para baixo, dependendo das necessidades individuais.
- Variar bem as frutas e legumes diariamente. Selecionar alimentos de todos os cinco subgrupos de vegetais (folhosos, vermelhos, legumes, amiláceos e outros) e consumi-los várias vezes por semana.
- Consumir 100 g ou mais de produtos derivados de grãos integrais por dia e complementar a quantidade com cereais integrais ou enriquecidos. De modo geral, pelo menos metade dos cereais/grãos deve ser integral.
- Consumir 3 xícaras por dia de leite desnatado ou semidesnatado ou o equivalente em derivados lácteos.

Recomendações básicas para grupos específicos de pessoas

- *Crianças e adolescentes.* Consumir cereais integrais com frequência; pelo menos metade dos grãos deve ser integral. Crianças de 2 a 8 anos devem consumir 2 xícaras por dia de leite desnatado ou semidesnatado ou o equivalente em derivados lácteos. Crianças de nove anos ou mais devem consumir 3 xícaras por dia de leite desnatado ou semidesnatado ou o equivalente em derivados lácteos.

FIGURA 2.8 ▶ Principais recomendações de cada tópico da versão mais recente das Dietary Guidelines for Americans. *(Continua)*

ATIVIDADE FÍSICA

- Manter atividade física regular e reduzir o sedentarismo, para promover a saúde, o bem-estar psicológico e um peso saudável.
- Para reduzir o risco de doenças crônicas do adulto: fazer pelo menos 30 min de atividade física de intensidade moderada, além da atividade habitual em casa ou no trabalho, quase todos os dias.
- A maioria das pessoas consegue maior benefício durante uma atividade física mais vigorosa ou mais prolongada.
- Para controlar o peso corporal e evitar o ganho de peso gradativo e prejudicial à saúde, na vida adulta: fazer cerca de 60 min diários de atividade física vigorosa-moderada, quase todos os dias, e não exceder a ingestão calórica necessária.
- Para perder peso, na vida adulta: participar de pelo menos 60 a 90 min diários de atividade física moderada, sem exceder a ingestão calórica necessária. Algumas pessoas (homens > 40 anos e mulheres > 50 anos) podem necessitar da orientação de um médico antes de praticar esse nível de atividade.
- Alcançar a boa forma física incluindo exercícios de condicionamento cardiovascular, alongamento para garantir flexibilidade e exercícios de resistência ou ginástica calistênica para aumentar a força muscular e a resistência ao esforço.

Recomendações básicas para grupos específicos de pessoas

- *Crianças e adolescentes.* Fazer pelo menos 60 min de atividade física todos ou quase todos os dias.
- *Gestantes.* Não havendo complicações clínicas, incorporar à rotina pelo menos 30 min de atividade física moderada em todos ou quase todos os dias. Evitar atividades que acarretem alto risco de queda ou traumatismo abdominal.
- *Mulheres que amamentam.* Lembrar que exercícios regulares ou agudos não afetam adversamente a capacidade de amamentar o bebê.
- *Idosos.* Participar de atividades físicas regulares para reduzir o declínio funcional associado ao envelhecimento e para obter os demais benefícios da atividade física já identificados para os adultos em geral.

SÓDIO E POTÁSSIO

- Consumir menos de 2.300 mg de sódio por dia (aproximadamente 1 colher de chá de sal).
- Preferir e preparar alimentos com pouco sal. Ao mesmo tempo, consumir alimentos ricos em potássio, como frutas e legumes.

Recomendações básicas para grupos específicos de pessoas

- *Pessoas com hipertensão, indivíduos de raça negra, adultos de meia-idade ou mais idosos.* Procurar consumir no máximo 1.500 mg de sódio por dia e a quantidade recomendada de potássio (4.700 mg/dia) nos alimentos.

BEBIDAS ALCOÓLICAS

- Quem quiser consumir bebidas alcoólicas, deve fazê-lo com moderação e bom senso, o que significa consumir até 1 dose por dia, para mulheres, e até 2 doses por dia para homens (1 dose equivale a 360 mL de cerveja comum, 150 mL de vinho ou 45 mL de bebida destilada com teor alcoólico de 40%).
- O consumo de álcool deve ser evitado por pessoas que não consigam beber com moderação, por mulheres com potencial para engravidar, por gestantes e lactantes, crianças e adolescentes, indivíduos que estejam tomando medicamentos capazes de interagir com álcool e pessoas com doenças específicas.
- Também não devem consumir bebidas alcoólicas pessoas que exerçam atividades que exijam atenção, habilidade ou coordenação motora, como dirigir veículos ou operar máquinas.

FIGURA 2.8 ▶ Principais recomendações de cada tópico da versão mais recente das Dietary Guidelines for Americans. *(Continuação)*

GORDURAS

- Consumir menos de 10% das calorias provenientes de ácidos graxos saturados e menos de 300 mg/dia de colesterol, além de manter no nível mínimo possível o consumo de gorduras *trans*.
- Manter a ingestão total de gorduras na faixa de 20 a 35% das calorias, preferindo fontes de gorduras que sejam ácidos graxos mono ou poli-insaturados, como peixe, oleaginosas e óleos vegetais.
- Ao escolher e preparar carnes, aves, leguminosas e laticínios, prefira as variantes magras, desnatadas ou semidesnatadas.
- Limitar a ingestão de gorduras e óleos ricos em ácidos graxos saturados e/ou *trans* e preferir produtos com baixo teor dessas gorduras e óleos.

Recomendações básicas para grupos específicos de pessoas

- *Crianças e adolescentes*. Manter a ingestão total de gordura na faixa de 30 a 35% das calorias, para crianças de 2 a 3 anos de idade, e na faixa de 25 a 35% das calorias, no caso de crianças e adolescentes de 4 a 18 anos de idade, preferindo fontes de gorduras que sejam ácidos graxos mono ou poli-insaturados, como peixe, oleaginosas e óleos vegetais.

SEGURANÇA ALIMENTAR

Para evitar doenças microbianas veiculadas por alimentos

- Limpar as mãos, as superfícies de contato com os alimentos, as frutas e os legumes. *Não lavar carnes e aves para evitar transmitir bactérias a outros alimentos.*
- Manter alimentos crus, cozidos e prontos para consumo sempre separados, ao comprá-los, prepará-los e armazená-los.
- Cozinhar os alimentos em temperatura adequada para matar microrganismos.
- Guardar alimentos perecíveis imediatamente no refrigerador e descongelar alimentos de modo seguro.
- Evitar leite cru (não pasteurizado) ou qualquer derivado de leite não pasteurizado, ovos crus ou apenas parcialmente cozidos, alimentos feitos com ovos crus, carnes ou aves cruas ou malpassadas, sucos não pasteurizados e brotos crus.

Recomendações básicas para grupos específicos de pessoas

- *Lactentes e crianças pequenas, gestantes, idosos e pessoas imunocomprometidas*. Evitar leite cru (não pasteurizado) ou qualquer derivado de leite não pasteurizado, ovos crus ou apenas parcialmente cozidos, alimentos feitos com ovos crus, carnes ou aves cruas ou malpassadas, peixes ou crustáceos crus ou malpassados, sucos não pasteurizados e brotos crus.
- *Gestantes, idosos e pessoas imunocomprometidas*. Só comer carnes em conserva e embutidos após terem sido bem-cozidos ou grelhados.

CARBOIDRATOS

- Preferir frutas e legumes ricos em fibras e grãos integrais.
- Selecionar e preparar alimentos e bebidas que tenham pouco açúcar adicionado ou adoçantes calóricos, seguindo as quantidades sugeridas no programa *MyPyramid*.
- Reduzir a incidência de cáries dentárias praticando boa higiene oral e consumindo menos alimentos ricos em açúcar e amido.

FIGURA 2.8 ▶ Principais recomendações de cada tópico da versão mais recente das Dietary Guidelines for Americans. *(Continuação)*

TABELA 2.7 Mudanças dietéticas recomendadas pelas diretrizes alimentares

Se você costuma comer isso,	Que tal mudar para	Benefício
Pão branco	Pão integral	• Maior densidade nutricional, por ser menos processado • Mais fibra
Cereal matinal açucarado	Cereal com alto teor de fibra, pouco açúcar e frutas frescas	• Maior densidade nutricional • Mais fibra • Mais fitoquímicos
Cheeseburger com batatas fritas	Hambúrguer e vagens refogadas	• Menos gordura saturada e menos gordura *trans* • Menos colesterol • Mais fibra • Mais fitoquímicos
Salada de batatas	Salada de três grãos	• Mais fibra • Mais fitoquímicos
Rosquinha frita	Pãozinho integral com queijo cremoso	• Mais fibra • Menos gordura
Refrigerante comum	Refrigerante "zero" ou *light*	• Menos calorias
Vegetais cozidos na água	Vegetais cozidos a vapor	• Maior densidade nutricional, dada a menor perda de vitaminas hidrossolúveis
Vegetais enlatados	Vegetais frescos ou congelados	• Maior densidade nutricional, dada a menor perda de vitaminas termossensíveis • Menor teor de sódio
Carnes fritas	Carnes grelhadas	• Menos gordura saturada
Carnes gordurosas, como costelas ou *bacon*	Carnes magras, como alcatra, frango ou peixe	• Menos gordura saturada
Leite integral	Leite desnatado ou semidesnatado	• Menos gordura saturada • Menos calorias • Mais cálcio
Sorvete cremoso	Sorvete de frutas ou *frozen yogurt*	• Menos gordura saturada • Menos calorias
Maionese ou tempero cremoso para salada	Tempero vinagrete ou cremoso *light*	• Menos gordura saturada • Menos colesterol • Menos calorias
Biscoitos	Pipoca (de micro-ondas, com pouca margarina ou manteiga)	• Menos calorias e gordura *trans*
Alimentos com muito sal	Alimentos temperados basicamente com ervas, especiarias, suco de limão	• Menor teor de sódio
Batata *chips*	*Pretzels*	• Menos gordura

▲ Prefira cereais com alto teor de fibra e pouco açúcar, acompanhados de frutas frescas, em vez de cereal matinal açucarado.

▲ Prefira pipoca, *pretzels* ou amêndoas, em vez de biscoitos e batata *chips*.

e riscos de desenvolver doenças específicas. A dieta deve ser planejada de modo individualizado, levando em conta, sempre que possível, o estado de saúde da pessoa e sua história familiar relacionada a doenças específicas. Entretanto, não é realista, atualmente, desenvolver um programa de nutrição único para cada cidadão. O programa *MyPyramid* e as Dietary Guidelines for Americans de 2005 fornecem orientações simples para adultos, conselhos que podem ser colocados em prática por qualquer pessoa que tenha como objetivo buscar ou manter uma boa saúde.

Não existe a dieta "ideal". O que existe são diversas dietas saudáveis. Outras informações podem ser encontradas na página de internet do International Food

Em 2008, o U.S. Department of Health and Human Services publicou as Physical Activity Guidelines for Americans. A publicação foi uma resposta a pesquisas que indicam que o sedentarismo ainda é muito frequente entre crianças, adolescentes e adultos nos EUA, e não houve muito progresso nas tentativas de aumento do grau de atividade física da população americana. Os níveis atuais de sedentarismo trazem um risco desnecessário à população dos EUA. Essas diretrizes têm base científica e fornecem orientação para melhoria da saúde por meio da prática de exercícios físicos. As orientações se aplicam a pessoas a partir dos seis anos de idade. Essas diretrizes são usadas por profissionais de saúde e legisladores para ajudar o público a:

- Aprender os benefícios da atividade física para a saúde.
- Compreender como fazer atividade física da forma recomendada nas diretrizes.
- Compreender como reduzir os riscos de lesões decorrentes da atividade física.
- Ajudar outras pessoas a participar regularmente de uma atividade física.

2008 Physical Activity Guidelines for Americans

Be Active, Healthy, and Happy!

www.health.gov/paguidelines

▲ http://www.health.gov/PAGuidelines/.

Ingestão dietética de referência (DRI) Termo que engloba a ingestão dietética recomendada do Food and Nutrion Board. Sob essa denominação incluem-se os conceitos de RDA, EAR (necessidade média estimada), AI, EER e UL.

Ingestão dietética recomendada (RDA) Ingestão de nutrientes suficiente para suprir de 97 a 98% das necessidades do indivíduo, de acordo com a sua faixa etária.

Information Council (www.ific.org). Essa página contém muitas informações atualizadas sobre o assunto.

2.5 Recomendações e padrões nutricionais específicos

A meta de toda dieta saudável, em última análise, é atender às necessidades nutricionais. Para começar, precisamos determinar a quantidade de cada nutriente necessária para manter a saúde. Os padrões estabelecidos para essas necessidades nutricionais são indicados pelas abreviaturas, em inglês, DRI, RDA, AI, EER e UL, que podem até parecer uma sopa de letrinhas. No entanto, é possível navegar mais facilmente nesses padrões nutricionais se compreender como eles foram desenvolvidos e como são usados (Tab. 2.8).

▲ Você acha que todos nessa foto têm as mesmas necessidades nutricionais?

A maioria dos termos descritivos de necessidades nutricionais está contida dentro de um único termo abrangente – **ingestão dietética de referência (DRI)**. A DRI foi desenvolvida e é constantemente atualizada por meio de um esforço conjunto do Food and Nutrion Board do Institute of Medicine dos EUA e do Health Canada. A DRI é um conceito abrangente que inclui os seguintes indicadores: **ingestão dietética recomendada (RDA)**, **ingestão adequada (AI)**, **necessidade energética estimada (EER)** e **nível máximo de ingestão tolerável (UL)**.

Ingestão dietética recomendada

As ingestões dietéticas recomendadas (RDA) são as quantidades recomendadas de nutrientes com base na necessidade da maioria dos indivíduos (cerca de 97%) de um determinado sexo e faixa etária, relativamente àquele nutriente. A pessoa pode comparar sua ingestão de certos nutrientes específicos com a RDA. Embora a ingestão de quantidades ligeiramente acima ou abaixo da RDA de um nutriente em particular não seja um problema, uma ingestão significativamente abaixo (cerca de 70%) ou acima (três vezes ou mais no caso de alguns nutrientes) da RDA por um período prolongado pode resultar em deficiência ou toxicidade daquele nutriente, respectivamente.

TABELA 2.8 Recomendações a partir das ingestões dietéticas recomendadas (DRIs)

RDA	Ingestão dietética recomendada. Serve para avaliar o seu nível atual de ingestão de um determinado nutriente. Quanto mais se afastar desses valores, para cima ou para baixo, maiores serão seus riscos de desenvolver problemas nutricionais.
AI	Ingestão adequada. Serve para avaliar sua atual ingestão de nutrientes, mas vale ressaltar que a designação AI implica a necessidade de mais pesquisas para que os cientistas possam estabelecer uma recomendação mais definitiva.
EER	Necessidade energética estimada. Serve para estimar as necessidades calóricas de um indivíduo de padrão médio, de determinada altura, peso, sexo, idade e grau de atividade física.
UL	Nível máximo de ingestão tolerável. Serve para avaliar a maior quantidade de um nutriente que, ingerida diariamente, tem pouco risco de causar efeitos adversos para a saúde, a longo prazo, para a maioria das pessoas (97 a 98%) de uma população. Esse valor diz respeito ao uso crônico e destina-se a proteger até mesmo as pessoas mais suscetíveis da população saudável. Em geral, à medida que a ingestão aumenta acima do nível máximo, aumenta o potencial de efeitos adversos.
VD	Valor diário. Serve como um indicador aproximado para se comparar o teor de nutrientes de um determinado alimento com as necessidades humanas desses nutrientes. Em geral, o valor diário citado nos rótulos de alimentos se refere ao consumo por pessoas de quatro anos de idade até a vida adulta e tem por base uma dieta de 2.000 kcal. Em alguns casos, o valor diário aumenta ligeiramente com o aumento da ingestão de calorias (ver Fig. 2.12, no próximo item, que trata dos rótulos dos alimentos).

Embora a ingestão dietética recomendada seja geralmente direcionadas à população saudável como um todo, cada um de nós tem necessidades individuais que dependem do nosso estado de saúde momentâneo e da nossa herança genética. Seria mais adequado (porém o custo seria mais elevado) se essas recomendações fossem feitas em caráter individual, depois de se conhecer o estado de saúde da pessoa.

Ingestão adequada (AI) Valor definido para nutrientes para os quais não haja dados de pesquisa suficientes para definir a RDA. A AI se baseia em estimativas de ingestão que parecem manter um estado nutricional definido em uma faixa etária específica.

Necessidade energética estimada (EER) Estimativa da ingestão de energia (kcal) necessária para suprir o gasto energético de um indivíduo-padrão, em uma fase específica da vida.

Nível máximo de ingestão tolerável (UL) Ingestão diária crônica máxima de um nutriente que tem pouco risco de causar efeitos adversos à saúde da maioria das pessoas de uma determinada faixa etária.

Ingestão adequada

A RDA de um nutriente só pode ser estabelecida se houver informações suficientes sobre as necessidades humanas daquele nutriente em particular. Atualmente, não há informações suficientes sobre alguns nutrientes, como o cálcio, para que se possa definir um indicador preciso como a RDA. Para resolver essa questão, a DRI inclui, para alguns nutrientes, um parâmetro denominado ingestão adequada (AI). Esse padrão se baseia na ingestão alimentar de pessoas que parecem estar saudáveis, do ponto de vista nutricional. Supõe-se que a quantidade indicada seja adequada, já que não há sinais evidentes de deficiência nutricional.

Necessidade energética estimada

No caso das necessidades calóricas, usa-se a necessidade energética estimada (EER) em vez da RDA ou da AI. Como já descrito, a RDA costuma ser definida como um valor um pouco mais alto do que a necessidade média do nutriente. Para nutrientes, não há problema, já que um pequeno excesso de vitaminas e minerais não é prejudicial. Entretanto, o excesso de calorias, a longo prazo, resulta em ganho de peso. Por isso, o cálculo da EER deve ser mais específico, levando em conta parâmetros como idade, sexo, altura, peso e atividade física (p. ex., sedentário ou moderadamente ativo). Em alguns casos, incluem-se nesse cálculo também as necessidades calóricas das fases de crescimento e lactação (ver nos Caps. 7, 14 e 15 as fórmulas específicas empregadas). A EER também se baseia em um indivíduo-padrão. Por isso, o valor serve apenas como ponto de partida para estimar as necessidades calóricas.

Nível máximo de ingestão tolerável

Para algumas vitaminas e minerais, foi definido um nível máximo de ingestão tolerável (nível máximo ou UL). O UL é a maior quantidade de um nutriente que pode ser ingerida sem causar efeitos adversos à saúde a longo prazo. Quando a ingestão excede o UL, aumenta-se o risco de efeitos indesejados. Geralmente, quando essas quantidades são ultrapassadas diariamente, pode haver sinais de toxicidade. As pessoas que consomem uma dieta variada e/ou que utilizam

▲ Com um pouco de prática, você conseguirá memorizar a "sopa de letrinhas" da ingestão dietética recomendada.

um suplemento polivitamínico-mineral balanceado não costumam exceder o UL. Os problemas são mais frequentes nas dietas que se caracterizam por um aporte excessivo de alguns poucos alimentos, quando se usam muitos alimentos enriquecidos ou doses excessivas de determinadas vitaminas ou minerais.

Valor diário

O valor diário (VD) é um parâmetro nutricional mais relevante para o dia a dia. Trata-se de um parâmetro genérico usado em rótulos de alimentos. Aplica-se a indivíduos de ambos os sexos, dos quatro anos de idade até a vida adulta, e se baseia no consumo de uma dieta de 2.000 kcal. Os VDs, na sua maioria, são iguais ou quase iguais ao maior valor de RDA ou outro padrão semelhante para um determinado nutriente nas várias faixas etárias de ambos os sexos (ver Apêndice B). Existem VDs estabelecidos para vitaminas, minerais, proteínas e outros componentes da dieta. Os VDs permitem que o consumidor compare sua ingestão de um alimento específico aos valores desejáveis (ou máximos).

DECISÕES ALIMENTARES

Como usar a ingestão dietética recomendada

À medida que aumenta a ingestão de um determinado nutriente, a RDA, se houver, é alcançada e, com isso, deixa de existir o quadro de carência daquele nutriente. Como os valores de RDA são definidos na faixa mais elevada para abranger a maioria das pessoas, é muito provável que eles sejam adequados para suprir as necessidades individuais. Outros conceitos relacionados à RDA e que também visam garantir o suprimento das necessidades individuais são a ingestão adequada (AI) e a necessidade energética estimada (EER). Esses valores podem servir para estimar as necessidades individuais de alguns nutrientes e de calorias, respectivamente. Ainda assim, vale lembrar que esses parâmetros não têm o mesmo grau de exatidão da RDA. Por exemplo, a EER pode precisar de ajustes para cima no caso de pessoas que mantêm atividade física intensa. Por fim, à medida que a ingestão de nutrientes aumenta acima do nível máximo de ingestão tolerável (UL), é provável que o indivíduo entre novamente em um estado de saúde nutricional comprometido. Entretanto, nesse caso, o comprometimento da saúde se deve aos efeitos tóxicos de um nutriente e não à sua carência.

REVISÃO CONCEITUAL

Órgãos governamentais estabeleceram diretrizes alimentares para os norte-americanos. Essas diretrizes têm por objetivo reduzir o risco de obesidade, hipertensão, diabetes tipo 2, doenças cardiovasculares, alcoolismo e intoxicações alimentares. Em geral, as recomendações enfatizam uma alimentação variada, com base nos preceitos expressos no programa *MyPyramid*. Essas diretrizes também recomendam manter atividade física regular, visando alcançar um peso saudável, e ingestão moderada de gorduras totais, gorduras saturadas, gorduras *trans*, sal, açúcar e álcool, dando preferência a frutas, vegetais e cereais integrais no planejamento das refeições diárias. Além disso, as diretrizes ressaltam a importância do preparo e armazenamento seguros dos alimementos. Todos os parâmetros dietéticos específicos são englobados pelo conceito mais amplo de ingestão dietética de referência (DRI). A recomendação nutricional (RDA) é a quantidade de cada nutriente que supre as necessidades de indivíduos saudáveis de acordo com o sexo e a faixa etária. Quando não há informações suficientes para estabelecer a RDA, pode-se usar o valor de ingestão adequada (AI). O nível máximo de ingestão tolerável (UL) é a quantidade mais alta de um nutriente que não tem risco de causar efeitos adversos à saúde. Existem valores de UL definidos para algumas vitaminas e minerais.

Como devem ser usados esses padrões nutricionais?

Resumindo os índices descritos até aqui, podemos dizer que o tipo de parâmetro definido para cada nutriente depende da qualidade das evidências disponíveis. Um nutriente cujas recomendações sejam corroboradas por muitos estudos experimentais terá uma RDA. Um nutriente sobre o qual ainda sejam necessárias mais pesquisas terá como parâmetro a AI. Usa-se a EER como ponto de partida para determinar as necessidades calóricas. Alguns nutrientes também têm um UL, se houver informações sobre toxicidade ou efeitos adversos à saúde conhecidos. Periodicamente, surgem novos dados de DRI, à medida que os comitês de especialistas revisam e interpretam os dados de pesquisa disponíveis.

As RDAs e outros parâmetros relacionados destinam-se, principalmente, ao planejamento alimentar. Especificamente, um plano dietético deve buscar suprir a RDA ou a AI, conforme o caso, sem exceder o UL a longo prazo (Fig. 2.9). Os valores específicos de RDA, AI, EER e UL estão disponíveis para consulta na Tabela F. Para saber mais sobre esses padrões nutricionais, acesse o *link* de alimentos e nutrição da página de internet do Institute of Medicine dos Estados Unidos (www.iom.edu).

2.6 Emprego do método científico na determinação das necessidades nutricionais

Como surgem os conhecimentos sobre necessidades nutricionais? É simples: pesquisa. Assim como em outras ciências, na área de nutrição os conhecimentos

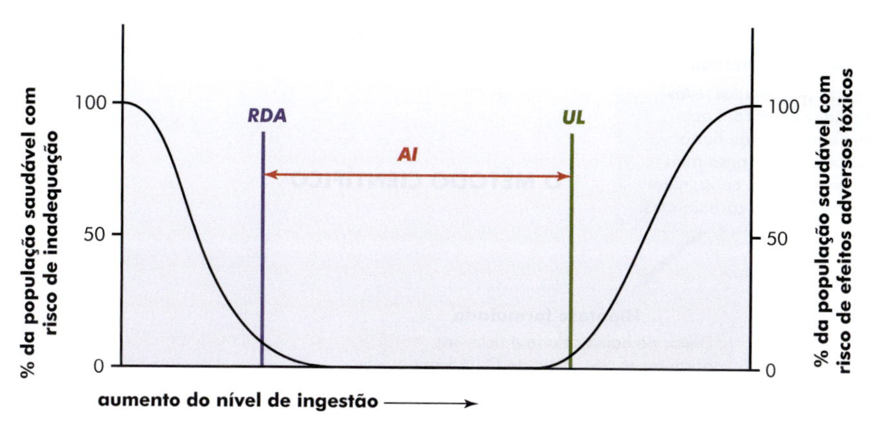

Ingestão dietética recomendada (RDA): nível de ingestão alimentar suficiente para atender às necessidades de nutrientes de quase todos (97 a 98%) os indivíduos sadios de um determinado grupo etário e sexo. Pode ser definida para cada nutriente, especificamente.
Ingestão adequada (AI): ingestão recomendada com base em estimativas, observadas ou determinadas experimentalmente, de ingestão alimentar adequada a um grupo (ou grupos) de pessoas saudáveis – é empregada quando não se pode determinar a RDA. Pode ser definida para cada nutriente, especificamente.
Nível máximo de ingestão tolerável (UL): maior quantidade de um nutriente que pode ser ingerida sem acarretar risco ou efeitos adversos à saúde da maioria dos indivíduos da população geral. Quanto mais a ingestão de um nutriente ultrapassa esse nível, maior é o risco de efeitos adversos.

FIGURA 2.9 ▶ Ingestão dietética de referência (DRI) e percentual da população que cada nutriente abrange. Quando a ingestão fica entre a RDA e o UL, o risco de uma dieta inadequada ou de efeitos adversos do nutriente em questão é praticamente nulo. O UL é, portanto, o nível mais elevado de ingestão de um nutriente que não apresenta risco de efeitos adversos à saúde da maioria dos indivíduos da população geral. Quando a ingestão excede o UL, diminui a margem de segurança que protege de efeitos adversos. Alguns nutrientes têm definida sua AI em vez da RDA. O Food and Nutrition Board afirma que não há benefício comprovado para indivíduos saudáveis que consomem nutrientes em quantidade superir à RDA ou à AI.

provêm da aplicação do *método científico*, procedimento de teste destinado a detectar e eliminar erros.

A primeira etapa do método científico é a observação de um fenômeno natural. Em seguida, o pesquisador aponta possíveis explicações, chamadas **hipóteses,** para a causa do fenômeno. Às vezes, eventos históricos podem dar pistas importantes à ciência da nutrição, por exemplo, a ligação entre a vitamina C e o **escorbuto** (ver Cap. 8). De modo semelhante, os cientistas podem estudar os padrões de alimentação e doenças de várias populações, comparando-os segundo um método de estudo denominado **epidemiologia.**

Observações históricas e epidemiológicas podem *sugerir* hipóteses sobre o papel da dieta em vários problemas de saúde. *Entretanto, a comprovação* do papel de certos componentes da dieta requer experimentos controlados. Os dados obtidos nos experimentos podem confirmar ou refutar cada uma das hipóteses. Se os resultados de vários experimentos confirmarem uma hipótese, essa passa a ser aceita, de modo geral, pelos cientistas, e pode então ser denominada **teoria** (p. ex., como a teoria da gravidade). Com frequência, os resultados de um experimento levantam outra série de perguntas (Fig. 2.10).

Os experimentos mais rigorosos são feitos segundo um desenho randomizado, duplo-cego, controlado por placebo. Nesse tipo de estudo, um grupo de participantes – grupo experimental – segue um protocolo específico (p. ex., consumo de um certo alimento ou nutriente), e os participantes do **grupo-controle** correspondente seguem seus hábitos normais ou consomem um **placebo.** As pessoas que participam do estudo são designadas aleatoriamente para integrarem um ou outro grupo. O cientista, então, observa o grupo experimental ao longo do tempo para ver se ele apresenta algum efeito não observado no grupo-controle.

Os estudos feitos com seres humanos são os que fornecem as evidências mais convincentes das relações entre nutrientes e saúde, mas nem sempre são praticáveis ou éticos. Por isso, a maior parte dos conhecimentos sobre as necessidades e funções nutricionais do ser humano foi obtida em experimentos feitos com animais. O uso de experimentos em animais para estudar o papel da nutrição em certas doenças humanas depende da disponibilidade de um **modelo animal**, ou seja, uma doença observada em animais de laboratório e que mimetiza uma doença humana específica. Frequentemente, no entanto, se não houver um modelo animal adequado e não for possível realizar experimentos com seres humanos, os conhecimentos ficarão limitados àqueles obtidos em estudos epidemiológicos.

hipótese Explicação proposta por um cientista para explicar um fenômeno.

escorbuto Doença de carência que surge após semanas ou meses de consumo de uma dieta na qual falta vitamina C; um dos sinais precoces dessa deficiência são pontos hemorrágicos na pele.

epidemiologia Estudo da variação da incidência das doenças em diferentes grupos populacionais.

teoria Explicação para um fenômeno que tem comprovação em várias evidências.

grupo-controle Participantes de um experimento que não recebem o tratamento que está sendo testado.

placebo Em geral, trata-se de um medicamento ou tratamento "inerte", usado para disfarçar o tratamento administrado aos participantes de um estudo.

modelo animal Uso de animais em pesquisas que ajudam a compreender melhor as doenças humanas.

estudo de caso-controle Estudo no qual indivíduos que sofrem de uma doença, por exemplo, câncer pulmonar, são comparados a indivíduos que não têm a mesma doença.

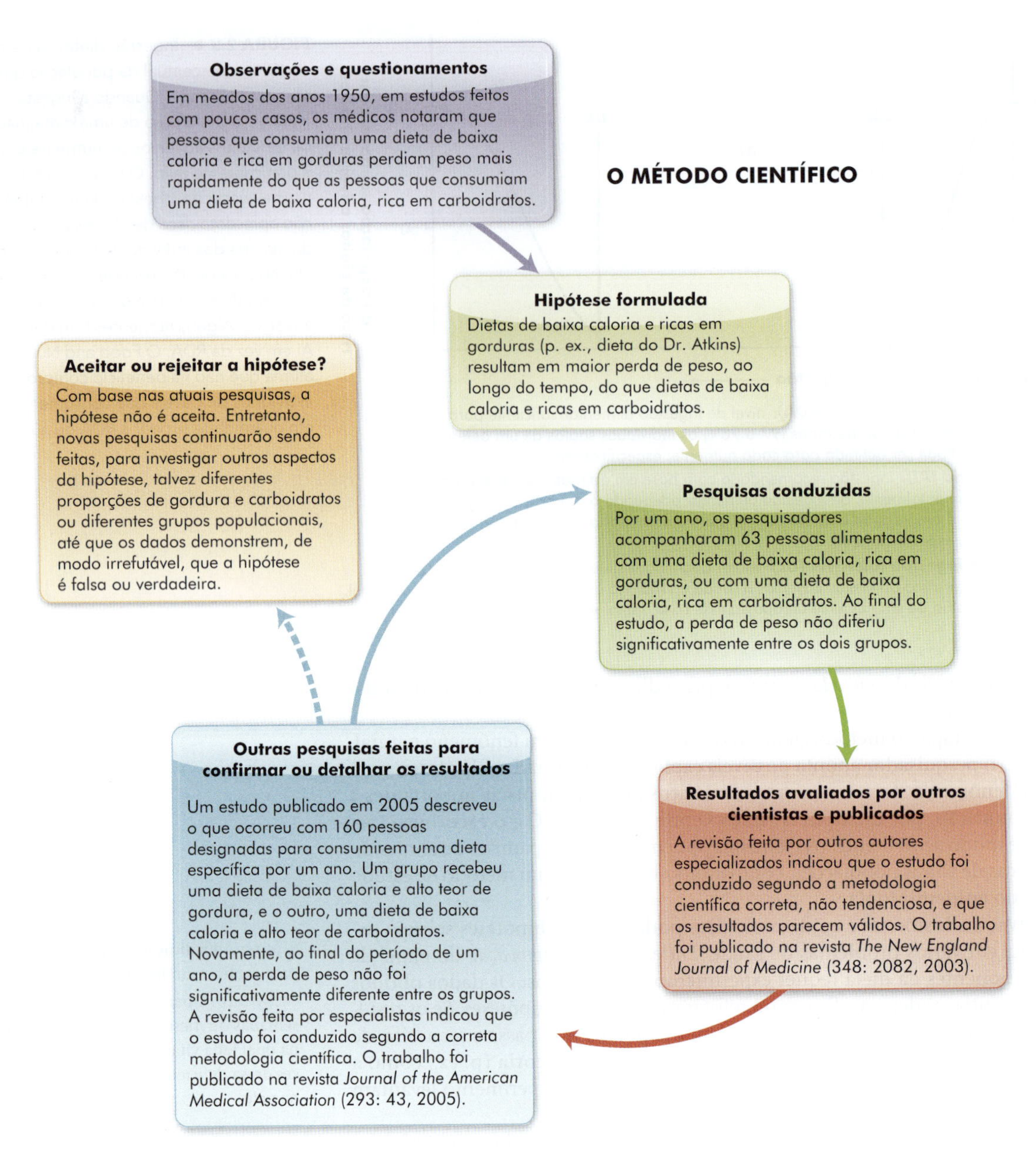

FIGURA 2.10 ▲ Esse exemplo mostra o uso do método científico para testar uma hipótese sobre os efeitos de dietas de alto teor lipídico e baixa caloria em termos de perda de peso. Os cientistas sempre seguem essas etapas ao testar qualquer tipo de hipótese e não aceitam outra hipótese científica até que ela tenha sido testada rigorosamente pelo método científico.

Quando o experimento é concluído, o pesquisador resume os resultados e tenta publicá-los em revistas científicas. Geralmente, antes de serem publicados em revistas científicas, os artigos passam por uma revisão crítica feita por outros cientistas especializados no tema, o que serve para garantir que só sejam publicados resultados objetivos de pesquisas de alta qualidade.

Vale ressaltar que um único experimento nunca é suficiente para provar uma hipótese ou para servir de base para a ingestão dietética recomendada. Em vez disso, em geral os resultados obtidos em um laboratório de pesquisa precisam ser confirmados por experimentos conduzidos em outros laboratórios, se possível sob circunstâncias variadas. Somente assim podemos confiar nos resultados e fazer uso deles. Quanto mais numerosas forem as evidências em favor de uma ideia, maior será a probabilidade de essa ideia ser verdadeira (Fig. 2.11).

DECISÕES ALIMENTARES

Pesquisas sobre úlcera péptica

Em geral, o método científico requer uma postura de ceticismo por parte do pesquisador. Um exemplo recente da importância desse ceticismo é a pesquisa sobre **úlceras** pépticas. Até poucos anos atrás, todos "sabiam" que a úlcera péptica era causada por estresse e má alimentação. Até que, em 1983, um médico australiano, o Dr. Barry Marshall, relatou, em seu artigo publicado em uma revista médica de alto nível, que a úlcera era causada por um **microrganismo** comum, chamado *Helicobacter pylori*. Além disso, segundo o autor, a cura seria possível com o uso de antibióticos. Inicialmente, os outros médicos se mostraram céticos quanto a esses resultados e continuaram prescrevendo medicamentos antiácidos para tratar úlceras pépticas. No entanto, à medida que outros estudos eram publicados e mostravam que os pacientes tratados com antibióticos se curavam das úlceras, a comunidade médica acabou aceitando as conclusões do estudo de Marshall. Atualmente, a úlcera péptica é tratada, quase sempre, com medicamentos que destroem o microrganismo. (O tratamento da úlcera péptica será discutido mais detalhadamente no Cap. 3.) Descobertas científicas importantes sempre serão objeto de questionamento e mudanças.

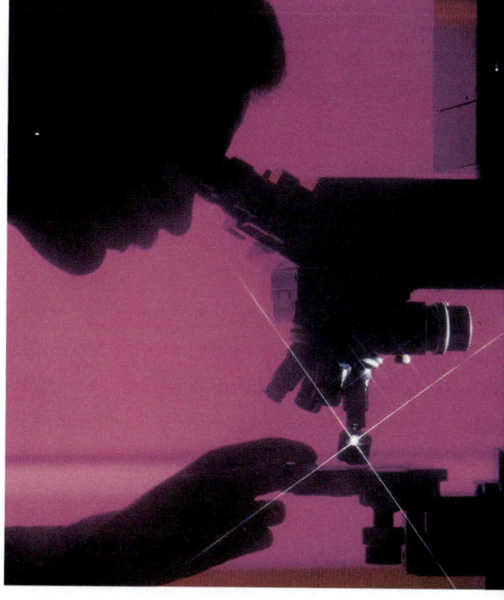

▲ Pesquisas cuidadosas contribuem para reunir conhecimentos válidos sobre nutrição.

Os estudos epidemiológicos podem sugerir hipóteses, mas são necessários experimentos controlados para testar com rigor qualquer hipótese antes que possam ser divulgada a ingestão dietética recomendada. Por exemplo, epidemiologistas descobriram que fumantes que consumiam regularmente frutas e vegetais tinham menor risco de câncer pulmonar do que os fumantes que não consumiam ou consumiam muito pouco esses alimentos. Alguns cientistas propuseram que o betacaroteno, pigmento presente em muitas frutas e legumes, seria o responsável pela redução do dano causado pelo tabaco nos pulmões. No entanto, em **estudos duplo-cegos** que envolveram fumantes inveterados, observou-se um risco *mais elevado* de câncer pulmonar naqueles que tomavam suplementos de betacaroteno em relação aos que não faziam uso desses produtos (isso não se aplica à pequena quantidade de betacaroteno natural encontrado nos alimentos). Logo que esses resultados foram divulgados, a agência do governo federal dos EUA que patrocinava dois outros estudos de grande porte com suplementos de betacaroteno interrompeu essas pesquisas alegando que os suplementos não preveniam nem o câncer pulmonar nem as doenças cardiovasculares.

úlcera Erosão do tecido que reveste a cavidade do estômago (úlcera gástrica) ou da porção superior do intestino (úlcera duodenal). Essas doenças são denominadas, coletivamente, úlceras pépticas.

microrganismos Bactérias, vírus ou outro organismo invisível a olho nu, alguns deles capazes de causar doenças. Também chamados micróbios.

estudo duplo-cego Protocolo experimental no qual nem os participantes do estudo nem os pesquisadores sabem o que cada participante está recebendo (o produto em teste ou placebo) nem conhecem os resultados até que o estudo seja concluído. Um terceiro independente guarda os códigos e dados até que o estudo esteja terminado.

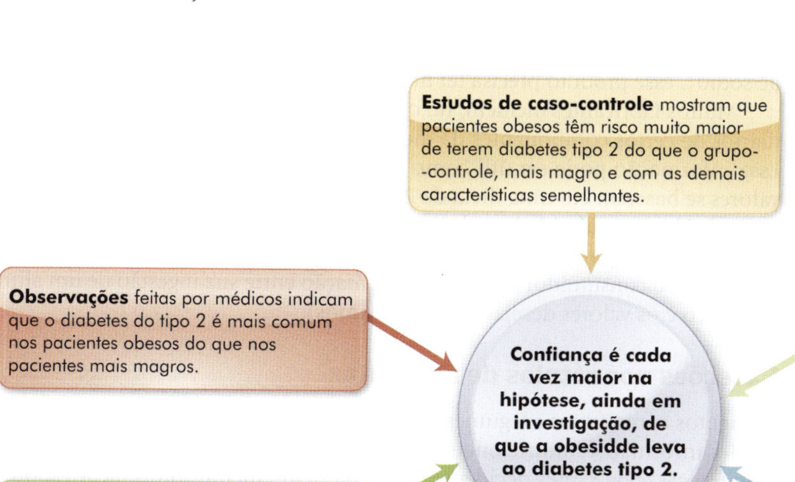

FIGURA 2.11 ▶ Dados de diversas fontes podem ser coletados para tentar corroborar uma hipótese em fase de pesquisa. Esse diagrama mostra como os vários tipos de dados de pesquisa corroboram a hipótese de que a obesidade leva ao desenvolvimento do diabetes tipo 2 (Cap. 4).

2.7 Rótulos de alimentos e planejamento alimentar

Atualmente, quase todos os alimentos vendidos no comércio são embalados e rotulados com as seguintes informações: nome do produto, nome e endereço do fabricante, quantidade do produto contida na embalagem e ingredientes, listados em ordem decrescente de peso. A rotulagem dos alimentos e bebidas é regulamentada e monitorada pelas agências de vigilância sanitária de cada país, como a FDA, nos Estados Unidos.* O rótulo deve conter ainda uma lista dos principais componentes do alimento na chamada tabela de informações nutricionais (Fig. 2.12). Use as informações nutricionais dos rótulos para saber mais sobre aquilo que você come. Os seguintes componentes devem ser citados na lista: calorias totais (kcal), calorias provenientes de gorduras, gorduras totais, gorduras saturadas, gorduras *trans*, colesterol, sódio, carboidratos totais, fibra, açúcar, proteína, vitamina A, vitamina C, cálcio e ferro. Além desses componentes obrigatórios, os fabricantes podem também incluir na lista gorduras monoinsaturadas e poli-insaturadas, potássio e outros itens. A inclusão de certos componentes se torna *obrigatória* quando o alimento é fortificado com o nutriente em questão ou se houver no rótulo alguma alegação de benefícios à saúde de um nutriente específico (ver adiante, neste capítulo, o item intitulado "Alegações de saúde em rótulos de alimentos").

Lembre-se de que os valores diários são um padrão genérico usado em rótulos de alimentos. Em geral, o rótulo informa o percentual da necessidade diária (%VD) de cada nutriente, por porção. Esses percentuais se baseiam em uma dieta de 2.000 kcal. Em outras palavras, os percentuais não se aplicam a pessoas que necessitem de uma dieta com muito mais ou menos do que 2.000 kcal por dia, no tocante à ingestão de gorduras e carboidratos. Os VDs, na sua maioria, são iguais ou quase iguais ao maior valor de RDA ou outro padrão semelhante para um determinado nutriente, nas várias faixas etárias de ambos os sexos.

Os tamanhos de porção que constam nas informações nutricionais nos rótulos de alimentos devem ser padronizados entre um e outro produto. Isso quer dizer, por exemplo, que todas as marcas de sorvete devem citar, nos seus respectivos rótulos, o mesmo tamanho de porção. (Os tamanhos de porção podem divergir daqueles citados no programa *MyPyramid* porque os rótulos se baseiam em porções típicas.) Além disso, as alegações dos rótulos de alimentos devem obedecer às definições previstas na lei (Tab. 2.9). Por exemplo, se um produto indica ter "baixo teor de sódio", esse produto precisa ter no máximo 140 mg de sódio por porção.

Muitos fabricantes incluem, no quadro de informações nutricionais, os valores diários de certos componentes da dieta, como gorduras, colesterol e carboidratos. Essa informação pode ser útil como referência. Conforme foi mencionado, esses valores se baseiam em uma dieta de 2.000 kcal; se houver espaço no rótulo, devem ser incluídas as quantidades relacionadas a uma dieta de 2.500 kcal, assim como gorduras totais, gordura saturada, carboidratos e outros componentes. Os VDs permitem que o consumidor faça uma comparação entre sua ingestão de um alimento específico e os valores desejáveis (ou máximos).

Os rótulos de alimentos, em alguns casos, usam o termo "caloria" para expressar o conteúdo energético, mas na lista de nutrientes é usado o termo quilocaloria (kcal).

Os rótulos de suplementos de extratos de ervas ou de nutrientes contêm uma tabela intitulada "informações do suplemento". O tópico "Nutrição e Saúde" (ao final deste capítulo) e o Capítulo 8 mostram exemplos desses rótulos.

Exceções nos rótulos de alimentos

Alimentos como frutas e legumes frescos, peixes, carnes e aves não precisam ter, no rótulo, informações nutricionais. Entretanto, alguns pontos de venda como mercearias e casas de carnes decidem voluntariamente incluir informações sobre esses produtos para orientar o consumidor. No futuro próximo, os rótulos de carnes provavelmente terão de incluir a tabela de informações nutricionais. Procure saber, ao comprar produtos *in natura* no seu mercado de preferência, onde é possível encontrar informações sobre produtos que não tenham a tabela de informações nutricionais. Talvez encontre um cartaz ou folheto junto ao produto, inclusive

▼ Use a tabela de informações nutricionais para aprender mais sobre o conteúdo de nutrientes nos alimentos que você consome. O teor de nutrientes é expresso em percentual da necessidade diária. Os rótulos de alimentos em outros países podem ser ligeiramente diferentes, como é o caso do Canadá.

* N. de R.T.: No Brasil, a Anvisa regulamenta e monitora a rotulagem de alimentos e bebidas.

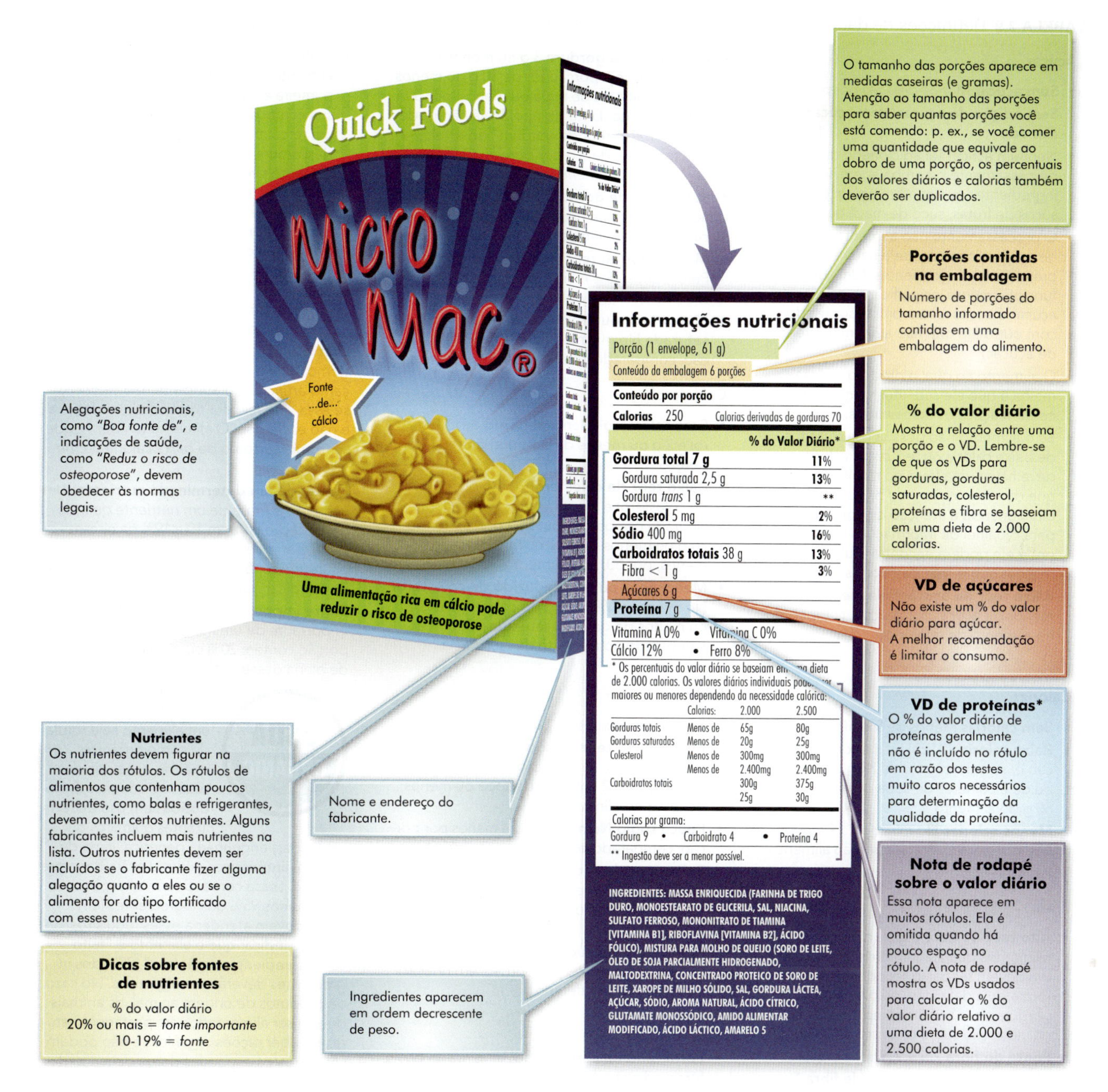

FIGURA 2.12 ▶ Os rótulos das embalagens de alimentos devem conter nome do produto, nome e endereço do fabricante, quantidade de produto contida na embalagem e os ingredientes. O painel de informações nutricionais deve estar presente em praticamente todos os rótulos de alimentos. O percentual (%) da necessidade diária citado no rótulo é o percentual da necessidade diária de um determinado nutriente fornecido por uma porção do produto.

com receitas que usam sua fruta, vegetal ou corte de carne favoritos. Esses materiais podem ajudar a melhorar sua alimentação.

A deficiência proteica não é um problema de saúde pública nos Estados Unidos, por isso não é obrigatório constar no rótulo dos alimentos para pessoas acima de quatro anos de idade a informação do percentual da necessidade diária. Se o percentual da necessidade diária de proteínas for informado no rótulo, a FDA exigirá que o produto seja analisado quanto à qualidade das proteínas. Esse procedimento

* N. de R.T.: A Anvisa exige o item "proteínas" nos rótulos de alimentos.

TABELA 2.9 Definições de dados afirmativos sobre nutrientes permitidos em rótulos de produtos alimentícios*

Açúcar

- **Sem açúcar** Menos de 0,5 g por porção
- **Sem adição de açúcar/ sem açúcar adicionado**
- Nenhum açúcar foi adicionado durante o processamento ou embalagem, inclusive ingredientes que contêm açúcar (p. ex., sucos de frutas, suco de maçã ou geleia).
- O processamento não aumenta o teor de açúcar acima daquele naturalmente presente nos ingredientes. (Um aumento funcionalmente insignificante do teor de açúcar é aceitável em processos usados com outro fim que não aumentar o teor de açúcar.)
- O alimento ao qual o produto se assemelha e que ele substitui normalmente contém açúcares adicionados.
- Se o alimento não possuir os requisitos de baixa caloria ou reduzidas calorias, deve haver uma frase no rótulo atestando que o produto não é de baixa caloria e direcionando a atenção do consumidor para o painel de informações nutricionais, onde ele poderá encontrar outras informações sobre teor de calorias e açúcares.
- **Baixo teor de açúcar** Pelo menos 25% menos de açúcar por porção, comparado ao alimento de referência.

Calorias

- **Sem calorias** Menos de 5 kcal por porção
- **Baixa caloria** 40 kcal ou menos por porção e, se a porção for de 30 g ou menos ou de 2 colheres de sopa ou menos, por 50 g do alimento
- **Menos calorias** No mínimo 25% menos kcal por porção, comparado ao alimento de referência

Fibra

- **Alto teor de fibra** 5 g ou mais por porção (alimentos que alegam ter alto teor de fibra devem ter baixo teor de gordura, conforme essa definição, ou o nível total de gordura deve ser citado no rótulo, ao lado da indicação sobre o conteúdo de fibra)
- **Fonte de fibra** 2,5-4,9 g por porção
- **Mais fibra ou com adição de fibra** No mínimo 2,5 g mais, por porção, em relação ao alimento de referência

Gorduras

- **Sem gordura** Menos de 0,5 g de gordura por porção
- **Sem gordura saturada** Menos de 0,5 g por porção, e o nível de gorduras *trans* não excede 0,5 g por porção
- **Baixo teor de gordura** 3 g ou menos por porção ou, se a porção for de 30 g ou menos ou de 2 colheres de sopa ou menos, por 50 g do alimento. Leite do tipo 2% já não pode alegar "baixo teor de gordura" no rótulo, já que tem mais de 3 g por porção. O termo usado deve ser *menor teor de gordura*.
- **Baixo teor de gordura saturada** 1 g ou menos por porção e não mais do que 15% das calorias provenientes de gorduras saturadas.
- **Menor teor ou teor reduzido de gordura** Pelo menos 25% menos por porção, comparado ao alimento de referência.
- **Menor teor ou teor reduzido de gordura saturada** No mínimo 25% menos por porção, comparado ao alimento de referência.

Colesterol

- **Sem colesterol** Menos de 2 mg de colesterol e 2 g ou menos de gordura saturada por porção.
- **Baixo teor de colesterol** 20 mg ou menos de colesterol e 2 g ou menos de gordura saturada por porção ou, se a porção for de 30 g ou menos ou de 2 colheres de sopa ou menos, por 50 g do alimento.
- **Menor teor ou teor reduzido de colesterol** No mínimo 25% menos de colesterol e 2 g ou menos de gordura saturada por porção, comparado ao alimento de referência.

Sódio

- **Sem sódio** Menos de 5 mg por porção
- **Muito baixo teor de sódio** 35 mg ou menos por porção ou, se a porção for de 30 g ou menos ou de 2 colheres de sopa ou menos, por 50 g do alimento
- **Pouco sódio** No mínimo 50% menos por porção, comparado ao alimento de referência
- **Baixo teor de sódio** 140 mg ou menos por porção ou, se a porção for de 30 g ou menos ou de 2 colheres de sopa ou menos, por 50 g do alimento
- **Menor teor ou teor reduzido de sódio** No mínimo 25% menos por porção, em relação ao alimento de referência

Outros termos

- **Fortificado ou enriquecido** Alimento ao qual foram adicionados vitaminas e/ou minerais em quantidade > 10% do teor normalmente presente no alimento-padrão. O termo "enriquecido" geralmente se refere à reposição de nutrientes perdidos no processamento, enquanto o termo "fortificado" se refere à adição de nutrientes que não estavam, originalmente, presentes naquele alimento específico.
- **Saudável** Um alimento com baixo teor de gordura e de gordura saturada e que contém, no máximo, 360-480 mg de sódio ou 60 mg de colesterol por porção pode ter um rótulo de "saudável" se fornecer pelo menos 10% da necessidade diária de vitamina A, vitamina C, proteína, cálcio, ferro ou fibra.
- ***Light*** O qualificativo *light* no rótulo de um alimento pode significar duas coisas: a primeira é que o produto foi alterado em sua composição nutricional para conter um terço menos de calorias ou metade da gordura do produto de referência (se o alimento tiver 50% ou mais das suas calorias provenientes de gorduras, a redução deve ser de 50% da gordura); a segunda é que o teor de sódio desse alimento, de baixo teor calórico e de baixo teor de gordura, foi reduzido em 50%. Além disso, o rótulo "sódio *light*" pode ser usado em alimentos cujo teor de sódio tenha sido reduzido em pelo menos 50%.

Diet O rótulo dos alimentos só pode conter termos como *diet, dietético, contém adoçante artificial*, ou *adoçante não calórico*, se essa alegação for totalmente verdadeira e não enganosa. O alimento também pode ser rotulado como *de baixa caloria* ou *menos calorias*.

Fonte (de um determinado nutriente) *Um alimento é fonte de um nutriente* quando uma porção contém 10 a 19% da necessidade diária desse nutriente específico. Se o conteúdo for 5% ou menos, o alimento poderá indicar que *contém* aquele nutriente.

Fonte importante *Um alimento é fonte importante de um nutriente* quando uma porção contém 20% ou mais da necessidade diária desse nutriente específico.

Orgânico As normas federais permitem que um alimento seja rotulado como orgânico quando a maioria dos seus ingredientes é produzida sem uso de fertilizantes químicos ou pesticidas, engenharia genética, lama de esgoto, antibióticos ou irradiação. Para que o rótulo possa conter o termo "orgânico", pelo menos 95% dos ingredientes (em peso) devem atender a esses requisitos. Se o rótulo indicar que o alimento é "feito com ingredientes orgânicos", 70% dos ingredientes deverão ser orgânicos. No caso de produtos de origem animal, os animais devem ser alimentados em pastagem natural, receber rações orgânicas e não podem ser expostos a grandes doses de antibióticos ou hormônios anabolizantes.

Natural Alimentos isentos de corantes, aromatizantes sintéticos ou qualquer outra substância sintética.

Os termos a seguir se aplicam apenas a produtos derivados de carne e aves regulamentados pelo USDA.

Extra magro Menos de 5 g de gordura, 2 g de gordura saturada e 95 mg de colesterol por porção (ou por 100 g do alimento).

Magro Menos de 10 g de gordura, 4,5 g de gordura saturada e 95 mg de colesterol por porção (ou por 100 g do alimento).

Muitas dessas definições pertencem ao *Dicionário de Termos*, da FDA, elaborado em conjunto com a Nutrition Education and Labeling Act de 1990 (NELA). g, gramas; mg, miligramas.

* N. de R.T.: No Brasil, a Anvisa normatiza definições similares para especificações em rótulos de alimentos. Disponível em: www.portal.anvisa.gov.br.

é caro e demorado, por isso muitas empresas preferem não incluir na lista esse percentual. Entretanto, os rótulos de alimentos para lactentes e crianças abaixo dos quatro anos de idade devem incluir o percentual da necessidade diária de proteínas, o mesmo ocorrendo com os rótulos de qualquer alimento que contenha uma alegação sobre teor proteico (ver Cap. 15).

Alegações de saúde em rótulos de alimentos

Os fabricantes de alimentos gostam de dizer que seus produtos têm todo tipo de benefícios para a saúde, pois esse é um recurso de *marketing* que tem foco no consumidor preocupado em ter uma alimentação saudável. A FDA fiscaliza a maioria dos alimentos e permite que os rótulos contenham algumas alegações de saúde, com certas restrições.

De modo geral, as alegações sobre os alimentos se enquadram em 1 de 4 categorias:

- Alimentos com indicações de saúde – estritamente regulamentados pela FDA
- Alimentos com alegações preliminares de saúde – regulamentados pela FDA, mas pode haver pouca comprovação da alegação
- Alimentos com alegações sobre nutrientes – estritamente regulamentados pela FDA (revisar Tab. 2.9)
- Alimentos com indicações funcionais/estruturais – conforme o tópico "Nutrição e Saúde", ao final deste capítulo; não são aprovados pela FDA nem têm indicações necessariamente válidas

A Tab. 2.9 contém uma lista das definições para alegações sobre nutrientes nos rótulos de alimentos. Atualmente, a FDA limita o uso de mensagens com indicações de saúde a casos específicos, nos quais haja consenso científico de que existe uma relação entre um determinado nutriente, alimento ou componente de alimento, e uma determinada doença. As alegações permitidas no momento podem indicar uma ligação entre:

- Alimentação com teor de cálcio suficiente e menor risco de osteoporose.
- Alimentação com baixo teor de gordura total e menor risco de alguns tipos de câncer.
- Alimentação com baixo teor de gordura saturada e colesterol e menor risco de doenças cardiovasculares (geralmente citadas nos rótulos como "doenças do coração").
- Alimentação rica em fibra (cereais, frutas e legumes) e menor risco de alguns tipos de câncer.
- Alimentação com baixo teor de sódio e rica em potássio e menor risco de hipertensão e acidente vascular cerebral.
- Alimentação rica em frutas e legumes e menor risco de alguns tipos de câncer.
- Alimentação com teor adequado de folato sintético (ácido fólico) e menor risco de defeitos congênitos do tubo neural (Cap. 8).
- Goma de mascar sem açúcar e menor risco de cáries, especialmente se comparada a alimentos ricos em açúcar e amido.
- Alimentação rica em frutas, legumes e cereais com fibras e menor risco de doenças cardiovasculares. Os produtos à base de aveia (farinha e flocos) e *psyllium* são ricos em fibra e podem ser apontados como redutores do risco de doença cardiovascular, desde que seja mencionado também que a dieta deve ter baixo teor de gordura saturada e colesterol.
- Alimentação rica em cereais integrais e outros vegetais, além de baixo teor de gordura total, gordura saturada e colesterol, e menor risco de doença cardiovascular e de certos tipos de câncer.

▲ Em 2003, a FDA instituiu um novo processo, com base no relatório de indicações de saúde, para inclusão, nos rótulos dos alimentos, de informações de saúde que se baseiam em evidências científicas e regulamentadas pela FDA. Esse novo processo é usado para classificar a indicação com base na quantidade de evidências científicas e no consenso. Somente as três primeiras categorias são permitidas.

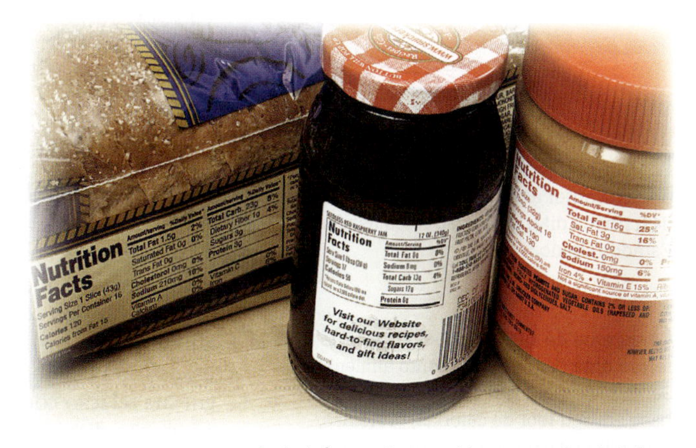

▲ As informações contidas no quadro de informações nutricionais dos rótulos desses produtos podem ser combinadas para se determinar o conteúdo de nutrientes de um sanduíche ou de uma torrada com geleia, por exemplo.

▲ Algumas indicações específicas de benefícios à saúde podem constar no rótulo de cereais integrais.

- Alimentação com baixo teor de gordura saturada e colesterol, e que inclua 25 g de proteína de soja, e menor risco de doença cardiovascular. A afirmativa "uma porção de (nome do alimento) fornece _______ g de proteína de soja" também deve constar do rótulo.
- Ácidos graxos derivados de óleos de peixe e menor risco de doença cardiovascular.
- Margarinas que contêm estanóis e esteróis derivados de plantas e menor risco de doença cardiovascular (ver no Cap. 5 mais detalhes sobre esse assunto).

Podem-se usar afirmativas do tipo "Esse alimento *pode* ou *poderá* [ter tal efeito]". Além disso, para que se possa fazer uma alegação de saúde a respeito de um alimento, o produto deve cumprir dois requisitos gerais. Primeiramente, o alimento deve ser "fonte" (sem ter sido fortificado) de fibras, proteínas, vitamina A, vitamina C, cálcio ou ferro. A definição legal de "fonte" se encontra na Tabela 2.9. Em segundo lugar, uma única porção do produto não pode conter mais do que 13 g de gordura, 4 g de gordura saturada, 60 mg de colesterol ou 480 mg de sódio. Se um alimento exceder qualquer um desses limites, não poderá conter em seu rótulo qualquer alegação de benefício à saúde, independentemente de suas outras qualidades nutricionais. Por exemplo, embora seja rico em cálcio, o leite integral não pode ser indicado como benéfico para osteoporose, pois contém 5 g de gordura saturada por porção. Outro exemplo é a relação entre gordura e câncer – o alimento só pode ser apontado como benéfico nesse sentido se contiver, no máximo, 3 g de gordura por porção, que é o padrão para alimentos ditos de baixo teor de gordura.

DECISÕES ALIMENTARES

Alimentos saudáveis

A FDA permite a inclusão nos rótulos de alimentos das três primeiras categorias de alegações de benefícios à saúde descritas na página 91, desde que o rótulo contenha uma frase do tipo "essas evidências não são conclusivas", ou equivalente. Não há muitos alimentos, atualmente, que possam incluir essas alegações em seus rótulos, e elas também não podem constar nas embalagens de alimentos considerados pouco saudáveis (ver na, Tab. 2.9, a definição de alimento saudável).

REVISÃO CONCEITUAL

As informações nutricionais constantes no rótulo de um produto alimentício contêm dados importantes para que o consumidor possa controlar o que está comendo. As quantidades de cada nutriente são expressas sob a forma de percentual da necessidade diária daquele nutriente. Esse dado pode servir para decisões de aumentar ou diminuir a ingestão de certos nutrientes específicos. A inclusão de alegações sobre benefícios à saúde ou sobre teor de nutrientes nos rótulos de alimentos é estritamente regulamentada pela FDA. Frutas, legumes, cereais integrais, soja e alimentos que sejam fontes de cálcio são os principais itens que podem conter certas indicações específicas de benefícios à saúde.

No Canadá, os rótulos de alimentos podem conter algumas alegações e termos descritivos diferentes daqueles usados nos Estados Unidos.

O **sistema de substituições** é a última ferramenta para planejamento alimentar. Serve para organizar os alimentos com base em seu teor de calorias, proteínas, carboidratos e gorduras. O resultado é um modelo adequado para programar uma dieta, especialmente para controle do diabetes. Mais informações sobre o assunto podem ser encontradas no Apêndice C.

2.8 Considerações finais

As ferramentas apresentadas no Capítulo 2 são muito úteis para o planejamento alimentar, que pode começar pelo uso do programa *MyPyramid*. A combinação de itens escolhidos dentro dos vários grupos pode ser avaliada com base nas diretrizes alimentares. Os alimentos, especificamente, que compõem a dieta podem ser analisados, em detalhes, com base nas informações nutricionais contidas nos rótulos e em sua relação com as necessidades diárias. Essas, por sua vez, estão em linha com a ingestão dietética recomendada e padrões nutricionais afins. A tabela de informações nutricionais é especialmente útil para identificar alimentos de alta densidade nutricional, ou seja, alimentos ricos em um determinado nutriente, como folato, porém com relativamente pouca caloria – e alimentos de alta densidade calórica, ou seja, aqueles que saciam sem fornecer muita caloria. De modo geral, quanto melhor você souber usar essas ferramentas, maior será o benefício para a sua alimentação.

Avaliação de propriedades nutricionais e suplementos dietéticos*

Veja algumas sugestões que poderão contribuir no momento de tomar decisões alimentares sensatas e positivas para a sua saúde:

1. Aplique os princípios básicos de nutrição que descrevemos neste capítulo (juntamente com as Dietary Guidelines for Americans de 2005 e outros recursos citados no Cap. 2) a todas as alegações feitas em rótulos de alimentos e páginas de internet. Você nota alguma afirmativa incoerente? As alegações se baseiam em referências confiáveis? Tome cuidado com os seguintes tipos de argumentos:
   - Testemunhos sobre experiência pessoal;
   - Publicações de má qualidade;
   - Promessas de resultados drásticos (raramente se cumprem);
   - Falta de provas oriundas de outros estudos científicos.
2. Examine o histórico e as credenciais científicas do indivíduo, organização ou publicação que faz a alegação nutricional. Geralmente, os autores confiáveis são formados por ou têm alguma ligação com universidades ou instituições médicas reconhecidas, que oferecem programas ou cursos nas áreas de nutrição, medicina e especialidades afins.
3. Desconfie se a resposta a qualquer uma das perguntas a seguir for "Sim":
   - Só as vantagens do alimento são apresentadas e as possíveis desvantagens são omitidas?
   - Existem alegações de "cura" de alguma doença? Elas parecem boas demais para serem verdadeiras?
   - A linguagem evidencia uma postura radicalmente contrária à comunidade médica ou aos tratamentos médicos convencionais? Os profissionais médicos se esforçam para curar as doenças de seus pacientes, lançando mão de todos os meios de eficácia comprovada. Eles não ignorariam um tratamento que fosse confiável.
   - O produto está sendo agressivamente promovido como uma descoberta revolucionária, até então secreta?
4. Verifique o porte e a duração dos estudos citados para referendar uma alegação nutricional. Quanto maiores e mais prolongados são os estudos, mais confiáveis são os resultados. Considere também o tipo de estudo: epidemiológico, caso-controle ou duplo-cego. Verifique qual foi o grupo estudado: um estudo feito com homens e mulheres da Suécia pode ser menos relevante do que um estudo que inclui pessoas originárias do sul da Europa, da África ou de descendência hispânica, por exemplo. Lembre-se de que expressões como "contribui para," "está ligado a" ou "está associado a" não significam "causa."
5. Não se deixe levar por coletivas de imprensa e outros tipos de alarde sobre descobertas recentes. A maioria dessas notícias não resiste a uma avaliação científica um pouco mais aprofundada.
6. Quando você procura um profissional de nutrição, o mais provável é que ele:
   - Faça perguntas sobre sua história clínica, estilo de vida e hábitos alimentares.
   - Elabore uma dieta personalizada para as suas necessidades em vez de simplesmente destacar uma lista pronta de um bloco, que poderia servir praticamente para qualquer pessoa.
   - Marque consultas de acompanhamento para monitorar seu progresso, responda suas perguntas e mantenha você motivado.
   - Envolva seus familiares no planejamento alimentar, sempre que for necessário.
   - Converse diretamente com seu médico e encaminhe rapidamente a esse médico caso você tenha problemas de saúde que um nutricionista não seja treinado para tratar.
7. Evite profissionais que prescrevem **megadoses** de suplementos vitamínicos e minerais para qualquer pessoa.
8. Examine cuidadosamente os rótulos de produtos. Desconfie de afirmativas promocionais sobre um produto que não constem claramente no rótulo. Não é provável que um produto faça algo que não é indicado, especificamente, no rótulo e/ou no folheto explicativo ou bula, conforme o caso.

megadose Ingestão maciça de um nutriente além das necessidades estimadas ou muito acima do que se deveria encontrar em uma dieta balanceada, por exemplo, no mínimo 2 a 10 vezes a necessidade humana.

Suplementos dietéticos

Atualmente, é cada vez mais importante manter uma atitude de cautela quanto a conselhos relativos à nutrição e produtos alimentares, principalmente com as grandes mudanças implantadas após a lei federal de 1994, dos EUA.

A Dietary Supplement Health and Education Act (DSHEA), de 1994, dos EUA, que serviu de exemplo para leis semelhantes em outros países, classificou vitaminas, minerais, aminoácidos e certos fitoterápicos como "alimentos", o que impede que esses itens sejam regulamentados pela FDA com o mesmo rigor aplicado aos medicamentos e aditivos alimentares. Segundo essa lei, em vez de o fabricante ter que provar que um suplemento dietético é seguro, a FDA é que tem que provar que o produto não é seguro antes de poder impedir sua venda. No entanto, a segurança dos

* N. de R.T.: No Brasil, a Anvisa regulamenta e monitora alegações nutricionais nos rótulos de alimentos e de suplementos alimentares. Disponível em: www.portal.anvisa.gov.br.

▶ Recentemente, importantes entidades da área da nutrição definiram 10 sinais de alerta indicativos de recomendações nutricionais inadequadas:

1. Recomendações que prometem uma solução rápida
2. Terríveis advertências dos perigos de um único produto ou regime
3. Afirmativas que parecem boas demais para serem verdadeiras
4. Conclusões simplistas extraídas de um estudo complexo
5. Recomendações que se baseiam em um único estudo
6. Declarações drásticas refutadas por organizações científicas respeitáveis
7. Listas de "bons" e "maus" alimentos
8. Recomendações feitas para ajudar a vender um produto
9. Recomendações que se baseiam em estudos publicados sem revisão de pares
10. Recomendações de estudos que ignoram diferenças entre indivíduos ou grupos

▲ A FDA pode agir se houver um acúmulo de evidências de que um produto é nocivo. Esse já foi o caso de alguns fitoterápicos comercializados como suplementos dietéticos, como o Ephedra.

aditivos alimentares e dos fármacos deve ser demonstrada para a FDA para que eles possam ser comercializados.

Atualmente, um suplemento dietético (ou produto à base de plantas) pode ser comercializado nos Estados Unidos sem a aprovação da FDA se (1) houver um histórico de uso do produto ou outras provas de que ele seja razoavelmente seguro quando usado nas condições recomendadas ou sugeridas em sua rotulagem e (2) o produto for rotulado como suplemento dietético. O quadro de informações desses produtos se assemelha à tabela de informações nutricionais dos alimentos e é obrigatório em todos os suplementos dietéticos. É permitido que os rótulos desses produtos afirmem um benefício relacionado a uma clássica doença de carência nutricional, descrevam como um nutriente afeta a estrutura do corpo humano ou suas funções e afirmem que o consumo de seu(s) ingrediente(s) resulta em bem-estar geral. Alguns exemplos são: "mantém a saúde óssea" ou "melhora a circulação sanguínea". No entanto, o rótulo de produtos com tais afirmações também deve exibir em negrito, em local visível, o seguinte aviso: "Esta declaração não foi avaliada pela FDA. Esse produto não se destina a diagnosticar, tratar, curar ou prevenir doenças" (Fig. 2.13). Apesar desse aviso, quando o consumidor encontra esses produtos nas prateleiras de supermercados, lojas de produtos naturais e farmácias, ele pode se enganar e achar que a FDA avaliou cuidadosamente o produto.

Muitas pessoas estão dispostas a experimentar produtos de nutrição não testados e a acreditar em seus efeitos milagrosos. É comum ver produtos populares que garantem aumentar a massa muscular, melhorar a sexualidade, aumentar a energia, reduzir a gordura corporal, aumentar a força, fornecer nutrientes em falta, garantir longevidade e até melhorar a função cerebral. Está claro que existem muitos produtos nutricionais nas lojas que não são estritamente regulamentados quanto à eficácia e à segurança. A quantidade e potência de alguns suplementos alimentares também têm sido questionadas. Em junho de 2007, a FDA publicou padrões há muito esperados e que exigem que os fabricantes de suplementos façam testes de pureza, potência e composição em todos os seus produtos. Empresas de grande porte tiveram que ser as primeiras a cumprir (até junho de 2008) esses padrões, ao passo que as pequenas empresas tiveram até 2010 para se adequarem. É importante escolher marcas confiáveis, que cumpram as normas. A utilidade dos suplementos é discutida mais adiante, no tópico "Nutrição e Saúde" do Capítulo 8, no tópico "suplementos alimentares – Quem precisa deles?"

A "automedicação" usando esses produtos provavelmente significa desperdiçar dinheiro e, possivelmente, colocar sua saúde em risco. Uma abordagem melhor é consultar, primeiro, um médico ou **nutricionista**. Na América do Norte e no Canadá, para se encontrar um nutricionista, pode-se pesquisar na internet, nos cadastros das associações profissionais ou clínicas e hospitais ou acessar as páginas www.eatright.org/ ou www.dietitians.ca. Ao contatar um desses profissionais, certifique-se de que se trata de um profissional formado e credenciado para exercer a profissão. Verifique se o profissional tem uma boa formação em nutrição clínica e continua se reciclando e se atualizando. No Apêndice G, você também encontrará uma lista de boas fontes de referência sobre aconselhamento nutricional. Por fim, os *sites* a seguir podem ser úteis para avaliar afirmativas sobre nutrição e saúde:

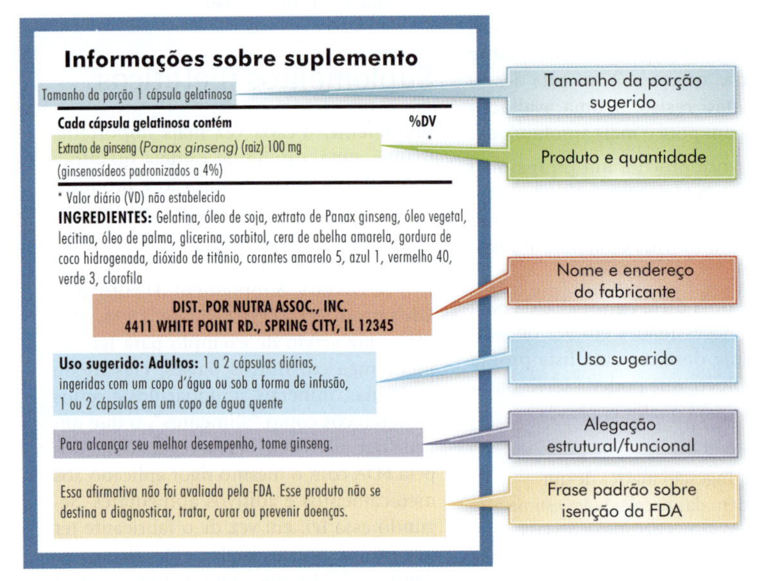

FIGURA 2.13 ▶ Tabela de suplementos no rótulo de um produto fitoterápico. Observe a afirmativa sobre estrutura/função e a declaração de isenção de responsabilidade da FDA. Outros nutrientes ou componentes alimentares também seriam listados se estivessem contidos no produto.

nutricionista Profissional formado em curso universitário de nutrição.

http://www.acsh.org/
American Council on Science and Health

http://www.quackwatch.org/
Quackwatch: Your Guide to Quackery, Health Fraud, and Intelligent Decisions

http://www.ncahf.org/
National Council Against Health Fraud

http://dietary-supplements.info.nih.gov/
National Institutes of Health, Office of Dietary Supplements

http://www.fda.gov/
Food and Drug Administration

No geral, a nutrição é uma ciência em franca evolução, e há sempre novas descobertas.

◄ Um nutricionista clínico é uma fonte confiável de informações sobre nutrição e saúde.

Estudo de caso: suplementos alimentares

Há uma semana, enquanto dirigia seu carro no caminho para a faculdade, Whitney ouviu no rádio o anúncio de um suplemento que continha uma substância de origem vegetal recentemente importada da China, que supostamente dá às pessoas mais energia e ajuda a lidar com o estresse da vida cotidiana. Esse anúncio chamou a atenção de Whitney porque ela vinha se sentindo desanimada ultimamente. Está fazendo um curso intensivo e tem trabalhado 30 horas por semana em um restaurante local, para tentar pagar as despesas. Whitney não tem muito dinheiro sobrando. Ainda assim, gosta de experimentar coisas novas, e essa novidade vinda da China parece quase boa demais para ser verdade. Depois de procurar mais informações sobre o suplemento na internet, descobriu que a dose recomendada lhe custaria 60 dólares por mês. Como Whitney está à procura de alguma ajuda para melhorar sua energia, ela decide comprar o suficiente para 1 mês.

Responda às seguintes perguntas e confira o gabarito no Apêndice A.

1. O suplemento anunciado é regulamentado pela FDA ou outro órgão governamental?
2. Qual o sentido da frase "aumenta a energia"? Essa frase requer aprovação pelos órgãos reguladores?
3. Whitney pode confiar na segurança e eficácia desse suplemento?
4. Há um controle rigoroso da quantidade de ingredientes ativos em suplementos?
5. Faz sentido para Whitney gastar esses 60 dólares, por mês, para tomar esse suplemento?
6. Que conselho você daria a Whitney sobre o fato de ela vir se sentindo esgotada ultimamente?

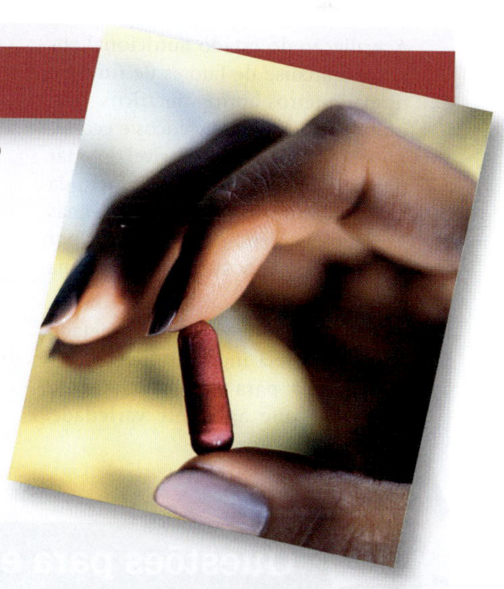

▲ Você concorda com a decisão de Whitney, de experimentar esse suplemento?

Resumo

1. Um plano de alimentação saudável se baseia no consumo de uma *variedade* de alimentos *equilibrada* por um consumo moderado de cada alimento e visa minimizar o risco de doenças relacionadas à nutrição.

A densidade nutricional reflete o teor de nutrientes de um alimento em relação ao seu conteúdo calórico. Alimentos de alta densidade nutricional são relativamente ricos em nutrientes, em comparação ao teor calórico.

A densidade energética de um alimento é determinada pela comparação do teor calórico com o peso do alimento. Alimentos ricos em calorias, mas com peso relativo muito pequeno, como nozes, biscoitos, frituras em geral, e a maioria dos chamados "salgadinhos" (inclusive as marcas ditas sem gordura), são considerados de alta densidade energética. Alimentos de baixa densidade energética incluem frutas, legumes e qualquer alimento que incorpore muita água durante o cozimento, como aveia, por exemplo.

2. O estado nutricional de uma pessoa pode ser categorizado como: *nutrição desejável*, em que o corpo tem reservas adequadas para os momentos de maior necessidade; *subnutrição*, que pode estar presente com ou sem sintomas clínicos, e *supernutrição*, que pode levar à toxicidade de vitaminas e minerais e a diversas doenças crônicas.

   A avaliação do estado nutricional envolve a análise de fatores de fundo e de parâmetros antropométricos, bioquímicos, clínicos, dietéticos e econômicos. Nem sempre é possível detectar deficiências nutricionais por meio da avaliação nutricional, pois os sintomas são, muitas vezes, inespecíficos e, por muitos anos, é possível que não haja sintoma algum.

3. O programa *MyPyramid* é projetado para traduzir a ingestão dietética recomendada para um planejamento alimentar que apresente variedade, equilíbrio e moderação. Os melhores resultados são obtidos quando se usam produtos lácteos desnatados ou semidesnatados, incorporando-se algumas proteínas vegetais à dieta, além da proteína animal, incluindo-se frutas cítricas e vegetais folhosos, e dando-se preferência a pães e cereais integrais.

4. As Dietary Guidelines for Americans foram divulgadas para ajudar a reduzir doenças crônicas. Essas diretrizes enfatizam a recomendação de que se deve comer uma variedade de alimentos, realizar atividade física regular, manter ou melhorar o peso, moderar o consumo de gorduras e de gorduras *trans*, colesterol, açúcar, álcool e sal, comer muitos produtos à base de grãos integrais, frutas e vegetais, além de preparar e armazenar alimentos com segurança, especialmente alimentos perecíveis.

5. Existe a ingestão dietética recomendada (RDA) definida para muitos nutrientes. Essas quantidades garantem um aporte suficiente de cada nutriente para atender às necessidades de indivíduos saudáveis, respeitando as diferenças de sexo e idade. A ingestão adequada (AI) é o padrão usado quando não há informação suficiente para definir uma RDA mais específica. A necessidade energética estimada (EER) define as necessidades de calorias para ambos os sexos, em várias idades e padrões de atividade física. Para algumas vitaminas e minerais, foi estabelecida a chamada ingestão máxima tolerada (nível máximo ou UL). Todos os padrões nutricionais são abrangidos pelo termo *ingestão dietética de referência (DRI)*. O percentual da necessidade diária serve para expressar o conteúdo de nutrientes dos alimentos no painel de informações nutricionais e se baseia, quase sempre, na RDA.

6. O método científico é o procedimento correto para testar a validade das possíveis explicações de um fenômeno, chamadas hipóteses. Experimentos são conduzidos para apoiar ou refutar uma hipótese específica. Uma vez que tenhamos informações experimentais suficientes para apoiar uma hipótese, ela passa a se chamar teoria. Todos nós precisamos ser céticos quanto a novas ideias no campo da nutrição e devemos esperar até que muitas evidências experimentais corroborem um conceito antes de adotar qualquer hábito alimentar sugerido.

7. Os rótulos de alimentos, especialmente os painéis de informações nutricionais, são uma ferramenta útil para acompanhar o seu consumo de nutrientes e aprender mais sobre as características nutricionais dos alimentos que você come. Qualquer indicação de saúde contida no rótulo deve seguir critérios estabelecidos pela FDA.

8. Aplique os princípios básicos de nutrição para avaliar qualquer indicação. Suplementos dietéticos podem ser comercializados nos Estados Unidos sem aprovação da FDA. Determinadas afirmativas de saúde podem constar nos rótulos de suplementos, embora poucas tenham sido exaustivamente avaliadas por cientistas respeitáveis.

Questões para estudo

1. Relacione a importância da variedade na dieta, especialmente no que diz respeito às escolhas de frutas e vegetais, com a descoberta de vários fitoquímicos nos alimentos.
2. Como você explicaria os conceitos de densidade de nutrientes e densidade de energia para uma classe de quarta série?
3. Descreva a progressão, em termos de resultados físicos, de uma pessoa que passou de um estado de supernutrição para um estado de subnutrição.
4. Como poderia ser avaliado o estado nutricional da pessoa em cada um dos estágios citados na pergunta 3?
5. Descreva a filosofia que norteou a criação do programa *MyPyramid*. Que mudanças você precisaria fazer na sua alimentação para cumprir regularmente as diretrizes da pirâmide?
6. Descreva a intenção das Dietary Guidelines for Americans. Aponte um dos problemas de sua aplicação generalizada a todos os adultos norte-americanos.
7. Com base na discussão sobre as Dietary Guidelines for Americans, dê sugestões de duas mudanças alimentares importantes que o adulto típico norte-americano deveria considerar.
8. Em que medida as RDAs e AIs diferem das necessidades diárias, em termos de intenção e aplicação?
9. Os nutricionistas incentivam todas as pessoas a ler os rótulos dos alimentos para saberem mais sobre o que estão comendo. Quais são os quatro nutrientes que você pode acompanhar facilmente na sua dieta, quando se habitua a ler as informações nutricionais contidas nos rótulos?
10. Explique por que o consumidor pode confiar nas alegações de saúde presentes nos rótulos de alimentos e que foram aprovadas pela FDA.

Teste seus conhecimentos

As respostas das próximas questões de múltipla escolha encontram-se a seguir.

1. As medidas antropométricas incluem
   a. altura, peso, pregas cutâneas e circunferências corporais.
   b. concentrações de nutrientes no sangue.
   c. histórico da ingestão alimentar no dia anterior.
   d. níveis sanguíneos de atividades enzimáticas.
2. Alimentos com *alta* densidade nutricional oferecem_______ nutrientes com _______ calorias.
   a. menos, menos
   b. menos, mais
   c. mais, menos
   d. mais, mais
3. As etapas ao lado do *MyPyramid* nos lembram que devemos fazer atividade física pelo menos _______ minutos por dia.
   a. 5　　c. 20
   b. 10　　d. 30
4. As Dietary Guidelines for Americans foram revisadas recentemente, em
   a. 2001　　c. 2005
   b. 2003　　d. 2010
5. O termo necessidade diária é usado em
   a. cardápios de restaurantes.
   b. rótulos de alimentos.
   c. gráficos médicos.
   d. nenhum dos anteriores.
6. A ingestão máxima tolerada, ou UL, serve para
   a. estimar as necessidades calóricas do indivíduo médio.
   b. avaliar a maior quantidade de um nutriente que pode ser ingerida por dia sem causar efeitos adversos à saúde.
   c. avaliar o seu nível atual de ingestão de um determinado nutriente.
   d. comparar o teor de nutrientes de um alimento às necessidades humanas aproximadas.
7. Atualmente, o rótulo de um alimento deve conter
   a. uma foto do alimento.
   b. um tamanho de porção uniforme e realista.
   c. a RDA de cada faixa etária.
   d. os ingredientes em ordem alfabética.
8. Suplementos dietéticos são rigorosamente regulamentados pelo seguinte órgão
   a. FDA
   b. USDA
   c. FTC
   d. Nenhum dos anteriores
9. O método científico começa com
   a. uma hipótese.
   b. experimentos de pesquisa.
   c. publicação dos resultados da pesquisa.
   d. observações e perguntas formuladas.
10. O tipo mais comum de desnutrição em países industrializados, como os Estados Unidos, por exemplo, é
    a. anorexia.
    b. deficiência de proteínas.
    c. obesidade.
    d. deficiência de ferro.

Respostas: 1. a, 2. c, 3. d, 4. d, 5. b, 6. b, 7. b, 8. d, 9. d, 10. d

Leituras complementares

1. ADA Reports: Position of the American Dietetic Association: Food and nutrition misinformation. *Journal of the American Dietetic Association* 106:601, 2006.

   Há muita falta de informação sobre alimentos e nutrição na sociedade norte-americana. As pessoas devem ter o cuidado de verificar a formação daqueles que dão conselhos dessa natureza e considerar que os nutricionistas profissionais são a fonte confiável de informação.

2. Barr SI: Introduction to dietary reference intakes. *Applied Physiology, Nutrition, and Metabolism* 31:61, 2006.

   O desenvolvimento dos padrões de ingestão dietética de referência (DRI) foi um projeto conjunto dos Estados Unidos e do Canadá, cujo objetivo foi atualizar e substituir os padrões anteriores – ingestão recomendada de nutrientes para canadenses e ingestão dietética recomendada para americanos. O artigo descreve as novas DRIs.

3. Birt DF: Phytochemicals and cancer prevention: From epidemiology to mechanism of action. *Journal of the American Dietetic Association* 106:20, 2006.

   Estudos feitos com animais de laboratório e culturas de células indicam que vários componentes das frutas e dos legumes podem exercer um papel na prevenção do câncer. Inúmeros estudos de caso-controle com seres humanos apontam que o consumo de vegetais reduz o risco de vários tipos de câncer. Esses resultados não foram demonstrados em relação a frutas. Além disso, estudos prospectivos não corroboram a relação entre a ingestão de frutas e vegetais e a prevenção do câncer. Embora a relação entre a ingestão de frutas e vegetais e o risco de câncer ainda não seja clara, uma dieta rica em frutas e legumes ainda é uma das melhores recomendações para melhorar a saúde e reduzir o risco geral de doenças crônicas.

4. Borra S: Consumer perspectives on food labels. *American Journal of Clinical Nutrition* 83:1235S, 2006.

   Uma importante meta das informações nutricionais constantes no rótulo dos alimentos é ajudar o consumidor a fazer boas escolhas alimentares, do ponto de vista nutricional. O artigo sumariza os resultados de recentes pesquisas quantitativas e qualitativas sobre os hábitos e entendimento do consumidor acerca das informações contidas nos rótulos de alimentos.

5. He FJ and others: Fruit and vegetable consumption and stroke: Meta-analysis of cohort studies. *Lancet* 367:320, 2006.

   A maior ingestão de frutas e legumes foi associada a um menor risco de AVC hemorrágico e isquêmico. Comparados a indivíduos que ingeriam menos de 3 porções diárias de frutas e legumes, os que ingeriam 3 a 5 porções diárias tiveram risco reduzido, e o risco foi menor ainda naqueles que ingeriam mais de 5 porções diárias.

6. Johnston CS: Uncle Sam's diet sensation: *MyPyramid*—an overview and commentary. *Medscape General Medicine* 7:78, 2005.

   Esse resumo do programa MyPyramid, *acessado pela internet, destaca várias vantagens dessa nova ferramenta educativa, que incluem o foco na redução de calorias e no aumento da atividade física, na tentativa de resolver o aumento de incidência da obesidade. Além disso, o artigo discute as áreas que merecem atenção do governo federal, como o acesso às informações pelas pessoas desfavorecidas.*

7. Kennedy ET: Evidence for nutritional benefits in prolonging wellness. *American Journal of Clinical Nutrition* 83:410S, 2006.

A interação dos genes, o ambiente e outros fatores ligados ao estilo de vida, especialmente a alimentação e a atividade física, estão, todos, envolvidos no processo de envelhecimento sadio. O artigo discute a necessidade de se considerar todos os fatores ambientais e de estilo de vida que contribuem para uma alimentação inadequada e para hábitos pouco saudáveis.

8. Kretser AJ: The new Dietary Reference In-takes in food labeling: The food industry's perspective. *American Journal of Clinical Nutrition* 83:1231S, 2006.

A indústria alimentícia está preparada para atualizar os rótulos de alimentos segundo as novas recomendações. As associações de fabricantes de alimentos declaram sua disposição de aproveitar essa oportunidade para coordenar as informações nutricionais dos rótulos com as Dietary Guidelines for Americans, de 2005, e o programa MyPyramid.

9. Meyer TE and others: Long-term caloric restriction ameliorates the decline in diastolic function in humans. *Journal of the American College of Cardiology* 47:398, 2006.

O envelhecimento cardiovascular está associado à maior probabilidade de desenvolvimento de doenças cardiovasculares, como infarto do miocárdio (ataque cardíaco), acidente vascular cerebral e insuficiência cardíaca congestiva. A restrição calórica (1.671 kcal vs. 2.445 kcal) influencia funções cardíacas que geralmente declinam com a idade. O consumo de uma alimentação rica em nutrientes, com menos de 2.000 kcal, refreou o declínio da função diastólica, que é um marcador reconhecido do envelhecimento cardiovascular do ser humano. Os resultados indicam que cortar calorias leva a uma vida mais longa.

10. Pavia M and others: Association between fruit and vegetable consumption and oral cancer: A meta-analysis of observational studies. *American Journal of Clinical Nutrition* 83:1126, 2006.

Os resultados mostram que para cada porção de frutas e legumes consumida por dia, o risco de câncer oral diminui 49 a 50%. O menor risco de câncer oral associado ao consumo de frutas depende do tipo de fruta consumido.

11. Reedy J and Krebs-Smith SM: A comparison of food-based recommendations and nutrient values of three food guides: USDA's MyPyramid, NHLBI's dietary approaches to stop hypertension eating plan, and Harvard's healthy eating pyramid. *Journal of the American Dietetic Association* 108: 522, 2008.

Os três guias alimentares compartilham as mesmas mensagens sobre comer mais frutas, legumes, folhas e grãos integrais, consumir menos açúcar adicionado e gordura saturada e preferir óleos vegetais.

12. Rolls B: *The volumetric eating plan: Techniques and recipes for feeling full on fewer calories.* Harper, New York, 2005.

Estudos feitos pelo Dr. Rolls mostram que a quantidade de calorias contidas em um determinado volume de alimento faz muita diferença para a quantidade de calorias consumida em uma refeição e ao longo do dia. Quanto maior é a densidade energética (mais calorias por peso ou volume de alimento), mais fácil é comer um excesso de calorias. O plano alimentar inclui técnicas e receitas para, por exemplo, aumentar a quantidade de frutas e legumes nos pratos, de modo que eles tenham maior teor de fibra e água, o que ajuda a baixar a ingestão de calorias sem causar sensação de não saciedade.

13. Seal CJ: Whole grains and CVD risk. *Proceedings of the Nutrition Society* 65:24, 2006.

Evidências obtidas em estudos epidemiológicos e populacionais indicam uma forte correlação inversa do consumo de grãos integrais com o risco de doenças cardiovasculares. Essas evidências resultaram em recomendações para que sejam consumidas pelo menos três porções de grãos integrais por dia. Entretanto, ainda não se compreende bem por que mecanismo os alimentos à base de grãos integrais têm esse efeito na doença cardiovascular. São necessários estudos intervencionistas para corroborar as alegações de saúde e promover o consumo de grãos integrais.

14. Sheth A and others: Potential liver damage associated with over-the-counter vitamin supplements. *Journal of the American Dietetic Association* 108: 1536, 2008.

Esse é um relato de caso de um paciente que desenvolveu um quadro de cirrose hepática após ingestão diária prolongada (dois anos) de suplementos alimentares de venda livre, que continham 13.000 μg de vitamina A. Esse caso é um exemplo do potencial de dano ao fígado associado à ingestão prolongada de suplementos vitamínicos de venda livre. Esses efeitos adversos indicam a necessidade de supervisão médica desse tipo de produto.

15. Sofi F and others: Adherence to Mediterranean diet and health status: meta-analysis. *British Medical Journal* 337:a1344, 2008.

Uma revisão sistemática de todos os estudos de coortes prospectivas que analisaram a relação entre o consumo de uma dieta mediterrânea, mortalidade e incidência de doenças crônicas mostrou que a dieta mediterrânea está associada à melhora significativa das condições de saúde. Os dados mostraram redução significativa da mortalidade total (9%), da mortalidade por doença cardiovascular (9%), da incidência de câncer ou da mortalidade por câncer (6%) e da incidência das doenças de Parkinson e Alzheimer (13%). Os resultados indicam que o padrão alimentar mediterrâneo deve ser incentivado, como forma de prevenção primária de importantes doenças crônicas.

16. Taylor CL and Wilkening VL: How the nutrition food label was developed, part 1: The nutrition facts panel. Part 2: The purpose and promise of nutrition claims. *The Journal of the American Dietetic Association* 108: 437, 618, 2008.

Esses artigos abordam o desenvolvimento dos rótulos de alimentos e discutem seu papel na melhoria da alimentação e da saúde dos americanos. As questões discutidas ressaltam o fato de que a adaptação dos rótulos de alimentos é um processo dinâmico.

17. U.S. Department of Health and Human Services. *2008 Physical Activity Guidelines for Americans.* 2008. http://www.health.gov/PAGuidelines/.

A inatividade continua sendo um grande problema entre crianças, adolescentes e adultos nos países industrializados, problema esse que acarreta um risco desnecessário de doença. As diretrizes têm base científica e fornecem orientação para melhoria da saúde por meio da prática de exercícios físicos. As orientações se aplicam a pessoas a partir dos seis anos de idade.

18. United States Department of Agriculture: Diet Quality of Americans in 1994–96 and 2001–02 as measured by the Healthy Eating Index-2005. *Nutrition Insight 37*, December 2007.

Esse relatório apresenta os escores do Healthy Eating Index-2005 (HEI-2005) referentes à população dos EUA, extraídos de pesquisas de âmbito nacional, conduzidas em 1994–1996 e em 2001–2002, e reflete a qualidade da alimentação dos americanos antes da implementação das Dietary Guidelines de 2005. O levantamento mostrou que os escores do HEI-2005 eram baixos, em relação aos "grupos alimentares recomendáveis" identificados nas Dietary Guidelines for Americans de 2005, e concluiu que é preciso melhorar a qualidade da alimentação dos americanos.

19. Woolf SH: Weighing the evidence to formulate dietary guidelines. *Journal of the American College of Nutrition* 25:277S, 2006.

O artigo discute as etapas do desenvolvimento das diretrizes alimentares. Essas etapas combinaram os seguintes aspectos: (1) especificação do tópico e da metodologia de desenvolvimento da norma; (2) revisão sistemática das evidências; (3) pareceres de especialistas; (4) análise de políticas públicas; (5) minuta do documento e (6) revisão por especialistas.

20. Yeager D: Got organic? *Today's Dietitian*, p. 60, October 2008.

O artigo discute a regulamentação da indústria de leite orgânico. Atualmente, nos Estados Unidos, essa indústria é regulamentada pelo United States Department of Agriculture. O National Organic Program certifica alimentos produzidos segundo práticas orgânicas. A maioria dos produtores de leite segue rigorosamente as normas de produção de leite orgânico.

AVALIE SUA REFEIÇÃO

I. Sua alimentação segue as recomendações do programa *MyPyramid*?

Com base no registro de ingestão alimentar do Capítulo 1, coloque cada alimento no grupo adequado do quadro *MyPyramid*. Portanto, para cada alimento, é preciso indicar com quantas porções ele contribui para cada grupo, com base na quantidade que é consumida (ver os tamanhos de porções na Tabela suplementar de composição dos alimentos). Muitas das suas escolhas alimentares podem contribuir para mais de um grupo. Por exemplo, torrada com margarina contribui para duas categorias: (1) grupo dos cereais e (2) grupo das gorduras. Após inserir todos os valores, adicione o número de porções consumidas de cada grupo. Por fim, compare seu total de cada grupo alimentar com o número recomendado de porções, conforme a Tabela 2.4. Coloque um sinal de menos (–) se o seu total ficar abaixo das recomendações ou um sinal de mais (+) se o seu total for igual ou exceder as recomendações.

Indique o número de porções do *MyPyramid* que cada alimento proporciona:

Alimento ou bebida	Quantidade consumida	Leite	Carne e leguminosas	Frutas	Vegetais	Cereais	Óleos
Totais por grupo							
Porções recomendadas							
Déficits no número de porções							

II. Você está colocando em prática as diretrizes alimentares?

Conforme foi visto neste capítulo, as orientações fornecidas pelas Dietary Guidelines for Americans, de 2005, podem ser resumidas em três pontos importantes e diversas atividades relacionadas. Preencha o quadro a seguir para verificar em que medida você está seguindo as orientações básicas das diretrizes.

Ingestão alimentar

Responda:

S N Você consome vários alimentos de alta densidade nutricional dentro e entre os grupos alimentares básicos do *MyPryamid*?

Escolha alimentos que limitam a ingestão de:

S N Gordura saturada

S N Gordura *trans*

S N Colesterol

S N Açúcar adicionado

S N Sal

S N Álcool (se for consumido)

Enfatize a suas escolhas alimentares:

S N Vegetais

S N Frutas

S N Legumes (leguminosas)

S N Pães e cereais integrais

S N Leite e laticínios desnatados ou semidesnatados

Peso corporal

S N Mantém o peso corporal dentro da faixa sadia, equilibrando a ingestão de calorias com o gasto de energia?

S N Pratica pelo menos 30 minutos de atividade física de intensidade moderada, além das atividades habituais, no trabalho ou em casa, na maioria dos dias da semana?

Manuseio seguro dos alimentos

S N Limpa as mãos, as superfícies de contato com os alimentos e as frutas e legumes antes do preparo?

S N Cozinha os alimentos em temperatura que mate os microrganismos?

A Figura 2.8 indica outras práticas saudáveis que fazem parte das Dietary Guidelines for Americans, de 2005, mas essa lista abreviada inclui os principais pontos a serem considerados.

III. Como aplicar as informações nutricionais a suas escolhas alimentares diárias

Imagine que você está no supermercado, buscando uma refeição rápida, pois tem muito trabalho a fazer. Na seção de congelados, você encontra duas marcas de canelone de queijo congelado (ver rótulos a e b). Qual das duas marcas você escolheria? Que informações constantes na tabela do rótulo contribuíram para a sua decisão?

____

____

____

____

Informação nutricional

Tamanho da porção 1 pacote (260g)
Porções contidas na embalagem 1

Quantidade por porção	
Calorias 390	Calorias de gorduras 160
	% Valor Diário*
Gorduras totais 18g	**27%**
Gorduras saturadas 9g	**45%**
Gorduras *trans* 2g	**
Colesterol 45mg	**14%**
Sódio 880mg	**36%**
Carboidratos totais 38g	**13%**
Fibra alimentar 4g	**15%**
Açúcares 12g	
Proteína 17g	

Vitamina A 10% • Vitamina C 4%
Cálcio 40% • Ferro 8%

*Percentual do valor diário baseado em uma dieta de 2.000 calorias. Seus valores diários poderão ser maiores ou menores, dependendo da sua necessidade calórica:

	Calorias:	2,000	2,500
Gorduras totais	Menos de	65g	80g
Gorduras saturadas	Menos de	20g	25g
Colesterol	Menos de	300mg	300mg
Sódio	Menos de	2,400mg	2,400mg
Carboidratos totais		300g	375g
Fibra alimentar		25g	30g

Calorias por grama:
Gordura 9 • Carboidrato 4 • Proteína 4

**O consumo de gordura *trans* deve ser o mínimo possível.

(a)

Informação nutricional

Tamanho da porção 1 pacote (260g)
Porções contidas na embalagem 1

Quantidade por porção	
Calorias 230	Calorias de gorduras 35
	% Valor Diário*
Gorduras totais 4g	**6%**
Gorduras saturadas 2g	**10%**
Gorduras *trans* 1g	**
Colesterol 15mg	**4%**
Sódio 590mg	**24%**
Carboidratos totais 28g	**9%**
Fibra alimentar 3g	**12%**
Açúcares 10g	
Proteína 19g	

Vitamina A 10% • Vitamina C 10%
Cálcio 35% • Ferro 4%

*Percentual do valor diário baseado em uma dieta de 2.000 calorias. Seus valores diários poderão ser maiores ou menores, dependendo da sua necessidade calórica:

	Calorias:	2,000	2,500
Gorduras totais	Menos de	65g	80g
Gorduras saturadas	Menos de	20g	25g
Colesterol	Menos de	300mg	300mg
Sódio	Menos de	2,400mg	2,400mg
Potássio		3,500mg	3,500mg
Carboidratos totais		300g	375g
Fibra alimentar		25g	30g

Calorias por grama:
Gordura 9 • Carboidrato 4 • Proteína 4

**O consumo de gordura *trans* deve ser o mínimo possível.

(b)

PARTE I

NUTRIÇÃO: RECEITA PARA A SAÚDE

CAPÍTULO 3 O corpo humano e a nutrição

Objetivos do aprendizado

1. Identificar as funções dos componentes celulares principais.
2. Definir tecido, órgão e sistema orgânico.
3. Listar algumas características básicas dos 12 sistemas de órgãos e descrever, para cada um deles, um papel relacionado à nutrição.
4. Resumir o processo global de digestão e absorção na boca, no estômago, no intestino delgado e no intestino grosso, bem como os papéis desempenhados pelo fígado, pela vesícula biliar e pelo pâncreas.
5. Compreender o papel da herança genética no desenvolvimento de doenças relacionadas à nutrição.
6. Identificar os principais problemas gastrintestinais relacionados à nutrição e as opções de tratamento.

Conteúdo do capítulo

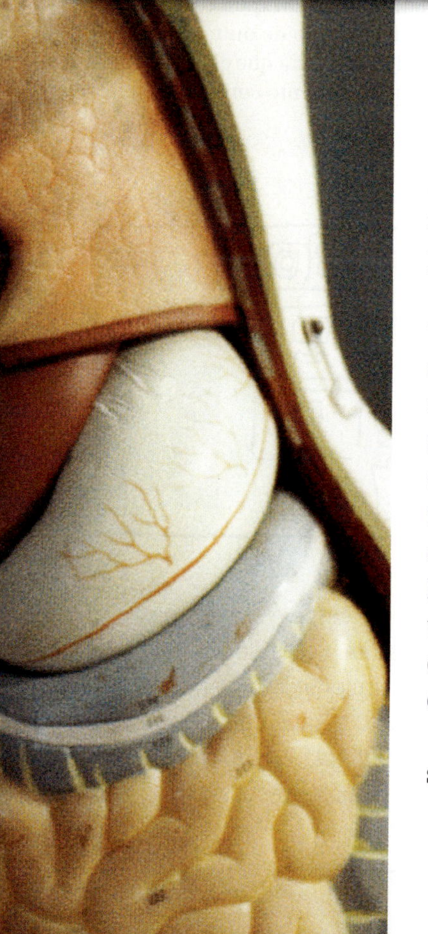

COMER NÃO É SE ALIMENTAR. Você deve primeiro digerir os alimentos, ou seja, extrair deles os componentes utilizáveis dos nutrientes essenciais que possam ser absorvidos pela corrente sanguínea. Depois que são absorvidos pela corrente sanguínea, eles podem ser distribuídos para as células do corpo e utilizados por essas células.

Raramente pensamos sobre a digestão e a absorção dos alimentos, tampouco temos poder de controlá-las. Exceto algumas atitudes voluntárias, como decidir o que e quando queremos comer, quanto queremos mastigar os alimentos e o fato de sabermos quando precisamos eliminar os resíduos, a maior parte dos processos de absorção e digestão é autocontrolada. Como sugerem os quadrinhos deste capítulo, não decidimos conscientemente quando o pâncreas deve secretar substâncias digestivas para o intestino delgado nem temos controle sobre a velocidade as quais os alimentos são impulsionados ao longo do trato intestinal. Diversos hormônios e o sistema nervoso, principalmente, controlam essas funções. Nossa única participação consciente nessas respostas involuntárias pode ser a sensação de fome que nos ataca pouco antes do almoço ou o fato de nos sentirmos "cheios" depois de comer aquele último pedaço de pizza.

Serão analisados a digestão e a absorção, bem como outros aspectos da fisiologia humana importantes para a saúde nutricional. No processo, você irá se familiarizar com a anatomia básica (estrutura) e a fisiologia (função) do sistema circulatório, sistema nervoso, sistema endócrino, sistema imune, sistema digestório e sistema urinário e com os recursos do corpo humano para armazenamento de nutrientes.

Para relembrar

Antes de começar a estudar a fisiologia humana no Capítulo 3, talvez seja interessante revisar os seguintes tópicos:

- Estrutura e função das células, que você aprendeu em cursos anteriores de biologia ou disciplinas afins.
- Cada um dos sistemas de órgãos do nosso corpo, que você também deve ter aprendido em aulas de biologia.

3.1 Fisiologia humana

tecidos Conjuntos de células adaptados para executar uma função específica.

órgão Grupo de tecidos projetado para executar uma função específica, por exemplo, o coração, que contém tecido muscular, tecido nervoso e outros.

sistema de órgãos Conjunto de órgãos que trabalham juntos para executar uma função completa.

O corpo humano é composto por trilhões de células. Cada célula é uma entidade viva e autossuficiente. Células do mesmo tipo normalmente se juntam, usando substâncias intercelulares para formar **tecidos**, como o tecido muscular. Um, dois ou mais tecidos se combinam, em seguida, de um modo particular, para formar estruturas mais complexas, chamadas **órgãos.** Todos os órgãos contribuem para a saúde nutricional, e o estado nutricional da pessoa influencia o bom funcionamento dos órgãos. Em um nível ainda mais elevado de coordenação, vários órgãos podem cooperar para um propósito comum constituindo um sistema orgânico, como o sistema digestório. Globalmente, o corpo humano é a união coordenada de vários sistemas de órgãos altamente estruturados (Fig. 3.1).

Processos químicos (reações) ocorrem constantemente em cada célula viva: a produção de novas substâncias é equilibrada pela degradação de outras, já usadas. Um exemplo é a constante formação e degradação do osso. Para que essa renovação de substâncias possa ocorrer, as células requerem um suprimento contínuo de ener-

FRANK & ERNEST® by Bob Thaves

FRANK AND ERNEST – reprodução autorizada pela Newspaper Enterprise Association, Inc.

Certas dietas populares preconizam que se deve evitar a combinação de carne e batatas para melhorar a digestão e que frutas só devem ser comidas antes do meio-dia. Segundo alguns desses postulados, os alimentos ficariam retidos no corpo e sofreriam um processo de putrefação, gerando toxinas. Será que existem razões científicas para se supor que o horário da nossa alimentação tenha influência na digestão? Será que existem hábitos alimentares capazes de melhorar a digestão e, em seguida, a absorção? Este capítulo fornece algumas respostas.

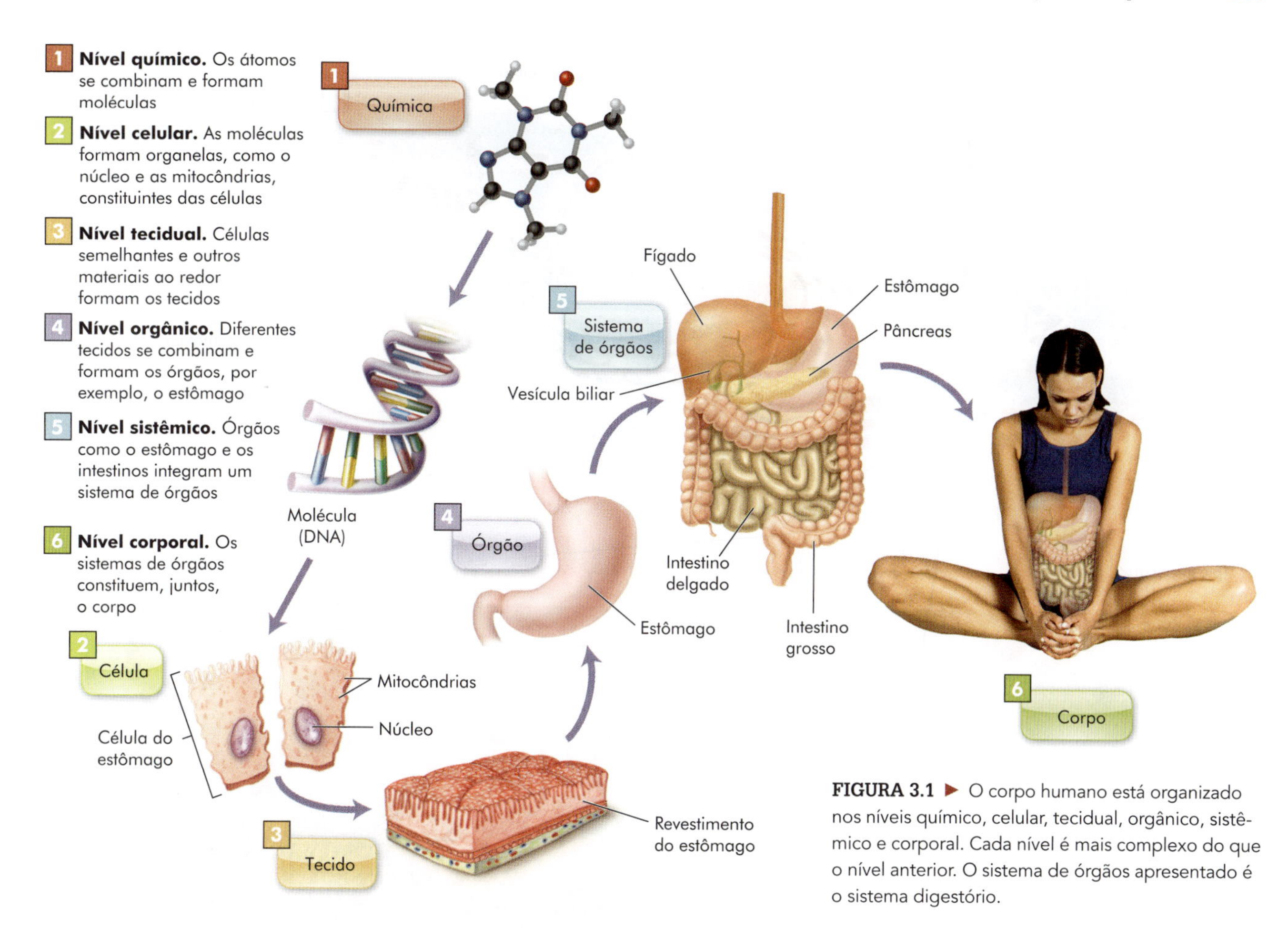

FIGURA 3.1 ▶ O corpo humano está organizado nos níveis químico, celular, tecidual, orgânico, sistêmico e corporal. Cada nível é mais complexo do que o nível anterior. O sistema de órgãos apresentado é o sistema digestório.

gia na forma de carboidratos, proteínas e gorduras provenientes da alimentação. As células também precisam de água; de materiais auxiliares, como as proteínas e os minerais e de reguladores químicos, como as vitaminas. Quase todas as células também precisam de um suprimento constante de oxigênio. Essas substâncias permitem que os tecidos, formados por células individuais, funcionem adequadamente.

O suprimento adequado de nutrientes às células do corpo começa com uma alimentação saudável. Para garantir a melhor utilização possível dos nutrientes, as células do corpo, os tecidos, os órgãos e os sistemas também devem trabalhar de forma eficaz.

No Capítulo 3 são abordadas a anatomia e a fisiologia da célula e dos principais sistemas de órgãos, especialmente no que diz respeito à nutrição humana. As noções que você está prestes a estudar limitam-se aos componentes dos vários sistemas de órgãos especificamente influenciados pelos mais de 45 nutrientes essenciais discutidos neste texto.

3.2 A célula: estrutura, funções e metabolismo

A célula é o componente básico estrutural e funcional da vida. Organismos vivos são feitos de muitos tipos de células, especializadas em funções específicas, e todas as células são derivadas de células preexistentes. No corpo humano, todas as células têm certas características comuns. As células têm compartimentos e estruturas especializadas que desempenham funções específicas; esses componentes são denominados **organelas** (Fig. 3.2). Há pelo menos 15 diferentes organelas. Oito das organelas mais importantes serão discutidas neste texto. Os números ao lado dos

organelas Compartimentos, partículas ou filamentos que desempenham funções especializadas no interior da célula.

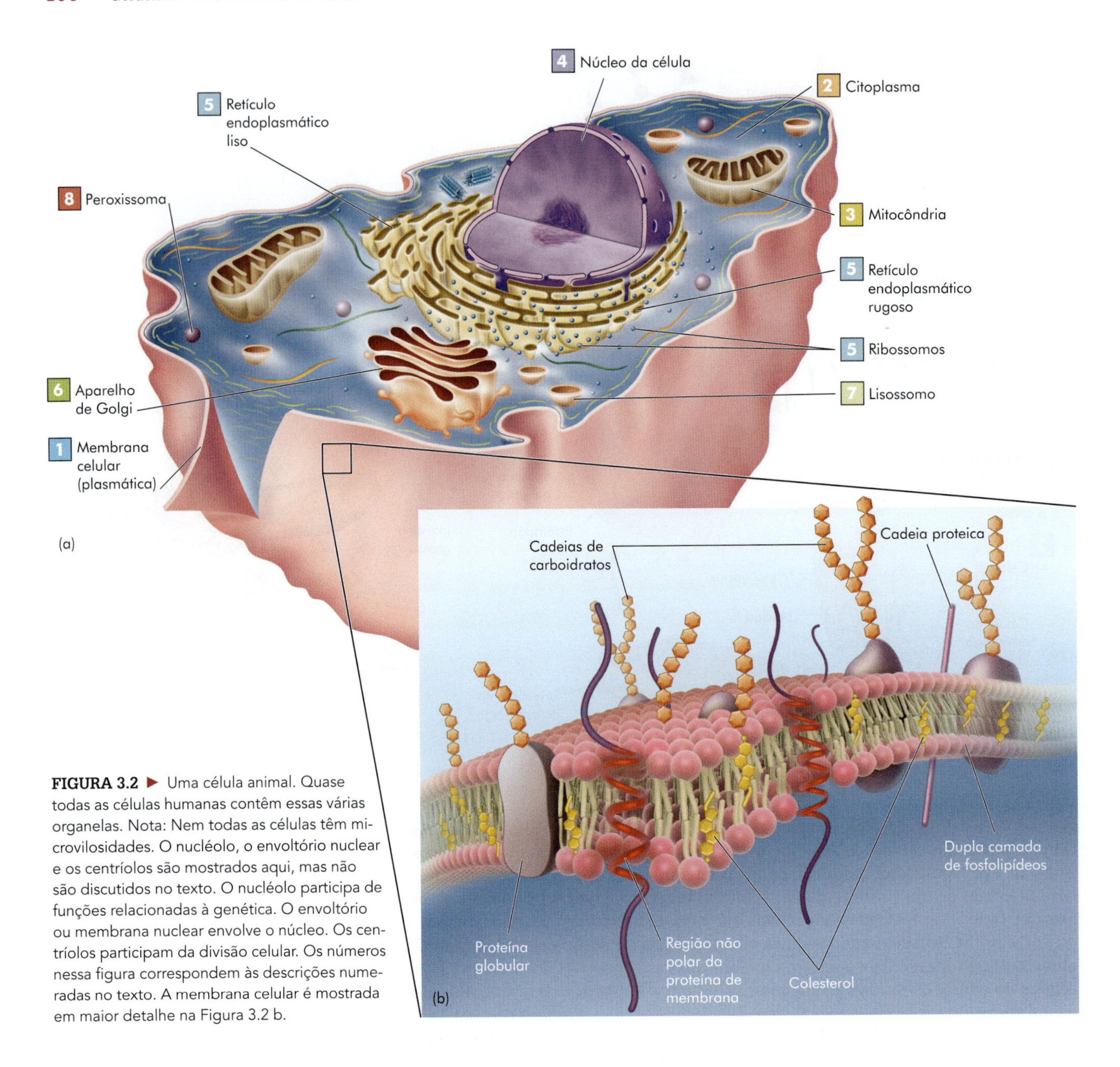

FIGURA 3.2 ▶ Uma célula animal. Quase todas as células humanas contêm essas várias organelas. Nota: Nem todas as células têm microvilosidades. O nucléolo, o envoltório nuclear e os centríolos são mostrados aqui, mas não são discutidos no texto. O nucléolo participa de funções relacionadas à genética. O envoltório ou membrana nuclear envolve o núcleo. Os centríolos participam da divisão celular. Os números nessa figura correspondem às descrições numeradas no texto. A membrana celular é mostrada em maior detalhe na Figura 3.2 b.

nomes das estruturas celulares correspondem às estruturas ilustradas na Figura 3.2. O metabolismo, ou seja, o conjunto dos processos químicos que ocorrem nas células do corpo, também será discutido.

Membrana celular (plasmática) 1

Toda célula tem seu meio interno separado do meio externo pela membrana celular (ou membrana plasmática). Essa membrana mantém o conteúdo da célula reunido e regula o fluxo de substâncias para dentro e para fora da célula. A comunicação entre uma célula e outra também ocorre por meio dessa membrana.

A membrana celular, ilustrada na Figura 3.2 b, é uma dupla camada (ou dupla membrana) de **fosfolipídeos** que têm suas extremidades hidrossolúveis (solúveis em água) voltadas para o interior e para o exterior da célula. O lado da molécula de fosfolipídeo não solúvel em água (lipossolúvel) fica voltado para o interior da membrana.

fosfolipídeo Composto pertencente a uma classe de substâncias gordurosas que contém fósforo, ácidos graxos e um componente de nitrogênio. Os fosfolipídeos são uma parte essencial de toda célula.

enzima Composto que acelera uma reação química, sem ser alterado por essa reação. Quase todas as enzimas são proteínas (algumas são feitas de material genético).

O colesterol é um componente da membrana celular. É solúvel em gordura, por isso fica embutido dentro da dupla membrana. O colesterol confere rigidez e, portanto, estabilidade à membrana.

Há também várias proteínas inseridas na membrana celular. As proteínas fornecem suporte estrutural, atuam como transportadores e funcionam como **enzimas** que influenciam processos químicos dentro da membrana (leia mais sobre enzimas no item sobre digestão). Algumas proteínas formam canais abertos que permitem que substâncias solúveis em água passem para dentro e para fora da célula. As proteínas localizadas na superfície externa da membrana atuam como receptores, capturando substâncias essenciais e trazendo-as para dentro da célula. Outras proteínas agem como portas que se abrem e fecham para controlar o fluxo de partículas de diversos tipos para dentro e para fora da célula.

Além dos lipídeos e das proteínas, a membrana também contém carboidratos que delimitam o exterior da célula. Esses carboidratos juntam-se a proteínas ou gorduras e, assim, atuam como mensageiros, levando sinais às organelas da célula. Essas estruturas de carboidratos também atuam como marcadores de identificação celular. Além disso, detectam invasores e iniciam ações defensivas. Em resumo, esses carboidratos representam marcas importantes para a identidade da célula e sua interação com outras células.

Citoplasma 2

O **citoplasma** é o material líquido onde se encontram as organelas dentro da célula, excluindo o núcleo. Uma pequena quantidade de energia para uso pela célula pode ser produzida por processos químicos que ocorrem no citoplasma. Esses processos contribuem para a sobrevivência de todas as células e, no caso das hemácias ou dos glóbulos vermelhos do sangue, são a única fonte de produção de energia. Essa produção de energia é denominada metabolismo **anaeróbio**, pois não necessita de oxigênio.

Organelas. As organelas se encontram no citoplasma. Conforme será visto a seguir, elas têm um papel vital para as funções celulares.

Mitocôndrias 3

As **mitocôndrias** são às vezes chamadas de "usinas" ou casas de força da célula. Essas organelas são capazes de converter a energia dos nutrientes ricos em calorias, provenientes da alimentação (carboidratos, proteínas e gorduras), em uma forma de energia que as células possam utilizar. Esse é um processo **aeróbio**, que utiliza o oxigênio que inspiramos, assim como a água, as enzimas e outros compostos (ver mais detalhes no Cap. 10). Com exceção das hemácias, todas as células contêm mitocôndrias; apenas o tamanho, a forma e a quantidade variam.

Núcleo celular 4

Com exceção das hemácias, todas as células têm um ou mais núcleos. O **núcleo da célula** é delimitado por sua própria dupla membrana. O núcleo contém o material genético responsável pelo controle de tudo que ocorre na célula. O material genético consiste em **genes** que ficam nos **cromossomos** e são compostos de **ácido desoxirribonucleico (DNA)**. O DNA é o "livro de códigos" que contém instruções para a síntese de substâncias, especialmente proteínas, das quais as células necessitam. Esse livro de códigos permanece no núcleo da célula, mas envia suas informações para outras organelas celulares por meio de uma molécula "mensageira" semelhante a ele, composta de **ácido ribonucleico (RNA)**. A informação contida no DNA é copiada, pelo processo de **transcrição**, para o RNA, que depois sai para o citoplasma passando pelos poros existentes na membrana nuclear. O RNA leva o código transcrito do DNA até os locais de síntese de proteínas, denominados ribossomos. Nesses locais, o código de RNA é usado no processo de **tradução** para compor uma proteína específica (ver mais detalhes sobre a síntese de proteínas no Cap. 6). Esse processo é também conhecido como **expressão gênica**.

citoplasma O conteúdo líquido e as organelas (exceto o núcleo) que preencham a célula.

anaeróbio Organismo que não requer oxigênio.

mitocôndria O principal local de produção de energia na célula. Também abriga os processos de oxidação de gordura para gerar combustível, entre outros processos metabólicos.

aeróbio Organismo que requer oxigênio.

núcleo celular Organela delimitada por sua própria dupla membrana, que contém cromossomos – estruturas onde se encontra a informação genética para a síntese de proteínas e para a replicação celular.

gene Segmento específico de um cromossomo. Os genes fornecem a matriz para a produção das proteínas nas células.

cromossomo Grande molécula de DNA associada a proteínas; contém muitos genes que armazenam e transmitem informações genéticas.

ácido desoxirribonucleico (DNA) Composto que armazena as informações genéticas nas células; o DNA comanda a síntese proteica nas células.

ácido ribonucleico (RNA) Ácido nucleico de fita simples envolvido na transcrição da informação genética e tradução dessa informação em estruturas proteicas.

transcrição Processo em que as informações contidas no DNA e necessárias para a síntese de uma proteína são copiadas para o RNA.

ribossomos Partículas citoplasmáticas responsáveis pela ligação de aminoácidos para formar proteínas; podem existir livremente no citoplasma ou ligados ao retículo endoplasmático.

tradução Utilização das informações contidas no RNA para determinar os aminoácidos que farão parte de uma proteína.

expressão gênica Uso da informação contida no DNA de um gene para produzir uma proteína. Considerada um dos principais fatores determinantes do desenvolvimento das células.

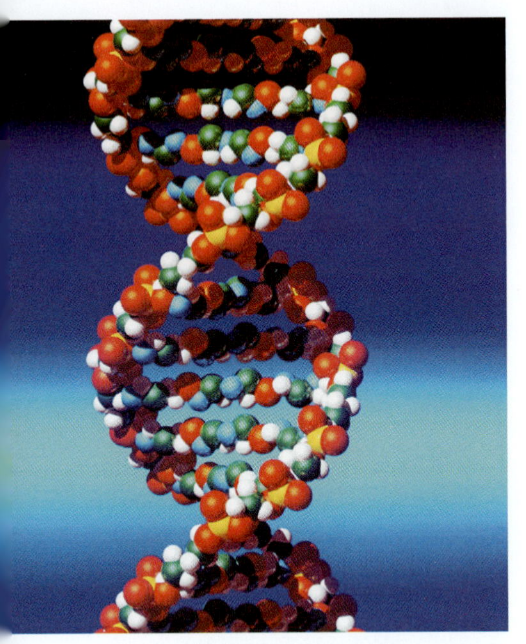

▲ Os genes são segmentos da hélice dupla do DNA. O núcleo celular contém a maior parte do DNA do corpo.

Todo o DNA de uma célula é copiado durante a replicação celular. A molécula de DNA é uma fita dupla, e quando a célula começa a se dividir, os filamentos são separados, e uma cópia idêntica de cada um é produzida. Assim, cada novo DNA contém uma fita nova e uma fita do DNA original. Dessa forma, o código genético é preservado de uma geração celular para a próxima. (As mitocôndrias contêm seu próprio DNA, por isso se reproduzem dentro da célula, independentemente do núcleo.)

Retículo endoplasmático (RE) 5

A membrana externa do núcleo da célula se estende por uma rede de tubos chamada **retículo endoplasmático** (RE). Parte do retículo endoplasmático (denominada retículo endoplasmático rugoso [em oposição ao liso]) contém os ribossomos, onde o código de RNA é traduzido em proteínas durante a síntese proteica. Muitas dessas proteínas desempenham um papel crucial na nutrição humana. Partes do retículo endoplasmático também estão envolvidas na síntese de lipídeos, na eliminação ou inativação de substâncias tóxicas e no armazenamento e na liberação de cálcio na célula.

Aparelho de Golgi 6

O **aparelho de Golgi** é o local onde são acondicionadas as proteínas usadas no citoplasma ou exportadas pela célula. Consiste em um sistema de "sacos" localizado dentro do citoplasma, em que as proteínas são "embaladas" em **vesículas secretoras** para serem expelidas pela célula.

Lisossomos 7

Os lisossomos são o sistema digestório da célula. Consistem em bolsas que contêm enzimas para a digestão de material estranho à célula e também são responsáveis, em determinadas circunstâncias, pela digestão de componentes celulares já desgastados ou danificados. Algumas células que desempenham funções imunológicas contêm muitos lisossomos (consultar o item sobre sistema imune, adiante).

Peroxissomos 8

Os peroxissomos contêm enzimas que desintoxicam o organismo agindo contra substâncias químicas nocivas. O nome "peroxissomos" deriva do fato de que, nesse processo de destoxificação, a ação das enzimas leva à formação de peróxido de hidrogênio (H_2O_2). Os peroxissomos também contêm uma enzima protetora chamada *catalase*, que impede o acúmulo excessivo de peróxido de hidrogênio na célula, o que seria muito prejudicial. Os peroxissomos também participam, em menor grau, do metabolismo do álcool – uma das possíveis fontes de energia para as células.

Metabolismo celular

O termo "metabolismo" designa toda a rede de processos químicos envolvidos na manutenção da vida. Abrange todas as sequências de reações químicas que ocorrem nas células do corpo. Essas reações bioquímicas ocorrem no citoplasma da célula e nas organelas que acabamos de discutir. Além disso, permitem liberar e usar a energia contida nos alimentos, sintetizar uma substância a partir de outra e preparar os resíduos para a excreção.

As reações metabólicas que ocorrem dentro do nosso corpo podem ser classificadas em dois tipos. O primeiro tipo de reação (anabólica) reúne moléculas diferentes e, portanto, requer energia. O outro tipo de reação (catabólica) separa moléculas e, portanto, libera energia. Os processos do metabolismo dos nutrientes como carboidratos, proteínas e gorduras estão inter-relacionados e geram energia. Os demais nutrientes (vitaminas e minerais) contribuem para a atividade enzimática que sustenta as reações metabólicas da célula.

Conforme foi discutido anteriormente, o metabolismo gerador de energia começa no citoplasma com o processo inicial de degradação anaeróbia da glicose.

retículo endoplasmático (RE) Organela localizada no citoplasma e composta por uma rede de canais que atravessam o interior da célula. Parte do retículo endoplasmático contém ribossomos.

Aparelho de Golgi Organela celular localizada próxima ao núcleo e que processa a proteína recém-sintetizada para secreção ou distribuição a outras organelas.

vesículas secretoras Gotículas delimitadas por uma membrana, produzidas pelo aparelho de Golgi; contêm proteína e outros compostos a serem secretados pela célula.

lisossomo Organela celular que contém enzimas digestivas usadas no interior da célula para degradar suas próprias substâncias.

peroxissomo Organela celular que destrói substâncias tóxicas no interior da célula.

trifosfato de adenosina (ATP) Principal composto usado para troca de energia nas células. A energia do ATP é utilizada para bombeamento de íons, para atividade enzimática e para a contração muscular.

As demais etapas (aeróbias) de produção de energia ocorrem na mitocôndria. Em última instância, as células do corpo usam esses processos interligados para converter a energia encontrada nos alimentos em energia concentrada, armazenada no **trifosfato de adenosina** (ATP). Você aprenderá mais sobre o metabolismo das fontes de energia no Capítulo 10.

REVISÃO CONCEITUAL

No Capítulo 1, você aprendeu que gorduras (lipídeos), proteínas e carboidratos funcionam como combustíveis. Agora você sabe que esses nutrientes orgânicos também servem como materiais estruturais da membrana da célula. Isso é típico de muitos nutrientes capazes de realizar múltiplas funções. A célula recebe nutrientes e outras substâncias por meio da membrana celular, utilizando vários sistemas de transporte.

A unidade estrutural básica do corpo é a célula. Dentro da célula, há uma grande variedade de organelas, que executam funções específicas. Embora não exista o que se possa chamar de uma célula típica, praticamente todas as células têm as mesmas organelas, cada uma realizando a mesma tarefa essencial.

3.3 Organização do corpo

Conforme já foi visto, quando grupos de células semelhantes trabalham juntos para realizar uma tarefa especializada, esse conjunto se chama tecido. O corpo humano compõe-se de quatro tipos principais de tecidos: **epitelial**, **muscular**, **conectivo** e **nervoso**. O tecido epitelial é composto por células que cobrem superfícies, tanto no interior como no exterior do corpo. Por exemplo, a mucosa do trato respiratório é formada por células epiteliais. Essas células de tecido epitelial secretam substâncias importantes, absorvem nutrientes e excretam resíduos. O tecido conectivo sustenta e protege o corpo, armazena gordura e produz células sanguíneas. O tecido muscular é projetado para fazer movimentos. O tecido nervoso, encontrado no cérebro e na medula espinal, é projetado para fazer comunicação. Esses quatro tipos de tecidos se combinam para formar vários órgãos e, por fim, sistemas de órgãos (Tab. 3.1).

No Capítulo 3, estaremos particularmente interessados no sistema digestório. Os nutrientes que consumimos nos alimentos ficam indisponíveis até o momento em que são processados pelo sistema digestório. Para isso, são empregados meios químicos e mecânicos que alteram o alimento de modo que os nutrientes possam ser liberados e absorvidos pelo organismo, para distribuição aos tecidos do corpo.

Às vezes, os órgãos de um sistema podem servir outro sistema. Por exemplo, a função básica do sistema digestório é converter os alimentos que ingerimos em nutrientes absorvíveis. Ao mesmo tempo, o sistema digestório trabalha para o sistema imune, impedindo que agentes patogênicos perigosos invadam o corpo e causem doenças. Ao estudar nutrição, você vai conhecer os múltiplos papéis desempenhados por vários órgãos (Fig. 3.3).

O objetivo primordial do estudo da nutrição humana é compreender as ações dos nutrientes e como elas afetam diferentes células, tecidos, órgãos e sistemas de órgãos. Cada tipo de sistema sofre impacto da ingestão de nutrientes e, simultaneamente, determina a forma como cada nutriente é utilizado.

Nossa tarefa agora é explorar os principais sistemas do corpo e o modo como eles se relacionam especificamente com o estudo da nutrição humana: sistemas circulatório (cardiovascular e linfático), nervoso, endócrino, imune, digestório e urinário. Essa parte do Capítulo 3 definirá o cenário para uma visão mais detalhada desses e de outros sistemas de órgãos em capítulos posteriores, que abrangem vários aspectos da nutrição humana.

Também neste capítulo, será apresentada uma nova área de estudo: genética e nutrição. Ao longo deste livro, as discussões vão apontar como você pode personalizar a orientação nutricional com base na herança genética. Você verá que é possível identificar e evitar os fatores de risco "controláveis" que contribuem para o aparecimento de doenças de cunho genético presentes em uma mesma família.

tecido epitelial Conjunto de células que revestem a superfície externa do corpo e todos os órgãos internos que têm passagens para o exterior.

tecido conectivo Tecido constituído basicamente de proteínas, que tem a função de manter unidas diferentes estruturas do corpo. Algumas estruturas são compostas por tecido conectivo, por exemplo, tendões e cartilagens. O tecido conectivo também faz parte dos ossos e das estruturas não musculares das artérias e veias.

tecido muscular Tipo de tecido que se contrai produzindo movimento.

tecido nervoso Tecido formado por células muito ramificadas, alongadas, que transportam impulsos nervosos de uma parte do corpo para outra.

ureia Resíduo nitrogenado do metabolismo das proteínas; principal origem do nitrogênio eliminado pela urina.

sistema cardiovascular Sistema do corpo formado por coração, vasos sanguíneos e sangue. Transporta nutrientes, resíduos, gases e hormônios por todo o corpo e desempenha um papel importante na resposta imunológica e na regulação da temperatura corporal.

sistema linfático Sistema composto por vasos e linfa para o qual é drenado o líquido que envolve as células, além de grandes partículas, como produtos da absorção das gorduras. Posteriormente, a linfa deixa o sistema linfático e passa para a corrente sanguínea.

TABELA 3.1 Sistemas de órgãos do corpo

Sistema	Componentes principais	Funções relacionadas à nutrição
Cardiovascular	Coração, vasos sanguíneos e sangue	Transporta nutrientes, resíduos, gases e hormônios por todo o corpo e desempenha um papel na resposta imune e na regulação da temperatura corporal
Linfático	Vasos linfáticos, linfonodos e outros órgãos linfáticos	Remove substâncias estranhas do sangue e da linfa, combate doenças, mantém o equilíbrio de líquidos nos tecidos e auxilia na absorção de gorduras
Nervoso	Cérebro, medula espinal, nervos e receptores sensoriais	Importante sistema regulador: detecta sensações, controla movimentos, funções fisiológicas e intelectuais
Endócrino	Glândulas endócrinas, como a tireoide, a hipófise e as suprarrenais	Importante sistema regulador: participa da regulação do metabolismo, da reprodução e de muitas outras funções por meio da ação dos hormônios
Imune	Células brancas do sangue (leucócitos), vasos e nódulos linfáticos, baço, timo e outros tecidos linfáticos	Garante a defesa contra invasores estranhos: formação de leucócitos
Digestório	Boca, esôfago, estômago, intestinos e órgãos acessórios (fígado, vesícula biliar e pâncreas)	Executa os processos mecânicos e químicos de digestão, absorção de nutrientes e eliminação de resíduos
Urinário	Rins, bexiga e dutos que transportam a urina	Remove os resíduos do sistema circulatório e regula acidez, composição química e teor de água do sangue
Tegumentar	Pele, cabelo, unhas e glândulas sudoríparas	Protege o corpo, regula a temperatura, evita a perda de água e produz uma substância que se converte em vitamina D após exposição ao sol
Esquelético	Ossos, cartilagens e articulações	Sustenta o corpo e permite seus movimentos; produz células do sangue e armazena minerais
Muscular	Músculo liso, cardíaco e esquelético	Executa os movimentos do corpo, mantém a postura e produz calor
Respiratório	Pulmões e vias respiratórias	Cuida das trocas gasosas (oxigênio e dióxido de carbono) entre o sangue e a atmosfera e regula o equilíbrio ácido-base (pH) do sangue
Reprodutivo	Gônadas, estruturas acessórias e órgãos genitais femininos e masculinos	Executa os processos de reprodução e influencia as funções e os comportamentos sexuais

linfa Líquido claro que flui pelos vasos linfáticos e transporta a maioria dos lipídeos absorvidos no intestino delgado.

plasma Parte líquida do sangue. Inclui o soro sanguíneo e todos os fatores da coagulação. O soro, no entanto, é o que resta quando todos os fatores de coagulação foram removidos do plasma.

3.4 Sistema cardiovascular e sistema linfático

O corpo tem dois sistemas distintos responsáveis pela circulação de líquidos: o **sistema cardiovascular** e o **sistema linfático**. O sistema cardiovascular é composto por coração e vasos sanguíneos. O sistema linfático é composto por vasos linfáticos e uma série de tecidos linfáticos. O sangue flui pelo sistema cardiovascular, enquanto a **linfa** flui pelo sistema linfático.

Sistema cardiovascular

O coração é uma bomba muscular que normalmente se contrai e relaxa 50 a 90 vezes por minuto quando o corpo está em repouso. Esse bombeamento contínuo, medido pela tomada do pulso, mantém o sangue em movimento dentro dos vasos sanguíneos. O sangue que flui pelo sistema cardiovascular é composto por **plasma**, glóbulos vermelhos, glóbulos brancos, plaquetas e muitas outras substâncias. O sangue segue duas rotas básicas. No primeiro percurso, circula do lado direito do coração para os pulmões, e depois volta ao coração. Nos pulmões, o sangue capta oxigênio e libera dióxido de carbono. Depois de ocorrer essa troca de gases, o sangue é dito *oxigenado* e retorna ao lado esquerdo do coração. Na segunda rota, o sangue oxigenado circula do lado esquerdo do coração para todas as células do corpo e, por fim, retorna ao lado direito do coração (Fig. 3.4). Depois de ter circulado por todo o corpo, o sangue está *desoxigenado*. (Ao revisar o sistema cardiovascular, lembre-se de seus estudos anteriores de biologia, para entender que as denominações *esquerdo* e *direito* do coração se referem à esquerda e à direita do seu corpo, não da página do livro.)

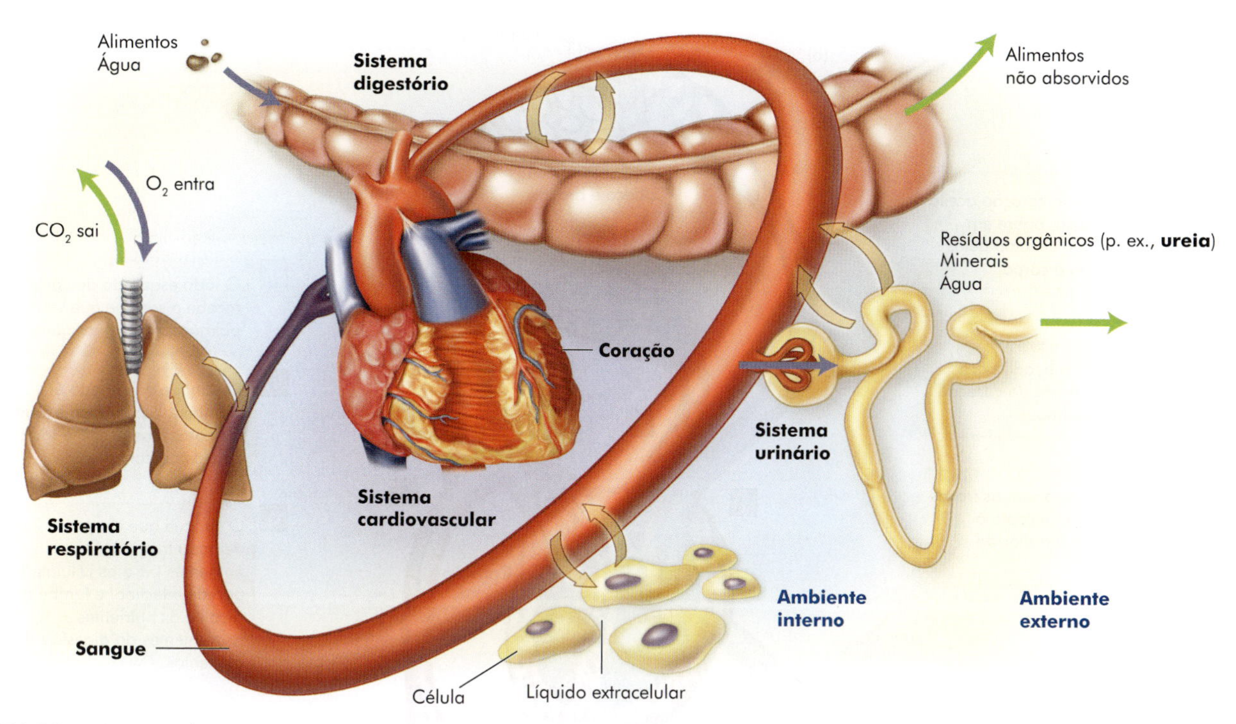

FIGURA 3.3 ▶ As trocas de nutrientes ocorrem entre o ambiente externo e o ambiente interno do sistema circulatório, passando pelos sistemas digestório, respiratório e urinário. De maneira geral, o corpo humano é uma combinação de 12 sistemas que trabalham em conjunto para suprir as necessidades das células.

No sistema cardiovascular, o sangue deixa o coração pelas **artérias**, que se ramificam em **capilares**, uma rede de minúsculos vasos sanguíneos. As trocas de nutrientes, oxigênio e resíduos entre o sangue e as células ocorrem pelos diminutos poros dos capilares (Fig. 3.5). Os capilares estão presentes em todas as regiões do corpo, formando um emaranhado de vasos cuja parede tem a espessura de uma única célula. O sangue retorna ao coração pelas veias.

O sistema cardiovascular distribui nutrientes absorvidos dos alimentos e oxigênio do ar para todas as células do corpo (ver Fig. 3.3). Outras funções incluem o transporte de hormônios até as células-alvo, a manutenção de uma temperatura corporal constante e a distribuição de células brancas do sangue por todo o corpo, para protegê-lo de patógenos, o que faz parte das funções do sistema imune.

Circulação porta no trato gastrintestinal Água e nutrientes são transferidos para o sistema circulatório pelos capilares. Uma vez absorvidos pela parede do estômago ou do intestino, os nutrientes alcançam um de dois destinos. Alguns nutrientes são captados pelas células do intestino e de partes do estômago para nutrir esses próprios órgãos. No entanto, a maior parte dos nutrientes provenientes de alimentos recém-ingeridos é levada à circulação porta. Para chegarem à circulação porta, os nutrientes passam dos capilares da parede intestinal para as veias que, eventualmente, fundem-se em uma veia muito grande denominada **veia porta.** Ao contrário da maioria das veias do corpo, que levam o sangue de volta para o coração, a veia porta conduz diretamente ao fígado. Isso permite que o fígado processe os nutrientes absorvidos antes que eles entrem na corrente sanguínea geral ou na circulação sistêmica. De modo geral, a circulação porta representa um compartimento especial do sistema cardiovascular.

Sistema linfático

O **sistema linfático** é também um sistema circulatório. Consiste em uma rede de vasos linfáticos e líquido (linfa) que se move dentro deles. A linfa é semelhante ao

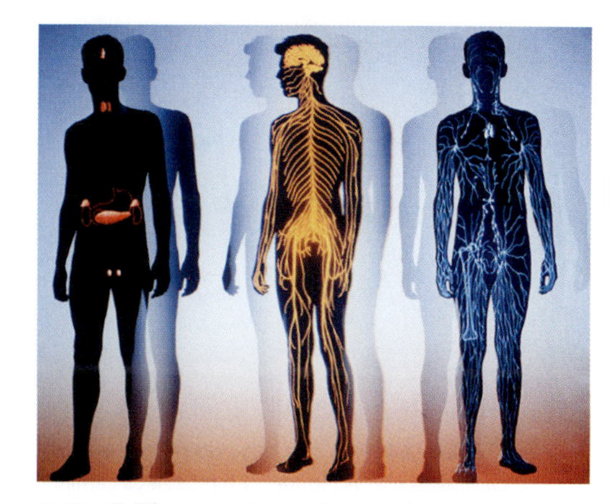

▲ O corpo é composto por diversos sistemas de órgãos, inclusive os sistemas endócrino, nervoso e circulatório, mostrados aqui.

artéria Vaso que transporta sangue a partir do coração.

capilar Vaso sanguíneo microscópico que conecta as artérias e veias de menor calibre; local onde se dão as trocas de oxigênio, nutrientes e resíduos entre as células do corpo e o sangue.

veia Vaso sanguíneo que leva sangue ao coração.

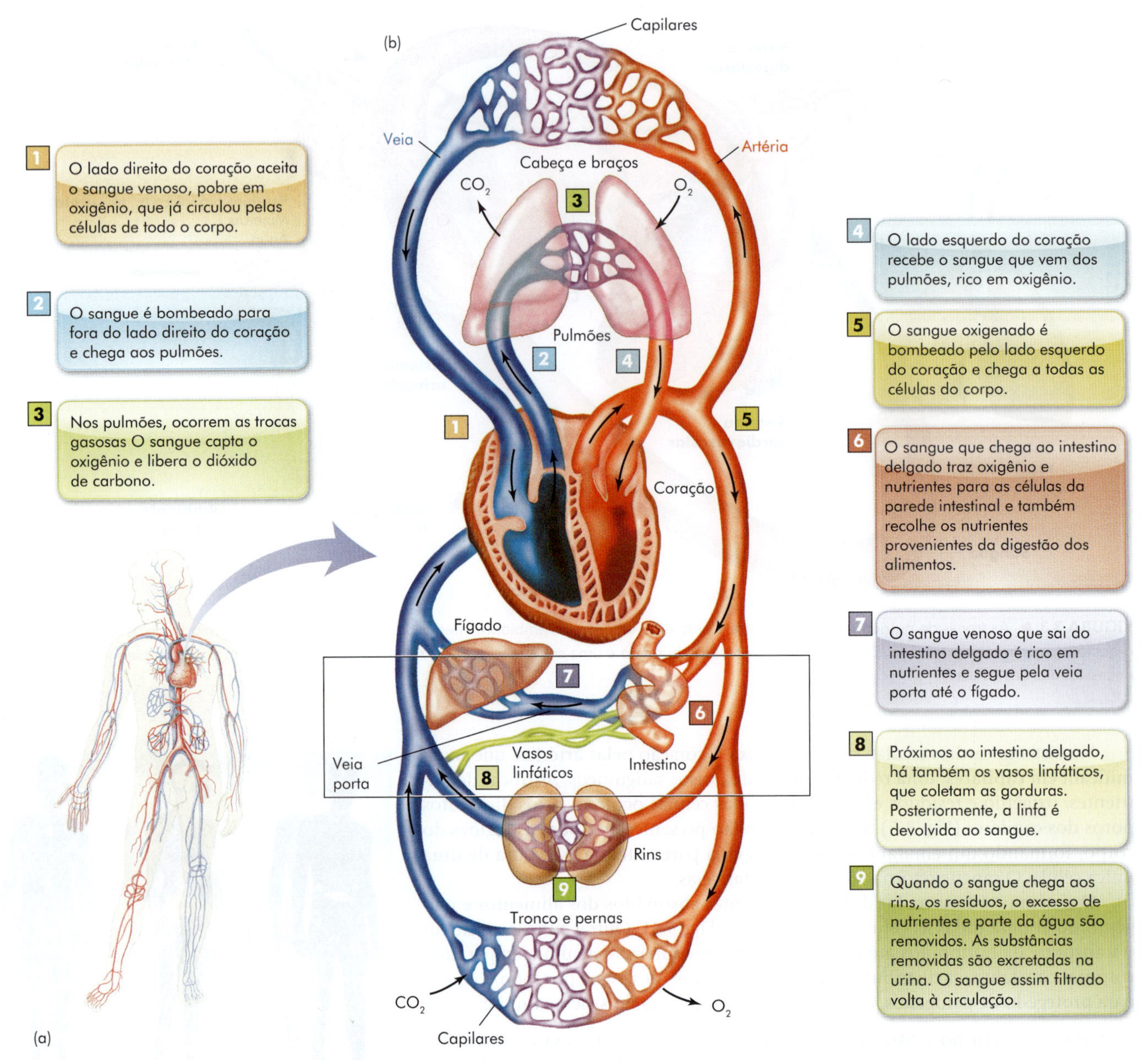

FIGURA 3.4 ► A circulação do sangue pelo corpo. A Figura 3.4 a mostra o coração e alguns exemplos das principais artérias e veias do sistema cardiovascular. A Figura 3.4 b mostra os caminhos que o sangue percorre, a partir do coração, até chegar aos pulmões (1-3), de volta para o coração (4) e pelo restante do corpo (5-9). A cor vermelha indica o sangue rico em oxigênio; azul significa o sangue que contém mais dióxido de carbono. Lembre-se: artérias e veias alcançam todas as partes do corpo.

sangue, sendo formada, principalmente, pelo plasma sanguíneo que encontrou um caminho para fora dos capilares e para os espaços entre as células. Ela contém todos os tipos de glóbulos brancos que desempenham um papel importante no sistema imune. No entanto, não há células vermelhas (hemácias) nem plaquetas na linfa. A linfa é recolhida em minúsculos vasos linfáticos por todo o corpo e prossegue para vasos maiores até que, por fim, entra no sistema cardiovascular pelas grandes veias próximas ao coração. Esse fluxo é impulsionado por contrações musculares decorrentes de movimentos normais do corpo.

circulação porta Parte do sistema circulatório que usa uma grande veia (veia porta) para transportar o sangue rico em nutrientes dos capilares intestinais e de partes do estômago até o fígado.

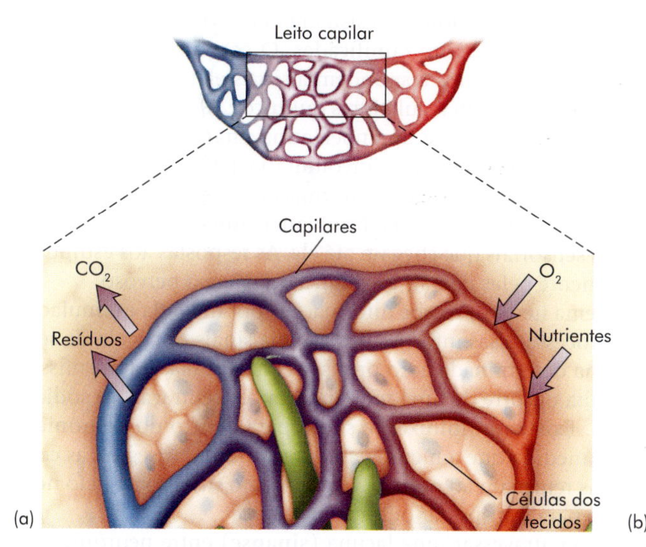

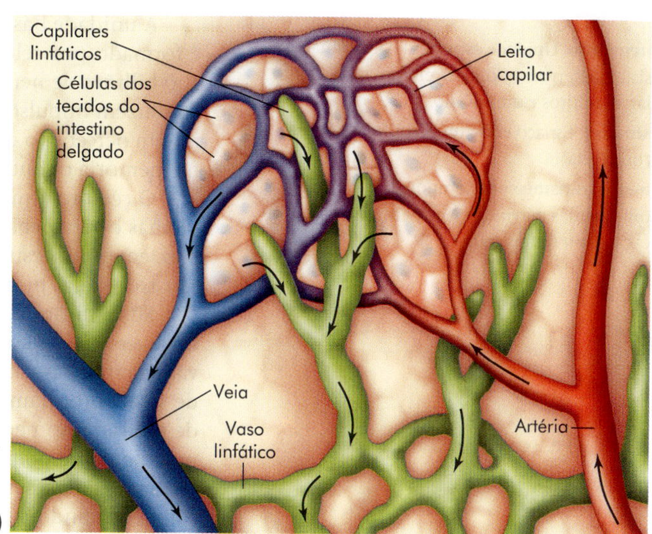

FIGURA 3.5 ▶ Capilares e vasos linfáticos. (a) Troca de oxigênio (O_2) e nutrientes por dióxido de carbono (CO_2) e resíduos, que ocorre entre os capilares e as células do tecido circundante. (b) Os vasos linfáticos também estão presentes em leitos capilares, como no intestino delgado. Os vasos linfáticos do intestino delgado são também chamados vasos quilíferos. Os vasos linfáticos têm extremidades em fundo de saco.

Circulação linfática no trato gastrintestinal. Além de contribuir para a defesa do corpo contra patógenos invasores, os vasos linfáticos do intestino delgado desempenham um papel importante na nutrição. Captam e transportam a maioria dos produtos derivados da digestão e absorção de gorduras. Esses produtos relacionados às gorduras têm moléculas grandes demais, o que impede que entrem diretamente na corrente sanguínea e, portanto, geralmente só são liberados para a corrente sanguínea após passarem pelo sistema linfático. Os vasos linfáticos também retiram o excesso de líquido que se acumula entre as células e devolve esse líquido à corrente sanguínea.

veia porta Grande veia que leva o sangue do intestino e do estômago até o fígado.

sistema nervoso Sistema do corpo que compreende cérebro, medula espinal, nervos e receptores sensoriais. Esse sistema detecta sensações, direciona os movimentos e controla as funções fisiológicas e intelectuais.

REVISÃO CONCEITUAL

O sangue é transportado do lado direito do coração para os capilares dos pulmões. O dióxido de carbono é removido, e o oxigênio é captado pelas células vermelhas do sangue. O sangue oxigenado retorna ao lado esquerdo do coração, de onde é bombeado para a circulação geral. Nos capilares, o oxigênio é liberado das células vermelhas do sangue e entregue, pelos poros nos capilares, às células vizinhas. Os nutrientes também são distribuídos a partir da corrente sanguínea para as células do corpo passando pelos vasos capilares. O dióxido de carbono liberado pelas células atravessa os poros dos capilares e chega ao sangue.

O sistema linfático tem várias funções: transporte de gorduras absorvidas dos alimentos, coleta e devolução à corrente sanguínea do excesso de líquido que se acumula entre as células e defesa do corpo contra patógenos invasores.

3.5 Sistema nervoso

O sistema nervoso é o regulador central que controla a maioria das funções do corpo. O sistema nervoso pode detectar mudanças que ocorrem em vários órgãos e no ambiente externo e iniciar ações corretivas, quando necessário, para manter um ambiente interno constante. O sistema nervoso também regula atividades que mudam quase instantaneamente, como contrações musculares e percepção de perigo. O corpo tem muitos receptores nos quais chegam informações sobre o que está acontecendo dentro do corpo e no ambiente externo. A maior parte desses receptores se encontra em nossos olhos, ouvidos, pele, nariz e estômago. Atuamos com base nas informações que esses receptores comunicam ao sistema nervoso.

neurônio Unidade estrutural e funcional do sistema nervoso. Consiste em um corpo celular, dendritos e um axônio.

sinapse Espaço entre um neurônio e outro (ou célula).

neurotransmissor Composto produzido por uma células nervosas e que permite a comunicação com outras células.

A unidade básica estrutural e funcional do sistema nervoso é o **neurônio**. Ele é formado por células alongadas e muito ramificadas. O corpo contém cerca de 100 bilhões de neurônios. Os neurônios respondem a sinais elétricos e químicos, conduzem impulsos elétricos e liberam reguladores químicos. Além disso, nos permitem perceber o que ocorre no ambiente, aprender, armazenar informações vitais na memória e controlar as ações voluntárias (e involuntárias) do corpo.

O cérebro armazena informações, reage às informações recebidas, resolve problemas e gera pensamentos. Além disso, o cérebro planeja um curso de ação com base em outros estímulos sensoriais que chegam até ele. As respostas aos estímulos são executadas principalmente pelas demais estruturas do sistema nervoso.

Simplificando, o sistema nervoso recebe informações por meio da estimulação de diversos receptores, processa essas informações e envia sinais por meio de seus vários ramos, quando uma determinada ação precisa ser executada. A transmissão de sinais propriamente dita decorre de uma mudança na concentração de sódio e de potássio no neurônio. Existe um influxo de sódio para dentro do neurônio e uma perda de potássio à medida que a mensagem é transmitida. A seguir, as concentrações desses minerais retornam ao normal, depois que o sinal passa pelo neurônio, deixando-o pronto para transportar outra mensagem.

Quando o sinal precisa atravessar uma lacuna (**sinapse**) entre neurônios diferentes, a mensagem geralmente é convertida em um sinal químico denominado **neurotransmissor.** O neurotransmissor é, então, liberado nesse espaço, e seu destino pode ser outro neurônio ou outro tipo de célula, como uma célula muscular (Fig. 3.6). Se o sinal for enviado a outro neurônio, ele continuará seu caminho até o destino final. Os neurotransmissores utilizados nesse processo são, muitas vezes, substâncias derivadas de nutrientes encontrados em alimentos comuns, por exemplo, aminoácidos. O aminoácido triptofano é convertido no neurotransmissor

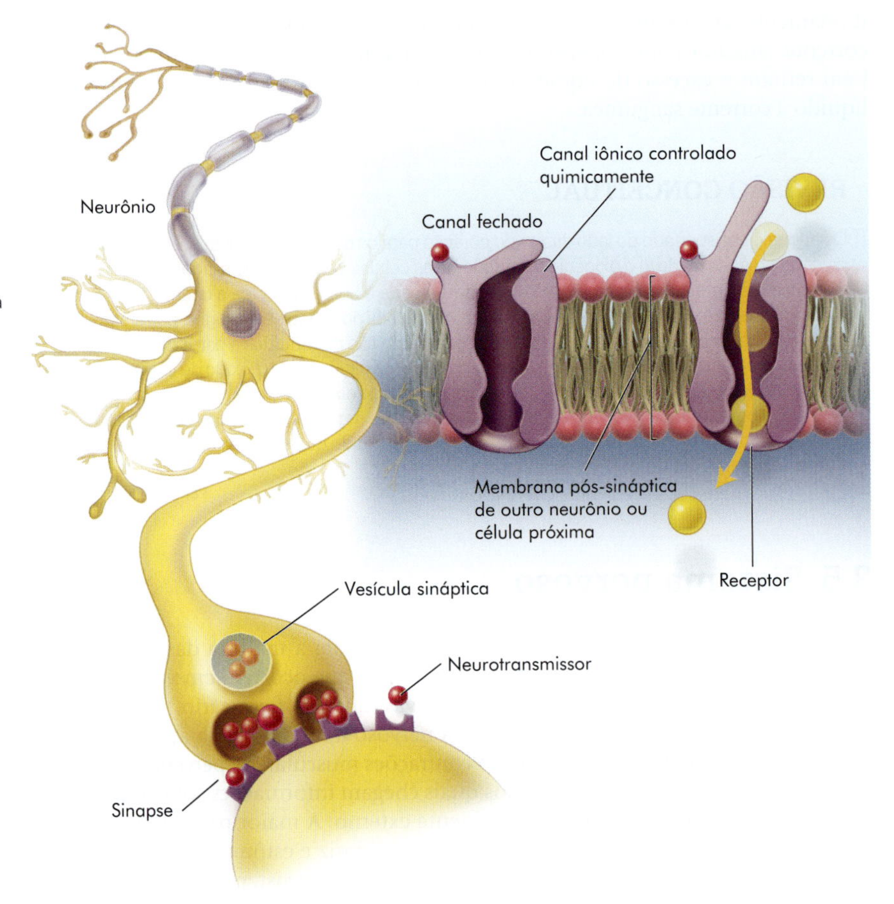

FIGURA 3.6 ▶ Transmissão da mensagem de um neurônio para outro neurônio ou para outro tipo de célula por meio de neurotransmissores. Vesículas que contêm neurotransmissores se formam dentro do neurônio e se fundem com a membrana do neurônio. O neurotransmissor é, então, liberado na sinapse e se liga aos receptores do neurônio (ou célula) seguinte. Dessa forma, a mensagem é transmitida de um neurônio para outro ou para a célula que, em última análise, executa a ação determinada pela mensagem.

serotonina, e o aminoácido tirosina é convertido nos neurotransmissores **norepinefrina** e **epinefrina** (também chamada adrenalina).

Outros nutrientes também desempenham um papel no sistema nervoso. O cálcio é necessário para a liberação de neurotransmissores pelos neurônios. A vitamina B12 desempenha um papel na formação da **bainha de mielina**, que serve de isolamento para algumas partes específicas da maioria dos neurônios. Por fim, o aporte regular de carboidratos na forma de glicose é importante para suprir a necessidade de combustível do cérebro. O cérebro pode usar outras fontes de calorias, mas geralmente depende da glicose.

norepinefrina Neurotransmissor presente nas terminações nervosas e secretado como hormônio pela medula da glândula suprarrenal. É liberado em momentos de estresse e está envolvido na regulação da fome, do nível de glicose no sangue e em outros processos orgânicos.

epinefrina Hormônio também conhecido como adrenalina, liberado pelas glândulas suprarrenais (localizadas sobre cada rim) em situações de estresse. Entre outras ações, promove a quebra do glicogênio no fígado.

bainha de mielina Combinação de lipídeos e proteína (lipoproteína), que recobre as fibras nervosas.

sistema endócrino Sistema do corpo composto por várias glândulas e pelos hormônios que essas glândulas secretam. Tem importantes funções reguladoras no organismo, como a reprodução e o metabolismo celular.

glândula endócrina Glândula que produz hormônios.

3.6 Sistema endócrino

O **sistema endócrino** tem um papel fundamental na regulação do metabolismo, da reprodução e do balanço hídrico e muitas outras funções, produzindo hormônios nas **glândulas endócrinas** do corpo e, posteriormente, liberando-os na corrente sanguínea (Fig. 3.7). O termo *hormônio* deriva da palavra grega que significa "agitar ou excitar". Um hormônio verdadeiro é um composto regulador que tem um local específico de síntese, a partir do qual ele chega até a corrente sanguínea e, então, às células-alvo. Os hormônios são os mensageiros do corpo. Eles podem ser permissivos (ligar), antagônicos (desligar) ou sinérgicos (trabalhar em cooperação com outro hormônio) em relação à realização de uma tarefa. Alguns compostos precisam sofrer mudanças químicas para que possam funcionar como hormônios. Por exemplo, a

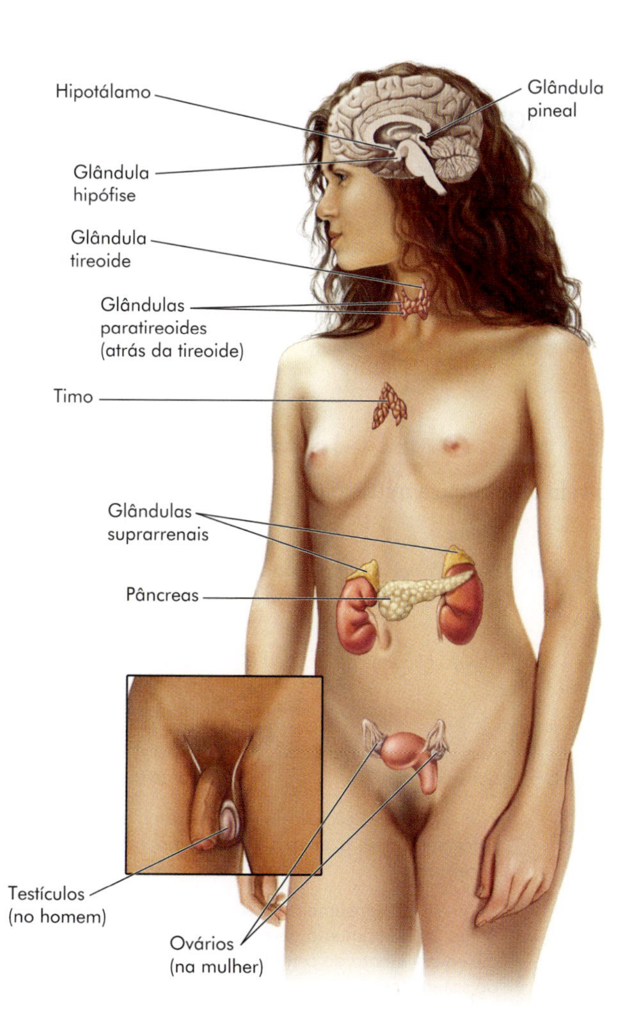

FIGURA 3.7 ▶ O sistema endócrino é constituído por diversas glândulas que atuam na regulação do metabolismo, da reprodução e do balanço hídrico, bem como exerce muitas outras funções.

vitamina D, sintetizada na pele ou obtida a partir de alimentos, é convertida em um hormônio ativo por alterações químicas que se processam no fígado e nos rins.

O hormônio insulina, sintetizado e liberado pelo pâncreas, ajuda a controlar a concentração de glicose no sangue. A insulina é produzida principalmente quando a glicose se eleva a um determinado nível, no sangue, geralmente após uma refeição. Nesse ponto, a insulina é liberada e se distribui para os músculos, o tecido adiposo e as células do fígado. Entre muitas outras funções, a insulina promove a passagem da glicose do sangue para dentro das células musculares e adiposas. Nas células do fígado, a insulina causa um aumento das reservas de glicogênio, estimulando a síntese de glicogênio a partir da glicose. Uma vez eliminada do sangue uma quantidade suficiente de glicose, a produção de insulina diminui. Os hormônios epinefrina, norepinefrina, glucagon e hormônio do crescimento têm o efeito exatamente oposto sobre a glicemia. Todos esses hormônios causam um aumento da glicose no sangue por meio de uma variedade de ações (Tab. 3.2). **Os hormônios tireoidianos**, sintetizados e liberados pela glândula tireoide (Fig. 3.7), ajudam a controlar o ritmo do metabolismo. Outros hormônios são especialmente importantes na regulação dos processos digestivos (ver, adiante, o item "Sistema digestório").

hormônios da tireoide Hormônios produzidos pela glândula tireoide que, entre outras funções, aumentam o ritmo geral do metabolismo do corpo.

receptor Local da célula ao qual se ligam algumas substâncias (como hormônios). As células que possuem receptores para um composto específico são parcialmente controladas por esse composto.

Os hormônios não são disponibilizados a todas as células do corpo, apenas àquelas que têm a proteína receptora correta. Esses sítios de ligação são altamente específicos para um determinado hormônio. Geralmente, eles se encontram na membrana celular. O hormônio se liga ao seu receptor na membrana celular. Essa ligação ativa outros compostos, chamados mensageiros secundários, dentro da célula, para que realizem a tarefa designada. É o que ocorre, por exemplo, com a insulina. Alguns hormônios podem penetrar a membrana celular e, eventualmente, ligarem-se aos receptores existentes no DNA do núcleo (p. ex., o hormônio da tireoide e o estrogênio).

REVISÃO CONCEITUAL

A unidade funcional do sistema nervoso é o neurônio. A comunicação entre os próprios neurônios e dos neurônios com outros tipos de células se dá por meio de neurotransmissores libertados na sinapse que existe entre as células.

No sistema endócrino, hormônios são produzidos pelas glândulas em resposta a uma mudança no ambiente interno ou externo do corpo. A glândula secreta o hormônio no sangue, e o sangue o leva até as células-alvo. O hormônio se liga aos receptores na membrana celular e, por meio da ação dos mensageiros secundários, provoca mudanças dentro da célula, ou entra na célula e se liga ao DNA, também acarretando mudanças dentro da célula.

TABELA 3.2 Alguns hormônios do sistema endócrino com importância nutricional

Hormônio	Glândula/órgão	Alvo	Efeito	Papel na nutrição
Insulina	Pâncreas	Células adiposas (gordura) e musculares	Baixa o nível de glicose no sangue (glicemia)	Captação e armazenamento de glicose, gordura e aminoácidos pelas células
Glucagon	Pâncreas	Fígado	Eleva a glicemia	Liberação da glicose das reservas hepáticas, liberação de gordura do tecido adiposo
Epinefrina, norepinefrina	Glândulas suprarrenais	Coração, vasos sanguíneos, pulmões e cérebro	Aumenta o metabolismo e a glicemia	Liberação de glicose e de gordura no sangue
Hormônio do crescimento	Glândula hipófise	Maioria das células	Promove a captação de aminoácidos pelas células, aumenta a glicemia	Promove a síntese proteica e o crescimento, maior uso de gordura para gerar energia
Hormônios da tireoide	Glândula tireoide	Maioria dos órgãos	Aumento do consumo de oxigênio, do crescimento geral e desenvolvimento do cérebro e do sistema nervoso	Síntese de proteínas, aumento do metabolismo

3.7 Sistema imune

Muitos tipos de células e componentes do corpo trabalham em cooperação, como parte do **sistema imune**, para manter uma linha de defesa contra infecções (Fig. 3.8). Os componentes que funcionam como parte do sistema imune incluem pele, células intestinais e leucócitos. Vários nutrientes, inclusive proteínas, minerais como ferro, cobre e zinco, e vitaminas A, B6, B12, C e ácido fólico, têm papéis importantes no sistema imune. Esses nutrientes são fatores-chave nos casos de síntese, crescimento, desenvolvimento e atividade de células imunes e outros elementos que eliminam agentes patogênicos. É fácil demonstrar a importância da saúde nutricional para a função imune. Os seres humanos primitivos sofriam com a fome e, portanto, apresentavam desnutrição, o que contribuía para a ocorrência de infecções, muitas vezes fatais. Atualmente, em grande parte graças a uma melhor nutrição, esse círculo vicioso desapareceu em boa parte do mundo.

Nascemos com a maioria das funções imunológicas já atuantes; são as chamadas funções **inespecíficas** (ou inatas) porque seu alvo são os diversos microrganismos. No entanto, os leucócitos do sangue produzem **imunoglobulinas**, também denominadas **anticorpos**, que têm como alvo microrganismos específicos ou proteínas estranhas chamadas **antígenos**. Essas imunoglobulinas constituem a chamada imunidade **específica** (ou adaptativa). Quando o corpo é exposto, cria-se uma "memória", de modo que uma segunda exposição à mesma substância produzirá um ataque mais vigoroso e rápido.

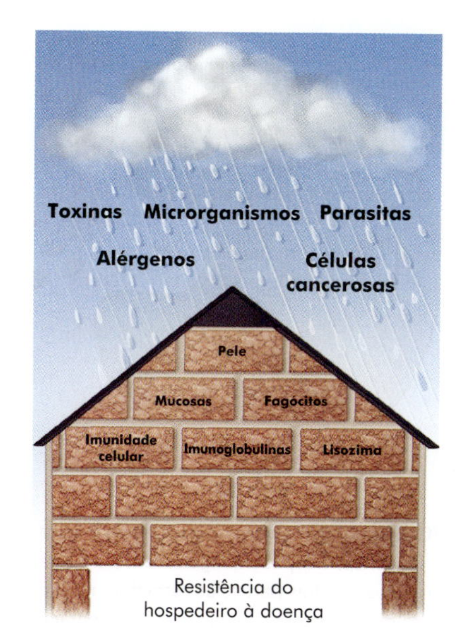

FIGURA 3.8 ▶ Assim como o telhado e outras estruturas externas de uma casa protegem o interior de elementos externos, os fatores protetores (os tijolos) do sistema imune do hospedeiro mantêm o ser humano "ao abrigo" de ameaças como doenças e toxinas (a chuva).

Pele

A pele é um grande componente do sistema imune, formando uma barreira quase contínua ao redor do corpo. Microrganismos invasores têm dificuldade para penetrar na pele. No entanto, se a pele estiver aberta por lesões, bactérias podem penetrar facilmente essa barreira. A saúde da pele fica comprometida quando há deficiência de nutrientes como ácidos graxos essenciais, vitamina A, niacina e zinco. A deficiência de vitamina A também diminui a secreção das glândulas da pele que contêm a enzima **lisozima**, capaz de matar bactérias. Infecções oculares bacterianas são comuns nos países em desenvolvimento, muitas vezes como resultado de uma deficiência de vitamina A.

Células intestinais

As células dos intestinos formam uma barreira importante contra microrganismos invasores. As células são dispostas bem juntas, produzindo uma barreira física. Além disso, células especializadas que produzem fatores imunológicos – como imunoglobulinas – estão espalhadas ao longo do trato intestinal. Esses fatores imunes se ligam aos microrganismos invasores, impedindo-os de entrar na corrente sanguínea. Esses fatores fazem parte da imunidade da mucosa.

Deficiências nutricionais podem causar falhas na barreira de células intestinais enfraquecendo a mucosa e permitindo que os microrganismos entrem no corpo mais facilmente e causem infecções. Assim, dois resultados comuns da subnutrição relacionados ao comprometimento do sistema imune são diarreia e infecções bacterianas da corrente sanguínea. Para proteger a saúde do trato intestinal, é necessária uma ingestão adequada de nutrientes, especialmente de proteína, vitamina A, vitamina B6, vitamina B12, vitamina C, ácido fólico e zinco.

sistema imune Sistema do corpo que compreende os leucócitos do sangue, os gânglios e vasos linfáticos e vários outros tecidos do corpo. O sistema imune protege o organismo contra invasores externos, principalmente por meio da ação de vários tipos de células sanguíneas.

imunoglobulinas Proteínas encontradas no sangue que se ligam a antígenos específicos; também denominadas anticorpos. As cinco principais classes de imunoglobulinas desempenham papéis diferentes na imunidade mediada por anticorpos.

antígeno Qualquer substância que induz um estado de sensibilidade e/ou resistência a microrganismos ou substâncias tóxicas, após um período de latência; substância estranha que estimula um aspecto específico do sistema imune.

anticorpo Proteína do sangue (imunoglobulina) que se liga a outras proteínas estranhas encontradas no corpo. Esse processo ajuda a prevenir e controlar infecções.

imunidade específica Função dos linfócitos dirigida contra antígenos específicos.

lisozima Enzima produzida por diversas células, que pode destruir bactérias pela ruptura de suas membranas celulares.

DECISÕES ALIMENTARES

Estado imunológico

Embora muitos estudos mostrem que um estado nutricional saudável está associado a um bom *status* imunológico, outros estudos indicam que um excesso de certos nutrientes pode prejudicar o sistema imune. Por exemplo, o consumo demasiado de zinco pode diminuir a função imunológica (ver Cap. 9).

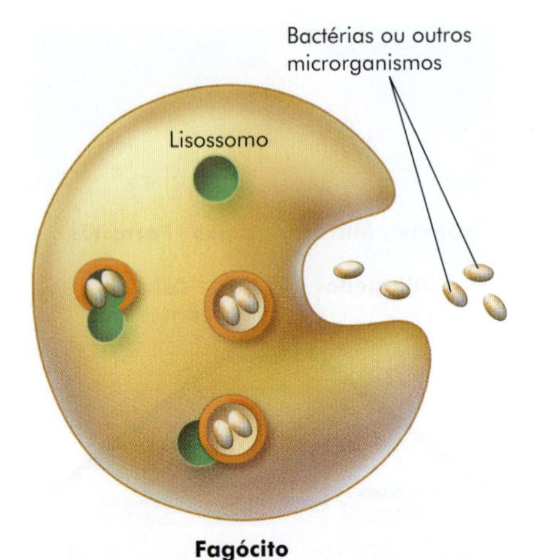

FIGURA 3.9 ► Uma classe de células brancas, os fagócitos, é capaz de ingerir bactérias, fungos, vírus e outras partículas estranhas, no processo de fagocitose. Forma-se uma indentação, e a partícula é engolida pela célula. O material estranho é, posteriormente, digerido pelos lisossomos da célula.

Leucócitos ou células brancas do sangue

Quando um microrganismo entra na corrente sanguínea, os **leucócitos** se movimentam para atacá-lo. Diversos tipos de células brancas do sangue participam dessa resposta e funcionam de modo específico. Por exemplo, um grupo de células denominadas **fagócitos** trafega por todo o sistema circulatório ingerindo e, às vezes, digerindo microrganismos e partículas estranhas (por meio dos lisossomos presentes nas células) em um processo denominado **fagocitose** (Fig. 3.9). Outros leucócitos participam da **imunidade celular**, processo que ocorre quando certas células do sistema imune reconhecem células ou proteínas estranhas e as atacam diretamente a fim de destruí-las. As imunoglobulinas, no seu papel de anticorpos, induzem a chamada reação antígeno-anticorpo, que captura microrganismos e proteínas estranhas ao organismo e os destrói, criando, em seguida, um molde (uma memória) que permite o reconhecimento futuro do microrganismo ou da proteína estranha. Essa capacidade de reconhecimento permite ataques mais rápidos no futuro.

Algumas células brancas do sangue vivem apenas alguns dias. Sua ressíntese permanente requer uma ingestão estável de nutrientes. O sistema imune precisa de (1) ferro para produzir um importante fator de eliminação de microrganismos; (2) cobre para a síntese de um tipo específico de leucócito e (3) quantidades adequadas de proteínas, vitamina B6, vitamina B12, vitamina C e ácido fólico para a síntese celular geral e, em seguida, para a atividade das células. Zinco e vitamina A também são necessários para o crescimento global e desenvolvimento de células do sistema imune.

REVISÃO CONCEITUAL

Muitos tipos de células sanguíneas e componentes do sangue trabalham em conjunto, como parte do sistema imune, para manter as defesas contra a infecção. A pele forma uma barreira quase contínua que envolve o corpo. As secreções das células contêm a enzima lisozima. Células especializadas presentes nos intestinos, além de alguns leucócitos, secretam anticorpos (imunoglobulinas). Os fagócitos trafegam por todo o sistema circulatório, ingerindo e, às vezes, digerindo microrganismos e partículas estranhas. Outros leucócitos participam da imunidade celular. É o que ocorre quando certas células imunes reconhecem células estranhas e as atacam diretamente. Muitos nutrientes, inclusive proteínas, ferro, cobre, zinco, vitaminas B6, B12, C e ácido fólico, são necessários para o crescimento e desenvolvimento das células imunes em geral.

leucócitos Um dos elementos figurados do sangue circulante, também denominados células brancas. Os leucócitos são capazes de "se esgueirar" pelos espaços intercelulares e migrar. Eles fagocitam bactérias, fungos e vírus, bem como destoxificam proteínas resultantes de reações alérgicas e lesões celulares, além de outras células do sistema imune.

fagócitos Células que engolem substâncias; incluem neutrófilos e macrófagos.

fagocitose Processo em que uma célula forma uma indentação, na qual entram partículas ou líquidos que são, em seguida, englobados pela célula.

imunidade celular Processo em que certos leucócitos entram em contato com células invasoras com o objetivo de destruí-las.

sistema digestório Sistema formado pelo trato gastrintestinal e suas estruturas acessórias (fígado, vesícula biliar e pâncreas). Esse sistema realiza os processos mecânicos e químicos de digestão, absorção de nutrientes e eliminação de resíduos.

digestão Processo em que grandes moléculas ingeridas são fragmentadas por meios químicos e mecânicos, produzindo nutrientes básicos que podem ser absorvidos pela parede do trato GI.

absorção Nesse processo, substâncias são captadas pelo trato GI e penetram na corrente sanguínea ou na linfa.

3.8 Sistema digestório

Os alimentos e as bebidas que consumimos precisam, em sua maioria, sofrer várias alterações produzidas pelo **sistema digestório**, para que possam fornecer os nutrientes em forma utilizável. Os processos de **digestão** e **absorção** têm lugar em um longo tubo, aberto em ambas as extremidades, que se estende da boca ao ânus. Esse tubo se chama trato gastrintestinal (GI) (Fig. 3.10). Os nutrientes provenientes dos alimentos que consumimos atravessam as paredes do trato GI – de dentro para fora – sendo absorvidos pela corrente sanguínea. Os órgãos que compõem o trato GI, além de alguns órgãos acessórios localizados nas proximidades, são denominados, em conjunto, sistema digestório.

No sistema digestório, o alimento é fragmentado mecânica e quimicamente. A digestão mecânica ocorre logo que a pessoa começa a mastigar a sua comida e prossegue à medida que as contrações musculares misturam e, simultaneamente, impulsionam os alimentos ao longo do trato GT (como parte de um processo conhecido como **motilidade**). Digestão química refere-se à decomposição química dos alimentos por substâncias secretadas no trato GI. Por fim, o sistema digestório elimina resíduos. Além dos nutrientes oriundos da digestão dos alimentos, também podemos absorver e utilizar parte da vitamina K e da vitamina denominada biotina, ambas produzidas pelas bactérias que vivem no intestino grosso.

A maioria dos processos de digestão e absorção está sob controle autônomo, ou seja, é involuntária. Quase todas as funções envolvidas na digestão e absorção são controladas por sinais do sistema nervoso, hormônios do sistema endócrino e

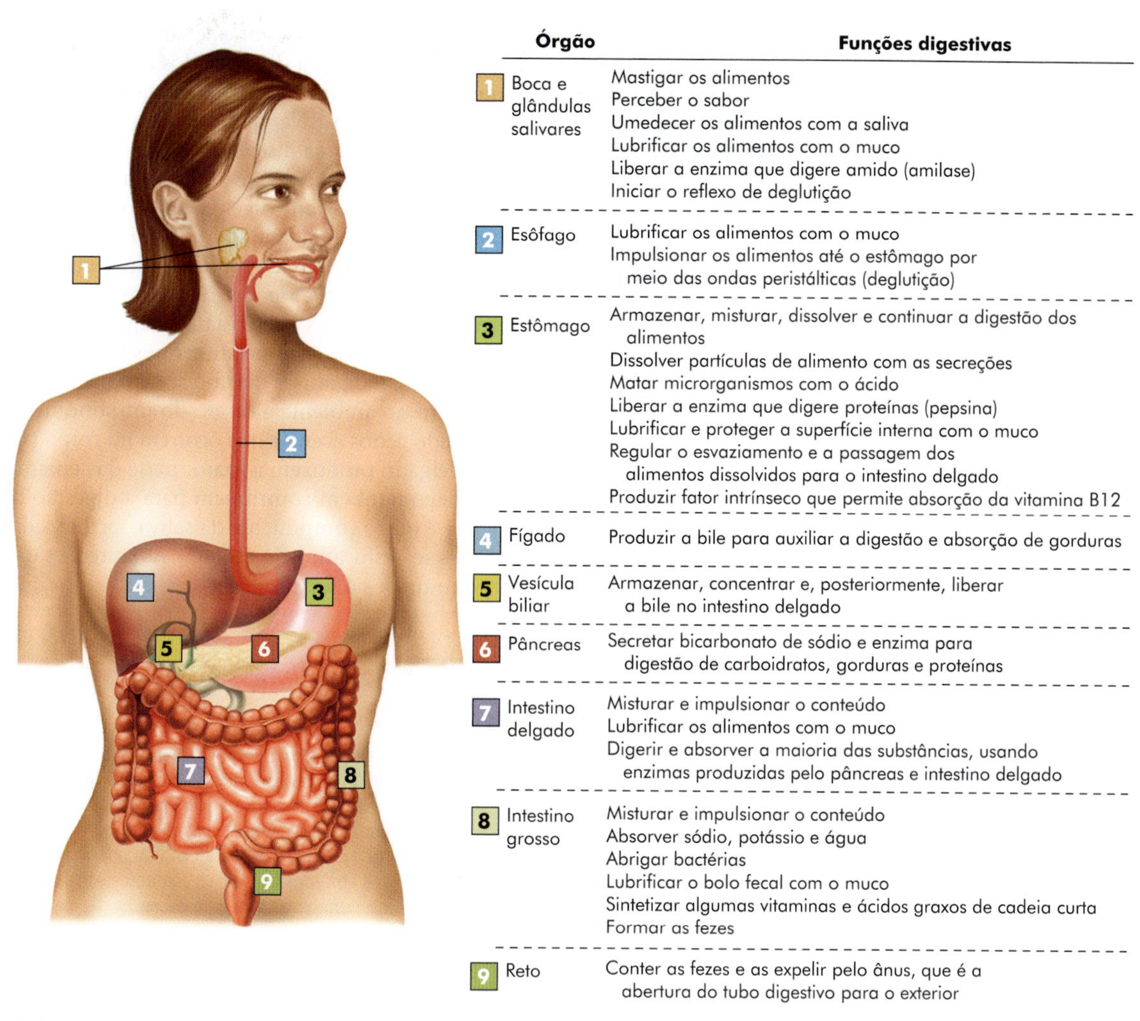

Órgão	Funções digestivas
1 Boca e glândulas salivares	Mastigar os alimentos Perceber o sabor Umedecer os alimentos com a saliva Lubrificar os alimentos com o muco Liberar a enzima que digere amido (amilase) Iniciar o reflexo de deglutição
2 Esôfago	Lubrificar os alimentos com o muco Impulsionar os alimentos até o estômago por meio das ondas peristálticas (deglutição)
3 Estômago	Armazenar, misturar, dissolver e continuar a digestão dos alimentos Dissolver partículas de alimento com as secreções Matar microrganismos com o ácido Liberar a enzima que digere proteínas (pepsina) Lubrificar e proteger a superfície interna com o muco Regular o esvaziamento e a passagem dos alimentos dissolvidos para o intestino delgado Produzir fator intrínseco que permite absorção da vitamina B12
4 Fígado	Produzir a bile para auxiliar a digestão e absorção de gorduras
5 Vesícula biliar	Armazenar, concentrar e, posteriormente, liberar a bile no intestino delgado
6 Pâncreas	Secretar bicarbonato de sódio e enzima para digestão de carboidratos, gorduras e proteínas
7 Intestino delgado	Misturar e impulsionar o conteúdo Lubrificar os alimentos com o muco Digerir e absorver a maioria das substâncias, usando enzimas produzidas pelo pâncreas e intestino delgado
8 Intestino grosso	Misturar e impulsionar o conteúdo Absorver sódio, potássio e água Abrigar bactérias Lubrificar o bolo fecal com o muco Sintetizar algumas vitaminas e ácidos graxos de cadeia curta Formar as fezes
9 Reto	Conter as fezes e as expelir pelo ânus, que é a abertura do tubo digestivo para o exterior

FIGURA 3.10 ▶ Fisiologia do trato gastrintestinal. Muitos órgãos trabalham de forma coordenada para permitir a digestão e a absorção dos nutrientes dos alimentos.

compostos semelhantes a hormônios. Muitas doenças comuns surgem de problemas com o sistema digestório. Vários desses problemas digestivos são discutidos no tópico "Nutrição e Saúde", no final deste capítulo.

O sistema digestório é composto por seis órgãos separados, cada um com uma ou mais funções específicas. Rapidamente será visto o papel de cada órgão. Esses órgãos estão listados no fluxograma da Figura 3.10. Descrições mais detalhadas dos processos digestivos serão apresentadas em capítulos posteriores, à medida que cada nutriente for apresentado.

Boca

A boca desempenha muitas funções na digestão dos alimentos. Além de mastigar alimentos para reduzi-los a partículas menores, a boca também sente o sabor dos alimentos que consumimos. A língua, por meio das papilas gustativas, identifica os alimentos com base em seu sabor específico. Doce, azedo, salgado, amargo e **umami** são os paladares primários que percebemos. Surpreendentemente, o nariz e o sentido do olfato muito contribuem para a nossa capacidade de sentir o gosto dos alimentos. Quando mastigamos um alimento, produtos químicos são liberados e estimulam as cavidades nasais. Por isso, é compreensível o fato de que, quando se tem um resfriado e o nariz está obstruído e congestionado, não se sente o gosto exato dos alimentos, mesmo que eles sejam os favoritos.

trato gastrintestinal (GI) Principal conjunto de órgãos do corpo responsável pela digestão e absorção dos nutrientes. Composto por boca, esôfago, estômago, intestino delgado, intestino grosso, reto e ânus. Também chamado trato digestório.

motilidade Refere-se à capacidade de se mover espontaneamente. Também se refere ao movimento dos alimentos ao longo do trato gastrintestinal.

umami Sabor suculento, semelhante ao da carne, presente em alguns alimentos. O glutamato monossódico realça esse sabor quando adicionado aos alimentos.

Componentes e fluxo do trato GI

Boca
↓
Esôfago (25 cm de comprimento)
↓
Estômago – capacidade para conter 1 L. O alimento permanece cerca de 2 a 3 h ou mais no caso de uma grande refeição.
↓
Intestino delgado – duodeno (25 cm de comprimento), jejuno (1,20 m de comprimento), íleo (1,5 m de comprimento) – comprimento total de aproximadamente 3 m. O alimento permanece cerca de 3 a 10 h.
↓
Intestino grosso (colo) – ceco, colo ascendente, colo transverso, colo descendente, colo sigmoide – pouco mais de 1 m de comprimento total. Os alimentos podem permanecer até 72 h.
↓
Reto
↓
Ânus

saliva Secreção aquosa, produzida pelas glândulas salivares da boca, que contém lubrificantes, enzimas e outras substâncias.

amilase salivar Enzima produzida pelas glândulas salivares e que digere amido.

O sabor dos alimentos ou a perspectiva de sentir esse sabor sinaliza para o resto do trato GI que ele precisa se preparar para a digestão dos alimentos. A digestão mecânica e a digestão química começam no momento em que o alimento chega à boca. As glândulas salivares produzem **saliva**, que funciona como um solvente de modo que as partículas de alimento possam ser mais fragmentadas e provadas. Além disso, a saliva contém uma enzima que digere amido, a **amilase salivar** (ver no Cap. 4, mais informações sobre enzimas que digerem amido).

As enzimas são um componente fundamental da digestão. Cada enzima é específica para um tipo de processo químico. Por exemplo, enzimas que reconhecem e digerem o açúcar comum de mesa (sacarose) ignoram o açúcar do leite (lactose). Além de atuar apenas sobre tipos específicos de substâncias químicas, as enzimas são sensíveis às condições ácidas e alcalinas, à temperatura e aos tipos de vitaminas e minerais de que necessitam. As enzimas digestivas que funcionam no ambiente ácido do estômago não funcionam bem no ambiente alcalino do intestino delgado. Em geral, as enzimas atuam acelerando certos eventos que ocorrem no corpo (Fig. 3.11).

O pâncreas e o intestino delgado produzem a maior parte das enzimas digestivas, porém, a boca e o estômago também contribuem para a digestão com suas próprias enzimas. O **muco**, que é outro componente da saliva, facilita a deglutição dos alimentos. Em seguida, eles se deslocam pelo esôfago. As secreções e produtos importantes da digestão encontram-se na Tabela 3.3.

DECISÕES ALIMENTARES

Enzimas e digestão

Os autores de alguns livros sobre dietas populares afirmam que comer certas combinações de alimentos, como carnes e frutas juntas, dificulta o processo digestivo. Mas será que isso faz sentido à luz do nosso conhecimento recém-adquirido sobre a fisiologia do trato GI? O corpo é capaz de aumentar a produção de certas enzimas digestivas em resposta ao tipo de dieta consumida. Graças a essa sintonia fina, o trato GI pode responder à composição nutricional e à quantidade de alimentos consumidos. Uma vez consumidos, os alimentos são atacados por várias enzimas e liberam nutrientes e outros compostos para a absorção.

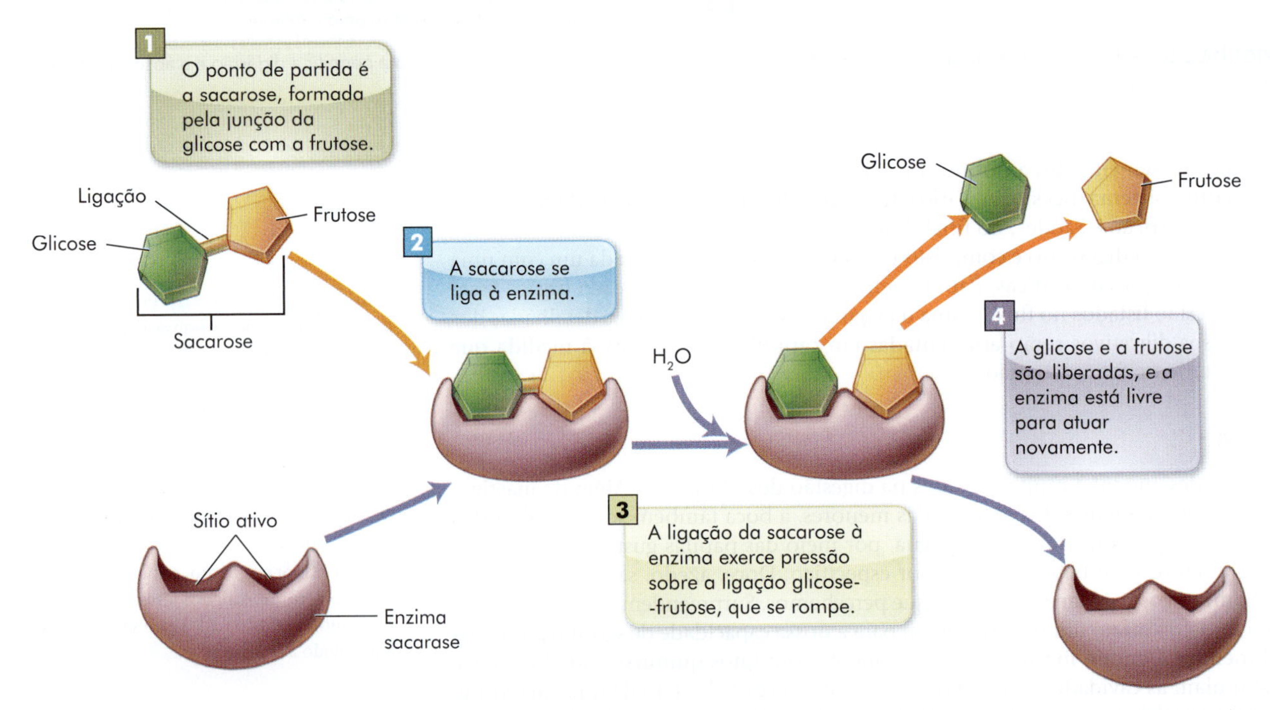

FIGURA 3.11 ▶ Modelo de ação enzimática. A enzima sacarase divide a sacarose em dois açúcares mais simples: glicose e frutose (vale ressaltar que algumas dessas reações exigem um aporte de energia).

TABELA 3.3 Importantes secreções e produtos do trato digestivo

Secreção	Local de produção	Finalidade
Saliva	Boca	Digestão parcial do amido pela **amilase salivar**, lubrificação dos alimentos para deglutição
Muco	Boca, estômago, intestino delgado, intestino grosso	Protege as células do trato GI, lubrifica os alimentos durante sua passagem pelo trato GI
Enzimas	Boca, estômago, intestino delgado, pâncreas	Promove a digestão de carboidratos, gorduras e proteínas gerando compostos suficientemente pequenos para serem absorvidos (p. ex., **amilases, lipases, proteases**)
Ácido	Estômago	Promove a digestão das proteínas, entre outras funções
Bile	Fígado (armazenada na vesícula biliar)	Auxilia na digestão de gorduras no intestino delgado, formando uma suspensão de gorduras em água, por meio da ação dos **ácidos biliares, do colesterol e da lecitina**
Bicarbonato	Pâncreas, intestino delgado	Neutraliza o ácido do estômago quando ele chega ao intestino delgado
Hormônios	Estômago, intestino delgado, pâncreas	Estimulam a produção e/ou a liberação de ácido, enzimas, bile e bicarbonato; ajudam a regular o peristaltismo e o trânsito no trato GI (p. ex, gastrina, secretina, insulina, colecistocinina, glucagon)

▲ O corpo digere os alimentos como eles se apresentam – a ordem de ingestão dos alimentos não tem qualquer influência na digestão.

Esôfago

O **esôfago** é um longo tubo que conecta a **faringe** ao estômago. Junto à faringe há uma prega de tecido (**epiglote**) que evita que o **bolo** alimentar deglutido entre na traqueia (Fig. 3.12). Durante a deglutição, o alimento se detém na epiglote dobrando-a para baixo para cobrir a abertura da traqueia. A respiração também cessa automaticamente. Esses fenômenos garantem que o alimento deglutido se dirija apenas ao esôfago. Caso o alimento, em vez disso, entre na traqueia, a pessoa pode engasgar, ficando impedida de falar ou de respirar. Para resolver esse problema, usa-se um conjunto de técnicas denominadas manobra de Heimlich (acesse www.heimlichinstitute.org para ver detalhes).

Na extremidade superior do esôfago, fibras nervosas emitem sinais para avisar ao trato GI que algum alimento foi ingerido. Esse sinal de alerta resulta em aumento da atividade dos músculos do trato gastrintestinal: é o chamado **peristaltismo.** Ondas contínuas de contração alternada com relaxamento muscular impulsionam o alimento ao longo do sistema digestório, a partir do esôfago (Fig. 3.13).

No final do esôfago, fica o **esfincter esofágico inferior,** um músculo que se contrai (se fecha) depois que o alimento entra no estômago (Fig. 3.14). A principal função dos esfincteres é evitar que o conteúdo do trato GI reflua. Os esfincteres respondem a vários estímulos, por exemplo, sinais emitidos pelo sistema nervoso, hormônios, condições ácidas ou alcalinas do meio e pressão exercida sobre o esfincter. A função primária do esfincter esofágico inferior é evitar que o conteúdo ácido do estômago reflua para dentro do esôfago, o que pode causar alguns dos problemas de saúde sobre os quais serão abordados no tópico "Nutrição e Saúde", ao final do capítulo.

Estômago

O estômago é um órgão em forma de saco, capaz de conter quatro xícaras ou cerca de 1 L de alimento por várias horas, até que todo esse conteúdo passe ao intestino delgado. O tamanho do estômago varia de pessoa para pessoa e pode ser

muco Fluido espesso secretado por várias células do corpo. O muco contém um composto formado por uma mistura de carboidrato e proteína que atua como lubrificante e meio de proteção das células.

amilase Enzima produzida pelas glândulas salivares e pelo pâncreas, capaz de digerir o amido.

lipase Enzima produzida pelas glândulas salivares, pelo estômago e pelo pâncreas, capaz de digerir gorduras.

protease Enzima produzida pelo estômago, intestino delgado e pâncreas, capaz de digerir proteínas.

esôfago Porção tubular ao trato GI que conecta a faringe ao estômago.

faringe Órgão que pertence, ao mesmo tempo, ao sistema digestório e ao trato respiratório, localizado atrás das cavidades oral e nasal, chamado de garganta em linguagem leiga.

epiglote Prega de tecido que se dobra sobre a abertura da traqueia durante a deglutição.

bolo alimentar Massa umedecida de alimentos ingeridos, que passa da cavidade oral para a faringe.

peristaltismo Contrações musculares coordenadas que impulsionam os alimentos ao longo do trato gastrintestinal.

esfincter esofágico inferior Músculo circular que se contrai fechando a passagem do esôfago para o estômago. Também é denominado cárdia.

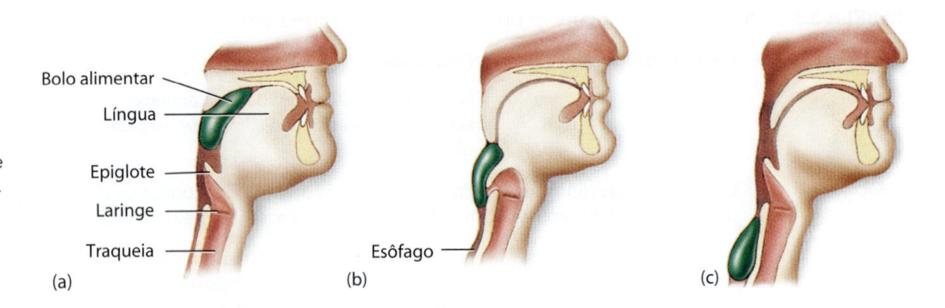

FIGURA 3.12 ► O processo de deglutição. (a) Durante a deglutição, os alimentos não entram, normalmente, na traqueia, porque a epiglote se fecha sobre a laringe. (b) A epiglote fechada faz o alimento prosseguir para o esôfago. Quando uma pessoa se engasga, a comida se aloja na traqueia, bloqueando o fluxo de ar para os pulmões. (c) Os alimentos devem se dirigir ao esôfago.

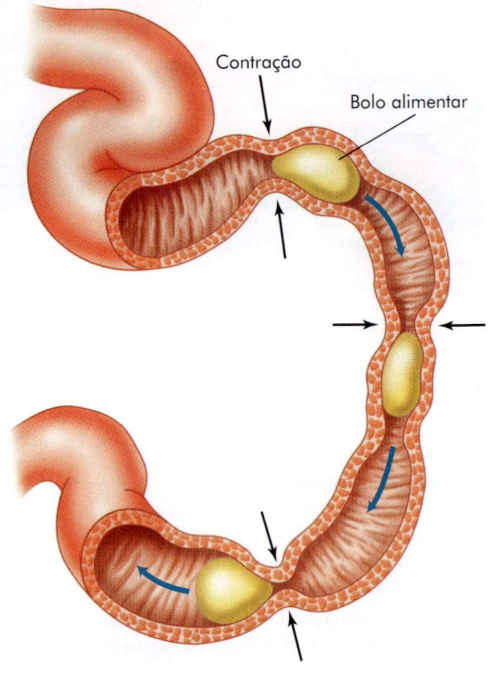

FIGURA 3.13 ► Peristaltismo. O peristaltismo é um tipo de movimento progressivo, que impulsiona o conteúdo do trato gastrintestinal. Esse movimento se inicia por uma contração em anel, que ocorre quando a parede do trato GI é estirada, impulsionando o alimento para a frente. A massa de alimentos em movimento aciona um anel de contração na região imediatamente seguinte, o que empurra ainda mais o conteúdo. O resultado é um anel de contração que se move como uma onda ao longo do trato GI, empurrando a massa de alimentos pelo trato.

quimo Mistura de secreções do estômago e alimentos parcialmente digeridos.

esfíncter pilórico Anel de músculo liso situado entre o estômago e o intestino delgado.

vilosidades Saliências digitiformes da parede do intestino delgado que participam da digestão e absorção dos alimentos.

células absortivas Células intestinais distribuídas na superfície das vilosidades. Essas células participam da absorção de nutrientes.

reduzido cirurgicamente como uma forma radical de tratamento da obesidade (ver mais no Cap. 7). Quando o bolo alimentar chega ao estômago, mistura-se ao suco gástrico, que contém água, um ácido muito forte e enzimas. (Gástrico é um termo que significa algo ligado ao estômago.) O ácido do suco gástrico mantém a acidez do conteúdo estomacal e, assim, destrói a atividade biológica de proteínas, converte enzimas digestivas inativas em suas formas ativas, digere parcialmente as proteínas alimentares e dissolve os minerais contidos na dieta para que eles possam ser absorvidos. O processo que ocorre no estômago produz uma mistura aquosa de alimentos, denominada **quimo**, que lentamente deixa o estômago em pequenas quantidades (5 mL) de cada vez e passa ao intestino delgado. Após uma refeição, o conteúdo do estômago se esvazia no intestino delgado em um período de 1 a 4 horas. O **esfíncter pilórico**, localizado na base do estômago, controla o ritmo de liberação do quimo para o intestino delgado (ver Fig. 3.14). Poucos nutrientes, com exceção de algumas bebidas alcoólicas, são absorvidos no estômago.

Você pode se perguntar como o estômago pode não ser digerido pelo ácido e pelas enzimas que produz. Primeiramente, o estômago tem uma espessa camada de muco que o reveste e protege. A produção de ácido e enzimas também exige a liberação de um hormônio específico (gastrina). Esse hormônio é secretado principalmente quando estamos comendo ou pensando em comer. Por fim, à medida que a concentração de ácido no estômago aumenta, o controle hormonal faz a produção de ácido diminuir gradativamente.

Outra função importante do estômago é a produção de uma substância denominada **fator intrínseco.** Esse composto vital é essencial para a absorção de vitamina B12.

Intestino delgado

O intestino delgado tem cerca de 3 m de comprimento, começando no estômago, o "norte", e terminando no intestino grosso (colo), o "sul" (Fig. 3.15). O intestino delgado tem esse nome em razão de seu diâmetro estreito (2,5 cm). A maior parte da digestão e absorção dos alimentos ocorre no intestino delgado. O quimo secretado pelo estômago se move pelo intestino delgado impulsionado por contrações peristálticas que permitem que ele seja bem-misturado com os sucos digestivos do intestino delgado (Fig. 3.13). Esses sucos contêm muitas enzimas que atuam fragmentando carboidratos, proteínas e gorduras, além de preparar vitaminas e minerais para a absorção.

A estrutura física do intestino delgado é muito importante para a capacidade do organismo de digerir e absorver os nutrientes de que necessita. A camada que reveste internamente o intestino delgado se chama mucosa e tem inúmeras dobras dentro das quais existem projeções em forma de dedos, denominadas vilosidades. Esses "dedos" estão em constante movimento, para poderem capturar os alimentos e aumentar sua absorção. A vilosidade é composta por muitas **células absortivas**, cada uma com múltiplas dobras, formando uma franja, na borda superior. A combinação das dobras com as vilosidades e com a borda "em escova" das células do intestino delgado aumenta sua área de superfície, tornando-a 600 vezes maior do que a de um tubo simples de mesmo comprimento (Fig. 3.16).

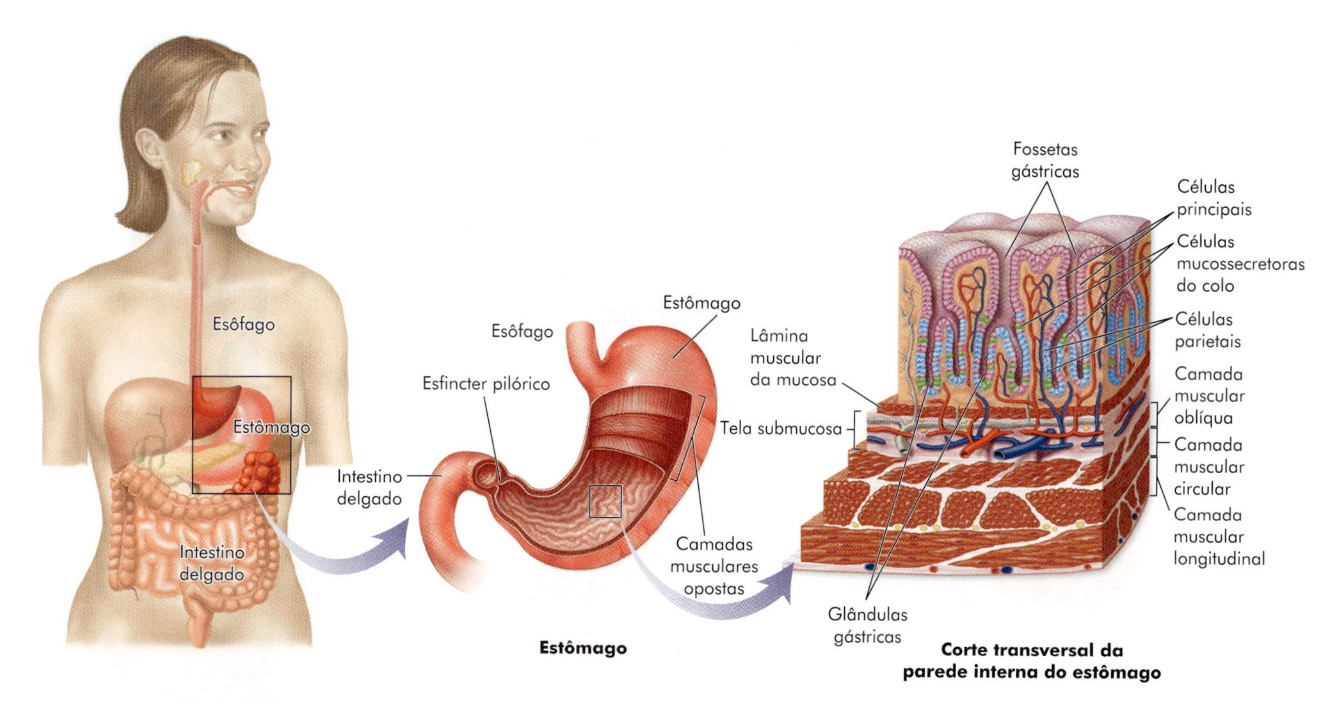

FIGURA 3.14 ► Fisiologia do estômago. As células da superfície da mucosa produzem um muco protetor contra o ácido e as enzimas do estômago. As células parietais produzem ácido clorídrico (HCl), e as células principais produzem enzimas. As células mucosas do colo do estômago, que se encontram espalhadas em meio às células das criptas gástricas, também produzem muco.

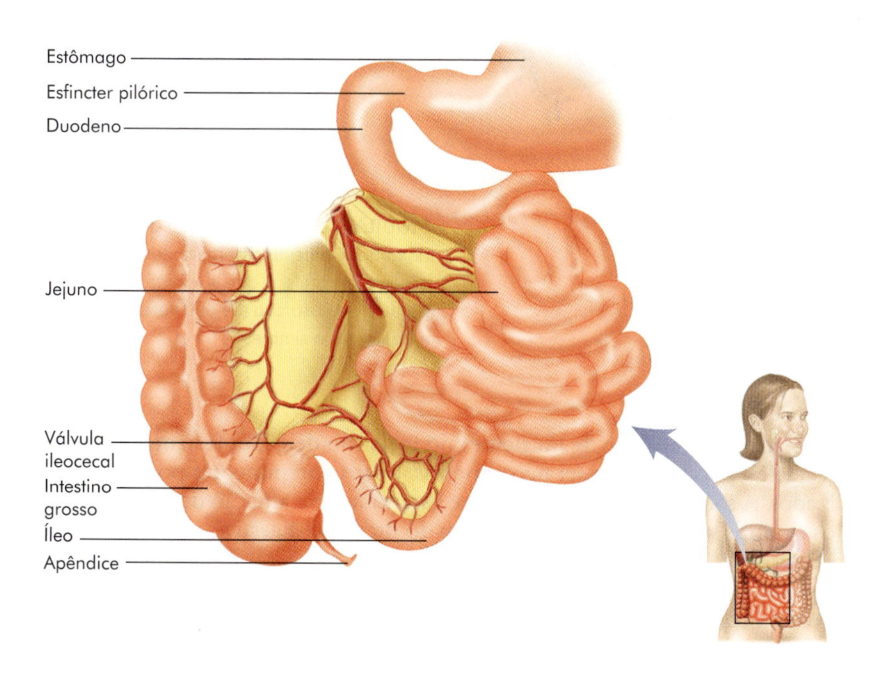

FIGURA 3.15 ► O intestino delgado e o começo do intestino grosso. As três partes do intestino delgado são duodeno, jejuno e íleo. Observe o pequeno diâmetro do intestino delgado, comparado ao intestino grosso.

As células absortivas têm vida curta. Novas células absortivas intestinais são constantemente produzidas nas criptas do intestino delgado (Fig. 3.16) e migram, diariamente, até chegarem à borda das vilosidades. Provavelmente, isso se dá porque as células absortivas estão sujeitas a um ambiente adverso, o que torna necessário renovar a mucosa intestinal. Esse rápido *turnover* de células acarreta

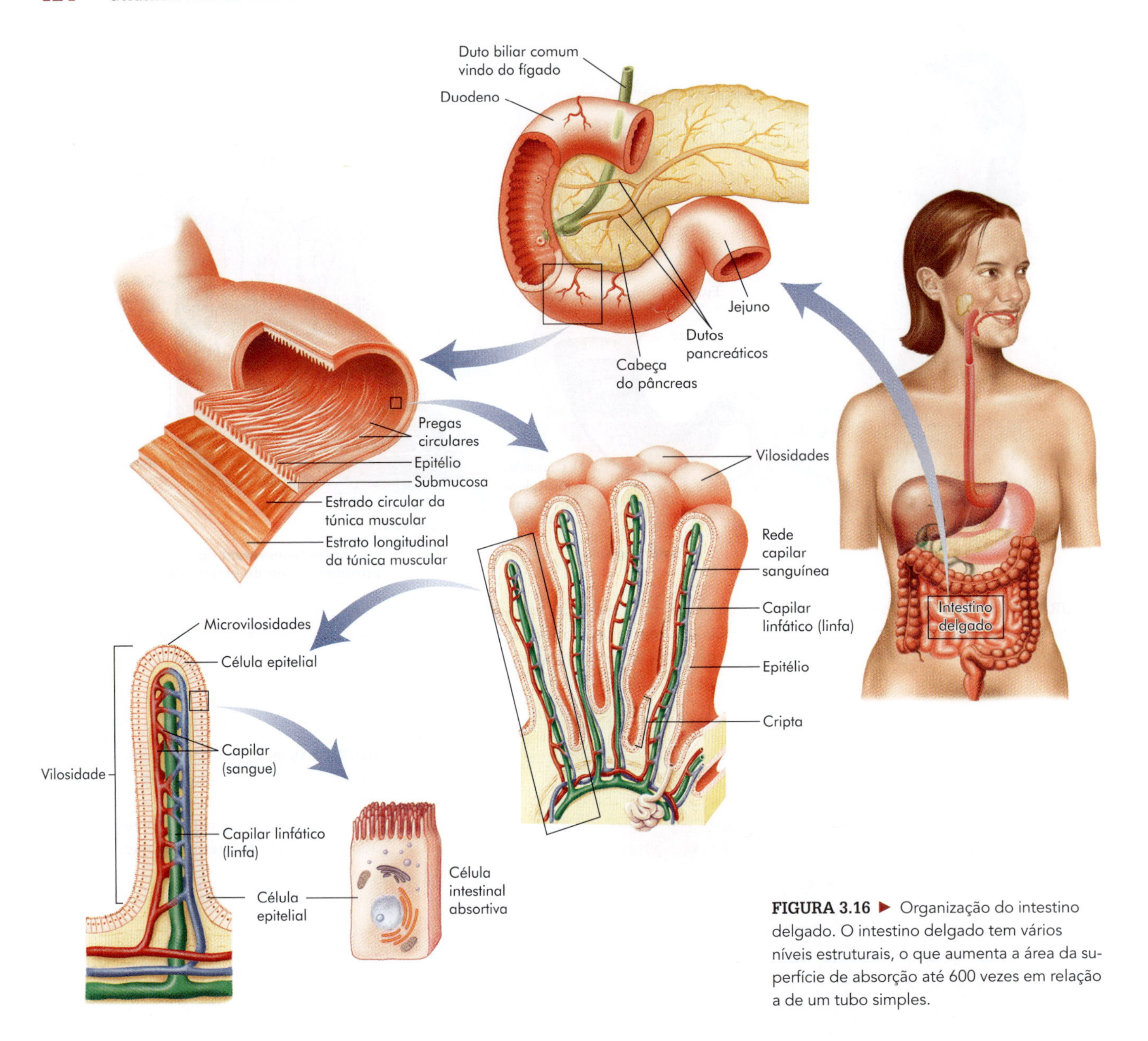

FIGURA 3.16 ▶ Organização do intestino delgado. O intestino delgado tem vários níveis estruturais, o que aumenta a área da superfície de absorção até 600 vezes em relação a de um tubo simples.

uma grande necessidade de nutrientes no intestino delgado. Felizmente, muitas das células velhas podem ser decompostas, e seus componentes podem ser reutilizados. A saúde das células também é garantida pela atuação de vários hormônios e outras substâncias que participam do processo digestivo ou se formam no decorrer dele.

O intestino delgado absorve nutrientes pela parede por diversos mecanismos e processos, conforme ilustra a Figura 3.17:

- **Difusão passiva**: quando a concentração de nutrientes é maior na luz (cavidade interna) do intestino delgado do que nas células absortivas; essa diferença provoca a entrada de nutrientes nas células por difusão. Gorduras, água e alguns sais minerais são absorvidos por difusão passiva.
- **Difusão facilitada**: alguns compostos exigem uma proteína carreadora para levá-los ao interior das células absortivas. Esse tipo de absorção é denominado difusão facilitada. A frutose é um exemplo de composto que faz uso de um transportador para permitir sua difusão facilitada.

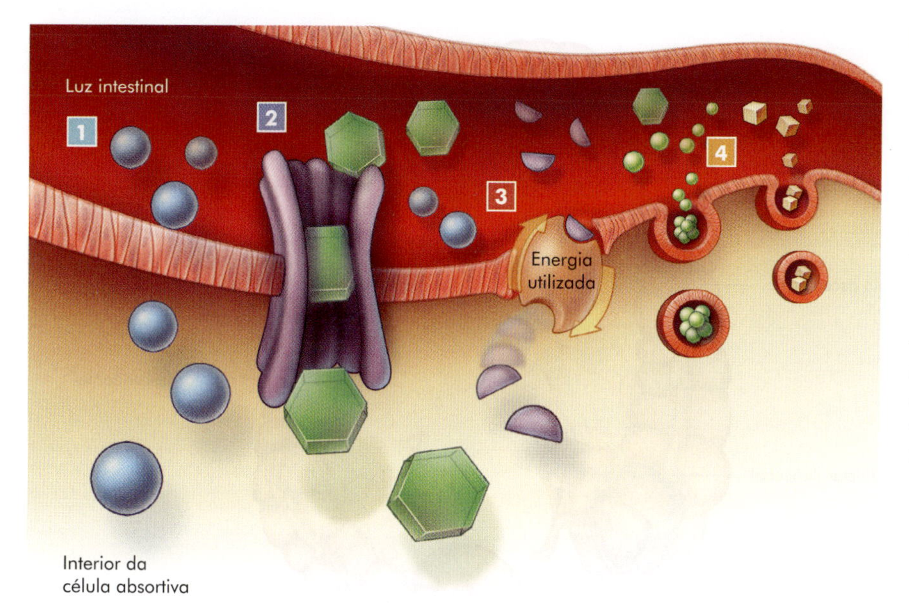

FIGURA 3.17 ► A absorção de nutrientes depende de quatro grandes processos de absorção. 1 Difusão passiva (em verde) é a difusão de nutrientes pelas membranas das células absortivas. 2 Difusão facilitada (em azul) usa uma proteína transportadora para mover nutrientes conforme o gradiente de concentração. 3 Absorção ativa (em vermelho) envolve uma proteína transportadora e energia para mover nutrientes (contra o gradiente de concentração) para dentro das células absortivas. 4 Fagocitose e pinocitose (em verde e marrom) são formas de transporte ativo em que a membrana da célula absortiva forma uma indentação que engloba o nutriente, a fim de trazê-lo para dentro da célula.

- **Absorção ativa**: além da necessidade de uma proteína transportadora, alguns nutrientes também exigem energia para se moverem da luz do intestino delgado para dentro das células absortivas. Esse mecanismo torna possível para as células captar nutrientes, mesmo quando eles são consumidos em pequena quantidade. Alguns açúcares, como a glicose, são absorvidos ativamente, assim como os aminoácidos.
- **Fagocitose** e **pinocitose**: outro meio de absorção ativa é quando as células literalmente engolem os compostos (fagocitose) ou líquidos (pinocitose). Conforme descrito anteriormente, a membrana celular pode formar uma espécie de indentação envolvendo as partículas ou os líquidos que são, em seguida, "engolidos" pela célula. Esse processo é usado pelo intestino do lactente para absorver substâncias imunológicas do leite materno (Cap. 14).

Uma vez absorvidos, os compostos solúveis em água, como a glicose e os aminoácidos, passam para os capilares e, em seguida, chegam à veia porta. Lembre-se de que o fígado é o final desse processo. A maioria das gorduras se dirige, posteriormente, aos vasos linfáticos. Ao fazê-lo, eventualmente as gorduras podem entrar na corrente sanguínea (consultar o tópico anterior para ver detalhes do sistema circulatório; ver Figs. 3.4 e 3.5).

O alimento não digerido não pode ser absorvido pelas células do intestino delgado. Qualquer alimento não digerido, para chegar ao final do intestino delgado, deve passar pela **válvula ileocecal** antes de alcançar o intestino grosso (Fig. 3.18). Esse é um esfincter que impede que o conteúdo do intestino grosso reflua para o intestino delgado.

válvula ileocecal Anel de músculo liso que fica entre a extremidade final do intestino delgado e o início do intestino grosso.

Intestino grosso

O conteúdo do intestino delgado que chega ao intestino grosso tem pouca semelhança com o alimento originalmente ingerido. Em circunstâncias normais, só uma pequena quantidade (5%) de carboidratos, proteínas e gorduras escapa da absorção e chega ao intestino grosso (Fig. 3.19).

Fisiologicamente, o intestino grosso difere do intestino delgado por não ter vilosidades nem enzimas digestivas. A ausência de vilosidades significa que pouca absorção ocorre no intestino grosso em comparação com o intestino delgado. Os nutrientes absorvidos no intestino grosso são, entre outros, água, algumas vitaminas, alguns ácidos graxos e os minerais sódio e potássio. Ao contrário do intestino delgado, o intestino grosso tem várias células produtoras de muco. O muco

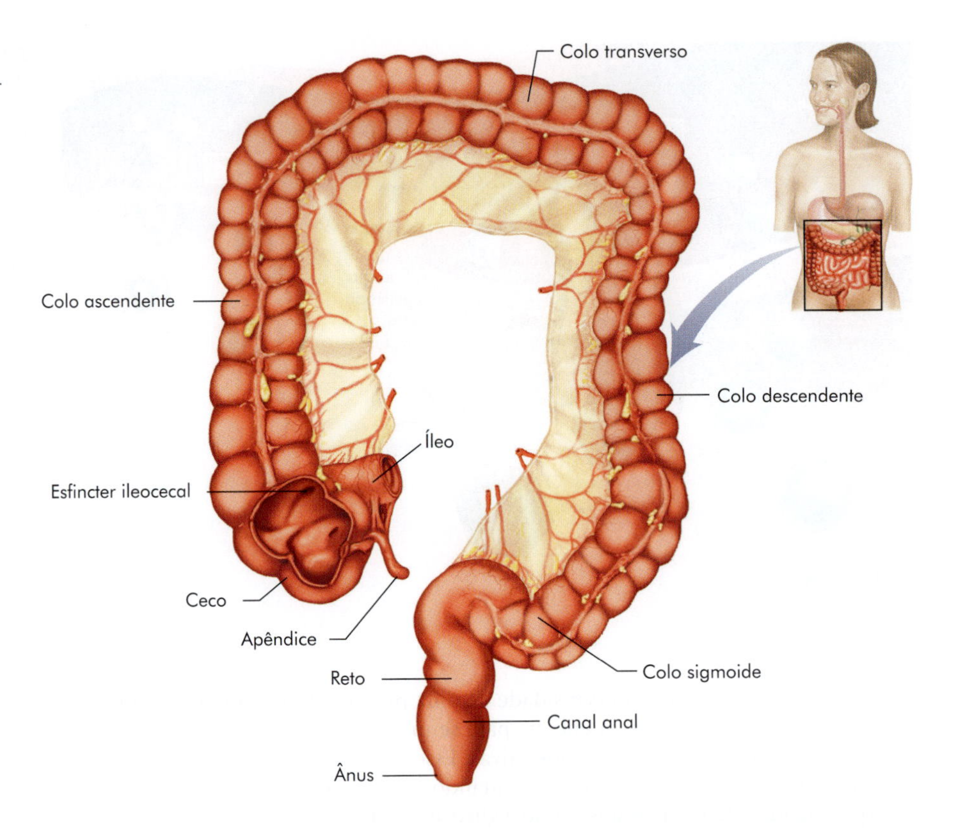

FIGURA 3.18 ▶ As partes do colo: ceco, colo ascendente, colo transverso, colo descendente e colo sigmoide.

secretado por essas células funciona mantendo o bolo fecal coeso e protegendo o intestino grosso das bactérias que proliferam dentro dele. O intestino grosso contém uma grande população de bactérias (mais de 500 espécies). Enquanto o estômago e o intestino delgado têm alguma atividade bacteriana, o intestino grosso é o órgão mais maciçamente colonizado por bactérias. Desde o primeiro ano de vida, a dieta desempenha um papel crucial na determinação dos tipos de bactérias presentes em nosso aparelho digestório. O número e o tipo de bactérias presentes no colo humano tornou-se um tema de grande interesse nos últimos tempos. A pesquisa mostrou que as bactérias intestinais desempenham um papel significativo na manutenção da saúde, especialmente da saúde do colo. Especula-se que níveis mais altos de microrganismos benéficos possam reduzir a atividade das bactérias patogênicas. Esse é outro exemplo do funcionamento do trato gastrintestinal como um importante órgão imunológico. As cepas *bifidobactérias* e *lactobacilos* são em geral associadas à saúde, ao passo que o *clostrídio* é considerado problemático. Essas bactérias são capazes de quebrar alguns dos restos de produtos alimentares que entram no intestino grosso, como a lactose (açúcar do leite) nas pessoas intolerantes à lactose, e alguns componentes das fibras. Os produtos do metabolismo bacteriano no intestino grosso, que incluem vários ácidos, podem, então, ser absorvidos.

Os alimentos que contêm certos microrganismos, como lactobacilos, têm, hoje em dia, grande interesse. O termo **probiótico** é usado para designar esses microrganismos, pois uma vez consumidos, instalam-se no intestino grosso e trazem alguns benefícios, por exemplo, uma melhoria da saúde do trato intestinal. Você pode encontrar esses microrganismos probióticos em certos tipos de leite, produtos lácteos fermentados e iogurte. Esses microrganismos podem também ser consumidos na forma de comprimidos. Outro termo de interesse, correlacionado a esse, é **prebiótico.** São substâncias que estimulam o crescimento de microrganismos probióticos. Um exemplo são os fruto-oligossacarídeos (ver Tab. 1.5 do Cap. 1 sobre as fontes alimentares desses prebióticos). Os microrganismos benéficos para o intestino serão discutidos no Capítulo 4, onde será abordado seu uso como probióticos.

prebiótico Substância que estimula o crescimento de bactérias benéficas no intestino grosso.

probiótico Produto que contém tipos específicos de bactérias. Seu consumo coloniza o intestino grosso com essas bactérias. Um exemplo é o iogurte.

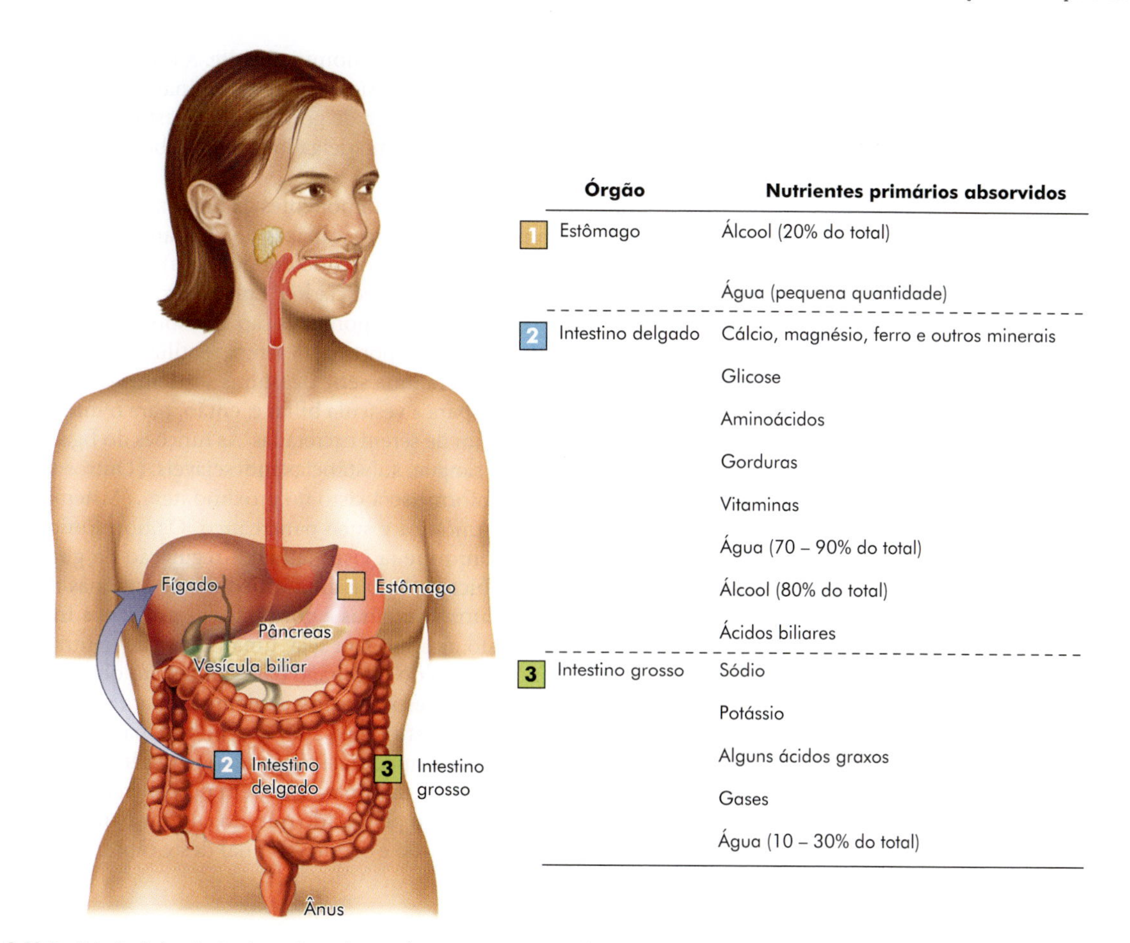

	Órgão	Nutrientes primários absorvidos
1	Estômago	Álcool (20% do total)
		Água (pequena quantidade)
2	Intestino delgado	Cálcio, magnésio, ferro e outros minerais
		Glicose
		Aminoácidos
		Gorduras
		Vitaminas
		Água (70 – 90% do total)
		Álcool (80% do total)
		Ácidos biliares
3	Intestino grosso	Sódio
		Potássio
		Alguns ácidos graxos
		Gases
		Água (10 – 30% do total)

FIGURA 3.19 ▶ Principais locais de absorção ao longo do trato gastrintestinal. Parte da absorção de vitamina K e biotina ocorre no intestino grosso. Com exceção de nutrientes solúveis em gordura, quase todos os nutrientes, depois de absorvidos, são levados até o fígado pela veia porta.

O intestino delgado absorve apenas 70 a 90% do líquido que recebe, o que inclui grandes quantidades de secreções do trato GI produzidas durante a digestão. Portanto, um pouco de água permanece no material que entra no intestino grosso. Os restos de uma refeição também contêm alguns sais minerais e fibras. Como a água é removida do intestino grosso, após percorrer dois terços de sua extensão, o conteúdo já se torna semissólido. O que resta nas **fezes**, além da água e das fibras não digeridas, são tecidos conectivos rígidos (de alimentos de origem animal), bactérias do intestino grosso e alguns resíduos do corpo, como partes de células intestinais mortas.

Reto

As fezes permanecem na última porção do intestino grosso ou **reto**, até que os movimentos musculares as empurrem para o **ânus**, para serem eliminadas. A presença de fezes no reto estimula sua eliminação. O ânus possui dois **esfincteres anais** (interno e externo), um dos quais está sob controle voluntário (esfincter externo). O relaxamento desse esfincter permite a eliminação das fezes.

reto Porção terminal do intestino grosso.

ânus Porção final do trato GI; serve como via de saída desse órgão.

esfincteres anais Grupo de dois esfincteres que ajudam no controle da eliminação interno e externo das fezes.

Órgãos acessórios

O fígado, a **vesícula biliar** e o pâncreas trabalham com o trato GI e são considerados órgãos acessórios ao processo de digestão (ver Fig. 3.10). Esses órgãos acessórios não fazem parte do trato gastrintestinal por onde passam os alimentos, mas têm um papel importante no processo de digestão. Além disso, secretam líquidos digestivos para dentro do trato GI, contribuindo para o processo de converter alimentos em nutrientes absorvíveis.

vesícula biliar órgão colado à face inferior do fígado, que armazena, concentra e, eventualmente, secreta a bile.

bile Secreção do fígado armazenada na vesícula biliar e levada pelo duto biliar comum até o primeiro segmento do intestino delgado. É essencial para a digestão e absorção de gorduras.

O fígado produz uma substância denominada **bile.** A bile é armazenada e concentrada na vesícula biliar, até que a vesícula receba um sinal hormonal para liberá-la. Esse sinal é induzido pela presença de gordura no intestino delgado. A bile é, então, liberada e conduzida ao intestino delgado por um tubo chamado duto biliar (Fig. 3.20).

Consultar o tópico "Nutrição e Saúde": *problemas digestivos comuns*, no final do Capítulo 3.

A bile atua como um sabão. Os componentes da bile fragmentam grandes moléculas de gordura em pedaços menores, capazes de permanecer em suspensão na água (no Cap. 5, esse processo será abordado em detalhes). Curiosamente, alguns dos componentes da bile podem ser "reciclados" em um processo conhecido como **circulação êntero-hepática.** Esses componentes são reabsorvidos do intestino delgado e retornam ao fígado pela veia porta para serem reutilizados.

Além da bile, o fígado libera uma série de outras substâncias indesejáveis que são levadas junto com a bile para a vesícula biliar e, então, para o intestino delgado e para o intestino grosso, a fim de serem excretadas. As funções do fígado, portanto, consistem em remover, do sangue, substâncias indesejáveis. (Outros subprodutos são excretados na urina, conforme será visto no próximo item, "Sistema urinário.")

O pâncreas produz hormônios e suco pancreático. Os hormônios são o glucagon e a insulina, que, conforme já visto, atua na regulação da glicose. O suco pancreático contém água, bicarbonato e uma variedade de enzimas digestivas capazes de quebrar carboidratos, proteínas e gorduras em pequenos fragmentos. O bicarbonato é um composto alcalino (ou seja, uma base) que neutraliza a acidez do quimo durante o movimento do estômago para o intestino delgado. Lembre-se de que o estômago produz uma espessa camada de muco para se proteger do ácido das secreções gástricas. O intestino delgado, no entanto, não tem uma camada protetora de muco, porque isso impediria a absorção de nutrientes. Em vez disso, a capacidade de neutralização do bicarbonato que vem do pâncreas protege as paredes do intestino delgado da erosão pelo ácido que, do contrário, levaria à formação de uma úlcera (ver tópico "Nutrição e Saúde" ao final deste capítulo).

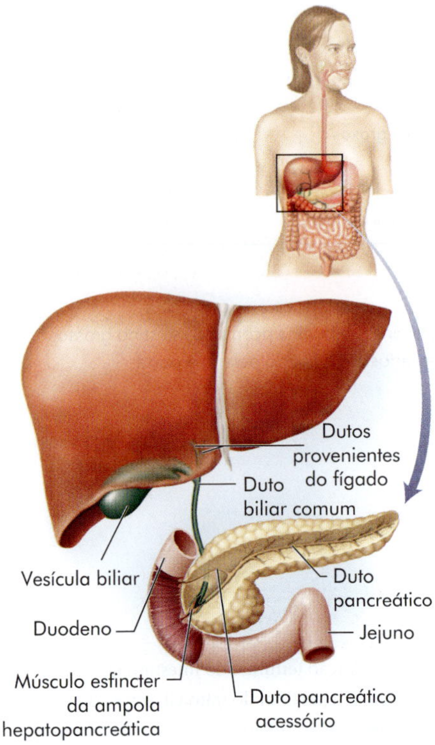

FIGURA 3.20 ▶ O fígado, a vesícula e o pâncreas são órgãos acessórios que trabalham com o trato GI. O fígado produz a bile, que é armazenada na vesícula biliar e liberada no duodeno (primeiro trecho do intestino delgado), pelo duto biliar comum, para ajudar a digerir as gorduras. O pâncreas secreta no duodeno, também pelo duto biliar comum, o suco pancreático, que contém água, bicarbonato e enzimas digestivas. O duto biliar comum, que vem do fígado e da vesícula biliar, une-se ao duto pancreático no músculo esfincter da ampola hepatopancreática, e os dois despejam, no duodeno, bile, enzimas pancreáticas e bicarbonato.

REVISÃO CONCEITUAL

A digestão é um processo mecânico e químico mediado por enzimas e coordenado por hormônios e nervos. Embora a deglutição e a eliminação final de fezes pelo ânus sejam processos voluntários, a maioria dos processos digestivos é involuntária. O estômago inicia o processo de digestão misturando os alimentos com o suco gástrico e convertendo esses alimentos parcialmente digeridos em quimo. Os produtos da digestão são moléculas do alimento ou bebida original suficientemente pequenas para serem absorvidas pelas vilosidades do intestino delgado e transferidas para o sangue ou linfa. Em sua maioria, os nutrientes são absorvidos no intestino delgado, sendo que poucos são absorvidos no intestino grosso. Qualquer componente da dieta que escape da digestão por enzimas humanas ou bacterianas deixará o corpo sob a forma de fezes.

3.9 Sistema urinário

O sistema urinário é composto por dois rins, um de cada lado da coluna vertebral. Cada rim está conectado à bexiga por um **ureter**. A bexiga tem seu conteúdo esvaziado pela **uretra** (Fig. 3.21). A principal função dos rins é remover os resíduos do organismo. Os rins filtram constantemente o sangue a fim de controlar sua composição. O resultado é a formação de urina, composta principalmente por água, na qual estão dissolvidos resíduos como ureia, além do excesso, não utilizado, de vitaminas hidrossolúveis e vários sais minerais.

Juntamente com os pulmões, os rins também mantêm o equilíbrio ácido-base (**pH**) do sangue. Os rins também convertem uma forma de vitamina D no hormônio ativo correspondente e produzem um hormônio que estimula a síntese de hemácias (**eritropoietina**; no Cap. 10, há informações sobre casos de uso indevido desse hormônio por atletas). Em períodos de jejum, os rins também são capazes de produzir glicose a partir de alguns aminoácidos. Portanto, os rins desempenham muitas funções importantes, sendo um componente vital do corpo.

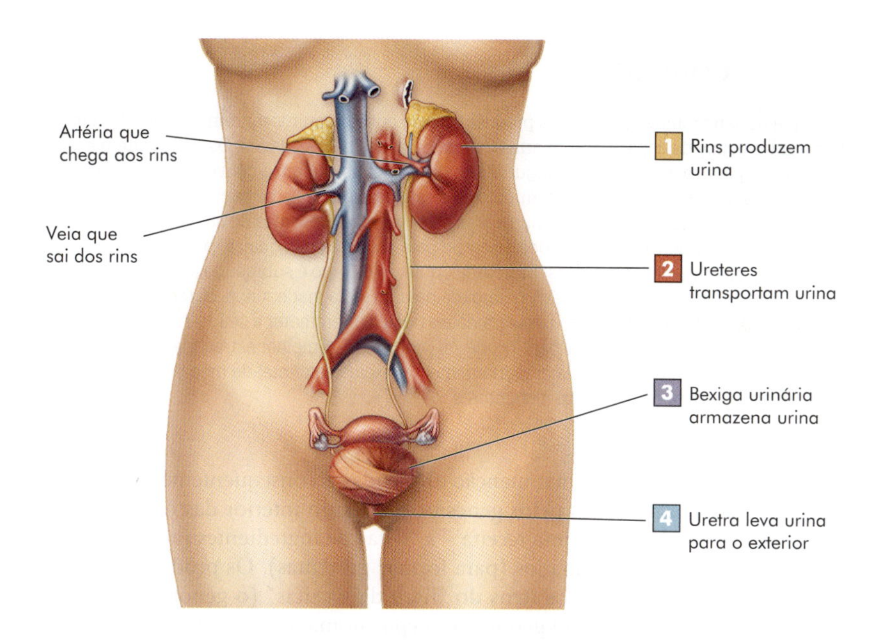

FIGURA 3.21 ► Órgãos do sistema urinário. Os rins 1, órgãos em forma de grãos de feijão localizados de cada lado da coluna vertebral, filtram os resíduos do sangue e formam a urina, que passa pelos ureteres 2, até a bexiga 3, onde fica armazenada. A uretra 4 conduz a urina para fora do corpo. A figura mostra o sistema urinário feminino. O sistema urinário masculino é o mesmo, exceto pelo fato de que a uretra se estende até a extremidade do pênis.

circulação êntero-hepática Reciclagem contínua de substâncias entre o intestino delgado e o fígado; os ácidos biliares são um exemplo de compostos reciclados.

sistema urinário Sistema de órgãos formado por rins, bexiga urinária e dutos que transportam urina. Esse sistema remove resíduos do sistema circulatório e regula o equilíbrio ácidobase, a química de todo o organismo e o balanço hídrico do corpo.

ureter Tubo que transporta urina do rim até a bexiga urinária.

uretra Tubo que transporta urina da bexiga urinária até o exterior do corpo.

pH Medida da acidez ou alcalinidade relativa de uma solução. A escala de pH vai de 0 a 14. O pH abaixo de 7 é ácido; acima de 7 é alcalino.

eritropoietina Hormônio secretado principalmente pelos rins e que estimula a síntese de hemácias e sua liberação pela medula óssea.

O bom funcionamento dos rins está diretamente ligado à força do sistema cardiovascular, particularmente à sua capacidade de manter uma pressão arterial adequada, e ao consumo de um volume suficiente de líquidos. O diabetes mal controlado, a hipertensão e o abuso de drogas são prejudiciais aos rins.

3.10 Capacidade de armazenamento

O corpo humano precisa manter reservas de nutrientes, do contrário o indivíduo teria que se alimentar continuamente. A capacidade de armazenamento varia para cada nutriente. A maior parte da gordura é armazenada no tecido adiposo, cujas células são especializadas nessa função. O armazenamento de carboidratos para uso a curto prazo se dá no músculo e no fígado, sob a forma de glicogênio. O sangue mantém uma pequena reserva de glicose e aminoácidos. Muitas vitaminas e sais minerais são armazenados no fígado, ao passo que outras reservas de nutrientes se encontram em várias partes do corpo.

Quando a alimentação da pessoa não supre adequadamente uma determinada necessidade, o nutriente em questão é obtido pela degradação de tecidos que contenham altas concentrações desse nutriente. O cálcio, por exemplo, é extraído dos ossos, e as proteínas são extraídas do músculo. Se a deficiência nutricional for prolongada, essa perda de nutrientes enfraquece e danifica os tecidos.

Muitas pessoas acreditam que, quando há ingestão excessiva de um nutriente – por exemplo, de um suplemento vitamínico ou mineral –, somente a quantidade necessária é armazenada, e o restante é excretado pelo corpo. Embora esse seja o caso de alguns nutrientes, como a vitamina C, por exemplo, quantidades elevadas de outros nutrientes frequentemente encontrados nos suplementos, como vitamina A e ferro, podem causar efeitos colaterais prejudiciais porque esses nutrientes não são prontamente excretados. Essa é uma das razões pelas quais os nutrientes devem vir primariamente (ou exclusivamente) de uma alimentação balanceada, que é a forma mais segura de se obter tudo que é necessário à saúde dos sistemas de órgãos.

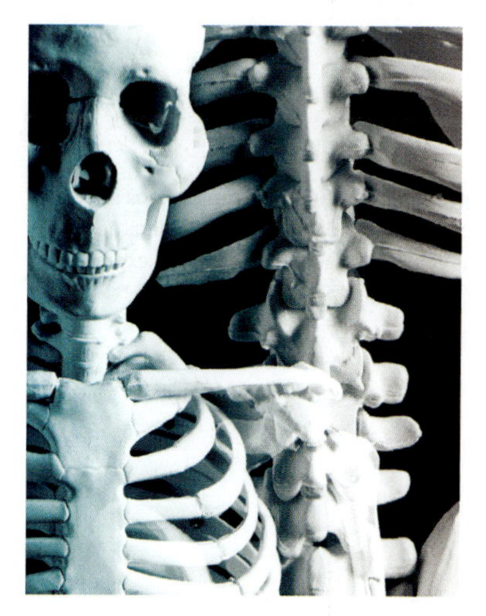

▲ O sistema esquelético constitui uma reserva de cálcio para suprir as necessidades diárias quando a ingestão alimentar é insuficiente. Entretanto, o uso prolongado dessa reserva enfraquece os ossos.

3.11 Genética e nutrição – um olhar mais atento

Depois que são captados pelas células, os nutrientes e outros componentes da dieta podem interagir com os genes e exercer efeitos sobre a expressão genética. O cresci-

REVISÃO CONCEITUAL

O sistema urinário remove os resíduos produzidos pelo corpo e muitos nutrientes ingeridos em quantidades acima da capacidade de armazenamento e das necessidades. Os rins mantêm a composição química e a acidez do sangue. Além disso, os rins ajudam a converter a vitamina D em sua forma ativa e produzem um hormônio necessário à síntese de hemácias.

Em indivíduos bem-nutridos, os nutrientes estão sempre presentes no sangue para uso imediato e são armazenados nos tecidos do corpo para uso posterior, quando a alimentação não fornecer quantidades suficientes. Entretanto, quando o corpo é submetido a uma deficiência nutricional decorrente da ingestão prolongada de uma dieta inadequada, os tecidos são degradados para liberar nutrientes, e esse processo pode comprometer a saúde. Além disso, a ingestão excessiva de qualquer nutriente pode ser prejudicial. A melhor estratégia é procurar obter todos os nutrientes essenciais primariamente (ou exclusivamente) de uma dieta balanceada, e não ingerindo suplementos alimentares.

mento, o desenvolvimento e a manutenção das células e, consequentemente, de todo o organismo são comandados pelos genes existentes no interior das células. Cada gene representa, em essência, uma receita – a "lista" de ingredientes (aminoácidos) e como eles devem ser combinados (para formar proteínas). Os produtos (proteínas) correspondentes a todos os itens do "livro de receitas" (o genoma humano) constituem o corpo humano. O genoma e o epigenoma, ou seja, o modo como o genoma está marcado e arranjado dentro do núcleo da célula, controlam a expressão dos traços individuais, como altura, cor dos olhos e suscetibilidade a várias doenças. Epigenética é um termo que se refere às mudanças herdadas da expressão genética causadas por outros mecanismos que não as alterações da sequência do DNA subjacente. Enquanto o genoma contém o código para a síntese das proteínas que constituem nosso corpo, o epigenoma é uma camada a mais de instruções que influenciam a atividade dos genes. Em muitos casos, é o epigenoma que pode ser reparado por um tratamento ou afetado por uma dieta, e não a carga genética propriamente dita.

As causas das doenças crônicas são complexas e incluem um componente genético significativo. Felizmente, a ciência da genética vem avançando rapidamente, permitindo que medicamentos revolucionários influenciem a nossa vida. As descobertas genéticas têm levado ao desenvolvimento de novos fármacos que interferem nos processos patológicos em nível molecular e de testes capazes de prever nosso risco de adoecer. Em 2008, cientistas descobriram mais de cem variações genéticas associadas a diversas doenças do envelhecimento, inclusive diabetes do tipo 2, doença de Alzheimer, osteoporose, hipertensão e doença cardíaca.

Uma variação genética pode afetar diretamente as proteínas codificadas por nossos genes e resultar em diferentes:

- Necessidades nutricionais entre indivíduos.
- Suscetibilidades a doenças,
- Efeitos de fatores ambientais (como a alimentação) sobre os os genes e as respectivas proteínas.

Nutrigenômica – uma ciência emergente

No futuro próximo, as informações genéticas tornarão os profissionais de saúde mais capazes de ajudar os pacientes a controlarem doenças e melhorar sua saúde. A genômica nutricional ou **nutrigenômica** estuda o impacto dos alimentos na saúde por meio de sua interação com os genes e consequente efeito na expressão genética. A nutrigenômica engloba o estudo de como os genes determinam nossas necessidades nutricionais. As pesquisas nesse campo enfatizam a falácia da abordagem do tipo "panaceia universal" quando se trata de intervenções nutricionais para prevenção e tratamento de doenças. É cada vez mais claro que as necessidades nutricionais gerais não se aplicam a certos subgrupos genéticos. Muitas pesquisas vêm sendo feitas para identificar esses subgrupos e classificar as variações genéticas humanas capazes de afetar a utilização de nutrientes e as funções fisiológicas e, portanto, as necessidades nutricionais peculiares a essas pessoas.

nutrigenômica Estudo do impacto dos alimentos na saúde por meio de sua interação com os genes e consequente efeito na expressão genética.

Além do efeito direto dos genes no risco de doenças, em muitos casos eles influenciam o efeito da dieta e da nutrição sobre o aparecimento e a progressão das doenças. Em alguns casos, um componente alimentar pode ativar ou desativar um gene, manipulando, assim, a síntese de proteínas ligada a esse gene e que pode afetar – positiva ou negativamente – o desenvolvimento ou a progressão de uma doença. À medida que as interações dos genes com a alimentação são melhor compreendidas, tende-se a evoluir para recomendações alimentares personalizadas, capazes de ajudar pessoas com doenças de fundo genético.

Doenças nutricionais relacionadas à genética

Há estudos de famílias, inclusive aquelas em que há gêmeos e filhos adotivos, que corroboram claramente a natureza genética de várias doenças. De fato, a história familiar é considerada um importante fator de risco para o desenvolvimento de várias doenças relacionadas à nutrição.

▲ Estudos realizados em gêmeos fornecem claras evidências da interação dos genes com a dieta e de seus efeitos combinados sobre o risco de doenças.

Doença cardiovascular. Há fortes evidências de que a doença cardiovascular resulta de interações genes-ambiente. Aproximadamente 1 em cada 500 pessoas da América do Norte tem um gene defeituoso que retarda muito a remoção do colesterol da corrente sanguínea. Conforme foi visto no Capítulo 1, o colesterol sanguíneo elevado é um dos principais fatores de risco de doença cardiovascular. As interações entre genes e alimentação que vêm sendo descobertas nas doenças cardiovasculares, particularmente nos casos de elevação dos lipídeos sanguíneos, deverão ser as primeiras a determinar a adoção de dietas personalizadas, visando diminuir o risco cardiovascular do indivíduo. Outro tipo de variação genética pode provocar níveis anormalmente elevados de um aminoácido denominado homocisteína, que aumenta o risco de doença cardiovascular. Mudanças na alimentação podem ajudar essas pessoas, mas elas necessitam de medicamentos e até cirurgia para resolver o problema.

Obesidade. A maioria dos norte-americanos obesos tem pelo menos um dos pais obeso, o que indica uma forte correlação com a genética. Muitos estudos feitos em seres humanos indicam que diversos genes (provavelmente mais de 60) estejam envolvidos no controle do peso corporal. Pouco se sabe, no entanto, sobre a natureza específica desses genes humanos ou como se produzem, de fato, as alterações do metabolismo corporal (como o baixo índice de queima de calorias, de modo geral, ou de utilização da gordura, particularmente).

Ainda assim, embora alguns indivíduos tenham uma predisposição genética para armazenar gordura no corpo, esse armazenamento depende de quantas calorias eles consomem em relação a suas necessidades. Um conceito comum em nutrição é que os *hábitos adquiridos* – ou seja, como as pessoas vivem e que fatores ambientais as influenciam – permitem a expressão da *natureza inata* – ou seja, do potencial genético de cada um. Embora nem todas as pessoas com tendência genética à obesidade se tornem obesas, as que são geneticamente predispostas a ganhar peso estão sujeitas, ao longo da vida, a um risco maior do que o das pessoas sem predisposição genética à obesidade.

PARA REFLETIR

Wesley comenta que, em festas de família, seus pais, tios e outros familiares geralmente consomem grande volume de bebidas alcoólicas. Seu pai e uma de suas tias já foram detidos por dirigirem embriagados. Dois dos seus tios faleceram antes dos 60 anos de idade, em decorrência do alcoolismo. À medida que Wesley se aproxima da idade em que poderá consumir bebida alcoólica legalmente, preocupa-se em saber se está predestinado a seguir o mesmo padrão da família. Que conselho você daria a Wesley quanto ao consumo de álcool no futuro?

Diabetes. Ambos os tipos comuns de diabetes – tipo 1 e tipo 2 – têm relação com a genética. As evidências em favor desses laços genéticos foram obtidas em estudos de famílias e de gêmeos e com base na elevada incidência de diabetes em certos grupos populacionais (p. ex., habitantes do sul da Ásia ou índios Pima). Na prática, o diabetes é uma doença complexa: mais de 200 genes já foram identificados como possíveis causas. Somente testes muito sensíveis e de alto custo podem determinar quem corre risco. O diabetes tipo 2 é a forma mais comum da doença (90% dos casos) e também tem forte correlação com a obesidade. A tendência genética ao diabetes tipo 2 costuma se expressar depois que a pessoa se torna obesa, raramente antes, ilustrando, mais uma vez, como o hábito adquirido afeta a natureza inata.

Câncer. Alguns tipos de câncer (p. ex., algumas formas de câncer do colo [*colo* é o outro nome do intestino grosso] e de câncer de mama) têm clara origem genética, o que talvez ocorra também no **câncer de próstata**. Como a obesidade aumenta o risco de várias formas de câncer, o consumo excessivo e prolongado de calorias também constitui um fator de risco. Embora os genes sejam importantes fatores determinantes do desenvolvimento do câncer, fatores ambientais e hábitos de vida,

▲ No futuro, os testes genéticos feitos para identificar a suscetibilidade a doenças serão mais comuns, à medida que forem isolados e decodificados os genes que aumentam o risco de diversas doenças específicas.

como exposição excessiva ao sol e má alimentação, também contribuem significativamente para o risco individual.

DECISÕES ALIMENTARES

As pesquisas vêm abrindo caminho para a chamada "nutrição personalizada", que se baseia em resultados de testes genéticos para determinar que tipo de dieta seria a mais adequada para a constituição genética da pessoa. Existem testes genéticos para identificar pelo menos 1.500 doenças e condições, porém não há mecanismos disponíveis para garantir que esses testes se baseiem em evidências adequadas ou que as alegações de cunho comercial sejam confiáveis. Muitas empresas já estão adaptando produtos e testes genéticos a certos perfis genéticos, embora não haja dados suficientes que possam sustentar recomendações específicas para um genótipo. A maioria das opções disponíveis pode ser encontrada na Internet. Conforme foi discutido no Capítulo 2, é preciso sempre ter cautela ao avaliar informações e alegações nutricionais. Os testes genéticos não fogem a essa regra. Algumas empresas que fazem testes de DNA são organizações responsáveis, outras, não. Algumas oferecem testes de DNA para determinar a melhor dieta para perder peso ou os melhores suplementos. Esses esquemas de marketing acabam por tornar os consumidores descrentes da ciência genética. Assim, devem ser aplicados os princípios descritos no Capítulo 2 ao avaliar qualquer produto ou serviço indicado para teste genético.

Seu perfil genético

Com base nessa discussão, você já deve ter concluído que seus genes podem ter grande influência no risco de desenvolver certas doenças. Quando reconhece seu potencial de desenvolver uma determinada doença, você se torna capaz de evitar certos comportamentos que aumentam o risco. Como é possível descobrir qual o seu perfil genético? Os testes genéticos são valiosos quando confirmam que você é portador de um gene relacionado a uma doença da qual é capaz de se proteger tomando algumas medidas. Os testes também se tornam interessantes quando você não conhece a sua história familiar ou quando existem lacunas na sua árvore genealógica. Nos últimos anos, cerca de mil testes genéticos foram disponibilizados. Em geral, o custo de um teste de DNA que revela a que doenças você é mais suscetível fica em torno de mil dólares. Alguns desses testes são cobertos pelos planos de saúde. A Genetic Information Nondiscrimination Act (GINA), de maio de 2008, proíbe que as seguradoras de saúde aumentem o valor do prêmio ou neguem cobertura de despesas por terem conhecimento do perfil genético de pessoas cujos genes carregam maior risco de determinadas doenças. O teste genético requer a coleta de uma amostra de saliva da qual o DNA será extraído. Certas áreas do genoma são, então, lidas e medidas, em um processo conhecido como genotipagem. Depois de 1 a 2 meses, você receberá seu perfil de DNA, que complementará o que já sabe sobre a sua história familiar. Também é possível comparar seu perfil de DNA a futuros resultados de pesquisas nesse campo.

Muitos dos genes envolvidos nas doenças comuns, como diabetes, ainda são desconhecidos. Embora existam testes genéticos disponíveis para algumas doenças, sua história familiar ainda é um indicador muito melhor do seu perfil genético e do seu risco de adoecer. Construa a sua árvore genealógica referente a doenças e mortes, compilando fatos sobre seus parentes em primeiro grau: irmãos, pais, tios, avós, como indicado no tópico "Avalie sua refeição". Em geral, quanto mais familiares houver com uma doença genética e quanto mais próximos eles estiverem de você, maior será o seu risco. Se você tiver uma história familiar significativa para determinada doença, talvez seja preciso adotar algumas mudanças no seu estilo de vida. Por exemplo, mulheres que tenham história familiar de câncer de mama devem evitar a obesidade, reduzir o consumo de álcool e fazer mamografias periódicas.

A Figura 3.22 mostra um exemplo de árvore genealógica (também denominada *heredograma*). As situações de alto risco são aquelas em que a pessoa tem dois ou mais parentes em primeiro grau com uma doença específica (parentes em primeiro grau são pais, irmãos e filhos). Outro sinal de risco de doença hereditária é o aparecimento da doença em um parente em primeiro grau antes dos 50 a 60 anos. Na família representada na Figura 3.22, o pai do homem morreu de câncer

As páginas de Internet listadas a seguir contêm mais informações sobre doenças e testes genéticos:

http://nutrigenomics.ucdavis.edu/ Center for Excellence for Nutritional Genomics. Página dedicada a promover a nova ciência da genômica nutricional.

www.geneticalliance.org
Alliance of Genetic Support Groups.

www.kumc.edu/gec/support
Informações sobre doenças raras e genéticas.

www.cancer.gov/cancertopics/prevention-genetics-causes
Informações genéticas do National Cancer Institute.

http://www.genome.gov/
National Human Genome Research Institute (dos *National Institutes of Health*). Descreve os resultados das pesquisas mais recentes, discute algumas questões éticas e oferece um glossário sonoro.

http://history.nih.gov/exhibits/genetics/
Revolution in Progress: Human Genetics and Medical Research.

de próstata. Sabendo disso, o homem deve fazer exames periódicos para câncer de próstata. Suas irmãs devem fazer mamografias frequentes e adotar outras medidas preventivas, já que a mãe faleceu de câncer de mama. Como também existem casos frequentes de infarto e AVC na família, todos os descendentes devem adotar hábitos de vida que diminuam o risco de sofrerem esses problemas, por exemplo, evitar o consumo excessivo de sal e gordura animal. O câncer de colo também é uma ocorrência evidente nessa família, por isso é importante que todos façam exames preventivos repetidos.

As informações sobre a nossa constituição genética poderão influenciar cada vez mais nossas escolhas em termos de hábitos alimentares e estilo de vida. Neste livro, serão abordados os fatores de risco "controláveis", que podem contribuir para o aparecimento de doenças de fundo genético que estejam presentes na sua família. Essas informações poderão ajudar a personalizar a orientação nutricional com base na genética e a identificar e evitar os fatores de risco que possam levar ao aparecimento dessas doenças familiares.

A revisão da anatomia, da fisiologia e da genética humanas sob o ponto de vista da nutrição constitui um preâmbulo necessário para um melhor entendimento dos nutrientes. Os Capítulos 4, 5 e 6 trarão noções que se baseiam nessas informações.

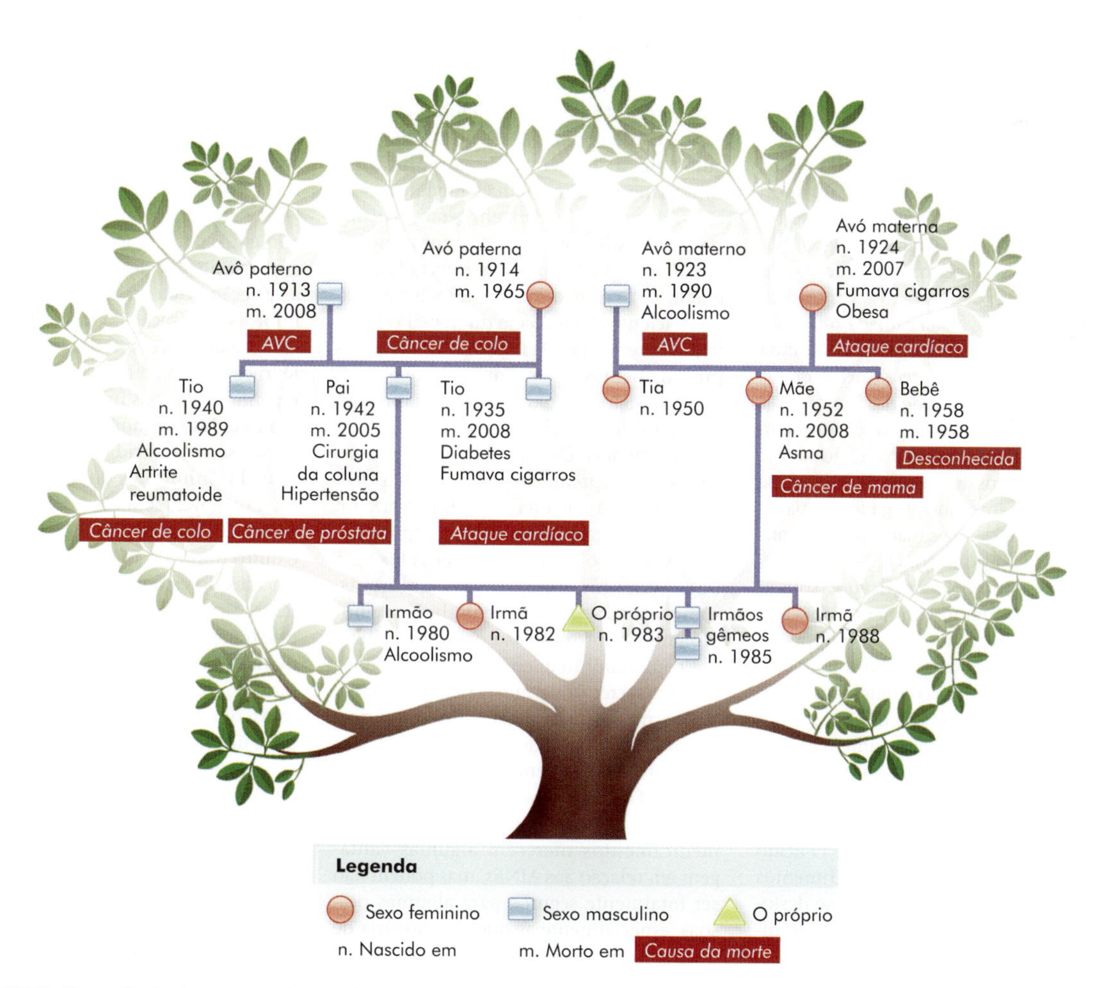

FIGURA 3.22 ▶ Exemplo de árvore genealógica de um indivíduo, Justin, designado como "o próprio" no tronco da árvore. O sexo de cada membro da família é identificado pela cor azul, para o sexo masculino, e laranja, para o feminino. As datas de nascimento (n) e morte (m) estão indicadas abaixo da identificação de cada membro da família. No caso dos membros falecidos, a causa da morte está destacada em letras brancas sobre fundo vermelho. Além das causas de morte, também estão indicadas as doenças que os vários membros da família apresentaram, abaixo dos respectivos nomes. Crie a sua própria árvore genealógica de doenças frequentes, usando essa figura como guia. Em seguida, mostre o desenho ao seu médico para que ele lhe explique mais detalhadamente o que essas informações significam para a sua saúde.

Problemas digestivos comuns

O conjunto bem-coordenado de órgãos a que chamamos sistema digestório pode apresentar problemas. Conhecer esses problemas comuns pode ajudar a diminuí-los ou a evitá-los. Dois problemas comuns do trato GI são a diverticulose e a intolerância à lactose. Esses distúrbios serão discutidos no Capítulo 4, depois que você tiver aprendido mais sobre os carboidratos.

Úlceras

A **úlcera péptica** ocorre quando o revestimento do esôfago, do estômago ou do intestino delgado sofre erosão pelo ácido secretado pelas células do estômago (Fig. 3.23). À medida que se deteriora no processo de desenvolvimento da úlcera, o revestimento do estômago perde a sua camada protetora de muco, o que permite uma erosão ainda maior da parede pelo conteúdo ácido do órgão. O ácido também pode produzir erosão do revestimento do esôfago e da primeira porção do intestino delgado, o duodeno. Em pessoas jovens, a maioria das úlceras se desenvolve no intestino delgado, ao passo que nas pessoas de mais idade, ocorrem primariamente no estômago.

Milhões de norte-americanos sofrem de úlceras em algum momento da vida. Isso significa um gasto de alguns bilhões de dólares, todos os anos, com o tratamento da úlcera péptica e suas complicações. Felizmente, nossa compreensão do mecanismo de formação da úlcera vem aumentando e, consequentemente, vêm surgindo mais e melhores opções de tratamento. O sintoma típico de uma úlcera é a dor que surge cerca de duas horas após uma refeição. O ácido do estômago atuando sobre os alimentos irrita a úlcera depois que esses já se deslocaram para a próxima porção do tubo digestivo.

Até recentemente, acreditava-se que a úlcera fosse causada por um excesso de ácido no estômago. Assim, o tratamento de escolha era a neutralização e o bloqueio da secreção de ácido pelo estômago. Embora o ácido ainda seja um fator significativo na formação da úlcera, atualmente se acredita que a principal causa da doença seja a infecção do estômago por uma bactéria resistente ao ácido, denominada *Helicobacter pylori* (*H. pylori*); além disso, outras causas são o uso maciço de anti-inflamatórios não esteroides (**AINEs**), como ácido acetilsalicílico, por exemplo, e os distúrbios que levam à produção excessiva de ácido no estômago. O estresse é considerado um fator predisponente à úlcera, especialmente se a pessoa também tiver infecção por *H. pylori* ou transtornos de ansiedade. O fumo também é uma causa conhecida de úlcera, além de aumentar a incidência de complicações, como sangramento e falha terapêutica.

A bactéria *H. pylori*, em geral, é encontrada no estômago, mas só causa doença em 10 a 15% das pessoas infectadas. No entanto, ela é encontrada em mais de 80% dos pacientes com úlcera duodenal ou gástrica (do estômago). Embora não se compreenda bem o mecanismo pelo qual o *H. pylori* causa úlcera, o tratamento da infecção com antibióticos cicatriza a úlcera e evita sua recorrência. Dois médicos australianos receberam o prêmio Nobel em 2005 pela descoberta da bactéria *Helicobacter pylori* e seu papel na gastrite e na úlcera péptica.

AINEs são medicamentos usados para tratar doenças inflamatórias dolorosas, como a artrite. Ácido acetilsalicílico, ibuprofeno e naproxeno são os AINEs utilizados com maior frequência. Os AINEs diminuem a secreção de muco pelo estômago. Novos medicamentos anti-inflamatórios, denominados "inibidores da Cox-2" (p. ex., celecoxibe), vêm sendo usados em lugar dos AINEs tradicionais, já que têm menor potencial de causar úlcera péptica. Esses medicamentos oferecem algumas vantagens em relação aos AINEs, mas podem não ser totalmente seguros para algumas pessoas, especialmente as que têm história de doença cardiovascular ou AVC.

O risco primário associado à úlcera é sua possibilidade de erodir totalmente a parede do estômago ou do intestino. Isso acarretaria um extravasamento do conteúdo do trato GI para dentro da cavidade abdominal, causando infecção maciça. Além disso, a úlcera pode causar erosão de um vaso sanguíneo, provocando um sangramento importante. Por essas razões, é importante não ignorar os primeiros sinais de aparecimento de uma úlcera, inclusive uma sensação persistente de vazio ou queimação na área do estômago, que pode ocorrer após uma refeição ou até mesmo acordar a pessoa durante a noite. Além da dor que melhora com a ingestão de alimentos, outros sinais e sintomas de úlcera são perda de peso, náusea, vômitos, inapetência e sensação de distensão abdominal.

No passado, utilizava-se o leite ou o creme de leite para ajudar a cicatrizar úlceras. Hoje em dia, os médicos sabem que leite e creme de leite estão entre os piores alimentos para pacientes com úlcera. O cálcio presente nos derivados de leite estimula a secreção ácida do estômago e, na prática, inibe a cicatrização da úlcera.

Atualmente, o tratamento da úlcera é feito com uma combinação de medidas terapêuticas. Pessoas infectadas pelo *H. pylori* são tratadas com antibióticos e bloqueadores da secreção ácida do estômago, denominados **inibidores da bomba de prótons** (p. ex., omeprazol, esomeprazol e lansoprazol) e, às vezes, com bismuto. (Próton é outro nome do íon hidrogênio que causa a acidez do estômago.) Em muitos casos, a taxa de cura da infecção por *H. pylori* com esse tratamento é de 90%, já na primeira semana. Se a infecção for curada, dificilmente haverá recorrência, mas a cura incompleta leva com frequência à formação de uma nova úlcera.

Os medicamentos antiácidos também fazem parte do tratamento da úlcera, assim como uma classe de medicamentos denominados **bloqueadores H_2**. Esses in-

úlcera Erosão de um tecido que reveste a cavidade do estômago (úlcera gástrica) ou ou da porção superior do intestino (úlcera duodenal). Essas doenças são denominadas, coletivamente, úlceras pépticas.

AINEs Anti-inflamatórios não esteroides; incluem ácido acetilsalicílico, ibuprofeno e naproxeno.

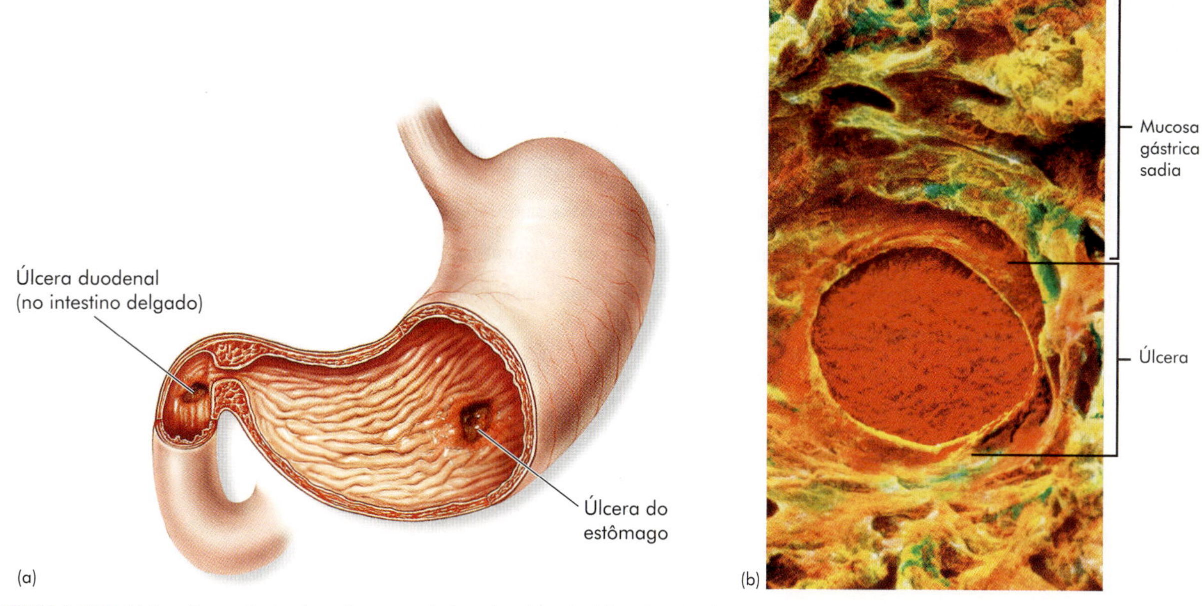

FIGURA 3.23 ▶ (a) Uma úlcera péptica do estômago ou do intestino delgado. A bactéria *H. pylori* e os AINEs (p. ex., ácido acetilsalicílico) causam úlcera por comprometer as defesas da mucosa, especialmente do estômago. Da mesma forma, o fumo, os fatores genéticos e o estresse podem comprometer as defesas da mucosa e aumentar a liberação de pepsina e de ácido no estômago. Todos esses fatores podem contribuir para a formação de úlceras. (b) Imagem de perto de uma úlcera do estômago. Essa úlcera precisa ser tratada para evitar uma eventual perfuração do estômago.

Se você sofre de azia persistente ou refluxo gastresofágico, procure um médico se tiver:

- Dificuldade ou dor para deglutir
- Azia que persiste há mais de 10 anos
- Primeira manifestação da azia após os 50 anos de idade
- Azia resistente ao tratamento medicamentoso
- Perda de peso súbita e inexplicada
- Dor torácica
- Perda de sangue ou anemia
- Sangue nas fezes ou vômitos

cluem os fármacos cimetidina, ranitidina, nizatidina e famotidina, que atuam, todos, prevenindo a secreção ácida provocada pela ação da **histamina** no estômago. Também costumam ser usados medicamentos que recobrem a úlcera, como o sucralfato.

As pessoas que sofrem de úlcera devem evitar fumar e usar ácido acetilsalicílico e AINEs semelhantes. Esses hábitos e medicamentos reduzem a secreção de muco pelo estômago. Em geral, a combinação das mudanças no estilo de vida e o tratamento médico revolucionaram de tal maneira o tratamento da úlcera que as medidas dietéticas têm, atualmente, pouca importância. A atual terapia dietética recomenda é que se evite o consumo de alimentos que provocam sintomas de úlcera (Tab. 3.4).

Azia

Cerca de metade dos adultos norte-americanos sofre eventualmente de azia – o sintoma é também denominado refluxo ácido (Fig. 3.24). Essa dor "de fome" sentida no peito é causada pelo retorno do ácido do estômago para dentro do esôfago. A forma recorrente e, portanto, mais grave do problema é o **refluxo gastresofágico (RGE)**. Ao contrário do estômago, o esôfago tem pouca mucosa protetora, por isso o ácido provoca uma erosão muito rápida da parede do esôfago, o que causa dor. Os sintomas também podem incluir náusea, ânsia de vômito, tosse ou rouquidão. O quadro de RGE se caracteriza pela ocorrência de sintomas de refluxo ácido pelo menos duas vezes por semana. As pessoas que sofrem de RGE apresentam um relaxamento eventual do esfincter gastresofágico. Esse esfincter só deve estar relaxado durante a deglutição, mas em pessoas que têm RGE ele se relaxa também em outros momentos.

inibidor de bomba de prótons Medicamento que inibe a secreção de íons hidrogênio pelas células do estômago. Doses baixas desses medicamentos podem ser usadas sem prescrição (p. ex., omeprazol, lansoprazol).

bloqueador H_2 Medicamento, como a cimetidina, que bloqueia o aumento da produção de ácido pelo estômago provocado pela histamina.

histamina Produto resultante da degradação do aminoácido histidina e que estimula a secreção ácida do estômago, além de ter outros efeitos no organismo, como provocar a contração da musculatura lisa, aumentar a secreção nasal, relaxar os vasos sanguíneos e interferir no relaxamento das vias aéreas.

TABELA 3.4 Recomendações para evitar a ocorrência ou recorrência de úlceras e azia

Úlceras
1. Pare de fumar.
2. Evite usar em excesso ácido acetilsalicílico, ibuprofeno e outros AINEs, salvo se houver recomendação médica para uso desses medicamentos. Caso necessite usar esses medicamentos, existe atualmente um AINE combinado a um fármaco que reduz o dano ao estômago. Esse medicamento reduz a produção de ácido no estômago e aumenta a secreção de muco gástrico.
3. Restrinja o consumo de café, chá e álcool (especialmente vinho), se isso lhe ajuda.
4. Restrinja o consumo de pimenta e outros condimentos fortes, se isso lhe trouxer alívio.
5. Faça refeições nutritivas, com intervalos regulares; inclua bastante fibra na sua alimentação (ver as fontes de fibra no Cap. 4).
6. Mastigue bem os alimentos.
7. Perca peso se estiver com excesso de peso no momento.
Azia
1. Siga as recomendações para prevenção de úlceras.
2. Aguarde cerca de 2 horas para se deitar após uma refeição.
3. Não coma demasiadamente. Faça refeições leves, com pouca gordura.
4. Eleve a cabeceira da cama pelo menos 15 cm.

A maioria das pessoas que sofre de azia diz que esse sintoma afeta significativamente sua qualidade de vida, principalmente porque as impede de saborear seus alimentos preferidos. Mas há consequências mais sérias da azia, porque, quando se prolonga, significa que a mucosa do esôfago está sendo lesada, evoluindo para um quadro de inflamação crônica que aumenta o risco de câncer esofágico. As pessoas que sofrem de azia devem seguir as recomendações gerais descritas na Tabela 3.4. Nos casos de azia esporádica, os antiácidos comuns, de venda livre, trazem alívio imediato. O uso de antiácidos reduz a quantidade de ácido no estômago, mas não impede o refluxo. Nos casos de azia mais persistente ou RGE (vários ou todos os dias da semana), pode ser necessário usar bloqueadores H_2 ou inibidores da bomba de prótons, já discutidos no tópico que trata das úlceras. Os inibidores da bomba de prótons proporcionam alívio duradouro porque reduzem a produção de ácido pelo estômago. Para atuarem, eles devem ser tomados no momento certo, ou seja, antes da primeira refeição do dia, já que o tempo para fazer efeito é maior. Se o uso do medicamento adequado não controlar o RGE, pode ser necessária uma cirurgia de reforço do esfincter esofágico enfraquecido. A teoria mais aceita é a de que o relaxamento do esfincter esofágico inferior permitiria a passagem do conteúdo ácido do estômago de volta para dentro do esôfago. O problema se agrava quando a pessoa está deitada.

refluxo gastresofágico (RGE) Doença que resulta do retorno do conteúdo ácido do estômago para dentro do esôfago. O ácido irrita a mucosa do esôfago e causa dor.

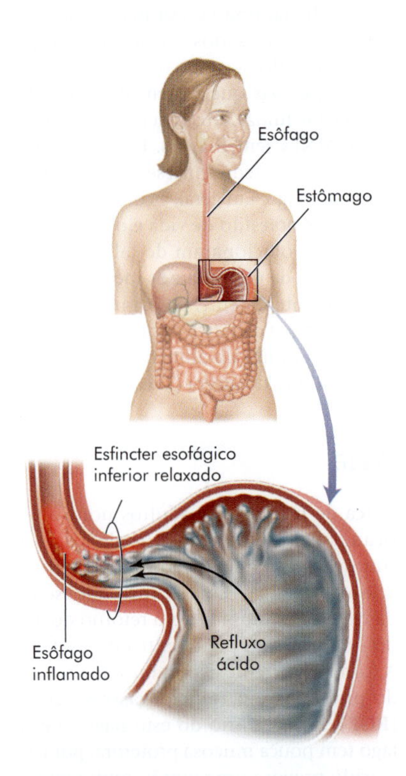

FIGURA 3.24 ▶ A azia ocorre quando há refluxo de ácido do estômago para dentro do esôfago.

Tanto a gravidez quanto a obesidade podem causar azia porque resultam em aumento da produção de estrogênio e progesterona. Esses hormônios relaxam o esfincter esofágico inferior, o que aumenta o risco de azia. No caso da obesidade, o tecido adiposo transforma certos hormônios circulantes em estrogênio, portanto, quanto mais tecido adiposo a pessoa tem, mais estrogênio ela produz.

Constipação e laxantes

A **constipação**, que consiste no esvaziamento difícil ou infrequente dos intestinos, é um sintoma comum em adultos. É causada pela lentidão da passagem da matéria fecal ao longo do intestino grosso. À medida que a parte líquida das fezes vai sendo absorvida em decorrência da permanência prolongada do bolo fecal no intestino grosso, as fezes vão se tornando duras e ressecadas.

A constipação pode ocorrer em pessoas que inibem regularmente seus reflexos intestinais normais por tempo prolongado. As pessoas podem ignorar suas necessidades fisiológicas quando elas atrapalham suas atividades sociais ou profissionais. Os espasmos musculares do intestino grosso irritado também podem desacelerar o movimento das fezes e contribuir para a ocorrência de constipação. Cálcio, suplementos de ferro e medicamentos como antiácidos também podem causar constipação.

A melhor forma de tratamento dos casos leves de constipação é consumir alimentos ricos em fibras, como pães e cereais

▲ Frutas secas são uma fonte natural de fibra e podem ajudar a prevenir a constipação, desde que consumidas com um volume adequado de líquido.

integrais, e ingerir bastante líquido para evitar desidratação. As fibras estimulam o peristaltismo porque atraem água para o interior do intestino grosso, ajudando a formar um bolo fecal volumoso e pastoso. Frutas secas são uma boa fonte de fibras e, portanto, também podem ajudar a estimular o intestino. É importante ingerir bastante líquido para facilitar a ação das fibras no intestino grosso. Além disso, pessoas que sofrem de constipação precisam desenvolver hábitos intestinais mais regulares, reservando sempre a mesma hora do dia para ir ao banheiro e, dessa forma, treinando o intestino grosso para reagir periodicamente. Por fim, o relaxamento facilita a regularidade dos movimentos intestinais, o mesmo acontecendo com a atividade física.

Laxantes, assim como vários outros medicamentos, também podem diminuir a constipação. Alguns laxantes atuam irritando os terminais nervosos do intestino para estimular o peristaltismo, ao passo que outros, à base de fibras, atraem água para o intestino e aumentam o bolo fecal. Um bolo fecal maior produz estiramento dos músculos da parede intestinal, fazendo-os se contraírem de modo reflexo. Entretanto, o uso repetido de laxantes deve ser supervisionado por um médico. De modo geral, os laxantes à base de fibra, que aumentam o bolo fecal, são os mais seguros.

Hemorroidas

Hemorroidas são veias intumescidas no reto e no ânus. Os vasos sanguíneos dessa região estão sujeitos a uma pressão intensa, especialmente durante os movimentos intestinais. A pressão excessiva à qual esses vasos são submetidos na gravidez, nos casos de obesidade, nas pessoas que ficam sentadas por tempo prolongado, nos casos de acessos violentos de tosse ou espirros ou quando a evacuação exige muito esforço, como nos casos de constipação, pode causar hemorroidas. As hemorroidas podem passar despercebidas até que um esforço para evacuar precipita os sintomas, que podem incluir dor, prurido e sangramento.

Talvez o sintoma mais comum seja o prurido, causado por umidade no canal anal, edema ou outros fatores de irritação. A dor, quando presente, em geral é constante e latejante. A hemorroida pode sangrar, provocando o aparecimento de raias de sangue vivo nas fezes. A sensação de que existe uma massa no canal anal após uma evacuação é sintomática de hemorroidas internas que fazem protrusão no ânus.

Qualquer pessoa pode ter hemorroidas, e cerca de metade dos adultos acima dos 50 anos tem. A posição sentada muito prolongada ou o esforço para evacuar geralmente são suficientes para provocar os sintomas, mas a alimentação, os hábitos de vida e, possivelmente, fatores genéticos contribuem para aumentar a probabilidade. Por exemplo, uma alimentação pobre em fibras pode levar ao aparecimento de hemorroidas em consequência do esforço para evacuar. Se você acha que sofre de hemorroidas, deve consultar seu médico. Geralmente, o sangramento retal é causado por hemorroidas, mas também pode ser um sinal de outros problemas, como o câncer.

O médico pode sugerir várias medidas para cuidado das hemorroidas. A dor pode ser aliviada pela aplicação de compressas mornas ou banhos de assento com água morna por 15 a 20 minutos. As recomendações dietéticas são as mesmas do tratamento da constipação, com ênfase no consumo de fibras e líquidos em quantidade adequada. Alguns medicamentos de venda livre, como pomadas analgésicas, podem aliviar os sintomas.

Síndrome do colo irritável

Muitos adultos (somente nos EUA, mais de 25 milhões) sofrem de síndrome do colo irritável, cujos sintomas são cólicas, gases, distensão abdominal e distúrbios da função intestinal (diarreia, constipação ou episódios alternados desses sintomas). Em pessoas jovens, o problema é mais comum no sexo feminino. Em adultos de idade mais avançada, a incidência é quase igual nos dois sexos. Nos Estados Unidos, a doença responde por cerca de 3,5 milhões de consultas médicas, todos os anos.

Os sintomas associados à síndrome do colo irritável incluem uma distensão abdominal visível, alívio da dor após uma evacuação, aumento da frequência de evacuações, episódios de dor acompanhados de diarreia, presença de muco nas fezes e uma sensação de que não houve o completo esvaziamento intestinal após uma evacuação.

Acredita-se que a causa do problema seja uma alteração do peristaltismo intestinal associada a uma diminuição do limiar de dor relacionada à distensão abdominal, ou seja, um pequeno grau de distensão causa um nível de dor acima do que ocorreria com uma pessoa que não apresenta esse

DECISÕES ALIMENTARES

Uso de laxantes

Talvez você tenha ouvido falar que o uso de laxantes depois de comer demais evita a deposição de gordura corporal derivada da ingestão calórica excessiva. Esse conceito errôneo e perigoso acabou se tornando popular entre os adeptos de várias dietas da moda. Depois de tomar um laxante, você poderá se sentir, temporariamente, menos "cheio" porque esses produtos aceleram o esvaziamento do intestino grosso e provocam perda de líquidos. A maioria dos laxantes, contudo, não acelera a passagem do alimento pelo intestino delgado, onde ocorrem a digestão e a maior parte da absorção dos nutrientes. Portanto, será mesmo possível confiar nos laxantes para evitar o acúmulo de gordura resultante do excesso de calorias ingeridas?

constipação Quadro caracterizado por redução da frequência das evacuações.

laxante Medicamento ou substância que estimula o esvaziamento do trato intestinal.

quadro. Vale ressaltar também que até 50% desses pacientes têm história de abuso sexual ou casos de agressão verbal.

O tratamento é individualizado. Pode-se tentar uma dieta rica em fibras (principalmente fibras solúveis, que são mais eficazes do que as insolúveis) ou dietas de eliminação, cujo foco é evitar laticínios e alimentos formadores de gases, como certas leguminosas, repolho e brócolis e algumas frutas (uvas, passas, cerejas e melão vermelho). Já foi demonstrado que alguns fitoterápicos e probióticos e a terapia cognitiva comportamental reduzem os sintomas de síndrome do colo irritável e melhoram a qualidade de vida. Recomenda-se que o paciente modere a ingestão de cafeína ou mesmo elimine totalmente da dieta alimentos e bebidas que contenham cafeína. Refeições pequenas, frequentes e com baixo teor de gordura podem ser úteis para evitar as contrações do intestino grosso, em geral provocadas por refeições abundantes. Outras estratégias são redução do estresse, orientação psicológica e certos antidepressivos, além de outros medicamentos. Em casos severos, a hipnose já foi tentada e produziu alívio dos sintomas.

Pode ser benéfico encaminhar o paciente a um nutricionista, já que muitas pessoas melhoram quando eliminam da dieta certos alimentos problemáticos. Uma boa relação médico-paciente também é necessária para o tratamento da síndrome do colo irritável; entretanto, antes de se defender qualquer alternativa isolada, é bom saber que a resposta a um simples placebo pode chegar a 70%. Embora a síndrome do colo irritável possa ser desconfortável e preocupante, trata-se de uma afecção inofensiva, que não está associada a risco de câncer ou de outros problemas digestivos mais graves. A página **www.ibsgroup.org** contém mais informações sobre o assunto.

Diarreia

A diarreia é uma afecção do trato GI que geralmente dura apenas alguns dias e se caracteriza por evacuações mais líquidas, em maior quantidade e mais frequentes, se comparadas ao padrão normal da própria pessoa. Na maioria dos casos, a diarreia é resultante de uma infecção no intestino, em geral causada por um vírus ou bactéria. Esses agentes agressores produzem substâncias que fazem as células intestinais secretar em vez de absorver líquidos. Outra forma de diarreia é aquela causada pela ingestão de substâncias que não são prontamente absorvidas, por exemplo, o sorbitol, um álcool de açúcar usado na goma de mascar sem açúcar (Cap. 4) ou grande quantidade de algum alimento rico em fibra, como o gérmen de trigo. Quando consumidas em grandes quantidades, essas substâncias não absorvidas atraem água para dentro do intestino, o que resulta em diarreia. Geralmente, o tratamento da diarreia requer a ingestão de bastante líquido na fase aguda e redução da ingestão da substância mal absorvida, caso ela seja a causa do problema. O tratamento imediato, nas primeiras 24 a 48 horas, é especialmente importante nos lactentes e idosos, já que esses grupos são mais suscetíveis aos efeitos da desidratação que costuma acompanhar a diarreia (Caps. 15 e 16). Uma diarreia que dure mais de sete dias, no adulto, deve ser investigada pelo médico, já que pode ser um sintoma de problemas intestinais mais graves, especialmente quando houver sangue nas fezes.

Cálculos biliares

Os cálculos biliares são uma importante causa de doença e cirurgia e afetam entre 10 e 20% dos adultos em países desenvolvidos. Os cálculos biliares são fragmentos de matéria sólida que se formam na vesícula biliar quando as substâncias presentes na bile – principalmente o colesterol (80% dos cálculos biliares) – formam partículas semelhantes a cristais. Esses cálculos podem ser muito pequenos, do tamanho de um grão de areia, ou grandes como uma bola de golfe. Formam-se em decorrência de vários fatores combinados, entre os quais o excesso de peso é o fator primário, modificável, especialmente em mulheres de 20 a 60 anos. Outros fatores são as características genéticas, idade avançada (> 60 anos, tanto para homens quanto para mulheres), pouca atividade da vesícula biliar (contração menos frequente do que o normal), alteração da composição da bile (p. ex., excesso de colesterol ou falta de sais biliares), diabetes e alimentação (p. ex., dietas pobres em fibra). Além disso, os cálculos biliares podem se formar durante períodos em que há rápida perda de peso ou jejum prolongado (pois quando o fígado metaboliza mais gordura, lança mais colesterol na bile).

As crises causadas pelos cálculos biliares são episódios de dor intermitente na região superior do abdome, flatulência e distensão, náusea ou vômitos, entre outros problemas. O método mais comum de tratamento dos cálculos biliares é a retirada cirúrgica da vesícula biliar (nos Estados Unidos, são realizadas 500 mil cirurgias desse tipo por ano).

A prevenção da formação de cálculos biliares gira em torno das medidas para se evitar o excesso de peso, especialmente no caso das mulheres. Também são importantes medidas: evitar perda de peso muito rápida (> 5 kg em uma semana), limitar a ingestão de proteína animal e preferir as proteínas vegetais (especialmente nozes), além de consumir uma dieta rica em fibras. Recomendam-se ainda atividade física regular e moderar ou eliminar a cafeína e o álcool de sua dieta diária.

Distúrbios digestivos menos comuns

Na **fibrose cística** – doença hereditária que afeta lactentes, crianças e até alguns adultos – o pâncreas produz um muco espesso que bloqueia os dutos pancreáticos levando à morte das células ativas. O resultado é que o pâncreas se torna incapaz de liberar, no intestino delgado, suas enzimas digestivas. Isso prejudica a digestão de carboidratos, proteínas e, sobretudo, gorduras. Em muitos casos, é preciso administrar por via oral as enzimas que faltam, na forma de cápsulas ingeridas nas refeições, para auxiliar a digestão. Outro problema intestinal que merece atenção é a **doença celíaca.** As pessoas que sofrem dessa doença apresentam uma reação alérgica à proteína denominada glúten, presente em certos cereais, como o trigo e o centeio. Essa reação danifica as células absortivas reduzindo muito a superfície de contato da parede intestinal, em razão do achatamento das vilosidades. Em geral, o problema desaparece quando se eliminam da dieta cereais como trigo, centeio, etc.

Resumo

De modo geral, os distúrbios do trato GI decorrem de diferenças anatômicas e de hábitos de vida entre as pessoas. Dada sua importância, certos hábitos de vida e práticas nutricionais, como a ingestão adequada de fibras e líquidos, evitar o fumo e o uso excessivo de AINEs, de fato frequentemente contribuem para o tratamento dos distúrbios gastrintestinais.

fibrose cística Doença hereditária que pode causar superprodução de muco. O muco bloqueia o duto pancreático e diminui a descarga de enzimas no intestino.

doença celíaca Reação alérgica ou imunológica ao glúten, proteína presente em certos cereais, como trigo e centeio. O resultado dessa reação é a destruição dos enterócitos (células da parede intestinal), reduzindo a superfície de contato da parede intestinal, em razão do achatamento das vilosidades. A eliminação do trigo, do centeio e de alguns outros grãos da dieta restaura a mucosa da parede intestinal.

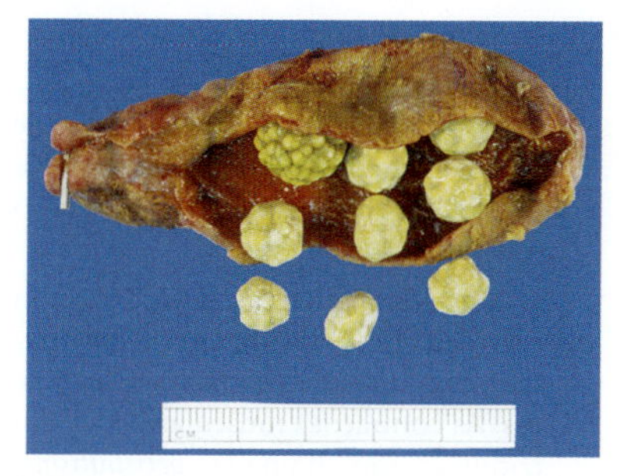

▲ Vesícula biliar e cálculos biliares após sua remoção cirúrgica. O tamanho e a composição dos cálculos variam de pessoa para pessoa.

Estudo de caso: refluxo gastresofágico

Caitlin tem 20 anos e está na faculdade. Nos últimos meses, ela vem apresentando episódios repetidos de azia, geralmente após uma refeição mais pesada. Um dia, ao se curvar para apanhar algum objeto no chão, depois de uma refeição, percebeu que o conteúdo do estômago está voltando pelo esôfago e chegando até a sua boca. Quando isso ocorreu, Caitlin ficou assustada e procurou o ambulatório médico da universidade.

Na triagem, foi orientada a marcar uma série de exames, pois a suspeita era de uma afecção chamada refluxo gastresofágico (RGE). O profissional que atendeu Caitlin explicou que esse problema poderia ter sérias consequências se não fosse controlado, inclusive uma forma rara de câncer. Caitlin recebeu um folheto educativo sobre RGE e marcou uma consulta com o especialista para uma avaliação mais completa.

Responda às seguintes perguntas e verifique as respostas no Apêndice A.

1. Que hábitos de vida e alimentares provavelmente contribuem para os sintomas de RGE apresentados por Caitlin?
2. Que orientação dietética e geral poderá ajudar Caitlin a controlar esse problema?
3. Que tipos de medicamentos são especialmente úteis no tratamento dessa afecção?
4. De modo geral, como Caitlin pode lidar com esse problema de saúde? Ela poderá se curar?
5. Por que é tão importante tratar o RGE?

▲ Caitlin fez bem em procurar um médico para falar sobre sua azia persistente.

Resumo

1. A unidade estrutural básica do corpo humano é a célula. Embora quase todas as células contenham o mesmo conjunto de organelas (núcleo, mitocôndrias, retículo endoplasmático, lisossomos, peroxissomos e citoplasma), a estrutura das células varia segundo a função de cada uma delas.
2. As células se juntam formando tecidos, os tecidos formam órgãos, e os órgãos trabalham em conjunto nos sistemas.
3. O sangue é bombeado do coração para os pulmões, onde vai buscar o oxigênio. Em seguida, o sangue leva oxigênio, nutrientes essenciais e água a todas as células do corpo. Os nutrientes e detritos são trocados entre o sangue e as células, por intermédio da membrana celular. Essas trocas ocorrem nos capilares. Compostos hidrossolúveis absorvidos pelas células do intestino delgado chegam à veia porta e são levados até o fígado. Compostos lipos-

solúveis entram na circulação linfática que, posteriormente, conecta-se à corrente sanguínea.

Os neurônios do sistema nervoso formam a rede de comunicação do corpo, além disso controlam e gerenciam o funcionamento de todos os sistemas orgânicos. Os neurotransmissores servem para levar mensagens de um neurônio para outro (ou para outra célula).

O sistema endócrino produz hormônios, que regulam, por mecanismos químicos, quase todas as células do corpo.

O sistema imune é responsável por proteger o corpo de agentes patogênicos invasores. Nossa imunidade é ativada, ou seja, produz anticorpos (imunoglobulinas), quando entramos em contato com um patógeno.

O sistema urinário, que inclui os rins, é responsável por filtrar o sangue, removendo resíduos e mantendo estável a composição química dos líquidos corporais.

No sangue, há reservas limitadas de nutrientes para uso imediato; reservas maiores ou menores encontram-se nos tecidos, para uso posterior, quando faltam alimentos. Quando o corpo carece de um nutriente em razão de uma dieta pobre naquele nutriente, tecidos vitais são utilizados para suprir essa necessidade, o que pode comprometer a saúde. Além disso, a ingestão excessiva de qualquer nutriente pode ser prejudicial.

4. O trato gastrintestinal (GI) compreende a boca, o esôfago, o estômago, o intestino delgado, o intestino grosso (colo), o reto e o ânus.

   Dispostas ao longo do trato GI existem válvulas em forma de anéis (esfíncteres), que regulam o fluxo dos alimentos. As contrações musculares, que em conjunto são chamadas *peristaltismo*, impulsionam os alimentos ao longo do trato GI. Diversos nervos, hormônios e outras substâncias controlam a atividade dos esfíncteres e os músculos peristálticos.

   As enzimas digestivas são secretadas pela boca, pelo estômago, pela parede do intestino delgado e pelo pâncreas. A presença do alimento no intestino delgado estimula a secreção das enzimas pancreáticas.

   Os principais locais de absorção são projeções da parede intestinal em forma de "dedos", chamadas *vilosidades*. As vilosidades são cobertas por células absortivas. Esse revestimento intestinal é continuamente renovado. As células absortivas são capazes de realizar várias formas de difusão passiva e absorção ativa.

   Uma pequena parte da digestão e da absorção ocorre no estômago e no intestino grosso, e algumas proteínas são digeridas no estômago. Alguns componentes das fibras e o amido não digerido são fragmentados por bactérias presentes no intestino grosso, e alguns dos produtos resultantes dessa quebra são absorvidos; as fibras não digeridas remanescentes são eliminadas nas fezes.

   Por fim, a absorção da água e dos sais minerais ocorre no intestino grosso. Os produtos resultantes da quebra de certas fibras pelas bactérias e outras substâncias são absorvidos nesse local. A presença de fezes no reto produz um estímulo à evacuação.

   O fígado, a vesícula biliar e o pâncreas participam da digestão e da absorção. Os produtos desses órgãos, como as enzimas e a bile, chegam ao intestino delgado, onde desempenham um papel importante na digestão de proteínas, gorduras e carboidratos.

5. A herança genética do indivíduo influencia o grau de risco de várias doenças. Examinando-se a árvore genealógica de uma pessoa, é possível saber que risco ela corre de ter certas doenças. Essa análise permite que se tomem importantes medidas de prevenção, especialmente relacionadas à dieta.

6. Problemas comuns do trato GI, como azia, constipação e síndrome do colo irritável, podem ser tratados com mudanças na alimentação. Essas podem ser aumentar a ingestão de fibras e evitar refeições abundantes e ricas em gordura. Em muitos casos, também se usam medicamentos.

Questões para estudo

1. Identifique pelo menos uma contribuição de cada um dos 12 sistemas de órgãos para o estado nutricional geral do corpo.
2. Desenhe uma célula e identifique suas várias partes, explicando a função de cada organela abordada no texto e sua relação com a nutrição humana.
3. Desenhe o fluxo do sangue, partindo do lado direito do coração, indo a todo o corpo e voltando ao mesmo local. Que caminho descreve o sangue no intestino delgado? Que classe de nutrientes penetra no corpo pelo sangue? E pela linfa?
4. Explique por que o intestino delgado é mais adaptado às funções de absorção do que outros órgãos do trato GI.
5. Identifique os quatro paladares básicos. Cite um alimento que exemplifique cada uma dessas sensações gustativas básicas. Por que não sentimos o gosto dos alimentos quanto estamos resfriados? O que é umami?
6. Qual é a função do ácido no processo de digestão? Onde ele é secretado?
7. Compare os processos de absorção ativa e de difusão passiva de nutrientes.
8. Identifique os dois órgãos acessórios cujo conteúdo é esvaziado no interior do intestino delgado. De que modo as substâncias secretadas por esses órgãos contribuem para a digestão dos alimentos?
9. Em que sistemas orgânicos se encontram as seguintes substâncias?

   Quimo
   Plasma
   Linfa
   Urina
10. Qual é a diferença entre natureza (intrínseca) e criação (extrínseca)? Correlacione esses termos com as medidas de prevenção de três doenças crônicas frequentes.

Teste seus conhecimentos

As respostas das próximas questões de múltipla escolha encontram-se a seguir.

1. O estômago se protege para não ser, ele mesmo, digerido, produzindo
   a. bicarbonato somente quando há alimento no seu interior.
   b. uma espessa camada de muco, que reveste a mucosa.
   c. íons hidroxila, que neutralizam o ácido.
   d. antipepsina, que destrói as substâncias digestivas.
2. O esfincter esofágico inferior se localiza entre
   a. o estômago e o esôfago.
   b. o estômago e o duodeno.
   c. o íleo e o ceco.
   d. o colo sigmoide e o ânus.
3. Uma contração muscular coordenada que impulsiona o alimento ao longo do trato GI se chama
   a. esfincter.
   b. circulação êntero-hepática
   c. força da gravidade.
   d. peristaltismo.
4. Os íons bicarbonato (HCO_3) provenientes do pâncreas
   a. neutralizam o ácido presente no interior do estômago.
   b. são sintetizados no esfincter pilórico.
   c. neutralizam a bile no duodeno.
   d. neutralizam o conteúdo ácido do duodeno.
5. A maioria dos processos digestivos ocorre
   a. na boca.
   b. no estômago.
   c. no intestino delgado.
   d. no intestino grosso.
   e. no colo.
6. A bile se forma no(a)__________ e fica armazenada no(a)__________.
   a. estômago, pâncreas
   b. duodeno, rim
   c. fígado, vesícula biliar
   d. vesícula biliar, fígado
7. A maior parte do processo de digestão que ocorre no intestino grosso é causada
   a. pela lipase.
   b. pela pepsina.
   c. pela saliva.
   d. pelas bactérias.
8. Nexium é um medicamento bem conhecido que atua como
   a. bloqueador H_2.
   b. laxante.
   c. analgésico.
   d. inibidor da bomba de prótons.
9. O estudo do impacto dos alimentos na saúde por meio de sua interação com nossos genes se chama
   a. nutrigenômica.
   b. epidemiologia.
   c. imunologia.
   d. genética.
10. A produção de energia que tem lugar no citoplasma é denominada metabolismo anaeróbio porque não requer
    a. água.
    b. oxigênio.
    c. esteroides anabolizantes.
    d. bactérias anaeróbias.

Respostas: 1. b, 2. a, 3. d, 4. d, 5. c, 6. c, 7. d, 8. d, 9. a, 10. b

Leituras complementares

1. Broekaert IJ, Walker WA: Probiotics and chronic disease. *Journal of Clinical Gastroenterology* 40:270, 2006.

   As pesquisas sobre probióticos indicam que eles podem ter vários benefícios para o organismo humano. As pesquisas clínicas demonstram seu potencial preventivo e curativo em várias doenças intestinais. Esse artigo traz uma revisão do papel potencial dos probióticos na prevenção e no tratamento de várias doenças crônicas.

2. Camilleri M: Probiotics and irritable bowel syndrome: Rationale, putative mechanisms, and evidence of clinical efficacy. *Journal of Clinical Gastroenterology* 40:264, 2006.

   O artigo discute as evidências dos benefícios das bifidobactérias ou dos lactobacilos, isoladamente ou na combinação probiótica específica VSL#3, no tratamento dos sintomas da síndrome do colo irritável.

3. Gosden RG, Feinberg AP, Genetics and epigenetics, Nature's pen-and-pencil set. *New England Journal of Medicine* 356:731; 2007.

   Epigenética é um termo que se refere às mudanças herdadas da expressão genética causadas por outros mecanismos que não as alterações da sequência do DNA subjacente. Por analogia, as informações epigenéticas se assemelham a um código escrito a lápis na margem do DNA, esse sim escrito com tinta indelével. Em muitos casos, é o epigenoma que pode ser reparado por um tratamento ou afetado por uma dieta e não a carga genética propriamente dita.

4. Gropper SS and others: *Advanced nutrition and human metabolism*. 4th ed. Belmont CA: Thomson Wadsworth, 2005.

   O Capítulo 2 desse livro-texto traz uma descrição detalhada dos processos digestivos do corpo humano. O estudante interessado em saber mais sobre digestão e absorção encontrará noções úteis nesse capítulo.

5. Heartburn. How to relieve the discomfort. *Mayo Clinic Health Letter* 24: 1, 2006.

   Esse texto descreve medidas úteis para aliviar a queimação característica da azia, inclusive alimentos que devem ser evitados, medicamentos que podem ser usados e elevação da cabeceira.

6. Institute of Medicine: *Nutrigenomics and beyond: Informing the future*. Washington, DC: The National Academy Press, 2007.

   Esse relatório resume os resultados de um workshop *organizado pelo Institute of Medicine com o objetivo de revisar a situação da pesquisa e das políticas de genômica nutricional. Ele inclui diretrizes para desenvolver ainda mais essa área e para traduzir os conhecimentos adquiridos em práticas e políticas nutricionais.*

7. Jacobson BC and others: Body-mass index and symptoms of gastroesophageal reflux in women. *New England Journal of Medicine* 354:2340, 2006.

   Esse artigo mostra a associação entre o IMC e os sintomas de refluxo gastresofágico em 10.545 participantes do Estudo sobre a Saúde da Enfermagem. Mesmo um ganho de peso moderado pode causar ou exacerbar os sintomas de refluxo.

8. Katsanis SH and others: A case study of personalized medicine. *Science* 320: 53, 2008.

   A medicina personalizada promete revolucionar a área da saúde, direcionando o tratamento de acordo com o perfil genético do indivíduo. O artigo discute a necessidade de se regulamentar a medicina genômica personalizada de modo a trazer benefícios à saúde pública. Atualmente, na maioria dos casos, as empresas não precisam demonstrar a validade clínica de um novo teste genético antes de disponibilizá-lo aos prestadores de serviços de saúde e ao público geral.

9. Layke JC, Lopez PP: Esophageal cancer. A review and update. *American Family Physician* 73:2187, 2006.

   O câncer de esôfago é agressivo e costuma ser diagnosticado somente em estágio avançado, quando o prognóstico já é ruim. O artigo discute, entre outros tópicos, a associação entre o desenvolvimento do câncer de esôfago, a infecção por H. pylori *e o refluxo gastresofágico. Apesar do uso cada vez maior do inibidor de bomba de prótons e da erradicação do* H. pylori, *continua crescendo o número de casos novos de câncer do esôfago.*

10. Lynch A, Webb C: What are the most effective nonpharmacologic therapies for irritable bowel syndrome? *Journal of Family Practice* 57:57, 2008.

    Esse artigo apresenta recomendações cuja utilidade no tratamento da síndrome do colo irritável já foi comprovada. São discutidas medidas de utilidade já comprovada, como o uso de alguns fitoterápicos e probióticos, dietas de eliminação que se baseiam em anticorpos do tipo imunoglobulina G, terapia cognitiva comportamental e textos de autoajuda, que reduzem os sintomas da síndrome do colo irritável e melhoram a qualidade de vida. Já foi comprovado também que a hipnose alivia os sintomas dos pacientes com síndrome do colo irritável grave e refratária. As fibras solúveis são mais eficazes do que as fibras insolúveis no controle desses sintomas.

11. Muller-Lisser and others: Myths and misconceptions about constipation. *American Journal of Gastroenterology* 100:232, 2005.

    Aumentar o consumo de fibras e evitar a desidratação costumam ser medidas úteis nos casos leves de constipação. Casos mais difíceis exigem uma avaliação médica cuidadosa e podem necessitar de laxantes e outros medicamentos, que costumam ser eficazes e são objeto de revisão nesse artigo.

12. Niewinski MM: Advances in celiac disease and gluten-free diet. *Journal of the American Dietetic Association* 108:661, 2008.

    Vem crescendo o reconhecimento da doença celíaca como um distúrbio gastrintestinal, especialmente em adultos. Essa revisão tem como foco a dieta isenta de glúten e dá ênfase à importância de todo paciente com doença celíaca receber aconselhamento dietético especializado. Discute também recentes avanços nos produtos para uma dieta isenta de glúten.

13. Omoruyi O, Holten KB. How should we manage GERD?: *The Journal of Family Practice* 55:410, 2006.

    O artigo apresenta diretrizes para uso dos inibidores da bomba de prótons, antagonistas dos receptores de histamina do tipo 2 (bloqueadores H_2) e indicação cirúrgica nos casos de RGE.

14. Santosa S and others: Probiotics and their potential health claims. *Nutrition Reviews* 64:265, 2006.

    Esse artigo de revisão aborda as evidências que comprovam o papel de diferentes cepas probióticas na prevenção e no tratamento de diarreias, na síndrome do colo irritável, na doença inflamatória intestinal e na prevenção do câncer de colo. As evidências mais robustas dizem respeito à prevenção e ao tratamento de diarreias e algumas formas de síndrome do colo irritável.

15. Schardt D: Not everybody must get stones. *Nutrition and Action Healthletter*, p. 89, November 2004.

    O excesso de peso é o fator de risco primário e corrigível para o desenvolvimento de cálculos na vesícula biliar. As dietas pobres em fibra também parecem ter influência.

16. Seeley RR and others: *Anatomy and physiology.* 7th ed. Boston: McGraw-Hill, 2006.

    Esse texto aborda de modo abrangente a anatomia e a fisiologia do trato gastrintestinal e outros sistemas relacionados.

17. Shanta-Retelny V: Living bacteria: The body's natural defense. *Today's Dietitian*, p. 44, May, 2005.

    O texto aborda as evidências do importante papel das bactérias na manutenção da saúde e apresenta diversos fatos interessantes sobre a flora intestinal. Além disso, fala sobre o possível papel terapêutico dos probióticos nas afecções intestinais. O texto prevê que, no futuro, surgirão novas cepas probióticas bem-caracterizadas e com benefícios específicos e comprovados para a saúde.

18. Stover PJ: Influence of human genetic variation on nutritional requirements. *American Journal of Clinical Nutrition* 83:436S, 2006.

    A complexidade das interações entre genes e dieta é discutida nesse artigo, juntamente com as oportunidades de reavaliar os critérios usados para definir as necessidades diárias, levando-se em conta as variações genéticas como fator contribuinte para determinar a nutrição ideal para cada indivíduo.

19. Stover PJ, Caudill MA: Genetic and epigenetic contributions to human nutrition and health: Managing genome-diet interactions. *Journal of the American Dietetic Association* 108:1480, 2008.

    A genômica nutricional promete revolucionar a prática da nutrição clínica e a saúde pública. Esse artigo discute os modos como a genômica nutricional deverá, no futuro, facilitar a definição de diretrizes alimentares que se baseiam em nutrientes, que levem em conta o genoma, para prevenir doenças e garantir o envelhecimento saudável. Aborda também a terapia nutricional individualizada para tratamento de várias doenças e intervenções nutricionais mais específicas, no contexto de saúde pública, que maximizem os benefícios e minimizem os resultados adversos em populações geneticamente distintas.

20. The low-down on hemorrhoids. *UC Berkeley Wellness Letter*, p. 4, July, 2004.

    Hemorroidas são uma afecção comum no adulto. Esse texto discute as medidas a serem tomadas para reduzir o risco e tratar as hemorroidas, por exemplo, o consumo de líquidos e fibras em quantidade adequada. As hemorroidas raramente acarretam danos graves à saúde.

AVALIE SUA REFEIÇÃO

I. Você está cuidando bem do seu sistema digestório?

É preciso atentarmos para a saúde do nosso sistema digestório. Precisamos identificar certos sintomas e desenvolver hábitos capazes de protegê-lo. A avaliação a seguir foi idealizada para ajudar a identificar seus hábitos e os sintomas associados à saúde do seu trato digestório. Preencha o espaço à esquerda de cada pergunta com "S" (sim) ou "N" (não), conforme o caso.

_____ 1. Você está passando, atualmente, por um período de estresse ou tensão maior do que o normal?
_____ 2. Você tem história familiar de problemas digestivos (p. ex., úlcera, hemorroidas, azia recorrente, constipação)?
_____ 3. Você tem dor no estômago cerca de duas horas após a refeição?
_____ 4. Você fuma?
_____ 5. Você toma ácido acetilsalicílico com frequência?
_____ 6. Você tem azia pelo menos uma vez por semana?
_____ 7. Você costuma se deitar depois de uma refeição pesada?
_____ 8. Você consome bebida alcoólica mais de duas ou três vezes por dia?
_____ 9. Você sente dor abdominal, distensão ou gases cerca de uma hora e meia ou duas horas depois de ingerir leite ou derivados?
_____ 10. Você precisa fazer esforço para evacuar?
_____ 11. Você consome menos de 9 (se for mulher) ou 13 (se for homem) copos de água ou outros líquidos por dia?
_____ 12. Você faz no mínimo 60 minutos de atividade física quase todos ou todos os dias (p. ex., caminhada rápida, *jogging*, natação, remo, *step*)?
_____ 13. Sua dieta é relativamente pobre em fibras (lembre-se de que um teor significativo de fibras é proveniente de frutas frescas, legumes, folhas, nozes e sementes, pão integral e cereais integrais)?
_____ 14. Você costuma ter diarreia com frequência?
_____ 15. Você costuma usar laxantes ou antiácidos com frequência?

Some o número de respostas "sim" e anote o total. Se o seu escore ficou entre 8 e 15, seus hábitos e sintomas sinalizam risco de futuros problemas do sistema digestório. Atente, particularmente, para os hábitos em que sua resposta foi "sim". Procure colaborar mais com seu sistema digestório.

II. Construa sua árvore genealógica da saúde

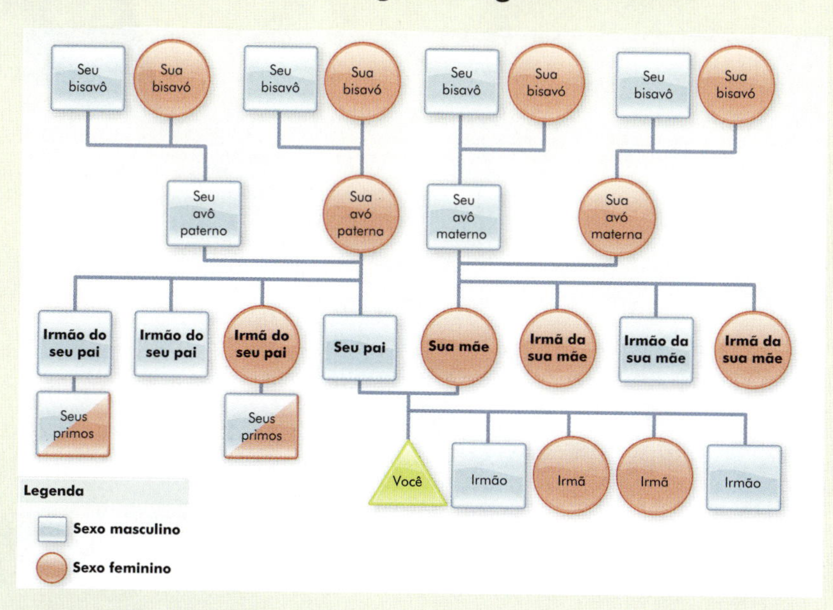

Adapte esse diagrama à sua árvore genealógica. Sob cada título, anote o ano de nascimento e o ano de morte (se for o caso), as principais doenças que ocorreram ao longo da vida da pessoa e a causa da morte (se for o caso). A Figura 3.22 mostra um exemplo.

Você provavelmente corre risco de desenvolver uma dessas doenças. É recomendável que você defina um plano de prevenção dessas doenças, na medida do possível, especialmente aquelas que acometeram membros da sua família antes dos 50 a 60 anos. Converse com seu médico sobre suas preocupações depois de fazer esse exercício.

PARTE II

NUTRIENTES CALÓRICOS E BALANÇO ENERGÉTICO

CAPÍTULO 4 Carboidratos

Objetivos do aprendizado

1. Identificar as estruturas básicas e as fontes alimentares dos principais carboidratos – monossacarídeos, dissacarídeos, polissacarídeos (p. ex., amidos) e fibra.
2. Descrever as fontes alimentares de carboidratos e listar alguns adoçantes alternativos.
3. Explicar como os carboidratos são digeridos e absorvidos, inclusive as consequências da má digestão da lactose (e a intolerância à lactose).
4. Listar as funções dos carboidratos no organismo e os problemas que resultam da ingestão insuficiente desse nutriente.
5. Descrever a regulação da glicemia e discutir como outros nutrientes podem ser convertidos em glicemia.
6. Descrever os efeitos benéficos das fibras no organismo.
7. Definir a Ingestão Dietética Recomendada (RDA) de carboidratos e várias diretrizes para a ingestão desse nutriente.
8. Identificar as consequências do diabetes e explicar medidas dietéticas adequadas, que reduzirão os efeitos adversos desse problema de saúde.

Conteúdo do capítulo

O QUE VOCÊ COMEU PARA CONSEGUIR A ENERGIA QUE ESTÁ USANDO AGORA? Os Capítulos 4, 5 e 6 avaliarão essa questão enfatizando os principais nutrientes que o organismo humano usa para obter energia. Esses nutrientes são os carboidratos (em média, 4 kcal/g) e gorduras e óleos (em média, 9 kcal/g). Embora as proteínas (em média, 4 kcal/g) *possam* ser usadas para suprir as necessidades calóricas, o organismo costuma reservar esse nutriente para outros processos. A maioria das pessoas sabe que batatas são ricas em carboidratos e que a carne contém, predominantemente, gordura e proteína, mas muitas pessoas não sabem como usar essa informação.

É provável que você tenha consumido, recentemente, frutas, vegetais, laticínios, cereais, pães e massa. Esses alimentos fornecem carboidratos. Embora algumas fontes de carboidratos sejam mais benéficas do que outras (p. ex., pão integral comparado a pão branco, conforme sugere o quadrinho de "Ziggy", apresentado neste capítulo), os carboidratos devem constituir uma parte importante da dieta. A maioria das pessoas acredita que os alimentos ricos em carboidratos engordam, mas eles não engordam mais do que a gordura ou a proteína. De fato, analisando quilo a quilo, os carboidratos engordam muito menos do que as gorduras e os óleos. Além disso, os alimentos ricos em carboidratos, principalmente os ricos em fibra, como frutas, vegetais, pães e cereais integrais e legumes, proporcionam muitos benefícios importantes para a saúde, além de conter calorias. Algumas pessoas acreditam que os açúcares provocam hiperatividade nas crianças, mas isso não é verdade, segundo estudos científicos esclarecedores. Quase todos os alimentos ricos em carboidratos, exceto açúcares puros, fornecem vários nutrientes essencias e deveriam, em geral, compor 45 a 65% da nossa ingestão calórica diária. Estudaremos os carboidratos mais detidamente, inclusive porque a tendência recente de criticar os carboidratos é um erro.

Para relembrar

Antes de começar a estudar os carboidratos neste Capítulo, talvez seja interessante revisar os seguintes tópicos:

- O conceito de densidade energética e alegações de benefícios à saúde dos vários carboidratos apresentados no Capítulo 2
- O processo de digestão e absorção apresentado no Capítulo 3
- Os hormônios que regulam a glicemia, no Capítulo 3

4.1 Carboidratos – Introdução

Os carboidratos são a principal fonte de energia para algumas células, especialmente as do cérebro e do sistema nervoso, e as hemácias. Os músculos também usam um suprimento constante de carboidratos para obter energia para atividades físicas intensas. Os carboidratos fornecem, em média, 4 kcal/g e são energia prontamente disponível para todas as células, tanto na forma de glicemia quanto de **glicogênio** armazenado no fígado e nos músculos. O glicogênio armazenado no fígado pode ser usado para manter as concentrações de glicemia nos momentos em que uma pessoa fica várias horas sem se alimentar ou quando a dieta não fornece quantidade suficiente de carboidratos. A ingestão regular de carboiratos é importante, pois os estoques de glicogênio armazenados no fígado se esgotam em aproximadamente 18 horas quando não se consome carboidrato. Depois desse período, o organismo é forçado a produzir carboidratos, sobretudo a partir da degradação de proteínas. Eventualmente, isso provoca problemas de saúde, inclusive perda de tecido muscular. Para que seja obtida a energia adequada, o Food and Nutrition Board recomenda que 45 a 65% das calorias que consumimos todos os dias sejam provenientes

glicogênio Carboidrato formado por várias unidades de glicose, com estrutura muito ramificada. É a forma de armazenamento da glicose no ser humano, sendo sintetizado (e armazenado) no fígado e nos músculos.

A classe de carboidratos que ganhou mais atenção recentemente foi a fibra. Por quê? Como foi lembrado ao personagem do quadrinho, Ziggy, o pão branco não é uma boa fonte de fibras. Que problemas de saúde costumam resultar da ingestão limitada de fibras? Que alimentos são boas fontes de fibra? Qual é a quantidade de fibra suficiente para nosso consumo? Que quantidade é considerada excessiva? Algumas dessas respostas podem ser encontradas no Capítulo 4.

de carboidratos. (Consultar a tabela de faixa aceitável de distribuição de macronutrientes nas tabelas de DRI [ingestão dietética de referência], no final deste livro.)

Os seres humanos têm sensores na língua que reconhecem o gosto doce dos carboidratos. Pesquisadores especulam que essa doçura indicava uma fonte de energia segura para os primeiros seres humanos, então ela se tornou uma importante fonte de energia.

Apesar de seu papel importante como fonte de calorias, algumas formas de carboidratos promovem mais a saúde do que outras. Conforme será visto neste capítulo, pães e cereais integrais têm mais benefícios para a saúde do que as formas refinadas e processadas de carboidratos. Optar por fontes de carboidratos mais saudáveis com frequência, ao mesmo tempo em que se modera a ingestão de fontes menos saudáveis, contribui para uma dieta benéfica à saúde. É difícil ingerirmos quantidade tão baixa de carboidratos a ponto de as necessidades energéticas do organismo não serem supridas, mas é fácil consumir uma quantidade excessiva de carboidratos simples, que podem contribuir para os problemas de saúde. Esse conceito será mais explorado conforme nos aprofundarmos no estudo dos carboidratos.

As plantas verdes produzem carboidratos que são utilizados como energia. As folhas captam a energia solar em suas células e a transformam em energia química. Essa energia é, então, armazenada em ligações químicas de glicose contida nos carboidratos, uma vez que é produzida a partir do dióxido de carbono proveniente do ar e da água oriunda do solo. Esse processo complexo é chamado de **fotossíntese** (Fig. 4.1).

6 dióxido de carbono + 6 água (energia solar) → glicose + 6 oxigênio
(CO_2) (H_2O) ($C_6H_{12}O_6$) (O_2)

▲ Frutas, como laranjas e pêras, são uma excelente fonte de carboidratos, inclusive açúcar, amido e fibras.

Isso significa que seis moléculas de dióxido de carbono se combinam a seis moléculas de água para formar uma molécula de **glicose.** A energia solar convertida em ligações químicas no açúcar é uma parte fundamental do processo. Então, seis moléculas de oxigênio são liberadas para o ar.

fotossíntese Processo em que os vegetais utilizam a energia solar para sintetizar compostos ricos em energia, como a glicose.

glicose Açúcar com seis átomos de carbono em forma de anel, encontrada em forma simples no sangue; no açúcar de mesa, encontra-se ligada à frutose; também pode ser chamada dextrose, sendo classificada como um açúcar simples.

açúcar Carboidrato simples cuja fórmula química é expressa como $(CH_2O)_n$. A unidade básica formadora de todos os açúcares é a glicose, que tem uma estrutura em anel, com seis átomos de carbono. O açúcar mais usado na dieta é a sacarose, formada por glicose e frutose.

amido Carboidrato formado por múltiplas unidades de glicose interligadas em uma estrutura que o nosso corpo é capaz de digerir; também denominado carboidrato complexo.

fibras Substâncias presentes nos alimentos de origem vegetal e que não são digeridas pelo estômago ou intestino delgado humanos. As fibras aumentam o volume das fezes. Naturalmente presentes nos alimentos, as fibras são também denominadas fibras alimentar.

4.2 Carboidratos simples

Como o nome sugere, a maioria das moléculas de carboidratos é composta por átomos de carbono, hidrogênio e oxigênio. As formas simples de carboidratos são chamadas de **açúcares**. Formas maiores e mais complexas são chamadas, primariamente, de **amidos** ou **fibras**, dependendo do grau de digestão pelas enzimas do trato gastrinstestinal humano. O amido é a forma que pode ser digerida. O mapa conceitual apresentado na página 149 resume as formas e características dos carboidratos.

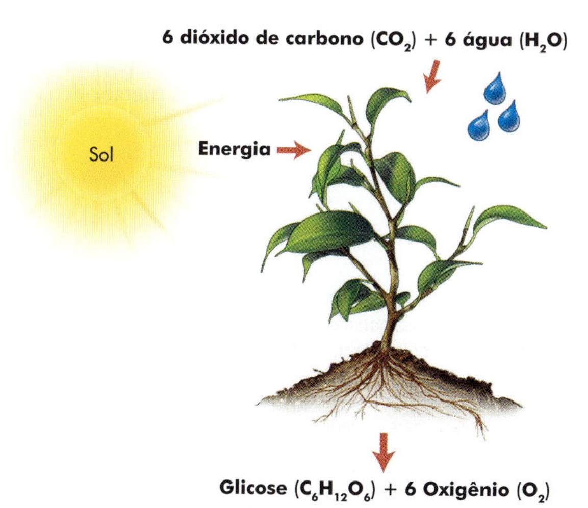

FIGURA 4.1 ▶ Resumo da fotossíntese. As plantas usam dióxido de carbono, água e energia para produzir glicose. A glicose é então armazenada nas folhas, mas pode ser submetida a outros processos metabólicos para formar amido e fibras na planta. Com a adição de nitrogênio proveniente do solo ou do ar, a glicose também pode ser transformada em proteína.

FIGURA 4.2 ▶ Formas químicas de importantes monossacarídeos.

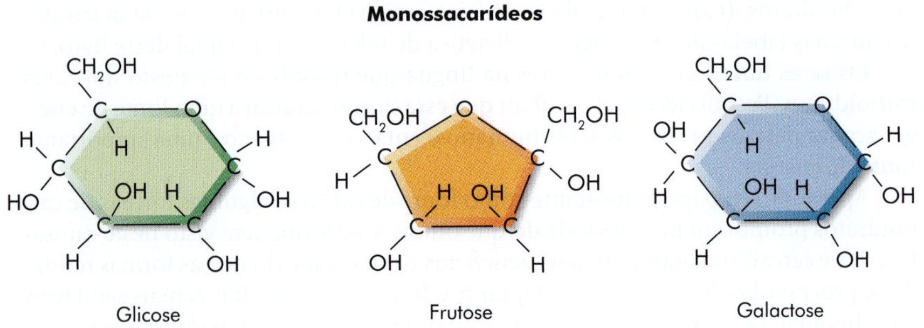

Monossacarídeos

Glicose Frutose Galactose

Os monossacarídeos e os dissacarídeos em geral são chamados de *açúcares simples*, pois contêm apenas 1 ou 2 unidades de açúcar. Os rótulos de alimentos englobam todos esses açúcares em uma única categoria, que é listada como "açúcares".

Monossacarídeos – glicose, frutose e galactose

Monossacarídeos são unidades de açúcar simples (*mono* significa um) que atuam como a unidade básica de todas as estruturas de carboidratos. Os monossacarídeos mais comuns nos alimentos são a glicose, a frutose e a galactose (Fig. 4.2).

A glicose é o principal monossacarídeo encontrado no organismo. É também chamada de *dextrose*, e a glicose encontrada na corrente sanguínea pode ser chamada de glicemia. A glicose é uma fonte importante de energia para as células humanas, embora os alimentos contenham quantidade muito reduzida de carboidratos na forma desse açúcar simples. A maior parte da glicose se origina da digestão dos amidos e da **sacarose** (forma mais comum de açúcar de mesa) contidos nos alimentos. A sacarose é composta pelos monossacarídeos glicose e frutose. A maioria dos açúcares e de outros carboidratos dos alimentos é, posteriormente, convertida em glicose, no fígado. Então, essa glicose convertida atua como fonte de energia para as células.

A **frutose**, também conhecida como açúcar das frutas, é outro monossacarídeo comum. Depois de consumida, a frutose é absorvida pelo intestino delgado e, em seguida, transportada para o fígado, onde é rapidamente metabolizada. A maior parte desse açúcar é convertida em glicose, mas o restante forma outros componentes, como gordura, se a frutose for consumida em quantidades muito elevadas. A maior parte da frutose livre na nossa dieta é oriunda do uso de **xarope de milho rico em frutose**, encontrado em refrigerantes, doces, geleias e outros produtos e sobremesas feitos com frutas (ver as últimas discussões sobre edulcorantes nutritivos). A frutose também é encontrada naturalmente em frutas e forma a metade de cada molécula de sacarose, conforme mencionamos anteriormente.

O açúcar **galactose** tem quase a mesma estrutura da glicose. Grandes quantidades de galactose pura não existem na natureza. Em vez disso, a galactose costuma ser encontrada ligada à glicose na **lactose**, açúcar contido no leite e em seus derivados. Depois que a lactose é digerida e absorvida, a galactose chega ao fígado, onde é transformada em glicose ou submetida a mais processos metabólicos para se transformar em glicogênio.

sacarose Glicose ligada à frutose, conhecida como açúcar de mesa.

frutose Monossacarídeo com seis átomos de carbono, geralmente em forma de anel. Encontrada nas frutas e no mel de abelhas, é também conhecida como *açúcar da fruta*.

galactose Monossacarídeo com seis átomos de carbono, geralmente em forma de anel. Composto estreitamente relacionado à glicose.

lactose Glicose ligada à galactose, também conhecida como *açúcar do leite*.

maltose Açúcar formado pela união de duas moléculas de glicose.

DECISÕES ALIMENTARES

Metabolismo de nutrientes

Agora é o momento de começar a enfatizar um conceito fundamental da nutrição: a diferença entre a *ingestão* de uma substância e o *uso* dessa substância pelo organismo. O organismo em geral não usa todos os nutrientes no estado original. Alguns desses nutrientes são fragmentados e, posteriormente, reunidos em uma mesma substância ou em uma outra, diferente, quando e onde for necessário. Por exemplo, a maior parte da galactose que ingerimos é metabolizada e se transforma em glicose. Quando necessária para a produção de leite nas glândulas mamárias de uma mulher que esteja amamentando, a galactose é novamente sintetizada a partir da glicose, para ajudar a formar o açúcar do leite, ou seja, a lactose. Tendo isso em mente, você acha que é necessário que uma mulher que esteja amamentando beba leite para produzir leite?

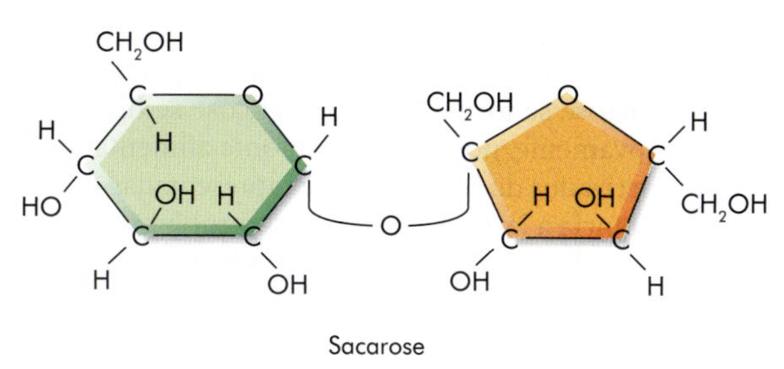

FIGURA 4.3 ▶ Forma química do dissacarídeo sacarose.

Dissacarídeos – sacarose, lactose e maltose

Os **dissacarídeos** são formados quando dois monossacarídeos se combinam ("di" significa dois). Os dissacarídeos encontrados nos alimentos são a **sacarose**, a **lactose** e a **maltose**. Todos os alimentos contêm glicose.

A sacarose é formada quando dois açúcares (a glicose e a frutose) se ligam (Fig. 4.3). É encontrada naturalmente na cana-de-açúcar, na beterraba, no mel e no

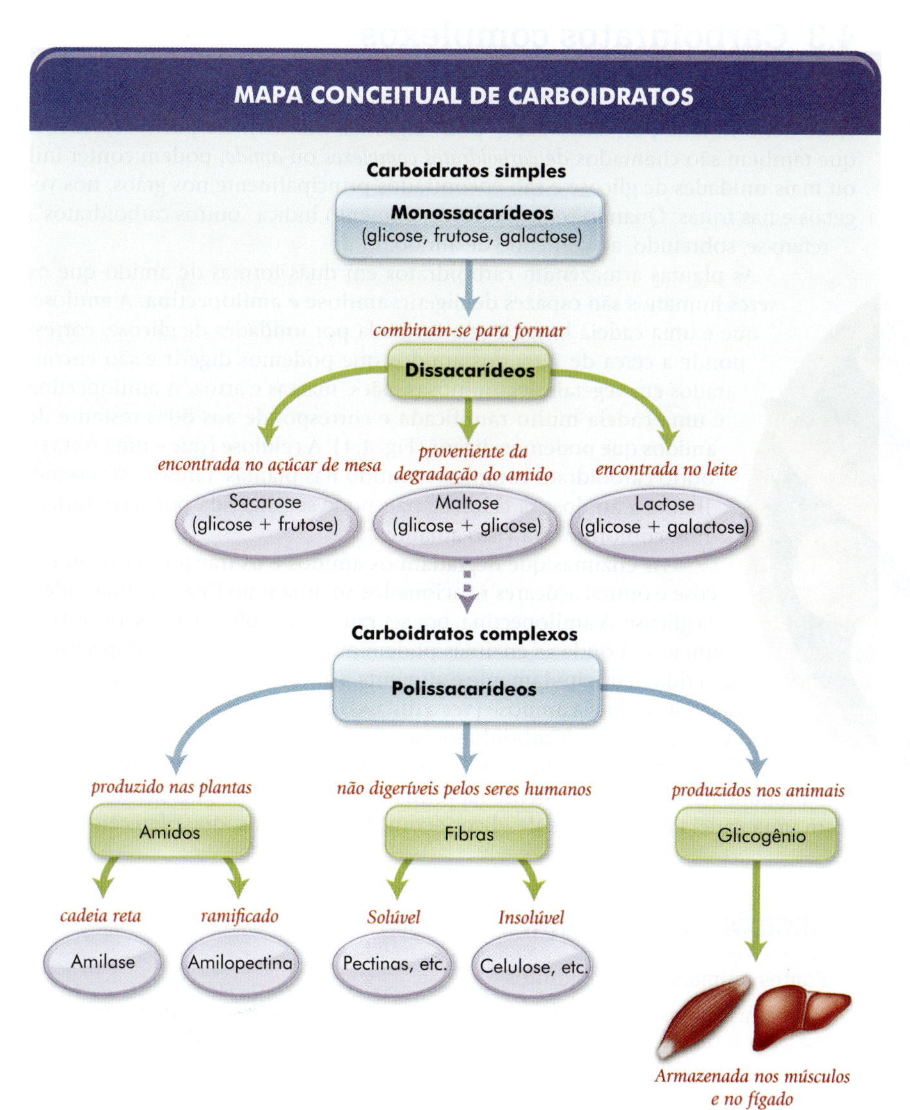

◀ Esse mapa conceitual resume as várias formas e características dos carboidratos simples e complexos.

açúcar de bordo. Esses produtos são processados em graus variáveis para formar o açúcar mascavo, o branco e o de confeiteiro. Os animais não produzem sacarose nem outros carboidratos, com exceção do glicogênio.

A lactose se forma quando a glicose se liga à galactose, durante a síntese do leite. Novamente, nossa principal fonte alimentar de lactose é constituída por produtos derivados do leite. As seções apresentadas posteriormente, sobre má digestão e intolerância à lactose, discutirão os problemas que surgem quando uma pessoa é incapaz de digerir a lactose imediatamente.

A maltose se forma quando o amido é fragmentado em apenas duas moléculas de glicose ligadas uma à outra. A maltose desempenha um papel importante nas indústrias da cerveja e de bebidas alcóolicas. Na produção de bebidas alcoólicas, os amidos de vários grãos de cereais são convertidos, primeiramente, em carboidratos simples, pelas enzimas presentes nos grãos. Os subprodutos dessa etapa - maltose, glicose e outros açúcares - são, então, misturados a células de leveduras na ausência de oxigênio. As células das leveduras convertem a maioria dos açúcares em álcool (etanol) e dióxido de carbono, em um processo denominado **fermentação**. No produto final, sobra pouca maltose. Pouca quantidade de outros produtos alimentares ou bebidas contêm maltose. Na prática, a maior parte da maltose que acabamos digerindo no intestino delgado é produzida durante a nossa própria digestão de amido.

fermentação Conversão de carboidratos em álcool, ácido e dióxido de carbono, sem uso de oxigênio.

polissacarídeo Carboidrato complexo formado por 10 a 1.000 moléculas de glicose interligadas.

amilose Tipo de amido de cadeia simples, digerível, composto por unidades de glicose.

amilopectina Tipo de amido de cadeia ramificada, digerível, composto por unidades de glicose.

4.3 Carboidratos complexos

Em muitos alimentos, unidades simples de açúcar se ligam para formar uma corrente denominada polissacarídeo ("poli" significa muitos). Os **polissacarídeos**, que também são chamados de *carboidratos complexos* ou *amido*, podem conter mil ou mais unidades de glicose e são encontrados principalmente nos grãos, nos vegetais e nas frutas. Quando o rótulo de um alimento indica "outros carboidratos", refere-se, sobretudo, ao conteúdo de amido.

As plantas armazenam carboidratos em duas formas de amido que os seres humanos são capazes de digerir: **amilose** e **amilopectina**. A amilose, que é uma cadeia longa e reta formada por unidades de glicose, corresponde a cerca de 20% dos amidos que podemos digerir e são encontrados em vegetais, leguminosas, pães, massas e arroz. A amilopectina é uma cadeia muito ramificada e corresponde aos 80% restante de amidos que podemos digerir (Fig. 4.4). A celulose (que é uma fibra) é outro carboidrato complexo contido nas plantas. Embora seja semelhante à amilose, a celulose não pode ser digerida por seres humanos, conforme será visto adiante.

As enzimas que degradam os amidos e os transformam em glicose e outros açúcares relacionados só atuam no final de uma cadeia da glicose. A amilopectina, por ser ramificada, oferece mais locais (terminações) onde as enzimas podem atuar. Portanto, a amilopectina é digerida mais rapidamente e aumenta a glicemia também com mais velocidade do que a amilose (ver a discussão sobre carga glicêmica adiante, no Capítulo 4, em "Carboidratos nos Alimentos").

Conforme mencionado anteriormente, os animais - inclusive os seres humanos - armazenam glicose na forma de glicogênio. O glicogênio consiste em uma cadeia de unidades de glicose com muitos ramos, que oferecem ainda

▲ Os tubérculos comestíveis, como batata, inhame e tapioca, são ricos em amido do tipo amilopectina.

DECISÕES ALIMENTARES

Fontes animais de carboidratos

Se os animais armazenam glicogênio nos músculos, as carnes, os peixes e as aves são uma boa fonte de carboidratos? Não. Os produtos de origem animal não são boas fontes desse (nem de outro) carboidrato, pois os estoques de glicogênio se degradam rapidamente após a morte dos animais.

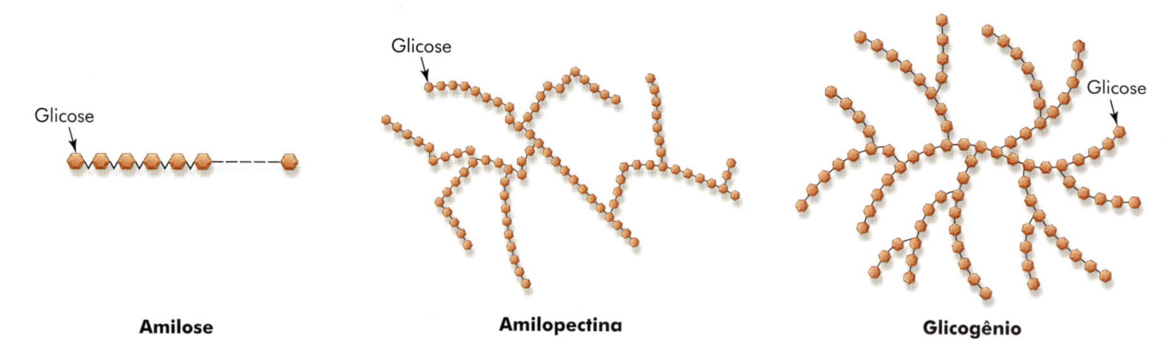

FIGURA 4.4 ▶ Alguns amidos comuns e glicogênio. Praticamente não consumimos glicogênio. Todo o glicogênio encontrado no organismo é produzido pelas nossas células, principalmente no fígado e nos músculos.

mais locais para a ação enzimática do que a amilopectina (ver a Fig. 4.4). Por ter uma estrutra ramificada capaz de ser rapidamente degradada, o glicogênio é a forma ideal de armazenamento de carboidratos no organismo.

O fígado e os músculos são os principais locais de armazenagem de glicogênio. Como a quantidade de glicose imediatamente disponível nos líquidos corporais só fornece cerca de 120 kcal, são muito importantes os locais de armazenagem de glicogênio, dos quais se pode obter energia – que chega a cerca de 1.800 kcal – proveniente de carboidratos. Dessas 1.800 kcal, o glicogênio hepático (cerca de 400 kcal) pode contribuir rapidamente para a glicemia. Os estoques de glicogênio musculares (cerca de 1.400 kcal) não são capazes de elevar a glicemia, mas fornecem glicose para uso do músculo, principalmente durante exercícios muito intensos ou que testam a resistência física (consultar o Cap. 10 para uma discussão detalhada do uso de carboidratos durante a atividade física).

4.4 Fibra

A fibra é composta, principalmente, por polissacarídeos, mas difere dos amidos no sentido de que as ligações químicas que unem cada unidade de açúcar não podem ser digeridas pelas enzimas humanas no trato gastrintestinal, o que impede a absorção, pelo intestino delgado, dos açúcares que compõem as diversas fibras. A fibra não é uma substância única, mas um grupo de substâncias com características semelhantes (Tab. 4.1). Esse grupo é formado pelos carboidratos **celulose**, **hemicelulose**, **pectina**, **goma** e **mucilagem**, além de elementos que não são carboidratos, como a **lignina**. Em geral, esses elementos constituem todos os polissacarídeos do tipo não amido encontrados nos alimentos. As informações nutricionais contidas nos rótulos geralmente não listam cada fibra de forma individual, em vez disso, são todas classificadas sob o termo **fibra alimentar**.

celulose Polissacarídeo formado por uma cadeia reta de moléculas de glicose; não digerível e não fermentável.

hemicelulose Fibra não fermentável que contém xilose, galactose, glicose e outros monossacarídeos ligados entre si.

pectina Fibra viscosa que contém cadeias de ácido galacturônico e outros monossacarídeos; em geral, encontrada na parede celular dos vegetais.

mucilagem Fibra viscosa formada por cadeias de galactose, manose e outros monossacarídeos; encontrada geralmente nas algas marinhas.

ligninas Fibra não fermentável cuja estrutura consiste em um composto alcoólico com vários anéis (não carboidrato).

fibra alimentar Fibra encontrada nos alimentos.

cereal integral Grão em que está presente a semente completa da planta, incluindo a casca, o gérmem e o endosperma (núcleo amiláceo). Exemplos são o trigo integral e o arroz integral.

fibra não fermentável Fibra que não é facilmente metabolizada pelas bactérias intestinais.

TABELA 4.1 Classificação de fibras

Tipo	Componente(s)	Efeito(s) fisiológico(s)	Principais fontes alimentares
Insolúveis ou não fermentáveis			
Forma não carboidrato e forma carboidrato	Lignina Celulose, hemiceluloses	Aumentam o bolo fecal Aumentam o bolo fecal Diminuem o tempo de trânsito intestinal	Cereais integrais, farelo de trigo Todas as verduras, produtos derivados de trigo, centeio, arroz, vegetais
Solúveis ou viscosas			
Forma carboidrato	Pectinas, gomas, mucilagens, alguns tipos de hemicelulose	Retardam o esvaziamento gástrico; desaceleram a absorção da glicose; podem diminuir o colesterol sanguíneo	Frutas cítricas, maçã, banana, alimentos à base de aveia, cenoura, cevada, leguminosas, espessantes adicionados aos alimentos

A celulose, as hemiceluloses e a lignina formam as partes estruturais das plantas. O farelo de cereal é rico em hemiceluloses e lignina. (As fibras lígneas do brócolis são parcialmente compostas por lignina.) As camadas do farelo de cereal revestem a camada mais externa de todos os grãos, por isso os cereais integrais (ou seja, não refinados) são boas fontes de fibra proveniente de farelo de cereal (Fig. 4.5). Como não se dissolvem em água nem são facilmente metabolizadas pelas bactérias do intestino, essas fibras são chamadas de fibras **não fermentáveis** ou insolúveis.

As pectinas, gomas e mucilagens ficam ao redor e dentro das células vegetais. Essas fibras podem se dissolver ou aumentar de tamanho quando colocadas em água e, por isso, são denominadas fibras **viscosas** ou solúveis. Além disso, são prontamente fermentadas pelas bactérias do intestino grosso. Essas fibras podem ser encontradas em molhos de salada, alguns doces congelados, geleias e gelatinas, como goma arábica, goma guar, goma de alfarroba e várias formas de pectina. Algumas formas de hemicelulose também se encaixam na categoria das fibras solúveis.

A maioria dos alimentos contém misturas de fibras solúveis e insolúveis. Os rótulos dos alimentos com frequência não fazem distinção entre os dois tipos de fibra, mas os fabricantes podem fazer isso. Em geral, se um alimento é classificado como boa fonte de um tipo de fibra, também costuma conter o outro tipo de fibra. Recentemente, a definição de fibra ganhou um sentido mais amplo, passando a incluir fibra alimentar, encontrada naturalmente nos alimentos, e fibras adicionais, ou seja, que são acrescentadas aos alimentos. Essa segunda categoria é chamada de **fibra funcional** e deve ter efeitos benéficos para seres humanos para poder ser incluída nessa categoria. Portanto, **fibra total** (ou apenas *fibra*) é a combinação da

fibra viscosa Fibra rapidamente fermentada por bactérias no intestino grosso.

fibra funcional Fibra adicionada aos alimentos que, comprovadamente, proporciona benefícios à saúde.

fibra total Somatório dos conteúdos de fibra alimentar e funcional em um alimento. Também chamada, simplesmente, de fibra.

REVISÃO CONCEITUAL

Os monossacarídeos importantes na nutrição são glicose, frutose e galactose. A glicose é a fonte de energia primária das células do organismo. Os dissacarídeos se formam quando dois monossacarídeos se unem. Os dissacarídeos importantes para a nutrição são sacarose (glicose + frutose), maltose (glicose + glicose) e lactose (glicose + galactose). Depois que os dissacarídeos são ingeridos, novamente transformados em monossacarídeos e absorvidos, a maioria dos carboidratos é convertida, pelo fígado, em glicose.

A amilase, a amilopectina e o glicogênio são polissacarídeos que atuam como formas armazenadas de glicose. A amilase e a amilopectina são os principais polissacarídeos vegetais digeríveis e contêm múltiplas unidades de glicose ligadas umas às outras. O glicogênio é a forma de glicose armazenada nas células hepáticas e musculares.

A fibra é, fundamentalmente, a porção dos alimentos vegetais que não foi digerida ao entrar no intestino grosso. Há duas classes gerais de fibra: não fermentáveis e viscosas. As fibras não fermentáveis (insolúveis) são compostas, predominantemente, por hemicelulose, celulose e ligninas. Já as fibras viscosas (solúveis) são compostas, principalmente, de pectinas, gomas e mucilagens. Tanto as fibras não fermentáveis quanto as viscosas são resistentes às enzimas digestivas do homem, mas as bactérias do intestino grosso são capazes de degradar as fibras viscosas.

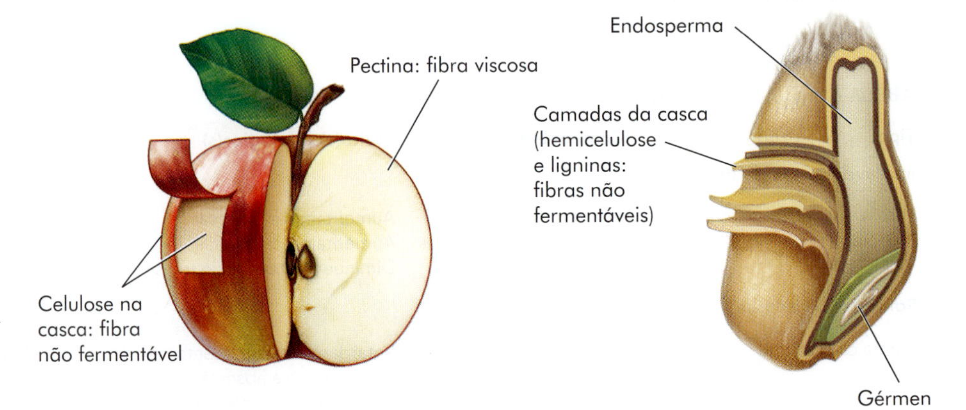

FIGURA 4.5 ▶ Fibras dos tipos viscosa e não fermentável. (a) A casca da maçã é composta por fibras não fermentáveis de celulose, que dão estrutura à fruta. A fibra viscosa pectina "cola" as células da fruta. (b) A camada externa do gérmen do trigo é composta por camadas de farelo, principalmente de hemicelulose, que é uma fibra não fermentável, o que torna o cereal integral uma boa fonte de fibra. Em geral, frutas, vegetais, pães feitos de grãos integrais e cereais e leguminosas costumam ser ricos em fibra.

fibra alimentar e fibra funcional contidas nos alimentos. Atualmente, o rótulo dos alimentos inclui apenas a categoria fibra alimentar. O rótulo ainda tem que ser atualizado para refletir a definição de fibra que você acaba de ler.

Uma nova categoria de fibras funcionais que está sendo estudada são os probióticos. Os probióticos incluem um grupo de carboidratos de cadeia curta, ou oligossacarídeos, resistentes à digestão, mas fermentados pelas bactérias do colo intestinal. Acredita-se que eles estimulem o crescimento ou a atividade de bactérias benéficas no intestino grosso e, assim, promovam a saúde do indivíduo.

4.5 Carboidratos nos alimentos

Os componentes alimentares que produzem o maior percentual de calorias provenientes de carboidratos são açúcar de mesa, mel, geleia, compota de fruta, frutas e batatas assadas (Fig. 4.6). Cereais de milho, arroz, pão e macarrão também contêm pelo menos 75% de calorias na forma de carboidratos. Os alimentos que têm quantidades moderadas de calorias provenientes de carboidratos são ervilha, brócolis, aveia, feijões secos e outros legumes, tortas doces, batata frita e leite desnatado. Nesses alimentos, o conteúdo de carboidrato é diminuído pelo acréscimo de proteína, como no caso do leite desnatado, ou de gordura, como no caso das tortas doces. Os alimentos que praticamente não contêm carboidratos incluem carnes, ovos, aves, peixes, óleos vegetais, manteiga e margarina.

Quando se planeja uma dieta saudável e com alto teor de carboidratos, o percentual de calorias oriundas desse elemento é mais importante do que a quantidade total de carboidratos contida em um alimento. A Figura 4.7 mostra que os grupos dos grãos, vegetais, frutas e leite são as principais fontes de carboidratos. Ao planejar uma dieta rica em carboidratos, é preciso enfatizar o consumo de grãos, massa, frutas e vegetais. No entanto, não é possível criar uma dieta rica em carboidratos prove-

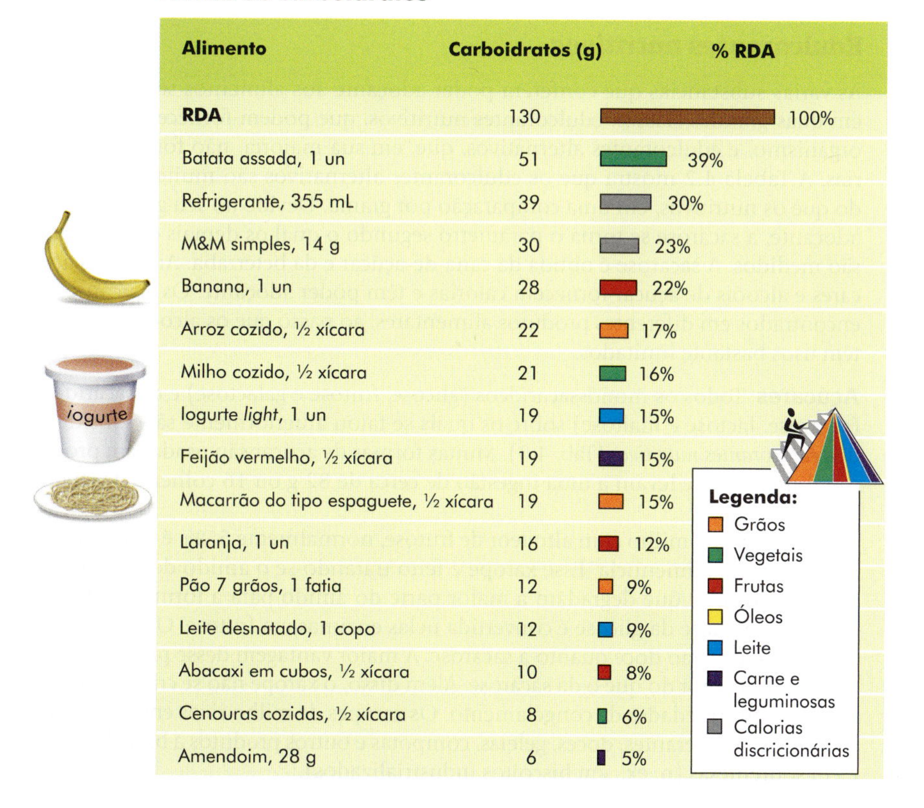

Fontes de carboidratos

Alimento	Carboidratos (g)	% RDA
RDA	130	100%
Batata assada, 1 un	51	39%
Refrigerante, 355 mL	39	30%
M&M simples, 14 g	30	23%
Banana, 1 un	28	22%
Arroz cozido, ½ xícara	22	17%
Milho cozido, ½ xícara	21	16%
Iogurte *light*, 1 un	19	15%
Feijão vermelho, ½ xícara	19	15%
Macarrão do tipo espaguete, ½ xícara	19	15%
Laranja, 1 un	16	12%
Pão 7 grãos, 1 fatia	12	9%
Leite desnatado, 1 copo	12	9%
Abacaxi em cubos, ½ xícara	10	8%
Cenouras cozidas, ½ xícara	8	6%
Amendoim, 28 g	6	5%

FIGURA 4.6 ▶ Alimentos que são fontes de carboidratos comparados às 130 g de carboidratos da ingestão dietética recomendada (RDA).

▲ Os pães são uma fonte importante de carboidratos, principalmente amido e fibra.

niente de chocolate, batata *chips* e batata frita, porque esses alimentos contêm gordura em excesso. Atualmente, as cinco principais fontes de carboidratos para adultos que moram na América do Norte são pão branco, refrigerantes, biscoitos e bolos (inclusive rosquinhas), açúcares/xarope de bordo/geleias e batatas. De fato, muitos norte-americanos (inclusive adolescentes) deveriam observar com mais atenção suas principais fontes de carboidratos e tentar melhorá-las, do ponto de vista de nutrição, acrescentando em sua dieta mais cereais integrais, frutas e vegetais.

Amido

Os amidos fornecem grande parte dos carboidratos da nossa dieta. Vale ressaltar que as plantas armazenam glicose como polissacarídeos, na forma de amidos. Portanto, os alimentos vegetais, como legumes, tubérculos e grão (trigo, centeio, milho, aveia, cevada e arroz), usados para fazer pães, os cereais e as massas são as melhores fontes de amido. A dieta rica em amidos desse tipo fornece muito carboidrato e também muitos micronutrientes.

Fibra

A fibra é encontrada em muitos alimentos que também contêm amido, então uma dieta rica em grãos, legumes e tubérculos fornece quantidades significativas de fibra alimentar (principalmente insolúveis: celulose, hemicelulose e ligninas). Como a maior parte da fibra contida em cereais integrais é encontrada nas camadas mais externas, que são removidas durante o processamento do alimento, os grãos que são submetidos a muito processamento são pobres em fibra. As fibras solúveis (pectina, gomas, mucilagens) são encontradas na casca e nas sementes de muitas frutas, em espessantes e estabilizadores contidos em geleias, iogurtes, molhos e recheios e em produtos que contêm *psyllium* e alga marinha.

Pessoas que tenham dificuldades para consumir a quantidade adequada de fibra alimentar podem optar por suplementos ou acrescentar esse nutriente a alguns alimentos (fibra funcional). Dessa forma, aqueles que consomem quantidades relativamente baixas de fibra alimentar ainda podem obter os benefícios saudáveis da fibra.

Edulcorantes nutritivos

As várias substâncias que conferem poder adoçante aos alimentos se enquadram em duas grandes classes: edulcorantes nutritivos, que podem fornecer calorias ao organismo, e edulcorantes alternativos, que, em sua maioria, não fornecem calorias. A Tabela 4.2 mostra que os edulcorantes alternativos são muito mais doces do que os nutritivos, em uma comparação por grama. Devido ao seu gosto e poder adoçante, a sacarose se torna o parâmetro segundo o qual os demais edulcorantes são medidos. A sacarose é obtida da cana-de-açúcar e da beterraba. Ambos os açúcares e alcoóis de açúcar fornecem calorias e têm poder adoçante. Os açúcares são encontrados em diferentes produtos alimentares, ao passo que os alcoóis de açúcar têm usos bastante limitados.

Açúcares Todos os monossacarídeos (glicose, frutose e galactose) e dissacarídeos (sacarose, lactose e maltose) sobre os quais se falou anteriormente são considerados *edulcorantes nutritivos* (Tab. 4.3). Muitas formas de açúcar são usadas em produtos alimentícios e levam a uma ingestão de cerca de 82 g ou 16 colheres de chá de açúcar por dia.

O xarope de milho com alto teor de frutose, normalmente 55%, é muito usado pela indústria alimentícia. Esse xarope é feito tratando-se o amido do milho com ácido e enzimas, que degradam a maior parte do amido para a forma de glicose. Em seguida, parte da glicose é convertida pelas enzimas em frutose. O xarope final normalmente é tão doce quanto a sacarose. A maior vantagem desse produto é que seu custo é menor do que o da sacarose. Além disso, o xarope não se cristaliza e tem melhores propriedades de congelamento. Os xaropes de milho ricos em frutose são usados em refrigerantes, doces, geleias, compotas e outros produtos à base de frutas, e em sobremesas (p. ex., em biscoitos industrializados).

***MyPyramid*: fontes de carboidratos**

Grupo alimentar	Grãos	Vegetais	Frutas	Óleos	Leite	Carne e leguminosas
Fontes de carboidratos	• Todas as variedades	• Todas as variedades	• Todas as variedades	• Nenhuma	• Leite • Iogurte	• Leguminosas • Oleaginosas
Gramas por porção	15	5	18	0	12	10 4

FIGURA 4.7 ► Fontes de carboidratos do *MyPyramid*. A altura da cor de fundo (nenhuma, 1/3, 2/3 ou completamente preenchida) dentro de cada grupo alimentar da pirâmide indica a densidade nutricional média do carboidrato nesse grupo. Em geral, os grupos dos grãos, dos vegetais, das frutas e do leite contêm muitos alimentos que são fontes importantes de carboidrato. Em relação à atividade física, os carboidratos são uma fonte de energia importante na maioria das atividades.

Além da sacarose e do xarope de milho rico em frutose, o açúcar mascavo, o açúcar demerara (vendido como açúcar bruto), o mel, o xarope de bordo e outros açúcares também são adicionados aos alimentos. O açúcar mascavo é, basicamente, sacarose com melaço que não foi totalmente retirado da sacarose durante seu processamento ou que foi acrescentado aos cristais de sacarose. O açúcar demerara, uma versão parcialmente refinada do açúcar bruto, tem um discreto aroma de melaço.

O xarope de bordo é feito pela fervura e concentração da seiva que escorre das folhas da árvore bordo, no final do inverno. Na América do Norte, a maioria dos xaropes para panqueca vendidos nos supermercados não contém apenas xarope de bordo, que é um produto caro. Contém também, principalmente, xarope de milho e xarope de milho com alto teor de frutose aromatizado com bordo.

O mel é um produto proveniente do néctar das plantas, que é transformado pelas enzimas das abelhas. As enzimas degradam a maior parte da sacarose contida no néctar, transformando-a em frutose e glicose. O mel tem, essencialmente, o mesmo valor nutricional que outros açúcares simples: uma fonte de energia e um pouco mais. Entretanto, não é seguro usar mel para alimentar lactentes pois ele pode conter esporos da bactéria *Clostridium botulinum*. Esses esporos podem se transformar em bactérias que causam doenças fatais por contaminação alimentar. O mel não provoca esse problema em adultos, pois o ambiente acidificado do estômago do adulto inibe o crescimento dessa bactéria. Já o estômago de lactentes não produz tanto ácido assim, o que os torna suscetíveis à ameaça imposta por essa bactéria.

▲ Os refrigerantes são fontes típicas de açúcares ou edulcorantes alternativos, dependendo do tipo escolhido.

Alcoóis de açúcar Os fabricantes de alimentos e os consumidores têm diversas opções no que diz respeito à obtenção de poder adoçante ao mesmo tempo em que se consomem menos açúcar e calorias. Em geral, os alcoóis de açúcar e edulcorantes alternativos permitem que pessoas com diabetes desfrutem do sabor doce ao mesmo tempo em que controlam o açúcar na dieta. Além disso, os substitutos do

▲ Há muitas formas de açúcar no mercado. Os açúcares são usados em muitos alimentos e, somados, contribuem para uma ingestão diária de aproximadamente 82 g (16 col de chá).

TABELA 4.2 Poder adoçante dos açúcares (nutritivos) e dos edulcorantes alternativos

Tipo de edulcorante	Poder adoçante* relativo (Sacarose = 1)	Fontes típicas
Açúcares		
Lactose	0,2	Laticínios
Maltose	0,4	Brotos
Glicose	0,7	Xarope de milho
Sacarose	1	Açúcar de mesa, maioria dos doces
Açúcar invertido†	1,3	Alguns doces, mel
Frutose	1,2–1,8	Frutas, mel, alguns refrigerantes
Alcoóis de açúcar		
Sorbitol	0,6	Doces dietéticos, gomas de mascar sem açúcar
Manitol	0,7	Doces dietéticos
Xilitol	0,9	Goma de mascar sem açúcar
Maltitol	0,9	Doces assados, chocolates, doces
Edulcorantes alternativos		
Tagatose	0,9	Cereais matinais prontos para consumo, refrigerantes *diet*, barrinhas de cereais, sobremesas congeladas, doces, coberturas
Ciclamato‡	30	Adoçantes de mesa, medicamentos
Aspartame	180	Refrigerantes *diet*, bebidas *diet* feitas com frutas, goma de mascar sem açúcar, adoçante em pó *diet*
Acessulfame potássico	200	Goma de mascar sem açúcar, coquetéis *diet*, adoçantes em pó *diet*, pudim, sobremesas feitas com gelatina
Sacarina (sal sódico)	300	Refrigerantes *diet*, adoçante em pó *diet*
Sucralose	600	Refrigerantes *diet*, adoçante em pó *diet*, gomas de mascar sem açúcar, geleias, sobremesas geladas
Neotame	7.000–13.000	Adoçante em pó *diet*, doces assados, sobremesas geladas, geleias

*Por grama.

†Sacarose degradada em glicose e frutose.

‡Não disponível nos Estados Unidos, apenas no Canadá.

Fonte: American Dietetic Association, 2004, e outras.

▲ A goma de mascar sem açúcar costuma ser adoçada com alcoóis de açúcar.

TABELA 4.3 Nome dos açúcares usados em alimentos

Açúcar	Açúcar invertido	Mel	Xarope de bordo
Sacarose	Glicose	Xarope de milho ou edulcorantes	Dextrose
Açúcar mascavo	Sorbitol	Xarope de milho com alto teor de frutose	Frutose
Açúcar de confeiteiro	Levulose	Melaço	Maltodextrina
	Poliextrose	Açúcar de tâmara	Caramelo
Açúcar demerara	Lactose		Frutose

açúcar não fornecem calorias ou as fornecem em quantidade muito pequena, beneficiando aqueles que tentam perder (ou manter) o peso corporal.

Os alcoóis de açúcar, como o **sorbitol** e o **xilitol**, são usados como edulcorantes nutritivos. Eles fornecem menos calorias (cerca de 2,6 kcal/g) do que os açúcares. Além disso, são absorvidos e metabolizados para a forma glicose em uma velocidade mais lenta do que os açúcares simples. Por isso, permancem no trato intestinal por mais tempo e, quando em grandes quantidades, podem provocar diarreia. Na realidade, na América do Norte, qualquer produto que possa ser consumido em quantidades que ultrapassem a ingestão diária de 50 g de alcoóis de açúcar deve conter em seu rótulo o seguinte aviso: "O consumo excessivo pode ter efeito laxante".

Os alcoóis de açúcar são usados em gomas de mascar, balas e doces sem açúcar. Diferentemente da sacarose, o sorbitol e o xilitol não são imediatamente metabolizados para a forma de ácidos pelas bactérias da boca, portanto, não favorecem o surgimento de cáries (consultar, adiante, o tópico sobre problemas relacionados ao consumo de carboidratos).

Na América do Norte, é obrigatório listar os alcoóis de açúcar nos rótulos. Se um produto contiver apenas um álcool de açúcar, ele deve ser especificado no rótulo. Entretanto, se o produto contiver dois ou mais desses elementos, serão agrupados sob o termo "alcoóis de açúcar". O valor calórico de cada álcool de açúcar de um alimento é calculado de forma que a quantidade total de calorias que consta no rótulo inclua a quantidade total de alcoóis de açúcar.

sorbitol Álcool derivado da glicose que gera 3 kcal/g, mas é absorvido lentamente no intestino delgado. É usado em alguns alimentos dietéticos.

xilitol Derivado alcoólico do monossacarídeo de cinco carbonos denominado xilose.

Edulcorantes alternativos

Os edulcorantes alternativos, em geral chamados de adoçantes artificiais, incluem a **sacarina**, o **ciclamato**, o **aspartame**, a **sucralose**, o **neotame** e o **acessulfame-K**. Diferentemente dos alcoóis de açúcar, os edulcorantes alternativos fornecem poucas ou nenhuma caloria quando consumidos nas quantidades que costumam estar presentes nos alimentos. Atualmente, há seis tipos disponíveis nos Estados Unidos: sacarina, aspartame, sucralose, neotame, acessulfame-K e tagatose. O ciclamato deixou de ser usado nos Estados Unidos em 1970, apesar de nunca ter sido comprovado que o uso indevido desse edulcorante cause problemas de saúde. O ciclamato é usado no Canadá como edulcorante em medicamentos e como adoçante de mesa.

Nos Estados Unidos, a segurança de edulcorantes é definida pela FDA, e essas substâncias são recomendadas conforme as diretrizes de **ingestão diária aceitável (ADI)**. A ADI é a quantidade de edulcorante alternativo considerada segura para uso diário ao longo da vida. A ADI se baseia em estudos laboratoriais feitos em animais, e o nível estabelecido corresponde a cem vezes menos do que o nível em que não são observados efeitos nocivos nos estudos em animais. Os edulcorantes alternativos podem ser usados com segurança por adultos e crianças. Embora o uso geral dessa substância seja considerado seguro durante a gestação, mulheres grávidas podem discutir esse assunto com seu médico.

Os alcoóis de açúcar são uma classe também chamada de poliol.

Sacarina A sacarina, edulcorante alternativo mais antigo, foi produzida, pela primeira vez, em 1879 e hoje em dia seu uso está aprovado em mais de 90 países. Representa cerca de 50% do mercado de edulcorantes alternativos na América do Norte. Com base em estudos laboratoriais em animais, foi considerado que a sacarina aumenta o risco de câncer de bexiga, mas ela já não consta na lista de causas potenciais de câncer.

Aspartame O uso do aspartame é muito amplo no mundo todo (geralmente encontrado em sachês). Seu uso está aprovado em mais de 90 países e foi endossado pela World Health Organization, a American Medical Association, a American Diabetes Association e outros grupos.

Os elementos que compõem o aspartame são os aminoácidos fenilalanina e ácido aspártico, juntamente com o metanol. Lembre-se de que os aminoácidos são blocos formadores de proteínas, então o aspartame pode ser considerado mais como proteína do que como carboidrato. O aspartame fornece 4 kcal/g, mas é cerca de 200 vezes mais doce do que a sacarose. Além disso, uma pequena quantidade

sacarina Edulcorante alternativo que não fornece energia. É cerca de 300 vezes mais doce do que a sacarose.

aspartame Edulcorante alternativo composto por dois aminoácidos e metanol. É cerca de 200 vezes mais doce do que a sacarose.

sucralose Edulcorante alternativo derivado da sacarose, no qual três radicais hidroxila (–OH) foram substituídos por átomos de cloro. É 600 vezes mais doce do que a sacarose.

neotame Edulcorante não nutritivo, de uso geral, aproximadamente de sete a 13 mil vezes mais doce do que o açúcar de mesa. Tem estrutura química semelhante à do aspartame. O neotame é termoestável, podendo substituir o açúcar na mesa e na culinária. No organismo, depois de consumido, esse edulcorante não é fragmentado nos aminoácidos que o compõem.

Pessoas que têm uma doença pouco comum denominada **fenilcetonúria**, que interfere no metabolismo da fenilalanina, devem evitar o aspartame em razão do seu alto teor dessa substância. Na América do Norte, é obrigatório que os rótulos dos produtos que contenham aspartame alertem as pessoas com fenilcetonúria a respeito do conteúdo de fenilalanina nesses produtos.

▲ Os *alcoóis* de açúcar e o edulcorante alternativo do tipo aspartame são usados para adoçar produtos como os dessa figura. Observe a advertência para pessoas com fenilcetonúria de que esse produto contém aspartame e, portanto, contém fenilalanina.

acessulfame K Edulcorante alternativo que não fornece energia. Tem 200 vezes mais poder adoçante do que a sacarose.

ingestão diária aceitável (ADI) Estimativa da quantidade de edulcorante que um indivíduo pode consumir com segurança, diariamente, ao longo da vida. A ADI é expressa em mg/kg de peso corporal por dia.

fenilcetonúria (PKU) Defeito congênito que torna o fígado incapaz de metabolizar o aminoácido fenilalanina e transformá-lo em tirosina; se o problema não for tratado, a fenilalanina e alguns subprodutos se acumulam no organismo e causam retardo mental.

de aspartame é suficiente para obter o poder adoçante desejado, e a quantidade de calorias extra é insignificante, exceto se o produto for consumido em dose muito elevada. O aspartame é usado em bebidas, sobremesas à base de gelatinas, goma de mascar, coberturas e recheios de produtos assados em padarias e em biscoitos. O aspartame não provoca cárie dental. Entretanto, assim como ocorre com outras proteínas, sofre danos se for aquecido durante muito tempo e, assim, pode perder seu poder adoçante quando usado em produtos que precisem ser cozidos.

Algumas pessoas registraram queixa formal junto à FDA sob a alegação de terem apresentado reações adversas ao aspartame, como dores de cabeça, tontura, convulsões, náusea e outros efeitos colaterais. É importante que pessoas que tenham sensibilidade ao aspartame evitem consumir essa substância, mas é muito provável que o percentual de pessoas que se encontrem nessa situação seja extremamente pequeno.

A ingestão diária aceitável de aspartme é de 50 mg/kg de peso corporal, conforme estabelecido pela FDA. Essa quantidade equivale ao aspartame contido em cerca de 14 latas de refrigerantes *diet* no caso de um adulto ou a cerca de 80 sachês de adoçante. O aspartame parece ser seguro para mulheres grávidas e crianças, mas alguns cientistas recomendam cautela no uso dessa substância por esse grupo, principalmente em crianças pequenas, que precisam consumir muitas calorias para se desenvolver.

Sucralose. A sucralose tem 600 vezes mais poder adoçante do que a sacarose. Ela é feita pela adição de três átomos de cloro à sacarose. Está aprovado o uso da sucralose como aditivo alimentar, por exemplo, em refrigerantes, gomas de mascar, alimentos assados, xaropes, gelatinas, laticínios congelados (sorvete, geleias, frutas e suco de frutas processados), e também como adoçante de mesa. A sucralose não se fragmenta sob altas temperaturas e pode ser usada em alimentos cozidos e assados. Além disso, é excretada nas fezes sem se fragmentar. A pequena quantidade absorvida dessa substância é excretada na urina.

Neotame Recentemente, o neotame foi aprovado pela FDA para uso geral como edulcorante em uma ampla variedade de alimentos, exceto carnes e aves. O neotame é um edulcorante não nutritivo, de alta intensidade e que, dependendo do uso a que for destinado nos alimentos, é aproximadamente de sete a 13 mil vezes mais doce do que o açúcar de mesa. Sua estrutura química é semelhante à do aspartame. O neotame é termoestável, podendo substituir o açúcar na mesa e na culinária. Exemplos de usos aprovados dessa substância incluem alimentos assados, bebidas não alcoólicas (inclusive refrigerantes), goma de mascar, alimentos confeitados, sobremesas congeladas, gelatinas e pudim, geleias e compotas, frutas processadas e sucos de frutas, coberturas e xaropes. O uso de neotame é seguro para a população em geral, inclusive crianças, gestantes e mulheres que estejam amamentando, bem como para diabéticos. Além disso, não é preciso adicionar ao rótulo advertências para pessoas com fenilcetonúria, pois o corpo não degrada o neotame em seus componentes aminoácidos.

Acessulfame K O edulcorante alternativo acessulfame K (K indica potássio) foi aprovado pela FDA, nos Estados Unidos, em julho de 1988. Esse acessulfame está aprovado para uso em mais de 40 países e é usado na Europa desde 1983. Tem poder adoçante 200 vezes superior ao da sacarose. Essa substância não aporta calorias para a dieta, pois não é digerida pelo organismo, nem provoca cáries nos dentes.

Diferentemente do aspartame, o acessulfame K pode ser usado em alimentos assados porque não perde seu poder adoçante quando aquecido. Nos Estados Unidos, atualmente, essa substância pode ser usada em gomas de mascar, bebidas em pó, gelatinas, pudins, doces assados, adoçantes de mesa, doces, pastilhas, iogurtes e espessantes não lácteos. Outros usos poderão ser aprovados em breve. Atualmente, uma tendência é combinar o acessulfame K ao aspartame em refrigerantes.

Tagatose A tagatose é uma forma um pouco alterada do açúcar simples frutose. Seu uso está aprovado em cereais matinais prontos para consumo, refrigerantes *diet*, barrinhas de substituição de refeições, sobremesas congeladas, doces, coberturas e goma de mascar. A tagatose é pouco absorvida, então só fornece 1,5 kcal/g de peso corporal. Além disso, seu uso não aumenta o risco de cáries dentárias nem aumenta a glicemia. A fermentação eventual dessa substância no intestino grosso pode levar a um efeito benéfico para esse órgão, ou seja, o efeito probiótico, discutido no Capítulo 3.

Stévia A stévia é um edulcorante alternativo, derivado de um arbusto encontrado na América do Sul. Os extratos de stévia têm 100 a 300 vezes mais poder adoçante do que a sacarose, mas não fornecem energia. A stévia é usada em chás e como edulcorante no Japão desde os anos 1970 e, recentemente, em dezembro de 2008, a FDA declarou a stévia um alimento geralmente reconhecido como seguro (GRAS). A stévia pode ser comprada como suplemento dietético em lojas de alimentos saudáveis e naturais e como edulcorante alternativo em mercados pequenos.

▲ Há uma ampla variedade de edulcorantes alternativos.

REVISÃO CONCEITUAL

Os componentes alimentares que produzem o maior percentual de calorias provenientes de carboidratos são açúcar de mesa, mel, geleia, compota de fruta, frutas e batatas assadas. Os alimentos como tortas doces recheadas, batatas *chips*, leite integral e aveia contêm quantidades moderadas de carboidratos. Os edulcorantes nutritivos comuns adicionados aos alimentos incluem sacarose, açúcar de bordo, mel, açúcar mascavo e xarope de milho rico em frutose. Para pessoas que queiram limitar as calorias provenientes da ingestão de açúcar, há outros edulcorantes disponíveis, inclusive alcoóis de açúcar, sacarina, aspartame, sucralose, neotame, acessulfame K e tagatose. Dentre esses, o aspartame é o edulcorante alternativo mais frequentemente usado.

4.6 Como os carboidratos são disponibilizados para o organismo

Conforme discutido no Capítulo 3, o simples fato de se consumir um alimento não significa suprir nutrientes para as células do corpo. É fundamental que ocorram, primeiro, os processos de digestão e absorção.

Digestão

A preparação do alimento pode ser considerada como o início da digestão do carboidrato porque o cozimento abranda as estruturas conectivas rígidas das partes fibrosas das plantas, como os talos de brócolis. Quando os amidos são aquecidos, os grânulos de amido aumentam de tamanho conforme absorvem água e, assim, fica muito mais fácil digeri-los. Todos esses efeitos de cozimento geralmente facilitam a mastigação, deglutição e degração dos alimentos que contêm carboidratos, durante a digestão.

A digestão enzimática do amido começa na boca, quando a saliva, que contém enzimas denominadas **amilase**, mistura-se aos produtos amiláceos durante a mastigação do alimento. A amilase fragmenta o amido em muitas unidades menores, principalmente dissacarídeos, como a maltose (Fig. 4.8). É possível sentir o gosto dessa conversão enquanto mastigamos uma bolacha de água e sal. Quando é mastigada por um tempo prolongado, a bolacha adquire um gosto mais doce porque alguns amidos se fragmentam em dissacarídeos mais doces, como a maltose. Porém, o alimento fica na boca por um período curto, por isso essa fase da digestão não é significativa. Além disso, quando o alimento passa pelo esôfago e chega ao estômago, o ambiente acidificado desse órgão inativa a amilase salivar.

amilase Enzima produzida pelas glândulas salivares e pelo pâncreas, capaz de digerir o amido.

Quando chegam ao intestino delgado, os carboidratos encontram um ambiente mais alcalino, propício à continuação da digestão. O pâncreas libera enzimas, como a amilase pancreática, que ajudam no estágio final da digestão do amido. Após a ação da amilase, os carboidratos originais presentes no alimento ficam disponíveis no intestino delgado, na forma dos monossacarídeos glicose e frutose, conforme encontrados originalmente nos alimentos, e na forma de dissacarídeos (maltose resultante da degradação do amido, lactose oriunda sobretudo de laticínios e sacarose que vem dos alimentos e do açúcar de mesa).

Os dissacarídeos são digeridos e formam unidades de monossacarídeos quando chegam à parede do intestino delgado, onde enzimas especializadas nas células

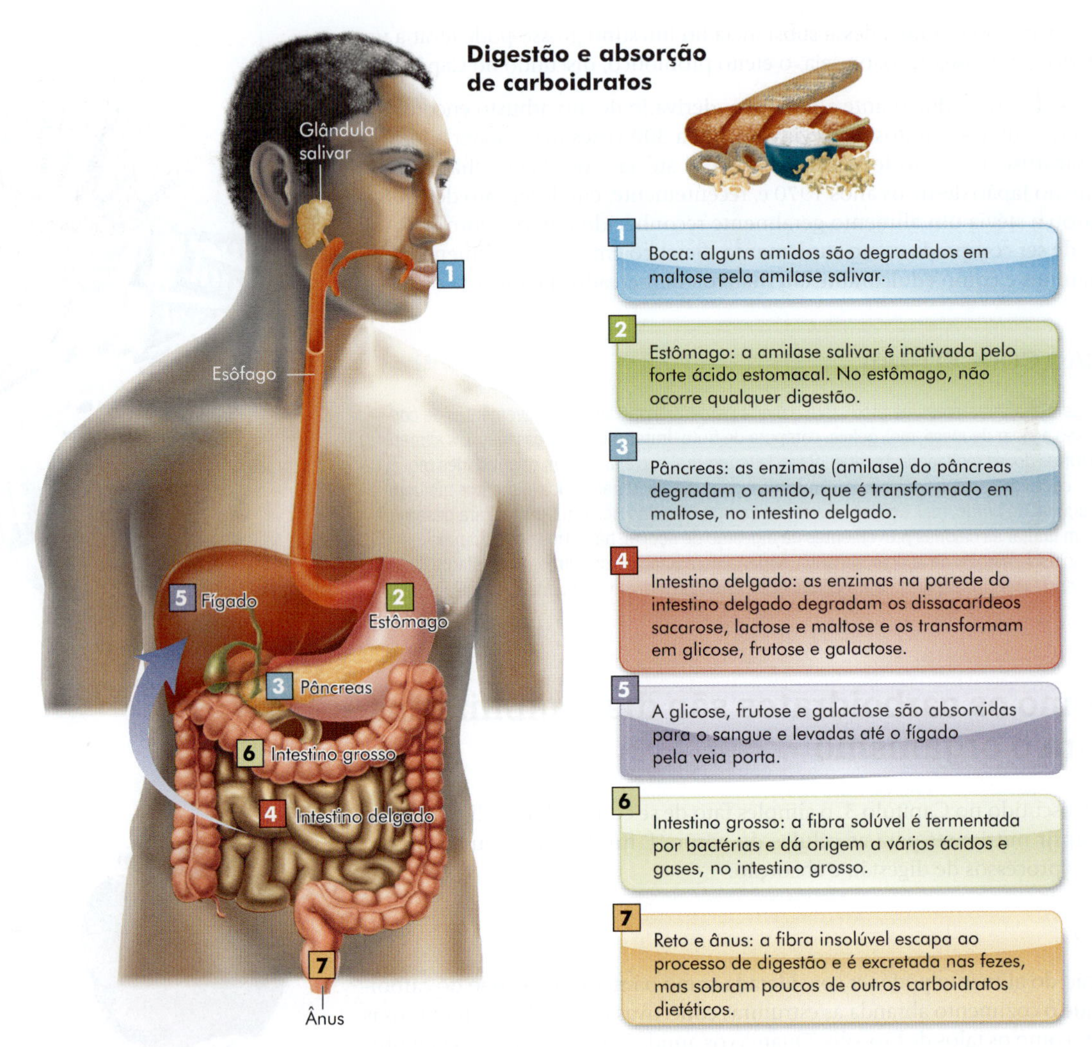

FIGURA 4.8 ▶ Digestão e absorção de carboidratos. As enzimas produzidas na boca, no pâncreas e no intestino delgado participam do processo digestivo. A maior parte da digestão e da absorção ocorre no intestino delgado. No Capítulo 3 foi mostrado, em detalhes, a fisiologia da digestão e da absorção.

de absorção digerem cada dissacarídeo, dando origem a monossacarídeos. A enzima **maltase** atua sobre a maltose para formar duas moléculas de glicose. A **sacarase** atua sobre a sacarose e produz glicose e frutose; a **lactase** atua sobre a lactose para produzir glicose e galactose.

Má digestão e intolerância à lactose A **má digestão de lactose** é um padrão normal da fisiologia que geralmente começa a se desenvolver logo após a primeira infância, na faixa etária de 3 a 5 anos. Pode provocar sintomas como dor abdominal, flatulência e diarreia após o consumo de lactose, geralmente quando consumida em grandes quantidades. Estima-se que essa forma *primária* de má digestão de lactose se manifeste em cerca de 75% da população mundial, embora nem todos os indivíduos apresentem sintomas. (Quando a ingestão de lactose provoca sintomas significativos, o quadro é denominado **intolerância à lactose**.) Outro tipo de problema, a má digestão à lactose *secundária*, é um estado temporário em que a produção de lactase diminui em resposta à outra doença, como diarreia intestinal. Os sintomas de intolerância à lactose incluem flatulência, distensão abdominal, cólicas e diarreia. A distensão abdominal e a flatulência são causadas pela fermentação bacteriana da lactose no intestino grosso. A diarreia é provocada pela presença de lactose não digerida no intestino grosso, fazendo a água que é roubada do sistema circulatório ir parar dentro do intestino grosso.

Na América do Norte, aproximadamente 25% dos adultos têm sinais de digestão diminuída da lactose no intestino delgado. Nesses países, muitas das pessoas que digerem mal a lactose são de origem asiática, negra, latina/hispânica e americana. A ocorrência de má digestão de lactose aumenta com a idade. Foi levantada a hipótese de que há cerca de três mil a cinco mil anos tenha ocorrido uma mutação genética em regiões cuja fonte principal de alimentos era o leite e os laticínios, o que permitiu àqueles indivíduos (principalmente no nordeste da Europa, em tribos de pastores da África e no Oriente Médio) reter a capacidade de manter uma alta produção de lactase durante toda a vida.

Ainda assim, muitos desses indivíduos podem consumir quantidades moderadas de lactose com pouco ou nenhum desconforto gastrintestinal, em razão da eventual fragmentação da lactose por bactérias do intestino grosso. Portanto, essas pessoas não precisam restringir muito a ingestão de alimentos que contêm lactose, como leite e derivados. Esses alimentos, que são ricos em cálcio, são importantes para a manutenção da saúde dos ossos. Ingerir quantidades suficientes de cálcio e vitamina D na dieta é muito mais fácil se o leite e seus derivados forem incluídos na alimentação.

Estudos mostraram que quase todas as pessoas que têm produção diminuída de lactase podem tolerar a ingestão de ½ a 1 xícara de leite com as refeições e que a maioria das pessoas se adapta à produção de gases intestinais resultantes da fermentação da lactose pelas bactérias do intestino grosso. A combinação de alimentos que contêm lactose com outros alimentos também ajuda porque algumas propriedades alimentares podem ter efeitos positivos sobre a velocidade da digestão. Por exemplo, a gordura contida em uma refeição retarda a digestão, permitindo que a lactase atue por mais tempo. Queijos sólidos e iorgurtes também são mais facilmente tolerados do que o leite. A maior parte da lactose é perdida no processo de produção do queijo, e as culturas de bactérias ativas presentes nos iogurtes digerem a lactose quando essas bactérias são fragmentadas no intestino delgado e liberam lactase. Além disso, há uma gama de produtos, como leite com baixo teor de lactose e comprimidos de lactase, disponível para auxiliar pessoas com má digestão de lactose, quando necessário.

maltase Enzima produzida pelas células absortivas do intestino delgado. Essa enzima digere a maltose dando origem a duas moléculas de glicose.

sacarose Enzima produzida pelas células absortivas do intestino delgado. Essa enzima digere a sacarose dando origem à glicose e frutose.

lactase Enzima produzida pelas células absortivas do intestino delgado. Essa enzima digere a lactose, dando origem à glicose e à galactose.

má digestão da lactose (primária e secundária) A má digestão primária da lactose ocorre quando a produção da enzima lactase diminui sem motivo aparente. A má digestão secundária tem causa específica, como uma diarreia prolongada que leva à diminuição da produção de lactase. Quando a ingestão de lactose provoca sintomas significativos, o quadro é denominado intolerância à lactose.

intolerância à lactose Síndrome que se caracteriza por sintomas como flatulência e distensão abdominal, decorrentes de uma grave deficiência de digestão da lactose.

Absorção

Os monossacarídeos encontrados naturalmente nos alimentos e aqueles formados como subprodutos da digestão de amidos e de dissacarídeos, na boca e no intestino delgado, geralmente seguem um processo de absorção ativo. Lembre-se de que estudamos, no Capítulo 3, que esse processo requer um carreador específico e aporte de energia para que a substância seja captada pelas células absortivas no intestino delgado. A glicose e seu parente próximo, a galactose, são submetidas à absorção ativa. São bombeadas para dentro das células absortivas juntamente com o sódio.

A frutose é captada pelas células absortivas por meio do processo de difusão facilitada. Nesse caso, o carreador é usado, mas não é necessário aporte de energia. Portanto, esse processo absortivo é mais lento do que o observado com a glicose ou a galactose. Então, doses grandes de frutose não são prontamente absorvidas e podem contribuir para a diarreia, pois o monossacarídeo fica no intestino delgado e atrai a água.

▲ O consumo de iogurte ajuda pessoas com má digestão de lactose a suprir as necessidades de cálcio.

Uma vez que a glicose, a galactose e a frutose entram nas células absortivas, parte da frutose é metabolizada para a forma glicose. Os açúcares simples nas células absortivas são então transferidos para a veia porta, que vai diretamente para o fígado. Em seguida, o fígado metaboliza esses açúcares transformando os monossacarídeos galactose e frutose em glicose e:

- Libera a glicose diretamente para a corrente sanguínea para que ela seja transportada até órgãos como o cérebro, os músculos, os rins e os tecidos adiposos.
- Produz glicogêncio para armazenamento de carboidrato.
- Produz gordura (em menor quantidade, se produzida).

Das três opções citadas anteriormente, a produção de gordura é a menos provável, exceto quando são consumidas grandes quantidades de carboidratos, e as necessidades totais de calorias são ultrapassadas.

Exceto em casos em que o indivído tenha uma doença que provoque má absorção ou intolerância a um carboidrato como lactose (ou frutose), apenas uma quan-

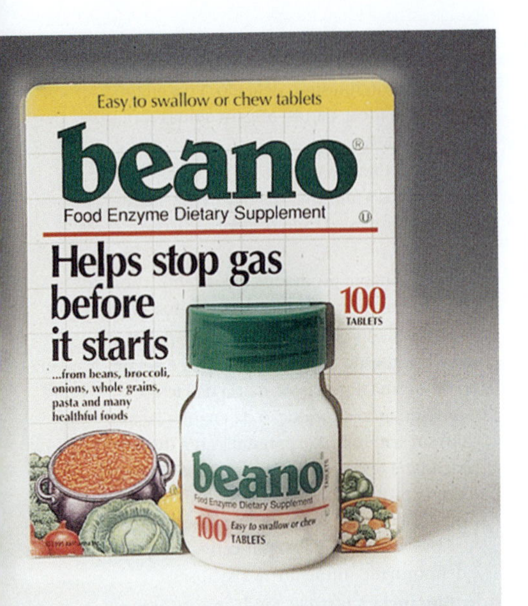

▲ Beano® é um suplemento dietético que contém enzimas digestivas naturais. Produtos desse tipo podem ser usados para diminuir os gases intestinais produzidos pelo metabolismo bacteriano de açúcares não digeridos contidos em leguminosas e em alguns vegetais, no intestino grosso.

tidade pequena de alguns açúcares (cerca de 10%) escapa ao processo digestivo. Alguns carboidratos não digeridos vão para o intestino grosso, onde são fermentados por bactérias. Os ácidos e gases produzidos pelo metabolismo bacteriano de carboidratos não digeridos são absorvidos pela corrente sanguínea. Cientistas acreditam que alguns desses produtos do metabolismo bacteriano possam promover a saúde do intestino grosso, fornecendo uma fonte de calorias.

DECISÕES ALIMENTARES

Fibra fermentável

As bactérias do intestino grosso fermentam as fibras solúveis, transformando-as em produtos como ácidos e gases. Uma vez absorvidos, os ácidos também fornecem calorias ao organismo. Dessa forma, as fibras solúveis fornecem cerca de 1,5 a 2,5 kcal/g. Embora os gases intestinais (flatulência) produzidos por essa fermentação bacteriana não sejam nocivos, podem ser dolorosos e, às vezes, são constrangedores. Todavia, com o tempo, o organismo tende a se adaptar à elevada ingestão de fibras, produzindo, eventualmente, menos gases.

Cite alguns alimentos que podem formar gases. Esses alimentos são boas fontes de fibra solúvel?

REVISÃO CONCEITUAL

A digestão de carboidratos é o processo de fragmentação de carboidratos maiores em unidades menores e, eventualmente, na forma de monossacarídeo. A digestão enzimática de amidos no organismo se inicia na boca, com a amilase salivar. As enzimas produzidas pelo pâncreas e pelo intestino delgado completam a digestão de carboidratos em monossacarídeos no intestino delgado. A má digestão da lactose é uma condição que ocorre quando as células do intestino não produzem lactase suficiente para digerir a lactose, resultando em sintomas como flatulência, dor e diarreia. A maioria das pessoas que tem má digestão de lactose é capaz de tolerar queijos e iogurtes, além do consumo de quantidades moderadas de leite. Quando a ingestão de lactose provoca sintomas significativos, o quadro é denominado intolerância à lactose. Após um processo primário de absorção ativa, a glicose e a galactose (resultantes do processo digestivo ou presente nos alimentos) são captadas pelas células absortivas do intestino. A frutose é submetida à absorção facilitada. Em seguida, todos os monossacarídeos entram na veia porta, que vai diretamente para o fígado. Por fim, o fígado exerce suas opções metabólicas, produzindo glicose, glicogênio e até mesmo gordura se o consumo de carboidratos for excessivo e superar a necessidade calórica total.

4.7 Como os carboidratos simples atuam no organismo

Conforme foi discutido, todos os carboidratos digeríveis que consumimos são, eventualmente, convertidos em glicose. A glicose é, portanto, a forma de carboidrato que atua no metabolismo orgânico. Os demais açúcares geralmente podem ser convertidos em glicose, e os amidos são fragmentados para gerar glicose, então as funções descritas aqui se aplicam à maioria dos carboidratos. As funções da glicose no organismo começam com o suprimento de calorias para dar energia ao corpo.

Produção de energia

A principal função da glicose é fornecer calorias para uso pelo organismo. Alguns tecidos corporais, como as hemácias, só conseguem usar glicose ou outras formas de carboidrato simples para obter energia. A maioria das partes do cérebro e do sistema nervoso central também só obtém energia da glicose, exceto em casos de dieta quase sem nenhuma glicose. Nesse caso, a maior parte do cérebro usa subprodutos da degradação parcial de gordura – os chamados **corpos cetônicos** – para suprir suas necessidades energéticas. Outras células do corpo, inclusive as musculares, podem usar carboidratos simples, mas muitas delas também usam gordura ou proteína para suprir as necessidades energéticas.

corpos cetônicos Subprodutos da degradação parcial de gorduras. Contêm 3 ou 4 átomos de carbono.

cetose Condição em que existe alta concentração de corpos cetônicos e outros subprodutos semelhantes na corrente sanguínea e nos tecidos.

Como poupar as proteínas como fonte de energia e evitar a cetose

Uma dieta que forneça quantidade suficiente de carboidratos digeríveis evita a degradação de proteínas para suprimento das necessidades energéticas, um mecanismo denominado efeito poupador de proteínas. Em circunstâncias normais, os carboidratos digeríveis contidos na dieta acabam, na maior parte, sendo transformados em glicose sanguínea, e a proteína é reservada para funções como a formação e a manutenção de músculos e órgãos vitais. Entretanto, se não comemos uma quantidade suficiente de carboidratos, nosso organismo é obrigado a fabricar glicose a partir das proteínas, drenando um conjunto de aminoácidos disponível nas células para outras funções importantes. Quando se é privado de alimentação por um período longo, a retirada contínua de proteínas dos músculos, do coração, do fígado, dos rins e de outros órgãos vitais pode resultar em fraqueza, mau funcionamento e até mesmo insuficiência dos órgãos.

Além da perda de proteínas, quando não se ingere quantidade suficiente de carboidratos, o metabolismo de gorduras se torna ineficiente. Na ausência de carboidratos adequados, as gorduras não se fragmentam completamente durante o metabolismo e, em vez disso, formam corpos cetônicos. Essa condição, conhecida como **cetose**, deve ser evitada, pois provoca distúrbios no equilíbrio ácido-base normal do organismo e causa outros problemas de saúde. Esse é um bom motivo para questionar a segurança de dietas longas de baixa ingestão de carboidratos, que vêm alcançando grande popularidade.

▲ Ao fazer uma dieta para perder peso, certifique-se de que sua dieta forneça pelo menos a RDA para carboidratos.

DECISÕES ALIMENTARES

Poupando carboidratos e proteínas

O baixo consumo de proteínas que ocorre em períodos de jejum prolongado pode ser fatal. Por esse motivo, empresas que produzem fórmulas para a rápida perda de peso passaram a incluir quantidade suficiente de carboidratos nos produtos a fim de diminuir a quebra de proteínas e, assim, proteger tecidos e órgãos vitais, inclusive o coração. A maioria desses produtos de baixa caloria é composta de pós que podem ser misturados a diferentes tipos de líquidos e consumidos 5 a 6 vezes por dia. Ao se considerar produtos que promovem a perda de peso, certifique-se de que a dieta total forneça pelo menos a RDA para carboidratos.

Regulação da glicose

Em circunstâncias normais, a concentração de glicose no sangue é regulada dentro de um limite estreito. Conforme apresentado no Capítulo 3, quando os carboidratos são digeridos e levados até as células absortivas do intestino delgado, os monossacarídeos resultantes são diretamente transportados para o fígado. Um dos papéis do fígado é, então, defender-se do excesso de glicose que entra na corrente sanguínea após uma refeição. O fígado trabalha em sintonia com o pâncreas na regulação da glicemia.

Quando a concentração de glicose no sangue está elevada, como durante e imediatamente após uma refeição, o pâncreas libera o hormônio **insulina** para dentro da corrente sanguínea. A insulina leva duas mensagens a várias células do organismo, fazendo o nível de glicose diminuir. Primeiro, instrui o fígado a armazenar a glicose sob a forma de glicogênio. Em seguida, a insulina faz os músculos, as células adiposas e outras células retirarem a glicose da corrente sanguínea e levar para dentro dessas células. Ao desencadear a síntese de glicogênio no fígado e a saída da glicose da corrente sanguínea para dentro de certas células, a insulina impede que a concentração de glicose se eleve excessivamente no sangue (Fig. 4.9).

No entanto, quando ficamos sem comer durante algumas horas e o nível de glicose no sangue começa a baixar, o pâncreas libera o hormônio **glucagon**. Esse hormônio tem o efeito oposto ao da insulina, pois estimula a degradação do glicogênio hepático em glicose que, então, é liberada na corrente sanguínea. Dessa forma, o glucagon impede que o nível de glicose diminua excessivamente.

insulina Hormônio produzido pelo pâncreas. Entre outros processos, a insulina aumenta a síntese de glicogênio pelo fígado e movimenta a glicose da corrente sanguínea para dentro das células.

glucagon Hormônio produzido pelo pâncreas e que estimula a degradação do glicogênio no fígado, gerando glicose. Esse processo tende a aumentar a glicose sanguínea. O glucagon também desempenha outras funções.

epinefrina Hormônio também conhecido como adrenalina, liberado pelas glândulas suprarrenais (localizadas sobre cada rim) em situações de estresse. Entre outras ações, promove a quebra do glicogênio no fígado.

hiperglicemia Glicose sanguínea elevada acima de 125 mg em cada 100 mL de sangue.

hipoglicemia Glicose sanguínea diminuída, abaixo de 40 a 50 mg em cada 100 mL de sangue.

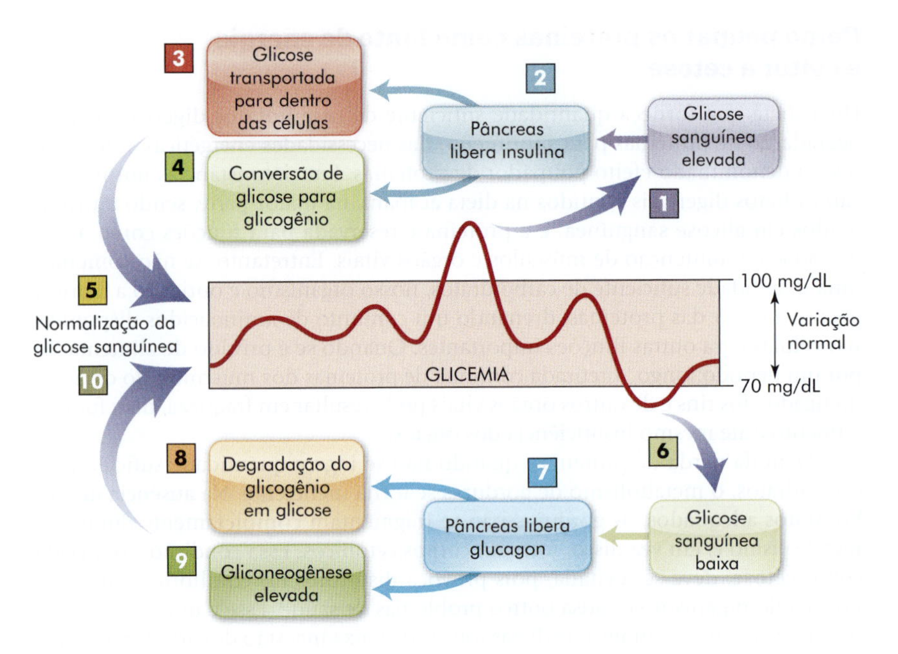

FIGURA 4.9 ▶ Regulação da glicemia. A insulina e o glucagon são fatores-chave no controle do açúcar no sangue. Quando a glicemia se eleva além do limite normal de 70 a 90 mg/dL 1, a insulina é liberada 2 para diminuir a glicemia 3 e 4. Então, o nível de açúcar volta aos limites normais 5. Quando a glicemia cai abaixo do limite normal 6, o glucagon é liberado 7 e tem o efeito oposto ao da insulina 8 e 9. Com isso, a glicemia é reposta e volta ao limite normal 10. Outros hormônios, como a epinefrina, a norepinefrina, o cortisol e o hormônio de crescimento, também contribuem para a regulação da glicemia.

Um mecanismo diferente aumenta o nível de açúcar no sangue em períodos de estresse. A **epinefrina** (adrenalina) é o hormônio responsável pela reação de "luta" ou "fuga". A epinefrina e um composto relacionado são liberados em grandes quantidades pelas glânduals suprarrenais (localizadas sobre cada um dos rins) e por várias terminações nervosas em resposta a uma percepção de ameaça, como um carro que se aproxima, vindo em nossa direção. Esses hormônios fazem o glicogênio do fígado ser rapidamente degradado para a forma glicose. A inundação de glicose proveniente do fígado que entra na corrente sanguínea ajuda a promover rápidas reações mentais e físicas.

Resumindo, as ações da insulina sobre a glicemia são equilibradas pelas ações do glucagon, da epinefrina e de outros hormônios. Se o equilíbrio hormonal não for mantido, como na produção prolongada excessiva ou escassa de insulina ou glucagon, podem ocorrer mudanças importantes nas concentrações de glicose no sangue. O diabetes do tipo 1 é um exemplo de doença na qual a produção de insulina é insuficiente. Para manter a glicemia dentro de uma faixa aceitável, o organismo se vale de um complexo sistema regulatório. Esse sistema atua como medida de proteção contra concentrações extremamente elevadas (**hiperglicemia**) ou extremamente baixas (**hipoglicemia**) de glicose no sangue. A falha da regulação da glicose no sangue será tratada no tópico "Nutrição e Saúde", no final deste capítulo.

Consultar o tópico "Nutrição e Saúde": *diabetes – quando a regulação da glicose falha*, no final do Capítulo 4.

Em alguns rótulos de alimentos, pode constar o termo *carboidratos líquidos*. Embora esses termos não sejam aprovados pela FDA, às vezes são usados para descrever os carboidratos que aumentam a glicemia. A quantidade de fibra e alcoóis de açúcar é subtraída da quantidade total de carboidratos para produzir carboidratos líquidos, pois eles têm um efeito insignificante sobre a glicemia.

O índice glicêmico e a carga glicêmica das fontes de carboidrato

O corpo reage de uma maneira única a diferentes fontes de carboidratos, de modo que uma porção de alimentos ricos em fibra, como feijão cozido, leva à diminuição da glicemia, quando comparada a uma porção de mesmo tamanho de purê de batata. Por que nos preocupamos com os efeitos de diversos alimentos sobre a glicemia? Os alimentos que aumentam a glicemia estimulam a liberação de grande quantidade de insulina do pâncreas. A produção contínua de grande quantidade de insulina provoca muitos efeitos nocivos para o organismo, como níveis elevados de triglicerídeos no sangue, aumento da deposição de gordura no tecido adiposo, maior tendência à formação de coágulos, aumento da síntese de gordura no fígado e aceleração da sensação de fome após as refeições. (Ao estimular o armazenamento dos macronutrientes que se encontram no sangue, a insulina diminui rapidamente suas quantidades e, assim, sinaliza a fome.) Com o tempo, devido a esse aumento da produção de insulina, os músculos poderão ficar resistentes à sua ação e, eventualmente, provocar o diabetes tipo 2, em algumas pessoas. Foram desenvolvidos dois parâmetros alimentares que são úteis para prever a resposta da glicemia a vários alimentos e planejar uma dieta a fim de evitar a hiperglicemia (nível elevado de açúcar no sangue).

A primeira dessas ferramentas é o **índice glicêmico**. O índice glicêmico é a variação da glicose sanguínea em resposta à ingestão de um determinado alimento, comparada a um padrão (geralmente glicose pura ou pão branco) (Tab. 4.4). Esse índice varia com a estrutura do amido, com o teor de fibras, com o processamento do alimento e sua estrutura física e com o teor de macronutrientes da refeição, como gordura. Os alimentos que têm valores de índice glicêmico particularmente altos são as batatas, sobretudo a batata inglesa (por ter maior teor de amilopectina comparado às batatas vermelhas), purê de batatas (por ter maior área de superfície exposta), arroz de grão curto, mel e balas de goma. Uma deficiência importante do índice glicêmico é que sua medida se baseia em uma porção de alimentos que forneceria 50 g de carboidratos. Vale ressaltar que essa quantidade de alimento pode não refletir a quantidade frequentemente consumida.

Outro modo de descrever como os diferentes alimentos afetam a glicemia (e a insulina) é a **carga glicêmica**. Esse parâmetro é mais útil por levar em consideração o índice glicêmico e a quantidade de carboidratos consumida. Portanto, a carga glicêmica reflete com mais precisão o efeito de um alimento sobre a glicose do que qualquer número isolado. Para calcular a carga glicêmica de um alimento, a quantidade (em gramas) de carboidratos contida em uma porção de alimento é multiplicada pelo índice glicêmico daquele alimento, e o número resultante da multiplicação é dividido por 100 (porque o índice glicêmico é um percentual). Por exemplo, os biscoitos de baunilha têm índice glicêmico de 77, e uma porção pequena contém 15 g de carboidrato, então:

$$(\text{Índice glicêmico x gramas de carboidrato}) \div 100 = \text{carga glicêmica}$$
$$(77 \times 15) \div 100 = 12$$

Embora o índice glicêmico dos biscoitos de baunilha (77) seja considerado alto, o cálculo da carga glicêmica mostra que o impacto desse alimento sobre a glicemia é relativamente baixo (Tab. 4.4).

Há muitas maneiras de lidar com o problema da elevada carga glicêmica dos alimentos. O mais importante é não consumir esses alimentos exageradamente em nenhuma refeição. Com isso, minimizam-se muito os efeitos de tais alimentos sobre a glicemia bem como a elevada liberação de insulina relacionada a eles. Em pelo menos uma refeição, é importante considerar a possibilidade de substituir um alimento que tenha baixa carga glicêmica por um de maior valor, como arroz de grão longo ou macarrão em vez de batata assada. Combinar um alimento de baixa carga glicêmica, como maçã, feijão vermelho, leite ou salada com tempero, com um de alta carga glicêmica também reduz o efeito sobre a glicemia. Além disso, manter um peso corporal saudável e praticar atividade física regularmente reduz ainda mais os efeitos de uma dieta de alta carga glicêmica.

índice glicêmico Variação da glicose sanguínea em resposta à ingestão de um determinado alimento, comparada a um padrão (geralmente glicose pura ou pão branco). O índice glicêmico varia com a estrutura do amido, com o teor de fibras, com o processamento do alimento e sua estrutura física e com o teor de macronutrientes da refeição, como gordura.

carga glicêmica Quantidade de carboidrato em uma porção de alimento, multiplicada pelo índice glicêmico daquele carboidrato. Divide-se o resultado por 100.

▲ A cenoura, criticada pela imprensa popular por ter alto índice glicêmico (o que não é verdade), contribui com uma baixa carga glicêmica, em dietas.

REVISÃO CONCEITUAL

Os carboidratos fornecem glicose para suprir as necessidades energéticas das hemácias e de partes do cérebro e do sistema nervoso. O consumo de quantidade excessivamente baixa de carboidratos obriga o organismo a produzir glicose principalmente a partir dos aminoácidos provenientes das proteínas encontradas nos músculos e em outros órgãos vitais. O baixo suprimento de glicose nas células também inibe o metabolismo de gorduras e pode levar à cetose.

A concentração de glicose no sangue é mantida dentro de uma faixa estreita. Quando a glicemia se eleva após uma refeição, o pâncreas libera grande quantidade do hormônio insulina. A insulina atua na diminuição da glicemia promovendo o aumento do estoque de glicose no fígado e sua captação por outras células do corpo. Se a glicemia baixa durante o jejum, o glucagon e outros hormônios liberam a glicose armazenada no fígado para dentro da corrente sanguínea, a fim de restaurar as concentrações normais de glicemia. De maneira semelhante, o hormônio epinefrina pode disponibilizar mais glicose em resposta ao estresse. Esse equilíbrio da atividade hormonal ajuda a manter a glicemia dentro de uma faixa aceitável.

Lembre-se de que foi visto, no Capítulo 2, que a FDA aprovou a seguinte alegação: "Dietas ricas em cereais integrais e outros vegetais, além de baixo teor de gordura total, saturada e colesterol, podem diminuir o risco de doença cardiovascular (do coração) e certos tipos de câncer".

▲ Alimentos como batata *chips*, que têm baixo índice glicêmico, podem ter uma carga glicêmica elevada se consumidos em grandes porções.

Você pode estar se perguntando por que o índice glicêmico e a carga glicêmica do pão branco e do pão integral são semelhantes. Isso ocorre porque a farinha de trigo costuma ser moída muito fina, sendo rapidamente digerida. Portanto, o efeito da fibra no retardamento da digestão e absorção de glicose desaparece. Alguns especialistas sugerem que seja dado destaque a grãos minimamente processados (p. ex., moídos grosseiramente, picados ou esmagados), como a farinha de trigo integral e a aveia, para que possamos aproveitar todos os benefícios dessas fontes de fibra na redução dos níveis de glicemia.

TABELA 4.4 Índice glicêmico e carga glicêmica de alimentos comuns

Glicose como alimento referência = 100
Alimentos de baixo IG = abaixo de 55
Alimentos de moderado IG = entre 55 e 70
Alimentos de alto IG = acima de 70

Alimentos com baixa CG = abaixo de 15
Alimentos com moderada CG = entre 15 e 20
Alimentos com alta CG = acima de 20

	Tamanho da porção (gramas)	Índice glicêmico	Carboidrato (gramas)	Carga glicêmica
Massas/grãos				
Grão longo, branco	1 xícara	56	45	25
Grão curto, branco	1 xícara	72	53	38
Espaguete	1 xícara	41	40	16
Vegetais				
Cenouras cozidas	1 xícara	49	16	8
Milho doce	1 xícara	55	39	21
Batata assada	1 xícara	85	57	48
Laticínios				
Leite desnatado	1 copo	32	12	4
Iogurte, baixo teor de gordura	1 copo	33	17	6
Sorvete	1 xícara	61	31	19
Legumes				
Feijão cozido	1 xícara	48	54	26
Feijão vermelho	1 xícara	27	38	10
Feijão branco	1 xícara	38	54	21
Açúcares				
Mel	1 col de chá	73	6	4
Sacarose	1 col de chá	65	5	3
Frutose	1 col de chá	23	5	1
Pães e bolos				
Pão francês	1 unidade pequena	72	30	22
Pão integral	1 fatia	69	13	9
Pão branco	1 fatia	70	10	7
Frutas				
Maçã	1 unidade média	38	22	8
Banana	1 unidade média	55	29	16
Laranja	1 unidade média	44	15	7
Bebidas				
Suco de laranja	1 copo	46	26	13
Gatorade	1 copo	78	15	12
Coca-Cola	1 copo	63	26	16
Lanches				
Batata *chips*	28 g	54	15	8
Biscoitos de baunilha	5 unidades	77	15	12
Bala de goma	28 g	80	26	21

Fonte: Foster-Powell K and others: International table of glycemic index and glycemic load. *American Journal of Clinical Nutrition* 76:5, 2002.

A substituição de alimentos de alta carga glicêmica por carboidratos de baixa carga glicêmica pode contribuir para o tratamento do diabetes. O Capítulo 10 aborda o uso de alimentos com diferentes valores de carga glicêmica no planejamento de dietas para atletas.

4.8 Como as fibras funcionam no organismo

Promovendo a saúde intestinal

As fibras fornecem massa para as fezes, tornando mais fácil o processo de eliminá--las. Essa característica se aplica principalmente às fibras insolúveis. Quando o consumo de fibra é adequado, o bolo fecal fica grande e macio porque muitos tipos de fibras atraem água. O volume maior estimula os músculos do intestino a se contraírem, contribuindo para a eliminação das fezes. Consequentemente, é necessária menor pressão para a eliminação do bolo fecal.

Quando o consumo de fibras é insuficiente, pode ocorrer o oposto: a quantidade escassa de água presente nas fezes faz o bolo fecal ficar pequeno e endurecido. A consequência pode ser a constipação, que nos obriga a exercer uma pressão excessiva no intestino grosso durante a defecação. Essa alta pressão pode forçar partes da parede do intestino grosso (colo) a atravessar as faixas de músculo pelas quais ele está envolvido, levando à formação de pequenas e numerosas dilatações denominadas **divertículos** (Fig. 4.10). O excesso de tensão durante a defecação também pode provocar **hemorroidas** (ver Cap. 3).

Os divertículos são assintomáticos em cerca de 80% das pessoas. Isso quer dizer que eles não são perceptíveis. A forma assintomática da doença é denominada **diverticulose**. Se os divertículos forem preenchidos por partículas de alimentos, como cascas e sementes, eles podem, eventualmente, ficar inflamados e dolorosos, provocando um quadro chamado de **diverticulite.** Nesse caso, surpreendentemente, deve-se reduzir a ingestão de fibras para limitar ainda mais a atividade bacteriana. Após a resolução da inflamação, a dieta rica em fibra é reiniciada para facilitar a eliminação das fezes e reduzir o risco de uma crise futura.

Nos últimos 30 anos, estudos feitos com muitas populações mostraram que há uma relação entre o maior consumo de fibra e a diminuição do desenvolvimento de câncer de colo. A maioria das pesquisas sobre dieta e câncer de colo enfatiza os efeitos preventivos potenciais de frutas, vegetais, pães e cereais integrais e leguminosas (em vez de apenas fibra). O tabagismo, a obesidade no homem, o consumo excessivo de bebida alcoólica e a ingestão de alimentos ricos em açúcar e amidos e de carnes processadas estão sendo estudados como causas potenciais do câncer de colo. Em geral, os benefícios para a saúde do colo provenientes de uma dieta rica em fibra se devem, principalmente, aos nutrientes que costumam compor a maioria dos alimentos ricos em fibra, como vitaminas, minerais, fitoquímicos e, em alguns casos, ácidos graxos essenciais. Portanto, é mais aconselhável aumentar a ingestão de fibra consumindo alimentos ricos nesse nutriente, em vez de confiar em suplementos de fibra.

Intestino grosso (colo)

Divertículos

FIGURA 4.10 ▶ Divertículos no intestino grosso. A dieta pobre em fibra aumenta o risco de desenvolver divertículos. Cerca de um terço das pessoas com mais de 45 anos de idade tem diverticulose, e mais de dois terços da pessoas com mais de 85 anos apresentam essa doença.

Como reduzir o risco de obesidade

Além do papel de manutenção da regularidade intestinal, o consumo de fibras tem outros benefícios para a saúde. Uma dieta rica em fibras tem maior probabilidade de controlar o peso e diminuir o risco de desenvolvimento de obesidade. A natureza volumosa dos alimentos ricos em fibra exige maior tempo de mastigação e nos deixa saciados sem que façamos a ingestão de muitas calorias. A maior ingestão de alimentos ricos em fibra é uma estratégia para se sentir saciado ou satisfeito após uma refeição (ver discusão sobre densidade energética, no Cap. 2). Essa é mais uma razão para questionarmos as dietas pobres em carboidratos: de onde vêm as fibras integrais então?

Como melhorar o controle da glicemia

O consumo de grande quantidade de fibras solúveis, como a fibra da aveia, diminui a absorção da glicose no intestino delgado e, assim, contribui para uma regulação melhor da glicemia. Esse efeito pode ser útil no tratamento de diabetes. De fato, adultos cuja principal fonte de carboidratos são alimentos pobres em fibras têm maior probabilidade de desenvolver diabetes, comparados aos que consomem uma dieta rica em fibras.

▲ A aveia é uma fonte importante de fibra solúvel. A FDA autoriza uma alegação de saúde sobre os benefícios da aveia na redução do colesterol, que são provenientes dos efeitos desse tipo de fibra.

divertículos Dilatações que fazem protrusão na parede externa do intestino grosso.

hemorroida Ingurgitamento pronunciado de uma veia de grosso calibre, particularmente na região anal.

diverticulose Presença de muitos divertículos no intestino grosso.

diverticulite Inflamação dos divertículos causada pelos ácidos produzidos pelo metabolismo bacteriano em seu interior.

▲ As Dietary Guidelines, de 2005 definem cereais integrais como grão com semente completa ou semente formada por três componentes: casca, gérmem e endosperma.

▲ Procure o termo "integral" ou "farinha de trigo integral" nos rótulos de pães, que são uma excelente fonte de fibras.

Como reduzir a absorção do colesterol

Lembre-se de que boas fontes de fibra solúvel são maçãs, bananas, laranjas, cenouras, cevada, aveia e feijão vermelho. O alto consumo de fibra solúvel também inibe a absorção do colesterol e dos ácidos biliares ricos em colesterol, provenientes do intestino delgado, reduzindo, assim, o colesterol sanguíneo e, possivelmente, o risco de doença cardiovascular ou de formação de cálculos biliares. As bactérias benéficas do intestino grosso degradam a fibra solúvel e produzem certos ácidos graxos que provavelmente reduzem a síntese do colesterol no fígado. Além disso, a absorção mais lenta da glicose, que ocorre nas dietas ricas em fibra solúvel, está relacionada a uma diminuição da liberação de insulina. Um dos efeitos da insulina é estimular a síntese de colesterol no fígado, então a redução da insulina pode contribuir para a capacidade da fibra solúvel de diminuir o colesterol sanguíneo. Em geral, defende-se a adoção de uma dieta rica em fibras, que contenha frutas, vegetais, leguminosas e pães e cereais integrais (inclusive cereais integrais no café da manhã), como parte da estratégia para diminuir o risco de doenças cardiovasculares (cardiopatia coronariana e AVC). Vale ressaltar novamente, a dieta pobre em carboidratos não pode garantir esse efeito.

REVISÃO CONCEITUAL

A fibra compõe uma parte fundamental da dieta com a adição de massa às fezes, que facilita sua eliminação. Os alimentos ricos em fibra também contribuem para o controle do peso e podem diminuir o risco de desenvolvimento de obesidade e doenças cardiovasculares e, possivelmente, de câncer de colo. As fibras solúveis também podem ser úteis no controle da glicemia, em pacientes com diabetes, e na redução do colesterol sanguíneo. Pães e cereais integrais, vegetais, leguminosas e frutas são excelentes fontes de fibra.

4.9 Necessidades de carboidratos

Atualmente, as recomendações de ingestão de carboidratos variam muito na literatura científica e na imprensa leiga. A RDA de carboidratos é de 130 g/dia, para adultos. Essa recomendação se baseia na quantidade necessária de carboidratos para o suprimento adequado da glicose para o cérebro e o sistema nervoso, sem que seja preciso recorrer a corpos cetônicos provenientes da quebra incompleta da gordura como fonte calórica. De certa forma, não há um problema em se exceder a RDA. O Food and Nutrition Board recomenda que a ingestão de carboidrato fique dentro da faixa de 45 a 65% do consumo total de calorias. As informações nutricionais contidas nos rótulos dos alimentos indicam 60% da ingestão calórica como valor padrão para o consumo recomendado de carboidratos. Essa quantia equivale a 300 g de carboidratos em uma dieta de 2.000 calorias.

Na América do Norte, a população adulta consome cerca de 180 a 330 g de carboidratos por dia, o que corresponde a cerca de 50% da ingestão calórica. Entretanto, no mundo todo, os carboidratos representam a cerca de 70% de todas as calorias consumidas e, em alguns países, esse número chega a 80%. Uma recomendação com a qual quase todo os especialistas concordam é que a ingestão de carboidratos se baseie principalmente em frutas, vegetais, pães e cereais integrais e leguminosas, em vez de grãos refinados, batatas e açúcar.

As Dietary Guidelines for Americans, de 2005, recomendam optar pelo consumo de frutas, vegetais e cereais integrais ricos em fibras com frequência. Em termos mais específicos, 85 g ou mais de cereais, ou quase a metade dos cereais consumidos por uma pessoa, devem ser integrais. Lembre-se de que as diretrizes dietéticas de 2005 definem cereais integrais como grão com semente completa ou semente formada por três componentes: casca, gérmen e endosperma, que devem ter praticamente as mesmas proporções relativas do grão original, se foram quebradas, esmagadas ou esfareladas.

Precisamos de que quantidade de fibras?

A ingestão adequada de fibras foi definida com base na capacidade de esse elemento reduzir o risco de doenças cardiovasculares (e, provavelmente, de muitos casos de diabetes). A ingestão adequada de fibras para adultos é de 25 g/dia para mulheres e de 38 g/dia para homens. A meta é consumir no mínimo 14 g em cada 1.000 kcal da dieta. Depois dos 50 anos de idade, o consumo adequado cai para 21 g/dia e 30 g/dia, respectivamente. O valor diário de fibras nos rótulos de alimentos e suplementos alimentares é de 25 g em uma dieta de 2.000 kcal. Na América do Norte, o consumo de fibra médio é de 13 g/dia para mulheres e de 17g/dia para homens, e o consumo médio de fibras integrais é inferior a uma porção por dia. Essa baixa ingestão de fibra é atribuída à falta de conhecimento acerca dos benefícios dos cereais integrais e à incapacidade de identificar produtos integrais no momento da compra. Portanto, a maioria das pessoas deveria aumentar o consumo de fibras. Recomenda-se, no mínimo, três porções de cereais integrais por dia. O consumo de cereais ricos em fibra (pelo menos 3 g de fibra por porção) no café da manhã é uma maneira fácil de aumentar a ingestão desse nutriente (Fig. 4.11).

O exercício "Avalie sua refeição" apresenta uma dieta que contém 25 ou 38 g de fibra considerando-se a ingestão moderada de calorias. É possível e prazeroso adotar dietas que cumpram as recomendações de ingestão de fibras se incorporarmos muito pão integral, frutas, vegetais e leguminosas às nossas refeições. Use o exercício "Avalie sua refeição" para estimar a quantidade de fibra da sua dieta. Qual é o seu escore de fibras?

Na análise final, lembre-se de que qualquer nutriente pode provocar problemas de saúde se consumido em excesso. O fato de uma dieta ser rica em carboidratos e fibras e pobre em gorduras não significa que ela não tenha nenhuma caloria. Os carboidratos ajudam a moderar a ingestão de calorias quando comparados às gordutas, mas os alimentos ricos em carboidratos também contribuem para a ingestão total de calorias.

DECISÕES ALIMENTARES

Cereais integrais

Quando se compra pão, é possível encontrar no rótulo os termos "pão de trigo". Isso significa que é um produto integral? A maioria das pessoas acredita que sim. A farinha é derivada do trigo, então, os fabricantes colocam, corretamente, nos rótulos de alimentos ricos em farinha branca (refinada) o termo trigo. Entretanto, se o rótulo não contiver a combinação "farinha de trigo integral", isso significa que o pão não é integral e, portanto, não contém tanta fibra quanto poderia conter. É importante ler os rótulos atentamente para encontrar produtos mais ricos em fibra. Procure o termo cereais integrais, especialmente nos rótulos dos alimentos, para garantir que o produto consumido seja uma boa fonte de fibras naturais.

As Dietary Guidelines for Americans, de 2005 dão as seguintes orientações em relação à ingestão de carboidratos:

- Opte pelo consumo frequente de frutas, vegetais e cereais integrais ricos em fibra (em geral, pelo menos uma porção de grãos [de 85 g ou mais] deveria ser composta por cereais integrais).
- Escolha e prepare alimentos e bebidas que tenham pouca adição de açúcares ou adoçantes calóricos, conforme as quantidades sugeridas pelo programa *MyPyramid*.
- Diminua a incidência de cáries realizando uma boa higiene oral e reduzindo a frequência do consumo de alimentos e bebidas que contenham açúcares e amido.

4.10 Preocupações de saúde relacionadas à ingestão de carboidratos

Além dos riscos de saúde relativos à cetose, o consumo excessivo de fibras e açúcares podem provocar problemas de saúde. Além disso, o excesso de lactose na dieta é um problema para algumas pessoas.

Problemas com dietas ricas em fibras

O consumo muito elevado de fibras, por exemplo, 60 g/dia, pode trazer alguns riscos para a saúde e, portanto, só deve ser adotado sob orientação médica. O aumento da ingestão de líquidos é extremamente importante nas dietas ricas em fibras. A ingestão inadequada de líquidos pode endurecer muito as fezes e provocar dor no momento de sua eliminação. Em casos mais graves, o excesso de fibras combinado

FIGURA 4.11 ► A leitura do rótulo nas embalagens dos produtos ajuda na escolha de alimentos mais nutritivos. Com base nas informações dos rótulos apresentados, qual é a melhor escolha de cereal para o café da manhã? Observe a quantidade de fibra em cada cereal. A lista de ingredientes dá alguma sugestão? (Observação: os ingredientes são sempre listados em ordem decrescente de peso, nos rótulos). Ao escolher um cereal para o café da manhã, é importante considerar aqueles que sejam fontes essenciais de fibra. A quantidade de açúcar também pode ser usada como parâmetro de avaliação. Entretanto, às vezes, esse número não reflete o açúcar adicionado, mas simplesmente a adição de frutas, como uva passa, o que complica a avaliação.

Informações nutricionais

Tamanho da porção 1 xícara (55 g)
Porções por embalagem 10

Quantidade por porção	Cereal	Cereal com ½ copo de leite desnatado com vitaminas A e D
Calorias	170	210
Calorias provenientes de gordura	10	10
	Valor diário %**	
Gordura total 1 g*	**2**%	**2**%
Gordura saturada 0 g	**0**%	**0**%
Gordura *trans* 0 g		*
Colesterol 0 g	**0**%	**0**%
Sódio 300 mg	**13**%	**15**%
Potássio 340 mg	**10**%	**16**%
Carboidrato total 43 g	**14**%	**16**%
Fibras alimentares 7 g	**28**%	**28**%
Açúcares 16 g		
Outros carboidratos 20 g		
Proteína 4 g		
Vitamina A	15%	20%
Vitamina C	20%	22%
Cálcio	2%	15%
Ferro	65%	65%
Vitamina D	10%	25%
Tiamina	25%	30%
Riboflavina	25%	35%
Niacina	25%	25%
Vitamina B6	25%	25%
Ácido fólico	30%	30%
Vitamina B12	25%	35%
Fósforo	20%	30%
Magnésio	20%	25%
Zinco	25%	25%
Cobre	10%	10%

* Quantidade no cereal. Um copo de leite desnatado fornece mais 40 calorias, 65 mg de sódio, 6 g de carboidratos totais (6 g de açúcares) e 4 g de proteína.
** Valor diário em percentual que se baseia em uma dieta de 2.000 calorias. Os valores diários podem ser maiores ou menores, dependendo da necessidade calórica.

	Calorias:	2.000	2.500
Gordura total	Menos de	65 g	80 g
Gordura saturada	Menos de	20 g	25 g
Colesterol	Menos de	300 mg	300 mg
Sódio	Menos de	2.400 mg	2.400 mg
Potássio		3.500 mg	3.500 mg
Carboidrato total		300 g	375 g
Fibra alimentar		25 g	30 g

Calorias por grama:
Gordura • Carboidrato • Proteína

* A ingestão de gordura *trans* deve ser a mais baixa possível.

Ingredientes: farelo de trigo com outras partes de trigo, uva-passa, açúcar, xarope de milho, sal, aroma de malte, glicerina, ferro, niacinamida, oxido de zinco, cloridrato de piridoxina (vitamina B6), riboflavina (vitamina B2), palmitato de vitamina A, cloridrato de tiamina (vitamina B1), ácido fólico, vitamina B12 e vitamina D.

Informações nutricionais

Tamanho da porção ¾ de xícara (30 g)
Porções por embalagem: cerca de 17

Quantidade por porção	Cereal	Cereal com ½ copo de leite desnatado
Calorias	170	210
Calorias provenientes de gordura	0	5
	Valor diário %**	
Gordura total 0 g*	**0**%	**1**%
Gordura saturada 0 g	**0**%	**1**%
Gordura *trans* 0 g		*
Colesterol 0 mg	**0**%	**1**%
Sódio 60 mg	**2**%	**4**%
Potássio 80 mg	**2**%	**8**%
Carboidrato total 35 g	**9**%	**11**%
Fibras alimentares 1 g	**4**%	**4**%
Açúcares 20 g		
Outros carboidratos 13 g		
Proteína 3 g		
Vitamina A	25%	30%
Vitamina C	0%	2%
Cálcio	0%	15%
Ferro	10%	10%
Vitamina D	10%	20%
Tiamina	25%	25%
Riboflavina	25%	35%
Niacina	25%	25%
Vitamina B6	25%	25%
Ácido fólico	25%	25%
Vitamina B12	25%	30%
Fósforo	4%	15%
Magnésio	4%	8%
Zinco	10%	10%
Cobre	2%	2%

* Quantidade no cereal. 1 copo de leite desnatado fornece mais 65 mg de sódio, 6 g de carboidratos totais (6 g de açúcares) e 4 g de proteína.
** Valor diário em percentual que se baseia em uma dieta de 2.000 calorias. Os valores diários podem ser maiores ou menores, dependendo da necessidade calórica.

	Calorias:	2.000	2.500
Gordura total	Menos de	65 g	80 g
Gordura saturada	Menos de	20 g	25 g
Colesterol	Menos de	300 mg	300 mg
Sódio	Menos de	2.400 mg	2.400 mg
Potássio		3.500 mg	3.500 mg
Carboidrato total		300 g	375 g
Fibra alimentar		25 g	30 g

Calorias por grama:
Gordura • Carboidrato • Proteína

* A ingestão de gordura *trans* deve ser a mais baixa possível.

Ingredientes: trigo, açúcar, xarope de milho, mel, corante caramelo, óleo de soja parcialmente hidrogenado, sal, fosfato férrico, niacinamida (niacina), óxido de zinco, vitamina A (palmitato), cloridrato de piridoxina (vitamina B6), riboflavina, mononitrato de tiamina, ácido fólico (folato), vitamina B12 e vitamina D.

▲ Alimentos integrais, como a granola, são excelentes fontes de fibras.

à ingestão insuficiente de líquidos pode contribuir para a formação de bloqueios no intestino, a ponto de ser necessária intervenção cirúrgica.

Além de problemas com o trânsito de substâncias pelo trato gastrintestinal, a dieta rica em fibras pode diminuir a disponibilidade dos nutrientes. Alguns componentes da fibra podem se ligar a minerais essenciais e impedir sua absorção. Por exemplo, o consumo de grande quantidade de fibra pode prejudicar a absorção de zinco e ferro. Em crianças, a ingestão elevada de fibras pode diminuir a consumo total de calorias, pois a fibra pode saciar rapidamente o pequeno estômago da criança antes que a alimentação supra as necessidades energéticas.

Problemas com dietas ricas em açúcar

Os principais problemas do consumo excessivo de açúcar são o fornecimento de calorias vazias e o aumento do risco de cáries.

A qualidade da dieta diminui com a ingestão excessiva de açúcar. Sobrecarregar a dieta com doces pode deixar pouco espaço para alimentos ricos em nutrientes importantes, como frutas e vegetais. Crianças e adolescentes têm maior risco de consumir excessivamente calorias vazias em vez de nutrientes essenciais para o crescimento. Muitas crianças e adolescentes consomem refrigerantes que contêm quantidade excessiva de açúcar e outras bebidas que também contêm essa substância, deixando de consumir a quantidade de leite adequada. Essa troca de leite por refrigerante pode comprometer a saúde dos ossos porque o leite contém cálcio e vitamina D, que são essenciais para a saúde óssea.

As bebidas ricas em açúcar e em tamanho extra grande também são um problema crescente. Por exemplo, nos anos 1950, uma porção típica de refrigerante equivalia a uma garrafa de cerca de 190 mL; atualmente, a porção tradicional equivale a uma garrafa plástica de aproximadamente 590 mL. Essa mudança no tamanho da porção contribui com mais 170 kcal de açúcares para a dieta. A maioria das lojas de conveniência vendem, hoje em dia, embalagens que comportam até 1,9 L de refrigerante. Consumir refrigerantes açucarados em vez de alimentos não é uma prática saudável, mas beber um refrigerante eventualmente ou limitar a ingestão a uma porção de 355 mL por dia não é um problema. A adoção de refrigerantes *diet* já elimina as calorias provenientes de açúcares simples, mas ainda não tem valor nutricional, exceto por se tratar de um líquido.

O açúcar usado em bolos, biscoitos e sorvetes também fornece uma quantidade muito grande de calorias, o que promove o ganho de peso, exceto quando se pratica atividade física. Atualmente, lanches com baixo teor de gordura ou sem gordura costumam conter muita adição de açúcar a fim de adquirir um gosto aceitável. O resultado é a produção de um alimento rico em calorias, de teor calórico igual ou maior ao dos alimentos ricos em gordura que ele visa substituir.

Em relação ao consumo de açúcar, o Food and Nutrition Board definiu em 25% o nível máximo para ingestão tolerável de calorias provenientes de "açúcares adicionados" (açúcares adicionados a alimentos durante o processamento e preparo). As dietas que ultrapassem esse nível máximo provavelmente serão deficientes em vitaminas e minerais. A Organização Mundial da Saúde recomenda que os açúcares adicionados não correspondam a mais do que 10% da ingestão diária total de calorias.

O consumo moderado de cerca de 10% da ingestão total de calorias equivale a, no máximo, cerca de 50 g (ou 12 col de chá) de açúcar por dia, com base em uma dieta de 2.000 kcal. A maioria dos açúcares que consumimos é proveniente de alimentos e bebidas aos quais são acrescentados açúcares durante o processamento e/ou produção. Em média, as pessoas da América do Norte consomem cerca de 82 g de açúcares adicionados diariamente, totalizando até 16% da ingestão calórica. As principais fontes de açúcares adicionados incluem refrigerantes, bolos, biscoitos, ponche de frutas e sobremesas, como sorvete. Seguir a recomendação de não consumir mais de 10% de calorias provenientes de açúcares é mais fácil quando

Recentemente, a ingestão excessiva de refrigerantes açucarados foi relacionada a risco de ganho de peso e de desenvolvimento de diabetes tipo 2, em adultos.

▲ Biscoitos e bolos são algumas das principais fontes de carboidratos para adultos da América do Norte.

DECISÕES ALIMENTARES

Açúcar e hiperatividade

Há uma crença geral de que a ingestão de grande quantidade de açúcar provoca hiperatividade nas crianças e que representa parte do chamado *transtorno do déficit de atenção e hiperatividade (TDAH)*. Todavia, a maioria dos pesquisadores acredita que a sacarose possa ter o efeito contrário. Uma refeição rica em carboidratos, quando também tem poucas proteínas e gorduras, tem efeito calmante e induz o sono. Esse efeito pode ser relacionado a mudanças na síntese de alguns neurotransmissores do cérebro, como a serotonina. Se há um problema, provavelmente é a excitação ou a tensão presente nas situações em que os alimentos ricos em açúcar são servidos, como festas de aniversário e outras comemorações.

▲ Muitos alimentos que nos agradam são doces e devem ser consumidos com moderação.

TABELA 4.5 Sugestões para reduzir a ingestão de açúcares simples

Muitos alimentos que nos agradam são doces e devem ser consumidos com moderação.
No supermercado
• Leia o rótulo dos ingredientes. Identifique todos os açúcares adicionados em um produto. Escolha produtos com menor teor total de açúcar, quando possível. • Compre frutas frescas ou enlatadas em água, suco ou xarope *light* em vez das enlatadas em xarope normal. • Compre menos alimentos que sejam ricos em açúcar, como produtos confeitados, balas, cereais açucarados, sobremesas, refrigerantes e ponches de frutas. Substitua-os por biscoitos de baunilha, bolacha de água e sal, pão francês, pão doce, refrigerante *diet* e outras alternativas que contenham pouco açúcar. • Compre pipoca de micro-ondas com teor reduzido de gordura para substituir os doces, nos lanches.
Na cozinha
• Reduza o açúcar nos alimentos preparados em casa. Experimente preparar novas receitas que levem pouco açúcar ou ajuste suas próprias receitas. Comece diminuindo o açúcar gradativamente, até ter reduzido a quantidade em um terço ou mais. • Experimente usar temperos como canela, cárdamo, coentro, noz moscada e gengibre para realçar o sabor dos alimentos. • Use produtos caseiros com menos açúcar em vez dos preparados comercialmente, que têm maior teor de açúcar.
À mesa
• Diminua o consumo de açúcar de mesa e mascavo, mel, melaço, xaropes, geleias e compotas. • Consuma menos alimentos com alto teor de açúcar, como produtos assados, balas e sobremesas. • Opte por frutas frescas em vez de biscoitos ou balas na hora da sobremesa e nos lanches entre refeições. • Adicione menos açúcar aos alimentos, como café, chá, cereais e frutas. Reduza a quantidade gradativamente, em 25 ou 50%. Considere a possibilidade de usar outras alternativas para substituir parte do açúcar. • Diminua a quantidade de refrigerantes, ponches e sucos de fruta que consome. Prefira água, refrigerantes *diet* e frutas inteiras.

sobremesas como bolos, biscoitos e sorvete (com redução de gordura ou não) são consumidas eventualmente (Tab. 4.5).

cáries dentárias Erosões na superfície dos dentes causadas por ácidos produzidos por bactérias que digerem açúcares.

Cáries dentárias

Os açúcares da dieta (e amidos prontamente fermentados na boca, como os contidos em bolachas de água e sal e no pão branco) também aumentam o risco de desenvolvimento de **cáries dentárias**. Lembre-se de que as cáries, também chamadas de cavidades, são formadas quando os açúcares e outros carboidratos são metabolizados em ácido pelas bactérias que se encontram na boca (Fig. 4.12). Esses ácidos dissolvem o esmalte do dente e a estrutura subjacente a ele. Além disso, as bactérias usam os açúcares para formar placas, que são substâncias grudentas que aderem à superfície dos dentes e diminuem os efeitos neutralizadores do ácido da saliva.

Os piores agressores, em termos de promoção de cáries dentárias, são alimentos grudentos e viscosos ricos em açúcares, como o caramelo, pois aderem aos dentes e fornecem às bactérias uma fonte de carboidratos da qual elas podem se alimentar durante um longo período. O consumo frequente de bebidas açucaradas (p. ex., suco de frutas) também pode provocar cáries dentárias. Fazer lanchinhos regularmente de alimentos açucarados aumenta a probabilidade da ocorrência de cáries, pois as bactérias encontradas nos dentes recebem uma fonte constante de carboidratos, que usam para produzir ácido de forma contínua. Consumir gomas de mascar açucaradas entre as refeições é o principal exemplo

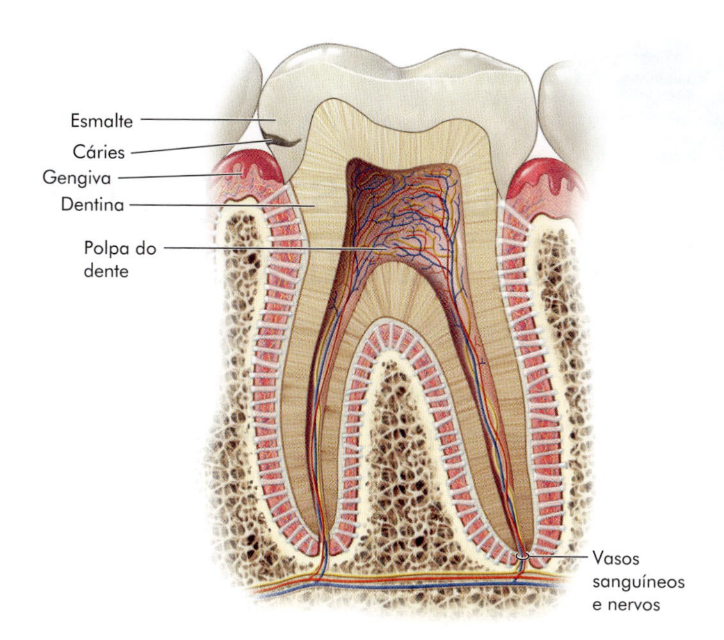

FIGURA 4.12 ► Cáries dentárias. As bactérias podem se acumular em várias regiões do dente. A partir de açúcares simples, como a sacarose, as bactérias formam ácidos capazes de dissolver o esmalte do dente e provocar cáries. Se o processo de cáries progride e penetra na polpa do dente, podem ocorrer lesão do nervo e dor. As bactérias também produzem placas, por meio das quais elas aderem à superfície do dente.

de mau hábito dental. Ainda assim, os alimentos que contêm açúcar não são os únicos que promovem a produção de ácidos pelas bactérias da boca. Conforme mencionado anteriormente, os alimentos que contêm amido (como bolachas de água e sal e pão) ficam na boca por um período longo, e o amido é degradado em açúcares pela enzimas bucais. Então, as bactérias podem produzir ácido a partir desses açúcares. Em geral, a quantidade de açúcar e amido contida em um alimento e sua capacidade de permanecer na boca são os principais fatores que determinam o potencial para provocar cáries.

A água e o creme dental fluoretados contribuíram para diminuir as cáries dentárias entre crianças da América do Norte nos últimos 20 anos, devido ao efeito de fortalecimento do dente promovido pelo flúor (ver Cap. 9). Pesquisas também mostraram que alguns alimentos, como queijo, amendoim e goma de mascar sem açúcar, podem diminuir a quantidade de ácido nos dentes. Enxaguar a boca após as refeições e lanches reduz a acidez. Certamente, boa nutrição, hábitos que não exijam demais da saúde oral (p. ex., optar por goma de mascar sem açúcar) e consultas de rotina ao dentista são medidas que contribuem para a melhora da saúde dental.

PARA REFLETIR

John e Mike são gêmeos idênticos, que gostam dos mesmos jogos, esportes e alimentos. Entretanto, John gosta de comer goma de mascar sem açúcar, e Mike não. Na última consulta com o dentista, John não tinha cáries, mas Mike tinha duas. Mike quer saber por que ele tem cáries, e seu irmão, John, que come goma de mascar após a refeição, não tem. Como isso poderia ser explicado a Mike?

REVISÃO CONCEITUAL

A RDA de carboidratos é de 130 g/dia. A dieta de um norte-americano típico contém de 180 a 330 g/dia. Uma meta razoável é que a ingestão calórica proveniente do amido corresponda a cerca de 50%, e a ingestão total de carboidratos alcance aproximadamente 60%, com limite de variação de 45 a 65%. Esses números permitem a ingestão recomendada de 25 e 38 g de fibra por dia para mulheres e homens, respectivamente. Dietas ricas em fibra devem ser acompanhadas por consumo adequado de líquidos a fim de se evitar a constipação e devem ser feitas sob supervisão do médico.

As pessoas da América do Norte consomem cerca de 82 g de açúcar adicionado aos alimentos a cada dia. A maioria desses açúcares é adicionada aos alimentos e bebidas durante o processamento. Para diminuir o consumo de açúcares, deve-se reduzir o consumo de produtos que cotenham açúcares adicionados, como alimentos confeitados, bebidas adoçadas artificialmente e cereais matinais pré-adoçados. Essa medida pode ajudar a diminuir o desenvolvimento de cáries dentárias, além de melhorar a qualidade da dieta e de vários aspectos da saúde.

Diabetes – quando o controle da glicemia falha

A regulação inadequada da glicemia provoca hiperglicemia (nível elevado de glicose no sangue) ou hipoglicemia (nível baixo de glicose no sangue), conforme mencionado neste capítulo. A glicemia elevada em geral é mais associada ao diabetes (ou *diabetes melito*, conforme termo técnico), que é uma doença que afeta 6,5% da população norte-americana. Dessas pessoas, estima-se que 25 a 50% não saibam que têm essa doença. O diabetes provoca cerca de 200 mil mortes a cada ano, na América do Norte; atualmente adquiriu propoções epidêmicas nessa região do mundo. Novas recomendações promovem o exame de glicemia em jejum em adultos com mais de 45 anos de idade a cada três anos, a fim de diagnosticar a doença. O diagnóstico do diabetes é feito quando o resultado do exame de glicemia em jejum é igual ou maior do que 126 mg por 100 mL de sangue. Em compensação, a glicemia baixa é uma doença muito mais rara.

TABELA 4.6 Comparação entre diabetes tipo 1 e tipo 2

	Diabetes tipo 1	Diabetes tipo 2
Ocorrência	5 a 10% dos casos de diabetes	90% dos casos de diabetes
Causa	Ataque autoimune ao pâncreas	Resistência à insulina
Fatores de risco	Predisposição genética moderada	Predisposição genética forte Obesidade e inatividade física Etnia Síndrome metabólica Pré-diabetes
Características	Sintomas distintos (sede, fome e micção frequentes) Cetose Perda de peso	Sintomas leves, principalmente na fase inicial da doença (cansaço e noctúria) Geralmente não ocorre cetose
Tratamento	Insulina Dieta Exercícios	Dieta Exercícios Medicação oral para diminuir a glicemia Insulina (em casos avançados)
Complicações	Doença cardiovascular Doença renal Doença do sistema nervoso Cegueira Infecções	Doença cardiovascular Doença renal Lesão nervosa Cegueira Infecções
Monitoramento	Glicemia Corpos cetônicos na urina HbA1c*	Glicemia HbA1c

* Hemoglobina glicada.

Diabetes

Há dois tipos principais de diabetes: **tipo 1** (anteriormente chamado de diabetes dependente de insulina ou diabetes infantil) e **diabetes tipo 2** (anteriormente chamado não dependente de insulina ou diabetes do adulto) (Tab. 4.6). A mudança nos nomes para diabetes tipo 1 e tipo 2 deriva do fato de que muitos diabéticos do tipo 2 eventualmente também devem recorrer a injeções de insulina como parte do tratamento. Além disso, muitas crianças também têm diabetes tipo 2, atualmente. O terceiro tipo, denominado diabetes gestacional, manifesta-se em mulheres grávidas (Cap. 14). Essa doença geralmente é tratada com insulina e dieta e se resolve após o nascimento da criança. Entretanto, mulheres que desenvolvem diabetes gestacional têm maior risco de desenvolver diabetes tipo 2 posteriormente.

Os sintomas típicos do diabetes são micção, sede e fome excessivas. Um único sintoma não é suficiente para selar o diagnóstico de diabetes; outros sintomas, como perda de peso inexplicada, cansaço, visão turva, formigamento nas mãos e nos pés, infecções frequentes, dificuldade de cicatrização e impotência, geralmente acompanham os sintomas típicos.

diabetes tipo 1 Forma de diabetes com tendência à cetose e que requer tratamento com insulina.

diabetes tipo 2 Forma de diabetes caracterizada por resistência à insulina e quase sempre associada à obesidade. A insulina pode ser usada para tratamento, mas geralmente não é necessária.

Diabetes tipo 1

O diabetes tipo 1 geralmente começa no final da infância, por volta dos 8 aos 12 anos de idade, mas pode se manifestar em qualquer idade. Essa doença ocorre em certas famílias e indica uma relação genética evidente. As crianças costumam ser hospitalizadas com glicemia anormalmente elevada após a alimentação, além de sinais de cetose.

O início do diabetes tipo 1 é em geral associado a uma diminuição da liberação de insulina a partir do pâncreas. Com a diminuição da insulina no sangue, a glicemia aumenta, sobretudo após a refeição. A Figura 4.13 mostra uma curva típica de tolerância à glicose observada em um paciente que apresenta esse tipo de diabetes, após o consumo de cerca de 75 g de glicose. Quando os níveis de glicemia estão elevados, os rins liberam o excesso de glicose na urina, o que provoca micção frequente de urina com nível elevado de açúcar.

Um método clínico comum para determinar o sucesso do controle da glicemia é medir a hemoglobina glicada (também conhecida como glicosilada ou hemoglobina A1c). A glicemia se liga (glica) à hemoglobina presente nas hemácias ao longo do tempo, e esse processo se acentua quando a glicemia se mantém elevada. O valor da hemoglobina A1c acima de 7% indica glicemia malcontrolada. O valor de 6% ou inferior é considerado aceitável. A manutenção dos níveis de hemoglobina A1c próximos dos limites normais reduz o risco de morte e de desenvolvimento de outras doenças em diabéticos. A glicemia elevada também pode provocar a glicação de outras proteínas e gorduras do organismo, levando à formação dos chamados produtos finais de glicação avançada. Desse modo, ficou evidenciado que esses produtos são tóxicos para as células, principalmente para as do sistema imune e as renais.

A maioria dos casos de diabetes tipo 1 começa com um distúrbio do sistema imune, que provoca a destruição das células produtoras de insulina do pâncreas. O mais provável é que um vírus ou uma proteína estranha ao organismo desencadeie a destruição. Em resposta ao dano, as células pancreáticas afetadas liberam outras proteínas, que estimulam um ataque ainda mais potente. Por fim, o pâncreas perde a capacidade de sintetizar insulina, e inicia-se o estágio clínico da doença. Consequentemente, o tratamento precoce para bloquear a destruição relacionada ao sistema imune de crianças pode ser uma medida importante. Estão sendo feitas pesquisas nessa área.

O diabetes tipo 1 é tratado principalmente com insulina, por meio de injeções aplicadas 2 a 6 vezes ao dia ou por bomba de insulina. A bomba libera insulina para o organismo em uma velocidade constante, com maiores quantidades sendo liberadas após cada refeição. Também está disponível insulina sob forma de inalação. O tratamento por dieta inclui três refeições regulares e um ou mais lanches (inclusive um ao deitar), além da ingestão de uma proporção regulada de carboidrato: proteína: gordura para maximizar a ação da insulina e minimizar as oscilações da glicemia. Se o diabético não se alimenta o suficiente, a insulina injetada pode provocar uma queda severa da glicemia (ou hipoglicemia), porque atua na glicose que estiver disponível. A dieta deve conter quantidade moderada de carboidratos simples e incluir muitas fibras e gorduras poli-insaturadas, mas deve ser pobre em gorduras trans e gorduras animais, suprir uma quantidade de calorias que esteja alinhada com as necessidades energéticas e incluir peixe duas vezes por semana. Também é importante suprir a necessidade de magnésio e moderar a ingestão de café.

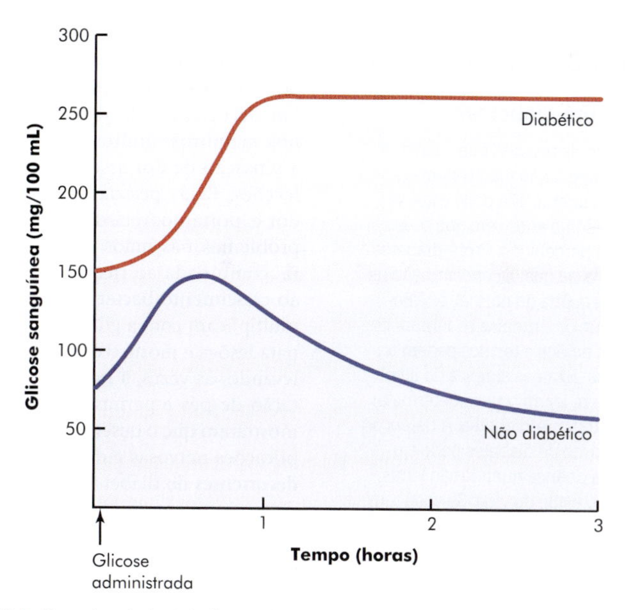

FIGURA 4.13 ▶ Teste de tolerância à glicose. Comparação das concentrações de glicemia em diabéticos não tratados e em pessoas saudáveis após o consumo de 75 g de glicose no teste de carga glicêmica.

Se a elevada ingestão de carboidratos aumenta o nível de triglicerídeos e colesterol no sangue muito além dos limites desejáveis, o consumo de carboidratos pode ser diminuído e substituído por gordura insaturada. Surpreendentemente, essa mudança tende a diminuir os triglicerídeos e o colesterol sanguíneos. No Capítulo 5, é discutido como implementar essa dieta (e quando alguns medicamentos relacionados podem ser benéficos). Não há problema em consumir açúcar com as refeições, desde que a regulação da glicemia seja preservada e que os açúcares substituam outros carboidratos na refeição, de modo que se evite ganhar peso indesejadamente.

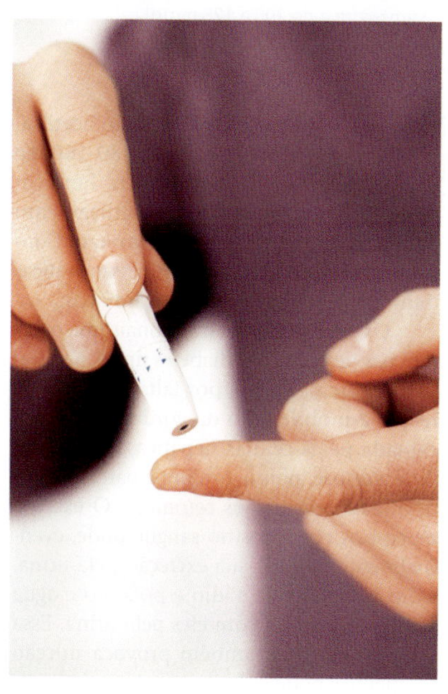

▲ Verificar a glicemia regularmente faz parte do tratamento do diabetes.

Sintomas do diabetes

Os sintomas do diabetes podem se manifestar subitamente e incluem um ou mais dos seguintes:

- Sede excessiva
- Micção frequente
- Sonolência, letargia
- Alterações súbitas da visão
- Apetite aumentado
- Perda de peso súbita
- Açúcar na urina
- Hálito doce e frutado ou com odor de vinho
- Respiração cansada e ofegante
- Torpor, inconsciência

As evidências mais recentes indicam que o diabetes está essencialmente relacionado ao desenvolvimento de doença cardiovascular. Como as pessoas que têm diabetes (tipo 1 e 2) têm maior risco de doença cardiovascular e ataques cardíacos relacionados

DECISÕES ALIMENTARES

Você tem pré-diabetes?

Normalmente, as pessoas que sofrem de diabetes tipo 2 não manifestam essa doença subitamente. Ela pode estar se desenvolvendo há anos sem que seus sintomas sejam percebidos. O pré-diabetes é uma doença na qual a concentração de glicemia fica acima do normal. No momento em que os sintomas se tornam perceptíveis, os orgãos e tecidos podem ter sofrido danos. Exames simples do nível de glicemia em jejum podem determinar se a pessoa tem pré-diabetes. A detecção precoce do risco de diabetes pode ajudar a evitar a doença quando são feitas mudanças no estilo de vida. Se você tem história familiar de diabetes ou seus hábitos (inatividade física, sobrepeso ou dieta ruim) o colocam em risco de desenvolver a doença, é muito bom descobrir se sua glicemia ainda está na fase pré-diabética. O pré-diabetes, também denominado comprometimento da glicose em jejum, é diagnosticado quando o nível de glicemia em jejum é de 100 a 125 mg/dL.

à doença, elas devem tomar ácido acetilsalicílico diariamente (geralmente 80-160 mg diárias), se o médico recomendar. Também pode ser feita prescrição de medicamento para diminuir o colesterol sanguíneo. Conforme discutido no Capítulo 5, essas práticas diminuem o risco de ataques cardíacos.

Os desequilíbrios hormonais que ocorrem nas pessoas com diabetes tipo 1 não tratado, principalmente por falta de insulina, levam à mobilização da gordura corporal, captada pelas células hepáticas. O resultado é a cetose, pois a gordura é parcialmente degradada em corpos cetônicos. O excesso de corpos cetônicos no sangue pode, eventualmente, obrigar sua excreção pela urina. Com isso, íons de sódio e potássio e água são levados junto com eles pela urina. Essa série de eventos também provoca micção frequente e pode contribuir para uma reação em cadeia que, eventualmente, acarreta desidratação, desequilíbrio iônico, coma e até mesmo morte, sobretudo em pacientes com diabetes 1 mal controlada. O tratamento inclui uso de insulina, hidratação e reposição de minerais como o sódio e o potássio.

Além das doenças cardiovasculares, outras complicações degenerativas que resultam da má regulação da glicemia, especificamente a hiperglicemia a longo prazo, incluem cegueira, doença renal e deterioração dos nervos.

A elevada concentração de açúcar no sangue provoca a deterioração física de pequenos vasos sanguíneos (capilares) e nervos. Quando ocorre a estimulação nervosa inadequada do trato intestinal, podem ocorrer diarreia intermitente e constipação. Em decorrência da deterioração nervosa nos membros, muitos diabéticos perdem a sensação de dor associada a lesões e infecções. Essas pessoas não sentem tanta dor e, portanto, retardam o tratamento de problemas nas mãos ou pés. Essa demora, combinada ao rico ambiente propício ao crescimento bacteriano (as bactérias se multiplicam com a glicose), cria condições para lesões e morte tecidual dos membros, levando, às vezes, à necessidade de amputação de pés e pernas. Pesquisas recentes mostraram que o desenvolvimento de complicações nervosas e dos vasos sanguíneos decorrentes do diabetes podem ser retardadas com tratamento agressivo direcionado à manutenção da glicemia dentro da faixa normal. O tratamento traz alguns riscos, como a hipoglicemia, por isso deve ser feito sob supervisão rigorosa do médico.

Em geral, o diabético deve fazer tratamento rígido com um médico e um nutricionista a fim de promover as alterações corretas na dieta e na medicação e realizar atividade física com segurança. A atividade física aumenta a captação de glicose pelos músculos independentemente da ação da insulina, o que, por sua vez, pode diminuir a glicemia. Esse resultado é benéfico, mas as pessoas que têm diabetes tipo 1 precisam estar cientes de sua resposta glicêmica à atividade física e fazer a compensação de forma adequada.

Diabetes tipo 2

O diabetes tipo 2 geralmente se inicia antes dos 40 anos de idade e é o tipo mais comum da doença, sendo responsável por cerca de 90% dos casos diagnosticados na América do Norte. Indivíduos de algumas etnias como latina, afro-americana, asiática e indígena, além das oriundas das ilhas do Pacífico, estão sujeitos a um maior nível de risco. Conforme mencionado na introdução, o número total de pessoas afetadas também vem aumentando, principalmente em decorrência da inatividade e obesidade disseminadas nas populações da América do Norte. Houve um aumento substancial do diabetes tipo 2 em crianças, devido, em grande parte, à elevação do sobrepeso nessa população (alinhada à atividade física limitada). O diabetes tipo 2 também tem uma relação genética, então a história familiar é um fator de risco importante. Entretanto, o problema inicial não se encontra nas células pancreáticas que secretam insulina. Em vez disso, o diabetes tipo 2 surge quando os receptores de insulina da superfície celular de alguns tecidos corporais, sobretudo o muscular, ficam resistentes à insulina. Nesse caso, a glicose do sangue não é imediatamente transferida para o interior das células, então a pessoa apresenta aumento da glicemia decorrente da retenção da glicose na corrente sanguínea. O pâncreas tenta aumentar a produção de insulina como mecanismo de compensação, mas há um limite para essa capacidade. Portanto, em vez de produção insuficiente, há uma abundância de insulina, principalmente no início da doença. Quando a doença se desenvolve, a função pancreática pode falhar, levando à redução da produção de insulina. Devido à relação genética com o diabetes tipo 2, as pessoas que têm história familiar devem fazer um exame de glicemia sanguínea regularmente e ter cuidado para evitar fatores de risco como obesidade, inatividade, dieta rica em gorduras animais e *trans* e carboidratos simples.

Muitos casos de diabetes tipo 2 (cerca de 80%) estão associados à obesidade (em geral com gordura localizada na região do abdome), mas a glicemia elevada não é diretamente provocada pela obesidade. Na verdade, algumas pessoas magras também apresentam esse tipo de diabetes. A obesidade associada a células adiposas bastante dimensionadas aumenta o risco de resistência à insulina pelo organismo, pois mais gordura é adicionada a essas células no ganho de peso.

O diabetes tipo 2 relacionado à obesidade geralmente desaparece se ela é corrigida. Portanto, alcançar um peso saudável deve ser uma meta primária do tratamento, mas até a perda de peso limitada pode levar a uma melhor regulação da glicemia. Embora muitos casos de diabetes tipo 2 apresentem uma melhora com a redução dos estoques de tecido adiposo em excesso, muitas pessoas não conseguem perder peso. Elas continuam afetadas pelo diabetes e podem apresentar as complicações degenerativas observadas no diabetes tipo 1. Entretanto, a cetose normalmente não se manifesta no diabetes tipo 2. Certos medicamentos orais também podem contribuir para o controle da glicemia. A ingestão adequada de cromo é um fator importante para a regulação da glicemia (Cap. 9). Os pacientes com diabetes tipo 2 podem apresentar diminuição da eficácia do tratamento ao longo do tempo, o que leva a picos glicêmicos após as refeições e a ganho de peso. Novas classes de fármacos que imitam os hormônios do intestino têm ajudado os pacientes diabéticos a superar problemas crônicos que os tratamentos convencionais sozinhos não conseguem controlar.

Às vezes, pode ser necessário aplicar injeções de insulina como parte do tratamento do diabetes tipo 2, quando nada mais é capaz de controlar a doença. (Isso pode ocorrer em cerca de 50% dos casos de diabetes tipo 2.) A atividade física regular também ajuda os músculos a captar mais

▲ O exercício regular é uma parte essencial do plano de prevenção (e controle) do diabetes tipo 2.

glicose. Manter um padrão de refeição regular, com ênfase no controle da ingestão calórica e no consumo de muitos carboidratos ricos em fibra, além da ingestão regular de peixes, é parte importante do tratamento. As nozes ajudam a cumprir a meta de aumentar o consumo de fibra. (Em certo estudo, ficou evidenciado que o consumo quase diário de nozes reduz o risco de desenvolvimento de diabetes tipo 2). Não há problema em consumir certa quantidade de açúcar com as refeições, porém, novamente, ela deve substituir outros carboidratos, não deve ser simplesmente acrescentada aos alimentos. A distribuição de calorias ao longo do dia também é importante, pois isso ajuda a minimizar as variações das concentrações de glicemia. O consumo moderado de bebida alcoólica (1 dose/dia) é aceitável e mostrou diminuir significativamente o risco de ataque cardíaco em pessoas com diabetes tipo 2. Ainda assim, as pessoas devem ser avisadas de que o álcool pode levar à hipoglicemia e de que é preciso fazer exames de rotina para verificar essa possibilidade regularmente. E, conforme mencionado anteriormente, cumprir as necessidades de magnésio e moderar a ingestão de café são medidas úteis.

As pessoas com diabetes tipo 2 que têm triglicerídeos sanguíneos elevados devem moderar a ingestão de carboidratos e aumentar o consumo de gordura insaturada e fibras, conforme mencionado anteriormente, no caso de pessoas com diabetes tipo 1.

Hipoglicemia

Conforme citado anteriormente, as pessoas que apresentam diabetes e fazem uso de insulina podem vir a ter hipoglicemia se não

► Para mais informações sobre diabetes, consultar as seguintes páginas de internet: www.diabetes.org e ndep.nih.gov.

se alimentarem na frequência adequada. A hipoglicemia também pode se manifestar em pessoas não diabéticas. As duas formas comuns de hipoglicemia não diabética são conhecidas como *reativa* e *de jejum*.

A **hipoglicemia reativa** ocorre 2 a 4 horas após uma refeição, especialmente quando rica em açúcares simples. Pode acarretar irritabilidade, nervosismo, cefaleia, sudorese e confusão mental. A causa da hipoglicemia reativa não é clara, mas pode estar relacionada a um excesso de produção de insulina pelo pâncreas em resposta ao aumento da glicose no sangue. Na **hipoglicemia de jejum**, a concentração de açúcar no sangue fica muito baixa após jejum de cerca de 8 horas a 1 dia. Geralmente é provocada por câncer de pâncreas, que pode levar à secreção excessiva de insulina. Esse tipo de hipoglicemia é raro.

O diagnóstico de hipoglicemia exige a presença simultânea de baixo nível de glicose no sangue e sintomas hipoglicêmicos típicos. A glicemia de 40 a 50 mg por 100 mL é indicativo de doença, mas o simples fato de se ter baixa glicemia após uma refeição não representa evidências suficientes para se diagnosticar a hipoglicemia. Embora muitas pessoas desconfiem que têm hipoglicemia, poucas delas realmente têm.

É normal que pessoas saudáveis tenham alguns sintomas de hipoglicemia, como irritabilidade, cefaleia e tremores, se ficam sem se alimentar durante um período prolongado. Se você tem, às vezes, sintomas de hipoglicemia, precisa fazer refeições regularmente, certificar-se de consumir um pouco de proteína e gordura a cada refeição e ingerir carboidratos complexos com muitas fibras solúveis. Evite refeições ou lanches que contenham pouco mais do que carboidratos simples. Esse tratamento nutricional pode ser seguido por todas as pessoas. Se os sintomas persistirem, experimente fazer lanches que contenham proteínas ou consumir frutas e sucos entre as refeições. A gordura, a proteína e a fibra solúvel na dieta tendem a moderar as oscilações da glicose no sangue. Por fim, é importante moderar a ingestão de cafeína e bebida alcoólica.

▲ A perda de peso e o aumento da atividade física são intervenções que ajudam a prevenir a síndrome metabólica.

hipoglicemia reativa Nível baixo de glicose no sangue após uma refeição muito rica em açúcares simples, acompanhado de sintomas como irritabilidade, cefaleia, nervosismo, sudorese e confusão mental. Também denominada hipoglicemia pós-prandial.

hipoglicemia de jejum Baixo nível sanguíneo de glicose que resulta de aproximadamente um dia de jejum.

síndrome metabólica Combinação de mau controle da glicemia, hipertensão, aumento dos triglicerídeos no sangue e outros problemas de saúde. Geralmente, o quadro é acompanhado de obesidade, diminuição da atividade física e dieta rica em carboidratos refinados. Também conhecida como Síndrome X.

Síndrome metabólica

A **Síndrome metabólica**, também chamada de síndrome do X, é caracterizada pela ocorrência de vários fatores de risco de diabetes e doença cardiovascular. Recentemente, a definição precisa e os critérios de diagnóstico foram discutidos por acadêmicos da área da saúde. Pessoas que apresentem síndrome metabólica têm várias ou todas as seguintes condições: obesidade abdominal (acúmulo de gordura no abdome ou ao seu redor), triglicerídeos sanguíneos elevados, baixo HDL ou "bom" colesterol, hipertensão, glicose sanguínea elevada em jejum, coagulação sanguínea aumentada e inflamação aumentada (Fig. 4.14). Cada aspecto da síndrome metabólica é um problema de saúde isolado e requer um tratamento próprio. Entretanto, na síndrome metabólica, esses fatores de risco se somam, dobrando a probabilidade de ter doença cardiovascular e quintuplicando a probabilidade de ter diabetes.

Em geral, acredita-se que um elemento essencial unifique todos os aspectos da síndrome metabólica: *a resistência à insulina*. Conforme foi visto neste capítulo, a insulina é um hormônio que orienta os tecidos a captar a glicose do sangue para dentro das células, para armazenamento ou abastecimento. Com a resistência à insulina, o pâncreas produz quantidade excessiva dessa substância, mas as células do corpo não reagem a ela de maneira eficaz. Em vez disso, uma quantidade excessiva de glicose permanece na corrente sanguínea. Durante algum tempo, o pâncreas pode conseguir compensar a resistência das células à insulina por meio da superprodução dessa substância. Entretanto, com o tempo, torna-se incapaz de manter a produção acelerada de insulina, e os níveis de glicose no sangue permanecem elevados. Na síndrome metabólica, a glicose sanguínea não se apresenta elevada o suficiente para ser considerada como diabetes (≥126 mg/dL), mas sem intervenção, há probabilidade de piora e, eventualmente, de ocorrência de diabetes.

Fatores genéticos e idade contribuem para o desenvolvimento da resistência à insulina e de outros elementos da síndrome metabólica, mas os fatores ambientais, como dieta e atividade física, também têm um papel importante. A obesidade, sobretudo abdominal, está altamente relacionada à resistência à insulina. Mais da metade dos adultos nos Estados Unidos estão acima do peso, 30% são obesos, e esses números continuam se elevando ano após ano. O aumento do peso corporal entre crianças e adolescentes é uma grande preocupação, pois correm alto

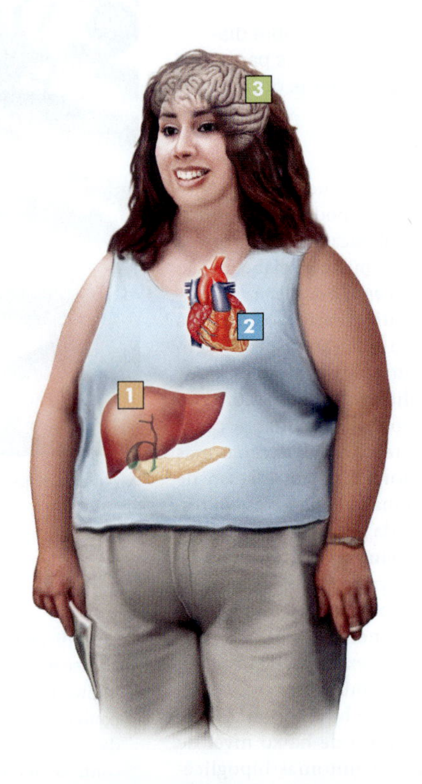

Indicadores de risco de síndrome metabólica

- ***Pressão arterial elevada***
  130/85 mmHg ou mais
- ***Colesterol HDL baixo***
  - Homens com níveis de HDL inferiores a 40 mg/dL
  - Mulheres com níveis de HDL inferiores a 50 mg/dL
- ***Glicose elevada***
  Nível em jejum: 100 mg/dL ou mais
- ***Triglicerídeos elevados (gordura no sangue)***
  150 mg/dL ou mais
- ***Obesidade abdominal***
  - Homens com circunferência da cintura maior do que 102 cm
  - Mulheres com circunferência da cintura maior do que 88 cm

Patologias relacionadas à síndrome metabólica

1 ***Diabetes tipo 2***
Com o tempo, a resistência à insulina pode elevar o nível de glicose no sangue, que pode levar ao diabetes tipo 2.

2 ***Doença arterial coronariana***
A pressão arterial e os níveis de colesterol elevados podem provocar a formação de placas dentro das artérias coronarianas que, por sua vez, podem levar a um ataque cardíaco.

3 ***AVC***
A formação de placas nas artérias pode levar à formação de coágulos que impedem o fluxo sanguíneo para o cérebro, provocando lesão do tecido cerebral.

FIGURA 4.14 ► Para que o diagnóstico de síndrome metabólica seja feito, o paciente deve apresentar 3 dos 5 fatores de risco listados anteriormente.

risco de desensolver esses problemas de saúde. O aumento do peso corporal levou a um aumento drástico de doenças cardiovasculares e risco de diabetes: atualmente, estima-se que 50 milhões de norte-americanos tenham síndrome metabólica.

Há uma controvérsia entre profissionais da saúde quanto a definir se cada fator de risco deve ser tratado isoladamente ou se devem ser integradas terapias para tratar todos os fatores de risco simultaneamente. Por exemplo, o que mais contribui para a elevação dos triglicerídeos sanguíneos na síndrome metabólica são refeições muito exageradas, contendo alimentos ricos em açúcares simples e amidos refinados e pobres em fibras, aliados à pouca atividade física. As alterações na nutrição e no estilo de vida são estratégias-chave para lidar com todo o conjunto de problemas de saúde da síndrome metabólica. As intervenções sugeridas incluem:

- Perda de peso. Mesmo pequenas melhoras (p. ex., perda de peso de 5%) em indivíduos com sobrepeso ou obesos podem diminuir o risco de doença. Os programas de perda e manutenção de peso mais bem-sucedidos incluem restrição dietética combinada à atividade física.
- Aumento da atividade física. Para diminuir o risco de doenças crônicas, as Dietary Guidelines for Americans incluem a recomendação de realizar pelo menos 30 minutos de atividade física de intensidade moderada na maioria dos dias da semana.
- Opção por gorduras saudáveis. Limitar a ingestão de gordura total, saturada e *trans* é geralmente recomendado para melhorar os lipídeos sanguíneos. Incluir gorduras ômega 3 em sua dieta, como as encontradas em peixes e nozes, é outra maneira de combater doenças crônicas.
- Pessoas que têm risco especialmente alto de doença cardiovascular podem precisar usar algum medicamento.

Estudo de caso: problemas com a ingestão de leite

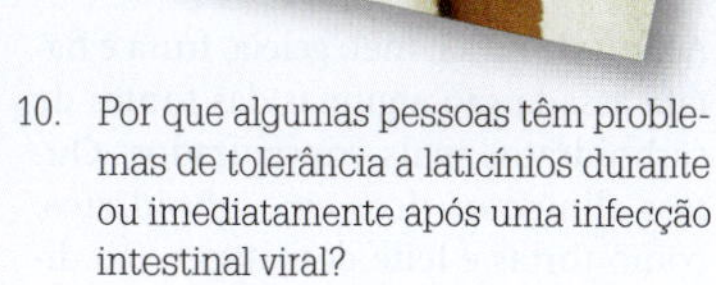

Myeshia tem 19 anos, é afro-americana, do sexo feminino e, recentemente, leu sobre os benefícios do cálcio e decidiu aumentar seu consumo de laticínios. Inicialmente, bebeu 1 xícara de leite com teor de gordura de 1%, no almoço. Pouco depois, apresentou distensão abdominal, cólicas e aumento da flatulência. Então suspeitou que a causa da dor que sentia estava no leite que havia consumido, principalmente porque seus pais e sua irmã se queixaram do mesmo problema. Procurou saber se outros produtos derivados do leite estariam, de fato, provocando o desconforto que ela sentira, então, no dia seguinte, substituiu o leite por iogurte, no almoço. Mais tarde, não apresentou nenhuma dor.

Responda às perguntas a seguir e verifique suas respostas no Apêndice A.

1. Por que Myeshia acreditava ser sensível ao leite?
2. Que componente do leite provavelmente provocou os problemas que ela apresentou após ter consumido a bebida?
3. Por que esse componente provoca desconforto intestinal em algumas pessoas?
4. Qual é o nome dessa patologia?
5. Que grupos de pessoas têm maior probabilidade de apresentar essa doença?
6. Por que o consumo de iogurte não provocou os mesmos efeitos em Myeshia?
7. Há outros produtos no mercado que poderiam substituir o leite regular ou aliviar os sintomas em pessoas que apresentem esse problema?
8. As pessoas que têm essa patologia podem beber leite regular?
9. Que nutrientes podem ser inadequados na dieta se não forem consumidos laticínios?
10. Por que algumas pessoas têm problemas de tolerância a laticínios durante ou imediatamente após uma infecção intestinal viral?

Resumo

1. Os monossacarídeos mais comuns nos alimentos são a glicose, a frutose e a galactose. Quando eles são absorvidos no intestino delgado e levados ao fígado, a maior parte da frutose e da galactose é convertida em glicose.

   Os dissacarídeos importantes para a nutrição são a sacarose (glicose + frutose), a maltose (glicose + glicose) e a lactose (glicose + galactose). Quando digeridos, os dissacarídeos liberam seus componentes monossacarídeos.

   Um grupo importante de polissacarídeos consiste em formas de armazenagem de glicose: amidos nos vegetais e glicogênio nos seres humanos. Eles podem ser degradados pelas enzimas digestivas humanas, liberando unidades de glicose. Os principais amidos dos vegetais – amilose de cadeia reta e amilopectina de cadeia ramificada – são digeridos pelas enzimas da boca e do intestino delgado. No seres humanos, o glicogênio é sintetizado no fígado e no tecido muscular, a partir da glicose. Sob a influência de hormônios, o glicogênio hepático é prontamente degradado em glicose, que pode entrar na corrente sanguínea.

   A fibra é composta, principalmente, por polissacarídeos celulose, hemicelulose, pectina, goma e mucilagem, além de ligninas não carboidrato. Essas substâncias não são degradadas pelas enzimas digestivas humanas. Entretanto, a fibra solúvel (também denominada viscosa) é fermentada por bactérias do intestino grosso.

2. Açúcar de mesa, mel, geleia, fruta e batata assada são algumas das fontes de carboidratos mais concentrados. Outros alimentos ricos em carboidratos, como tortas e leite desnatado, são diluídos pela gordura ou proteína. Adoçantes nutritivos alimentares incluem sacarose, xarope de milho com alto teor de frutose, açúcar mascavo e xarope de bordo. Há muitos exemplos de adoçantes alternativos aprovados pela FDA: sacarina, aspartame, sucralose, neotame, acessulfame-K e tagatose.

3. A digestão de alguns amidos ocorre na boca. A digestão dos carboidratos é completada no intestino delgado. Algumas fibras vegetais são digeridas por bactérias que se encontram no intestino grosso; fibras não digeridas integram o bolo fecal. Em geral, os monossacarídeos no intestino seguem um processo de absorção ativo. Em seguida, são transportados pela veia porta, que chega diretamente ao fígado.

   A capacidade de digerir grandes quantidades de lactose geralmente diminui com a idade. Alguns grupos étnicos são especialmente afetados. Essa condição geralmente se desenvolve no início da infância e é denominada *má digestão de lactose*. A lactose não digerida chega ao intestino grosso e provoca sintomas, como flatulência, dor abdominal e diarreia. A maioria das pessoas que têm má digestão de lactose é capaz de tolerar queijos e iogurtes, além do consumo moderado de leite.

4. Os carboidratos são fonte de calorias (4 kcal/g, em média), evitam a degradação desnecessária de nutrientes e proteínas do organismo e previnem a cetose. A RDA de carboidratos é de 130 g/dia. Se a ingestão de carboidratos for inadequada para as necessidades do organismo, são metabolizadas proteínas que fornecem glicose para suprir as necessidades energéticas. Todavia, a consequência é a perda de proteína corporal, cetose e, eventualmente, enfraquecimento geral do corpo. Por isso, não é recomendável fazer dietas pobres em carboidratos por períodos longos.

5. A concentração de glicose no sangue é regulada dentro da estreita faixa de 70 a 99 mg/dL. A insulina e o glucagon são hormônios que controlam a concentração de glicose no sangue. Quando fazemos uma refeição, a insulina promove a captação da glicose pelas células. Em jejum, o glucagon promove a liberação da glicose a partir dos estoques de glicogênio no fígado.

6. A fibra insolúvel (também denominada não fermentável) proporciona massa às fezes facilitando, assim, sua eliminação. Em doses elevadas, as fibras solúveis podem ajudar a controlar a glicose sanguínea em pessoas diabéticas e a diminuir o colesterol sanguíneo.

7. Incentiva-se a adoção de dietas ricas em carboidratos complexos em substituição às ricas em gorduras. Uma boa meta é que 50% das calorias sejam provenientes de carboidratos complexos, sendo 45 a 65% das calorias totais provenientes de carboidratos em geral. Os alimentos que podem ser consumidos são produtos feitos com cereais integrais, massas, legumes, frutas e vegetais. Muitos desses alimentos são ricos em fibra.

   Moderar o consumo de açúcar, principalmente entre as refeições, diminui o risco de cáries dentárias. Adoçantes alternativos, como o aspartame, ajudam a reduzir a ingestão de açúcares.

8. O diabetes se caracteriza pela concentração persistente de níveis elevados de glicose no sangue. Uma dieta saudável e atividades físicas regulares são medidas úteis para tratar tanto o diabetes tipo 1 quanto o tipo 2. A insulina é o principal medicamento utilizado; ela é necessária no diabetes tipo 1 e pode ser usada no tipo 2.

Questões para estudo

1. Descreva as etapas básicas de regulação da glicose sanguínea, incluindo os papéis da insulina e do glucagon.
2. Quais são os três principais monossacarídeos e os três principais dissacarídeos? Descreva o papel de cada um deles na dieta humana.
3. Por que alguns alimentos que são ricos em carboidratos, como biscoitos e leite desnatado, não são considerados fontes concentradas de tal substância?

4. Descreva a digestão de vários tipos de carboidratos no organismo.
5. Descreva o motivo pelo qual algumas pessoas são incapazes de tolerar a ingestão de grande quantidade de leite.
6. Quais são os papéis relevantes desempenhados pelas fibras na dieta?
7. Quais são (se houver) os efeitos nocivos do açúcar na dieta?
8. Por que precisamos de carboidratos em nossa dieta?
9. Resuma as recomendações atuais relativas à ingestão de carboidratos.
10. Cite 3 alternativas aos açúcares simples para adoçar os alimentos.

Teste seus conhecimentos

As respostas das próximas questões de múltipla escolha encontram-se a seguir:

1. A fibra alimentar
   a. aumenta os níveis de colesterol sanguíneo.
   b. acelera o tempo de trânsito dos alimentos ao longo do trato digestivo.
   c. provoca diverticulose.
   d. provoca constipação.
2. Quando o pâncreas identifica glicose em excesso, ele libera
   a. a enzima amilase.
   b. o monossacarídeo glicose.
   c. o hormônio insulina.
   d. o hormônio glucagon.
3. A celulose é
   a. uma fibra não digestiva.
   b. um carboidrato simples.
   c. um nutriente que fornece energia.
   d. um polissacarídeo animal.
4. O açúcar de mesa digerido é degradado em ____________ e ___________.
   a. glicose, lactose
   b. glicose, frutose
   c. sacarose, maltose
   d. frutose, sacarose
5. O amido é
   a. um carboidrato complexo.
   b. uma fibra.
   c. um carboidrato simples.
   d. um glúten.
6. O teor de fibras da dieta pode ser aumentado com adição de
   a. frutas frescas.
   b. peixe e aves.
   c. ovos.
   d. cereais integrais.
   e. alternativas "a" e "d".
7. Qual é a forma mais comum de diabetes?
   a. tipo 1
   b. tipo 2
   c. tipo 3
   d. gestacional
8. A ingestão diária recomendada de fibras é de aproximadamente _______ g.
   a. 5
   b. 30
   c. 100
   d. 450
9. Glicose, galactose e frutose são
   a. dissacarídeos.
   b. alcoóis de açúcar.
   c. monossacarídeos.
   d. polissacarídeos.
10. Um dos componentes da síndrome metabólica é
    a. obesidade.
    b. diabetes.
    c. baixo nível de açúcar no sangue.
    d. baixa pressão arterial.

Respostas: 1. b, 2. c, 3. a, 4. b, 5. a, 6. e, 7. b, 8. b, 9. c, 10. b

Leituras complementares

1. ADA Reports: Position of the American Dietetic Association: Use of nutritive and nonnutritive sweeteners. *Journal of the American Dietetic Association* 104:225, 2004.

   Quando as práticas dietéticas atualmente recomendadas são seguidas, como as Dietary Guidelines for Americans, é aceitável o uso de alguns adoçantes nutritivos e não nutritivos. O texto desse artigo explora, em detalhes, ambas as classes de adoçantes, apoiando essa conclusão geral.

2. American Diabetes Association: Nutrition recommendations and interventions for diabetes: A position statement of the American Diabetes Association. *Diabetes Care* 31 (suppl 1): S61, 2008.

   Esse artigo fornece uma visão abrangente sobre o tratamento do diabetes. As metas terapêuticas e ferramentas clínicas que ajudam a alcançar esses objetivos estão destacadas.

3. American Diabetes Association and American Dietetic Association: *Choose your foods: Exchange lists for diabetes.* 2008.

   Essa é a versão atualizada de um livreto que foi lançado há mais de 50 anos e é usado como base para educação nutricional no planejamento da refeição no diabetes. Os alimentos são agrupados em categorias gerais (ou listas) que, segundo o tamanho da porção, são semelhantes em termos de macronutrientes e calorias. As mudanças foram feitas para facilitar o uso do livreto e para atualizar a lista de alimentos.

4. Artificial Sweeteners: No calories... Sweet! *FDA Consumer* 40(4):406, 2006.

   Esse artigo é uma versão atualizada sobre edulcorantes artificiais aprovados pela FDA. Até o momento, cinco edulcorantes artificiais foram aprovados pela FDA: aspartame, sacarina, acessulfame-K, neotame e sucralose. A quantidade típica de cada um desses edulcorantes usada por consumidores da América do Norte está dentro dos níveis designados e pode ser consumida diariamente, com segurança, ao longo da vida. O artigo faz uma abordagem detalhada sobre cada edulcorante.

5. Cowie CC and others: Prevalence of diabetes and impaired fasting glucose in adults in the U.S. population. *Diabetes Care* 29:1263, 2006.

   Os resultados desse estudo feito pela National Health And Nutrition Examination Survey (NHANES) apontam que 73 milhões de norte-americanos têm diabetes ou correm risco de desenvolver a doença, com base em níveis de glicose no sangue acima do normal. A prevalência do diabetes confirmado por diagnóstico aumentou significativamente ao longo da última década, e grupos minoritários continuam sendo afetados de forma desprorporcional. Em geral, a prevalência do diabetes total em 1999-2002 era de 9,3% (19,3 milhões), o que consiste em 6,5% de casos diagnosticados e 2,8% não diagnosti-

cados. A prevalência de diabetes diagnosticado aumentou de 5,1% em 1988-1994 para 6,5% em 1999-2002. A prevalência de diabetes total foi muito mais alta (21,6%) em indivíduos mais velhos, com idade ≥ 65 anos. O diagnóstico de diabetes foi duas vezes mais prevalente entre negros de origem não hispânica e norte-americanos de origem mexicana, quando comparados a populações brancas sem raízes hispânicas.

6. Ebbeling CB and others: Effects of decreasing sugar-sweetened beverage consumption on body weight in adolescents: A randomized, controlled pilot study. *Pediatrics* 117:673, 2006.

   O consumo de bebidas com adição de açúcar pelas crianças aumentou drasticamente nos últimos 20 anos, juntamente com os casos de obesidade infantil. Uma nova medida direcionada a limitar o consumo de bebidas com adição de açúcar entre adolescentes teve efeito benéfico para a perda de peso. A medida foi a entrega domiciliar de bebidas não calóricas (água e bebidas adoçadas artificialmente) para substituir as bebidas com adição de açúcar. Os adolescentes também receberam orientação sobre como escolher bebidas não calóricas fora de casa. Essa medida diminuiu o consumo de bebidas açucaradas em 82%. Quanto mais pesava o adolescente, maior era o efeito sobre o peso corporal. Os autores calcularam que uma única bebida com adição de açúcar por dia, de 355 mL, resulta em ganho de peso de cerca de 450 g ao longo de 3 a 4 semanas.

7. Food and Nutrition Board: *Dietary reference intakes for energy, carbohydrate, fiber, fat, fatty acids, cholesterol, protein, and amino acids.* Washington, DC: National Academy Press, 2005.

   Esse relato fornece as mais recentes diretrizes sobre a ingestão de macronutrientes. Em relação aos carboidratos, a RDA foi definida como 130 g/dia. O consumo de carboidratos deve variar em 45 a 65% da ingestão calórica. Os açúcares adicionados aos alimentos não devem corresponder a mais de 25% da ingestão calórica.

8. Grundy SM: Does a diagnosis of metabolic syndrome have a value in clinical practice? *American Journal of Clinical Nutrition* 83:1248, 2006.

   O conceito de síndrome metabólica levou a Organização Mundial da Saúde e o National Cholesterol Education Program a desenvolver diretrizes clínicas. Essas diretrizes foram bem-aceitas por profissionais da área médica. Esse artigo revisa o novo diagnóstico de síndrome metabólica e discute por que organizações como a American Diabetes Association e muitos especialistas em diabetes não aceitam englobar dessa maneira os fatores de risco.

9. Hayes C, Kriska A: Role of physical activity in diabetes management and prevention. *Journal of the American Dietetic Association* 108: S19, 2008.

   Foram reunidas evidências que apoiam o importante papel da atividade física na prevenção e no tratamento do diabetes. Apesar dos benefícios da atividade física, muitas pessoas são sedentárias. Com o aumento da prevalência do sobrepeso e da obesidade, do pré-diabetes e do diabetes do tipo 2, a inatividade se tornou uma preocupação urgente de saúde pública. Esse artigo revisa uma pesquisa sobre atividade física/exercício no diabetes e resume as recomendações atuais acerca dos exercícios. Essa informação pode ser usada por profissionais de saúde para que façam recomendações seguras e eficazes de integração de atividade física/exercícios aos planos de pessoas que tenham diabetes ou estejam em risco de desenvolver essa doença.

10. McMillan-Price J and others: Comparison of 4 diets of varying glycemic load on weight loss and cardiovascular risk reduction in overweight and obese young adults. *Archives of Internal Medicine* 166:1466, 2006.

    Nesse estudo feito com 128 adultos jovens obesos ou com sobrepeso, as dietas com alto teor de proteína e baixo índice glicêmico aumentaram a perda de gordura corporal. Houve mais diminuição do risco cardiovascular com uma dieta mais rica em carboidratos e com baixo índice glicêmico.

11. Park Y and others: Dietary fiber intake and risk of colorectal cancer. *Journal of the American Medical Association* 294:2849, 2005.

    Nessa grande análise de dados consolidados de 13 estudos prospectivos, a fibra alimentar foi inversamente associada ao risco de câncer colorretal quando os dados foram ajustados para idade. Entretanto, quando outros fatores de risco dietético (carne vermelha, leite integral e consumo de bebida alcoólica) foram considerados, o consumo elevado de fibra alimentar não foi associado a uma diminuição do risco de câncer colorretal. Os autores concluíram que a dieta rica em fibra alimentar proveniente de vegetais pode ser recomendada porque ela foi relacionada a menor risco de outras patologias crônicas, inclusive doença cardíaca e diabetes.

12. Pastors JG: Metabolic syndrome – is obesity the culprit? *Today's Dietitian* 8(3):12, 2006.

    O entendimento acerca da síndrome metabólica, especialmente sua relação com a obesidade, vem aumentado nos últimos anos. Esse artigo revisa o papel da obesidade, os dilemas de diagnóstico, novas diretrizes sobre dieta e atividade física e a necessidade de ter abordagens terapêuticas combinadas para a síndrome metabólica.

13. Savaiano DA and others: Lactose intolerance symptoms assessed by meta-analysis: A grain of truth that leads to exaggeration. *Journal of Nutrition* 136: 1107, 2006.

    A análise dos resultados de 21 estudos de intolerância à lactose mostraram que a lactose não é a principal causa dos sintomas de má digestão dessa substância após o consumo de laticínios em quantidade equivalente a cerca de 1 xícara.

14. Slavin J and others: How fiber affects weight regulation. *Food Technology*, p. 34, February 2008.

    As dietas ricas em fibras estão relacionadas à diminuição do peso corporal. Esse artigo discute o efeito de diferentes fibras sobre a saciedade e a ingestão de alimentos. A fibra alimentar tem efeitos intrínsecos, hormonais e intestinais, que diminuem a ingestão de alimentos ao promover a saciedade. Exemplos desses efeitos incluem a diminuição do esvaziamento gástrico e/ou o retardo da absorção de nutrientes e energia.

15. Swann L: Educate your brain about whole grain. *Today's Dietitian* 8(6):36, 2006.

    As Dietary Guidelines de 2005 recomendam o consumo de 85 g ou mais de alimentos integrais por dia. Isso equivale à metade da ingestão recomendada de grãos. Entretanto, pesquisas recentes mostraram que apenas 5% dos adultos norte-americanos consomem metade da sua cota de grãos na forma integral. Esse artigo discute a necessidade de educar os consumidores a respeito dos cereais integrais, inclusive melhores definições e maneiras de medir esses alimentos.

16. Sweeteners can sour your health. *Consumer Reports on Health* p. 8, January 2005.

    Limitar o consumo de açúcares simples na dieta é importante para diminuir o risco de desenvolvimento de obesidade, diabetes e cáries dentárias, além de aumentar a qualidade da alimentação. O uso moderado dos edulcorantes alternativos listados nesse artigo ajuda a cumprir essa meta.

17. The whole grain story. *Tufts University Health & Nutrition Letter* p. 4, July 2005.

    O consumo regular de cereal integral pode prevenir doenças cardiovasculares, ganho de peso desnecessário e síndrome metabólica. Atualmente, essa é uma medida simples porque há muitos produtos integrais disponíveis.

18. Wang Y and others: Comparison of abdominal adiposity and overall obesity in predicting risk of type 2 diabetes in men. *American Journal of Clinical Nutrition* 81:555, 2005.

    A obesidade e o armazenamento excessivo de gordura corporal no tronco são fatores de risco para o diabetes tipo 2. É importante evitar essas duas condições, principalmente o excesso de distribuição de gordura corporal nos membros superiores.

19. Warshaw HS: FAQs about polyols. *Today's Dietitian* p. 37, April 2004.

    Os polióis (ou seja, alcoóis de açúcar) fornecem de 0,2 a 3 kcal/g, então eles devem ser levados em conta quando se calculam as calorias de uma dieta. O principal atributo desses produtos é que eles não aumentam o risco de cáries dentárias.

AVALIE SUA REFEIÇÃO

I. Estime seu consumo de fibra

Revise os menus apresentados na Tabela 4.7. O primeiro contém 1.600 kcal e 25 g de fibra (ingestão adequada para mulheres); o segundo contém 2.100 kcal e 38 g de fibra (ingestão adequada para homens).

TABELA 4.7 Exemplos de *menu* contendo 1.600 kcal com 25 g de fibra e 2.000 kcal com 38 g de fibra*

	25 g de fibra			38 g de fibra		
Menu	**Tamanho da porção**	**Teor de carboidratos (g)**	**Teor de fibras (g)**	**Tamanho da porção**	**Teor de carboidratos (g)**	**Teor de fibras (g)**
Café da manhã						
Cereal	1 xícara	60	6	1 xícara	60	6
Framboesa	½ xícara	11	2	½ xícara	11	2
Torrada integral	1 fatia	13	2	2 fatias	26	4
Margarina	1 colher de chá	0	0	1 colher de chá	0	0
Suco de laranja	1 copo	28	0	1 copo	28	0
Leite com 1% de gordura	1 copo	24	0	1 copo	24	0
Café	1 copo	0	0	1 copo	0	0
Almoço						
Burrito de feijão e vegetais	2 unidades pequenas	50	4,5	3 unidades pequenas	75	7
Guacamole	¼ de xícara	5	4	¼ de xícara	5	4
Queijo *Monterey Jack*	28 g	0	0	28 g	0	0
Pera (com casca)	1	25	4	1	25	4
Tirinhas de cenoura	–	–	–	¾ de xícara	6	3
Água com gás	2 copos	0	0	2 copos	0	0
Jantar						
Frango grelhado (sem pele)	85 g	0	0	85 g	0	0
Salada	½ xícara de repolho roxo ½ xícara de alface romana ½ xícara de pêssegos em fatias	7	3	½ xícara de repolho roxo ½ xícara de alface romana 1 xícara de pêssegos em fatias	19	6
Amêndoas torradas	–	–	–	14 g	3	2
Molho para salada sem gordura	2 colheres de sopa	0	0	2 colheres de sopa	0	0
Leite com 1% de gordura	1 copo	24	0	1 copo	24	0
Total		247	25		306	38

* A dieta total se baseia nos dados do *MyPyramid*, de teor energético aproximado: carboidratos 58%, proteínas 12%, gordura 30%

Para fazer uma estimativa do seu consumo diário de fibras, determine o número de porções que você consumiu ontem de cada uma das categorias de alimentos listadas a seguir. Se você não estiver cumprindo suas necessidades, como seria possível fazer isso? Multiplique a quantidade da porção pelo valor listado e calcule a quantidade total de fibra.

Alimento	Porções	Gramas
Vegetais (Tamanho da porção: 1 xícara de folhas verdes cruas ou ½ xícara de outros vegetais)	______ ×2	______
Frutas (Tamanho da porção: 1 fruta inteira; ½ toranja; ½ xícara de frutas silvestres ou salada de frutas; ¼ de xícara de frutas desidratadas)	______ × 2,5	______
Leguminosas, lentilhas, ervilhas partidas (Tamanho da porção: ½ xícara cozida)	______ × 7	______
Oleaginosas, sementes (Tamanho da porção: ¼ de xícara; 2 colheres de sopa de pasta de amendoim)	______ × 2,5	______
Cereais integrais (Tamanho da porção: 1 fatia de pão integral; ½ xícara de massa integral, arroz integral ou outro cereal integral; ½ *muffin* integral ou de farelo de trigo)	______ × 2.5	______
Grãos refinados (Tamanho da porção: 1 fatia de pão; ½ xícara de massa, arroz ou outro grão processado; ½ pãozinho ou *muffin* de trigo refinado)	______ × 1	______
Cereais matinais (Tamanho da porção: verifique a embalagem para conferir o tamanho e quantidade de fibra por porção)	______ × gramas de fibra por porção	______
Total de fibra em gramas =		______

Adaptada de Fiber: Strands of protection. *Consumer Reports on Health*, p. 1, August 1999.

Como está a sua ingestão de fibra total de ontem em comparação à recomendação geral de 25 a 38g de fibra por dia para mulheres e homens, respectivamente? Se você não estiver cumprindo suas necessidades, como seria possível fazer isso?

II. Você é capaz de escolher o sanduíche que contém a maior quantidade de fibras?

Suponha que os sanduíches apresentados no quadro a seguir estão disponíveis em uma lanchonete perto de você. Todos eles fornecem cerca de 350 kcal. O teor de fibras varia de cerca de 1 g para cerca de 7,5 g. Classifique os sanduíches do maior ao menor teor de fibras. Em seguida, verifique suas respostas no final da página.

Lanches da casa

Peru e queijo suíço no pão de centeio
Servido com fatias de tomate, pepino, alface romana e mostarda

Presunto e queijo suíço no pão caseiro
Presunto extra magro servido com maionese

Salada de atum no pão integral
Nossa salada de atum contém atum, cenoura ralada, cebola e maionese e é servida com broto de alfafa, salada romana e fatias de pepino

Cachorro-quente
Servido em pão de cachorro-quente, com maionese, mostarda e *ketchup*

Hambúrguer de soja
Servido na pão doce integral, com tomate e *pickles* fatiados, alface romana e maionese

Pasta de amendoim e geleia
Pão branco macio com geleia de morango e pasta de amendoim cremosa

Resposta

1. Hambúrguer de soja: 7,5 g
2. Salada de atum no pão integral: 7 g
3. Peru e queijo suíço no pão de centeio: 4 g
4. Pasta de amendoim e geleia: 3 g
5. Presunto e queijo suíço no pão caseiro: 1,5 g
6. Cachorro-quente: 1 g

PARTE II

NUTRIENTES CALÓRICOS E BALANÇO ENERGÉTICO

CAPÍTULO 5 Lipídeos

Objetivos do aprendizado

1. Citar quatro classes de lipídeos (gorduras) e o papel de cada uma na saúde nutricional.
2. Distinguir entre ácidos graxos e triglicerídeos.
3. Diferenciar ácidos graxos saturados, monoinsaturados e poli-insaturados em termos de estrutura e fontes alimentares.
4. Explicar como os lipídeos são digeridos e absorvidos.
5. Citar as classes de lipoproteínas e classificá-las segundo suas funções.
6. Citar as funções dos lipídeos, inclusive dos dois ácidos graxos essenciais.
7. Discutir as implicações de várias gorduras, inclusive os ácidos graxos ômega-3 nas doenças cardiovasculares.
8. Caracterizar os sintomas das doenças cardiovasculares e destacar alguns fatores de risco conhecidos.

Conteúdo do capítulo

SUA FATURA DO LABORATÓRIO DE ANÁLISES DIZ: "LIPIDOGRAMA – R$ 180,00". Seu médico lhe diz que os seus "triglicerídeos estão muito altos". Um anúncio de alimentos saudáveis sugere que você use certa marca de margarina para baixar o colesterol sanguíneo. As propagandas falam de alimentos "com menos gorduras saturadas". Todas essas substâncias – triglicerídeos, colesterol e gorduras saturadas – são lipídeos, termo coletivo que se refere a gorduras e óleos.

Os lipídeos contêm mais do que o dobro de calorias por grama (em média 9 kcal) das proteínas e dos carboidratos (em média 4 kcal cada grupo). O consumo de ácidos graxos saturados comuns também contribui para o risco de doenças cardiovasculares. Como mostra o quadrinho que você verá neste capítulo, essa é a razão pela qual há certa preocupação com alguns lipídeos, porém eles têm um papel vital no corpo e nos alimentos. A presença de lipídeos na dieta é essencial para a saúde e, de modo geral, os lipídeos derivados de óleos vegetais devem contribuir com 20 a 35% da ingestão total de calorias do adulto.

Os lipídeos serão examinados em detalhe – formas, funções, metabolismo e fontes alimentares. O Capítulo 5 também abordará a ligação entre vários lipídeos e a doença que mais mata nos países industrializados, ou seja, a doença cardiovascular, que envolve o coração, inclusive as artérias coronárias (na chamada cardiopatia coronariana), além de outras artérias do corpo.

Para relembrar

Antes de começar a estudar os lipídeos no Capítulo 5, talvez seja interessante revisar os seguintes tópicos:

- As definições legais de vários termos de rotulagem, como "baixo teor de gorduras" e "sem gordura", que podem ser encontradas no Capítulo 2
- O conceito de densidade calórica, também no Capítulo 2
- Os processos de digestão e absorção, no Capítulo 3
- A síndrome metabólica, no Capítulo 4

5.1 Lipídeos: propriedades comuns

Os seres humanos precisam de pouca gordura na dieta para ter uma boa saúde. Na prática, a necessidade de ácidos graxos essenciais do nosso corpo pode ser atendida pelo consumo diário de 2 a 4 colheres de sopa de óleo vegetal incorporado aos alimentos, além do consumo de peixes ricos em gordura, como salmão ou atum, pelo menos duas vezes por semana. Se não for possível consumir esses peixes, os ácidos graxos essenciais presentes no óleo de canola, no óleo de soja e em frutos oleaginosos, como avelãs, proporcionam praticamente os mesmos benefícios à saúde. Portanto, é possível a pessoa consumir uma dieta puramente vegetariana, na qual cerca de 10% das calorias sejam provenientes de gorduras e, ainda assim, manter-se saudável. Entretanto, desde que o consumo de gorduras saturadas, colesterol e gorduras parcialmente hidrogenadas (que contêm gorduras *trans*) seja mínimo, a ingestão de lipídeos pode ultrapassar esses 10% com segurança. O Food and Nutrition Board preconiza que a ingestão de gorduras chegue até 35% das calorias ingeridas pelo adulto (a faixa aceitável de distribuição de macronutrientes para gorduras é de 20 a 35% das calorias consumidas pelo adulto). Alguns especialistas acreditam que até 40% das calorias seja uma proporção adequada. Depois de aprender mais sobre lipídeos – gorduras, óleos e compostos relacionados – no Capítulo 5, será possível decidir a quantidade de gordura que deseja consumir, além de controlar sua ingestão diária.

Os lipídeos são um grupo diversificado de compostos químicos. No entanto, todos têm uma característica comum: não se dissolvem facilmente na água. Pense no azeite e vinagre que você usa na salada. Como o azeite não é solúvel no vinagre, cuja base é água, quando em repouso, os dois compostos formam camadas distintas, com o azeite na parte de cima e o vinagre na parte de baixo.

Muita gordura, pouca gordura, nenhuma gordura – qual é o melhor? E por que tanta discussão a esse respeito? Não seria melhor simplesmente não comer gordura? Uma dieta rica em gorduras não leva à obesidade? Não causa doença cardiovascular? Em geral, quais seriam as "melhores" gorduras e por que batatas fritas, sonhos, manteiga e biscoitos amanteigados são considerados vilões? O Capítulo 5 traz algumas dessas respostas.

5.2 Lipídeos: principais tipos

Os lipídeos têm vários tipos de estruturas químicas. Os **triglicerídeos** são o tipo mais comum de lipídeo encontrado no corpo e nos alimentos. A molécula de um triglicerídeo consiste em três ácidos graxos ligados ao **glicerol**. Os **fosfolipídeos** e **esteróis**, inclusive o **colesterol**, também são classificados como lipídeos, embora suas estruturas possam ser diferentes das estruturas dos triglicerídeos. Todos esses tipos de lipídeos estão descritos no Capítulo 5.

Especialistas em alimentação chamam de *gorduras* os lipídeos que, em temperatura ambiente, ficam sólidos; e consideram *óleos* os que ficam líquidos. A maioria das pessoas usa o termo *gordura* para se referir a todos os lipídeos, pois não percebem que existe essa diferença. Entretanto, *lipídeo* é um termo genérico que inclui os triglicerídeos e muitas outras substâncias. Para simplificar nossa discussão, no Capítulo 5, em geral, usamos o termo *gordura*. Quando necessário, para esclarecer, usamos o nome de algum lipídeo específico, como o colesterol. Essa terminologia é a mais usada pelas pessoas de modo geral.

Ácidos graxos: o tipo mais simples de lipídeo

No corpo e nos alimentos, os ácidos graxos são encontrados no principal tipo de lipídeos, ou seja, nos triglicerídeos. Um ácido graxo consiste em uma longa cadeia de carbonos ligados entre si e flanqueados por átomos de hidrogênio. Em uma extremidade da molécula (lado alfa), há um **radical ácido.** Na outra extremidade (lado ômega), há um **radical metila** (Fig. 5.1).

As gorduras presentes nos alimentos não são compostos apenas por um tipo de ácido graxo. Em vez disso, cada gordura da dieta, ou triglicerídeo, é uma complexa mistura de ácidos graxos diferentes, e cada combinação confere ao alimento seu sabor e aroma peculiares.

No Capítulo 1, foi visto que os ácidos graxos podem ser saturados ou insaturados. Por suas características químicas, um átomo de carbono pode formar quatro ligações. Na cadeia de um ácido graxo, os átomos de carbono se ligam uns aos outros e a átomos de hidrogênio. Os átomos de carbono que formam a cadeia de um **ácido graxo saturado** são todos conectados entre si por ligações simples. Dessa forma, o número máximo de átomos de hidrogênio pode se ligar à molécula. Assim como uma esponja pode ficar saturada (cheia) de água, um ácido graxo saturado, como o ácido esteárico, é saturado com átomos de hidrogênio (Fig. 5.1 a).

Desse modo, a maioria das gorduras ricas em ácidos graxos saturados, como as gorduras de origem animal, permanecem sólidas em temperatura ambiente. Um bom exemplo é aquela camada de gordura que vemos em torno de um pedaço de carne crua. A gordura das carnes de aves, semissólida em temperatura ambiente, contém menos gordura saturada do que a carne de vaca. Entretanto, em alguns alimentos, as gorduras saturadas se encontram em suspensão na parte líquida, por exemplo, a gordura do leite integral, e por isso a característica de serem sólidas em temperatura ambiente não é tão óbvia.

Se a cadeia de carbonos de um ácido graxo contiver uma ligação dupla, os carbonos ligados dessa forma terão menos posições para se ligarem a átomos de hidrogênio e, por isso, o ácido graxo será *insaturado*. Se o ácido graxo tiver apenas uma dupla ligação, ele será **monoinsaturado** (Fig. 5.1 b). O azeite de oliva e o óleo de canola contêm um elevado percentual de ácidos graxos monoinsaturados. Da mesma forma, se duas ou mais ligações entre os átomos de carbono forem ligações duplas, o ácido graxo será ainda menos saturado com hidrogênio, por isso será dito **poli-insaturado** (Fig. 5.1 c e d). Os óleos de milho, soja, girassol e açafrão são ricos em ácidos graxos poli-insaturados.

Os ácidos graxos insaturados podem ter duas formas estruturais, as formas *cis* e *trans*. A forma *trans* dos ácidos graxos foi descrita rapidamente no Capítulo 1. Na forma natural, os ácidos graxos monoinsaturados e poli-insaturados geralmente se encontram na variedade *cis* (Fig. 5.2). Por definição, o **ácido graxo *cis*** tem os átomos de hidrogênio todos do mesmo lado da dupla ligação carbono-carbono. Durante o processamento de certos tipos de alimentos (adiante, neste capítulo), alguns átomos

triglicerídeo Principal forma dos lipídeos presentes no corpo e nos alimentos. É composto por três ácidos graxos ligados a uma molécula de glicerol.

glicerol Álcool que contém três átomos de carbono, usado para formar triglicerídeos.

fosfolipídeo Composto pertencente uma classe de substâncias gorduros que contêm fósforo, ácidos graxos e um componente de nitrogênio. Os fosfolipídeos são uma parte essencial de todas as células.

esterol Composto cuja estrutura é formada por vários anéis interligados (molécula esteroide) e um radical hidroxila (–OH). Um exemplo típico é o colesterol.

colesterol Lipídeo encontrado em todas as células do corpo, semelhante a uma cera. Sua estrutura contém múltiplos anéis com laços químicos e só é encontrado em alimentos de origem animal.

ácido graxo saturado Ácido graxo que não contém ligações duplas carbono-carbono.

ácido graxo monoinsaturado Ácido graxo que contém uma ligação dupla carbono--carbono.

ácido graxo poli-insaturado Ácido graxo que contém duas ou mais ligações duplas carbono--carbono.

radical ácido	$-\overset{\overset{\displaystyle O}{\|\|}}{\underset{\|}{C}}-OH$
radical metila	$-CH_3$

▲ Na temperatura ambiente, as gorduras saturadas, como a manteiga, são sólidas, ao passo que as gorduras insaturadas, como o azeite de oliva e o óleo de milho, são líquidas.

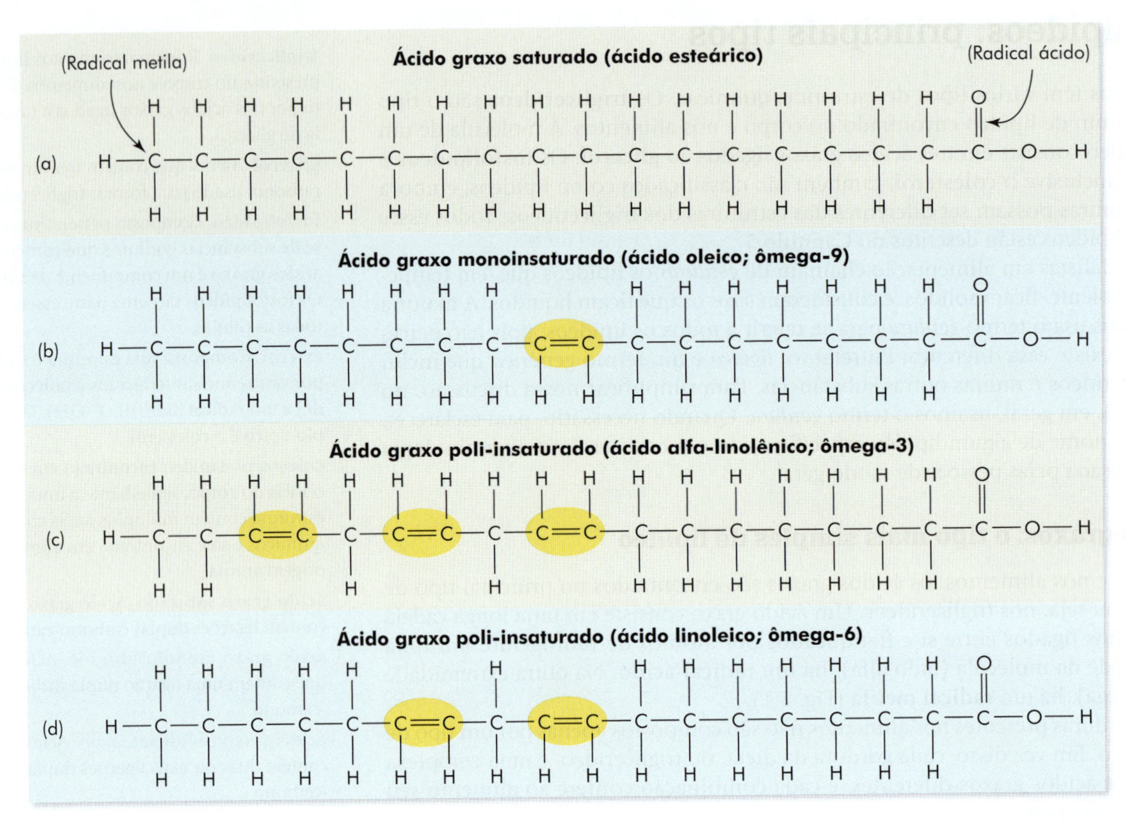

FIGURA 5.1 ▶ Estrutura química dos ácidos graxos saturados, monoinsaturados e poli-insaturados. Cada um dos ácidos graxos mostrados na figura contém 18 átomos de carbono, mas diferem entre si quanto ao número e à localização das ligações duplas. As ligações duplas estão sombreadas. A estrutura linear dos ácidos graxos saturados (a) permite que as moléculas fiquem alinhadas bem próximas umas das outras, o que explica sua forma sólida em temperatura ambiente. Os ácidos graxos insaturados, ao contrário, têm "dobras" nos pontos onde as ligações duplas interrompem a cadeia de carbonos (Fig. 5.2). Por isso, eles se agrupam de modo frouxo, ficando líquidos em temperatura ambiente.

de hidrogênio são transferidos para o lado oposto ao da ligação dupla carbono-carbono, criando a forma *trans*, ou seja, um **ácido graxo *trans***. Como se vê na Figura 5.2, a ligação do tipo *cis* faz a cadeia central do ácido graxo ficar encurvada, ao passo que a ligação do tipo *trans* produz uma cadeia reta, semelhante à de um ácido graxo saturado. O Food and Nutrition Board sugere que se deva limitar, tanto quanto possível, o consumo de ácidos graxos *trans* (ou gorduras *trans*) de alimentos processados. Mais adiante será visto por que isso acontece.

Talvez seja novidade saber que alguns ácidos graxos *trans* ocorrem naturalmente, por exemplo, o ácido linoleico conjugado ou CLA (essa sigla designa uma família de derivados do ácido linoleico). As bactérias que vivem no rúmen de certos animais (p. ex., vacas, ovelhas e cabras) produzem ácidos graxos *trans* que acabam sendo encontrados na carne, no leite e na manteiga. Essas gorduras *trans* naturais vêm sendo estudadas quanto a possíveis benefícios para a saúde, inclusive na prevenção do câncer, diminuição da gordura corporal e melhora dos níveis de insulina em pessoas diabéticas. Cerca de 20% dos ácidos graxos *trans* da nossa alimentação têm essa origem. Exigem suplementos alimentares à base de CLA, mas sua qualidade não é homogênea.

Em geral, óleos e gorduras são classificados em saturados, monoinsaturados ou poli-insaturados com base no tipo de ácidos graxos presentes em maior concentração (Fig. 5.3). As gorduras dos alimentos que contêm principalmente ácidos graxos saturados são sólidas em temperatura ambiente, especialmente se os ácidos graxos tiverem longas cadeias de carbono (ou seja, **ácidos graxos de cadeia longa**). Contudo, as gorduras que contêm principalmente ácidos graxos monoinsaturados ou poli-insaturados (de cadeia longa ou curta) geralmente são líquidas em tem-

ácido graxo *cis* Tipo de ácido graxo insaturado que tem os átomos de hidrogênio todos do mesmo lado da ligação dupla carbono-carbono.

ácidos graxos *trans* Forma de ácido graxo não saturado, geralmente monoinsaturado quando presente nos alimentos, no qual os hidrogênios ligados aos átomos de carbono que formam a ligação dupla estão situados em lados opostos dessa ligação, e não no mesmo lado, como na maioria das gorduras naturais. As principais fontes são margarina, gorduras culinárias em geral e frituras.

ácido graxo de cadeia longa Ácido graxo que contém 12 átomos de carbono ou mais.

ácido graxo ômega-3 (ω-3) Ácido graxo insaturado cuja primeira ligação dupla se situa no terceiro carbono a partir do terminal metila ($-CH_3$).

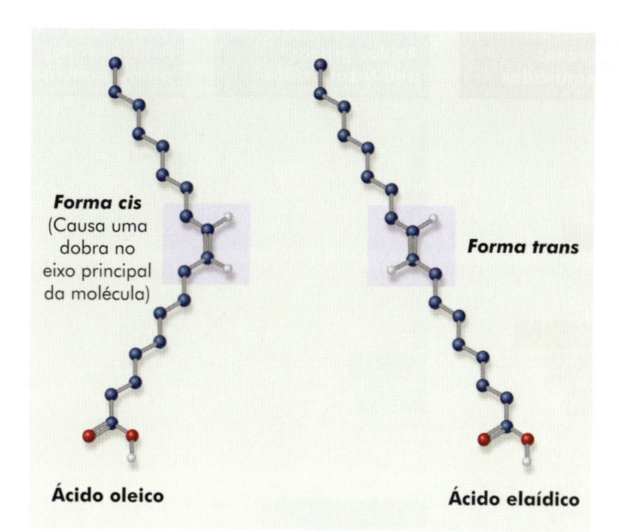

FIGURA 5.2 ▶ Ácidos graxos *cis* e *trans*. Na forma *cis* do ácido graxo, os átomos de hidrogênio (em azul) ficam do mesmo lado da dupla ligação carbono-carbono. Isso causa uma "dobra" nesse ponto da estrutura do ácido graxo, um aspecto que é típico dos ácidos graxos insaturados presentes nos alimentos. No entanto, na forma *trans*, os átomos de hidrogênio ficam de lados opostos da dupla ligação carbono-carbono. Isso confere ao ácido graxo uma forma linear, como um ácido graxo saturado. Os ácidos graxos *cis* são mais comuns nos alimentos do que os ácidos graxos *trans*. Esses se encontram, em geral, nos alimentos que contêm gorduras parcialmente hidrogenadas, sobretudo margarina culinária e frituras.

ácido graxo ômega-6 (ω-6) Ácido graxo insaturado cuja primeira ligação dupla se situa no sexto carbono a partir do terminal metila ($-CH_3$).

ácido alfa-linolênico Ácido graxo essencial do tipo ômega-3 com 18 átomos de carbono e três ligações duplas.

ácido linoleico Ácido graxo essencial do tipo ômega-6 com 18 átomos de carbono e três ligações duplas.

ácidos graxos essenciais Ácidos graxos que precisam ser fornecidos na dieta para manter boa saúde. Atualmente, somente o ácido linoleico e o ácido alfa-linolênico são classificados como essenciais.

ácido oleico Ácido graxo essencial do tipo ômega-9 com 18 átomos de carbono e 1 ligação dupla.

diglicerídeo Produto da quebra de um triglicerídeo, formado por dois ácidos graxos ligados a uma molécula de glicerol.

monoglicerídeo Produto da quebra de um triglicerídeo, que consiste em 1 ácido graxo ligado a 1 molécula de glicerol.

peratura ambiente. Quase todos os ácidos graxos do corpo e dos alimentos são de cadeia longa.

Uma importante característica dos ácidos graxos insaturados é a localização das ligações duplas. Se a ligação dupla começa a uma distância de três carbonos do terminal metila (ômega) do ácido graxo, o composto se chama **ácido graxo ômega-3 (ω-3)** (Fig. 5.1 c). Se a ligação dupla começa a uma distância de seis carbonos do terminal ômega, o composto se chama **ácido graxo ômega-6** (ω-6) (Fig. 5.1 d). Seguindo essa regra, um ácido graxo ômega-9 é aquele cuja primeira ligação dupla começa no nono carbono contado a partir do terminal metila (Fig. 5.1 b). Nos alimentos, o **ácido alfa-linolênico** é o principal ácido graxo ômega-3, e o **ácido linoleico** é o principal ácido graxo ômega-6. Esses são também os **ácidos graxos essenciais** que precisamos consumir (veremos mais sobre esse tópico no item a respeito das funções dos lipídeos no organismo). O **ácido oleico** é o principal ácido graxo ômega-9.

Triglicerídeos

As gorduras e óleos estão presentes nos alimentos, sobretudo na forma de triglicerídeos. O mesmo ocorre com as gorduras que fazem parte das estruturas do corpo. Embora alguns ácidos graxos sejam transportados pela corrente sanguínea ligados a proteínas, a maioria deles se encontra na forma de triglicerídeos no interior das nossas células.

Conforme já foi visto, os triglicerídeos contêm glicerol – um álcool simples com três átomos de carbono – ao qual se ligam três ácidos graxos (Fig. 5.4 a). Quando 1 ácido graxo é removido do triglicerídeo, forma-se um **diglicerídeo.** Quando dois ácidos graxos são removidos do triglicerídeo, forma-se um **monoglicerídeo**. Veremos adiante que, para ser absorvida no intestino delgado, a maioria das gorduras tem os dois ácidos graxos mais externos removidos da molécula de triglicerídeo. Dessa forma, as células da parede intestinal absorvem uma mistura de ácidos graxos e monoglicerídeos. Uma vez absorvidos, os ácidos graxos e monoglicerídeos, em sua maioria, voltam a formar triglicerídeos.

▲ Os óleos vegetais diferem por seu teor de ácidos graxos específicos. Óleos de aparência semelhante podem ter composição significativamente diferente em termos de ácidos graxos. O óleo de canola e o azeite de oliva são ricos em gorduras monoinsaturadas; nos últimos anos, vem crescendo muito o interesse no azeite de oliva. No entanto, o óleo de canola é uma opção de gordura monoinsaturada de custo bem menor. O óleo de açafrão é rico em gorduras poli-insaturadas.

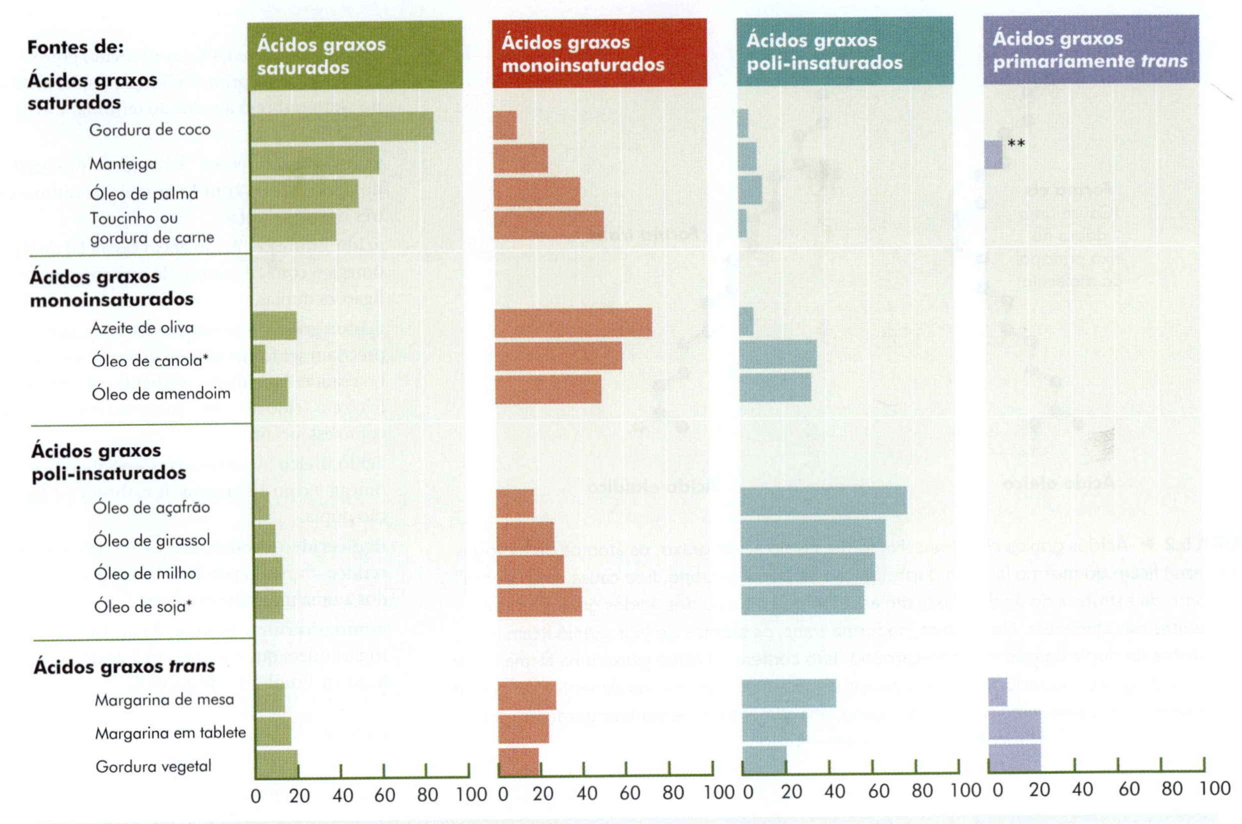

FIGURA 5.3 ▶ Composição das gorduras e óleos mais comuns em termos de ácidos graxos saturados, monoinsaturados, poli-insaturados e *trans* (expressos como % de todos os ácidos graxos contidos no produto).

Fosfolipídeos

Os fosfolipídeos são outra classe de lipídeos. Assim como os triglicerídeos, eles contêm uma estrutura básica representada pelo glicerol. No entanto, nesse caso, pelo menos um ácido graxo foi substituído por um composto que contém fósforo (além de outros elementos, p. ex., nitrogênio) (Fig. 5.4 b). Existem muitos tipos de fosfolipídeos no corpo, especialmente no cérebro. Eles são componentes importantes das membranas celulares. A **lecitina** é um exemplo de fosfolipídeo. Nossas células contêm várias formas desses compostos, que participam da digestão, da absorção e do transporte das gorduras. Nosso corpo é capaz de produzir todos os fosfolipídeos de que necessita. Embora a lecitina seja comercializada como suplemento alimentar e esteja presente como aditivo em vários alimentos, esse tipo de fosfolipídeo não é um componente essencial da dieta.

lecitina Grupo de fosfolipídeos que são importantes componentes das membranas celulares.

Esteróis

Esteróis são a última classe de lipídeos que veremos no Capítulo 5. Sua estrutura característica, formada por vários anéis, torna esses compostos diferentes dos demais lipídeos que vimos até aqui (Fig. 5.4 c). O exemplo mais comum de esterol é o colesterol – é uma substância que tem aspecto de cera e não se parece com um triglicerídeo, ou seja, não tem a estrutura básica de glicerol ligado a ácidos graxos. Ainda assim, ele é classificado como lipídeo porque não se dissolve facilmente em água. Entre outras funções, o colesterol contribui para a formação de certos hormônios e sais biliares e se encontra incorporado a várias estruturas celulares. Nosso corpo é capaz de sintetizar todo o colesterol de que necessita.

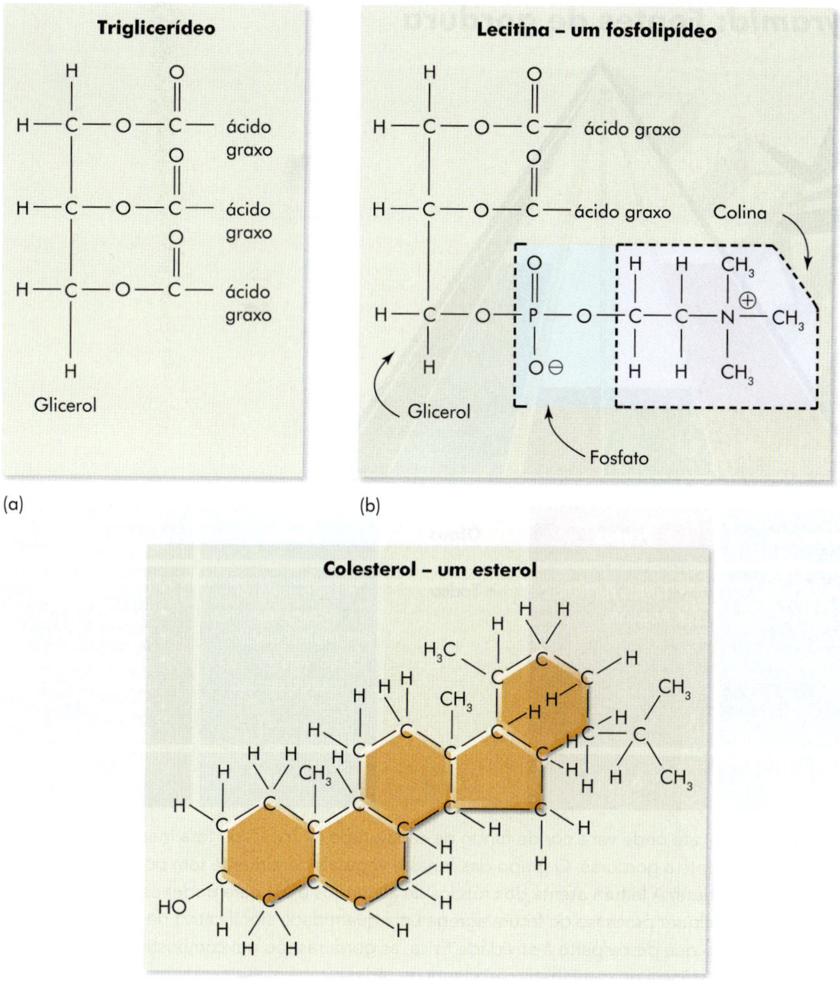

FIGURA 5.4 ▶ Formas químicas dos lipídeos mais comuns: (a) triglicerídeo; (b) fosfolipídeo (lecitina); (c) esterol (colesterol).

REVISÃO CONCEITUAL

Lipídeos são um grupo de compostos que não se dissolvem rapidamente na água. Nesse grupo se incluem ácidos graxos, triglicerídeos, fosfolipídeo e esteróis. Os ácidos graxos se diferenciam pelo comprimento da cadeia de carbonos e pela quantidade e posição dos laços duplos ao longo dessa cadeia. Os ácidos graxos saturados não contêm ligações duplas em sua cadeia de carbonos, ou seja, são totalmente saturados por átomos de hidrogênio. Os ácidos graxos monoinsaturados contêm uma ligação dupla entre os átomos de carbono, e os ácidos graxos poli-insaturados contêm duas ou mais dessas ligações. Alguns ácidos graxos do tipo ômega-3 e ômega-6 são componentes essenciais da dieta humana.

Os triglicerídeos são a principal forma de gordura encontrada no corpo e nos alimentos. São compostos por três ácidos graxos ligados a 1 molécula de glicerol. Os fosfolipídeos são estruturalmente semelhantes aos triglicerídeos, mas pelo menos 1 ácido graxo é substituído por um composto que contém fósforo. Os fosfolipídeos desempenham um importante papel estrutural nas membranas celulares. Os esteróis, outra classe de lipídeos, não se assemelham nem aos triglicerídeos nem aos fosfolipídeos, pois sua estrutura é formada por múltiplos anéis. Um exemplo dessa classe é o colesterol, que entra na composição de parte de células, hormônios e ácidos biliares. Embora certos ácidos graxos essenciais (componentes dos triglicerídeos) sejam necessários na alimentação, nosso corpo produz todos os triglicerídeos, fosfolipídeos e colesterol de que necessita. A seguir, falaremos sobre os alimentos que são fontes de gordura (Fig. 5.5).

***MyPyramid*: Fontes de gordura**

Grupo alimentar	Cereais	Legumes	Frutas	Óleos	Leite	Carne e leguminosas
Fontes de gordura	• Biscoitos salgados • Pratos de massa com adição de gordura	• Batatas fritas	• Tortas de frutas • Abacate	• Todos	• Leite integral • Alguns iogurtes • Muitos queijos • Sorvete extracremoso	• Carnes gordas • *Bacon* • Aves (pele) • Carnes fritas no óleo • Nozes e amêndoas
Gramas por porção	0 –18	0 –27	0 – 11	12 –14	0 –10	7 –17

FIGURA 5.5 ▶ Fontes de gordura segundo o *MyPyramid*. O nível até onde vai a cor de fundo de cada grupo (0, $^1/_3$, $^2/_3$ ou totalmente preenchido) da pirâmide indica a densidade nutricional média do grupo, referente a gorduras. O grupo das frutas e vegetais geralmente tem pouca gordura. Nos demais grupos, existem opções com alto e baixo teor de gordura. A leitura atenta dos rótulos de alimentos é útil para poder escolher as versões dos alimentos que têm menor teor de gordura. Em geral, qualquer processo de fritura agrega uma quantidade significativa de gordura ao produto, por exemplo, no caso de batatas fritas ou frango frito. No que diz respeito à atividade física, as gorduras são um combustível fundamental para exercícios prolongados, como ciclismo ou corrida de longa distância ou caminhada, seja lenta ou rápida.

5.3 Gorduras e óleos alimentares

A dieta norte-americana típica é rica em lipídeos e triglicerídeos. Os alimentos com maior teor de gordura (portanto maior densidade calórica) são os molhos de salada à base de óleos e azeites e os complementos do tipo manteiga, margarina e maionese. Todos esses alimentos contêm quase 100% das suas calorias na forma de gorduras. Nas margarinas de baixo teor de gordura, parte dos lipídeos é substituída por água. Enquanto as margarinas comuns contêm 80% do peso em gordura (11 g por colher de sopa), algumas margarinas *light* podem conter apenas 30% de gordura por unidade de peso (4 g por colher de sopa). Quando essas margarinas são usadas no preparo de receitas culinárias, a água pode acarretar alterações de volume e textura dos pratos. Nos livros de receitas, é possível encontrar sugestões de modificação do preparo dos pratos para compensar esse maior teor de água na margarina.

▲ A dieta típica norte-americana inclui muitos alimentos gordurosos – sobretudo pães e bolos. Por isso, é importante controlar as porções desses alimentos consumidas diariamente, sobretudo se a pessoa estiver tentando controlar seu consumo de calorias.

Ainda considerando o teor total de gordura, os alimentos que, isoladamente, contêm mais gordura são oleaginosas (nozes, amêndoas, castanhas), mortadela, *bacon* e, entre as frutas, o abacate; a gordura representa cerca de 80% das calorias desses alimentos. A seguir, vêm manteiga de amendoim e queijo *cheddar* (cerca de 75%). Carnes gordas e hambúrgueres têm cerca de 60%, e barras de chocolate, sorvetes lácteos, roscas fritas e leite integral têm cerca de 50% das calorias provenientes de gordura. Ovos, bolos e tortas têm 35%, que também é o percentual das carnes magras, como lagarto e filé-mignon. O pão contém cerca de 15%. Por fim, alimentos como flocos de milho, açúcar e leite desnatado são praticamente isentos de gordura. A leitura atenta do rótulo é importante para determinar o teor real de gordura de cada alimento – os percentuais citados aqui dão apenas uma orientação geral (Fig. 5.6).

O tipo de gordura contido nos alimentos também é importante, não apenas a quantidade de gordura. As gorduras de origem animal são as mais ricas em ácidos graxos saturados. Cerca de 40 a 60% de toda a gordura contida nos derivados de leite e carne encontram-se sob a forma de ácidos graxos saturados. No entanto, os óleos vegetais contêm sobretudo ácidos graxos insaturados, que representam 73 a 94% do conteúdo total de gordura. Nos óleos de canola, oliva e amendoim, uma proporção moderada a elevada da gordura (49 a 77%) é representada por ácidos graxos monoinsaturados. Algumas gorduras de origem animal também são boas fontes de ácidos graxos monoinsaturados (30 a 47%) (ver novamente a Fig. 5.3). Os óleos de milho, algodão, girassol, soja e açafrão são ricos em ácidos graxos poli-insaturados (54 a 77%). Esses óleos vegetais suprem a maior parte dos ácidos linoleico e alfa-linolênico da dieta norte-americana.

Gérmen de trigo, amendoim, gema de ovo, soja e vísceras são importantes fontes de fosfolipídeos. Os fosfolipídeos como a lecitina, presente na gema do ovo, são frequentemente adicionados aos molhos de salada. A lecitina serve como **emulsificante** nesses e em outros produtos, graças à sua capacidade de manter estável a mistura de lipídeos e água (Fig. 5.7). Os emulsificantes são adicionados aos molhos de salada para evitar que o óleo e a água se separem. Ovos adicionados à mistura para bolo emulsificam a gordura com o leite.

▲ O amendoim é uma fonte de lecitina, assim como o gérmen de trigo e a gema de ovo.

emulsificante Composto capaz de manter a gordura suspensa em água, pois transforma a gordura em pequenas gotículas cercadas por moléculas de água ou de outra substância que evita a coalescência da gordura.

Fontes alimentares de gordura

Alimento	Gordura (gramas)	Calorias provenientes de gordura %	% Recomendação AHA
Recomendação AHA	70	30%	100%
Contrafilé, 90 g	17	66%	24%
Nozes e amêndoas, 30 g	16	78%	23%
Óleo de canola, 1 colher de sopa	14	100%	20%
Hambúrguer no pão, unidade	12	39%	17%
Margarina, 1 colher de sopa	12	100%	17%
Abacate, ½ xícara	11	86%	16%
Queijo *cheddar*, 30g	10	74%	14%
Leite integral, 1 copo	8	49%	11%
Peito de frango com pele, 90 g	7	36%	10%
Iogurte integral, 250 ml	7	28%	10%
Bolachas salgadas, 30 g	7	45%	10%
Ervilha ou feijões assados, ½ xícara	7	31%	10%
Confeitos de chocolate, 30g	6	39%	9%
Sementes de linhaça, 1 colher de sopa	3	62%	4%
Biscoito com recheio de goiabada, 2 unidades	3	23%	4%

Legenda
- Grãos
- Vegetais
- Frutas
- Óleos
- Laticínios
- Carnes e feijões
- Calorias opcionais

FIGURA 5.6 ► Fontes alimentares de gorduras comparadas à recomendação da American Heart Association (AHA) de 70 g por dia ou 30% das calorias provenientes de gordura, para uma dieta de 2.100 kcal.

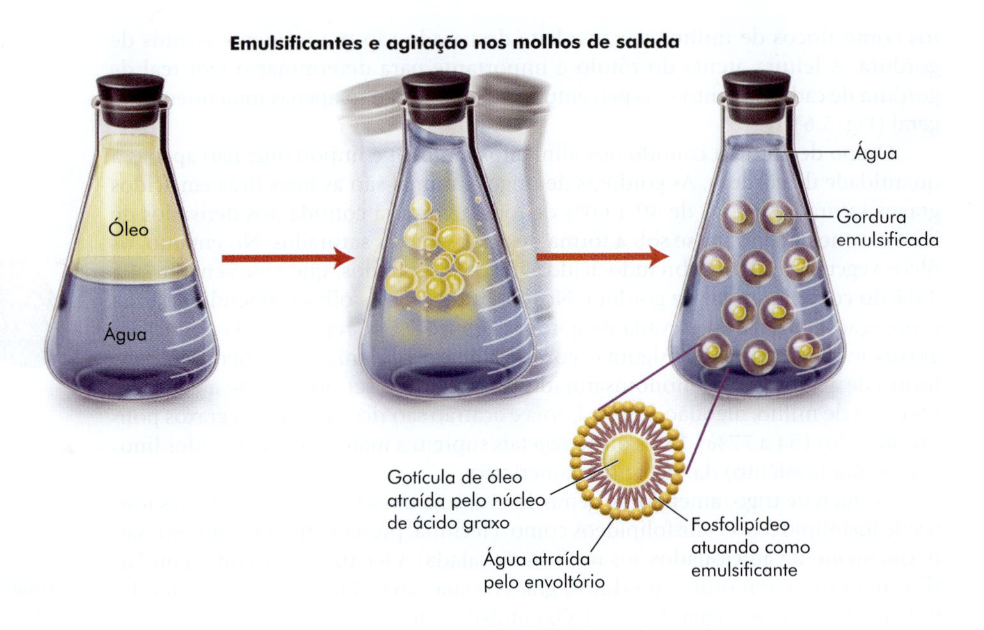

FIGURA 5.7 ▶ Emulsificantes em ação. Os emulsificantes evitam que o óleo e a água contidos nos molhos para salada se separem, por isso são usados em vários produtos desse tipo. Os emulsificantes atraem os ácidos graxos com sua extremidade interna e a água com sua outra extremidade. Quando se adicionam essas substâncias ao tempero de salada e se agita bem a mistura, não há separação entre a gordura e a água. A emulsificação é importante tanto na produção de alimentos quanto na digestão/absorção de gorduras.

TABELA 5.1 Teor de colesterol nos alimentos

85 g miolos de boi	2.635 mg
85 g de fígado de boi	337 mg
1 gema de ovo grande*	209 mg
85 g de camarão	166 mg
85 g de carne de vaca*	75 mg
85 g de carne de porco	75 mg
85 g de frango ou peru (peito)*	75 mg
1 taça de sorvete	63 mg
85 g de truta	60 mg
85 g de atum	45 mg
85 g de salsicha	38 mg
30 g de queijo *cheddar**	30 mg
1 copo de leite integral*	24 mg
1 copo de leite semidesnatado	12 mg
1 copo de leite desnatado	5 mg
1 clara de ovo grande	0 mg

*Principais fontes de colesterol na dieta ocidental.

O colesterol só é encontrado em alimentos de origem animal (Tab. 5.1). Uma gema de ovo contém cerca de 210 mg de colesterol. Os ovos são nossa principal fonte de colesterol, juntamente com carnes e leite integral. Fabricantes que promovem suas marcas de manteiga de amendoim, margarina culinária, margarina cremosa e óleos vegetais afirmando que são "isentos de colesterol" estão enganando o consumidor mal-informado – todos esses produtos são naturalmente isentos de colesterol. Algumas plantas contêm outros esteróis semelhantes ao colesterol, porém esses não acarretam os riscos à saúde do coração típicos do colesterol. De fato, alguns esteróis de origem vegetal têm propriedades redutoras do colesterol sanguíneo (ver adiante as intervenções médicas para redução dos lipídeos no sangue).

A gordura escondida nos alimentos

Alguns tipos de gorduras são bastante evidentes: a manteiga que passamos no pão, a maionese na salada e a gordura encontrada na carne crua. Entretanto, em outros alimentos, é mais difícil perceber a gordura, embora eles contribuam com quantidades significativas de lipídeos. Esses alimentos que "escondem" a gordura são leite integral, bolos e doces, biscoitos, queijo, salsichas, bolachas salgadas, batatas fritas e sorvetes cremosos. Quando queremos reduzir nosso consumo de gordura, é preciso considerar essa gordura escondida.

Para começar, é preciso ler os rótulos dos alimentos para descobrir seu teor de gordura na tabela de informações nutricionais. Na lista de ingredientes, é preciso estar atento à presença de gordura animal, representada por itens como *bacon*, carne, presunto, cordeiro, porco, frango e peru, toucinho, óleos vegetais, nozes, laticínios como manteiga e creme, ovos e concentrado de gema de ovo, além de margarina culinária parcialmente hidrogenada. Para facilitar, o rótulo lista os ingredientes na ordem decrescente do seu peso no produto. Se a gordura é um dos primeiros ingredientes da lista, provavelmente se trata de um produto rico em gorduras. Ao ler os rótulos, é possível aprender mais sobre o teor de gordura dos alimentos que são consumidos (Fig. 5.8).

As definições dos diversos termos descritivos encontrados nos rótulos de alimentos, por exemplo, "baixo teor de gordura", "sem gordura" e "teor reduzido de gordura", podem ser consultadas na Tabela 2.9, do Capítulo 2, e foram reproduzidas na tabela da próxima página. Lembre-se de que "baixo teor de gordura" indica, na maioria dos casos, que o produto não contém mais do que 3 g de gordura por porção. Os produtos cujo rótulo contém a expressão "sem gordura" devem ter

FIGURA 5.8 ▶ A leitura atenta dos rótulos ajuda a descobrir a gordura escondida. Quem poderia imaginar que um cachorro-quente pode conter até 85% de suas calorias na forma de gordura? Olhando para um cachorro-quente, não parece que quase todas as calorias que ele contém são provenientes de gorduras, mas se lermos o rótulo, os fatos ficarão claros. Basta fazer as contas: 13 g de gordura total × 9 kcal por g de gordura = 120 kcal provenientes de gorduras; 120 kcal/140 kcal por unidade = 0,86 ou 86% kcal provenientes de gordura.

menos de 0,5 g de gordura por porção. Se o rótulo diz que o alimento tem "teor reduzido de gordura", isso significa que o produto tem pelo menos 25% menos de gordura do que a forma habitual daquele mesmo produto. Quando não há tabela de informações nutricionais que possa ser consultada, a observação do tamanho das porções é um bom meio de controlar o consumo de gorduras.

Nos Estados Unidos, frequentemente as pessoas dizem estar fazendo uma dieta com baixo teor de gordura porque consomem as versões *light* de biscoitos, bolos e massas. No entanto, quando um profissional de saúde se refere a uma dieta de baixo teor de gordura, em geral ele tem em mente outra coisa: uma alimentação rica em frutas, legumes e cereais integrais. Sua escolha de alimentos, quanto ao teor de gordura, deve levar em conta a quantidade total de gordura que você consumiu ou pretende consumir ao longo do dia. Portanto, se você planeja fazer um jantar cheio de iguarias gordurosas, você deveria reduzir o consumo de gordura em outras refeições do dia para equilibrar a quantidade total.

A gordura presente nos alimentos proporciona parte da saciedade, do sabor e da textura

A gordura dos alimentos é considerada, em geral, o macronutriente que mais promove a saciedade. No entanto, há estudos que mostram que as proteínas e os carboidratos provavelmente sejam os alimentos que mais promovam a saciedade por unidade de peso. Refeições muito gordurosas de fato promovem a saciedade, mas isso ocorre, sobretudo, porque elas fornecem uma grande quantidade de calorias. Uma refeição com alto teor de gordura provavelmente também terá um alto teor calórico.

Várias gorduras desempenham um importante papel nos alimentos, por isso a produção de alimentos com baixo teor de gordura e que conservem seu sabor e textura é um processo complexo. Em certos casos, "sem gordura" também significa "sem sabor". As gorduras presentes nos alimentos são importantes para a textura e o sabor. Se você já comeu, alguma vez, um bom queijo ou requeijão, irá concordar que esse tipo de gordura agrada ao paladar. A gordura do leite integral ou apenas semidesnatado também contribui para dar uma textura mais cremosa, que falta no leite desnatado. As carnes mais macias geralmente são aquelas que contêm mais gordura, e até se pode ver essa gordura. Além disso, muitos aromas adicionados aos alimentos são solúveis em gordura. Quando aquecidos em óleo, alguns condimen-

* N. de R.T.: No Brasil, a Anvisa normatiza definições similares para as especificações em rótulos de alimentos. Disponível em: www.portal.anvisa.gov.br.

▶ Definições das afirmações sobre gorduras e colesterol nos rótulos de alimentos*

Gordura

- **Sem gordura:** menos de 0,5 g de gordura por porção
- **Isento de gordura saturada:** menos de 0,5 g por porção e teor máximo de ácidos graxos *trans* de 0,5 g por porção
- **Baixo teor de gordura:** 3 g ou menos por porção ou por 50 g do alimento (se a porção tiver 30 g ou menos, ou 2 col de sopa ou menos). Leite com 2% de gordura não pode mais ser dito de "baixo teor de gordura", pois excede 3 g por porção. O termo certo agora é "teor reduzido de gordura"
- **Baixo teor de gordura saturada:** 1 g ou menos por porção e não mais do que 15% das calorias provenientes de ácidos graxos saturados
- **Teor reduzido ou menor teor de gordura:** no mínimo 25% menos por porção do que no alimento de referência
- **Teor reduzido ou menor teor de gordura saturada:** no mínimo 25% menos por porção do que no alimento de referência

Colesterol

- **Sem colesterol:** menos de 2 mg de colesterol e 2 g ou menos de gordura saturada por porção
- **Baixo teor de colesterol:** 20 mg ou menos de colesterol e 2 g ou menos de gordura saturada por porção ou por 50 g do alimento (se a porção tiver 30 g ou menos ou 2 col de sopa ou menos)
- **Teor reduzido ou menos colesterol:** no mínimo, 25% menos colesterol e 2 g ou menos de gordura saturada por porção, em relação ao alimento de referência

tos intensificam o sabor de alimentos, como por exemplo, um molho *curry* indiano ou um prato da culinária mexicana. Nossas células sensoriais percebem o odor e o paladar desses condimentos na boca.

DECISÕES ALIMENTARES

Dieta com menos gordura

Qualquer pessoa habituada à alimentação típica da América do Norte provavelmente precisará de algum tempo para se adaptar a uma dieta com menor teor de gordura. O consumo preferencial de frutas e legumes saborosos, além de grãos integrais, ajuda nesse processo de adaptação. É interessante observar que, após o período de ajuste, a pessoa começa a não gostar tanto ou a se sentir mal quando consome alimentos gordurosos. Por exemplo, depois de algumas semanas consumindo somente leite semidesnatado (1%), a pessoa que antes só usava leite integral vai achar que, agora, esse leite tem gosto de nata. Certamente é possível mudar de uma dieta rica em gorduras para uma dieta com baixo teor de gordura. Os benefícios dessa mudança – controle do peso e menor risco de doenças crônicas – vale o esforço de adaptação.

Bom-senso no consumo de alimentos com menor teor de gordura

Os fabricantes de alimentos lançaram versões com menor teor de gordura de inúmeros produtos. O teor de gordura desses produtos alternativos varia de 0 a 75%, dependendo do tipo de produto. Entretanto, o teor total de calorias de quase todos os produtos com teor reduzido de gorduras não é significativamente menor do que o das versões convencionais. Isso ocorre porque, em geral, quando se remove a gordura de um produto, algum outro ingrediente precisa ser adicionado – quase sempre, açúcar. É difícil reduzir, ao mesmo tempo, a gordura e o teor de açúcar de um alimento e, ainda assim, manter seu sabor e sua textura. Por isso, muitos produtos, como massas e biscoitos, que têm teor reduzido de gordura continuam sendo altamente calóricos. Leia a tabela de informações nutricionais para saber que quantidade do produto terá as calorias que você deseja consumir.

▲ Os laticínios são os itens da nossa dieta que mais contribuem com gorduras saturadas.

Estratégias de substituição da gordura dos alimentos

Para que o consumidor possa reduzir seu consumo de gordura e ainda apreciar o sabor dos alimentos, os fabricantes oferecem muitos produtos em versões com menor teor de gordura. Para tanto, na fabricação, a gordura dos alimentos pode ser substituída por água, proteínas ou vários tipos de carboidratos, como derivados de amido, fibras e gomas. Às vezes, a indústria alimentícia lança mão de gorduras "artificiais" como olestra e salatrim, que consistem em uma mistura de lipídeos e sacarose (açúcar comum), mas não fornecem ou fornecem poucas calorias, já que não podem ser bem-digeridas e/ou absorvidas.

REVISÃO CONCEITUAL

Alimentos com alto teor de gordura – que contêm mais de 60% de suas calorias totais sob a forma de gordura – incluem óleos vegetais, manteiga, margarina, maionese, *bacon*, abacate, manteiga de amendoim, queijo *cheddar*, filé e hambúrguer. Dentre os alimentos que consumimos com maior frequência, só os de origem animal, principalmente ovos, contêm colesterol. Emulsificantes, por exemplo, fosfolipídeos e lecitinas, são adicionados aos molhos de salada e outros produtos ricos em gorduras a fim de manter os óleos vegetais e outras gorduras em suspensão na base aquosa. Os alimentos que "escondem" a gordura são leite integral, bolos e doces, biscoitos, queijo, salsichas, bolachas salgadas, batatas fritas e sorvetes cremosos. A gordura desempenha vários papéis nos alimentos, inclusive contribuindo para seu sabor e sua textura. Também torna mais agradável o paladar de vários alimentos, intensifica o sabor dos condimentos e torna mais macios vários tipos de carnes. Quando um produto é isento de gorduras, isso não significa que ele seja isento de calorias – eles também devem ser consumidos com moderação.

Por enquanto, esses produtos com gorduras substituídas não ocupam uma posição significativa na nossa alimentação, em parte porque as versões aprovadas não são muito versáteis e em parte porque seu uso pelos fabricantes ainda é limitado. Além disso, os substitutos de gorduras não têm uso prático nos alimentos que, justamente, constituem as principais fontes de gordura da nossa alimentação: carnes, queijos, leite e massas para assar.

A deterioração da gordura limita o prazo de validade dos alimentos

Quando os óleos se decompõem, passam a ter um odor desagradável e adquirem um gosto rançoso. É o que acontece, por exemplo, com batatas chips envelhecidas. O "ranço" resulta da quebra das ligações duplas da gordura insaturada, levando à formação de subprodutos. A luz ultravioleta, o oxigênio e certos procedimentos podem quebrar essas ligações duplas e, assim, destruir a estrutura dos ácidos graxos poli-insaturados. As gorduras saturadas e *trans* resistem mais a esses efeitos, porque contêm menos ligações duplas entre seus átomos de carbono.

O ranço não costuma ser um problema para o consumidor, na prática, porque o mau odor e o gosto desagradável evitam o consumo desses alimentos em quantidades que poderiam fazer mal à saúde. Entretanto, é um problema para os fabricantes, já que diminui o prazo de validade dos produtos. Visando estender a validade, os fabricantes costumam adicionar aos produtos óleos vegetais parcialmente hidrogenados. Os alimentos que correm maior risco de se tornarem rançosos são frituras e produtos muito expostos ao ar. A gordura dos peixes também é sujeita a se tornar rançosa, por ser altamente poli-insaturada.

Antioxidantes como a vitamina E ajudam a proteger os alimentos da deterioração das gorduras, evitando que fiquem rançosos. A vitamina E, um componente natural dos óleos vegetais, evita a quebra das ligações duplas dos ácidos graxos. Quando os fabricantes de alimentos querem evitar que as gorduras poli-insaturadas fiquem rançosas, costumam adicionar antioxidantes sintéticos, como **BHA**, **BHT** ou vitamina C, à fórmula dos produtos que contêm gordura, como molhos para salada e misturas para bolos. Outra medida é fechar hermeticamente ou aplicar outros métodos de redução do oxigênio no interior das embalagens.

A hidrogenação dos ácidos graxos durante a produção de alimentos aumenta seu teor de gordura *trans*

Conforme já mencionado, a maioria das gorduras que contêm ácidos graxos saturados de cadeia longa é sólida em temperatura ambiente; e as que contêm ácidos graxos insaturados são líquidas. Em alguns processos de produção de alimentos, as gorduras sólidas funcionam melhor do que as líquidas. Quando se prepara massa de torta, por exemplo, a gordura sólida resulta em uma massa mais folhada, ao passo que o uso de óleos líquidos tendem a dar um resultado mais gorduroso e quebradiço. Se forem usados óleos com ácidos graxos insaturados em lugar das gorduras sólidas, é preciso, em geral, torná-los mais saturados (com hidrogênio), porque dessa forma eles serão solidificados, transformando-se em margarina culinária. O hidrogênio é adicionado injetando-se hidrogênio borbulhante, sob pressão, no óleo vegetal líquido, processo que se chama **hidrogenação** (Fig. 5.9). Os ácidos graxos não são completamente hidrogenados, ou seja, totalmente saturados, pois isso tornaria o produto muito rígido e friável. A hidrogenação parcial, ou seja, a que deixa alguns ácidos graxos monoinsaturados, cria uma gordura semissólida.

O processo de hidrogenação produz ácidos graxos *trans*, como já foi mencionado neste capítulo. A maioria dos ácidos graxos monoinsaturados e poli-insaturados existem na forma *cis*, que possui uma cadeia de carbonos encurvada, ao passo que as cadeias mais retas da forma *trans* se assemelham mais aos ácidos graxos saturados. Talvez seja esse o mecanismo pelo qual a gordura *trans* aumenta o risco de doença cardíaca. Estudos indicam também que a gordura *trans* aumenta o potencial de inflamação do corpo, o que não é saudável. Por isso, devemos limitar o con-

PARA REFLETIR

Allison decidiu começar uma dieta com pouca gordura. Ela afirmou que só precisa adicionar menos manteiga, óleo ou margarina aos alimentos e, assim, poderá diminuir drasticamente seu consumo de gorduras. Como é possível explicar a Allison que ela também precisa ficar atenta às gorduras ocultas da dieta?

▲ Substitutos de gordura, por exemplo, fibras de goma, em geral são encontrados em sorvetes cremosos.

O Canadá não aprovou o uso de olestra na fabricação de alimentos; somente os Estados Unidos permitem o uso de substitutos de gordura.

BHA, BHT Butil-hidroxianisol e butil-hidroxitolueno, antioxidantes sintéticos geralmente adicionados aos alimentos.

hidrogenação Adição de hidrogênio a uma dupla ligação carbono-carbono, o que produz uma ligação simples com dois átomos de hidrogênio ligados a cada carbono. A hidrogenação dos ácidos graxos insaturados contidos no óleo vegetal endurece o produto, por isso esse processo é usado para converter óleos líquidos em gorduras mais sólidas, usadas como margarinas culinárias. Ácidos graxos *trans* são um subproduto da hidrogenação dos óleos vegetais.

FIGURA 5.9 ▶ Como se transformam óleos líquidos em gorduras sólidas. (a) Ácidos graxos insaturados se apresentam na forma líquida. (b) Hidrogênios são adicionados (hidrogenação) e transformam algumas ligações duplas em ligações simples carbono-carbono, produzindo ácidos graxos *trans*. (c) O produto parcialmente hidrogenado poderá ser usado como margarina alimentar, margarina culinária ou gordura para fritar alimentos.

sumo de gorduras parcialmente hidrogenadas e, portanto, de gorduras *trans*. Nas situações habituais, as pessoas não precisam se preocupar tanto com isso, desde que o consumo de gorduras *trans* não seja excessivo e que haja uma quantidade adequada de gorduras poli-insaturadas na dieta. Entretanto, como os ácidos graxos *trans* não têm qualquer função específica na manutenção da saúde, as mais recentes recomendações dietéticas para americanos da American Heart Association e do Food and Nutrition Board aconselham manter em nível mínimo o consumo de gorduras *trans*.

Recentemente, a pressão da opinião pública convenceu os fabricantes a eliminar dos alimentos industrializados os óleos tropicais ricos em gorduras saturadas (óleos de palma, oleína e gordura de coco). O óleo de soja parcialmente hidrogenado, rico em gorduras *trans*, tornou-se o principal substituto. Atualmente, estima-se que as gorduras *trans* representem certa de 3 a 4% de todas as calorias da dieta, chegando a 10 g/dia, em média. A Tabela 5.2 contém uma lista das principais fontes.

Atualmente, a FDA exige que o teor de gordura *trans* seja expresso no rótulo do alimento (veja novamente a Fig. 5.8). No Canadá, os rótulos também devem mencionar o teor de gorduras *trans*. A FDA quer que os consumidores se conscientizem da quantidade de gordura *trans* presente nos alimentos, bem como das consequências negativas para a saúde associadas ao seu consumo excessivo. As empresas norte-americanas já estão se adaptando e criando produtos isentos de gorduras *trans*. Por exemplo, as marcas Promise, Smart Beat e algumas margarinas da Fleischmann são isentas ou têm menor teor de gordura *trans* (< 0,5 g por porção) comparadas às margarinas comuns.

Essa informação sobre o teor de gordura *trans* no rótulo ajuda o consumidor no momento da compra dos alimentos, mas quando realizamos refeições fora de casa, não temos informações quanto ao teor de gordura *trans* dos alimentos que consumimos. É difícil saber que pratos têm menor teor de gordura *trans* no restaurante porque raramente são disponibilizadas informações sobre os métodos de preparo dos alimentos e sua composição em termos de gorduras. Uma boa alternativa para minimizar o consumo de gorduras *trans* é limitar o consumo de frituras, tortas e pães de massa folhada (massa para assar, biscoitos, *croissants*, bolachas).

Apesar de nem todos os alimentos terem no rótulo o teor de gorduras *trans*, o consumidor pode fazer uma escolha sensata examinando a lista de ingredientes citados. Se nos três primeiros ingredientes citados no rótulo constar gordura vege-

▲ A campanha de saúde pública da American Heart Association, de âmbito nacional, chamada "*Meet the Fats*", enfatiza que "alguns são maus, outros são melhores". Os "irmãos maus" (Trans e Sat), que são as gorduras ruins, indicam que devemos diminuir nosso consumo de gorduras *trans* e saturadas. As "irmãs boas" (Poly, cujo nome vem de gordura poli-insaturadas, e Mona, de gordura monoinsaturada) indicam que devemos "substituir as gorduras más por alimentos que constituem melhores escolhas" (acesse o programa em www.heart.org).

TABELA 5.2 Principais fontes de ácidos graxos e seu estado em temperatura ambiente

Tipo e efeito sobre a saúde	Principais fontes	Estado em temperatura ambiente
Ácidos graxos saturados Aumentam os níveis sanguíneos de colesterol		
Cadeia longa	Toucinho; gordura de carne, porco e cordeiro	Sólido
Cadeia curta e média	Gordura do leite (manteiga), gordura de coco, óleo de palma, óleo de semente de palma	Pastoso ou líquido
Ácidos graxos monoinsaturados Diminuem os níveis sanguíneos de colesterol	Azeite de oliva, óleo de canola, óleo de amendoim	Líquido
Ácidos graxos poli-insaturados Diminuem os níveis sanguíneos de colesterol	Óleo de girassol, óleo de milho, óleo de açafrão, óleo de peixe	Líquido
Ácidos graxos essenciais Ômega-3: ácido alfa-linolênico Reduz a resposta inflamatória, a coagulação sanguínea e os triglicerídeos plasmáticos	Peixes de água fria (salmão, atum, sardinha, cavala), avelãs, óleos de linhaça, de cânhamo, de canola e de soja	Líquido
Ômega-6: ácido linoleico Regula a pressão arterial e aumenta a coagulação sanguínea	Carne, aves, óleos de açafrão, girassol e milho	Sólido a líquido
Ácidos graxos *trans* Aumentam o colesterol sanguíneo mais do que as gorduras saturadas	Margarina (cremosa), margarina culinária	Pastoso a bem-sólido

tal parcialmente hidrogenada, é preciso considerar que esse alimento contém uma quantidade significativa de gordura *trans*.

Limitar o consumo de gorduras *trans* em casa é bem mais fácil. Uma das medidas mais importantes é não usar ou usar pouca margarina culinária. Em vez disso, prefira os óleos vegetais e as margarinas cremosas (cujos rótulos mencionem óleo vegetal ou água como primeiro ingrediente). Evite fritar qualquer alimento em margarina culinária. Em vez disso, use óleos vegetais não hidrogenados para assar, refogar, cozinhar, grelhar ou preparar no vapor. Substitua os cremes não lácteos por leite desnatado ou semidesnatado. A maioria desses cremes não lácteos contém

▲ Alimentos fritos têm alto teor de gordura e de gordura *trans*. A redução do consumo de frituras pode ajudar a baixar os lipídeos no sangue.

REVISÃO CONCEITUAL

A hidrogenação dos ácidos graxos insaturados é o processo de adição de hidrogênio às ligações duplas carbono-carbono, formando ligações simples. Esse processo resulta na formação de ácidos graxos *trans*. A hidrogenação transforma os óleos vegetais em gorduras sólidas. Faz sentido monitorar o consumo de gorduras *trans*, já que esse tipo de gordura aumenta o risco de doença cardiovascular.

As ligações duplas carbono-carbono dos ácidos graxos poli-insaturados são facilmente quebradas, levando à formação de subprodutos que tornam o alimento rançoso. Nos óleos, a presença de antioxidantes como a vitamina E protege, naturalmente, os ácidos graxos insaturados da degradação oxidativa. As indústrias de alimentos podem usar gorduras hidrogenadas e adicionar antioxidantes sintéticos ou naturais para diminuir o risco de transformação em gordura rançosa.

muita gordura vegetal parcialmente hidrogenada. Por fim, leia os rótulos dos alimentos e use essas sugestões para estimar seu teor de gordura *trans*.

5.4 Como disponibilizar os lipídeos para uso pelo corpo

Não é segredo que as gorduras e os óleos tornam os alimentos mais agradáveis ao paladar. Sua presença contribui para o sabor, a textura e a maciez dos alimentos. O que acontece com os lipídeos depois de ingeridos? Vejamos em detalhe os processos de digestão e absorção, bem como o papel fisiológico dos lipídeos no organismo.

Digestão

lipase Enzima produzida pelas glândulas salivares, pelo estômago e pelo pâncreas, capaz de digerir gorduras.

Na primeira fase da digestão das gorduras, o estômago secreta **lipase** (as glândulas salivares também). Essa enzima atua primariamente sobre os triglicerídeos que possuem ácidos graxos de cadeia curta, por exemplo, os da manteiga. Entretanto, a ação da lipase salivar e estomacal é muito menos importante do que a da lipase secretada pelo pâncreas e que atua no intestino delgado. Os triglicerídeos e outros lipídeos presentes nos óleos vegetais comuns e nas carnes possuem cadeias mais longas e em geral não são digeridos até que cheguem ao intestino delgado (Fig. 5.10).

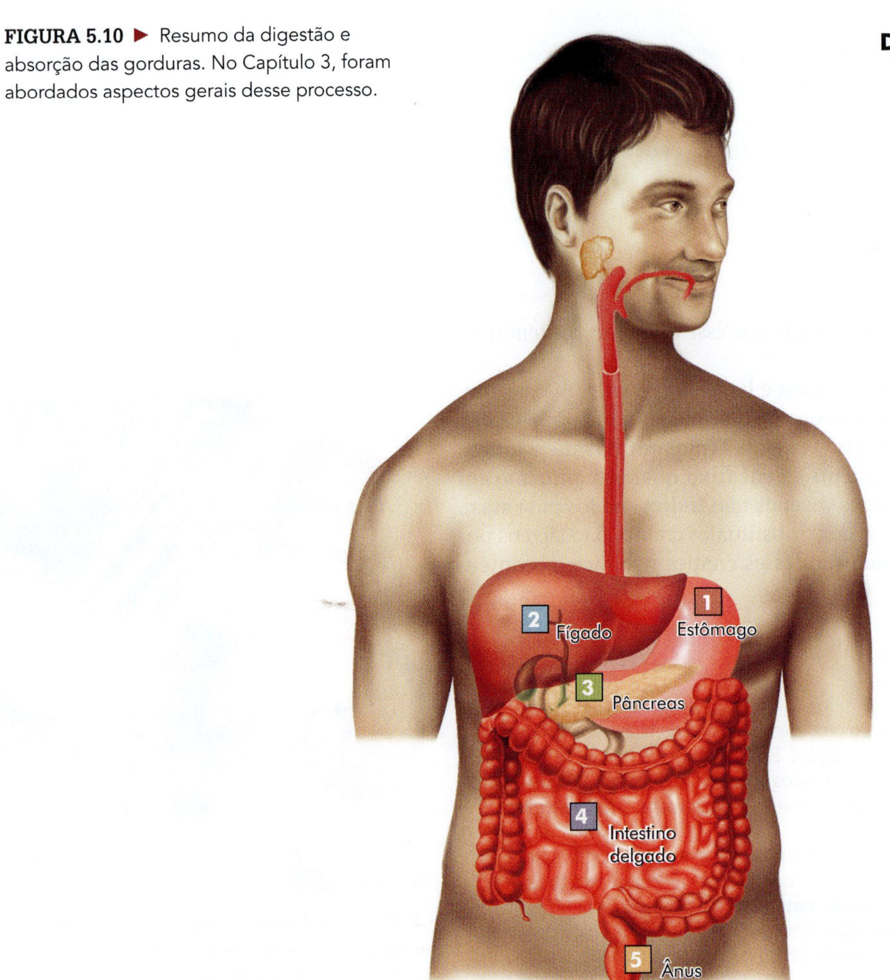

FIGURA 5.10 ▶ Resumo da digestão e absorção das gorduras. No Capítulo 3, foram abordados aspectos gerais desse processo.

No intestino delgado, os triglicerídeos são quebrados pela lipase, gerando moléculas menores, os monoglicerídeos (estrutura básica de glicerol com um único ácido graxo ligado) e ácidos graxos. Nas condições adequadas, a digestão é rápida e completa. Essas condições "adequadas" incluem a presença da bile, expelida pela vesícula biliar. Os ácidos biliares presentes na bile atuam como emulsificantes dos produtos digeridos pela lipase, produzindo uma suspensão de monoglicerídeos e ácidos graxos nos sucos digestivos aquosos. Essa emulsificação melhora a digestão e a absorção porque à medida que os grandes glóbulos de gordura são fragmentados, aumenta a superfície total de contato dos lipídeos com a enzima lipase (Fig. 5.11).

A digestão dos fosfolipídeos é feita por certas enzimas do pâncreas e da parede do intestino delgado. Os produtos que se formam nessa digestão são glicerol, ácidos graxos e outros resíduos. No caso da digestão do colesterol, certas enzimas liberadas pelo pâncreas separam o colesterol de todo ácido graxo que esteja ligado a ele, produzindo colesterol livre e ácidos graxos.

Se a vesícula biliar for removida cirurgicamente (p. ex., nos casos em que se formam cálculos biliares), a bile sairá diretamente do fígado para o intestino delgado.

DECISÕES ALIMENTARES

Ácidos biliares

Durante as refeições, os ácidos biliares circulam a partir do fígado, passando pela vesícula biliar e chegando ao intestino delgado. Depois de participar da digestão das gorduras, a maior parte dos ácidos biliares é absorvida e acaba voltando ao fígado. Aproximadamente 98% dos ácidos biliares são reciclados. Só 1 a 2% chegam ao intestino grosso e são eliminados nas fezes. Uma das formas de se tratar a elevação do colesterol sanguíneo é usar medicamentos que bloqueiem parte dessa reabsorção de ácidos biliares. O fígado retira o colesterol da corrente sanguínea para produzir novos ácidos biliares. Algumas fibras solúveis presentes em certos alimentos se ligam aos ácidos biliares causando o mesmo efeito (ver adiante o item sobre intervenções clínicas para tratamento de doenças cardiovasculares).

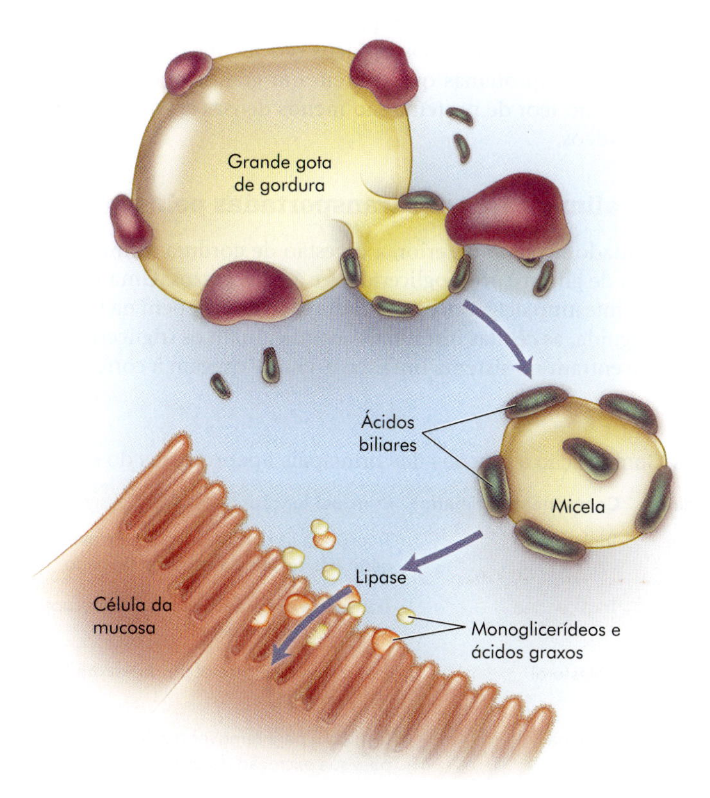

FIGURA 5.11 ► Os ácidos biliares se misturam às gorduras formando pequenas gotículas chamadas micelas, que facilitam a absorção dos monoglicerídeos e ácidos graxos pelas células da mucosa do intestino delgado.

Absorção

Os produtos da digestão das gorduras no intestino delgado são ácidos graxos e monoglicerídeos. Esses produtos se difundem para dentro das células absortivas do intestino delgado. Cerca de 95% das gorduras da alimentação são absorvidas dessa maneira. O tamanho da cadeia dos ácidos graxos afeta o destino final desses ácidos e dos monoglicerídeos após sua absorção. Se a cadeia do ácido graxo tiver menos de 12 átomos de carbono, esse ácido graxo será solúvel em água e, portanto, é provável que seja levado pela veia porta diretamente ao fígado. Se o ácido graxo for da variedade mais típica, de cadeia longa, terá que ser transformado em triglicerídeo no interior das células absortivas do intestino e, posteriormente, entrar na circulação pelo sistema linfático (voltar ao Cap. 3 para revisar esse processo).

REVISÃO CONCEITUAL

No intestino delgado, uma enzima lipase proveniente do pâncreas digere os triglicerídeos da dieta, transformando-os em monoglicerídeos (uma molécula de glicerol com um único ácido graxo ligado a ela) e ácidos graxos. Esses subprodutos se difundem, então, para dentro das células absortivas do intestino delgado. Os ácidos graxos de cadeia longa são transportados pelo sistema linfático, ao passo que os ácidos graxos de cadeia mais curta são diretamente absorvidos e levados pela veia porta até o fígado. Outros lipídeos são preparados para absorção por diferentes enzimas.

5.5 Transporte dos lipídeos na corrente sanguínea

lipoproteína Composto presente na corrente sanguínea, formado por um núcleo de lipídeo envolvido por uma membrana de proteína, fosfolipídeo e colesterol.

quilomícron Lipoproteína composta por gorduras de origem alimentar envolvidas por uma membrana de colesterol, fosfolipídeos e proteína. Os quilomícrons se formam nas células absortivas do intestino delgado depois da absorção das gorduras e são levados pelo sistema linfático até a corrente sanguínea.

Conforme já mencionado, as gorduras e a água não se misturam com facilidade. Essa incompatibilidade representa um obstáculo ao transporte de gorduras pelo meio aquoso do sangue e da linfa. As **lipoproteínas** servem como veículos para transportar os lipídeos do intestino delgado e do fígado aos tecidos do corpo (Tab. 5.3).

Com base em sua densidade, as lipoproteínas se classificam em quatro grupos: quilomícrons, VLDL, LDL e HDL. Os lipídeos são menos densos do que as proteínas. Portanto, as lipoproteínas que contêm um grande percentual de lipídeos comparativamente ao teor de proteína são menos densas do que aquelas que são depletadas de lipídeos.

As gorduras alimentares são transportadas pelos quilomícrons

Conforme abordado no item anterior, a digestão de gorduras alimentares resulta em uma mistura de glicerol, monoglicerídeos e ácidos graxos. Uma vez absorvidos pelas células do intestino delgado, esses produtos se recompõem na forma de triglicerídeos. Em seguida, as células intestinais acondicionam os triglicerídeos nos **quilomícrons**, que entram no sistema linfático e, então, chegam à corrente sanguínea

TABELA 5.3 Composição e funções das principais lipoproteínas do sangue

Lipoproteína	Componente primário	Principal função
Quilomícron	Triglicerídeo	Transporta as gorduras de origem alimentar a partir das células do intestino delgado.
VLDL	Triglicerídeo	Transporta os lipídeos produzidos e captados pelas células do fígado.
LDL	Colesterol	Transporta o colesterol produzido no fígado e em outras células.
HDL	Proteína	Contribui para remover o colesterol das células e para sua excreção do organismo.

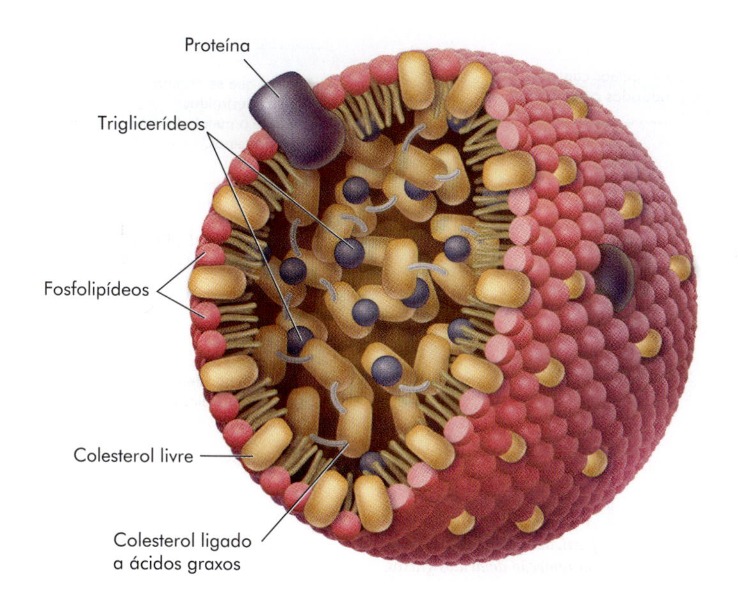

FIGURA 5.12 ▶ Estrutura de uma lipoproteína, nesse caso, LDL. Essa estrutura permite que as gorduras circulem no meio aquoso da corrente sanguínea. Várias lipoproteínas podem ser encontradas na corrente sanguínea. O componente primário da LDL é o colesterol.

(ver novamente a Fig. 3.5, no Cap. 3, que mostra um diagrama da circulação linfática). Os quilomícrons contêm gorduras de origem alimentar e se formam apenas nas células intestinais. Assim como as outras lipoproteínas descritas no próximo item, os quilomícrons são compostos por grandes glóbulos de gordura envoltos em uma fina membrana hidrossolúvel, composta de fosfolipídeos, colesterol e proteínas (Fig. 5.12). A membrana hidrossolúvel que envolve o quilomícron permite que os lipídeos flutuem livremente no meio aquoso do sangue. Algumas das proteínas presentes também podem ajudar outras células a identificar a lipoproteína como um quilomícron.

Depois que o quilomícron entra na corrente sanguínea, os triglicerídeos do seu núcleo são fragmentados liberando ácidos graxos e glicerol, sob a ação de uma enzima chamada **lipase lipoproteica,** que se encontra ligada à parede interna dos vasos sanguíneos (Fig. 5.13). Tão logo chegam à corrente sanguínea, os ácidos graxos são absorvidos pelas células que se encontram ao redor, enquanto a maior parte do glicerol volta ao fígado. As células musculares são capazes de utilizar imediatamente, como combustível, os ácidos graxos absorvidos. As células adiposas, no entanto, tendem a recompor os triglicerídeos a partir dos ácidos graxos, formando reservas. Depois que os triglicerídeos são removidos do quilomícron, sobram os restos desses glóbulos, que são retirados da circulação pelo fígado e têm seus componentes reciclados para formar outras lipoproteínas e ácidos biliares.

lipase lipoproteica Enzima ligada às células que revestem a parede interna dos vasos sanguíneos e que promove a quebra dos triglicerídeos em ácidos graxos livres e glicerol.

Outras lipoproteínas transportam lipídeos do fígado para as células do corpo

O fígado extrai vários lipídeos do sangue e também produz lipídeos e colesterol. As matérias-primas para a síntese de lipídeos e colesterol são os ácidos graxos livres retirados da corrente sanguínea, além do carbono e do hidrogênio derivados de carboidratos, proteínas e álcool. Em seguida, o fígado precisa acondicionar esses lipídeos sintetizados sob a forma de lipoproteínas, para transportá-los, pelo sangue, para os tecidos corporais.

A primeira categoria, na nossa discussão sobre lipoproteínas produzidas no fígado, são as **lipoproteínas de muito baixa densidade (VLDL).** São partículas formadas por colesterol e triglicerídeos, envolvidos por uma membrana hidrossolúvel. As VLDLs são ricas em triglicerídeos e por isso têm muito baixa densidade. Uma vez na corrente sanguínea, a lipase lipoproteica da superfície interna dos vasos sanguíneos fragmenta o triglicerídeo da VLDL gerando ácidos graxos e glicerol. Os ácidos graxos e o glicerol circulam pela corrente sanguínea e são captados pelas células do corpo.

lipoproteína de muito baixa densidade (VLDL) Lipoproteína produzida no fígado e que transporta colesterol e lipídeos captados ou recém-sintetizados no fígado.

lipoproteína de baixa densidade (LDL) Lipoproteína do sangue que contém principalmente colesterol. O nível elevado de LDL tem forte correlação com o risco de doença cardiovascular.

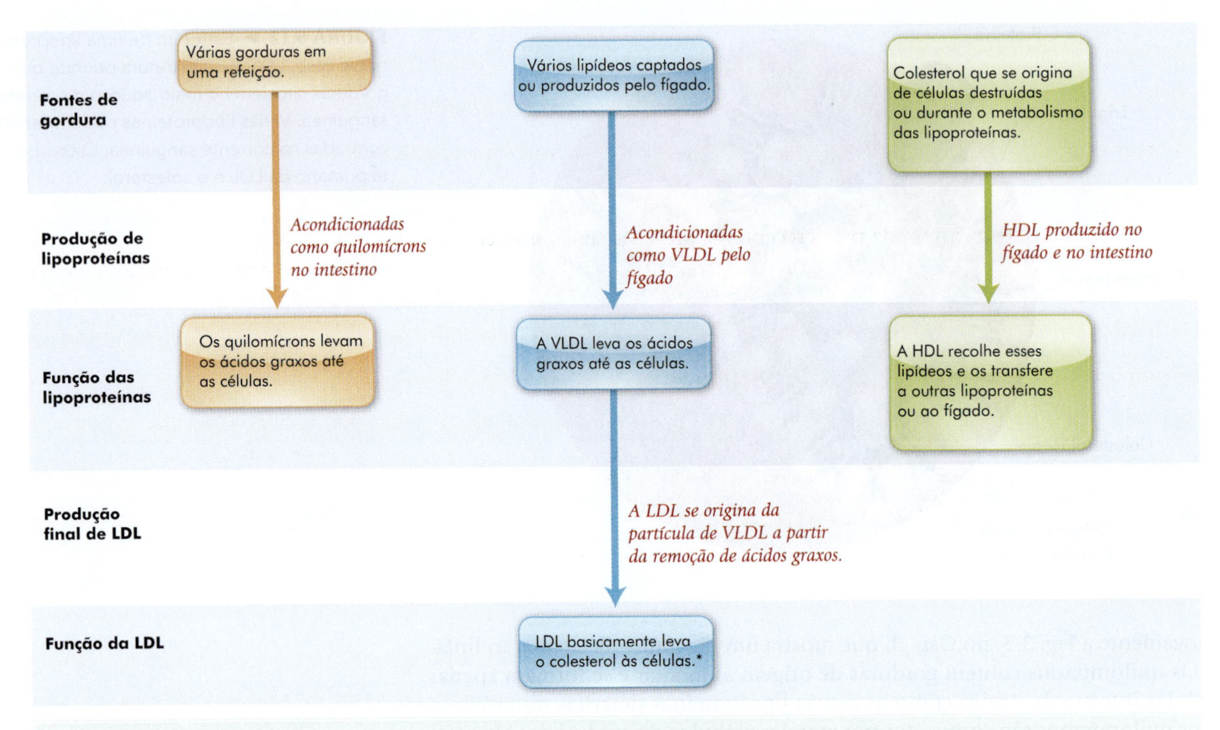

FIGURA 5.13 ► Produção e função das lipoproteínas. Os quilomícrons levam a gordura absorvida às células do corpo. A VLDL leva às células do corpo a gordura extraída da corrente sanguínea pelo fígado, além da gordura produzida pelo próprio fígado. A LDL deriva da VLDL e transporta até as células a maior parte do colesterol. A HDL se origina principalmente do fígado e do intestino. A HDL transporta o colesterol das células para outras lipoproteínas e para o fígado, para excreção.

lipoproteína de alta densidade (HDL) Lipoproteína circulante que captura o colesterol derivado de células mortas e de outras fontes e o transfere para outras lipoproteínas na corrente sanguínea ou diretamente ao fígado. Um nível baixo de HDL significa um maior risco de doença cardiovascular.

menopausa Cessação dos ciclos menstruais da mulher, geralmente por volta dos 50 anos de idade.

células "lixeiras" [*scavenger*] Tipo específico de leucócitos que se escondem na parede das artérias e acumulam LDL. No momento em que captam as LDL, as células lixeiras contribuem para o desenvolvimento da aterosclerose.

aterosclerose Acúmulo de material gorduroso (placa de ateroma) nas artérias, inclusive nas que levam sangue ao coração (coronárias).

À medida que perde seus triglicerídeos, a VLDL se torna relativamente mais densa. A maior parte dessa fração remanescente da VLDL passa a se chamar **lipoproteína de baixa densidade (LDL)**, composta, principalmente, pelo colesterol remanescente. A função primária da LDL é transportar o colesterol até os tecidos. As partículas de LDL são removidas da corrente sanguínea por receptores específicos existentes nas células, sobretudo nas células do fígado, onde são fragmentadas. O colesterol e as proteínas que compõem a LDL são alguns dos blocos necessários para a síntese de membranas celulares e hormônios, o que garante o crescimento e o desenvolvimento das células.

O último grupo de lipoproteínas, as **lipoproteínas de alta densidade (HDL)**, são participantes críticos e benéficos para esse processo de transporte de lipídeos. A elevada proporção de proteína torna a HDL a lipoproteína de maior densidade. O fígado e o intestino produzem a maior parte da HDL encontrada no sangue. A HDL circula pela corrente sanguínea, capturando o colesterol das células mortas e de várias outras fontes. Em geral, a HDL entrega o colesterol a outras lipoproteínas, para que elas sejam levadas de volta ao fígado e, então, excretadas. Parte da HDL volta diretamente ao fígado.

Colesterol – o "bom" e o "mau" – na corrente sanguínea

HDL e LDL costumam ser chamadas, respectivamente, de "bom" e "mau" colesterol. Muitos estudos demonstram que o nível de HDL presente na corrente sanguínea permite prever, com muita precisão, o risco de doença cardiovascular. O risco aumenta quando a HDL é baixa porque pouco colesterol é transportado de volta ao fígado para ser excretado. As mulheres tendem a ter níveis mais elevados de HDL do que os homens, especialmente antes da **menopausa.** Níveis elevados de HDL freiam o desenvolvimento da doença cardiovascular, por isso o colesterol transportado pela HDL pode ser considerado "bom" colesterol.

No entanto, a LDL às vezes representa o "mau" colesterol. Quando se fala sobre a LDL, percebe-se que ela é capturada pelos receptores presentes em várias células. Se a LDL não for prontamente retirada da corrente sanguínea, as **células "lixeiras"** da parede das artérias captarão essa lipoproteína, causando acúmulo de colesterol nos vasos sanguíneos. Esse processo de acúmulo (**aterosclerose**) aumenta muito o risco de doença cardiovascular (ver, a seguir, o tópico "Nutrição e Saúde"). A LDL só causa problemas quando seu nível no sangue é muito elevado, porque em pequena quantidade ela faz parte das funções rotineiras do corpo.

Ver o tópico "*Nutrição e Saúde*": *lipídeos e doença cardiovascular*, no final do Capítulo 5.

Aparentemente, os ácidos graxos saturados provocam aumento da quantidade de colesterol livre (não ligado a ácidos graxos) no fígado, ao passo que os ácidos graxos insaturados exercem o efeito oposto. À medida que aumenta a quantidade de colesterol livre no fígado, esse órgão passa a retirar menos colesterol da corrente sanguínea, o que contribui para elevar o nível de LDL no sangue. (Acredita-se que os ácidos graxos *trans* atuem da mesma forma que os ácidos graxos saturados.)

DECISÕES ALIMENTARES

LDL colesterol

O colesterol dos alimentos não é classificado em "bom" ou "mau". Somente depois de ser processado ou sintetizado no fígado é que ele aparece, na corrente sanguínea, sob a forma de LDL ou HDL. Entretanto, os hábitos alimentares podem influenciar o metabolismo do colesterol. Dietas com pouca gordura saturada, gordura *trans* e colesterol estimulam a captação da LDL pelo fígado, removendo, assim, a LDL da corrente sanguínea e diminuindo o risco de formação de placas de aterosclerose pelas células da parede dos vasos sanguíneos. Em contrapartida, as dietas ricas em gorduras saturadas, gorduras *trans* e colesterol reduzem a captação de LDL pelo fígado, aumentando o nível de colesterol no sangue e o risco de doença cardiovascular. Que alimentos da sua dieta são ricos em gorduras saturadas, gorduras *trans* e colesterol?

REVISÃO CONCEITUAL

Os lipídeos em geral circulam na corrente sanguínea sob a forma de lipoproteínas. As gorduras alimentares absorvidas no intestino delgado são acondicionadas e transportadas sob a forma de quilomícrons, ao passo que os lipídeos sintetizados no fígado são transportados sob a forma de lipoproteína de muito baixa densidade (VLDL). A lipase lipoproteica remove as lipoproteínas de dentro dos quilomícrons e da VLDL, fragmentando esses triglicerídeos em glicerol e ácidos graxos, que são distribuídos aos tecidos para servirem como fonte de energia ou para serem armazenados. Os componentes remanescentes dos quilomícrons depois da ação da lipase lipoproteica são reciclados pelo fígado, dando origem às lipoproteínas de baixa densidade (LDL), ricas em colesterol. As LDLs são captadas pelos receptores presentes nas células do corpo, especialmente as células do fígado. As células "lixeiras" da parede das artérias também captam LDL, acelerando o desenvolvimento da aterosclerose. As lipoproteínas de alta densidade (HDL), também produzidas, em parte, pelo fígado, retiram o colesterol das células e o transportam, primariamente, até as lipoproteínas, para que ele retorne ao fígado. Os fatores de risco de doença cardiovascular incluem níveis elevados de LDL e/ou níveis baixos de HDL no sangue.

5.6 Funções essenciais dos ácidos graxos

As várias classes de lipídeos têm diferentes funções no corpo. Todas são necessárias para manter a saúde, porém, conforme foi visto, muitas podem ser fabricadas pelo corpo e, portanto, não precisam estar presentes na dieta. De todas as classes de lipídeos, somente alguns ácidos graxos poli-insaturados são essenciais na alimentação.

Ácidos graxos essenciais

Para nos mantermos saudáveis, precisamos obter ácido linoleico (ácido graxo ômega-6) e ácido alfa-linolênico (ômega-3) dos alimentos, por isso eles são denominados ácidos graxos *essenciais* (Fig. 5.14). Esses ácidos graxos ômega-6 e ômega-3

Ácidos graxos ômega-3 do peixe (gramas por porção de 90 g)	
Salmão do Atlântico	1,8
Anchova	1,7
Sardinha	1,4
Truta arco-íris	1
Salmão Coho	0,9
Peixe azul	0,8
Robalo	0,8
Atum branco enlatado	0,7
Alabote	0,4
Dourada	0,2
Ingestão diária recomendada de ácidos graxos ômega-3 (ácido alfa-linolênico):	
Homens	1,6 g
Mulheres	1,1 g

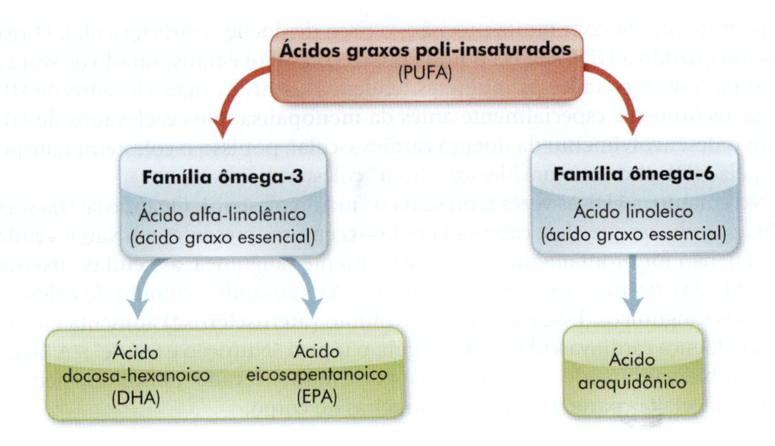

FIGURA 5.14 ▶ A família de ácidos graxos essenciais. O ácido linoleico e o ácido alfa-linolênico são provenientes de fontes alimentares e precisam ser consumidos, já que o corpo humano não tem capacidade de sintetizá-los. Eles são ácidos graxos essenciais. Os demais ácidos graxos mostrados na figura podem ser sintetizados a partir dos ácidos graxos essenciais.

compõem estruturas vitais do corpo, desempenham importantes papéis no sistema imune e na visão, ajudam a formar membranas celulares e produzem compostos semelhantes a hormônios. Eles precisam ser fornecidos pela dieta porque as células do corpo humano não possuem as enzimas necessárias para produzi-los. Outros ácidos graxos, como os ácidos graxos ômega-9, podem ser sintetizados no organismo, por isso não são componentes essenciais da alimentação.

No entanto, apenas cerca de 5% das calorias totais que consumimos diariamente precisam ser provenientes de ácidos graxos essenciais. Isso corresponde a cerca de 2 a 4 colheres de sopa de óleo vegetal por dia. É fácil consumir essa quantidade – basta incluir na dieta maionese, molhos de salada e alguns outros alimentos. O consumo regular de vegetais, pães e cereais integrais também ajuda a suprir a quantidade suficiente de ácidos graxos essenciais.

As pesquisas também indicam que se deva incluir na dieta o consumo regular de ácidos graxos ômega-3 **ácido eicosapentanoico (EPA)** e **ácido docosa-hexanoico (DHA)**, que podem ser produzidos a partir do ácido alfa-linolênico. EPA e DHA são compostos naturalmente presentes em alta concentração na gordura de peixes como salmão, atum, sardinha, aliche, robalo, dourada, arenque, cavala, truta ou alabote. Para se garantir o aporte de EPA e DHA, o ideal é consumir um ou mais desses peixes ao menos duas vezes por semana. Outras fontes de ácidos graxos ômega-3 são os óleos de soja e canola, sementes de oleaginosas, sementes de linhaça, mariscos, caranguejo e camarão.

ácido eicosapentanoico (EPA) Ácido graxo ômega-3 que possui 20 átomos de carbono e cinco ligações duplas carbono-carbono. Está presente em grande quantidade nos peixes gordurosos, e sua síntese no corpo humano é lenta e parte do ácido alfa-linolênico.

ácido docosa-hexanoico (DHA) Ácido graxo ômega-3 que tem 22 átomos de carbono e seis ligações duplas carbono-carbono. Está presente em grande quantidade nos peixes gordurosos, e sua síntese no corpo humano é lenta e parte do ácido alfa-linolênico. O DHA se encontra sobretudo na retina e no cérebro.

ácido araquidônico Ácido graxo ômega-6 derivado do ácido linoleico e que possui 20 átomos de carbono com quatro ligações duplas carbono-carbono.

AVC hemorrágico Lesão de uma parte do cérebro decorrente da ruptura de um vaso sanguíneo, seguida de sangramento no interior do cérebro ou sobre a superfície interna do crânio.

DECISÕES ALIMENTARES

Mercúrio nos peixes

Recomenda-se o consumo de peixes gordurosos ao menos duas vezes por semana como boa fonte de ácidos graxos ômega-3. Alguns desses peixes, no entanto, também podem conter mercúrio, que é tóxico se consumido em grande quantidade, especialmente o peixe espada, o tubarão, a cavala e o carapau (Cap. 13). O atum branco também pode ser uma fonte de mercúrio, o que é mais raro com outros tipos de atum. Os peixes que menos contêm mercúrio são o salmão, a sardinha, a anchova e o arenque. O camarão também tem pouco mercúrio. Em geral, recomenda-se variar o cardápio, em vez de comer sempre o mesmo tipo de peixe, e limitar o consumo total a 400 g por semana (em média, 2 a 3 refeições de peixe ou crustáceo por semana) para diminuir a exposição ao mercúrio, especialmente no caso de gestantes e crianças. As pesquisas mostram que os benefícios do consumo de peixe, especialmente em termos de redução do risco de doença cardiovascular, ultrapassam os possíveis riscos da contaminação por mercúrio.

▲ A American Heart Association recomenda o consumo de peixes gordurosos, como o salmão, pelo menos duas vezes por semana. Como fonte de ácidos graxos ômega-3, o peixe é uma alternativa mais saudável para o coração do que outras proteínas de origem animal, que podem ser ricas em gorduras saturadas e colesterol.

A recomendação de consumo de ácidos graxos ômega-3 deriva da observação de que os compostos produzidos a partir desses ácidos graxos tendem a diminuir a coagulação sanguínea e os processos inflamatórios do corpo. Os ácidos graxos ômega-6, sobretudo o **ácido araquidônico**, produzido a partir do ácido linoleico, em geral aumentam a coagulação e a inflamação, e os ácidos graxos saturados também tendem a aumentar a coagulação sanguínea.

Alguns estudos mostram que as pessoas que consomem peixe pelo menos duas vezes por semana (ingestão semanal total: 240 g) correm menos risco de sofrer infarto do que as pessoas que raramente comem peixe. Nesse caso, provavelmente são os ácidos graxos ômega-3 que atuam reduzindo a coagulação sanguínea. Conforme será visto mais detalhadamente no tópico "Nutrição e Saúde", os coágulos sanguíneos são parte do problema nos casos de infarto. Além disso, os ácidos graxos ômega-3 têm efeito favorável sobre o ritmo cardíaco. Consequentemente, o risco de infarto diminui com o aumento do consumo de ácidos graxos ômega-3 derivados de peixe, especialmente no caso das pessoas que já têm alto risco de infarto.

Vale ressaltar, no entanto, que a coagulação sanguínea é um processo normal do corpo. Certos grupos populacionais, como os esquimós da Groenlândia, consomem tantos frutos do mar que sua capacidade normal de coagulação do sangue pode ficar comprometida. A ingestão excessiva de ácidos graxos ômega-3 pode causar sangramento descontrolado e resultar em **AVC hemorrágico**. Entretanto, não se observou aumento do risco de AVC nos estudos em que os participantes ingeriram quantidades moderadas de ácidos graxos ômega-3.

Também há estudos que mostram que o consumo de grande quantidade de ácidos graxos ômega-3 provenientes de peixes (2 a 4 g/dia) pode reduzir os triglicerídeos sanguíneos em pessoas com alta concentração de triglicerídeos. Também se suspeita de que os ácidos graxos ômega-3 sejam úteis no controle da dor da inflamação associada à artrite reumatoide, por suprimirem respostas imunes. Além disso, também podem trazer benefício em certos casos de transtornos do comportamento e depressão leve.

Em alguns casos, se a pessoa não gosta de peixe, poderá substituir esse item da alimentação, com segurança, por cápsulas de óleo de peixe. Geralmente, recomenda-se o consumo diário de cerca de 1 g de ácidos graxos ômega-3 (ou 3 cápsulas) derivados de óleo de peixe, especialmente se a pessoa tem sinais de doença cardiovascular. (Para reduzir o gosto de peixe que fica na boca, podem ser usadas cápsulas com revestimento entérico ou congelar as cápsulas antes do consumo.) A American Heart Association também sugeriu, recentemente, o emprego de suplementos de óleo de peixe (que forneçam 2 a 4 g de ácidos graxos ômega-3 por dia) para tratar os casos de triglicerídeos sanguíneos elevados, conforme já foi mencionado. Entretanto, o consumo de cápsulas de óleo de peixe deve ser restrito no caso de indivíduos com problemas de sangramento, que tomam medicação anticoagulante ou que têm cirurgia prevista, porque eles podem aumentar o risco de hemorragia incontrolável e AVC hemorrágico. Portanto, como qualquer suplemento alimentar, as cápsulas de óleo de peixe também devem ser usadas conforme a recomendação médica. Lembre-se de que os suplementos de óleo de peixe não são regulados pela FDA. Por isso, a qualidade desses suplementos não é padronizada, e os contaminantes naturais do óleo de peixe podem não ter sido removidos.

Ver tópico *Nutrição e Saúde: lipídeos e doença cardiovascular*, no final do Capítulo 5.

▲ As nozes estão entre os vegetais mais ricos em ácidos graxos ômega-3, ácido alfa-linolênico, e também são uma boa fonte de esteróis.

DECISÕES ALIMENTARES

Sementes de linhaça ou nozes?

As sementes de linhaça e as nozes vêm atraindo atenção, atualmente, porque são alimentos vegetais ricos em ácido alfa-linolênico, um ácido graxo ômega-3. Para uso como fonte de ácidos graxos ômega-3, recomenda-se o consumo diário de cerca de 2 colheres de sopa de semente de linhaça. Sementes de linhaça são baratas e podem ser encontradas em lojas de produtos naturais. Elas devem ser bem mastigadas, para que não passem pelo trato gastrintestinal sem que sejam digeridas. Muitas pessoas preferem moer as sementes no moedor de café para facilitar sua ingestão. Também existe no mercado o óleo de linhaça, mas ele se torna **rançoso** muito rapidamente, sobretudo se não for refrigerado. Comparadas a outros tipos de oleaginosas e sementes, as nozes são uma das principais fontes de ácido alfa-linolênico (2,6 g por porção de 30 g ou 14 metades de avelã). A DRI de ácido alfa-linolênico é 1,6 g/dia para homens e 1,1 g/dia para mulheres. Além disso, as avelãs são ricas em esteróis vegetais, que, de fato, inibem a absorção intestinal de colesterol.

PARA REFLETIR

Muitas propagandas dizem que as gorduras são ruins. Seu colega Mike pergunta: "Se as gorduras são tão ruins para nós, por que precisamos incluir qualquer gordura na nossa alimentação?" Qual seria a sua resposta?

rançoso Caraterística de produtos que contêm ácidos graxos decompostos, que têm odor e sabor desagradáveis.

nutrição parenteral total Administração por via intravenosa, de todos os nutrientes necessários, inclusive as formas mais básicas de proteínas, carboidratos, lipídeos, vitaminas, minerais e eletrólitos.

Em suma, recomenda-se consumir regularmente peixes gordurosos. Acredita-se que o consumo do próprio peixe tenha mais benefícios e seja mais seguro do que o uso de suplementos de óleo de peixe. Peixe não á apenas uma importante fonte de ácidos graxos ômega-3, mas também uma fonte valiosa de proteínas e oligoelementos que podem ter efeito protetor do sistema cardiovascular. É preferível consumir peixe assado ou cozido, em vez de frito, porque a fritura pode diminuir a proporção entre ácidos graxos ômega-3 e ácidos graxos ômega-6, além de produzir ácidos graxos *trans* e subprodutos de lipídeos oxidados, capazes de aumentar o risco de doença cardiovascular.

Efeitos da deficiência de ácidos graxos essenciais

Se o ser humano não consumir ácidos graxos essenciais em quantidade suficiente, a pele começará a descamar e coçar, além disso poderão aparecer outros sintomas, como infecções. O crescimento do indivíduo e a cicatrização de feridas poderão ficar prejudicados. Esses sinais de deficiência foram observados em pessoas alimentadas por via intravenosa com **nutrição parenteral total** com pouca ou nenhuma gordura por 2 a 3 semanas e também em lactentes alimentados com fórmulas de baixo teor lipídico. Entretanto, nosso corpo só precisa do equivalente a 2 ou 4 colheres de sopa de óleo vegetal por dia, e mesmo uma dieta de baixo teor lipídico fornecerá ácidos graxos essenciais em quantidade suficiente se for balanceada segundo um plano como o *MyPyramid* e incluir uma porção de peixes gordurosos ao menos duas vezes por semana.

▲ Em repouso ou durante atividades leves, o corpo usa principalmente ácidos graxos como combustível.

REVISÃO CONCEITUAL

Como o organismo humano não é capaz de produzir ácidos graxos ômega-6 e ômega-3, que desempenham funções vitais no corpo, esses devem ser extraídos da alimentação e por isso se chamam ácidos graxos essenciais. Geralmente, os óleos vegetais são ricos em ácidos graxos ômega-6. Consumir peixes gordurosos pelo menos duas vezes por semana é uma boa maneira de preencher as necessidades de ácidos graxos ômega-3. Se a pessoa não gosta de peixe, a suplementação com óleo de peixe (mais ou menos 1 g por dia dos ácidos graxos ômega-3 correspondentes) sob supervisão médica em geral é aceitável, mas pessoas que têm certos problemas de saúde (p. ex., pessoas em tratamento anticoagulante) devem usar suplementos de óleo de peixe com cautela, porque eles podem aumentar o risco de AVC hemorrágico. A deficiência de ácidos graxos essenciais pode surgir em 2 a 3 semanas, se as soluções de nutrição parenteral total não contiverem gordura, e pode provocar transtornos da pele, diarreia e outros problemas de saúde.

5.7 Outras funções dos ácidos graxos e triglicerídeos no organismo

Muitas funções importantes das gorduras exigem o uso de ácidos graxos sob a forma de triglicerídeos. Os triglicerídeos são usados para armazenar energia, para isolamento térmico e para transporte de vitaminas lipossolúveis.

Fontes de energia

Os triglicerídeos da dieta, armazenados no tecido adiposo, fornecem os ácidos graxos que são o principal combustível para os músculos nas fases de repouso e atividade leve. Além dos ácidos graxos fornecidos pelos triglicerídeos, os músculos usam carboidratos como combustível durante exercícios de resistência, por exemplo, corrida de longa distância e ciclismo, ou em atividades intensas e rápidas, por exemplo, uma corrida de 200 metros. Outros tecidos do corpo também usam os ácidos graxos como fonte de energia. Em geral, cerca de metade da energia usada pelo corpo em repouso e durante atividades leves provém dos ácidos graxos. Se for considerado o corpo como um todo, o uso dos ácidos graxos pelo músculo esquelético e cardíaco é contrabalançado pelo uso da glicose pelo sistema nervoso e pelas hemácias. No Capítulo 4, foi mencionado que as células necessitam de um suprimento de carboidratos para que possam utilizar os ácidos graxos como combustível de modo eficiente. No Capítulo 7, falaremos mais sobre como o corpo usa a gordura como combustível.

Energia armazenada para uso futuro

Armazenamos energia principalmente sob a forma de triglicerídeos. O corpo tem uma capacidade praticamente infinita de armazenar gordura. Os locais de armazenagem, as células adiposas, podem ter seu peso multiplicado por 50. Se a quantidade de gordura a ser armazenada exceder a capacidade de expansão das células existentes, o corpo poderá formar novas células adiposas.

Uma importante vantagem do uso dos triglicerídeos como forma de armazenamento de energia é que esses compostos têm alta densidade calórica. Lembre-se de que eles geram, em média, 9 kcal/g, ao passo que as proteínas e os carboidratos geram apenas cerca de 4 kcal/g. Além disso, os triglicerídeos são quimicamente estáveis, por isso não têm risco de reagir com outros componentes das células, o que faz deles uma opção segura para armazenar energia. Por fim, nas células adiposas, armazenamos triglicerídeos e pouca coisa mais, especialmente água. As células adiposas contêm cerca de 80% de lipídeos e somente 20% de água e proteínas. Imagine, porém, se tivéssemos que armazenar energia no tecido muscular, que contém 73% de água: nosso peso corporal iria aumentar drasticamente, por conta da energia armazenada. O mesmo aconteceria se armazenássemos energia primariamente sob a forma de glicogênio, já que, para cada grama de glicogênio, são armazenados 3 g de água.

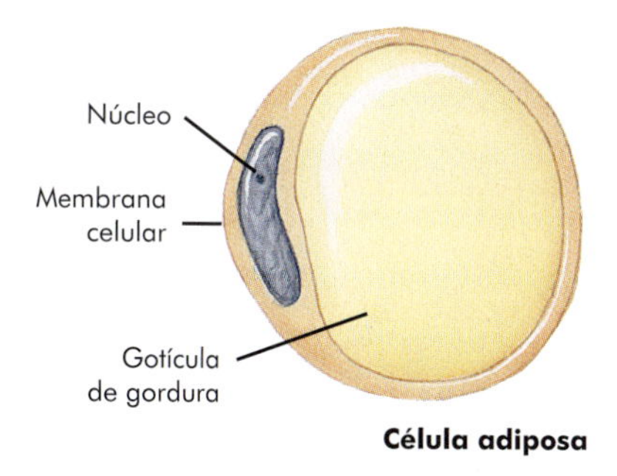

Célula adiposa

Isolamento e proteção do corpo

A camada protetora de lipídeos que fica logo abaixo da pele é formada principalmente por triglicerídeos. O tecido adiposo também envolve e protege alguns órgãos, por exemplo os rins, evitando que eles sofram alguma lesão. Geralmente não percebemos a função de isolamento do tecido adiposo, porque utilizamos a quantidade de roupa que quisermos para nos proteger do frio. A camada de gordura isolante é importante para os animais que vivem em zonas climáticas frias. Ursos polares, focas e baleias formam uma capa de gordura que isola seu corpo do frio exterior. Essa gordura extra também serve como fonte de energia nos períodos de escassez de alimento.

Transporte de vitaminas lipossolúveis

Os triglicerídeos e outras gorduras presentes nos alimentos levam as vitaminas lipossolúveis até o intestino delgado e auxiliam na sua absorção. Pessoas que têm dificuldade para absorver gorduras, por exemplo, os pacientes que sofrem de fibrose cística, correm risco de apresentar deficiência de vitaminas lipossolúveis, especialmente a vitamina K. O mesmo ocorre com pessoas que tomam óleo mineral como laxante durante as refeições. O corpo não consegue digerir nem absorver o óleo mineral, por isso o óleo não digerido arrasta as vitaminas lipossolúveis da refeição para as fezes, e elas são eliminadas. Os ácidos graxos não absorvidos podem atrair minerais, como cálcio e magnésio, também provocando sua eliminação nas fezes. Esse processo pode afetar o equilíbrio mineral do corpo (Cap. 9). Lembre-se de que o principal problema do substituto de gordura, olestra, é que ele pode capturar e reduzir a absorção das vitaminas lipossolúveis.

5.8 Fosfolipídeos presentes no corpo

Existem muitos tipos de fosfolipídeos no corpo, especialmente no cérebro, os quais são componentes importantes das membranas celulares. Os fosfolipídeos se encontram nas células do corpo e participam da digestão das gorduras no intestino. Lembre-se de que as várias formas de lecitina (mencionadas anteriormente) são exemplos de fosfolipídeos (ver novamente a Fig. 5.4 b).

As membranas celulares em geral são formadas por fosfolipídeos. A membrana celular se assemelha a um mar de fosfolipídeos com "ilhas" de proteína (Fig. 5.15). As proteínas formam receptores de hormônios, atuam como enzimas e transportam nutrientes. Os ácidos graxos dos fosfolipídeos são uma fonte de ácidos graxos essenciais para a célula. A membrana também contém um pouco de colesterol.

Em certos alimentos, os fosfolipídeos atuam como emulsificantes (conforme já foi visto) permitindo que a gordura e a água se misturem. Os emulsificantes fragmentam os glóbulos de gordura em pequenas gotículas e permitem que a gordura fique em suspensão na água. Esses emulsificantes atuam como pontes entre o óleo e a água – formam-se minúsculas gotículas de óleo cercadas por finas camadas de água. Em uma solução emulsificada, como um molho de salada ou maionese, milhões de gotículas de gordura estão envolvidas em películas de água (ver novamente Fig. 5.7).

Os principais emulsificantes do nosso corpo são as lecitinas e os ácidos biliares, produzidos pelo fígado e lançados no intestino delgado pela vesícula biliar durante a digestão.

5.9 Colesterol presente no corpo

O colesterol tem várias funções vitais no corpo. É um componente de vários hormônios importantes, como estrogênio e testosterona e uma forma ativa da vitamina D, que também é um hormônio. Também é o principal componente dos ácidos biliares, necessários para a digestão das gorduras, e um componente estrutural essencial das células e da camada externa das partículas de lipoproteína que transportam lipídeos no sangue. A quantidade de colesterol presente no coração, no fígado, no rim e no cérebro é elevada, o que reflete o papel fundamental que ele tem nesses orgãos.

Aproximadamente dois terços do colesterol que circula pelo corpo são produzidos pelas células, e o restante vem da alimentação. Todos os dias, nossas células produzem aproximadamente 875 mg de colesterol, dos quais cerca de 400 mg são usados na síntese de novos ácidos biliares para repor os que se perdem nas fezes, e cerca de 50 mg são usados para produzir hormônios. Além de todo o colesterol

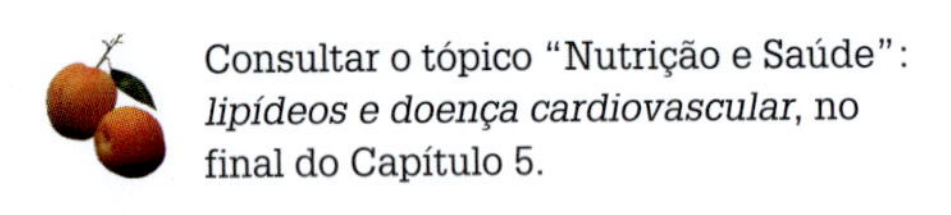
Consultar o tópico "Nutrição e Saúde": *lipídeos e doença cardiovascular*, no final do Capítulo 5.

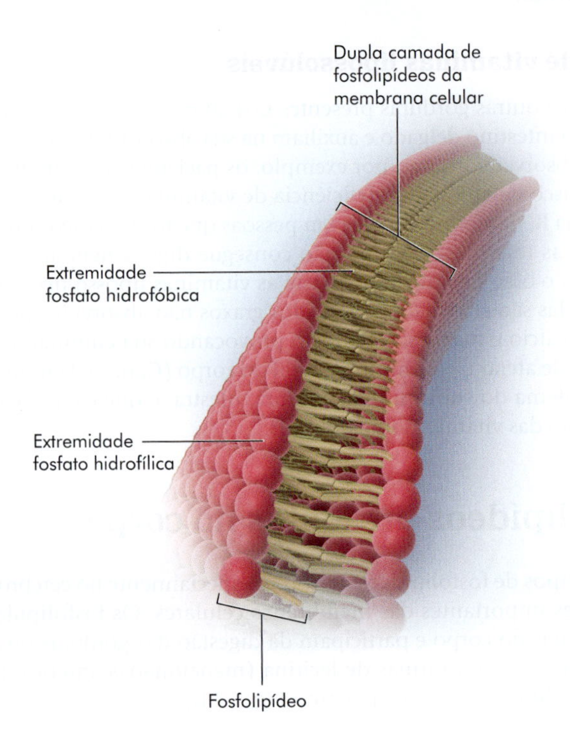

FIGURA 5.15 ▶ Os fosfolipídeos são os principais componentes das membranas celulares, onde eles formam uma dupla camada de lipídeos.

que as células fabricam, consumimos cerca de 180 a 325 mg de colesterol por dia, derivados de alimentos de origem animal, sendo que os homens consomem mais colesterol do que as mulheres. A absorção do colesterol a partir dos alimentos varia de 40 a 65%. O efeito do colesterol sanguíneo, especialmente do LDL-colesterol, no risco de doença cardiovascular será discutido no tópico "Nutrição e Saúde".

▲ Reduzir a gordura das carnes pode ajudar a diminuir a ingestão de gordura saturada. Também é útil diminuir o consumo de carnes gordurosas (que têm raias de gordura entre as partes magras).

REVISÃO CONCEITUAL

Os triglicerídeos são a principal forma de gordura encontrada no corpo. São usados como fonte de energia e armazenados no tecido adiposo, servem para isolar e proteger órgãos e transportar vitaminas lipossolúveis. Os fosfolipídeos são emulsificantes – compostos capazes de formar uma suspensão de gordura em água. Também formam partes das membranas celulares e várias substâncias do corpo. O colesterol é um esterol que entra na composição de partes das células, dos hormônios e dos ácidos biliares. Se não consumirmos quantidades suficientes, o corpo é capaz de produzir os fosfolipídeos e o colesterol de que necessita.

5.10 Recomendações sobre consumo de gorduras

Não existe uma recomendação de ingestão diária de gorduras para adultos, embora exista um valor de ingestão adequada de gordura total para lactentes (ver Cap. 15). A Dietary Guidelines for Americans de 2005 e a tabela de distribuição aceitável de macronutrientes recomendam que a ingestão total de gorduras fique entre 20 e 35% das calorias totais, o que significa 44 a 78 g por dia para uma dieta de 2.000 kcal diárias. As recomendações mais específicas sobre a ingestão de gorduras são as da American Heart Association (AHA). Muitos norte-americanos correm risco de apresentarem doenças cardiovasculares, por isso a AHA define metas dietéticas e de estilo de vida que visam reduzir esse risco. A Tabela 5.4 mostra as metas da AHA para uma dieta e hábitos de vida que reduzam o risco cardiovascular na população em geral. Essas metas incluem alimentação saudável, manutenção de um peso corporal adequado e níveis desejáveis de colesterol sanguíneo, pressão arterial e glicemia. A Tabela 5.5 apresenta uma lista de recomendações mais detalhada para pessoas que têm alto risco de doença cardiovascular.

Para reduzir o risco de doença cardiovascular, a AHA recomenda que no máximo 7% das calorias totais sejam provenientes de gorduras saturadas com até 1% de gorduras *trans*. As gorduras saturadas são os ácidos graxos responsáveis pela elevação da LDL. Além disso, o colesterol não deve ultrapassar 300 mg por dia.*

Uma das metas do *Healthy People 2010* foi aumentar a proporção de pessoas a partir dos dois anos de idade que consome menos de 10% das calorias como gorduras saturadas.

TABELA 5.4 Metas dietéticas e de estilo de vida para redução do risco de doença cardiovascular, da American Heart Association, 2006

- Consumir uma alimentação saudável.
- Procurar manter um peso corporal saudável.
- Procurar manter os níveis recomendados de lipoproteína de baixa densidade (LDL-colesterol), lipoproteína de alta densidade (HDL-colesterol) e triglicerídeos.
- Procurar manter a pressão arterial normal.
- Procurar manter a glicemia normal.
- Manter a atividade física.
- Evitar uso e exposição ao tabaco.

Extraída de: Lichtenstein AH et al: Diet and lifestyle recommendations revision 2006. A scientific statement from the *American Heart Association* Nutrition Committee. *Circulation* 114:82, 2006.

* N. de R.T.: Atualmente, a recomendação para ingestão de colesterol com o objetivo de redução de doença cardiovascular é de menos de 200 mg/dia.

Conselhos sobre o consumo de gorduras com base nas Dietary Guidelines de 2005:

- Limitar a ingestão de gorduras e óleos que sejam ricos em ácidos graxos saturados e/ou *trans*, preferindo os produtos com baixo teor dessas gorduras e óleos.
- Consumir alimentos ricos em ácidos graxos poli-insaturados e monoinsaturados, como peixe, oleaginosas e óleos vegetais.
- Preferir e preparar refeições com carnes, aves, leguminosas, leite e laticínios magros, com pouca gordura ou sem gordura.

TABELA 5.5 Metas dietéticas e de estilo de vida para redução do risco de doença cardiovascular, da American Heart Association 2006

- Equilibrar a ingestão calórica com a atividade física, de modo a manter um peso corporal saudável.
- Consumir uma alimentação rica em legumes e frutas.
- Preferir alimentos feitos de grãos integrais, ricos em fibras.
- Consumir peixe, especialmente peixes gordurosos, pelo menos duas vezes por semana.
- Limitar a ingestão de gorduras saturadas a menos de 7% das calorias; a de gorduras *trans* a menos de 1% das calorias e de colesterol a menos de 300 mg por dia:
  – escolhendo carnes magras e alternativas vegetarianas;
  – preferindo leite desnatado ou semidesnatado e laticínios com baixo teor de gordura;
  – diminuindo o consumo de gorduras parcialmente hidrogenadas.
- Minimizar a ingestão de bebidas e alimentos que tenham açúcar adicionado.
- Escolher e preparar alimentos com pouco ou nenhum sal.
- Se quiser consumir álcool, fazê-lo com moderação.
- Quando comer fora de casa, seguir as recomendações dietéticas e de estilo de vida da AHA.

Extraída de: Lichtenstein AH and others: Diet and lifestyle recommendations revision 2006. A scientific statement from the American Heart Association Nutrition Committee. *Circulation* 114:82, 2006.

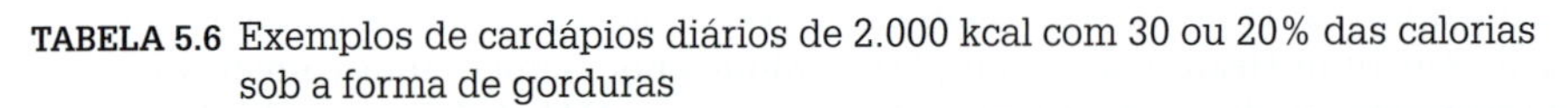

TABELA 5.6 Exemplos de cardápios diários de 2.000 kcal com 30 ou 20% das calorias sob a forma de gorduras

30% das calorias como gorduras		20% das calorias como gorduras	
Alimento	**Gordura (gramas)**	**Alimento**	**Gordura (gramas)**
Café da manhã			
Suco de laranja, 1 copo	0,5	Mesmo	0,5
Trigo descascado, ¾ de xícara	0,5	Trigo descascado, 1 xícara	0,7
Pão torrado	1,1	Mesmo	1,1
Margarina, 3 colheres de chá	11,4	Margarina cremosa, 2 colheres de chá	7,6
Leite semidesnatado 1%, 1 xícara	2,5	Leite desnatado, 1 copo	0,6
Almoço			
Pão integral, 2 fatias	2,4	Mesmo	2,4
Rosbife, 60 g	4,9	Peito de peru *light*, 60 g	0,9
Maionese, 3 colheres de chá	11	Maionese, 2 colheres de chá	7,3
Alface	—	Mesmo	—
Tomate	—	Mesmo	—
Biscoito de aveia, 1	3,3	Biscoito de aveia, 2	6,6
Lanche			
Maçã	—	Mesmo	—
Jantar			
Refeição congelada de peito de frango	18	Peito de frango sem gordura	—
Cenoura, ½ xícara	—	Mesmo	—
Pãozinho, 1	2	Mesmo	2
Margarina, 1 colher de chá	3,8	Mesmo	3,8
Banana	0,6	Mesmo	0,6
Leite semidesnatado 1%, 1 xícara	2,5	Leite desnatado, 1 copo	0,6
Lanche			
Passas, 2 colheres de chá	—	Passas, ½ xícara	—
Pipoca sem gordura, 3 xícaras	1	Pipoca sem gordura, 6 xícaras	2
Margarina, 2 colheres de chá	7,6	Mesmo	7,6
Totais	**73,1**		**44,3**

▲ **Cereais integrais** (trigo triturado, pão integral, biscoitos de aveia, pipoca), **frutas** (suco de laranja, maçã, banana, passas), **legumes** (cenoura, alface, tomate), **carnes magras** (rosbife, peru, frango) e **leite desnatado** são os componentes primários dos cardápios com pouca gordura que constam na Tabela 5.6.

Em geral, o controle do colesterol é paralelo à redução da ingestão de gorduras saturadas e gorduras *trans*. A Tabela 5.6 mostra um exemplo de dieta que cumpre a meta de 20 ou 30% das calorias provenientes de gorduras. Compare essas recomendações à proporção de gorduras na dieta-padrão dos norte-americanos: 33% das calorias provenientes das gorduras totais, cerca de 13% de gorduras saturadas e 180 a 320 mg de colesterol por dia.

Tanto o National Cholesterol Education Program (NCEP) quanto o Food and Nutrition Board concordam com as orientações da AHA. Uma exceção nas diretrizes mais recentes do NCEP é que essas consideram que as gorduras podem chegar a 35% das calorias totais, desde que se diminua a ingestão de gordura saturada, colesterol e gordura *trans*. O Food and Nutrition Board combina as recomendações da AHA com as do NCEP e sugere 20 a 35% das calorias. As Dietary Guidelines, de 2005 também apoiam essas recomendações. Além do consumo de gorduras, é importante controlar as calorias totais ingeridas, porque o controle do peso é vital para a prevenção das doenças cardiovasculares.

A recomendação de consumir 20 a 35% das calorias sob a forma de gordura não se aplica a lactentes e crianças abaixo dos dois anos de idade. A criança está na fase de formação de tecidos e precisa de lipídeos, especialmente no cérebro, por isso não é aconselhável restringir muito a ingestão de gorduras e colesterol.

Quanto aos ácidos graxos essenciais, o Food and Nutrition Board faz recomendações sobre os ácidos graxos ômega-3 e ômega-6. As quantidades citadas na Tabela 5.7 correspondem a cerca de 5% das calorias provenientes dos dois ácidos graxos essenciais. Lactentes e crianças têm necessidades menores (Cap. 15). O consumo de peixe pelo menos duas vezes por semana é uma das medidas para preencher os requisitos de ingestão de ácidos graxos essenciais.

A dieta norte-americana típica contém cerca de 7% das calorias provenientes de ácidos graxos poli-insaturados, portanto atende às necessidades de ácidos graxos essenciais. Geralmente se recomenda um limite máximo de 10% das calorias provenientes de ácidos graxos poli-insaturados, em parte porque a quebra (oxidação) dos ácidos graxos contidos nas lipoproteínas está ligada à maior deposição de colesterol nas artérias (ver tópico "Nutrição e Saúde", neste capítulo). Também se suspeita de que o consumo excessivo de ácidos graxos poli-insaturados possa causar depressão das funções imunológicas.

Mais recentemente, a dieta mediterrânea vem atraindo muita atenção, justificada pela incidência mais baixa de doenças crônicas entre as pessoas que se alimentam frequentemente segundo esse padrão. As principais fontes de gorduras na dieta mediterrânea são o azeite de oliva, consumido em grande quantidade comparativamente às gorduras de origem animal (carnes e laticínios). As principais fontes de gorduras na dieta norte-americana típica são carnes, leite integral, massas, queijo, margarina e maionese. Embora as fontes alimentares de gordura tenham um papel definitivo na prevenção das doenças crônicas, é importante lembrar que outros hábitos de vida também contribuem para o risco de doenças. As pessoas que seguem a dieta mediterrânea também tendem a consumir álcool com moderação (geralmente vinho tinto, que contém muitos antioxidantes), comer muitos cereais integrais e poucos carboidratos refinados e realizar mais atividade física do que o norte-americano típico.

▲ Se você estiver tentando diminuir a quantidade de gorduras saturadas e gorduras *trans* na sua dieta, uma boa ideia é optar pelas versões *light* dos seus alimentos preferidos que tenham alto teor de gordura. Como você acha que essa refeição se compara à refeição de frituras da p. 179.

Uma alternativa para redução das doenças cardiovasculares é a dieta totalmente vegetariana do Dr. Dean Ornish. Essa dieta tem muito pouca gordura e só inclui uma quantidade mínima de óleo vegetal usado para cozinhar, além da pequena quantidade de óleo naturalmente presente nos vegetais. Os indivíduos que restrin-

TABELA 5.7 Recomendações do Food and Nutrition Board para ingestão diária de ácidos graxos ômega-3 e ômega-6

	Homens (gramas por dia)	Mulheres (gramas por dia)
Ácido linoleico (ômega-6)	17	12
Ácido alfa-linolênico (ômega-3)	1,6	1,1

vegetariano Pessoa que só consome alimentos de origem vegetal.

gem a 20% das calorias a ingestão de gorduras devem ser monitorados por um médico, porque o aumento compensatório da ingestão de carboidratos pode, em algumas pessoas, aumentar os triglicerídeos sanguíneos, o que não é uma troca saudável. Com o tempo, no entanto, o problema inicial de triglicerídeos sanguíneos elevados pode se corrigir, com a continuidade da dieta de baixo teor de gordura. Em pessoas que seguiram a dieta Ornish, os triglicerídeos sanguíneos aumentavam inicialmente, mas depois de um ano voltavam aos valores normais, desde que houvesse um maior consumo de carboidratos ricos em fibras, controle (ou redução) do peso e um programa regular de exercícios físicos.

Em suma, o consenso geral entre especialistas em nutrição é que a limitação do consumo de gorduras saturadas, colesterol e gorduras *trans* deve ser o foco primário e que a dieta deve conter alguns ácidos graxos ômega-3 e ômega-6 (Tab. 5.8). Além disso, se a ingestão de gorduras exceder 30% das calorias totais, as gorduras extras devem ser monoinsaturadas.

REVISÃO CONCEITUAL

Não existe RDA para gorduras. Precisamos de aproximadamente 5% das calorias da dieta sob a forma de óleos vegetais, de modo a atender às necessidades de ácidos graxos. Consumir peixes gordurosos pelo menos duas vezes por semana é uma boa maneira de preencher as necessidades de ácidos graxos ômega-3. Muitas entidades da área da saúde recomendam, para a população em geral, uma dieta que contenha no máximo 35% das calorias provenientes de gorduras e no máximo 7 a 10% provenientes de uma combinação de gorduras saturadas e gorduras *trans*. A ingestão de colesterol deve ficar limitada a 200 ou 300 mg por dia. Essas medidas ajudam a manter o nível de LDL normal no sangue. A dieta norte-americana contém cerca de 33% das calorias provenientes de gorduras, com 13% provenientes de gorduras saturadas e 3% de ácidos graxos *trans*. A ingestão de colesterol varia de 200 a 400 mg por dia.

▲ Para evitar o excesso de gorduras saturadas e colesterol, no café da manhã é aconselhável comer menos alimentos como *bacon*, linguiça, batatas coradas e ovos e comer mais pães integrais e frutas frescas.

TABELA 5.8 Sugestões para evitar excesso de gorduras, gorduras saturadas, colesterol e gorduras *trans*

	Comer menos esses alimentos	Comer mais esses alimentos
Cereais	• Massas com queijo ou molhos cremosos • *Croissants* • Massas • Rosquinhas • Tortas	• Pães integrais • Massa de grão integral • Arroz integral • Pudim de claras • Biscoito salgado • Pipoca sem gordura
Legumes	• Batatas fritas • Batatas *chips* • Legumes cozidos em manteiga, queijo ou molhos cremosos	• Legumes crus, assados ou cozidos no vapor
Frutas	• Tortas de frutas	• Frutas frescas, congeladas ou enlatadas
Leite	• Leite integral • Sorvete • Queijos gordos • *Cheesecake*	• Leite desnatado e semidesnatado • Sobremesas congeladas *light* (p. ex., iogurte, sorvete de frutas) • Queijos magros desnatados
Carnes e leguminosas	• *Bacon* • Linguiça • Vísceras (p. ex., fígado) • Gema de ovo	• Peixe • Frango sem pele • Carnes magras (após retirada da gordura) • Derivados de soja • Clara de ovo/ substitutos de ovo
Óleos	• Manteiga e margarina em tablete	• Óleo de canola ou azeite de oliva • Margarina de pote (em pequenas porções)

Mapa conceitual dos lipídeos

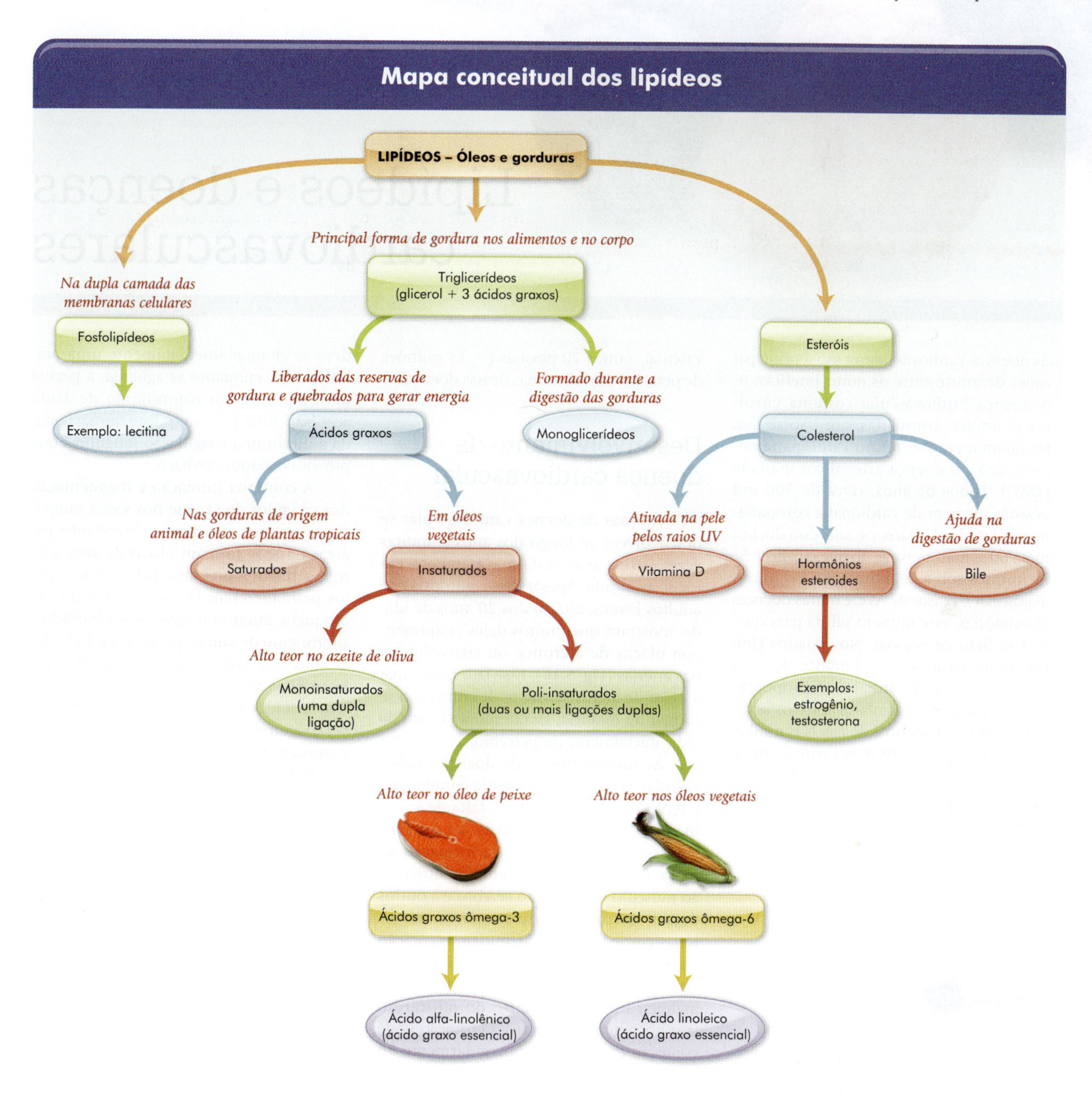

Lipídeos e doenças cardiovasculares

As doenças cardiovasculares são a principal causa de morte entre os norte-americanos. A doença cardiovascular costuma envolver as artérias coronárias, por isso se usa, frequentemente, o termo cardiopatia coronariana ou doença arterial coronariana (DAC). Todos os anos, cerca de 500 mil pessoas morrem de cardiopatia coronariana nos Estados Unidos, ou seja, essa doença mata 60% mais pessoas do que o câncer. Se incluirmos sob a denominação *doença cardiovascular* os casos de AVC e outras doenças circulatórias, esse número subirá para quase 1 milhão de pessoas. Nos Estados Unidos, todos os anos, há 1,5 milhão de casos de infarto (ataque cardíaco). A proporção de doenças cardiovasculares entre os sexos masculino e feminino é de 2:1. Nas mulheres, essas doenças surgem aproximadamente 10 anos mais tarde do que nos homens. Ainda assim, elas acabam matando mais mulheres do que qualquer outra doença – duas vezes mais do que o câncer. E para cada pessoa que morre de doença cardiovascular, outras 20 pessoas (> 13 milhões de pessoas) têm sintomas dessas doenças.

▲ A doença cardiovascular mata mais mulheres do que qualquer outra doença – duas vezes mais do que o câncer.

Desenvolvimento da doença cardiovascular

Os sintomas de doença cardiovascular se desenvolvem ao longo dos anos e, muitas vezes, só se manifestam claramente em idade avançada. Apesar disso, autópsias de adultos jovens, abaixo dos 20 anos de idade, mostram que muitos deles já apresentam **placas de ateroma**, ou aterosclerose, nas artérias (Fig. 5.16). Esse fato indica que a placa de aterosclerose pode começar a se formar na infância, evoluindo ao longo da vida, inicialmente despercebida.

As formas típicas de doença cardiovascular, que são a cardiopatia coronariana e o AVC, estão associadas à falta de suprimento sanguíneo adequado ao coração e ao cérebro, decorrente da formação da placa. O sangue leva oxigênio e nutrientes ao músculo cardíaco, ao cérebro e a outros órgãos. Quando o fluxo sanguíneo nas artérias coronárias que circundam o coração é interrompido, o músculo cardíaco pode ser danificado. O resultado pode ser um ataque cardíaco ou **infarto do miocárdio** (ver novamente Fig. 5.16). O coração pode começar, então, a bater irregularmente ou pode parar. Cerca de 25% das pessoas não sobrevivem ao primeiro ataque cardíaco. Se o fluxo de sangue a certas partes do cérebro for interrompido por um determinado tempo, uma parte do cérebro poderá morrer, causando o chamado AVC, abreviatura de **acidente vascular cerebral**.

O ataque cardíaco pode ser súbito e grave, provocando uma dor que se irradia para o pescoço e por todo o braço, ou pode ser sorrateiro, manifestando-se por sintomas de má digestão, dor leve ou sensação de pressão no peito. Muitas vezes, em mulheres, os sintomas são tão sutis que a morte ocorre antes que a paciente ou o médico percebam que está ocorrendo um ataque cardíaco. Se houver qualquer suspeita de que esteja ocorrendo um ataque cardíaco, deve-se chamar imediatamente uma ambulância e, enquanto se aguarda, a pessoa deve mastigar um comprimido de ácido acetilsalicílico (325 mg). Este fármaco ajuda a diminuir a coagulação sanguínea que provoca o ataque cardíaco.

A contínua formação e fragmentação dos coágulos de sangue nos vasos sanguíneos é um processo normal. Entretanto, em áreas onde se formam placas de aterosclerose, é maior a probabilidade de os coágulos permanecerem intactos, causando um bloqueio, interrompendo ou diminuindo o suprimento de sangue para o coração (pelas artérias coronárias) ou para o cérebro (pelas artérias carótidas). Mais de 95% dos casos de ataque cardíaco são causados por esses coágulos. O ataque cardíaco geralmente é causado pelo bloqueio total das artérias coronárias, decorrente da formação de um coágulo sanguíneo em um trecho da artéria que já está parcialmente obstruído pela placa de ateroma. A desintegração da placa também pode contribuir para a formação do coágulo.

Provavelmente, a aterosclerose se instala com o objetivo inicial de reparar o dano da parede do vaso. O dano que dá início a todo esse processo pode ser causado por fumo, diabetes, hipertensão, LDL e infecções virais e bacterianas. A inflamação permanente da parede do vaso sanguíneo também é uma causa suspeita de dano. (O exame laboratorial denominado dosagem de proteína C-reativa no sangue serve para

placa de ateroma Acúmulo de uma substância rica em colesterol na parede dos vasos sanguíneos. Contém leucócitos, células musculares lisas, várias proteínas, colesterol e outros lipídeos e, às vezes, cálcio.

infarto do miocárdio Morte de uma parte do músculo cardíaco. Também conhecido como ataque cardíaco.

acidente vascular cerebral Morte de parte do tecido cerebral, geralmente causada por um coágulo sanguíneo. Conhecido pela sigla AVC.

▶ Os sinais típicos de alerta de um ataque cardíaco são:

- Dor ou pressão intensa e prolongada no peito, às vezes irradiada para os braços ou para o pescoço (homens e mulheres)
- Falta de ar (homens e mulheres)
- Sudorese (homens e mulheres)
- Náusea e vômitos (especialmente mulheres)
- Tontura (especialmente mulheres)
- Fraqueza (homens e mulheres)
- Dor na mandíbula, pescoço e ombro (especialmente mulheres)
- Batimentos cardíacos irregulares (homens e mulheres)

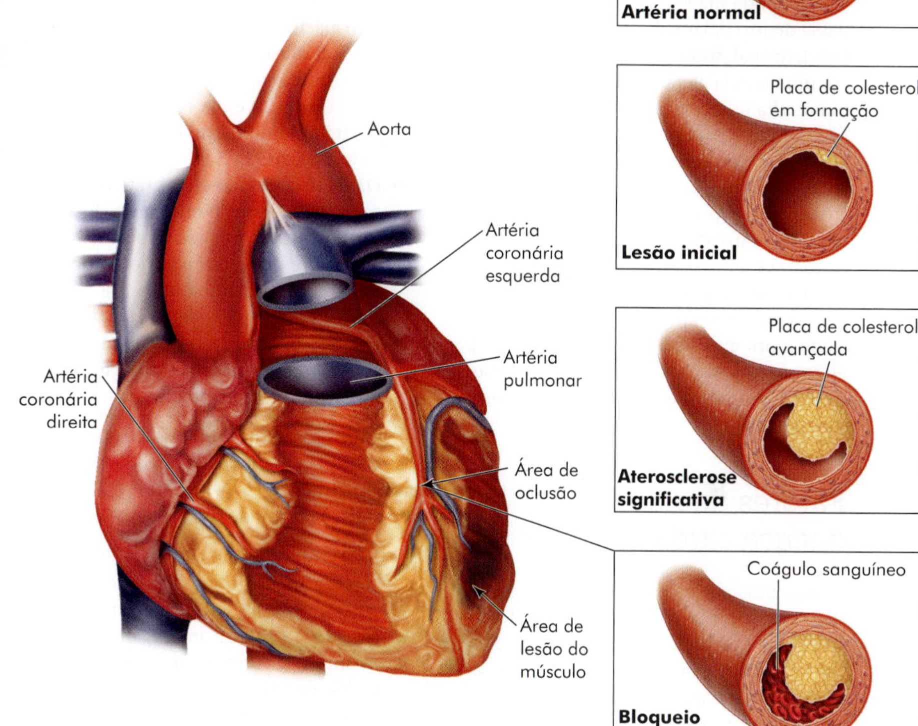

FIGURA 5.16 ▶ O processo que leva ao ataque cardíaco. O processo começa com a lesão da parede da artéria. Essa lesão é seguida da progressiva formação da placa de ateroma. O ataque cardíaco representa a última etapa do processo. É evidente o bloqueio da artéria coronária esquerda por um coágulo sanguíneo. O músculo cardíaco suprido pelo trecho da artéria coronária localizado além do ponto de bloqueio fica privado de oxigênio e nutrientes, acaba danificado e pode morrer. Esse dano pode causar uma diminuição significativa da função cardíaca que, muitas vezes, chega até a insuficiência cardíaca.

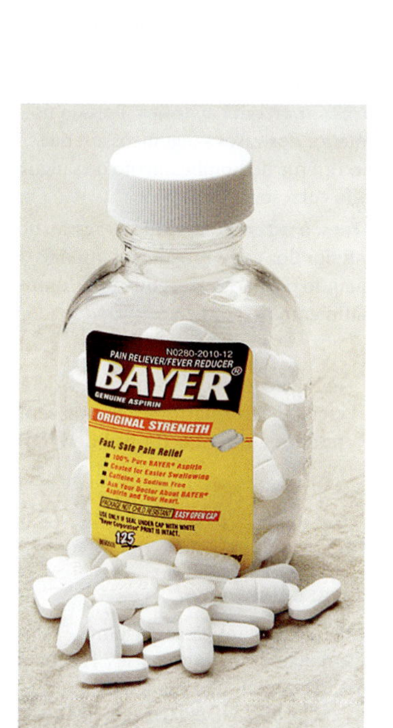

▲ Ao primeiro sinal de um possível ataque cardíaco, a pessoa deve, antes de qualquer coisa, chamar uma ambulância e, depois, mastigar bem um comprimido de ácido acetilsalicílico.

▶ *Healthy People 2010* definiu como meta reduzir em 30% a incidência atual de mortes por cardiopatia coronariana.

avaliar se existe inflamação.) A aterosclerose pode afetar qualquer artéria do corpo. O dano se instala especialmente nos locais em que as artérias se ramificam, originando vasos de menor calibre. Nesses pontos, as paredes dos vasos são submetidas a um grau elevado de estresse, por conta da mudança nas características do fluxo sanguíneo.

Uma vez ocorrido o dano no vaso sanguíneo, a próxima etapa no desenvolvimento da aterosclerose é a fase de progressão. Essa etapa se caracteriza pelo depósito da placa de ateroma no local do dano inicial. O ritmo de formação da placa durante a fase de progressão está diretamente relacionado à quantidade de LDL presente no sangue. A forma de LDL que mais contribui para a aterosclerose é a forma **oxidada**. Essa forma é aquela que as células "lixeiras" da parede da artéria retiram do sangue preferencialmente. Nutrientes e fitoquímicos que têm propriedades **antioxidantes** podem reduzir a oxidação de LDL. Frutas e legumes são particularmente ricos nesses compostos. Consumir frutas e legumes regularmente é uma medida positiva, que pode reduzir a formação da placa de ateroma e deter a progressão da doença cardiovascular. Algumas frutas e legumes particularmente úteis para esse fim são leguminosas (vagens e feijões), nozes, ameixas secas, passas, frutas

oxidação No sentido mais elementar, é a perda de um elétron ou o ganho de um átomo de oxigênio por uma substância química. Essa alteração, em geral, modifica a forma e/ou a função da substância.

silvestres, ameixas, maçãs, cerejas, laranjas, uvas, espinafre, brócolis, pimenta vermelha, batatas e cebolas. Chá e café também são fontes de antioxidantes.

À medida que a placa se acumula, as artérias endurecem, ficam mais estreitas e perdem elasticidade. As artérias afetadas sofrem ainda mais lesões quando o sangue passa dentro delas sob pressão. Por fim, na fase terminal, um coágulo ou um espasmo em uma artéria afetada por placas de ateroma resulta no ataque cardíaco.

Os fatores que geralmente provocam o ataque cardíaco nas pessoas que estão sob risco incluem desidratação, estresse emocional agudo (p. ex., a demissão de um funcionário), atividade física extenuante realizada por pessoa que não tem condições físicas para tal (p. ex., cavar e plantar), acordar no meio da noite ou pela manhã (associado a um aumento abrupto do estresse), além do consumo de refeições copiosas, ricas em gordura (aumentam a coagulação sanguínea).

Fatores de risco de doença cardiovascular

Muitas pessoas estão livres dos fatores de risco que contribuem para o rápido desenvolvimento da aterosclerose. Nesse caso, os especialistas recomendam o consumo de uma dieta balanceada, acompanhada de atividades físicas regulares, exames periódicos para análise das lipoproteínas sanguíneas em jejum a partir dos 20 anos de idade, além de reavaliação dos fatores de risco a cada cinco anos.

Para a maioria das pessoas, no entanto, os fatores de risco mais prováveis são:

- **Colesterol total no sangue acima de 200 mg/dL de sangue** (mg/dL significa miligramas por decilitro, que equivale a 100 mL). O risco é particularmente elevado quando o colesterol é igual ou maior do que 240 mg/dL e quando a dosagem de LDL colesterol está entre 130 e 160 mg/dL. (Os termos LDL colesterol e HDL colesterol são usados para expressar a concentração sanguínea porque o parâmetro medido é o conteúdo de colesterol presente nas lipoproteínas.)
- **Tabagismo.** O fumo é a principal causa de 20% das mortes por doença cardiovascular e em geral anula a vantagem do sexo feminino de desenvolver a doença mais tardiamente. A combinação do fumo com os contraceptivos orais aumenta ainda mais o risco de doença cardiovascular nas mulheres. O fumo aumenta muito a expressão dos genes ligados ao risco de doença cardiovascular, mesmo quando os lipídeos sanguíneos da pessoa são baixos. Também aumenta a probabilidade de coagulação do sangue. Até mesmo o tabagismo secundário foi implicado como fator de risco.
- **Hipertensão. A hipertensão se caracteriza por uma pressão arterial sistólica** acima de 139 mmHg e **pressão arterial diastólica** acima de 89. Os valores saudáveis da pressão arterial são abaixo de 120 e 80, respectivamente. (O tratamento da hipertensão é revisado no Cap. 9.)
- **Diabetes.** O diabetes praticamente garante o desenvolvimento da doença cardiovascular, por isso as pessoas que sofrem de diabetes estão no grupo de alto risco. A insulina aumenta a síntese de colesterol no fígado, elevando, consequentemente, o nível de LDL na corrente sanguínea. O diabetes não respeita a vantagem feminina.

Juntos, os quatro fatores de risco citados explicam a maioria dos casos de doença cardiovascular.

Outros fatores de risco a considerar:

- HDL colesterol abaixo de 40 mg/dL, especialmente quando a proporção colesterol/ HDL colesterol é maior do que 4:1 (3,5:1 ou menos é o ideal). As mulheres costumam ter níveis elevados de HDL colesterol, por isso é importante medir regularmente esses níveis para definir o risco cardiovascular da mulher. Valores de 60 mg/dL ou mais são particularmente protetores. Pelo menos 45 minutos de exercício físico quatro vezes por semana podem aumentar o nível de HDL em

▲ O fumo é um dos quatro maiores fatores de risco de doença cardiovascular.

antioxidante Geralmente, um composto que interrompe os efeitos danosos de substâncias reativas que buscam um elétron (agentes oxidantes). Eles evitam a degradação (oxidação) de substâncias existentes nos alimentos ou no corpo, particularmente lipídeos.

pressão arterial sistólica Pressão no interior dos vasos sanguíneos arteriais decorrente do bombeamento de sangue pelo coração.

pressão arterial diastólica Pressão no interior dos vasos sanguíneos arteriais quando o coração está entre um e outro batimento.

DECISÕES ALIMENTARES

Suplementos antioxidantes e doença cardiovascular

Será que doses elevadas de suplementos vitamínicos antioxidantes são uma forma confiável de reduzir a oxidação da LDL e, assim, evitar a doença cardiovascular? Há controvérsias entre os especialistas sobre esses suplementos alimentares, tópico que será detalhado no Capítulo 8. A American Heart Association não apoia o uso de suplementos antioxidantes (p. ex., vitamina E) para reduzir o risco de doença cardiovascular. O motivo é que estudos de grande escala não comprovaram que exista diminuição do risco de doença cardiovascular com o uso de suplementos antioxidantes. Um estudo até mostrou um aumento discreto da incidência de insuficiência cardíaca após o uso de suplementos antioxidantes, em pessoas com diabetes ou que, por outro motivo qualquer, corriam alto risco de doença cardiovascular. Entretanto, há novos estudos em andamento, que usam suplementos antioxidantes (p. ex., 600 UI de vitamina E em dias alternados) para prevenção de doença cardíaca em homens. Quanto às mulheres, 600 UI de vitamina E de uma fonte natural em dias alternados não proporcionaram benefícios em termos da incidência de eventos cardiovasculares importantes (ou câncer). No entanto, são necessárias outras pesquisas, já que se observou redução dos casos de morte súbita de origem cardíaca em um subgrupo de mulheres idosas, nesse estudo. Alguns especialistas acreditam que a suplementação com vitamina E (100 – 400 UI) pode ser útil para *prevenção* das doenças cardiovasculares, mas outros estudiosos são contrários a essa prática. Uma coisa é certa: qualquer suplemento de vitamina E só deve ser usado sob supervisão médica, dadas as interações com vitamina K e medicamentos anticoagulantes (e possivelmente com o uso de altas doses de ácido acetilsalicílico).

▲ Para mais informações sobre doenças cardiovasculares, acesse a página da American Heart Association no endereço www.heart.org ou a seção sobre doença cardíaca da página www.healthfinder.gov/tours/heart.htm. Trata-se de uma página criada para consumidores pelo governo dos EUA. Além disso, acesse também a página www.nhlbi.nih.gov/.

► *Healthy People 2010* estabeleceu como meta reduzir o colesterol total em adultos, de 206 mg/dL para 199 mg/dL, em média, e também diminuir o percentual de adultos com colesterol sanguíneo elevado de 21% para 17%.

► **Fatores de risco de doença cardiovascular**

- Colesterol sanguíneo total > 200 mg/dL
- Tabagismo
- Hipertensão
- Diabetes
- HDL colesterol < 40 mg/dL
- Idade: Homens > 45 anos; Mulheres > 55 anos
- História familiar de doença cardiovascular
- Triglicerídeos sanguíneos > 200 mg/dL
- Obesidade
- Inatividade

► Há duas abordagens que, comprovadamente, revertem o processo de aterosclerose. Uma é a dieta vegetariana com modificações dos hábitos de vida que fazem parte do programa do Dr. Dean Ornish. A outra é a redução agressiva dos níveis de LDL com medicamentos.

► Conforme já foi visto, o ácido acetilsalicílico em pequenas doses diminui a coagulação sanguínea. Frequentemente, esse medicamento é prescrito pelo médico para pessoas que correm risco de sofrer um ataque cardíaco ou AVC, sobretudo se já tiveram um episódio anterior. Para obter esse benefício, são necessários 80 a 160 mg por dia. As pessoas que mais se beneficiam do uso do ácido acetilsalicílico são homens acima dos 40 anos de idade, fumantes, mulheres na pós-menopausa e pacientes que sofrem de diabetes, hipertensão ou que têm história familiar de doença cardiovascular.

5 mg/dL. Perder o excesso de peso (sobretudo na área da cintura) e evitar o fumo e os excessos alimentares também ajudam a manter ou elevar a HDL, o mesmo ocorrendo com o consumo moderado de álcool.

- Idade: homens acima de 45 anos e mulheres acima de 55 anos.
- História familiar de doença cardiovascular, principalmente antes dos 50 anos de idade.
- Triglicerídeos sanguíneos de 200 mg/dL ou mais, em jejum (menos de 100 mg/dL é o ideal).
- Obesidade (especialmente o acúmulo de gordura na área da cintura). O ganho de peso típico dos adultos é um dos grandes fatores determinantes da elevação da LDL que se observa com a idade. A obesidade também costuma causar resistência à insulina, criando um estado semelhante ao diabetes e, eventualmente, levando à instalação do diabetes propriamente dito. A obesidade também provoca uma inflamação generalizada no organismo.
- Inatividade. O exercício físico regular condiciona as artérias para que se adaptem ao esforço físico e também melhora os efeitos da insulina no corpo. A redução da liberação de insulina consequente ao exercício leva a uma redução da síntese de lipoproteínas no fígado. Recomendam-se exercícios aeróbicos regulares e de resistência. Pessoas com doença cardiovascular já existente e idosos devem ter aprovação do médico antes de iniciarem um programa de exercício físico.

Os pesquisadores estão tentando descobrir e quantificar vários outros fatores que possam estar ligados à ocorrência prematura de doenças cardiovasculares, por exemplo, a conexão com a ingestão de quantidades inadequadas de vitamina B6, folato e vitamina B12, que pode aumentar o nível de homocisteína no sangue. Observou-se que a homocisteína pode danificar as células de revestimento dos vasos sanguíneos, o que provoca aterosclerose. Há estudos que mostram que a suplementação de ácido fólico e vitaminas do complexo B não reduz o risco de doença cardiovascular em pacientes que já tiveram um ataque cardíaco ou que sofrem de doenças vasculares preexistentes.

O termo *fator de risco* não significa uma causa da doença; contudo, quanto mais fatores de risco estão presentes, maior risco uma pessoa corre de desenvolver uma doença cardiovascular. Um bom exemplo é a **síndrome metabólica** (também denominada Síndrome X, abordada no Capítulo 4). A pessoa que tem síndrome metabólica apresenta obesidade abdominal, triglicerídeos sanguíneos elevados, HDL colesterol baixo, hipertensão, distúrbio da regulação da glicose sanguínea (ou seja, glicemia em jejum elevada) e coagulação sanguínea acelerada. Esse perfil aumenta consideravelmente o risco de doença cardiovascular. O lado positivo é que doenças cardiovasculares são raras em pessoas que têm LDL colesterol baixo, pressão arterial normal, que não fumam nem têm diabetes. Se a pessoa diminui esses fatores de risco, segue as recomendações dietéticas da American Heart Association, descritas na página 213, e se mantém fisicamente ativa, provavelmente conseguirá reduzir vários outros fatores de risco controláveis. Em outras palavras, faça um plano completo de estilo de vida e siga esse plano. Conforme será visto adiante, talvez sejam também necessários medicamentos para baixar o nível de lipídeos no sangue. Por fim, se a pessoa tem história familiar de doença cardiovascular, mas não tem os fatores de risco habituais, pode-se pensar em alguma falha mais raro como a causa do problema. Nesse caso, recomenda-se um exame físico detalhado para pesquisa de outras causas potenciais.

Intervenções médicas para baixar os lipídeos sanguíneos

Algumas pessoas precisam de uma terapia ainda mais agressiva, além da dieta e da mudança de hábitos de vida, para baixar os lipídeos no sangue. A indicação mais clara dessa abordagem agressiva é a história de ataque cardíaco prévio ou a presença de sintomas de doença cardiovascular ou diabetes.

Os medicamentos são a pedra angular dessa terapia mais agressiva. Nos Estados Unidos, o National Cholesterol Education Program desenvolveu uma fórmula que se baseia em fatores como idade, colesterol sanguíneo total, HDL colesterol, história de tabagismo e pressão arterial para determinar quem necessita desses medicamentos. Acesse **http://hp2010.nhlbihin.net/atpiii/calculator.asp?usertype=pub** para ver a fórmula, que fornece uma estimativa da probabilidade de ocorrer um ataque cardíaco nos próximos 10 anos.

Os medicamentos que baixam a LDL atuam de uma das maneiras descritas a seguir. Alguns diminuem a síntese de colesterol no fígado. São os medicamentos chamados "estatinas" (p. ex., atorvastatina [Lipitor]). O custo do tratamento com um desses fármacos pode chegar a 1.600 dólares por ano, dependendo da dose necessária. Em algumas pessoas, esses medicamentos causam problemas, por isso devem ser monitorados pelo médico, especialmente quanto aos seus efeitos no fígado. Outro grupo de medicamentos são os que capturam os ácidos biliares ou o colesterol que fazem parte da bile secretada no intestino delgado. Depois de ligados aos medicamentos, esses compostos são eliminados nas fezes, o que exige que o fígado sintetize novos ácidos biliares e/ou colesterol. Para essa síntese, o fígado remove a LDL do sangue. Alguns desses medicamentos têm gosto de areia, por isso não são muito populares.

A meta terapêutica atual para pessoas com doença cardiovascular (ou alto risco) (Tab. 5.9) é baixar a LDL para menos de 70 mg/dL.

A sinvastatina (Zocor), que é uma estatina, foi combinada a outro fármaco (ezetimibe) para formar um medicamento chamado Vytorin, que ataca as duas fontes de colesterol: "alimentos e família." Enquanto a estatina reduz o colesterol fabricado pelo fígado, o ezetimibe ajuda a bloquear a absorção do colesterol dos alimentos.

Um terceiro grupo de fármacos é usado para baixar os triglicerídeos sanguíneos diminuindo sua produção no fígado. Esses medicamentos incluem genfibrozila (Lopid) e megadoses do ácido nicotínico, que é uma vitamina. O uso do ácido nicotínico causa efeitos colaterais desagradáveis, mas podem ser controlados.

Outros possíveis tratamentos clínicos das doenças cardiovasculares

A FDA aprovou a comercialização de duas margarinas que têm efeitos positivos sobre os níveis de colesterol sanguíneo – *Benecol* e *Take Control*. Essas margarinas contêm estanóis e esteróis vegetais.* Os estanóis/esteróis derivados de plantas, também conhecidos como fitoesteróis, atuam reduzindo a absorção do colesterol no intestino delgado e diminuindo seu retorno ao fígado. O fígado responde extraindo mais colesterol do sangue para continuar produzindo ácidos biliares. Estudos feitos para avaliar o efeito redutor de colesterol dessas margarinas mostraram que 2 a 5 g diários de estanóis/esteróis vegetais reduzem em 8 a 10% o colesterol sanguíneo total e em 9 a 14% o LDL colesterol (efeito semelhante ao obtido com alguns fármacos).

Benecol é uma margarina produzida com estanóis extraídos da polpa da madeira. Além de ser vendida como margarina propriamente dita, também foi adicionada a molhos de salada. *Take Control* é uma margarina produzida com esteróis derivados da soja. A quantidade recomendada, em ambos os casos, é cerca de 2 a 3 g diários, pelo menos em duas refeições; isso significa aproximadamente 1 colher de sopa de *Benecol* ou duas de *Take Control* por dia. Seu uso custaria cerca de 1 dólar por dia, já que são margarinas mais caras do que os produtos comuns.

Para pessoas com colesterol sanguíneo total em nível limítrofe (entre 200 e 239 mg/dL), o uso dessas margarinas pode ajudar a evitar a necessidade de tratamento medicamentoso. Os estanóis/esteróis também estão disponíveis sob a forma de comprimidos. Lembre-se de que os esteróis estão presentes naturalmente nas sementes oleaginosas (nozes e amêndoas) em altas concentrações. Gérmen de trigo, gergelim, pistache e sementes de girassol são algumas das principais fontes.

Os dois tratamentos cirúrgicos mais comuns para corrigir o bloqueio de uma artéria coronária são a angioplastia coronariana transluminal percutânea (ATP) e o enxerto de *bypass* coronariano (conhecido como ponte de safena). A ATP consiste na inserção de um cateter com balão na artéria. O cateter é introduzido até o local da lesão, onde o balão é, então, expandido, pressionando as paredes do vaso. Esse método funciona melhor quando só um vaso está bloqueado; depois de desobstruído, o vaso pode ser mantido aberto por uma estrutura do tipo rede metálica, denominada *stent*. A cirurgia de enxerto de *bypass* envolve a remoção da veia safena, um vaso de grosso calibre da perna, ou de uma das artérias mamárias. A veia removida é suturada na aorta (grande vaso que sai do coração) e usada para contornar a artéria bloqueada. O procedimento pode ser feito em um ou mais bloqueios.

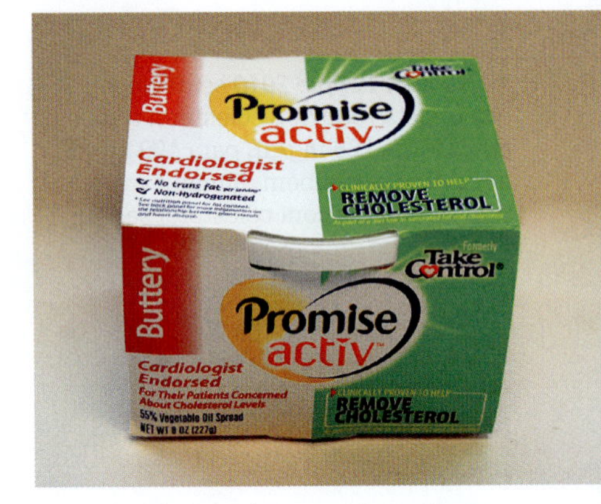

▲ *Becel* e *Take Control* são margarinas e são exemplos de "alimentos funcionais" porque são enriquecidas com estanóis/esteróis vegetais redutores de colesterol.

TABELA 5.9 Como escolher suas metas de prevenção/tratamento da doença cardiovascular

Classe de risco	Este é você se...	Sua meta de LDL (mg/dL)
Muito elevado	Você tem doença cardiovascular *e* outros fatores de risco, como diabetes, obesidade, fumo	< 70
Elevado	Você tem doença cardiovascular *ou* diabetes *ou* dois ou mais fatores de risco de doença cardiovascular (p. ex., fumo, hipertensão)	< 100
Moderadamente elevado	Você tem risco de doença cardiovascular e maior risco de apresentar um ataque cardíaco em 10 anos	100–130
Moderado	Você tem 2 ou mais fatores de risco e uma pequena probabilidade de desenvolver uma doença cardiovascular nos próximos 10 anos.	< 130
Baixo	Você não tem ou tem poucos fatores de risco de doença cardiovascular	< 160

* N. de R.T.: No Brasil, os cremes vegetais enriquecidos com fitoesteróides são também comercializados. Esses produtos são registrados na Anvisa e recomendados pela Sociedade Brasileira de Cardiologia.

Estudo de caso: como planejar uma dieta saudável para o coração

▲ Estão faltando grupos alimentares importantes na nova dieta de Jackie?

Jackie é uma estudante de administração de 21 anos de idade, preocupada com a saúde. Recentemente, ela ficou sabendo que uma alimentação rica em gorduras saturadas pode contribuir para elevar o colesterol sanguíneo e que o exercício físico é benéfico para o coração. Agora, Jackie caminha a passos rápidos diariamente, pela manhã, por 30 minutos, e começou a cortar a gordura da alimentação de todas as maneiras possíveis, substituindo-a principalmente por carboidratos. Atualmente, o dia de Jackie geralmente começa com uma tigela de cereal com 1 xícara de leite desnatado e $^1/_2$ copo de suco de maçã. No almoço, ela come um sanduíche de peito de peru no pão branco, com alface, tomate e mostarda, um pacotinho de *pretzels light* e alguns biscoitos *wafer* de baunilha de baixo teor de gordura. No jantar, uma opção é comer um prato de massa com azeite de oliva e alho e uma salada de alface temperada com suco de limão. Nos intervalos, ela geralmente come salgadinhos assados, biscoitos sem gordura, sorvete de iogurte *light* ou uma porção de *pretzels* sem gordura. Ao longo do dia, ela bebe principalmente refrigerantes na versão *diet*.

Responda às seguintes perguntas e verifique as respostas no Apêndice A.

1. As mudança feitas por Jackie foram as melhores para reduzir o colesterol sanguíneo e manter o coração saudável?
2. O novo plano alimentar de Jackie contém muita gordura? É necessário que Jackie reduza tão drasticamente sua ingestão de gorduras?
3. Que tipos de gordura Jackie deveria tentar consumir? Por que esses tipos de gorduras são os mais desejáveis?
4. Que tipos de alimentos Jackie usou para substituir a gordura na sua alimentação?
5. Que grupos alimentares estão faltando no seu novo plano dietético? Quantas porções desses grupos alimentares ela deveria incluir na dieta?
6. A nova rotina de exercício físico de Jackie é adequada?

Resumo

1. Lipídeos são um grupo de compostos que não se dissolvem na água. Os ácidos graxos são a forma mais simples de lipídeo. Os triglicerídeos são o tipo mais comum de lipídeo encontrado no corpo e nos alimentos; cada um contém três ácidos graxos. Fosfolipídeos e esteróis são outras duas classes de lipídeos encontrados nos alimentos e no nosso corpo.
2. Os ácidos graxos saturados não contêm ligações duplas carbono-carbono; os ácidos graxos monoinsaturados contêm 1 ligação dupla carbono-carbono, e os ácidos graxos poli-insaturados contêm duas ou mais ligações duplas carbono-carbono em sua cadeia. Nos ácidos graxos poli-insaturados ômega-3, a primeira das ligações duplas carbono-carbono está localizada a uma distância de três átomos de carbono do terminal metila da cadeia. Nos ácidos graxos poli-insaturados ômega-6, a primeira das ligações duplas carbono-carbono está localizada a uma distância de três átomos de carbono do terminal metila da cadeia. Ambos os ácidos graxos, ômega-3 e ômega-6, são ácidos graxos essenciais, ou seja, precisam estar presentes na dieta para garantir a manutenção da saúde.
3. Os triglicerídeos são formados por um esqueleto de glicerol ao qual se ligam três ácidos graxos. Triglicerídeos que possuem muitos ácidos graxos saturados de cadeia longa tendem a ficar no estado sólido em temperatura ambiente, ao passo que os ácidos graxos mono e poli-insaturados são líquidos em temperatura ambiente. Os triglicerídeos são a principal forma de gordura encontrada no corpo e nos alimentos. Eles armazenam energia de modo eficaz, protegem alguns órgãos, transportam vitaminas lipossolúveis e contribuem para o isolamento térmico do corpo.
4. Fosfolipídeos são derivados de triglicerídeos nos quais um ou dois ácidos graxos foram substituídos por compostos que contêm fósforo. Os fosfolipídeos são uma parte importante das membranas celulares, e alguns deles atuam como bons emulsificantes.
5. O colesterol entra na composição de substâncias biológicas vitais, como hormônios, componentes das membranas celulares e ácidos biliares. As células do nosso corpo produzem colesterol, quer ele esteja presente ou não na dieta. Portanto, o colesterol não é um componente obrigatório na dieta do adulto.

6. Alimentos ricos em gordura incluem molhos de salada, manteiga, margarina e maionese. Nozes, mortadela, abacate e *bacon* também contêm muita gordura, assim como amendoim e queijo *cheddar*. Um filé ou hambúrguer é um alimento que tem conteúdo moderado de gordura, assim como o leite integral. Muitos cereais, frutas e legumes têm, de modo geral, pouca gordura.
7. Gorduras e óleos têm diversas funções como componentes dos alimentos. As gorduras dão sabor e textura aos alimentos e contribuem para a saciedade após uma refeição. Alguns fosfolipídeos são usados como emulsificantes, ou seja, permitem que a gordura fique em suspensão na água. Quando os ácidos graxos são fragmentados, o alimento fica rançoso, o que provoca odor e sabor desagradáveis.
8. Hidrogenação é o processo de conversão das ligações duplas carbono-carbono em ligações simples, pela entrada de átomos de hidrogênio nesses pontos onde a molécula não está saturada. A hidrogenação parcial dos ácidos graxos dos óleos vegetais modifica seu estado físico, que passa a ser semissólido, o que os torna úteis na formulação de alimentos e diminui o risco de se tornarem rançosos. A hidrogenação também aumenta o teor de ácidos graxos *trans*. Não se recomenda o consumo de grande quantidade de gorduras *trans*, pois elas aumentam a LDL e diminuem a HDL.
9. A digestão das gorduras ocorre principalmente no intestino delgado. A enzima lipase, secretada pelo pâncreas, digere os triglicerídeos de cadeia longa transformando-os em moléculas menores – monoglicerídeos (glicerol com um único ácido graxo) e ácidos graxos. Os produtos dessa quebra são captados pelas células absortivas da parede do intestino delgado. Na sua maioria, essas substâncias voltam a formar triglicerídeos e, posteriormente, entram na circulação linfática e então passam para a corrente sanguínea.
10. Os lipídeos são transportados, na corrente sanguínea, por várias lipoproteínas, que consistem em um núcleo central de triglicerídeo envolvido em uma capa de proteínas, colesterol e fosfolipídeo. Os quilomícrons são liberados pelas células intestinais e transportam os lipídeos provenientes da alimentação. A lipoproteína de muito baixa densidade (VLDL) e a lipoproteína de baixa densidade (LDL) transportam tanto os lipídeos sintetizados pelo fígado quanto aqueles que vieram da alimentação. A lipoproteína de alta densidade (HDL) retira o colesterol das células e facilita seu transporte de volta ao fígado.
11. Os ácidos graxos essenciais são o ácido linoleico (ácido graxo ômega-6) e o ácido alfa-linolênico (ácido graxo ômega-3). As células do nosso corpo são capazes de sintetizar compostos semelhantes a hormônios a partir dos ácidos graxos ômega-3 e ômega-6. Os compostos formados a partir dos ácidos graxos ômega-3 tendem a diminuir a coagulação do sangue, a pressão arterial e as respostas inflamatórias do corpo. Aqueles que são produzidos a partir dos ácidos graxos ômega-6 tendem a aumentar a coagulação.
12. Não existe, no momento, uma RDA de gordura para adultos. Os óleos vegetais devem contribuir com 5% das calorias totais para alcançar os valores de ingestão adequada propostos para ácidos graxos essenciais (ácido linoleico e ácido alfa-linolênico). Peixes gordurosos são um ótima fonte de ácidos graxos ômega-3 e devem ser consumidos pelo menos duas vezes por semana.
13. Muitas entidades da área da saúde e cientistas acreditam que o consumo de gorduras não deva ultrapassar 30 a 35% das calorias totais. Alguns especialistas defendem uma redução ainda maior, para 20%, com objetivo de manter um valor normal de LDL, porém esse tipo de dieta deve ser feito sob supervisão de um profissional. Medicamentos como as "estatinas" podem ser usados para baixar o nível de LDL. Se o consumo de gordura exceder 30% das calorias totais, a dieta deve conter principalmente gorduras monoinsaturadas. Na dieta típica do norte-americano, as gorduras representam cerca de 33% das calorias totais.
14. Níveis elevados de LDL e níveis baixos de HDL no sangue predispõem o indivíduo ao risco de doença cardiovascular. Outros fatores de risco são fumo, hipertensão, diabetes, obesidade e vida sedentária.

Questões para estudo

1. Descreva a estrutura química dos ácidos graxos poli-insaturados e saturados e seus diferentes efeitos nos alimentos e no corpo humano.
2. Correlacione a necessidade de ácidos graxos ômega-3 na dieta com a recomendação de consumo de peixes gordurosos pelo menos duas vezes por semana.
3. Descreva a estrutura, a origem e o papel das quatro principais lipoproteínas do sangue.
4. Quais são as recomendações das várias entidades da área da saúde quanto ao consumo de gorduras? O que isso significa em termos de escolhas alimentares?
5. Cite dois importantes atributos das gorduras presentes nos alimentos. Em que esses atributos diferem das funções gerais dos lipídeos no corpo humano?
6. Descreva o significado e os possíveis usos dos alimentos com teor reduzido de gordura.
7. A concentração de colesterol total na corrente sanguínea é um parâmetro suficiente para se prever o risco de doença cardiovascular?
8. Cite os quatro principais fatores de risco de desenvolvimento de doença cardiovascular.
9. Cite os três hábitos de vida capazes de diminuir o risco de doença cardiovascular.
10. No tratamento da doença cardiovascular, em que situações os medicamentos são mais necessários e como as diferentes classes de fármacos atuam, em geral, para reduzir o risco?

Teste seus conhecimentos

As respostas das próximas questões de múltipla escolha encontram-se a seguir.

1. Geralmente, as margarinas são fabricadas por um processo chamado ____________, no qual átomos de hidrogênio são adicionados às ligações duplas carbono-carbono presentes nos ácidos graxos poli-insaturados dos óleos vegetais.
   a. saturação.
   b. esterificação.
   c. isomerização.
   d. hidrogenação.
2. Os ácidos graxos essenciais que causam diminuição da coagulação sanguínea são
   a. ômega-3.
   b. ômega-6.
   c. ômega-9.
   d. prostaciclinas.
3. O colesterol é
   a. Essencial na dieta; o corpo humano não é capaz de sintetizá-lo.
   b. Encontrado em alimentos de origem vegetal.
   c. Um importante componente das membranas celulares humanas, necessário para a produção de alguns hormônios.
   d. Todas as anteriores.
4. Quais dos seguintes grupos de alimentos seriam importantes fontes de ácidos graxos saturados?
   a. azeite de oliva, óleo de amendoim, óleo de canola.
   b. óleo de palma, óleo de palmito, gordura de coco.
   c. óleo de açafrão, óleo de milho, óleo de soja.
   d. todas as anteriores.
5. Lipoproteínas são importantes para
   a. transporte de gorduras no sangue e no sistema linfático.
   b. síntese de triglicerídeos.
   c. síntese de tecido adiposo.
   d. produção de enzimas.
6. Qual dos seguintes alimentos é a melhor fonte de ácidos graxos ômega-3?
   a. peixes gordurosos.
   b. manteiga e geleia de amendoim.
   c. toucinho e margarina culinária.
   d. carnes vermelhas.
7. Imediatamente após uma refeição, as gorduras recém-digeridas e absorvidas aparecem na linfa, depois no sangue, sob que forma?
   a. LDL.
   b. HDL.
   c. quilomícrons.
   d. colesterol.
8. Concentrações elevadas de _______ diminuem o risco de doença cardiovascular.
   a. lipoproteínas de baixa densidade
   b. quilomícrons
   c. lipoproteínas de alta densidade
   d. colesterol
9. Fosfolipídeos como a lecitina são muito utilizados no preparo de alimentos porque:
   a. Proporcionam uma sensação agradável na boca.
   b. São excelentes emulsificantes.
   c. Possuem importantes propriedades de textura.
   d. Têm sabor delicado.
10. A principal forma de lipídeo encontrada nos alimentos que consumimos é
    a. colesterol.
    b. fosfolipídeo.
    c. triglicerídeo.
    d. esteróis vegetais.

Respostas: 1. d, 2. a, 3. c, 4. b, 5. a, 6. a, 7. c, 8. c, 9. b, 10. c

Leituras complementares

1. ADA Reports: Position of the American Dietetic Association: Fat replacers. Journal of the American Dietetic Association 105:266, 2005.

   A maioria dos substitutos de gordura, quando usados com moderação pelos adultos, funciona como aditivos úteis e seguros, reduzindo o teor de gordura nos alimentos e contribuindo para reduzir a ingestão total de gorduras e calorias. Apesar disso, o consumidor não deve considerar que os produtos com reduzido teor de gorduras e calorias podem ser consumidos em quantidades ilimitadas.

2. Fisler JS, Warden CH: Dietary fat and genotype: Toward individualized prescriptions for lifestyle changes. American Journal of Clinical Nutrition 81:1255, 2005.

   Os efeitos das gorduras alimentares nos níveis de lipídeos sanguíneos são muito variados. Pelo menos parte dessa variação se explica pela genética. Esse artigo aborda os desafios de identificar as interações dos nutrientes com os genes no tocante a lipídeos, colesterol e doença arterial coronariana.

3. Getz L: A burger and fries (hold the trans fats). Today's Dietitian 11(2):35, 2009.

   Várias cidades dos EUA, inclusive Nova Iorque, Filadélfia e Boston, proibiram o uso de gorduras trans *nos restaurantes. A maioria dos estabelecimentos aderiu voluntariamente à demanda por alimentos mais saudáveis. É importante lembrar que a escolha de alimentos sem gordura* trans *não significa, necessariamente, que esses alimentos sejam saudáveis.*

4. Grundy SM and others: Diagnosis and management of the metabolic syndrome. Circulation 112: 1350, 2005.

   A combinação de fatores de risco metabólicos, conhecidos pela denominação "síndrome metabólica", inclui vários fatores, como triglicerídeos sanguíneos elevados, baixas concentrações de HDL colesterol, pressão arterial elevada, glicemia elevada, aumento da coagulação do sangue e um estado geral de inflamação no corpo. Os mais importantes desses fatores de risco subjacentes são a obesidade abdominal e a resistência à insulina. Outras condições associadas a eles são inatividade física, envelhecimento, desequilíbrios hormonais e predisposição racial ou genética.

5. Hansson GK: Inflammation, atherosclerosis, and coronary artery disease. The New England Journal of Medicine 352:1685, 2005.

   Excelente revisão sobre o papel da inflamação na origem da doença cardiovascular. A identificação da aterosclerose como doença inflamatória abre novas oportunidades para a prevenção e o tratamento da doença arterial coronariana.

6. He KA, Daviglus ML: A few more thoughts about fish and fish oil. Journal of the American Dietetic Association 105:428, 2005.

   Foi demonstrado que o consumo de peixe tem efeitos benéficos na doença cardiovascular. O consumo de peixe natural parece ser mais benéfico e seguro do que o uso de suplementos à base de óleo de peixe. O peixe não apenas é rico em ácidos graxos ômega-3, mas também é uma importante fonte de proteínas e oligoelementos, também protetores do sistema cardiovascular. Recomenda-se o consumo de peixe na forma cozida ou assada, já que a fritura pode diminuir a proporção de ácidos graxos ômega-3 para ômega-6 e gerar a formação de ácidos graxos trans e lipídeos oxidados, que aumentam o risco de doença cardiovascular.

7. Kris-Etherton PM, Hill AM: n-3 fatty acids: Food or supplements? Journal of the American Dietetic Association 108: 1125, 2008.

   A melhor alternativa para consumo de todos os ácidos graxos, inclusive dos ácidos graxos ômega-3, é a via alimentar. Se a pessoa não gosta ou não pode comer peixe, que é a principal fonte de ácidos graxos ômega-3, outras opções podem ser usadas, como alimentos especiais ricos em ácidos graxos ômega-3 ou mesmo suplementos desses compostos. Para vegetarianos, os suplementos à base de algas são uma fonte alternativa de DHA em lugar do peixe ou do óleo de peixe.

8. Kuller LH: Nutrition, lipids, and cardiovascular disease. Nutrition Reviews 64:S15, 2006.

   O desenvolvimento da cardiopatia coronariana é considerado uma epidemia, causada pelo maior consumo de gorduras saturadas e colesterol, pela baixa ingestão de gorduras poli-insaturadas e pela obesidade. O risco de doença coronariana aumenta com a presença de hipertensão, fumo e diabetes. Um cuidadoso monitoramento e a prevenção dessa doença já no adulto jovem é importante, porém de custo elevado.

9. Lau VWY and others: Plant sterols are efficacious in lowering plasma LDL and non-HDL cholesterol in hypercholesterolemic type 2 diabetic and nondiabetic persons. American Journal of Clinical Nutrition 81:1351, 2005.

   A incorporação de esteróis vegetais na dieta de baixo teor de gordura saturada e colesterol, no caso de pessoas com risco de morte por doença cardiovascular, pode ter efeito positivo, reduzindo a taxa de mortalidade, inclusive entre indivíduos que sofrem de diabetes tipo 2.

10. Lee I and others: Vitamin E in the primary prevention of cardiovascular disease and cancer: The women's health study: A randomized controlled trial. Journal of the American Medical Association 294:56, 2005.

    Os dados desse estudo de grande porte indicam que 600 UI de vitamina E de origem natural em dias alternados não trouxeram benefício em termos de eventos cardiovasculares maiores ou câncer. Esses dados não justificam a recomendação de uso de suplementos de vitamina E por mulheres saudáveis, para prevenção de câncer ou doença cardiovascular, mas ainda são necessárias mais pesquisas, já que um subgrupo de mulheres idosas apresentou redução da incidência de morte súbita, nesse mesmo estudo.

11. Lewis NM and others: The walnut: A nutritional nut case. Today's Dietitian 6(8):36, 2004.

    Comparadas a outras nozes e sementes oleaginosas, as nozes estão entre as principais fontes de ácido alfa-linolênico (2,6 g por porção de 30 g ou 14 metades de nozes). A DRI de ácido alfa-linolênico é 1,6 g/dia para homens e 1,1 g/dia para mulheres. Além disso, as nozes são uma importante fonte de fitoesteróis, que comprovadamente inibem a absorção intestinal do colesterol.

12. Lichtenstein AH and others: Diet and lifestyle recommendations revision 2006. A scientific statement from the American Heart Association Nutrition Committee. Circulation 114:82, 2006.

    A American Heart Association apresenta recomendações para redução do risco de doença cardiovascular na população em geral. São apresentadas metas específicas, como manter uma dieta saudável, buscar manter um peso corporal saudável, níveis adequados de lipoproteína de baixa densidade do colesterol, de lipoproteína de alta densidade do colesterol e de triglicerídeos, pressão arterial normal, glicemia normal, atividade física e evitar o tabagismo ativo e passivo.

13. Lonn E and others: Effects of long-term vitamin E supplementation on cardiovascular events and cancer: A randomized controlled trial. Journal of the American Medical Association 293:1338, 2005.

    Não se observaram diferenças significativas entre o grupo que recebeu suplementação de vitamina E e o grupo-controle, em termos de incidência de câncer ou mortes por câncer. Também não houve diferenças no conjunto de desfechos cardiovasculares, inclusive morte ou nova hospitalização. Houve aumento significativo do risco de insuficiência cardíaca e complicações associadas no grupo que recebeu vitamina E.

14. Meisinger C and others: Plasma oxidized low-density lipoprotein, a strong predictor for acute coronary heart disease events in apparently healthy, middle-aged men from the general population. Circulation 112:651, 2005.

    Concentrações elevadas de lipoproteína de baixa densidade oxidada permitem prever futuros episódios de cardiopatia coronariana em homens aparentemente saudáveis. Portanto, a LDL oxidada pode representar um marcador de risco para complicações clínicas da cardiopatia coronariana e deverá ser avaliada em outros estudos.

15. Micallef MA, Garg ML: The lipid-lowering effects of phytosterols and (n-3) polyunsaturated fatty acids are synergistic and complementary in hyperlipidemic men and women. Journal of Nutrition 138: 1086, 2008.

    Os fitoesteróis são compostos de origem vegetal com estrutura semelhante à do colesterol. Algumas margarinas e outros produtos são enriquecidos com fitoesteróis. O consumo de fitoesteróis pode reduzir a absorção intestinal de colesterol em 30 a 40%. Os óleos de peixe são ricos em ácidos graxos poli-insaturados ômega-3 (PUFA) e podem reduzir os triglicerídeos sanguíneos e elevar o HDL colesterol. O efeito combinado dos fitoesteróis e dos PUFA ômega-3 sobre os níveis de lipídeos sanguíneos foi estudado em indivíduos com níveis elevados de lipídeos. A suplementação combinada de fitoesteróis e PUFA ômega-3 mostrou efeitos sinérgicos e complementares, reduzindo os níveis de lipídeos em homens e mulheres nos quais esses níveis eram elevados, o que resultou em baixa das concentrações plasmáticas de colesterol total e LDL e aumento da concentração de HDL colesterol, além de diminuição dos triglicerídeos.

16. Ohr LM: The (heart) beat goes on. Food Technology 60(6):87, 2006.

    O artigo descreve as pesquisas e inovações da indústria alimentícia voltadas para a saúde do coração. Os ingredientes indicados como vantagens para a saúde cardíaca são ácidos graxos ômega-3 e esteróis vegetais. O artigo discute ainda a respeito de fibras, cereais, soja, antioxidantes e oleaginosas.

17. Phillips KM and others: Phytosterol composition of nuts and seeds commonly consumed in the United States. Journal of Agriculture and Food Chemistry 53:9436, 2005.

    Esse estudo foi realizado para identificar as oleaginosas e sementes que teriam mais benefícios de proteção ao coração. Dos 27 tipos de nozes e sementes estudados, o gérmen de trigo e as sementes de gergelim foram os que mostraram ter maior concentração de fitoesteróis; a castanha-do-Pará e as nozes têm as menores concentrações. O pistache e as sementes de girassol mostraram ser as melhores fontes de fitoesteróis entre os produtos geralmente consumidos como aperitivos.

18. Reese MATB: Beyond the headlines: The lowdown on low-fat diets. Today's Dietitian 8(6):32, 2006.

    Os resultados da Women's Health Initiative mostraram, após oito anos, que a redução da gordura na alimentação praticamente não teve efeito sobre a incidência de ataque cardíaco e AVC, nem sobre a incidência de câncer de mama e câncer de colo. O artigo explica algumas das características do estudo que podem ter contribuído para esses resultados inesperados. A mais importante a considerar é o fato de que as mulheres estudadas estavam todas em pós-menopausa e que, antes do estudo, consumiam grande quantidade de gordura. Os resultados indicam que se a dieta com baixo teor de gordura só começar na faixa dos 50 a 79 anos, pode ser muito tarde para obter benefícios importantes.

19. Shai I and others: Weight loss with a low-carbohydrate, Mediterranean, or low-fat diet. New England Journal of Medicine 359:229, 2008.

    Adultos moderadamente obesos (média de idade de 52 anos) foram designados para receber uma de três dietas: baixo teor de gordura e baixa caloria; mediterrânea com baixa caloria ou baixo teor de carboidratos, sem restrição calórica. Os indivíduos foram estudados por dois anos. A dieta foi monitorada quanto a vários componentes, inclusive a quantidade e tipo de carboidratos, gorduras, proteínas e colesterol. A perda de peso média entre os 272 participantes que seguiram a dieta foi de 3,3 kg no grupo de baixo teor de gordura, 4,6 kg no grupo da dieta mediterrânea e 5,5 kg no grupo de baixo teor de carboidratos. Os resultados indicaram que as dietas mediterrânea e de baixo teor de carboidrato podem ser alternativas eficazes à dieta com baixo teor de gordura. Os efeitos mais positivos sobre os lipídeos (com a dieta de baixo teor de carboidratos) e sobre o controle glicêmico (com a dieta mediterrânea) aponta que as preferências pessoais e considerações metabólicas devam ser a base das intervenções dietéticas individualizadas.

20. Wang C and others: n-3 fatty acids from fish or fish-oil supplements, but not alpha-linolenic acid, benefit cardiovascular disease outcomes in primary- and secondary-prevention studies: A systematic review. American Journal of Clinical Nutrition 84:5, 2006.

Essa revisão de vários estudos mostra que o consumo de ácidos graxos ômega-3 provenientes de peixe ou óleo de peixe, mas não de ácido alfa-linolênico, reduziu significativamente a mortalidade por todas as causas e a incidência de infarto do miocárdio, morte súbita e morte cardíaca, além de AVC.

AVALIE SUA REFEIÇÃO

I. Você está consumindo muita gordura saturada e gordura *trans*?

Instruções: Em cada linha da lista que segue, marque sua escolha habitual de alimentos da coluna A ou B.

Coluna A		Coluna B
Bacon e ovos	ou	Cereal matinal integral
Rosquinha ou pão doce	ou	Pão integral, pãozinho ou pão de forma comum
Linguiça ou salsicha	ou	Frutas
Leite integral	ou	Leite desnatado ou semidesnatado
Cheeseburger	ou	Sanduíche de peru, sem queijo
Batatas fritas	ou	Batata assada com temperos
Carne moída gorda	ou	Carne moída magra
Sopa cremosa	ou	Sopa caldo
Massa com queijo	ou	Massa com molho *marinara*
Torta de frutas ou com creme	ou	Biscoitos salgados
Biscoitos recheados	ou	Barra de cereal
Sorvete cremoso	ou	Sorvete de iogurte, sorvete de frutas ou sorvete cremoso *light*
Manteiga ou margarina em tablete	ou	Óleos vegetais ou margarina

Interpretação

Os alimentos da coluna A tendem a ser ricos em gorduras saturadas, ácidos graxos *trans*, colesterol e gorduras totais. Os da coluna B geralmente têm baixo teor desses componentes. Se você quiser reduzir seu risco de doença cardiovascular, escolha mais alimentos da coluna B e menos da coluna A.

II. Como aplicar as informações nutricionais dos rótulos à sua alimentação diária

Imagine que você esteja no supermercado procurando alimentos para comer nos intervalos e manter seu "pique". Na seção de salgadinhos e lanches, você tem duas escolhas (ver rótulos a e b). Avalie os produtos usando a tabela à esquerda.

Compare os nutrientes de cada produto completando a lista a seguir. Para cada porção, que produto tem menos de cada um dos seguintes?			
Calorias	(a)	(b)	sem diferença
Calorias provenientes de gordura	(a)	(b)	sem diferença
Gordura total	(a)	(b)	sem diferença
Gordura saturada	(a)	(b)	sem diferença
Gordura *trans*	(a)	(b)	sem diferença
Colesterol	(a)	(b)	sem diferença
Sódio	(a)	(b)	sem diferença
Carboidratos totais	(a)	(b)	sem diferença
Fibras alimentares	(a)	(b)	sem diferença
Açúcares	(a)	(b)	sem diferença
Proteína	(a)	(b)	sem diferença
Ferro	(a)	(b)	sem diferença
Que embalagem tem mais porções do alimento?			
	(a)	(b)	sem diferença
Qual das duas marcas você escolheria?			
	(a)	(b)	sem diferença
Que informações do rótulo contribuíram para a sua decisão?			

Informação Nutricional

Tamanho da porção 2 barras (42g)
Porções contidas na embalagem 6

Quantidade por porção 2 unidades	
Calorias 180	Calorias provenientes de gordura 50
	% do valor diário*
Gordura total 6g	**9**%
Gordura saturada 0.5g	**3**%
Gordura *Trans* 0g	**
Colesterol 0mg	**0**%
Sódio 160mg	**7**%
Carboidratos totais 29g	**10**%
Fibras alimentares 2g	**8**%
Açúcares 11g	
Proteína 4g	
Ferro 6%	

Não é uma fonte significativa de Vitamina A, Vitamina C e cálcio.

** O consumo de gordura *trans* deve ser o mínimo possível.
* Percentual do valor diário baseado em uma dieta de 2000 calorias. Seus valores diários poderão ser maiores ou menores, dependendo da sua necessidade calórica:

** O consumo deve ser o mínimo possível.	Calorias	2.000	2.500
Gordura total	Menos de	65g	80g
Gordura saturada	Menos de	20g	25g
Colesterol	Menos de	300mg	300mg
Sódio	Menos de	2.400mg	2.400mg
Carboidratos totais		300g	375g
Fibras alimentares		25g	30g

INGREDIENTES: FLOCOS DE AVEIA INTEGRAL, AÇÚCAR, ÓLEO DE CANOLA, FLOCOS DE ARROZ COM PROTEÍNA DE SOJA (FARINHA DE ARROZ, CONCENTRADO DE PROTEÍNA DE SOJA, AÇÚCAR, MALTE, SAL), MEL, XAROPE DE AÇÚCAR MASCAVO, XAROPE DE MILHO RICO EM FRUTOSE, SAL, LECITINA DE SOJA, HIDRÓXIDO DE SÓDIO, AROMA NATURAL, FARINHA DE AMENDOIM, FARINHA DE AMÊNDOAS, FARINHA DE AVELÃS, FARINHA DE CASTANHAS, FARINHA DE NOZ PECÃ.

(a)

Informação Nutricional

Tamanho da porção 2 unidades (38g)
Porções contidas na embalagem Cerca de 12

Quantidade por porção	
Calorias 180	Calorias provenientes de gordura 70
	% do valor diário*
Gordura total 7g	**11**%
Gordura saturada 2g	**10**%
Gordura *Trans 2g*	**
Colesterol 0mg	**0**%
Sódio 100mg	**4**%
Carboidratos totais 26g	**9**%
Fibras alimentares 1g	**4**%
Açúcares 12g	
Proteína 2g	

Vitamina A 0% • Vitamina C 0%
Cálcio 0% • Ferro 2%

** O consumo de gordura *trans* deve ser o mínimo possível.

* Percentual do valor diário baseado em uma dieta de 2000 calorias. Seus valores diários poderão ser maiores ou menores, dependendo da sua necessidade calórica:

** O consumo deve ser o mínimo possível.	Calorias	2.000	2.500
Gordura total	Menos de	65g	80g
Gordura saturada	Menos de	20g	25g
Colesterol	Menos de	300mg	300mg
Sódio	Menos de	2.400mg	2.400mg
Carboidratos totais		300g	375g
Fibras alimentares		25g	30g

Calorias por grama: • Gordura 9 • Carboidratos 4 • Proteína 4

INGREDIENTES: FARINHA ENRIQUECIDA (FARINHA DE TRIGO, NIACINA, FERRO REDUZIDO, MONONITRATO DE TIAMINA, RIBOFLAVINA, ÁCIDO FÓLICO), AÇÚCAR, ÓLEO VEGETAL CULINÁRIO (GORDURAS PARCIALMENTE HIDROGENADAS DE SOJA, COCO, ALGODÃO, MILHO E/OU AÇAFRÃO E/OU ÓLEO DE CANOLA), XAROPE DE MILHO, XAROPE DE MILHO RICO EM FRUTOSE, SORO DE LEITE (INGREDIENTE LÁCTEO), AMIDO DE MILHO, SAL, LEITE DESNATADO, FERMENTO (HIDRÓXIDO DE SÓDIO, BICARBONATO DE AMÔNIA), AROMA ARTIFICIAL, LECITINA DE SOJA, CORANTE (COM FD&C AMARELO #5 LAKE).

(b)

PARTE II

NUTRIENTES CALÓRICOS E BALANÇO ENERGÉTICO

CAPÍTULO 6 Proteínas

Objetivos do aprendizado

1. Descrever como aminoácidos formam proteínas.
2. Distinguir entre aminoácidos essenciais e não essenciais e explicar por que quantidades adequadas de cada aminoácido essencial são necessárias para a síntese de proteínas.
3. Distinguir entre proteínas de alta e baixa qualidade, identificando exemplos de cada uma, e descrever o conceito de proteínas complementares.
4. Descrever como as proteínas são digeridas e absorvidas pelo corpo.
5. Enumerar as funções primárias da proteína no corpo.
6. Calcular a RDA de proteínas para um adulto em relação a um peso saudável.
7. Descrever o que significa balanço proteico positivo, balanço proteico negativo e equilíbrio proteico.
8. Descrever como a desnutrição proteico-calórica acaba acarretando doenças no corpo.
9. Desenvolver planos de dieta vegetariana que atendam às necessidades nutricionais do corpo.

Conteúdo do capítulo

O consumo adequado de proteínas é vital para manter a saúde. As proteínas formam estruturas importantes no corpo, são uma parte essencial do sangue, ajudam a regular muitas funções corporais e abastecerem as células do corpo.

Em termos gerais, os norte-americanos consomem mais proteína do que o necessário para manter a saúde. Sua ingestão proteica diária advém principalmente de fontes animais como carne de vaca, frango, peixe, ovos, leite e queijo. No entanto, no mundo em desenvolvimento, as dietas podem carecer de proteínas. Dietas de alto teor proteico entraram e saíram de moda nos últimos 30 anos. Recentemente, elas se tornaram populares como dietas para perder peso, sendo que algumas contêm cerca de 35% das calorias advindas de proteína. Esse número está de acordo com as últimas recomendações de ingestão proteica do Food and Nutrition Board de 10 a 35% de ingestão calórica de proteínas, de maneira que, em geral, essas dietas são adequadas se forem de outra forma sensatas em termos nutricionais (p. ex., seguem as orientações do *MyPyramid*).

Dietas basicamente vegetarianas ainda predominam em grande parte da Ásia e áreas da África e, conforme sugerido pelo quadrinho da página a seguir, alguns norte-americanos, atualmente, adotam essa prática. Fontes vegetais de proteína vêm ganhando mais atenção dos norte-americanos. No início dos anos

1990, as fontes vegetais de proteína – nozes, sementes e leguminosas – eram consumidas apenas com a mesma frequência das proteínas animais. Com o passar do tempo, as proteínas vegetais perderam espaço para as carnes. Durante esse tempo, as nozes eram vistas como alimentos ricos em gordura, e feijões e vagens tinham a reputação inferior de "carne de pobre". Ao contrário dessas acepções populares equivocadas, as fontes de proteína vegetal oferecem enormes benefícios nutricionais – desde ajudar a reduzir o colesterol sanguíneo até prevenir algumas formas de câncer.

Podemos nos beneficiar do consumo de mais proteína vegetal. Conforme ilustrado no quadrinho deste capítulo, é preciso conhecer essas proteínas. É possível – e desejável – apreciar os benefícios de proteínas animais e vegetais ao planejarmos uma dieta que atenda às necessidades proteicas. Este capítulo trata das proteínas em mais detalhes, incluindo os benefícios da proteína vegetal em uma dieta. Examina ainda as dietas vegetarianas: seus benefícios e também seus riscos se não forem corretamente planejadas. Vejamos por que um estudo detalhado das proteínas merece a sua atenção.

Para relembrar

Antes começar a estudar as proteínas no Capítulo 6, talvez seja interessante revisar os seguintes tópicos:

- A organização celular, no Capítulo 3
- Os processos de digestão e absorção, no Capítulo 3
- O sistema nervoso e o sistema imune, no Capítulo 4
- O papel dos carboidratos na prevenção da cetose, no Capítulo 4

FRANK & ERNEST® by Bob Thaves

Será que uma dieta vegetariana consegue fornecer proteína suficiente? O que está levando a um interesse crescente em diversas formas de dietas vegetarianas? Por que as fontes de proteína vegetal, especialmente a soja e as nozes, estão ganhando mais atenção? Os carnívoros devem abandonar o hábito de consumir proteína animal? O Capítulo 6 dá algumas respostas.

6.1 Proteínas – uma introdução

As dietas em alguns países desenvolvidos, como os Estados Unidos e o Canadá, são em geral ricas em proteína e, portanto, não é preciso focar especificamente no consumo de proteínas suficientes. Contudo, nos países em desenvolvimento, é importante enfatizar as proteínas no planejamento dietético, pois as dietas nessas áreas do mundo podem ser deficientes em proteína.

Dietas ricas em proteína foram populares como dietas de emagrecimento por anos. As últimas recomendações do Food and Nutrition Board permitem que até 35% da ingestão calórica total advenham de proteínas, de maneira que, em geral, essas dietas são adequadas se forem nutricionalmente sensatas, especialmente em relação ao consumo moderado de gordura e a um teor suficiente de fibras. Ainda assim, conforme discutido no Capítulo 7, esses tipos de dieta dificilmente são uma "varinha de condão" para a perda de peso.

Milhares de substâncias no corpo são feitas de proteínas. Fora a água, as proteínas formam a maior parte do tecido corporal magro, totalizando cerca de 17% do peso corporal. Os aminoácidos – os constituintes fundamentais das proteínas – são singulares no sentido de que contêm nitrogênio ligado a carbono. As plantas combinam nitrogênio do solo com carbono e outros elementos para formar aminoácidos e, então, ligam esses aminoácidos para formar proteínas. Assim, é possível obter o nitrogênio de que necessitamos por meio do consumo de proteínas dietéticas. As proteínas são, portanto, parte essencial de uma dieta devido ao fato de fornecer nitrogênio sob uma forma pronta para ser usada imediatamente – ou seja, aminoácidos. O uso de formas mais simples de nitrogênio é, em grande parte, impossível para os humanos.

As proteínas são essenciais à regulação e à manutenção do corpo. Funções corporais como coagulação sanguínea, equilíbrio hídrico, produção de hormônios e enzimas, processos visuais, transporte de diversas substâncias na corrente sanguínea e reparo celular demandam proteínas específicas. O corpo produz proteínas em muitas configurações e tamanhos de maneira que possam servir a esse grande número de funções variadas. A formação dessas proteínas corporais começa com os aminoácidos a partir dos alimentos que consumimos que contêm proteína e daqueles sintetizados por outros compostos no corpo. As proteínas também podem ser decompostas para fornecer energia ao corpo – em média, 4 kcal/g.

Se não consumirmos uma quantidade adequada de proteína por semanas, muitos processos metabólicos ficam mais lentos, pois o corpo não conta com aminoácidos suficientes à disposição para elaborar as proteínas de que necessita. Por exemplo, o sistema imune não funciona mais de maneira eficaz quando carece de proteínas importantes, aumentando, assim, o risco de infecções, doenças e óbito.

Aminoácidos

Os aminoácidos – constituintes fundamentais das proteínas – são formados em grande parte por carbono, hidrogênio, oxigênio e nitrogênio. O diagrama a seguir mostra a estrutura de um aminoácido genérico e também de um dos aminoácidos específicos: o ácido glutâmico. Os aminoácidos têm diferentes configurações quí-

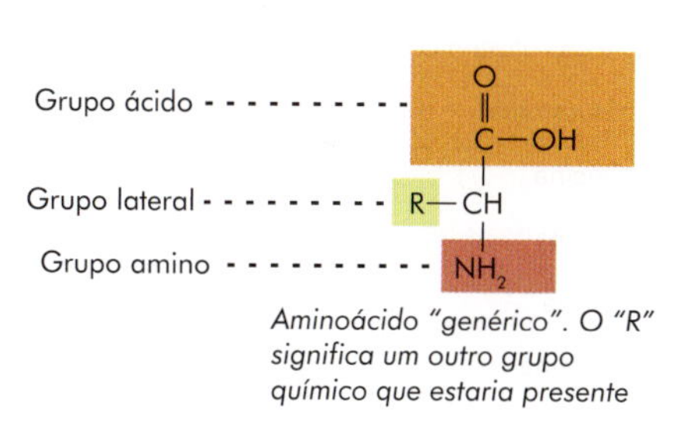

Aminoácido "genérico". O "R" significa um outro grupo químico que estaria presente

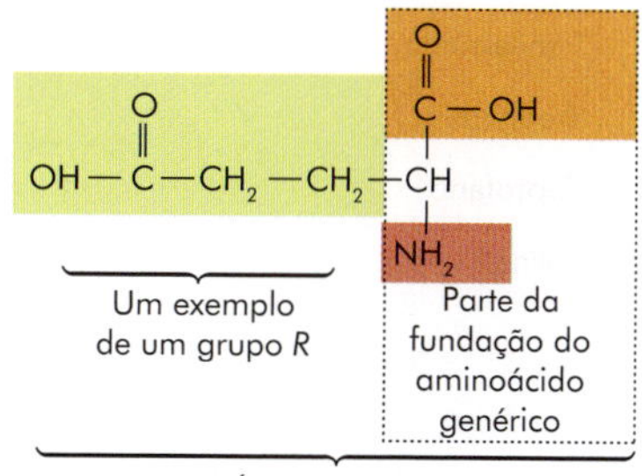

Ácido glutâmico

aminoácidos de cadeia ramificada Aminoácidos que possuem uma cadeia básica de carbonos, ramificada; são eles: leucina, isoleucina e valina. Todos são aminoácidos essenciais.

micas, mas todas são variações pequenas do aminoácido genérico ilustrado no diagrama (Apêndice E). Todo aminoácido tem um grupo "ácido"; um grupo "amino" e um grupo "lateral", ou grupo R, específico para cada aminoácido.

O grupo R em alguns aminoácidos tem uma forma ramificada, como uma árvore. Esses chamados **aminoácidos de cadeia ramificada** são leucina, isoleucina e valina (consultar, no Apêndice E, as estruturas químicas dos aminoácidos). Os aminoácidos de cadeia ramificada são os aminoácidos primários usados pelos músculos para obter as necessidades de energia, o que explica por que as proteínas do leite (p. ex., derivados do soro do leite) são populares entre atletas que praticam treinamento de força (ver Cap. 10, para mais detalhes).

Nosso corpo precisa utilizar 20 aminoácidos para funcionar (Tab. 6.1). Apesar de todos esses aminoácidos frequentemente encontrados serem importantes, 11 são considerados **não essenciais** (também denominados *dispensáveis*) em relação à nossa dieta. As células humanas conseguem produzir esses determinados aminoácidos desde que os ingredientes certos estejam presentes – sendo que o fator-chave é o nitrogênio, que já faz parte de outro aminoácido. Portanto, não é essencial que esses aminoácidos façam parte da nossa dieta.

Os nove aminoácidos (que o corpo não consegue produzir, ou só produz em pequenas quantidades) são conhecidos como **essenciais** (também denominados *indispensáveis*). Assim, é preciso obtê-los dos alimentos, porque as células do corpo ou não conseguem estabelecer o alicerce necessário baseado em carbono, ou apenas não conseguem fazer todo o processo rápido o suficiente para atender às necessidades do corpo.

O consumo de uma dieta balanceada consegue fornecer os constituentes de aminoácidos essenciais e não essenciais necessários para manter a boa saúde. Tanto aminoácidos essenciais quanto não essenciais estão presentes em alimentos que contêm proteína. Se não ingerirmos aminoácidos essenciais suficientes, nosso corpo primeiro luta para conservar os aminoácidos essenciais que puder e progressivamente diminui a produção de novas proteínas até que, em certo momento, precisaremos decompor as proteínas mais rapidamente do que conseguimos elaborar. Quando isso ocorre, a saúde se deteriora.

O aminoácido essencial em menor suprimento em um alimento ou uma dieta em relação às necessidades do corpo torna-se o fator limitante (denominado **aminoácido limitante**) visto que limita a quantidade de proteína que o corpo consegue sintetizar. Por exemplo, vamos supor que as letras do alfabeto representem os 20 aminoácidos diferentes que consumimos. Se *A* representa um aminoácido

▲ Quando combinados com vegetais, alimentos ricos em proteína, como as carnes, também podem ajudar a equilibrar o conteúdo de aminoácidos da dieta.

TABELA 6.1 Classificação dos aminoácidos

Aminoácidos essenciais	Aminoácidos não esssenciais
Histidina	Alanina
Isoleucina*	Arginina
Leucina*	Asparagina
Lisina	Ácido aspártico
Metionina	Cisteína
Fenilalanina	Ácido glutâmico
Treonina	Glutamina
Triptofano	Glicina
Valina*	Prolina
	Serina
	Tirosina

* Aminoácido de cadeia ramificada

aminoácidos não essenciais Aminoácidos que podem ser sintetizados por um organismo saudável em quantidades suficientes; existem 11 aminoácidos não essenciais, também denominados aminoácidos dispensáveis.

aminoácidos essenciais Aminoácidos que não são sintetizados por humanos em quantidades suficientes ou até mesmo em alguma quantidade e, portanto, devem ser incluídos na dieta; existem nove aminoácidos essenciais, também denominados aminoácidos indispensáveis.

aminoácidos limitantes Aminoácidos essenciais na menor concentração em um alimento ou uma dieta em relação às necessidades corporais.

essencial, precisamos de três dessas letras para pronunciar a proteína hipotética *BANANA*. Se o corpo tiver um *B*, dois *Ns*, mas só dois *As*, a "síntese" de *BANANA* não seria possível. O *A* seria visto, então, como o aminoácido limitante.

Nos adultos, apenas cerca de 11% de suas necessidades proteicas totais precisam ser supridas por aminoácidos essenciais. As dietas típicas fornecem em média 50% de proteína como aminoácidos essenciais.

As necessidades estimadas de aminoácidos essenciais para bebês e crianças pré-escolares são 40% da ingestão proteica total; entretanto, posteriormente na infância, a necessidade cai para 20%.

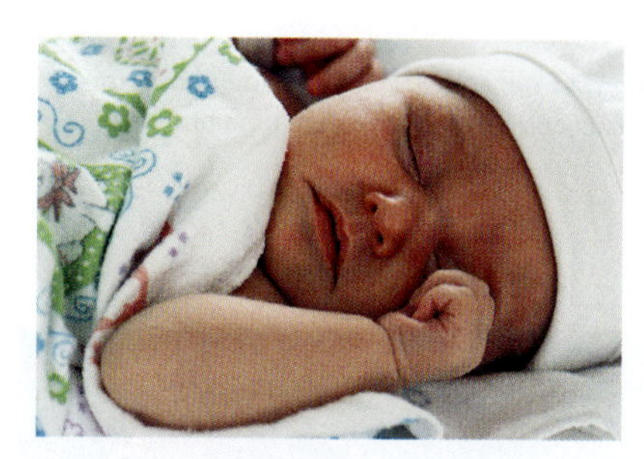

▲ Nos primeiros dias de vida, todos os recém-nascidos fazem teste de fenilcetonúria.

DECISÕES ALIMENTARES

Fenilcetonúria

Alguns dos aminoácidos não essenciais também são classificados como condicionalmente essenciais. Isso significa que eles devem ser produzidos a partir de aminoácidos essenciais se quantidades insuficientes forem consumidas. Quando isso ocorre, o suprimento corporal de determinados aminoácidos fica depletado. A tirosina é um exemplo de um aminoácido condicionalmente essencial que pode ser produzido a partir do aminoácido essencial fenilalanina.

A doença fenilcetonúria (PKU) ilustra a importância da fenilalanina para produzir tirosina. Vale lembrar o Capítulo 4, que mostra que uma pessoa com PKU tem uma capacidade limitada de metabolizar o aminoácido essencial fenilalanina. Normalmente, o corpo usa uma enzima para converter grande parte da nossa ingestão dietética de fenilalanina em tirosina.

Nos portadores de PKU, a atividade da enzima usada no processamento de fenilalanina em tirosina é insuficiente. Quando a enzima não consegue sintetizar tirosina suficiente, é preciso que os dois aminoácidos sejam derivados dos alimentos. A questão é que a fenilalanina e a tirosina tornam-se *essenciais* em termos de necessidades dietéticas porque o corpo não consegue produzir tirosina suficiente a partir de fenilalanina. Os níveis sanguíneos de fenilalanina aumentam porque ela não é convertida em tirosina. A PKU é tratada pela limitação do consumo de fenilalanina com uma dieta especial, de maneira que a fenilalanina e seus subprodutos não subam e atinjam concentrações tóxicas no corpo e causem o grave retardo mental visto em casos de PKU não tratados.

Rina está no sétimo mês de gravidez e leu a respeito dos diversos testes que seu bebê será submetido ao nascer. Como é possível explicar à Rina a finalidade e a importância de um desses testes, o rastreamento de PKU?

É preciso que as dietas elaboradas para bebês e crianças pequenas considerem esses valores para garantir que proteínas suficientes estejam presentes a fim de gerar uma ingestão proteica de alta qualidade. Incluir alguns produtos de origem animal na dieta, como o leite humano ou a fórmula para bebês, ou o leite de vaca para crianças maiores, ajuda a garantir essa ingestão adequada. Caso contrário, é preciso que aminoácidos complementares de fontes proteicas vegetais sejam consumidos em todas as refeições ou em duas refeições subsequentes. Um dos principais riscos à saúde para bebês e crianças ocorre em situações de pobreza nas quais apenas um tipo de cereal está disponível, aumentando a probabilidade de que um ou mais dos nove aminoácidos essenciais esteja ausente na dieta total. Esse assunto será discutido em um tópico posterior sobre desnutrição proteico-calórica.

REVISÃO CONCEITUAL

O corpo humano utiliza 20 aminoácidos essenciais a partir de alimentos que contêm proteína. Um corpo saudável consegue sintetizar 11 desses aminoácidos, de maneira que não é preciso obter todos os aminoácidos dos alimentos – é preciso que apenas nove deles venham da dieta; portanto, são denominados *aminoácidos essenciais (indispensáveis)*. Esses aminoácidos essenciais na menor quantidade em um alimento em relação às necessidades corporais são chamados de aminoácidos limitantes porque limitam a quantidade de proteína que o corpo consegue sintetizar.

ligação peptídica Uma ligação química formada entre aminoácidos em uma proteína.

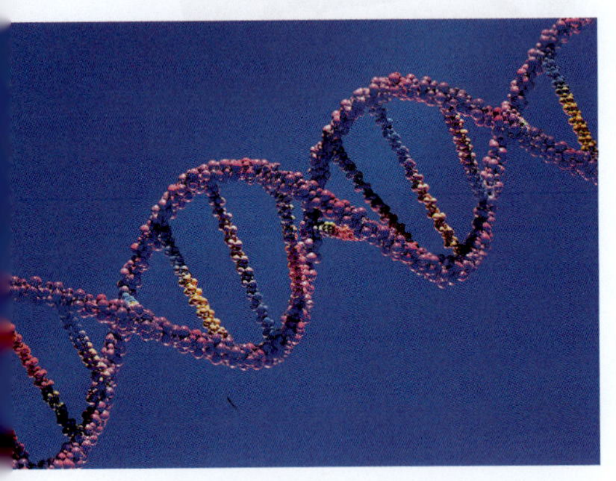

▲ Os genes estão presentes no DNA – uma hélice de fita dupla. O núcleo celular contém grande parte do DNA no corpo.

6.2 Proteínas – aminoácidos ligados entre si

Os aminoácidos se unem por meio de ligações químicas – tecnicamente chamadas de **ligações peptídicas** – para formar proteínas. Embora seja difícil decompor essas ligações, os ácidos, as enzimas e outros agentes conseguem fazê-lo – por exemplo, durante a digestão.

O corpo consegue sintetizar muitas proteínas diferentes ligando os 20 tipos comuns de aminoácidos com ligações peptídicas.

Síntese de proteínas

Nossa discussão sobre síntese de proteínas começa com o DNA. O DNA está presente no núcleo das células e contém instruções codificadas para a síntese de proteínas (ou seja, quais aminoácidos específicos devem ser colocados em uma proteína e em que ordem). Importante relembrar que, no Capítulo 3, ficou estabelecido que o DNA é uma molécula de fita dupla.

Entretanto, a síntese de proteína em uma célula ocorre no citoplasma, não no núcleo. Assim, o código de DNA usado para a síntese de uma proteína específica deve ser transferido do núcleo para o citoplasma a fim de permitir a síntese proteica. Essa transferência é trabalho do RNA mensageiro (mRNA). Enzimas no núcleo leem o código em um segmento (um gene) de uma fita do DNA e *transcrevem* essa informação para uma molécula de mRNA de fita simples (Fig. 6.1). Esse mRNA sofre processamento e, então, está pronto para deixar o núcleo.

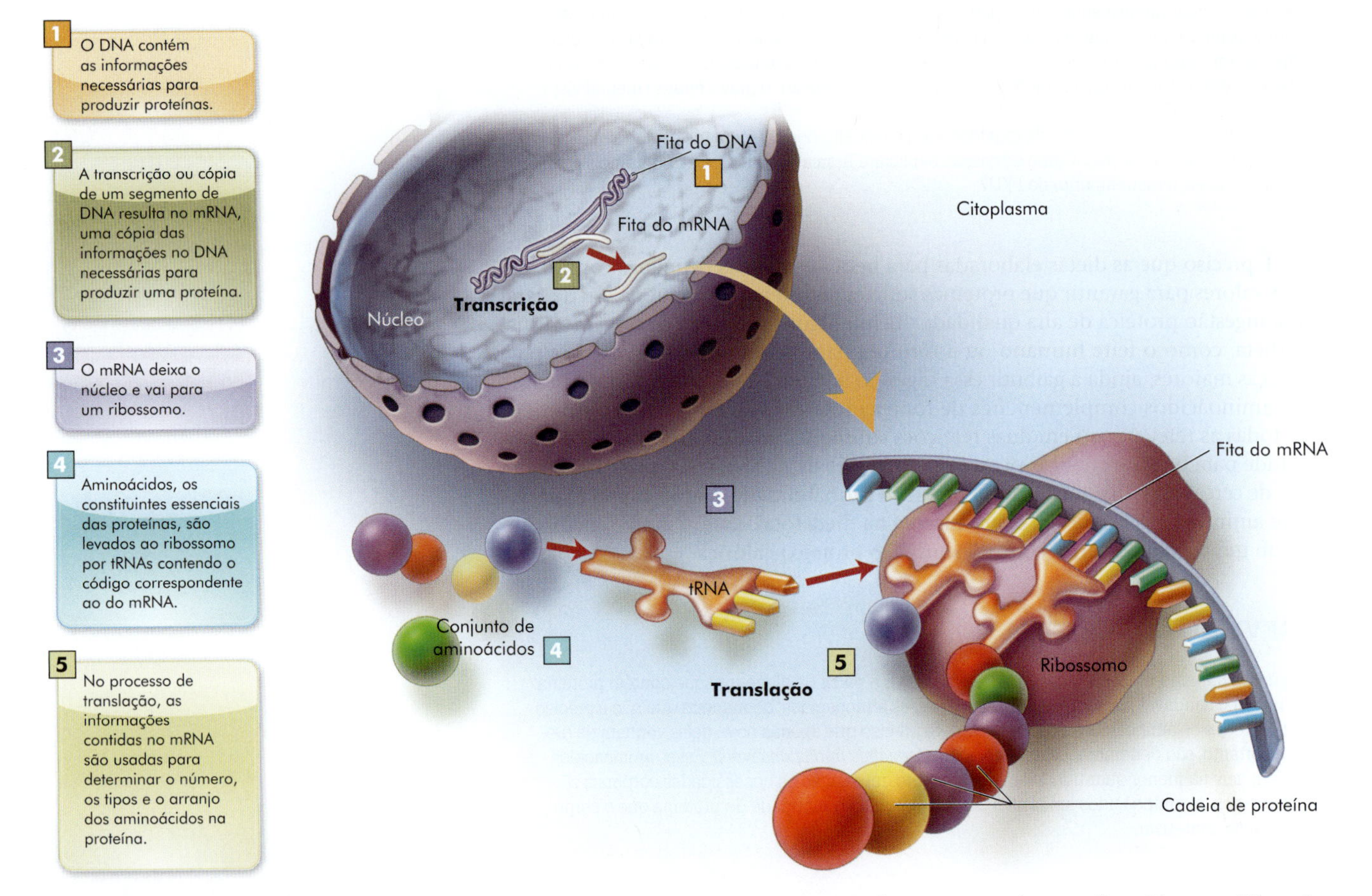

FIGURA 6.1 ▶ Síntese proteica (simplificada). Quando o mRNA é totalmente lido, os aminoácidos são conectados no polipeptídeo, que é liberado para o citoplasma. Ele geralmente é processado mais adiante para tornar-se uma proteína celular.

Uma vez no citoplasma, o mRNA desloca-se para os ribossomos. Esses leem o código do mRNA e *traduzem* essas instruções para produzir uma proteína específica. Os aminoácidos são acrescentados um de cada vez à cadeia de **polipeptídeo** em crescimento de acordo com as instruções no mRNA. Outro participante importante na síntese de proteínas, o RNA de transferência (tRNA), é responsável por levar os aminoácidos específicos para os ribossomos conforme necessário durante a síntese proteica (ver Fig. 6.1). É preciso um estímulo de energia para acrescentar cada aminoácido à cadeia, tornando a síntese proteica "cara" em termos de uso calórico.

Quando a síntese de um polipeptídeo está completa, ele torce e se dobra na estrutura tridimensional adequada da proteína pretendida. Essas mudanças estruturais ocorrem com base em interações específicas entre os aminoácidos que perfazem a cadeia do polipeptídeo (para mais detalhes, consultar no próximo item a organização de proteínas). Alguns polipeptídeos, por exemplo, o hormônio insulina, também sofrem outras mudanças na célula antes de se tornar funcionais.

A mensagem importante nessa discussão é a relação entre o DNA e as proteínas consequentemente produzidas por uma célula. Se o código do DNA tiver erros, um mRNA incorreto será produzido. Os ribossomos então lerão essa mensagem incorreta, um aminoácido incorreto será acrescentado, e uma cadeia de polipeptídeo incorreta será então produzida. Conforme discutido no Capítulo 3, a engenharia genética talvez acabe conseguindo corrigir muitos defeitos genéticos nos humanos ao colocar o código de DNA correto no núcleo, de maneira que a proteína correta possa ser feita pelos ribossomos.

polipeptídeo Cadeia de 50 a 2.000 aminoácidos interligados.

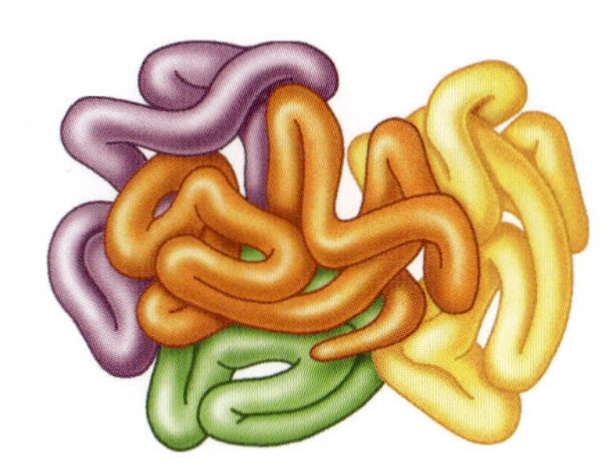

FIGURA 6.2 ▶ Organização da proteína. As proteínas geralmente adotam uma forma espiralada, conforme demonstrado por esse desenho da proteína sanguínea hemoglobina. Essa forma é ditada pela ordem dos aminoácidos na cadeia da proteína. Para se ter uma ideia de seu tamanho, considere que uma colher de chá (5 mL) de sangue contém cerca de 10^{18} moléculas de hemoglobina; 1 bilhão é igual a 10^9.

Organização das proteínas

Conforme observado anteriormente, ao ligar diversas combinações dos 20 tipos comuns de aminoácidos, o organismo sintetiza milhares de proteínas diferentes. A ordem sequencial dos aminoácidos então acaba determinando o formato da proteína. O ponto principal é que apenas aminoácidos posicionados corretamente conseguem interagir e desdobrar-se adequadamente para dar a forma pretendida à proteína. A forma tridimensional singular prossegue ditando a função de cada proteína em particular (Fig. 6.2). Se não tiver a estrutura correta, a proteína não consegue funcionar.

A **doença falciforme** (também denominada **anemia falciforme**) é um exemplo do que acontece quando aminoácidos estão desordenados em uma proteína. Norte-americanos de origem africana são especialmente vulneráveis a essa doença genética, que ocorre em virtude de defeitos na estrutura das cadeias de proteína da hemoglobina, uma proteína que transporta oxigênio nas hemácias. Em duas de suas quatro cadeias de proteína, ocorre um erro na ordem dos aminoácidos. Esse erro produz uma mudança profunda na estrutura da hemoglobina, que não consegue mais produzir o formato necessário para transportar oxigênio de maneira eficaz dentro das hemácias. Em vez de formar discos circulares normais, as hemácias colapsam em formas crescentes (ou falciformes) (Fig. 6.3). A saúde se deteriora, e episódios consequentes de dor articulatória e óssea intensa, dor abdominal, cefaleias, convulsões e paralisia podem ocorrer.

Esses sintomas potencialmente fatais são causados por um erro mínimo, porém crítico, na ordem dos aminoácidos na hemoglobina. Por que esse erro ocorre? Ele resulta de um defeito na impressão genética de uma pessoa, o DNA, herdado dos pais. Um defeito no DNA pode ditar que um aminoácido errado venha a ser construído na sequência das proteínas do corpo. Muitas doenças, incluindo o câncer, ocorrem em função de erros no código do DNA.

doença falciforme (anemia falciforme) Doença resultante de uma má-formação das hemácias do sangue em consequência de uma estrutura incorreta em parte das cadeias proteicas da hemoglobina. A doença pode levar a episódios de dor óssea e articulatória intensa, dores abdominais, cefaleia, convulsões, paralisia e até mesmo óbito.

desnaturação Alteração da estrutura tridimensional de uma proteína, geralmente devido à ação de calor, enzimas, soluções ácidas ou alcalinas ou agitação.

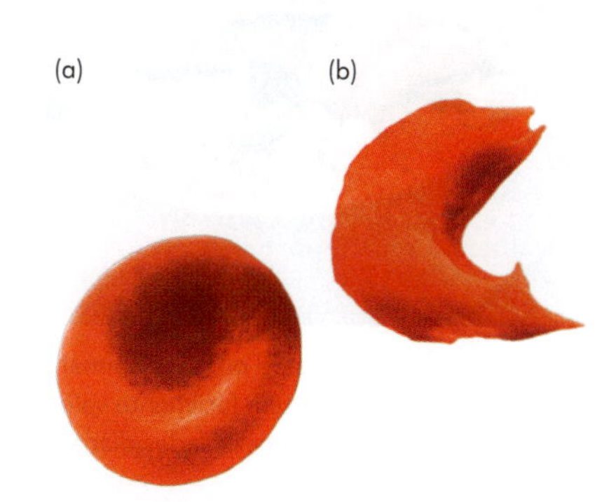

FIGURA 6.3 ▶ Exemplo das consequências de erros na codificação do DNA das proteínas. (*a*) hemácia normal; (*b*) hemácia de uma pessoa com anemia falciforme – observe sua forma crescente anormal (semelhante a uma foice).

Desnaturação de proteínas

A exposição a substâncias ácidas ou alcalinas, ao calor ou à agitação pode alterar a estrutura de uma proteína, deixando-a desenrolada ou então deformada. Esse processo de alteração da estrutura tridimensional de uma proteína é denominado **desnaturação** (Fig. 6.7). A alteração da forma de uma proteína com frequência destrói sua capacidade de funcionar normalmente, de maneira que ela perde sua atividade biológica.

A desnaturação proteica é útil para alguns processos corporais, especialmente a digestão. O calor produzido durante o cozimento desnatura algumas proteínas. Depois que o alimento é ingerido, a secreção de ácido estomacal desnatura algumas proteínas bacterianas, hormônios vegetais, muitas enzimas ativas e outras formas de proteína nos alimentos, tornando seu consumo mais seguro. A digestão também é intensificada pela desnaturação porque o deslindamento aumenta a exposição da cadeia de polipeptídeo às enzimas digestivas. Proteínas desnaturadas em alguns alimentos também podem reduzir a probabilidade de causar reações alérgicas.

Vale ressaltar que precisamos dos aminoácidos essenciais que as proteínas na dieta fornecem – não das proteínas em si. Assim, desmontamos as proteínas dietéticas ingeridas e usamos os alicerces dos aminoácidos para montar as proteínas de que necessitamos.

REVISÃO CONCEITUAL

Os aminoácidos se ligam em sequências específicas para formar proteínas distintas. O DNA proporciona as direções para a síntese dessas novas proteínas. Em termos específicos, o DNA direciona a ordem dos aminoácidos na proteína. A ordem dos aminoácidos dentro de uma proteína determina sua forma e função final. A destruição da forma de uma proteína acaba deixando-a desnaturada. Ácidos estomacais, calor e outros fatores podem desnaturar proteínas, que, assim, perdem sua atividade biológica. É preciso que as proteínas sejam desnaturadas na digestão para que os aminoácidos estejam disponíveis para absorção.

6.3 Proteínas nos alimentos

Dentre os alimentos típicos que consumimos, cerca de 70% da nossa proteína vêm de fontes animais (Fig. 6.4). A fonte de proteína mais nutritiva é o atum conservado em água, que contém 87% de calorias como proteína (Fig. 6.5). As cinco principais fontes de proteína na dieta norte-americana são a carne de vaca, a carne de frango, o leite, o pão branco e o queijo. Na América do Norte, o consumo de carne de vaca e frango representa cerca de 70 kg por pessoa por ano. No mundo inteiro, 35% das proteínas vêm de fontes animais. Na África e no Leste Asiático, apenas cerca de 20% das proteínas consumidas vêm de fontes animais.

A qualidade proteica dos alimentos

Proteínas animais e vegetais podem diferir muito em termos de proporção de aminoácidos essenciais e não essenciais. Proteínas animais contêm grandes quantidades de todos os nove aminoácidos essenciais. (A gelatina – feita de colágeno de proteína animal – é uma exceção porque ela perde um aminoácido essencial durante seu processamento e é pobre em outros aminoácidos essenciais.) Com exceção da proteína da soja, as proteínas vegetais não atendem às nossas necessidades de aminoácidos essenciais tão precisamente quanto as proteínas animais. Muitas proteínas vegetais, especialmente as encontradas nos grãos, são pobres em um ou mais dos nove aminoácidos essenciais.

▲ Pequenas quantidades de proteína animal em uma refeição acrescentam facilmente valor proteico para atender às necessidades diárias de proteína.

A composição tecidual humana assemelha-se mais ao tecido animal do que ao tecido vegetal. As semelhanças permitem que usemos proteínas de uma única fonte animal de maneira mais eficaz para respaldar o crescimento e a manutenção humana do que o fazemos de uma única fonte vegetal. Por essa razão, as proteínas animais, exceto a gelatina, são consideradas **proteínas de alta qualidade** (também denominadas **completas**), que contêm os nove aminoácidos essenciais de que precisamos em quantidades suficientes. Fontes vegetais individuais de proteína, exceto a soja, são consideradas **proteínas de baixo valor** (também denominadas **incompletas**) porque seus padrões de aminoácidos podem ser bastante diferentes dos nossos. Assim, uma única fonte de proteína vegetal, por exemplo, só o milho, não consegue sustentar facilmente o crescimento e a manutenção corporal. Para obter uma quantidade suficiente de aminoácidos essenciais, é preciso consumir uma variedade de proteínas vegetais porque toda proteína vegetal carece de quantidades adequadas de um ou mais aminoácidos essenciais.

Quando se consomem apenas alimentos com proteína de qualidade inferior, talvez não seja possível obter os aminoácidos essenciais necessários para a síntese proteica. Por isso, quando comparadas a proteínas de alta qualidade, uma quantidade maior de proteína de qualidade inferior é necessária para atender às demandas da síntese proteica. Ademais, quando algum dos nove aminoácidos essenciais na proteína vegetal que consumimos se esgota, a nova síntese proteica torna-se impossível. Como a depleção de apenas um dos aminoácidos essenciais impede a síntese proteica, o processo ilustra o *princípio de tudo ou nada*: ou todos os aminoácidos essenciais estão disponíveis, ou nenhum pode ser usado. Os aminoácidos restantes seriam então usados para as necessidades de energia, ou convertidos em carboidrato ou gordura.

proteínas de alta qualidade (completas) Proteínas alimentares que contêm grandes quantidades de todos os nove aminoácidos essenciais.

proteínas de baixo valor (incompletas) Proteínas alimentares que têm baixo teor ou ausência de um ou mais aminoácidos essenciais.

Quando duas ou mais proteínas se combinam para compensar deficiências no conteúdo de aminoácidos essenciais em cada uma, essas proteínas são denominadas **proteínas complementares**. Dietas mistas geralmente proporcionam proteínas de alta qualidade, pois resultam em um padrão de proteínas complementares. Por isso, adultos saudáveis não precisam se preocupar muito em balancear os alimentos para gerar as proteínas necessárias a fim de obter o suficiente de todos os nove aminoácidos essenciais. Mesmo nas dietas que se baseiam em vegetais, os adultos não precisam consumir proteínas complementares na mesma refeição. Atender às necessidades de aminoácidos no curso de um dia é uma meta razoável porque existe um suprimento imediato de aminoácidos dentre os presentes nas células corporais e no sangue (Fig. 6.10).

proteínas complementares Duas fontes de proteínas alimentares que compensam o suprimento carente de aminoácidos essenciais específicos uma da outra; juntas, elas geram uma quantidade suficiente de todos os nove aminoácidos, oferecendo, assim, uma proteína de alta qualidade (completa) para a dieta.

***MyPyramid*: fontes alimentares de proteína**

Grupo Alimentar	Grãos	Vegetais	Frutas	Óleos	Laticínios	Carne e Feijões
Fontes de Proteína	• Pão • Cereais matinais • Arroz • Massa	• Cenoura • Milho • Brócolis	• Maçã • Laranja • Banana	• Nenhuma	• Leite • Iogurte • Queijo	• Carne • Ovos • Peixe • Feijões • Nozes
Gramas Por Porção	2–3	2–3	<1	<1	8–10	7

FIGURA 6.4 ► Fontes de proteína da *MyPyramid*. A intensidade do realce no fundo (nenhum, ⅓, ⅔ ou completamente coberto) em cada grupo na pirâmide indica a densidade média de nutrientes da proteína em cada grupo. Em termos gerais, o grupo de laticínios e o grupo de carnes e feijões contêm muitos alimentos que são fontes de proteínas ricas em nutrientes. Com base nos tamanhos das porções listadas na *MyPyramid*, o grupo das frutas e o grupo dos óleos oferecem pouca ou nenhuma proteína (menos de 1 g por porção). As escolhas alimentares do grupo dos vegetais e do grupo dos grãos oferecem quantidades moderadas de proteína (2 a 3 g por porção). O grupo de laticínios oferece mais proteína (8 a 10 g), assim como o grupo de carnes e feijões (7 g por porção). Em relação à atividade física, as proteínas são uma fonte menor de combustível para a maioria dos exercícios, mas pode se tornar, de certa forma, importante durante atividades de resistência.

PARA REFLETIR

Evan, um vegetariano, ouviu a respeito do "princípio de tudo ou nada" da síntese proteica, mas não entende como esse princípio se aplica à síntese de proteínas no corpo. Ele pergunta: "Qual a importância desse conceito nutricional no planejamento da dieta?" Como responder a essa pergunta?

Em geral, as fontes vegetais de proteína merecem mais atenção e uso do que atualmente recebem de muitos norte-americanos. Os vegetais fornecem menos calorias à dieta do que a maioria dos produtos animais e fornecem uma grande quantidade de proteína, além de magnésio, muita fibra e vários outros benefícios nutricionais (Fig. 6.6). Em lugar das proteínas animais, as proteínas vegetais que ingerimos tornam-se uma alternativa saudável para o coração porque não contêm colesterol e contêm pouca gordura saturada, exceto a acrescentada durante o processamento ou o cozimento. Proteínas derivadas de leguminosas e nozes têm recebido em especial muita atenção recentemente.

FIGURA 6.6 ▶ As leguminosas (feijões, vagens, favas) são fontes ricas em proteína. Uma porção de ½ xícara corresponde a cerca de 10% das necessidades proteicas, mas contribui com apenas 5% das necessidades calóricas.

Olhando mais de perto as fontes vegetais de proteína

Proporcionalmente à quantidade de calorias que fornecem, os vegetais oferecem não só proteínas, mas também magnésio, fibras, folato, vitamina E, ferro (a absorção é maior pela vitamina C também presente), zinco e um pouco de cálcio. Além disso, fitoquímicos nesses alimentos estão implicados na prevenção de uma grande variedade de doenças crônicas.

As nozes têm uma casca dura ao redor de uma semente comestível. Amêndoas, pistaches, nozes e pecans são alguns exemplos comuns. A característica que define uma noz é seu crescimento em uma árvore. (Visto que crescem embaixo da terra, os amendoins são leguminosas.) As sementes (como as de abóbora, gergelim e girassol) diferem das nozes porque crescem em vegetais ou flores, mas são semelhantes às nozes em termos de composição nutricional. Em geral, as nozes e sementes fornecem 160 a 190 kcal, 6 a 10 g de proteína e 14 a 19 g de gordura por porção de 30 g. Apesar de ricas em calorias, as nozes e sementes são ótimas para a saúde se consumidas com moderação.

As leguminosas são uma família dos vegetais com vagens que contêm uma fileira única de sementes. Além dos amendoins, outros exemplos incluem a ervilha e o feijão-fradinho, o feijão comum, o feijão branco, as lentilhas e a soja. Varieda-

Fontes alimentares de proteína

Alimento e quantidade	Proteína (g)	% RDA
RDA	56*	100%
Atum enlatado, 100 g	21,6	38,6%
Frango grelhado, 100 g	21,3	38%
Bife de carne vermelha, 100 g	15,3	27%
Iogurte, 1 copo	10,6	19%
Feijão, ½ xícara	8,1	14,5%
Leite semidesnatado 1%, 1 copo	8	14%
Amendoim, 30 g	7,3	13%
Queijo *cheddar*, 30 g	7	12,5%
Ovo, 1 unidade	5,5	10%
Milho cozido, ½ xícara	2,7	5%
Pão de 7 grãos, 1 fatia	2,6	4,6%
Arroz branco, ½ xícara	2,1	4%
Massa, 30 g	1,2	2%
Banana, 1 unidade	1,2	2%

* para um homem de 70 kg

Legenda: Grãos; Vegetais; Frutas; Óleos; Laticínios; Carnes e feijões

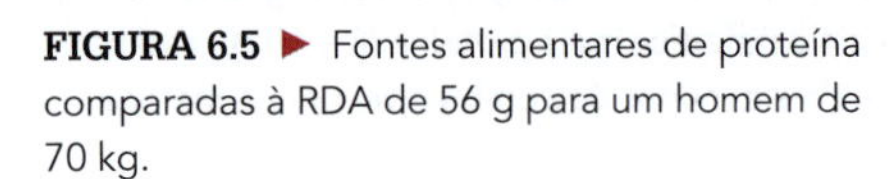

FIGURA 6.5 ▶ Fontes alimentares de proteína comparadas à RDA de 56 g para um homem de 70 kg.

des secas das sementes leguminosas maduras – o que conhecemos como feijões – também trazem uma enorme contribuição para o teor de proteína, vitamina, sais minerais e fibras de uma refeição. Uma porção de ½ xícara de leguminosas oferece 100 a 150 kcal, 5 a 10 g de proteína, menos de 1 g de gordura e em torno de 5 g de fibras. Conforme comentado no Capítulo 4, o consumo de feijões pode levar a gases intestinais porque o corpo humano carece de enzimas que decompõem determinados carboidratos que os feijões contêm. Um suplemento dietético de venda sem prescrição denominado Beano® pode aliviar muito esses sintomas se tomado pouco antes das refeições. É importante também colocar os feijões secos de molho na água, o que dissolve os carboidratos indigeríveis na água de maneira que se possa eliminá-los. Entretanto, os gases intestinais não são prejudiciais. Na prática, os produtos da fermentação de carboidratos indigeríveis promovem a saúde do colo (ver no Capítulo 3 mais informações sobre probióticos e prebióticos).

O impacto das proteínas vegetais na saúde será discutido no tópico "Nutrição e Saúde", no final deste capítulo.

DECISÕES ALIMENTARES

Alergias a soja e nozes

Para algumas pessoas, as alergias alimentares à soja, ao amendoim e às oleaginosas (p. ex., amêndoas, nozes e castanhas) e ao trigo são problemáticas. Em termos gerais, as alergias alimentares acometem até 8% das crianças com menos de quatro anos de idade e até 2% dos adultos. Assim, oito alimentos são responsáveis por 90% das alergias relacionadas a alimentos: soja, amendoins, nozes e trigo são quatro deles. (Os outros são leite, ovos, peixe e crustáceos.) As reações alérgicas podem ir desde uma intolerância leve a reações fatais (ver mais detalhes no Cap. 15). As diretrizes atuais a respeito de fontes vegetais de alérgenos recomendam não dar aos bebês produtos à base de trigo antes dos seis meses de idade. Crianças menores de três anos de idade não devem consumir amendoins e nozes. Além disso, crianças e adultos que continuam a sofrer essas alergias devem evitar as fontes vegetais de alérgenos.

Em suma, as proteínas vegetais são uma alternativa nutritiva às proteínas animais, visto que são baratas, versáteis, saborosas, acrescentam cor ao prato e beneficiam a saúde, além de sua contribuição proteica à dieta. Simplesmente acrescentar esses alimentos à dieta pode levar ao ganho de peso, mas aprender a consumir proteínas vegetais no lugar de outros alimentos menos saudáveis é uma maneira de reduzir o risco de desenvolver muitas doenças. Ver as novidades a respeito das pesquisas em andamento nessa área.

Ver o tópico "*Nutrição e Saúde*": *dietas vegetarianas e à base de vegetais* no final do Capítulo 6.

6.4 Digestão e absorção de proteínas

Assim como a digestão de carboidratos, a digestão de proteínas começa com a cocção do alimento. O cozimento desobra (desnatura) as proteínas (Fig. 6.7) e amacia o tecido conectivo firme das carnes. Também facilita a mastigação e a deglutição de alimentos ricos em proteína e sua decomposição durante a digestão posterior e a absorção. Conforme será visto no Capítulo 13, o cozimento também torna muitos alimentos ricos em proteína, como carnes, ovos, peixe e frango, mais seguros para o consumo.

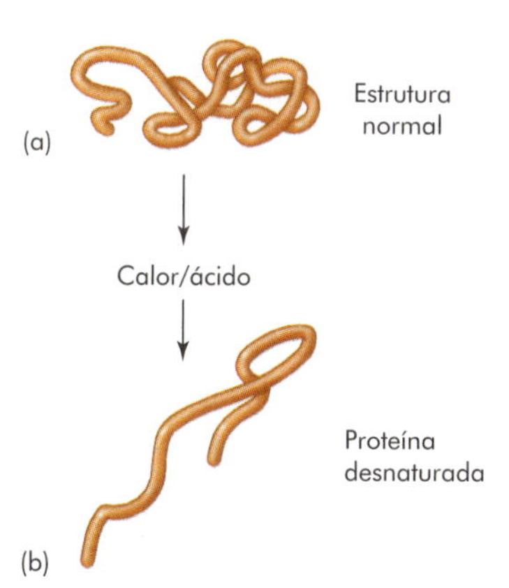

FIGURA 6.7 ▶ Desnaturação. (a) Proteína exibindo o estado espiralado típico. (b) A proteína está agora parcialmente desenrolada. Esse desenrolar pode reduzir a atividade biológica e permitir que enzimas digestivas atuem nas ligações peptídicas.

Digestão

A digestão enzimática das proteínas começa no estômago (Fig. 6.8). As proteínas são primeiro desnaturadas pelos ácidos estomacais. A **pepsina**, principal enzima estomacal para a digestão de proteínas, trabalha então nas cadeias de polipeptídeos deslindadas. A pepsina decompõe o polipeptídeo em cadeias menores de aminoácidos porque só consegue quebrar poucas das muitas ligações peptídicas encontradas nessas moléculas grandes. A liberação de pepsina é controlada pelo hormônio gastrina. Pensar a respeito de alimentos ou a própria mastigação deles estimula a

pepsina Enzima produzida pelo estômago para digerir proteínas.

tripsina Enzima secretada pelo pâncreas, que digere proteínas no intestino delgado.

liberação de gastrina no estômago. A gastrina também estimula bastante o estômago a produzir ácido.

As proteínas parcialmente digeridas se movem do estômago para o intestino delgado em conjunto com o restante dos nutrientes e outras substâncias na refeição (quimo). Uma vez no intestino delgado, as proteínas parcialmente digeridas (e as gorduras que as acompanham) acionam a liberação do hormônio colecistoquinina (CCK) das paredes do intestino delgado. A CCK, por sua vez, percorre a corrente sanguínea até o pâncreas, fazendo o pâncreas liberar enzimas divisoras de proteínas, como a **tripsina**. Essas enzimas digestivas dividem ainda mais as cadeias de aminoácidos em segmentos de 2 a 3 aminoácidos e alguns aminoácidos individuais. Por fim, essa mistura é digerida em aminoácidos, usando outras enzimas do revestimento do intestino delgado e enzimas presentes nas próprias células absortivas.

Absorção

As cadeias curtas de aminoácidos e qualquer aminoácido individual no intestino delgado são levados por transporte ativo para as células absortivas que revestem o intestino delgado. Quaisquer ligações peptídicas remanescentes são decompostas, gerando aminoácidos individuais dentro das células intestinais. As ligações são hidrossolúveis, de maneira que os aminoácidos se deslocam até o fígado por meio da veia porta, que escoa os nutrientes absorvidos do trato intestinal. No fígado, aminoácidos individuais podem sofrer diversas modificações, dependendo das necessidades do corpo. Aminoácidos individuais podem ser combinados nas proteínas necessárias pelo corpo; decompostos para necessidades de energia; liberados na circulação sanguínea ou convertidos

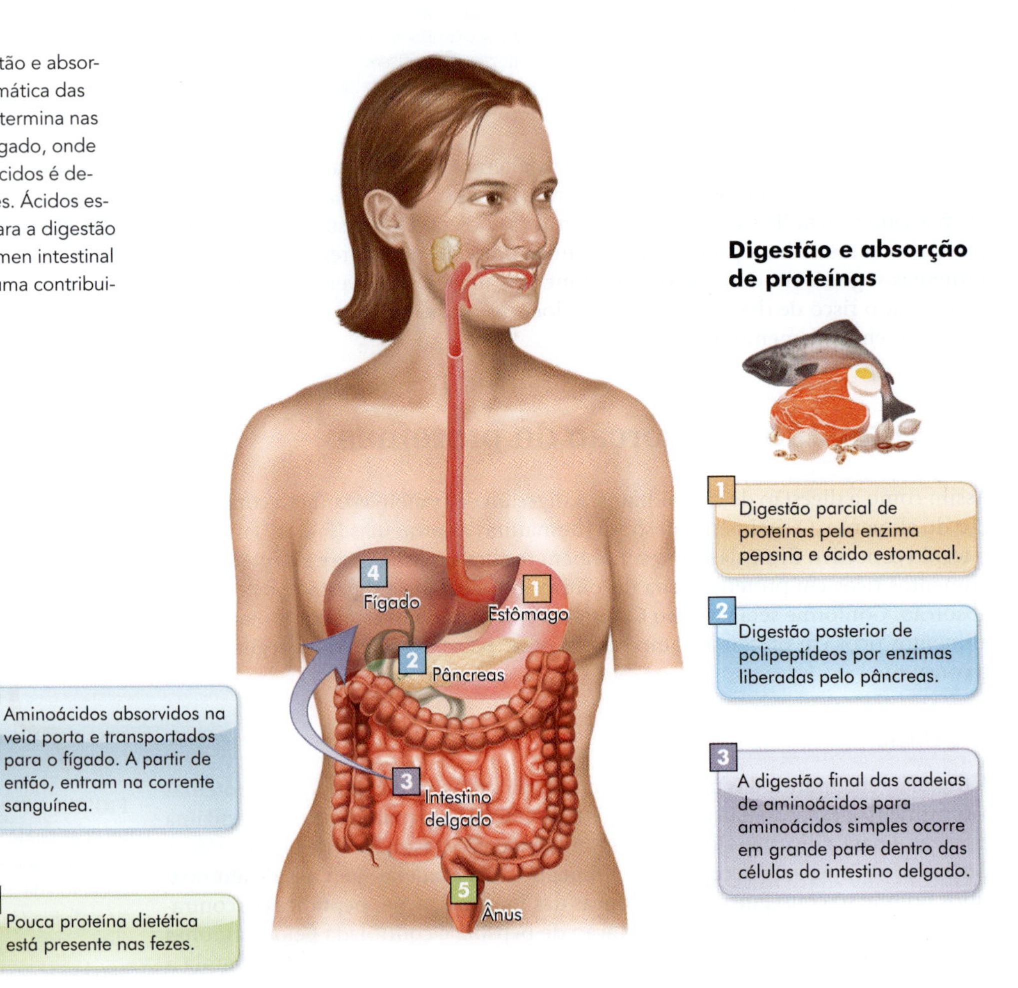

FIGURA 6.8 ▶ Resumo da digestão e absorção de proteínas. A digestão enzimática das proteínas começa no estômago e termina nas células absortivas do intestino delgado, onde qualquer grupo menor de aminoácidos é decomposto em aminoácidos simples. Ácidos estomacais e enzimas contribuem para a digestão das proteínas. A absorção pelo lúmen intestinal para as células absortivas requer uma contribuição energética.

em aminoácidos não essenciais, glicose ou gordura. Com a ingestão excessiva de proteínas, os aminoácidos são convertidos em gordura como um último recurso.

Exceto durante a primeira infância, é incomum que proteínas intactas sejam absorvidas do trato digestório. Em bebês de até 4 a 5 meses de vida, o trato gastrintestinal é de certa forma permeável a proteínas pequenas, de maneira que algumas proteínas inteiras podem ser absorvidas. Na medida em que as proteínas de determinados alimentos (p. ex., leite de vaca e clara de ovo) podem predispor um bebê a alergias alimentares, pediatras e nutricionistas recomendam esperar até que o bebê tenha pelo menos 6 a 12 meses de idade antes de introduzir alimentos geralmente alergênicos (ver mais detalhes no Cap. 15).

▲ As proteínas contribuem para a estrutura e função dos músculos.

REVISÃO CONCEITUAL

A digestão das proteínas começa com o cozimento, já que são desnaturadas pelo calor. Quando as proteínas chegam ao estômago, são divididas por enzimas em segmentos menores de aminoácidos. À medida que o alimento percorre o intestino delgado, produtos da decomposição das proteínas formados no estômago são decompostos ainda mais em aminoácidos individuais ou segmentos menores de aminoácidos e levados às células absortivas do intestino delgado, onde ocorre a decomposição final em aminoácidos, que se deslocam, então, para o fígado por meio da veia porta.

6.5 Como as proteínas são utilizadas pelo corpo

As proteínas operam de muitas maneiras cruciais no metabolismo humano e na formação das estruturas corporais. Os alimentos nos fornecem os aminoácidos necessários à formação dessas proteínas. Entretanto, só quando consumimos também carboidratos e gordura suficientes, as proteínas alimentares são usadas de maneira mais eficaz. Se não consumimos calorias suficientes para atender às necessidades, alguns aminoácidos das proteínas são decompostos para produzir energia, indisponibilizando-os para elaborar proteínas no corpo.

Produzindo estruturas corporais vitais

Toda célula contém proteína. Músculos, tecido conectivo, muco, fatores de coagulação sanguínea, proteínas de transporte na circulação sanguínea, lipoproteínas, enzimas, anticorpos imunes, alguns hormônios, pigmentos visuais e estrutura de suporte no interior dos ossos são feitos basicamente de proteína. O excesso de proteína na dieta não melhora a síntese desses componentes corporais, mas consumir pouca proteína pode impedir a síntese.

A maioria das proteínas vitais do corpo está em um estado constante de decomposição, reelaboração e reparo. Por exemplo, o revestimento do trato gastrintestinal está em constante degradação. O trato digestório trata as células degradadas assim como as partículas dos alimentos, digerindo-as e absorvendo seus aminoácidos. De fato, a maioria dos aminoácidos liberados por todo o corpo pode ser reciclada para fazer parte da concentração de aminoácidos disponível para a síntese de futuras proteínas. Em termos gerais, ***turnover* proteico** é um processo pelo qual uma célula consegue responder ao seu ambiente mutável produzindo as proteínas necessárias e desmontando as proteínas desnecessárias.

Durante qualquer dia, um adulto produz e degrada cerca de 250 g de proteína, reciclando muitos dos aminoácidos. Em relação às 65 a 100 g de proteína frequentemente consumidas por adultos norte-americanos, os aminoácidos reciclados são uma contribuição importante ao metabolismo proteico total.

Se a dieta de uma pessoa for pobre em proteína por um período prolongado, os processos de reelaboração e reparo das proteínas corporais serão prejudicados. Com o tempo, os músculos esqueléticos, as proteínas sanguíneas e órgãos vitais, como o coração e o fígado, começarão a diminuir de tamanho ou volume. Apenas o cérebro resiste à decomposição proteica.

***turnover* proteico** Termo usado para descrever o processo em que as células fragmentam proteínas velhas para sintetizar novas proteínas, de modo que a célula sempre tenha as proteínas de que necessita em cada momento.

leito capilar Rede de vasos com espessura de uma célula que criam uma junção entre a circulação arterial e a venosa. É onde ocorre a troca de gases e nutrientes entre as células do corpo e o sangue.

espaço extracelular É o espaço fora das células; representa um terço do líquido corporal.

Manutenção do equilíbrio hídrico

As proteínas sanguíneas ajudam a manter o equilíbrio hídrico corpóreo. A pressão sanguínea normal nas artérias força o sangue para os leitos capilares. O líquido sanguíneo então se move dos **leitos capilares** para os espaços entre as células próximas (**espaços extracelulares**) para prover nutrientes para essas células (Fig. 6.9). Entretanto, as proteínas na corrente sanguínea são grandes demais para sair dos leitos capilares para os tecidos. A presença dessas proteínas nos leitos capilares atrai as quantidades adequadas de líquido de volta para o sangue, neutralizando a força da pressão do sangue.

Com um consumo inadequado de proteína, a concentração de proteínas na circulação sanguínea cai abaixo do normal. O excesso de líquido então se acumula nos tecidos adjacentes porque a força neutralizadora produzida pela quantidade menor de proteínas sanguíneas é muito fraca para impulsionar líquido suficiente de volta dos tecidos para a corrente sanguínea. À medida que o líquido se acumula, os tecidos incham, causando **edema**. O edema pode ser um sintoma de uma variedade de problemas médicos, de maneira que é preciso identificar sua causa. Uma etapa importante no diagnóstico de sua causa é medir a concentração de proteína no sangue.

edema O acúmulo de líquido em excesso nos espaços extracelulares.

tampões Substâncias responsáveis por fazer uma solução resistir a mudanças nas condições ácido-base.

Contribuindo com o equilíbrio ácido-base

As proteínas ajudam a regular o equilíbrio ácido-base no sangue. Proteínas localizadas nas membranas celulares bombeiam íons químicos para dentro e para fora das células. A concentração iônica decorrente da ação de bombeamento, entre outros fatores, mantém o sangue levemente alcalino. Além disso, algumas proteínas do sangue são **tampões** especialmente bons para o corpo. Tampões são compostos que mantêm as condições ácido-base dentro de uma variação estreita.

Formando hormônios e enzimas

Os aminoácidos são necessários para a síntese de vários hormônios – nossos mensageiros internos do corpo. Alguns hormônios, como os hormônios da tireoide, são feitos de apenas um tipo de aminoácido, a tirosina. No entanto, a insulina é um hormônio composto de 51 aminoácidos. Quase todas as enzimas são proteínas ou têm um componente proteico.

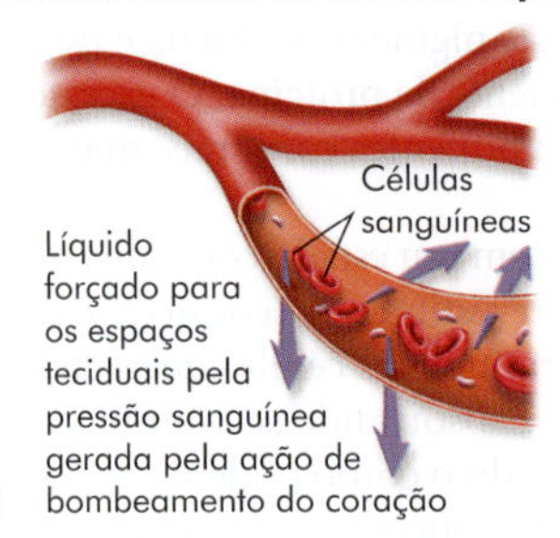
Terminal arterial de um leito capilar
Células sanguíneas
Líquido forçado para os espaços teciduais pela pressão sanguínea gerada pela ação de bombeamento do coração
(a)

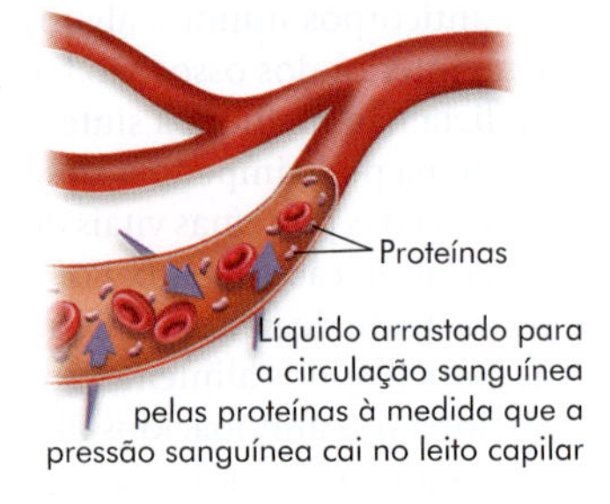
Terminal venoso de um leito capilar
Proteínas
Líquido arrastado para a circulação sanguínea pelas proteínas à medida que a pressão sanguínea cai no leito capilar

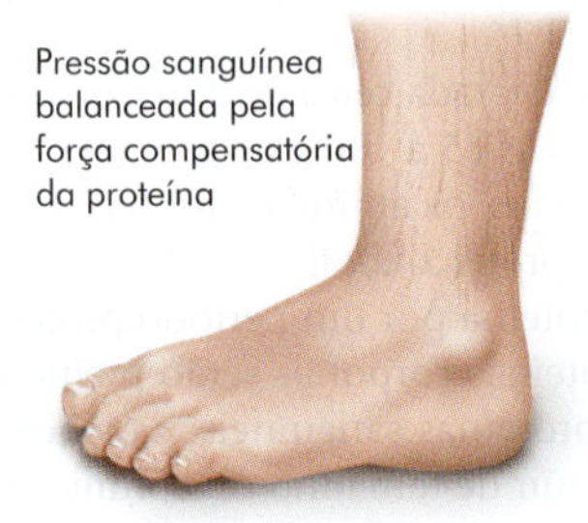
Tecido normal
Pressão sanguínea balanceada pela força compensatória da proteína
Tecido inchado (edema)
A pressão sanguínea excede a força compensatória da proteína e, portanto, o líquido permanece nos tecidos
(b)

FIGURA 6.9 ▶ Proteínas sanguíneas em relação ao balanço hídrico. (a) As proteínas sanguíneas são importantes para manter o equilíbrio hídrico do corpo. (b) Sem proteína suficiente na circulação sanguínea, ocorre edema.

Contribuindo para a função imune

As proteínas são um componente-chave das células do sistema imune. Um exemplo são os anticorpos, proteínas produzidas por um tipo de leucócito. Esses anticorpos conseguem se ligar a proteínas estranhas no corpo, uma etapa importante na remoção de invasores do corpo. Sem proteína dietética suficiente, o sistema imune carece dos materiais necessários para funcionar adequadamente. Por exemplo, um estado proteico deficiente pode transformar o sarampo em uma doença fatal no caso de uma criança desnutrida.

Neurotransmissores, liberados pelos terminais nervosos, com frequência derivam de aminoácidos. É o caso da dopamina e da norepinefrina (ambas sintetizadas a partir do aminoácido tirosina) e da serotonina (sintetizada a partir do aminoácido triptofano).

Formando glicose

No Capítulo 4, foi visto que o corpo precisa manter uma concentração razoavelmente constante de glicose no sangue para fornecer energia para o cérebro, para os glóbulos vermelhos e para o tecido nervoso. Em repouso, o cérebro utiliza cerca de 19% das demandas de energia corporal e obtém grande parte dessa energia da glicose. Se não consumirmos carboidratos suficientes para suprir glicose, o fígado (e os rins, em menor extensão) será forçado a produzir mais glicose a partir dos aminoácidos presentes nos tecidos sanguíneos (Fig. 6.10).

A produção de um pouco de glicose a partir de aminoácidos é normal. Por exemplo, quando uma pessoa não se alimenta no desjejum e fica sem comer desde as 19 h do dia anterior, precisa fabricar glicose. Entretanto, em uma situação extrema, por exemplo, de inanição, os aminoácidos do tecido muscular são convertidos em glicose, o que enfraquece o tecido muscular e pode produzir edema.

A vitamina niacina pode ser produzida a partir do aminoácido triptofano, ilustrando outro papel das proteínas.

Fornecendo energia

As proteínas fornecem pouca energia para uma pessoa de peso estável. Duas situações nas quais uma pessoa usa proteína para atender às necessidades de energia são

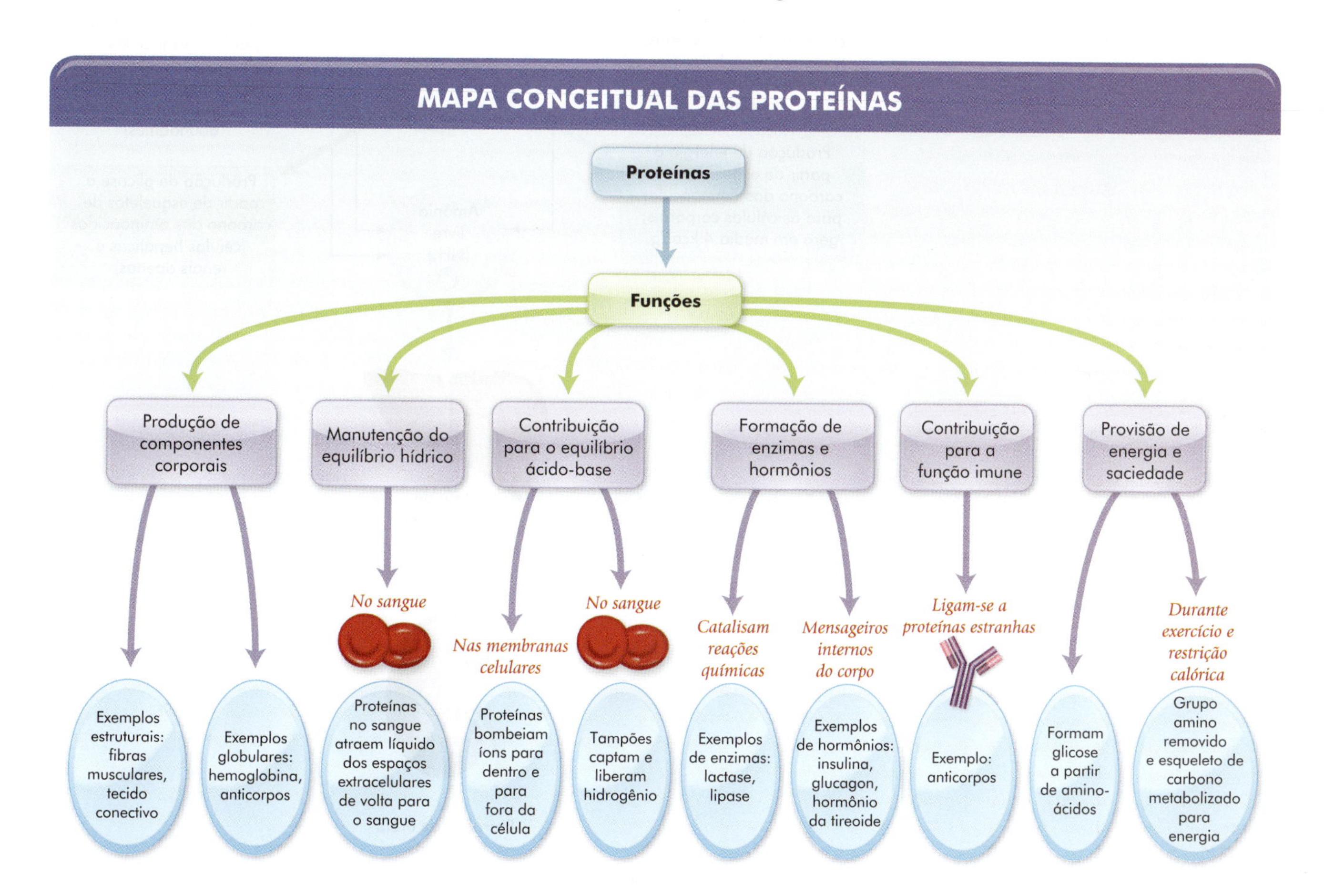

durante o exercício prolongado (ver no Cap. 10, informações a respeito do uso de aminoácidos para necessidades de energia durante o exercício) e durante a restrição calórica, por exemplo, em uma dieta para emagrecer. Nesses casos, o grupo amino (-NH_2) do aminoácido é removido, e o esqueleto de carbono remanescente é metabolizado para as necessidades de energia (Fig. 6.10). Sob a maioria das circunstâncias, as células utilizam basicamente gordura e carboidrato para as necessidades de energia. Embora as proteínas contenham a mesma quantidade de calorias (em média 4 kcal/g) que os carboidratos, elas são uma fonte dispendiosa de calorias, considerando-se a quantidade de processamento que o fígado e os rins precisam fazer para usar essa fonte de calorias.

saciedade Estado em que não há desejo de comer; sensação de satisfação ou plenitude gástrica.

Contribuindo para a saciedade

Comparadas a outros macronutrientes, as proteínas fornecem a maior sensação de saciedade depois de uma refeição. Assim, incluir alguma proteína em cada refeição ajuda a controlar a ingestão alimentar total. A maioria dos especialistas adverte contra a restrição proteica ao se tentar diminuir a ingestão calórica para perder peso. Atender às necessidades proteicas é importante, e exceder a essas necessidades pode,

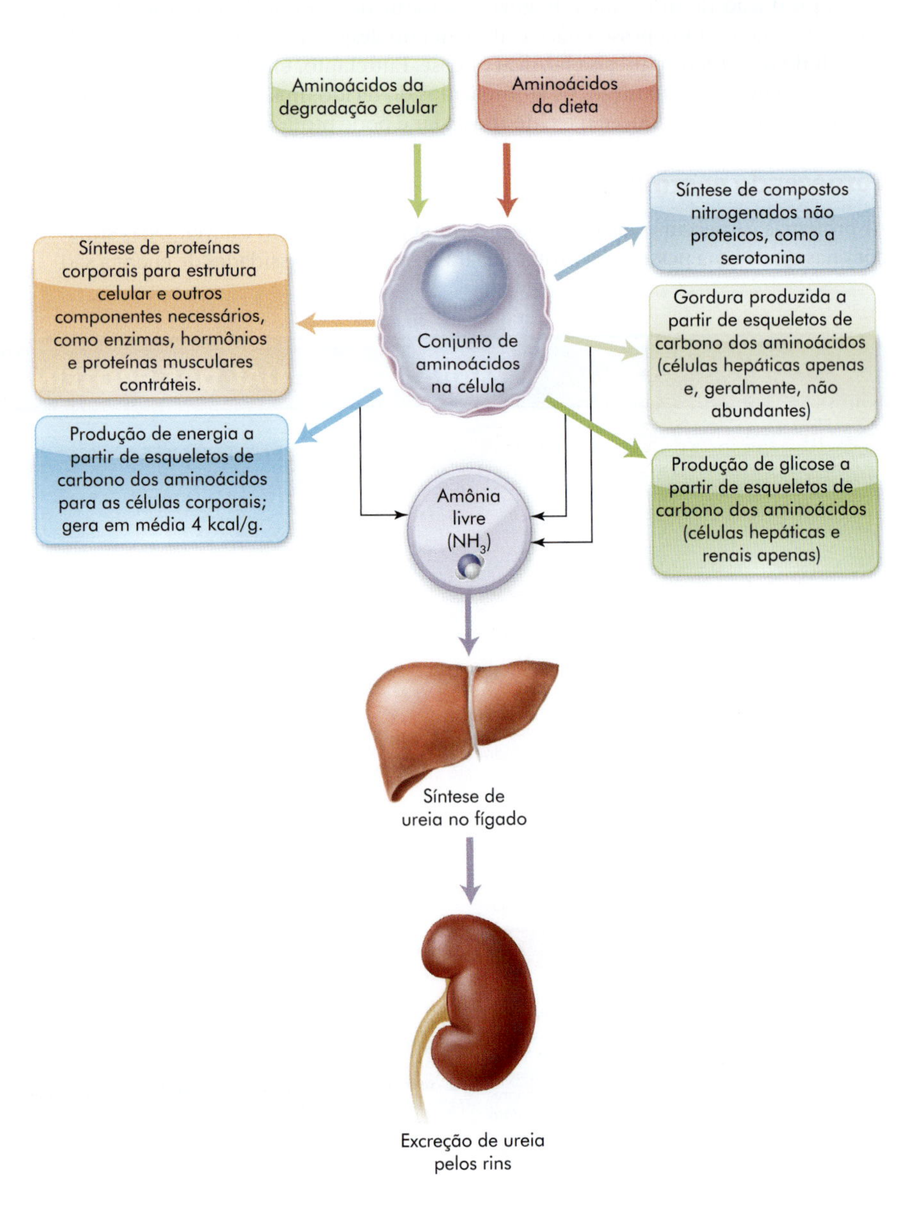

FIGURA 6.10 ▶ Metabolismo do aminoácido. O **conjunto** (***pool***) aminoácido em uma célula capaz de ser utilizado para formar proteínas corporais, bem como uma variedade de outros possíveis produtos. Quando os **esqueletos de carbono** dos aminoácidos são metabolizados para produzir glicose ou gordura, o produto de degradação resultante é a amônia (NH_3). A amônia é convertida em **ureia** e excretada na urina.

de certa forma, proporcionar um benefício adicional quando se faz dieta para perder peso. Diversas dietas efetivas para emagrecer (p. ex., de Atkins, da Zona, de South Beach) incluem uma porcentagem maior de calorias advindas de proteínas em comparação com a faixa aceitável de macronutrientes de 10 a 35% para proteínas.

pool A quantidade de um nutriente armazenado no corpo capaz de ser mobilizado quando necessário.

esqueleto de carbono Estrutura aminoacídica remanescente depois que o grupo amino ($-NH_2$) foi removido.

ureia ureia Resíduos nitrogenado do metabolismo das proteínas principal origem do nitrogênio eliminado pela urina.

REVISÃO CONCEITUAL

Os constituintes vitais do corpo – como músculos, tecido conectivo, proteínas de transporte do sangue, enzimas, hormônios, tampões e fatores imunes – são principalmente proteínas. A degradação das proteínas existentes e a síntese de novas proteínas são um processo contínuo, responsável for uma taxa de *turnover* em torno de 250 g/dia para todo o corpo humano. As proteínas também podem ser usadas para a produção de glicose e outros combustíveis, além de contribuir para a saciedade.

6.6 Necessidades proteicas

Quanta proteína (ou seja, aminoácidos) precisamos consumir a cada dia? Pessoas que não estejam em fase de crescimento precisam consumir apenas proteína suficiente para suprir a perdas diárias pela degradação proteica. A quantidade de degradação pode ser determinada medindo-se a quantidade de ureia e outros compostos nitrogenados na urina, bem como as perdas de proteína por meio de fezes, pele, cabelo, unhas e assim por diante. Ou seja, as pessoas precisam equilibrar a ingestão

* Com base nas perdas de ureia e outros compostos nitrogenados na urina, bem como perdas proteicas por meio de fezes, pele, cabelos, unhas e outras vias menores.

** Apenas quando se está ganhando mais massa corporal magra. Contudo, é provável que o atleta já esteja consumindo proteína suficiente para respaldar essa síntese proteica extra; suplementos de proteína não são necessários.

FIGURA 6.11 ▶ Balanço proteico em termos práticos: (a) balanço proteico positivo; (b) equilíbrio proteico; (c) balanço proteico negativo.

mingau Mistura fina de cereais cozidos em leite ou água.

Produtos tóxicos em grãos mofados também podem contribuir para o *kwashiorkor*.

agora terá preferência na amamentação. A dieta da criança mais velha então muda abruptamente do leite humano nutritivo para raízes ricas em amido e **mingau**. Esses alimentos têm pouca densidade proteica em termos de energia total. Além disso, os alimentos geralmente são ricos em fibras vegetais, muitas vezes volumosos, tornando difícil para a criança consumi-los de maneira suficiente que atenda às necessidades calóricas. A criança geralmente também apresenta infecções, o que aumenta agudamente suas necessidades calóricas e proteicas. Por essas razões, as suas necessidades calóricas são, na melhor das hipóteses, mal-atendidas, e seu consumo de proteína é bastante inadequado, especialmente em vista da quantidade maior necessária para combater infecções. Muitas necessidades de vitaminas e minerais acabam não sendo supridas. As vítimas de inanição (fome) também enfrentam problemas semelhantes.

Os principais sintomas do *kwashiorkor* são apatia, diarreia, indiferença, incapacidade de crescer e ganhar peso e isolamento do ambiente. Esses sintomas complicam outras doenças presentes. Por exemplo, uma condição como o sarampo, uma doença que normalmente faz uma criança saudável ficar doente por aproximadamente uma semana, pode tornar-se gravemente debilitante e até mesmo fatal. Outros sintomas do *kwashiorkor* são mudanças na cor do cabelo, deficiência de potássio, pele escamosa, redução da massa muscular e edema generalizado no abdome e nas pernas. A presença de edema em uma criança que tem alguma gordura subcutânea (diretamente sob a pele) é o marco característico do *kwashiorkor* (Fig. 6.12). Além disso, essas crianças raramente se movimentam. Se você pegá-las no colo, não chorarão. Quando você as segura, é possível sentir a rotundidade do edema, e não do tecido muscular e da gordura.

Muitos sintomas do *kwashiorkor* podem ser explicados com base no que sabemos a respeito das proteínas. As proteínas têm papéis importantes no equilíbrio hídrico, no transporte de lipoproteínas, na função imune e na produção de tecidos, como a pele, as células que revestem o trato gastrintestinal e o cabelo. Crianças com uma ingestão insuficiente de proteínas não crescem e acabam não amadurecendo normalmente.

Se crianças com *kwashiorkor* receberem ajuda a tempo – se as infecções forem tratadas e uma dieta rica em proteína, calorias e outros nutrientes essenciais for provida –, o processo patológico se reverte. Elas voltam a crescer novamente e podem até mesmo não exibir qualquer sinal de sua condição prévia, exceto talvez uma baixa estatura. Infelizmente, em muitos casos, quando essas crianças chegam ao hospital ou ao centro médico, já sofreram infecções graves. A despeito do melhor cuidado, elas ainda assim morrerão. Caso sobrevivam, voltarão para suas casas e poderão adoecer novamente.

▲ O fornecimento de água não tratada nos países em desenvolvimento contribui para a incidência de marasmo, particularmente entre crianças alimentadas por mamadeira.

Marasmo

O marasmo normalmente ocorre à medida que um bebê lentamente passa fome até morrer. É causado por dietas que contêm quantidades mínimas de calorias, assim como bem pouca proteína e outros nutrientes. Conforme observado anteriormente, a condição é conhecida também como *desnutrição proteico-calórica*, especialmente quando acomete crianças mais velhas e adultos. A palavra *marasmo* significa "definhar" em grego. As vítimas têm uma aparência de "pele e osso", com pouca ou nenhuma gordura subcutânea (Fig. 6.12).

O marasmo se desenvolve geralmente em bebês que não são amamentados ou nos casos em que a amamentação foi suspensa nos primeiros meses. Muitas vezes, a fórmula infantil usada é preparada de maneira incorreta em virtude da carência de água potável e porque os pais não podem comprar fórmula suficiente para atender às necessidades da criança. Em virtude desse último problema, os pais acabam diluindo a fórmula para fazer render mais, não pensando que isso fornece simplesmente mais água para o bebê.

Geralmente, o marasmo em bebês ocorre em cidades grandes de países pobres. Quando as pessoas são pobres, e o saneamento é ausente, o aleitamento com mamadeira com frequência leva ao marasmo. Nas cidades, o aleitamento com mamadeira muitas vezes é necessário porque o bebê precisa ser cuidado por outros enquanto a mãe está trabalhando fora. Um bebê com marasmo demanda grandes quantidades de calorias e proteína – assim como um bebê **prematuro** – e, a menos que a criança as receba, é provável que a recuperação completa da doença jamais ocorra. Grande parte do crescimento cerebral ocorre entre a concepção e o primeiro ano de vida do bebê. De fato, o cérebro está crescendo em sua velocidade mais rápida depois do nascimento. Se a dieta não dá suporte ao crescimento cerebral durante os primeiros meses de vida, é provável que o cérebro jamais atinja totalmente o tamanho adulto. Esse crescimento cerebral reduzido ou retardado pode levar a uma função intelectual comprometida. Tanto o *kwashiorkor* quanto o marasmo acometem bebês e crianças. As taxas de mortalidade nos países em desenvolvimento geralmente são 10 a 20 vezes maiores do que na América do Norte.

prematuro Bebê que nasce antes de 37 semanas de gestação; também conhecido como pré-termo.

REVISÃO CONCEITUAL

Grande parte da subnutrição consiste em déficits leves em calorias, proteína e com frequência outros nutrientes. Se uma pessoa precisa de mais nutrientes em virtude de doença e infecção, mas não consome calorias e proteínas suficientes, uma condição chamada *kwashiorkor* pode se desenvolver. A pessoa sofre de edema e fraqueza. Crianças em torno de dois anos de idade são especialmente suscetíveis ao *kwashiorkor*, particularmente se já têm outras doenças. Situações de inanição (fome) nas quais apenas produtos de raízes ricas em amido estão disponíveis para consumo contribuem para esse problema. Marasmo é uma condição em que as pessoas – especialmente os bebês – definham até a morte. Os sintomas incluem perda de massa muscular, ausência de reservas de gordura e fraqueza. Tanto uma dieta adequada quanto o tratamento de doenças concomitantes devem ser providos para reestabelecer e então manter a saúde nutricional.

Dietas vegetarianas com base em vegetais

O vegetarianismo evoluiu nos últimos séculos de uma necessidade para uma opção. Em termos históricos, o vegetarianismo estava ligado a filosofias e religiões específicas ou com a ciência. Atualmente, cerca de 1 em 40 adultos nos Estados Unidos (e cerca de 1 em 25 no Canadá) é vegetariano. As dietas vegetarianas evoluíram de maneira a incluir produtos novos à base de soja, como carne ensopada, *chili*, tacos, hambúrgueres e outros. Além do mais, livros de receitas que utilizam especialmente uma variedade de frutas, vegetais e temperos estão melhorando as escolhas alimentares de vegetarianos de todos os tipos.

O vegetarianismo é popular entre universitários. Assim, 50% dos universitários, em uma pesquisa, disseram que selecionam opções vegetarianas no almoço ou no jantar em um determinado dia. Em resposta a essa tendência, os restaurantes oferecem opções vegetarianas em todas as refeições, incluindo massas e pizza com molho sem carne. Muitos adolescentes também estão se tornando vegetarianos. Além disso, uma pesquisa feita pela National Restaurant Association descobriu que 20% dos clientes desejavam uma opção vegetariana quando comiam fora. Muitos clientes citam razões de saúde e paladar para escolher refeições vegetarianas.

Com o crescimento da ciência da nutrição, novas informações permitiram elaborar dietas vegetarianas adequadas em termos nutritivos. É importante que os vegetarianos se beneficiem dessas informações, pois uma dieta que só se baseia em alimentos de origem vegetal tem o potencial de promover diversas deficiências nutricionais e um retardo do crescimento significativo em bebês e crianças. Pessoas que optam por uma dieta vegetariana conseguem atender às suas necessidades nutricionais seguindo algumas regras básicas e planejando com sabedoria suas dietas.

Estudos mostram que as taxas de mortalidade por algumas doenças crônicas, como certas formas de doença cardiovascular, hipertensão, muitas formas de câncer, diabetes tipo 2 e obesidade, são menores entre vegetarianos do que entre não vegetarianos. Os vegetarianos com frequência vivem mais tempo, como fica claro em grupos religiosos que praticam vegetarianismo. Outros aspectos de um estilo de vida saudável, como não fumar, abster-se de álcool e drogas e fazer atividade física regular, muitas vezes acompanham o vegetarianismo e é provavel que, em parte, sejam responsáveis por riscos menores de desenvolver doenças crônicas e por uma vida mais longa vistos nessa população.

▲ Receitas para dietas vegetarianas e com base em vegetais estão amplamente disponíveis hoje em dia.

Conforme foi visto no Capítulo 2, a *MyPyramid* e as Dietary Guidelines for Americans, de 2005, enfatizam uma dieta que se baseia em vegetais consistindo em pães e cereais integrais, frutas e vegetais. Além disso, o American Institute for Cancer Research promove "o novo prato americano", que inclui alimentos que se baseiam em vegetais cobrindo dois terços (ou mais) do prato e carne, peixe, frango ou laticínios com baixo teor de gordura cobrindo apenas um terço (ou menos) do prato. Embora essas recomendações permitam a inclusão de produtos animais, elas definitivamente são "mais vegetarianas" do que as dietas norte-americanas típicas.

Por que as pessoas se tornam vegetarianas?

As pessoas optam pelo vegetarianismo por diversas razões, incluindo questões éticas, religiosas, econômicas e de saúde. Alguns acreditam que matar animais para comer é antiético. Monges hindus e trapistas consomem refeições vegetarianas como prática religiosa. Na América do Norte, muitos adventistas do sétimo dia praticam o vegetarianismo com base em textos bíblicos e porque acreditam ser uma forma de vida mais saudável.

Alguns defensores do vegetarianismo baseiam suas preferências alimentares no uso ineficaz dos animais como uma fonte de proteína. Assim, 40% da produção mundial de grãos é usada para alimentar animais produtores de carne. Embora os animais, que viram alimentos dos homens, comam às vezes folhagem que os humanos não conseguem digerir, muitos também comem grãos que os humanos podem comer.

Alguns também podem praticar o vegetarianismo para limitar a ingestão de gordura saturada e colesterol, ao mesmo tempo estimulando uma ingestão elevada de carboidratos complexos, vitaminas A, E e C, carotenoides, magnésio e fibras.

Bom para a saúde do coração

As fontes vegetais de proteínas podem ter um impacto positivo na saúde do coração de diversas maneiras. Primeiro, os alimentos vegetais que consumimos não contêm coles-

Diretrizes dietéticas e de saúde para prevenção do câncer do American Institute for Cancer Research Diet:

1. Opte por uma dieta rica em uma variedade de alimentos de origem vegetal.
2. Consuma muitos vegetais e frutas.
3. Mantenha um peso saudável e seja fisicamente ativo.
4. Se consumir álcool, beba apenas moderadamente.
5. Selecione alimentos com pouca gordura e sal.
6. Prepare e guarde os alimentos de maneira segura.

E lembre-se sempre...

Não use nenhuma forma de tabaco.

terol nem gordura *trans* e pouca gordura saturada. Os principais tipos de gorduras nos vegetais são monoinsaturadas e poli-insaturadas. As oleaginosas em particular são ricas em gordura monoinsaturada, o que ajuda a manter o colesterol sanguíneo baixo.

Feijões e oleaginosas contêm fibras solúveis, que se ligam ao colesterol no intestino delgado, impedindo-o de ser absorvido pelo corpo. Além disso, em virtude da atividade de alguns fitoquímicos, alimentos à base de soja podem reduzir a produção de colesterol pelo corpo. O efeito é modesto (uma queda em torno de 2 a 6%). Em 1999, o Food and Drug Administration permitiu afirmações de benefícios à saúde das propriedades redutoras de colesterol dos alimentos à base de soja e, em 2000, a American Heart Association recomendou a inclusão de um pouco de proteína de soja nas dietas de pessoas com colesterol alto. Conforme observado no Capítulo 2, para listar um benefício à saúde da soja na embalagem, é preciso que um produto alimentício tenha pelo menos 6,25 g de proteína de soja e menos de 3 g de gordura, 1 g de gordura saturada e 20 mg de colesterol por porção.

O papel cardioprotetor de várias outras substâncias presentes nos vegetais está sob estudo. Alguns fitoquímicos podem ajudar a prevenir a formação de coágulos e relaxam os vasos sanguíneos. As oleaginosas são uma fonte especialmente boa de nutrientes implicados na saúde cardíaca, incluindo vitamina E, folato, magnésio e cobre. O consumo frequente de oleaginosas (cerca de 30 g cinco vezes por semana) está associado a um risco menor de doença cardiovascular. Lembre-se do comentário no Capítulo 2 de que a FDA também permite uma afirmação provisória de benefício à saúde associando as oleaginosas a um risco menor de desenvolver doença cardiovascular. Conforme observado no Capítulo 5, uma dieta vegetariana conjugada a exercícios regulares e outras mudanças no estilo de vida podem levar a uma reversão da placa aterosclerótica em várias artérias no corpo.

Agentes anticancerígenos

Considera-se que os numerosos fitoquímicos presentes nos vegetais ajudam a prevenir o câncer de mama, da próstata e do colo. Muitos dos efeitos anticancerígenos propostos de alimentos que contêm proteínas vegetais ocorrem por meio de mecanismos antioxidantes.

O consumo de fontes vegetais de proteína pode ajudar a prevenir doenças cardiovasculares e câncer, mas há outras áreas também para estudos futuros. Alguns estudos mostram que substituir proteínas animais por proteínas vegetais é benéfico para a saúde renal. Entretanto, na medida em que vegetais como a soja são ricos em oxalatos, é provável que pessoas com uma história de cálculos renais devam limitar a ingestão de soja (ver mais no Cap. 9 a respeito de oxalatos). Os vegetais podem ser fontes particularmente boas de proteína para pessoas com diabetes ou comprometimento da tolerância à glicose, pois o alto teor de fibras dos vegetais leva a um aumento mais lento da glicose sanguínea (ver, no Cap. 4, uma discussão sobre carga glicêmica). O consumo frequente de oleaginosas pode até mesmo reduzir o risco de desenvolver cálculos biliares; um risco menor de obesidade e diabetes tipo 2 também é provável. Grande parte do entusiasmo em torno da capacidade da soja de combater uma série de problemas médicos diminuiu. Vários estudos mostraram pouco benefício da soja em prevenir muitas formas de câncer, em reduzir o colesterol sanguíneo, em contribuir para a manutenção óssea em mulheres no período da pós-menopausa e em tratar sintomas da menopausa. Uma recente revisão de 18 estudos, no entanto, concluiu que o consumo de soja estava associado a uma redução de 14% no risco de câncer de mama.

Aumentando as proteínas vegetais na dieta

Uma vez que já foi visto que incluir proteínas vegetais na dieta traz muitos benefícios à saúde, aqui vão algumas sugestões para pôr a teoria no prato:

- No próximo piquenique, experimente um hambúrguer vegetariano em vez de um hambúrguer comum. Os hambúrgueres vegetarianos normalmente são feitos de feijões e leguminosas, estão disponíveis na seção de congelados do mercado e vêm em diversos sabores deliciosos. Muitos restaurantes acrescentaram hambúrgueres vegetarianos a seus menus.

- Polvilhe sementes de girassol ou amêndoas picadas na salada para mais sabor e textura.
- Misture nozes picadas à massa do pão de banana para aumentar a ingestão de gorduras monoinsaturadas.
- Consuma salgadinhos de soja (grãos de soja assados em óleo) como um lanche saudável.
- Espalhe um pouco de manteiga de amendoim no pão em vez de manteiga comum ou requeijão.
- Em vez de jantar tacos com carne vermelha ou de frango, aqueça uma lata de feijão branco na frigideira com meio pacote de tempero para tacos e tomates picados. Use a mistura para rechear uma tortilha.
- Considere usar leite de soja, especialmente se tiver má-absorção ou intolerância à lactose. Procure variedades enriquecidas com cálcio.

Planejamento alimentar para vegetarianos

Há diversos estilos de dieta vegetariana. Os **veganos**, ou "vegetarianos rígidos", só consomem vegetais (também não usam produtos animais para outras finalidades, como sapatos de couro ou travesseiros de penas). Os **frugívoros** consomem basicamente frutas. Esse plano não é recomendado, pois pode levar a deficiências de nutrientes em pessoas de todas as idades. Os **lactovegetarianos** modificam um pouco o vegetarianismo: incluem laticínios à dieta cuja base são vegetais. Os **ovolactovegatarianos** modificam ainda mais a dieta vegetariana, incluindo lacticínios e ovos, bem como vegetais. O acréscimo desses produtos animais facilita o planejamento alimentar, pois são ricos em alguns nutrientes ausentes ou em quantidades mínimas nos vegetais, por exemplo, vitamina B12 e cálcio. Quanto mais variedade na dieta, mais facil atender às necessidades nutricionais. Assim, a prática de não consumir fontes animais de proteína distingue de maneira significativa os veganos e frugívoros de todos os outros estilos semivegetarianos.

A maioria das pessoas que se autodenominam vegetarianas consomem pelo menos algum laticínio, senão todos os laticínios e ovos. Um plano por grupo de alimento foi desenvolvido para lactovegetarianos e veganos (Tab. 6.3). Esse plano inclui porções de oleaginosas, grãos, leguminosas e sementes para ajudar a atender às necessidades proteicas. Há também um grupo de vegetais, um grupo de frutas e um grupo de laticínios.

Planejamento da dieta vegana

Planejar uma dieta vegana requer conhecimento e criatividade para gerar proteína de alta qualidade e outros nutrientes importantes sem produtos animais. Anteriormente neste capítulo, aprendemos a respeito das proteínas complementares, pelas quais os aminoácidos deficientes em uma fonte de proteína são supridos por aminoácidos de outra fonte consumida na mesma refeição ou na subsequente (Fig. 6.13). Muitas leguminosas carecem dos aminoácidos essenciais metionina, enquanto os cereais têm teor limitado de lisina. Consumir uma combinação de leguminosas (feijões, vagens, favas) e cereais, como arroz e feijão, proporcionará ao corpo quantidades adequadas de todos os aminoácidos essenciais (Fig. 6.13). Assim como em qualquer dieta, a variedade é uma característica especialmente importante de uma dieta vegana nutritiva.

Além dos aminoácidos, a ingestão pobre em outros nutrientes pode ser um problema para o vegano. Na vanguarda das preocupações nutricionais estão riboflavina, vitaminas D e B12, ferro, zinco, iodo e cálcio. As recomendações dietéticas a seguir devem ser implementadas. Além disso, o uso de um suplemento multivitamínico e mineral balanceado pode ajudar também.

É possível obter riboflavina de vegetais verdes folhosos, grãos integrais, leveduras e leguminosas – componentes da maioria das dietas veganas. Outras fontes de vitamina D incluem alimentos enriquecidos (p. ex., margarina), bem como a exposição regular ao sol (Cap. 8).

A vitamina B12 é encontrada de forma natural apenas em alimentos de origem animal. Os vegetais podem conter contaminantes do solo ou microbianos que proporcionam quantidades-traço de vitamina B12, mas são fontes limitadas dessa vitamina. Na medida em que o corpo consegue armazenar vitamina B12 por cerca de quatro anos, pode demorar até que a remoção de alimentos animais da dieta promova a manifestação de uma deficiência de vitamina B12. Se a inadequação dietética de vitamina B12 persistir, a deficiência pode levar a uma forma de anemia, dano nervoso e disfunção mental. Essas consequências da deficiência

vegano Pessoa que consome exclusivamente alimentos vegetais.

frugívoro Pessoa que consome principalmente frutas, nozes, mel e óleos vegetais.

lactovegetariano Pessoa que consome alimentos vegetais e laticínios.

ovolactovegetariano Pessoa que consome alimentos vegetais, laticínios e ovos.

▲ Proteínas vegetais, como as encontradas nas nozes, podem ser incorporadas à dieta de diversas maneiras, por exemplo, adicionando-as ao pão de banana.

▲ Uma salada contendo vários tipos de vegetais e leguminosas é uma escolha vegetariana saudável.

TABELA 6.3 Planejamento alimentar para vegetarianos com base na *MyPyramid*

	Porções da *MyPyramid*		
Grupo alimentar	**Lactovegetariano**[a]	**Vegano**[b]	**Principais nutrientes fornecidos**[c]
Grãos (cereais)	6-11	8-11	Proteína, tiamina, niacina, folato, vitamina E, zinco, magnésio, ferro e fibras
Feijões e outras leguminosas	2-3	3	Proteína, vitamina B6, zinco, magnésio e fibras
Oleaginosas e sementes	2-3	3	Proteína, vitamina E e magnésio
Vegetais	3-5 (inclua 1 vegetal ou verdura verde--escura diariamente)	4-6 (inclua 1 vegetal ou verdura verde--escura diariamente)	Vitamina A, vitamina C, folato, vitamina K, potássio e magnésio
Frutas	2-4	4	Vitamina A, vitamina C e folato
Leite	3	______________	Proteína, riboflavina, vitamina D, vitamina B12 e cálcio
Leite de soja fortificado	______________	3	Proteína, riboflavina, vitamina D, vitamina B12 e cálcio

[a] Esse plano contém cerca de 75 g de proteína em 1.650 kcal.

[b] Esse plano contém cerca de 79 g de proteína em 1.800 kcal.

[c] Uma porção de cereal matinal enriquecido com vitaminas e minerais é recomendada para atender às possíveis falhas de nutrientes. Alternativamente, pode-se usar um suplemento multivitamínico e mineral balanceado. Os veganos também podem se beneficiar do uso do leite de soja fortificado para suprir a deficiência de cálcio, vitamina D e vitamina B12.

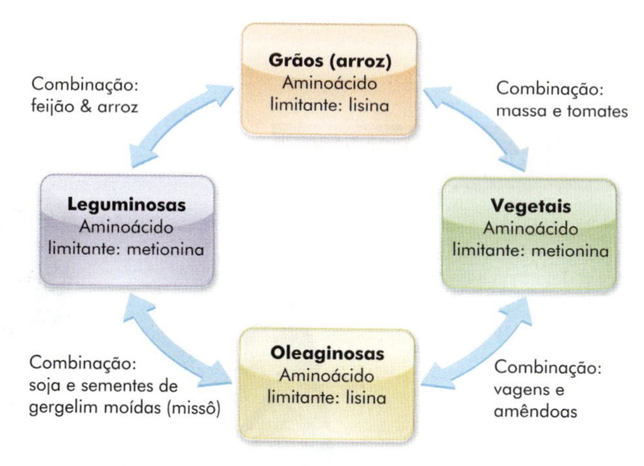

FIGURA 6.13 ▶ Combinações de grupos de vegetais nos quais as proteínas se complementam em uma refeição com base em seus aminoácidos limitantes.

foram observadas em bebês de mães vegetarianas cujo leite materno era carente em vitamina B12. Os veganos podem prevenir a deficiência de vitamina B12 encontrando uma fonte confiável dessa vitamina, por exemplo, no leite de soja enriquecido, nos cereais matinais prontos para consumo e nas leveduras cultivadas em meios ricos em vitamina B12.

No caso do ferro, os veganos podem consumir grãos integrais (especialmente cereais matinais prontos para consumo), frutas secas, oleaginosas e leguminosas. O ferro nesses alimentos não é tão bem-absorvido quanto o ferro de alimentos animais. Uma boa fonte de vitamina C ajuda na absorção de ferro, portanto recomenda-se o consumo de vitamina C em todas as refeições que contenham alimentos vegetais ricos em ferro. O cozimento em panelas e frigideiras de ferro também pode acrescentar ferro à dieta (ver Cap. 9).

O vegano pode encontrar zinco em grãos integrais (especialmente cereais matinais prontos para consumo), oleaginosas e leguminosas, mas o ácido fítico e outras substâncias nesses alimentos limitam a absorção de zinco. Pães são uma boa fonte de zinco porque o processo de fermentação (crescimento da massa do pão) reduz a influência do ácido fítico. O sal iodado é uma fonte segura de iodo e deve ser usado no lugar do sal comum, ambos normalmente encontrados em supermercados.

De todos os nutrientes, o cálcio é o mais difícil de ser consumido em quantidades suficientes pelos veganos. Alimentos enriquecidos, incluindo leite de soja fortificado, suco de laranja fortificado, tofu rico em cálcio (verifique o rótulo) e alguns cereais matinais e lanches para pronto consumo, são as melhores opções para que os veganos obtenham cálcio. Vegetais folhosos e oleaginosas também contêm cálcio, mas os minerais não são bem-absorvidos ou não são muito abundantes nessas fontes. Suplementos de cálcio são outra opção (Cap. 9). O planejamento da dieta especial sempre é necessário, pois até mesmo um suplemento multivitamínico e mineral não suprirá cál-

▲ Os aminoácidos nos vegetais são melhor utilizados quando se consome uma combinação de fontes de vegetais.

cio suficiente para atender às necessidades do corpo.

O consumo de quantidades adequadas de ácidos graxos ômega-3 é uma outra questão nutricional para os vegetarianos, especialmente os veganos. O peixe e os óleos de peixe, fontes abundantes dessas gorduras saudáveis ao coração, estão ausentes de muitos tipos de dietas vegetarianas. Fontes vegetais alternativas de ácidos graxos ômega-3 incluem óleo de canola, óleo de soja, algas marinhas, microalgas, linhaça e nozes.

▲ As crianças podem apreciar dietas vegetarianas e veganas desde que alguns ajustes sejam feitos para atender às necessidades nutricionais específicas da idade.

Questões especiais para bebês e crianças

Bebês e crianças, especialmente os "comedores seletivos" em primeiro lugar, estão em maior risco de desenvolver deficiências nutricionais em consequência de dietas vegetarianas e veganas mal-planejadas. Com o uso de proteínas complementares e boas fontes dos nutrientes problemáticos recém-discutidos, é possível atender às necessidades de calorias, proteínas, vitaminas e minerais de bebês e crianças vegetarianas e veganas. Os problemas nutricionais mais comuns de bebês e crianças que seguem dietas vegetarianas e veganas são deficiências de ferro, vitamina B12, vitamina D e cálcio.

Dietas vegetarianas e veganas tendem a ser ricas em alimentos pouco calóricos, ricos em fibras e volumosos, que causam uma sensação de saciedade. Se, por um lado, isso é uma boa vantagem para os adultos, por outro lado, é preciso considerar que as crianças têm um volume estomacal pequeno e necessidades de nutrientes relativamente elevadas comparadas ao tamanho delas e, portanto, é provável que se sintam saciadas antes de que suas necessidades calóricas sejam atendidas. Por essa razão, talvez seja preciso diminuir o conteúdo de fibra da dieta de uma criança substituindo fontes ricas em fibra por alguns grãos refinados, sucos de frutas e frutas descascadas. Outras fontes concentradas de calorias para crianças vegetarianas e veganas incluem leite de soja fortificado, oleaginosas, frutas secas, abacate e biscoitos feitos com óleos vegetais ou margarina em tablete.

Estudo de caso: planejando uma dieta vegetariana

Jordan é calouro na universidade. Mora em um dormitório para estudantes no campus e ensina artes marciais à tarde. Faz 2 ou 3 refeições por dia na lanchonete do dormitório e alguns lanches entre as refeições. Jordan e o companheiro de quarto decidiram se tornar vegetarianos depois que ficaram sabendo, em um artigo recente em uma revista, a respeito dos benefícios da dieta vegetariana à saúde. Ontem, a dieta vegetariana de Jordan consistiu em 1 bolo dinamarquês no desjejum e 1 prato de risoto de tomate (sem carne) com *pretzels* e 1 refrigerante *diet* no almoço. À tarde, depois de suas aulas de artes marciais, tomou 1 *milk shake* e 2 biscoitos. No jantar, Jordan comeu 1 sanduíche natural feito de alface, brotos, tomate, pepino e queijo e bebeu 2 copos de ponche de fruta. À noite, comeu 1 tigela de pipocas.

Responda às seguintes perguntas e verifique as respostas no Apêndice A.

1. Que tipos de benefícios à saúde Jordan pode esperar se seguir uma dieta vegetariana bem-planejada?
2. O que está faltando no plano de dieta atual de Jordan em termos de alimentos que ele deveria enfatizar em uma dieta vegetariana?
3. Quais nutrientes estão faltando nesse plano de dieta atual?
4. Existe algum componente alimentar no plano de dieta atual que devesse ser minimizado ou evitado?
5. Como ele poderia melhorar a nova dieta a cada refeição e lanches a fim de atender as suas necessidades nutricionais e evitar componentes alimentares indesejáveis?

▲ Jordan planejou uma dieta vegetariana saudável e nutritiva?

Resumo

1. Os aminoácidos, constituintes essenciais das proteínas, contêm uma forma bastante utilizável de nitrogênio para humanos. Dos 20 tipos comuns de aminoácidos encontrados nos alimentos, nove devem ser consumidos nos alimentos (essenciais), e o restante pode ser sintetizado pelo corpo (não essenciais).
2. Aminoácidos individuais se ligam uns aos outros para formar proteínas. A ordem sequencial dos aminoácidos determina a forma e a função final da proteína. Essa ordem é direcionada pelo DNA no núcleo das células. Doenças como a anemia falciforme podem ocorrer se os aminoácidos não estiverem corretos na cadeia polipeptídica. Quando a forma tridimensional de uma proteína é desdobrada – desnaturada – por tratamento com calor, soluções ácidas ou alcalinas ou outros processos, a proteína também perde a sua atividade biológica.
3. Quase todos os produtos animais são fontes de proteína densas em nutrientes. A alta qualidade dessas proteínas significa que elas podem ser facilmente convertidas em proteínas corporais. Fontes vegetais ricas em proteína, como os feijões, também estão disponíveis.

   Alimentos proteicos de alta qualidade (completos) contêm grandes quantidades dos nove aminoácidos essenciais. Além disso, alimentos derivados de fontes animais proporcionam proteína de alto valor biológico. Alimentos proteicos de qualidade inferior (incompletos) carecem de quantidades suficientes de um ou mais aminoácidos essenciais. Trata-se de algo típico dos vegetais, especialmente dos grãos cereais. Tipos diferentes de alimentos vegetais consumidos juntos com frequência complementam as deficiências de um ou outro aminoácido, proporcionando, assim, proteína de alta qualidade na dieta.
4. A digestão das proteínas começa no estômago, onde elas são divididas em produtos de degradação contendo cadeias polipeptídicas de aminoácidos mais curtas. No intestino delgado, essas cadeias polipeptídicas se separam em aminoácidos nas células absortivas. Os aminoácidos livres então se deslocam por meio da veia porta conectada ao fígado. Alguns entram na corrente sanguínea.
5. Componentes corporais importantes – como músculos, tecido conectivo, proteínas de transporte na circulação sanguínea, pigmentos visuais, enzimas, alguns hormônios e células imunes – são feitos de proteínas. Essas proteínas estão em constante estado de *turnover* (rotatividade, renovação). As cadeias de carbono das proteínas podem ser usadas para produzir glicose (ou gordura) quando necessário.
6. A RDA de proteína para adultos é de 0,8 g/kg de peso corporal saudável. Para uma pessoa típica de 70 kg, isso corresponde a 56 g de proteína por dia; para uma pessoa de 57 kg, corresponde a 46 g por dia. A dieta norte-americana geralmente fornece proteína abundante. Os homens em geral consomem cerca de 100 g de proteína diariamente, e as mulheres consomem perto de 65 g. Essas ingestões proteicas também são de qualidade suficiente para suportar as funções do corpo, até mesmo no caso das dietas vegetarianas bem-balanceadas.
7. É preciso que as pessoas equilibrem a ingestão proteica com as perdas de forma a manter um estado de equilíbrio proteico, também denominado *balanço proteico*.

   Quando o corpo está crescendo ou se recuperando de uma doença ou lesão, ele precisa de um balanço proteico positivo para fornecer a matéria-prima necessária para formar novos tecidos. Para tanto, é preciso diariamente ingerir mais proteína do que se perde. Consumir menos proteína do que o necessário leva a um balanço proteico negativo, tal como quando uma doença diminui o apetite e, portanto, a pessoa perde mais proteína do que consome.
8. A subnutrição pode levar à desnutrição proteico-calórica na forma de *kwashiorkor* ou marasmo. O *kwashiorkor* resulta basicamente de uma ingestão calórica e proteica inadequada em comparação com as necessidades do corpo, o que muitas vezes aumenta com doenças e infecções concomitantes. Ocorre com frequência quando uma criança é desmamada do leite materno e alimentada basicamente de mingaus ou papas ricos em amido. O marasmo resulta da inanição extrema – uma ingestão mínima tanto de proteínas quanto de calorias. Geralmente, ocorre durante situações de fome extrema, especialmente em bebês.
9. O consumo de dietas vegetarianas e outras dietas que se baseiam em vegetais proporciona muitos benefícios à saúde, por exemplo, riscos menores de doenças crônicas incluindo doença cardiovascular, diabetes e determinados cânceres. Os benefícios associados a dietas com base em vegetais parecem estar associados ao conteúdo menor de gordura saturada e colesterol e a uma quantidade maior de fibras, vitaminas, minerais e fitoquímicos.

Questões para estudo

1. Discuta a importância relativa dos aminoácidos essenciais e não essenciais na dieta. Por que é importante que aminoácidos essenciais perdidos pelo corpo sejam repostos na dieta?
2. Descreva o conceito de proteínas complementares.
3. O que é um aminoácido limitante? Explique por que esse conceito é uma preocupação em uma dieta vegetariana. Como um vegetariano pode compensar aminoácidos limitantes em alimentos específicos?
4. Descreva em poucas palavras a organização das proteínas. Como essa

organização pode ser alterada ou danificada? O que resultaria do dano à organização das proteínas?

5. Descreva quatro funções das proteínas. Exemplifique como a estrutura de uma proteína está relacionada à sua função.
6. Como o DNA e a síntese de proteínas estão relacionados?
7. Qual seria um benefício à saúde no caso de reduzir a(s) ingestão(ões) alta(s) de proteína às quantidades da RDA para algumas pessoas?
8. Que características das proteínas vegetais poderiam melhorar a dieta norte-americana? Que alimentos você incluiria para prover uma dieta que tenha bastante proteína de fontes vegetais e animais, mas com teor moderado de gordura?
9. Resuma as principais diferenças entre *kwashiokor* e marasmo.
10. Quais são os possíveis efeitos a longo prazo de uma ingestão inadequada de proteína dietética em crianças entre seis meses e quatro anos de idade?

Teste seus conhecimentos

As respostas das próximas questões de múltipla escolha encontram-se a seguir.

1. As "instruções" para fazer proteínas estão localizadas
   a. na membrana celular.
   b. no material genético do DNA e RNA.
   c. no estômago.
   d. no intestino delgado.
2. Um nutriente que poderia facilmente estar deficiente na dieta de um vegano seria
   a. vitamina C.
   b. ácido fólico.
   c. cálcio.
   d. todos os anteriores.
3. Se um aminoácido essencial não estiver disponível para a síntese proteica:
   a. A célula fará o aminoácido.
   b. A síntese proteica cessará.
   c. A célula continuará a ligar aminoácidos à proteína.
   d. A proteína parcialmente completa será armazenada para conclusão futura.
4. Um exemplo de complementação proteica usada no planejamento da dieta vegetariana seria a combinação de:
   a. cereal e leite.
   b. ovos e *bacon*.
   c. arroz e feijão.
   d. macarrão e queijo.
5. Um indivíduo que só come alimentos vegetais é conhecido como
   a. planetário.
   b. vegano.
   c. lactovegetariano.
   d. ovovegetariano.
6. Qual dos seguintes grupos é responsável pelas diferenças entre aminoácidos?
   a. grupo amina.
   b. cadeia lateral.
   c. grupo ácido.
   d. grupo cetônico.
7. A absorção dos aminoácidos ocorre no
   a. estômago.
   b. fígado.
   c. intestino delgado.
   d. intestino grosso.
8. Jack não é atleta e pesa 80 kg. Sua RDA de proteína seria de _____ g.
   a. 32
   b. 40
   c. 64
   d. 80
9. Qual das seguintes afirmações é verdadeira a respeito da ingestão de proteínas nos Estados Unidos?
   a. A maioria não consome proteína suficiente.
   b. A maioria consome aproximadamente a quantidade necessária para compensar as perdas.
   c. Os atletas geralmente não obtêm proteína suficiente sem suplementação.
   d. A maioria consome mais do que o necessário.
10. O constituinte básico de uma proteína chama-se
   a. ácido graxo.
   b. monossacarídeo.
   c. aminoácido.
   d. gene.

Respostas: 1.b, 2.c, 3.b, 4.c, 5.b, 6.b, 7.c, 8.c, 9.d, 10.c

Leituras complementares

1. ADA Reports: Position of the American Dietetic Association and Dietitians of Canada: vegetarian diets. *Journal of the American Dietetic Association* 103:748, 2003.

   Trata-se da posição da American Dietetic Association e dos Dietitians of Canada de que dietas vegetarianas planejadas corretamente são saudáveis, nutricionalmente adequadas e oferecem benefícios salutares na prevenção e no tratamento de determinadas doenças. Entretanto, em alguns casos, o uso de alimentos fortificados ou um suplemento multivitamínico e mineral pode ser necessário para atender às recomendações de nutrientes individuais.

2. Aronson D: Vegetarian nutrition. *Today's Dietitian* p. 3, March 2005.

   Esse artigo resume as possíveis deficiências de nutrientes que podem resultar de uma dieta vegetariana. Fontes de alimentos vegetais para compensar esses riscos são revisadas, como fontes ricas em cálcio.

3. Barnard ND and others: A low-fat vegan diet improves glycemic control and cardiovascular risk factors in a randomized clinical trial in individuals with type 2 diabetes. *Diabetes Care* 29:1777, 2006.

   Melhoras no controle glicêmico (redução da hemoglobina A1C) e lipídico (redução no colesterol LDL) foram maiores em portadores de diabetes tipo 2 que seguiram uma dieta vegana com baixo teor de gordura comparada a uma dieta com base nas diretrizes da American Diabetes Association. No grupo vegano, 43% dos indivíduos reduziram seus medicamentos para tratar diabetes comparados a 26% dos indivíduos na dieta da ADA.

4. Berkow SE, Barnard ND: Blood pressure regulation and vegetarian diets. *Nutrition Reviews* 63:1, 2005.

Dietas vegetarianas estão associadas a uma pressão arterial mais baixa. É provável que frutas, vegetais, leguminosas e oleaginosas nessas dietas levem a esse benefício à saúde.

5. Chao A and others: Meat consumption and colorectal cancer. *Journal of the American Medical Association* 293:172, 2005.

Dietas ricas em carne vermelha, especialmente carne processada, aumentam o risco de câncer de colo. A proteína do frango e do peixe, no entanto, não apresenta o mesmo risco.

6. Fessler TA: Malnutrition: A serious concern for hospitalized patients. *Today's Dietitian* 10 (7): 44, 2008.

A desnutrição continua a ser um problema significativo nos hospitais do mundo inteiro, afetando pacientes de todas as idades, desde bebês até pacientes geriátricos. A desnutrição pode ser causada por doenças ou lesões em pessoas hospitalizadas e pela própria hospitalização em si. Esse artigo resume a necessidade da pronta identificação, tratamento e monitoração de pacientes desnutridos entre profissionais de saúde.

7. Food and Nutrition Board: *Dietary reference intakes for energy, carbohydrate, fiber, fat, fatty acids, cholesterol, protein, and amino acids*. Washington DC: The National Academy Press, 2002.

Esse relatório oferece as últimas diretrizes para ingestões de macronutrientes. Em relação à ingestão proteica, a RDA foi estabelecida em 0,8 g/kg/dia. A ingestão proteica pode representar de 10 a 35% da ingestão calórica. A cota de 10% aproxima-se da RDA, com base em ingestão calóricas típicas.

8. Garlick PJ: The nature of human hazards associated with excessive intakes of amino acids. *Journal of Nutrition* 134:1633S, 2004.

Os aminoácidos mais tóxicos são metionina, cisteína e histidina. Possíveis riscos à saúde pela ingestão excessiva de outros aminoácidos também são revisados. Esses riscos são vistos com suplementos de aminoácidos, não com fontes de alimentos completos.

9. Gardner CD and others: The effect of a plant-based diet on plasma lipids in hyper-cholesterolemic adults. *Annals of Internal Medicine* 142:725, 2005.

Acrescentar proteínas vegetais a uma dieta já pobre em gordura saturada e colesterol traz outros benefícios à saúde em relação à redução do colesterol sanguíneo. Os autores enfatizam a importância de incluir frutas, vegetais, leguminosas e grãos integrais à dieta.

10. Key TJ and others: Health effects of vegetarian and vegan diets. *Proceedings of the Nutrition Society* 65:35, 2006.

Esse estudo revisou achados recentes de grandes estudos e resume os últimos conhecimentos a respeito dos efeitos à saúde de dietas vegetarianas e veganas. Os resultados indicam que os vegetarianos têm um IMC menor e taxas de obesidade menores, comparados a não vegetarianos; o colesterol plasmático total é menor em vegetarianos do que em não vegetarianos; entre vegetarianos e não vegetarianos, não há diferenças significativas na pressão arterial; estudos envolvendo vegetarianos indicam uma redução moderada na mortalidade por doença cardíaca isquêmica; e estudos mostraram não haver diferenças entre vegetarianos e não vegetarianos na ocorrência de câncer colorretal, de mama e de próstata ou mortalidade total.

11. Lejeune MP and others: Additional protein intake limits weight regain after weight loss in humans. *British Journal of Nutrition* 93: 281, 2005.

Acrescentar 30 g de proteína por dia à dieta habitual ajudou os participantes desse estudo a limitar o novo ganho de peso depois de emagrecerem. A dieta consistia em até 18% de ingestão calórica como proteína, comparados a 15% no grupo-controle. Essa ingestão proteica no grupo experimental não foi considerada excessiva em relação ao limite superior de 35% de ingestão calórica estabelecido pelo Food and Nutrition Board.

12. Mangels R: Weight control the vegan way. *Vegetarian Journal* XXV (1), 2006.

Esse artigo dá sugestões para veganos, ou pessoas interessadas em adotar uma dieta vegana, que desejam perder peso. Dois planos alimentares estão incluídos e foram desenvolvidos para pessoas moderadamente ativas, que praticam de 30 a 60 minutos de atividade física moderada diariamente. O primeiro plano alimentar tem aproximadamente 1.500 calorias e é destinado a mulheres que querem perder de 500 g a 1 kg por semana. O segundo tem aproximadamente 1.900 calorias e é destinado a homens que desejam perder 500 g a 1 kg por semana. Os alimentos proteicos incluem feijão comum, grão-de-bico e outras vagens; tofu; leite de soja comum ou light; oleaginosas e pastas/pastas de nozes/amendoim; seitan (ou carne de glúten) e análogos de carne. Algumas receitas também estão incluídas.

13. Newby PK: Risk of overweight and obesity among semivegetarian, lactovegetarian, and vegan women. *American Journal of Clinical Nutrition* 81:1267, 2005.

As mulheres semivegetarianas nesse estudo tendiam menos a estar acima do peso ou obesas comparadas a mulheres omnívoras. O consumo maior de vegetais e menor de produtos animais pode ajudar as pessoas a controlar o peso.

14. Sabate J: The contribution of vegetarian diets to human health. *Forum of Nutrition* 56:218, 2005.

Os componentes de uma dieta vegetariana saudável incluem uma variedade de vegetais, frutas, pães e cereais integrais, leguminosas e nozes.

15. Sacks FM and others: Soy protein, isoflavones, and cardiovascular health. An American Heart Association Science Advisory for Professionals From the Nutrition Committee. *Circulation* 113:1034, 2006.

Esse informe científico avalia trabalhos recentes publicados a respeito da proteína da soja e seu componente isoflavona e seu papel potencial em melhorar fatores de risco para doenças cardiovasculares. Na maioria dos estudos, a proteína da soja com isoflavonas, comparada ao leite ou outras proteínas, reduziu as concentrações do colesterol LDL; o efeito mediano foi ~ 3%, e nenhum efeito significativo no colesterol HDL, triglicerídeos, lipoproteína (a) ou na pressão arterial ficou evidente. Os autores concluíram que produtos à base de soja devem ser benéficos à saúde cardiovascular em geral em virtude de seu alto teor de gorduras poli-insaturadas, fibras, vitaminas e minerais e ao baixo teor de gordura saturada.

16. Taylor SL: Estimating prevalence of soy protein allergy. *The Soy Connection* 14 (2):1, 2006.

Esse artigo discute a questão da alergia à proteína da soja. Embora a proteína da soja tenha sido designada como um dos principais alérgenos pela U.S. Food and Drug Administration, dados acurados da prevalência dessa alergia não estão disponíveis, e evidências indiretas sugerem que ela ocorre com menos frequência do que com outros alérgenos comuns, incluindo frutos do mar, amendoins, nozes, castanhas e peixe.

17. Trock BJ and others: Meta-analysis of soy intake and breast cancer risk. *Journal of the National Cancer Institute*, 98 (7):459, 2006.

Esse estudo analisou dados de 18 estudos publicados anteriormente e concluiu que o consumo de alimentos à base de soja entre mulheres saudáveis estava asssociado a uma redução significativa (14%) no risco de câncer de mama.

18. WebWatch: Healthy Vegetarian Resources and Recipes. *Obesity Management August*, 2008.

Esse resumo de websites com recursos para vegetarianos inclui revisões dos sites aliados da American Dietetic Association voltados para cozinha e receitas vegetarianas, além de outros sites com recursos e diretórios, incluindo um especializado em adolescentes vegetarianos.

19. Who's the veggie-friendliest of them all? *Vegetarian Journal* XXVII, p. 14, 2008.

O Vegetarian Resource Group avaliou os cardápios das 400 maiores cadeias de restaurantes nos Estados Unidos. Esse artigo destaca os estabelecimentos que pareciam fazer o melhor esforço para atender vegetarianos de necessidades diversas. É possível encontrar mais de 2.000 restaurantes adequados a vegetarianos no website www.vrg.org.

20. Xiao CW: Health effects of soy protein and isoflavones in humans. *Journal of Nutrition* 138: 1244S, 2008.

Os resultados de estudos epidemiológicos e clínicos sugerem que o consumo de soja pode estar associado a uma incidência menor de determinadas doenças crônicas e a uma redução nos fatores de risco de doença cardiovascular. Esses resultados levaram a uma informação de saúde no rótulo de alimentos aprovada pelo FDA para proteínas da soja na prevenção de doença coronariana. Esse artigo revisa as evidências das informações de saúde sobre os efeitos da proteína e das isoflavonas da soja e conclui que os dados existentes são inconsistentes ou inadequados para confirmar a maioria dos benefícios à saude sugeridos advindos do consumo de proteína de soja ou ISF.

AVALIE SUA REFEIÇÃO

I. Proteínas e o vegetariano

Alana está entusiasmada com todos os benefícios salutares que podem acompanhar uma dieta vegetariana. Entretanto, está preocupada que talvez não esteja consumindo proteína suficiente para atender às suas necessidades. Está preocupada também a respeito das possíveis deficiências de vitaminas e minerais. Use uma tabela de composição dos alimentos para calcular a ingestão proteica de Alana e veja se as preocupações dela são válidas.

	Proteína (g)
Desjejum	
Suco de laranja enriquecido com cálcio, 1 copo	
Leite de soja, 1 copo	
Flocos de cereais integrais fortificados, 1 xícara	
Banana, média	
Lanche	
Barra de cereal enriquecida com cálcio	
Almoço	
Hambúrguer vegetariano, 100 g	
Pão integral	
Mostarda, 1 colher de sopa	
Queijo de soja, 25 g	
Maçã, média	
Alface, 1 ½ xícara	
Amendoim, 25 g	
Sementes de girassol, ¼ xícara	
Fatias de tomate, 2	
Cogumelos, 3	
Molho vinagrete para salada, 1 colher de sopa	
Chá gelado	
Jantar	
Feijão, ½ xícara	
Arroz integral, ¾ xícara	
Margarina enriquecida, 2 colheres de sopa	
Vegetais mistos, ¼ xícara	
Chá quente	
Sobremesa	
Morangos, ½ xícara	
Bolo, 1 fatia pequena	
Leite de soja, ½ copo	
PROTEÍNAS TOTAIS (gramas) ______	

A dieta de Alana continha 2.150 kcal, com ____ g (preencha) de proteína (É o bastante para ela?), 360 g de carboidratos, 57 g de gordura dietética total (apenas 9 g das quais vinham de gordura saturada) e 50 g de fibras. Essa ingestão de vitaminas e minerais, em relação à preocupação dos vegetarianos quanto à ingestão de vitamina B12, vitamina D, cálcio, ferro e zinco, atendia às necessidades dela.

II. Atendendo às necessidades de proteína ao fazer dieta para emagracer

Seu pai vem ganhando peso nos últimos 30 anos e agora desenvolveu hipertensão e diabetes tipo 2 em consequência disso. O médico recomendou que ele perdesse peso seguindo uma dieta de 1.800 kcal. Você sabe que será importante que seu pai atenda às necessidades proteicas enquanto tenta emagrecer. Elabore uma dieta suficiente para um dia, que contenha cerca de 20% da ingestão calórica na forma de proteína. A Tabela 6.2 ajudará nisso. Essa dieta atenderá à RDA de proteína de seu pai? A dieta lhe parece um plano que você também poderia seguir?

PARTE II

NUTRIENTES CALÓRICOS E BALANÇO ENERGÉTICO

CAPÍTULO 7 Balanço energético e controle do peso

Objetivos do aprendizado

1. Descrever o balanço energético e os usos da energia pelo corpo.
2. Comparar métodos para determinar o uso de energia pelo corpo.
3. Discutir métodos para estimar a composição corporal e determinar se o peso e a composição corporal estão de acordo com os de uma pessoa saudável.
4. Descrever os riscos à saúde representados pelo sobrepeso e a obesidade.
5. Enumerar e discutir características de um programa de emagrecimento sensato.
6. Descrever por que e como a redução da ingestão calórica, a modificação do comportamento e a atividade física se encaixam em um plano de emagrecimento.
7. Enumerar os benefícios e os riscos de diversos métodos de emagrecimento para obesidade mórbida.
8. Discutir causas e tratamentos da magreza.
9. Avaliar dietas de emagrecimento populares e determinar quais são inseguras, fadadas ao insucesso, ou ambas.

Conteúdo do capítulo

NOS ÚLTIMOS 20 ANOS (ÉPOCA EM QUE NASCEU A MAIOR PARTE DAQUELES QUE HOJE EM DIA SÃO UNIVERSITÁRIOS), HOUVE UM AUMENTO EXPRESSIVO NA PORCENTAGEM DE INDIVÍDUOS ACIMA DO PESO OU OBESOS. Os grupos de obesos estão aumentando na América do Norte e no mundo inteiro. Vale lembrar da estimativa no Capítulo 1 de que 1 bilhão de pessoas no mundo estão acima do peso. Esse problema está aumentando não só nos Estados Unidos, mas também globalmente entre povos ricos e nos países em desenvolvimento, onde a popularidade das dietas ocidentais (hipercalóricas e hiperlipídicas) vem crescendo. O excesso de peso aumenta a probabilidade de muitos problemas de saúde, como doenças cardiovasculares, câncer, hipertensão, acidentes cerebrovasculares, alguns distúrbios ósseos e articulatórios e diabetes tipo 2, especialmente se a pessoa pratica pouca atividade física.

Atualmente, a maioria dos esforços para redução do peso fracassa antes que os corpos atinjam a faixa de peso saudável. Conforme sugerido no quadrinho deste capítulo, as dietas populares típicas (dietas da moda) em geral são monótonas, ineficazes e confusas. Além disso, podem até mesmo colocar em risco algumas populações, como crianças, adolescentes, gestantes e pessoas com diversos problemas de saúde. Uma abordagem mais lógica à perda de peso é simples e direta: (1) comer menos; (2) aumentar a atividade física e; (3) mudar comportamentos alimentares problemáticos.

Um compromisso nacional foi adotado por diversos grupos, incluindo órgãos governamentais, indústria alimentar, profissionais de saúde e comunidades, visando tratar o crescente problema de peso na América do Norte. Ficou claro que, sem esse esforço nacional para promover a manutenção do peso e novas abordagens efetivas para tornar o ambiente social mais favorável à manutenção do peso ideal, as tendências atuais não serão revertidas (Fig. 7.1). No Capítulo 7 são discutidas essas recomendações para nos ajudar a entender as causas, as consequências e os tratamentos potenciais da obesidade.

Para relembrar

Antes de começar a estudar o controle do peso no Capítulo 7, talvez seja interessante revisar os seguintes tópicos:

- As dimensões biológicas e sociais da ingestão alimentar, no Capítulo 1
- O conceito de densidade energética e tamanhos de porções alimentares adequados, no Capítulo 2
- O papel das fibras na regulação do peso, no Capítulo 4
- O conteúdo de gordura de diversos alimentos, no Capítulo 5
- Os riscos a longo prazo de dietas hiperproteicas, no Capítulo 6

Que componentes perfazem um plano de dieta bem-sucedido? O que constitui uma dieta "da moda"? Por que o sobrepeso e a obesidade são um problema crescente no mundo inteiro? Quais seriam as consequências futuras dessa tendência? O Capítulo 7 traz algumas respostas.

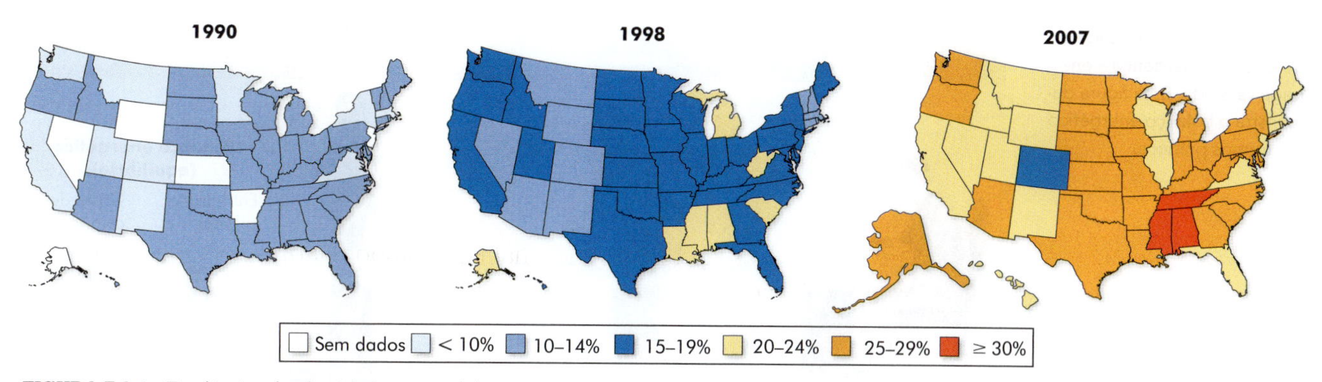

FIGURA 7.1 ▶ Tendências de obesidade entre adultos nos EUA. 1990, 1998, 2007 (IMC ≥ 30 ou cerca de 13,5 kg de sobrepeso para uma pessoa de 1,63 m).
Fonte: CDC Behavioral Risk Factor Surveillance System.

7.1 Balanço energético

Começamos este capítulo com notícias boas e notícias ruins. As boas são que se mantivermos um peso corporal saudável, aumentamos nossas chances de viver uma vida longa e saudável. As ruins são que atualmente 65% dos adultos norte-americanos estão acima do peso, bem mais do que nos anos 1980. Desses, cerca de 45% (30% da população total) são obesos. Existe uma boa chance de qualquer pessoa poder tornar-se parte dessas estatísticas se não prestar atenção à prevenção do ganho de peso significativo na fase adulta. Engordar mais de 4,5 kg ou aumentar mais de 5 cm a circunferência da cintura são sinais da necessidade de reavaliar a dieta e o estilo de vida.

Não existe cura rápida para o sobrepeso, a despeito do que as propagandas afirmam. O êxito na perda de peso vem com trabalho árduo e comprometimento. Uma combinação de menor ingestão calórica, mais atividade física e modificação do comportamento é considerada o tratamento mais seguro e confiável para a condição de sobrepeso. E, sem sombra de dúvida, a prevenção do sobrepeso em primeiro lugar é a abordagem mais bem-sucedida.

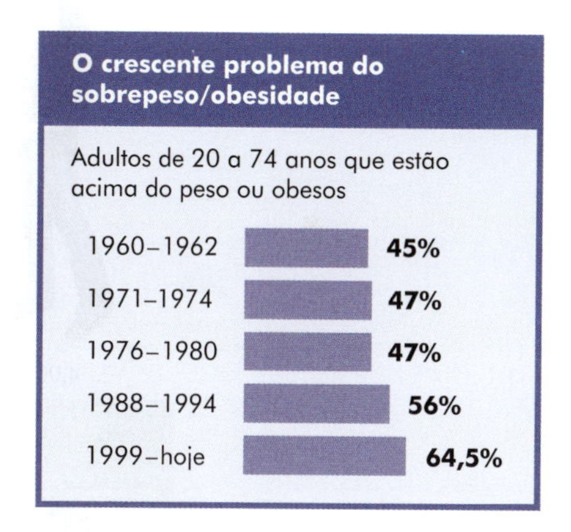

Balanço energético positivo e negativo

O peso ideal para que uma pessoa seja considerada saudável pode resultar de uma atenção maior ao importante conceito de **balanço energético**. Pense em energia como uma equação:

Entrada de energia (calorias da ingestão alimentar) = Gasto de energia (metabolismo; digestão, absorção e transporte de nutrientes; atividade física)

O balanço calórico (medido em kcal) nos dois lados da equação pode influenciar as reservas de energia, especialmente a quantidade de triglicerídeos armazenada no tecido adiposo (Fig. 7.2). O tecido gorduroso contém cerca de 7.700 calorias por quilo. Portanto, para perder 1 kg de gordura por semana, é preciso diminuir a ingestão calórica em cerca de 250 calorias por dia. Quando a entrada de energia é maior do que a saída de energia, o resultado é um **balanço energético positivo**. As calorias consumidas em excesso são armazenadas, resultando em ganho de peso. Existem algumas situações em que o balanço energético positivo é normal e saudável. Durante a gravidez, um excedente de calorias sustenta o desenvovimento do feto. Bebês e crianças precisam de um balanço energético positivo para o crescimento e o desenvolvimento. Nos adultos, entretanto, até mesmo um pequeno balanço energético positivo geralmente ocorre na forma de armazenamento de gordura em vez de músculo e osso e, com o tempo, pode fazer o peso corporal aumentar.

No entanto, se a entrada de energia é menor do que o gasto de energia, há um déficit calórico, resultando em **balanço energético negativo**. Um balanço energético negativo é necessário para a perda de peso bem-sucedida. É importante observar

balanço (equilíbrio) energético Estado em que a ingestão energética, na forma de alimentos e bebidas, iguala energia gasta, basicamente, no metabolismo basal e na atividade física.

balanço energético positivo Estado em que a ingestão energética é maior do que a energia despendida, geralmente resultando em ganho de peso.

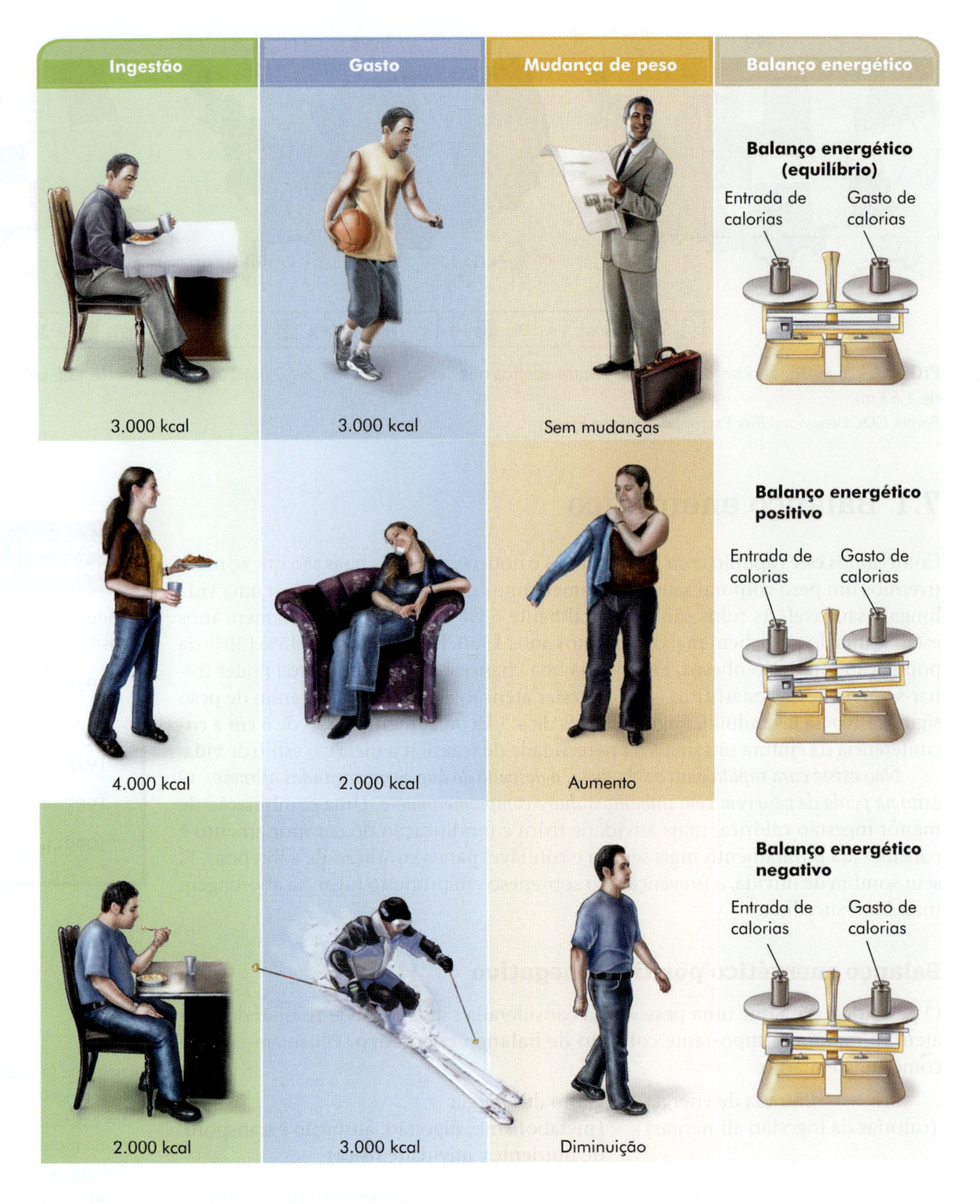

FIGURA 7.2 ▶ Um modelo de balanço energético – entrada vs. saída. Essa figura demonstra o balanço energético em termos práticos.

que, durante o balanço energético negativo, a perda de peso envolve uma redução tanto no tecido magro quanto no tecido adiposo, não apenas "gordura".

A manutenção de um balanço energético contribui significativamente para a saúde e o bem-estar dos adultos ao minimizar o risco de desenvolver muitos problemas de saúde comuns. A fase adulta é com frequência uma época de aumento insidioso no ganho de peso que, por fim, torna-se obesidade se não for tratado. O processo de envelhecimento não causa ganho de peso. O problema advém de um padrão de ingestão alimentar excessiva agregada a uma atividade física limitada e a um metabolismo mais lento. Vamos olhar em detalhes os fatores que afetam a equação do balanço energético.

PARA REFLETIR

Sua colega de turma de 26 anos de idade anda pensando a respeito do processo de envelhecimento. Uma das coisas que ela mais teme à medida que envelhece é engordar. Como você explicaria a ela o princípio de equilíbrio energético?

balanço energético negativo Estado em que a ingestão energética é menor do que a energia despendida, resultando em perda de peso.

Ingestão energética

As necessidades de energia são atendidas pela ingestão alimentar, representada pelo número de calorias consumidas todos os dias. Determinar a quantidade e o tipo de alimento adequados para atender às necessidades de energia é tarefa complicada para muitas pessoas. O desejo de consumir alimentos e a capacidade do corpo de usá-los de maneira eficaz são mecanismos de sobrevivência que evoluíram com os humanos. Entretanto, por causa das fontes e do acesso a alimentos na América do Norte atualmente, muitas pessoas têm conseguido êxito em obter energia alimentar. O suprimento alimentar abundante praticamente substituiu a necessidade de armazenar gordura corporal. Considerando-se a ampla disponibilidade de alimentos em máquinas automáticas, janelas de *drive-throughs*, reuniões sociais e lanchonetes – combinada às porções *tamanho família* –, não surpreende que o adulto mediano esteja 3,5 kg mais pesado do que 10 anos atrás. Em resposta a essa tendência cultural de ampla disponibilidade de alimentos, a "alimentação defensiva" (fazer escolhas alimentares conscientes e sensatas, especialmente com relação ao tamanho das porções) em bases contínuas é importante para muitas pessoas.

A quantidade de calorias em um alimento é determinada com um instrumento denominado **calorímetro de bomba**. Essa determinação das calorias está descrita na Figura 7.3. O calorímetro de bomba mede a quantidade de calorias advindas de carboidrato, gordura, proteína e álcool. Os carboidratos geram cerca de 4 kcal/g as proteínas geram cerca de 4 kcal/g, as gorduras geram cerca de 9 kcal/g, e o álcool gera cerca de 7 kcal/g. Esses valores energéticos foram ajustados (1) pela nossa capacidade de digerir os alimentos e (2) pelas substâncias nos alimentos, como partes vegetais fibrosas que queimam no calorímetro de bomba, mas não fornecem calorias ao corpo humano. Os números são então arredondados para números inteiros. Entretanto, hoje em dia também é possível e mais comum determinar o conteúdo calórico de um alimento pela quantificação de seu teor de carboidratos, proteínas e gorduras (e possivelmente álcool). Então, os fatores kcal/g enumerados previamente são usados para calcular as kcal totais. (No Cap. 1, foi visto como é possível fazer esse cálculo.)

calorímetro de bomba Instrumento usado para determinar o conteúdo calórico de um alimento.

▲ A tendência cultural de servir grandes quantidades pode levar facilmente ao balanço energético positivo. Dividir sua refeição com outra pessoa é uma boa maneira de evitar comer demais quando grandes porções são servidas.

Gasto energético

Até agora, discutimos alguns fatores referentes à ingestão energética. Agora, vamos olhar um pouco o outro lado da equação – o gasto energético.

O corpo utiliza energia para três propósitos gerais: metabolismo basal; atividade física e digestão, absorção e processamente de nutrientes ingeridos. Uma quarta forma menor de gasto energético, conhecida como termogênese, refere-se à energia despendida durante a inquietação e os calafrios em resposta ao frio (Fig. 7.4).

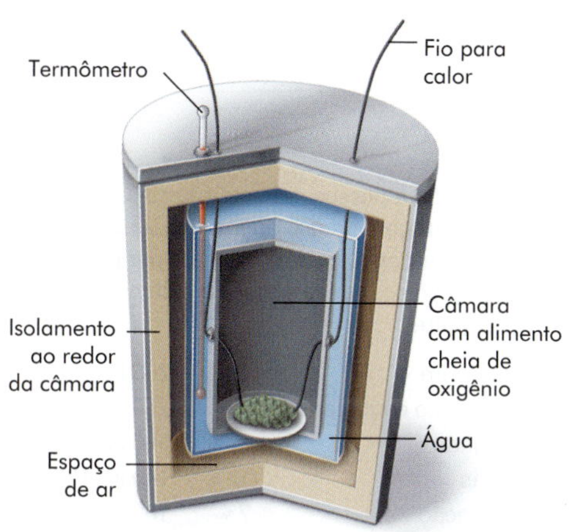

FIGURA 7.3 ▶ Calorímetros de bomba medem o conteúdo calórico por ignição e queima de uma porção de alimento desidratado. O processo de queima aumenta a temperatura da água ao redor da câmara que contém o alimento. O aumento da temperatura da água indica o número de quilocalorias no alimento porque 1 kcal é igual à quantidade de calor necessária para aumentar a temperatura de 1 kg de água em 1°C.

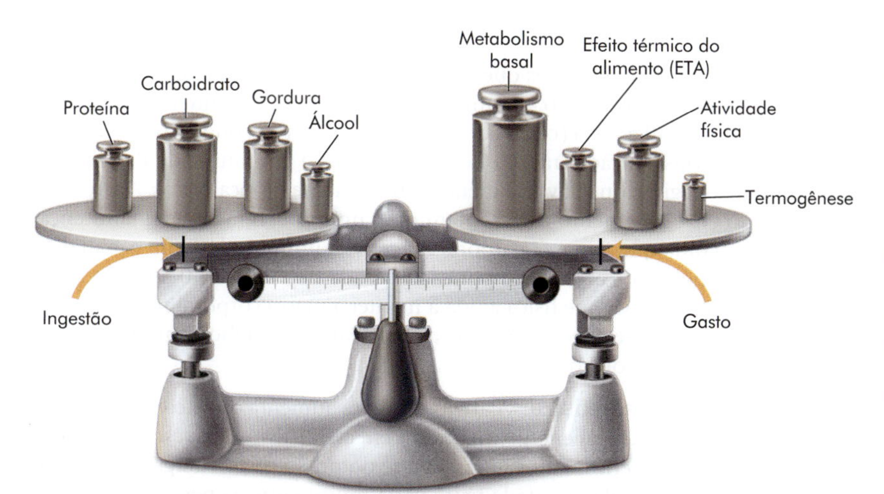

FIGURA 7.4 ▶ O componente de ingestão e o gasto energético. Essa figura incorpora as principais variáveis que influenciam o equilíbrio energético. *Vale lembrar que o álcool é uma fonte adicional de energia para muitos de nós.* O tamanho de cada componente mostra a contribuição relativa daquele componente ao balanço energético.

metabolismo basal A quantidade mínima de calorias que o corpo utiliza para sustentar-se no estado de jejum em repouso (p. ex., 12 h para ambos) e desperto em um ambiente aquecido e tranquilo. Representa cerca de 1 kcal/kg/h para homens e 0,9 kcal/kg/h para mulheres; esses valores são muitas vezes referidos como taxa de metabolismo basal (TMB).

metabolismo em repouso A quantidade de calorias que o corpo usa quando a pessoa não come há quatro horas e está em repouso (p. ex., 15 a 30 min) e desperta em um ambiente aquecido e tranquilo. Representa cerca de 6% acima do metabolismo basal em virtude dos critérios de testagem menos rígidos; geralmente referido como taxa metabólica em repouso (TMR).

massa corporal magra A massa corporal magra é calculada subtraindo-se a gordura armazenada do peso corporal total. Ela inclui órgãos, como cérebro, músculos e fígado, ossos e sangue e outros líquidos corporais.

Quando a pessoa está em repouso, a porcentagem de uso energético total e uso energético correspondente por parte de diversos órgãos é aproximadamente a seguinte:

Cérebro	19%	265 kcal/dia
Músculo esquelético	18%	250 kcal/dia
Fígado	27%	380 kcal/dia
Rins	10%	140 kcal/dia
Coração	7%	100 kcal/dia
Outros	19%	265 kcal/dia

Metabolismo Basal O **metabolismo basal** é expresso como a taxa metabólica basal (TMB) e representa a quantidade mínima de calorias despendidas em um estado de jejum (por 12 h ou mais) para manter um corpo desperto em repouso em um ambiente tranquilo. No caso de uma pessoa sedentária, o metabolismo basal responde por cerca de 60 a 70% do uso total de energia pelo corpo. Alguns processos envolvidos incluem os batimentos cardíacos, a respiração pulmonar e a atividade de outros órgãos, como o fígado, o cérebro e os rins. O metabolismo basal não inclui a energia usada para atividade física ou digestão, absorção e processamento de nutrientes recém-consumidos. Se a pessoa não está em jejum ou completamente repousada, o termo **metabolismo de repouso** é usado e expresso como a taxa metabólica de repouso (TMR). A TMR típica de um indivíduo é 6% maior do que sua TMB.

Para entender como o metabolismo basal contribui para as necessidades energéticas, deve-se considerar uma mulher de 130 libras (59 kg). Primeiro, sabendo que cada quilograma representa 2,2 libras, converta o peso dela em unidades métricas:

$$130 \text{ lbs} \div 2{,}2 \text{ lbs/kg} = 59 \text{ kg}$$

Então, usando uma estimativa bruta da taxa metabólica basal de 0,9 kcal/kg/h para uma mulher mediana (1 kcal/kg/h é usado por um homem mediano), calcule sua taxa metabólica basal:

$$59 \text{ kg} \times 0{,}9 \text{ kcal/kg} = 53 \text{ kcal/h}$$

Por fim, use essa taxa metabólica basal por hora para encontrar a taxa metabólica basal para um dia inteiro:

$$53 \text{ kcal/h} \times 24 \text{ h} = 1.272 \text{ kcal}$$

Esses cálculos oferecem apenas uma estimativa do metabolismo basal, que pode variar de 25 a 30% entre os indivíduos. Os fatores que aumentam o metabolismo basal incluem:

- **Massa corporal magra** maior
- Área de superfície corporal maior por volume corporal
- Gênero masculino (causado pela massa corporal magra maior)
- Temperatura corporal (febre ou condições ambientais frias)
- Hormônios da tireoide
- Aspectos da atividade do sistema nervoso (liberação de epinefrina)
- Gravidez
- Uso de cafeína e tabaco. (Fumar para controlar o peso corporal não é prática recomendada, já que aumentam os riscos à saúde.)

Desses fatores, a quantidade de massa corporal magra de uma pessoa é a mais importante.

Em contraste com os fatores que aumentam o metabolismo basal, uma ingestão calórica baixa, por exemplo, durante uma dieta radical, diminui o metabolismo basal em torno de 10 a 20% (cerca de 150 a 300 kcal/dia), já que o corpo entra em um modo de conservação. Trata-se de uma barreira à continuidade da perda de peso durante o regime que envolva dietas extremamente hipocalóricas. Além disso, os efeitos do envelhecimento representam mais um problema para a manutenção do peso. À medida que a massa corporal magra vai diminuindo lenta e gradativamente, o metabolismo cai 1 a 2 % por cada década depois dos 30 anos de idade. Entretanto, como a atividade física ajuda a manter a massa corporal magra, permanecer ativo enquanto se envelhece ajuda a preservar um metabolismo basal alto e, por sua vez, ajuda no controle do peso.

Energia para atividade física. A atividade física aumenta o gasto energético acima e além das necessidades energéticas basais em até 25 a 40%. Ao escolhermos ser ativos ou inativos, determinamos grande parte do nosso gasto energético para um dia. O gasto calórico pela atividade física varia muito entre as pessoas. Por exemplo, subir escadas em vez de subir pelo elevador, caminhar em vez de dirigir até o mercado e ficar em pé no ônibus em vez de sentar aumentam a atividade física e, portanto, o uso de energia. A incidência alarmante e o recente aumento dos índices de obesidade na América do Norte decorrem em parte da inatividade. Os trabalhos demandam menos atividade física, e o tempo de lazer se resume a bastante tempo passado na frente da televisão ou do computador.

Efeito térmico dos alimentos (ETA) Além do metabolismo basal e da atividade física, o corpo utiliza energia para digerir alimentos e para absorver e processar os nutrientes recém-consumidos. A energia usada para essas tarefas é conhecida como **efeito térmico dos alimentos (ETA)**. O ETA é semelhante a um imposto sobre vendas – é como ser descontado em 5 a 10% pela quantidade total de calorias que consumimos para cobrir os custos de processamento daquele alimento consumido. Podemos até mesmo reconhecer esse aumento no metabolismo como uma sensação de calor no corpo durante e logo após uma refeição. Em virtude desse "imposto", é preciso consumir 105 a 110 kcal (5-10 kcal extras) para cada 100 kcal necessárias ao metabolismo basal e à atividade física. Se a ingestão calórica diária for de 3.000 kcal, o ETA responderá por 150 a 300 kcal. Assim como outros componentes do gasto energético, a quantidade total pode variar consideravelmente entre os indivíduos.

A composição dos alimentos influencia o ETA. Por exemplo, o valor do ETA de uma refeição rica em proteína é 20 a 30% das calorias consumidas e é maior do que o de uma refeição rica em carboidrato (5 a 10%) ou gordura (0 a 3%). Isso porque gasta-se mais energia para metabolizar aminoácidos na gordura do que para converter glicose em glicogênio ou transferir a gordura absorvida para as reservas adiposas. Além disso, grandes refeições resultam em valores de ETA maiores do que a mesma quantidade de alimento consumida ao longo de várias horas.

Termogênese Representa o aumento na atividade física involuntária desencadeado por condições de frio ou superaquecimento. Alguns exemplos de atividades físicas involuntárias incluem calafrios quando está frio, inquietação, manutenção do tônus muscular e manutenção da postura corporal quando não se está deitado. Estudos mostraram que algumas pessoas conseguem resistir ao ganho de peso por superalimentação ao induzir a termogênese, enquanto outras não são capazes de fazê-lo.

A contribuição da termogênese ao gasto calórico total é de certa forma pequena. A combinação de metabolismo basal e ETA é responsável por 70 a 80% da energia usada por uma pessoa sedentária. Os 20 a 30% restantes são usados em grande parte para atividade física, com uma pequena quantidade usada para termogênese.

Tecido adiposo marrom é uma forma especializada de tecido adiposo que participa da termogênese. É encontrado em pequenas quantidades nos bebês. A aparência marrom resulta de seu fluxo sanguíneo abundante. O tecido adiposo marrom contribui para a termogênese ao liberar parte da energia dos nutrientes geradores de energia para o ambiente na forma de calor. Nos bebês, o tecido adiposo contribui com até 5% do peso corporal e é considerado importante para a regulação térmica. Animais que hibernam também utilizam tecido adiposo marrom para gerar calor, o que ajuda a suportar um inverno longo. Os adultos têm muito pouco tecido adiposo marrom, e seu papel na fase adulta é desconhecido.

▲ As tarefas escolares levam ao estresse mental, mas imprimem pouco estresse físico ao corpo. Por isso, as necessidades são de apenas 1,5 kcal/min.

O valor do ETA do álcool é 20%.

efeito térmico do alimento (ETA) Aumento do metabolismo que ocorre durante a digestão, a absorção e o metabolismo dos nutrientes calóricos. Representa de 5 a 10% das calorias consumidas.

termogênese Esse termo abrange a capacidade dos humanos de regular a temperatura corporal dentro de limites estreitos (termorregulação). Dois exemplos visíveis de termogênese são tremores e calafrios durante o frio.

tecido adiposo marrom Uma forma especializada de tecido adiposo que produz grandes quantidades de calor ao metabolizar nutrientes energéticos sem, no entanto, sintetizar muita energia útil para o corpo. A energia não utilizada é liberada na forma de calor.

REVISÃO CONCEITUAL

Balanço energético envolve equilíbrio de ingestão energética e gasto energético. O conteúdo energético dos alimentos é expresso em kcal e pode ser determinado com um calorímetro de bomba. Essa análise gera as estimativas 4-9-4-7 de kcal em 1g de carboidrato, gordura, proteína e álcool, respectivamente.

O corpo utiliza energia para quatro finalidades principais:

1. Metabolismo basal (60 a 70% do gasto energético total) representa a quantidade mínima de calorias necessárias para manter o corpo em repouso. Os determinantes primários da taxa metabólica basal incluem quantidade de massa corporal magra, quantidade de superfície corporal e concentrações de hormônios da tireoide na corrente sanguínea.
2. O gasto calórico da atividade física (20 a 30% do gasto energético total) representa o uso de calorias para metabolismo das células corporais acima do que é necessário durante o repouso.
3. O efeito térmico dos alimentos (5 a 10% do gasto energético total) representa as calorias necessárias para digerir os alimentos e absorver e processar os nutrientes recém-consumidos.
4. A termogênese (pequena porcentagem variável do gasto energético total) inclui atividades involuntárias geradoras de calor, como tremores e calafrios quando está frio.

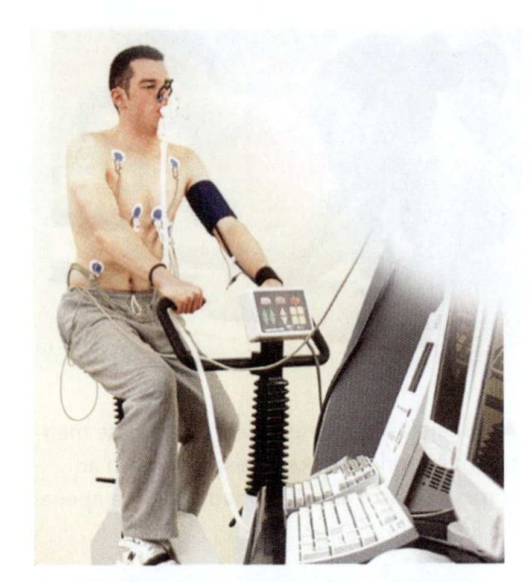

FIGURA 7.5 ▶ A calorimetria indireta mede a captação de oxigênio e a produção de dióxido de carbono para determinar a energia despendida durante atividades diárias.

calorimetria direta Um método para determinar o uso de energia pelo corpo medindo-se o calor liberado pelo corpo. Geralmente utiliza-se uma câmara isolada.

calorimetria indireta Um método para mensurar o uso de energia pelo corpo medindo-se a captação de oxigênio. Fórmulas são então usadas para converter esse valor da troca gasosa em uso de energia.

7.2 Determinantes do uso de energia pelo corpo

A quantidade de energia que o corpo utiliza pode ser medida por calorimetria indireta ou direta, ou pode ser estimada com base na altura, no peso, no grau de atividade física e na idade.

Calorimetria direta e indireta

Calorimetria direta mede a quantidade de calor corporal liberada por uma pessoa. O indivíduo é colocado em uma câmara isolada, geralmente do tamanho de um pequeno quarto, e o calor liberado pelo corpo aumenta a temperatura de uma camada de água ao redor da câmara. Assim, 1 kcal, conforme sabemos, está relacionada à quantidade de calor necessária para aumentar a temperatura da água. Ao medir a temperatura da água no calorímetro direto antes e depois que o corpo libera calor, os cientistas conseguem determinar a energia despendida.

A calorimetria direta funciona porque quase toda a energia usada pelo corpo acaba saindo como calor. Entretanto, poucos estudos usam calorimetria direta, basicamente por ser dispendiosa e complexa.

O método mais frequentemente usado de **calorimetria indireta** mede a quantidade de oxigênio que uma pessoa consome em vez de medir o dispêndio de calor (Fig. 7.5). Existe uma relação previsível entre uso de energia e oxigênio pelo corpo. Por exemplo, ao metabolizar uma dieta mista típica consistindo em nutrientes geradores de energia, carboidrato, gordura e proteína, o corpo humano utiliza 1 L de oxigênio para gerar cerca de 4,84 kcal de energia.

Instrumentos para medir o consumo de energia por calorimetria indireta são amplamente usados. Eles podem ser montados em carrinhos e transportados até o leito hospitalar ou levados em mochilas enquanto a pessoa joga tênis ou corre. Existem até mesmo instrumentos portáteis mais modernos (Body Gem®). As tabelas que mostram os gastos energéticos de diversas formas de exercício baseiam-se em informações obtidas de estudos de calorimetria indireta.

Estimativas das necessidades energéticas

Conforme foi visto no Capítulo 2, o Food and Nutrition Board publicou uma série de fórmulas para estimar as necessidades energéticas, denominadas necessidades energéticas estimadas (NEE). As de adultos estão exibidas aqui (lembre-se de multiplicar e dividir antes de somar e subtrair). (As fórmulas para gestantes, nutrizes, crianças e adolescentes estão listadas nos Caps. 14 e 15.) As calorias usadas para o metabolismo basal já estão fatoradas nessas fórmulas.

Cálculo da necessidade energética estimada para homens acima de 19 anos de idade

$$\text{NEE} = 662 - (9{,}53 \times \text{IDADE}) + \text{AF} \times (15{,}91 \times \text{P} + 539{,}6 \times \text{A})$$

Cálculos da necessidade energética estimada para mulheres acima de 19 anos de idade

$$\text{NEE} = 354 - (6{,}91 \times \text{IDADE}) + \text{AF} \times (9{,}36 \times \text{P} + 726 \times \text{A})$$

As variáveis nas fórmulas correspondem ao seguinte:

NEE = Necessidade energética estimada
IDADE = idade em anos
AF = Estimativa da atividade física (Tabela a seguir)
P = Peso em kg (libras ÷ 2,2)
A = altura em metros (polegadas ÷ 39,4)

A seguir, temos um exemplo de cálculo para um homem de 25 anos de idade, 1,75 m, 70 kg, com um estilo de vida ativo. A NEE dele é:

$$\text{NEE} = 662 - (9{,}53 \times 25) + 1{,}25 \times (15{,}91 \times 70 + 539{,}6 \times 1{,}75) = 2.997 \text{ kcal}$$

Estimativas da atividade física (AF)

Nível de atividade	AF (Homens)	AF (Mulheres)
Sedentário (p. ex., nenhum exercício)	1	1
Pouca atividade (p. ex., caminha o equivalente a 3 km/dia a 1,4 a 1,8 km/h	1,11	1,12
Ativo (p. ex., caminha o equivalente a 11 km/dia a 1,4 a 1,8 km/h	1,25	1,27
Muito ativo (p. ex., caminha o equivalente a 27 km/dia a 1,4 a 1,8 km/h	1,48	1,45

A próxima equação é um exemplo de cálculo para uma mulher de 25 anos de idade, 1,62 m, 54,5 kg, com um estilo de vida ativo. A NEE dela é:

$$NEE = 354 - (6{,}91 \times 25) + 1{,}27 \times (9{,}36 \times 54{,}5 + 726 \times 1{,}62) = 2.323 \text{ kcal}$$

Determinamos que a NEE do homem ficava em torno de 3.000 kcal, e a NEE da mulher ficava torno de 2.300 kcal/dia. Trata-se apenas de uma estimativa; vários outros fatores, como genéticos e hormonais, podem afetar as necessidades energéticas reais.

Um método simples de acompanhar o gasto energético e, assim, as necessidades energéticas, é usar os formulários no Apêndice D. Comece tomando um período de 24 horas e listando todas as atividades que você faz, incluindo o sono. Registre o número de minutos gastos em cada atividade; o total deverá ser de 1.440 minutos (24 h). A seguir, registre o gasto energético de cada atividade em kcal/min de acordo com as instruções no Apêndice D. Multiplique o gasto energético pelos minutos. Isso dá a energia despendida em cada atividade. Some os valores de kcal. Isso dá o gasto energético estimado do dia.

A Figura 7.6 mostra os limites inferiores e superiores da faixa de níveis de atividade e suas recomendações calóricas para diversas faixas etárias e gêneros.

Diretrizes calóricas do *MyPyramid*		
Crianças	**Sedentárias →**	**Ativas**
2–3 anos	1.000 →	1.400
Mulheres	**Sedentárias →**	**Ativas**
4–8 anos	1.200 →	1.800
9–13	1.600 →	2.200
14–18	1.800 →	2.400
19–30	2.000 →	2.400
31–50	1.800 →	2.200
51+	1.600 →	2.200
Homens	**Sedentários →**	**Ativos**
4–8 anos	1.200 →	2.000
9–13	1.800 →	2.600
14–18	2.200 →	3.200
19–30	2.400 →	3.000
31–50	2.200 →	3.000
51+	2.000 →	2.800

FIGURA 7.6 ▶ Diretrizes Calóricas do *MyPyramid* para faixas etárias e gêneros.

REVISÃO CONCEITUAL

O uso de energia pelo corpo pode ser medido como o calor emitido por calorimetria direta ou oxigênio usado por calorimetria indireta. A necessidade energética estimada de uma pessoa pode ser calculada com base nos seguintes fatores: gênero, altura, peso, idade e quantidade de atividade física.

7.3 Estimativa de um peso saudável

Vários métodos são usados para estabelecer qual deveria ser o peso corporal, frequentemente chamado de *peso saudável*. Peso saudável é atualmente o termo preferível nas recomendações sobre peso. Termos anteriores, como *peso ideal* ou *peso desejável*, são subjetivos e não são mais usados na literatura médica. Existem várias tabelas, que, em geral, se baseiam na relação peso-altura. Essas tabelas são decorrentes de estudos de grandes grupos populacionais. Quando aplicadas a uma população, proporcionam boas estimativas do peso associado à saúde e longevidade. Entretanto, elas não indicam necessariamente o peso corporal mais saudável para cada pessoa. Por exemplo, atletas com uma massa corporal magra grande, mas pouco conteúdo de gordura, terão pesos saudáveis maiores do que indivíduos sedentários.

Em termos gerais, o indivíduo, sob orientação médica, deverá estabelecer um peso saudável "pessoal" (ou necessidade de redução do peso) com base na história ponderal, padrões de distribuição de gordura, história familiar de doença relaciona-

▲ A atividade física, como caminhar, é um componente importante do nosso gasto energético.

Uma unidade de IMC = 2,7 a 3 kg

índice de massa corporal (IMC) Peso (em quilos [kg]) dividido pela altura (em metros [m]) elevada ao quadrado; quando o resultado é 25 ou mais, indica sobrepeso; um valor igual ou maior do que 30 indica obesidade.

da ao peso e estado de saúde atual. Evidências das seguintes condições relacionadas ao peso são importantes:

- Hipertensão
- Colesterol LDL elevado
- História familiar de obesidade, doença cardiovascular ou algumas formas de câncer (p. ex., de útero, de colo)
- Padrão de distribuição de gordura no corpo
- Glicose sanguínea elevada

Essa avaliação aponta como a pessoa está tolerando algum excesso de peso existente. Assim, os padrões atuais de peso/altura são apenas um guia aproximado. Do ponto de vista mais prático, outras questões são pertinentes: Qual o mínimo pesado como adulto por pelo menos um ano? Qual o maior tamanho de roupa que deixaria a pessoa satisfeita? Que peso a pessoa conseguiu manter durante as últimas dietas sem sentir fome constantemente? Além disso, um estilo de vida saudável pode fazer uma contribuição mais importante ao estado de saúde da pessoa do que um número na balança. Boa condição física e sobrepeso não são mutuamente excludentes (muito embora nem sempre vistos ao mesmo tempo), e nem a magreza é sinônimo de saúde se a pessoa também não for fisicamente ativa.

Índice de massa corporal (IMC)

Nos últimos 50 anos, as tabelas de relação peso-altura divulgadas pela Metropolitan Life Insurance Company (uma empresa de seguro de saúde dos Estados Unidos) foram a maneira típica de estabelecer o peso saudável. Essas tabelas são organizadas por gênero e compleição física, prevendo a faixa de peso para uma altura específica que estivesse associada à maior longevidade. A última tabela (divulgada em 1983) e os métodos para determinar a compleição física podem ser encontrados no Apêndice F.

Atualmente, o **índice de massa corporal** (**IMC**) é o padrão preferencial de relação peso-altura, pois se trata da medida clínica mais relacionada ao conteúdo de gordura corporal (Fig. 7.7).

O índice de massa corporal é calculado como

$$\frac{\text{Peso corporal (em quilogramas(kg))}}{\text{altura}^2\text{ (em metros(m))}}$$

Outro método de calcular o IMC é

$$\frac{\text{Peso (libras)} \times 703}{\text{altura}^2\text{ (polegadas)}}$$

A Figura 7.8 lista o IMC para diversas alturas e pesos. Uma relação peso-altura saudável é um IMC entre 18,5 e 24,9. Riscos à saúde por excesso de peso podem surgir quando o índice de massa corporal for igual ou superior a 25. Qual é o seu IMC? Quanto seu peso deveria mudar para gerar um IMC de 25? 30? Esses são os valores de corte gerais para a presença de sobrepeso e obesidade, respectivamente. O IMC proporciona uma outra maneira de definir obesidade (Fig. 7.8).

30-39,9	Obeso	Mais riscos à saúde
40 ou mais	Gravemente obeso	Grande risco à saúde. O número de norte-americanos nessa categoria está aumentando rapidamente

O conceito de índice de massa corporal é conveniente porque os valores se aplicam tanto a homens quanto a mulheres (ou seja, gênero neutro). Entretanto, qualquer padrão de relação peso-altura é uma medida bruta. Lembre-se, também, de que um IMC de 25 a 29,9 é um marcador de *sobrepeso* (comparado à população em geral) e não necessariamente um marcador de *gordura excessiva*. Muitos homens (especialmente atletas) têm um IMC acima de 25 em virtude do tecido muscular extra. Além disso, adultos muito baixos (menos de 1,52 m) podem ter IMCs elevados que talvez não reflitam sobrepeso ou gordura. Por essa razão, o IMC deverá ser usado apenas como uma ferramenta de rastreamento de sobrepeso ou obesidade. Até mesmo padrões de peso para IMC já consagrados não se aplicam a todos. IMCs de adultos não deverão ser aplicados a crianças, adolescentes ainda em fase de crescimento, idosos frágeis, gestantes e nutrizes e indivíduos muito musculosos. Gestantes e crianças têm padrões de IMC singulares (Caps. 14 e 15).

Ainda assim, gordura em excesso e sobrepeso são condições que geralmente aparecem juntas. O foco é no IMC em contextos clínicos principalmente porque é mais fácil de medir do que a gordura corporal total.

O peso saudável em perspectiva

Ouvir as pistas do corpo quando está com fome, consumir regularmente uma dieta saudável e permanecer fisicamente ativo (sem fazer "vistas grossas") ajudam a manter uma relação peso-altura adequada. Esse conceito será mais detalhado na discussão a seguir sobre tratamento da obesidade. Outra linha de pensamento é deixar que a natureza tome seu curso em relação ao peso corporal. O respaldo a essa proposta é que as pessoas perdem peso durante a dieta, mas com frequência recuperam o peso original e até mais. A ideia mais clara a respeito de um peso saudável é que peso é algo pessoal. É preciso que o peso seja considerado em termos de saúde, não como um cálculo matemático.

REVISÃO CONCEITUAL

O peso corporal saudável geralmente é determinado em um contexto clínico usando um índice de massa corporal ou outro padrão da relação peso-altura. A presença de doenças relacionadas ao peso deve ser considerada na determinação do peso corporal saudável. A história médica e o estilo de vida devem ser as principais considerações ao se determinar o peso saudável.

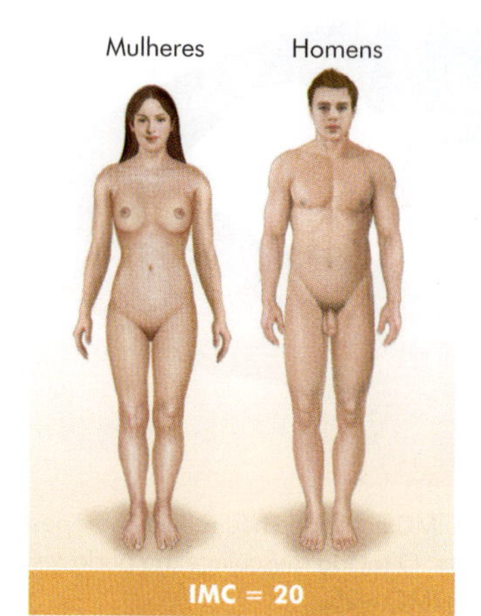

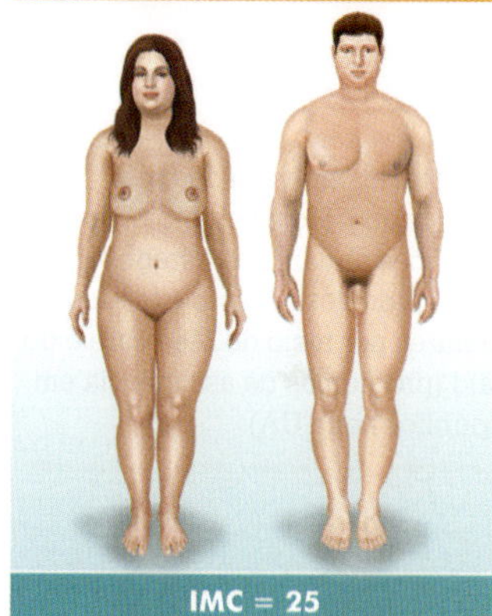

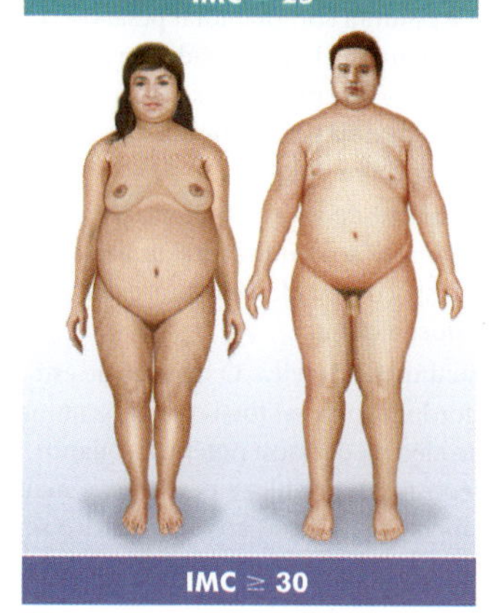

FIGURA 7.7 ▶ Estimativas dos formatos de corpo em diferentes valores de IMC.

Peso em quilos(kg)

Altura em metros(m)	54,5	59	63,5	68	72,5	77	81,5	86	91	95	100	104	109	113
1,37	29	31	34	36	39	41	43	46	48	51	53	56	58	60
1,42	27	29	31	34	36	38	40	43	45	47	49	52	51	56
1,47	25	27	29	31	34	36	38	40	42	44	46	48	50	52
1,52	23	25	27	29	31	33	35	37	39	41	43	45	47	49
1,57	22	24	26	27	29	31	33	35	37	38	40	42	44	46
1,62	21	22	24	26	28	29	31	33	34	36	38	40	41	43
1,67	19	21	23	24	26	27	29	31	32	34	36	37	39	40
1,72	18	20	21	23	24	26	27	29	30	32	34	35	37	38
1,77	17	19	20	22	23	24	26	27	29	30	32	33	35	36
1,82	16	18	19	20	22	23	24	26	27	28	30	31	33	34
1,88	15	17	18	19	21	22	23	24	26	27	28	30	31	32
1,93	15	16	17	18	20	21	22	23	24	26	27	28	29	30
1,98	14	15	16	17	19	20	21	22	23	24	25	27	28	29
2,03	13	14	15	17	18	19	20	21	22	23	24	26	26	28

Peso saudável | Sobrepeso | Obesidade

Desenvolvido pelo National Center for Health Statistics (Centro Nacional de Estatísticas de Saúde) em colaboração com o National Center for Chronic Disease Prevention and Health Promotion (Centro Nacional de Prevenção de Doenças Crônicas e Promoção da Saúde).

FIGURA 7.8 ▶ Tabela de peso/altura prática com base no IMC. Um peso saudável para a altura geralmente está dentro de uma faixa de IMC de 18,5-24,9 kg/m^2.

▲ Um IMC alto pode não refletir sobrepeso ou gordura. O tecido muscular extra pode resultar em um IMC > 25.

O custo total atribuível a doenças relacionadas ao peso é de aproximadamente US$ 90 bilhões anuais nos Estados Unidos. Metade desse custo é gerado por contribuintes por meio do Medicare e do Medicaid (programas de assistência em saúde pública nos EUA).

pesagem hidrostática Um método para estimar a gordura corporal total pesando o indivíduo em uma balança padrão e então pesando-o novamente embaixo d'água. A diferença entre os dois pesos é usada para estimar o volume corporal total.

deslocamento de ar Um método para estimar a composição corporal que utiliza o volume de espaço tomado pelo corpo dentro de uma pequena câmara.

bioimpedância elétrica O método de estimar a gordura corporal total que utiliza uma corrente elétrica de baixa potência. Quanto mais depósito de gordura a pessoa tem, mais impedância (resistência) ao fluxo elétrico será exibida.

7.4 Desequilíbrio energético

Se a ingestão calórica for maior do que o gasto de energia, é provável que resulte sobrepeso (e muitas vezes obesidade). Com frequência, problemas de saúde se seguirão (Tab. 7.1). Conforme já discutido, os valores de IMC podem ser usados como uma ferramenta clínica conveniente para estimar o sobrepeso (IMC $\geq$ 25), obesidade (IMC $\geq$ 30) e obesidade mórbida (IMC $\geq$ 40) em indivíduos acima de 20 anos de idade. Entretanto, especialistas médicos recomendam que o diagnóstico de obesidade de um indivíduo não seja feito com base apenas no peso corporal, mas sim na quantidade total de gordura no corpo, na localização da gordura corporal e na presença ou ausência de problemas médicos relacionados ao peso.

Estimativa do conteúdo de gordura corporal e diagnóstico de obesidade

A gordura corporal varia bastante entre as pessoas e pode ir desde 2 a 70% do peso corporal. As quantidades desejáveis de gordura corporal ficam entre 8 e 24% para homens e 21 a 35% para mulheres. Quanto à gordura corporal, homens com mais de 24% e mulheres com mais de 35% são considerados obesos. A faixa maior de percentual de gordura corporal para mulheres é necessária em termos fisiológicos para manter as funções reprodutoras, incluindo a produção de estrogênio.

Para medir o conteúdo de gordura no corpo corretamente usando métodos típicos, é preciso saber tanto o peso quanto o volume corporal da pessoa. É fácil medir o peso corporal em uma balança convencional. Dentre os métodos típicos usados para estimar o volume corporal, a **pesagem hidrostática (submersa)** é o mais preciso. Essa técnica determina o volume corporal usando a diferença entre o peso corporal convencional e o peso corporal embaixo d'água, bem como densidades relativas de tecido gorduroso e tecido magro, e uma fórmula matemática específica. Esse procedimento requer que a pessoa fique totalmente submersa em um tanque com água, com um técnico treinado orientando o procedimento (Fig. 7.9). O **deslocamento de ar** é outro método para determinar o volume corporal. O volume corporal é quantificado pela medida do espaço que uma pessoa toma dentro de uma câmara de medida, por exemplo, o BodPod® (Fig. 7.10). Um método menos preciso de medir o volume corporal é submergir a pessoa em um tanque e observar o nível da água antes e depois da submersão. O volume da água deslocado é então calculado.

Quando sabemos o volume corporal, esse valor pode ser usado com o peso corporal na seguinte equação para calcular a densidade corporal. Então, usando a densidade corporal, finalmente é possível determinar o conteúdo de gordura corporal.

$$\text{Densidade corporal} = \frac{\text{peso corporal}}{\text{volume corporal}}$$

$$\text{\% de gordura corporal} = (495 \div \text{densidade corporal}) - 450$$

Por exemplo, considere que a pessoa no tanque de pesagem hidrostática na Figura 7.9 tenha uma densidade corporal de 1,06 g/cm^3. Podemos usar a segunda fórmula para calcular que ele tem 17% de gordura corporal ([495 ÷ 1,06] – 450 = 17).

A espessura das pregas cutâneas também é um método antropométrico para estimar o conteúdo de gordura total do corpo, embora haja algumas limitações quanto à sua acurácia. Os médicos usam o adipômetro para medir a camada de gordura diretamente sob a pele em vários locais e, então, encaixam esses valores em uma fórmula matemática (Fig. 7.11).

A técnica de **bioimpedância elétrica** também é usada para estimar o conteúdo de gordura corporal. O instrumento envia uma corrente elétrica de baixa voltagem indolor para e do corpo por meio de fios e eletrodos a fim de estimar a gordura corporal. Essa estimativa se baseia na concepção de que o tecido adiposo resiste ao fluxo elétrico mais do que o tecido magro por ter um conteúdo de eletrólitos e água menor do que o tecido magro. Portanto, mais tecido adiposo significa proporcionalmente mais resistência elétrica. Em poucos segundos, os

TABELA 7.1 Problemas de saúde associados ao excesso de gordura corporal

Problema de saúde	Parcialmente atribuível a
Risco cirúrgico	Mais necessidade de anestesia, bem como risco maior de infecções da ferida (essa última ligada a uma depressão da função imune)
Doença pulmonar e transtornos do sono	Excesso de peso sobre os pulmões e a faringe
Diabetes tipo 2	Células adiposas aumentadas, que não ligam bem a insulina e respondem mal à mensagem que a insulina envia à célula; menor síntese de fatores que auxiliam a ação da insulina e síntese maior de fatores pelas células adiposas que diminuem a ação da insulina
Hipertensão	Mais centimetragem de vasos sanguíneos encontrados no tecido adiposo, aumento do volume de sangue e maior resistência ao fluxo sanguíneo relacionada aos hormônios produzidos pelas células adiposas
Doença cardiovascular (p. ex., doença cardíaca coronariana e AVC)	Aumentos nos valores do colesterol LDL e de triglicerídios, colesterol HDL baixo, menos atividade física e aumento da síntese de fatores de coagulação do sangue e inflamatórios pelas células adiposas aumentadas. Um risco maior de insuficiência cardíaca também é visto, em parte devido ao ritmo cardíaco alterado
Distúrbios ósseos e articulatórios (incluindo gota)	Excesso de pressão nos joelhos, tornozelos e articulações do quadril
Cálculos biliares	Maior conteúdo de colesterol na bile
Distúrbios cutâneos	Retenção de umidade e microrganismos nas pregas cutâneas
Diversos cânceres, como do rim, da vesícula biliar, do colo e do reto, do útero (em mulheres) e da próstata (em homens)	Produção de estrogênio pelas células adiposas; estudos animais indicam que o excesso de ingestão calórica estimula o desenvolvimento de tumores
Baixa estatura (em algumas formas de obesidade)	Puberdade precoce
Riscos gestacionais	Parto mais difícil, maior número de defeitos congênitos e mais necessidade de anestesia
Agilidade física reduzida e mais risco de acidentes e quedas	Excesso de peso que compromete os movimentos
Irregularidades menstruais e infertilidade	Hormônios produzidos pelas células adiposas, como estrogênio
Problemas de visão	Cataratas e outros distúrbios oculares (com mais frequência)
Morte prematura	Uma variedade de fatores de risco para doenças listadas nesta tabela
Infecções	Atividade reduzida do sistema imune
Dano hepático e posterior insuficiência	Acúmulo excessivo de gordura no fígado
Disfunção erétil	Inflamação de baixo grau causada pela massa de gordura excessiva e função reduzida das células que revestem os vasos sanguíneos associadas ao excesso de peso

Quanto maior o grau de obesidade, mais prováveis e mais graves esses problemas de saúde geralmente se tornam. Manifestam-se, com maior probabilidade, em pessoas que exibem um padrão de distribuição adiposa central e/ou acima de duas vezes o peso corporal saudável.

analisadores da bioimpedância convertem a resistência elétrica em uma estimativa aproximada da gordura corporal total, desde que o estado de hidratação do corpo esteja normal (Fig. 7.12). Monitores da composição corporal, mais conhecidos como calculadores de gordura corporal, que utilizam bioimpedância estão hoje disponíveis para uso doméstico. Essas máquinas são semelhantes em forma e uso às balanças de banheiro, mas sua finalidade principal é medir a gordura corporal. Uma corrente atravessa o enchimento condutor no piso e/ou eletrodos portáteis. O ideal seria que esses dispositivos domésticos servissem para estimular as pessoas a se preocupar mais em saber se o seu peso vem de gordura ou músculo e não com o peso em si.

Uma determinação mais avançada do conteúdo de gordura corporal pode ser feita usando **absorciometria de raio X de dupla energia (DEXA)**. A DEXA é considerada a maneira mais precisa de determinar a gordura corporal, mas o equipamento é caro e não se encontra amplamente disponível para uso. Esse sistema de raio X permite que o médico separe o peso corporal em três componentes distintos – gordura, tecido mole livre de gordura e mineral ósseo. O uso da varredura do corpo

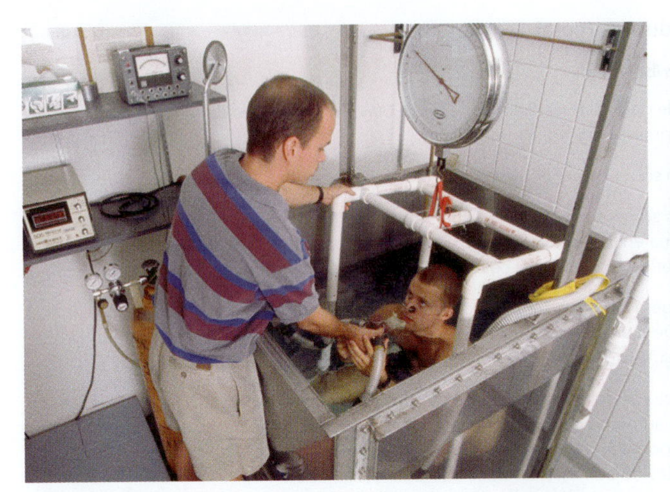

FIGURA 7.9 ▶ Pesagem hidrostática. Nessa técnica, a pessoa exala o máximo de ar possível e então prende a respiração e flexiona o corpo para a frente. Quando a pessoa estiver totalmente embaixo d'água, o peso submerso é registrado. Usando esse valor, é possível calcular o volume corporal.

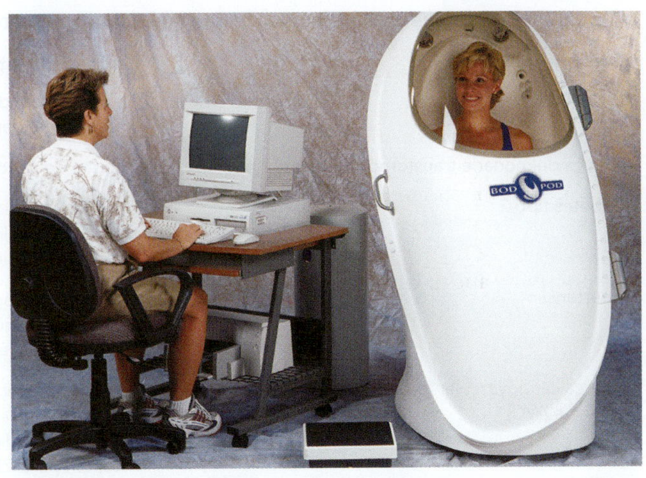

FIGURA 7.10 ▶ BodPod®. Esse aparelho determina o volume corporal com base no volume de deslocamento de ar, medido enquanto a pessoa está sentada em uma câmara hermeticamente fechada por alguns minutos.

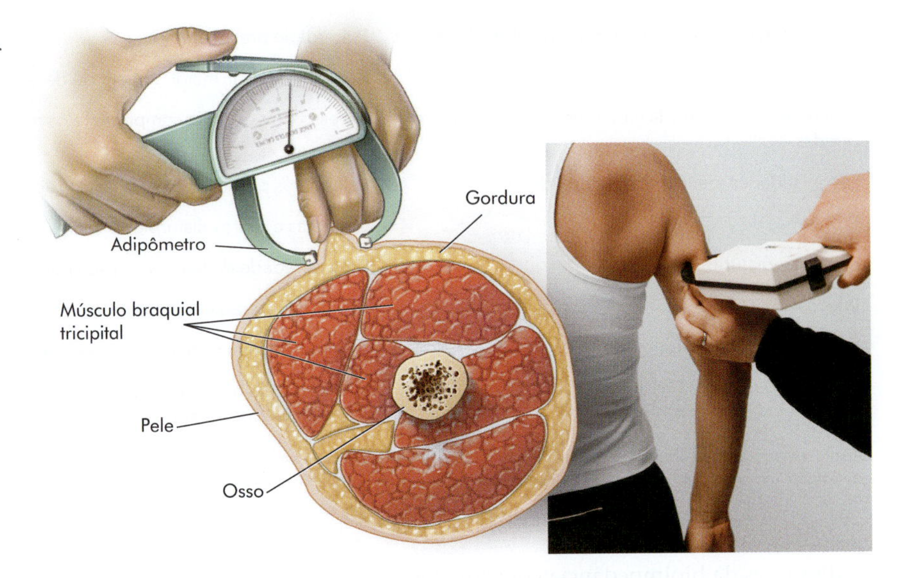

FIGURA 7.11 ▶ Medidas das pregas cutâneas. Usando técnica correta e equipamento calibrado, as medidas das pregas cutâneas por todo o corpo podem ser usadas para predizer o conteúdo de gordura corporal em cerca de 10 min. As medidas são obtidas de diversos locais do corpo, incluindo as pregas cutâneas tricipitais (foto e desenho).

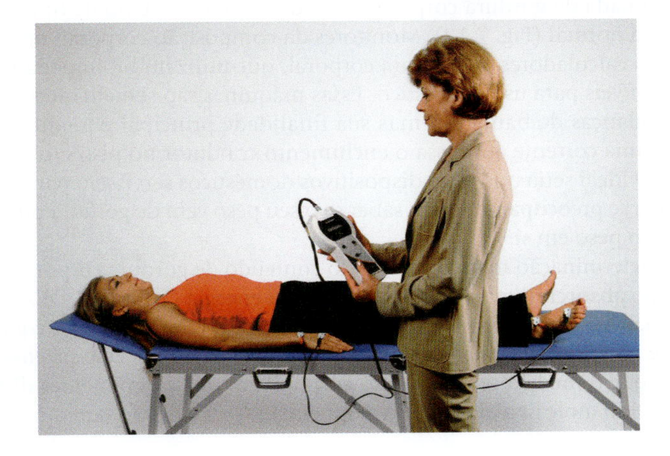

FIGURA 7.12 ▶ A bioimpedância elétrica estima a gordura corporal total em menos de 5 min e baseia-se no princípio de que a gordura corporal resiste ao fluxo de eletricidade, já que é pobre em água e eletrólitos. O grau de resistência ao fluxo elétrico é usado para estimar a adiposidade corporal.

total requer cerca de 5 a 20 minutos, e a dose de radiação é inferior a de um raio X de tórax. Também é possível fazer uma avaliação da densidade mineral óssea e do risco de osteoporose usando esse método (Fig. 7.13).

Outro método para analisar a gordura corporal é medir a condutância elétrica corporal total (TOBEC) quando o corpo é colocado em um campo eletromagnético. Outro método, ainda, conveniente e barato, mas não muito preciso, é a **reatância do infravermelho próximo**. Esse método expõe o bíceps a um feixe de luz infravermelha próximo e analisa as interações do feixe de luz com tecidos gordurosos e magros na parte superior do braço depois de apenas dois segundos.

Em suma, apesar de a DEXA ser considerada mais precisa, os métodos de pesagem hidrostática e deslocamento de ar para estimar a gordura corporal também são acurados porque o peso corporal e o volume corporal são medidos. A adaptação da tecnologia de bioimpedância elétrica para uso doméstico também é uma ferramenta útil, proporcionando informações valiosas a respeito do ganho de peso, ou seja, se vem de gordura ou músculo.

absorciometria de raio X de dupla energia (DEXA) Método de alta precisão para medir a composição corporal, a massa e a densidade óssea utilizando raios X múltiplos de baixa energia.

obesidade central Tipo de obesidade na qual a gordura se deposita principalmente na área abdominal; definida como uma circunferência de cintura acima de 102 cm em homens e 88 cm em mulheres; bastante associada a um alto risco de doença cardiovascular, hipertensão e diabetes tipo 2. Também conhecida como obesidade androide.

obesidade periférica Tipo de obesidade na qual o depósito de gordura está principalmente localizado na área das nádegas e das coxas. Também conhecida como obesidade ginoide ou ginecoide.

Usando a distribuição de gordura corporal para avaliar melhor a obesidade

Além da quantidade de gordura que armazenamos, a localização da gordura corporal é um preditor importante de riscos à saúde. Algumas pessoas armazenam gordura na parte superior do corpo, enquanto outras armazenam gordura na parte inferior. A gordura em excesso em ambas as localizações geralmente prenuncia problemas, mas cada espaço de armazenamento também tem seus riscos singulares. A **obesidade central (da parte superior do corpo)**, caracterizada por um abdome protuberante, está com mais frequência relacionada a doenças cardiovasculares, hipertensão e diabetes tipo 2. Enquanto outras células adiposas escoam gordura para a circulação sanguínea geral, a gordura liberada pelas células adiposas do abdome vai diretamente para o fígado por meio da veia porta. É provável que esse processo interfira na capacidade do fígado de usar insulina e afete negativamente o metabolismo hepático das lipoproteínas. Essas células adiposas abdominais também produzem substâncias que aumentam a resistência à insulina, a coagulação sanguínea, a constrição dos vasos sanguíneos e a inflamação no corpo. Essas mudanças podem levar a problemas de saúde a longo prazo.

Níveis elevados de testosterona no sangue (essencialmente um hormônio masculino) aparentemente estimulam a obesidade central, assim como uma dieta de alta carga glicêmica, ingestão de álcool e tabagismo. Esse padrão masculino de depósito de gordura característico também é chamado de obesidade androide e, em geral, é conhecido como o formato de maçã (abdome grande [barriga protuberante] e nádegas e coxas pequenas). A obesidade central é avaliada pela medida da cintura no seu ponto mais largo pouco acima dos quadris quando relaxado. Uma circunferência de cintura acima de 102 cm em homens e acima de 88 cm em mulheres indica obesidade central (Fig. 7.14). Se além disso o IMC for igual ou superior a 25, os riscos à saúde serão ainda maiores.

Estrogênio e progesterona (hormônios essencialmente femininos) estimulam o depósito de gordura na parte inferior do corpo e a **obesidade periférica ou inferior (ginecoide** ou **ginoide)** – o padrão típico feminino. Abdome pequeno e nádegas e coxas maiores dão uma aparência de pera. A gordura depositada na parte inferior do corpo não se mobiliza tão facilmente como o outro tipo e com frequência resiste à dispersão. Depois da menopausa, os níveis sanguíneos de estrogênio caem, estimulando a distribuição de gordura na parte superior do corpo.

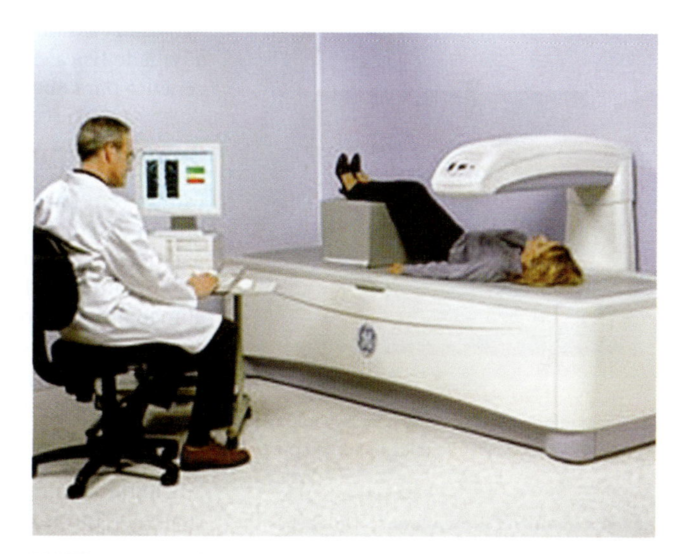

FIGURA 7.13 ▶ Absorciometria de raio x de dupla energia (DEXA). Esse método mede a gordura corporal passando pequenas doses de radiação pelo corpo. A radiação reage de maneiras diferentes com gordura, tecido magro ou osso, permitindo que esses componentes sejam quantificados. O braço de varredura move-se da cabeça para os pés e, ao fazê-lo, consegue determinar a gordura corporal, bem como a densidade óssea. A DEXA é considerada atualmente o método mais preciso de determinar a gordura corporal (desde que a pessoa consiga se encaixar embaixo do braço do instrumento). A dose de radiação é mínima.

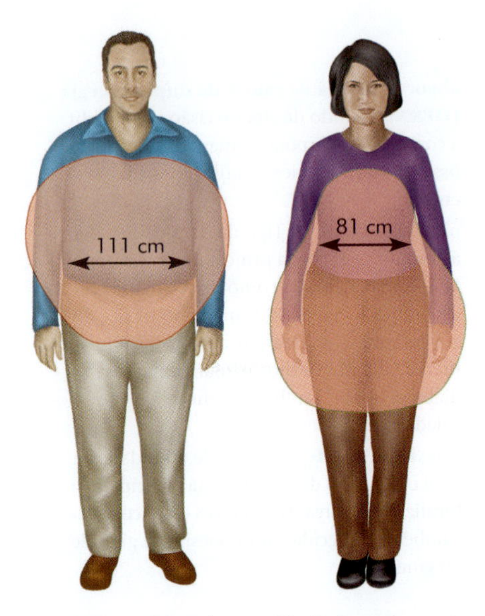

Distribuição de gordura central (androide: forma de maçã)

Distribuição de gordura periférica (ginoide: forma de pera)

FIGURA 7.14 ▶ A gordura depositada principalmente na parte superior do corpo (androide) acarreta riscos maiores de doenças associadas à obesidade do que a gordura na parte inferior (ginoide). A circunferência da cintura da mulher de 81 cm e do homem de 111 cm indica que o homem tem uma distribuição de gordura central, mas a mulher não, com base em um ponto de corte de 88 cm para mulheres e 102 cm para homens.

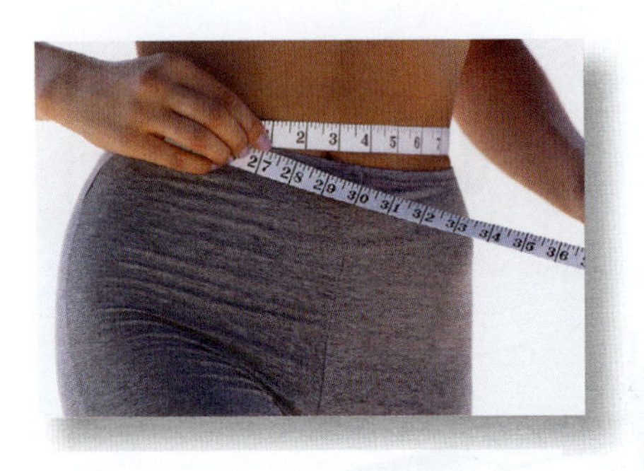

▲ A circunferência da cintura é uma medida importante do risco à saúde relacionado ao peso.

gêmeos idênticos (univitelinos) Dois bebês que se desenvolvem a partir de um único óvulo fecundado por um espermatozoide e que, consequentemente, têm o mesmo código genético.

REVISÃO CONCEITUAL

O sobrepeso e a obesidade estão frequentemente associados ao depósito excessivo de gordura corporal. O risco de problemas de saúde relacionados ao estado de sobrepeso aumenta especialmente sob as seguintes condições:

- A porcentagem de gordura corporal do homem excede a 25%; a da mulher, cerca de 35%
- A gordura em excesso fica praticamente toda armazenada na região superior do corpo
- O índice de massa corporal (IMC) é $\geq$ 30 (calculado como o peso em kg dividido pela altura ao quadrado em metros)

Entretanto, trata-se meramente de diretrizes. Uma conduta de avaliação mais individualizada é necessária desde que a pessoa esteja seguindo um estilo de vida saudável e não tenha problemas médicos coexistentes.

O conteúdo de gordura corporal pode ser medido utilizando-se uma variedade de métodos, como pesagem hidrostática, deslocamento de ar, espessura das pregas cutâneas, bioimpedância elétrica e DEXA. A distribuição da reserva de gordura especifica ainda mais um estado obeso como central ou periférica. A obesidade leva a um risco maior de doença cardiovascular, alguns tipos de câncer, hipertensão, diabetes tipo 2, alguns distúrbios ósseos e articulatórios e alguns distúrbios digestivos. Os riscos de algumas dessas doenças são maiores com o depósito de gordura na parte superior do corpo.

7.5 Por que algumas pessoas são obesas – natureza *versus* criação

Tanto fatores genéticos (natureza) quanto ambientais (criação) podem aumentar o risco de obesidade (Tab. 7.2). A localização do depósito de gordura é fortemente influenciada pela genética. Consideremos a possibilidade de que a obesidade seja criação permitindo que a natureza se expresse. Algumas pessoas obesas começam a vida com um metabolismo basal mais lento; mantêm um estilo de vida inativo e consomem dietas densas em calorias altamente refinadas. Essas pessoas são educadas para o ganho de peso, promovendo sua tendência natural à obesidade.

Ainda assim, os genes não controlam totalmente o destino. Com o aumento da atividade física e menos consumo alimentar, mesmo aqueles com uma tendência genética para obesidade podem conseguir um peso corporal mais saudável.

Como a natureza contribui para a obesidade?

Estudos em pares de **gêmeos idênticos** dão algumas pistas a respeito da contribuição da criação à obesidade. Mesmo quando gêmeos idênticos são criados separados, eles tendem a exibir padrões de ganho de peso similares, tanto no peso total quanto na distribuição de gordura corporal. Parece que a criação – hábitos alimentares e nutrição, que varia entre gêmeos criados separados – tem menos a ver com a obesidade do que a natureza. Na verdade, pesquisas apontam que os genes são responsáveis por até 70% das diferenças de peso entre as pessoas. Uma criança sem pais obesos tem uma chance de apenas 10% de se tornar obesa. Quando a criança tem um dos pais obesos (comum na sociedade norte-americana), esse risco sobe para até 40% e, com pai e mãe obesos, dispara até 80%. Nossos genes ajudam a determinar a taxa metabólica, o uso de combustível e as diferenças na química cerebral – todos fatores que afetam o peso corporal.

Também herdamos tipos de corpo. Pessoas altas e magras parecem ter mais facilidade inata de manter o peso corporal saudável, talvez porque o metabolismo basal se eleve à medida que a superfície corporal aumenta e, portanto, pessoas mais altas usam mais calorias do que as baixas, até mesmo em repouso.

É provável que muitos de nós tenhamos herdado um metabolismo econômico que nos permite armazenar gordura mais prontamente do que o humano típico, de maneira que necessitamos de menos calorias para passar o dia. Antigamente, quando as provisões de alimentos eram escassas, um metabolismo frugal teria sido uma salvaguarda contra a fome. Atualmente, nos EUA, com a abundân-

TABELA 7.2 O que estimula depósitos de gordura em excesso e obesidade?

Fator	Como se deposita a gordura
Idade	O excesso de gordura corporal é mais comum em adultos e indivíduos de meia-idade
Menopausa	O aumento do depósito de gordura abdominal é típico
Gênero	Mulheres têm mais gordura
Balanço energético positivo	Durante um período prolongado, promove o depósito de gordura
Composição da dieta	O excesso de calorias na forma de gordura, álcool e alimentos ricos em calorias (açucarados, gordurosos) contribui para a obesidade
Atividade física	Pouca atividade física ("preguiçoso[a]") leva a um balanço energético positivo e depósito de gordura corporal
Metabolismo basal	Uma TMB baixa está ligada ao ganho de peso
Efeito térmico dos alimentos	Baixo em alguns casos de obesidade
Mais sensação de fome	Algumas pessoas têm problemas em resistir à disponibilidade abundante de alimentos, o que provavelmente está ligado à atividade de várias substâncias químicas no cérebro
Relação gordura-tecido magro	Uma relação elevada de massa de gordura para massa corporal magra está correlacionada ao ganho de peso
Captação de gordura pelo tecido adiposo	É alta em alguns indivíduos obesos e permanece alta (talvez até mesmo aumente) com a perda de peso
Variedade de fatores sociais e comportamentais	A obesidade está associada à condição socioeconômica às condições familiares; à rede de amigos; aos estilos de vida agitados que desestimulam refeições balanceadas; "farras" alimentares; à fácil disponibilidade de alimentos gordurosos "tamanho família" baratos ao padrão de atividades de lazer; ao tempo assistindo à televisão; ao parar de fumar; à ingestão alcóolica excessiva e ao número de refeições consumidas fora de casa
Características genéticas indeterminadas	Essas características afetam o equilíbrio energético, particularmente o gasto energético, o depósito de excedente de energia como tecido adiposo ou tecido magro e a proporção relativa de gordura e carboidrato usada pelo corpo
Raça	Em alguns grupos étnicos, o peso corporal maior pode ser mais socialmente aceitável
Determinados medicamentos	Aumentam a ingestão alimentar
Gravidez	A mulher talvez não consiga perder todo o peso ganho na gravidez
Região nacional	Diferenças regionais, por exemplo, dietas hiperlipídicas e estilos de vida sedentários em algumas áreas do país, levam a taxas de obesidade geograficamente diferentes

cia geral de alimento, pessoas que funcionam nessa marcha lenta necessitam de mais atividade física e escolhas alimentares sensatas para evitar a obesidade. Se você acha que tem tendência a ganhar peso, provavelmente herdou um metabolismo econômico.

ponto de ajuste Geralmente refere-se à regulação justa do peso corporal. Não se sabe quais células controlam esse ponto de ajuste ou como ele funciona na regulação do peso. Entretanto, há indicações de que existem mecanismos que ajudam a regular o peso.

O corpo tem um ponto de ajuste de peso?

A teoria do **ponto de ajuste** de manutenção do peso propõe que os humanos têm um peso corporal ou um conteúdo de gordura corporal geneticamente predeterminado, que o corpo regula atentamente. Algumas pesquisas indicam que o hipotálamo monitora a quantidade de gordura corporal nos humanos e tenta manter tal quantidade constante ao longo do tempo. Vale lembrar do Capítulo 1, que o hormônio *leptina* forma um elo entre as células adiposas e o cérebro, o que permite uma certa regulação do peso.

Várias mudanças fisiológicas que ocorrem durante a redução calórica e a perda de peso endossam a teoria do ponto de ajuste. Por exemplo, quando a ingestão calórica é reduzida, a concentração sanguínea dos hormônios da tireoide cai, o que lentifica o metabolismo basal. Além disso, à medida que se perde peso, o dispêndio calórico das atividades que sustentam o peso diminui, de maneira que uma atividade que queimava 100 kcal antes da perda de peso pode queimar apenas 80 kcal

▶ A diferença em termos de gordura corporal entre avós e netos advém da natureza, da criação ou de ambas?

depois da perda de peso. Ademais, com a perda de peso, o corpo se torna mais eficaz em armazenar gordura pelo aumento da atividade da enzima *lipoproteína lipase*, que transfere gordura para as células. Todas essas mudanças protegem o corpo da perda de peso.

Se uma pessoa come demais, a curto prazo, o metabolismo basal tende a aumentar, causando uma certa resistência ao ganho de peso. Entretanto, a longo prazo, essa resistência fica bem menor do que a resistência à perda de peso. Quando uma pessoa ganha peso e permanece assim por um tempo, o corpo tende a estabelecer um novo ponto de ajuste.

Os que se opõem à teoria do ponto de ajuste argumentam que o peso não permanece constante durante a fase adulta – a pessoa mediana ganha peso gradativamente, pelo menos até a velhice. Além disso, se um indivíduo é inserido em um ambiente social, emocional ou físico diferente, o peso pode se alterar e manter-se muito alto ou muito baixo. Esses argumentos são indicativos de que os humanos, em vez de terem um ponto de ajuste determinado pela genética ou pelo número de células adiposas, acomodam-se em um determinado peso estável de acordo com as circunstâncias em que vivem, muitas vezes considerado como um "ponto de acomodação".

O movimento de aceitação do peso sem dieta, Health at Every Size (Saúde em Qualquer Tamanho), refere-se indiretamente a um ponto de ajuste de peso ao definir peso saudável como o peso natural que o corpo adota, considerando-se uma dieta saudável e níveis consistentes de atividade física. Em termos gerais, o ponto de ajuste é mais fraco em prevenir o ganho de peso do que em prevenir a perda. Mesmo com um ponto de ajuste nos ajudando, as chances são favoráveis a um eventual ganho de peso a menos que dediquemos esforços para ter um estilo de vida saudável.

▼ O peso corporal é influenciado por diversos fatores relacionados tanto à natureza quanto à criação. Parecemos com nossos pais por causa dos genes que herdamos e do estilo de vida, incluindo dieta, que aprendemos deles.

A criação tem um papel?

Alguns argumentariam que as semelhanças de peso corporal entre membros de uma família advêm mais de comportamentos aprendidos do que de semelhanças genéticas. Até mesmo casais, que não têm qualquer elo genético, podem se comportar de maneira semelhante em relação aos alimentos e, muitas vezes, acabam assumindo graus semelhantes de magreza ou gordura. Os defensores da influência da criação dizem que fatores ambientais, como dietas ricas em gordura e inatividade, literalmente nos dão a forma. Isso parece provável quando consideramos que nosso conjunto de genes não mudou muito nos últimos 50 anos, enquanto, de acordo com o U.S. Centers for Disease Control and Prevention, as categorias de pessoas obesas cresceram em proporções epidêmicas nos últimos 10 anos.

A obesidade adulta em mulheres muitas vezes tem suas raízes na obesidade infantil. Além disso, a inatividade relativa, os períodos de estresse ou tédio, bem como o peso extra ganho durante a gravidez, contribuem para a obesidade feminina. (O Cap. 14 observa que a amamentação contribui para a perda de parte da gordura em excesso associada à gravidez.) Esses padrões indicam tanto elos sociais quanto genéticos. Entretanto, a obesidade masculina não está tão ligada à obesidade infantil e, em vez disso, tende a manifestar-se depois dos 30 anos de idade. Esse padrão forte e prevalente mostra um papel primário da criação na obesidade, com menos influência genética.

Será que a pobreza está associada à obesidade? Ironicamente, a resposta muitas vezes é afirmativa. Norte-americanos de condição socioeconômica mais baixa, especialmente as mulheres, são mais passíveis de ser obesos do que os de grupos socioeconômicos mais afluentes. Diversos fatores sociais e comportamentais promovem o depósito de gordura. Esses fatores incluem condição socioeconômica, amigos e familiares acima do peso, um grupo cultural/étnico que prefere um peso corporal maior, um estilo de vida que desencoraja refeições saudáveis e exercícios adequados, fácil disponibilidade de alimentos calóricos baratos, excesso de tempo em frente à televisão, cessação do tabagismo, carência de sono adequado, estresse emocional e refeições feitas fora de casa com frequência.

▲ A vida do estudante é com frequência repleta de atividade física, o que não é necessariamente verdadeiro durante a vida profissional da pessoa posteriormente; por isso, o ganho de peso é uma forte possibilidade.

7.6 Tratamento do sobrepeso e da obesidade

O tratamento do sobrepeso e da obesidade deve ser prolongado, semelhante ao de qualquer doença crônica. Os tratamentos demandam mudanças de estilo de vida duradouras, em vez de uma solução aparentemente simples e rápida oferecida por muitos livros de dieta populares (também chamadas de dietas da moda). Com frequência uma "dieta" é encarada como algo temporário e, após algum tempo, podem ser retomados hábitos anteriores (geralmente ruins) depois que resultados satisfatórios foram conseguidos. Trata-se da principal razão por que tantas pessoas recuperam o peso perdido. Ao contrário disso, uma ênfase em um estilo de vida ativo e saudável com modificações dietéticas aceitáveis promoverá o emagrecimento e a posterior manutenção do peso.

O que levar em conta em um plano de emagrecimento sensato

A pessoa que quer emagrecer pode desenvolver um plano de ação com a ajuda de um profissional de saúde, por exemplo, um nutricionista. De qualquer forma, um programa de emagrecimento sensato (Fig. 7.15) deve incluir especialmente os seguintes componentes:

1. Controle da ingestão calórica. O ideal é diminuir a ingestão calórica em 100 kcal/dia (e aumentar a atividade física em 100 kcal/dia), o que deverá promover uma perda de peso lenta e gradativa.
2. Mais atividade física.
3. Reconhecimento de que a manutenção de um peso saudável requer mudanças nos hábitos para a vida inteira, não só em um período breve de emagrecimento.

Uma abordagem que só enfatize a restrição calórica é um plano de ação problemático. Em vez disso, acrescentar atividade física e um componente psicológico adequado contribuirá para o sucesso da perda de peso e posterior manutenção do peso (Fig. 7.16). A partir da seção de controle do peso das Dietary Guidelines for Americans de 2005, as principais recomendações para os que precisam emagrecer é enfatizar uma perda de peso lenta e gradativa diminuindo a ingestão calórica, mantendo uma ingestão nutricional adequada e aumentando a atividade física.

Objetivos de controle do peso do *Healthy People 2010*

- Aumentar em 40% a proporção de adultos com peso saudável (índice de massa corporal entre 18,5 e 25).
- Reduzir em 50% a proporção de adultos obesos (índice de massa corporal ≥ 30).
- Reduzir em 50% a proporção de crianças e adolescentes com sobrepeso ou obesos.

Quando você ler prospectos, artigos ou relatos de pesquisa a respeito de planos de dieta específicos, olhe além da perda de peso promovida pelo defensor da dieta para ver se essa perda relatada foi mantida. Se o aspecto de manutenção do peso estiver ausente, então o programa não obteve sucesso.

A perda de peso em perspectiva

Esses princípios apontam para a importância de prevenir a obesidade. Esse conceito tem recebido amplo apoio porque vencer o transtorno é muito difícil. Estratégias de

▲ Comprometer-se com uma dieta e um estilo de vida mais saudável pode ser um desafio para muitas pessoas. Entretanto, um plano de emagrecimento sensato não exige que a pessoa evite completamente determinados alimentos favoritos. As estratégias práticas incluem optar por alimentos de baixa caloria, escolher guloseimas calóricas com menos frequência e limitar o tamanho das porções.

DECISÕES ALIMENTARES

Perdendo gordura corporal

A perda rápida de peso não pode consistir primariamente em perda de gordura, pois um déficit calórico alto é necessário para se perder uma grande quantidade de tecido adiposo. O tecido adiposo, basicamente gordura, contém cerca de 7.700 kcal por quilo. Entretanto, a perda de peso inclui tecido adiposo mais tecidos magros que servem de suporte e representa aproximadamente 7.400 kcal por quilo (cerca de 7,4 kcal/g). Portanto, para perder aproximadamente 500 g de tecido adiposo por semana, é preciso que a ingestão calórica seja reduzida em aproximadamente 500 kcal/dia ou que a atividade física seja aumentada em 500 kcal/dia. Contudo, uma combinação das duas estratégias pode ser usada. Dietas que prometem uma perda de 4,5 kg a 8 kg por semana não conseguem garantir que a perda de peso seja apenas de depósitos de tecido adiposo. Quantas calorias seria preciso eliminar da dieta por dia para perder 4,5 kg por semana? É possível subtrair calorias suficientes da ingestão diária para perder tal quantidade de tecido adiposo? Tecido magro e água, em vez de tecido adiposo, representam a maior parte da perda de peso durante programas de emagrecimento radicais.

VELOCIDADE DA PERDA

- ☐ Estimula a perda de peso lenta e gradativa, em vez da perda de peso rápida, para promover o peso duradouro.
- ☐ Estabelece uma meta de 500 g de perda de peso por semana.
- ☐ Inclui um período de manutenção do peso por alguns meses depois da perda de 10% do peso corporal.
- ☐ Avalia a necessidade de continuar a dieta antes de se começar a perder mais peso.

FLEXIBILIDADE

- ☐ Apoia a participação em atividades normais (p. ex., festas, restaurantes).
- ☐ Adapta-se a hábitos e preferências individuais.

INGESTÃO

- ☐ Atende às necessidades nutricionais (exceto as necessidades de energia).
- ☐ Inclui alimentos comuns, sem promoção de alimentos mágicos ou especiais.
- ☐ Recomenda um cereal matinal enriquecido pronto para consumo ou um suplemento multivitamínico/mineral balanceado, especialmente quando a ingestão é inferior a 1.600 kcal/dia.
- ☐ Usa o *MyPyramid* como padrão de escolhas alimentares.

MODIFICAÇÃO DO COMPORTAMENTO

- ☐ Enfatiza a manutenção de um estilo de vida (e peso) saudável por toda a vida.
- ☐ Promove mudanças razoáveis que possam ser mantidas.
- ☐ Estimula o apoio social.
- ☐ Inclui planos para deslizes, de maneira que a pessoa não desista.
- ☐ Promove mudanças que controlam comportamentos alimentares problemáticos.

SAÚDE GERAL

- ☐ Requer o rastreamento por um médico no caso de pessoas com problemas de saúde, para as que têm 40 (homens) a 50 (mulheres) anos de idade e planejam aumentar significativamente a atividade física e para as que planejam emagrecer rapidamente.
- ☐ Estimula atividade física regular, sono suficiente, redução do estresse e outras mudanças saudáveis no estilo de vida.
- ☐ Trata questões psicológicas subjacentes ligadas ao peso, como depressão ou estresse conjugal.

FIGURA 7.15 ▶ Características de uma dieta de emagrecimento sensata. Use essa lista de verificação para avaliar qualquer novo plano de dieta antes de colocá-lo em prática.

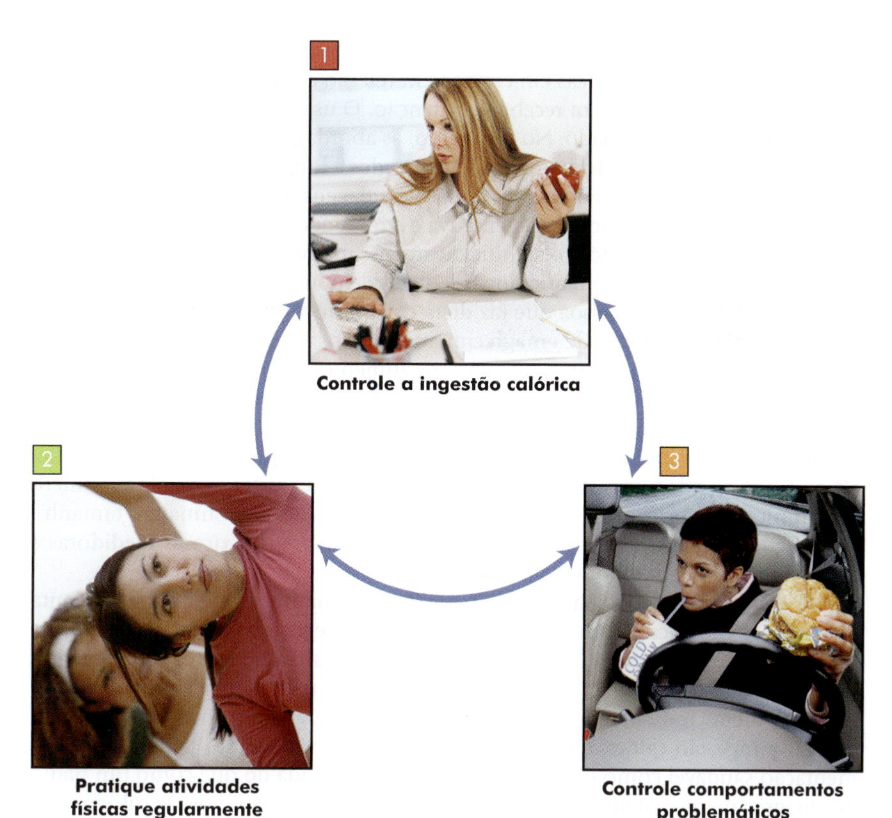

FIGURA 7.16 ► Tríade da perda de peso. A chave para o emagrecimento e a manutenção do peso pode ser pensada como uma tríade que consiste nas seguintes partes: (1) controlar a ingestão calórica (2) fazer atividades físicas regularmente e (3) controlar comportamentos problemáticos. Essas três partes apoiam-se mutuamente, pois, sem uma delas, a perda e a posterior manutenção do peso tornam-se improváveis.

Para mais informações sobre controle do peso, obesidade e nutrição, visite o Weight-Control Information Network (WIN) (Rede de Informações Sobre Controle do Peso) em http://win.niddk.nih.gov/index.htm. Outros *websites* incluem www.caloriecontrol.org, www.weight.com, www.obesity.org, e www.cyberdiet.com.

saúde pública voltadas para o problema atual da obesidade devem ser direcionadas a todas as faixas etárias. Existe uma necessidade particular de focar em crianças e adolescentes porque os padrões de excesso de peso e estilo de vida sedentário desenvolvidos durante a juventude podem formar a base de doenças relacionadas ao peso e maior mortalidade. Na população adulta, é preciso voltar a atenção para a manutenção do peso e o aumento da atividade física.

REVISÃO CONCEITUAL

A obesidade é uma doença crônica que precisa de tratamento durante toda a vida. É preciso enfatizar especialmente a prevenção da obesidade, pois vencer esse transtorno é algo difícil. Programas de emagrecimento adequados têm as seguintes características em comum: (1) atendem às necessidades nutricionais; (2) podem ser ajustados para acomodar hábitos e preferências; (3) enfatizam alimentos prontamente disponíveis; (4) promovem mudanças de hábitos que desestimulam os excessos alimentares; (5) estimulam a atividade física regular e (6) ajudam a mudar crenças promotoras de obesidade, agregando apoio social saudável.

7.7 Controle da ingestão calórica – a chave para perder e manter o peso

Uma meta de perder aproximadamente 500 g de gordura armazenada por semana pode demandar limitar a ingestão calórica a 1.200 kcal/dia para mulheres e 1.500 kcal/dia para os homens. A cota calórica poderia ser maior para pessoas muito ativas. Vale ressaltar que, na nossa sociedade sedentária, diminuir a ingestão calórica é vital porque é difícil queimar tanta energia sem uma atividade física abundante. Em relação ao consumo de menos calorias, alguns especialistas indicam consumir menos gordura (especialmente gordura saturada e gordura *trans*), ao passo que outros

▲ A perda de peso lenta e gradativa é uma das características de um programa de emagrecimento saudável.

> Para ter acesso a ferramentas interativas de dieta e atividade física, verifique o *MyPyramid Tracker* e o Menu *Planner* na página do MyPyramid na internet.

mandam consumir menos carboidratos, especialmente os refinados (de alta carga glicêmica). Ingestões proteicas em excesso em relação ao que em geral é necessário para os adultos também vêm recebendo atenção. O uso de todas essas abordagens simultaneamente é adequado. No momento, as abordagens hipolipídicas e de alto teor de fibras têm sido as de maior êxito em estudos a longo prazo. Não existem evidências a longo prazo da eficácia de outras abordagens. Descobrir o que funciona para cada pessoa é um processo de tentativa e erro. A noção de que qualquer tipo de dieta promove um uso calórico significativamente maior pelo corpo é infundada, a despeito das afirmações de marketing das dietas de pouco carboidrato.

Uma maneira de a pessoa que faz dieta conseguir controlar a ingestão calórica ao começar um programa de emagrecimento é ler os rótulos dos alimentos. Essa leitura dos rótulos é importante, pois muitos alimentos são mais densos em energia do que as pessoas imaginam (Fig. 7.17). Outro método é anotar a ingestão alimentar em 24 horas (Apêndice D) e então calcular a ingestão calórica a partir da tabela de alimentos no suplemento deste livro ou usando nosso programa de análise dietética. Conhecendo a ingestão calórica atual, é possível ajustar as escolhas alimentares futuras conforme necessário. As pessoas muitas vezes subestimam o tamanho das porções ao registrar a ingestão alimentar, de maneira que xícaras medidoras e uma balança alimentar podem ajudar.

O *MyPyramid Tracker* na página do MyPyramid na internet é uma ferramenta de avaliação dietética e de atividade física *online* que registra as calorias alimentares que consumimos, além de compará-las à energia despendida na atividade física. O *MyPyramid Menu Planner* é outra ferramenta *online* para planejar cardápios com base nas metas individuais do *MyPyramid*. A Tabela 7.3 mostra como começar a reduzir a ingestão calórica. Como é possível perceber, é melhor considerar a alimentação saudável como uma mudança no estilo de vida do que como um plano de emagrecimento. Além disso, os líquidos merecem atenção, pois as calorias dos líquidos não estimulam mecanismos de saciedade na mesma extensão que os alimentos sólidos. O conselho dos especialistas é ingerir bebidas pouco calóricas ou sem calorias e limitar bebidas adoçadas com açúcar comum.

Informações nutricionais
Tamanho da porção: ½ xícara (65 g)
Porções por embalagem: 10

Quantidade por porção	
Calorias 100 Calorias de gordura 20	
	% Valores diários*
Gorduras totais 2 g	4%
Gorduras saturadas 1 g	7%
Gordura *trans* 0 g	**
Colesterol 10 mg	3%
Sódio 30 mg	1%
Carboidratos totais 17 g	6%
Fibras dietéticas 0 g	0%
Açúcares 13 g	
Proteína 3 g	
Vitamina A 2%	Vitamina C 0%
Cálcio 6%	Ferro 0%

** A ingestão de gorduras *trans* deve ser a menor possível.

Informações nutricionais
Tamanho da porção: ½ xícara (106 g)
Porções por embalagem: 10

Quantidade por porção	
Calorias 270 Calorias de gordura 150	
	% Valores diários*
Gorduras totais 17 g	25%
Gorduras saturadas 11 g	54%
Gordura *trans* 0 g	**
Colesterol 120 mg	40%
Sódio 85 mg	4%
Carboidratos totais 20 g	7%
Fibras dietéticas 0 g	0%
Açúcares 20 g	
Proteína 5 g	
Vitamina A 10%	Vitamina C 0%
Cálcio 15%	Ferro 0%

** A ingestão de gorduras *trans* deve ser a menor possível.

FIGURA 7.17 ▶ Ler os rótulos dos produtos ajuda a escolher alimentos com menos calorias. Qual dessas sobremesas geladas é a melhor opção, por porção de ½ xícara, para uma pessoa em dieta de emagrecimento? As porcentagens de valores diários baseiam-se em uma dieta de 2.000 kcal.

TABELA 7.3 Reduzindo kcal: decisões de aquisição e consumo

Em vez de	Experimente	Número de kcal poupadas
85 g de carne com gordura (costela)	85 g de carne magra (lagarto redondo)	140
½ peito de frango, à milanesa	½ peito de frango grelhado com limão	175
½ xícara de estrogonofe de carne	85 g de rosbife magro (ou use uma receita com pouca gordura)	210
½ xícara de batata frita caseira	1 batata assada média	65
½ xícara de ensopado de ervilha com cogumelos	½ xícara de ervilhas cozidas	50
½ xícara de salada de batata	1 xícara de salada de vegetais crus	140
½ xícara de abacaxi em calda de açúcar	½ xícara de abacaxi em calda do próprio suco	25
2 colheres de sopa de molho francês	2 colheres de sopa de molho francês de baixa caloria	150
1 fatia de torta de maçã	1 maçã assada sem açúcar	308
3 biscoitos de aveia com passas	1 biscoito de aveia com passas	125
½ xícara de sorvete à base de creme	½ xícara de sorvete à base de leite	45
1 folhado recheado	½ bolinho	150
1 xícara de cereal açucarado	1 xícara de cereal sem açúcar	60
1 copo de leite integral	1 copo de leite semidesnatado (1%)	45
pacote de batatas fritas (30 g)	1 xícara de pipoca comum	120
1 fatia de bolo com recheio e cobertura	1 fatia de bolo sem recheio	185
350 mL de refrigerante comum	350 mL de refrigerante *diet*	150

7.8 Atividade física regular – a segunda chave para perder peso e especialmente importante para a manutenção posterior do peso

A atividade física regular é importante para todas as pessoas, especialmente para as que tentam emagrecer ou manter um peso corporal menor. A queima calórica é maior tanto durante quanto depois da atividade física. Por isso, a atividade complementa de maneira fundamental a redução da ingestão calórica para emagrecer. A maioria das pessoas raramente faz mais do que sentar, levantar e dormir. Mais calorias são usadas durante a atividade física do que em repouso. O gasto de apenas 100 a 300 kcal extras por dia além da atividade diária normal, ao mesmo tempo em que controla a ingestão calórica, pode levar a uma perda de peso constante. Ademais, a atividade física tem muitos outros benefícios, incluindo uma melhora na autoestima geral. As últimas recomendações para adultos das Dietary Guidelines for Americans, de 2005 são 60 minutos de atividade física por dia para manter o peso corporal e evitar o ganho de peso e 60 a 90 minutos por dia para manter a perda de peso.

Acrescentar uma das atividades físicas da Tabela 7.4 ao estilo de vida pode aumentar o uso de calorias. A duração e o desempenho regular, mais do que a intensidade, são as chaves do sucesso com essa abordagem para emagrecer. É preciso buscar atividades que possam ser mantidas com o tempo. A esse respeito, caminhar vigorosamente 5 km/dia pode ser tão útil quanto a dança aeróbica ou a corrida, se for mantida. Além disso, atividades de intensidade menor causam menos lesões. Alguns exercícios de resistência (treinamento de peso) também devem ser acrescentados para aumentar a massa muscular magra e, por sua vez, o uso de gordura (Cap. 10). À medida que a massa muscular magra aumenta, também aumenta a taxa metabólica geral da pessoa. Um benefício extra de incluir exercícios em um programa de emagrecimento é a manutenção da saúde óssea.

▲ A atividade física complementa qualquer plano de dieta.

TABELA 7.4 Gastos calóricos aproximados de várias atividades e gastos calóricos específicos projetados para uma pessoa de 68 kg

Atividade	kcal/kg/h	Total de kcal/h	Atividade	kcal/kg/h	Total de kcal/h
Aeróbica – pesada	8	544	Equitação	5,1	346
Aeróbica – média	5	340	Patinação no gelo (18 km/h)	5,8	394
Aeróbica – leve	3	204	Corrida – média	9	612
Trilha com mochila	9	612	Corrida – lenta	7	476
Basquete – vigoroso	10	680	Ficar deitado – relaxado	1,3	89
Boliche	3,9	265	Frescobol – social	8	544
Ginástica calistênica – pesada	8	544	Patinação com rodas	5,1	346
Ginástica calistênica – leve	4	272	Correr ou marchar (18 km/h)	13,2	897
Canoagem (4 km/h)	3,3	224	Esqui em montanha (18 km/h)	8,8	598
Limpeza (feminina)	3,7	253	Dormir	1,2	80
Limpeza (masculina)	3,5	236	Natação (0,4 km/h)	4,4	299
Cozinhar	2,8	190	Tênis	6,1	414
Ciclismo (20 km/h)	9,7	659	Vôlei	5,1	346
Ciclismo (5 km/h)	3	204	Caminhada (6 km/h)	4,4	299
Vestir/tomar banho	1,6	106	Caminhada (4 km/h)	3	204
Dirigir	1,7	117	Esqui aquático	7	476
Comer (sentado)	1,4	93	Levantamento de peso – pesado	9	612
Fazer compras no supermercado	3,6	245	Levantamento de peso – leve	4	272
Futebol (toque)	7	476	Limpeza de janela	3,5	240
Golfe (usando carrinho motorizado)	3,6	244	Escrever (sentado)	1,7	118

Os valores na Tabela 7.4 referem-se ao gasto energético total, incluindo o necessário para fazer a atividade física, mais o necessário para o metabolismo basal, o efeito térmico dos alimentos e a termogênese. Use seu programa de análise de dieta para calcular suas estimativas pessoais.

▲ As frutas são um ótimo lanche pouco calórico – ricas em nutrientes e pobres em calorias.

A motivação para emagrecer e manter o peso perdido geralmente vem com um "clique", no qual o desejo de emagrecer finalmente torna-se mais importante do que o desejo de comer demais.

Infelizmente, as oportunidades de despender calorias na vida diária estão diminuindo à medida que a tecnologia elimina de maneira sistemática quase todas as razões para movimentarmos os músculos. A maneira mais fácil de aumentar a atividade física é torná-la uma parte agradável da rotina diária. Para começar, a pessoa poderia levar um par de tênis e caminhar ao redor do estacionamento antes de voltar da escola ou do trabalho todos os dias. Outras ideias são evitar o elevador e dar preferência a escadas e estacionar o carro mais longe da entrada do *shopping*.

Um pedômetro é um aparelho barato que monitora a atividade em passos. Uma meta de atividade recomendada é dar pelo menos 10.000 passos por dia – em geral fazemos metade disso ou menos. O pedômetro monitora essa atividade. Contadores de calorias, são aparelhos modernos que monitoram os gastos calóricos ao longo do dia. Os contadores calculam calorias medindo a frequência cardíaca, a sudorese e a perda e produção de calor. Assim como os pedômetros, os contadores de calorias podem motivar os usuários para que sejam mais ativos.

7.9 Modificação do comportamento – uma terceira estratégia para perda e manutenção do peso

O controle da ingestão calórica, tão importante para emagrecer, também significa modificar comportamentos *problemáticos*. Apenas a pessoa que faz dieta decide quais comportamentos a levam a consumir alimentos errados em horas erradas pelas razões erradas.

Que eventos nos fazem começar (e parar) de comer? Que fatores influenciam as escolhas alimentares? Os psicólogos com frequência usam termos como *quebra de cadeia, controle de estímulos, reestruturação cognitiva, controle de contingências* e *automonitoração* ao discutir modificação de comportamento (Tab. 7.5). Esses fatores ajudam a colocar o problema em perspectiva e a organizar a estratégia de intervenção em etapas manejáveis.

Quebra de cadeia separa comportamentos que tendem a ocorrer juntos – por exemplo, beliscar salgadinhos enquanto se assiste à televisão. Embora essas atividades não tenham que ocorrer juntas, elas com frequência ocorrem. As pessoas que fazem dieta talvez precisem quebrar a reação em cadeia (ver tópico "Avalie sua refeição", no final deste capítulo para mais detalhes).

Controle de estímulos nos desafia a controlar as tentações. As opções incluem empurrar alimentos tentadores para o fundo da geladeira, remover salgadinhos gordurosos da bancada da cozinha e evitar o caminho perto das máquinas de bebidas e salgadinhos. É indicado promover um estímulo positivo mantendo lanches saudáveis disponíveis para satisfazer a fome/apetite.

Reestruturação cognitiva modifica a estrutura mental. Por exemplo, depois de um dia de trabalho duro, evite usar álcool ou alimentos reconfortantes como um alívio rápido ao estresse. Em vez disso, planeje atividades saudáveis e relaxantes para reduzir o estresse. Por exemplo, caminhe pela vizinhança ou tenha um bom papo com um amigo.

Classificar alguns alimentos como "proibidos" estabelece uma luta interna para resistir ao ímpeto de comê-los. Essa batalha desanimadora pode fazer a pessoa se sentir em privação. E por isso acaba perdendo a batalha. É melhor controlar as escolhas alimentares com o princípio da moderação. Se um alimento favorito torna-se um problema, mantenha-o proibido apenas temporariamente, até que ele possa ser apreciado com moderação.

Controle de contingências prepara a pessoa para situações que possam desencadear a superalimentação (p. ex., quando salgadinhos são servidos em uma festa) ou impedir a atividade física (p. ex., chuva).

Um registro de **automonitoração** pode revelar padrões – por exemplo, a superalimentação – que talvez expliquem hábitos alimentares problemáticos. Esse registro pode estimular novos hábitos que combatam comportamentos indesejáveis. Especialistas em obesidade observam que essa é a ferramenta comportamental essencial a ser usada em qualquer programa de emagrecimento. Veja no quadro uma lista de ferramentas gratuitas disponíveis *online* para automonitoração.

Em termos gerais, é importante tratar problemas específicos, como beliscar, comer compulsivamente e comer demais nas refeições. Princípios de modificação do comportamento (ver Tab. 7.5) constituem os componentes críticos da redução e manutenção do peso. Sem a modificação do comportamento, é difícil fazer as mudanças de estilo de vida duradouras necessárias para atingir as metas de controle do peso.

quebra de cadeia Quebra do elo entre dois ou mais comportamentos que incentivam a superalimentação, como comer enquanto assiste televisão.

controle de estímulos Alteração do ambiente a fim de minimizar os estímulos para comer – por exemplo, remover os alimentos do campo de visão e guardá-los nos armários da cozinha.

reestruturação cognitiva Mudança da estrutura mental da pessoa a respeito da alimentação – por exemplo, em vez de usar um dia difícil como desculpa para comer demais, substituir por outros prazeres, como uma caminhada relaxante com um amigo.

controle de contigências Formação de um plano de ação para responder a uma situação na qual é provável que se coma demais, como petiscos ao alcance em uma festa.

automonitoração Registrar os alimentos consumidos e as condições que afetam a alimentação; as ações geralmente são escritas em um diário com o local, a hora e o estado de espírito. Trata-se de uma ferramenta para ajudar as pessoas a entender melhor a respeito de seus hábitos alimentares.

prevenção de recaída Uma série de estratégias usadas para ajudar a prevenir e lidar com deslizes no controle do peso, como reconhecer situações de alto risco e decidir antecipadamente as respostas adequadas.

É importante prevenir a recaída

A prevenção de recaída é considerada a parte mais difícil do controle do peso – até mesmo mais difícil do que perder peso. A pessoa que faz dieta consegue tolerar um deslize eventual, mas precisa planejar esses deslizes. A chave é não exagerar, e sim controlar imediatamente. Mude respostas como "Comi um biscoito. Sou um fracasso!" para "Comi um biscoito, mas fiz bem em parar no primeiro!" Quando as pessoas que fazem dieta se desviam de seu plano, os hábitos alimentares recém-aprendidos deverão conduzi-las novamente para o plano. Isso deverá permitir que elas evitem cair na armadilha lapso-recaída-colapso. Sem um programa comportamental forte para **prevenção de recaída**, um deslize com frequência se torna uma recaída. Quando um padrão de escolhas alimentares desfavoráveis começa, os que estão em dieta podem sentir que falharam e muitas vezes acabam se afastando do plano. Com a prolongação da recaída, o plano de dieta desmorona, e as pessoas se afastam de suas metas de emagrecimento. Até mesmo com um bom plano comportamental é

Acompanhamento de alimentos e atividades

A seguir, alguns *websites* nos quais é possível registrar a alimentação e a atividade física *online* gratuitamente.

www.fitday.com
www.nutritiondata.com
www.sparkpeople.com

▲ Porções grandes de alimentos, por exemplo, esse filé, oferecem muitas oportunidades para comer demais. É preciso muita perseverança para comer de maneira sensata.

TABELA 7.5 Princípios de modificação comportamental para emagrecer

Compras
1. Faça compras depois de comer – compre alimentos nutritivos.
2. Faça uma lista de compras e siga-a; limite as compras de alimentos "problemáticos" irresistíveis; primeiro comprar alimentos frescos no perímetro externo do mercado ajuda.
3. Evite alimentos prontos.
4. Só vá ao mercado quando for absolutamente necessário.

Planos
1. Planeje limitar a ingestão alimentar conforme necessário.
2. Substitua petiscos por períodos de atividade física.
3. Faça as refeições e os lanches em horários predeterminados; não pule refeições.

Atividades
1. Guarde os alimentos longe de vista, de preferência no *freezer*, para desestimular comer por impulso.
2. Faça as refeições na sala de jantar.
3. Mantenha as travessas de comida fora da mesa, especialmente molhos e caldas.
4. Use travessas e talheres menores.

Feriados e festas
1. Beba menos bebidas alcóolicas.
2. Planeje o comportamento alimentar antes das festas.
3. Faça um lanche leve antes das festas.
4. Pratique maneiras educadas de recusar alimentos.
5. Não fique desestimulado por um deslize eventual.

Comportamento alimentar
1. Pouse o garfo na mesa entre as garfadas.
2. Mastigue bem antes de comer o outro pedaço.
3. Deixe um pouco de comida no prato.
4. Faça uma pausa no meio da refeição.
5. Não faça outra coisa enquanto estiver comendo (p. ex., ler, assistir à televisão).

Recompensa
1. Planeje recompensas específicas por comportamentos específicos (contratos comportamentais).
2. Peça ajuda de familiares e amigos e mostre como eles podem ajudá-lo. Incentive a família e os amigos a ajudar na forma de elogios e recompensas materiais.
3. Use registros de automonitoração como base para as recompensas.

Automonitoração
1. Observe a hora e o lugar da refeição.
2. Liste o tipo e a quantidade do que foi ingerido.
3. Anote quem está presente e como você se sente.
4. Use o diário alimentar para identificar áreas problemáticas.

Reestruturação cognitiva
1. Evite estabelecer metas exorbitantes.
2. Pense no progresso, não nas falhas.
3. Evite expressões como *sempre* e *nunca*.
4. Combata pensamentos negativos com redefinições positivas.

Controle de porções
1. Faça substituições, como um hambúrguer simples em vez de um hambúrguer duplo, ou pepinos no lugar de *croutons* nas saladas.
2. Pense pequeno. Peça o prato principal e divida-o com outra pessoa. Peça uma xícara de sopa no lugar de uma tigela de sopa, ou uma entrada no lugar do prato principal.
3. Use a sacolinha de sobras. Peça ao garçom para pôr metade do prato principal na embalagem de sobras antes de trazê-lo para a mesa

Conforme foi abordado neste capítulo, muitas pessoas precisa se tornar "comedores defensivos". Saiba quando recusar a comida ao se sentir saciado e reduza o tamanho das porções.

As pessoas que têm sucesso em perder peso e mantê-lo, de acordo com o National Weight Control Registry (Registro nacional de controle do peso):

- Consomem uma dieta hipolipídica de alto teor de carboidrato (em média 25% da ingestão calórica como gordura)
- Fazem o desjejum quase todos os dias.
- Realizam constante automonitoramento pesando-se regularmente e mantendo um diário alimentar.
- Praticam exercícios por cerca de 1 h por dia.
- Comem em restaurantes apenas uma ou duas vezes por semana.

Outros estudos recentes respaldam essa abordagem, especialmente as quatro últimas características.

PARA REFLETIR

Em relação à disposição para emagrecer, o que você diria a uma mulher jovem que acabou de ter um bebê, precisa encontrar um novo emprego e recentemente voltou a estudar meio-período?

possível falhar na dieta. Emagrecer é difícil. Em termos gerais, a manutenção da perda de peso é garantida pelos "3 Ms": motivação, movimento e monitoramento.

O apoio social ajuda na mudança comportamental

O apoio social saudável é útil no controle do peso. Ajudar os outros a entender como podem ser incentivadores pode facilitar o controle do peso. Familiares e amigos podem oferecer elogios e estímulo. Um nutricionista ou outro profissional na área de controle do peso pode manter os que fazem dieta responsáveis e ajudá-los a aprender a partir de situações difíceis. O contato prolongado com um profissional pode ser útil para a manutenção posterior do peso. Grupos de indivíduos que tentam emagrecer ou manter as perdas podem promover um apoio empático.

Esforços da sociedade para reduzir a obesidade

A incidência de obesidade nos Estados Unidos é atualmente considerada uma epidemia. Organizações públicas, privadas e sem fins lucrativos começaram a trabalhar em conjunto para tratar e reverter essa crise de saúde pública. Por exemplo, a U.S. Food and Drug Administration – FDA reuniu líderes da indústria, do governo, das universidades e da comunidade de saúde pública para buscar soluções para a epidemia de obesidade por meio de mudanças nos alimentos consumidos fora de casa (restaurantes e lanchonetes). Esses grupos trabalharam em conjunto e fizeram recomendações para apoiar a capacidade do consumidor de controlar a ingestão calórica. As recomendações incluem programas de "*marketing* social", que promovem a alimentação saudável e uma vida ativa.

REVISÃO CONCEITUAL

Aumentar a atividade física na vida diária deve fazer parte de qualquer programa de emagrecimento. Atividades cotidianas, por exemplo, caminhar e subir escadas, são recomendadas. Um passo fundamental é quebrar cadeias comportamentais que estimulam a superalimentação, como comer enquanto assiste televisão. Outra tática é modificar o ambiente de maneira a reduzir as tentações; por exemplo, guardar os alimentos nos armários para mantê-los fora de vista. Além disso, repensar as atitudes em relação à alimentação – por exemplo, substituir prazeres por outra coisa que não alimentos como recompensa por lidar com um dia estressante – pode ser importante para alterar comportamentos indesejáveis. O planejamento avançado para prevenir e lidar com deslizes é vital, bem como reuniões com apoio social saudável. Por fim, a observação atenta e o registro de hábitos alimentares podem revelar pistas sutis que levam à superalimentação. Em termos gerais, a perda e a manutenção do peso são garantidas pelo controle da ingestão calórica, pela prática de atividades físicas regulares e pela modificação de comportamentos "problemáticos".

▲ Pessoas que conseguem manter o peso perdido com sucesso empregam uma variedade de estratégias para lidar com estresses e desafios da mudança de comportamentos problemáticos.

7.10 Ajuda profissional para emagrecer

O primeiro profissional a ser procurado para ter ajuda em um programa de emagrecimento é o médico da família. Os médicos estão mais bem-equipados para avaliar a saúde geral e a pertinência da perda de peso. Esse médico pode, então, recomendar um nutricionista para a elaboração de um plano de emagrecimento específico e para responder às perguntas relacionadas à dieta. Os nutricionistas são particularmente qualificados para ajudar a elaborar um plano de emagrecimento, pois entendem tanto a composição dos alimentos quanto a importância psicológica da alimentação. Profissionais de educação física podem aconselhar a respeito de programas para aumentar a atividade física. A partir das Dietary Guidelines for Americans, de 2005, as principais recomendações para adultos e crianças acima do peso com doenças crônicas e/ou que tomam medicamentos é consultar um profissional de saúde a respeito de estratégias de emagrecimento antes de iniciar um programa de emagrecimento a fim de garantir o controle adequado de outras condições médicas. Nos EUA, as despesas dessas intervenções profissionais são dedutíveis do imposto de renda em alguns casos e, muitas vezes, cobertas pelos planos de saúde se prescritas por um médico.

Muitas comunidades contam com uma variedade de organizações para perder peso, incluindo grupos de autoajuda, como o Take Off Pounds Sensibly (Emagreça de Maneira Sensata) e o Weight Watchers (Vigilantes do Peso). Outros programas, como o de Jenny Craig e o Physicians' Weight Loss Center (Centro de Emagrecimento de Médicos), são menos desejáveis para pessoas comuns que fazem dieta. Muitas

▲ Todos os programas de emagrecimento devem começar por uma consulta com o médico da família.

anfetamina Um grupo de medicamentos que estimulam o sistema nervoso central e têm outros efeitos no corpo. O abuso está ligado à dependência física e psicológica.

vezes, os funcionários não são nutricionistas registrados ou outros profissionais de saúde adequadamente treinados. Esses programas também tendem a ser caros em virtude de suas exigências de aconselhamento intensivo ou de alimentos e suplementos dietéticos obrigatórios. Além disso, a Federal Trade Comission denunciou essas e outras empresas de programas de dieta comerciais que estavam enganando os consumidores por meio de afirmações de perda de peso infundadas e testemunhos enganosos.

Os norte-americanos estão dispostos a tentar qualquer coisa para emagrecer. O Operation Waistline (Operação Cintura) é um programa elaborado pela Federal Trade Comission para dar fim às afirmações fraudulentas que estão sendo feitas por charlatães da indústria da dieta em relação a produtos dietéticos. O programa espera pôr fim ao gasto anual de seis bilhões de dólares nos Estados Unidos em produtos falsificados. A Enforma Natural Products Corporation (empresa americana de produtos naturais) teve que pagar 10 milhões de dólares em resposta a afirmações falsas de seu produto *Fat Trapper* (um produto à base de quitosana proposto para prevenir a absorção de gordura da dieta).

Medicações para emagrecer

Os candidatos a medicamentos para obesidade incluem os que têm um IMC igual ou superior a 30 ou um IMC de 27 a 29,9 com problemas médicos relacionados ao peso, como diabetes tipo 2, doença cardiovascular, hipertensão ou circunferência da cintura excessiva; os que não apresentam contraindicações ao uso do medicamento e os que estão dispostos a fazer mudanças no estilo de vida. Observou-se que a farmacoterapia por si só não obtém êxito. O sucesso com medicamentos foi demonstrado apenas nos que também modificam seu comportamento, diminuem a ingestão calórica e aumentam a atividade física. Além disso, se uma pessoa não perdeu pelo menos 2 kg depois de quatro semanas, é improvável que se beneficiará de mais uso desses produtos.

Três principais classes de medicamentos são usadas. Um fármaco similar à **anfetamina** (fenteramina) prolonga a atividade da epinefrina e da norepinefrina no cérebro. Essa terapia é efetiva para algumas pessoas a curto prazo, mas ainda não se provou efetiva a longo prazo. A maioria dos conselhos médicos estaduais limita o uso desse fármaco a 12 semanas, a menos que a pessoa esteja participando de um estudo médico usando o produto. O medicamento não deve ser usado por gestantes ou nutrizes ou em pessoas com menos de 18 anos de idade.

A sibutramina é uma segunda classe de fármacos aprovada pela FDA para o emagrecimento. Ela acentua a atividade tanto da norepinefrina quanto da serotonina no cérebro ao reduzir a reabsorção desses neurotransmissores pelas células nervosas. Os neurotransmissores permanecem então ativos no cérebro por mais tempo e, assim, prolongam a sensação de saciedade. Os efeitos colaterais mais comuns incluem constipação, boca seca, insônia e um aumento leve na pressão arterial em algumas pessoas. Assim, a sibutramina deve ser usada com cautela em pessoas com uma história de hipertensão (ou doença cardiovascular). Estudos mostram que esse fármaco é eficaz em ajudar algumas pessoas que já fazem dietas saudáveis, mas apenas comem demais. O principal efeito é uma redução moderada no apetite, de maneira que as pessoas comem menos. A sibutramina é segura e eficaz apenas quando combinada a um programa abrangente de emagrecimento e quando supervisionada pelo médico.

A terceira classe de medicamentos aprovada pela FDA para perda de peso é o orlistat, o qual reduz a digestão de gorduras em cerca de 30% ao inibir a ação da enzima lipase no intestino delgado (Fig. 7.18), cortando a absorção de gordura dietética em cerca de um terço por aproximadamente duas horas quando tomada com uma refeição que contenha gordura. Essa gordura mal-absorvida deposita-se nas fezes. Entretanto, *a ingestão de gordura deve ser controlada*, pois grandes quantidades de gordura nas fezes causam vários efeitos colaterais, como gases, distensão abdominal e emissões de fezes oleosas. O interessante é que o uso do orlistat pode lembrar a pessoa a seguir uma dieta com controle de gorduras, já que os sintomas resultantes de uma refeição rica em gordura são desagradáveis e desenvolvem-se rapidamente. O orlistat é tomado com toda refeição que contenha gordura. A gordura

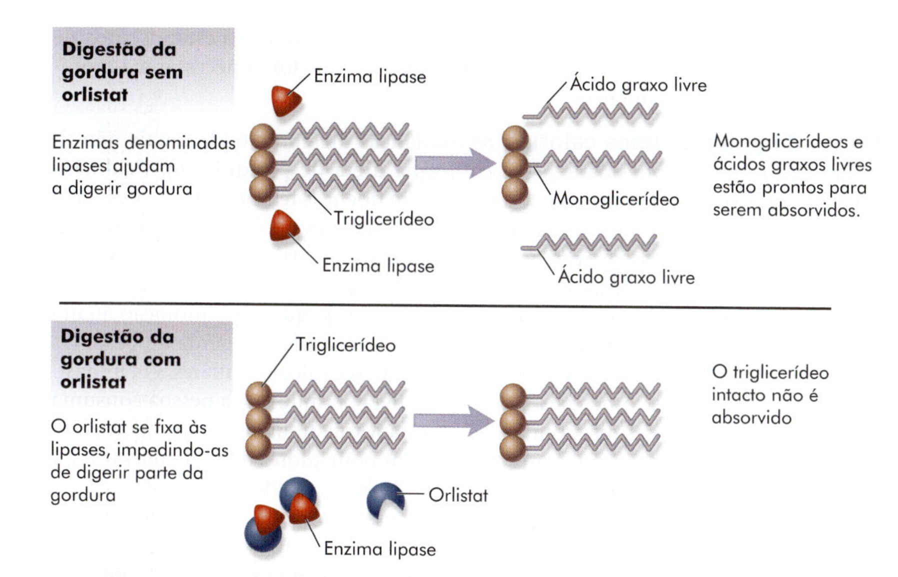

FIGURA 7.18 ▶ O orlistat é um fármaco para perder peso que atua no sistema digestório bloqueando a digestão de cerca de um terço da gordura dos alimentos que ingerimos. Uma forma de dose baixa desse agente encontra-se disponível atualmente sem prescrição.

má absorvida também carrega vitaminas lipossolúveis para as fezes, de maneira que o usuário de orlistat deve tomar um suplemento multivitamínico e mineral na hora de dormir. Dessa forma, é possível repor qualquer micronutriente não absorvido durante o dia; a má-absorção de gordura no jantar não influenciará muito a absorção de micronutrientes tarde da noite.

Os únicos medicamentos para perder peso atualmente aprovados pela FDA para uso prolongado são a sibutramina e o orlistat. Uma formulação de dose baixa de orlistat encontra-se atualmente disponível para venda sem prescrição. A indústria farmacêutica vem trabalhando com outros tipos de medicamentos (p. ex., rimonabant) com grande expectativa de que alguns se provarão seguros e eficazes para emagrecer. Além disso, os médicos podem prescrever medicamentos não aprovados para perda de peso *per se*, mas que podem provocar perda de peso como efeito colateral. Alguns antidepressivos (p. ex., bupropiona) são um exemplo. Esse tipo de aplicação é denominada *off-label* (utilização não indicada na bula), pois a bula do produto não inclui perda de peso como um uso aprovado pela FDA. É preciso que os consumidores informem-se a respeito de produtos para emagrecer antes de experimentá-los. Medicamentos e suplementos vendidos livremente sem prescrição médica são comercializados como curas milagrosas para obesidade, mas, em alguns casos, causam mais prejuízos do que benefícios. Uma mulher desenvolveu insuficiência hepática depois de usar um produto para emagrecer denominado ácido úsnico, produto que comprou pela Internet. Hoje em dia, mais do que nunca, é preciso que o consumidor tenha mais consciência e cuidado com qualquer produto que prometa ajudar a emagrecer que não seja prescrito pelo médico.

Em termos gerais, em mãos habilidosas, os medicamentos prescritos podem ajudar a emagrecer em alguns casos. Entretanto, não substituem a necessidade de reduzir a ingestão calórica, modificar comportamentos "problemáticos" e aumentar a atividade física, tanto durante quanto depois do tratamento. Muitas vezes, a perda de peso durante o tratamento medicamentoso pode ser atribuída principalmente ao esforço individual em equilibrar a ingestão calórica com o gasto calórico.

O tratamento da obesidade mórbida

A obesidade grave (mórbida), ou seja, um IMC igual ou superior a 40 ou um peso pelo menos 45 kg acima do peso corporal saudável (ou duas vezes o peso corporal saudável), requer tratamento profissional. Em virtude das graves implicações à saúde da obesidade mórbida, medidas drásticas talvez sejam necessárias. Esses tratamentos são recomendados apenas quando as dietas tradicionais e medicamen-

dieta de pouquíssimas calorias (DMPC) Conhecida também como jejum modificado poupador de proteína (JMPP), essa dieta proporciona de 400 a 800 kcal diárias à pessoa, geralmente na forma líquida. Desse montante, de 120 a 480 kcal são provenientes de carboidratos, e o restante é basicamente proteína de alta qualidade.

bariátrica Especialidade médica voltada para o tratamento da obesidade.

banda gástrica ajustável Um procedimento restritivo em que a abertura do esôfago para o estômago é reduzida por uma banda gástrica oca.

gastroplastia Cirurgia de derivação gástrica feita para limitar o volume do estômago a aproximadamente 30 mL. Também conhecida como grampeamento do estômago.

tos fracassarem. Procedimentos de emagrecimento drásticos não estão isentos de efeitos colaterais, tanto físicos quanto psicológicos, o que torna necessária a monitoração atenta por um médico.

Dietas de pouquíssimas calorias Se mudanças dietéticas tradicionais não tiverem êxito, tratar a obesidade grave com uma **dieta de pouquíssimas calorias (DMPC)** é possível, especialmente se a pessoa tem doenças relacionadas à obesidade que não estejam controladas (p. ex., hipertensão, diabetes tipo 2). Alguns pesquisadores acreditam que pessoas com peso corporal mais de 30% acima do peso saudável sejam os candidatos ideais. Programas de DMPC são oferecidos quase exclusivamente por centros médicos ou clínicas especializadas, já que a monitoração atenta por um médico é crucial durante essa forma muito restritiva de perda de peso. Os principais riscos à saúde incluem problemas cardíacos e cálculos biliares. O Optifast® é um desses programas comerciais. Em geral, a dieta permite que a pessoa consuma apenas de 400 a 800 kcal/dia, com frequência na forma líquida. (Essas dietas eram conhecidas previamente como jejuns modificados poupadores de proteína – JMPP.) Dessa quantidade, apenas de 30 a 120 g (120-480 kcal) são de carboidratos. O restante é proteína de alta qualidade, na quantidade de aproximadamente 70 a 100 g/dia (280-420 kcal). Essa ingestão restrita de carboidrato muitas vezes causa cetose, o que pode diminuir a fome. Entretanto, as principais razões para a perda de peso são o consumo mínimo de energia e a ausência de escolhas alimentares. É possível perder de 1,4 a 1,8 kg por semana; os homens tendem a perder peso mais rápido do que as mulheres. Quando a atividade física e o treinamento de resistência são acrescentados a essa dieta, ocorre uma perda maior de tecido adiposo.

A recuperação do peso permanece um problema perturbador, especialmente sem um componente comportamental e de atividade física. Se a terapia comportamental e a atividade física complementarem um programa de apoio prolongado, a manutenção da perda de peso é provável, mas ainda assim difícil. Qualquer programa sob consideração deverá incluir um plano de manutenção. Nos dias atuais, medicamentos antiobesidade também podem ser incluídos nessa fase do programa.

Cirurgia bariátrica Bariatria é a especialidade médica voltada para o tratamento da obesidade. A cirurgia bariátrica só é considerada para pessoas com obesidade mórbida e inclui operações com o objetivo de promover a perda de peso. Atualmente, dois tipos de cirurgia bariátrica são comuns e eficazes. Os dois procedimentos podem ser feitos com incisão aberta (20-25 cm) no meio do abdome ou com uma abordagem laparoscópica na qual várias pequenas incisões (1,5-5 cm) são usadas para permitir que câmeras e instrumentos penetrem o abdome. A **banda gástrica ajustável** (também conhecida como procedimento Lap-Band®) é um procedimento restritivo no qual a abertura do esôfago para o estômago é reduzida por uma banda gástrica oca. Isso cria uma pequena bolsa com uma passagem estreita para o resto do estômago e, assim, diminui a quantidade de alimento que uma pessoa consegue ingerir confortavelmente. A banda pode ser inflada ou desinflada por meio de um acesso colocado sob a pele. Estudos demonstraram que a banda gástrica ajustável é mais eficaz a longo prazo do que a dieta de pouquíssimas calorias (500 kcal) para pessoas que estejam aproximadamente 22 kg acima do peso.

A derivação gástrica (também conhecida como **gastroplastia** ou grampeamento do estômago) é outro procedimento cirúrgico bariátrico usado para tratar obesidade mórbida. A abordagem mais comum e eficaz (o procedimento de derivação gástrica em Y de Roux) funciona ao reduzir a capacidade estomacal para cerca de 30 mL (o volume de um ovo ou um copo de *drink*) e desviando um pequeno segmento do intestino delgado superior (Fig. 7.19). A perda de peso é promovida principalmente porque é menos provável que a pessoa coma demais em virtude da saciedade rápida e do desconforto ou dos vômitos depois de comer demais. Aproximadamente 75% dos obesos mórbidos acabam perdendo 50% ou mais do peso corporal em excesso com esse método. Além disso, o sucesso da cirurgia na manutenção prolongada com frequência leva a melhoras consideráveis na saúde, como redução da pressão arterial e eliminação do diabetes tipo 2. Os riscos da cirurgia incluem sangramento, coágulos, hérnias e infecções graves. A longo prazo, a pessoa pode desenvolver deficiências de nutrientes se não for tratada adequadamente nos anos

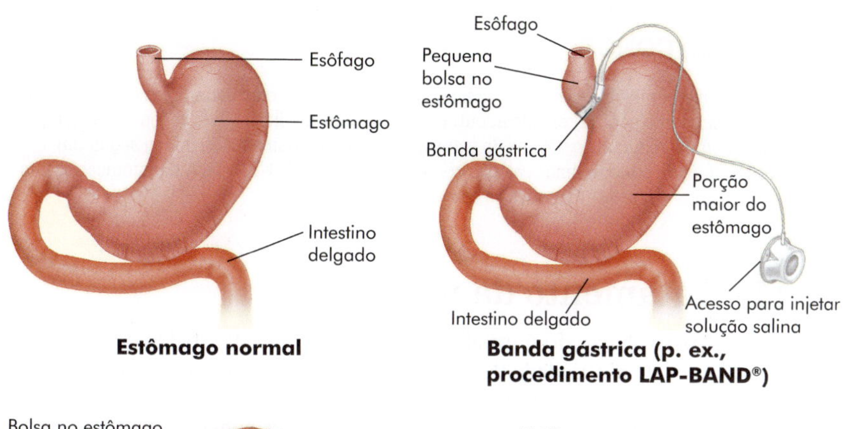

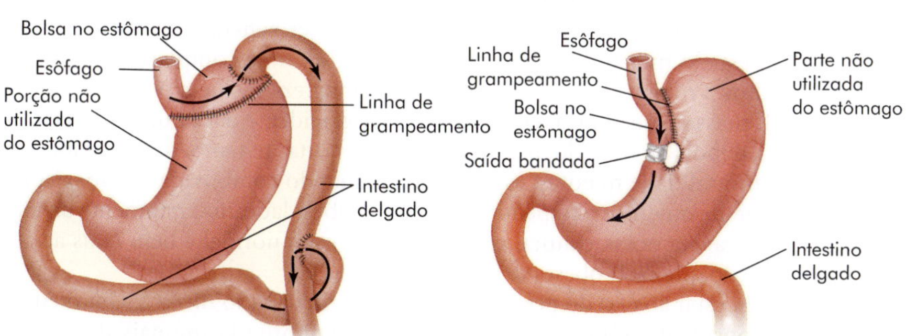

FIGURA 7.19 ▶ As formas mais comuns de gastroplastia para tratar obesidade mórbida. A derivação gástrica é o método mais eficaz. Na gastroplastia com banda, a banda impede a expansão da passagem para a bolsa no estômago.

seguintes à cirurgia. Anemia e perda óssea são outras possíveis consequências. O risco de óbito por essa cirurgia exigente pode ser tão alto quanto 2% (o risco é menor nas mãos de cirurgiões experientes).

Os critérios de seleção dos pacientes para cirurgia bariátrica incluem:

- IMC > 40.
- IMC entre 35 e 40 na presença de problemas de saúde graves relacionados à obesidade.
- É preciso que a pessoa esteja obesa há mais de cinco anos e já tenha passado por várias tentativas infrutíferas de perder peso.
- Não deve haver uma história de alcoolismo ou transtornos psiquiátricos importantes não tratados.

É preciso que a pessoa considere também o alto custo da cirurgia (de 12.000 a 40.000 dólares ou mais) e que o procedimento talvez não seja coberto pelo plano de saúde. Além disso, outras cirurgias com frequência são necessárias depois da perda de peso para corrigir as sobras de pele, antes cheias de gordura. Além disso, a cirurgia obriga a grandes mudanças no estilo de vida, como a necessidade de planejar pequenas refeições frequentes. Por isso, a pessoa que quer emagrecer e optou por essa abordagem drástica enfrenta meses de ajustes difíceis.

DECISÕES ALIMENTARES

Lipoaspiração

Reduções focais usando dieta e atividade física não são possíveis. Entretanto, depósitos de gordura localizada "problemáticos" podem ter seu tamanho reduzido com lipoaspiração. Lipoaspiração significa remoção cirúrgica de gordura. Uma sonda da espessura de um lápis é inserida na pele, e o tecido gorduroso, por exemplo nas nádegas ou na região das coxas, é aspirado. Esse procedimento acarreta alguns riscos, por exemplo, infecção, depressões cutâneas duradouras e coágulos sanguíneos, que podem levar à insuficiência renal e, às vezes, à morte. O procedimento é planejado para ajudar a pessoa a perder 2 a 4 kg por tratamento. O custo fica em torno de US$ 1.600 por local; os custos totais podem variar de 2.600 a 9.000 dólares.

REVISÃO CONCEITUAL

Pessoas gravemente obesas que não conseguiram perder peso com estratégias conservadoras de emagrecimento podem considerar outras opções. Seus médicos talvez recomendem uma cirurgia como a redução do volume do estômago a aproximadamente 30 mL ou seguir um plano de dieta de pouquíssimas calorias contendo de 400 a 800 kcal/dia. A monitoração atenta por um médico é crucial em ambos os casos.

7.11 Tratamento da magreza

magreza Um índice de massa corporal < 18,5. O ponto de corte é menos preciso do que para a obesidade porque essa condição foi menos estudada.

A **magreza** (peso abaixo do normal) é definida por um IMC abaixo de 18,5 e pode ser causada por uma variedade de fatores, como câncer, doenças infecciosas (p. ex., tuberculose), distúrbios do trato digestório (p. ex., doença intestinal inflamatória crônica) e dietas e exercícios físicos em excesso. Bases genéticas também podem levar a um estado metabólico em repouso mais alto, uma compleição física menor ou ambos. Problemas de saúde associados à magreza incluem perda da função menstrual, massa óssea baixa, complicações na gravidez e em cirurgias e recuperação lenta depois de uma doença. A magreza importante também está associada a taxas de mortalidade maiores, especialmente quando combinada ao tabagismo. Frequentemente ouvimos a respeito dos riscos da obesidade, mas raramente da magreza excessiva. Na nossa cultura, estar abaixo do peso normal é bem mais aceito socialmente do que estar obeso.

Às vezes, estar abaixo do peso normal requer intervenção médica. Um médico deverá ser consultado primeiro para descartar desequilíbrios hormonais, depressão, câncer, doenças infecciosas, distúrbios do trato digestório, excesso de atividade física e outras afecções ocultas, como transtornos alimentares graves (ver Cap. 11, para uma discussão detalhada a respeito de transtornos alimentares).

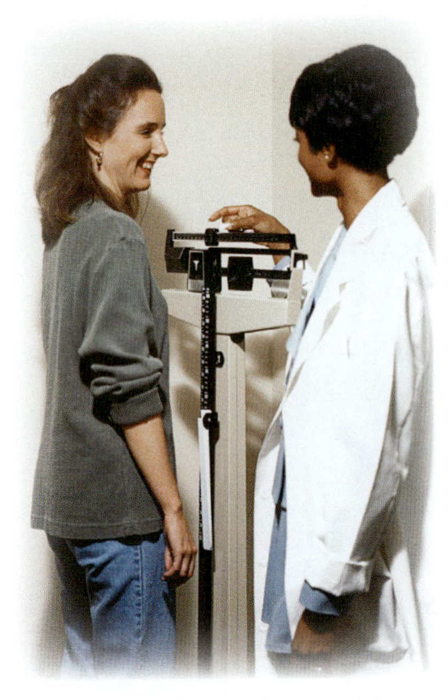

▲ O peso abaixo do normal (magreza) é com frequência resultado de distúrbios intestinais, como doença inflamatória intestinal.

As causas da magreza, como um todo, não são diferentes das causas da obesidade. Irregularidades dos sinais de saciedade externos e internos, taxa metabólica, tendências hereditárias e traços psicológicos podem contribuir para a esse estado nutricional.

Nas crianças em crescimento, a alta demanda de calorias para respaldar a atividade física e o crescimento pode causar magreza. Durante os estirões de crescimento na adolescência, crianças ativas talvez não parem para consumir calorias suficientes que atendam às suas necessidades. Ademais, ganhar peso pode ser uma tarefa extraordinária para uma pessoa muito magra. Um acréscimo de 500 kcal/dia pode ser necessário para ganhar peso, mesmo em um ritmo lento, em parte por causa do maior dispêndio de energia na termogênese. Ao contrário da pessoa que perde peso, a que ganha peso talvez precise aumentar os tamanhos das porções.

Quando a magreza requer intervenção específica, uma abordagem para tratar adultos é aumentar gradativamente o consumo de alimentos ricos em calorias, especialmente os ricos em gordura vegetal. Queijos italianos, nozes e granola podem ser boas fontes de caloria com baixo conteúdo de gordura saturada. Frutas secas e bananas são boas opções de frutas. Se ingeridas no final da refeição, não causam saciedade precoce. O mesmo conselho se aplica a saladas e sopas. Pessoas abaixo do peso normal devem substituir bebidas *diet* por boas fontes de caloria, como sucos de frutas e *milk shakes*.

Estimular um esquema de refeições e lanches regulares também ajuda no ganho e na manutenção do peso. Às vezes, pessoas abaixo do peso normal sofrem estresse no trabalho ou estão muito ocupadas para comer. Priorizar refeições regulares pode não só ajudá-las a chegar ao peso adequado, como também alivia distúrbios digestivos, como a constipação, às vezes associados a horários equivocados de refeições.

Pessoas excessivamente ativas podem reduzir a atividade física. Se o peso permanecer baixo, elas podem ganhar massa muscular por meio de um programa de treinamento de resistência (musculação), mas é preciso que a ingestão calórica para respaldar essa atividade física também aumente. Caso contrário, não haverá ganho de peso.

Se esses esforços não tiverem sucesso em ajudar a pessoa a chegar a um peso saudável, ao menos servirão para prevenir problemas de saúde associados à magreza. Depois disso, é provável que essas pessoas tenham que aceitar suas compleições magras.

Dietas populares – razão de preocupação

Muitas pessoas obesas tentam ajudar-se usando o último livro de dieta mais popular (também chamada de dieta da moda). Porém, conforme será visto, a maioria dessas dietas não ajuda, e algumas podem de fato prejudicar seus seguidores (Tab. 7.6). Pesquisas mostram que o hábito de fazer dieta precocemente e outras práticas não saudáveis de controlar o peso entre adolescentes levam a um risco maior de ganho de peso, sobrepeso e transtornos alimentares.

Recentemente, especialistas em emagrecimento reuniram-se à pedido do USDA (Departamento de Agricultura dos EUA) para avaliar dietas de emagrecimento e chegaram à seguinte conclusão: esqueça essas dietas da moda quando quiser emagrecer. A maioria das dietas populares é nutricionalmente inadequada e inclui determinados alimentos que as pessoas normalmente não escolheriam consumir em grandes quantidades. Os especialistas afirmaram que consumir menos dos alimentos favoritos e tornar-se mais ativo fisicamente pode ser tão eficaz quanto tentar implementar uma dieta de emagrecimento. As pessoas precisam de um plano com o qual possam conviver a longo prazo de maneira que o controle de peso seja permanente. A meta deve ser o controle do peso durante a vida toda, não a perda de peso imediata. Toda dieta popular leva a uma perda de peso imediata simplesmente porque a ingestão diária é monitorada, e escolhas alimentares monótonas, em geral, fazem parte do plano. Um exemplo conhecido da eficácia da monotonia na perda de peso é a experiência de Jared Fogle. Ele comeu basicamente sanduíches do Subway durante 11 meses e perdeu 111 kg. Entretanto, ele observa que não se trata de uma dieta milagrosa – é preciso muito esforço para chegar ao sucesso. Existem muitos outros exemplos nos quais a monotonia da dieta levou à perda de peso. Em termos gerais, uma dieta moderada tradicional conjugada à atividade física regular é adequada para emagrecer.

Pessoas que fazem dieta com frequência se encaixam em uma faixa de IMC saudável de 18,5 a 25. Em vez de ter como foco a perda de peso, essas pessoas devem enfatizar um estilo de vida saudável que permita a manutenção do peso. Incorporar mudanças de estilo de vida necessárias e aprender a aceitar as características corporais individuais devem ser as metas predominantes.

A mania de fazer dieta pode ser vista como um problema basicamente social, que vem de expectativas irreais a respeito do peso (especialmente entre as mulheres) e da ausência de apreciação da variedade natural nas formas e nos pesos corporais. Nem toda mulher pode parecer uma modelo, nem todo homem parecer um "deus grego", mas todos nós podemos almejar boa saúde e, se fisicamente possível, um estilo de vida ativo.

O movimento de aceitação do tamanho de cada um sem dieta, chamado Health at Every Size (Saúde em qualquer tamanho), tentou mudar o paradigma do uso de dietas de emagrecimento populares. Todos os objetivos do movimento independem do peso corporal e incluem melhora da autoimagem, regularização do comportamento alimentar e aumento da atividade física.

Como reconhecer uma dieta não confiável

Os critérios para avaliar programas de emagrecimento em termos de segurança e eficácia foram discutidos anteriormente (ver Fig. 7.15). Contudo, dietas duvidosas geralmente compartilham algumas características comuns:

1. Promovem perda de peso rápida. Trata-se da primeira tentação em que cai a pessoa que faz dieta. Conforme mencionado anteriormente, essa perda de peso inicial resulta basicamente de perda de água e depleção de massa muscular magra.
2. Limitam as seleções de alimentos e ditam rituais específicos, como comer apenas fruta no desjejum ou sopa de repolho todos os dias.
3. Usam testemunhos de pessoas famosas e associam a dieta a lugares famosos, como Beverly Hills e South Beach.
4. Autoproclamam uma panaceia para todos. Essas dietas afirmam que funcionam para qualquer pessoa, qualquer que seja o tipo de obesidade ou os pontos fortes e fracos específicos de cada um.
5. Com frequência recomendam suplementos caros.
6. Nenhuma tentativa é feita para mudar os hábitos alimentares de forma permanente. As pessoas seguem essas dietas até atingir o peso que desejam e então voltam aos hábitos alimentares antigos – por exemplo, são obrigadas a comer arroz por um mês, perdem peso e então retornam aos hábitos antigos.
7. Geralmente são críticas e céticas a respeito da comunidade científica. A ausência de soluções rápidas e milagrosas por parte de médicos e nutricionistas levou parte do público a buscar ajuda naqueles que parecem ter a resposta.
8. Afirmam que não há necessidade de praticar exercícios.

Provavelmente a característica mais cruel dessas dietas é que elas, em geral, garantem o insucesso para seus seguidores. As dietas não são elaboradas para a perda de peso permanente. Os hábitos não são modificados, e a seleção de alimentos é tão limitada que a pessoa não consegue seguir a dieta a longo prazo. Apesar de presumirem que perderam peso, elas perderam basicamente músculo e outra massa tecidual magra. Assim que voltam aos seus hábitos normais de alimentação, grande parte do tecido perdido retorna. Em questão de semanas, grande parte do peso está de volta. Parece então que o fracasso foi da pessoa que seguiu a dieta, quando na verdade o fracasso é da dieta em si. O ciclo de perda e ganho é chamado de círculo vicioso ou efeito "iôiô". Esse cenário pode agregar ainda mais vergonha e culpa, abalando a autoestima de quem faz dieta. E pode também incorrer em custos à saúde, por exemplo, mais depósito de gordura na

TABELA 7.6 Resumo de abordagens de dietas populares para emagrecer

Abordagem	Exemplos*	Características	Opinião do nutricionista
Restrição calórica moderada	• *Dieting for Dummies (2003)* • *Dieting with the Duchess (2000)* • A Dieta do Dr. Phil (2003,2005) • *Flat Belly Diet* (2008) • *Jenny Craig* (anos 1980) • A Imagem Certa para Emagrecer (2003) • *Slim-fast* (anos 1980) • Dieta de Sonoma (2005) • Dieta Volumétrica (2000) • *Wedding Dress Diet (2000)* • Vigilantes do Peso (anos 1960) • *You on a Diet* (2006)	• Geralmente, 1200 a 1800 kcal/dia • Ingestão moderada de gordura • Equilíbrio razoável de macronutrientes • Estimula exercícios • Pode usar abordagem comportamental	Essas dietas são aceitáveis se um suplemento multivitamínico e mineral for usado e a permissão do médico da família for concedida.
Foco em carboidratos	• *Carbohydrate Addicts Diet (1993,2001)* • A Dieta Revolucionária do Dr. Atkins (1973,2002) • *Dr. Gott's No Flour, No Sugar Diet (2006)* • *Eat, Drink & Weigh Less (2006)* • Dieta do Índice Glicêmico (2003) • *Health for Life (2005)* • A Nova Revolução da Glicose (2002) • Nutrisystem (2003) • Dieta de *South Beach* (especialmente as fases iniciais) (2003) • *Sugar Busters Diet (1998,2003)* • Dieta da Zona (1995)	• Dietas com restrição de carboidratos geralmente recomendam o consumo de menos de 100 g de carboidrato por dia • Alguns planos se concentram nas escolhas de carboidratos (p. ex., escolher alimentos de baixo índice glicêmico)	É recomedável selecionar fontes de carboidrato integrais ricas em fibras para controlar o peso e prevenir uma série de doenças crônicas. Entretanto, a restrição radical de carboidratos pode levar à cetose (devido a reservas insuficientes de glicogênio nos músculos), ingestão excessiva de gordura animal, constipação, cefaleias, halitose (mau hálito) e cãibras musculares. A restriçao radical de carboidratos não é uma solução prolongada sensata em termos nutricionais.
Hipolipídica	• *20/30 Fat and Fiber Diet Plan (2000)* • *Complete Hip and Thigh Diet (1989,1999)* • *Eat More, Weigh Less (1993,2001)* • *Fit or Fat (1977,2005)* • *Foods That Cause You to Lose Weight (1992,2003)* • Programa McDougall (1983,1995) • *Pritikin Diet* (1984,1995) • A Dieta do Arroz (2005) • *T-Factor Diet (1989,2001)* • Programa Okinawa (2002)	• Geralmente, menos de 20% de calorias provenientes de gordura • Fontes de proteína animal limitadas (ou eliminadas); também consumo limitado de óleos vegetais, nozes e sementes	Planos de dieta hipolipídicos não devem ser necessariamente evitados, mas alguns aspectos talvez sejam inaceitáveis. Alguns desfechos potencialmente negativos incluem flatulência, mal-absorção de minerais (pelo excesso de fibras) e uma sensação de privação (pelas escolhas alimentares limitadas)
Dietas da moda	• *3-Hour Diet (2005)* • Dieta de *Beverly Hills (1981,1996)* • A Dieta da Sopa de Repolho (2004) • A Dieta do Tipo Sanguíneo (1996) • *Fat Smach Diet (2006)* • *Fit for Life (1987,2001)* • *Metabolic Type Diet (2002)* • *New Hilton Head Metabolism Diet (1983,1996)* • *Ultrametabolism (2006)* • *Weigh Down Diet (2002)*	• Promovem certos nutrientes, alimentos ou combinações de alimentos como portadores de qualidades singulares e mágicas até então desconhecidas	As dietas da moda geralmente não são balanceadas em termos nutricionais e, assim, a desnutrição é um resultado possível. Além disso, o insucesso em fazer mudanças a longo prazo pode levar ao relapso, e escolhas alimentares impraticáveis levam ao potencial de farras alimentares.

* As datas listadas são datas originais divulgadas seguidas por datas de divulgação mais recentes, se aplicável.

parte superior do corpo. Se uma pessoa precisa de ajuda para emagrecer, recomenda-se ajuda profissional. É uma pena que as tendências atuais continuem colaborando para que as pessoas gastem mais tempo e dinheiro em 'soluções rápidas' do que em ajuda profissional.

Tipos de dietas populares

Abordagens de baixo teor ou restrição de carboidratos

Dietas de baixo teor de carboidrato tornaram-se mais recentemente as mais populares. A ingestão de pouco carboidrato leva a menos síntese de glicogênio e, portanto, menos água no corpo (aproximadamente 3 g de água são armazenados por grama de glicogênio). Conforme discutido no Capítulo 4, uma ingestão muito baixa de carboidrato também força o fígado a produzir

▲ Com o tempo, dietas de teor de carboidrato muito baixo e teor de proteína muito alto acabam, em geral, fazendo a pessoa desejar mais variedade nas refeições e, assim, essas dietas são abandonadas. As taxas de desistência são altas nessas dietas.

a glicose necessária. A fonte de carbonos para essa glicose é basicamente proteína dos tecidos, por exemplo, músculo, resultando em perda de tecido proteico, cerca de 72% de água. Íons essenciais, como potássio, também são perdidos na urina. Com a perda das reservas de glicogênio, tecido magro e água, a pessoa que faz dieta emagrece muito rapidamente. Quando uma dieta normal é reassumida, o tecido proteico é reconstruído, e o peso, recuperado.

Embora as dietas com pouco carboidrato funcionem a curto prazo basicamente porque limitam a ingestão alimentar total, resultados recentes indicam que dietas de baixo teor de carboidrato podem ser alternativas efetivas às dietas hipolipídicas. Em um estudo recente de dois anos publicado no *New England Journal of Medicine*, adultos moderadamente obesos em uma dieta com pouco carboidrato perderam e mantiveram a perda de 5,5 kg aproximadamente, comparados a 4,5 kg nos que seguiram a dieta mediterrânea tradicional e a 3 kg nos que adotaram um plano hipolipídico.

A dieta mais popular que emprega uma abordagem de baixo teor de carboidratos é a Dieta do Dr. Atkins. Abordagens mais moderadas são encontradas nas diversas dietas da Zona (40% da ingestão calórica como carboidrato), na dieta *Sugar Busters* e na dieta de *South Beach* (especialmente nas fases iniciais).

Dietas focadas em carboidratos

Várias dietas recentes, incluindo a *Sugar Busters the Glucose Revolution* (A revolução da glicose dos caçadores de açúcar) e a *Eat, Drink and Weigh Less* (Coma, beba e pese menos), não restringem carboidratos, mas enfatizam "bons" carboidratos no lugar de carboidratos "ruins" ou "prejudiciais". Essas dietas recomendam a ingestão de muitas frutas, vegetais, grãos integrais e o corte de açúcares e grãos processados. As dietas com foco em carboidratos baseiam-se essencialmente em alimentos de baixo índice glicêmico e baixa carga glicêmica. Em teoria, esses alimentos causam um aumento lento e gradativo do açúcar no sangue, o que ajuda a controlar a fome.

Abordagens hipolipídicas

As dietas hipolipídicas contêm aproximadamente de 5 a 10% das calorias como gordura e têm alto teor de carboidratos. As mais famosas são a dieta de Pritikin e a dieta *Eat More, Weigh Less* do Dr. Dean Ornish. Essa abordagem não é prejudicial a adultos saudáveis, mas é difícil de ser seguida. As pessoas ficam rapidamente entediadas com esse tipo de dieta porque não conseguem comer muitos de seus alimentos favoritos; elas consomem principalmente grãos, frutas e vegetais, o que a maioria não consegue seguir por muito tempo. No fim, a pessoa deseja alguns alimentos ricos em gordura ou proteína. Essas dietas são muito diferentes da dieta norte-americana típica para que os adultos consigam segui-las de maneira consistente, mas podem ser razoáveis para algumas pessoas.

Dietas da moda

Muitas dietas são elaboradas em torno de propaganda. Algumas dietas da moda enfatizam um alimento ou grupo alimentar e excluem quase todos os outros. Uma dieta à base de arroz foi elaborada nos anos 1940 para reduzir a pressão arterial; depois ressurgiu recentemente como uma dieta para emagrecer. A primeira fase consiste em comer apenas arroz e frutas. Na Dieta de *Beverly Hills*, a pessoa come principalmente frutas.

Os fundamentos por trás dessas dietas é que a pessoa pode comer apenas arroz ou fruta até ficar cansada e, em teoria, reduzir a ingestão calórica. Entretanto, há chances de a pessoa abandonar a dieta inteiramente antes de perder muito peso.

A afirmação mais questionável das dietas da moda é que "o alimento fica preso no seu corpo". As dietas *Fit for Life, Beverly Hills e Eat Great, Lose Weight* são exemplos. A suposição é que o alimento fica preso no intestino, apodrece e cria toxinas, que invadem o sangue e causam doenças. Para que isso não ocorra, recomenda-se não consumir carne com batatas ou consumir frutas só depois do meio-dia. Essas recomendações não fazem sentido em termos fisiológicos.

Substitutos de refeições

Os substitutos de refeições têm várias formas, incluindo bebidas ou fórmulas, pratos congelados ou resfriados e barras de alimentos ou cereais. A maioria desses produtos é enriquecida com vitaminas e minerais e adequada para substituir uma ou duas refeições ou lanches regulares por dia. Embora não sejam uma "cura milagrosa", esses produtos já mostraram ajudar algumas pessoas a perder peso. As vantagens são que eles proporcionam alimentos de porções e calorias controladas que podem servir como uma educação visual a respeito de tamanhos de porção adequados.

O charlatanismo é a característica de muitas dietas populares

Muitas dietas populares se encaixam na categoria de charlatanismo – pessoas que obtêm vantagem com outros. Essas dietas, em geral, envolvem um produto ou serviço que custa uma quantia considerável. Com frequência, os que oferecem o produto ou serviço não imaginam que estão promovendo o charlatanismo, pois eram as próprias vítimas. Por exemplo, testavam o produto e, por mera coincidência, funcionava para elas, de maneira que queriam vendê-lo a amigos e parentes.

Numerosas propagandas de emagrecimento vieram e se foram e provavelmente voltarão. Se no futuro for descoberto um auxílio importante para perder peso, você pode ter certeza de que os principais periódicos, como o *Journal of the American Dietetic Association*, o *Journal of the American Medical Association* ou o *New England Journal of Medicine* divulgarão. Não é preciso recorrer a livretos, comerciais, anúncios ou propagandas em jornais para ter informações a respeito da perda de peso.

Estudo de caso: escolhendo um programa de emagrecimento

▲ Que mudanças Joe pode fazer em sua rotina diária e na dieta para combater esse ganho de peso?

Joe tem uma rotina frenética. Durante o dia, ele trabalha em tempo integral em um depósito central de distribuição atendendo pedidos. Três vezes por semana à noite, frequenta aulas em uma faculdade comunitária buscando certificação em informática. Nos finais de semana, gosta de assistir a esportes na televisão, passar tempo com a família e os amigos e estudar. Joe tem pouco tempo para pensar no que come – comodidade é tudo. Então faz uma parada para um café com torta a caminho do trabalho, come uma pizza ou um hambúrguer no almoço em uma lanchonete e, no jantar, frango ou peixe frito no *drive-through* a caminho da aula. Infelizmente, nos últimos anos, o peso de Joe vem aumentando. Ao assistir a um jogo na televisão algumas noites atrás, viu um comercial de um produto que afirma que uma pessoa pode comer grandes porções de alimentos saborosos sem ganhar peso. Um famoso ator confirma a afirmação de que o produto permite que a pessoa coma à vontade sem engordar. Essa afirmação é tentadora para Joe.

Responda às seguintes perguntas e verifique a resposta no Apêndice A.

1. Joe vem experimentando um equilíbrio energético positivo ou negativo nos últimos anos?
2. Que aspectos do estilo de vida de Joe (outros que não a dieta) estão causando esse efeito no equilíbrio energético? Que mudanças Joe poderia fazer em seus hábitos para promover a perda ou a manutenção do peso?
3. Que mudanças Joe poderia fazer na dieta que promoveriam a perda ou a manutenção do peso?
4. Por que Joe deveria ser cético a respeito das alegações que ouviu sobre o produto emagrecedor no comercial?
5. Que conselho você daria a Joe para avaliar programas de emagrecimento?

Resumo

1. O balanço energético considera ingestão energética e gasto energético. Balanço energético negativo ocorre quando o débito energético supera a ingestão energética, resultando em perda de peso. Balanço energético positivo ocorre quando a ingestão calórica é maior do que o gasto, resultando em ganho de peso.
2. O metabolismo basal, o efeito térmico dos alimentos, a atividade física e a termogênese respondem pelo uso total de energia pelo corpo. O metabolismo basal, que representa a quantidade mínima de calorias necessárias para manter vivo um corpo desperto em repouso, é basicamente afetado pela massa corporal magra, pela área superficial e pelas concentrações dos hormônios da tireoide. Atividade física é o uso de energia acima da despendida em repouso. O efeito térmico dos alimentos decreve o aumento no metabolismo que facilita a digestão, a absorção e o processamento dos nutrientes recém-consumidos. Termogênese é a produção de calor causada por calafrios no frio, tremores e outros estímulos. Em uma pessoa sedentária, cerca de 70 a 80% do uso de energia responde pelo metabolismo basal e pelo efeito térmico dos alimentos.
3. Uma pessoa de peso saudável exibe boa saúde e faz as atividades diárias sem problemas relacionados ao peso. Um índice de massa corporal (peso em quilogramas ÷ altura^2 em metros) de 18,5 a 25 é uma medida de peso saudável, embora o peso acima desse valor não signifique uma saúde ruim. Um peso saudável é determinado melhor em conjunto com uma avaliação abrangente feita pelo médico. Um índice de massa corporal de 25 a 29,9 representa sobrepeso. Obesidade é definida como uma porcentagem de gordura corporal total acima de 25% (homens) ou 35% (mulheres) ou um índice de massa corporal igual ou superior a 30.
4. A distribuição de gordura determina bastante os riscos à saúde pela obesidade. O depósito de gordura na parte superior do corpo, medida por uma circunferência da cintura acima de 102 cm para homens ou 88 cm para mulheres, geralmente resulta em riscos maiores de hipertensão, doença cardiovascular e diabetes tipo 2 do que o depósito de gordura na parte inferior do corpo.
5. Um programa de emagrecimento sensato atende às necessidades nutricionais de quem faz dieta ao enfatizar uma ampla variedade de alimentos volumosos hipocalóricos; adapta-se aos hábitos da pessoa; consiste em alimentos de obtenção fácil; busca modificar maus hábitos alimentares; enfatiza a atividade física regular e estipula a supervisão por um médico se for preciso perder peso rapidamente ou se a pessoa tiver mais de 40 anos (homens) ou 50 anos (mulheres) e planeja fazer mais atividade física do que o normal.
6. Uma libra (454 g) de tecido adiposo contém cerca de 3.500 kcal. A perda ou o ganho de 454 g de tecido adiposo

– a gordura em si mais o tecido magro de apoio – representa aproximadamente 3.300 kcal. Assim, se o gasto energético exceder a ingestão calórica em cerca de 500 kcal/dia, a quantidade perdida será de 454 g de tecido adiposo por semana.

A atividade física como parte de um programa de emagrecimento deve concentrar-se em duração em vez de intensidade. O ideal é que uma atividade vigorosa por 60 minutos seja praticada todos os dias para prevenir o ganho de peso na fase adulta.

A modificação do comportamento é uma parte vital de um programa de emagrecimento, pois a pessoa que vai fazer dieta talvez tenha muitos hábitos que desencorajam a manutenção do peso. Técnicas de modificação do comportamento específicas, como controle de estímulos e automonitoração, podem ser usadas para mudar comportamentos problemáticos.

7. Medicações para moderar o apetite, como fenteramina e sibutramina, podem ajudar nas estratégias de redução do peso. O orlistat reduz a absorção de gordura de uma refeição quando tomado junto às refeições. Fármacos emagrecedores são reservados para pessoas que estão obesas ou têm problemas relacionados ao peso e devem ser administrados sob a supervisão atenta de um médico.

   O tratamento da obesidade mórbida pode incluir cirurgia para reduzir o volume estomacal para aproximadamente 30 mL ou dietas com pouquíssimas calorias contendo de 400 a 800 kcal/dia. Essas duas medidas devem ser reservadas para pessoas que não tiveram sucesso com abordagens de emagrecimento mais conservadoras e também demandam supervisão médica criteriosa.

8. A magreza pode ser causada por diversos fatores, como atividade física excessiva e base genética.

   Às vezes, estar abaixo do peso normal requer atenção médica. Um médico deverá ser consultado para descartar uma doença subjacente. A pessoa abaixo do peso normal talvez precise aumentar os tamanhos das porções e aprender a gostar de alimentos ricos em calorias. Além disso, encorajar um esquema de refeições regulares e lanches ajuda a ganhar peso e a manter esse ganho.

9. Muitas pessoas acima do peso tentam dietas populares que, com mais frequência, não são úteis e podem de fato, ser prejudiciais. Dietas duvidosas geralmente compartilham características comuns, incluindo promoção da perda rápida de peso, limitação das seleções de alimentos, uso de testemunhos como prova, e não sugerem a prática de exercícios.

Questões para estudo

1. Depois de reexaminar os aspectos de natureza e criação no controle do peso, proponha duas hipóteses para o desenvolvimento da obesidade.
2. Proponha duas hipóteses para o desenvolvimento da obesidade com base nos quatro fatores contribuintes ao gasto energético.
3. Defina peso saudável da maneira que faça mais sentido para você.
4. Descreva um método prático de definir obesidade em um contexto clínico.
5. Quais são os dois exemplos de evidências mais convincentes a respeito de que tanto fatores genéticos quanto ambientais têm papéis significativos no desenvolvimento da obesidade?
6. Enumere os três problemas de saúde que os obesos, em geral, enfrentam. Descreva uma possível razão para a manifestação de cada um deles.
7. Ao procurar por um programa de emagrecimento sensato, quais são as três características principais que você buscaria?
8. Por que a afirmação de emagrecimento rápido e sem esforço por qualquer método é sempre enganosa?
9. Defina o termo *modificação comportamental*. Relacione-o aos termos *controle de estímulo, quebra da cadeia, prevenção da recaída* e *reestruturação cognitiva*. Dê exemplos de cada um.
10. Por que o tratamento da obesidade deve ser visto como um compromisso por toda a vida em vez de apenas um episódio breve de perda de peso?

Teste seus conhecimentos

As respostas das próximas questões de múltipla escolha encontram-se a seguir.

1. Diminuir a ingestão energética em cerca de 400 a 500 kcal por dia significaria uma perda em torno de 454 g de depósito de gordura corporal em ____ dias.
   a. 2
   b. 7
   c. 10
   d. 14
2. Efeito térmico do alimento representa o custo energético de
   a. mastigar o alimento.
   b. peristalse.
   c. metabolismo basal.
   d. disgestão, absorção e acondicionamento de nutrientes.
3. Uma dieta bem-elaborada deve
   a. aumentar a atividade física.
   b. alterar comportamentos problemáticos.
   c. reduzir a ingestão calórica.
   d. todas as respostas acima
4. A Dieta do Dr. Atkins, da Zona e a Dieta de *South Beach* são exemplos de dietas com baixo teor de ______.
   a. gordura
   b. carboidrato
   c. proteína
   d. fibra
5. O objetivo da cirurgia bariátrica é
   a. limitar o volume estomacal.

   b. acelerar o trânsito.
   c. remover, por cirurgia, o tecido adiposo
   d. impedir a ingestão frequente
6. O metabolismo basal:
   a. representa cerca de 30% do gasto energético total.
   b. é energia usada para manter os batimentos cardíacos, a respiração e outras funções básicas e atividades diárias.
   c. representa em torno de 60 a 70% das calorias totais usadas pelo corpo durante um dia.
   d. inclui a energia usada para digerir os alimentos.
7. Todos os seguintes fatores estão associados a uma taxa metabólica basal maior *exceto:*
   a. estresse.
   b. inanição.
   c. febre.
   d. gravidez.
8. Provavelmente a razão mais importante da obesidade atualmente nos Estados Unidos é
   a. assistir à televisão.
   b. o hábito de beliscar.
   c. inatividade.
   d. comer batatas fritas.
9. O principal objetivo da redução do peso no tratamento da obesidade é a perda de
   a. peso.
   b. gordura corporal.
   c. água corporal.
   d. proteína corporal.
10. Para a maioria dos adultos, a maior porção de gasto energético é com:
   a. atividade física.
   b. sono.
   c. metabolismo basal.
   d. efeito térmico dos alimentos.

Respostas: 1.b, 2.d, 3.d, 4.b, 5.a, 6.c, 7.b, 8.c, 9.b, 10.c.

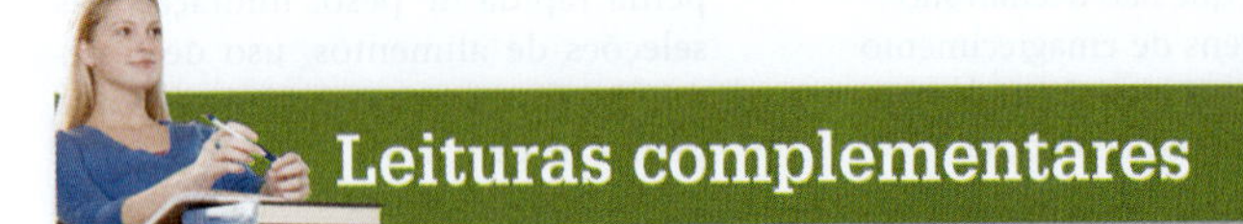

Leituras complementares

1. Adams KF and others: Overweight, obesity, and mortality in a large prospective cohort of persons 50 to 71 years old. *The New England Journal of Medicine 355:763, 2006.*

   Embora a obesidade, definida por um índice de massa corporal (IMC) igual ou superior a 30, tenha sido associada a um risco de óbito maior, a relação entre o sobrepeso (um IMC de 25 a 29,9) e o risco de óbito não é clara. O IMC foi examinado prospectivamente em relação ao risco de óbito por qualquer causa em 527.265 homens e mulheres norte-americanos de 50 a 71 anos de idade. O excesso de peso corporal durante a meia-idade estava associado a um risco maior de óbito. O risco de óbito aumentou em 20 a 40% entre pessoas acima do peso e 2 a 3 vezes entre obesos.

2. Blackburn GL, Corliss J: *Break Through Your Set Point.* New York: Harper Collins, 2007.

   Esse livro descreve estratégias para "romper" platôs de perda de peso trabalhando a favor, e não contra, a tendência natural do corpo de manter-se em um peso fixo. A chave é a perda de peso lenta e gradativa, seguida por um período de seis meses de estabilização do novo peso. O Dr. Blackburn acredita que o ponto de ajuste seja reduzido por meio do consumo de pelo menos 450 calorias a cada refeição, além de dormir o suficiente e manter-se o mais ativo possível.

3. Foster GD and others: Behavioral treatment of obesity. *American Journal of Clinical Nutrition* 82:230S, 2005.

   O processo de mudança comportamental é facilitado por meio do uso de automonitoração, estabelecimento de metas e resolução de problemas. A terapia comportamental pode ajudar os indivíduos a desenvolver uma série de habilidades (como a adoção de uma dieta hipocalórica e hipolipídica) para atingir um peso mais saudável.

4. Goldberg J, Bucciarelli A: A century of low-carbohydrate diets. *Nutrition Today* 41(3):99, 2006.

   Dietas com pouco carboidrato vêm e vão e prometem a perda de peso rápida e fácil há mais de um século. Esse artigo revisa a história de dietas com pouco teor de carboidratos, sua segurança e eficácia e o desempenho delas em ensaios clínicos.

5. Hollis JF and others: Weight loss during the intensive intervention phase of the weight-loss maintenance trial. *American Journal Preventive Medicine* 35:118, 2008.

   Os participantes desse estudo estavam acima do peso ou obesos e perderam uma média de 5,5 kg nesse ensaio. A manutenção de um diário de alimentação e atividades físicas ajudou-os a ter êxito. Esse estudo aponta que a disposição de registrar os hábitos alimentares poderia levar a um peso mais saudável.

6. Jakicic JM, Otto AD: Physical activity considerations for the treatment and prevention of obesity. *American Journal of Clinical Nutrition* 82:226S, 2005.

   A atividade física é um componente importante de controle de peso a longo prazo e, portanto, níveis adequados de atividades devem ser prescritos para combater a epidemia de obesidade. Apesar de haver evidências de que 30 minutos de atividade física de intensidade moderada podem melhorar os desfechos de saúde, um corpo de literatura científica indica que, no mínimo, 60 minutos de atividade física de intensidade moderada podem ser necessários para maximizar a perda de peso e prevenir o retorno significativo do peso perdido.

7. Kruger J and others: Dietary and physical activity behaviors among adults successful at weight loss maintenance. *International Journal of Behavioral Nutrition and Physical Activity* 3:17, 2006.

   Muitas pessoas que emagrecem não mantêm a perda de peso e acabam ganhando novamente grande parte do peso perdido. Nesse estudo, estratégias de emagrecimento entre adultos que relataram sucesso nas tentativas de emagrecimento (emagreceram e conseguiram manter a perda de peso) foram comparadas a pessoas cujas tentativas anteriores para emagrecer não tiveram êxito ou que não conseguiram manter o peso perdido. As estratégias mais comuns entre os que emagreceram com sucesso incluíam estratégia de automonitoração como pesar-se, planejar as refeições, contar gordura e calorias, praticar exercícios por 30 minutos ou mais diariamente e acrescentar atividade física à rotina diária.

8. Ledikwe JH and others: Low-energy density diets are associated with high diet quality in adults in the United States. *Journal of the American Dietetic Association* 106:1172, 2006.

   Esse estudo demonstrou os efeitos benéficos de uma dieta de baixa energia comparada a dietas de alta energia. Os benefícios incluíam ingestões energéticas menores, ingestões alimentares mais frequentes e melhor qualidade da dieta. Uma dieta de baixo teor energético deverá incluir uma variedade de frutas e vegetais; alimentos de alto teor nutricional, pouca gordura ou hipolipídica e/ou com teor elevado em grãos ricos em água; laticínios e carnes/alternativas às carnes.

9. Li Z and others: Meta-analysis: Pharmacologic treatment of obesity. *Annals of Internal Medicine* 142(7):532, 2005.

   A sibutramina, o orlistat e a fenteramina promovem a perda de peso por pelo menos seis meses quando administradas em conjunto com recomendações dietéticas (e outras intervenções comportamentais e de exercícios). A quantidade de perda de peso extra atribuível a esses medicamentos é modesta, mas ainda assim clinicamente significativa. O uso de cada uma dessas medicações é revisada em detalhes.

10. Madan AT, Orth WD: Vitamin and trace mineral levels after laparoscopic gastric bypass. *Obesity Surgery* 16:603, 2006.

   Deficiências de vitaminas e minerais são consideradas um desfecho comum a longo prazo da cirurgia bariátrica. Nesse estudo retrospectivo, os níveis séricos e pós-operatórios de vitaminas e oligoelementos foram medidos em 100 pacientes submetidos à derivação gástrica em Y de Roux laparoscópica. Os níveis da maioria das vitaminas e minerais estavam um pouco menores um ano depois da cirurgia. Quedas significativas foram observadas apenas para vitamina D e selênio.

11. National Center for Chronic Disease Prevention and Health Promotion: *Obesity: Halting the Epidemic by Making Health Easier.* Center for Disease Control and Prevention, Department of Health and Human Services, 2009. http://www.cdc.gov/nccdphp/dnpa.

    Sinais de sucesso na prevenção e no controle da obesidade estão surgindo. Nos EUA, as taxas de obesidade entre crianças, adolescentes, mulheres e homens não aumentaram significativamente entre 2003-2004 e 2005-2006. Considera-se que uma consciência maior sobre a obesidade como um problema de saúde nacional tenha contribuído para o platô nas taxas de obesidade. Mudanças ambientais e nas políticas, nos locais de trabalho e nas escolas talvez tenham levado a esse nivelamento das taxas. Especialistas acreditam que mais exercício e menos consumo de alimentos ricos em calorias e gordura tenham causado esse impacto.

12. O'Brien PE and others: Treatment of mild to moderate obesity with laparoscopic adjustable gastric banding or an intensive medical program: A randomized trial. *Annals of Internal Medicine* 144:625, 2006.

    Trata-se de um dos primeiros ensaios controlados randomizados comparando a banda gástrica ajustável a uma dieta líquida intensiva de pouquíssimas calorias. Os dois grupos perderam inicialmente uma média de 13,8% do peso em seis meses. Os pacientes cirúrgicos continuaram a perder peso mais rapidamente, em média 21,6% em 24 meses, e também tiveram uma melhora maior na síndrome metabólica e na qualidade de vida. Os resultados apontam que uma cirurgia moderada, como a banda gástrica, pode representar menos riscos do que a derivação gástrica com resultados de perda de peso mais duradouros.

13. Ogden CL, Carroll MD, McDowell MA, Flegal KM: Obesity among adults in the United States—no change since 2003–2004. NCHS data brief no 1. Hyattsville, MD: National Center for Health Statistics, 2007.

    Nos EUA, as taxas de obesidade entre crianças, adolescentes, mulheres e homens não aumentaram significativamente entre 2003-2004 e 2005-2006.

14. Robb M, Robb N: Tiny pills, big promises. *Today's Diet & Nutrition* 4(4):58, 2008.

    Artigo com informações a respeito dos últimos auxílios dietéticos/pílulas de emagrecimento para perder peso. Os medicamentos baseiam-se em três estratégias: suprimir o apetite, acelerar o metabolismo ou bloquear a absorção de gorduras ou carboidratos. Cada estratégia é revisada. Os auxílios incluem fentermina, sibutramina, hoodia godornii *(um fitoterápico e orlistat).*

15. See R and others: The association of differing measures of overweight and obesity with prevalent atherosclerosis: the Dallas Heart Study. *Journal of American College of Cardiologists* 50: 752, 2007.

    Nesse estudo das associações entre medidas diferentes da obesidade (índice de massa corporal, circunferência da cintura, relação cintura-quadril) e aterosclerose do Dallas Heart Study, os autores descobriram que a relação cintura-quadril estava mais fortemente relacionada à aterosclerose do que o índice de massa corporal. Esses resultados indicam que pessoas com o corpo em forma de maçã (as que têm mais gordura na faixa central do corpo) têm um risco maior de desenvolver doenças relacionadas à obesidade e ataque cardíaco do que pessoas que têm o corpo em forma de pera (mais magras na linha da cintura e com mais gordura em outras partes).

16. Shai I and others: Weight loss with a lowcarbohydrate, Mediterranean, or low-fat diet. *New England Journal of Medicine* 359:229, 2008.

    Adultos moderadamente obesos (média de idade, 52 anos) foram designados a uma dentre três dietas: de restrição calórica e hipolipídica; mediterrânea de restrição calórica ou sem restrição calórica e com pouco carboidrato, e estudadas por dois anos. Os participantes na dieta com pouco carboidrato perderam e mantiveram a perda de aproximadamente 5,5 kg; os que seguiram a tradicional dieta mediterrânea, incluindo muitos vegetais e uma quantidade moderada de azeite de oliva e nozes, conseguiram e mantiveram uma perda de 4,5 kg, e as que fizeram o plano hipolipídico perderam 3 kg. Os resultados indicam que a dieta mediterrânea e a de pouco carboidrato podem ser alternativas eficazes às dietas hipolipídicas.

17. Slavin J and others: How fiber affects weight regulation. *Food Technology,* p.34, February 2008.

    Dietas ricas em fibras estão ligadas a um peso corporal menor. Esse artigo discute o efeito de diferentes fibras na saciedade e na ingestão alimentar. A fibra dietética tem efeitos intrínsecos, hormonais e intestinais que diminuem a ingestão alimentar enquanto promovem a saciedade. Exemplos desses efeitos incluem menos esvaziamento gástrico e/ou absorção de energia e nutrientes mais lenta.

18. Spear BA: Does dieting increase the risk for obesity and eating disorders? *Journal of the American Dietetic Association* 106:523, 2006.

    Esse editorial resume os resultados de estudos recentes sobre dieta e outros métodos de controle de peso não saudáveis em adolescentes que parecem predizer e estar associados a ganho de peso posterior, sobrepeso e transtornos alimentares.

19. Svetkey LP and others: Comparison of strategies for sustaining weight loss: The weight loss maintenance randomized controlled trial. *Journal of the American Medical Association* 299:1139, 2008.

    Os participantes desse estudo pesavam em média 96,5 kg e tinham uma história de hipertensão e/ou hipercolesterolemia. Eles seguiram a dieta de Dietary Approaches to Stop Hypertension (DASH) (Abordagens dietéticas para combater a hipertensão) por seis meses e foram encorajados a fazer 180 minutos de exercícios moderados (a maioria optou por caminhadas intensas) por semana. Alguns seguidores da dieta mantiveram conversas telefônicas ou consultas domiciliares com um especialista em comportamento/nutrição; alguns tiveram acesso a um website *interativo, e outros ficaram livres. Depois de dois anos e meio, os participantes que perderam e mantiveram a perda de peso foram os que relataram que receberam aconselhamento nutricional todos os meses.*

20. Wing RR, Phelan S: Long-term weight loss maintenance. *American Journal of Clinical Nutrition* 82:222S, 2005.

    Membros do National Weight Control Registry (Cadastro Nacional de Controle do Peso) oferecem evidências de que a manutenção da perda de peso a longo prazo é possível e ajudam a identificar as abordagens específicas associadas ao sucesso prolongado. O artigo revisa os hábitos desses participantes, como consumo regular do desjejum, automonitoração do peso e a meta de 60 minutos de atividade física por dia.

AVALIE SUA REFEIÇÃO

I. Olhando melhor sua condição de peso

Determine o estado do seu peso corporal por estes dois índices: índice de massa corporal e circunferência da cintura.

Índice de massa corporal (IMC)

Registre seu peso em kg: ____
Registre sua altura em metros: ____
Calcule seu IMC usando a seguinte fórmula:
IMC = peso (kg) ÷ altura^2 (metros)
IMC = ____ kg ÷ ____ m^2 = ____

Circunferência da cintura

Use uma fita métrica para medir a circunferência da cintura (na altura do umbigo com os músculos do estômago relaxados). Circunferência da cintura (umbilical) = ___ cm.

Interpretação

1. Quando o IMC é maior do que 25, os riscos à saúde por obesidade com frequência começam. É especialmente aconselhável perder peso se seu IMC for maior do que 30. O seu ultrapassa 25 (ou 30)?
   Sim ____ Não ____
2. Quando uma pessoa tem um IMC acima de 25 e uma circunferência da cintura acima de 102 cm em homens ou 88 cm em mulheres, há um risco maior de desenvolver doença cardiovascular, hipertensão e diabetes tipo 2. Sua circunferência da cintura ultrapassa o padrão para seu gênero?
   Sim ____ Não ____
3. Você acha que precisa buscar um programa de emagrecimento?
   Sim ____ Não ____

Aplicação

A partir do que você aprendeu no Capítulo 7, o que seria possível fazer para mudar seus padrões alimentares e de atividade física a fim de perder peso e ajudar a garantir a manutenção do peso perdido?

____

____

____

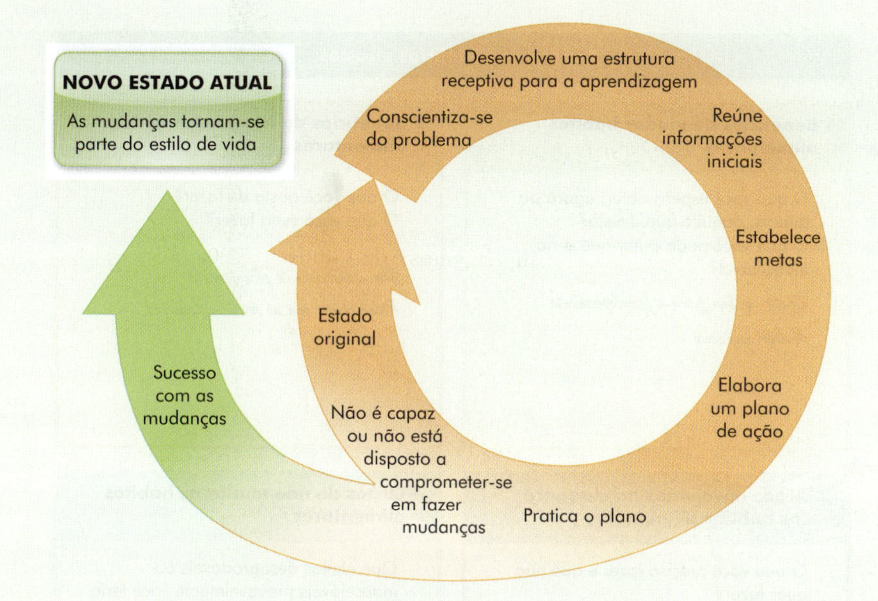

FIGURA 7.20 ▶ Um modelo para mudança comportamental. Começa com a conscientização do problema e termina com a incorporação de novos comportamentos, voltados para tratar o problema.

II. Um plano de ação para mudar ou manter o peso

Agora que avaliou o seu estado de peso atual, você sente que gostaria de fazer algumas mudanças? A seguir, temos um guia passo a passo para a mudança comportamental. Esse processo pode ser útil até mesmo para os que estão satisfeitos com o peso atual, já que pode ser aplicado para mudar hábitos de exercício, autoestima e uma variedade de outros comportamentos (Fig. 7.20).

Tornando-se consciente a respeito do problema

Ao calcular seu peso atual, você já se conscientizou do problema, se houver. A partir disso, é importante encontrar mais informações a respeito da causa do problema e se vale a pena trabalhar para uma mudança.

1. Quais são os fatores que mais influenciam seus hábitos alimentares? Você come quando está estressado(a), entediado(a) ou deprimido(a)? O volume de alimento é seu problema, ou você come basicamente alimentos que são ruins para você? Leve um tempo analisando as causas fundamentais de seus hábitos alimentares.
2. Quando já tiver mais informações a respeito de suas práticas alimentares específicas, é preciso decidir mudar essas práticas. Uma análise de custos e benefícios pode ser uma ferramenta útil para avaliar se vale a pena fazer mudanças na sua vida. Utilize o exemplo a seguir para listar benefícios e custos pertinentes à sua situação (Fig. 7.21).

Estabelecendo metas

O que podemos conseguir e quanto tempo levará? Estabelecer uma meta possível e realista e permitir um tempo razoável para chegar a essa meta aumenta a probabilidade de sucesso.

1. Comece determinando o resultado que você gostaria de conquistar. Se estiver tentando mudar seus comportamentos alimentares para ser mais saudável, enumere as razões para fazê-lo (p. ex., saúde geral, perda de peso, autoestima).

   Meta geral:

   ____

   ____

FIGURA 7.21 ▶ Análise de benefícios e custos aplicada ao objetivo de aumentar a atividade física. Esse processo ajuda a colocar a mudança de comportamento no contexto do estilo de vida global.

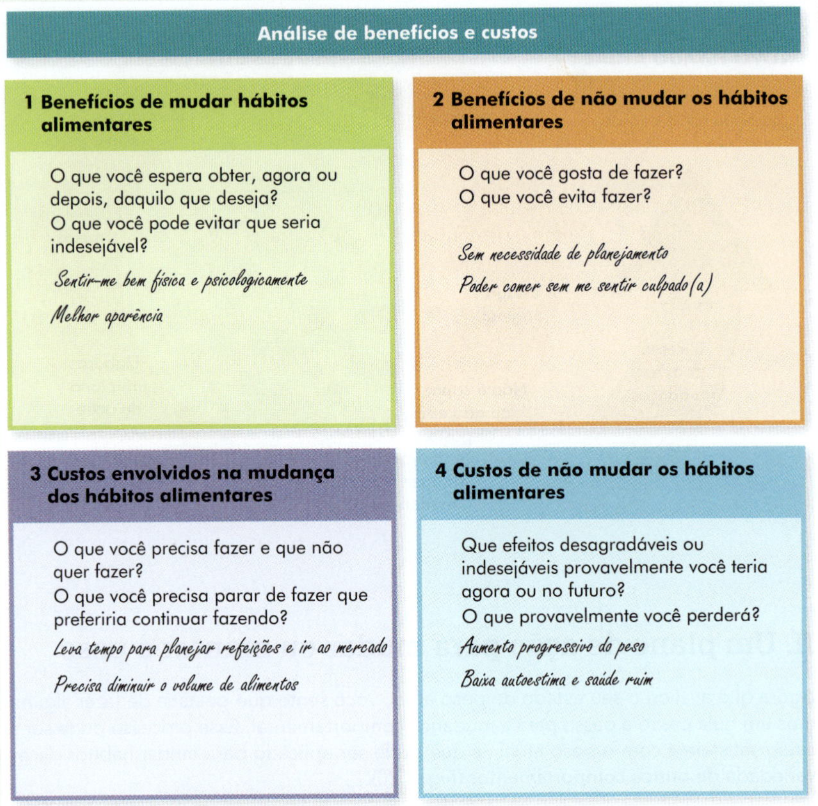

Análise de benefícios e custos

1 Benefícios de mudar hábitos alimentares

O que você espera obter, agora ou depois, daquilo que deseja?
O que você pode evitar que seria indesejável?

Sentir-me bem física e psicologicamente

Melhor aparência

2 Benefícios de não mudar os hábitos alimentares

O que você gosta de fazer?
O que você evita fazer?

Sem necessidade de planejamento

Poder comer sem me sentir culpado(a)

3 Custos envolvidos na mudança dos hábitos alimentares

O que você precisa fazer e que não quer fazer?
O que você precisa parar de fazer que preferiria continuar fazendo?

Leva tempo para planejar refeições e ir ao mercado

Precisa diminuir o volume de alimentos

4 Custos de não mudar os hábitos alimentares

Que efeitos desagradáveis ou indesejáveis provavelmente você teria agora ou no futuro?
O que provavelmente você perderá?

Aumento progressivo do peso

Baixa autoestima e saúde ruim

Razões para perseguir a meta:

____

____

____

2. Agora enumere as etapas necessárias para atingir sua meta. Entretanto, lembre que, em geral, é melhor mudar apenas uns poucos comportamentos específicos primeiro – caminhar intensamente 60 minutos todos os dias, reduzir a ingestão de gordura, usar mais produtos integrais e não comer depois das 19 h. Tentar fazer primeiro pequenas mudanças alimentares e talvez mais fáceis reduz o escopo do problema e aumenta a probabilidade de sucesso.

   Etapas para atingir a meta:

1. ____
2. ____
3. ____

Se tiver problemas para decifrar as etapas necessárias para atingir sua meta, profissionais de saúde são um excelente recurso para ajudar no planejamento.

Medindo o seu comprometimento

Agora que você já coletou informações e sabe o que é preciso para atingir sua meta, é preciso que você se pergunte: "Consigo fazer isso?" O comprometimento é um componente essencial no sucesso da mudança de comportamento. Seja honesto(a) consigo mesmo(a). Uma mudança permanente não é fácil nem rápida. Quando você tiver decidido que tem o comprometimento necessário para tanto, proceda às seções a seguir.

Oficializando com um contrato

Elaborar um contrato comportamental muitas vezes acrescenta incentivo para prosseguir com o plano. O contrato poderia listar metas comportamentais e objetivos, etapas fundamentais para medir o progresso e recompensas regulares por cumprir os termos do contrato. Depois de concluir o contrato, você deverá assiná-lo na presença de alguns amigos. Isso estimula o comprometimento.

Inicialmente, os planos deverão recompensar comportamentos positivos e então concentrar-se nos resultados positivos. Comportamentos positivos, como praticar atividade física regularmente, acabam levando a resultados positivos, como aumento da disposição.

A Figura 7.22 é um exemplo de contrato para aumentar a atividade física. Esse exemplo é apenas uma sugestão; é possível também acrescentar outras ideias.

Preparando-se mentalmente

Quando o contrato estiver vigente, será necessário se preparar mentalmente. É preciso estar preparado para a falta de estímulo de outras pessoas e as tentações de se desviar de seu plano. Preparar-se mentalmente vai capacitá-lo a progredir em direção às suas metas a despeito das atitudes e opiniões dos outros. Quase todo mundo se beneficia

Nome *Alan Young*

Objetivo

Concordo em *pedalar na minha bicicleta ergométrica*

(especifique o comportamento)

sob as seguintes circunstâncias *por 30 min, 4 vezes por semana à noite*

(especifique onde, quando, quanto, etc.)

Comportamento substituto e/ou esquema de reforço *recompensarei meu esforço se tiver atingido minha meta depois de um mês com um fim de semana fora do campus com meu colega de quarto.*

Planejamento ambiental

A fim de me ajudar a ter sucesso nisso, vou (1) planejar meu ambiente físico e social *comprando um novo tocador de CD portátil*

e (2) controlar meu ambiente interno (pensamentos, ideias) *coordenando as pedaladas na bicicleta com o primeiro programa de televisão que assistir à noite.*

Reforços/recompensas

Os reforços que promoverei diariamente ou semanalmente (se o contrato for cumprido): *Comprarei uma roupa nova para o meu fim de semana fora do campus.*

Reforços promovidos pelos outros diariamente ou semanalmente (se o contrato for cumprido): *No fim do mês, se tiver conquistado meu objetivo, meus pais me darão de presente a filiação a uma academia de ginástica durante o inverno.*

Apoio social

A mudança comportamental tende mais a ocorrer quando outras pessoas apoiam. Durante o trimestre/semestre, por favor, reúna-se com a outra pessoa pelo menos três vezes para discutir seu progresso.

Nome do meu "ajudante principal": *Sr. e Sra. Young*

Este contrato deverá incluir:

1. Dados iniciais (uma semana)
2. Meta bem-definida
3. Métodos simples de registrar o progresso (diário, contador, gráficos, etc.)
4. Reforços (imediatos e a longo prazo)
5. Método de avaliação (resumo da experiência, sucesso e/ou novos aprendizados a respeito de si mesmo)

FIGURA 7.22 ▶ Contrato comportamental de Alan. Preencher um contrato como esse pode ajudar a gerar comprometimento com a mudança de comportamento. Como seria o seu próprio contrato?

de um pouco de treinamento em assertividade quando chega a hora de mudar comportamentos. A seguir, temos algumas sugestões. Você pode pensar em outras?

- Você não magoará os outros se disser "Não, obrigado(a)" com firmeza e repetidamente quando tentarem desviá-lo (a) de seu plano. Diga que você tem agora um novo comportamento de dieta e que suas necessidades são importantes.
- Você não precisa comer para agradar os outros – sua mãe, seus clientes ou seu chefe. Por exemplo, em uma festa com amigos, talvez você sinta que deva comer muito para participar do evento, mas não é verdade. Outra armadilha é pedir muita comida porque outra pessoa está pagando a conta.
- Aprenda maneiras de lidar com comentários mordazes. Uma resposta eficaz pode ser dizer seus sentimentos com honestidade, não com hostilidade. Diga aos críticos que o perturbaram ou ofenderam, que você está trabalhando para mudar seus hábitos e que realmente gostaria que eles entendessem e o apoiassem.

Praticando o plano

Uma vez estabelecido um plano, a próxima etapa é implementá-lo. Comece com uma experiência de pelo menos 6 a 8 semanas. Pensar em um compromisso pela vida inteira pode ser algo opressivo. Concentre-se em uma duração total de seis meses de novas atividades antes de desistir. Talvez tenhamos que nos convencer mais de uma vez do valor de continuar o programa. A seguir, temos algumas sugestões para ajudar a manter o plano no rumo certo:

- *Concentre-se em reduzir, mas não necessariamente eliminar, comportamentos indesejáveis.* Por exemplo, normalmente é irreal dizer "nunca mais vou comer determinado alimento". Melhor dizer "não vou comer aquele alimento *problemático* com a mesma frequência de antes".
- *Monitore o progresso.* Anote o seu progresso em um diário e recompense-se de acordo com o seu contrato. Ao conquistar alguns hábitos e perceber melhoras, você pode se sentir bastante animado, até mesmo entusiasmado, a respeito do seu plano de ação, o que poderá fortalecê-lo para seguir em frente com o programa.
- *Controle os ambientes.* Nas fases iniciais da mudança comportamental, tente evitar situações problemáticas, como festas, pausas para café e restaurantes favoritos. Quando os novos hábitos estiverem fortemente estabelecidos, talvez você consiga resistir melhor às tentações desses ambientes.

Reavaliando e prevenindo recaídas

Depois de praticar o programa por um prazo de algumas semanas a meses, é importante reavaliar o plano original. Além disso, talvez você seja capaz agora de identificar outras áreas problemáticas em que seja preciso planejar corretamente.

1. Comece avaliando de maneira crítica o seu plano original. Ele leva aos objetivos que você traçou? Existem etapas novas na direção das suas metas que você se sente capaz de acrescentar ao contrato? Você precisa de novos reforços? Talvez até seja preciso fazer um novo contrato. Para mudanças permanentes, vale a pena tomar um tempo para reavaliação.
2. Ao praticar o plano nas últimas semanas ou meses, é provável que você tenha experimentado recaídas. O que os desencadeou? Para prevenir um retorno completo a velhos hábitos, é importante estabelecer um plano para essas recaídas. É possível fazer isso identificando situações de alto risco, ensaiando uma resposta e lembrando-se de suas metas.

Talvez você tenha notado uma cadeia comportamental em alguns dessas recaídas. Ou seja, a recaída pode ser causado por uma série de atividades habituais interconectadas. A maneira de quebrar essa cadeia é primeiro identificar as atividades, localizar os elos fracos, quebrar esses elos e substituir por outros comportamentos. A Figura 7.23 ilustra um exemplo de cadeia comportamental e uma lista de atividades substitutas. Considere reunir uma lista com base nas suas cadeias de comportamentos.

Epílogo

Se você usou as atividades deste tópico, significa que está no caminho certo de uma mudança comportamental permanente. Vale lembrar que o exercício pode ser usado em uma grande variedade de mudanças desejadas, incluindo parar de fumar, aumentar a atividade física e melhorar hábitos de estudo. Não se trata absolutamente de um processo fácil, mas os resultados podem compensar o esforço. Em termos gerais, a chave para o sucesso reside em ter motivação (manter o problema em primeiro plano na cabeça), ter um plano de ação, garantir os recursos e as habilidades necessárias para obter êxito e buscar ajuda de familiares, amigos ou de um grupo.

ATIVIDADES SUBSTITUTAS

Atividades prazerosas
1. Cantar/lavar os cabelos
2. Ler história em quadrinhos/pedalar
3. Costurar/telefonar para um amigo

Atividades necessárias
1. Passar roupa
2. Passar o aspirador de pó
3. Arrumar o apartamento

Situações em que foram usadas
1. Desejo por sorvete – postergado por um banho
2. Desejo por salgadinhos – limpou o apartamento
3. Vontade de beliscar – saiu para passear
4. Desejo de comer biscoito doce – lavou a louça primeiro
5. Visão de sobras de comida – saiu para andar de bicicleta
6. Tentação de comer biscoito doce – ajustou o timer
7. Vontade de beliscar – leu história em quadrinhos

CADEIA COMPORTAMENTAL

Identifique os elos na sua cadeia de resposta alimentar no diagrama a seguir. Faça uma linha na cadeia onde ela foi interrompida. Acrescente o elo que você substituiu e a nova cadeia comportamental que essa substituição gerou.

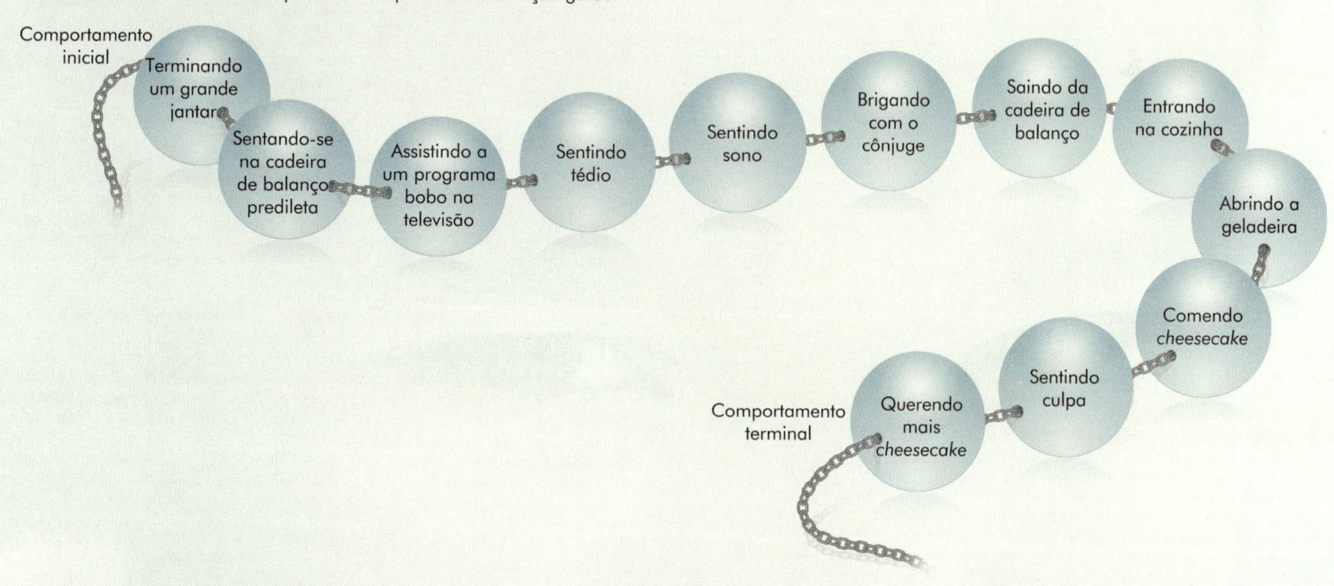

FIGURA 7.23 ▶ Identificando cadeias comportamentais. Essa é uma boa ferramenta para entender melhor seus hábitos e para localizar maneiras de mudar comportamentos indesejáveis. Quanto mais cedo nessa cadeia você sustituir um elo não alimentar, mais fácil é intervir. Quatro tipos de comportamento podem ser substituídos em uma cadeia comportamental contínua:

1. Atividades agradáveis (passear, ler um livro)
2. Atividades necessárias (limpar o quarto, fazer o balanço do talão de cheques)
3. Atividades incompatíveis (tomar uma ducha)
4. Atividades retardadoras de impulsos (ajustar um *timer* de cozinha para 20 min antes de permitir que você coma)

PARTE III

VITAMINAS, MINERAIS E ÁGUA

CAPÍTULO 8 Vitaminas

Objetivos do aprendizado

1. Definir o termo *vitamina* e enumerar três características das vitaminas como um grupo.
2. Classificar as vitaminas de acordo com sua propriedade lipossolúvel ou hidrossolúvel.
3. Enumerar as principais funções e os sintomas de deficiência de cada vitamina.
4. Enumerar três fontes alimentares importantes de cada vitamina.
5. Descrever sintomas de toxicidade pelo consumo excessivo de determinadas vitaminas.
6. Avaliar o uso de suplementos vitamínicos no que diz respeito aos seus potenciais benefícios e riscos ao corpo.

Conteúdo do capítulo

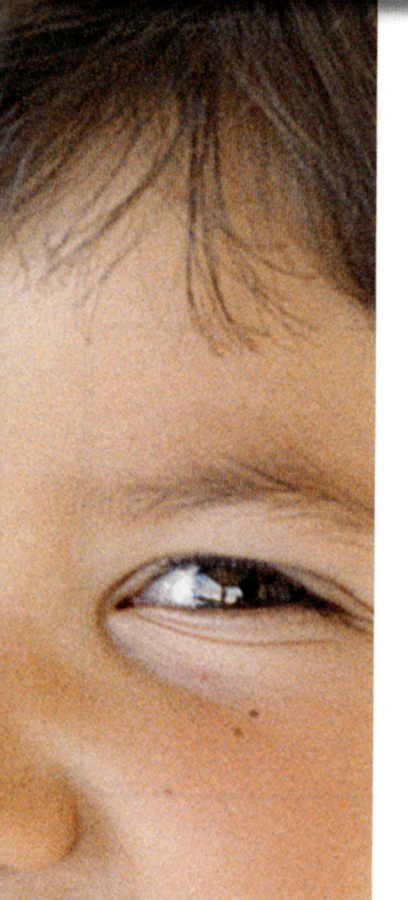

EMBORA AS VITAMINAS SEJAM NUTRIENTES ESSENCIAIS, PRECISAMOS DE UMA QUANTIDADE PEQUENA PARA PREVENIR AS DEFICIÊNCIAS. Em geral, os humanos precisam de um total aproximado de 28 g de vitaminas por 70 kg de alimento consumido. Algumas pessoas acreditam que consumir vitaminas além de suas necessidades proporciona energia extra, proteção contra doenças e juventude prolongada. Essas pessoas pensam que, se um pouco é bom, então ingerir uma grande quantidade deve ser melhor. Cerca de 40% dos adultos nos Estados Unidos tomam suplementos de vitaminas e/ou minerais com frequência, alguns em níveis perigosos. Essas pessoas gastam cerca de US$ 17 milhões anualmente em suplementos. O valor salutar dessa prática é motivo de debates acirrados.

As vitaminas são encontradas em vegetais e animais. Os vegetais sintetizam todas as vitaminas de que necessitamos e, conforme sugerido pelo quadrinho neste capítulo, são uma fonte salutar de vitaminas para os animais. A capacidade de sintetizar vitaminas varia entre os animais. Por exemplo, porquinhos-da-índia e humanos são dois dos poucos organismos incapazes de produzir seu próprio suprimento de vitamina C.

O Capítulo 8 revisa algumas propriedades gerais das vitaminas. Esses nutrientes vitais são divididos em dois grupos: as vitaminas lipossolúveis e as vitaminas hidrossolúveis. O capítulo concentra-se nas funções e nas fontes de cada vitamina e nas necessidades humanas. A controvérsia atual a respeito do uso de suplementos de vitaminas e minerais também é explorada.

Para relembrar

Antes de começar a estudar as vitaminas no Capítulo 8, talvez seja interessante revisar os seguintes tópicos:

- As implicações do Dietary Supplement Health and Education Act (DSHEA), no Capítulo 2.
- O sistema gastrintestinal para digestão e absorção de nutrientes, e o sistema urinário para ativação da vitamina D, no Capítulo 3.
- A digestão e absorção de lipídeos dietéticos, a formação de lipoproteínas e a definição de antioxidantes, no Capítulo 6.
- O metabolismo de aminoácidos, a síntese proteica e a desnutrição proteico-calórica, no Capítulo 6.

8.1 Vitaminas: componentes dietéticos vitais

Por definição, **vitaminas** são substâncias orgânicas (contendo carbono) essenciais, necessárias em pequenas quantidades na dieta para o funcionamento normal, o crescimento e a manutenção do corpo. Embora as vitaminas não produzam energia para o corpo, elas com frequência participam em reações geradoras de energia. As vitaminas A, D, E e K são **lipossolúveis**, ao passo que as vitaminas do complexo B e a vitamina C são **hidrossolúveis**. Além disso, as vitaminas do complexo B e a vitamina K funcionam como partes de **coenzimas** (compostos que ajudam na função enzimática).

Em geral, as vitaminas são essenciais às dietas humanas visto que não podem ser sintetizadas no corpo humano e que sua síntese pode ser reduzida por fatores ambientais. As principais exceções para ter uma necessidade dietética rigorosa de vitaminas são a vitamina A, que podemos sintetizar a partir de determinados pigmentos nos vegetais; a vitamina D, sintetizada no corpo se a pele for exposta à luz solar adequada; a niacina, sintetizada a partir do aminoácido triptofano, e a vitamina K e a biotina, sintetizadas até certo ponto por bactérias no trato gastrintestinal.

Para ser classificada como vitamina, é preciso que uma substância se encaixe nos seguintes critérios adotados para considerar um nutriente como essencial: (1)

vitamina Composto que deve estar presente na dieta em pequenas quantidades para ajudar a regular e sustentar reações e processos químicos do corpo.

vitaminas lipossolúveis Vitaminas que se dissolvem em gordura e em substâncias como éter e benzeno, mas não facilmente em água. Essas vitaminas são A, D, E e K.

vitaminas hidrossolúveis Vitaminas que se dissolvem em água. Essas vitaminas são as do complexo B e a vitamina C.

coenzima Composto que se liga a uma enzima inativa para dar origem à forma ativa, catalítica. Portanto, as coenzimas contribuem para a função das enzimas.

Aumentar nossa ingestão de frutas e vegetais é uma das diretrizes dietéticas recorrentes. Quais vitaminas são especialmente encontradas nas frutas e nos vegetais? Quais são os outros atributos salutares das frutas e vegetais em geral? Devemos tomar um suplemento vitamínico e mineral se não incluímos frutas e vegetais em nossa dieta? O Capítulo 8 dá algumas respostas.

o corpo é incapaz de sintetizar quantidade suficiente da substância para manter a saúde e (2) a ausência da substância na dieta por um período definido produz sintomas de deficiência que, se tratados logo no início, são rapidamente curados quando a substância é reabastecida. Uma substância não se qualifica como vitamina simplesmente porque o corpo não consegue produzi-la. É preciso haver evidências de que a saúde piora quando a substância não é consumida.

À medida que os cientistas começaram a identificar diversas vitaminas, doenças relacionadas à deficiência dessas substâncias, por exemplo, escorbuto, beribéri, pelagra e raquitismo, foram significativamente curadas. Conforme foram sendo descobertas, a maioria dessas vitaminas foi nomeada alfabeticamente: A, B, C, D, E e assim por diante. Posteriormente, descobriu-se que muitas substâncias originalmente classificadas como vitaminas não eram essenciais aos humanos e foram retiradas da lista. Outras vitaminas, em um primeiro momento consideradas apenas uma substância química, de fato eram diversas substâncias químicas, então os nomes em ordem alfabética foram decompostos em números (B6, B12 e assim por diante).

Além de seu uso na correção de doenças causadas por sua deficiência, algumas vitaminas também se provaram úteis no tratamento de diversas doenças não relacionadas a seus déficits. Essas aplicações medicamentosas demandam a administração de quantidades farmacológicas ou **megadoses**, bem acima das necessidades humanas típicas. Por exemplo, megadoses de uma forma de niacina podem ser usadas como parte do tratamento para reduzir os níveis de colesterol no sangue em determinados indivíduos. Este capítulo mencionará outras também. Ainda assim, quaisquer benefícios do uso de suplementos vitamínicos, especialmente ingestões acima do nível máximo de ingestão tolerável (se estiver estabelecido), deverão ser considerados com cuidado, já que alegações não comprovadas são comuns.

megadose Ingestão maciça de um nutriente além das necessidades estimadas ou muito acima do que se deveria encontrar em uma dieta balanceada, por exemplo, no mínimo 2 a 10 vezes a necessidade humana.

Tanto alimentos de origem vegetal quanto de origem animal fornecem vitaminas na dieta humana. Vitaminas isoladas dos alimentos ou sintetizadas em laboratório são os mesmos compostos químicos e, em termos gerais, funcionam igualmente bem no corpo. Ao contrário das alegações na literatura sobre alimentos saudáveis, vitaminas "naturais" isoladas dos alimentos não são, em grande parte, mais saudáveis do que as sintetizadas em laboratório, embora haja exceções. A vitamina E é bem mais potente em sua forma natural do que em sua forma sintética. No entanto, o ácido fólico sintético, a forma de vitamina acrescentada a cereais matinais e à farinha, é 1,7 vez mais potente do que sua forma natural.

Será que os cientistas descobriram todas as vitaminas?

É comum questionar se existem nos alimentos vitaminas que ainda não foram descobertas. Afinal, a primeira fórmula química de uma vitamina (tiamina) ainda não tinha sido determinada até 1932, e a última estrutura foi caracterizada em 1948 (vitamina B12). Embora alguns pesquisadores otimistas esperem descobrir que um ou mais compostos adicionais (p. ex., colina; ver pág. 332) são vitaminas, a maioria dos cientistas estão convictos de que todas as substâncias que se encaixam nos critérios de classificação como vitaminas já foram descobertas. As evidências respaldam essa hipótese. Por exemplo, pessoas viveram bem durante anos recebendo apenas a administração intravenosa de soluções que consistiam em proteína, carboidrato, gordura e todas as vitaminas conhecidas, além dos minerais essenciais. Com a monitoração médica adequada, essas pessoas não só continuam a viver, como também produzem novos tecidos corporais, cicatrizam feridas, combatem doenças existentes e, até mesmo, têm filhos.

▲ É improvável que as vitaminas sejam tóxicas, a menos que ingeridas em grandes quantidades como suplementos.

O armazenamento de vitaminas no corpo

Exceto pela vitamina K, as vitaminas lipossolúveis não são prontamente eliminadas do corpo. Contudo, quantidades excessivas de vitaminas hidrossolúveis, em geral, são eliminadas do corpo rapidamente, em parte porque a água nas células dissolve essas vitaminas eliminando-as do corpo por intermédio dos rins. As vitaminas hidrossolúveis B6 e B12 são exceções, visto que são armazenadas mais rapidamente do que as outras vitaminas hidrossolúveis.

Em virtude do armazenamento limitado, é preciso que muitas vitaminas sejam consumidas na dieta diariamente, embora um lapso eventual na ingestão até mesmo de vitaminas hidrossolúveis, em geral, não cause prejuízos. Os sintomas de uma deficiência vitamínica ocorrem apenas quando uma vitamina está ausente na dieta e as reservas do corpo estão essencialmente exauridas. Por exemplo, é preciso que uma pessoa comum não consuma tiamina por 10 dias ou nenhuma vitamina C por 20 a 40 dias para que desenvolva os primeiros sintomas de deficiência dessas vitaminas.

Toxicidade das vitaminas

As vitaminas lipossolúveis não são prontamente excretadas, de maneira que podem acumular-se facilmente no corpo e causar efeitos tóxicos. Embora um efeito tóxico decorrente de uma ingestão excessiva de qualquer vitamina seja teoricamente possível, a toxicidade da vitamina A lipossolúvel é a que se observa com mais frequência. A vitamina E e as vitaminas hidrossolúveis niacina, vitamina B6 e vitamina C também podem causar efeitos tóxicos, mas apenas quando consumidas em grandes quantidades (15-100 vezes acima das necessidades humanas ou mais). É improvável que essas cinco vitaminas causem efeitos tóxicos a menos que ingeridas na forma de suplementos (comprimidos). A vitamina A causa toxicidade até mesmo com a ingestão prolongada de tão pouco quanto o dobro das necessidades humanas.

Um suplemento multivitamínico e mineral do tipo 1 comprimido ao dia normalmente contém menos de duas vezes os valores diários dos componentes, de maneira que é improvável que o uso diário desses produtos cause efeitos tóxicos em mulheres não gestantes e homens. Entretanto, o consumo de muitos comprimidos de vitaminas, em especial fontes altamente potentes de vitamina A, pode trazer problemas. Hoje em dia, suplementos de vitamina A concentrada estão amplamente disponíveis em mercearias, farmácias e lojas de produtos naturais e representam riscos de toxicidade quando usados incorretamente. Consultar o tópico "Nutrição e Saúde", para saber se você precisa de um suplemento de vitaminas e minerais e, caso positivo, como tomá-lo corretamente.

Consultar o tópico "Nutrição e Saúde": *suplementos dietéticos: quem precisa deles?*, no final do Capítulo 8.

Preservação das vitaminas nos alimentos

Quantidades significativas de vitaminas podem ser perdidas desde o momento em que a fruta ou o vegetal é colhido até ser consumido. As vitaminas hidrossolúveis – particularmente tiamina, vitamina C e folato – podem ser destruídas com o armazenamento impróprio e o cozimento excessivo. Calor, luz, exposição ao ar, cozimento em água e alcalinidade são fatores que podem destruir vitaminas. Quanto mais rapidamente o alimento for consumido depois de colhido, menor a chance de perda de nutrientes. Cooperativas de alimentos, **agricultura apoiada pela comunidade** e mercados de produtores são ótimas fontes de frutas e vegetais frescos.

agricultura apoiada pela comunidade (CSA, em inglês) Fazendas em que uma comunidade de produtores e consumidores apoiam-se mutuamente e dividem os riscos e benefícios da produção de alimentos, em geral incluindo um sistema de entrega ou coleta semanal de vegetais e frutas, às vezes laticínios e carnes.

Em geral, se o alimento não é consumido em poucos dias, o congelamento é o melhor método para preservar seus nutrientes. Frutas e vegetais são com frequência congelados logo após serem colhidos, de maneira que muitas vezes são tão ricos em nutrientes quanto os frescos. Como parte do processo de congelamento, os vegetais são de imediato escaldados em água fervente, o que destrói as enzimas que, de outro modo, degradariam as vitaminas. A Tabela 8.1 oferece algumas dicas para ajudar a preservar as vitaminas nos alimentos.

▲ Frutas e vegetais congelados, muitas vezes, são tão ricos em nutrientes quanto os frescos.

REVISÃO CONCEITUAL

Em geral, as vitaminas lipossolúveis (A, D, E e K) são menos rapidamente eliminadas do que as vitaminas hidrossolúveis (do complexo B e a vitamina C). O consumo regular de alimentos ricos em vitaminas lipossolúveis e hidrossolúveis é importante para a saúde. O eventual consumo inadequado de uma vitamina é motivo de pouca preocupação, porque até mesmo as vitaminas hidrossolúveis permanecem no corpo por algum tempo. Por exemplo, quando uma pessoa ingere uma dieta sem vitaminas, os primeiros sinais de deficiência (em virtude de carência de tiamina) não se manifestarão por cerca de 10 dias. Quando tomada na forma de suplemento, a vitamina A lipossolúvel representa o maior risco de toxicidade. Em grande parte, há pouco risco de toxicidade quando as vitaminas são obtidas de uma variedade de alimentos.

TABELA 8.1 Sugestões para preservar o conteúdo de vitamina dos alimentos

O que fazer?	Por quê?
Mantenha frutas e vegetais resfriados.	As enzimas nos alimentos começam a degradar as vitaminas no momento em que a fruta e o vegetal são colhidos. O resfriamento reduz esse processo. Refrigere os produtos frescos (exceto batatas, tomates, cebolas e bananas) até serem consumidos.
Refrigere alimentos em recipientes herméticos e secos.	Os nutrientes se mantêm melhor em temperaturas próximas ao congelamento, em umidade elevada e longe do ar.
Desbaste, descasque e corte frutas e vegetais o mínimo possível – apenas o suficiente para remover partes estragadas ou não comestíveis.	O oxigênio decompõe as vitaminas mais rapidamente quanto mais superfície estiver exposta. As folhas externas da alface e de outras verduras têm valores mais altos de vitaminas e minerais do que os caules e as folhas internas. Cascas de batatas e maçãs são mais ricas em vitaminas e minerais do que as partes internas.
Cozinhe o alimento no micro-ondas, no vapor ou em uma frigideira ou *wok* com pouca gordura e uma tampa bem-fechada para cozinhá-los.	Mais nutrientes ficam retidos quando há menos contato com a água e o tempo de cozimento é menor. Sempre que possível, cozinhe frutas e vegetais com a casca.
Evite ao máximo requentar os alimentos.	O reaquecimento prolongado reduz o conteúdo de vitaminas.
Não acrescente gordura aos vegetais durante o cozimento se você planeja descartar o líquido.	Vitaminas lipossolúveis serão perdidas na gordura descartada. Acrescente gorduras aos vegetais quando já estiverem totalmente cozidos e escorridos.
Não acrescente bicarbonato de sódio aos vegetais para realçar a cor verde.	A alcalinidade destrói grande parte da tiamina e outras vitaminas.
Guarde alimentos enlatados em local fresco.	Alimentos enlatados variam em termos de quantidade de nutrientes perdidos, em grande parte devido a diferenças no tempo e nas temperaturas de estocagem. Para obter o valor nutritivo máximo de alimentos enlatados, sirva o alimento com o líquido da embalagem sempre que possível.

▲ O cozimento rápido de vegetais em pouco líquido ajuda a preservar o conteúdo de vitamina. Cozinhá-los no vapor é um método eficaz.

8.2 Vitaminas lipossolúveis – A, D, E e K

Vejamos o que se sabe a respeito das vitaminas lipossolúveis.

Absorção de vitaminas lipossolúveis

As vitaminas A, D, E e K são absorvidas em conjunto com a gordura dietética, pois são lipossolúveis. Essas vitaminas, em conjunto com as gorduras dietéticas, então percorrem a corrente sanguínea até chegar às células corporais. Transportadores especiais na corrente sanguínea ajudam a distribuir algumas dessas vitaminas, as quais são armazenadas principalmente no fígado e nos tecidos gordurosos.

Quando a absorção de gordura é eficaz, cerca de 40 a 90% das vitaminas lipossolúveis são absorvidas. Qualquer coisa que interfira na digestão e absorção normal de gorduras, entretanto, também interfere na absorção das vitaminas lipossolúveis. Por exemplo, os portadores de fibrose cística, uma doença que com frequência impede a absorção de gordura, podem desenvolver deficiências de vitaminas lipossolúveis. Alguns medicamentos, como o agente antiobesidade orlistat, abordado no Capítulo 7, também interferem na absorção de gordura. A gordura não absorvida carrega essas vitaminas para o intestino grosso, sendo excretadas nas fezes. Portadores desse tipo de problema são especialmente suscetíveis à deficiência de vitamina K porque as reservas corporais dessa vitamina são menores do que as de outras vitaminas lipossolúveis. Suplementos vitamínicos, tomados com orientação médica, fazem parte do tratamento para prevenir uma deficiência vitamínica associada à má-absorção de gordura. Por fim, pessoas que usam óleo mineral como laxante durante as refeições estão em risco de desenvolver deficiências de vitaminas lipossolúveis. O intestino não absorve óleo mineral, de maneira que as vitaminas lipossolúveis são eliminadas com esse óleo mineral nas fezes.

retinoides Formas químicas de precursores e metabólitos da vitamina A presentes nos alimentos de origem animal.

carotenoides Pigmentos de cor amarela, alaranjada ou vermelha encontrados nas frutas e legumes; dentre os vários carotenoides, três são fontes de vitamina A. Muitos deles são antioxidantes.

pró-vitamina/precursor Substância que pode ser transformada em uma vitamina, dependendo da necessidade do organismo.

cegueira noturna Deficiência de vitamina A na qual a retina (do olho) não consegue se ajustar a condições de pouca luminosidade.

muco Fluido espesso secretado por várias células do corpo. O muco contém um composto formado por uma mistura de carboidrato e proteína que atua como lubrificante e meio das células.

xeroftalmia Literalmente "olho seco". É uma causa de cegueira que resulta de uma deficiência de vitamina A. Uma carência de produção de muco pelo olho, colocando-o em maior risco de sofrer danos por sujeira e bactérias na superfície.

degeneração macular Doença que desorganiza a região central da retina (no fundo do olho) e provoca visão turva, mas não causa dor.

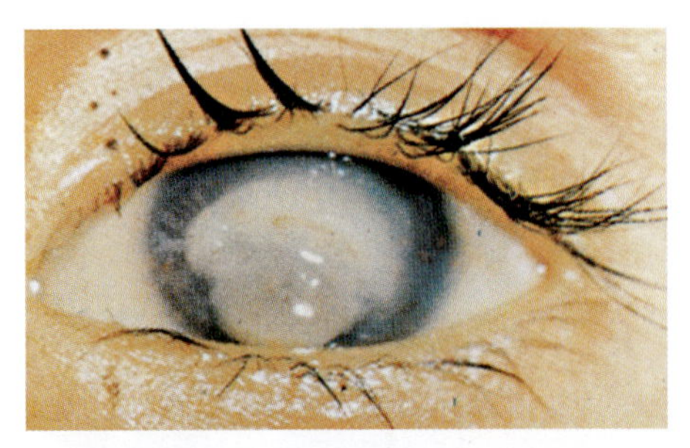

FIGURA 8.1 ▲ Deficiência de vitamina A que acaba levando à cegueira. Observe os efeitos graves no olho. Esse problema é visto atualmente no Sudeste Asiático.

8.3 Vitamina A

A quantidade de vitamina A que consumimos é importante, mas tanto a deficiência quanto a toxicidade dessa vitamina podem causar problemas graves. Além disso, existe uma faixa estreita de ingestões ideais entre esses dois estados. A vitamina A é encontrada em uma variedade de formas. **Retinoides**, ou vitamina A pré-formada, só são encontrados em alimentos de origem animal, como peixe e vísceras. Entretanto, os vegetais contêm pigmentos denominados **carotenoides**, que podem se transformar em vitamina A no corpo conforme necessário, por isso podem ser denominados **pró-vitamina A**. Apenas três dos mais de 600 carotenoides encontrados na natureza são conhecidos como fontes de pró-vitamina A em humanos, mas podem existir mais. O betacaroteno, o pigmento amarelo-alaranjado encontrado nas cenouras, é a forma mais potente de pró-vitamina A. Os outros carotenoides pró-vitamina A conhecidos são luteína e zeaxantina. Juntos, a vitamina A pré-formada de fontes animais e carotenoides pró-vitamina A perfazem o que, em geral, chamamos de vitamina A.

Funções da vitamina A e dos carotenoides

A vitamina A tem papéis muito importantes no corpo. O mais conhecido e mais claramente entendido é seu papel na visão. Mudanças corporais que podem ocorrer na carência de vitamina A explicam melhor essa e outras ações desse nutriente lipossolúvel.

Visão A vitamina A tem funções importantes na visão claro-escuro e, em menor extensão, na visão de cores. Uma forma de vitamina A (retinol) permite que determinadas células do olho se ajustem da luz brilhante para a penumbra (como depois de ver os faróis de um carro em direção oposta). Sem vitamina A dietética suficiente, as células oculares não conseguem reajustar-se rapidamente à penumbra. Essa condição, conhecida como **cegueira noturna**, é um sinal inicial de deficiência de vitamina A.

Se a deficiência de vitamina A progredir, as células que revestem a córnea (a janela clara do olho) também perdem sua capacidade de produzir **muco**. O olho fica, então, ressecado. Por fim, quando partículas de sujeira arranham a superfície ressecada do olho, as bactérias infectam-na. A infecção espalha-se rapidamente para toda a superfície ocular e leva à cegueira. Esse processo patológico é denominado **xeroftalmia**, que significa *olho seco* (Fig. 8.1).

A deficiência de vitamina A só perde para os acidentes como causa mundial de cegueira. Os norte-americanos não estão muito expostos a esse risco em virtude de um bom acesso a alimentos fonte. Entretanto, pessoas – especialmente crianças – em nações menos desenvolvidas são suscetíveis à deficiência de vitamina A. Ingestões pobres em vitamina A e pobres em gordura que não possibilitam absorção dessa vitamina em quantidade suficiente, além de reservas baixas de vitamina A, comprometem a capacidade das crianças de terem suas necessidades atendidas durante o rápido crescimento da infância. Centenas de milhares de crianças em países em desenvolvimento, especialmente as asiáticas, ficam cegas todos os anos em virtude da deficiência de vitamina A e acabam morrendo em consequência de infecções. Na América do Norte, a principal causa de cegueira em adultos é o diabetes; em crianças, são os acidentes. Conforme será visto mais detalhadamente no Capítulo 12, tentativas mundiais de reduzir esse problema incluíram a administração de doses altas de vitamina A duas vezes ao ano e produtos enriquecidos com essa vitamina, como açúcar, margarina e glutamato monossódico. Essas fontes alimentares são usadas porque são consumidas com mais frequência pelas populações de nações menos desenvolvidas. Esse esforço mostrou-se eficaz em alguns países.

A **degeneração macular** relacionada à idade é uma das principais causas de cegueira legal* entre adultos norte-americanos acima de 65 anos de idade (Fig. 8.2). A doença está associada a mudanças na área macular do olho, que possibilita a visão mais detalhada. Idade, tabagismo e genética são fatores de risco. A mácula contém os carotenoides luteína e zeaxantina em concentrações elevadas o suficiente para transmitir uma cor amarelada. Em um estudo, quanto maior o número total de carotenoides

* N. de R.T.: Cegueira legal, em inglês *legal blindness*: quando uma pessoa tira os óculos ou as lentes e não enxerga nada.

(betacaroteno, luteína e zeaxantina) consumidos na dieta, menor o risco de degeneração macular associada à idade. Esses carotenoides podem também diminuir o risco de catarata ocular. Consumir frutas e vegetais ricos em carotenoides, em vez de um dos carotenoides específicos na forma de suplementos, pode reduzir o risco desses distúrbios oculares. Suplementos multivitamínicos e minerais formulados para idosos (p. ex., Centrum Silver®) são comercializados como uma fonte de luteína.

FIGURA 8.2 ▶ Degeneração macular relacionada à idade causando um ponto cego no centro do campo visual. A ingestão dietética maior de luteína e zeaxantina está associada a um risco menor de degeneração macular. Mais pesquisa é necessária para entendermos melhor a relação entre degeneração macular e carotenoides.

A saúde de outras células A vitamina A também mantém a saúde de células que revestem as superfícies externa e interna de pulmões, intestinos, estômago, vagina, trato urinário e bexiga, bem como as superfícies dos olhos e da pele. Essas células (denominadas **células epiteliais**) servem como barreiras importantes a infecções bacterianas. Assim como foi observado em relação aos olhos, algumas células epiteliais produzem muco, um lubrificante necessário. Sem vitamina A, células formadoras de muco se deterioram e não mais sintetizam muco. A deficiência de vitamina A também causa a produção insuficiente de muco nas células intestinais e pulmonares, além da má saúde das células em geral. Essa deficiência igualmente reduz a atividade de algumas células do sistema imune. Juntos, esses efeitos colocam a pessoa com deficiência de vitamina A em grande risco de sofrer infecções. Por muitos anos, a vitamina A foi batizada de vitamina "anti-infecção".

Crescimento, desenvolvimento e reprodução A vitamina A participa nos processos de crescimento, desenvolvimento e reprodução de diversas maneiras. Esse papel foi demonstrado em crianças com deficiência de vitamina A que sofriam atraso do crescimento e apresentaram melhora nessa condição quando receberam suplementação dessa vitamina. Em nível genético, a vitamina A (como ácido retinoico) liga-se a receptores no DNA aumentando a síntese de uma variedade de proteínas (ver Fig. 6.1 a respeito do papel do DNA na síntese proteica). Ao fazê-lo, diz-se que a vitamina A afeta a **expressão genética**. Algumas dessas proteínas são necessárias ao crescimento, por exemplo, ao crescimento ósseo. Em animais de laboratório, outra consequência de deficiência de vitamina A é a incapacidade de reproduzir.

células epiteliais Células que revestem a superfície externa do corpo e a superfície interna de todos os órgãos tubulares, por exemplo, o trato gastrintestinal.

expressão gênica Uso da informação contida no DNA de um gene para produzir uma proteína. Considerada um dos principais fatores determinantes do desenvolvimento das células.

glândula prostática (próstata) Um órgão sólido em forma de castanha circundando a primeira porção do trato urinário no homem. A glândula prostática produz substâncias para o sêmen.

análogo Um composto químico que se difere um pouco de um outro composto, geralmente natural. Os análogos, em geral, contêm grupos químicos adicionais ou alterados e podem ter efeitos metabólicos similares ou opostos comparados ao composto original. Em inglês, pode ser escrito como analog ou analogue.

Prevenção de doenças cardiovasculares Os carotenoides podem ter um papel na prevenção de doenças cardiovasculares em pessoas de alto risco, possivelmente ligado à sua capacidade antioxidante. Até que estudos definitivos estejam concluídos, muitos cientistas recomendam que se aumente a ingestão de carotenoides e outros nutrientes e substâncias por meio do consumo de, pelo menos, cinco porções de frutas e vegetais por dia como parte de um esforço para reduzir o risco de doenças cardiovasculares.

Prevenção do câncer Muitas formas de câncer originam-se de células com deficiência de vitamina A. Além da sua capacidade de auxiliar a função do sistema imune, a vitamina A pode ser uma ferramenta valiosa no combate ao câncer. Isso é especialmente verdadeiro para os cânceres de pele, pulmões, bexiga e mama. No entanto, devido ao potencial de toxicidade, o uso não supervisionado de megadoses de vitamina A para reduzir o risco de câncer não é aconselhável.

Os carotenoides por si só podem ajudar a prevenir o câncer, agindo mais uma vez como antioxidantes. Estudos populacionais mostram que o consumo regular de alimentos ricos em carotenoides diminui o risco de cânceres de pulmão e da boca. O câncer de **próstata** é um dos cânceres mais comuns entre homens norte-americanos. O carotenoide dietético encontrado em tomates (o pigmento vermelho licopeno) parece proteger contra esse tipo de câncer, além de reduzir o risco de câncer de pele.

▼ Muitos vegetais são ricos em carotenoides pró-vitamina A.

Em contraste com os benefícios potenciais dos carotenoides nos alimentos, lembre-se do Capítulo 1, onde foi comentado que estudos recentes dos Estados Unidos e da Finlândia não conseguiram mostrar uma redução no câncer de pulmão em homens fumantes e não fumantes que receberam suplementos do carotenoide betacaroteno por cinco anos ou mais. De fato, o uso de betacaroteno por homens fumantes aumentou o número de casos de câncer de pulmão comparado aos grupos-controle. Nenhum estudo comparativo foi realizado com mulheres. Embora outras pesquisas continuem em andamento, a maioria dos pesquisadores acredita que a suplementação de betacaroteno não é eficaz na proteção contra o câncer. Assim, o conselho importante é valer-se de fontes alimentares desse e de quaisquer outros carotenoides.

Análogos de vitamina A para a pele A medicação antiacne tretinoína é feita de uma forma **análoga** de vitamina A, sendo empregada como tratamento tópico (aplicado na pele) para acne. O agente parece funcionar irritando a pele, o que leva à abertura dos poros e a uma descamação (*peeling*) generalizada da camada de pele. O medicamento também consegue bloquear os efeitos nocivos que as bactérias cutâneas têm nas lesões acneicas. Derivados de vitamina A semelhantes também são usados em cremes anti-idade porque aumentam a renovação celular e interrompem as vias de dano cutâneo dos raios ultravioleta (UV). Um outro derivado da vitamina A, isotretinoína, é um agente oral usado para tratar a acne grave. Esse agente age, em parte, ao regular o desenvolvimento de células na pele (o papel da expressão de genes discutido anteriormente). O uso de doses elevadas da própria vitamina A não seria seguro. O uso de isotretinoína é estritamente monitorado pela FDA a fim de prevenir o uso do agente durante a gravidez em virtude do alto risco de defeitos congênitos. O iPLEDGE é um programa de distribuição obrigatório exigido desde março de 2006 pela FDA. Para que as mulheres recebam esse medicamento, é preciso que elas apresentem dois exames de gravidez negativos; assinem um termo de consentimento/informação ao paciente; concordem em usar duas formas efetivas de contracepção; registrem-se, em conjunto com seus médicos e farmacêuticos, no iPLEDGE por telefone ou Internet e concordem em seguir todas as instruções do programa iPLEDGE.

Fontes e necessidades de vitamina A

A vitamina A pré-formada é encontrada no fígado, no peixe, nos óleos de peixe, no leite, em iogurte enriquecido e ovos (Fig. 8.3). Embora o fígado seja uma fonte alimentar rica em vitamina A e outros nutrientes que ali ficam armazenados, não deve

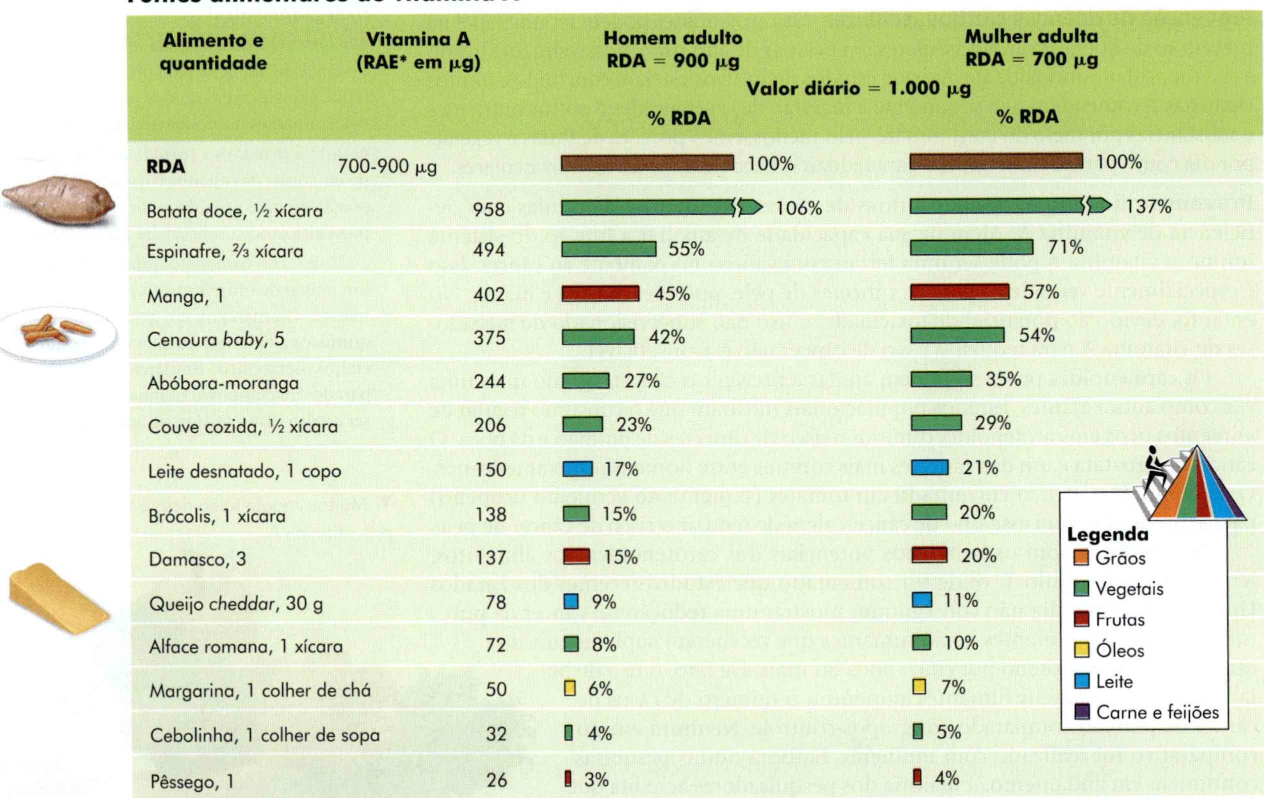

Fontes alimentares de vitamina A

Alimento e quantidade	Vitamina A (RAE* em µg)	Homem adulto RDA = 900 µg — % RDA	Mulher adulta RDA = 700 µg — % RDA
		Valor diário = 1.000 µg	
RDA	700-900 µg	100%	100%
Batata doce, ½ xícara	958	106%	137%
Espinafre, ⅔ xícara	494	55%	71%
Manga, 1	402	45%	57%
Cenoura *baby*, 5	375	42%	54%
Abóbora-moranga	244	27%	35%
Couve cozida, ½ xícara	206	23%	29%
Leite desnatado, 1 copo	150	17%	21%
Brócolis, 1 xícara	138	15%	20%
Damasco, 3	137	15%	20%
Queijo *cheddar*, 30 g	78	9%	11%
Alface romana, 1 xícara	72	8%	10%
Margarina, 1 colher de chá	50	6%	7%
Cebolinha, 1 colher de sopa	32	4%	5%
Pêssego, 1	26	3%	4%

* Equivalentes de atividade de retinol (RAE)

FIGURA 8.3 ▶ Fontes alimentares de vitamina A comparadas à RDA para homens e mulheres adultos.

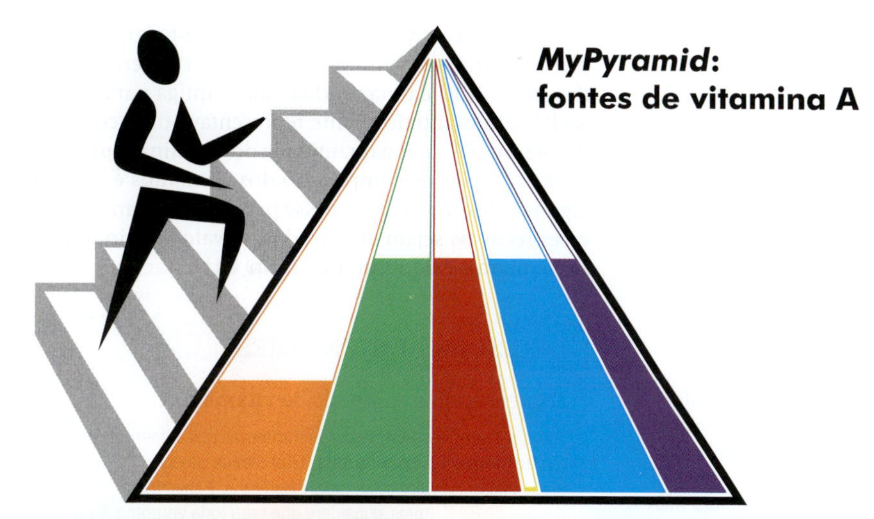

Grãos	Vegetais	Frutas	Óleos	Leite	Carne e feijões
• Cereais matinais fortificados • Barras de cereais fortificadas	• Cenouras • Brócolis • Espinafre • Abóbora • Batata doce	• Pêssego • Damasco • Melão amarelo • Manga • Mamão	• Algumas formas de óleo de palma	• Leite fortificado • Iogurte fortificado • Queijo	• Fígado • Ovos

FIGURA 8.4 ▶ Fontes de vitamina A do *MyPyramid*. O realce do fundo (nenhum, 1/3, 2/3 ou completamente coberto) dentro de cada grupo na pirâmide indica a densidade média de vitamina A do alimento naquele grupo. Em termos gerais, o grupo de vegetais, o grupo de frutas e algumas escolhas no grupo de carne e feijões proporcionam as fontes mais ricas. O grupo dos grãos contém alguns alimentos que são fontes ricas em vitamina A, pois são fortificados com a vitamina. Em relação à atividade física, a vitamina A não tem um papel específico nesses esforços.

ser o foco para atender às necessidades de nutrientes porque ele igualmente proporciona uma alta concentração de colesterol e outras gorduras. A margarina também é enriquecida com vitamina A. Os carotenoides pró-vitamina A mencionados anteriormente são encontrados principalmente em vegetais verde-escuros e amarelo-alaranjados e algumas frutas. Cenouras, espinafre e outras verduras, abóbora, batata doce, brócolis, manga, melão amarelo, pêssego e damasco são exemplos de tais fontes. Cerca de 65% da vitamina A na dieta norte-americana típica são provenientes de fontes de vitamina A pré-formada, ao passo que a pró-vitamina A prevalece na dieta de povos pobres de outras partes do mundo.

Nos alimentos comuns, os especialmente ricos em vitamina A são cenoura, espinafre e outras verduras, batata doce, abóbora, alface romana, brócolis, damasco e leite desnatado e semidesnatado. Muitos dos vegetais listados nas Figuras 8.3 e 8.4 são boas fontes de betacaroteno e outros carotenoides pró-vitamina A. Óleos de peixe são ricos em vitamina A, e o consumo de grandes quantidades desses óleos pode levar a sintomas de toxicidade de vitamina A.

O betacaroteno é responsável por parte da coloração alaranjada das cenouras. Em vegetais como o brócolis, essa coloração amarelo-alaranjada é mascarada por pigmentos de clorofila verde-escuros. Ainda assim, os vegetais verdes contêm pró-vitamina A. Hortaliças verdes, como espinafre e couve, têm uma concentração elevada de luteína e zeaxantina. O suco de tomate e outros produtos à base de tomate, como o molho de pizza, contêm quantidades significantes de licopeno.

A RDA de vitamina A é de 700 a 900 μg de equivalentes de atividade de retinol (RAEs). Essas unidades de RAE consideram a atividade tanto da vitamina A pré-formada quanto dos três carotenoides que também são conhecidos como geradores de vitamina A em humanos. O valor total de RAE de um alimento é calculado pela

▲ Carotenoides pró-vitamina A são a maneira mais segura de atender às necessidades de vitamina A.

soma da concentração de vitamina A pré-formada com quantidade de carotenoides pró-vitamina A no alimento que serão convertidos em vitamina A. O equivalente de retinol (ER) é uma unidade mais antiga para vitamina A. Esse ER é semelhante ao RAE, mas anteriormente representava uma contribuição maior às necessidades de vitamina A, pois a quantidade de vitamina A μg RAE é metade da quantidade em μg RE. Tabelas de composição dos alimentos e dados de nutrientes ainda contêm alguns valores com base nesse padrão de ER antigo. Levará algum tempo para que esses recursos sejam atualizados. O valor diário usado nos rótulos de alimentos e suplementos é de 1.000 μg (5.000 UI).

unidade internacional (UI) Medida bruta da atividade da vitamina, com frequência que se baseia na taxa de crescimento dos animais em resposta à vitamina. As UIs atuais foram em grande parte substituídas por medidas mais precisas em miligramas (mg) ou microgramas (μg).

feto A forma de vida humana em desenvolvimento desde oito semanas de concepção até o nascimento.

DECISÕES ALIMENTARES

Expressando o conteúdo de vitamina A

Antigamente, as quantidades de nutrientes nos alimentos, incluindo a vitamina A, eram calculadas em **unidades internacionais (UIs)** menos precisas. Alguns rótulos de alimentos e suplementos ainda exibem o valor de UI para vitamina A. Para comparar os padrões de UI antigos às recomendações de RAE atuais, considere que para toda vitamina A pré-formada em um alimento ou acrescentada a ele, 3,3 UI = RAE. O mesmo se aplica a todo betacaroteno acrescentado aos alimentos.

Não existe uma maneira fácil de converter unidades de UI em unidades de RAE para alimentos que naturalmente contêm carotenoides pró-vitamina A, como cenouras, espinafre e damascos. Em geral, dividem-se as unidades de UI para alimentos contendo carotenoides por 2 e, então, dividir o resultado por 3,3, conforme mencionado anteriormente.

As ingestões médias de vitamina A de adultos norte-americanos atendem à RDA. A maioria dos adultos na América do Norte conta com reservas hepáticas de vitamina A 3 a 5 vezes acima do necessário para a boa saúde. Assim, o uso de suplementos de vitamina A por parte da maioria das pessoas é desnecessário. No momento, não existe uma RDA separada para betacaroteno ou qualquer dos outros carotenoides pró-vitamina A.

O estado de deficiência de vitamina A na América do Norte pode ser visto em crianças pré-escolares que não consomem vegetais o suficiente. Idosos urbanos mais pobres e alcoolistas ou portadores de doenças hepáticas (que limitam as reservas de vitamina A) também podem exibir um estado carenciado de vitamina A, especialmente em relação às reservas. Por fim, crianças e adultos com grave má-absorção de gordura também podem sofrer deficiência de vitamina A.

▲ A radiação solar na pele proporciona em torno de 80 a 100% da vitamina D que os humanos utilizam. Trata-se também da maneira mais confiável de manter o *status* de vitamina D. A vitamina D dietética também é eficaz, porém bem menos.

Nível máximo de ingestão tolerável para vitamina A

O nível máximo de ingestão tolerável (UL) para vitamina A está fixada em 3.000 μg de vitamina A pré-formada (3.000 RAE ou 10.000 UI) por dia para mulheres e homens adultos. Isso se baseia nos aumentos em defeitos congênitos e toxicidade hepática que acompanham ingestões acima de 3.000 μg de vitamina A por dia. Acima do limite superior, outros possíveis efeitos colaterais incluem um risco maior de fratura de quadril e problemas gestacionais.

Durante os primeiros meses de gestação, é especialmente perigoso ingerir grande quantidade de vitamina A pré-formada, pois pode levar a má-formações **fetais** e abortos espontâneos. Isso porque a vitamina A se liga ao DNA e, assim, influencia o desenvolvimento celular. A FDA recomenda que mulheres em idade reprodutiva limitem sua ingestão global de vitamina A pré-formada a um total em torno de 100% do valor diário (1.000 μg RAE ou 5.000 UI). Portanto, é importante limitar o consumo de alimentos ricos nessa vitamina, como fígado. Essas precauções também se aplicam a mulheres que possivelmente possam engravidar. A vitamina A fica armazenada no corpo por períodos prolongados, de maneira que os fetos de mulheres que consomem grandes quantidades durante os meses anteriores à gravidez ficam expostos a grandes riscos.

O consumo de grandes quantidades de carotenoides geradores de vitamina A não causa efeitos tóxicos. Uma alta concentração de carotenoide no sangue pode ocorrer se uma pessoa consumir grandes quantidades de cenouras ou tomar pílulas contendo betacaroteno (> 30 mg diários) ou se bebês comerem uma grande quantidade de abóbora, o que pode deixar a pele com um tom amarelo-alaranjado. As palmas das mãos e as solas dos pés particularmente ficam nesse tom. Essa condição não parece causar danos e desaparece quando a ingestão de carotenoides diminui. Carotenoides dietéticos não produzem efeitos tóxicos em virtude de (1) sua taxa de conversão em vitamina A ser relativamente lenta e regulada e (2) a eficiência de absorção de carotenoides pelo intestino delgado diminuir de maneira marcante quando a ingestão oral aumenta.

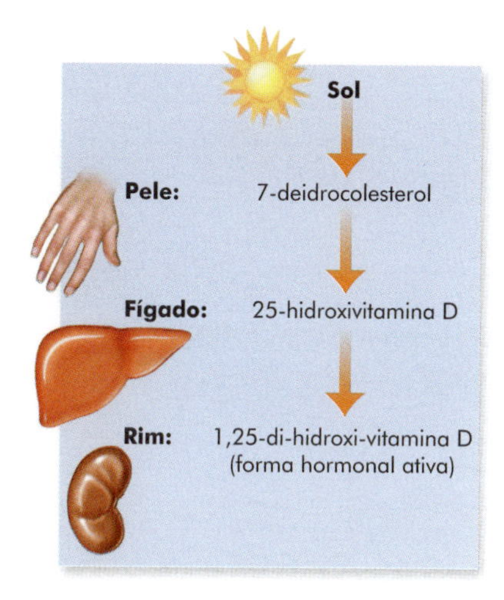

FIGURA 8.5 ▶ A síntese de vitamina D pode ocorrer no corpo.

8.4 Vitamina D

A vitamina D não é apenas uma vitamina, é considerada essencialmente um hormônio. Uma substância similar ao colesterol nas células cutâneas é convertida no pró-hormônio vitamina D quando exposta aos raios ultravioleta B (UVB) do sol ou de camas de bronzeamento (Fig. 8.5). As células hepáticas e renais então convertem o pró-hormônio em sua forma hormonal ativa. As células cutâneas, hepáticas e renais que participam da síntese de vitamina D são diferentes das células ósseas e intestinais responsivas à vitamina D. Ter um local de síntese diferente da localização de ação é característica dos hormônios.

Para a maioria dos indivíduos, a exposição aos raios UVB proporciona aproximadamente de 80 a 100% das necessidades de vitamina D. A quantidade de exposição ao sol necessária para os indivíduos produzirem vitamina D depende de vários fatores, como cor da pele, idade, hora do dia, estação do ano e localização. Especialistas recomendam que as pessoas exponham mãos, face e braços pelo menos 2 a 3 vezes por semana por 25% do tempo que levaria para deixar a pele rosada (p. ex., 5 a 10 min) para produzir vitamina D suficiente. Pessoas de pele escura precisariam de mais exposição, cerca de 3 a 5 vezes a quantidade recomendada para outras pessoas (ou talvez até mais). A grande quantidade do pigmento melanina na pele de pessoas escuras é um potente filtro solar natural.

A exposição ao sol só é eficaz para a síntese de vitamina D entre 8 horas da manhã e 16 horas e sem protetor solar com fator de proteção acima de 8. Embora a exposição excessiva ao sol possa aumentar o risco de câncer de pele, a quantidade mínima de exposição UVB necessária para sintetizar vitamina D é estimulada. Ainda assim, tal prática não é efetiva quando há pouca pele exposta ao sol no inverno, nas regiões mais frias. Embora algumas pessoas tenham vitamina D em quantidade suficiente armazenada em suas células adiposas provenientes dos meses de verão, a maioria que vive em climas muito frios deve encontrar fontes alternativas de vitamina D nos meses de inverno. Em termos gerais, uma pessoa que não esteja recebendo a quantidade de luz solar suficiente para sintetizar uma quantidade adequada de vitamina D deverá ter uma fonte dietética da vitamina. Aproximadamente 80% da vitamina D dietética não é absorvida.

Funções da vitamina D

A principal função do hormônio vitamina D (1,25-di-hidroxi vitamina D) é ajudar a regular o metabolismo do cálcio e dos ossos. Trabalhando com outros hormônios, especialmente o **hormônio da paratireoide (PTH)**, o hormônio vitamina D regula fortemente o cálcio sanguíneo de maneira que quantidades adequadas da substância sejam fornecidas a todas as células. Essa regulação envolve dois processos principais: o hormônio vitamina D ajuda a regular a absorção de cálcio e fósforo do intestino e a depositar cálcio nos ossos.

O mais interessante é que o hormônio vitamina D também é capaz de garantir o desenvolvimento normal de algumas células, como células da pele, do colo, da próstata, dos ovários e das mamas, o que reduz, por sua vez, o risco de câncer nesses locais. O hormônio vitamina D controla o crescimento da glândula paratireoide; auxilia na função do sistema imune e contribui para o desenvolvimento de células cutâneas, para a saúde de músculos e gengivas, e para a regulação da pressão arterial.

O resultado mais óbvio da ação do hormônio vitamina D é o maior depósito de cálcio e fósforo nos ossos. Sem esse depósito adequado durante a síntese óssea, os ossos se quebram e se curvam sob pressão. Uma criança com esses sintomas tem uma doença chamada **raquitismo**. Os sintomas podem incluir também cabeça, articulações e caixa torácica aumentadas e uma pelve deformada (Fig. 8.6).

hormônio da paratireoide (PTH) Hormônio produzido pela glândula paratireoide que aumenta a síntese do hormônio vitamina D e ajuda na liberação de cálcio dos ossos e na conservação de cálcio pelos rins, dentre outras funções.

raquitismo Doença caracterizada por uma deficiência de mineralização do osso recém-formado, decorrente da falta de cálcio. A carência surge no período de lactente ou na infância e decorre da falta de vitamina D no organismo.

osteomalacia Forma de raquitismo do adulto. O enfraquecimento dos ossos característico dessa doença é causado pelo baixo conteúdo de cálcio. Um dos fatores determinantes da doença é a redução dos níveis de vitamina D no organismo.

Estudos mostram que o raquitismo é um problema de bebês amamentados que recebem pouca exposição ao sol. Para prevenir o raquitismo, bebês amamentados devem receber suplemento de vitamina D (sob orientação médica). No entanto, é preciso usar suplementos com muito cuidado para evitar toxicidade da vitamina D no bebê. O raquitismo em crianças também está associado à má-absorção de gordura, como a que ocorre em crianças portadoras de fibrose cística.

Osteomalacia, que significa *ossos moles*, é uma doença do adulto comparável ao raquitismo. A condição decorre da absorção ineficaz de cálcio no intestino ou má conservação de cálcio pelos rins. Esses dois problemas relacionados ao cálcio podem ser causados por deficiência de vitamina D. Os ossos então perdem seus minerais e tornam-se porosos e fracos, quebrando-se facilmente, o que leva a fraturas no quadril e em outros ossos. O risco de deficiência de vitamina D aumenta em idosos. Adultos com exposição limitada ao sol também podem desenvolver a doença, assim como muitos indivíduos afro-americanos. Combinações de exposição ao sol e ingestão de vitamina D, ou ambas, podem prevenir esse problema. Aos idosos, é aconselhada exposição ao sol logo cedo pela manhã e no final da tarde para que recebam os benefícios da síntese de vitamina D sem aumentar o risco de câncer de pele. O envelhecimento diminui a produção de vitamina D na pele em cerca de 70% quando a pessoa chega aos 70 anos de idade. Um estudo mostrou que o tratamento com 10 a 20 μg/dia (400 a 800 UI/dia) de vitamina D (em conjunto com a ingestão adequada de cálcio na dieta) diminui bastante o risco de fraturas em idosos em asilos. Estudos de acompanhamento corroboram esse papel da vitamina D na redução do risco de fratura do quadril.

FIGURA 8.6 ▶ A deficiência de vitamina D causa raquitismo, doença na qual os ossos e dentes não se desenvolvem normalmente.

Cuidado para não confundir osteomalacia com osteoporose, um outro tipo de distúrbio ósseo discutido no Capítulo 9.

DECISÕES ALIMENTARES

Novos benefícios e dúvidas a respeito da vitamina D

Os médicos estão aumentando a testagem dos níveis sanguíneos de vitamina D. Esse crescimento da testagem dos níveis de vitamina D advém da abundância de pesquisas recentes que associam a deficiência de vitamina D não só à osteoporose e à osteomalacia, mas também a algumas doenças infecciosas, cânceres, distúrbios autoimunes e doença cardiovascular. Um estudo recente observou que indivíduos com níveis baixos de vitamina D tinham um risco 60% maior de sofrer eventos cardíacos, como infartos e acidente vascular cerebral e que, na presença de deficiência de vitamina D e hipertensão, o risco de um evento cardiovascular grave era duas vezes maior. Esses resultados são preocupantes, pois, nos Estados Unidos, a deficiência de vitamina D está se tornando cada vez mais comum, especialmente em pessoas que vivem em altitudes elevadas, onde a vitamina D está menos disponível pela exposição à luz do sol. As estatísticas indicam que 36% dos norte-americanos apresentam deficiência de vitamina D, e 40% dos lactentes e bebês mais velhos apresentam testes com níveis sanguíneos inferiores ao limiar para vitamina D. Um teste de vitamina D normal é de ≥ 30 nanogramas/mililitros (ng/mL), ao passo que < 20 ng/mL é considerado deficiente. Especialistas em vitamina D indicam que todos devem tomar 1.000 UI de vitamina D por dia, bem acima das recomendações de 400 UI diários para adultos. A American Academy of Pediatrics (Academia Americana de Pediatria) recomenda atualmente que todas as crianças recebam 400 UI todos os dias, o dobro da recomendação prévia. As crianças estão em risco de sofrer insuficiência de vitamina D devido a muito pouca exposição ao sol em virtude da preocupação com câncer de pele e ao maior tempo em atividades lúdicas internas.

Fontes e necessidades de vitamina D*

Poucos alimentos contêm quantidades significativas de vitamina D. As fontes alimentares incluem peixes gordurosos (p. ex., sardinhas e salmão), leite e iogurte fortificados e alguns cereais matinais (Fig. 8.7). Nos Estados Unidos e no Canadá,

* N. de R.T.: Em 2010, o Institute of Medicine – IOM recomendou novos valores de referência para a Vitamina D, estabelecendo valores para a necessidade média estimada (EAR) e para a ingestão dietética recomendada (RDA). As necessidades passaram de 200 UI para 600 UI. Além disso, é importante salientar que a vitamina D pode ser obtida não somente com a ingestão de alimentos, mas também com a síntese da pele pela exposição à luz solar. Os valores para o nível máximo de ingestão tolerável (UL) também foram modificados. O IOM estabeleceu como UL valores na faixa de 4.000 UI de vitamina D por dia. As novas recomendações estão disponíveis no site: http//www.nap.edu/ (DRIs for Calcium and Vitamin D) ou http//www.iom.edu/Reports/2010/Dietary-Reference-Intakes-for-Calcium-and-Vitamin-D/DRI-Values.aspx (para acessar a tabela diretamente).

Fontes alimentares de vitamina D

Alimento e quantidade	Vitamina D (μg)	Vitamina D (UI)	RDA de homens e mulheres adultos = 5 μg
	Valor diário = 10 μg		%RDA
RDA	15	600	1.000%
Salmão assado, 85 g	6	238	38%
Sardinhas, 30 g	3,4	136	22%
Atum enlatado, 85 gramas	3,4	136	22%
Leite 1%, 1 copo	2,5	99	16%
Leite desnatado, 1 copo	2,5	98	15%
Margarina, 1 colher de chá	1,5	60	10%
Linguiça de porco italiana, 85 g	1,1	44	7%
Leite de soja, 1 copo	1	40	6,5%
Cereal integral com uvas passas, ¾ xícara	1	38	6%
Anchova assada, 85 g	0,9	34	5,5%
Cereal de aveia integral, ¾ xícara	0,8	30	5%
Gema de ovo cozida, 1	0,6	25	4%

Legenda: Grãos; Vegetais; Frutas; Óleos; Leite; Carne e feijões

FIGURA 8.7 ▶ Fontes alimentares de vitamina D comparadas à RDA para adultos.

o leite normalmente é enriquecido com 10 mg/L (400 UI). Apesar de ovos, manteiga, fígado e algumas marcas de margarina conterem um pouco de vitamina D, é preciso consumir grandes porções para obter uma quantidade adequada da vitamina dessas fontes.

A ingestão dietética recomendada (RDA) de vitamina D é de 600 UI para pessoas com menos de 70 anos de idade e 1,3 vez maior para pessoas acima dessa idade. (Não foi possível estabelecer uma IDR para vitamina D porque a quantidade produzida pela exposição ao sol varia muito entre as pessoas.) O valor diário usado em rótulos de alimentos e suplementos é de 10 μg (400 UI). Conforme mencionado, pessoas jovens de pele clara conseguem sintetizar toda a vitamina D necessária pela exposição casual ao sol. Alguns especialistas aconselham que idosos, especialmente os que têm mais de 70 anos de idade, com pouca exposição ao sol ou pele escura, recebam cerca de 25 μg (1.000 UI) de uma combinação de alimentos enriquecidos com vitamina D e um suplemento multivitamínico e mineral. Nas recomendações dietéticas para americanos de 2005, uma recomendação-chave para idosos, pessoas de pele escura e pessoas expostas à radiação ultravioleta insuficiente (luz do sol) é consumir vitamina D extra de alimentos enriquecidos com vitamina D ou suplementos da vitamina.

Nível máximo de ingestão tolerável para vitamina D

O nível máximo de ingestão tolerável (UL) para vitamina D é de 4000 UI/dia). Tomar regularmente muita vitamina D pode causar problemas, especialmente em alguns bebês e crianças pequenas. Para adultos, ingestões acima do UL parecem seguras. O UL baseia-se no risco de excesso de vitamina D, o que causa hiperabsorção de cálcio e, por consequência, ocorrem depósitos de cálcio nos rins e outros órgãos. Essas ingestões elevadas de vitamina D também causam os sintomas típicos de hipercalcemia: fraqueza, inapetência, diarreia, vômitos, confusão mental e aumento do débito urinário. Depósitos de cálcio nos órgãos causam transtornos metabólicos e morte celular. Entretanto, a toxicidade da vitamina D não decorre da exposição excessiva ao sol porque o corpo regula a quantidade produzida na pele.

▲ O leite geralmente é fortificado com vitamina D e vitamina A.

REVISÃO CONCEITUAL

A vitamina A é encontrada nos alimentos como vitamina A pré-formada e carotenoides pró-vitamina A. A função mais bem-entendida da vitamina A é a sua importância na visão. A cegueira causada por deficiência de vitamina A é um problema prevalente em muitas partes do mundo. A vitamina A também é necessária para manter a saúde de diversos tipos de células, apoiar o sistema imune e promover o crescimento e desenvolvimento adequados. A vitamina A e alguns carotenoides podem ser importantes na prevenção do câncer. Entretanto, em função de que o uso de suplementos de vitamina A pré-formada pode ser tóxico, especialmente na gravidez, a melhor recomendação é concentrar-se basicamente no consumo de muitos alimentos ricos em pró-vitamina A, como frutas e vegetais.

A vitamina D é uma vitamina de fato apenas para pessoas que não a produzem em quantidade suficiente pela exposição ao sol, como alguns idosos e pessoas de pele escura. Os humanos sintetizam vitamina D a partir de uma substância similar ao colesterol pela ação da luz do sol na pele. A vitamina D é posteriormente trabalhada pelo fígado e pelos rins para formar o hormônio 1,25 di-hidroxi vitamina D. Esse hormônio aumenta a absorção de cálcio no intestino e atua com outro hormônio (hormônio da paratireoide) para manter o cálcio nos ossos. Fontes alimentares ricas em vitamina D são óleos de peixe e leite enriquecido. A ingestão de megadoses de vitamina D pode ser tóxica, especialmente na primeira e segunda infâncias.

8.5 Vitamina E

Os norte-americanos gastam mais de US$ 1 bilhão em suplementos de vitamina E a cada ano. O próximo item tenta distinguir o que é fato e o que é ficção no debate a respeito dessa vitamina famosa.

Funções da vitamina E

A vitamina E, que age como um antioxidante lipossolúvel, encontra-se na maioria das membranas celulares. Conforme discutido no Capítulo 5, um antioxidante consegue formar uma barreira entre uma molécula-alvo – um ácido graxo insaturado em uma membrana celular, por exemplo – e uma substância à procura de seus elétrons (Fig. 8.8). O antioxidante doa seus elétrons ou hidrogênio à substância que busca elétrons. Isso protege outras moléculas ou partes de uma célula do roubo de seus elétrons (p. ex., por ligações duplas de ácidos graxos insaturados).

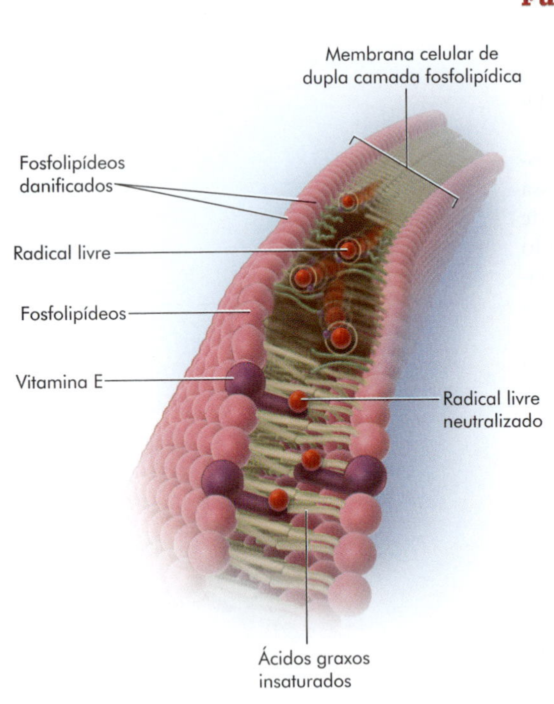

FIGURA 8.8 ▶ A vitamina E lipossolúvel consegue doar um elétron para interromper uma reação de cadeia de radicais livres. Se não interrompida essa cadeia, essas reações causam dano oxidativo extenso às membranas celulares.

Radicais livres são substâncias altamente reativas que contêm um elétron não emparelhado. A produção de radicais livres é um resultado normal do metabolismo celular e da função do sistema imune. Por exemplo, os leucócitos geram radicais livres como parte de sua ação para combater uma infecção. Alguma exposição a radicais livres é, portanto, uma parte importante da vida. Se não houver vitamina E disponível para fazer esse trabalho, os radicais livres à procura de elétrons conseguem atrair elétrons das membranas celulares, do DNA e de outros componentes celulares ricos em elétrons. Isso altera o DNA da célula, o que pode aumentar o risco de câncer, ou danifica as membranas celulares, o que, muitas vezes, faz a célula morrer. Em termos gerais, o corpo precisa de antioxidantes como a vitamina E para regular cuidadosamente a exposição a radicais livres, prevenindo, assim, o dano celular.

As células não dependem exclusivamente da vitamina E para se proteger dos radicais livres. Existem muitos outros sistemas antioxidantes nas células, alguns dos quais usam minerais, como cobre, selênio e manganês (ver detalhes no Cap. 9). Conforme discutido anteriormente neste capítulo, os carotenoides nas frutas e nos vegetais também agem como antioxidantes. Além disso, as células contam com outros mecanismos além dos antioxidantes para reparar as moléculas (como o DNA) que foram danificadas pelos radicais livres.

Dessa forma, a vitamina E é apenas um componente do sistema antioxidante. Pesquisas recentes mostram que indivíduos com os maiores níveis de vitamina E são menos passíveis de morrer por outra causa do que os que têm os menores níveis sanguíneos de vitamina E. Especificamente, homens tabagistas com níveis sanguíneos elevados de vitamina E diminuem o risco de morrer de câncer de próstata, câncer de pulmão, acidente vascular cerebral (AVC) e doença respiratória. Entretanto, o consumo de vitamina E na forma de suplemento dietético talvez não seja a maneira mais eficaz de produzir esses efeitos. Dois grandes estudos recentes mostraram não haver benefícios do uso de suplementos de vitamina E na prevenção de determinadas doenças em homens. No Physician's Health Study II (II Estudo da Saúde dos Médicos), nem a vitamina E, nem a vitamina C tiveram um efeito em eventos cardiovasculares importantes, incluindo infartos, AVC ou óbito. O grande ensaio de câncer de próstata SELECT também não encontrou benefícios de suplementos de vitamina E ou selênio para o câncer de próstata. Esses resultados indicam que destacar um nutriente de toda uma dieta talvez não produza os mesmos efeitos. Ademais, há evidências de que mudanças no estilo de vida, como melhorar a dieta (especialmente a ingestão de frutas, vegetais, pão e cereais integrais), praticar atividade física regular, não fumar e manter um peso corporal saudável traz mais benefícios do que os postulados dos suplementos de antioxidantes, incluindo a vitamina E. Dessa forma, conforme revisado no Capítulo 5, mesmo se os suplementos de antioxidantes acabarem sendo determinados como eficazes na prevenção de doenças cardiovasculares ou câncer, só deverão ser usados como adjuntos – não substitutos – de um estilo de vida saudável. De fato, a American Heart Association e um grupo de cardiologistas proeminentes declararam ser prematuro recomendar suplementos de vitamina E à população em geral, com base no conhecimento atual e no insucesso de grandes ensaios clínicos em demonstrar algum benefício (ver Cap. 5). Essa conclusão é compatível com o último relatório sobre vitamina E da Food and Nutrition Board da National Academy of Sciences. Além disso, a FDA negou o pedido da indústria de suplementos para fazer uma alegação de saúde de que suplementos de vitamina E reduzem o risco de doenças cardiovasculares e câncer. Contudo, alguns especialistas recomendam suplementos de vitamina E (50 a 400 UI/dia), ao mesmo tempo em que observam que as evidências que corroboram tal recomendação são superficiais.

Uma deficiência de vitamina E tem como consequência a decomposição das membranas celulares. As ligações duplas nos ácidos graxos insaturados nas membranas celulares são sensíveis ao ataque de substâncias oxidantes. A vitamina E neutraliza essas substâncias, protegendo as membranas celulares de danos. Quando o dano oxidativo provoca o rompimento das membranas celulares das hemácias, o processo é denominado **hemólise**.

hemólise Destruição das hemácias. A membrana nas hemácias se rompe, permitindo que conteúdos celulares vazem para a porção líquida do sangue.

Fontes e necessidades de vitamina E

A vitamina E é uma família de quatro **tocoferois**, denominados alfa, beta, gama e delta. O alfa-tocoferol é a principal forma no corpo humano, ao passo que o gama-tocoferol é a principal forma nos alimentos. As principais fontes de vitamina E incluem óleos vegetais, os componentes principais de produtos como molhos de salada e maionese, cereais matinais, algumas frutas e vegetais (p. ex., aspargos, tomates e hortaliças), ovos e margarina. Além disso, grãos integrais, nozes (p. ex., amêndoas) e sementes (p. ex., sementes de girassol) são boas fontes de vitamina E (Fig. 8.9). Os óleos vegetais são feitos principalmente de ácidos graxos insaturados, e a vitamina E nesses óleos vegetais protege essas gorduras insaturadas da oxidação. Gorduras animais e óleos de peixe, contudo, não contêm praticamente nenhuma vitamina E (Fig. 8.10). O conteúdo verdadeiro de vitamina E de um alimento depende de como ele foi colhido, processado, armazenado e cozido, pois a vitamina E é vulnerável à destruição por oxigênio, metais, luz e especialmente o uso repetido em fritura de imersão.

tocoferois Nome químico de algumas formas de vitamina E. O alfa-tocoferol é a forma mais potente.

A RDA de vitamina E para adultos é de 15 mg/dia de alfa-tocoferol, a forma mais ativa de vitamina E. A cota de 15 mg equivale a 22 UI de uma fonte natural e 33 UI de uma fonte sintética. Adultos norte-americanos consomem, em geral, cerca de dois terços da RDA de vitamina E de fontes alimentares. A ingestão diária de nozes e sementes, cereais matinais contendo vitamina E, ou o uso de um suplemento multivitamínico e mineral preencheria essa lacuna entre as necessidades e as ingestões reais. Um valor diário de 30 UI é usado para expressar o conteúdo de vitamina E nos rótulos de alimentos e suplementos.

▲ Óleos vegetais são fontes ricas em vitamina E.

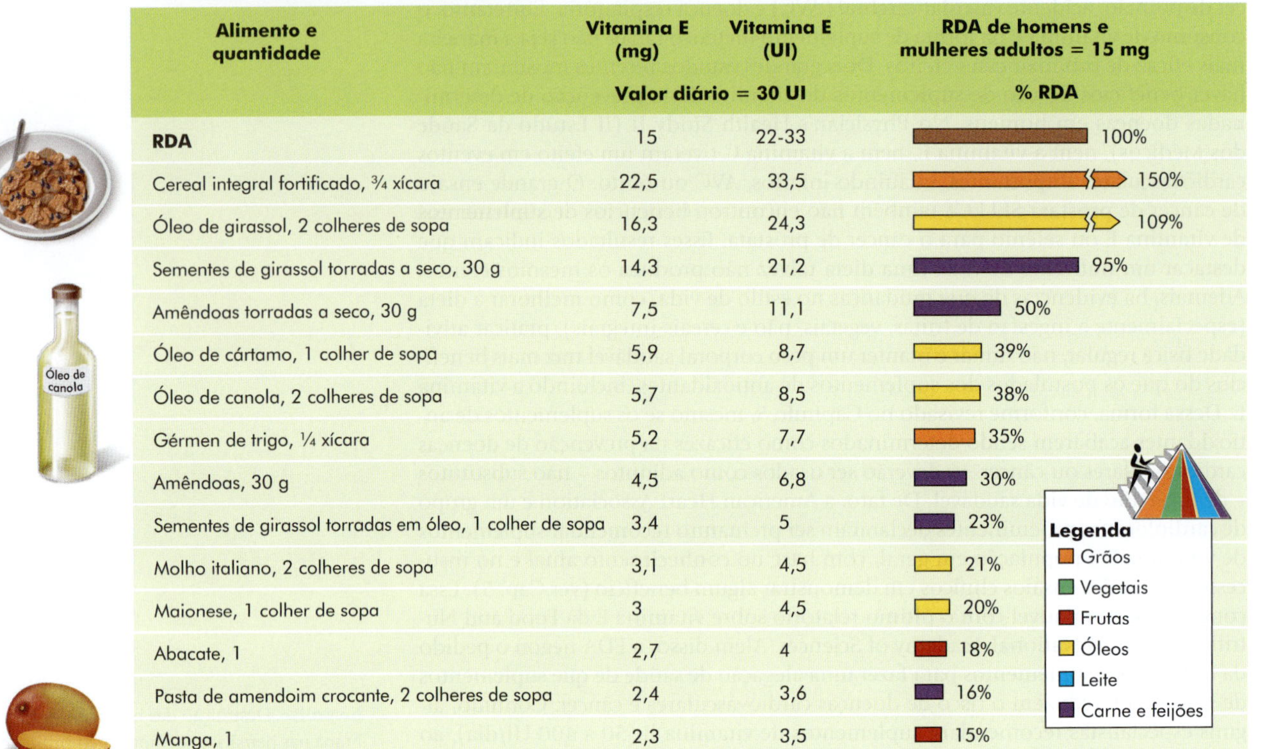

Fontes alimentares de vitamina E

Alimento e quantidade	Vitamina E (mg)	Vitamina E (UI)	RDA de homens e mulheres adultos = 15 mg
	Valor diário = 30 UI		% RDA
RDA	15	22-33	100%
Cereal integral fortificado, ¾ xícara	22,5	33,5	150%
Óleo de girassol, 2 colheres de sopa	16,3	24,3	109%
Sementes de girassol torradas a seco, 30 g	14,3	21,2	95%
Amêndoas torradas a seco, 30 g	7,5	11,1	50%
Óleo de cártamo, 1 colher de sopa	5,9	8,7	39%
Óleo de canola, 2 colheres de sopa	5,7	8,5	38%
Gérmen de trigo, ¼ xícara	5,2	7,7	35%
Amêndoas, 30 g	4,5	6,8	30%
Sementes de girassol torradas em óleo, 1 colher de sopa	3,4	5	23%
Molho italiano, 2 colheres de sopa	3,1	4,5	21%
Maionese, 1 colher de sopa	3	4,5	20%
Abacate, 1	2,7	4	18%
Pasta de amendoim crocante, 2 colheres de sopa	2,4	3,6	16%
Manga, 1	2,3	3,5	15%
Amendoins, 30 g	2,1	3,1	14%

FIGURA 8.9 ▲ Fontes alimentares de vitamina E comparadas à RDA para adultos.

A estrutura química da vitamina E varia de acordo com sua fonte. A forma ou isômero dL é encontrada na vitamina E sintética, e o isômero d é encontrado em fontes naturais de vitamina E. Dentro do antigo sistema de UI, 1 UI é igual a apro-

FIGURA 8.10 ▶ Fontes de vitamina E da *MyPyramid*. O realce do fundo (nenhum, 1/3, 2/3 ou completamente coberto) dentro de cada grupo na pirâmide indica a densidade média de vitamina E dos alimentos naquele grupo. Em termos gerais, os óleos vegetais são as fontes mais ricas, seguidos por nozes e sementes no grupo de carne e feijões. Em relação à atividade física, a vitamina E não tem um papel essencial no metabolismo energético em si, mas provavelmente limita parte do dano oxidativo durante esses esforços.

Grãos	Vegetais	Frutas	Óleos	Leite	Carne e feijões
• Gérmen de trigo (grãos integrais) • Alguns cereais matinais fortificados	• Repolho • Aspargos • Batata doce • Tomates	• Maçãs • Abacates • Manga	• Óleos vegetais • Margarinas • Molhos de salada	• Nenhum	• Nozes • Sementes • Camarão • Manteiga de amendoim

ximadamente 0,45 mg de vitamina E, com base na forma sintética (**isômero** dL) de vitamina E encontrada na maioria dos suplementos. Se a vitamina E vier de uma fonte natural (isômero d), 1 UI equivale a 0,67 mg, pois a forma natural da vitamina E é mais potente do que a forma sintética.

isômeros Compostos que têm a mesma fórmula química, porém diferentes estruturas.

Considera-se que a dose máxima que o corpo consegue reter em bases diárias é 200 mg, o que representaria 300 UI do isômero d (200/0,67 = 300) a 450 UI do isômero dL (200/0,45 = 450).

O dano celular pelos radicais livres ocorre durante um período extenso. Por isso, os efeitos benéficos da vitamina E e de outros antioxidantes em combater esse dano é mais aparente quando vistos a longo prazo. Pesquisas sobre o possível benefício de ingestões de vitamina E acima da RDA por adultos saudáveis estão atualmente em andamento.

Várias populações são especialmente vulneráveis ao desenvolvimento de déficits de vitamina E. Bebês prematuros nascem com poucas reservas de vitamina E, pois essa vitamina é transferida da mãe para o bebê durante os estágios finais da gravidez. A hemólise (descrita na página 325) é especialmente preocupante no caso dos bebês prematuros, já que o dano às hemácias ocorre na ausência de vitamina E adequada. O rápido crescimento dos bebês prematuros, aliado às elevadas demandas de oxigênio de seus pulmões imaturos, aumenta bastante o estresse nas hemácias. Fórmulas e suplementos especiais elaborados para bebês prematuros podem ajudar a compensar seu estado carenciado de vitamina E. Os fumantes são outro grupo em alto risco de sofrer deficiência de vitamina E, já que o fumo destrói rapidamente a vitamina E nos pulmões. Ainda assim, um estudo mostrou que até mesmo o uso de megadoses de vitamina E foi ineficaz na prevenção desse dano em fumantes. Outros grupos em risco considerável de sofrer deficiência de vitamina E incluem adultos em dietas muito hipolipídicas ou os que sofrem de má-absorção de gordura.

Nível máximo de ingestão tolerável para vitamina E

O nível máximo de ingestão tolerável (UL) para vitamina E para uma população saudável é de 1.000 mg/dia de alfa-tocoferol suplementar. O UL foi estabelecida porque quantidades excessivas de vitamina E podem interferir no papel da vitamina K nos mecanismos coagulatórios, levando a **hemorragias**. Indivíduos com deficiência de vitamina E ou que fazem uso de anticoagulantes (p. ex., Coumadin®) ou doses pesadas de aspirina estão especialmente em risco de sofrer hemorragia pelo uso de megadoses de vitamina E. Em unidades internacionais, o nível máximo é de 1.500 UI para vitamina E isolada de fontes naturais (isômero d; 1.000/67 = 1.500) e 1.100 UI para vitamina E sintética (isômero dL = 1.000/0,45/2 = 1.100). O valor de UI inferior para a forma sintética reflete o maior número de formas presentes no produto sintético, apenas metade ou menos das quais contribuem para a atividade da vitamina E nas células, mas ainda assim são absorvidas. Esse nível máximo de ingestão tolerável está estabelecida para uma população saudável.

hemorragia Um escape de sangue de dentro dos vasos.

8.6 Vitamina K

Uma família de compostos conhecidos coletivamente como vitamina K é encontrada em vegetais, óleos vegetais, óleos de peixe e carnes. Enquanto a maior quantidade de vitamina K é proveniente da dieta, uma outra forma é também sintetizada por bactérias no intestino humano. Essa forma fornece aproximadamente 10% da vitamina K de que necessitamos.

Funções da vitamina K

A vitamina K é vital para a coagulação do sangue, trabalhando em conjunto com diversas proteínas e cálcio. O *K* vem da grafia dinamarquesa de **coagulação**, porque um pesquisador dinamarquês foi o primeiro a observar a relação entre a vitamina K e a coagulação do sangue. A vitamina K é necessária para diversos fatores de coagulação sanguínea (Fig. 8.11), além de ativar proteínas presentes nos ossos, nos

coagulação Solidificação do sangue. Essencialmente, é a passagem do sangue de um estado de suspensão líquida para uma forma sólida, de consistência gelatinosa.

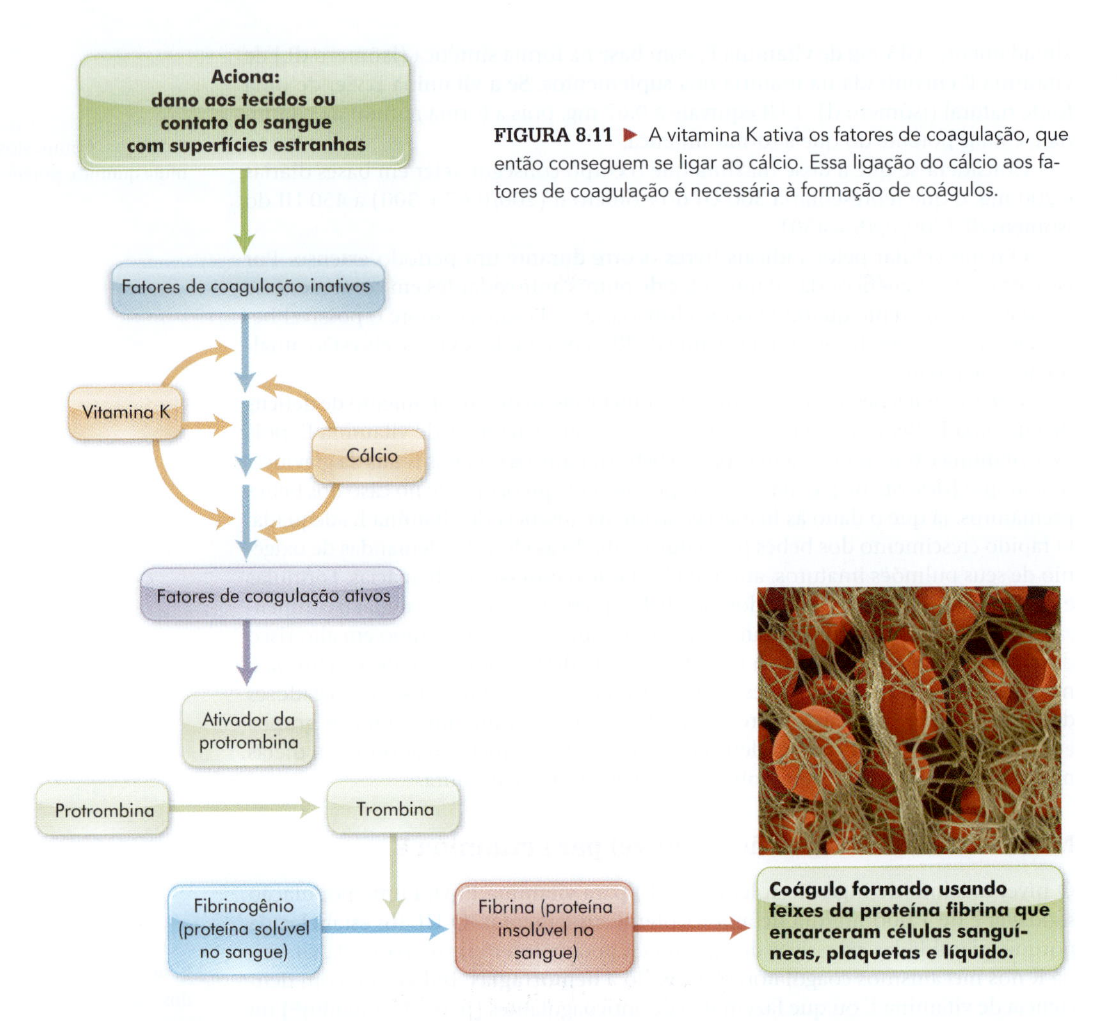

FIGURA 8.11 ▶ A vitamina K ativa os fatores de coagulação, que então conseguem se ligar ao cálcio. Essa ligação do cálcio aos fatores de coagulação é necessária à formação de coágulos.

músculos e nos rins, dando a esses órgãos capacidade de ligação ao cálcio. Uma ingestão pobre em vitamina K foi ligada a um aumento nas fraturas de quadril em mulheres devido a seus efeitos em diversas proteínas nos ossos.

Importante lembrar que o trato gastrintestinal do recém-nascido carece de uma quantidade de bactérias para produzir vitamina K suficiente que permita a coagulação sanguínea eficaz. Por isso, essa vitamina também é administrada como rotina via injeção pouco depois do parto para garantir a coagulação sanguínea, caso o bebê sofra uma lesão ou precise de uma cirurgia. Em adultos, deficiências de vitamina K ocorrem na presença de má-absorção de gordura prolongada e grave ou quando a pessoa toma antibióticos por muito tempo, destruindo muitas das bactérias intestinais que produzem vitamina K.

▲ Uma salada contendo folhas verdes (ou outros vegetais verdes) todos os dias proporciona vitamina K abundante à dieta.

Fontes e necessidades de vitamina K

As principais fontes alimentares de vitamina K são fígado, hortaliças (p. ex., couve, folhas de nabo, alface verde-escura e espinafre), brócolis, ervilhas e ervilhas secas (Fig. 8.12). Outras fontes são os óleos de soja e de canola e alguns doces à base de chocolate enriquecidos (contêm também cálcio extra). Dessa forma, uma outra razão para consumir uma dieta rica em vegetais verdes é obter vitamina K suficiente. Grande parte da vitamina K consumida em um dia desaparece do corpo até o dia seguinte. Contudo, a vitamina K é abundante em uma dieta balanceada, sua deficiência é incomum. Essa vitamina é resistente às perdas pelo cozimento.

A ingestão adequada de vitamina K é de 90 a 120 μg/dia para adultos. A maioria dos norte-americanos consome pelo menos essa quantidade. Um valor diário de

Fontes alimentares de vitamina K

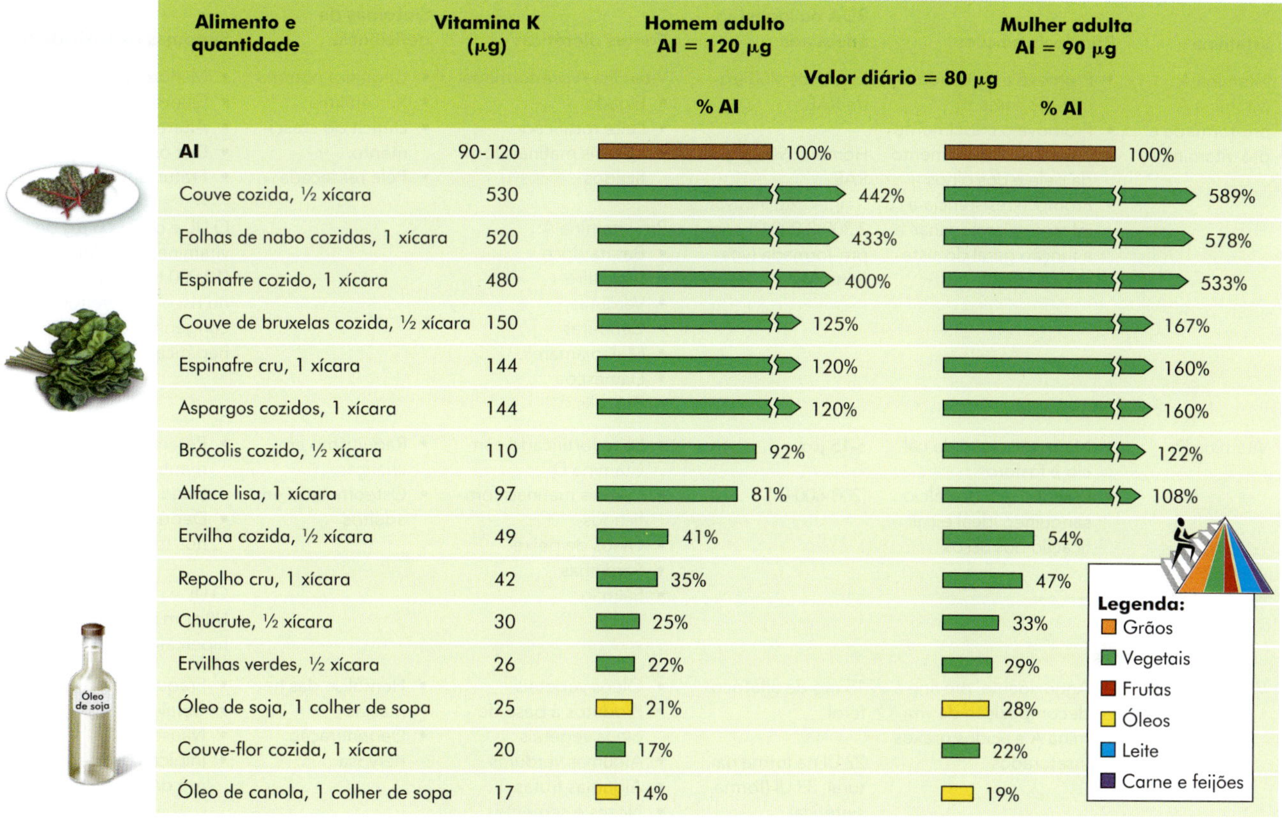

Alimento e quantidade	Vitamina K (µg)	Homem adulto AI = 120 µg % AI	Mulher adulta AI = 90 µg % AI
		Valor diário = 80 µg	
AI	90-120	100%	100%
Couve cozida, ½ xícara	530	442%	589%
Folhas de nabo cozidas, 1 xícara	520	433%	578%
Espinafre cozido, 1 xícara	480	400%	533%
Couve de bruxelas cozida, ½ xícara	150	125%	167%
Espinafre cru, 1 xícara	144	120%	160%
Aspargos cozidos, 1 xícara	144	120%	160%
Brócolis cozido, ½ xícara	110	92%	122%
Alface lisa, 1 xícara	97	81%	108%
Ervilha cozida, ½ xícara	49	41%	54%
Repolho cru, 1 xícara	42	35%	47%
Chucrute, ½ xícara	30	25%	33%
Ervilhas verdes, ½ xícara	26	22%	29%
Óleo de soja, 1 colher de sopa	25	21%	28%
Couve-flor cozida, 1 xícara	20	17%	22%
Óleo de canola, 1 colher de sopa	17	14%	19%

FIGURA 8.12 ▶ Fontes alimentares de vitamina K comparadas à ingestão adequada (AI) para homens e mulheres adultos.

80 µg é usado para expressar o conteúdo de vitamina K nos rótulos de alimentos e suplementos. Os idosos podem estar em risco de sofrer uma deficiência devido ao consumo baixo de verduras.

Geralmente, a vitamina K oral não representa risco de toxicidade, de maneira que nenhum nível máximo foi estabelecido para ela. O principal problema com o uso de megadoses é a diminuição da eficácia de medicações orais usadas para reduzir a coagulação sanguínea (p. ex., Coumadin®). Esses medicamentos são ministrados especialmente em pessoas que sofreram cirurgia cardiovascular recente.

A Tabela 8.2 resume o que foi visto até agora a respeito das vitaminas lipossolúveis.

REVISÃO CONCEITUAL

A vitamina E funciona essencialmente como um antioxidante. Ela consegue doar elétrons para compostos de radicais livres (oxidantes) que buscam elétrons. Ao neutralizar essas substâncias, a vitamina E ajuda a prevenir a destruição celular, especialmente a destruição das membranas celulares das hemácias. A vitamina E está presente em diversos alimentos, mas suas fontes mais ricas são óleos vegetais, alimentos ricos nesses óleos e nozes. Estudos com suplementos dietéticos de vitamina E não mostraram efeitos benéficos no risco de doenças, incluindo doença cardíaca e câncer.

A vitamina K tem um papel importante na coagulação eficaz do sangue e contribui para a ativação de determinadas proteínas da coagulação sanguínea. Além disso, contribui para a síntese das proteínas de ligação ao cálcio em alguns órgãos, como os ossos. Cerca de 10% da vitamina K que absorvemos todos os dias são sintetizados por nossas bactérias intestinais; o restante é proveniente da dieta. A quantidade na dieta por si só geralmente atende às necessidades diárias. Dessa forma, exceto pelos recém-nascidos e possivelmente idosos, é improvável haver deficiência de vitamina K.

TABELA 8.2 Resumo das vitaminas lipossolúveis

Vitamina	Principais funções	RDA ou ingestão adequada	Fontes dietéticas	Sintomas de deficiência	Sintomas de toxicidade
Vitamina A (vitamina A pré-formada e pró-vitamina A)	• Promove a visão noturna e de cores • Promove o crescimento • Previne o ressecamento da pele e dos olhos • Promove resistência a infecções bacterianas e a função geral do sistema imune	Mulheres: 700 μg de RAE Homens: 900 μg de RAE 2.300-3.000 UI como pré-formada (vitamina A)	Vitamina A pré-formada: • Fígado • Leite fortificado • Cereais matinais fortificados Pró-vitamina A: • Batata doce • Espinafre • Verduras • Cenouras • Melão amarelo • Damascos • Brócolis	• Cegueira noturna • Xeroftalmia • Déficit do crescimento • Pele ressecada	• Malformações fetais • Queda de cabelo • Alterações cutâneas • Dor óssea • Fraturas O UL é de 3.000 μg de vitamina A pré-formada (10.000 UI) com base no risco de defeitos congênitos e toxicidade hepática
Vitamina D	• Maior absorção de cálcio e fosforo • Manutenção do cálcio sanguíneo ideal e calcificação dos ossos	5-15 μg (200-600 UI)	• Leite fortificado com vitamina D • Cereais matinais fortificados • Óleos de peixe • Sardinhas • Salmão	• Raquitismo em crianças • Osteomalacia em adultos	• Retardo do crescimento • Dano renal • Depósitos de cálcio nos tecidos moles O UL é de 50 μg (2.000 UI) com base no risco de hipercalcemia
Vitamina E	• Antioxidante, previne a decomposição da vitamina A e ácidos graxos insaturados	15 mg de alfatocoferol 22 UI na forma natural, 33 UI (forma sintética)	• Óleos vegetais • Produtos à base de óleos vegetais • Algumas verduras • Algumas frutas • Nozes e sementes • Cereais matinais fortificados	• Hemólise das hemácias • Degeneração nervosa	• Fraqueza muscular • Cefaleia • Náusea • Inibição do metabolismo da vitamina K O UL é de 1.000 mg (1.100 UI na forma sintética, 1.500 UI na forma natural) com base no risco de hemorragia
Vitamina K	• Ativação dos fatores de coagulação sanguínea • Ativação de proteínas envolvidas no metabolismo ósseo	Mulheres: 90 μg Homens: 120 μg	• Vegetais verdes • Fígado • Alguns óleos vegetais • Alguns suplementos de cálcio	• Hemorragia • Fraturas	Nenhum UL foi estabelecido

Abreviaturas: RAE, equivalentes de atividade de retinol; UI, unidades internacionais.

8.7 Vitaminas hidrossolúveis e colina

O consumo regular de boas fontes de vitaminas hidrossolúveis é importante. Grande parte delas é prontamente excretada do corpo, e qualquer excesso geralmente acaba na urina ou nas fezes, ficando muito pouco armazenado. Em função de que se dissolvem na água, grandes quantidades dessas vitaminas podem ser perdidas durante o processamento e o preparo dos alimentos. O conteúdo vitamínico é preservado melhor por métodos de cocção leves, como refogar, cozinhar no vapor ou no micro-ondas (ver Tab. 8.1).

As vitaminas do complexo B são tiamina, riboflavina, niacina, ácido pantotênico, biotina, vitamina B6, folato e vitamina B12. A colina é um nutriente relacionado, mas atualmente não está classificada como uma vitamina. A vitamina C também é uma vitamina hidrossolúvel.

As vitaminas do complexo B geralmente ocorrem juntas nos mesmos alimentos, de maneira que a ausência de uma vitamina B pode significar que outras vitaminas B também estejam baixas na dieta. As vitaminas do complexo B funcionam como coenzimas, pequenas moléculas que interagem com enzimas permitindo a sua função. Em geral, as coenzimas contribuem para a atividade das enzimas (Fig. 8.13).

Como coenzimas, as vitaminas do complexo B têm muitos papéis importantes no metabolismo. As vias metabólicas usadas por carboidratos, gorduras e aminoácidos demandam insumo de vitaminas do complexo B. Devido ao seu papel no metabolismo energético, as necessidades de muitas vitaminas do complexo B aumentam de modo paralelo ao aumento do gasto energético. Contudo, isso não é preocupante, pois esse aumento no gasto energético normalmente resulta em um aumento correspondente na ingestão alimentar, o que contribui para mais vitaminas B a uma dieta. Muitas vitaminas do complexo B são interdependentes porque participam dos mesmos processos (Fig. 8.14). Os sintomas de deficiência de vitamina B, em geral, ocorrem no cérebro e no sistema nervoso, na pele e no trato GI. As células nesses tecidos são metabolicamente ativas, e as da pele e do trato GI também estão sendo constantemente renovadas.

Depois de ingeridas, as vitaminas do complexo B são primeiro decompostas de suas formas de coenzimas ativas em vitaminas livres no estômago e no intestino delgado. As vitaminas são então absorvidas, essencialmente no intestino delgado. Aproximadamente de 50 a 90% das vitaminas do complexo B na dieta são absorvidas, assim elas têm uma **biodisponibilidade** relativamente alta. Uma vez no interior das células, as formas de coenzimas ativas são ressintetizadas. Não é preciso consumir as formas coenzimáticas em si. Algumas vitaminas são vendidas em suas formas coenzimáticas, que são decompostas durante a digestão e ativadas quando necessário.

biodisponibilidade Grau de absorção de um nutriente ingerido e o quanto ele está disponível para ser usado pelo corpo.

Ingestões de vitamina B pelos norte-americanos

Em termos gerais, a saúde nutricional da maioria dos norte-americanos é boa, em relação às vitaminas do complexo B. As dietas típicas contêm boas quantidades e variedades de fontes naturais dessas vitaminas. Além disso, muitos alimentos comuns, como cereais matinais, são enriquecidos com uma ou mais das vitaminas hidrossolúveis. Entretanto, em alguns países em desenvolvimento, deficiências de vitaminas hidrossolúveis são mais comuns, e as doenças decorrentes dessa deficiência representam significativos problemas de saúde pública. (Uma discussão detalhada das deficiências nutricionais no mundo está apresentada no Cap. 12.)

A despeito da condição nutricional geralmente boa dos norte-americanos no que tange à vitamina B, carência de vitaminas hidrossolúveis pode ocorrer em alguns casos, especialmente em idosos que comem pouco e em pessoas que seguem padrões dietéticos inadequados. Os efeitos a longo prazo dessas deficiências são desconhecidos, mas há suspeita de um risco maior de doença cardiovascular, câncer e catarata ocular. Entretanto, a curto prazo, é provável que essas deficiências na maioria das pessoas leve apenas à fadiga e a outros efeitos físicos incômodos e inespecíficos. Com raras exceções, adultos saudáveis não desenvolvem as doenças causadas por deficiências graves de vitamina B só pelo consumo de dietas inadequadas. As únicas exceções são os alcoolistas. A combinação de dietas extremamente pobres, que não sejam variadas, somadas a alterações induzidas pelo álcool na absorção e no metabolismo das vitaminas gera riscos acentuados de deficiências nutricionais graves entre alcoolistas (Cap. 16).

Grãos: uma fonte importante de vitaminas B A moagem dos grãos leva à perda de vitaminas e minerais. No processo de moagem, as sementes são trituradas, e o gérmen, o farelo e a casca são descartados, deixando apenas o endosperma que contém amido (a goma) nos grãos refinados. O amido é usado para produzir farinha, pão e cereais. Infelizmente, muitos nutrientes são perdidos nas partes descartadas. Para compensar essas perdas, nos Estados Unidos, pães e cereais feitos de grãos processados são enriquecidos com quatro vitaminas B (tiamina, riboflavina, niacina e ácido fólico) e com o mineral ferro. Essa fortificação ajuda a nos proteger das doenças comuns associadas à ausência desses nutrientes na dieta. Ainda assim, esses produtos continuam a conter pouca vitamina E, vitamina B6, potássio, magnésio, fibras e outros nutrientes comparados a produtos à base de grãos integrais (Fig. 8.15). Essa é uma das razões por que especialistas em nutrição defendem o consumo regular de produtos integrais, como pão e arroz integral, em vez de produtos refinados.

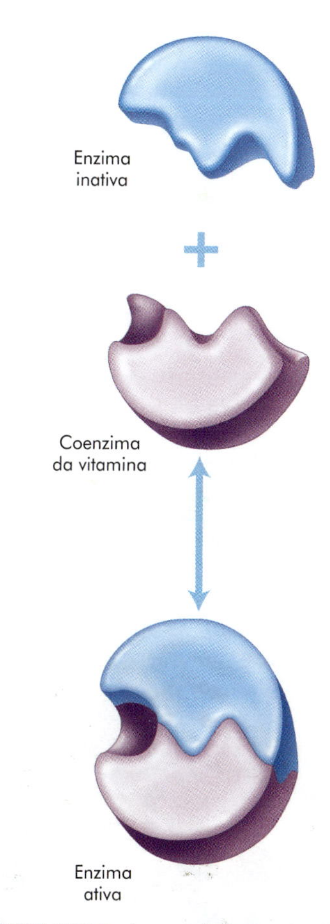

FIGURA 8.13 ▶ As coenzimas, como aquelas formadas a partir das vitaminas do complexo B, auxiliam na função de diversas enzimas. Sem a coenzima, a enzima não consegue funcionar, e sintomas de deficiência associados à vitamina ausente acabam surgindo. Lojas de produtos naturais vendem as formas coenzimáticas de algumas vitaminas. Essas formas de vitaminas mais caras são desnecessárias. O corpo produz todas as coenzimas de que necessita a partir de precursores de vitaminas.

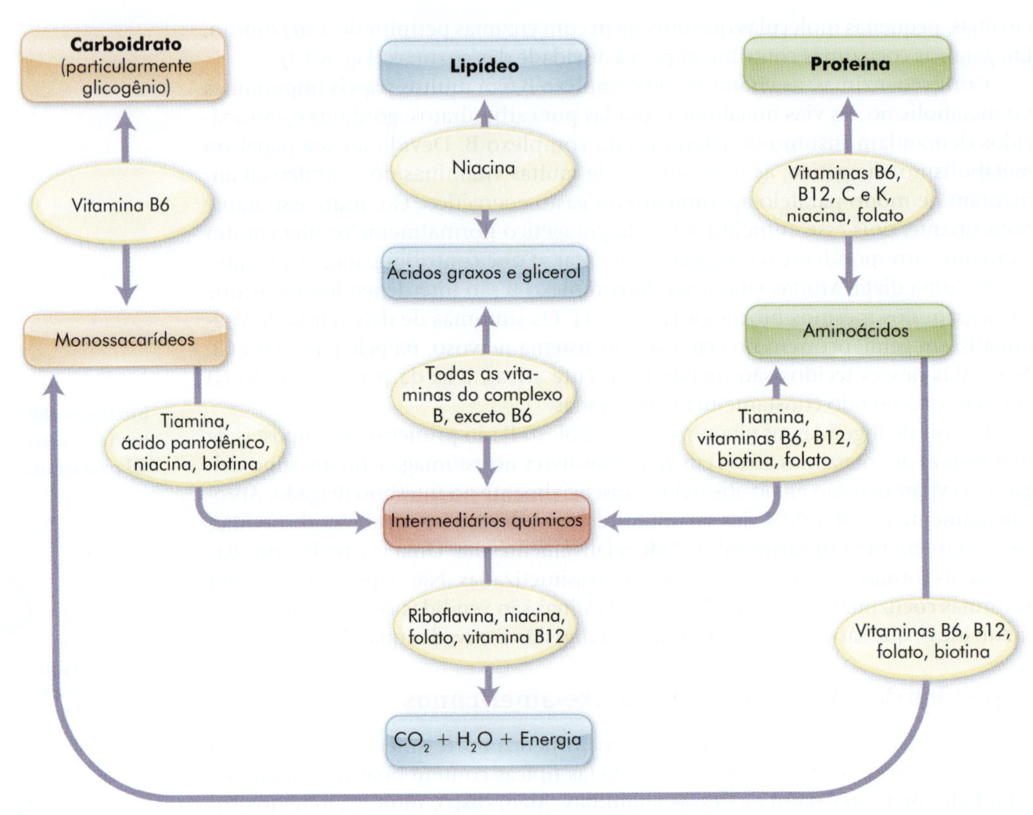

FIGURA 8.14 ▶ Exemplos de vias metabólicas para as quais vitaminas hidrossolúveis são essenciais. O metabolismo de nutrientes geradores de energia requer o insumo de vitamina.

beribéri Distúrbio causado pela deficiência de tiamina e que se caracteriza por fraqueza muscular, perda do apetite, degeneração dos nervos e, em alguns casos, edema.

8.8 Tiamina

A tiamina (antigamente chamada de *vitamina B1*) é usada, entre outras finalidades, para ajudar a liberar energia dos carboidratos. Sua forma coenzimática participa em reações nas quais um dióxido de carbono (CO_2) é perdido de uma molécula maior. Essa reação é particularmente importante na decomposição de carboidratos e alguns aminoácidos para as necessidades energéticas (Fig. 8.14).

A doença por deficiência de tiamina é denominada **beribéri**, uma palavra que significa "não consigo, não consigo" em cingalês, do Sri Lanka. Os sintomas incluem fraqueza, inapetência, irritabilidade, formigamentos nervosos por todo o corpo, descoordenação de braços e pernas e dor muscular profunda nas panturrilhas. Uma pessoa com beribéri com frequência desenvolve aumento do coração e às vezes edema.

O beribéri ocorre quando não é possível metabolizar glicose (o combustível principal das células cerebrais e nervosas) para produzir energia. A coenzima da tiamina participa no metabolismo da glicose, de maneira que funções corporais associadas à ação do cérebro e dos nervos são os primeiros sinais de uma deficiência de tiamina, alguns manifestos até depois de apenas 10 dias em uma dieta livre de tiamina.

O beribéri é visto em áreas onde é grande o consumo de arroz polido comum (branco) em vez do arroz integral (marrom). Na maioria das partes do mundo, o arroz integral tem sua camada germinal e de farelo removida para produzir arroz branco, uma fonte pobre em tiamina, a menos que seja enriquecido.

▲ A carne de porco é uma boa fonte de tiamina.

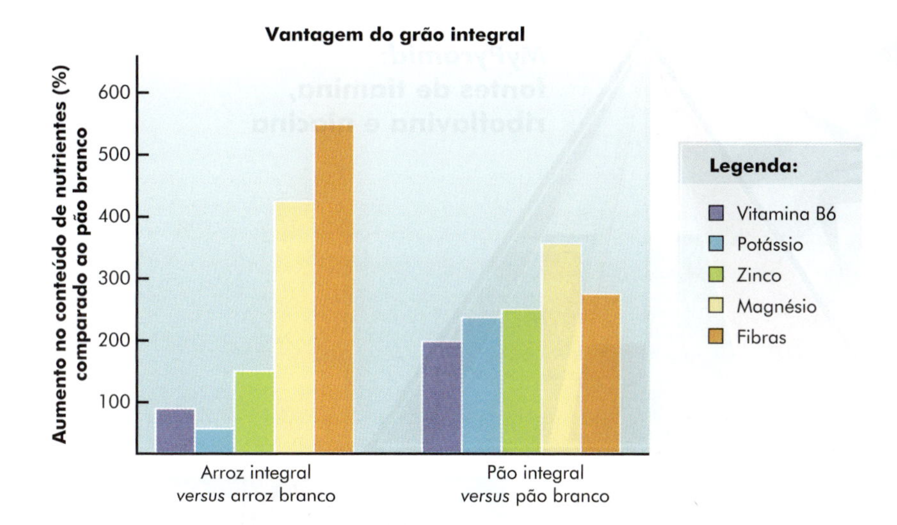

FIGURA 8.15 ▶ Comparado ao arroz branco, o arroz integral tem 93% mais vitamina B6, 50% mais potássio, 160% mais zinco, 435% mais magnésio e 550% mais fibra. Da mesma maneira, comparado ao pão branco, o pão integral tem 200% mais vitamina B6, 250% mais potássio, 260% mais zinco, 370% mais magnésio e 285% mais fibra.

Fontes e necessidades de tiamina

As principais fontes de tiamina incluem produtos à base de carne de porco, grãos integrais (gérmen de trigo), cereais matinais, grãos enriquecidos, ervilhas secas, leite, suco de laranja, vísceras, amendoins, feijões secos e sementes (Figs. 8.16 e 8.17).

A RDA de tiamina para adultos é de 1,1 a 1,2 mg/dia. O valor diário de 1,5 mg é usado para expressar o conteúdo de tiamina em rótulos de alimentos e suplementos.

As ingestões diárias para homens excedem esse valor em 50% ou mais, e as mulheres geralmente atendem à RDA. É provável que alguns grupos, como pessoas

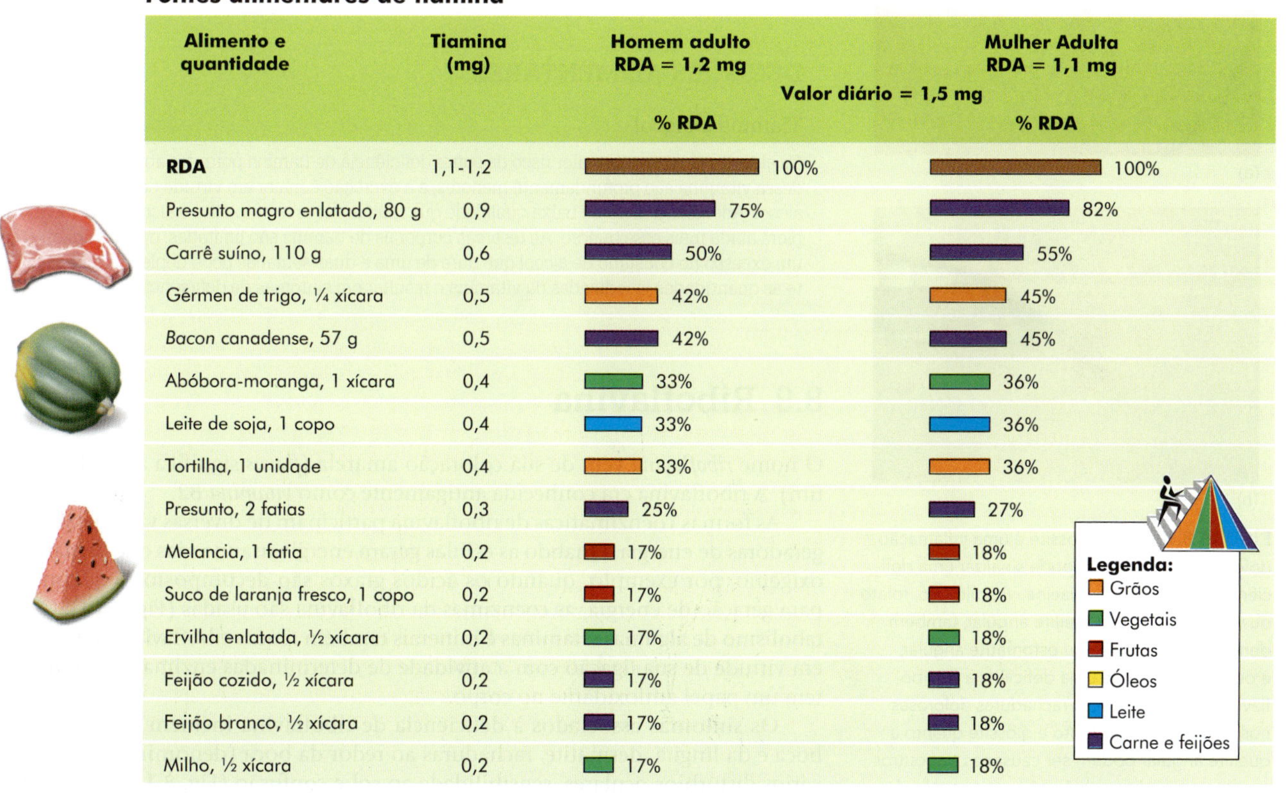

Fontes alimentares de tiamina

Valor diário = 1,5 mg

Alimento e quantidade	Tiamina (mg)	Homem adulto RDA = 1,2 mg % RDA	Mulher Adulta RDA = 1,1 mg % RDA
RDA	1,1-1,2	100%	100%
Presunto magro enlatado, 80 g	0,9	75%	82%
Carrê suíno, 110 g	0,6	50%	55%
Gérmen de trigo, ¼ xícara	0,5	42%	45%
Bacon canadense, 57 g	0,5	42%	45%
Abóbora-moranga, 1 xícara	0,4	33%	36%
Leite de soja, 1 copo	0,4	33%	36%
Tortilha, 1 unidade	0,4	33%	36%
Presunto, 2 fatias	0,3	25%	27%
Melancia, 1 fatia	0,2	17%	18%
Suco de laranja fresco, 1 copo	0,2	17%	18%
Ervilha enlatada, ½ xícara	0,2	17%	18%
Feijão cozido, ½ xícara	0,2	17%	18%
Feijão branco, ½ xícara	0,2	17%	18%
Milho, ½ xícara	0,2	17%	18%

FIGURA 8.16 ▶ Fontes alimentares de tiamina comparadas à RDA para homens e mulheres adultos.

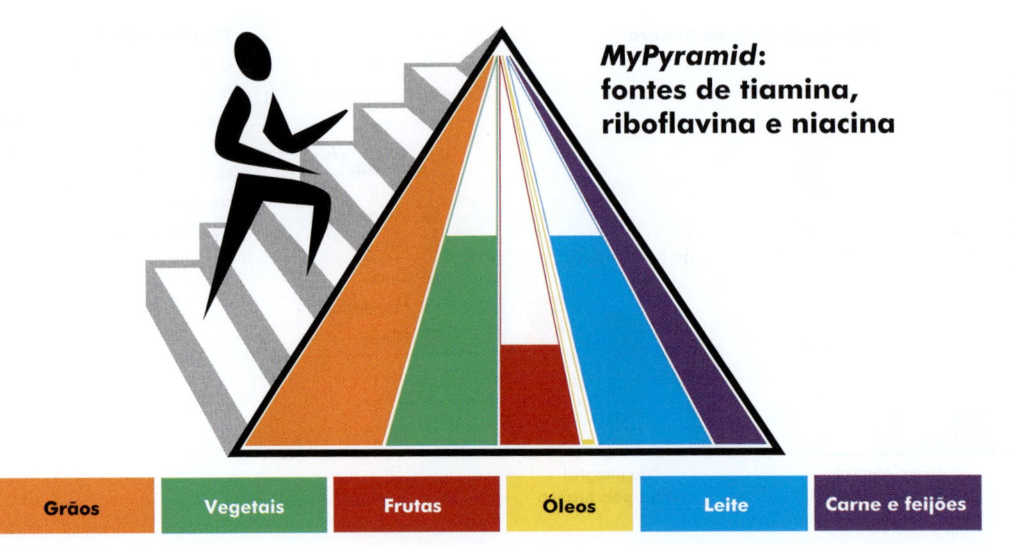

FIGURA 8.17 ▶ Fontes de tiamina, riboflavina e niacina da *MyPyramid.* O realce do fundo (nenhum, 1/3, 2/3 e totalmente coberto) dentro de cada grupo de alimentos da pirâmide indica a densidade média dessas vitaminas no grupo de alimentos. Em termos gerais, o grupo de carne e feijões e o grupo de grãos contêm muitos alimentos que são fontes ricas em tiamina, riboflavina e niacina. Da mesma maneira, os alimentos no grupo do leite são fontes especialmente ricas em riboflavina. Em relação à atividade física, essas vitaminas têm funções no aumento do metabolismo energético que ocorre durante esses esforços.

de baixa renda e idosos, mal atendam às suas necessidades de tiamina. Uma dieta dominada por alimentos altamente processados e não enriquecidos, açúcar, gordura e álcool também gera um potencial de deficiência de tiamina. Suplementos orais de tiamina geralmente são atóxicos porque o excesso dessa vitamina se perde rapidamente na urina. Dessa forma, nenhum nível máximo de ingestão tolerável foi estabelecido para tiamina.

DECISÕES ALIMENTARES

Tiamina e álcool

Os alcoolistas estão em maior risco de sofrer deficiência de tiamina porque a absorção e o uso dessa vitamina são profundamente menores, e a excreção é maior em virtude do consumo do álcool. Ademais, a dieta de baixa qualidade que muitas vezes acompanha o alcoolismo grave piora ainda mais esse quadro. As reservas corporais de tiamina são limitadas, de maneira que um excesso no consumo de álcool que dure de uma a duas semanas pode depletar rapidamente as quantidades já reduzidas da vitamina e resultar em sintomas de deficiência.

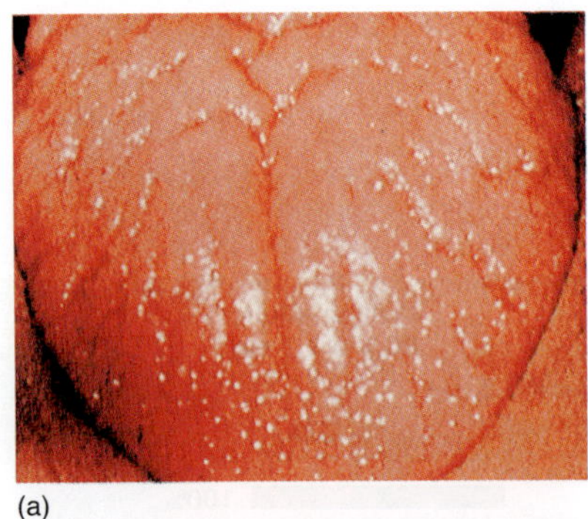
(a)

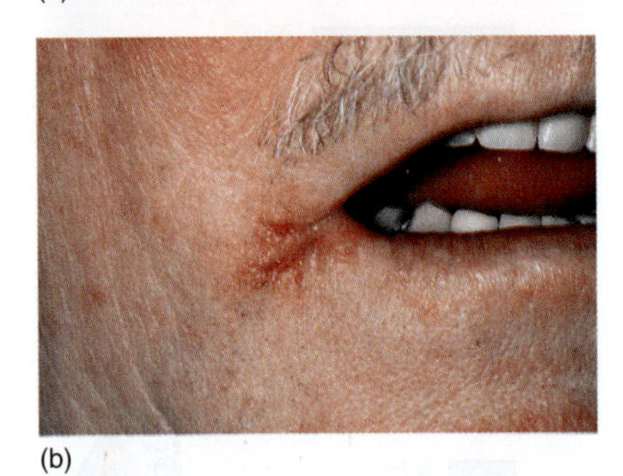
(b)

FIGURA 8.18 ▶ (*a*) Glossite é uma inflamação dolorosa da língua que pode sinalizar uma deficiência de riboflavina, niacina, vitamina B6, folato ou vitamina B12. (*b*) Queilite angular, também denominada queilose ou estomatite angular, é outro resultado de uma deficiência de riboflavina. A afecção causa rachaduras dolorosas nos cantos da boca. Tanto a glossite quanto a queilite angular podem ser causadas por outros problemas médicos; assim, é preciso avaliar bem antes de diagnosticar uma deficiência nutricional.

8.9 Riboflavina

O nome *riboflavina* vem de sua coloração amarela (*flavus* significa amarelo em latim). A riboflavina era conhecida antigamente como *vitamina B2*.

As formas coenzimáticas de riboflavina participam de diversas vias metabólicas geradoras de energia. Quando as células geram energia usando vias que demandam oxigênio, por exemplo, quando os ácidos graxos são decompostos e queimados para geração de energia, as coenzimas da riboflavina são usadas (Fig. 8.14). O metabolismo de algumas vitaminas e minerais também requer riboflavina. Além disso, em virtude de sua ligação com a atividade de determinadas enzimas, a riboflavina tem um papel antioxidante no corpo.

Os sintomas associados à deficiência de riboflavina incluem inflamação da boca e da língua, dermatite, rachaduras ao redor da boca (denominadas *queilose*), vários distúrbios oculares, sensibilidade ao sol e confusão (Fig. 8.18). Esses sintomas se manifestam depois de aproximadamente dois meses em uma dieta pobre em tiamina. Além disso, é provável que essa deficiência não exista isoladamente. Em vez disso, uma deficiência de riboflavina ocorreria com deficiências de niacina, tiamina e vitamina B6, pois esses nutrientes com frequência são encontrados nos mesmos alimentos.

Fontes e necessidades de riboflavina

As principais fontes de riboflavina são leite e laticínios, grãos enriquecidos, cereais matinais, carne e ovos (Fig. 8.19). Vegetais como aspargos, brócolis e diversas hortaliças (p. ex., espinafre) também são boas fontes.

A RDA de riboflavina para adultos é de 1,1 a 1,3 mg/dia. O valor diário usado em rótulos de alimentos e suplementos é de 1,7 mg. Em média, as ingestões de riboflavina estão um pouco acima da RDA. Assim como acontece em relação à tiamina, alcoolistas estão em risco de sofrer deficiência de riboflavina, pois essas pessoas geralmente consomem dietas pobres em nutrientes. Nenhum sintoma específico indica que megadoses de riboflavina são tóxicas, de maneira que nenhum nível máximo de ingestão tolerável foi estabelecido.

8.10 Niacina

A niacina funciona no corpo como um de dois compostos relacionados: ácido nicotínico e nicotinamida. A niacina era antes conhecida como *vitamina B3*.

As formas coenzimáticas de niacina operam em diversas vias metabólicas. Em geral, quando a energia está sendo liberada dos nutrientes energéticos e usada pelas células, uma coenzima da niacina é usada. Vias sintéticas na célula – as que formam novos compostos – também muitas vezes usam uma coenzima da niacina, o que é especialmente verdadeiro no caso da síntese de ácidos graxos (Fig. 8.14).

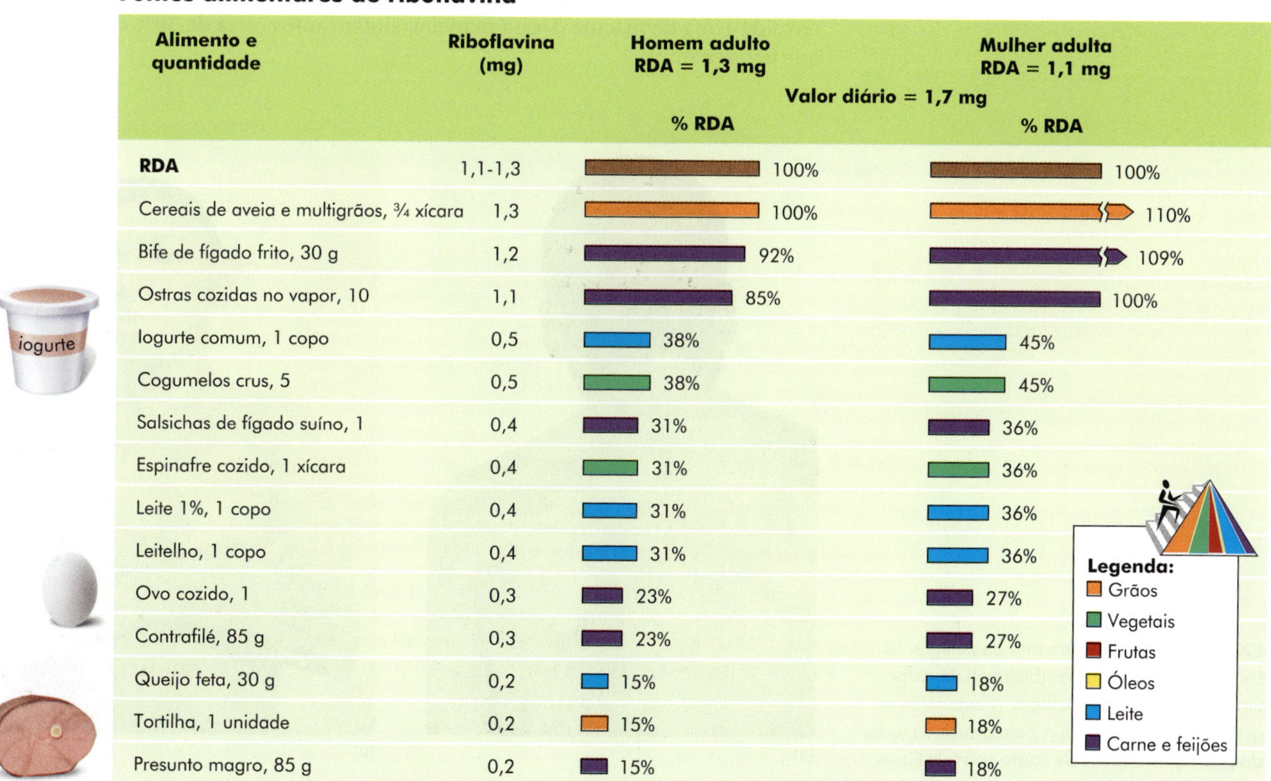

Fontes alimentares de riboflavina

Alimento e quantidade	Riboflavina (mg)	Homem adulto RDA = 1,3 mg — % RDA	Mulher adulta RDA = 1,1 mg — % RDA
		Valor diário = 1,7 mg	
RDA	1,1-1,3	100%	100%
Cereais de aveia e multigrãos, ¾ xícara	1,3	100%	110%
Bife de fígado frito, 30 g	1,2	92%	109%
Ostras cozidas no vapor, 10	1,1	85%	100%
Iogurte comum, 1 copo	0,5	38%	45%
Cogumelos crus, 5	0,5	38%	45%
Salsichas de fígado suíno, 1	0,4	31%	36%
Espinafre cozido, 1 xícara	0,4	31%	36%
Leite 1%, 1 copo	0,4	31%	36%
Leitelho, 1 copo	0,4	31%	36%
Ovo cozido, 1	0,3	23%	27%
Contrafilé, 85 g	0,3	23%	27%
Queijo feta, 30 g	0,2	15%	18%
Tortilha, 1 unidade	0,2	15%	18%
Presunto magro, 85 g	0,2	15%	18%

FIGURA 8.19 ▶ Fontes alimentares de riboflavina comparadas à RDA de homens e mulheres adultos.

demência Perda ou diminuição generalizada das faculdades mentais.

Quase todas as vias metabólicas celulares utilizam uma coenzima da niacina, de maneira que uma deficiência causa mudanças difusas no corpo. O grupo de sintomas de deficiência de niacina é conhecido como *pelagra*, que significa pele grossa ou dolorosa. Os sintomas da doença incluem **demência**, diarreia e dermatite (especialmente nas áreas de pele expostas ao sol) (Fig. 8.20). Com o tempo, é frequente ocorrer óbito. Os sintomas iniciais incluem inapetência, perda de peso e fraqueza.

A pelagra é a única doença de deficiência dietética que atingiu proporções epidêmicas nos Estados Unidos. Essa doença já foi um problema crítico no sudeste dos Estados Unidos no final dos anos 1800 e persistiu até o final dos anos 1930, quando os padrões de moradia e dieta melhoraram. Atualmente, a pelagra é rara nas sociedades ocidentais, mas pode ser vista em países em desenvolvimento.

DECISÕES ALIMENTARES

Niacina no milho

Você gosta de tortilhas de milho? A niacina no milho é ligada por uma proteína que impede a sua absorção. Deixar o milho de molho em uma solução alcalina como água de cal (água com hidróxido de cálcio) libera a niacina ligada tornando-a mais usável. Hispânicos que vivem na América do Norte deixam o milho de molho em água de cal antes de fazer as tortilhas. Esse tratamento é uma das razões para não haver muitos casos de pelagra na população hispânica.

Fontes e necessidades de niacina

As principais fontes de niacina são carne de porco, cereais matinais, carne bovina, farelo de trigo, atum e outros peixes, aspargos e amendoins (Fig. 8.21). Café e chá também contribuem com um pouco de niacina à dieta. A niacina é termoestável; pouca niacina é perdida no cozimento.

Além da niacina pré-formada encontrada em alimentos proteicos, ela pode ser sintetizada a partir do aminoácido triptofano: 60 mg de triptofano na dieta geram cerca de 1 mg de niacina. Dessa maneira, sintetizamos cerca de 50% da niacina de que necessitamos.

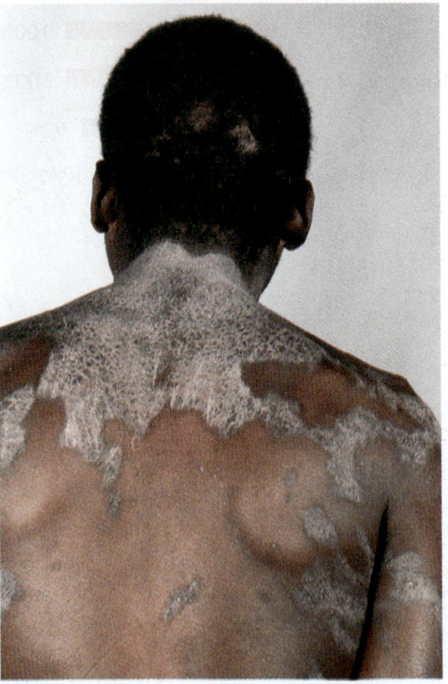
(a)

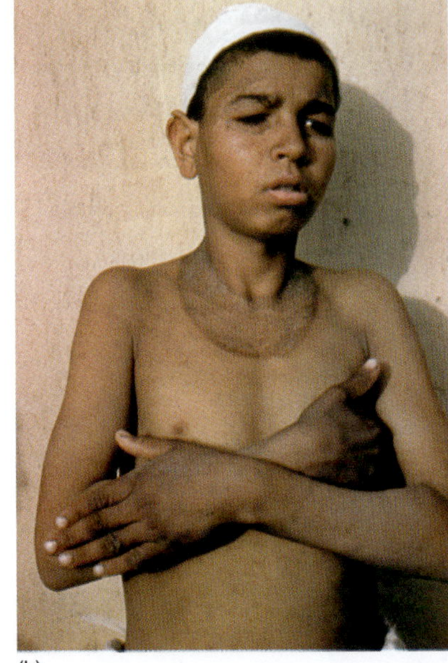
(b)

FIGURA 8.20 ▶ A dermatite da pelagra. (*a*) Dermatite nos dois lados (bilateral) do corpo é um sintoma típico de pelagra. A exposição ao sol piora a condição. (*b*) A pele grossa ao redor do pescoço é conhecida como colar de Casal.

A RDA de niacina para adultos é de 14 a 16 mg/dia. A RDA é expressada como equivalente de niacina (NE) para representar a niacina recebida intacta da dieta, bem como a produzida a partir de triptofano. Um valor diário de 20 mg é usado para expressar o conteúdo de niacina nos rótulos de alimentos e suplementos. As ingestões de niacina pelos adultos representam aproximadamente o dobro da RDA, sem considerar a contribuição do triptofano. (As tabelas dos valores de composição dos alimentos também ignoram tal contribuição.) Alcoolistas e portadores de distúrbios raros do metabolismo do triptofano em geral são os únicos grupos a exibir uma deficiência de niacina.

▲ O frango é uma boa fonte de niacina. O triptofano presente também pode ser metabolizado em niacina.

Nível máximo de ingestão tolerável para niacina

O nível máximo de ingestão tolerável (UL) para niacina é de 35 mg/dia da forma ácido nicotínico. Os efeitos de ingestões elevadas incluem cefaleia, prurido e aumento do fluxo sanguíneo na pele, causando uma dilatação generalizada dos vasos sanguíneos ou rubor em diversas partes do corpo, especialmente com ingestões acima de 100 mg/dia. A longo prazo, é possível haver dano ao trato gastrintestinal e ao fígado, de maneira que o uso de megadoses, como doses elevadas recomendadas para tratamento de doenças cardiovasculres, exigem atenção médica cuidadosa (ver Cap. 5).

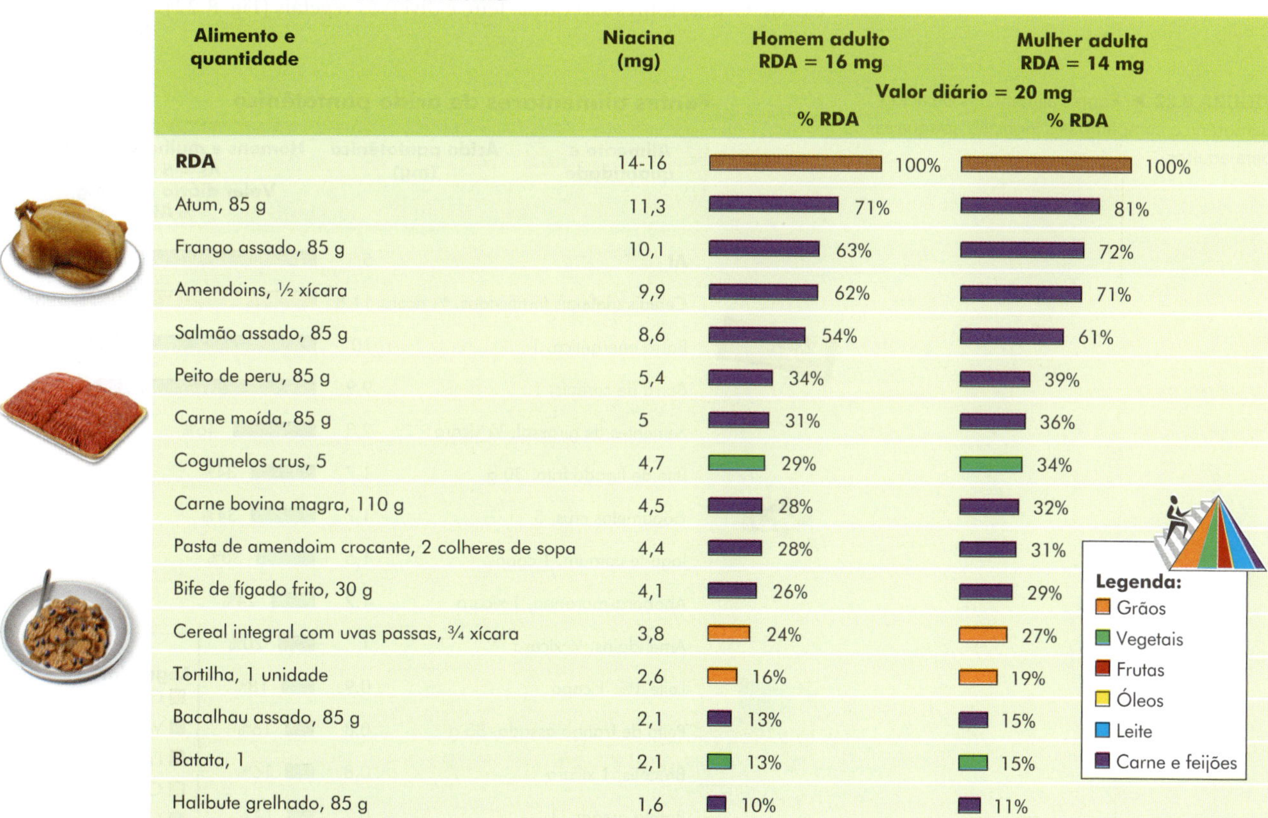

Fontes alimentares de niacina

Alimento e quantidade	Niacina (mg)	Homem adulto RDA = 16 mg — % RDA	Mulher adulta RDA = 14 mg — % RDA
		Valor diário = 20 mg	
RDA	14-16	100%	100%
Atum, 85 g	11,3	71%	81%
Frango assado, 85 g	10,1	63%	72%
Amendoins, ½ xícara	9,9	62%	71%
Salmão assado, 85 g	8,6	54%	61%
Peito de peru, 85 g	5,4	34%	39%
Carne moída, 85 g	5	31%	36%
Cogumelos crus, 5	4,7	29%	34%
Carne bovina magra, 110 g	4,5	28%	32%
Pasta de amendoim crocante, 2 colheres de sopa	4,4	28%	31%
Bife de fígado frito, 30 g	4,1	26%	29%
Cereal integral com uvas passas, ¾ xícara	3,8	24%	27%
Tortilha, 1 unidade	2,6	16%	19%
Bacalhau assado, 85 g	2,1	13%	15%
Batata, 1	2,1	13%	15%
Halibute grelhado, 85 g	1,6	10%	11%

FIGURA 8.21 ▶ Fontes alimentares de niacina comparadas à RDA para homens e mulheres adultos.

REVISÃO CONCEITUAL

As vitaminas do complexo B tiamina, riboflavina e niacina são importantes no metabolismo de carboidratos, proteínas e gorduras. O metabolismo energético, em particular, requer quantidades adequadas das formas coenzimáticas dessas três vitaminas. Os sintomas de deficiência, em geral, ocorrem no cérebro e no sistema nervoso, na pele e no trato gastrintestinal. As células desses tecidos são metabolicamente ativas, e as da pele e do trato GI também estão sendo constantemente renovadas. Grãos enriquecidos e cereais matinais são fontes adequadas dessas três vitaminas. Além disso, a carne de porco é uma excelente fonte de tiamina; o leite é uma excelente fonte de riboflavina, e alimentos proteicos em geral – por exemplo, o frango – são excelentes fontes de niacina. Deficiências dessas três vitaminas podem ocorrer com alcoolismo; uma deficiência de tiamina é a mais provável das três.

8.11 Ácido pantotênico

Assim como as outras vitaminas do complexo B, o ácido pantotênico ajuda a liberar energia de carboidratos, gorduras e proteínas. Ao formar sua coenzima (coenzima A ou CoA), o ácido pantotênico possibilita a ocorrência de muitas reações metabólicas geradoras de energia (Fig. 8.14). Essa coenzima também ativa ácidos graxos para que eles possam gerar energia, além de ser usada nas etapas iniciais da síntese de ácidos graxos. O ácido pantotênico é encontrado com facilidade nos alimentos; assim, é improvável uma deficiência nutricional entre pessoas saudáveis que consomem dietas variadas.

Fontes e necessidades de ácido pantotênico

Fontes ricas em ácido pantotênico são sementes de girassol, cogumelos, amendoins e ovos. Outras fontes são carne, leite e diversos vegetais (Fig. 8.22).

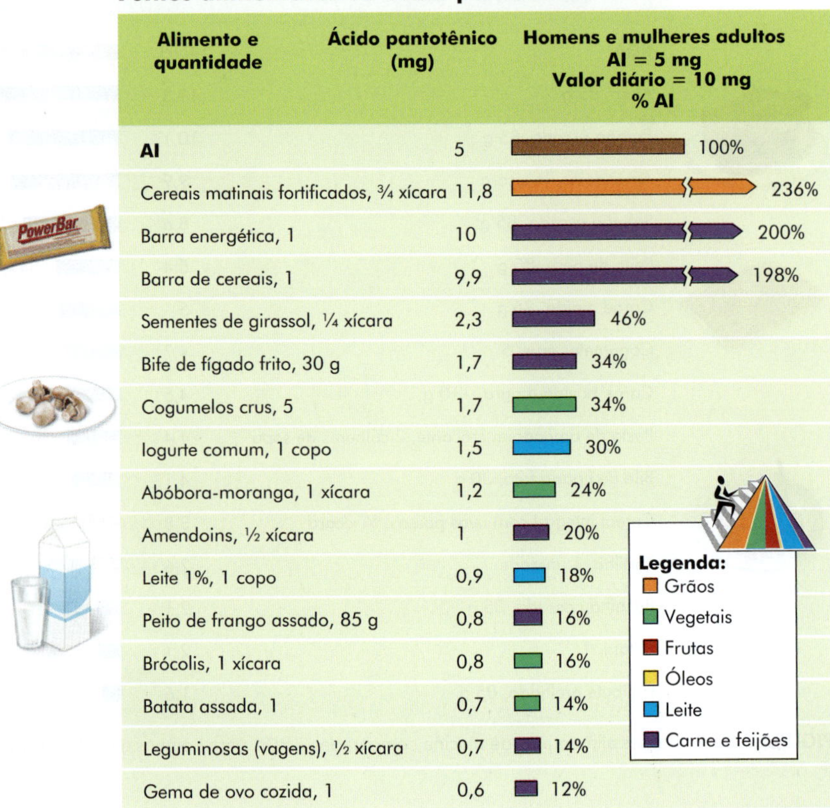

Fontes alimentares de ácido pantotênico

Alimento e quantidade	Ácido pantotênico (mg)	Homens e mulheres adultos AI = 5 mg Valor diário = 10 mg % AI
AI	5	100%
Cereais matinais fortificados, ¾ xícara	11,8	236%
Barra energética, 1	10	200%
Barra de cereais, 1	9,9	198%
Sementes de girassol, ¼ xícara	2,3	46%
Bife de fígado frito, 30 g	1,7	34%
Cogumelos crus, 5	1,7	34%
Iogurte comum, 1 copo	1,5	30%
Abóbora-moranga, 1 xícara	1,2	24%
Amendoins, ½ xícara	1	20%
Leite 1%, 1 copo	0,9	18%
Peito de frango assado, 85 g	0,8	16%
Brócolis, 1 xícara	0,8	16%
Batata assada, 1	0,7	14%
Leguminosas (vagens), ½ xícara	0,7	14%
Gema de ovo cozida, 1	0,6	12%

FIGURA 8.22 ► Fontes alimentares de ácido pantotênico comparadas à ingestão adequada para adultos.

A ingestão adequada estabelecida para o ácido pantotênico é de 5 mg/dia para adultos, e geralmente consumimos tal quantidade ou mais. Um valor diário de 10 mg é usado para expressar o conteúdo de ácido pantotênico nos rótulos de alimentos e suplementos. Uma deficiência de ácido pantotênico pode ocorrer quando o alcoolismo é acompanhado por uma dieta pobre em nutrientes. Entretanto, os sintomas provavelmente estariam ocultos entre deficiências de tiamina, riboflavina, vitamina B6 e folato, de maneira que a deficiência de ácido pantotênico passaria despercebida. Nenhuma toxicidade é relacionada ao ácido pantotênico. Portanto, não foi estabelecido um nível máximo de ingestão tolerável.

8.12 Biotina

Em sua forma coenzimática, a biotina auxilia no metabolismo de gorduras e carboidratos. A biotina ajuda na adição de dióxido de carbono a outros compostos. Ao fazê-lo, promove a síntese de glicose e ácidos graxos, além de ajudar a decompor determinados aminoácidos. Os sintomas de deficiência de biotina incluem inflamação descamativa da pele, alterações na língua e nos lábios, inapetência, náusea, vômitos, uma forma de anemia, depressão, dor e fraqueza muscular, além de déficit do crescimento.

Fontes e necessidades de biotina

Couve-flor, gema de ovo, amendoim e queijo são boas fontes de biotina (Fig. 8.23). Bactérias intestinais sintetizam e fornecem um pouco de biotina, tornando improvável sua deficiência. Entretanto, os cientistas não têm certeza de quanta biotina sintetizada por bactérias em nossos intestinos é absorvida. Se a síntese bacteriana intestinal não for suficiente, como ocorre em pessoas que perdem uma grande parte do intestino del-

Fontes alimentares de biotina

Alimento e quantidade	Biotina (µg)	Homens e mulheres adultos AI = 30 µg Valor diário = 30 µg % AI
AI	30	100%
Pasta de amendoim em pasta, 2 colheres de sopa	30,1	100%
Fígado de cordeiro cozido, 30 g	11,6	39%
Ovo cozido, 1	9,3	31%
Gema de ovo cozida, 1	8,1	27%
Iogurte, 1 copo	7,4	25%
Gérmen de trigo, ¼ xícara	7,2	24%
Amendoins torrados, 5	6,5	22%
Farelo de trigo, ¼ xícara	6,4	21%
Leite desnatado, 1 copo	4,9	16%
Salmão, 85 g	4,3	14%
Massa feita com ovos, 1 xícara	4	13%
Queijo suíço, 57 g	2,2	7%
Queijo *cheddar*, 57 g	1,7	6%
Couve-flor crua, 1 xícara	1,5	5%
Queijo americano, 57 g	1,4	5%

Pasta de amendoim

Legenda:
Grãos
Vegetais
Frutas
Óleos
Leite
Carne e feijões

FIGURA 8.23 ▶ Fontes alimentares de biotina comparadas à ingestão adequada para adultos (AI).

gado ou que tomam antibióticos por muitos meses, é preciso ter uma atenção especial para atender às necessidades de biotina. Uma proteína denominada *avidina*, presente nas claras de ovos crus, liga-se à biotina e inibe a sua absorção. O consumo elevado de claras de ovos crus pode causar doenças por deficiência de biotina.

A ingestão adequada estabelecida para biotina é de 30 μg/dia para adultos. Considera-se que nosso aporte de alimentos proporcione de 40 a 60 μg por pessoa por dia. Um valor diário de 30 μg é usado para expressar o conteúdo de biotina nos rótulos de alimentos e suplementos e representa 10 vezes mais do que nossa estimativa atual das necessidades. A biotina é relativamente atóxica. Doses elevadas foram administradas durante um período extenso sem efeitos colaterais nocivos a crianças que manifestam defeitos no metabolismo da biotina. Assim, nenhum nível máximo de ingestão tolerável para biotina foi estabelecido.

8.13 Vitamina B6

A vitamina B6 pode existir em três formas químicas, sendo que todas podem ser modificadas para a coenzima da vitamina B6 ativa. Piridoxina é o nome geral da vitamina e a forma acrescentada aos alimentos.

Funções da vitamina B6

As coenzimas da vitamina B6 são necessárias para a atividade de muitas enzimas envolvidas no metabolismo de carboidratos, proteínas e gorduras. A vitamina B6 é necessária em muitas áreas do metabolismo, de maneira que uma deficiência resulta em sintomas difusos, como depressão, vômitos, distúrbios cutâneos, irritação dos nervos e comprometimento da resposta imune.

A vitamina B6 tem um papel importante em particular no metabolismo de proteínas e aminoácidos (Fig. 8.14). A coenzima ajuda a remover o grupo nitrogênio ($-NH_2$) de determinados aminoácidos, o que torna o nitrogênio disponível para outro aminoácido. Essas reações aminoacídicas permitem que a célula sintetize aminoácidos não essenciais (dispensáveis). Em uma função relacionada, a vitamina B6 tem um papel no metabolismo da homocisteína.

Outro papel importante da vitamina B6 é na síntese de diversos neurotransmissores. No Capítulo 3, foi visto que os neurotransmissores possibilitam a comunicação das células nervosas entre si e com outras células do corpo. Uma deficiência de vitamina B6 pode causar uma queda nesses neurotransmissores e levar a sintomas, especialmente a convulsões. Esse problema ocorreu nos anos 1950, quando o calor destruía a vitamina B6 nas fórmulas infantis.

A coenzima da vitamina B6 é importante para a síntese de hemoglobina e sua função de transporte do oxigênio das hemácias. Essa vitamina é também necessária à síntese de leucócitos, que têm um papel fundamental no sistema imune.

▲ Bananas são uma fonte vegetal de vitamina B6.

Fontes e necessidades de vitamina B6

As principais fontes de vitamina B6 são produtos animais, cereais matinais, batatas e leite. Outras fontes são frutas e vegetais, como bananas, melões amarelos, brócolis e espinafre (Figs. 8.24 e 8.25). Em termos gerais, produtos animais e fortificados são os mais confiáveis porque a vitamina B6 que eles contêm é mais absorvível do que nos alimentos vegetais.

A RDA de vitamina B6 para adultos é de 1,3 a 1,7 mg/dia. Um valor diário de 2 mg é usado para expressar o conteúdo de vitamina B6 nos rótulos de alimentos e suplementos. O consumo diário médio de vitamina B6 de homens e mulheres é um pouco acima da RDA.

Os atletas talvez precisem de um pouco mais de vitamina B6 do que adultos sedentários. O corpo do atleta processa uma grande carga de glicogênio e proteínas ingeridas (na forma de aminoácidos) como combustível, e o metabolismo desses compostos requer vitamina B6. Entretanto, os atletas tendem mais a consumir muitos alimentos ricos em proteínas – suficientes para proporcionar as quantidades necessárias de vitamina B6.

Fontes alimentares de vitamina B6

Alimento e quantidade	Vitamina B6 (mg)	Homens e mulheres adultos RDA = 1,3 mg Valor diário = 2 mg % RDA
RDA	1,3	100%
Salmão assado, 85 g	0,8	62%
Batata assada, 1 média	0,7	54%
Banana, 1	0,7	54%
Abacate, 1	0,6	46%
Peito de frango assado, 85 g	0,5	38%
Abóbora-moranga, 1 xícara	0,5	38%
Cereal matinal, ¾ xícara	0,5	38%
Bife de fígado frito, 30 g	0,4	31%
Peru assado, 85 g	0,4	31%
Contrafilé, 85 g	0,4	31%
Presunto magro, 85 g	0,4	31%
Melancia, 1 fatia	0,3	23%
Sementes de girassol, ¼ xícara	0,3	23%
Espinafre cozido, ½ xícara	0,2	15%

Legenda:
- Grãos
- Vegetais
- Frutas
- Óleos
- Leite
- Carne e feijões

FIGURA 8.24 ▶ Fontes alimentares de vitamina B6 comparadas à RDA para adultos.

Alcoolistas são vulneráveis a uma deficiência de vitamina B6 porque um metabólito formado no metabolismo do álcool consegue deslocar a coenzima das enzimas, o que aumenta sua tendência em ser destruída. Além disso, o álcool diminui

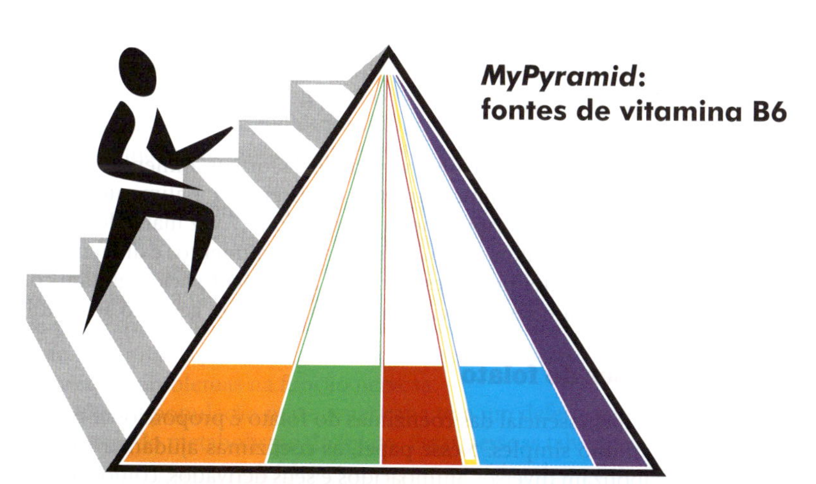

Grãos	Vegetais	Frutas	Óleos	Leite	Carne e feijões
• Cereais matinais fortificados • Gérmen de trigo (produtos à base de trigo integral)	• Batatas • Espinafre • Couve-flor	• Abacate • Bananas • Tâmaras • Melão amarelo • Melancia	• Nenhum	• Leite • Iogurte • Queijo *cottage*	• Carne de vaca • Aves • Peixe • Feijões • Nozes • Sementes

FIGURA 8.25 ▶ Fontes de vitamina B6 da *MyPyramid*. O realce do fundo (nenhum, ⅓, ⅔ ou totalmente coberto) dentro de cada grupo na pirâmide indica a densidade média de vitamina B6 dos alimentos naquele grupo. Em termos gerais, o grupo de carnes contém especialmente muitos alimentos ricos em vitamina B6. Em relação à atividade física, a vitamina B6 participa do metabolismo energético relacionado durante tais esforços.

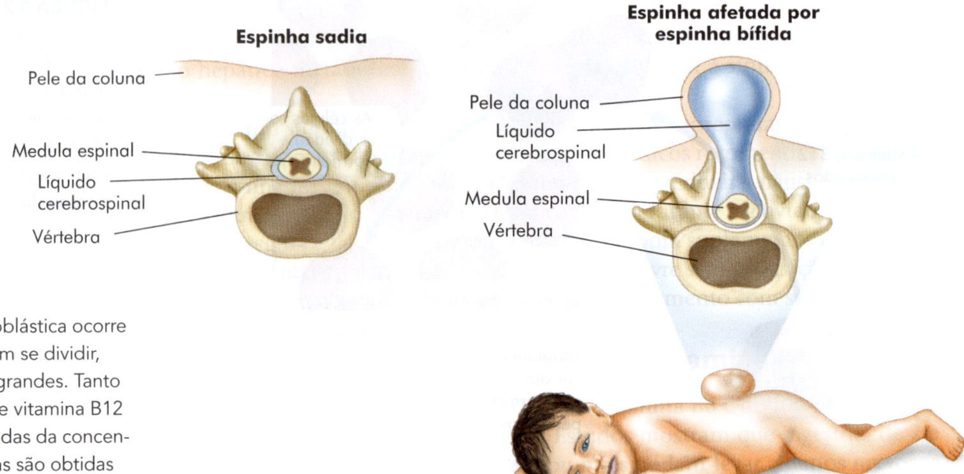

FIGURA 8.26 ▶ A anemia megaloblástica ocorre quando as hemácias não conseguem se dividir, resultando em hemácias imaturas, grandes. Tanto uma deficiência de folato quanto de vitamina B12 podem causar essa condição. Medidas da concentração sanguínea das duas vitaminas são obtidas para ajudar a determinar a causa da anemia.

de. Crianças nascidas com anencefalia morrem pouco depois do parto. A ingestão adequada de folato é crucial para todas as mulheres em idade reprodutiva porque o tubo neural fecha nas primeiras 28 semanas de gestação, quando a maioria das mulheres ainda nem sabe que está grávida. Pesquisas feitas com a suplementação de ácido fólico sintético resultaram em uma recomendação de folato em abundância, especificamente 400 μg/dia de ácido fólico, consumidos pelo menos seis semanas antes da concepção. É provável que até mesmo mulheres com dietas variadas não consumam ácido fólico adequado para prevenir defeitos do tubo neural a menos que se dê atenção especial às fontes ricas em folato. É possível que até 70% desses defeitos possam ser evitados por um nível de folato adequado antes da concepção. (Mulheres que tiveram um filho com defeito do tubo neural devem ser aconselhadas a consumir 4 mg/dia de ácido fólico, começando pelo menos um mês antes de qualquer gravidez futura. Isso deverá ser feito sob supervisão médica estrita.)

O consumo de cereais matinais que contenham 100% do valor diário de folato (o mesmo que a RDA) é uma boa maneira de atender à meta de ingestão de ácido fólico sintético. Um suplemento multivitamínico e mineral também pode ser usado para fornecer o ácido fólico sintético adequado, mas as mulheres devem ficar atentas e monitorar a quantidade de qualquer conteúdo de vitamina A pré-formada na mesma fórmula (não ultrapassar 100% do valor diário). Desde 1992, tem havido um esforço para que todas as mulheres em idade reprodutiva tomem vitaminas diárias contendo ácido fólico. Um levantamento da March of Dimes (fundação sem fins lucrativos dos EUA para promover a saúde de mães e bebês) descobriu que 40% dessas mulheres seguiam a prática em 2007.

DECISÕES ALIMENTARES

Folato e terapia anticâncer

Algumas formas de terapia anticâncer oferecem um exemplo claro dos efeitos de uma deficiência de folato no metabolismo do DNA. Um agente anticâncer, o metotrexato, é muito semelhante a uma forma de folato, mas não consegue agir em seu lugar. Em virtude dessa semelhança, quando o metotrexato é admnistrado em doses altas, dificulta o metabolismo do folato. Em essência, o metotrexato expulsa o folato nas vias metabólicas. A síntese de DNA e, em consequência, a divisão celular, então, diminuem. As células cancerosas estão entre as que mais rapidamente se dividem no corpo, sendo afetadas primeiro. Entretanto, outras células de divisão rápida, como as células intestinais e cutâneas, também são afetadas. Não é surpresa que os efeitos colaterais típicos da terapia com metotrexato sejam diarreia, vômitos e queda de cabelo. Existem também outros sintomas típicos da deficiência de folato. Atualmente, quando pacientes recebem metotrexato, precisam seguir uma dieta rica em folato e/ou tomar suplementos de ácido fólico, pois isso reduz os efeitos colaterais tóxicos do fármaco. Doses suplementares elevadas geralmente têm pouca ou nenhuma influência na eficácia do metotrexato como terapia anticâncer.

Há pesquisas em andamento sobre o elo entre folato e proteção contra o câncer. O folato auxilia a síntese de DNA, de maneira que até mesmo uma deficiência leve de folato contribui para a quebra da integridade normal do DNA, o que, por sua vez, afeta alguns genes protetores contra o câncer. Uma das maneiras de reduzir o risco de câncer é adotar a RDA de folato. Um recente estudo de sete anos observou que, em mulheres, suplementos de folato em combinação com vitamina B6 e vitamina B12 não preveniam o câncer de mama ou outros cânceres invasivos.

Fontes e necessidades de folato*

Vegetais folhosos verdes (a palavra *folato* é derivada da palavra em latim *folium*, que significa folhagem ou folhas), vísceras, brotos, outros vegetais, feijões secos e suco de laranja são fontes ricas em folato (Figs. 8.28 e 8.29). A vitamina C no suco de laranja também reduz a destruição do folato. Cereais matinais, leite e pão são fontes importantes de folato para muitos adultos.

O folato é suscetível à destruição pelo calor. O processamento e o preparo destroem de 50 a 90% do folato nos alimentos, o que enfatiza a importância de consumir regularmente frutas frescas e vegetais crus ou pouco cozidos. Conforme mencionado anteriormente, os vegetais retêm melhor seus nutrientes quando cozidos rapidamente em quantidade mínima de água – no vapor, refogados ou no micro-ondas (Tab. 8.1).

A RDA de folato para adultos é de 400 μg/dia, assim como o valor diário usado para expressar o conteúdo de folato nos rótulos de alimentos e suplementos. As recomendações de folato para todas as pessoas, exceto para mulheres em idade reprodutiva (que deverão atender a tais recomendações com ácido fólico sintético),

PARA REFLETIR

Suzanne e Ted planejam começar uma família. Eles estão especialmente preocupados porque a irmã de Suzanne deu à luz ano passado um bebê com espinha bífida. Ao se preparar para sua gravidez, Suzanne toma um suplemento multivitamínico e come cereais matinais fortificados quase todos os dias. Ela também tenta incluir laranjas, suco de laranja, brócolis e espinafre na dieta. O que é espinha bífida? Como a dieta e a suplementação vitamínica de Suzanne ajudam a prevenir esse distúrbio grave?

Fontes alimentares de folato

Alimento e quantidade	Folato (μg)	Homens e mulheres adultos RDA = 400 μg Valor diário = 400 μg % RDA
RDA	400	100%
Aspargos, 1 xícara	263	66%
Espinafre cozido, 1 xícara	262	66%
Lentilhas cozidas, ½ xícara	179	45%
Feijão-fradinho, ½ xícara	179	45%
Alface romana, 1 ½ xícaras	114	29%
Cereal integral, ¾ xícara	114	29%
Tortilha, 1 unidade	89	22%
Nabos cozidos, ½ xícara	85	21%
Brócolis cozido, 1 xícara	78	20%
Sementes de girassol, ¼ xícara	76	19%
Suco de laranja fresco, 1 copo	75	19%
Beterrabas cozidas, ½ xícara	68	17%
Feijão vermelho, ½ xícara	65	16%

Legenda: Grãos; Vegetais; Frutas; Óleos; Leite; Carne e feijões

FIGURA 8.28 ▶ Fontes alimentares de folato comparadas à RDA para adultos.

* N. de R.T.: No Brasil, a Anvisa determinou que as farinhas de trigo e milho fossem enriquecidas com ácido fólico. Esta regulamentação entrou em vigor em 2004.

FIGURA 8.29 ▶ Fontes de folato da *MyPyramid*. O realce do fundo (nenhum, 1/3, 2/3 ou totalmente preenchido) dentro de cada grupo na pirâmide indica a densidade média de folato dos alimentos naquele grupo. Em termos gerais, o grupo dos vegetais proporciona as fontes mais ricas, mas o grupo das frutas e o grupo dos grãos contêm alguns alimentos ricos em folato.

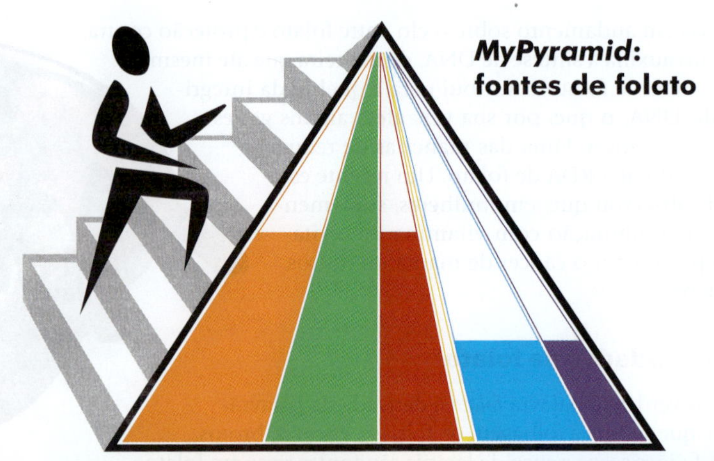

Grãos	Vegetais	Frutas	Óleos	Leite	Carne e feijões
• Cereais matinais fortificados • Gérmen de trigo (produtos à base de trigo integral) • Grãos enriquecidos	• Aspargos • Vegetais folhosos verdes	• Laranjas • Morangos • Melões	• Nenhum	• Queijo *cottage* • Iogurte	• Fígado • Ovos • Feijões • Sementes de girassol

baseiam-se nos equivalentes dietéticos de folato (DFE). Para comparar a ingestão de folato em unidades de DFE, é preciso determinar o quanto da ingestão diária vem dos alimentos e o quanto vem de ácido fólico sintético acrescentado aos alimentos. Em caso de dúvida, é preciso lembrar que todo folato em uma dieta encontra-se na forma de alimento, exceto o proveniente de cereais matinais e produtos à base de grãos refinados. Também incluída nessa segunda categoria está todo ácido fólico presente nos suplementos. Para calcular o DFE, multiplique a ingestão total de ácido fólico sintético por 1,7 e some tal valor ao folato alimentar consumido. Por exemplo, se uma pessoa consumiu 300 µg de folato alimentar e 200 µg de um cereal matinal instantâneo, o DFE total seria 640 µg (300 + [200 × 1,7] = 640). Comparado à RDA de 400 µg, essa ingestão seria suficiente.

Antes de 1998, as ingestões médias diárias de folato nos Estados Unidos eram de aproximadamente 320 µg para homens e 220 µg para mulheres. Em 1998, a fortificação de produtos à base de grãos com folato tornou-se obrigatória nos Estados Unidos e no Canadá, com o objetivo de reduzir defeitos espinais congênitos. Com tal obrigatoriedade, as ingestões médias aumentaram em cerca de 200 µg/dia. Estudos mostraram que essa prática diminuiu as taxas de defeitos do tubo neural em bebês.

Consultar o tópico "Nutrição e Saúde": *suplementos dietéticos – quem precisa deles?* no final do Capítulo 8.

As gestantes necessitam de mais folato (um total de 600 µg de DFE) para acomodar o ritmo maior de divisão celular e síntese de DNA em seus próprios corpos e no feto em desenvolvimento. Uma dieta saudável fornece facilmente esse montante. Apesar de a maioria dos suplementos vitamínicos não ter benefícios salutares comprovados na maioria das pessoas (ver tópico "Nutrição e Saúde", no final deste capítulo), o ácido fólico suplementar é eficaz em prevenir defeitos congênitos. O cuidado pré-natal com frequência inclui um suplemento multivitamínico e mineral especialmente formulado enriquecido com ácido fólico sintético para ajudar a compensar as necessidades extras associadas à gravidez. Nas Dietary Guidelines for Americans de 2005, uma das principais recomendações para mulheres em idade reprodutiva que poderiam engravidar e para aquelas que se encontram no primeiro trimestre de gestação é consumir ácido fólico sintético adequado diariamente (de alimentos enriquecidos ou suplementos), além das formas alimentares de folato de uma dieta variada.

Idosos também estão em risco de sofrer deficiência de folato, possivelmente devido a uma combinação de ingestão inadequada e menor absorção de folato. Talvez essas pessoas não consigam consumir quantidades suficientes de frutas e vegetais em virtude de pobreza ou problemas físicos, como saúde dentária deficiente. Além disso, com frequência ocorrem deficiências de folato com alcoolismo, em grande parte por causa de ingestão e absorção deficientes. Os sintomas de uma anemia relacionada ao folato podem alertar o médico da possibilidade de alcoolismo.

▲ Grãos enriquecidos e cereais matinais são boas fontes de ácido fólico sintético.

DECISÕES ALIMENTARES

Equivalentes dietéticos de folato

O uso de equivalentes dietéticos de folato (DFE) em vez da quantidade real de folato em um alimento tem algumas implicações importantes. Muitos alimentos poderão ser mais ricos em folato do que sugere a tabela de informações nutricionais dos alimentos porque o conteúdo de folato provém essencialmente do ácido fólico sintético acrescentado aos alimentos, como em grãos enriquecidos e cereais matinais. Isso contribui significativamente para o cálculo do DFE. Outra implicação é que *softwares* de análise dietética e tabelas de composição dos alimentos (como a que acompanha este livro) também subestimam a verdadeira contribuição do folato de uma dieta comparada às necessidades de folato porque essas tabelas não foram atualizadas em unidades de DFE.

Nível máximo de ingestão tolerável para folato

O nível máximo de ingestão tolerável (UL) para folato é de 1 mg/dia (1.000 μg), mas refere-se apenas à fonte sintética. Isso porque o folato naturalmente presente nos alimentos tem absorção limitada. Doses elevadas de folato podem ocultar os sinais de deficiência de vitamina B12 e, portanto, complicam seu diagnóstico. Especificamente, o consumo regular de grandes quantidades de folato pode prevenir o surgimento de um sinal de alerta inicial de deficiência de vitamina B12 - o aumento de tamanho das hemácias. Para prevenir tal mascaramento da deficiência de vitamina B12, a meta de programas de fortificação é melhorar o nível de folato das mulheres em idade reprodutiva sem causar ingestão excessiva (> 1 mg/dia de ácido fólico) por parte de outros indivíduos. Além disso, em virtude do risco de mascarar uma deficiência de vitamina B12, a FDA limita suplementos para mulheres adultas não grávidas e fortificação de alimentos a 400 μg.

8.15 Vitamina B12

A vitamina B12 representa uma família de compostos que contêm o mineral cobalto. Todos os compostos da vitamina B12 são sintetizados por bactérias, fungos e outros organismos inferiores.

O corpo tem um meio complexo de absorver vitamina B12. Essa vitamina chega ao estômago por meio de alimentos e é digerida por outras substâncias, especialmente pelo ácido estomacal. A vitamina B12 livre no estômago liga-se a uma proteína produzida pelas glândulas salivares na boca, o que a protege do ácido estomacal. Posteriormente, ela se livra dessa proteína no intestino delgado. Por fim, liga-se no intestino delgado a um composto produzido no estômago denominado **fator intrínseco**. O complexo resultante fator intrínseco/vitamina B12 percorre a última porção do intestino delgado para absorção. Depois dessas etapas digestivas, aproximadamente 50% da vitamina B12 dietética é absorvida, dependendo da necessidade corporal.

fator intrínseco Composto de natureza proteica produzido pelo estômago e que aumenta a absorção de vitamina B12.

Se uma pessoa tem um defeito na digestão e absorção de vitamina B12, é provavel que o corpo só consiga usar de 1 a 2% da vitamina B12 dietética. Injeções mensais de vitamina B12 ou géis nasais dessa vitamina são usados para contornar a necessidade de absorção, ou megadoses de uma forma suplementar (300 vezes a RDA) são necessárias para compensar o defeito de absorção, proporcionando vitamina suficiente por meio de difusão simples pelo trato GI.

▼ Conforme envelhecemos, nosso sistema digestório absorve vitamina B12 dos alimentos com menos eficácia.

Aproximadamente 95% dos casos de deficiências de vitamina B12 em pessoas saudáveis resultam da absorção defeituosa da vitamina e não de ingestões inadequadas. Isso é especialmente verdadeiro em idosos. À medida que envelhecemos, nossos estômagos passam a ter menos capacidade de sintetizar o fator intrínseco necessário à absorção de vitamina B12.

Funções da vitamina B12

A vitamina B12 participa de uma variedade de processos celulares. A função mais importante é no metabolismo do folato. Essa vitamina é necessária para converter coenzimas de folato nas formas ativas necessárias para reações metabólicas, como a síntese de DNA. Sem vitamina B12, reações que demandam determinadas formas ativas de folato não ocorrem na célula. Assim, uma deficiência dessa vitamina pode resultar em sintomas de deficiência de folato. Outra função vital é manter as bainhas mielínicas que isolam os neurônios uns dos outros. Pessoas com deficiência de vitamina B12 têm segmentos das bainhas mielínicas destruídos. Essa destruição causa paralisia e até mesmo óbito. A vitamina B12 também participa no metabolismo da homocisteína e em determinadas vias metabólicas menores.

Antigamente, a incapacidade de absorver vitamina B12 suficiente, em geral, levava à morte, principalmente em virtude da destruição dos nervos. Esse fenômeno é chamado de **anemia perniciosa** (*perniciosa* significa literalmente "que leva à morte"). Em termos clínicos, a anemia se assemelha mais a uma anemia por deficiência de folato, caracterizada pelo surgimento de muitas hemácias grandes na circulação sanguínea. Entretanto, a verdadeira causa da anemia perniciosa é a má-absorção de vitamina B12 e não ingestões inadequadas de folato.

anemia perniciosa Anemia resultante da falta de absorção da vitamina B12; o nome "perniciosa", menos utilizado atualmente, tem relação com a degeneração das fibras nervosas que leva à paralisia e, eventualmente, à morte.

Alguns sintomas da anemia perniciosa incluem fraqueza, ulcerações na língua, lombalgia, apatia e formigamento nas extremidades. Conseguimos armazenar grande quantidade de vitamina B12, de maneira que sintomas de destruição de nervos geralmente não se desenvolvem até pelo menos três anos depois do início da deficiência. Infelizmente, a destruição significativa dos nervos ocorre, muitas vezes, antes de a anemia ser detectada, e tal destruição é irreversível. A anemia perniciosa e a destruição de nervos que a acompanha geralmente começam depois da meia-idade, afetando de 10 a 20% dos adultos mais velhos. As causas para essa anemia perniciosa associada à idade são duas. A primeira é que o envelhecimento com frequência está associado a uma baixa produção de ácido estomacal. Assim, a vitamina B12 não é adequadamente clivada de outros componentes alimentares durante a digestão. A segunda é que o envelhecimento pode ser acompanhado de uma produção menor do fator intrínseco, e isso resulta em menos absorção da vitamina.

Bebês que são amamentados por mães vegetarianas ou veganas estão em risco de sofrer deficiência de vitamina B12 acompanhada de anemia e problemas do sistema nervoso a longo prazo, por exemplo, comprometimento do crescimento cerebral, degeneração da medula espinal e desenvolvimento intelectual deficiente. Os problemas podem ter sua origem durante a gestação, quando a mãe está deficiente em vitamina B12. Dietas veganas proporcionam pouca vitamina B12 a menos que incluam alimentos enriquecidos com essa vitamina ou suplementos, de maneira que conseguir uma ingestão adequada é uma meta crucial no planejamento da dieta vegana (Cap. 6).

Portadores de HIV/Aids também estão em risco de sofrer deficiência de vitamina B12 associada à má-absorção prolongada que com frequência os acomete. Em alguns poucos estudos, um nível de vitamina B12 adequado mostrou diminuir o declínio na saúde dos portadores de HIV/Aids.

Fontes e necessidades de vitamina B12

As principais fontes de vitamina B12 incluem carne, leite, cereais matinais, aves, frutos do mar e ovos (Fig. 8.30). Vísceras (especialmente fígado, rins e coração) são fontes especialmente ricas em vitamina B12. Adultos acima de 50 anos de idade devem ser incentivados a buscar uma fonte dessa vitamina sintética para ajudar na absorção, que pode ser limitada em virtude da menor produção de fator intrínseco e menor produção de ácido estomacal observados no envelhecimento, conforme já mencionado. A vitamina B12 sintética não está acoplada ao alimento, de maneira que não precisa de ácido estomacal para liberar-se dos alimentos. Assim, ela será

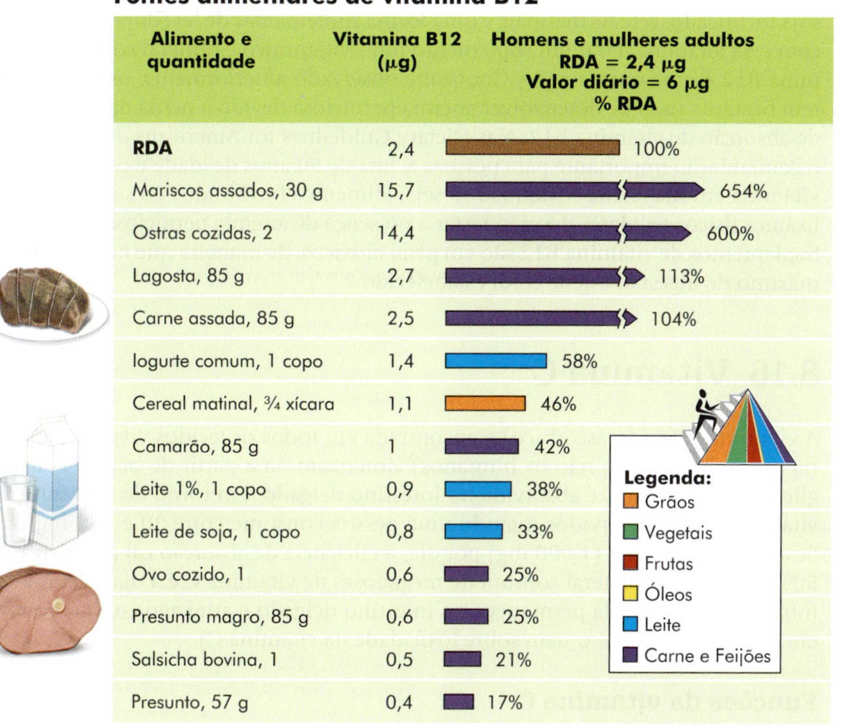

Fontes alimentares de vitamina B12
Alimento e quantidade
Vitamina B12 (μg)
Homens e mulheres adultos
RDA = 2,4 μg
Valor diário = 6 μg
% RDA
RDA 2,4 100%
Mariscos assados, 30 g 15,7 654%
Ostras cozidas, 2 14,4 600%
Lagosta, 85 g 2,7 113%
Carne assada, 85 g 2,5 104%
Iogurte comum, 1 copo 1,4 58%
Cereal matinal, ¾ xícara 1,1 46%
Camarão, 85 g 1 42%
Leite 1%, 1 copo 0,9 38%
Leite de soja, 1 copo 0,8 33%
Ovo cozido, 1 0,6 25%
Presunto magro, 85 g 0,6 25%
Salsicha bovina, 1 0,5 21%
Presunto, 57 g 0,4 17%
Legenda:
Grãos
Vegetais
Frutas
Óleos
Leite
Carne e Feijões

FIGURA 8.30 ▶ Fontes alimentares de vitamina B12 comparadas à RDA para adultos.

mais prontamente absorvida do que na forma alimentar. Cereais matinais e um suplemento multivitamínico e mineral são duas fontes sintéticas possíveis.

A RDA da vitamina B12 para adultos é de 2,4 μg/dia. O valor diário de 6 μg é usado em rótulos de alimentos e suplementos. Em média, os adultos consomem o dobro da RDA ou mais. Essa ingestão elevada proporciona ao indivíduo saudável que consome carne uma reserva de vitamina B12 no fígado por cerca de 2 a 3 anos.

Uma pessoa que consome uma dieta, em geral, carente de vitamina B12 demora aproximadamente 20 anos para manifestar destruição dos nervos causada por uma deficiência dietética. Contudo, os veganos, que não consomem nenhum pro-

REVISÃO CONCEITUAL

O folato é necessário para a divisão celular porque influencia a síntese de DNA. Uma deficiência de folato resulta em anemia megaloblástica (macrocítica), bem como em níveis sanguíneos de homocisteína elevados, inflamação da língua, diarreia e déficit de crescimento. A ingestão excessiva de folato pode mascarar uma deficiência de vitamina B12 porque essas vitaminas trabalham em conjunto no metabolismo. O folato é encontrado em frutas e vegetais, feijões e vísceras. É importante enfatizar o consumo de vegetais frescos e pouco cozidos na dieta porque grande parte do folato se perde durante o cozimento. Mulheres em idade reprodutiva deverão atender às necessidades de folato consumindo uma fonte de ácido fólico sintético. As necessidades de folato durante a gravidez são especialmente elevadas; uma deficiência na época da concepção e no primeiro mês de gravidez pode levar a defeitos do tubo neural no feto.

A vitamina B12 é necessária ao metabolismo do folato. Sem essa vitamina na dieta, desenvolvem-se sintomas de deficiência de folato, como anemia macrocítica. Além disso, a vitamina B12 é necessária à manutenção do sistema nervoso, e sua deficiência pode levar à paralisia. A vitamina B12 também participa no metabolismo da homocisteína, e sua absorção requer uma série de fatores específicos. Se a absorção for inibida, a deficiência resultante pode levar à anemia perniciosa e está associada à destruição de nervos. Quantidades concentradas de vitamina B12 encontram-se apenas em alimentos de origem animal; pessoas que consomem carne geralmente contam com uma reserva de 2 a 3 anos no fígado. Os veganos precisam encontrar uma fonte alternativa de vitamina B12. A absorção de vitamina B12 pode diminuir com a idade. Injeções mensais, géis nasais ou megadoses podem compensar esse declínio.

▲ Frutos do mar, especialmente mariscos e lagosta, são boas fontes de vitamina B12.

duto animal, devem encontrar uma fonte confiável de vitamina B12, como leite de soja fortificado, cereais matinais e uma forma suplementar de levedura enriquecida com essa vitamina. Usar um suplemento multivitamínico e mineral contendo vitamina B12 é uma outra opção. Conforme observado anteriormente, os idosos correm bastante risco de desenvolver anemia perniciosa devido à perda da capacidade de absorção de vitamina B12. Nas Dietary Guidelines for Americans de 2005, uma recomendação importante para pessoas acima de 50 anos de idade é consumir essa vitamina em sua forma cristalina (ou seja, alimentos fortificados ou suplementos). Exames físicos regulares deverão testar a presença de anemia perniciosa em idosos. Suplementos de vitamina B12 são em geral atóxicos, de maneira que nenhum nível máximo de ingestão tolerável foi estabelecido.

8.16 Vitamina C

A vitamina C (ácido ascórbico) é encontrada em todos os tecidos vivos, e a maioria dos animais (mas não os humanos) sintetizam-na a partir do açúcar simples glicose. A vitamina C é absorvida no intestino delgado. Em torno de 70 a 90% da vitamina C são absorvidos quando uma pessoa consome entre 30 e 180 mg/dia. Se alguém ingerir 1 g (1.000 mg) por dia, a eficiência de absorção cai para cerca de 50%. Um efeito colateral comum de megadoses de vitamina C é a diarreia. A vitamina C não absorvida permanece no intestino delgado e atrai água, o que resulta em diarreia (consultar o item sobre toxicidade da vitamina C).

PARA REFLETIR

Carlos voltou do *shopping* entusiasmado com uma propaganda que viu afirmando que a vitamina C irá curar tudo, desde resfriados até doença cardíaca. Como você explicaria as principais funções da vitamina C no corpo humano para Carlos?

Funções da vitamina C

Síntese de colágeno A função mais bem-entendida da vitamina C é seu papel na síntese da proteína colágeno. Essa proteína é encontrada em concentrações elevadas no tecido conectivo, ossos, dentes, tendões e vasos sanguíneos, sendo importante para a cicatrização de feridas. A vitamina C aumenta as conexões cruzadas entre aminoácidos no colágeno, fortalecendo muito os tecidos estruturais que ajuda a formar.

Em longas viagens marítimas, os capitães com frequência perdiam mais da metade de sua tripulação em decorrência do escorbuto, a doença da deficiência de vitamina C. Seus sintomas incluem fraqueza, demora na cicatrização de feridas, abertura de feridas já cicatrizadas, dor óssea, fraturas, sangramento gengival, diarreia e petéquias ao redor dos folículos pilosos na parte posterior de braços e pernas. Em 1740, o médico inglês Dr. James Lind foi o primeiro a mostrar que as frutas cítricas – duas laranjas e um limão por dia – podiam curar o escorbuto. Após 50 anos da descoberta de Lind, as provisões dos marinheiros britânicos incluíam limas para prevenir escorbuto (isso explica a gíria britânica para marinheiros ingleses, *limeys*).

A deficiência de vitamina C pode causar mudanças difusas no metabolismo tecidual. A maioria dos sintomas de escorbuto está ligada a uma queda na síntese de colágeno, por exemplo, na pele. É preciso ficar cerca de 20 a 40 dias sem ingestão de vitamina C para que os primeiros sintomas de escorbuto apareçam (Fig. 8.31).

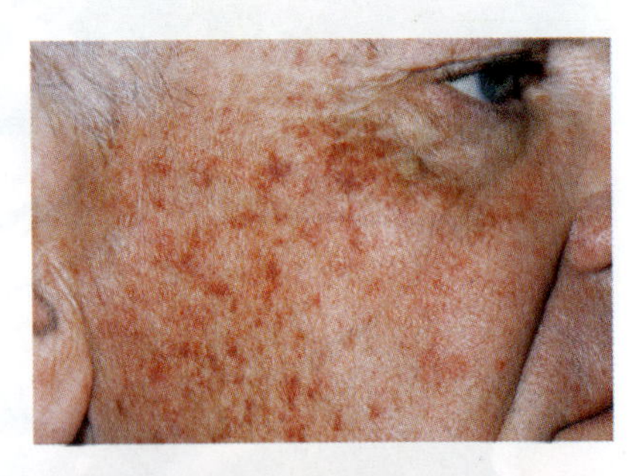

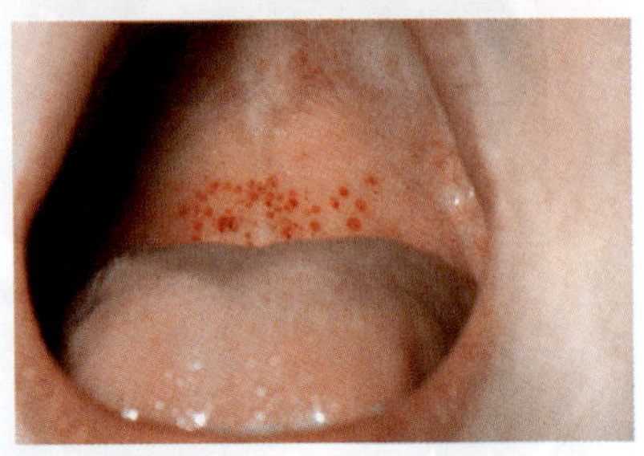

FIGURA 8.31 ▶ Petéquias na pele – um sinal inicial de escorbuto. Os pontos na pele são causados por pequenos sangramentos. A pessoa pode sofrer má cicatrização de feridas. Todos esses são sinais de síntese de colágeno defeituosa.

Atividade antioxidante A vitamina C tem propriedades antioxidantes. Isso talvez permita que essa vitamina reduza a formação de nitrosaminas causadoras de câncer no estômago e também ajude a manter intactas as coenzimas do folato, o que impede a sua destruição. A vitamina C pode operar como um varredor de radicais livres, além de auxiliar na reativação da vitamina E oxidada para que ela possa ser reutilizada. Entretanto, a extensão em que toda essa atividade antioxidante acontece no corpo é discutível e até agora não foi comprovada. Estudos populacionais indicam que a vitamina C é eficaz na prevenção de determinados tipos de câncer (do esôfago, da boca e do estômago) e da catarata ocular, provavelmente em função de suas propriedades antioxidantes.

Absorção de ferro A vitamina C aumenta a absorção de ferro ao manter o mineral em sua forma mais absorvível. Isso é visto com uma ingestão de 75 mg dessa vitamina ou mais em uma refeição. Aumentar a ingestão de alimentos ricos em vitamina C é benéfico para os que têm má-absorção de ferro. Nas Dietary Guidelines for Americans de 2005, uma das principais recomendações para mulheres em idade reprodutiva que podem engravidar é consumir alimentos ricos em ferro heme e/ou consumir vegetais ricos em ferro ou alimentos enriquecidos com um intensificador de absorção de ferro, por exemplo, alimentos ricos em vitamina C.

Função imune Por fim, a vitamina C é vital para a função do sistema imune, em especial para a atividade de determinadas células imunes. Assim, estados de doença que aumentem a demanda da função imune podem aumentar a necessidade de vitamina C talvez acima da RDA. Em parte com base nessa observação, o Dr. Linus Pauling conquistou grande notoriedade ao afirmar que a vitamina C podia combater o resfriado comum. Ele alegava que 1.000 mg (1 g) ou mais de vitamina C por dia poderia reduzir até pela metade o número de resfriados que as pessoas sofrem. Como resultado da popularidade de seus livros e a respeitabilidade de suas credenciais científicas, milhões de norte-americanos suplementam suas dietas com vitamina C.

Aqui surge um questionamento: será que a vitamina C combate com segurança e eficácia resfriados e outras infecções? A maioria dos médicos e especialistas em nutrição discordam das opiniões do Dr. Pauling a respeito da vitamina C. Vários estudos duplo-cegos bem-elaborados não conseguiram mostrar que megadoses de vitamina C previnem com segurança os resfriados, embora pareçam reduzir a duração dos sintomas em um dia ou mais.

Fontes e necessidades de vitamina C

As principais fontes de vitamina C são frutas cítricas, pimentões verdes, couve-flor, brócolis, repolho, morangos, mamão e alface romana. Batatas, cereais matinais e sucos de fruta fortificados também são boas fontes de vitamina C (Figs. 8.32 e 8.33).

Consumir as porções de frutas e vegetais recomendadas pela *MyPyramid* pode facilmente suprir a necessidade de vitamina C. Essa vitamina se perde rapidamente no processamento e cozimento por ser instável na presença de calor, ferro, cobre ou oxigênio, além de ser hidrossolúvel.

Fontes alimentares de vitamina C

Valor diário = 60 mg

Alimento e quantidade	Vitamina C (mg)	Homem adulto RDA = 90 mg % RDA	Mulher adulta RDA = 75 mg % RDA
RDA	75-90	100%	100%
Laranja, 1	98	109%	131%
Couve de bruxelas cozida, 1 xícara	97	108%	129%
Morangos, 1 xícara	94	104%	125%
Suco de toranja, 1 copo	80	89%	107%
Pimentões vermelhos, ¼ xícara	71	79%	95%
Kiwi, 1	57	63%	76%
Anéis de pimentão verde, 5	45	50%	60%
Suco de tomate, 1 copo	45	50%	60%
Brócolis cozido, ½ xícara	33	37%	44%
Couve, ½ xícara	27	30%	36%
Couve-flor crua, ½ xícara	23	26%	31%
Batata doce, 1	17	19%	23%
Batata assada, 1 média	16	18%	21%
Abacaxi em pedaços, ½ xícara	12	13%	16%
Espinafre cozido, ½ xícara	9	10%	12%

Legenda: Grãos; Vegetais; Frutas; Óleos; Leite; Carne e feijões

FIGURA 8.32 ▶ Fontes alimentares de vitamina C comparadas à RDA para homens e mulheres adultos.

FIGURA 8.33 ▶ Fontes de vitamina C da *MyPyramid*. O realce no fundo (nenhum, 1/3, 2/3 ou totalmente preenchido) dentro de cada grupo na pirâmide indica a densidade média de vitamina C dos alimentos no grupo. Em termos gerais, o grupo dos vegetais e o grupo das frutas contêm muitos alimentos ricos em vitamina C. Em relação à atividade física, a vitamina C não tem um papel primário no metabolismo energético relacionado em si, mas provavelmente limita parte do dano oxidativo durante esses esforços.

Grãos	Vegetais	Frutas	Óleos	Leite	Carne e feijões
• Cereais matinais fortificados	• Tomates • Batatas • Couve-flor • Vegetais verdes	• Frutas cítricas • Abacaxi • Morangos	• Nenhum	• Nenhum	• Nenhum

A RDA de vitamina C é de 75 a 90 mg/dia. O valor diário de 60 mg é usado para expressar o conteúdo de vitamina C nos rótulos de alimentos e suplementos. Fumantes precisam acrescentar mais 35 mg/dia à RDA em razão do grande estresse em seus pulmões causado pelo oxigênio e subprodutos tóxicos da fumaça do cigarro. É provável que praticamente todos os norte-americanos atendam às suas necessidades diárias de vitamina C; consomem, em média, 70 a 100 mg/dia. Especialistas respeitados em nutrição que defendem o maior uso de vitamina C geralmente recomendam ingestões de aproximadamente 200 mg/dia. Essa quantidade pode ser obtida pela ingestão suficiente de frutas e vegetais. Hoje em dia, a deficiência de vitamina C manifesta-se principalmente em alcoolistas que consomem dietas pobres em nutrientes e em alguns idosos com ingestões alimentares inadequadas.

Nível máximo de ingestão tolerável para vitamina C

Grande parte da vitamina C consumida em doses elevadas nos suplementos acaba nas fezes ou na urina. Apenas uma pequena fração dessas doses elevadas consegue ser usada. Os rins começam a excretar rapidamente a vitamina C em excesso, a partir de ingestões em torno de 100 mg/dia. Isso significa que se mais do que isso for ingerido, a maior parte é rapidamente eliminada. Em dosagens de 500 mg/dia, quase toda vitamina C consumida é excretada. O nível máximo de ingestão tolerável para essa vitamina é de 2 g/dia. O consumo regular acima disso pode causar inflamação intestinal e diarreia. Outros sintomas sugeridos de toxicidade não foram considerados em pessoas saudáveis.

DECISÕES ALIMENTARES

Doses elevadas de vitamina C

Se as pessoas querem experimentar doses altas de vitamina C, devem consultar o médico. Doses elevadas dessa vitamina podem mudar reações a exames médicos de sangue nas fezes e glicose na urina (teste para diabetes). A vitamina C pode interagir com procedimentos de testagem porque grande parte de uma dose alta dessa vitamina não será absorvida e acabará nas fezes ou, se absorvida, será rapidamente eliminada na urina. Os médicos podem diagnosticar de forma equivocada algumas condições quando doses altas de vitamina C são consumidas sem o conhecimento deles.

▲ Além do suco de laranja, frutas como morangos e kiwis são excelentes fontes de vitamina C.

REVISÃO CONCEITUAL

A vitamina C é importante para a síntese de colágeno, uma das principais proteínas do tecido conectivo. Uma deficiência dessa vitamina, conhecida como escorbuto, causa muitas mudanças na pele e nas gengivas, como pequenas hemorragias. Isso se deve basicamente à síntese de colágeno deficiente. A vitamina C também melhora um pouco a absorção de ferro, está envolvida na sintetização de determinados hormônios e neurotransmissores e provavelmente atue como um antioxidante geral no corpo. Frutas cítricas, pimentões verdes, couve-flor, brócolis, morangos e cereais matinais são boas fontes de vitamina C. Assim como ocorre com o folato, o consumo de alimentos frescos e pouco cozidos é importante porque a vitamina C perde grande parte de sua potência no cozimento. Doses elevadas dessa vitamina podem causar diarreia e alterar resultados de diversos exames médicos.

▲ Laranjas são uma fonte rica em vitamina C. Os diversos fitoquímicos que elas proporcionam são um benefício adicional e não são encontrados em suplementos de vitamina C.

8.17 Colina

O componente dietético colina é o último acréscimo à lista de nutrientes essenciais. A colina faz parte da acetilcolina, um neurotransmissor associado à atenção, à aprendizagem e à memória, ao controle muscular e a muitas outras funções. Esse nutriente também faz parte dos fosfolipídeos, como a **lecitina**, o principal componente da membrana celular. Por fim, a colina também participa em alguns aspectos do metabolismo da homocisteína.

lecitina Grupo de fosfolipídeos que são importantes componentes das membranas celulares.

Existe apenas um estudo publicado examinando o efeito da ingestão dietética inadequada de colina em humanos saudáveis. O estudo com homens voluntários mostrou reservas menores de colina e dano hepático quando receberam uma dieta com soluções de nutrição parenteral total (intravenosa) deficiente em colina. Com base nesse estudo em humanos e em vários estudos com animais de laboratório, a colina foi considerada essencial, mas ainda não está classificada como uma vitamina.

Fontes e necessidades de colina

A colina encontra-se amplamente distribuída nos alimentos (Fig. 8.34). Leite, fígado e amendoins são algumas fontes. Lecitinas são com frequência acrescentadas aos alimentos durante o processamento; portanto, trata-se de uma outra fonte. Existe tanta colina disponível em alimentos comuns que é improvável existir uma deficiência dietética naturalmente. A colina também pode ser sintetizada a partir do aminoácido não essencial (dispensável) serina.

A ingestão adequada de colina para adultos é de 425 a 550 mg/dia. Não se sabe se um suprimento dietético é necessário para todos os estágios da vida. Apesar de haver ingestões adequadas estabelecidas para colina, talvez suas necessidades possam ser atendidas pela síntese corporal em algum ou todos os estágios da vida. Consumimos muita colina proveniente dos alimentos, pelo menos 700 a 1000 mg/dia.

▲ Oleaginosas, como amendoins, são uma boa fonte de colina. As células corporais também produzem colina.

Nível máximo de ingestão tolerável para colina

O nível máximo de ingestão tolerável para colina para adultos é de 3,5 g/dia, valor que se baseia no desenvolvimento de um odor corporal desagradável e pressão sanguínea baixa com ingestões excessivas.

8.18 Compostos tipo vitamínicos

Uma variedade de compostos tipo vitamínicos é encontrada no corpo, dentre os quais estão:

- Carnitina, necessária ao transporte de ácidos graxos para as mitocôndrias das células;
- Inositol, parte das membranas celulares;

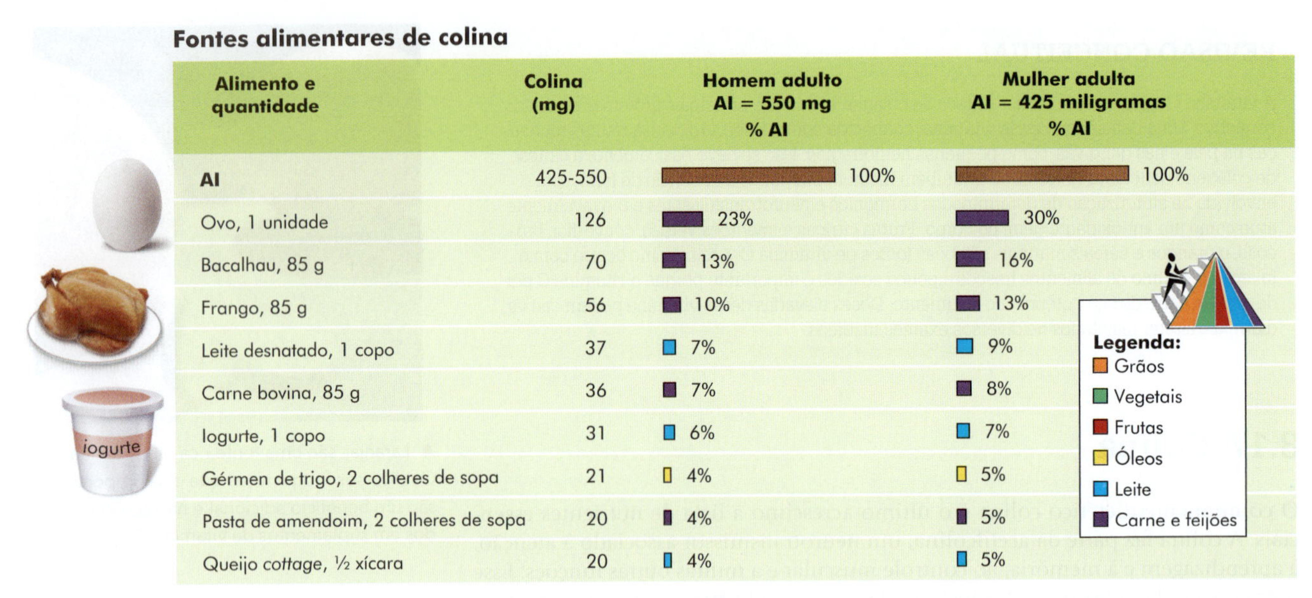

Fontes alimentares de colina

Alimento e quantidade	Colina (mg)	Homem adulto AI = 550 mg % AI	Mulher adulta AI = 425 miligramas % AI
AI	425-550	100%	100%
Ovo, 1 unidade	126	23%	30%
Bacalhau, 85 g	70	13%	16%
Frango, 85 g	56	10%	13%
Leite desnatado, 1 copo	37	7%	9%
Carne bovina, 85 g	36	7%	8%
Iogurte, 1 copo	31	6%	7%
Gérmen de trigo, 2 colheres de sopa	21	4%	5%
Pasta de amendoim, 2 colheres de sopa	20	4%	5%
Queijo cottage, ½ xícara	20	4%	5%

FIGURA 8.34 ▶ Fontes alimentares de colina comparadas à ingestão adequada para homens e mulheres adultos.

- Taurina, parte dos ácidos biliares;
- Ácido lipoico, que participa no metabolismo de carboidratos e age como um antioxidante.

Esses compostos tipo vitamínicos podem ser sintetizados pelas células usando componentes essenciais comuns, como aminoácidos e glicose. Nossas dietas também são uma fonte. Em estados de doença ou períodos de crescimento ativo, a síntese de compostos tipo vitamínicos talvez não atenda às necessidades, de maneira que a ingestão dietética pode ser crucial. As necessidades de compostos tipo vitamínicos em determinados grupos de indivíduos, como os bebês prematuros, estão sendo investigadas. Embora promovidos e vendidos por lojas de produtos naturais, esses compostos tipo vitamínicos não precisam ser incluídos na dieta do adulto saudável comum.

A Tabela 8.3 resume muito do que sabemos a respeito das vitaminas hidrossolúveis. Agora que você já estudou as vitaminas, revise a *MyPyramid* e observe como cada grupo de alimentos pode fazer uma contribuição vitamínica importante (Fig. 8.35).

A Figura 8.36 resume muito do que tratamos a respeito das funções das vitaminas lipossolúveis e hidrossolúveis. Muitas vitaminas operam em conjunto para uma finalidade em comum.

TABELA 8.3 Resumo das vitaminas hidrossolúveis e colina

Vitamina	Principais funções	RDA ou ingestão adequada	Fontes dietéticas*	Sintomas de deficiência	Sintomas de toxicidade
Tiamina	Coenzima do metabolismo de carboidratos Função dos nervos	1,1-1,2 mg	Sementes de girassol Carne de porco Grãos integrais e enriquecidos Feijões secos Pêssegos	*Beribéri* Formigamento nervoso Má coordenação Edema Alterações cardíacas Fraqueza	Nenhum
Riboflavina[†]	Coenzima do metabolismo de carboidratos	1,1-1,3 mg	Leite Cogumelos Espinafre Fígado Grãos enriquecidos	Inflamação da boca e da língua Rachaduras nos cantos da boca Distúrbios oculares	Nenhum

(Continua)

TABELA 8.3 Resumo das vitaminas hidrossolúveis e colina *(Continuação)*

Vitamina	Principais funções	RDA ou ingestão adequada	Fontes dietéticas*	Sintomas de deficiência	Sintomas de toxicidade
Niacina	Coenzima do metabolismo energético Coenzima da síntese de gorduras Coenzima da decomposição de gorduras	14-16 mg (equivalentes de niacina)	Cogumelos Farelo de trigo Atum Salmão Frango Carne bovina Fígado Amendoins Grãos enriquecidos	*Pelagra* Diarreia Dermatite Demência Óbito	O UL é de 35 mg provenientes de suplementos, com base no rubor da pele
Ácido Pantotênico	Coenzima do metabolismo energético Coenzima da síntese de gorduras Coenzima da decomposição de gorduras	5 mg	Cogumelos Fígado Brócolis Ovos *A maioria dos alimentos tem um pouco*	Nenhuma doença ou sintomas de deficiência natural	Nenhum
Biotina	Coenzima da produção de glicose Coenzima da síntese de gorduras	30 mg	Queijo Gema de ovo Couve-flor Pasta de amendoim Fígado	Dermatite Úlceras na língua Anemia Depressão	Desconhecidos
Vitamina B6†	Coenzima do metabolismo proteico Síntese de neurotransmissores Síntese de hemoglobina *Diversas outras funções*	1,3-1,7 mg	Proteínas animais Espinafre Brócolis Bananas Salmão Sementes de girassol	Cefaleia Anemia Convulsões Náusea Vômitos Pele escamosa Úlceras na língua	O UL é de 100 mg, com base na destruição nervosa
Folato (ácido fólico)†	Coenzima envolvida na síntese de DNA *Diversas outras funções*	400 µg (equivalentes de folato dietético)	Vegetais folhosos verdes Suco de laranja Vísceras Brotos Sementes de girassol	Anemia megaloblástica Inflamação da língua Diarreia Déficit do crescimento Depressão	Nenhum provável O UL para adultos, fixada em 1000 µg de ácido fólico sintético (exclusivo de folato alimentar), baseia-se no mascaramento da deficiência de vitamina B12
Vitamina B12†	Coenzima do metabolismo do folato Função nervosa *Diversas outras funções*	2,4 µg *Idosos e veganos deverão usar alimentos fortificados ou suplementos*	Alimentos de origem animal (não encontrada na forma natural em vegetais) Vísceras Ostras Mariscos Cereais matinais fortificados	Anemia macrocítica Disfunção nervosa	Nenhum
Vitamina C	Síntese de tecido conectivo Síntese de hormônios Síntese de neurotransmissores Possível atividade antioxidante	75-90 mg *Fumantes deverão acrescentar 35 mg*	Frutas cítricas Morangos Brócolis Verduras	Escorbuto Má cicatrização de feridas Petéquias Sangramento gengival	O UL é de 2 g, com base no desenvolvimento de diarreia Também pode alterar alguns testes diagnósticos
Colina†	Síntese de neurotransmissores Síntese de fosfolipídeos	425-550 mg	Amplamente distribuída em alimentos e sintetizada pelo corpo	Nenhuma deficiência natural	O UL é de 3,5 g/dia, com base no desenvolvimento de odor corporal desagradável e hipotensão

* Cereais matinais fortificados são boas fontes da maioria dessas vitaminas e são uma fonte comum de vitaminas do complexo B para a maioria das pessoas.

† Esses nutrientes também participam no metabolismo da homocisteína que, por sua vez, pode reduzir o risco de desenvolver doenças cardiovasculares.

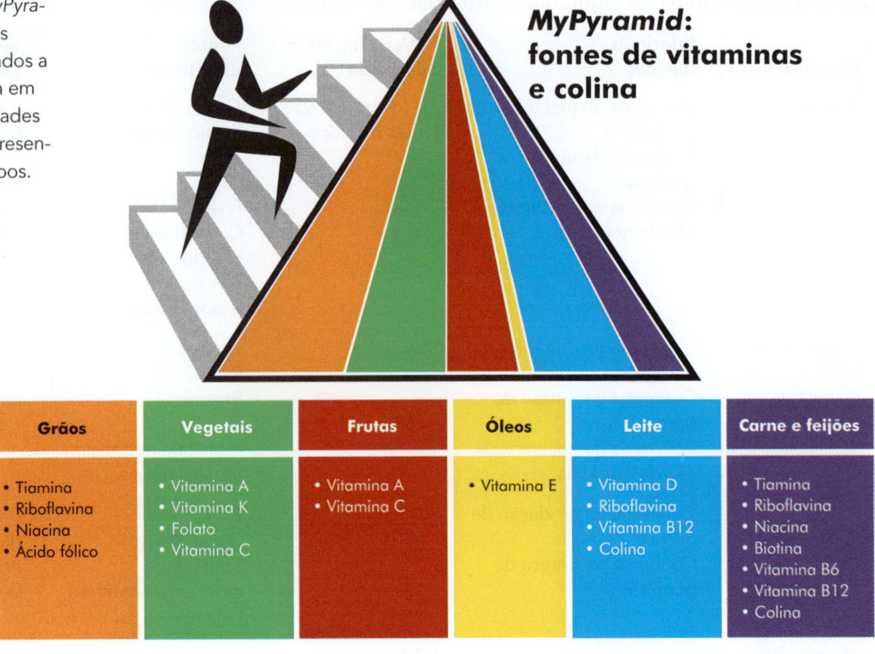

FIGURA 8.35 ▶ Determinados grupos da *MyPyramid* são fontes especialmente ricas em diversas vitaminas e colina, como no caso dos enumerados a seguir. Cada um pode ser encontrado também em outros grupos na pirâmide, porém em quantidades menores. O ácido pantotênico também está presente em quantidades moderadas em muitos grupos.

FIGURA 8.36 ▶ Vitaminas e compostos relacionados (p. ex., colina) trabalham em conjunto para manter a saúde.

Suplementos dietéticos – quem precisa deles?

O termo *suplemento multivitamínico e mineral* foi mencionado diversas vezes neste livro. Com frequência esses e outros suplementos são comercializados como curas para qualquer situação. Essa abordagem "cura-tudo" é promovida pela indústria de suplementos e inúmeras lojas de produtos naturais, farmácias e supermercados.

De acordo com a Dietary Supplement Health and Education Act de 1994 (Lei de Saúde e Educação em Suplementos Dietéticos) (discutida no Cap. 1), um suplemento nos Estados Unidos é um produto que pretende suplementar a dieta que inclui ou contém um ou mais dos seguintes ingredientes:

- Uma vitamina;
- Um mineral;
- Uma erva ou outra planta;
- Um aminoácido;
- Uma substância dietética para suplementar a dieta, que poderia ser um extrato ou uma combinação dos primeiros quatro ingredientes desta lista.

A definição é ampla e abrange uma grande variedade de substâncias nutricionais. O uso de suplementos dietéticos é uma prática comum entre norte-americanos e gera em torno de US$ 24 a 25 bilhões anualmente para a indústria nos Estados Unidos (Fig. 8.37). Os suplementos podem ser vendidos sem prova de que são seguros e eficazes. A menos que a FDA tenha evidências de que um suplemento seja por natureza perigoso ou comercializado com uma alegação ilegal, o órgão não regularizará esses produtos apenas. (A vitamina folato é a única exceção.) A FDA tem recursos limitados para policiar os fabricantes de suplementos e precisa agir contra eles individualmente. Dessa forma, os norte-americanos não podem contar com a FDA para nos proteger do uso excessivo e incorreto de suplementos vitamínicos e minerais. Essa responsabilidade é nossa, com a ajuda de conselhos profissionais de um médico ou nutricionista.*

Os fabricantes de suplementos podem fazer alegações generalizadas a respeito de seus produtos sob a cláusula da lei de "estrutura ou função". Entretanto, os produtos não podem alegar que previnem, tratam ou curam uma doença. A menopausa em mulheres e o envelhecimento não são doenças em si, de maneira que produtos que dizem tratar dos sintomas dessas condições podem ser comercializados sem aprovação da FDA. Por exemplo, um produto que afirme tratar das ondas de calor do climatério pode ser vendido sem qualquer evidência comprovando que funciona, mas um produto que diz reduzir o risco de doenças cardiovasculares ao reduzir o colesterol sanguíneo deve ter o respaldo de resultados de estudos científicos.

* N. de R.T.: No Brasil, a Anvisa regulamenta os suplementos dietéticos.

Por que as pessoas tomam suplementos? As razões mais frequentes incluem:

- Reduzir a suscetibilidade a problemas de saúde (p. ex., resfriados).
- Prevenir infartos.
- Prevenir câncer.
- Reduzir o estresse.
- Aumentar a "energia".

Você deveria tomar um suplemento?

A escolha de tomar um suplemento depende de cada um. As opiniões variam a respeito do bom senso e da segurança do uso de suplementos mesmo entre cientistas. Normalmente, os cientistas na área de nutrição recomendavam que o uso de suplementos é necessário apenas por alguns grupos. A National Institutes of Health State-of-the-Science Conference - NIH chegou à mesma conclusão, observando que não há evidências suficientes para corroborar a recomendação de uso de um suplemento multivitamínico e mineral pela população em geral. Os especialistas observaram que apenas poucos estudos de vitaminas e minerais demonstram efeitos benéficos para a prevenção de doenças crônicas, o que inclui o aumento da densidade mineral óssea e menos fraturas em mulheres na pós-menopausa que usam suplementos de cálcio e vitamina D. (Con-

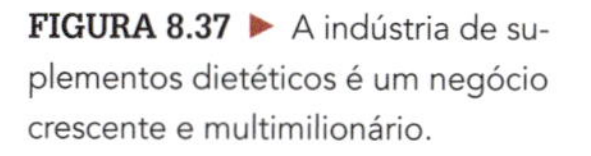

FIGURA 8.37 ▶ A indústria de suplementos dietéticos é um negócio crescente e multimilionário.

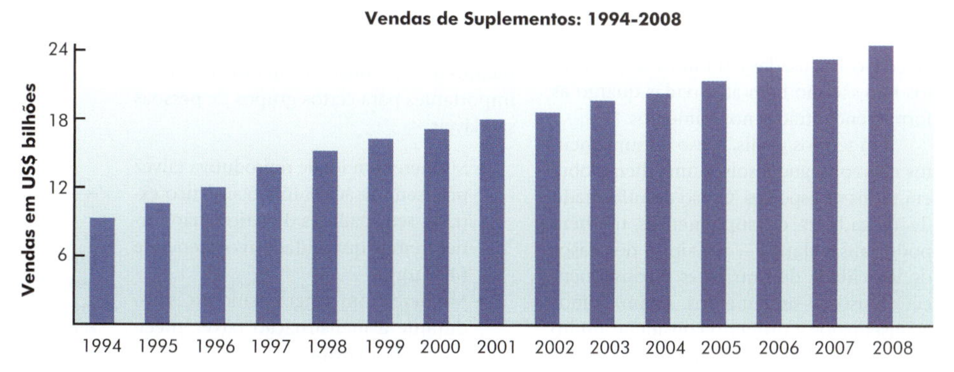

sultar o próximo item sobre esse aspecto para ter exemplos mais específicos). No entanto, vários outros estudos oferecem evidências intrigantes de risco, como um risco maior de câncer de pulmão com o uso de betacaroteno entre tabagistas. O relatório do NIH conclui que as evidências atuais são insuficientes para recomendar ou desaconselhar o uso de suplementos multivitamínicos e minerais por americanos para prevenir doenças crônicas.

Muitos norte-americanos usam um suplemento multivitamínico e mineral, em geral, porque não estão dispostos a mudar seus hábitos alimentares e incluir as porções recomendadas de frutas, vegetais e grãos integrais. No caso de vitaminas individuais, existem casos específicos nos quais os suplementos são recomendados. Conforme discutido no Capítulo 8, um nível de folato adequado quando uma mulher engravida ajuda a reduzir o risco de alguns defeitos congênitos na prole (recomenda-se uma dose de 400 μg/dia de ácido fólico sintético). O folato também limita a homocisteína no sangue, um provável fator de risco de doença cardiovascular que pode afetar qualquer pessoa. Além disso, o comitê designado pela Food and Nutrition Board, que estabeleceu os padrões de nutrientes atuais para a vitamina B12, sugeriu que adultos acima de 50 anos de idade devem consumir vitamina B12 em uma forma sintética, como a acrescentada a cereais matinais ou presente em suplementos. A vitamina B12 sintética é mais facilmente absorvida do que no alimento; isso ajuda a compensar a queda na absorção de vitamina B12 com frequência vista na velhice.

Ainda que os especialistas apoiem o uso de um suplemento multivitamínico e mineral, todos enfatizam que muitos dos efeitos salutares dos alimentos não podem ser encontrados em um frasco. Vale ressaltar as discussões a respeito de fitoquímicos, no Capítulo 2, e dos benefícios das fibras, no Capítulo 4. Pouco ou nenhum fitoquímico e nenhuma fibra estão presentes nos suplementos. Além disso, os suplementos multivitamínicos e minerais contêm pouco cálcio para manter o tamanho da pílula pequeno, e as formas óxidas de magnésio, zinco e cobre usadas em muitos suplementos não são tão bem-absorvidas quanto as formas encontradas nos alimentos.

Em termos gerais, o uso de suplementos não consegue resolver uma dieta pobre em todos os aspectos. O uso desinformado de megadoses de suplementos também pode causar danos – a maioria dos casos de toxicidade de nutrientes é consequência do uso de suplementos. Assim, somos aconselhados a primeiro considerar muito bem nossos hábitos alimentares e então melhorá-los, conforme descrito no Capítulo 2 (Fig. 8.38). Em seguida, devemos descobrir quais falhas nutricionais ainda persistem e identificar fontes alimentares que possam ajudar. Tal fonte poderia ser um cereal matinal para aumentar a ingestão de vitamina E, ácido fólico e vitamina B6, bem como para promover formas com maior absorção de vitamina B12. O suco de laranja enriquecido com cálcio poderia ser usado para aumentar a ingestão de cálcio, ou leite ou iogurte para aumentar a ingestão de vitamina D e cálcio. Entretanto, é preciso ter cautela com alimentos muito fortificados, já que, em geral, esses produtos proporcionam a quantidade adequada de nutrientes em uma porção, mas o consumidor típico talvez consuma mais de uma porção. Isso pode levar a uma ingestão excessiva de alguns nutrientes, como vitamina A, ferro e ácido fólico sintético.

Se uma pessoa desejar usar um suplemento, deverá discutir tal prática com o médico ou um nutricionista, já que alguns suplementos podem interferir no funcionamento de determinados medicamentos. Por exemplo, a ingestão elevada de vitamina K ou vitamina E pode alterar a ação de anticoagulantes. A vitamina B6 também pode neutralizar a ação de L-dopa (usada no tratamento da doença de Parkinson). Doses altas de vitamina C podem interferir no funcionamento de alguns esquemas de terapia anticâncer, e o excesso de zinco pode inibir a absorção de cobre. Grande quantidade de folato pode mascarar sinais e sintomas de uma deficiência de vitamina B12 (ver o item sobre toxicidade do folato neste capítulo). Importante lembrar que é *possível* exagerar até mesmo com algo muito bom.

Pessoas que, em geral, mais precisam de suplementos

Como era de se esperar, as pessoas que tomam suplementos na sociedade americana, em geral, já estão saudáveis. Várias organizações médicas e relacionadas à saúde acreditam que os seguintes suplementos de vitaminas e minerais podem ser importantes para certos grupos de pessoas saudáveis:

- Mulheres em idade reprodutiva talvez precisem de ácido fólico sintético extra se seus padrões dietéticos não fornecerem a quantidade recomendada (400 μg).
- Mulheres com sangramento excessivo durante a menstruação talvez precisem de ferro extra.
- Gestantes ou nutrizes podem precisar de cálcio, ferro e folato extras.
- Pessoas com ingestões hipocalóricas (menos de 1.200 kcal/dia) talvez precisem de vitaminas e minerais em

▲ O selo *United States Pharmacopeia indica que o produto atende aos padrões da USP.

▶ Na medida em que as pesquisas sobre uma variedade de suplementos nutricionais revelaram falhas de qualidade em produtos, a FDA, hoje, requer que os fabricantes de suplementos testem a pureza, a potência e a composição de todos os seus produtos. A designação da USP (United States Pharmacopeia), que foi estendida a um grande número de suplementos nutricionais, estabelece padrões aceitos profissionalmente para esses produtos e pode ser usada para avaliar suplementos. Os padrões da USP indicam potência, qualidade, pureza, embalagem, rotulagem, rapidez de dissolução e período de validade aceitável dos ingredientes dos produtos.

Os dez principais suplementos dietéticos em 2008:

1. Multivitaminas
2. Suplementos nutricionais esportivos
3. Cálcio
4. Vitaminas do complexo B
5. Vitamina C
6. Glucosamina e condroitina
7. Medicamentos homeopáticos
8. Vitamina D
9. Óleos de peixe/animais
10. Coenzima Q

Fonte: Nutrition Business Journal

* N. da T.: A United States Pharmacopeia Convention (USP) é uma organização científica sem fins lucrativos que estabelece padrões para a qualidade, pureza, identidade e resistência de medicamentos, ingredientes para alimentos e suplementos dietéticos fabricados, distribuídos e consumidos no mundo todo.

▲ Enfatize primeiro alimentos capazes de suprir as necessidades de nutrientes.

▲ Uma ingestão prolongada de apenas três vezes mais que o valor diário de algumas vitaminas lipossolúveis – particularmente vitamina A pré-formada – pode causar efeitos tóxicos. Verifique do que se trata, antes de usar suplementos.

geral. O mesmo se aplica a algumas mulheres e muitos idosos.

- Veganos radicais podem precisar de cálcio, ferro, zinco e vitamina B12 extras.
- Recém-nascidos precisam de uma dose única de vitamina K, de acordo com a orientação de um médico.

PARA REFLETIR

Acreditando que os suplementos oferecem a nutrição de que seu corpo necessita, Janice toma regularmente numerosos suplementos ao mesmo tempo em que dá pouca atenção às escolhas alimentares diárias que faz. Como você explicaria a ela que tal prática pode levar a problemas de saúde?

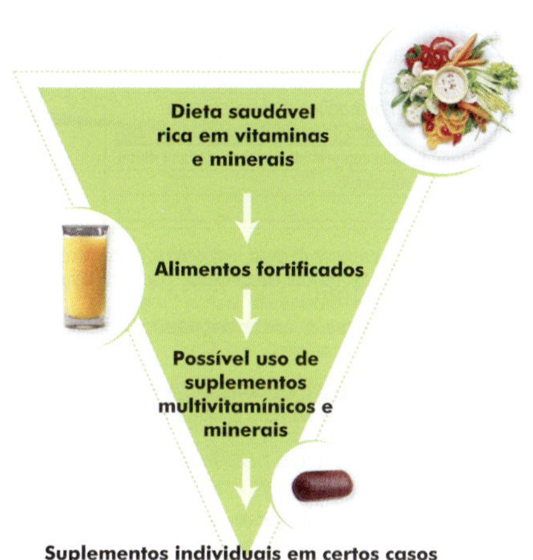

FIGURA 8.38 ▶ Economizando suplementos – uma abordagem ao uso da suplementação nutricional. Enfatizar uma dieta saudável rica em vitaminas e minerais é sempre a primeira opção.

- Alguns bebês mais velhos podem precisar de suplementos de flúor, conforme orientação de um dentista.
- Pessoas que tomam pouco leite e têm pouca exposição ao sol podem precisar de vitamina D extra. Isso inclui bebês amamentados e muitos afro-americanos e idosos.
- Pessoas com má digestão ou intolerância à lactose e as que têm alergia a laticínios podem precisar de cálcio extra.
- Adultos acima de 50 anos de idade podem precisar de uma fonte sintética de vitamina B12.
- Pessoas em dietas hipolipídicas ou com pouco consumo de óleos vegetais e nozes talvez precisem de um pouco de vitamina E extra.
- Pessoas que consomem a maior parte de suas dietas na forma de alimentos refinados em vez de frutas, vegetais ou grãos integrais talvez precisem de uma grande quantidade de vitaminas e minerais.

Indivíduos portadores de determinados problemas médicos (p. ex., doenças de resistência a vitaminas ou má-absorção de gordura prolongada) e os que usam determinados medicamentos também podem precisar de suplementação com vitaminas e minerais específicos. Do mesmo modo, crianças que se alimentam mal podem precisar de suplementação (Cap. 15). Por fim, fumantes e pessoas que abusam de álcool podem se beneficiar de suplementação, porém a cessação dessas duas atividades é bem mais benéfica do que qualquer suplementação.

Qual suplemento escolher?

Se você decidir tomar um suplemento multivitamínico e mineral, qual deverá escolher? Para começar, escolha uma marca conhecida nacionalmente (de um supermercado ou farmácia) que contenha aproximadamente 100% dos valores diários dos nutrientes presentes. Um suplemento multivitamínico e mineral deve ser tomado, em geral, com as refeições ou pouco depois delas a fim de maximizar a absorção. Certifique-se também de que a ingestão do total desse suplemento, de qualquer outro suplemento utilizado e de alimentos bastante fortificados (como cereais matinais) não proporcione mais do que o nível máximo de cada vitamina e mineral. (Consultar a tabela F os níveis máximos.) Isso é especialmente importante em relação à ingestão de vitamina A pré-formada. Duas exceções são: (1) tanto homens quanto mulheres deverão certificar-se de que qualquer produto usado tenha pouco ferro ou ferro livre a fim de evitar uma possível sobrecarga de ferro (ver Cap. 9, para mais detalhes) e (2) exceder um pouco o nível máximo para vitamina D provavelmente seja uma prática segura para adultos. É preciso ler com atenção os rótulos para ter certeza do que se trata (Fig. 8.39).

Uma outra consideração ao escolher um suplemento é evitar ingredientes supérfluos, como ácido para-aminobenzoico (PABA), hesperidina-complexo, inositol, pólen de abelha e lecitinas, pois não são necessários na dieta. Esses ingredientes são especialmente comuns em suplementos caros vendidos em lojas de produtos naturais e pelo correio. Além disso, não é aconselhado o uso de l-triptofano e doses elevadas de betacaroteno ou óleos de peixe.

Cinco *websites* que ajudam a avaliar as alegações atuais e a segurança dos suplementos são:

www.acsh.org
www.quackwatch.com
www.ncahf.org
www.dietary-supplements.info.nih.gov
www.eatright.org
www.usp.org/USPVerified/dietarySupplements/

Esses *sites* são mantidos por grupos ou indivíduos comprometidos em oferecer recomendações sensatas e profissionais sobre saúde e nutrição aos consumidores.

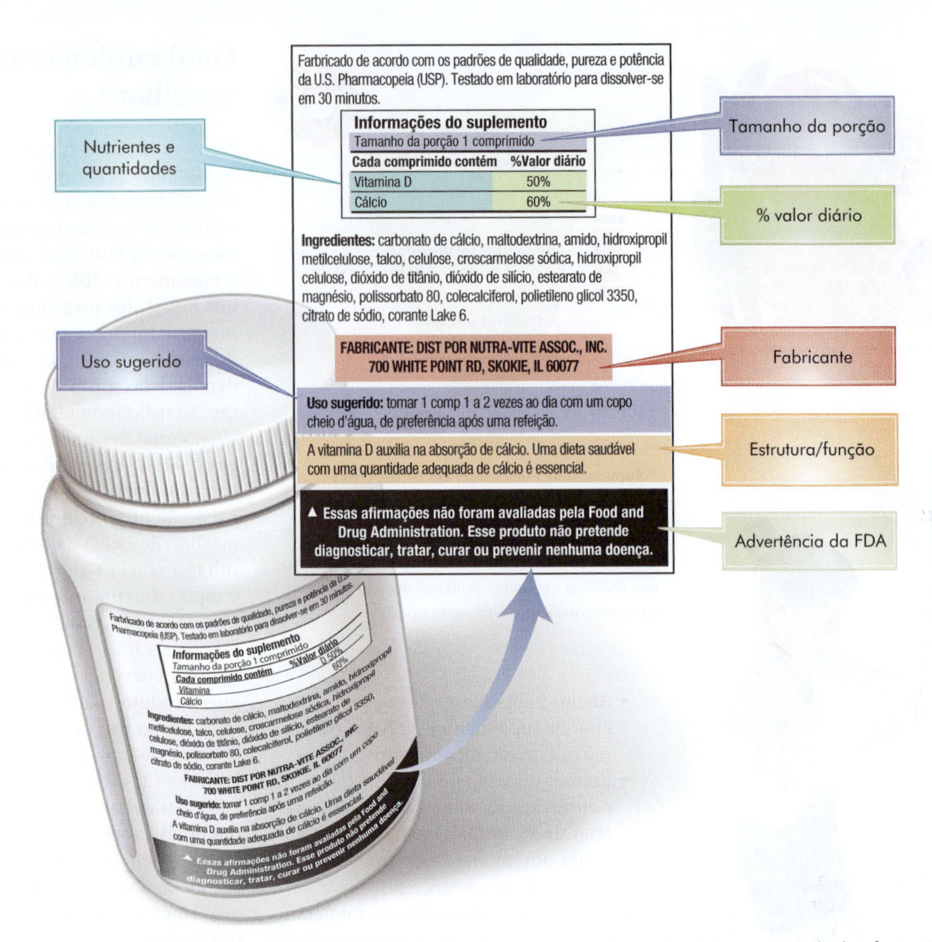

FIGURA 8.39 ► Suplementos nutricionais exibem no rótulo informações nutricionais diferente dos rótulos dos alimentos. O rótulo de informações do suplemento deve listar o(s) ingrediente(s), quantidade(s) por porção, tamanho da porção, uso sugerido e o percentual do valor diário se houver um estabelecido. Esse rótulo também inclui informações sobre estrutura/função. Assim, é preciso que inclua ainda a advertência da FDA (ou do órgão de fiscalização responsável por suplementos, como a Anvisa) de que essas alegações não foram avaliadas pela agência.

► O uso regular de suplementos de nutrientes individuais poderia levar a riscos de saúde. Esses produtos devem ser usados com cautela.

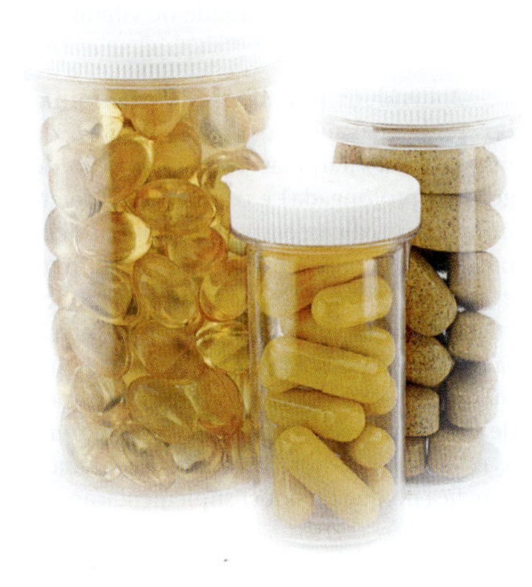

Estudo de caso: escolhendo um suplemento dietético

Amy trabalha no turno da madrugada como confeiteira em um conhecido bistrô. Ela também estuda em tempo integral, e a combinação da carga de estudos na faculdade e o trabalho de madrugada enquanto os amigos dormem gerou muito estresse para ela. Em virtude dos diversos compromissos, Amy sabe que não pode adoecer. Recentemente, um de seus colegas de trabalho sugeriu que ela tomasse suplementos para ajudar a prevenir resfriados, gripes e outras doenças. O rótulo do produto indica que ele ajuda a prevenir tais problemas, especialmente os associados às mudanças de estação. O rótulo recomenda tomar 2 a 3 comprimidos a cada três horas ao primeiro sinal de mal-estar. Amy olha o rótulo de informações do suplemento no frasco e descobre que cada comprimido contém (como porcentagem do valor diário): 33% para vitamina A (3/4 como vitamina A pré-formada), 700% para vitamina C, 200% para niacina e 100% para vitamina B6. Um suprimento mensal custa em torno de US$ 50.

Responda às seguintes perguntas e verifique suas respostas no Apêndice A.

1. Existe algum risco à saúde em caso de tomar a dose de "manutenção" de 2 a 3 comprimidos por dia? Como essa dose se compara ao nível máximo de ingestão tolerável para os quatro nutrientes?
2. Quantos comprimidos seriam tomados por dia se Amy se sentisse doente?
   a. Para vitamina A, use a porcentagem do valor diário para calcular a RAE em microgramas (μg) que haveria nessa dose maior. Como se compara ao nível máximo de ingestão tolerável para vitamina A?
   b. Use a porcentagem do valor diário para calcular os miligramas (mg) de vitamina C nessa dose maior. Como se compara ao nível máximo de ingestão tolerável para vitamina C?
   c. Use a porcentagem do valor diário para calcular os miligramas (mg) de niacina nessa dose maior. Como se compara ao nível máximo de ingestão tolerável para niacina?
   d. Use a porcentagem do valor diário para calcular os microgramas (μg) de vitamina B6 nessa dose maior. Como se compara ao nível máximo de ingestão tolerável para vitamina B6?
   e. A dosagem recomendada de algum desses nutrientes representa algum risco à saúde?
3. O custo desse suplemento parece razoável? Como se compara ao custo de um suplemento multivitamínico disponível na drogaria local?

▲ Um suplemento dietético é uma maneira segura para Amy prevenir gripes e resfriados?

4. Amy deve estar preocupada a respeito de atender a suas necessidades nutricionais? O tipo de estresse a que está exposta aumenta as necessidades nutricionais?
5. Depois de estudar o Capítulo 8, que conselho sobre dieta e suplemento você daria a Amy?

Resumo

1. Vitaminas são compostos de carbono de que geralmente precisamos todos os dias em pequenas quantidades provenientes dos alimentos. Elas não geram energia diretamente, porém muitas contribuem para reações químicas geradoras de energia no corpo e promovem o crescimento e o desenvolvimento. Muitas vitaminas atuam como coenzimas, ajudando na função das enzimas.
2. As vitaminas A, D, E e K são lipossolúveis, ao passo que as vitaminas do complexo B, a vitamina C e a colina são hidrossolúveis.
3. A vitamina A é uma família de compostos que inclui diversas formas de vitamina A pré-formada. Três formas de carotenoides também podem gerar vitamina A; algumas funcionam como antioxidantes. A vitamina A contribui para a visão, a função imune e o desenvolvimento celular. Ela é tanto um hormônio quanto uma vitamina e pode ser sintetizada no corpo humano usando luz do sol e uma substância similar ao colesterol na pele. A forma hormonal ativa da vitamina D ajuda a regular o cálcio sanguíneo em parte ao aumentar a absorção de cálcio pelo intestino. Bebês e crianças que não consomem vitamina D suficiente podem desenvolver raquitismo, e os adultos desenvolvem osteomalacia. A vitamina E opera basicamente como um antioxidante. Ao doar elétrons para radicais livres buscadores de elétrons (oxidantes), a vitamina E os neutraliza. Esse efeito protege as membranas celulares e as hemácias da decomposição. A vitamina K ajuda na coagulação sanguínea e aumenta o potencial de ligação do cálcio de alguns órgãos. Essa vitamina não fica muito armazenada no corpo, mas nossa ingestão dietética por si só em geral é suficiente para suprir as necessidades. Pessoas que não conseguem absorver gordura de forma adequada ou que tomam antibióticos por períodos prolongados podem precisar de vitamina K extra. A

tiamina, a riboflavina e a niacina têm papéis importantes como coenzimas em reações geradoras de energia e ajudam a metabolizar carboidratos, gorduras e proteínas. O alcoolismo e uma dieta pobre podem gerar deficiências desses nutrientes, que muitas vezes se manifestam como sintomas no cérebro e no sistema nervoso, na pele e no trato GI. O ácido pantotênico, que participa em diversos aspectos do metabolismo celular, e a biotina, que participa na produção de glicose, na síntese de ácidos graxos e na síntese de DNA, podem ser sintetizados por bactérias intestinais. A vitamina B6 tem um papel vital no metabolismo proteico, especialmente na síntese de aminoácidos não essenciais. Além disso, ajuda a sintetizar neurotransmissores e executa outros papéis metabólicos, como no metabolismo da homocisteína. Cefaleias, uma forma de anemia, náusea e vômitos resultam de uma deficiência de vitamina B6. O folato tem uma função importante na síntese de DNA e no metabolismo da homocisteína. Os sintomas de uma deficiência incluem geralmente má divisão celular em diversas áreas do corpo, anemia megaloblástica, inflamação da língua, diarreia e déficit do crescimento. A gravidez imprime demandas elevadas de folato no corpo; a deficiência durante o primeiro mês de gestação pode resultar em defeitos do tubo neural no feto. Uma deficiência pode ocorrer também em alcoolistas. A vitamina B12 é necessária para metabolizar folato e homocisteína e para manter o isolamento ao redor dos nervos. Uma deficiência resulta em anemia (em virtude da sua relação com o folato) e degeneração nervosa. Idosos com frequência sofrem de absorção ineficaz de vitamina B12, de maneira que podem beneficiar-se de injeções mensais ou megadoses da vitamina. A vitamina C é usada, em geral, para sintetizar colágeno, uma das principais proteínas para a construção dos tecidos conjuntivos. A deficiência de vitamina C resulta em escorbuto, evidenciado pela má cicatrização de feridas, petéquias e sangramento gengival. A vitamina C também realça um pouco a absorção de ferro, provavelmente é um antioxidante geral e é necessária à síntese de alguns hormônios e neurotransmissores. Deficiências podem ocorrer em alcoolistas e em pessoas cujas dietas carecem de frutas e vegetais suficientes. O tabagismo piora ainda mais a situação de pessoas já em risco. A colina é usada para formar um neurotransmissor e tem outras funções, incluindo um papel no metabolismo da homocisteína. As necessidades nutricionais foram estabelecidas mais recentemente. Não há relatos de deficiência natural de colina. Os compostos tipo vitamínicos carnitina, inositol, taurina e ácido lipoico, embora participem em muitas reações químicas importantes no corpo, não são vitaminas verdadeiras porque podem ser sintetizadas no corpo para formar estruturas essenciais de imediato disponíveis. Esses compostos também são obtidos da dieta.

4. A vitamina A é encontrada em óleos de peixe e fígado; os carotenoides são especialmente abundantes em vegetais verde-escuros e cor de laranja. Se não passarmos muito tempo expostos ao sol, alimentos como peixe e leite fortificado podem suprir a carência de vitamina D. Com frequência, idosos, afro-americanos e bebês amamentados precisam de uma fonte suplementar. A vitamina E é encontrada em óleos vegetais. Há alegações a respeito dos poderes curativos da vitamina E, porém mais informação é necessária antes de se recomendar megadose de vitamina E para adultos saudáveis. Parte da vitamina K absorvida no dia a dia vem da síntese bacteriana no intestino, porém a maior parte é proveniente dos alimentos, principalmente verduras. Produtos à base de grãos enriquecidos são fontes comuns de tiamina, riboflavina e niacina. O ácido pantotênico encontra-se amplamente distribuído nos alimentos. A biotina é proveniente de alimentos como ovos, amendoins e queijo. O consumo regular de proteína animal e de fontes vegetais ricas, como brócolis, proporciona a vitamina B6 necessária. Fontes alimentares de folato são vegetais folhosos, vísceras e suco de laranja. Mulheres em idade reprodutiva precisam atender às necessidades de RDA com ácido fólico sintético. Grandes quantidades de folato podem se perder no cozimento prolongado. Em geral, é improvável haver uma deficiência porque a vitamina B12 encontra-se altamente concentrada em alimentos de origem animal, que constituem uma grande parte da dieta norte-americana. A vitamina B12 não ocorre naturalmente em alimentos de origem vegetal. Os veganos precisam de uma fonte suplementar, e adultos acima de 50 anos de idade devem consumir uma fonte sintética, como em cereais matinais. Frutas e vegetais frescos, especialmente as frutas cítricas, geralmente são boas fontes. Uma grande quantidade de vitamina C é perdida no cozimento, de maneira que a dieta deverá enfatizar vegetais frescos ou pouco cozidos. A colina é um componente dietético disponível em uma variedade de alimentos e é sintetizada no corpo.

5. A vitamina A pode ser tóxica, até mesmo se consumida apenas três vezes acima da RDA como vitamina A pré-formada (nível máximo de ingestão tolerável (UL)). Ingestões elevadas de vitamina A são especialmente perigosas durante a gravidez. A vitamina D é uma substância com potencial tóxico para bebês e crianças pequenas. O nível máximo de ingestão tolerável para vitamina E está estabelecida em cerca de 50 vezes a necessidade do adulto. A niacina tem um nível máximo de ingestão tolerável de 2,5 vezes as necessidades do adulto. O uso de doses altas de vitamina B6 causa danos ao sistema nervoso. O nível máximo de ingestão tolerável é cerca de 60 vezes as necessidades do adulto. O excesso de folato na dieta pode mascarar uma deficiência de vitamina B12, de maneira que um nível máximo de ingestão tolerável foi estabelecido em 2,5 vezes as necessidades do adulto (refere-se apenas ao ácido fólico sintético). O nível máximo de ingestão tolerável da vitamina está fixada em cerca de 20 vezes as necessidades do adulto. O UL da colina está fixado em cerca de oito vezes as necessidades do adulto.

6. Alguns especialistas recomendam o uso de um suplemento multivitamínico e mineral, ao passo que outros indicam que apenas uma parte da população precisa de tal suplementação. O uso de muitos suplementos de nutrientes pode levar à toxicidade relacionada aos nutrientes, de maneira que é preciso ter cautela nesse uso. As evidências mais claras favorecem uma dieta rica em frutas e vegetais e em pães e cereais integrais, além de não se basear nos suplementos.

Questões para estudo

1. Por que o risco de toxicidade é maior com as vitaminas lipossolúveis A e D do que com as vitaminas hidrossolúveis em geral?
2. Como você determinaria quais frutas e vegetais disponíveis no supermercado provavelmente mais proporcionam abundância de carotenoides?
3. Qual é a função primária do hormônio vitamina D? Quais os grupos de pessoas que provavelmente precisam suplementar suas dietas com vitamina D e em que você baseia a sua resposta?
4. Descreva como a vitamina E funciona como um antioxidante. Use o termo *radical livre*.
5. Descreva como a RDA, o valor diário e o nível máximo de ingestão tolerável para vitamina B6 deverão ser usados na vida diária. Como a RDA e o valor diário da vitamina B6 diferem?
6. A necessidade de determinadas vitaminas aumenta conforme aumenta o gasto energético. Cite duas dessas vitaminas e justifique.
7. Destaque uma das vitaminas do complexo B que poderia estar baixa na dieta norte-americana e explique por que ocorreria uma deficiência.
8. Quais vitaminas são perdidas dos grãos de cereais em consequência do processo de "refino"? Quais vitaminas devem ser repostas por lei no processo de enriquecimento subsequente?
9. Por que a FDA limita a quantidade de folato que pode ser incluído em suplementos e alimentos fortificados?
10. Os norte-americanos precisam consumir uma grande quantidade de vitamina C para evitar a possibilidade de uma deficiência? As ingestões de vitamina C bem acima da RDA têm alguma consequência negativa?

Teste seus conhecimentos

As respostas das perguntas de múltipla escolha a seguir estão após a questão 10.

1. As vitaminas são classificadas como
   a. orgânicas e inorgânicas.
   b. lipossolúveis e hidrossolúveis.
   c. essenciais e não essenciais.
   d. elementos e compostos.
2. A vitamina D é chamada de vitamina do sol porque:
   a. está disponível no suco de laranja.
   b. a exposição ao sol converte um precursor em vitamina D.
   c. ela pode ser destruída pela exposição ao sol.
   d. todas as anteriores.
3. A vitamina E funciona como
   a. uma coenzima.
   b. um antioxidante.
   c. um hormônio.
   d. um peróxido.
4. Uma deficiência de vitamina A pode levar a uma doença chamada
   a. xeroftalmia.
   b. osteolmalacia.
   c. escorbuto.
   d. pelagra.
5. Uma ingestão elevada de vitamina E pode:
   a. Inibir o metabolismo da vitamina K.
   b. Levar à intoxicação por chumbo.
   c. Inibir a absorção de cobre.
   d. Causar calvície.
6. Uma vitamina sintetizada por bactérias no intestino é
   a. A.
   b. D.
   c. E.
   d. K.
7. Pernas arqueadas, cabeça aumentada e deformada e articulações do joelho inchadas em crianças são sintomas de
   a. raquitismo.
   b. xeroftalmia.
   c. osteoporose.
   d. toxicidade da vitamina D.
8. Tiamina, riboflavina e niacina são chamadas de vitaminas da "energia" porque:
   a. podem ser decompostas para proporcionar energia.
   b. são coenzimas necessárias à liberação de energia de carboidratos, gorduras e proteínas.
   c. são ingredientes de bebidas energéticas como Powerade®.
   d. são necessárias em grandes quantidades por atletas competitivos.
9. Uma ingestão deficiente em ________ mostrou aumentar o risco de se ter um bebê com um defeito do tubo neural como espinha bífida
   a. vitamina A
   b. vitamina C
   c. vitamina E
   d. ácido fólico
10. A vitamina C é necessária à produção de
    a. ácido estomacal.
    b. colágeno.
    c. hormônios.
    d. fatores de coagulação.

Respostas: 1.b, 2.b, 3.b, 4.a, 5.a, 6.d, 7.a, 8.b, 9.d, 10.b.

Leituras complementares

1. ADA Reports: Position of the American Dietetic Association: Fortification and nutritional supplements. *Journal of the American Dietetic Association* 105:1300, 2005.

   A melhor estratégia nutricional para promover a saúde ideal e reduzir o risco de doenças crônicas é escolher sensatamente uma ampla variedade de alimentos. Vitaminas e minerais extras de alimentos fortificados e/ou suplementos podem ajudar algumas pessoas a suprir as necessidades nutricionais de acordo com o estabelecido pelos padrões de nutrição que se baseiam na ciência (p. ex., as ingestões dietéticas de referência).

2. Andres E and others: Food-cobalamin malabsorption in elderly patients: Clinical manifestations and treatments. *American Journal of Medicine* 118:1154, 2005.

   Aproximadamente 15% dos adultos sofrem de absorção imperfeita de vitamina B12. Essa condição afeta especialmente a absorção da vitamina B12 encontrada naturalmente nos alimentos. O consumo de vitamina B12 cristalina, ao contrário, não é tão afetado e representa uma forma útil de terapia para os idosos nesse estudo.

3. Bleys J and others: Vitamin-mineral supplementation and the progression of atherosclerosis: A meta-analysis of randomized controlled trails. *American Journal of Clinical Nutrition* 84(4):880, 2006.

   Resultados de estudos anteriores indicam que suplementos de antioxidantes e vitamina B podem prevenir aterosclerose. Essa metanálise mostrou não haver evidências de um efeito protetor de suplementtos de antioxidantes ou vitamina B na progressão da aterosclerose conforme medido por exames de imagem. Esses resultados explicam a ausência de efeito desses suplementos em eventos cardiovasculares clínicos.

4. DeWals P and others: Reduction in neural-tube defects after folic acid fortification in Canada. *New England Journal of Medicine* 357;135, 2007.

   Mudanças na prevalência de defeitos do tubo neural foram avaliadas no Canadá antes e depois de a fortificação de cereais com ácido fólico tornar-se obrigatória em 1998. Houve uma redução de 46% na prevalência de defeitos do tubo neural durante o período de fortificação completa, com uma queda de 1,58 por 1.000 nascimentos antes da fortificação para 0,86 por 1.000 nascimentos depois da fortificação. A taxa de redução foi maior para espinha bífida (uma queda de 53%) do que para anencefalia e encefalocele (quedas de 38 e 31%, respectivamente).

5. Food and Nutrition Board, Institute of Medicine: *Dietary Reference Intakes for thiamin, riboflavin, niacin, vitamin B-6, folate, vitamin B-12, pantothenic acid, biotin, and choline.* Washington, DC: National Academies Press, 1998.

   Esse trabalho descreve como as recomendações de nutrientes foram estabelecidas para as vitaminas do complexo B e da colina, com referência específica ao estabelecimento da RDA e de padrões relacionados. As funções de cada vitamina do complexo B e da colina são explicadas.

6. Food and Nutrition Board, Institute of Medicine: *Dietary Reference Intakes for vitamin A, vitamin K, arsenic, boron, chromium, copper, iodine, iron, manganese, molybdenum, nickel, silicon, vanadium, and zinc.* Washington, DC: National Academies Press, 2001.

   As recomendações de ingestão de vitamina A e vitamina K estão listadas. As justificativas usadas para estabelecer a RDA ou a ingestão adequada e o nível máximo de ingestão tolerável para esses nutrientes são discutidas em detalhes.

7. Food and Nutrition Board, Institute of Medicine: *Dietary Reference Intakes for vitamin C, vitamin E, selenium, and carotenoids.* Washington, DC: National Academies Press, 2000.

   As funções dos nutrientes antioxidantes, como a RDA e os padrões relacionados foram determinados, e sintomas de deficiência e toxicidade são explicados. Trata-se de um relato definitivo feito por um painel de especialistas em necessidades nutricionais de antioxidantes dietéticos.

8. Food and Nutrition Board, Institute of Medicine: *Dietary Reference Intakes for calcium, phosphorus, magnesium, vitamin D, and fluoride.* Washington, DC: National Academies Press, 1997.

   As RDAs e os padrões relacionados para vitamina D e alguns minerais são discutidos em detalhes. Uma importante mudança na determinação dessas novas estimativas (e de todas as outras) das necessidades humanas é o uso de um marcador biológico específico ou estimativas das ingestões atuais que mostre adequação.

9. Garland CF and others: Vitamin D and prevention of breast cancer: Pooled analysis. *Journal of Steroid Biochemistry & Molecular Biology* 103:708, 2007.

   Essa revisão de todos os estudos descreve o risco de câncer de mama e avaliou a associação dose-resposta entre 25 (OH)D sérica e o risco de câncer de mama. A conclusão dessa revisão é que uma ingestão diária de 2.000 UI de vitamina D3 e, quando possível, exposição muito moderada ao sol, poderiam aumentar os níveis séricos de 25(OH)D para 52 ng/mL, um nível associado a uma redução de 50% na incidência de câncer de mama, de acordo com estudos observacionais.

10. Giovannucci E and others: 25-Hydroxyvitamin D and risk of myocardial infarction in men: A prospective study. *Archives Internal Medicine* 168:1174, 2008.

    Considera-se que a deficiência de vitamina D esteja envolvida no desenvolvimento de aterosclerose e doença coronariana em humanos. Esse estudo observou que homens de 40 a 75 anos de idade com níveis de vitamina D abaixo do normal tinham um risco maior de sofrer um infarto mesmo depois de controlar fatores conhecidos em associação à doença coronariana. Até mesmo homens com níveis intermediários de vitamina D estavam em risco elevado de sofrer doença cardíaca em relação a seus níveis de vitamina D suficientes.

11. Gordon CM and others: Prevalence of vitamin D deficiency among healthy infants and toddlers. Archives of Pediatric and Adolescent Medicine 162:505, 2008.

    A prevalência de deficiência de vitamina D foi determinada, e a concentração de 25-hidroxi-vitamina D foi examinada em função da pigmentação da pele, estação do ano, exposição ao sol, amamentação e suplementação de vitamina D. Um nível de vitamina D subideal foi um achado comum entre crianças pequenas sadias, sendo que 40% dos bebês e crianças de 1 a 3 anos de idade apresentaram resultados de testes abaixo da média para vitamina D. Um terço dos bebês e crianças com deficiência de vitamina D exibiam desmineralização, um marco dos efeitos esqueléticos nocivos dessa condição.

12. Holick MF: Vitamin D deficiency. *New England Journal of Medicine* 357:266, 2007.

    Trata-se de uma revisão de inúmeros estudos mostrando que a vitamina D faz mais do que melhorar a saúde óssea em crianças e adultos saudáveis. Estudos mostram que a deficiência de vitamina D em adultos estava ligada não só a um risco maior de osteoporose e osteomalacia, mas também a determinados cânceres.

13. Lee I and others: Vitamin E in the primary prevention of cardiovascular disease and cancer: The women's health study: A randomized controlled trial. *Journal of the American Medical Association* 294:56, 2005.

    Os dados desse grande ensaio indicaram que 600 UI de vitamina E de fonte natural tomadas em dias alternados não proporcionava um benefício geral em relação a eventos cardiovasculares importantes ou câncer. Esses dados não recomendam suplementação de vitamina E para a prevenção de doença cardiovascular ou câncer entre mulheres saudáveis, porém é preciso pesquisar mais, pois uma queda nos eventos de morte súbita cardíaca foi observada em uma subsérie de idosas nesse estudo.

14. Lichtenstein AH and Russell RM: Essential nutrients: Food or supplements? Where should the emphasis be? *Journal of the American Medical Association* 294:351, 2005.

    Não há evidências suficientes para justificar uma mudança na política de saúde pública de uma que enfatiza a dieta alimentar para preencher as necessidades de nutrientes e promover a saúde ideal para outra que enfatiza a suplementação dietética. Entretanto, a suplementação direcionada a alguns nutrientes é adequada em certos casos, conforme revisão desses autores.

15. McCormick DB: The dubious use of vitamin-mineral supplements in relation to cardiovascular disease. *American Journal of Clinical Nutrition* 84(4):680, 2006.

Esse editorial corrobora os de estudos recentes, incluindo a metanálise de Bleys e outros, de que antioxidantes e vitaminas B deverão ser usados para prevenir doença cardiovascular. O autor espera que esses achados recentes, "que cuidadosamente distinguem o que é fato do que é mito", reduzirão o uso disseminado de suplementos de vitaminas e minerais.

16. Nield LS and others: Rickets: Not a disease of the past. *American Family Physician* 74(4), 200:619, 2006.

    Esse artigo de revisão enfatiza a necessidade atual de rastrear o raquitismo até mesmo em países desenvolvidos. Fundamentos e respaldo são dados à recomendação recente da Academia Americana de Pediatria (AAP) de fornecer um suplemento diário de vitamina D a todos os bebês amamentados exclusivamente ao seio começando nos primeiros dois meses de vida. Até pouco tempo, a suplementação de vitamina D não era recomendada para bebês amamentados. Múltiplos relatos de casos de raquitismo nutricional nos Estados Unidos levaram à recomendação da AAP.

17. Sesso HD and others: Vitamins E and C in the prevention of cardiovascular disease in men. The Physicians' Health Study II Randomized Controlled Trial. *Journal of American Medical Association* 300:2123, 2008.

    Os homens inscritos no Physician's Health Study II foram alocados em quatro grupos: os que receberam vitamina C e um placebo, vitamina E e um placebo, vitaminas C e E em conjunto, e placebo. Nem a vitamina C nem a E tiveram um efeito em eventos cardiovasculares importantes, que incluem infartos, acidente vascular cerebral ou óbito. Os resultados apontam que, quando se destaca um nutriente de uma dieta total, não se percebem os mesmos efeitos.

18. Voutilainen S and others: Carotenoids and cardiovascular health. *American Journal of Clinical Nutrition* 83:1265, 2006.

    Esse relato revisa o papel dos carotenoides na prevenção de doenças cardíacas. Apesar de frutas e vegetais serem reconhecidos por seus efeitos protetores contra doenças cardiovasculares, o papel de um único grupo, como os carotenoides, não pode ser determinado. Portanto, não se pode recomendar o consumo de carotenoides em formas suplementares.

19. Wang TJ and others: Vitamin D deficiency and risk of cardiovascular disease. *Circulation* 117:503, 2008.

    Esse estudo foi conduzido durante cinco anos e examinou os níveis de vitamina D no sangue de 1.739 pessoas com uma média de idade de 59 anos e nenhuma história pregressa de doença cardiovascular. Indivíduos com níveis baixos de vitamina D tinham um risco 60% maior de sofrer eventos cardíacos como infarto ou acidente vascular cerebral. Para pessoas que apresentavam uma deficiência de vitamina D e hipertensão, era duplo o risco de um evento cardiovascular grave. Esses resultados são preocupantes porque a deficiência de vitamina D está se tornando cada vez mais comum, especialmente em pessoas que vivem em altitudes elevadas onde, a vitamina D é menos disponível pela exposição ao sol.

20. Zhang SM and others: Effect of combined folic acid, vitamin B-6, and vitamin B-12 on cancer risk in women: A randomized trial. *Journal of the American Medical Association* 300(17):2012, 2008.

    O uso de um suplemento combinado de ácido fólico, vitamina B6 e vitamina B12 não teve efeitos significativos no risco geral de câncer invasivo total ou câncer de mama em um estudo de sete anos envolvendo 5.442 mulheres. Esse foi o mais longo ensaio desse tipo e ocorreu no mesmo momento do início da fortificação de alimentos com ácido fólico.

AVALIE SUA REFEIÇÃO

I. Identificando alegações fraudulentas na internet

Pesquise vitaminas e substâncias tipo vitamíninas vendidas na Internet. Depois escreva um relatório a respeito de qualquer alegação, feita com base nesses produtos, que você considere fraudulenta ou enganosa. Os *websites* estão vendendo vitaminas ou são apenas uma fachada para vender outras coisas? Compare o preço das vitaminas desses *sites* com o preço que você pagaria no supermercado ou drogaria local. Algum desses *sites* exibe algum aviso ou advertência a respeito dos produtos?

II. Examinando melhor o uso de suplementos

Com a popularidade atual de suplementos de vitaminas e minerais, é mais importante do que nunca saber como avaliar um suplemento. Estude o rótulo de um suplemento que você use ou o que um amigo use ou de um supermercado. Depois responda às seguintes perguntas.

1. Qual a dose recomendada desse suplemento?

2. Com base na dosagem recomendada, há alguma vitamina individual cuja ingestão estivesse acima de 100% do valor diário? Cite essas vitaminas.

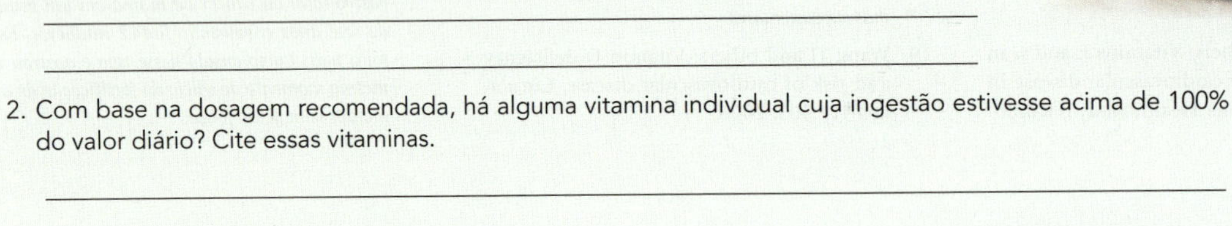

3. Alguma das ingestões sugeridas está acima do nível máximo de ingestão tolerável do nutriente?

4. Existe algum ingrediente supérfluo, como ervas ou aromatizantes, no suplemento? Com frequência é possível determinar isso olhando no rótulo ingredientes listados que não têm um percentual de valor diário.

5. Pelo menos 50% da vitamina A no produto é proveniente de betacaroteno ou outros carotenoides pró-vitamina A (para reduzir o risco de toxicidade por vitamina A pré-formada)?

6. Existe alguma advertência no rótulo em relação a pessoas que não devam consumir esse produto?

7. Existe algum outro sinal indicando a você que esse produto pode não ser seguro?

PARTE III

VITAMINAS, MINERAIS E ÁGUA

CAPÍTULO 9 Água e minerais

Objetivos do aprendizado

1. Enumerar e explicar resumidamente as funções da água no corpo.
2. Discutir os níveis saudáveis de ingestão e débito hídrico para manter o equilíbrio hídrico.
3. Enumerar questões de segurança a respeito do suprimento de água.
4. Classificar os minerais como essenciais ou oligoelementos (minerais-traço).
5. Enumerar condições do corpo, fatores dietéticos e outras relações pertinentes que influenciam a absorção, a retenção e a disponibilidade de minerais específicos.
6. Enumerar as funções principais e pelo menos duas fontes alimentares de minerais essenciais. Identifique sintomas de possíveis deficiências e toxicidades associados aos minerais essenciais e oligoelementos.
7. Explicar o papel da nutrição para manter uma pressão arterial saudável.
8. Descrever os processos que envolvem minerais que auxiliam na manutenção da saúde óssea e na prevenção da osteoporose.

Conteúdo do capítulo

A ÁGUA – O MEIO MAIS VERSÁTIL PARA UMA VARIEDADE DE REAÇÕES QUÍMICAS – CONSTITUI O PRINCIPAL COMPONENTE DO CORPO HUMANO. Sem água, processos biológicos necessários à vida deixariam de funcionar em poucos dias. Conforme sugerido pelo quadrinho deste capítulo, precisamos repor água regularmente porque o corpo não armazena água por si mesmo. Reconhecemos essa constante demanda por água quando estamos com sede. Diretrizes recentes de hidratação recomendam uma ingestão de aproximadamente 1,7 L/dia de água, com a ingestão de outras bebidas totalizando cerca de 1,4 L.

Existem muitos nutrientes no corpo, incluindo minerais, dissolvidos em água. As funções de diversos minerais estão relacionadas às características da água, por isso a água e suas funções no corpo são abordadas primeiro neste capítulo.

Muitos minerais, assim como a água, são vitais à saúde. Em função de não estarem em geral ligados a átomos de carbono, não são considerados orgânicos. Os minerais são participantes essenciais no metabolismo corporal, nos movimentos musculares, no crescimento do corpo, no equilíbrio hídrico e em outros processos abrangentes. Também vale lembrar que algumas deficiências de minerais podem causar problemas de saúde graves. Por essa razão, o estudo de minerais neste capítulo também é crucial para entender a nutrição humana.

Para relembrar

Antes de começar a estudar a água e os minerais, no Capítulo 9, talvez seja interessante revisar os seguintes tópicos:

- **Estrutura e função celular, digestão e absorção de nutrientes, função cardiovascular, imunidade e função endócrina, no Capítulo 3.**
- **As funções da vitamina D e da vitamina E relacionadas ao cálcio e à saúde óssea, no Capítulo 8.**
- **O papel da vitamina C na síntese de colágeno, no Capítulo 8.**

9.1 Água

solvente Líquido utilizado para dissolver outras substâncias.

líquido intracelular Líquido contido no interior de uma célula; representa cerca de dois terços do líquido corporal.

líquido extracelular Líquido presente fora das células; representa cerca de um terço do líquido corporal.

A vida, tal como a conhecemos, não poderia existir sem água. Com a função de um solvente, dissolve muitas substâncias no corpo, como o cloreto de sódio (sal de cozinha). A água é o meio perfeito para processos corporais porque permite que as reações químicas aconteçam, além de participar diretamente de muitas dessas reações. Constitui o maior componente do corpo humano, representando de 50 a 70% do peso corporal (cerca de 40 L). A massa muscular magra contém aproximadamente 73% de água. O tecido adiposo é cerca de 20% água. Assim, à medida que o conteúdo de gordura aumenta (e a porcentagem de tecido magro diminui) no corpo, o conteúdo total de água corporal baixa para 50%.

Conforme a quantidade de reservas adiposas presentes, um adulto consegue sobreviver por cerca de oito semanas sem ingerir alimentos, porém apenas uns poucos dias sem beber água. Isso ocorre não porque a água é mais importante do que carboidrato, gordura, proteínas, vitaminas ou minerais, mas porque não conseguimos conservar ou armazenar água assim como fazemos com outros componentes da dieta.

FRANK & ERNEST by Bob Thaves

FRANK AND ERNEST © Reprodução autorizada pela Newspaper Enterprise Association, Inc.

Conforme sugerido pelo quadrinho, a reposição hídrica – água como parte de alimentos, bebidas e água em si – é uma tarefa diária importante. Por que a reposição hídrica é tão crítica para manter a saúde? Por que crianças, atletas e idosos estão praticularmente em risco de desidratar-se? Além disso, como a água interage com alguns dos minerais usados pelo corpo? O Capítulo 9 oferece algumas respostas.

A água no corpo – líquido intracelular e extracelular

A água entra e sai das células corporais pelas membranas celulares. No interior das células, ela forma parte do líquido intracelular. Quando está fora das células ou na corrente sanguínea, a água faz parte do líquido extracelular (Fig. 9.1). As membranas celulares são permeáveis à água, de maneira que ela entra e sai livremente das células. Por exemplo, se o volume de sangue diminui, a água consegue se mover para a corrente sanguínea a partir de áreas dentro e ao redor das células a fim de aumentar o volume de sangue. No entanto, se o volume de sangue aumenta, a água sai da corrente sanguínea para as células e as áreas adjacentes, causando edema (ver Fig. 6.8, no Cap. 6).

O corpo controla a quantidade de água nos compartimentos intracelulares e extracelulares em geral ao controlar o movimento e a concentração de *íons*. Íons são minerais com cargas elétricas e, portanto, são chamados de eletrólitos. A água é atraída para íons como sódio, potássio, cloro, fosfato, magnésio e cálcio. Ao controlar a movimentação dos íons para dentro e para fora dos compartimentos celulares, o corpo mantém a quantidade adequada de água em cada compartimento usando um processo denominado osmose. Em termos gerais, onde quer que os íons estejam, a água os segue (Fig. 9.2).

Íons positivos, como sódio e potássio, acabam se emparelhando com íons negativos, como cloro e fosfato. A manutenção do volume de líquido intracelular normalmente depende das concentrações intracelulares de potássio e fosfato. O volume de líquido extracelular, em geral, depende das concentrações extracelulares de sódio e potássio.

eletrólitos Substâncias cujos íons se separam na água e que, dessa forma, são capazes de conduzir a corrente elétrica. Por exemplo, sódio, cloreto e potássio.

osmose Passagem de um solvente como a água através de uma membrana semipermeável de um compartimento menos concentrado para um mais concentrado.

A água contribui para a regulação da temperatura corporal

A temperatura da água muda lentamente porque ela tem uma grande capacidade de reter calor. É preciso muito mais energia para aquecer a água do que para aquecer gordura. As moléculas de água são atraídas umas às outras, e é preciso mais energia para separá-las. Na medida em que requer tanta energia para mudar de estado – por

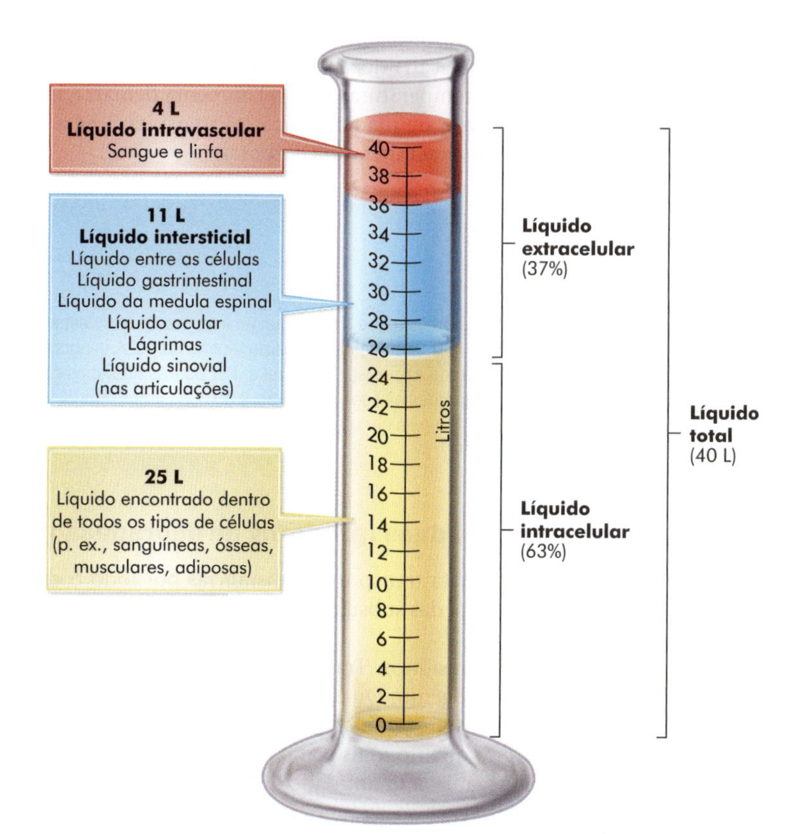

FIGURA 9.1 ▶ Compartimentos de líquido no corpo. O volume total de líquido fica em torno de 40 L.

FIGURA 9.2 ▶ Efeitos de diversas concentrações iônicas em um líquido em hemácias. Essa figura mostra o processo de osmose. O líquido entra e sai das hemácias em resposta à mudança nas concentrações iônicas nos frascos.

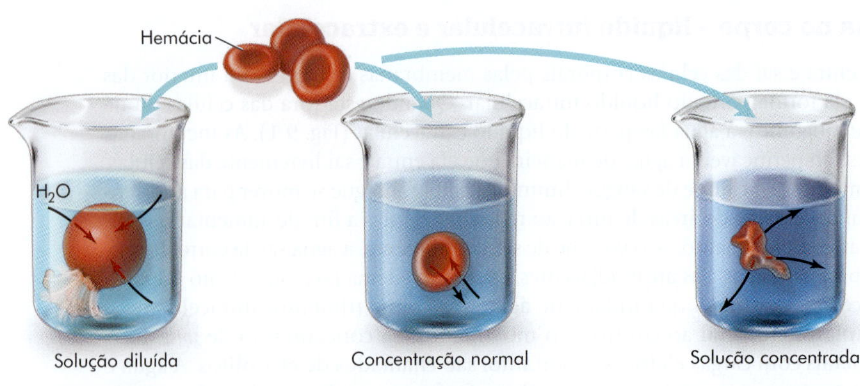

(a) Uma solução diluída com uma concentração iônica baixa resulta em inchaço *(setas escuras)* e subsequente ruptura (sopro de vermelho na parte esquerda inferior da célula) de uma hemácia colocada na solução.

(b) Uma concentração normal (uma concentração iônica fora da célula é igual à do interior da célula) resulta em uma hemácia de formato típico. A água entra e sai da célula em equilíbrio *(setas escuras)*, mas não há movimento líquido de água.

(c) Uma solução concentrada, com uma concentração iônica alta, causa encolhimento da hemácia à medida que a água sai da célula para a solução concentrada *(setas escuras)*.

exemplo, do estado líquido para o gasoso na evaporação da transpiração –, a água forma um meio ideal para remover calor do corpo.

Quando superaquecido, o corpo produz fluidos na forma de transpiração, que se evapora pelos poros da pele. Para evaporar água, é preciso haver energia térmica. Portanto, à medida que a transpiração se evapora, a energia térmica é retirada da pele, resfriando-a no processo. Cada litro de transpiração evaporado representa aproximadamente 600 kcal de energia perdida pela pele e pelos tecidos adjacentes. Da mesma maneira, o calor perdido quando temos febre aumenta nossas necessidades calóricas.

Cerca de 60% da energia química no alimento transforma-se diretamente em calor corporal; os outros 40% são convertidos nas formas de energia que as células podem usar, e quase toda a energia acaba deixando o corpo na forma de calor. Se esse calor não puder se dissipar, a temperatura corporal aumenta demais e impede que sistemas enzimáticos funcionem de maneira eficaz. A transpiração é a forma primária de impedir esse aumento na temperatura corporal.

▲ A evaporação do suor é uma parte importante da regulação térmica.

DECISÕES ALIMENTARES

A importância da transpiração

Para o corpo resfriar de maneira eficaz, é preciso que a transpiração evapore. Se simplesmente escorrer pela pele ou encharcar a roupa, a transpiração não resfria tanto o corpo. A evaporação da transpiração ocorre rapidamente quando a umidade está baixa. Por isso, os humanos conseguem esfriar e, assim, tolerar climas quentes e secos bem melhor do que climas úmidos. Isso também explica por que quando aumentamos a circulação do ar com um ventilador o corpo esfria durante uma sessão de exercícios.

A água ajuda a remover resíduos (produtos de degradação)

A água é um veículo importante para transportar substâncias por todo o corpo e para remover resíduos. Grande parte das substâncias inutilizáveis no corpo pode se dissolver em água e sair pela urina.

A **ureia** é um dos principais resíduos. Trata-se de um subproduto do metabolismo proteico que contém nitrogênio. Quanto mais proteína ingerimos acima das necessidades, mais nitrogênio removemos dos aminoácidos e eliminamos – na forma de ureia – na urina. Assim, quanto mais sódio consumimos, mais sódio eliminamos na urina. Em termos gerais, a quantidade de urina que uma pessoa precisa produzir é determinada pelo excesso de ingestão de proteína e sal. Ao limitar

ureia Resíduo nitrogenado do metabolismo das proteínas principal origem do nitrogênio eliminado pela urina.

ingestões excessivas de sal e proteína, é possível limitar a produção de urina – uma prática útil, por exemplo, em voos espaciais e no tratamento de algumas doenças renais em que a capacidade de produzir urina é prejudicada.

O volume típico de urina produzido por dia fica em torno de 1 L ou mais, dependendo principalmente da ingestão de líquidos, proteína e sódio. Uma quantidade de urina um pouco acima disso é normal; porém uma quantidade muito baixa – especialmente menos de 500 mL (2 xícaras) – força os rins a formar urina concentrada. A maneira mais simples de determinar se a ingestão de água está adequada é observar a cor da urina de uma pessoa. Enquanto a urina normal deve ser clara ou amarelo-claro, a urina concentrada é amarelo bem escuro. O conteúdo pesado de íons da urina concentrada, por sua vez, aumenta o risco de formação de cálculos renais em pessoas suscetíveis (geralmente homens). Cálculos renais são formados de minerais e outras substâncias que se precipitam da urina e se acumulam nos tecidos renais.

Funções da água

- Processos químicos
- Regulação térmica
- Remoção de produtos de degradação
- Componente primário de líquidos corporais, como nas articulações

Outras funções da água

A água ajuda a formar lubrificantes encontrados nos joelhos e outras articulações do corpo. É a base da saliva, da bile e do **líquido amniótico**. O líquido amniótico age como um absorvedor de choques ao redor do feto em crescimento no útero materno. As concentrações de íons variam em cada compartimento de líquido para acomodar necessidades especiais, como a capacidade de transferir impulsos nervosos.

líquido amniótico Líquido contido em uma espécie de bolsa no interior do útero. Esse líquido envolve e protege o feto durante seu desenvolvimento.

De quanta água precisamos por dia?

A ingestão adequada total de água por dia é de 2,7 L (11 copos) para mulheres adultas e 3,7 L (15 copos) para homens adultos. Essa quantidade se baseia essencialmente nas nossas ingestões totais de água a partir de uma combinação de líquidos e alimentos. No caso de líquidos apenas, isso corresponde a cerca de 2,2 L (9 copos) para mulheres e 3 L (13 copos) para homens. (Lembre-se também de que isso não indica que é preciso usar água em si para atender às necessidades hídricas.) Os adultos precisam, no mínimo, de 1 a 3 L de líquido para repor as perdas hídricas diárias.

Consumimos água em diversos líquidos, como sucos de frutas, café, chá, refrigerantes e a própria água. Observe que café, chá e refrigerantes geralmente contêm cafeína, que aumenta a excreção urinária. Entretanto, o líquido consumido nessas bebidas não é perdido inteiramente na urina, de maneira que esses líquidos ajudam a

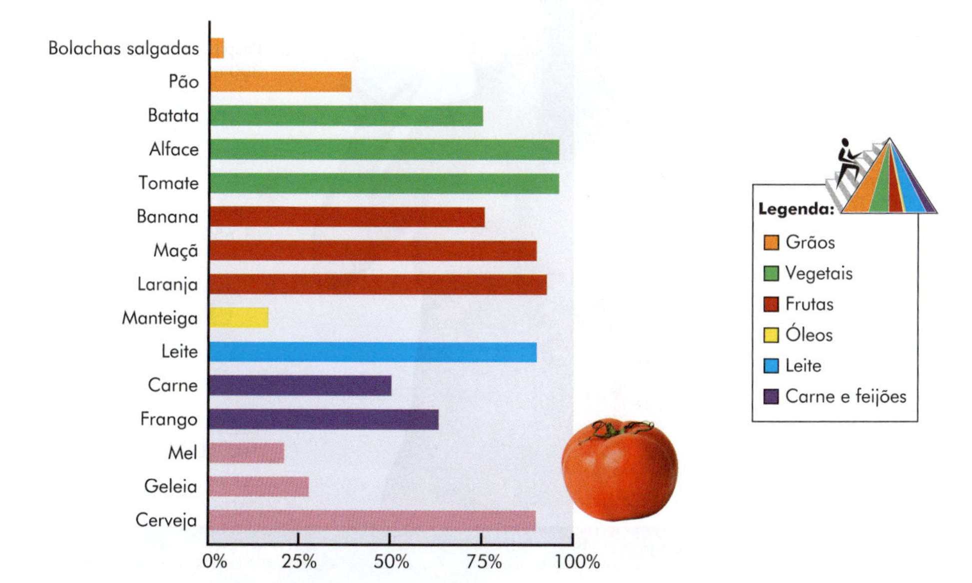

FIGURA 9.3 ▶ Conteúdo de água dos alimentos por peso. Além dos grupos de alimentos da *MyPyramid*, a cor rosa é usada para substâncias que não se encaixam facilmente nos grupos de alimentos (p. ex., mel, doces, café, álcool e sal de cozinha).

► A ingestão regular de água e líquidos ricos em água é essencial para repor as perdas hídricas diárias. Uma tendência na América do Norte é as pessoas carregarem garrafas d'água com elas.

atender às necessidades hídricas. Os alimentos também fornecem água; muitas frutas e vegetais são mais de 80% água (Fig. 9.3). A água como subproduto do metabolismo proporciona aproximadamente de 250 a 350 mL (1 a 1 ½ copo) de água adicional.

Grande parte da água necessária é usada para produzir urina (500 a 1.000 mL ou mais). O restante compensa as perdas hídricas típicas pelos pulmões (250 a 350 mL), pelas fezes (100 a 200 mL) e pela pele (450 a 1.900 mL) (Fig. 9.4). Essas são apenas estimativas. Altitude, ingestão de cafeína, ingestão de álcool e umidade podem afetar essas perdas individuais.

Quando consideramos a grande quantidade de água usada para lubrificar o trato gastrintestinal, a perda de apenas 100 a 200 mL de água por dia pelas fezes

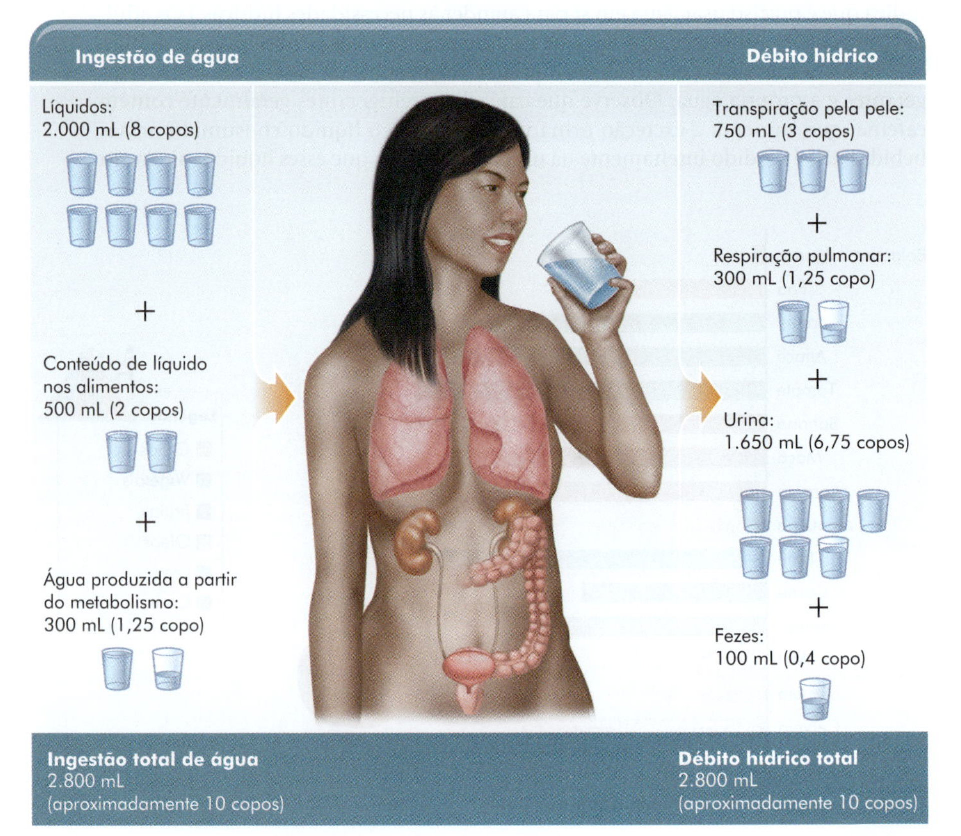

FIGURA 9.4 ► Estimativa do equilíbrio hídrico – ingestão *versus* débito – em uma mulher. Mantemos nosso líquido corporal em uma quantidade ideal ao ajustar o débito em relação à ingestão. Como podemos ver na ilustração, grande parte da água vem de líquidos que consumimos. Uma parte vem da umidade em alimentos mais sólidos, e o restante é fabricado durante o metabolismo. O débito hídrico inclui a perda via pulmões, urina, pele e fezes.

é considerável. Cerca de 8.000 mL de água entram no trato GI diariamente pelas secreções da boca, do estômago, do intestino, do pâncreas e de outros órgãos, ao passo que a dieta fornece outros 30 a 50% ou mais. O intestino delgado reabsorve grande parte dessa água, enquanto o intestino grosso absorve menos quantidade, porém ainda assim importante. Os rins também conservam bastante água: cerca de 97% da água filtrada a partir dos resíduos.

DECISÕES ALIMENTARES

Água dura ou água mole?

A água pode ser classificada por ser dura ou mole. Em geral, a água dura é proveniente de poços subterrâneos e normalmente contém cálcio, magnésio e ferro. Quanto mais minerais a água contém, mais dura é. Água mole, ou comum, tem um baixo teor desses minerais e com frequência é produzida pela substituição do sódio por outros minerais.

Sede

Se não bebermos água suficiente, o corpo dá um sinal por meio da sede. Isso significa que o cérebro está comunicando a necessidade de beber. Esse mecanismo da sede pode, entretanto, não corresponder à perda hídrica real durante o exercício ou uma doença prolongada, assim como na velhice. Por isso, os atletas devem monitorar atentamente o nível hídrico – eles devem pesar-se antes e depois das sessões de treinamento para determinar a taxa de perda hídrica e, assim, suas necessidades hídricas. A meta atual para atletas é consumir de 2,5 a 3 copos de líquido por cada 500 g perdidos (ver Cap. 10, para mais detalhes). Crianças doentes – especialmente as que estejam com febre, vômitos, diarreia e aumento da sudorese – e idosos com frequência precisam ser lembrados de ingerir bastante líquido (ver Caps. 15 e 16, para mais detalhes). Conforme discutido mais minuciosamente no Capítulo 15, os bebês podem ficar desidratados com facilidade.

O que acontece se ignorarmos a sede?

Quando registra pouca água disponível, o corpo aumenta a conservação de líquido. Dois hormônios que participam nesse processo são o hormônio antidiurético e a aldosterona. A glândula hipófise libera hormônio antidiurético para forçar os rins a conservar água. Os rins respondem por meio de redução do fluxo urinário. Ao mesmo tempo, à medida que o volume de líquido diminui na corrente sanguínea, a pressão arterial baixa. Isso acaba acionando a liberação do hormônio aldosterona, que sinaliza aos rins para reter mais sódio e, por sua vez, mais água.

hormônio antidiurético Hormônio secretado pela glândula hipófise e que atua nos rins diminuindo a excreção de água.

aldosterona Hormônio produzido pelas glândulas suprarrenais que atua nos rins para conservar sódio (e, portanto, água).

O álcool inibe a ação do hormônio antidiurético. As pessoas sentem-se fracas depois de beberem muito porque estão desidratadas. Embora tenham ingerido muito líquido em seus *drinks*, é provável que tenham perdido ainda mais líquido porque o álcool inibiu o hormônio antidiurético.

Entretanto, a despeito dos mecanismos que trabalham para reduzir a perda hídrica pelos rins, o líquido continua a ser perdido pelas fezes, pela pele e pelos pulmões. É preciso que essas perdas sejam repostas. Além disso, existe um limite de concentração desejável da urina. Por fim, se o líquido não for consumido, o corpo torna-se desidratado e sofre os efeitos nocivos disso.

Quando a pessoa perde de 1 a 2% do peso corporal em líquidos, passa a sentir sede. Mesmo esse pequeno déficit hídrico pode causar cansaço. Com uma perda de 4% do peso corporal, os músculos perdem força e resistência significativamente. Quando o peso corporal estiver de 10 a 12% menor, a tolerância ao calor fica comprometida, resultando em fraqueza. Com uma redução de 20%, pode haver coma e morte subsequente. A progressão dos sintomas de desidratação pode ser vista na Figura 9.5.

Diretrizes de consumo saudável de bebidas

A água é um componente-chave das diretrizes de consumo de bebidas recentemente desenvolvidas (Tab. 9.1). Essas recomendações oferecem orientações a respeito

FIGURA 9.5 ▶ Os efeitos da desidratação podem ir desde a sede até o óbito, dependendo da extensão da perda hídrica.

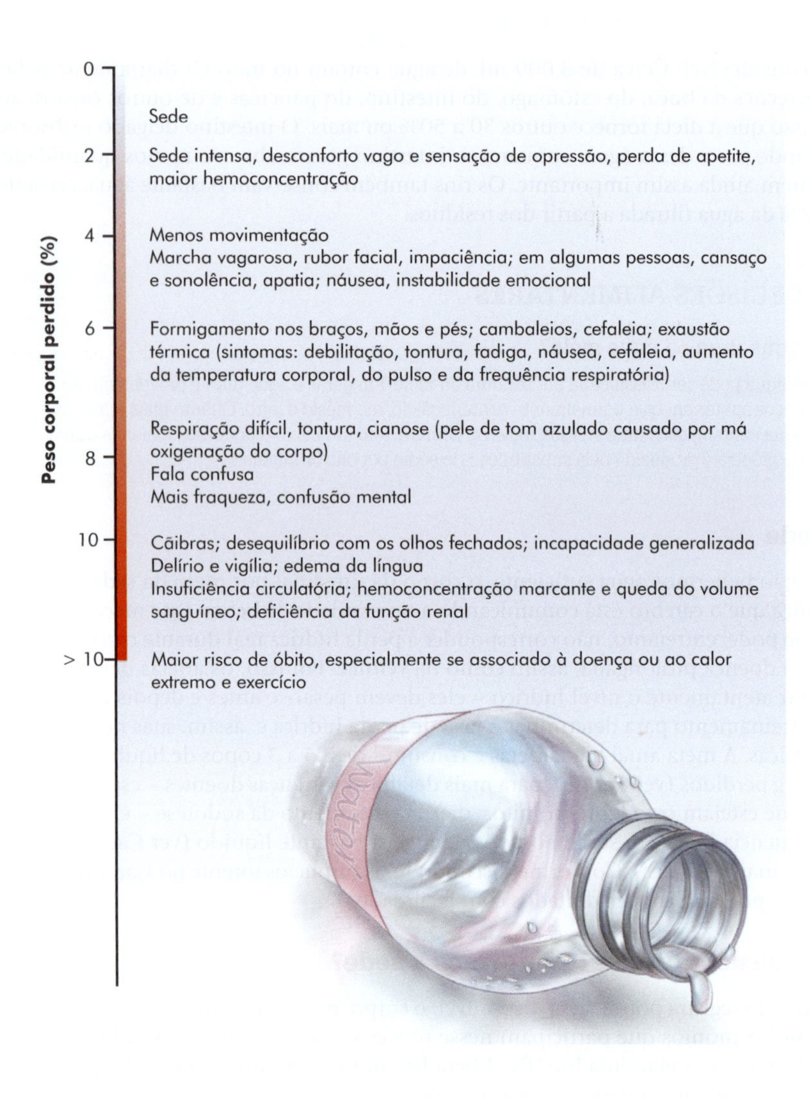

Peso corporal perdido (%)
0
Sede
2
Sede intensa, desconforto vago e sensação de opressão, perda de apetite, maior hemoconcentração
4
Menos movimentação
Marcha vagarosa, rubor facial, impaciência; em algumas pessoas, cansaço e sonolência, apatia; náusea, instabilidade emocional
6
Formigamento nos braços, mãos e pés; cambaleios, cefaleia; exaustão térmica (sintomas: debilitação, tontura, fadiga, náusea, cefaleia, aumento da temperatura corporal, do pulso e da frequência respiratória)
8
Respiração difícil, tontura, cianose (pele de tom azulado causado por má oxigenação do corpo)
Fala confusa
Mais fraqueza, confusão mental
10
Câibras; desequilíbrio com os olhos fechados; incapacidade generalizada
Delírio e vigília; edema da língua
Insuficiência circulatória; hemoconcentração marcante e queda do volume sanguíneo; deficiência da função renal
> 10
Maior risco de óbito, especialmente se associado à doença ou ao calor extremo e exercício

TABELA 9.1 Manual de orientação para bebidas

Nível	Categoria*	Porções diárias recomendadas
1	Água	1,7 L
2	Chá ou café, sem açúcar	0-1,4 L
3	Leite semidesnatado e desnatado e bebidas à base de soja	0-0,5 L
4	Bebidas não adoçadas caloricamente (bebidas dietéticas)	0-1 L
5	Bebidas calóricas com alguns nutrientes (sucos de fruta 100% integrais, bebidas alcoólicas, leite integral, isotônicos)	0-0,25 L. 0-2 bebidas alcóolicas para homens (0-0,25 L)
6	Bebidas adoçadas caloricamente (refrigerantes comuns)	0-1 bebida alcóolica para mulheres

* Categorias estabelecidas com base em seus possíveis benefícios ou riscos à saúde.
Adaptada de Popkin e outros: Am J Clin Nutr 83:529,2006.

dos benefícios nutricionais e à saúde, bem como dos riscos de várias categorias de bebidas. A base do Beverage Guidance System (Manual de orientação para bebidas) é que os líquidos não deverão proporcionar uma quantidade significativa de energia ou nutrientes em uma dieta saudável. Em termos mais específicos, o sistema recomenda que as bebidas propiciem menos de 10% das calorias totais consumidas para uma dieta de 2.200 kcal.

Faz mal beber água demais?

Consumir muita água - qualquer quantidade que os rins não sejam capazes de eliminar - também pode prejudicar a saúde, especialmente se as concentrações sanguíneas de eletrólitos, principalmente sódio, estiverem muito baixas. Entretanto, uma quantidade excessiva representaria muitos litros por dia. Quando a ingestão de água em excesso sobrecarrega a capacidade dos rins de eliminar líquido, um dos sintomas resultantes é visão turva. Esses riscos de toxicidade da água serão abordados no Capítulo 10.

DECISÕES ALIMENTARES

Água engarrafada (água mineral)

A água engarrafada (mineral) tornou-se muito popular. Em 2008, os americanos consumiram mais de 37 bilhões de litros de água engarrafada, ou cerca de 117 L cada. A percepção pública de que a água engarrada é mais segura e mais saudável do que a água encanada (da torneira) estimulou esse hábito de consumo atual. Porém, ao escolher entre a grande variedade de águas engarrafadas e a água encanada, será que realmente sabemos o que estamos bebendo? Tanto a água engarrafada quanto a encanada são reguladas: a engarrafada, pela FDA; e a encanada, pela Environmental Protection Agency (EPA) (Agência de Proteção Ambiental). As exigências da FDA para a água engarrafada são semelhantes às da EPA para uma água de qualidade, mas nenhuma delas necessariamente está livre de contaminantes. Os consumidores devem ficar atentos às definições da FDA para os diversos tipos de água engarrafada. A água artesiana deve ser proveniente de um aquífero confinado; a água mineral deve conter níveis consistentes de elementos naturais; a água de nascente deve fluir naturalmente na superfície, e a água purificada deve ser produzida por um processo aprovado como destilação ou osmose reversa. "Pura" é um termo de propaganda e nada significa em termos de qualidade da água. Uma controvérsia recente sobre propagandas enganosas feitas por empresas importantes como Pepsico e Coca Cola, que utilizam água de fontes públicas em seus respectivos produtos, Acquafina e Dansani, levou à impressão de Public Source Water (Água de Fonte Pública) ou PSW nos rótulos. Beber exclusivamente água engarrafada é um hábito dispendioso, tanto em termos pessoais quanto ambientais. Se um norte-americano usar água engarrafada para atender às necessidades hídricas recomendadas, gastará perto de U$S 1.500 por ano, comparados a cerca de 50 centavos de dólar pelo mesmo volume de água encanada. Em uma escala maior, estima-se que quase 90% das garrafas de água acabem no lixo, entupindo os aterros sanitários ou sendo enviadas a outros países para reciclagem. Sabe-se muito bem que os Estados Unidos têm uma das águas encanadas mais limpas e seguras do mundo. Portanto, ao seguir as recomendações de beber mais água, considere o uso de água encanada em um recipiente reutilizável, como um copo de vidro.

▲ A água engarrafada é uma fonte conveniente, porém relativamente dispendiosa, de água. Na maioria dos casos, a água encanada é uma escolha bastante salutar para atender às necessidades hídricas.

REVISÃO CONCEITUAL

O corpo não consegue nem armazenar, nem conservar água, de maneira que só conseguimos sobreviver poucos dias sem ela. A água transporta nutrientes e resíduos, serve como meio para reações químicas e como um lubrificante, além de auxiliar na regulação térmica e representa de 50 a 70% do peso corporal e distribui-se por todo o corpo – entre tecidos magros e outros tecidos (tanto no líquido intra e extracelular) e na urina e outros fluidos corporais. A ingestão adequada total de água é de 2,7 L (11 copos) para mulheres e 3,7 L (15 copos) para homens por dia. A sede é o primeiro sinal corporal de desidratação. Se o mecanismo da sede estiver defeituoso, como durante uma doença ou exercício vigoroso, mecanismos hormonais ajudam a conservar água reduzindo a produção de urina. A ingestão de líquido em excessso pode ser prejudicial à saúde. Em termos gerais, os Estados Unidos contam com um abastecimento de água seguro. Entretanto, pessoas com estado imunológico comprometido fervem a água usada para beber e cozinhar com o intuito de evitar doenças causadas por água contaminada. A água engarrafada também pode ser usada, se desejado.

Abastecimento de água nos Estados Unidos: questões de segurança

Muitas pessoas optam pela água engarrafada em vez de água encanada em razão das dúvidas a respeito da segurança da água potável pública. Um certo grau de preocupação com o abastecimento municipal de água é justificável. Por exemplo, a contaminação do abastecimento público de água pelo parasita *Cryptosporidium* é possível. Esse parasita geralmente é encontrado em lagos e rios; os procedimentos de cloração típicos usados para tratar o abastecimento público de água não matam o *Cryptosporidium*. Esse parasita representa pouco risco à saúde de pessoas sadias – apesar de causar diarreia –, mas pode ser perigoso para portadores de Aids e outras doenças que comprometem a função do sistema imune (como alguns tipos de terapia anticâncer ou terapia para transplante de órgãos). Pessoas em alto risco devem ser aconselhadas a ferver por pelo menos 1 minuto a água da torneira que utilizam para cozinhar e beber a fim de garantir que o parasita seja destruído. Como alternativa, essas pessoas podem comprar um filtro de água que elimine *Crysptosporidium* ou usar água engarrafada com certificação de ausência do parasita (contate o fornecedor caso tenha dúvidas). Em geral, a água destilada ou a que passou por osmose reversa é livre do parasita.

Monitorando a segurança da água

Sob a Safe Water Drinking Act (Lei da Segurança da Água Potável nos EUA), todos os abastecimentos públicos de água potável são monitorados quanto à presença de contaminantes, como bactérias, vários agentes químicos e metais tóxicos (p. ex., chumbo e mercúrio). O departamento municipal de água deve enviar os resultados desses testes todos os anos a seus consumidores. De acordo com a Environmental Protection Agency (EPA), o abastecimento de água nos EUA está entre os mais seguros do mundo. Entretanto, essa água às vezes não consegue atender aos padrões da agência quanto à presença de contaminantes como chumbo e nitratos. Geralmente, o público é avisado a respeito da presença de nitratos porque é perigoso usar água rica em nitrato para misturar a fórmulas infantis (Cap. 15). Alguns estudos indicam que, em 1 ano, cerca de 1 em 5 americanos consome água fora dos padrões, especialmente em áreas rurais. Essas pessoas poderiam considerar o uso de um filtro caseiro de água ou água engarrafada. O departamento de água local pode ajudar as pessoas a avaliar se os riscos à saúde compensam o custo dos filtros de água domésticos ou de água engarrafada.

Como medida de proteção contra contaminação, são adicionados cloro e amônia à água para matar bactérias. A adição dessas substâncias químicas levantou dúvidas quanto à possibilidade do aumento de casos de câncer retal e de bexiga pelo consumo da água assim tratada, embora não haja prova conclusiva de tal risco. Se o cloro na água potável aumenta o risco de câncer, é provavel que esse risco seja extremamente pequeno (talvez 2 casos de câncer por 1 milhão de pessoas).

Se você acha o gosto da água potável clorada desagradável ou está preocupado com o possível risco de câncer, pode remover o cloro da água fervendo-a ou deixando um recipiente cheio de água descoberto durante a noite. Em ambos os casos, o cloro evaporará, o que eliminará o sabor característico dele. No entanto, você pode instalar um filtro em uma das torneiras de casa e então obter água. Esse filtro deve ter o poder de remover trihalometanos, subprodutos comuns do cloro.

Opções à sua fonte de água

Vale ressaltar que, pela maioria dos padrões, a água engarrafada pode ser cara. Em muitos casos, paga-se por uma água que não é muito diferente da água encanada, da torneira. Se estiver preocupado com a segurança da sua água encanada, você pode pedir ao departamento municipal de água os resultados de testes mais recentes ou pode ter a água testada. Uma testagem laboratorial ou do departamento de saúde local pode ser útil, assim como da EPA, se não houver informações locais disponíveis (p. ex., se você tiver um poço). Essa testagem pode apontar se há riscos à saúde associados ao seu abastecimento de água. Comparada ao custo da água engarrafada, a taxa de testagem será insignificante. Deixar a água correr por um minuto antes de bebê-la ou usá-la no preparo dos alimentos é uma boa maneira de limitar uma possível exposição ao chumbo, especialmente se a torneira não tiver sido usada nas últimas duas horas. Além disso, não use água quente da torneira para preparar alimentos. Para mais informações, consultar o *website* http://epa.gov/safewater.

9.2 Minerais – um resumo

Os papéis metabólicos dos minerais e as quantidades deles no corpo variam consideravelmente (Fig. 9.6). Alguns minerais, como cobre e selênio, funcionam como cofatores, permitindo o trabalho de diversas proteínas, como as enzimas. Os minerais também contribuem para muitas substâncias corporais. Por exemplo, o ferro é um componente das hemácias. Sódio, potássio e cálcio auxiliam na transferência de impulsos nervosos por todo o corpo. O crescimento e desenvolvimento corporal também dependem de determinados minerais, como cálcio e fósforo. O equilíbrio hídrico requer sódio, potássio, cálcio e fósforo. Em todos os níveis – celular, tecidual, órgãos e corpo total –, os minerais têm papéis importantes na manutenção das funções corporais.

Os minerais são categorizados com base na quantidade de que necessitamos por dia. Lembre-se do Capítulo 1 que, se precisarmos mais de 100 mg (1/50 de uma colher de chá) de um mineral por dia, ele é considerado um mineral essencial; se não, é considerado mineral-traço (oligoelemento). Por exemplo, cálcio e fósforo são considerados minerais essenciais, e ferro e zinco são oligoelementos.

Os papéis e a significância nutricional dos minerais essenciais e oligoelementos são discutidos neste capítulo. Porém, antes de examinar as propriedades de cada um, é importante considerar alguns tópicos que se aplicam a todos esses nutrientes.

cofator Mineral ou outra substância que se liga a uma região específica de uma proteína, como uma enzima, sendo fundamental para que essa proteína exerça sua função.

mineral essencial Mineral vital para a saúde que é necessário na dieta em quantidades acima de 100 mg/dia.

oligoelemento (mineral-traço) Mineral vital para a saúde que é necessário na dieta em quantidades inferiores a 100 mg/dia.

biodisponibilidade Grau de absorção de um nutriente ingerido e o quanto ele está disponível para ser usado pelo corpo.

ácido oxálico (oxalato) Ácido orgânico encontrado em vegetais como espinafre, ruibarbo e outras folhas verdes e que pode diminuir a absorção de certos minerais presentes nos alimentos, por exemplo, o cálcio.

Biodisponibilidade do mineral

Os alimentos oferecem um aporte abundante de muitos minerais, mas a capacidade do corpo de absorvê-los e utilizá-los varia. O grau em que um nutriente ingerido é absorvido das fontes alimentares e fica disponível no corpo é chamado de biodisponibilidade. A biodisponibilidade dos minerais depende de muitos fatores. O conteúdo mi-

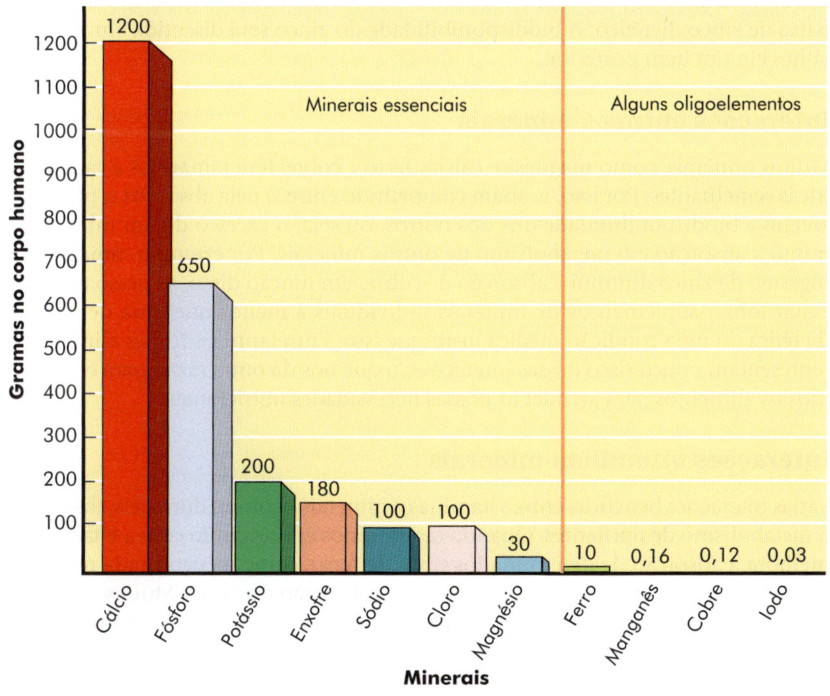

FIGURA 9.6 ▶ Quantidades aproximadas de vários minerais presentes no corpo humano típico. Outros oligoelementos de importância nutricional não listados são cromo, flúor, molibdênio, selênio e zinco.

▲ O espinafre é com frequência elogiado como uma fonte rica em cálcio, mas pouco do cálcio presente está disponível para o corpo.

neral listado na tabela de composição de um alimento é apenas um ponto de partida para estimar a contribuição real que o alimento fará às nossas necessidades de minerais. O espinafre, por exemplo, contém muito cálcio, mas apenas cerca de 5% dele são absorvidos devido à concentração elevada de ácido oxálico (oxalato) do vegetal que se liga ao cálcio. Em geral, cerca de 25% do cálcio dietético é absorvido pelos adultos.

A dieta do norte-americano típico obtém minerais de fontes vegetais e animais. De forma geral, os minerais de produtos animais são melhor absorvidos do que os de fontes vegetais, porque ligantes como a fibra não estão presentes para prejudicar a absorção. O conteúdo de minerais das plantas depende muito das concentrações de minerais do solo onde crescem. Os veganos devem estar atentos ao conteúdo mineral potencialmente pequeno de alguns vegetais e precisam escolher algumas fontes concentradas de minerais (ver tópico "Nutrição e Saúde", do Capítulo 6). As condições do solo têm uma influência menor no conteúdo mineral de produtos animais porque o gado normalmente consome uma variedade de produtos vegetais cultivados em solos de conteúdos minerais diferentes.

Em geral, quanto mais refinado um vegetal – como no caso da farinha branca – menor seu conteúdo mineral. Durante o enriquecimento de grãos refinados, o ferro é o único mineral acrescentado, enquanto selênio, zinco, cobre e outros minerais perdidos durante o refino não são repostos.

Interações fibras-minerais

ácido fítico (fitato) Componente das fibras vegetais que liga íons positivos a seus múltiplos grupos fosfato.

A biodisponibilidade dos minerais pode ser muito influenciada por substâncias não minerais na dieta. Componentes da fibra, especialmente o **ácido fítico (fitato)** na fibra dos grãos, podem limitar a absorção de alguns minerais ao se ligarem a eles. O ácido oxálico, mencionado no item anterior, é outra substância em plantas que se liga aos minerais tornando-os menos biodisponíveis. Dietas ricas em fibra podem diminuir a absorção de ferro, zinco e provavelmente outros minerais. Uma ingestão acima das recomendações atuais de 25 (mulheres adultas) a 38 (homens adultos) g/dia de fibra pode causar problemas com o nível mineral do corpo, mas o grau verdadeiro desse efeito é incerto.

Se os grãos forem fermentados com levedura, como ocorre quando fazemos pão, as enzimas produzidas pela levedura conseguem quebrar essas ligações entre ácido fítico e minerais, o que aumenta a absorção de minerais. As deficiências de zinco encontradas em algumas populações do Oriente Médio são em parte atribuídas ao consumo de pães sem fermento, e isso resulta em uma biodisponibilidade baixa de zinco dietético. A biodisponibilidade do zinco será discutida em mais detalhes em um item posterior.

Interações entre os minerais

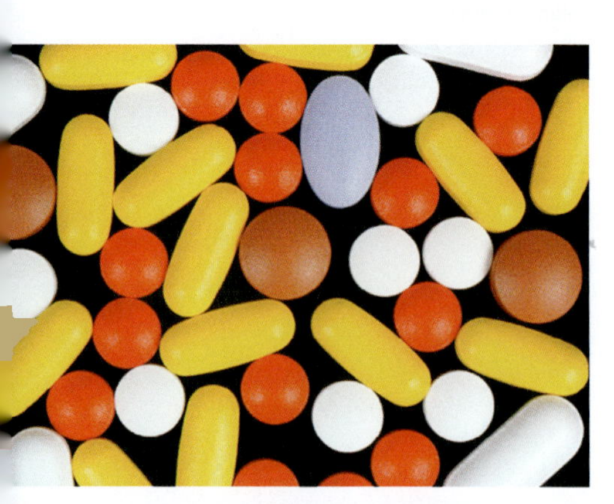

▲ Suplementos de minerais representam um alto risco de toxicidade. Geralmente, a ingestão de minerais por um suplemento não deverá exceder a 100% do valor diário, a menos que um médico determine outra dose.

Muitos minerais, como magnésio, cálcio, ferro e cobre, têm tamanhos e cargas elétricas semelhantes. Por isso, acabam competindo entre si pela absorção e, portanto, afetam a biodisponibilidade uns dos outros, ou seja, o excesso de um mineral diminui a absorção e o metabolismo de outros minerais. Por exemplo, uma grande ingestão de zinco diminui a absorção de cobre. Em função disso, as pessoas devem evitar tomar suplementos de minerais individuais a menos que uma deficiência dietética ou uma condição médica justifique isso. Entretanto, as fontes alimentares representam pouco risco dessas interações, o que nos dá outra razão para enfatizarmos os alimentos para atender às nossas necessidades nutricionais.

Interações vitaminas-minerais

Várias interações benéficas entre vitaminas e minerais ocorrem durante a absorção e o metabolismo de nutrientes. Quando consumidos em conjunto com a vitamina C, melhora a absorção de determinados tipos de ferro, como a encontrada nos vegetais. O hormônio vitamina D ativo melhora a absorção de cálcio. Muitas vitaminas precisam de minerais específicos agindo como componentes na sua estrutura e função. Por exemplo, a coenzima tiamina requer magnésio e manganês para funcionar de maneira eficaz.

Toxicidades dos minerais

Uma ingestão excessiva de minerais, especialmente de oligoelementos, como ferro e cobre, pode ter resultados tóxicos. No caso dos oligoelementos, a distância entre o suficiente e o excesso é pequena. Tomar minerais na forma de suplementos representa um grande risco de toxicidade, ao passo que é improvável que as fontes alimentares de minerais façam mal. Suplementos de minerais acima dos padrões atuais de necessidades de minerais - especialmente os que fornecem mais de 100% dos valores diários nos rótulos - devem ser tomados apenas sob supervisão médica. Os valores diários são, em grande parte, maiores do que os nossos padrões atuais (p. ex., RDA) para as necessidades de minerais. Sem a monitoração atenta, as doses de minerais não deverão exceder a recomendação de nível máximo de ingestão tolerável (UL) por longos períodos.

O potencial de toxicidade não é a única razão para considerar criteriosamente o uso de suplementos minerais. Interações nocivas com outros nutrientes são possíveis. Além disso, a contaminação de suplementos minerais (p. ex., com cobre) é uma possibilidade. Usar marcas aprovadas pela United States Pharmacopeia (USP) (nos EUA, ou pela Anvisa/Ministério da Saúde, no Brasil) diminui esse risco (ver tópico "Nutrição e Saúde", no Capítulo 8). Em suma, mesmo com as melhores intenções, as pessoas podem se prejudicar usando suplementos minerais.

REVISÃO CONCEITUAL

Os minerais são vitais ao funcionamento de muitos processos corporais. Sua biodisponibilidade depende de diversos fatores, o que inclui a interação de um mineral com fibras, vitaminas e outros minerais. Produtos animais com frequência proporcionam uma absorção de minerais melhor do que os vegetais. Ainda assim, tanto fontes animais quanto vegetais ajudam a atender às nossas necessidades de minerais. O uso de megadoses de um suplemento mineral individual pode diminuir muito a absorção e o metabolismo de outros minerais. Além disso, alguns minerais são potencialmente tóxicos em quantidades não muito acima das necessidades corporais. Essas são duas razões para considerarmos atentamente qualquer uso de suplementos minerais acima do valor diário no rótulo, particularmente o uso prolongado de suplementos que levem ao consumo excessivo dos valores preconizados pelo nível máximo de ingestão tolerável (UL).

Os símbolos químicos dos minerais aqui discutidos são dados ao lado do cabeçalho correspondente a cada mineral.

9.3 Minerais essenciais

Até agora, foram abordadas algumas características gerais dos minerais e como alguns deles interagem com a água no corpo. Passamos, então, a revisar as propriedades individuais dos minerais essenciais (também denominados macrominerais) no contexto da dieta norte-americana.

9.4 Sódio (Na)

▲ O sal de cozinha é nossa fonte primária dos minerais sódio e cloro.

Nossa fonte dietética primária de sódio é o sal de cozinha, quimicamente conhecido como cloreto de sódio, acrescentado durante o processamento dos alimentos. Esse mineral é uma parte essencial das nossas dietas e acrescenta sabor aos alimentos, porém existe preocupação com os efeitos nocivos da superabundância de sódio na dieta. O sal de cozinha é composto por 40% sódio e 60% cloreto. Por exemplo, a ingestão dietética de 10 g de sal se traduz em cerca de 4 g de sódio. Uma colher de chá de sal contém cerca de 2 g de sódio (2.000 mg).

O corpo humano absorve quase todo o sódio ingerido. Uma vez absorvido, esse mineral se torna o principal íon positivo fora das células no líquido extracelular e um fator-chave na retenção de água no corpo. O equilíbrio hídrico por todo o corpo depende parcialmente da variação nas concentrações de sódio e outros íons nos compartimentos que contêm água no corpo. Os íons de sódio também operam na condução de impulsos nervosos e na absorção de alguns nutrientes (p. ex., glicose).

Uma deficiência dietética de sódio é rara. Entretanto, uma dieta pobre em sódio - agregada à sudorese excessiva, vômitos persistentes ou diarreia - tem a capacidade de depletar o sódio do organismo. Esse estado pode levar a cãibras musculares, náusea, vômitos, tontura e, posteriormente, choque e coma. A probabilidade de isso acontecer, no entanto, é pequena, visto que os rins respondem prontamente a um nível de sódio baixo, levando o corpo a conservar sódio. Essa conservação demonstra a importância de pequenas quantidades de sódio às funções corporais.

Somente quando a transpiração leva a uma perda de peso acima de 2 a 3% do peso corporal total (ou cerca de 2,2 a 2,7 kg), as perdas de sódio devem causar preocupação. Mesmo assim, simplesmente salgar os alimentos é suficiente para repor o sódio corporal para a maioria das pessoas. Entretanto, alguns atletas de resistência talvez precisem consumir bebidas esportivas (isotônicos) durante a competição para repor perdas de sódio pela transpiração a fim de evitar a depleção de sódio (Cap. 10). Embora o suor seja salgado na pele, o sódio não se encontra concentrado na transpiração. Ao contrário, a água que evapora da pele deixa sódio concentrado para trás. A transpiração contém cerca de dois terços da concentração de sódio encontrada no corpo.

Fontes e necessidades de sódio

Aproximadamente 80% do sódio que consumimos são acrescentados aos alimentos durante a fabricação e o preparo em restaurantes (Fig. 9.7). O sódio acrescentado no cozimento proporciona cerca de 10% das nossas ingestões, e o sódio naturalmente presente em alimentos propicia o restante, em torno de outros 10%. Quase todos os alimentos contêm naturalmente um pouco de sódio; a quantidade elevada encontrada no leite (cerca de 120 mg por xícara) é uma exceção.

▲ Frios e embutidos, como o presunto, têm alto teor de sódio (sal).

Quanto mais comida processada e de restaurante uma pessoa consumir, em geral, maior a ingestão de sódio. Contudo, quanto mais comida caseira a pessoa consumir, maior controle do sódio ela terá. Os alimentos que mais contribuem para o sódio na dieta do adulto (pão branco e brioches, salsichas e frios, queijo, sopas e alimentos com molho de tomate) o fazem porque são consumidos com muita frequência. Outros alimentos que, em geral, são especialmente ricos em sódio são salgadinhos, batatas fritas, molhos em geral e caldos de carne (Fig. 9.8). Se consumirmos apenas alimentos não processados e não acrescentarmos sal, consumiríamos cerca de 500 mg/dia de sódio. Como comparação, a ingestão adequada de sódio para adultos com menos de 51 anos de idade é de 1.500 mg, uma quantidade generosa; esse montante é reduzido em 100 a 200 mg para adultos mais velhos. (Consultar a Tabela F para obter referências das necessidades minerais de diversas faixas etárias.) As Dietary Guidelines for Americans recomendam que a população em geral consuma menos de 2.300 mg (aproximadamente 1 colher de chá de sal) de sódio por dia e que escolham e preparem alimentos com pouco sal. Para hipertensos, negros, adultos de meia-idade e idosos, as diretrizes consistem em ter como meta um consumo não superior a 1.500 mg/dia de sódio. De fato, só precisaríamos de cerca de 200 mg/dia para manter as funções fisiológicas. (A ingestão adequada de sódio contempla valores acima das necessidades, pois considera que uma dieta variada contenha alimentos que não são pobres em sódio.)

FIGURA 9.7 ▶ O sal da dieta norte-americana é proveniente em grande parte do processamento dos alimentos.

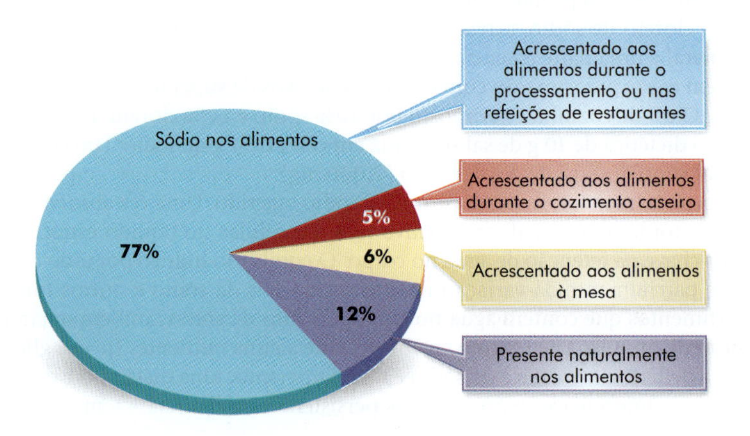

Fontes alimentares de sódio

Alimento e quantidade	Conteúdo de sódio (mg)	Valor diário = 2.400 mg % AI
AI*	1.500	100%
Pizza de pepperoni, 2 fatias	2.045	136%
Presunto fatiado, 1 fatia	1.215	81%
Sopa de galinha com massa industrializada, 1 xícara	1.106	74%
Suco vegetal, 250 mL	620	41%
Salada de macarrão, ½ xícara	561	37%
Pretzels duros, 30 g	486	32%
Hambúrger com pão, 1 unidade	474	32%
Ervilhas enlatadas, ½ xícara	390	26%
Biscoitos, 6 unidades	234	16%
Queijo *cheddar*, 30 g	176	12%
Pasta de amendoim, 2 colheres de sopa	156	10%
Leite desnatado, 1 copo	127	8%
Pão integral 7 grãos, 1 fatia	126	8%
Bolachas amanteigadas, 30 g	112	7%
Suco de uva, 1 copo	10	1%

* Para adultos; ver tabela de DRI na Tabela F para recomendações específicas às faixas etárias.

FIGURA 9.8 ▶ Fontes alimentares de sódio comparadas à ingestão adequada.

Se compararmos 500 mg de sódio de alimentos não processados com a quantidade em geral consumida pelos adultos (2.300 a 4.700 mg ou mais), fica claro que o processamento e o cozimento dos alimentos contribuem para grande parte do nosso sódio dietético. Conforme discutido no Capítulo 2, os rótulos de informações nutricionais listam o conteúdo de sódio do alimento. Quando é preciso restringir muito o sódio dietético, a leitura dos rótulos dos alimentos é de extrema importância. De acordo com as regras de rotulagem de alimentos e suplementos da FDA, o valor diário para o sódio é de 2.400 mg (2,4 g).

A maioria dos humanos consegue se adaptar de algum modo a ingestões dietéticas de sódio variadas, embora ingestões muito elevadas possam ser tóxicas. Para a maioria das pessoas, a ingestão de sódio de hoje estará na excreção urinária amanhã. Entretanto, aproximadamente de 10 a 15% dos adultos, como afro-americanos e diabéticos e/ou pessoas acima do peso, são em especial *sensíveis ao sal*. Para essas pessoas, ingestões elevadas de sódio podem aumentar a pressão arterial, enquanto dietas pobres em sódio (cerca de 2.000 mg/dia) em geral ajudam a corrigir o problema (ver tópico "Nutrição e Saúde", mais adiante sobre minerais e hipertensão). Contudo, lembre-se de que outros fatores do estilo de vida, como sobrepeso e sedentarismo, mais provavelmente contribuem para a hipertensão.

Grupos científicos afirmam que adultos em geral devem reduzir a ingestão de sódio para limitar o desenvolvimento posterior de hipertensão. Também é uma boa ideia verificar a pressão arterial regularmente. Se você é hipertenso, deve tentar reduzir sua ingestão de sódio ao mesmo tempo em que segue um plano abrangente de tratamento dessa doença. Essa redução também ajuda a manter o nível de cálcio adequado, porque as perdas urinárias de cálcio são maiores em conjunto com sódio quando a ingestão de sódio é maior do que 2.000 mg/dia.

O FDA considera a remoção do sal (cloreto de sódio) de sua lista de alimentos categorizados como "geralmente reconhecidos como seguros" ou GRAS (do inglês Generally recognized as safe).

Não é difícil seguir uma dieta pobre em sódio, porém muitas escolhas alimentares típicas, como carnes processadas e salgadinhos, terão que ser limitadas (consultar a primeira atividade no item "Avalie sua refeição", no final deste capítulo). Em um primeiro momento, os alimentos podem parecer insossos, mas a pessoa acaba percebendo mais sabor à medida que a língua vai se tornando mais sensível ao conteúdo de sal dos alimentos. Ao reduzir o sódio dietético e substituí-lo por suco de limão, ervas e temperos, a pessoa consegue, de modo gradativo, acostumar-se a uma dieta que contenha um mínimo de sódio sem perder o sabor dos alimentos. Muitos livros de culinária mais atuais oferecem receitas excelentes de alimentos saborosos com pouco sal.

Nível máximo de ingestão tolerável para sódio

O nível máximo de ingestão tolerável (UL) para sódio para adultos é de 2.300 mg (2,3 g). Ingestões acima dessa quantidade são comuns, porém não recomendadas porque normalmente elevam a pressão arterial. Cerca de 95% dos adultos norte-americanos têm uma ingestão de sódio acima do nível máximo.

PARA REFLETIR

A Sra. Massa viu e ouviu recentemente a respeito da quantidade de sal (sódio) nos alimentos. Ela ficou surpresa com o número de artigos recomendando ao público diminuir a quantidade de sal nos alimentos. Se o sódio é uma coisa assim tão ruim, a Sra. Massa se pergunta: por que precisamos dele? Como você responderia a essa pergunta?

REVISÃO CONCEITUAL

O sódio é o principal íon positivo no líquido extracelular, sendo importante para manter o equilíbrio hídrico e conduzir impulsos nervosos. A depleção de sódio é um evento improvável, porque a dieta típica do norte-americano tem fontes abundantes de sódio e grande parte dele é absorvida. Comparado a comer fora de casa ou comprar alimentos preparados comercialmente, o preparo dos alimentos em casa permite um melhor controle da ingestão de sódio. A ingestão dietética de sódio para adultos é de 1.500 mg/dia. O adulto típico consome de 2.300 a 4.700 mg ou mais diariamente. Cerca de 10 a 15% da população é especialmente sensível ao sódio, como indivíduos acima do peso e afro-americanos. Essas pessoas podem desenvolver hipertensão em consequência de dietas ricas em sódio, mas muitos outros hábitos do estilo de vida também contribuem para a hipertensão. Especialistas em nutrição indicam que adultos jovens devem consumir cerca de 1.500 mg (1,5 g) e não ultrapassem a 2.300 (2,3 g) diárias. A maior parte do sódio consumido pelos norte-americanos advém de alimentos de restaurantes ou processados.

9.5 Potássio (K)

O potássio executa muitas das mesmas funções do sódio, como equilíbrio hídrico e transmissão de impulsos nervosos. Entretanto, ele opera dentro e não fora das células. Os líquidos intracelulares, contêm 95% do potássio no corpo. Além disso, ao contrário do sódio, uma ingestão elevada de potássio está associada a uma pressão arterial menor, e não maior. Absorvemos cerca de 90% do potássio que ingerimos.

A hipopotassemia é um problema de saúde grave. Os sintomas geralmente incluem perda de apetite, cãibras musculares, confusão e constipação. Com o tempo, o coração bate de maneira irregular, o que diminui sua capacidade de bombear sangue.

▲ Os vegetais, em geral, são uma fonte rica em potássio, assim como as frutas.

Fontes e necessidades de potássio

Em geral, alimentos não processados são fontes ricas em potássio, como frutas, vegetais, leite, grãos integrais, feijões secos e carnes (Fig. 9.9). Grandes contribuintes de potássio para a dieta do adulto incluem leite, batatas, carne bovina, café, tomates e suco de laranja (Fig. 9.10).

A ingestão adequada de potássio para adultos é de 4.700 mg/dia (4,7 g/dia). O valor diário usado para expressar o conteúdo de potássio nos rótulos de alimentos e suplementos é de 3.500 mg. Em média, os norte-americanos consomem de 2.000 a 3.000 mg/dia. Assim, muitos precisam aumentar suas ingestões de potássio, de preferência aumentando o consumo de frutas e vegetais.

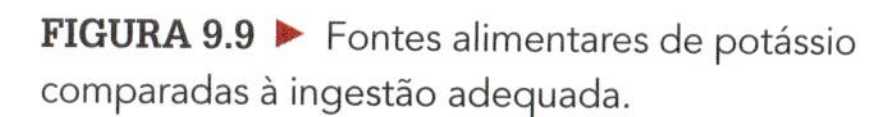

FIGURA 9.9 ▶ Fontes alimentares de potássio comparadas à ingestão adequada.

Fontes alimentares de potássio

Alimento e quantidade	Potássio (mg)	Valor diário = 3.500 mg %AI
AI*	4.700	100%
Feijão vermelho, 1 xícara	715	15%
Moranga, ¾ xícara	670	14%
Iogurte natural, 1 copo	570	12%
Suco de laranja, 1 copo	495	11%
Melão amarelo, 1 xícara	495	11%
Feijão-manteiga (feijão-de--lima), ½ xícara	480	10%
Banana, 1 (média)	470	10%
Abobrinha, 1 xícara	450	10%
Soja, ½ xícara	440	9%
Alcachofra, 1 (média)	425	9%
Suco de tomate, ¾ copo	400	9%
Feijão-rajado, ½ xícara	400	9%
Batata assada, 1 (pequena)	385	8%
Leitelho, 1 xícara	370	8%
Filé-mignon, 85 g	345	7%

Legenda
- Grãos
- Vegetais
- Frutas
- Óleos
- Leite
- Carne e feijões

* Para adultos; ver tabela de DRI na Tabela F para recomendações específicas às faixas etárias.

Grãos	Vegetais	Frutas	Óleos	Leite	Carne e feijões
• Pão integral • Produtos à base de grãos integrais	• Espinafre • Abóbora • Batatas • Tomates • Alface • Feijão-manteiga	• Peras • Ameixas • Pêssegos • Abacates • Melões amarelos • Bananas	• Nenhum	• Leite • Iogurte • Queijo *cottage* • Queijo ricota	• Carne • Frango • Peixe • Camarão • Feijões

FIGURA 9.10 ▶ Fontes de potássio da *MyPyramid*. A intensidade do realce (nenhum, ⅓, ⅔ ou totalmente coberto) em cada grupo de alimento na pirâmide indica a densidade média de potássio naquele grupo. Em termos gerais, o grupo dos vegetais e o das frutas contêm muitos alimentos ricos em potássio, com o grupo do leite e de carne e feijões em seguida. Em relação à atividade física, o potássio é especialmente necessário para a função cardiovascular.

diurético Uma substância que aumenta o volume urinário.

É mais provável que as dietas sejam pobres em potássio do que em sódio, uma vez que, de modo geral, não acrescentamos esse nutriente aos alimentos. Alguns **diuréticos** usados para tratar hipertensão também depletam o potássio do corpo. Assim, pessoas que tomam diuréticos poupadores de potássio precisam monitorar suas ingestões com atenção. Para essas pessoas, alimentos ricos em potássio são boas adições à dieta, bem como suplementos de cloreto de potássio, se prescritos por um médico.

Uma ingestão alimentar cronicamente deficiente, como, em geral, ocorre no alcoolismo, quase sempre resulta em uma deficiência grave de potássio que requer atenção médica. Pessoas com determinados transtornos alimentares, cujas dietas sejam pobres e cujos corpos estejam depletados de nutrientes em consequência de vômitos, também estão em risco de sofrer deficiência grave de potássio (Cap. 11).

Outras populações especialmente em risco de sofrer uma deficiência grave de potássio incluem pessoas em dietas muito hipocalóricas e atletas que se exercitam com intensidade. Conforme os Capítulos 7 a 10, essas pessoas deverão compensar um potássio corporal potencialmente baixo consumindo alimentos ricos nesse nutriente.

Se os rins funcionam com normalidade, ingestões alimentares típicas não levarão à toxicidade do potássio. Por isso, nenhum nível máximo foi estabelecido. Quando os rins funcionam mal, o potássio se acumula no sangue, o que inibe a função cardíaca, causando bradicardia. Se não tratada, essa condição geralmente é fatal, já que o coração pode parar de bater. Assim, nos casos de função renal comprometida, o controle criterioso da ingestão de potássio torna-se crucial.

9.6 Cloro (Cl)

Nos nossos corpos, o cloreto – um íon formado a partir do cloro – é um importante íon negativo para o líquido extracelular. O cloro, porém, é um agente tóxico. Íons de cloro são um componente do ácido produzido no estômago e também são usados durante respostas imunológicas já que os leucócitos atacam células estranhas. Além disso, a função nervosa depende da presença de cloro. Assim como o cálcio e o sódio, grande parte do cloro corporal é eliminado pelos rins; parte é perdida na transpiração. Também sabe-se que contribui para a capacidade de aumento da pressão do cloreto de sódio.

É improvável haver uma deficiência de cloro porque nossa ingestão dietética de sódio (sal) é bem alta. Episódios frequentes e prolongados de vômitos – se agregados a uma dieta pobre em nutrientes – podem, no entanto, contribuir para uma deficiência de cloro, pois as secreções estomacais contêm muito cloro.

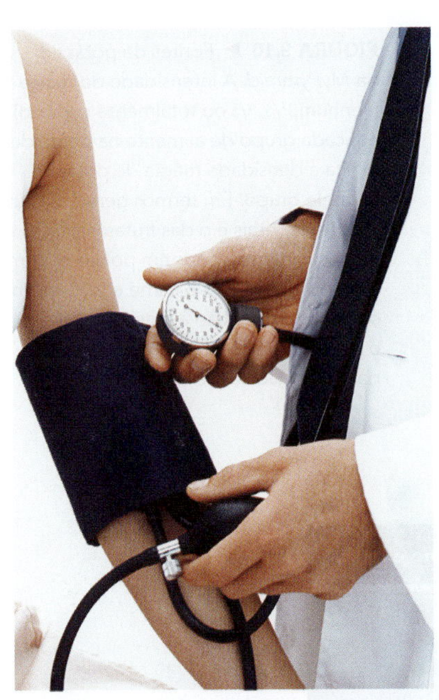

▲ É provável que o íon cloreto faça parte da propriedade de elevação da pressão arterial do cloreto de sódio (sal).

Fontes e necessidades de cloro

Algumas frutas e vegetais são naturalmente boas fontes de cloro. A água clorada também é. Entretanto, o cloro que consumimos encontra-se principalmente no sal acrescentado aos alimentos. Conhecer o conteúdo de sal do alimento permite uma previsão melhor do seu conteúdo de cloro; lembre-se de que o sal é 60% cloro.

A ingestão adequada de cloro para adultos é de 2.300 mg/dia, com base na razão 40:60 de sódio para cloro no sal (1.500 mg de sódio em uma dieta são acom-

REVISÃO CONCEITUAL

As funções do potássio têm um paralelo com as do sódio, mas enquanto o sódio é encontrado fora das células, o potássio é o principal íon positivo encontrado dentro das células, sendo vital ao equilíbrio hídrico e à transmissão nervosa. Uma deficiência de potássio – causada por uma ingestão inadequada desse nutriente, vômitos persistentes ou uso de alguns diuréticos – pode acabar causando inapetência, cãibras musculares, confusão e arritmias. Frutas e vegetais são geralmente ricos em potássio. A ingestão desse nutriente pode ser tóxica se os rins não funcionarem corretamente. O cloro é o principal íon negativo do líquido extracelular. Ele também atua na digestão como parte do ácido estomacal e nas respostas do sistema imune e nervoso. Deficiência de cloro é altamente improvável porque consumimos bastante cloreto de sódio (sal).

panhados de 2.300 mg de cloro). O valor diário usado para expressar o conteúdo de cloro em rótulos de alimentos e suplementos é de 3.400 mg. Se o adulto típico consumir cerca de 9 g de sal diariamente, esse montante gera 5.4 g (5.400 mg) de cloro.

Nível máximo de ingestão tolerável para cloro

O nível máximo de ingestão tolerável (UL) para cloro é de 3.600 mg. O adulto mediano consome, em geral, uma quantidade em excesso desse íon.

9.7 Cálcio (Ca)

Todas as células precisam de cálcio, porém mais de 99% do cálcio no corpo é usado para fortalecer ossos e dentes. Esse cálcio representa 40% de todos os minerais presentes no corpo e é igual a cerca de 1.200 g. O cálcio circulante na corrente sanguínea supre as necessidades de cálcio das células corporais. O crescimento e o desenvolvimento ósseo demandam uma ingestão de cálcio adequada.

Ao contrário do sódio, do potássio e do cloro, a quantidade de cálcio no corpo depende bastante da sua absorção na dieta. O cálcio requer um ambiente ácido no trato gastrintestinal para ser absorvido de maneira eficaz. A absorção ocorre, em geral, na parte superior do intestino delgado, que tende a ser a porção mais ácida, pois recebe os conteúdos ácidos do estômago. A absorção de cálcio no intestino delgado superior também depende do hormônio ativo vitamina D.

Os adultos absorvem cerca de 25% do cálcio nos alimentos ingeridos. Porém, durante momentos de mais demanda de cálcio pelo corpo – como na infância e na gravidez –, a absorção aumenta para até 60%. Pessoas jovens tendem a absorver cálcio melhor do que pessoas mais velhas, especialmente as com mais de 70 anos de idade.

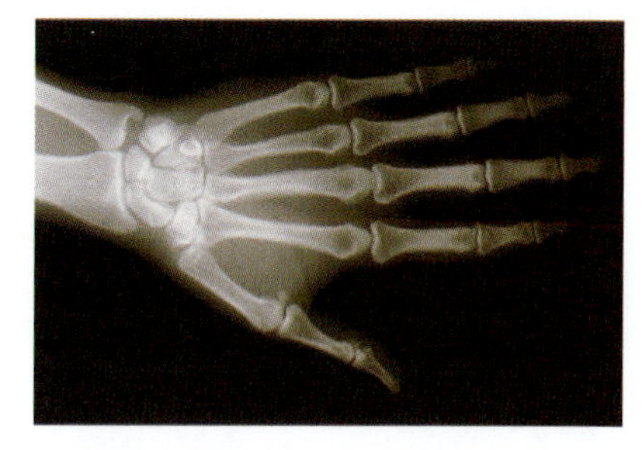

▲ Noventa e nove por cento do cálcio no corpo encontram-se nos ossos.

Muitos fatores melhoram a absorção de cálcio, como:

- Os níveis sanguíneos do hormônio da paratireoide.
- A presença de glicose e lactose na dieta.
- O fluxo gradual (motilidade) dos conteúdos digestivos pelo intestino.

No entanto, diversos fatores limitam a absorção de cálcio, como:

- Grandes quantidades de ácido fítico das fibras provenientes de grãos.
- Excesso de fósforo (e possivelmente de magnésio) na dieta.
- Polifenóis (taninos) no chá.
- Deficiência de vitamina D.
- Diarreia.
- Idade avançada.

Temos sistemas hormonais excelentes para controlar o cálcio no sangue, por isso é possível manter um valor sanguíneo de cálcio normal a despeito de uma ingestão inadequada de cálcio. Entretanto, os ossos acabam sendo afetados. Os ossos podem ser vistos como um banco de cálcio ao qual adicionamos ou do qual retiramos cálcio. A perda óssea causada por uma perda líquida de cálcio desse banco ocorre lentamente. Só depois de muitos anos é que a perda de cálcio manifesta sintomas clínicos. Ao não atender às necessidades de cálcio, algumas pessoas – especialmente mulheres – estão mais provavelmente estabelecendo um cenário para fraturas ósseas no futuro.

Funções do cálcio

A formação e manutenção dos ossos são os principais papéis do cálcio no corpo, que serão discutidos em detalhes na segunda tópico de "Nutrição e Saúde" sobre minerais e **osteoporose** no final deste capítulo. Entretanto, o cálcio é importante também em diversos outros processos. É essencial à coagulação sanguínea e à contração muscular. Se os níveis sanguíneos de cálcio ficarem abaixo de um ponto crítico, os músculos não conseguem relaxar depois da contração; o corpo enrijece e exibe contrações musculares involuntárias, denominadas **tetania**. Na transmissão nervosa, o cálcio ajuda na liberação de neurotransmissores e permite o fluxo de íons para dentro e para fora das células. Sem cálcio suficiente, a função dos nervos entra em colapso, o que pode

osteoporose Diminuição da massa óssea relacionada aos efeitos do envelhecimento, origens genéticas e dieta inadequada em ambos os gêneros, e, nas mulheres, mudanças hormonais na menopausa.

tetania Afecção corporal marcada pela contração intensa dos músculos e incapacidade de relaxar depois; geralmente causada pelo metabolismo anormal do cálcio.

também causar tetania. Por fim, o cálcio ajuda a regular o metabolismo celular ao influenciar atividades de diversas enzimas e respostas hormonais. É a regulação hormonal do cálcio sanguíneo que ajuda o funcionamento de todos esses processos, mesmo que a pessoa não consuma cálcio suficiente em bases diárias.

Outros possíveis benefício do cálcio à saúde

Pesquisadores examinaram ligações entre a ingestão de cálcio e os riscos de diversas doenças, como alguns cânceres, cálculos renais, hipertensão, hipercolesterolemia e, mais recentemente, obesidade. Uma ingestão adequada de cálcio pode reduzir o risco de câncer de colo, especialmente em pessoas que consomem uma dieta hiperlipídica. Outros possíveis benefícios são um risco menor de alguns tipos de cálculo renal e menos absorção de chumbo quando o cálcio faz parte de uma refeição. Ingestões de cálcio de 800 a 1.200 mg/dia também podem reduzir a pressão arterial, comparadas a ingestões de 400 mg/dia ou menos. Conforme comentado no Capítulo 5, ingestões de 1.200 mg/dia de cálcio em combinação com uma dieta com pouca gordura e pouco colesterol podem ajudar pessoas com níveis elevados de colesterol LDL a melhorar seus perfis lipídicos. Uma ligação entre uma ingestão pobre em cálcio e sobrepeso/obesidade também vem sendo estudada. Apesar de um benefício real nesse caso ainda não estar claro, estudos apontam que uma ingestão adequada de cálcio (comparada a uma ingestão muito baixa [p. ex., 400 mg/dia]), agregada a uma ingestão calórica baixa, promovem ainda mais perda de peso do que apenas a dieta hipocalórica. Recomenda-se enfatizar fontes dietéticas de cálcio provenientes de laticínios porque outros componentes dos laticínios, como algumas proteínas específicas, contribuem para esse benefício potencial de perda de peso. Para mulheres, um consumo adequado de cálcio talvez possa reduzir também o risco de síndrome pré-menstrual e hipotensão que elas podem desenvolver durante a gravidez. Em termos gerais, os benefícios de uma dieta com conteúdo adequado de cálcio vão além da saúde óssea.

FIGURA 9.11 ▶ Fontes alimentares de cálcio comparadas à ingestão dietética recomendada.

Fontes alimentares de cálcio

Alimento e quantidade	Cálcio (mg)	Valor diário = 1.000 mg %RDA
RDA*	1.000	100%
Iogurte natural, 1 copo	450	45%
Queijo parmesão, 30 g	390	39%
Suco de laranja fortificado, 1 copo	350	35%
Queijo romano, 30 g	300	30%
Leite 1%, 1 copo	300	30%
Leitelho, 1 xícara	285	29%
Queijo suíço, 30 g	275	28%
Espinafre, 1 xícara	250	25%
Salmão (com espinhas), 85 g	210	21%
Queijo *cheddar*, 30 g	200	20%
Cereal integral com passas, ¾ xícara	180	18%
Sardinhas (com espinhas), 57 g	170	17%
Pudim de chocolate, ½ xícara	160	16%
Tofu, ½ xícara	140	14%

Legenda:
Grãos
Vegetais
Frutas
Óleos
Leite
Carne e feijões

* Para adultos; ver tabela de DRI na Tabela F para recomendações específicas às faixas etárias.

Fontes e necessidades de cálcio*

Laticínios, especialmente leite e queijo, proporcionam cerca de 75% do cálcio nas dietas norte-americanas. A exceção é o queijo *cottage*, porque grande parte do cálcio se perde durante a produção. Pães, bolachas e outros alimentos feitos com laticínios são contribuintes secundários. Outras fontes de cálcio são vegetais folhosos (como espinafre), brócolis, sardinhas e salmão enlatado (Fig. 9.11). É importante lembrar que grande parte do cálcio encontrado em alguns vegetais folhosos, principalmente no espinafre, não é absorvida em virtude da presença de ácido oxálico. Entretanto, esse efeito não é tão forte nas couves e nas folhas de nabo e de mostarda. Em termos gerais, o leite desnatado é a fonte mais densa em nutrientes (mg/kcal) de cálcio devido à sua biodisponibilidade elevada e ao baixo teor calórico, seguido de alguns vegetais citados acima (Fig. 9.12). As novas versões de suco de laranja e outras bebidas fortificadas com cálcio (p. ex., leite de soja), bem como queijo *cottage*, cereais matinais, barras de cereais e algumas balas de goma fortificadas com cálcio também são bons contribuintes. Uma outra fonte de cálcio é o queijo de soja (*tofu*) se for feito com carbonato de cálcio (verifique o rótulo). Além disso, as espinhas nos peixes enlatados, como sardinhas e salmão, fornecem cálcio.

Informações a respeito do cálcio são obrigatórias nos rótulos de alimentos. O valor diário usado para expressar o conteúdo de cálcio nos rótulos de alimentos e suplementos é de 1.000 mg.

A ingestão dietética recomendada (RDA) de cálcio para adultos é de 1.000 a 1.200 mg/dia e se baseia na quantidade de cálcio necessária todos os dias para compensar as perdas de cálcio na urina, nas fezes e por outras vias. A RDA para pessoas jovens inclui uma quantidade extra a fim de permitir aumentos na massa óssea durante o crescimento e o desenvolvimento. Nos Estados Unidos, as inges-

* N. de R.T.: Em 2010, o Institute of Medicine (IOM) recomendou novos valores de referência para cálcio, estabelecendo valores para a Necessidade Média Estimada (EAR) e para a Ingestão Dietética Recomendada (RDA). As necessidades de ingestão diária de cálcio variam de 700mg a 1300mg, dependendo da idade, sexo e da fase de vida. As novas recomendações estão disponíveis no *site*: http://www.nap.edu/ (DRIs for Calcium and Vitamin D) ou http://www.iom.edu/Reports/2010/Dietary-Reference-Intakes-for-Calcium--and-Vitamin-D/DRI-Values.aspx (para acessar a tabela diretamente).

▲ O leite é uma fonte rica e conveniente de cálcio.

Grãos	Vegetais	Frutas	Óleos	Leite	Carne e feijões
• Lanches fortificados com cálcio • Tortillas de milho fortificadas com cálcio • Cereais matinais fortificados com cálcio	• Verduras • Espinafre • Brócolis • Ervilhas	• Suco de laranja fortificado com cálcio	• Nenhum	• Leite • Iogurte • Queijo	• *Tofu* • Amêndoas • Camarão • Sardinhas • Salmão enlatado

FIGURA 9.12 ▶ Fontes de cálcio da *MyPyramid*. A intensidade do realce (nenhum, 1/3, 2/3 ou totalmente coberto) em cada grupo de alimento na pirâmide indica a densidade média de cálcio naquele grupo. Em termos gerais, alimentos do grupo do leite e muitos alimentos fortificados são fontes densas e biodisponíveis de cálcio. Outros alimentos fortificados com cálcio surgem no mercado todos os anos e, assim, ajudarão a acrescentar fontes de cálcio aos diversos grupos. Em relação à atividade física, o cálcio é especialmente importante para a contração muscular e para manter um esqueleto forte que suporte o corpo.

tões médias de cálcio são de aproximadamente 800 mg para mulheres e 1.000 mg para os homens. Dessa forma, as ingestões de cálcio por parte de muitas mulheres, especialmente as jovens, estão abaixo da RDA, ao passo que as da maioria dos homens praticamente são iguais à RDA. É importante também que os veganos se concentrem em obter boas fontes vegetais de cálcio e se preocupem com a quantidade total de cálcio ingerida.

Para estimar a ingestão de cálcio, use a regra dos 300. Conte 300 mg para o cálcio propiciado por alimentos espassados na dieta. Acrescente outros 300 mg para cada copo de leite ou iogurte ou 40 g de queijo. Se você consumir bastante tofu, amêndoas ou sardinhas ou tomar bebidas fortificadas com cálcio, use a segunda atividade de "Avalie sua refeição", ao final deste capítulo, ou o seu programa de análise dietética para obter um cálculo mais preciso da sua ingestão de cálcio.

Suplementos de cálcio

Suplementos de cálcio podem ser usados por pessoas que não tomam muito leite ou que não conseguem incorporar alimentos que contenham cálcio suficiente em suas dietas. O carbonato de cálcio, a forma encontrada em comprimidos de antiácido com cálcio, é o suplemento em geral mais usado. As pessoas tomam esse suplemento com ou logo após as refeições em doses em torno de 500 mg para que o ácido estomacal produzido durante a digestão consiga ajudar na absorção desse mineral. No entanto, um suplemento contendo citrato de cálcio, que é ácido em si, pode ser tomado independentemente das refeições.

Com suplementos de cálcio, interações com outros minerais são uma preocupação válida. Talvez mais importante sejam as evidências de que suplementos de cálcio podem diminuir a absorção de zinco. Por isso, não se deve tomar suplementos de cálcio com refeições ricas em zinco. Um efeito da suplementação de cálcio na absorção de ferro é possível; entretanto, tal efeito parece ser pequeno a longo prazo. Por segurança, as pessoas devem notificar seus médicos se usarem suplementos de cálcio de modo regular.

Alguns suplementos de cálcio também contêm chumbo. A FDA não tem padrões para o conteúdo de chumbo nos suplementos alimentares, mas planeja, de fato, regular o conteúdo dos suplementos, como os de cálcio, no futuro. Até lá, é importante evitar suplementos feitos de farelo de osso, o pior vilão quando se fala de chumbo. Suplementos de cálcio em comprimidos ou na forma líquida com o selo de aprovação da USP, em geral, são os que menos contêm concentrações elevadas de contaminantes.

Nenhuma forma de cálcio natural, como o cálcio de coral, é superior às formas suplementares típicas. Pessoas que fizeram tais alegações foram processadas pela U.S. Federal Trade Commision (Comissão Federal do Comércio dos EUA) por propaganda enganosa.

Nível máximo de ingestão tolerável para cálcio

O valor estabelecido para o nível máximo de ingestão tolerável (UL) para cálcio é de 2.500 mg/dia, com base na observação de que ingestões superiores aumentam o risco de alguns tipos de cálculo renal. Ingestões excessivas também podem provocar concentrações urinárias e sanguíneas de cálcio elevadas, irritabilidade, cefaleia, insuficiência renal, calcificação de tecidos moles e menor absorção de outros minerais, conforme observado anteriormente.

Assim, o que é melhor: o cálcio de alimentos ou de suplementos? Tomar 1.000 mg de carbonato de cálcio ou citrato de cálcio diariamente em doses divididas (cerca de 500 mg por comprimido) provavelmente é seguro na maioria dos casos. Entretanto, as pessoas com frequência têm dificuldade de seguir um regime de suplementação. Se possível, a alternativa mais indicada é haver modificações dos hábitos alimentares de maneira a incluir alimentos que sejam boas fontes de cálcio. Além desse mineral importante, alimentos que o contêm também proporcionam outras vitaminas, minerais, fitoquímicos e gorduras necessárias para sustentar a saúde. Não há registro de problemas associados ao consumo excessivo desse mineral quando consumido de fontes alimentares usuais.

DECISÕES ALIMENTARES

Escolhendo um suplemento de cálcio

A seguir, mostra-se como determinar o conteúdo de cálcio de suplementos típicos com base na forma de cálcio, conforme listado no rótulo do suplemento, e a porcentagem de cálcio por unidade de peso.

- Carbonato de cálcio 40%
- Fosfato de cálcio (tribásico) 38%
- Citrato de cálcio 21%
- Lactato de cálcio 13%
- Gluconato de cálcio 9%

Para calcular a quantidade de cálcio em um suplemento, multiplique o peso da cápsula pela porcentagem listada no quadro. Por exemplo, se 1 comprimido de citrato de cálcio pesar 500 mg, ele contém 105 mg de cálcio.

$$500 \text{ mg} \times 0{,}21 = 105 \text{ mg}$$

Alguns suplementos de cálcio são mal digeridos porque não se dissolvem rapidamente. Faça um teste: coloque um suplemento em ¾ de xícara de vinagre de maçã. Ele deverá se dissolver em 30 min. Agora você vê que o tipo de suplemento de cálcio escolhido pode fazer uma grande diferença na quantidade de cálcio presente em cada comprimido.

VERIFICAÇÃO DE CONCEITO

Cerca de 90% do cálcio no corpo é encontrado nos ossos. Além de seu papel fundamental nos ossos, esse mineral também opera na coagulação sanguínea, na contração muscular, na transmissão de impulsos nervosos e no metabolismo celular. O cálcio requer um pH ligeiramente ácido e o hormônio vitamina D para absorção eficiente. Os fatores que reduzem a absorção de cálcio incluem uma deficiência de vitamina D, grandes quantidades de fibras (especialmente farelo de trigo) e idade avançada em geral. O cálcio sanguíneo é regulado, em geral, por hormônios e não reflete muito a ingestão diária.

Laticínios são fontes ricas desse nutriente. Outros alimentos, como bebidas enriquecidas com cálcio, são fontes ricas também. Formas suplementares, como o carbonato de cálcio, são bem absorvidas pela maioria das pessoas. Entretanto, a suplementação exagerada também pode resultar no desenvolvimento de cálculos renais e outros problemas de saúde.

9.8 Fósforo (P)

Embora nenhuma doença esteja atualmente associada a uma ingestão inadequada de fósforo, uma deficiência pode contribuir para a perda óssea em mulheres mais velhas. O corpo absorve fósforo de maneira eficaz, cerca de 70% da ingestão dietética. Essa absorção elevada, aliada à ampla disponibilidade nos alimentos, torna esse mineral menos importante do que o cálcio no planejamento da dieta. O hormônio vitamina D ativo aumenta a absorção de fósforo, assim como faz com o cálcio. A concentração sanguínea de fósforo é, em geral, regulada pela excreção renal e também por mudanças no grau de absorção.

O fósforo é um componente de enzimas, de outros componentes-chave, DNA (material genético), membranas celulares e ossos. Cerca de 85% do fósforo corporal encontram-se dentro dos ossos. O restante circula livremente na corrente sanguínea e funciona no interior das células.

▲ As carnes são ricas em fósforo.

Fontes e necessidades de fósforo

Leite, queijo, carne e pães fornecem grande parte do fósforo à dieta do adulto. Cereais matinais, farelo de cereais, ovos, nozes e castanhas e peixe também são boas fontes (Fig. 9.13). Aproximadamente de 20 a 30% do fósforo dietético vêm de aditivos alimentares, em especial produtos de padaria, queijos, carnes processadas e muitos refrigerantes, com cerca de 75 mg por porção de $^1/_3$ de litro (350 mL) dessas bebidas. Da próxima vez que você tomar um refrigerante, procure por ácido fosfórico no rótulo.

A RDA do fósforo para adultos acima de 18 anos de idade é de 700 mg/dia, com base na quantidade necessária para manter concentrações sanguíneas normais de fósforo. O valor diário usado para expressar o conteúdo de fósforo nos rótulos de alimentos e suplementos é de 1.000 mg. Os adultos consomem cerca de 1.000 a 1.600 mg/dia de fósforo. Assim, é improvável haver deficiências desse nutriente em adultos sadios, especialmente em virtude de esse componente ser tão bem-absorvido.

Em geral, encontra-se um nível muito baixo de fósforo tanto em bebês prematuros, quanto em veganos, alcoólicos, idosos em dietas pobres em nutrientes e pessoas que sofrem surtos prolongados de diarreia.

Nível máximo de ingestão tolerável para fósforo

O valor estabelecido para o nível máximo de ingestão tolerável (UL) para fósforo é de 3 a 4 g/dia. Ingestões acima desse montante comprometem a função renal. Ingestões elevadas são um problema especialmente em pessoas com algumas doenças renais. Além disso, uma ingestão de fósforo cronicamente elevada aliada a uma ingestão de cálcio baixa pode causar um desequilíbrio na razão cálcio-fósforo na dieta, o que pode contribuir para a perda óssea. Essa situação mais provavelmente se manifesta quando a ingestão adequada de cálcio não é atendida, como ocorre em adolescentes e adultos que substituem regularmente leite por refrigerantes ou que consomem pouco cálcio.

FIGURA 9.13 ▶ Fontes alimentares de fósforo comparadas à RDA.

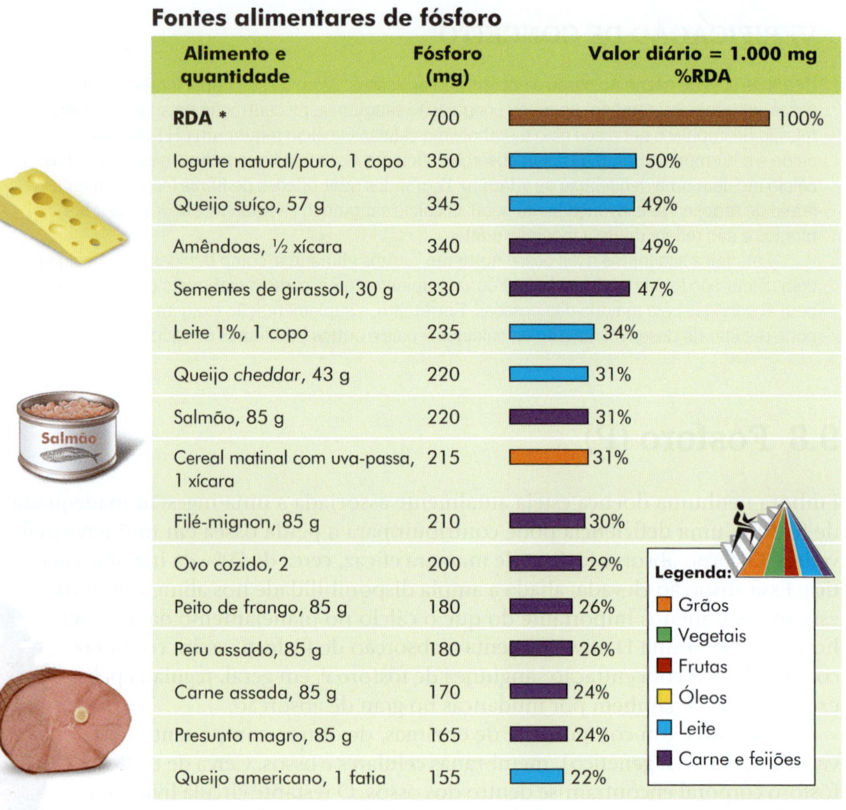

Fontes alimentares de fósforo

Alimento e quantidade	Fósforo (mg)	Valor diário = 1.000 mg %RDA
RDA *	700	100%
Iogurte natural/puro, 1 copo	350	50%
Queijo suíço, 57 g	345	49%
Amêndoas, ½ xícara	340	49%
Sementes de girassol, 30 g	330	47%
Leite 1%, 1 copo	235	34%
Queijo *cheddar*, 43 g	220	31%
Salmão, 85 g	220	31%
Cereal matinal com uva-passa, 1 xícara	215	31%
Filé-mignon, 85 g	210	30%
Ovo cozido, 2	200	29%
Peito de frango, 85 g	180	26%
Peru assado, 85 g	180	26%
Carne assada, 85 g	170	24%
Presunto magro, 85 g	165	24%
Queijo americano, 1 fatia	155	22%

* Para adultos; ver tabela de DRI na Tabela F para recomendações específicas às faixas etárias.

9.9 Magnésio (Mg)

O magnésio é importante para a função dos nervos e do coração e ajuda em muitas reações enzimáticas. É encontrado principalmente no pigmento clorofila das plantas, onde atua na respiração. Em geral, absorvemos cerca de 40 a 60% do magnésio em nossas dietas, mas a eficiência da absorção pode aumentar para até 80% se as ingestões forem baixas.

Os ossos contêm cerca de 60% do magnésio do corpo. O restante circula no sangue e opera no interior das células. Mais de 300 enzimas utilizam magnésio, e muitos compostos geradores de energia nas células necessitam de magnésio para funcionar de modo adequado, como o hormônio insulina.

No humanos, uma deficiência de magnésio causa batimentos cardíacos irregulares, às vezes acompanhados de fraqueza, dor muscular, desorientação e convulsões. Ingestões adequadas de magnésio reduzem o risco de doença cardiovascular ao diminuir a pressão arterial pela dilatação das artérias e prevenir anormalidade do ritmo cardíaco. Pessoas com doença cardiovascular devem monitorar com cuidado a ingestão de magnésio, em especial porque com frequência tomam medicações como diuréticos, que reduzem o nível desse nutriente. Lembre-se de que uma deficiência de magnésio se desenvolve lentamente porque nossos corpos armazenam magnésio de imediato.

O diabetes e a hipertensão foram relacionados a níveis baixos de magnésio no sangue. Entretanto, a causa da hipomagnesemia em pessoas com essas doenças é incerta. Há pesquisas em andamento para revelar o papel potencial do magnésio no tratamento e/ou na prevenção dessas doenças crônicas.

Fontes e necessidades de magnésio

Fontes ricas em magnésio são produtos vegetais como grãos integrais (p. ex., farelo de trigo), brócolis, batatas, abóbora, feijões, nozes e castanhas e sementes (Fig. 9.14). Produtos de origem animal, como leite, carnes e até mesmo chocolate, fornecem um pouco de magnésio, embora menos do que os alimentos na pirâmide do magnésio (Fig. 9.15). Duas outras fontes são a água encanada pesada (que contém um alto teor de minerais) e o café.

Fontes alimentares de magnésio

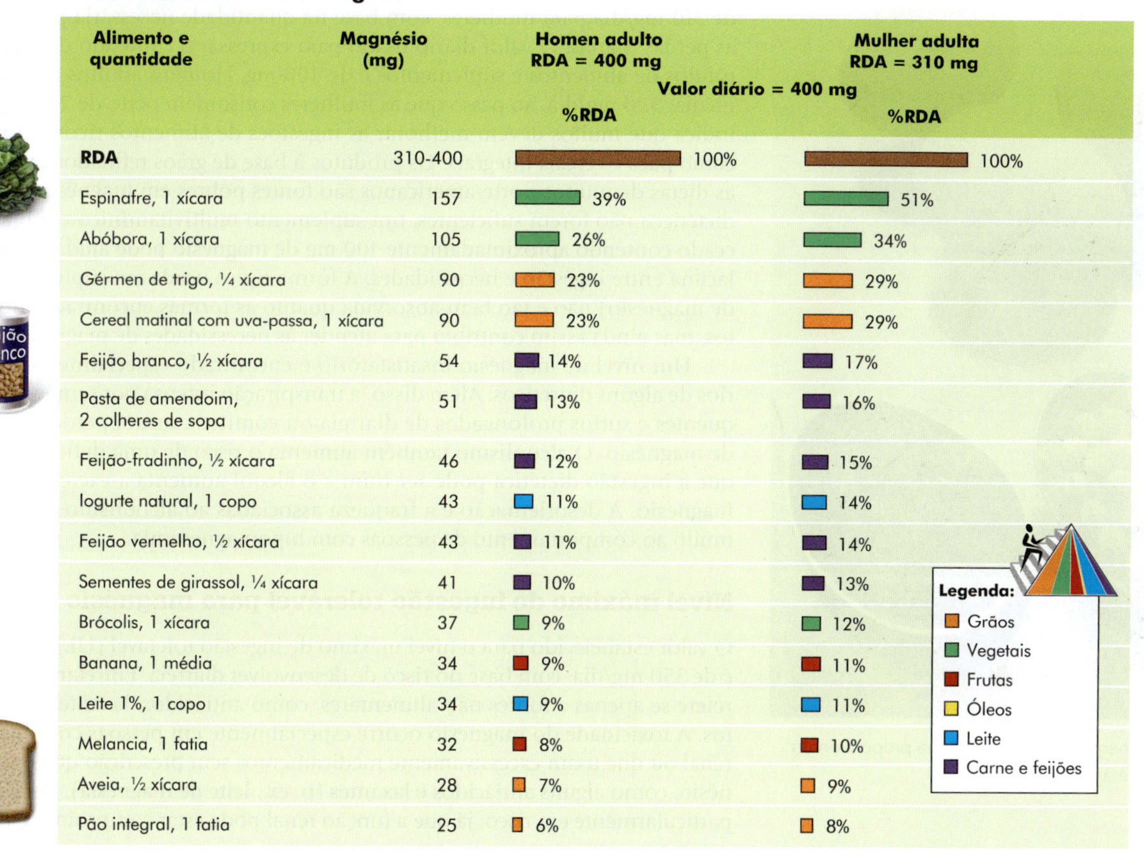

Alimento e quantidade	Magnésio (mg)	Homen adulto RDA = 400 mg %RDA	Mulher adulta RDA = 310 mg %RDA
		Valor diário = 400 mg	
RDA	310-400	100%	100%
Espinafre, 1 xícara	157	39%	51%
Abóbora, 1 xícara	105	26%	34%
Gérmen de trigo, ¼ xícara	90	23%	29%
Cereal matinal com uva-passa, 1 xícara	90	23%	29%
Feijão branco, ½ xícara	54	14%	17%
Pasta de amendoim, 2 colheres de sopa	51	13%	16%
Feijão-fradinho, ½ xícara	46	12%	15%
Iogurte natural, 1 copo	43	11%	14%
Feijão vermelho, ½ xícara	43	11%	14%
Sementes de girassol, ¼ xícara	41	10%	13%
Brócolis, 1 xícara	37	9%	12%
Banana, 1 média	34	9%	11%
Leite 1%, 1 copo	34	9%	11%
Melancia, 1 fatia	32	8%	10%
Aveia, ½ xícara	28	7%	9%
Pão integral, 1 fatia	25	6%	8%

FIGURA 9.14 ► Fontes alimentares de magnésio comparadas à RDA para homens e mulheres.

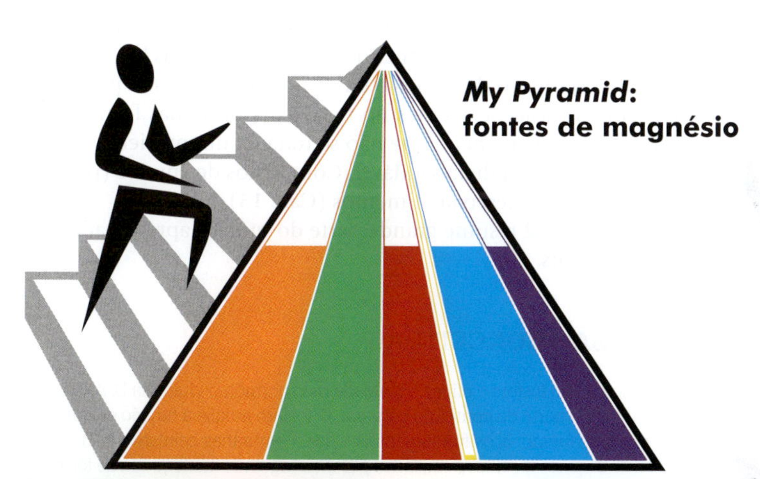

Grãos	Vegetais	Frutas	Óleos	Leite	Carne & feijões
• Farelo de trigo • Gérmen de trigo • Produtos à base de grãos integrais	• Espinafre • Verduras • Brócolis • Feijão-de-lima • Batatas • Abóbora	• Figos • Pêssegos • Abacates • Bananas • Frutas vermelhas	• Nenhum	• Leite • Iogurte	• *Tofu* • Nozes • Camarão • Feijão-vermelho • Sementes de girassol

FIGURA 9.15 ► Fontes de magnésio da *MyPyramid*. A intensidade do realce (nenhum, 1/3, 2/3 ou totalmente coberto) em cada grupo de alimento na pirâmide indica a densidade média de magnésio naquele grupo. Em termos gerais, o grupo de vegetais propicia as fontes mais ricas. Escolhas de grãos integrais no grupo dos grãos também são fontes ricas. Em relação à atividade física, o magnésio é especialmente necessário para o metabolismo de carboidratos durante esses esforços.

▲ Alimentos ricos em proteína proporcionam enxofre à dieta.

A RDA do magnésio para adultos é cerca de 400 mg/dia para homens e cerca de 310 mg/dia para mulheres, com base na quantidade necessária para compensar as perdas diárias. O valor diário usado para expressar o conteúdo de magnésio em rótulos de alimentos e suplementos é de 400 mg. Homens adultos consomem, em média, 320 mg/dia, ao passo que as mulheres consomem perto de 220 mg/dia. Isso indica que muitos devem melhorar as ingestões de alimentos ricos em magnésio, como pães e cereais integrais. Os produtos à base de grãos refinados que dominam as dietas de muitos norte-americanos são fontes pobres em magnésio. Se os meios dietéticos não forem suficientes, um suplemento multivitamínico e mineral balanceado contendo aproximadamente 100 mg de magnésio pode ajudar a preencher a lacuna entre ingestão e necessidades. A forma típica usada em suplementos (óxido de magnésio) não é tão bem-absorvida quanto as formas encontradas nos alimentos, mas ainda assim contribui para atender às necessidades de magnésio.

Um nível de magnésio insatisfatório é encontrado especialmente entre usuários de alguns diuréticos. Além disso, a transpiração intensa por semanas em climas quentes e surtos prolongados de diarreia ou vômitos causam perdas significativas de magnésio. O alcoolismo também aumenta o risco de uma deficiência uma vez que a ingestão dietética pode ser ruim e o álcool aumenta a excreção urinária de magnésio. A desorientação e a fraqueza associadas ao alcoolismo assemelham-se muito ao comportamento de pessoas com hipomagnesemia.

Nível máximo de ingestão tolerável para magnésio

O valor estabelecido para o nível máximo de ingestão tolerável (UL) para magnésio é de 350 mg/dia, com base no risco de desenvolver diarreia. Entretanto, essa diretriz refere-se apenas a fontes não alimentares, como antiácidos, laxantes ou suplementos. A toxicidade do magnésio ocorre especialmente em pessoas com insuficiência renal ou que usam excessivamente medicamentos sem prescrição que contêm magnésio, como alguns antiácidos e laxantes (p. ex., leite de magnésia). Os idosos estão particularmente em risco, já que a função renal pode estar comprometida.

9.10 Enxofre

O enxofre é encontrado em muitos compostos importantes no corpo, como alguns aminoácidos (como a metionina) e as vitaminas biotina e tiamina. O enxofre ajuda no equilíbrio de ácidos e bases no corpo e é uma parte importante das vias de desintoxicação de agentes no fígado. As proteínas fornecem o enxofre de que necessitamos, de maneira que não se trata de um nutriente *per se*; ele faz parte naturalmente de uma dieta saudável. Compostos de enxofre (p. ex., sulfitos) também são usados para preservar alimentos (Cap. 13).

A Tabela 9.2 resume grande parte do que foi apresentado a respeito dos principais minerais.

▲ Frutos do mar, como vieiras, são uma boa fonte de muitos oligoelementos.

REVISÃO CONCEITUAL

A absorção de fósforo é eficaz e realçada pelo hormônio vitamina D. A excreção urinária controla grande parte do conteúdo corporal. O fósforo auxilia a função enzimática e faz parte de compostos metabólicos fundamentais e das membranas celulares. Não há relatos de sintomas de deficiência específicos causados por uma ingestão inadequada de fósforo. As fontes alimentares desse nutriente incluem laticínios, produtos de padaria e carne. A RDA é atendida pela maioria dos norte-americanos. Uma ingestão excessiva de fósforo pode comprometer a saúde óssea, se a pessoa não consumir cálcio suficiente, além de comprometer a função renal. O magnésio é necessário para a função dos nervos e do coração e também ajuda na atividade de muitas enzimas. Fontes alimentares de magnésio são grãos integrais (farelo de trigo), vegetais, carne bovina, café, feijões, nozes e castanhas e sementes. Alcoolistas e pessoas que usam determinados diuréticos estão em maior risco de desenvolver uma deficiência. A toxicidade do magnésio é mais provável em pessoas com insuficiência renal ou que usam alguns tipos de laxantes e antiácidos. O enxofre é um componente de algumas vitaminas e aminoácidos. A proteína que consumimos fornece enxofre suficiente para as necessidades corporais.

9.11 Oligoelementos – uma síntese

As informações a respeito dos oligoelementos (também denominados minerais-traço ou microelementos) talvez sejam a área do conhecimento em nutrição em mais rápida expansão. Com as exceções do ferro e do iodo, a importância dos oligoelementos para os humanos só foi reconhecida nos últimos 40 anos. Apesar de necessitarmos de 100 mg ou menos de cada oligoelemento diariamente, eles são tão essenciais à boa saúde quanto os minerais essenciais.

TABELA 9.2 Resumo dos minerais essenciais

Mineral	Principais funções	RDA ou Ingestão Adequada (AI)	Fontes alimentares	Sintomas de deficiência	Sintomas de toxicidade
Sódio	• Principal íon positivo no líquido extracelular • Auxilia na transmissão de impulsos nervosos • Equilíbrio hídrico	*Idade 19-50 anos:* 1.500 mg *Idade 51-70 anos:* 1.300 mg *Idade > 70 anos:* 1.200 mg	• Sal de cozinha • Alimentos processados • Condimentos • Molhos • Sopas • Salgadinhos	• Câibras musculares	• Contribui para hipertensão em indivíduos suscetíveis • Aumenta a perda de cálcio na urina • UL de 2.300 mg
Potássio	• Principal íon positivo no líquido intracelular • Auxilia na transmissão de impulsos nervosos • Equilíbrio hídrico	4.700 mg	• Espinafre • Abóbora • Banana • Suco de laranja • Leite • Carne • Leguminosas • Grãos integrais	• Batimentos cardíacos irregulares • Inapetência • Câibras musculares	• Ralentamento dos batimentos cardíacos como visto na insuficiência renal
Cloro	• Principal íon negativo no líquido extracelular • Participa na produção de ácido estomacal • Auxilia na transmissão de impulsos nervosos • Equilíbrio hídrico	2.300 mg	• Sal de cozinha • Alguns vegetais • Alimentos processados	• Convulsões em bebês	• Ligado à hipertensão em indivíduos suscetíveis quando combinado com sódio • UL de 3.600 mg
Cálcio	• Estrutura de ossos e dentes • Coagulação do sangue • Auxilia na transmissão de impulsos nervosos • Contrações musculares • Outras funções celulares	*Idade 9-18 anos:* 1.300 mg *Idade > 18 anos:* 1.000-1.200 mg	• Laticínios • Peixe enlatado • Vegetais folhosos • Tofu • Suco de laranja fortificado (e outros sucos fortificados)	• Mais risco de osteoporose	• Pode causar cálculos renais e outros problemas em pessoas suscetíveis • UL de 2.500 mg
Fósforo	• Principal íon do líquido intracelular • Força de ossos e dentes • Parte de diversos compostos metabólicos • Equilíbrio ácido-base	*Idade 9-18 anos:* 1.250 mg *Idade > 18 anos:* 700 mg	• Laticínios • Alimentos processados • Peixe • Refrigerantes • Produtos de padaria • Carnes	• Possibilidade de manutenção óssea deficiente	• Compromete a saúde óssea em pessoas com insuficiência renal • Deficiência de mineralização óssea se a ingestão de cálcio for baixa • UL de 3 a 4 g
Magnésio	• Formação óssea • Auxilia a função enzimática • Auxilia a função de nervos e do coração	*Homens:* 400-420 mg *Mulheres:* 310-320 mg	• Farelo de trigo • Vegetais verdes • Nozes • Chocolate • Leguminosas	• Fraqueza • Mialgia • Disfunção cardíaca	• Causa diarreia e fraqueza em pessoas com insuficiência renal • UL de 350 mg, mas refere-se a fontes não alimentares (p. ex., suplementos) apenas
Enxofre	• Parte de vitaminas e aminoácidos • Auxilia na desintoxicação de drogas • Equilíbrio ácido-base	Nenhuma	• Alimentos proteicos	• Nenhum observado	• Nenhum provável

Em alguns casos, a descoberta da importância de um oligoelemento parece um "romance policial", e as evidências ainda estão se revelando. Em 1961, pesquisadores ligaram o nanismo em aldeões no Oriente Médio a uma deficiência de zinco. Outros cientistas reconheceram que um tipo raro de doença cardíaca em uma área isolada da China estava ligado a uma deficiência de selênio. Na América do Norte, algumas deficiências de oligoelementos foram observadas pela primeira vez no final dos anos 1960 e início dos anos 1970, quando os minerais não eram acrescentados às fórmulas sintéticas então recém-desenvolvidas usadas na alimentação intravenosa.

É difícil definir precisamente as nossas necessidades de oligoelementos, pois só precisamos de quantidades mínimas. Uma tecnologia bastante sofisticada é necessária para medir essas quantidades mínimas tanto nos alimentos quanto nos tecidos corporais.

hemoglobina Substância que contém ferro, presente nas células vermelhas do sangue; a hemoglobina transporta oxigênio para as células do corpo e retira delas parte do dióxido de carbono. O radical de ferro heme é também o responsável pela cor vermelha do sangue.

mioglobina Proteína que contém ferro e que se liga ao oxigênio no tecido muscular.

ferro heme Ferro presente nos tecidos animais sob a forma de hemoglobina e mioglobina. Aproximadamente 40% do ferro presente na carne que consumimos é do tipo heme. Essa substância é rapidamente absorvida.

ferro não heme Ferro proveniente de fontes vegetais ou animais em outras formas que não a hemoglobina e a mioglobina. O ferro não heme não é tão bem-absorvido quanto o ferro heme; sua absorção depende das necessidades do organismo.

9.12 Ferro (Fe)

Embora a importância do ferro dietético seja reconhecida há séculos, ainda hoje é uma das deficiências nutricionais mais comuns no mundo inteiro. O ferro é o único nutriente para os quais as mulheres jovens têm uma RDA maior do que a dos homens adultos. É encontrado em todas as células vivas, representando até cerca de 5 g (1 colher de chá) no corpo inteiro.

Absorção e distribuição de ferro

O controle da absorção é importante porque nosso organismo não consegue eliminar facilmente o excesso de ferro uma vez absorvido. O corpo utiliza vários mecanismos para regular a absorção de ferro que, em termos gerais, depende da sua forma no alimento, das necessidades corporais e de diversos outros fatores. Pessoas sadias absorvem cerca de 18% do ferro presente nos alimentos, ao passo que pessoas com deficiência de ferro absorvem um pouco mais.

A forma de ferro nos alimentos influencia especialmente em quanto ele é absorvido. Cerca de 40% do ferro total na carne animal encontram-se na forma de **hemoglobina** (semelhante ao que acontece nas hemácias) e **mioglobina** (pigmento encontrado nas células musculares). A absorção desse tipo de ferro, denominado **ferro heme**, é cerca de 2 a 3 vezes mais eficaz do que o ferro elementar simples, denominado **ferro não heme**. O ferro não heme é acrescentado a derivados de grãos durante o processo de enriquecimento e também está presente na carne animal, bem como em ovos, leite, vegetais, grãos e outros produtos de origem vegetal.

▲ A gravidez aumenta muito as necessidades de ferro, assim como o crescimento na infância.

O consumo de ferro heme e ferro não heme juntos aumenta a absorção de ferro não heme. Um fator proteico nas carnes também ajuda na absorção do não heme. Em termos gerais, consumir carne com vegetais e grãos ajuda na absorção de todo o ferro não heme presente.

A vitamina C, em quantidades em torno de 75 mg, também ajuda a aumentar a absorção de ferro não heme. Beber um copo de suco de laranja ao tomar um suplemento de ferro, portanto, aumentará o ferro absorvido a partir do suplemento. O consumo de mais alimentos ricos em vitamina C é particularmente desejável se o ferro dietético for inadequado ou se os níveis sanguíneos de ferro estiverem baixos. O uso de ferro no corpo também é auxiliado pelo cobre, conforme explicado no item posterior sobre cobre.

No entanto, diversos fatores dietéticos interferem na nossa capacidade de absorver ferro não heme. O ácido fítico, e outros fatores nas fibras dos grãos, e o ácido oxálico em vegetais podem ligar-se ao ferro e reduzir sua absorção. Polifenóis (taninos) encontrados no chá também reduzem a absorção de ferro não heme. Uma boa alternativa é moderar a ingestão de taninos se a pessoa tiver deficiência de ferro e manter a ingestão de fibras dentro das recomendações atuais. O uso de suplementos de zinco também interfere no ferro não heme porque o zinco compete com o ferro por absorção.

Em termos gerais, o fator mais importante que influencia a absorção do ferro não heme é a necessidade que o corpo tem desse componente. As necessidades de ferro são maiores durante a gravidez e o crescimento. Em altitudes elevadas, a necessidade também é maior porque a baixa concentração de oxigêno no ar causa um aumento na concentração sanguínea de hemoglobina. Durante um estado de deficiência de ferro, a absorção de ferro não heme pode aumentar. Quando as reservas de ferro são insuficientes, a principal proteína que transporta ferro no sangue se liga de imediato com mais ferro das células intestinais e desvia-o para a corrente sanguínea. Quando as reservas estão adequadas, e a proteína de ligação ao ferro no sangue está totalmente saturada, o ferro permanece ligado nas células intestinais, e pouco será absorvido.

Por meio desse mecanismo, sob circunstâncias normais, o ferro, em especial o tipo não heme, é absorvido conforme necessário. Se não necessário, aquele armazenado nas células intestinais será eliminado quando essas células se desprenderem ao final do seu ciclo de vida de 2 a 5 dias. Doses elevadas de ferro ainda assim podem ser tóxicas, mas a absorção é cuidadosamente regulada sob condições dietéticas típicas na maioria das pessoas.

Grande parte do ferro no corpo está contido nas moléculas de hemoglobina das hemácias. Algum ferro fica armazenado na medula óssea, e uma pequena porção vai para outras células do corpo, como o fígado, para armazenagem. Conforme o ferro vai sendo necessário, ele se mobiliza dessas reservas corporais. Se a ingestão dietética for cronicamente inadequada, essas reservas tornam-se depletadas. Só assim aparecem os sinais de uma deficiência de ferro.

Funções do ferro

O ferro faz parte da hemoglobina nas hemácias do sangue e da mioglobina nas células musculares. As moléculas de hemoglobina nas hemácias transportam oxigênio (O_2) dos pulmões até as células e auxiliam no retorno de parte do dióxido de carbono (CO_2) das células até os pulmões para excreção. Além disso, o ferro é usado como parte de muitas enzimas, algumas proteínas e compostos que as células utilizam para produzir energia. Também é necessário para a função do cérebro e do sistema imune, além de contribuir para a desintoxicação de agentes no fígado e para a saúde óssea.

Se nem a dieta nem as reservas corporais conseguirem suprir o ferro necessário para a síntese de hemoglobina, o número de hemácias diminui na circulação sanguínea. A concentração sanguínea de hemoglobina também diminui. Os médicos utilizam tanto a porcentagens de hemácias (denominada **hematócrito**) quanto a concentração de hemoglobina no sangue para avaliar o nível de ferro, além da quantidade de ferro e proteínas férricas na corrente sanguínea. Quando o hematócrito e a hemoglobina estão baixos, suspeita-se de deficiência de ferro. Na deficiência grave, a hemoglobina e o hematócrito diminuem tanto que a quantidade de oxigênio transportado na corrente sanguínea diminui. Uma pessoa nesse estado tem **anemia**, definida como uma capacidade menor de transporte de oxigênio no sangue.

hematócrito Porcentagem de sangue constituída de hemácias.

anemia Geralmente se refere à diminuição na capacidade de transporte de oxigênio pelo sangue. Pode ser causada por diversos fatores, como deficiência de ferro ou perda de sangue.

Embora existam muitos tipos de anemia, a anemia por deficiência de ferro (ferropriva) é o principal tipo no mundo inteiro. Cerca de 30% da população mundial encontra-se anêmica, e cerca da metade desses casos está associada a uma deficiência de ferro. Provavelmente em torno de 10% dos norte-americanos em categorias de alto risco têm anemia ferropriva. Esse tipo de anemia aparece com mais frequência na infância, nos anos pré-escolares e na puberdade tanto entre o gênero masculino quanto entre o feminino. O crescimento, com a correspondente expansão do volume corporal e da massa muscular, aumenta as necessidades de ferro, o que dificulta o consumo suficiente do mineral. As mulheres estão mais vulneráveis durante os anos reprodutivos em virtude da perda de sangue durante a menstruação. Além disso, a anemia é com frequência encontrada em gestantes, conforme será discutido no Capítulo 14. A anemia ferropriva no homem adulto é causada, muitas vezes, por perda de sangue devido a úlceras, câncer de colo ou hemorroidas. Por fim, atletas podem desenvolver anemia ferropriva, conforme discutido no Capítulo 10.

Os sintomas clínicos da anemia por deficiência de ferro incluem, em geral, palidez cutânea, fadiga ao esforço, desregulação térmica, inapetência e apatia. A insuficiência de ferro para a síntese de hemácias e componentes celulares importantes pode causar fadiga. Reservas de ferro inadequadas também podem comprometer a capacidade de aprendizagem, o período de atenção, o desempenho ocupacional e o estado imunológico até antes de a pessoa estar anêmica.

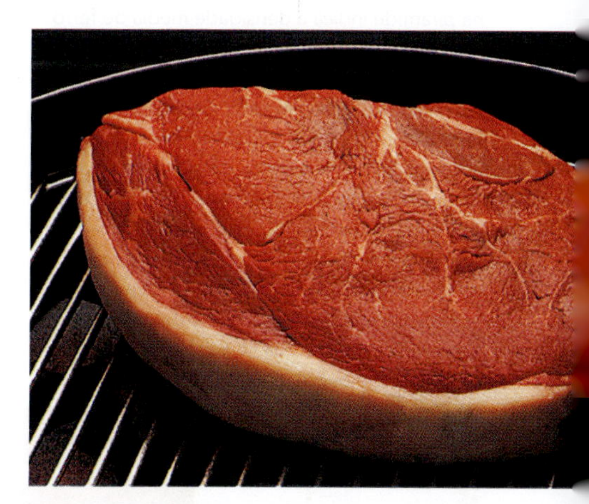

▲ A carne vermelha é uma das principais fontes de ferro na dieta norte-americana. O ferro heme presente na carne vermelha é melhor absorvido do que o ferro não heme encontrado em outras carnes e em vegetais.

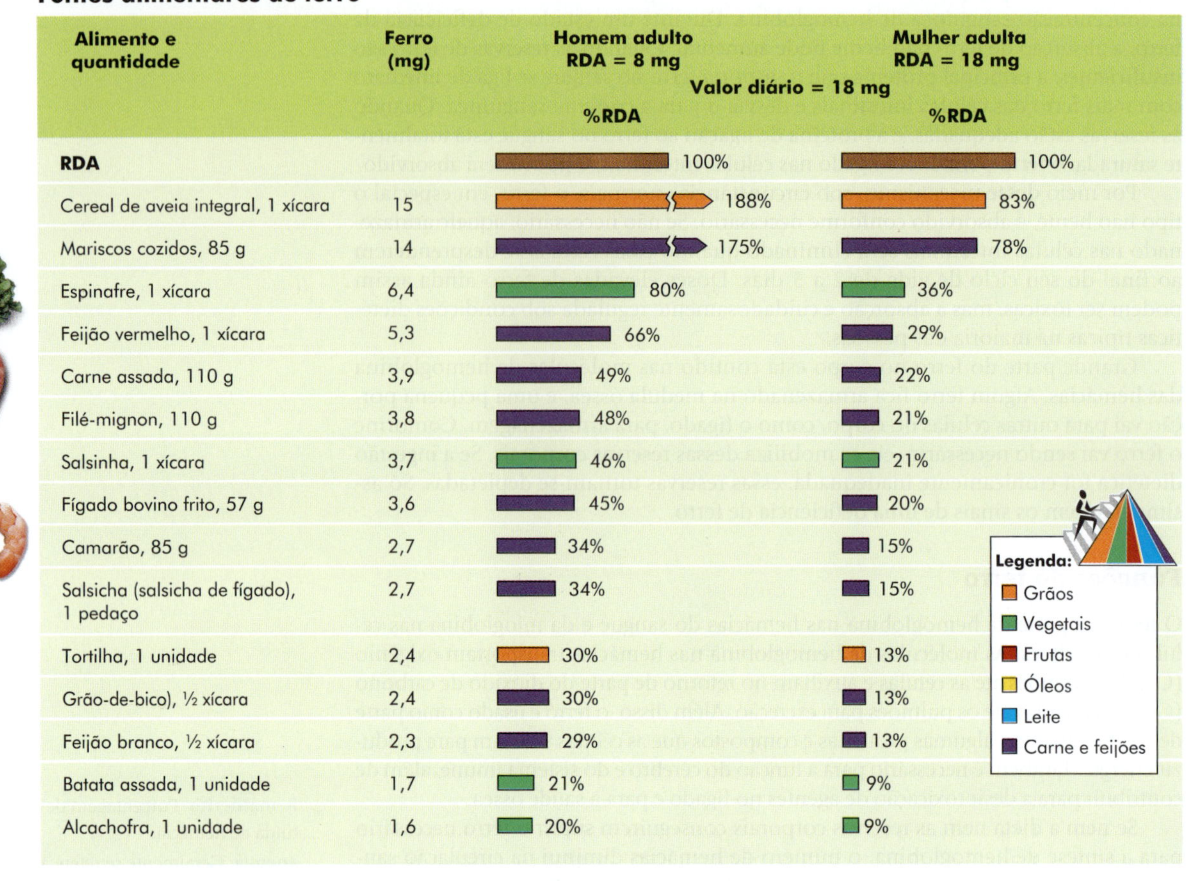

Fontes alimentares de ferro

Alimento e quantidade	Ferro (mg)	Homem adulto RDA = 8 mg %RDA	Mulher adulta RDA = 18 mg %RDA
		Valor diário = 18 mg	
RDA		100%	100%
Cereal de aveia integral, 1 xícara	15	188%	83%
Mariscos cozidos, 85 g	14	175%	78%
Espinafre, 1 xícara	6,4	80%	36%
Feijão vermelho, 1 xícara	5,3	66%	29%
Carne assada, 110 g	3,9	49%	22%
Filé-mignon, 110 g	3,8	48%	21%
Salsinha, 1 xícara	3,7	46%	21%
Fígado bovino frito, 57 g	3,6	45%	20%
Camarão, 85 g	2,7	34%	15%
Salsicha (salsicha de fígado), 1 pedaço	2,7	34%	15%
Tortilha, 1 unidade	2,4	30%	13%
Grão-de-bico), ½ xícara	2,4	30%	13%
Feijão branco, ½ xícara	2,3	29%	13%
Batata assada, 1 unidade	1,7	21%	9%
Alcachofra, 1 unidade	1,6	20%	9%

FIGURA 9.16 ▶ Fontes alimentares de ferro comparadas à RDA para homens e mulheres adultos.

FIGURA 9.17 ▶ Fontes de ferro da *MyPyramid*. A intensidade do realce (nenhum, 1/3, 2/3 ou totalmente coberto) em cada grupo de alimento na pirâmide indica a densidade média de ferro naquele grupo. Em termos gerais, o grupo de carne e feijões e o grupo dos grãos contêm muitos alimentos ricos em ferro. Contudo, o teor de ferro de um alimento que contém essencialmente ferro não heme é apenas uma medida aproximada da quantidade liberada às células do corpo, já que as necessidades corporais influenciam bastante a absorção de ferro não heme. Em relação à atividade física, o ferro é especialmente necessário como parte da hemoglobina que transporta oxigênio nas hemácias para as células musculares (e outras células).

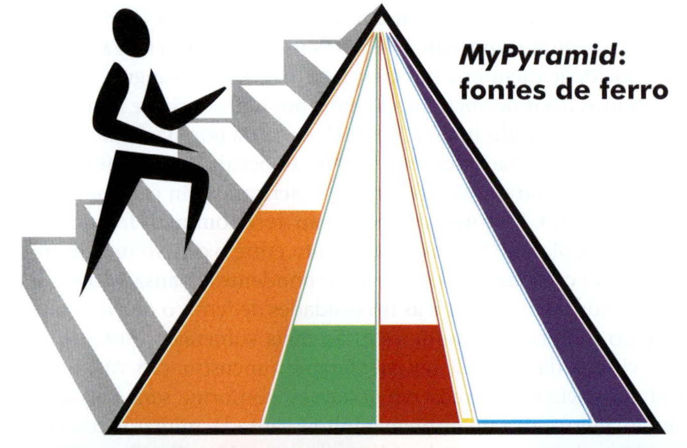

Grãos	Vegetais	Frutas	Óleos	Leite	Carne e feijões
• Grãos integrais • Grãos enriquecidos • Gérmen de trigo • Aveia	• Espinafre • Ervilhas • Batatas • Vagens • Brócolis	• Pêssegos • Suco de ameixa • Damascos secos	• Nenhum	• Nenhum	• Carne bovina • *Tofu* • Feijões • Frutos do mar • Vísceras

Mais norte-americanos apresentam uma deficiência de ferro sem anemia do que anemia ferropriva. Os valores da hemoglobina no sangue dessas pessoas são normais, mas elas não contam com reservas para utilizar na gravidez ou em doenças, e o funcionamento básico pode estar comprometido. Esses efeitos podem ir desde ter muito pouca energia para fazer as tarefas diárias de maneira eficaz até dificuldades de se manter alerta na escola e no trabalho.

Para acelerar a cura da anemia ferropriva, é preciso que a pessoa tome suplementos de ferro. Um médico deverá determinar a causa da anemia, seja uma dieta inadequada, seja uma úlcera em sangramento, por exemplo, de maneira que não haja recaída da anemia. Mudanças na dieta podem prevenir a anemia ferropriva, mas a suplementação de ferro é a única cura confiável quando a pessoa está anêmica.

Fontes e necessidades de ferro

Visto que as fontes animais contêm um pouco de ferro heme (o tipo mais biodisponível), elas são as melhores fontes de ferro. As principais fontes desse nutriente na dieta do adulto são cereais matinais, produtos de origem animal e itens de padaria, como pães (Figs. 9.16 e 9.17). A maior parte do ferro nos produtos de padaria foi acrescentada à farinha refinada no processo de enriquecimento. Outras fontes são espinafre, ervilhas e leguminosas, mas o ferro é menos disponível nesses alimentos do que em produtos animais.

O leite não é uma boa fonte de ferro. Uma causa comum de anemia ferropriva em crianças é uma dieta que se baseia excessivamente no leite, aliada a uma ingestão insuficiente de carne. Vegetarianos radicais (veganos) são em particular suscetíveis à anemia ferropriva em virtude da carência de ferro heme na dieta.

A RDA adulta diária de ferro para homens e para mulheres acima dos 50 anos de idade é de 8 mg. Para mulheres entre 19 e 50 anos, a RDA é de 18 mg. A RDA maior para mulheres jovens e de meia-idade ocorre esssencialmente devido às perdas menstruais. A variação na perda de sangue menstrual e, portanto, da perda de ferro, dificulta o estabelecimento de uma RDA de ferro para mulheres. As que têm uma menstruação mais intensa e prolongada do que a média talvez precisem de ainda mais ferro dietético do que as que têm fluxos menstruais mais leves e curtos. O valor diário usado para expressar o conteúdo de ferro nos rótulos de alimento e suplementos é de 18 mg.

A maioria das mulheres não consome 18 mg/dia de ferro. A ingestão média diária fica em torno de 13 mg, enquanto, nos homens, fica em cerca de 18 mg/dia. As mulheres podem preencher essa lacuna entre as ingestões médias diárias e as necessidades buscando alimentos fortificados com ferro, como cereais matinais que contenham pelo menos 50% do valor diário. O uso de um suplemento multivitamínico e mineral balanceado contendo até 100% do valor diário de ferro é uma outra opção. Não é recomendável consumir acima disso a menos que seja por prescrição médica (p. ex., para compensar perdas de sangue decorrente de menstruação muito pesada).

DECISÕES ALIMENTARES

Doação de sangue

O corpo humano adulto contém cerca de 21 xícaras (5 L) de sangue. As doações de sangue em geral totalizam 2 xícaras (500 mL). Assim, um doador de sangue doa em torno de um décimo de seu suprimento total em cada doação. Pessoas saudáveis geralmente podem doar sangue 2 a 4 vezes por ano sem consequências nocivas. Como precaução, os bancos de sangue primeiro testam o sangue dos doadores potenciais quanto à presença de anemia.

Nível máximo de ingestão tolerável para ferro

O nível máximo de ingestão tolerável (UL) para ferro é de 45 mg/dia. Quantidades acima disso podem levar à irritação estomacal. Embora a sobrecarga de ferro não seja tão comum quanto a sua deficiência, pode ser um resultado grave de uso inadequado porque o ferro, muitas vezes, acumula-se facilmente no corpo e causa sintomas tóxicos. Até mesmo uma única dose alta de 60 mg de ferro pode ser

O Capítulo 8 observou que se homens, em geral, e mulheres mais velhas tomarem um suplemento multivitamínico e mineral, esse suplemento deverá ser pobre ou livre de ferro em virtude do risco maior dessas pessoas sofrerem toxicidade por ferro.

potencialmente fatal para uma criança de 1 ano de idade. As crianças são vítimas frequentes de intoxicação por ferro porque pílulas de ferro e suplementos de nutrientes contendo ferro são tentadores quando acessíveis na mesa ou até mesmo no armário da cozinha.

A FDA determinou que todos os suplementos de ferro devem conter uma advertência a respeito da toxicidade e que comprimidos com 30 mg de ferro ou mais devem ser embalados individualmente. Doses menores de ferro (mas ainda assim maiores do que o necessário) durante um período prolongado também podem causar problemas. Em alguns casos, transfusões sanguíneas repetidas acarretam toxicidade por ferro.

hemocromatose Um distúrbio do metabolismo do ferro caracterizado por maior absorção e depósito de ferro nos tecidos hepáticos e cardíacos, o que acaba intoxicando as células desses órgãos.

Hemocromatose A toxicidade por ferro pode ocorrer em consequência de uma doença genética chamada **hemocromatose** hereditária. A doença está associada a um aumento substancial na absorção de ferro. O ferro heme representa o maior risco já que as necessidades corporais não influenciam muito a sua absorção. Para os portadores dessa doença, o ferro no corpo acaba se acumulando em quantidades perigosas, sobretudo no sangue e no fígado. Parte se deposita nos músculos, no pâncreas e no coração. Em caso de descuido, os depósitos de ferro em excesso contribuem para dano grave aos órgãos, em especial ao fígado e ao coração.

Para que haja desenvolvimento da hemocromatose hereditária, é necessário que uma pessoa seja portadora de duas cópias defeituosas de um gene em particular. Os portadores de um gene defeituoso e um normal também podem absorver ferro dietético demais, porém não na mesma extensão que os portadores de dois genes defeituosos. Cerca de 5 a 10% dos norte-americanos descendentes de povos do norte europeu são portadores de hemocromatose. Aproximadamente 1 em cada 250 norte-americanos tem os dois genes da hemocromatose. Esses números são altos, pois muitos médicos consideram a hemocromatose uma doença rara e, assim, não a testam rotineiramente.

Uma conduta sensata é pedir para fazer o teste de sobrecarga de ferro (peça um teste de saturação de transferrina ou um teste de ferritina para verificar as reservas de ferro). É possível que a hemocromatose não seja detectada até que a pessoa chegue na quinta ou sexta década de vida, de maneira que alguns especialistas recomendam o rastreamento para todos acima dos 20 anos de idade. Se a doença permanecer não tratada, muitos órgãos já estarão irreversivelmente danificados quando a pessoa chegar à meia-idade. Se você apresentar evidências de hemocromatose, é sensato submeter-se ao tratamento, que inclui doar sangue com regularidade e evitar alimentos ricos em ferro e suplementos de ferro (consultar o *website* www.americanhs.org).

O ideal é que o consentimento de um médico preceda qualquer ingestão de ferro na forma de suplementos, especialmente por homens. Quando esses suplementos forem recomendados, deverá haver um acompanhamento adequado para que a suplementação não fique acima do necessário. Provavelmente o único modo de os portadores de hemocromatose e portadores de um gene da doença não sofrerem os efeitos graves da doença é consumindo apenas uma quantidade moderada de ferro.

▲ Mulheres adultas jovens devem evitar doar sangue com frequência porque uma quantidade significativa de ferro é perdida em cada doação. Entretanto, a doação de sangue é um tratamento eficaz para hemocromatose.

REVISÃO CONCEITUAL

A absorção de ferro depende essencialmente de sua forma e das necessidades corporais, sendo afetada pelas necessidades de ferro, mas a ingesta excessiva pode sobrecarregar o sistema, levando à toxicidade. A absorção do ferro não heme aumenta um pouco na presença de vitamina C e proteína animal e diminui na presença de grandes quantidades de alguns componentes das fibras dos grãos, como o ácido fítico. O ferro é usado para sintetizar hemoglobina e mioglobulina, no apoio à função imunológica e no metabolismo energético. Uma deficiência desse nutriente pode causar queda na síntese de hemácias, levando à anemia. É particularmente importante que mulheres em idade reprodutiva consumam ferro suficiente para repor o mineral perdido no sangue menstrual. As fontes de ferro são carne, porco, fígado, grãos e cereais enriquecidos e ostras. A toxicidade por ferro geralmente resulta de uma doença genética chamada hemocromatose. Essa doença causa hiperabsorção e acúmulo de ferro, o que pode resultar em dano grave ao fígado e ao coração. Qualquer uso de ferro na forma de suplementos deverá ser supervisionado por um médico em virtude do risco de toxicidade.

9.13 Zinco (Zn)

▲ Ingestões insuficientes de zinco limitam o crescimento das pessoas no mundo inteiro. À direita, um menino de uma área rural do Egito, aos 16 anos de idade e medindo 1,25 m, com déficit do crescimento e do desenvolvimento sexual associado à deficiência de zinco.

A deficiência de zinco foi observada pela primeira vez em humanos no início dos anos 1960 no Egito e no Irã. Essa deficiência foi determinada como causa de retardamento do crescimento e de desenvolvimento sexual disfuncional em alguns grupos de pessoas, embora o teor de zinco de suas dietas fosse razoavelmente elevado. A biodisponibilidade do zinco na dieta habitual, no entanto, era menor em razão da ausência de proteína animal e do uso quase exclusivo de pão sem fermento. Esse tipo de pão é muito rico em ácido fítico e outros fatores que diminuem a biodisponibilidade do zinco.

Na América do Norte, deficiências de zinco foram observadas pela primeira vez no início dos anos 1970 em pacientes hospitalizados que recebiam apenas nutrição parenteral total por via intravenosa contendo aminoácidos individuais como fonte de proteína. Os sintomas da deficiência de zinco manifestavam-se rapidamente porque fórmulas de aminoácidos são pobres em oligoelementos comparadas às proteínas totais.

Assim como o ferro, a absorção de zinco é influenciada pelos alimentos ingeridos. Cerca de 40% do zinco dietético são absorvidos, especialmente quando fontes de proteína animal são usadas e quando o corpo necessita de mais zinco. A maioria das pessoas no mundo inteiro consome grãos cereais (pobres em zinco) como fontes de proteínas e calorias, por isso não consomem zinco na quantidade adequada. Além disso, a suplementação de altas doses de cálcio com as refeições diminui a absorção de zinco. Por fim, o zinco compete com o cobre e o ferro por absorção, e vice-versa, quando são consumidas fontes suplementares.

Funções do zinco

Até 200 enzimas ou mais, como a álcool desidrogenase, demandam zinco como um cofator para sua atividade ideal. A ingestão adequada de zinco é necessária para sustentar muitas funções corporais, como:

- Síntese e função do DNA
- Metabolismo proteico, cicatrização de feridas e crescimento
- Função imunológica (ingestões acima da RDA não proporcionam qualquer benefício extra à função imunológica)
- Desenvolvimento de órgãos sexuais e de ossos
- Armazenagem, liberação e função da insulina
- Estrutura e função da membrana celular
- Antioxidante indireto como um componente de dois tipos de superóxido dismutase, uma enzima que ajuda na prevenção do dano oxidativo às células.

Outras possíveis funções do zinco são retardar a progressão da degeneração macular do olho e reduzir o risco de desenvolver algumas formas de câncer. Um estudo mostrou que suplementos de megadose de zinco (80 mg/dia de óxido de zinco) reduziram a progressão da degeneração macular em 25% das pessoas que já tinham um caso moderado da doença. Os suplementos de zinco funcionaram ainda melhor quando usados em combinação com 400 UI de vitamina E, 500 mg de vitamina C e 15 mg de betacaroteno. (O óxido de cobre [2 mg] também foi incluído porque o zinco diminui a absorção de cobre.) Especialistas aconselham adultos com evidência de degeneração macular moderada a conversar com seus médicos e oftalmologistas a respeito da possibilidade de seguir essse protocolo.

▲ Amendoins são uma boa fonte vegetal de zinco.

Os sintomas da deficiência de zinco incluem *rash* acneico, diarreia, inapetência, comprometimento dos sentidos do paladar e do olfato e queda de cabelo. Em crianças e adolescentes com deficiência de zinco, o crescimento, o desenvolvimento sexual e a capacidade de aprendizagem também podem ser comprometidos.

Fontes e necessidades de zinco

Em geral, dietas ricas em proteínas também são ricas em zinco. Alimentos de origem animal proporcionam quase a metade da ingestão de zinco de uma pessoa. As principais fontes de zinco são carne bovina, cereais matinais fortificados, leite, aves e pães. Assim como o ferro, a biodisponibilidade também é um fator importante a

FIGURA 9.18 ▶ Fontes de zinco da *MyPyramid*. A intensidade do realce (nenhum, 1/3, 2/3 ou totalmente coberto) em cada grupo de alimento na pirâmide indica a densidade média de zinco naquele grupo. Em termos gerais, o grupo de carne e feijões e o grupo de grãos contêm muitos alimentos ricos em zinco. Em relação à atividade física, o zinco é especialmente necessário para sustentar o crescimento muscular e a cicatrização muscular.

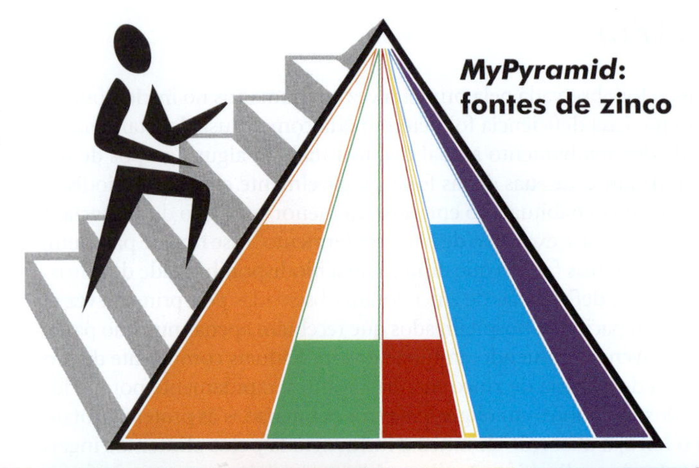

Grãos	Vegetais	Frutas	Óleos	Leite	Carne e feijões
• Pães e cereais integrais • Cereais matinais fortificados	• Espinafre • Ervilhas • Aspargos	• Abacates • Frutas secas	• Nenhum	• Leite • Iogurte • Queijo	• Carne bovina • Ovos • Feijões • Nozes • Crustáceos • Aves

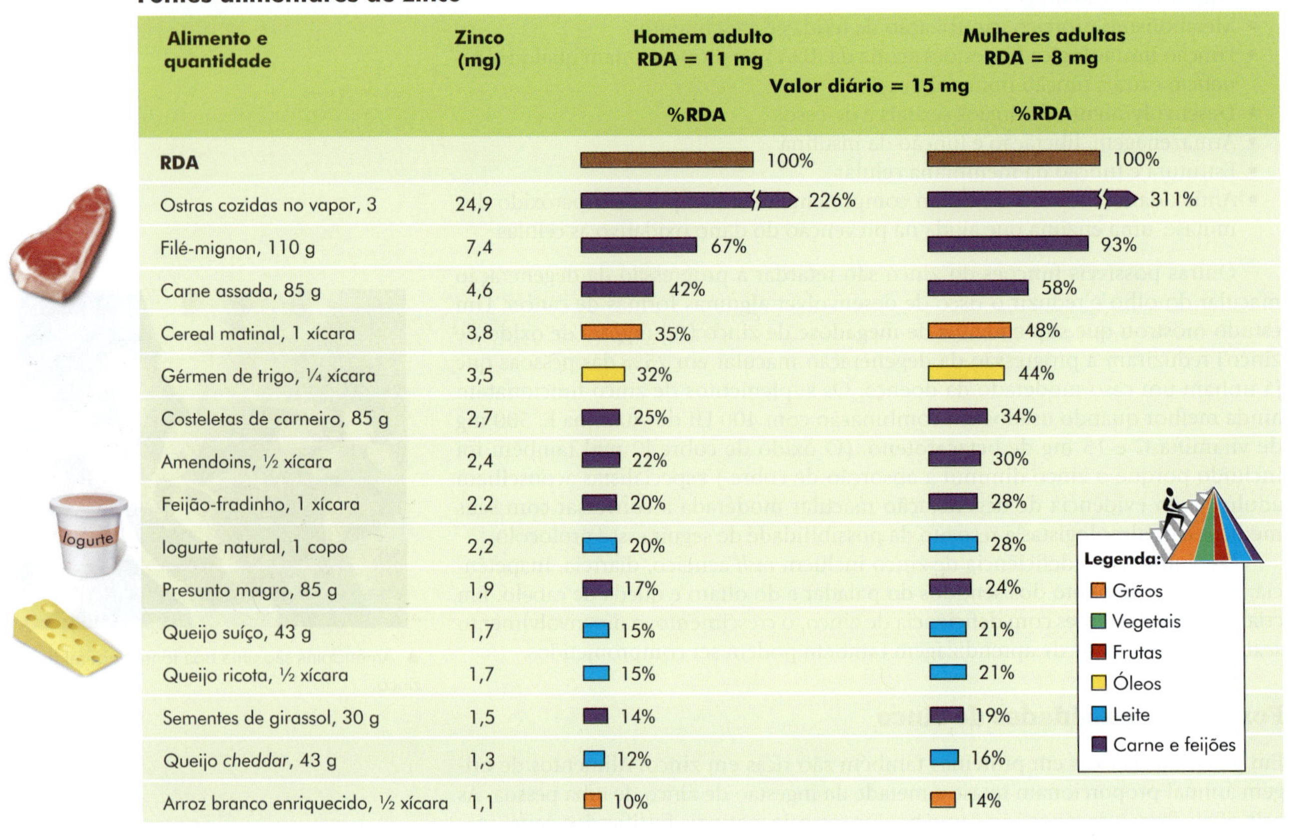

Fontes alimentares de zinco

Alimento e quantidade	Zinco (mg)	Homem adulto RDA = 11 mg — %RDA	Mulheres adultas RDA = 8 mg — %RDA
		Valor diário = 15 mg	
RDA		100%	100%
Ostras cozidas no vapor, 3	24,9	226%	311%
Filé-mignon, 110 g	7,4	67%	93%
Carne assada, 85 g	4,6	42%	58%
Cereal matinal, 1 xícara	3,8	35%	48%
Gérmen de trigo, ¼ xícara	3,5	32%	44%
Costeletas de carneiro, 85 g	2,7	25%	34%
Amendoins, ½ xícara	2,4	22%	30%
Feijão-fradinho, 1 xícara	2.2	20%	28%
Iogurte natural, 1 copo	2,2	20%	28%
Presunto magro, 85 g	1,9	17%	24%
Queijo suíço, 43 g	1,7	15%	21%
Queijo ricota, ½ xícara	1,7	15%	21%
Sementes de girassol, 30 g	1,5	14%	19%
Queijo *cheddar*, 43 g	1,3	12%	16%
Arroz branco enriquecido, ½ xícara	1,1	10%	14%

FIGURA 9.19 ▶ Fontes alimentares de zinco comparadas à RDA para homens e mulheres adultos.

ser considerado no caso do zinco. Alimentos de origem animal são mais uma vez fontes importantes porque o zinco dessas fontes não se liga ao ácido fítico. Entretanto, boas fontes vegetais de zinco – como grãos integrais, amendoins e leguminosas (feijões) – não devem ser desconsideradas. Essas fontes podem fornecer quantidades significativas de zinco às células do corpo (Figs. 9.18 e 9.19). Além disso, a forma em geral usada em suplementos multivitamínicos e minerais (óxido de zinco) não é tão bem-absorvida quanto o zinco encontrado naturalmente nos alimentos, mas ainda assim contribui para o atendimento das necessidades desse mineral.

A RDA de zinco para adultos é de 11 mg para homens e 8 mg para mulheres, com base na quantidade para cobrir as perdas diárias de zinco. O valor diário usado para expressar o conteúdo de zinco nos rótulos de alimentos e suplementos é de 15 mg. O norte-americano típico consome de 10 a 14 mg/dia de zinco, sendo que os homens consomem mais. Não há indicações de deficiências moderadas ou graves de zinco na população adulta sadia. Entretanto, é provável que alguns norte-americanos – especialmente mulheres, crianças pobres, veganos, idosos e alcoolistas – tenham um nível de zinco limítrofe. Essas e outras pessoas que manifestem piora do sentido do paladar, infecções recorrentes, problemas de crescimento ou má cicatrização de feridas devem ter seu nível de zinco examinado.

Nível máximo de ingestão tolerável para zinco

O valor estabelecido para o nível máximo de ingestão tolerável (UL) para zinco é de 40 mg/dia com base na interferência potencial com o metabolismo do cobre. Ingestões excessivas de zinco, com o tempo, podem causar problemas ao interferir no metabolismo do cobre. Estão sendo feitos testes para verificar se há um risco maior de câncer de próstata com a ingestão elevada de zinco. Em termos gerais, se uma pessoa usa megadoses de zinco na forma de suplemento (p.ex., na tentativa de retardar a degeneração macular), deve fazê-lo sob supervisão médica atenta e também tomar um suplemento contendo cobre (2 mg/dia). Ingestões de zinco acima de 100 mg/dia também resultam em diarreia, cólicas, náusea, vômitos e depressão da função do sistema imune, especialmente se a ingestão exceder a 2 g/dia.

DECISÕES ALIMENTARES

Zinco e o resfriado comum

Muitas companhias estão alardeando o zinco como remédio contra resfriados. Nos Estados Unidos, produtos como Cold-EEZE® são pastilhas que contêm zinco, e suas alegações se baseiam amplamente em um estudo feito com cem participantes. Os 50 indivíduos do grupo experimental tomaram 13 mg de zinco na forma de pastilhas a cada duas horas devido a duração de seus sintomas. Os sintomas do resfriado cederam depois de quatro dias no grupo experimental e sete dias no grupo-controle. Náusea foi um efeito colateral comum das pastilhas de zinco. Entretanto, dos dez outros estudos de acompanhamento, apenas a metade mostrou resultados benéficos do zinco, o que pode ser devido a diferenças na biodisponibilidade dos diversos tipos desse mineral. Os especialistas também notaram que não se tem ideia de como o zinco trataria um resfriado, se é que trata. Os adultos podem determinar se os benefícios compensam o sabor. A especialista em zinco, Dra. Ananda Prasad, recomenda suspender o uso de pastilhas de zinco depois de 3 a 4 dias a menos que estejam mostrando evidência de eficácia. Qualquer uso dessas quantidades além de uma semana é potencialmente perigoso.

9.14 Selênio (Se)

O selênio existe em diversas formas prontamente absorvidas. Assim como o zinco, ele tem uma função antioxidante indireta. Seu papel mais bem-entendido é como parte da enzima (glutadiona peroxidase) que opera na redução do dano às membranas celulares por radicais livres em busca de elétrons (oxidativos). O selênio também contribui para o metabolismo do hormônio da tireoide e outras funções.

No Capítulo 8, percebe-se que a vitamina E ajuda a prevenir ataques às membranas celulares pela doação de elétrons a compostos que buscam elétrons. Assim,

▲ A massa feita de trigo norte-americano, em geral, é uma boa fonte de selênio, assim como qualquer carne no molho.

> **PARA REFLETIR**
>
> Tammy leu um artigo a respeito dos antioxidantes e seu papel na prevenção do dano celular causado pelos radicais livres. Quando ela foi à drogaria olhar melhor esses suplementos, viu que o selênio era um dos antioxidantes na fórmula. Por que o selênio merece consideração como um antioxidante?

a vitamina E e o selênio trabalham em conjunto pelo mesmo objetivo. Foi discutido no Capítulo 8 o potencial de compostos de radicais livres causarem câncer. Apesar de ser possível provar que o selênio tem um papel na prevenção de cânceres, como o câncer de próstata, é prematuro recomendar a suplementação com megadose de selênio para tal finalidade. Estudos em animais, nessa área, são conflitantes; estudos recentes com humanos usando ingestões suplementares de 200 μg/dia não mostraram benefício do selênio na prevenção do câncer.

Os sintomas de deficiência de selênio em humanos incluem dor e emaciação muscular, além de certo tipo de dano cardíaco. Em algumas áreas da China, pessoas desenvolvem distúrbios musculares e cardíacos característicos associados a uma ingestão inadequada de selênio. É provável que outros fatores também contribuam.

Fontes e necessidades de selênio

Peixes, carnes (especialmente vísceras), ovos e crustáceos são boas fontes animais de selênio (Fig. 9.20). Grãos e sementes cultivados em solos contendo selênio são boas fontes vegetais. Os principais contribuintes de selênio à dieta do adulto são fontes animais e grãos. Os norte-americanos ingerem uma dieta variada com alimentos de muitas áreas geográficas, de maneira que é improvável que o baixo teor de selênio em umas poucas localidades signifique uma ingestão inadequada de selênio.

A RDA para o selênio é de 55 μg/dia para adultos. Essa ingestão maximiza a atividade de enzimas dependentes de selênio. O valor diário usado para expressar o conteúdo de selênio nos rótulos de alimentos e suplementos é de 70 μg. Em geral, os adultos atendem à RDA, consumindo em média 105 μg/dia de selênio.

Nível máximo de ingestão tolerável para selênio

O valor estabelecido para o nível máximo de ingestão tolerável (UL) para selênio é de 400 μg/dia para adultos, com base em sinais manifestos de toxicidade por selênio, como queda de cabelo.

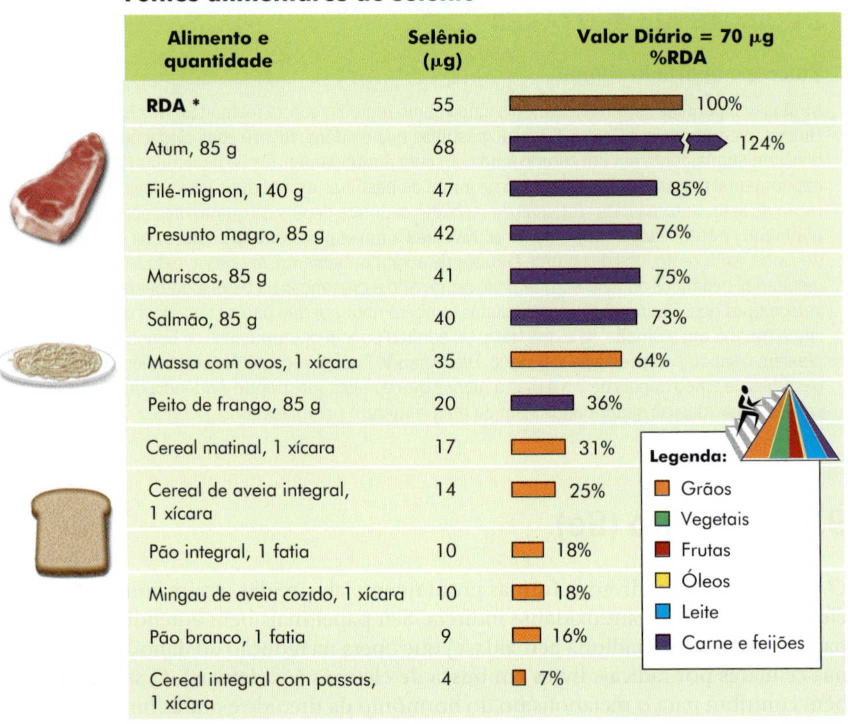

Fontes alimentares de selênio

Alimento e quantidade	Selênio (μg)	Valor Diário = 70 μg %RDA
RDA *	55	100%
Atum, 85 g	68	124%
Filé-mignon, 140 g	47	85%
Presunto magro, 85 g	42	76%
Mariscos, 85 g	41	75%
Salmão, 85 g	40	73%
Massa com ovos, 1 xícara	35	64%
Peito de frango, 85 g	20	36%
Cereal matinal, 1 xícara	17	31%
Cereal de aveia integral, 1 xícara	14	25%
Pão integral, 1 fatia	10	18%
Mingau de aveia cozido, 1 xícara	10	18%
Pão branco, 1 fatia	9	16%
Cereal integral com passas, 1 xícara	4	7%

* Para adultos; ver tabela de DRI na Tabela F para recomendações específicas às faixas etárias.

FIGURA 9.20 ▶ Fontes alimentares de selênio comparadas à RDA.

REVISÃO CONCEITUAL

O zinco funciona como um cofator para muitas enzimas (como as que agem como antioxidantes) e é importante para o crescimento, a estrutura e função das membranas celulares, a função imunológica e o sentido do paladar. Carne bovina, frutos do mar e grãos integrais são boas fontes alimentares. Assim como no caso do ferro, a absorção de zinco é regulada de acordo com as necessidades do corpo. Se tomado em quantidades excessivas, o zinco compete com o cobre pela absorção. O selênio ativa uma enzima que ajuda a mudar radicais livres em busca de elétrons (oxidativos) para compostos menos tóxicos de maneira que eles não ataquem e rompam as membranas celulares. Ao ajudar a desmontar compostos de radicais livres, o selênio trabalha para o mesmo objetivo que a vitamina E ao conceder proteção antioxidante ao corpo. Uma deficiência de selênio resulta em distúrbios musculares e cardíacos. Produtos animais e grãos são boas fontes de selênio; entretanto, o conteúdo de selênio em vegetais depende da concentração do mineral no solo. O mau uso de suplementos de selênio e zinco pode rapidamente levar a resultados tóxicos.

▲ A deficiência de iodo leva à formação de um bócio. A mãe à esquerda tem um bócio, mas de outra forma é normal. A filha à direita tem um bócio e é mentalmente retardada, surda e muda.

9.15 Iodo (I)

Nos alimentos, o iodo é encontrado em uma forma iônica, chamada iodeto. Durante a I Guerra Mundial, foi descoberto um elo entre uma deficiência de iodo e a ocorrência de bócio, um aumento da glândula tireoide. Homens recrutados de áreas como a Região dos Grandes Lagos, nos Estados Unidos, tinham uma taxa muito maior de bócio do que homens de algumas outras áreas desse país. Os solos dessas áreas têm baixo teor de iodo. Nos anos 1920, pesquisadores em Ohio descobriram que doses baixas de iodo administradas a crianças durante um período de quatro anos preveniriam o bócio. Esse achado levou à adição de iodo ao sal, começando nos anos 1920.

bócio Aumento de volume da glândula tireoide; frequentemente é causado pela falta de iodo na alimentação.

Nos dias de hoje, muitas nações, como o Canadá, obrigam a fortificação do sal com iodo. Nos Estados Unidos, é possível comprar sal iodado ou puro. O sal iodado tem a embalagem claramente marcada. Algumas áreas da Europa, como o norte da Itália, têm baixos níveis de iodo no solo, mas ainda não adotaram um programa de fortificação de alimentos com iodo. Os habitantes dessas áreas, especialmente as mulheres, ainda sofrem com bócio, assim como pessoas em algumas áreas da América Latina, subcontinente indiano, Sudeste Asiático e África. Cerca de 2 bilhões de pessoas no mundo inteiro estão em risco de sofrer deficiência de iodo, e aproximadamente 800 milhões dessas pessoas sofreram os efeitos difusos da deficiência. A erradicação da deficiência de iodo é o objetivo de muitas organizações relacionadas à saúde no mundo inteiro.

Funções do iodo

A glândula tireoide acumula e reserva ativamente iodo da corrente sanguínea para sustentar a síntese dos hormônios da tireoide. Esses hormônios são sintetizados usando iodo e o aminoácido tirosina e ajudam a regular a taxa metabólica e a promover o crescimento e o desenvolvimento do corpo inteiro, sobretudo o do cérebro.

Se a ingestão de iodo for insuficiente, a glândula tireoide aumenta na tentativa de captar mais iodo da circulação sanguínea, o que, muitas vezes, causa bócio. O bócio simples é uma condição indolor; porém, se não corrigido, leva à pressão na traqueia (faringe), o que pode causar dificuldades respiratórias. Embora possa prevenir a formação de bócio, o iodo não encolhe significativamente um bócio já formado. A remoção cirúrgica pode ser necessária em casos graves.

Se uma mulher tiver uma dieta deficiente em iodo durante os primeiros meses da gravidez, o feto sofre de deficiência de iodo porque o corpo da mãe usa o iodo disponível. O bebê então pode nascer com baixa estatura e desenvolver retardamento mental. O déficit de crescimento e o retardamento mental decorrentes são conhecidos como cretinismo. O cretinismo manifestava-se na América do Norte antes de iniciar a fortificação do sal de cozinha com iodo. Atualmente, o cretinismo ainda aparece na Europa, África, América Latina e Ásia.

cretinismo Atraso no desenvolvimento corporal e déficit do desenvolvimento mental na criança decorrentes da ingestão materna inadequada de iodo durante a gravidez.

Fontes e necessidades de iodo

Peixes de água salgada, frutos do mar, sal iodado, laticínios e produtos à base de grãos contêm diversos tipos de iodo (Fig. 9.21). O sal marinho encontrado em lojas de produtos naturais, no entanto, não é uma boa fonte, porque o iodo é perdido durante o processamento.

A RDA de iodo para adultos é de 150 μg para sustentar a função da glândula tireoide. Trata-se do mesmo valor diário usado para expressar o conteúdo de iodo nos rótulos de alimentos e suplementos. Meia colher de chá de sal iodado (cerca de 2 g) fornece tal quantidade. A maioria dos adultos consome mais iodo do que a RDA – uma estimativa de 190 a 300 μg/dia, não incluindo o sal de mesa iodado. O iodo nas dietas dos norte-americanos também é fornecido por alimentos de fábricas de laticínios e de lanchonetes que utilizam o produto como agente esterilizante, por padarias que o usam como condicionador de massas, e por fabricantes de alimentos que o utilizam como parte dos corantes alimentícios, além de ser acrescentado ao sal. Entretanto, a preocupação é que veganos em geral não consumam iodo o suficiente, a menos que usem sal iodado.

Nível máximo de ingestão tolerável para iodo

O valor estabelecido para o nível máximo de ingestão tolerável (UL) para iodo é de 1,1 μg/dia. Quando grandes quantidades de iodo são consumidas, a síntese dos hormônios da tireoide é inibida, assim como ocorre na deficiência. Isso pode aparecer em pessoas que consomem muita alga marinha, visto que a maioria contém até 1% de iodo por peso. A ingestão total de iodo pode perfazer até 60 a 130 vezes a RDA.

9.16 Cobre (Cu)

O cobre está envolvido no metabolismo do ferro ao operar na formação da hemoglobina e no transporte de ferro. Uma enzima que contém cobre ajuda na liberação do ferro das reservas. O cobre é necessário para as enzimas que criam ligações cruzadas em proteínas do tecido conectivo e também para outras enzimas, como as que defendem o corpo contra compostos de radicais livres (oxidativos) (p. ex., uma forma de superóxido dismutase) e as que atuam no cérebro e no sistema nervoso. Por fim, o cobre atua na função do sistema imune, na coagulação sanguínea e no

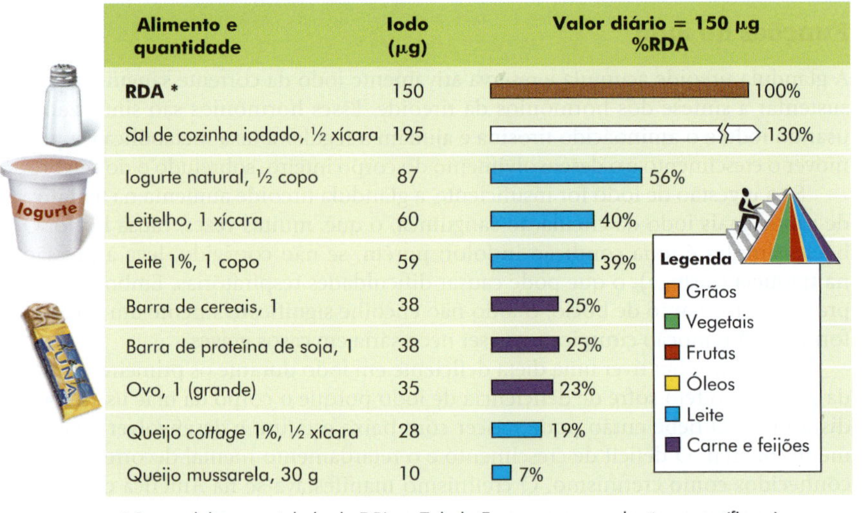

Fontes alimentares de iodo

Alimento e quantidade	Iodo (μg)	Valor diário = 150 μg %RDA
RDA *	150	100%
Sal de cozinha iodado, ½ xícara	195	130%
Iogurte natural, ½ copo	87	56%
Leitelho, 1 xícara	60	40%
Leite 1%, 1 copo	59	39%
Barra de cereais, 1	38	25%
Barra de proteína de soja, 1	38	25%
Ovo, 1 (grande)	35	23%
Queijo *cottage* 1%, ½ xícara	28	19%
Queijo mussarela, 30 g	10	7%

* Para adultos; ver tabela de DRI na Tabela F para recomendações específicas às faixas etárias.

FIGURA 9.21 ▶ Fontes alimentares de iodo comparadas à RDA.

metabolismo de lipoproteínas no sangue. Cerca de 12 a 75% do cobre dietético são absorvidos, com ingestões maiores associadas a uma absorção menor. A absorção ocorre inicialmente no estômago e no intestino delgado superior. O cobre é excretado na bile produzida pelo fígado e liberada pela vesícula biliar. Fitatos, fibras e suplementos de zinco e ferro podem interferir na absorção de cobre. Os sintomas de deficiência de cobre incluem um tipo de anemia, leucopenia, perda óssea, déficit de crescimento e alguns tipos de doença cardiovascular.

▲ Frutos do mar são uma fonte de cobre na dieta.

Fontes e necessidades de cobre

Em geral, o cobre é encontrado no fígado, nos frutos do mar, no cacau, em leguminosas, nozes, sementes e pães e cereais integrais (Fig. 9.22).

A RDA para o cobre é de 900 μg/dia para adultos, com base na quantidade necessária à atividade de proteínas e enzimas que contêm cobre no corpo. O valor diário usado para expressar o conteúdo de cobre nos rótulos de alimentos e suplementos é de 2 mg. Em geral, a ingestão de um adulto é em torno de 1 a 1,6 mg/dia. As mulheres normalmente consomem uma quantidade menor. A forma de cobre com frequência encontrada em suplementos multivitamínicos e minerais (óxido de cobre) não é prontamente absorvida. É melhor obter cobre de fontes alimentares para atender às necessidades corporais. O nível de cobre dos adultos parece ser bom, embora não contemos com medidas sensíveis para determiná-lo.

Os grupos que mais desenvolvem deficiências de cobre são bebês prematuros, bebês que se recuperam de um estado de semi-inanição em uma dieta dominada por leite (uma fonte pobre em cobre) e pessoas em processo de recuperação pós-cirurgia intestinal (quando a absorção de cobre diminui). Lembre-se de que uma deficiência de cobre também pode resultar da suplementação excessiva de zinco, pois zinco e cobre competem entre si pela absorção.

Fontes alimentares de cobre

Alimento e quantidade	Cobre (μg)	Valor diário = 2 mg %RDA
RDA*	900	100%
Fígado bovino frito, 85 g	3.800	422%
Barra energética, 1	700	78%
Nozes, ½ xícara	600	67%
Feijão vermelho, ½ xícara	500	56%
Lagosta, 85 g	400	44%
Melaço, 3 colheres de sopa	300	33%
Sementes de girassol, 2 colheres de sopa	300	33%
Camarão, 85 g	300	33%
Cereal integral com passas, 1 xícara	300	33%
Cereal matinal, 1 xícara	300	33%
Feijão-fradinho, ½ xícara	200	22%
Gérmen de trigo, ¼ xícara	200	22%
Chocolate ao leite, 30 g	110	12%
Pão integral, 1 fatia	80	9%

Legenda:
- Grãos
- Vegetais
- Frutas
- Óleos
- Leite
- Carne e feijões

* Para adultos; ver tabela de DRI na Tabela F para recomendações específicas às faixas etárias.

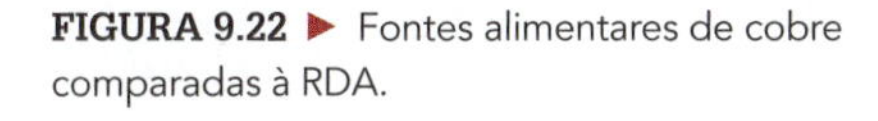

FIGURA 9.22 ▶ Fontes alimentares de cobre comparadas à RDA.

Nível máximo de ingestão tolerável para cobre

O valor estabelecimento para o nível máximo de ingestão tolerável (UL) para cobre é de 10 mg/dia. Doses elevadas de cobre podem causar toxicidade, como vômitos, em doses únicas acima de 10 mg. Outros efeitos, como toxicidade hepática, também são possíveis com megadoses.

manchamento Mudança de coloração ou manchas na superfície dos dentes por fluorose dentária.

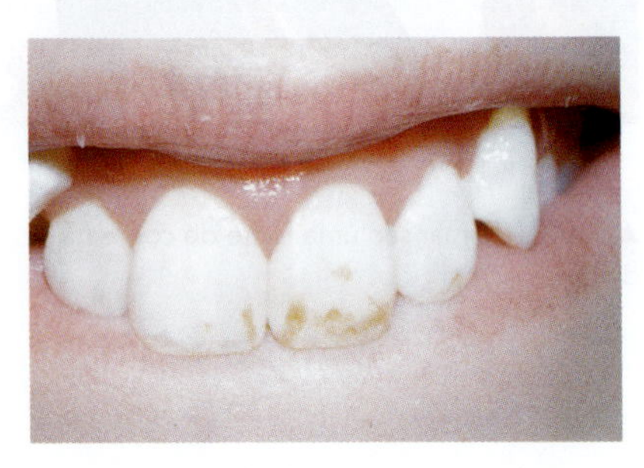

▲ Exemplo de manchamento em um dente causado por superexposição ao flúor.

9.17 Flúor (F)

O íon fluoreto (F) é a forma desse oligoelemento essencial para a saúde humana. Assim como o cloro, o flúor (F_2) é um gás venenoso. Esse elo foi descoberto quando, no início dos anos 1900, dentistas observaram uma taxa menor de cáries dentárias entre a população do sudoeste dos Estados Unidos, uma área que continha grandes quantidades de flúor na água. Essas quantidades eram por vezes tão altas que surgiam pequenas manchas nos dentes, denominadas manchamento. Embora os dentes manchados fossem muito descoloridos, eles continham muito poucas cáries. Depois que experimentos mostraram que o flúor na água de fato diminuía a taxa de cáries dentárias, começou, em 1945, a fluoretação controlada da água em algumas partes dos Estados Unidos.

Os que cresceram bebendo água fluoretada geralmente têm de 40 a 60% menos cáries do que as pessoas que não beberam água fluoretada na infância. Os dentistas podem fazer tratamentos tópicos com flúor, e as escolas podem fornecer comprimidos de flúor, mas é menos dispendioso e mais confiável acrescentar flúor à água potável da comunidade. Entretanto, o abastecimento público e privado de água nem sempre contêm flúor suficiente. Quando em dúvida, contate o departamento de água local ou faça uma análise do conteúdo de flúor da água da sua casa. Se for menos do que uma parte de flúor por milhão de água (p. ex., 1 mg/kg ou litro de água), converse com seu dentista a respeito da melhor maneira de obter flúor.

▲ A água fluoretada é responsável por grande parte da diminuição da ocorrência de cáries dentárias em toda a América do Norte.

Funções do flúor

O flúor dietético consumido durante a infância, quando ossos e dentes estão se desenvolvendo, ajuda na síntese de um tipo de esmalte dentário muito resistente ao ácido. Portanto, os dentes tornam-se resistentes às cáries dentárias. O flúor também inibe o metabolismo e o crescimento das bactérias que causam as cáries, e o flúor presente na saliva inibe diretamente a desmineralização dos dentes e aumenta a remineralização dos dentes.

O flúor aplicado à superfície dos dentes pelos dentistas ou por pastas de dente ou enxaguatórios bucais acrescenta mais proteção contra cáries. Assim, pessoas de todas as idades se beneficiam dos efeitos tópicos do flúor, seja consumindo água fluoretada ou suplementos de flúor na infância.

Fontes e necessidades de flúor

Chá, frutos do mar e algumas fontes de água natural são as únicas boas fontes alimentares de flúor. A maior parte da nossa ingestão de flúor vem da água potável, das pastas de dentes e de tratamentos com flúor feitos pelos dentistas. O flúor não é acrescentado à água engarrafada. Por isso, as pessoas como crianças que consumirem água engarrafada, não receberão flúor durante essa ingestão.

A ingestão adequada de flúor para adultos é de 3,1 a 3,8 mg/dia. Essa faixa propicia os benefícios de resistência às cáries dentárias sem causar efeitos nocivos. A água fluoretada típica contém cerca de 1 mg/L, em cerca de 0,25 mg por copo.

Nível máximo de ingestão tolerável para flúor

O nível máximo de ingestão tolerável (UL) para flúor está fixada em 1,3 a 2,2 mg/dia para crianças pequenas e 10 mg/dia para crianças acima dos nove anos de idade e adultos, com base no dano esquelético e dentário observado com doses maiores. Se as crianças engolirem grandes quantidades de pasta de dente com flúor como parte dos cuidados dentários diários, podem desenvolver manchas esbranquiçadas nos dentes. Não engolir pasta de dente e limitar a quantidade usada ao tamanho de uma ervilha pequena são as melhores maneiras de evitar esse problema. Além disso, crianças com menos de seis anos de idade deverão ter a escovação dos dentes supervisionada por um adulto. O manchamento relacionado ao flúor só ocorre durante o desenvolvimento dos dentes, de maneira que os adultos não desenvolvem essas manchas.

REVISÃO CONCEITUAL

O iodo é vital para a síntese de hormônios da tireoide. Uma ingestão insuficiente prolongada faz a glândula tireoide aumentar, resultando em bócio. O uso de sal iodado na América do Norte praticamente eliminou esse problema. O cobre opera principalmente no metabolismo do ferro e de radicais livres e na ligação cruzada de tecidos conjuntivos. Uma deficiência de cobre pode resultar em um tipo de anemia. Boas fontes alimentares de cobre são frutos do mar, leguminosas, nozes, frutas secas e grãos integrais. O flúor incorpora-se aos dentes durante o desenvolvimento dentário e está presente nas secreções salivares. A presença desse oligoelemento torna os dentes resistentes ao ácido e ao crescimento bacteriano, o que reduz, assim, o desenvolvimento de cáries dentárias. O flúor também auxilia na remineralização dos dentes no início da cárie. A maioria das pessoas recebe quantidades adequadas de flúor acrescentado na água potável e nas pastas de dente. Uma ingestão excessiva de flúor durante o desenvolvimento dos dentes pode levar a manchas nos dentes (manchamento) e, possivelmente, ao dano ósseo.

9.18 Cromo (Cr)

A importância do cromo nas dietas humanas passou a ser reconhecida apenas nos últimos 40 anos. A função mais estudada do cromo é a manutenção da captação de glicose nas células. Nosso entendimento atual é que o cromo entra na célula e acentua o transporte de glicose pela membrana celular ao potencializar a função da insulina. Ingestões de cromo de muito baixas a baixas podem contribuir para um risco maior de desenvolver diabetes tipo 2, mas as opiniões são variadas quanto ao grau verdadeiro de tal efeito.

A deficiência de cromo é caracterizada pelo comprometimento do controle da glicose e elevação dos níveis de colesterol e triglicerídeos. O mecanismo pelo qual o cromo influencia o metabolismo do colesterol não é conhecido, entretanto pode envolver enzimas que controlam a síntese de colesterol. A deficiência de cromo apareceu originalmente em pessoas mantidas em nutrição parenteral total intravenosa com soluções não suplementadas com cromo e em crianças desnutridas. Não existem medidas sensíveis para medir o nível do cromo, de maneira que deficiências limítrofes podem permanecer despercebidas.

▲ Cogumelos são uma boa fonte de cromo.

Fontes e necessidades de cromo

Dados específicos a respeito do conteúdo de cromo de diversos alimentos são limitados, e a maioria das tabelas de composição de alimentos não incluem valores para esse oligoelemento. Gemas de ovos, grãos integrais (farelo de trigo), vísceras, outras carnes, cogumelos, nozes e cerveja são boas fontes de cromo. A levedura (fermento) também. A quantidade de cromo nos alimentos está diretamente ligada ao teor de cromo do solo local. Para termos uma boa ingestão de cromo, é melhor optarmos por grãos integrais em vez da maioria dos grãos refinados.

A ingestão adequada de cromo é de 25 a 35 μg/dia, com base na quantidade presente em uma dieta balanceada. O valor diário usado para expressar o conteúdo de cromo nos rótulos de alimentos e suplementos é cerca de quatro vezes mais (120 μg). Estima-se que as ingestões do adulto comum na América do Norte fiquem em torno de 30 μg/dia, porém pode ser um pouco maior.

Nenhum valor para nível máximo de ingestão tolerável (UL) foi fixado para o cromo, pois sua toxicidade presente em alimentos ainda não foi observada. Entretanto, essa toxicidade foi relatada em pessoas expostas a resíduos industriais e em

Suplementos de cromo foram alardeados como um auxílio no aumento da massa muscular e na perda de gordura induzidos pelo exercício. Entretanto, as pesquisas não corroboram tal afirmação.

pintores que usam material de arte com um alto teor de cromo. Dano hepático e câncer de pulmão são eventos possíveis. O uso de qualquer suplemento não deverá exceder o valor diário estabelecido, a menos que seja supervisionado por um médico, devido ao risco de toxicidade.

9.19 Manganês (Mn)

▲ Nozes são ricas em manganês.

O mineral manganês é facilmente confundido com magnésio. Não só em razão da semelhança dos nomes, como também por frequentemente substituírem um ao outro em processos metabólicos. O manganês é necessário em função de enzimas usadas no metabolismo dos carboidratos e de uma forma de superóxido dismutase usada no metabolismo de radicais livres. É importante também na formação dos ossos.

Nenhuma deficiência humana está associada à ingestão baixa de manganês. Nossa necessidade de manganês é pequena, e as dietas tendem a ser adequadas nesse oligoelemento.

Boas fontes de manganês são nozes, arroz, aveia e outros grãos integrais, feijões e vegetais folhosos. A ingestão adequada de manganês é de 1,8 a 2,3 mg para compensar as perdas diárias. As ingestões típicas geralmente se encaixam nessa faixa. O valor diário usado para expressar o conteúdo de manganês nos rótulos de alimentos e suplementos é de 2 mg.

Nível máximo de ingestão tolerável para manganês

O manganês é tóxico em doses elevadas. O nível máximo de ingestão tolerável (UL) para manganês é de 11 mg/dia e se baseia no desenvolvimento de dano nervoso.

9.20 Molibdênio (Mo)

Várias enzimas humanas utilizam molibdênio. Não se observa deficiência de molibdênio em pessoas que consomem dietas normais, apesar de haver sintomas de deficiência em pessoas mantidas em nutrição parenteral total intravenosa. Esses sintomas são aumento das frequências cardíaca e respiratória, cegueira noturna, confusão mental, edema e fraqueza.

Boas fontes alimentares de molibdênio incluem leite e derivados, feijões, grãos integrais e nozes. A RDA para molibdênio é de 45 μg para compensar as perdas diárias. O valor diário usado para expressar o conteúdo de molibdênio nos rótulos de alimentos e suplementos é de 75 μg. As ingestões diárias variam entre 75 a 110 μg.

Nível máximo de ingestão tolerável para molibdênio

O nível máximo de ingestão tolerável (UL) para molibdênio é de 2 mg/dia. Quando consumido em doses elevadas, o molibdênio causa toxicidade em animais de laboratório, o que resulta em perda de peso e déficit do crescimento.

A Tabela 9.3 resume o que foi aqui abordado a respeito dos oligoelementos, assim como a Figura 9.23. A Figura 9.24 resume as diversas contribuições dos grupos da *MyPyramid* às necessidades de minerais.

9.21 Outros oligoelementos

Apesar de encontrarmos uma variedade de outros oligoelementos nos humanos, muitos deles ainda não foram demonstrados como necessários. A lista de minerais nessa categoria inclui boro, níquel, vanádio, arsênico e silício. Não foram observados sintomas difusos de deficiência em humanos, provavelmente porque as dietas

TABELA 9.3 Um resumo dos principais oligoelementos (minerais-traço)

Mineral	Principais funções	RDA ou Ingestão adequada	Fontes dietéticas	Sintomas de deficiência	Sintomas de toxicidade
Ferro	• Componentes da hemoglobina e de outros compostos-chave usados na respiração • Função imunológica • Desenvolvimento cognitivo	*Homens:* 8 mg *Mulheres na pré-menopausa* 18 mg	• Carnes • Frutos do mar • Brócolis • Ervilhas • Farelo de trigo • Pães enriquecidos	• Fadiga • Anemia • Valores baixos de hemoglobina no sangue	• Dano hepático e cardíaco (casos extremos) • Desconforto gastrintestinal • UL de 45 mg
Zinco	• Necessário por quase 200 enzimas • Crescimento • Imunidade • Metabolismo do álcool • Desenvolvimento sexual • Reprodução • Proteção antioxidante	*Homens:* 11 mg *Mulheres:* 8 mg	• Frutos do mar • Carnes • Verduras • Grãos integrais	• *Rash* cutâneo • Diarreia • Diminuição do apetite e da sensação de paladar • Queda de cabelo • Déficit do crescimento e desenvolvimento • Má cicatrização de feridas	• Menor absorção de cobre • Diarreia • Cólicas • Depressão da função imunológica • UL de 40 mg
Selênio	• Parte de um sistema antioxidante	55 μg	• Carnes • Ovos • Peixe • Frutos do mar • Grãos integrais	• Mialgia • Fraqueza • Forma de doença cardíaca	• Náusea • Vômitos • Queda de cabelo • Fraqueza • Doença hepática • UL de 400 μg
Iodo	• Componente dos hormônios da tireoide	150 μg	• Sal iodado • Pão branco • Peixe de água salgada • Laticínios	• Bócio • Retardamento mental • Déficit do crescimento na infância quando a mãe teve deficiência de iodo durante a gestação	• Inibição da função da glândula tireoide • UL de 1,1 mg
Cobre	• Auxilia no metabolismo do ferro • Trabalha com muitos antioxidantes • Está envolvido com enzimas do metabolismo proteico e síntese hormonal	900 μg	• Fígado • Cacau • Feijões • Nozes • Grãos integrais • Frutas secas	• Anemia • Leucopenia • Déficit do crescimento	• Vômitos • Distúrbios do sistema nervoso • UL de 8-10 mg
Flúor	• Aumenta a resistência do esmalte dos dentes às cáries dentárias	*Homens:* 3,8 mg *Mulheres:* 3,1 mg	• Água fluoretada • Pasta de dentes • Chá • Algas marinhas • Tratamentos dentários	• Aumento do risco de cáries dentárias	• Desconforto estomacal • Manchamento (descoloração) dos dentes durante o desenvolvimento • Dor óssea • UL de 10 mg para adultos
Cromo	• Melhora a ação da insulina	25-35 μg	• Gemas de ovos • Grãos integrais • Porco • Nozes • Cogumelos • Cerveja	• Aumento da glicose sanguínea depois da ingestão	• Causados por contaminação industrial, não excessos dietéticos, de maneira que não há nível máximo estabelecido
Manganês	• Atua como cofator de algumas enzimas, como as envolvidas no metabolismo de carboidratos • Trabalha com algumas enzimas antioxidantes	1,8-2,3 mg	• Nozes • Aveia • Feijões • Chá	Nenhum observado em humanos	• Distúrbios do sistema nervoso • UL de 11 mg
Molibdênio	• Auxilia na ação de algumas enzimas	45 μg	• Feijões • Grãos • Nozes	Nenhum observado em humanos	• Déficit do crescimento em animais de laboratório • UL de 2 mg

FIGURA 9.23 ▶ A água e os minerais estão envolvidos em muitos processos corporais.

típicas proporcionam quantidades adequadas desses minerais e porque muito poucas enzimas e sistemas metabólicos necessitam deles. Seu potencial de toxicidade deve levantar o questionamento de uma suplementação não supervisionada por um médico. Esses oligoelementos podem conquistar mais importância à medida que mais pesquisas forem divulgadas.

REVISÃO CONCEITUAL

O cromo contribui para a função da insulina. A quantidade de cromo encontrada nos alimentos depende do teor de cromo no solo em que o alimento foi cultivado. Carnes, grãos integrais e gemas de ovos são boas fontes. O manganês é um componente dos ossos e é usado por muitas enzimas, como as envolvidas na produção de glicose. Nossa necessidade é pequena, de maneira que deficiências são raras. Nozes, arroz, aveia e feijões são boas fontes alimentares. O molibdênio é outro oligoelemento necessário por umas poucas enzimas. Boas fontes são leite, feijões, grãos integrais e nozes. Deficiências ocorreram apenas em pessoas que recebiam alimentação parenteral total sem suplementação. As necessidades de alguns outros oligoelementos – como boro, níquel, arsênico e vanádio – ainda não foram totalmente estabelecidas em humanos. Se forem necessários de fato, são em quantidades tão pequenas que nossas dietas atuais já estão proporcionando fontes adequadas deles.

Grãos	Vegetais	Frutas	Óleos	Leite	Carne e feijões
• Cloreto de sódio • Cálcio (produtos fortificados) • Fósforo • Magnésio • Ferro • Zinco • Cobre • Selênio • Cromo	• Potássio • Magnésio	• Potássio • Boro	• Nenhum	• Cálcio • Fósforo • Zinco	• Cloreto de sódio (alimentos processados) • Potássio • Fósforo • Magnésio • Selênio • Ferro • Zinco • Cobre

FIGURA 9.24 ▶ Certos grupos da *MyPyramid* são fontes especialmente ricas de diversos minerais, como os citados a seguir. Todos podem ser encontrados também em outros grupos, porém em quantidades menores. Outros oligoelementos também estão presentes em quantidades moderadas em muitos grupos. Em relação ao grupo dos grãos, as variedades integrais são as fontes mais ricas da maioria dos oligoelementos listados.

Mantendo uma pressão arterial saudável

Estima-se que 1 em cada 5 adultos norte-americanos seja hipertenso. Aos 65 anos de idade, esse número cresce para 1 em cada 2 adultos. Apenas a metade dos casos estão sendo tratados. A pressão arterial é expressa por dois números. O número mais alto representa a pressão arterial sistólica, a pressão nas artérias quando o músculo cardíaco se contrai e bombeia sangue nas artérias. A pressão arterial sistólica ideal é de 120 mm de mercúrio (mmHg) ou menos. O segundo valor é a pressão arterial diastólica, a pressão na artéria quando o coração está relaxado. A pressão arterial diastólica ideal é de 80 mmHg ou menos. Elevações tanto na pressão arterial sistólica como na diastólica são fortes preditores de doença (Fig. 9.25).

A hipertensão é definida como uma pressão sistólica mantida acima de 139 mmHg ou uma pressão diastólica acima de 89 mmHg. A maioria dos casos de hipertensão (cerca de 95%) não tem uma causa definida. Ela é descrita como primária ou essencial (hipertensão essencial). Doença renal, distúrbios respiratórios do sono (apneia do sono) e outras causas com frequência levam a outros 5% dos casos, conhecidos como hipertensão secundária. Afro-americanos são mais propensos do que brancos a desenvolver hipertensão e, em geral, desenvolvem com menos idade.

A menos que a pressão arterial seja periodicamente medida, o desenvolvimento da hipertensão pode passar despercebido com facilidade. Assim, costuma ser definida como um distúrbio silencioso, porque normalmente não causa sintomas.

Por que controlar a pressão arterial?

A pressão arterial precisa ser controlada principalmente para prevenir doenças cardiovasculares, doença renal, acidentes cerebrovasculares e declínios relacionados na função cerebral, má circulação sanguínea nas pernas, problemas de visão e morte súbita. Essas condições tendem muito mais a ser encontradas em indivíduos hipertensos do que em pessoas normotensas. Tabagismo e lipoproteínas sanguíneas elevadas aumentam a probabilidade dessas doenças. Indivíduos hipertensos precisam de diagnóstico e tratamento o mais rápido possível, já que, caso persista por muitos anos, a condição, em geral, progride para um estágio mais grave com o tempo e até mesmo pode resistir à terapia.

Causas da hipertensão

Uma história familiar de hipertensão é um fator de risco, especialmente se ambos os pais têm (ou tiveram) o problema. Além disso, a pressão arterial em geral aumenta à proporção que a pessoa envelhece. Parte dessa elevação é causada por aterosclerose. À medida que a placa se acumula nas artérias, esses vasos vão se tornando menos flexíveis e não conseguem se expandir. Quando os vasos ficam rígidos, a pressão arterial permanece alta. Por fim, a placa começa a reduzir o aporte de sangue aos rins, diminuindo sua capacidade de controlar o volume sanguíneo e, por sua vez, a pressão arterial.

Uma enzima produzida pelos rins e alguns compostos similares a hormônios têm a função de manter uma pressão arterial saudável. Quando a pressão arterial está alta, o efeito desses compostos pode ser reduzido por medicações anti-hipertensivas.

Pessoas acima do peso têm seis vezes mais risco de desenvolver hipertensão do que pessoas magras. Em termos gerais, a obesidade é considerada o fator de estilo de vida número um relacionado à hipertensão. Trata-se especialmente do caso das minorias populacionais. Outros vasos sanguíneos se desenvolvem para sustentar o excesso de tecido em indivíduos acima do peso e obesos, e esses centímetros a mais de vasos sanguíneos associados aumentam o esforço do coração e também a pressão arterial. A hipertensão está ligada à obesidade se níveis elevados de insulina no sangue resultarem de células adiposas resistentes à insulina. Esse nível elevado de insulina aumenta a retenção de sódio no corpo e ace-

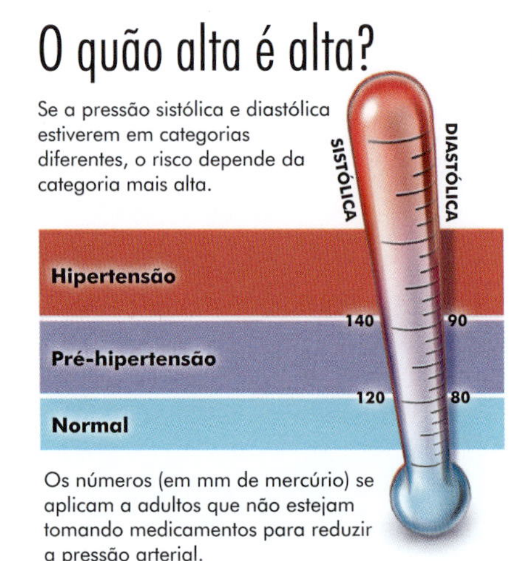

FIGURA 9.25 ▶ O ponto de corte para hipertensão é 140/90 mmHg, mas o risco de infartos agudos do miocárdio e AVC precede a esse aumento na pressão arterial.

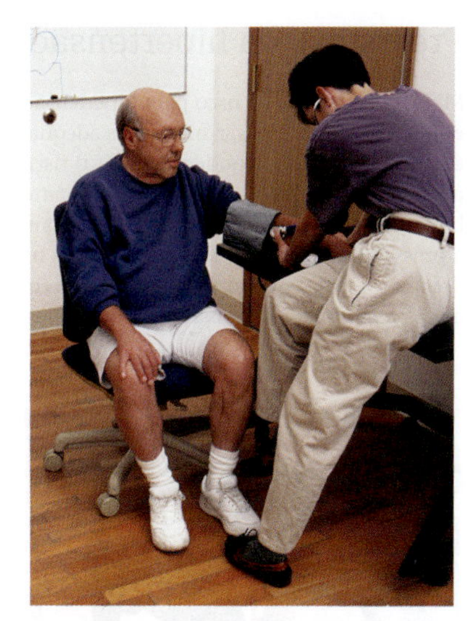

▲ Idosos estão particularmente em risco de sofrer hipertensão.

lera a aterosclerose. Uma perda de peso tão singela quanto de 4,5 a 7 kg muitas vezes consegue ajudar a tratar a hipertensão.

A inatividade é considerada o fator de estilo de vida número dois relacionado à hipertensão. Se uma pessoa obesa conseguir praticar atividade física regular (pelo menos cinco dias por semana, por 30 a 60 min) e perde peso, a pressão arterial com frequência volta ao normal.

Em terceiro lugar, a ingestão excessiva de álcool é responsável por cerca de 10% de todos os casos de hipertensão, especialmente em homens de meia-idade e entre afro-americanos em geral. Quando a hipertensão é causada por uma ingestão excessiva de álcool, costuma ser reversível. Uma ingestão sensata de álcool para pessoas hipertensas significa dois ou menos *drinks* por dia para homens e um ou nenhum *drink* por dia para mulheres e todos os idosos. Vale ressaltar que essa é a mesma recomendação dada nas Dietary Guidelines for Americans de 2005. Alguns estudos indicam que uma ingestão mínima de álcool pode reduzir o risco de AVC isquêmico. Entretanto, esses dados não devem ser usados para estimular o consumo de álcool.

Em algumas pessoas, particularmente afro-americanos e pessoas mais velhas acima do peso, a pressão arterial é especialmente sensível ao sódio. Nesses casos, o excesso de sal leva à retenção de líquido pelo rim e a um aumento correspondente no volume sanguíneo, o que, por conseguinte, eleva a pressão arterial. Não está claro se o íon sódio ou o íon cloreto é mais responsável pelo efeito. Contudo, conforme foi revisado neste capítulo, ao reduzir a ingestão de sódio, a ingestão de cloreto diminui naturalmente; o oposto também é verdadeiro. Em grande parte, uma recomendação de consumir menos sódio equivale à presença de menos sal na dieta. Apenas alguns norte-americanos são muito sucetíveis a elevações na pressão arterial pela ingestão de sal, de maneira que se trata do quarto fator do estilo de vida relacionado à hipertensão. É uma lástima que a ingestão de sal receba a maior parte da atenção pública em relação à hipertensão. Os esforços para prevenir a hipertensão também deveriam enfatizar a obesidade, o sedentarismo e o abuso de álcool.

Outros minerais e a pressão arterial

Minerais como cálcio, potássio e magnésio também merecem atenção quando se fala em prevenção e tratamento da hipertensão. Estudos mostram que uma dieta rica nesses minerais e pobre em sal pode reduzir a pressão arterial dias depois de iniciada, especialmente entre afro-americanos. A resposta é até mesmo semelhante à observada com medicações usadas com frequência. Essa dieta é chamada de Dietary Approaches to Stop Hypertension (DASH), (Abordagem dietética para deter a hipertensão [Tab. 9.4]). A dieta rica em cálcio, fósforo e magnésio e pobre em sal adota o plano alimentar-padrão da *MyPyramid* e acrescenta de 1 a 2 porções extras de vegetais e frutas e uma porção de nozes, sementes ou leguminosas (feijões) 4 a 5 dias por semana. Nos estudos da DASH, os participantes também consumiam não mais do que 3 g de sódio e não mais do que 1 ou 2 *drinks* alcoólicos por semana. Um ensaio de dieta DASH 2 testou três ingestões diárias de sódio (3.300 mg, 2.400 mg e 1.500 mg). As pessoas mostraram um declínio uniforme na pressão arterial na dieta DASH à medida que a ingestão de sódio diminuía. Em termos gerais, essa dieta é vista como uma abordagem dietética completa para tratar hipertensão. Não está claro quais das diversas práticas salutares dessa dieta são responsáveis pela queda na pressão arterial.

▲ Optar por frutas, vegetais e alimentos pouco gordurosos recomendados pela dieta DASH representa uma conduta nutricional sensata para a maioria das pessoas independentemente do risco de hipertensão.

Outros estudos também mostram uma redução no risco de AVC entre pessoas que consomem uma dieta rica em frutas, vegetais e vitamina C (importante lembrar que frutas e vegetais são fontes ricas em vitamina C). Em termos gerais, uma dieta pobre em sal e rica em laticínios semidesnatados e desnatados, frutas, vegetais, grãos integrais e uma porção de oleaginosas consegue re-

TABELA 9.4 O que é a dieta DASH?

A dieta DASH é caracterizada como uma dieta pobre em gorduras e sódio e rica em frutas, vegetais e laticínios magros. A seguir, temos a composição:

Por dia	Por semana
6-8 porções de grãos e produtos à base de grãos	4-5 porções de oleaginosas, sementes ou leguminosas
4-5 porções de frutas	5 porções de doces e açúcares adicionados
4-5 porções de vegetais	
2-3 porções de laticínios semidesnatados ou desnatados	
2 ou menos porções de carnes, aves e peixe	
2-3 porções de gorduras/óleos	

duzir significativamente o risco de hipertensão e AVC em muitas pessoas, sobretudo nas hipertensas.

Medicamentos para tratar hipertensão

Medicamentos diuréticos são uma classe de fármacos usados para tratar hipertensão. Essas "pílulas de água" funcionam reduzindo o volume de sangue (e, portanto, a pressão do sangue) ao aumentar o débito hídrico na urina. Outros medicamentos agem reduzindo a frequência cardíaca ou causando relaxamento dos vasos sanguíneos. Uma combinação de duas ou mais medicações, em geral, é necessária para tratar a hipertensão que não responde à dieta e a mudanças no estilo de vida.

Prevenção da hipertensão

Muitos dos fatores de risco para hipertensão e AVC são controláveis, e mudanças adequadas no estilo de vida podem reduzir o risco de uma pessoa (Fig. 9.26). Especialistas também recomendam que hipertensos reduzam a pressão arterial por meio de mudanças na dieta e no estilo de vida antes de buscarem auxílio em medicamentos anti-hipertensivos.

Recomendação	Detalhes	Queda na pressão arterial sistólica
Perder o excesso de peso	Para cada 9 kg perdidos	5 a 20 pontos
Seguir uma dieta DASH	Consumir uma dieta pobre em gorduras e rica em vegetais, frutas e laticínios magros	8 a 14 pontos
Praticar exercícios diariamente	Fazer uma atividade aeróbica por 30 min ao dia (como uma caminhada vigorosa)	4 a 9 pontos
Limitar a ingestão de sódio	Consumir não mais do que 2.400 mg/dia (1.500 mg/dia é melhor)	2 a 8 pontos
Limitar o consumo de álcool	Não mais do que 2 *drinks*/dia para homens e 1 *drink*/dia para mulheres (1 *drink* = 355 mL de cerveja, 150 mL de vinho ou 50 mL de uísque normal 40% de graduação alcóolica	2 a 4 pontos

Fonte: *The Seventh Report of the Joint National Committee on Prevention, Detection, Evaluation and Treatment of High Blood Pressure*, Maio de 2003. (www.nhibl.hih.gov/guidelines/hypertention).

FIGURA 9.26 ▶ O que funciona? Se a sua pressão arterial estiver alta, esta figura mostra como as mudanças no estilo de vida poderão reduzi-la.

▲ A atividade física moderada e regular contribui para melhorar o controle da pressão arterial.

Prevenindo a osteoporose

Devido à grande atenção da mídia, ficou praticamente impossível as mulheres ignorarem a osteoporose. O efeito debilitante dessa doença em idosos é hoje reconhecido como um problema médico importante. A osteoporose leva a aproximadamente 1,5 bilhão de fraturas ósseas todos os anos nos Estados Unidos, em geral fraturas do quadril, da espinha ou do punho, o que acarreta custos de saúde em torno de US$ 18 bilhões por ano. Muitas norte-americanas idosas sofrem fraturas relacionadas à osteoporose durante a vida.

A mulher esguia e inativa que fuma também é mais suscetível à osteoporose, porém qualquer pessoa que viva tempo suficiente pode sofrer dessa doença, até mesmo os homens. Cerca de 25% das mulheres com mais de 50 anos de idade desenvolvem osteoporose. Entre pessoas acima de 80 anos de idade, a osteoporose é a regra, não a exceção. As fraturas da espinha frequentemente encontradas em mulheres com osteoporose causam dor e deformidade consideráveis e comprometimento da capacidade física (Fig. 9.27); fraturas de quadril são vistas tanto em homens quanto em mulheres com osteoporose. Não só essa doença pode ser debilitante como também fatal. Quase um quarto dos idosos que sofrem fraturas de quadril morrem em até um ano em consequência de complicações relacionadas à fratura.

Estrutura e resistência óssea

Para entender melhor o papel do cálcio na saúde óssea e na osteoporose, é importante entender como os ossos são construídos. A observação visual de cortes transversais de um osso revela dois tipos estruturais: osso cortical e osso trabecular. Eles interagem e formam uma excelente de engenharia em termos de resistência (Fig. 9.28).

A superfície externa de todos os ossos é composta de osso cortical, também conhecido como osso compacto, que é bastante denso. As hastes dos ossos longos, como os do braço, são quase inteiramente osso cortical. O trabecular, também conhecido como osso esponjoso, é encontrado nos terminais dos ossos longos, dentro das vértebras espinais e dentro dos ossos planos da pelve.

O osso trabecular é poroso e forma uma rede interna como uma espécie de andaime para um osso. Ele sustenta a concha cortical externa do osso, especialmente em áreas de alto estresse, como as articulações. Como vigas de um prédio, o trabecular concede resistência ao osso sem agregar peso de mais uma matriz sólida. É especialmente importante que as vigas trabeculares horizontais e verticais estendam-se continuamente – sem quebras. Qualquer brecha nas vigas trabeculares enfraquece o sistema de sustentação e aumenta o risco de fratura

osso cortical Osso denso e compacto que compreende a superfície externa e as hastes ósseas; também denominado osso compacto.

osso trabecular Matriz interna esponjosa do osso, sobretudo, encontrada na espinha, na pelve e nos terminais ósseos; também denominado osso esponjoso ou canceloso.

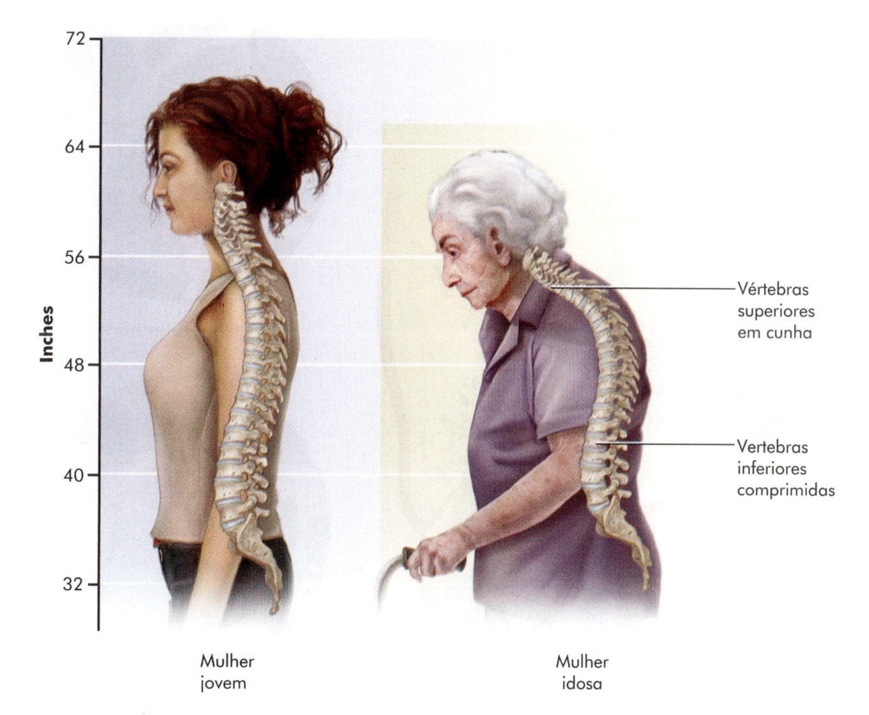

FIGURA 9.27 ▶ Mulher normal e mulher osteoporótica. Os ossos osteoporóticos têm menos substância, de maneira que a osteoporose geralmente leva à perda estatural, formato corporal distorcido, fraturas e perda de dentes. Monitorar as mudanças estaturais no adulto é uma maneira de detectar evidências precoces de osteoporose.

óssea. Quando há rompimento nessas vigas, ou feixes, não há como reconstruí-las. Por isso, é tão importante limitar a perda óssea à medida que envelhecemos.

A massa óssea está relacionada à idade e ao gênero

A resistência óssea depende da massa óssea e da densidade mineral óssea de uma pessoa. Quanto mais osso houver, e especialmente quanto mais densamente compactados estiverem os cristais ósseos, mais forte será a estrutura óssea. O crescimento ósseo rápido e contínuo e a calcificação ocorrem durante a adolescência, resultando, no final, no que chamamos de *pico de massa óssea*. No estirão de crescimento da adolescência, a massa óssea aumenta em torno de 8,5% ao ano. Pequenos aumentos continuam, então, entre os 20 e 30 anos de idade.

A quantidade final de osso construído por uma pessoa depende muito do gênero, da raça e de padrões familiares vistos na mãe e no pai e, provavelmente, de outros fatores determinados geneticamente, como o grau de absorção de cálcio. Além disso, os homens têm uma massa óssea maior do que a mulheres, e os afro-americanos têm esqueletos mais pesados do que os brancos. Por consequência, homens e afro-americanos em geral têm um risco um pouco menor de sofrer fraturas relacionadas à osteoporose do que outras populações. Mulheres brancas e asiáticas magras e de estatura pequena exibem os menores valores de massa óssea. O pico de massa muscular também está diretamente relacionado à ingestão dietética de cálcio e outros nutrientes, como proteína, fósforo, vitamina A, vitamina D, vitamina K, magnésio, ferro, zinco e cobre (Tab. 9.5). Assim, a osteoporose não depende só do cálcio – muitos minerais e outros nutrientes também têm um papel.

A massa óssea varia entre adultos jovens; alguns têm ossos mais densos do que outros, provavelmente por terem formado mais osso na juventude. Algumas pessoas talvez se adaptem mais facilmente a dietas com pouco cálcio. Aquelas que desenvolveram mais osso até o início da fase adulta conseguem sustentar mais perda óssea relacionada à idade com menos risco de osteoporose comparadas às que chegaram à fase

massa óssea Substância mineral total (como cálcio e fósforo) em um corte transversal do osso, geralmente expresso em gramas por centímetro de comprimento (g/cm).

densidade mineral óssea Conteúdo mineral total de um osso específico dividido pela amplitude do osso naquele local, geralmente expresso como gramas por centímetro cúbico (g/cm^3).

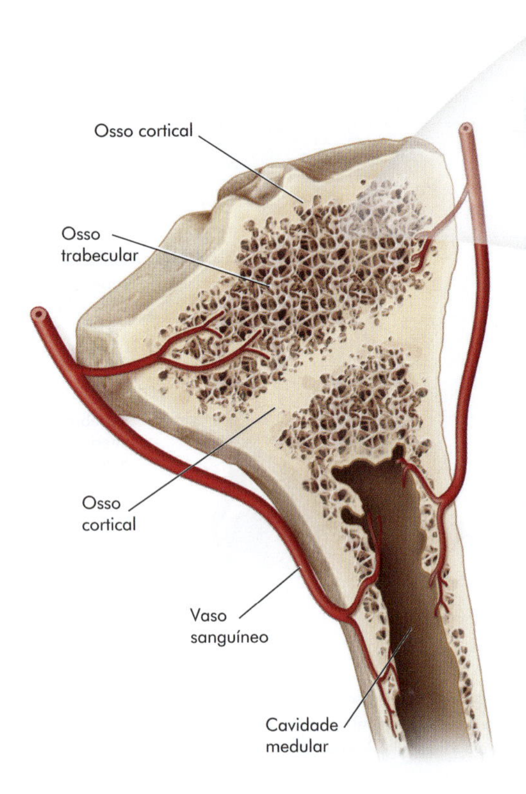

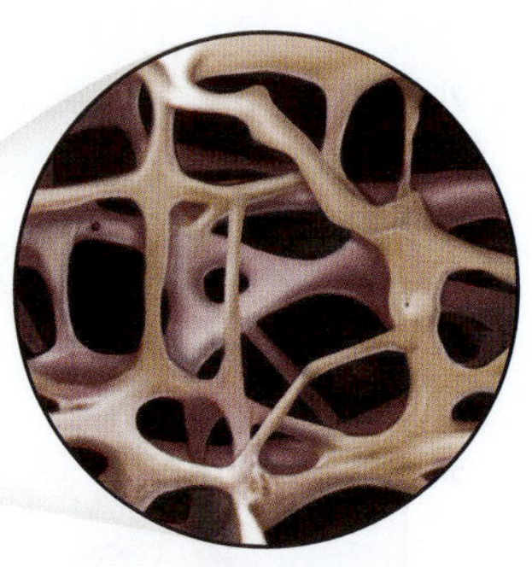

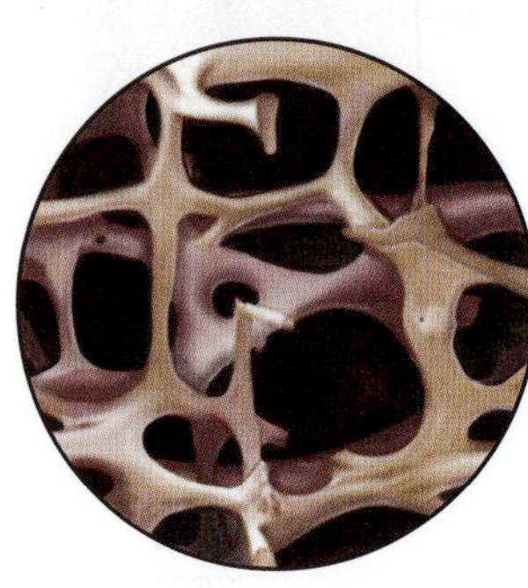

FIGURA 9.28 ▶ Osso cortical e trabecular. O osso cortical forma as hastes dos ossos e seu revestimento mineral externo. O osso trabecular sustenta a concha externa do osso cortical em diversos ossos do corpo, conforme demonstrado na ilustração. Observe como o osso osteoporótico tem bem menos osso trabecular. Isso leva a um osso mais frágil e não se reverte em nenhum grau pelas terapias atuais.

adulta com menos osso. Assim, a osteoporose é considerada uma "doença pediátrica" com consequências geriátricas (idade avançada) (Fig. 9.29).

No caso das mulheres, a perda óssea começa aos 30 anos e prossegue lenta e continuamente até a menopausa (em torno dos 50 anos de idade). Essa perda com frequência se acelera na menopausa com o declínio na produção de estrogênio e continua a uma taxa de perda elevada pelos 10 anos seguintes. Em torno dos 65 a 70 anos de idade, a taxa de perda óssea baixa para aproximadamente a mesma de antes da menopausa. Nos homens, essa perda é lenta e constante a partir dos 30 anos de idade ou próximo a isso. Em termos gerais, a perda óssea tanto em homens quanto em mulheres progride sem sintomas notáveis a curto prazo.

Osteoporose

A incapacidade de manter massa óssea suficiente no corpo normalmente é diagnosticada como osteoporose. A perda óssea também pode ser causada pela osteomalacia (doença causada por deficiência de vitamina D), decorrente do uso de determinados medicamentos (como cortisol e anticonvulsivantes) e em virtude de câncer.

Todas a mulheres acima de 65 anos de idade devem fazer rastreamento dessa doença. O rastreamento mais preciso envolve **uma varredura óssea por absorciometria com raio X de dupla energia (DEXA)** do corpo total. (Instrumentos um pouco menos precisos medem a densidade mineral óssea em um único local, como o tornozelo.) Mulheres mais jovens com fatores de risco associados são aconselhadas a fazer o mesmo na menopausa, porque os resultados do rastreamento ajudariam-nas a decidir se a terapia médica para perda óssea é um plano adequado para a menopausa.

varredura óssea por absorciometria com raio X de dupla energia (DEXA) Método para medir a densidade óssea que utiliza pequenas quantidades de radiação por raio X. A capacidade do osso de bloquear a trilha de radiação é usada como uma medida da densidade naquele sítio ósseo.

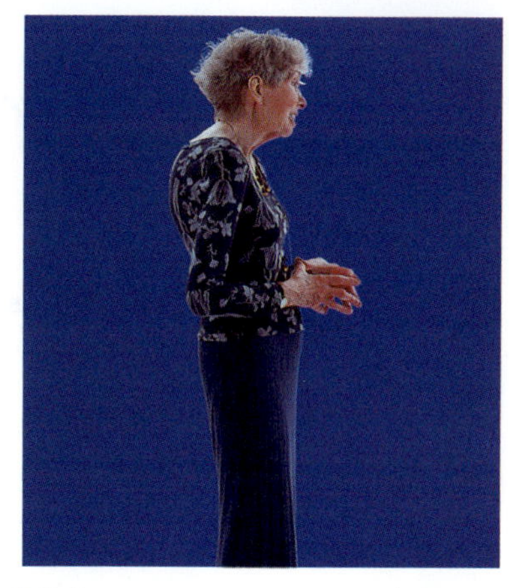

▲ Mulheres com osteoporose, em geral, desenvolvem uma curvatura anormal da parte superior da espinha, que resulta em fraturas das vértebras enfraquecidas, levando tanto à dor física quanto emocional.

Para o exame DEXA, a pessoa fica deitada de costas em uma mesa acolchoada enquanto um braço de imageamento móvel passa sobre toda a extensão do corpo. O procedimento em geral leva em torno de 20 a 30 minutos. A capacidade de um osso

TABELA 9.5 Fatores dietéticos e do estilo de vida associados ao *status* ósseo

Fatores dietéticos e do estilo de vida positivos	Tomar medidas
Dieta adequada contendo uma quantidade suficiente de proteína, cálcio, fósforo, magnésio, potássio, vitamina A, vitamina C, vitamina D, vitamina K, ferro, zinco, cobre, flúor e manganês e possivelmente boro	• Siga a *MyPyramid* com ênfase especial nas quantidades adequadas de frutas, vegetais, pouca gordura e laticínios semidesnatados e desnatados. • Considere o uso de alimentos fortificados (ou suplementos) para compensar deficiências de nutrientes específicos, como vitamina D e cálcio.
Peso corporal saudável	• Saiba que um peso corporal baixo (compleição magra) aumenta o risco de massa óssea baixa.
Menstruação normal	• Durante os anos reprodutivos, busque atenção médica se a menstruação parar (como nos casos de anorexia nervosa ou treinamento atlético extremo). • Mulheres na menopausa e pós-menopausa devem considerar o uso de terapias médicas atuais para reduzir a perda óssea ligada à queda na produção de estrogênio.
Atividade física de sustentação de peso	• Faça atividade física de sustentação de peso já que isso contribui para a manutenção óssea, enquanto o repouso e um estilo de vida sedentário levam à perda óssea. O treinamento de força é especialmente útil para a manutenção óssea.
Fatores dietéticos e do estilo de vida negativos	**Tomar medidas**
Ingestão excessiva de proteína, fósforo, sódio, cafeína, farelo de trigo e álcool	• A ingestão moderada desses componentes dietéticos é recomendada. Em geral, os problemas ocorrem se não houver uma ingestão adequada de cálcio. • O consumo excessivo de refrigerantes é desaconselhado.
Tabagismo	• Fumar diminui a produção de estrogênio em mulheres, de maneira que é aconselhável parar de fumar.

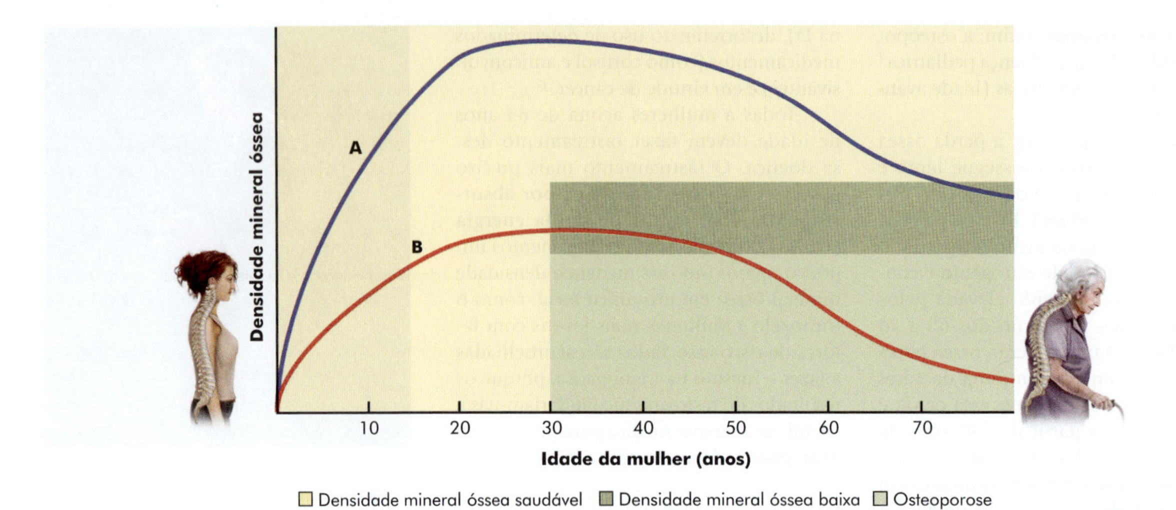

FIGURA 9.29 ► A relação entre o pico de massa óssea e o risco final de desenvolver osteoporose e fraturas ósseas relacionadas.

- **A mulher A** desenvolveu um pico de massa óssea até os 30 anos de idade. Sua perda óssea era lenta e constante entre os 30 e 50 anos de idade e acelerou um pouco depois dos 50 anos por causa dos efeitos da menopausa. Aos 75 anos de idade, a mulher tinha uma densidade mineral óssea saudável e não exibia sinais de osteoporose.

A mulher B com um pico de massa óssea baixo sofreu a mesma taxa de perda óssea que a mulher A. Aos 50 anos de idade, ela já tinha uma densidade mineral baixa, e aos 70 anos, apresentava cifose e fraturas espinais.
Considerando que ingestões baixas de cálcio são comuns entre as mulheres jovens nos dias de hoje, a linha B é uma triste realidade. Seguir uma dieta e um padrão de estilo de vida que contribuam para a densidade mineral óssea máxima pode ajudar as mulheres a seguirem a linha A e a reduzirem significativamente seu risco de desenvolver osteoporose.

bloquear a trilha de radiação é usada para medir a densidade óssea mineral daquele local ósseo. Uma dose baixa de radiação é usada na DEXA – cerca de um décimo da exposição a um raio X de tórax.

A partir da medida da DEXA da densidade óssea, uma pontuação T é gerada, comparando a densidade óssea observada à de uma pessoa no pico de resistência óssea (p. ex., aos 30 anos de idade). Essa pontuação T é interpretada da seguinte maneira:

0 a – 1	Normal
– 1 a – 2,4	Densidade mineral óssea baixa
– 2,5 ou menos	Osteoporose

Prevenindo a osteoporose

Uma vez que a osteoporose esteja presente, não existe maneira de reparar o dano ósseo, o que torna a prevenção algo muito importante. Estratégias para prevenir a osteoporose variam com base na idade e nos fatores de risco individuais.

Para mulheres jovens, a prevenção da osteoporose envolve três elementos principais. Primeiro, as mulheres jovens devem se concentrar em atender às necessidades de cálcio, vitamina D, proteína e outros nutrientes. Segundo, na medida em que os hormônios da menstruação regular contribuem para a manutenção óssea em mulheres jovens, qualquer sinal de irregularidade menstrual é razão para procurar o médico. Algumas atletas jovens que não menstruam e outras mulheres com ciclos menstruais irregulares (p. ex., mulheres com anorexia nervosa) já exibem uma densidade mineral óssea baixa. Em terceiro lugar, um estilo de vida ativo que inclua atividade física de sustentação de peso também é importante. O aumento da massa muscular que resulta de atividades físicas de sustentação de peso está associado a uma densidade mineral óssea maior, já que o músculo mantém a tensão no osso. Entretanto, a atividade física não consegue prevenir a perda óssea associada à menstruação irregular. Embora atletas mulheres façam muito exercício de sustentação de peso, deverão ser atentamente monitoradas por um médico se tiverem ciclos menstruais irregulares.

Caso estejam na menopausa, as mulheres deverão discutir com o médico terapias aprovadas relacionadas à osteoporose. Os medicamentos mais comuns são bisfosfonatos, visto que diminuem o desgaste ósseo. A reposição de estrogênio era antes considerada a terapia mais comum para proteção óssea, porém mostrou aumentar os riscos de doença cardiovacular e AVC em algumas mulheres, bem como riscos de cânceres da mama e dos ovários. A reposição de estrogênio é hoje em dia reservada para uso breve para controlar sintomas de menopausa na maioria dos casos.

À medida que envelhecem, tanto homens quanto mulheres precisam de ações preventivas. Primeiro, os adultos precisam acompanhar muito bem a estatura. Uma redução acima de 4 cm da estatura adulta jovem é sinal de que está ocorrendo uma perda óssea significativa.

Os idosos precisam se manter especialmente ativos fisicamente – por meio de algumas atividades de resistência e sustentação de peso – e devem seguir a ingestão dietética recomendada diária de cálcio para sua idade. A exposição regular ao sol e o consumo de alimentos ricos em vitamina D também são importantes. Se a exposição ao sol e as fontes alimentares forem inadequadas, suplementos contendo até 25 μg (1.000 UI) de vitamina D são indicados (ver Cap. 8). Em geral, a combinação de atividade física e ingestão adequada de cálcio e vitamina D limita a perda óssea em algumas áreas do corpo, como o quadril.

Em qualquer idade, o tabagismo e a ingestão excessiva de álcool diminuem a massa óssea. O tabagismo reduz as concentrações de estrogênio no sangue das mulheres, aumentando a perda óssea. O álcool é tóxico às células ósseas de homens e mulheres; o alcoolismo talvez seja a principal causa não diagnosticada e não reconhecida de osteoporose. Recomenda-se evitar ingestões excessivas de fósforo, cafeína e sódio, que são especialmente prejudiciais quando a pessoa também consome cálcio insuficiente.

Para saber mais a respeito da osteoporose, consultar o *website* da National Osteoporosis Foundation (www.nof.org). Outro *website* útil é o do National Dairy Council (www.nationaldairycouncil.org).

bisfosfonatos Compostos constituídos basicamente de carbono e fósforo que se ligam ao mineral ósseo e reduzem o desgaste ósseo. Alguns exemplos são alendronato, risedronato e ibandronato.

◄ A atividade física de sustentação de peso moderada e regular contribui para a saúde óssea tanto em homens quanto em mulheres. Observe que o homem também pode desenvolver osteoporose conforme envelhece.

Estudo de caso: abandonando o leite

Ashley, de 19 anos de idade, está cursando o segundo ano na universidade e recentemente parou de tomar leite. Pensou que evitar as calorias do leite ajudaria a se manter magra. A mãe de Ashley está preocupada com essa mudança alimentar da filha. Uma das preocupações principais é com o risco futuro de osteoporose. Ashley também começou a fumar, e a única atividade física que pratica é para a Women's Glee Club (coral feminino da academia naval dos EUA).

A dieta típica de Ashley consiste em mingau feito com água, uma banana e uma xícara de suco de frutas no desjejum. No meio da manhã, compra um bolinho ou uma barra de cereais em uma máquina automática. No almoço, come massa com vegetais, pão com azeite, uma salada, nozes e um refrigerante. No jantar, come sanduíche de frango ou um hambúrger com vegetais mistos e um refrigerante. À noite, come alguns biscoitos e toma chá.

Responda às perguntas a seguir a respeito da situação de Ashley e verifique suas respostas no Apêndice A.

1. Quais nutrientes estão baixos na dieta típica de Ashley e que a colocam em risco de sofrer osteoporose no futuro?
2. Quais fatores do estilo de vida de Ashley contribuem para esse risco maior de osteoporose?
3. Existe alguma evidência de que o consumo de leite e derivados leva ao ganho de peso?
4. Quais mudanças na dieta atual de Ashley poderiam reduzir o risco de osteoporose e também ajudá-la a manter o peso?
5. Quais mudanças no estilo de vida (além das mudanças alimentares) Ashley poderia fazer para diminuir o risco de osteoporose e manter um peso saudável?

Resumo

1. A água constitui de 50 a 70% do corpo humano. Suas propriedades químicas singulares permitem que dissolva substâncias e que sirva como um meio para reações químicas, regulação térmica e lubrificação. Além disso, regula o equilíbrio ácido-base no corpo.
2. Para adultos, estima-se as necessidades diárias de água em 9 copos (mulheres) a 13 copos (homens); todas as ingestões hídricas contribuem para atender a essas necessidades.
3. Em termos gerais, os Estados Unidos contam com um abastecimento de água seguro. Entretanto, pessoas com nível imunológico comprometido devem ferver a água usada para beber e cozinhar a fim de evitar doenças causadas pela água contaminada. A água engarrafada pode ser usada, mas depender dela para atender às necessidades hídricas é dispendioso ao meio ambiente e aos orçamentos pessoais.
4. Os minerais são categorizados com base na quantidade de que precisamos por dia. Se precisarmos de mais de 100 mg/dia de um mineral, ele é considerado um mineral essencial; se não, é considerado um oligoelemento (mineral-traço).
5. Muitos minerais são vitais para manter a vida. Para humanos, os produtos animais são as fontes mais biodisponíveis da maioria dos minerais. Suplementos de minerais acima de 100% dos valores diários listados nos rótulos devem ser usados apenas sob supervisão médica. Toxicidade e interações de nutrientes são especialmente prováveis se o nível máximo (quando fixado) for ultrapassado em bases prolongadas.
6. O sódio, o principal íon positivo encontrado fora das células, é vital ao equilíbrio hídrico e à transmissão de impulsos nervosos. A dieta do norte-americano típico contém sódio abundante proveniente de alimentos processados e sal de cozinha. Cerca de 10 a 15% da população adulta, como as pessoas acima do peso, são especialmente sensíveis ao sódio e encontram-se em risco de desenvolver hipertensão devido ao consumo excessivo de sódio.

   O potássio, o principal íon positivo no interior das células, tem uma função semelhante ao sódio. Leite, frutas e vegetais são boas fontes.

   O cloro é o principal íon negativo encontrado no exterior das células. É importante na digestão como parte do ácido estomacal e nas funções imunológica e nervosa. O sal de cozinha supre grande parte do cloro nas nossas dietas.

   O cálcio forma uma parte da estrutura óssea e tem um papel na coagulação do sangue, na contração muscular, na transmissão nervosa e no metabolismo celular. A absorção de cálcio é intensificada pelo ácido estomacal e pelo hormônio ativo vitamina D. Laticínios são importantes fontes de cálcio. As mulheres estão particularmente em risco de não atender às necessidades de cálcio.

   O fósforo ajuda na função de enzimas e é uma parte importante de compostos metabólicos-chave, membranas celulares e ossos. É absorvido de maneira eficaz, e as deficiência são raras, embora exista preocupação com uma possível ingestão baixa por parte de algumas mulheres mais idosas. Boas fontes alimentares são laticínios, produtos de padaria e carnes.

O magnésio é um mineral encontrado principalmente em fontes vegetais. É importante para a função dos nervos e para a função cardíaca, além de ser um ativador de muitas enzimas. Pães e cereais integrais (farelo de trigo), vegetais, oleaginosas, sementes, leite e carnes são boas fontes alimentares. O enxofre está incorporado em determinadas vitaminas e aminoácidos.

A absorção de ferro, em geral, depende da forma de ferro presente e das necessidades corporais. O ferro heme de fontes animais é mais bem-absorvido do que o ferro não heme, obtido de fontes vegetais. O consumo simultâneo de vitamina C ou carne com ferro não heme aumenta a absorção. O ferro opera essencialmente na síntese de hemoglobina e mioglobina e na ação do sistema imune. As mulheres estão em grande risco de desenvolver deficiência de ferro, o que diminui os níveis de hemoglobina e hematócrito do sangue. Quando essa condição é grave, a pessoa desenvolve anemia ferropriva, que diminui a quantidade de oxigênio transportada no sangue. A toxicidade do ferro geralmente resulta de um distúrbio genético denominado hemocromatose. Essa doença causa hiperabsorção e acúmulo de ferro, o que pode resultar em danos hepáticos e cardíacos graves.

O zinco auxilia na ação de até duzentas enzimas importantes para crescimento, desenvolvimento, estrutura e função das membranas celulares, função imunológica, proteção antioxidante, cicatrização de feridas e paladar. Uma deficiência de zinco resulta em déficit do crescimento, inapetência, redução do sentido do paladar e do olfato, queda de cabelo e um *rash* cutâneo persistente. O zinco é absorvido melhor de fontes animais. As fontes mais ricas em zinco são ostras, camarão, caranguejo e carne bovina. Boas fontes vegetais são grãos integrais, amendoins e feijões.

Um papel importante do selênio é combater a ação de radicais livres (oxidativos). Dessa maneira, o selênio age em conjunto com a vitamina E na promoção de proteção antioxidante. Mialgias, emaciação muscular e uma forma de dano cardíaco podem resultar de uma deficiência de selênio. Carnes, ovos, peixes e crustáceos são boas fontes animais de selênio. Boas fontes vegetais incluem grãos e sementes.

O iodo faz parte dos hormônios da tireoide. Uma ausência de iodo na dieta resulta no aumento da glândula tireoide e no desenvolvimento de bócio. O sal iodado é a principal fonte alimentar.

O cobre é importante para o metabolismo do ferro, para a ligação cruzada do tecido conectivo e para outras funções, como enzimas que concedem proteção antioxidante. Uma deficiência de cobre pode resultar em um tipo de anemia. O cobre é encontrado principalmente no fígado, em frutos do mar, no cacau, em leguminosas e em grãos integrais.

O flúor como parte da ingestão dietética regular ou na pasta de dentes torna os dentes resistentes a cáries dentárias. A maioria dos norte-americanos recebe grande parte do flúor da água fluoretada e da pasta de dentes.

O cromo auxilia na ação do hormônio insulina. Gemas de ovos, carnes e grãos integrais são boas fontes de cromo. O manganês e o molibdênio são usados por diversas enzimas. Uma enzima que utiliza manganês concede proteção antioxidante. Deficiências manifestas desses três nutrientes em pessoas consideradas saudáveis raramente são vistas. As necessidades humanas por outros oligoelementos são tão pequenas que as deficiências são incomuns.

7. O controle do peso e da ingestão de álcool, a prática regular de exercícios, a diminuição da ingestão de sal e uma ingestão adequada de potássio, magnésio e cálcio na dieta podem ajudar a controlar a hipertensão.
8. As mulheres estão particularmente em risco de desenvolver osteoporose à medida que envelhecem. Diversas opções de estilo de vida e médicas podem ajudar a reduzir esse risco, como uma ingestão adequada de cálcio e vários outros minerais.

Questões para estudo

1. De quanta água aproximadamente precisamos por dia para estarmos saudáveis? Identifique pelo menos duas situações que levam ao aumento da necessidade de água. Enumere três fontes de água na dieta habitual de uma pessoa.
2. Qual a relação entre sódio e equilíbrio hídrico, e como tal relação é monitorada e mantida no corpo?
3. Identifique quatro fatores que influenciam a biodisponibilidade dos minerais dos alimentos.
4. Quais são as duas semelhanças e as duas diferenças entre sódio e potássio? E entre sódio e cloro?
5. Em termos de quantidades totais no corpo, cálcio e fósforo são o primeiro e o segundo minerais mais abundantes, respectivamente. Que funções esses minerais têm em comum?
6. Quais são as melhores fontes alimentares de zinco e cobre?
7. Descreva os sintomas da anemia ferropriva e explique as possíveis razões para a sua ocorrência.
8. Quais oligoelementos são perdidos dos grãos cereais quando eles são refinados? Algum nutriente é reposto pelo enriquecimento?
9. Descreva as principais funções do flúor, cobre e cromo no corpo.
10. Quais são as consequências práticas dos valores diários nos rótulos de alimentos e suplementos acima da RDA ou da ingestão adequada para os oligoelementos?

Teste seus conhecimentos

As respostas das próximas questões de múltipla escolha encontram-se a seguir.

1. O ferro heme dietético é derivado de
   a. ferro elementar nos alimentos.
   b. carne animal.
   c. cereais matinais.
   d. vegetais.
2. O cloro é:
   a. um componente do ácido clorídrico.
   b. um íon do líquido intracelular.
   c. um íon com carga positiva.
   d. convertido em cloreto no trato intestinal.
3. Os minerais envolvidos no equilíbrio hídrico são
   a. cálcio e magnésio.
   b. cobre e ferro.
   c. cálcio e fósforo.
   d. sódio e potássio.
4. Em uma situação de ingestão insuficiente de iodo dietético, o hormônio estimulador da tireoide promove o aumento da glândula tireoide. Essa condição é denominada
   a. doença de graves.
   b. bócio.
   c. hiperparatireoidismo.
   d. cretinismo.
5. Em torno de 99% do cálcio no corpo é encontrado
   a. no líquido extracelular.
   b. nos ossos e dentes.
   c. nas células nervosas.
   d. no fígado.
6. No final dos ossos longos, dentro das vértebras espinais e dentro dos ossos planos da pelve, existe um tipo esponjoso de osso conhecido como osso
   a. osteoclástico.
   b. osteoblástico.
   c. trabecular.
   d. compacto.
7. Qual compartimento contém a maior quantidade de líquido corporal?
   a. intracelular.
   b. extracelular.
   c. Eles contêm a mesma quantidade.
8. A função primária do sódio é manter
   a. o conteúdo mineral ósseo.
   b. a concentração de hemoglobina.
   c. a função imunológica.
   d. a distribuição hídrica.
9. Hipertensão é definida por uma pressão arterial acima de
   a. 110/60.
   b. 120/65.
   c. 140/90.
   d. 190/80.
10. Quais dos seguintes indivíduos apresentam mais tendência a desenvolver osteoporose?
    a. atletas na pré-menopausa.
    b. mulheres que fazem terapia de reposição de estrogênio.
    c. mulheres magras, sedentárias e tabagistas.
    d. mulheres que consomem muitos laticínios integrais.

Respostas: 1.b, 2.a, 3.d, 4.b, 5.b, 6.c, 7.a, 8.d, 9.c, 10.c.

Leituras complementares

1. ADA Reports: Position of the American Dietetic Association: The impact of fluoride on health. *Journal of the American Dietetic Association* 105:1620, 2005.

   A American Dietetic Association reafirma que o flúor é um elemento importante para todos os tecidos mineralizados do corpo. A ingestão adequada de flúor é benéfica à saúde de ossos e dentes.

2. America's pressure cooker. *Nutrition Action HealthLetter* July/August:3, 2005.

   Esse artigo resume três ensaios recentes (TOHP II, TONE e DASH) sobre dieta e hipertensão e oferece listas do teor de sódio de diversos alimentos comuns e de muitos alimentos de restaurantes. Mudanças para um estilo de vida saudável são delineadas, como a perda do excesso de peso, a adoção de uma dieta DASH e a limitação do consumo de sódio e álcool. Por fim, alimentos ricos em potássio são indicados como um "antídoto ao sódio".

3. Appel LJ and others: Dietary approaches to prevent and treat hypertension: A scientific statement from the American Heart Association. *Hypertension* 47:296, 2006.

   Últimas recomendações da American Heart Association sobre dieta e hipertensão. Os principais fatores preventivos são evitar o sobrepeso e a inatividade e moderar a ingestão de sal e álcool.

4. Cook NR and others: Joint effects of sodium and potassium intake on subsequent cardiovascular disease. *Archives of Internal Medicine* 169: 32, 2009.

   Esse estudo aponta que o potássio é eficaz em diminuir a pressão arterial. Além disso, a combinação de uma ingestão alta de potássio e uma ingestão baixa de sódio parece mais eficaz do que um ou outro individualmente em reduzir o risco de doenças cardiovasculares. A razão sódio-potássio na urina das pessoas foi um preditor mais forte de doença cardiovascular do que do sódio ou do potássio individualmente.

5. Elliott P and others: Dietary phosphorus and blood pressure: International study of macro- and micro-nutrients and blood pressure. *Hypertension* 51:669, 2008.

   Pouca atenção tem sido direcionada aos possíveis efeitos da ingestão de fósforo na pressão arterial. Os resultados desse estudo indicam que uma ingestão de fósforo elevada e a ingestão de cálcio e magnésio têm o potencial de reduzir a pressão arterial. Trata-se de uma recomendação importante para a prevenção e o controle da pré-hipertensão e da hipertensão.

6. Flores-Mateo G and others: Selenium and coronary heart disease: A meta-analysis. *American Journal of Clinical Nutrition* 84 (4):762, 2006.

   A metanálise de estudos de selênio e doença cardíaca coronariana mostrou uma associação inversa entre as concentrações de selênio e o risco de doença coronariana em estudos observacionais. A validade dessa associação é incerta porque os resultados de estudos observacionais foram contraditórios para outros antioxidantes. Apenas poucos ensaios randomizados trataram da eficácia da suplementação de selênio na saúde cardiovascular, e seus achados são inconclusivos. Ensaios maiores e prolongados são necessários para estabelecer se baixas concentrações de selênio representam um fator de risco de doença cardiovascular. Por isso, suplementos de selênio não são recomendados atualmente para a prevenção de doenças cardiovasculares.

7. Food and Nutrition Board, Institute of Medicine: *Dietary Reference Intakes for water, potassium, sodium, chloride, and sulfate.* Washington, DC: National Academies Press, 2004.

   Padrões dietéticos para água, potássio, sódio e cloro são discutidos. As justificativas usadas para derivar as ingestões adequadas e os valores para o nível máximo de ingestão tolerável são apresentadas em conjunto com informações sobre função, ingestão e deficiência.

8. Food and Nutrition Board, Institute of Medicine: *Dietary Reference Intakes for calcium, phosphorus, magnesium, vitamin D, and fluoride.* Washington, DC: National Academies Press, 1997.

   Os padrões dietéticos para os principais minerais são discutidos. As justificativas usadas para estabelecer a RDA ou as ingestões adequadas e os valores para nível máximo de ingestão tolerável para esses nutrientes são discutidas em detalhes.

9. Food and Nutrition Board, Institute of Medicine: *Dietary Reference Intakes for vitamin A, vitamin K, arsenic, boron, chromium, copper, iodine, iron, manganese, molybdenum, nickel, silicon, vanadium, and zinc.* Washington, DC: National Academies Press, 2001.

   Os padrões dietéticos de muitos oligoelementos são discutidos. As justificativas usadas para estabelecer a RDA ou as ingestões adequadas e os valores para nível máximo de ingestão tolerável para esses nutrientes são discutidas em detalhes.

10. Havas S and others: The urgent need to reduce sodium consumption. *Journal of the American Medical Association* 298:1439, 2007.

    Nos EUA, 77% do sódio são provenientes de alimentos processados e de restaurantes, sendo que muitos alimentos processados contêm 1.000 mg de sódio ou mais por porção. Existe um consenso de que os níveis de sódio devem ser reduzidos de modo significativo em alimentos processados e de restaurantes. O desenvolvimento de políticas e possíveis soluções para tratar esse problema são apresentados nesse artigo.

11. Heaney RP: Absorbability and utility of calcium in mineral waters. *American Journal of Clinical Nutrition* 84(2):371, 2006.

    A capacidade de absorção e a utilidade de águas minerais ricas em cálcio são resumidas e integradas nesse artigo. A capacidade de absorção de todas as águas minerais ricas em cálcio foi igual a ou um pouco melhor do que a do cálcio do leite. A utilidade do cálcio medida pelo nível maior de cálcio urinário, níveis séricos menores do hormônio da paratireoide, níveis menores de biomarcadores de reabsorção óssea e proteção da massa óssea indicaram que uma quantidade significativa de cálcio foi absorvida. Portanto, águas minerais com alto teor de cálcio parecem proporcionar quantidades úteis de cálcio biodisponível.

12. Hollenberg NK: The influence of dietary sodium on blood pressure. *Journal of the American College of Nutrition* 25:240S, 2006.

    Evidências relacionadas à ingestão de sal na pressão arterial são revisadas. O mérito da instrução para reduzir a ingestão de sal é discutido. O autor indica que evidências corroborando tal política são inconsistentes e de pequeno valor. A importância de medicamentos anti-hipertensivos é enfatizada.

13. Jackson RD and others: Calcium plus vitamin D supplementation and the risk of fractures. *New England Journal of Medicine* 354 (7):669, 2006.

    Mulheres na menopausa de 50 a 79 anos de idade inscritas no ensaio clínico Women's Health Initiative (WHI) (Iniciativa de Saúde da Mulher) foram designadas para receber 1.000 mg de cálcio elementar como carbonato de cálcio com 400 UI de vitamina D_3 diariamente ou um placebo. A ocorrência de fraturas e a densidade óssea foram determinadas por sete anos. A suplementação de cálcio com vitamina D resultou em um aumento pequeno, porém significativo, na densidade óssea do quadril, mas não houve forte redução das fraturas de quadril e ocorreu aumento do risco de cálculos renais.

14. Lanham-New SA. The balance of bone health: Tipping the scales in favor of potassium-rich, bicarbonate-rich foods. *Journal of Nutrition* 137:1725, 2008.

    Cerca de 10 milhões de americanos têm osteoporose. Esse artigo de revisão reúne as evidências atuais associando alimentos ricos em potássio e bicarbonato (p. ex., frutas e vegetais) à prevenção da osteoporose.

15. Lippman SM and others: Effect of selenium and vitamin E on risk of prostate cancer and other cancers: The Selenium and vitamin E cancer prevention trial (SELECT). *Journal of the American Medical Association* 301:39, 2009.

    Os resultados desse estudo não mostraram benefícios do uso de um suplemento de selênio ou vitamina E isolados ou em combinação na prevenção do câncer de próstata, câncer de colo, câncer de pulmão, todos os cânceres e doença cardiovascular e para a sobrevida total.

16. Palmer S: Busting bottled water. *Today's Dietitian* 9(12): 60, 2007.

    Esse artigo destaca várias razões por que os consumidores estão errados em presumir que a água engarrafada sempre é melhor do que a água encanada. Os problemas ecológicos, ambientais e econômicos de valer-se da água engarrafada para suprir as necessidades hídricas são questionados. As leis que regulam a água engarrafada e a água encanada também são comparadas, indicando que a água engarrafada, em geral, não é mais segura e mais saudável do que a água encanada. O autor recomenda que bebamos mais água, mas água potável comum, da torneira.

17. Park Y and others: Dairy food, calcium, and risk of cancer in the NIH-AARP diet and health study. *Archives of Internal Medicine* 169: 391, 2009.

    O estudo de sete anos de 493 mil homens e mulheres idosos oferece evidências de que dietas ricas em cálcio podem reduzir o risco de câncer total e cânceres do sistema digestório, especialmente câncer colorretal. Os benefícios estavam mais associados principalmente a alimentos ricos em cálcio do que a suplementos de cálcio. Consumir mais do que os 1.200 mg recomendados de cálcio, no caso dos idosos, não resultou em maior proteção contra o câncer.

18. Popkin BM and others: A new proposed guidance system for beverage consumption in the United States. *American Journal of Clinical Nutrition* 83:529, 2006.

    A água é recomendada como a bebida preferencial para suprir as necessidades hídricas, com chá, café e leite semidesnatado ou desnatado em seguida. O Beverage Guidance Panel (Painel de Orientações sobre Bebidas) indica o consumo de bebidas com poucas calorias ou zero calorias com mais frequência do que de bebidas que contenham calorias. Recomenda-se uma ingestão de 3 L/dia de líquido para uma pessoa que consuma 2.200 calorias.

19. Reid IR and others: Randomized controlled trial of calcium in healthy older women. *American Journal of Medicine* 119(9):777, 2006.

    Nesse estudo de mulheres na pós-menopausa que receberam 1 g/dia de citrato de cálcio durante cinco anos, a perda estatural foi reduzida pelo cálcio, mas a constipação foi o problema mais comum. Os autores concluem que o cálcio leva a uma redução da perda óssea bem como do turnover dos ossos, porém seu efeito na ocorrência de fraturas é incerto.

20. Van Dam RM and others: Dietary calcium and magnesium, major food sources, and risk of type 2 diabetes in U.S. black women. *Diabetes Care* 29:2238, 2006.

    Ingestões de magnésio e cálcio foram inversamente associadas ao risco de diabetes tipo 2 em populações predominantemente brancas. Os resultados desse estudo de 41.186 participantes do Black Women's Health Study (Estudo da Saúde de Mulheres Negras) indicaram que uma dieta rica em alimentos com magnésio, em particular grãos integrais, está associada a um risco significativamente menor de diabetes tipo 2 em mulheres negras norte-americanas.

AVALIE SUA REFEIÇÃO

I. Sua ingestão de sódio é alta?

Preencha o questionário para avaliar seus hábitos de consumo de sódio em relação a fontes em geral ricas no mineral.

Com que frequência você...	Raramente	Eventualmente	Frequentemente	Regularmente (diariamente)
1. Come carnes curadas ou processadas, como presunto, *bacon*, linguiça, salsicha e outros embutidos?	☐	☐	☐	☐
2. Escolhe vegetais enlatados ou congelados com molho?	☐	☐	☐	☐
3. Usa refeições e pratos preparados comercialmente ou sopas enlatadas ou desidratadas?	☐	☐	☐	☐
4. Come queijo, especialmente queijo processado?	☐	☐	☐	☐
5. Come nozes e castanhas salgadas, pipoca, *pretzels*, salgadinhos de milho ou batatas fritas?	☐	☐	☐	☐
6. Acrescenta sal à água do cozimento de vegetais, arroz e massa?	☐	☐	☐	☐
7. Acrescenta sal, tempero em pó, molho de salada ou condimentos – como molho de soja, molho de carne, *catchup*/extrato de tomate e mostarda – aos alimentos durante o preparo ou à mesa?	☐	☐	☐	☐
8. Põe sal nos alimentos antes de prová-los?	☐	☐	☐	☐
9. Ignora o teor de sódio nos rótulos dos alimentos ao comprá-los?	☐	☐	☐	☐
10. Quando come fora de casa, escolhe alimentos e molhos nitidamente salgados?	☐	☐	☐	☐

Quanto mais você marcar as colunas "frequentemente" ou "regularmente", maior a sua ingestão de sódio. Entretanto, nem todos os hábitos na tabela contribuem com a mesma quantidade de sódio. Por exemplo, muitos queijos naturais, como o *cheddar*, têm um teor moderado de sódio, ao passo que queijos processados e *cottage* têm um teor muito maior. Para moderar a ingestão de sódio, opte por alimentos pobres em sódio de cada grupo de alimentos com mais frequência e equilibre escolhas alimentares ricas em sódio com as pobres em sódio.

Adaptado do *USDA Home and Garden Bulletin nº 232-6*, abril de 1986.

II. Trabalhando para ter ossos mais densos

A osteoporose e a massa óssea baixa afetam muitos adultos na América do Norte, especialmente idosas. Um terço de todas as mulheres sofrem fraturas em virtude dessa doença, totalizando cerca de dois milhões de fraturas ósseas por ano.

A osteoporose é uma doença sobre a qual é possível fazer algo. Alguns fatores de risco não podem ser modificados, porém outros podem, como uma ingestão de cálcio insuficiente. Esse é o seu caso? Para descobrir, preencha essa ferramenta para estimar a sua ingestão atual de cálcio. Para todos os alimentos a seguir, escreva o número de porções que você consome por dia. Some o número de porções em cada categoria e então multiplique o número total de porções pela quantidade de cálcio de cada categoria. Por fim, some a quantidade total de cada categoria de alimentos para estimar sua ingestão de cálcio naquele dia.

A sua ingestão atende à RDA estabelecida para o cálcio?

Alimento	Tamanho da porção	Número de porções	Cálcio (mg)	Cálcio total (mg)
Iogurte semidesnatado	1 copo	_______		
Leite em pó desnatado	½ copo	_______		
	Total de porções	_______	× 400	= _______ mg
Sardinha enlatada (com espinhas)	85 g	_______		
Iogurte com sabor de frutas	1 copo	_______		
Leite: desnatado, semidesnatado, integral, com chocolate, leitelho	1 copo	_______		
Leite de soja fortificado com cálcio	1 copo	_______		
Queijo parmesão (ralado)	¼ xícara	_______		
Queijo suíço	30 g	_______		
	Total de porções	_______	× 300	= _______ mg
Queijo (todos os outros queijos de massa dura)	30 g	_______		
Panquecas	3	_______		
	Total de porções	_______	× 200	= _______ mg
Salmão rosa enlatado	85 g	_______		
Tofu (processado com cálcio)	110 g	_______		
	Total de porções	_______	× 150	= _______ mg
Couves, ramas de nabo, cozidos	½ xícara	_______		
Sorvete de creme, sorvete de leite	½ xícara	_______		
Amêndoas	30 g	_______		
	Total de porções	_______	× 75	= _______ mg
Acelga	½ xícara	_______		
Queijo *cottage*	½ xícara	_______		
Tortilha de milho	1 (média)	_______		
Laranja	1 (média)	_______		
	Total de porções	_______	× 50	= _______ mg
Feijão vermelho, feijão-manteiga, feijão branco, cozido	½ xícara	_______		
Brócolis	½ xícara	_______		
Cenoura, crua	1 (média)	_______		
Tâmaras ou passas	¼ xícara	_______		
Ovo	1 (grande)	_______		
Pão integral	1 fatia	_______		
Manteiga de amendoim	2 colheres de sopa	_______		
	Total de porções	_______	× 25	= _______ mg
Suco de laranja fortificado com cálcio	180 mL	_______		
Barras de lanche fortificadas com cálcio	1 unidade	_______		
Barras de desjejum fortificadas com cálcio	½ barra	_______		
	Total de porções	_______	× 200	= _______ mg
Chocolates fortificados com cálcio	1 unidade	_______	× 500	
Suplementos de cálcio*	1 unidade	_______	Ingestão total de cálcio	= _______ mg = _______ mg
	Total de porções	_______		

Devem ser consideradas outras fontes de cálcio, que incluem muitos cereais matinais (100 a 250 mg por xícara) e alguns suplementos de vitaminas/minerais (200 a 500 mg ou mais por comprimido).

* A quantidade varia, portanto verifique a quantidade no rótulo de um produto específico e então ajuste o cálculo conforme necessário.

Reproduzido com permisssão de *Topics in Clinical Nutrition*, "Putting Calcium into Perspective for Your Clients", G. Wardlaw e N. Weese, 11:1, pág. 29 © 1995 Aspen Publishers, Inc.

PARTE IV

NUTRIÇÃO: ALÉM DOS NUTRIENTES

CAPÍTULO 10 Nutrição: forma física e esportes

Objetivos do aprendizado

1. Citar cinco resultados positivos relacionados à saúde com um estilo de vida que inclua atividade física.
2. Desenvolver um programa de condicionamento físico.
3. Descrever quando e como o glicogênio, a glicose sanguínea, a gordura e as proteínas são usadas para preencher as necessidades energéticas durante diferentes tipos de atividade física.
4. Diferenciar o uso anaeróbio e aeróbio da glicose e identificar as vantagens e desvantagens de cada um deles.
5. Mostrar como os músculos e órgãos relacionados se adaptam ao aumento da atividade física.
6. Descrever como estimar as necessidades calóricas de um atleta e discutir os princípios gerais para cumprir as exigências de nutrientes totais em uma dieta voltada para o treinamento.
7. Avaliar problemas relacionados com a rápida perda de peso por desidratação e descrever a importância da água e/ou das bebidas esportivas durante a atividade física.
8. Entender a importância de se manter bem-nutrido por meio de carboidratos, proteínas e diversas vitaminas e minerais durante o treinamento.
9. Citar vários tipos de recursos ergogênicos e descrever seus efeitos, se houver, sobre o desempenho atlético.

Conteúdo do capítulo

OS ATLETAS DEDICAM MUITO TEMPO E ESFORÇO AOS TREINOS. A maioria dos atletas não quer perder nenhuma vantagem, seja ela real seja aparente, que possa lhe dar uma margem de vitória. Por isso, eles geralmente buscam maneiras de melhorar a dieta a fim de aperfeiçoar o desempenho físico e, assim, tornam-se alvos fáceis de pessoas que divulgam informações errôneas sobre a alimentação.

Embora os bons hábitos alimentares não possam substituir o treino físico e a herança genética, a escolha adequada de alimentos e bebidas é fundamental para alcançar um excelente desempenho físico, visto que contribui para a resistência física e ajuda a acelerar o reparo de tecidos danificados.

Ainda que especialistas possam discordar quanto à quantidade de carboidratos, proteínas e gorduras devemos consumir, não há argumentos que possam negar os benefícios da atividade física regular para a saúde, sendo benéfica mesmo para pessoas com sobrepeso que continuam com excesso de peso. Conforme sugere o quadrinho apresentado neste capítulo, é preciso ter um firme compromisso para conseguir benefícios.

No Capítulo 10, você vai descobrir como os exercícios físicos beneficiam todo o corpo e como a nutrição está relacionada ao desempenho esportivo e à forma física.

Para relembrar

Antes de começar a estudar a nutrição para desempenho físico e esporte no Capítulo 10, talvez seja interessante você revisar os seguintes tópicos:

- Tendência atual do consumo de "barras energéticas", no Capítulo 1
- Componentes celulares, no Capítulo 3
- Conceito de carga glicêmica, no Capítulo 4
- Diversas fontes alimentares de carboidratos, proteínas e lipídeos, nos Capítulos 4 a 7
- Fontes alimentares de cálcio e ferro, no Capítulo 9

10.1 A estreita relação entre nutrição e forma física

A capacidade de realizar atividades físicas vigorosas de forma rotineira requer uma boa saúde. O máximo desempenho também depende de uma dieta que forneça todos os nutrientes necessários.

aptidão física Capacidade de realizar atividades físicas de moderadas a vigorosas, sem apresentar excesso de fadiga.

O tipo de energia usada pelos músculos depende do grau de aptidão física e de dificuldade dos exercícios realizados pelos atletas. A **aptidão física** – definida como a capacidade de realizar atividades físicas moderadas a vigorosas, sem apresentar excesso de fadiga – tem efeito especialmente sobre como o organismo utiliza a gordura. À medida que o nível de aptidão física melhora, aumenta a capacidade de mobilizar os estoques de gordura para o suprimento das necessidades energéticas, principalmente durante atividades que durem 20 minutos ou mais.

Além do efeito sobre o uso de energia, os benefícios da atividade física regular incluem melhora de vários aspectos, como função cardíaca, hábitos de sono, composição corporal (menos gordura e mais massa muscular) e diminuição de lesões. A atividade física também pode diminuir o estresse e ter um efeito positivo sobre a pressão arterial, o colesterol sanguíneo, a regulação da glicose sanguínea e a função imune. Além disso, contribui para o controle do peso, aumentando o gasto de energia em repouso por uma pequena duração após o término da atividade física e elevando o gasto total de energia. Ver a Figura 10.1 para verificar esses e outros benefícios da inclusão da atividade física em seu estilo de vida.

Conforme mencionado no Capítulo 7, muitos norte-americanos adultos são sedentários. A maioria não pratica atividade física de moderada à vigorosa regular-

Sherman's Lagoon by J.P. Toomey

Por que a atividade física regular – inclusive exercícios de musculação – geralmente é aconselhada para todos nós? Que benefícios são obtidos com essa prática? Como os atletas que praticam musculação e exercícios de resistência podem adaptar sua alimentação visando suportar suas vigorosas atividades físicas? Algumas dessas respostas podem ser encontradas no Capítulo 10.

FIGURA 10.1 ▶ Benefícios da atividade física e exercícios moderados, regulares.

mente, e cerca de 50% da população adulta abandonam um programa de exercícios três meses após seu início.*

A Healthy People 2010 definiu uma série de objetivos específicos para a população norte-americana adulta, relacionados à atividade física e exercícios:

- Diminuir em 50% a proporção de adultos que não fazem atividade física nas horas de lazer (atualmente, 27% dos adultos).
- Dobrar a proporção de adultos que fazem exercícios moderados com regularidade, de preferência todos os dias, por pelo menos 30 minutos ao dia (atualmente, 45% dos adultos).
- Aumentar em 50% a proporção de adultos que fazem atividades físicas que aumentem e preservem a força e a resistência muscular (atualmente, 19% dos adultos).

▲ Acesse www.exerciseismedicine.org para saber mais sobre a iniciativa da American College of Sports Medicine a fim de incluir metas de condicionamento físico nas avaliações rotineiras da saúde.

Os especialistas recomendam as seguintes medidas para ajudar a se manter em um programa de exercícios:

- Começar devagar.
- Variar as atividades e torná-las divertidas.
- Incluir amigos e outras pessoas em suas atividades.
- Definir metas específicas e que possam ser alcançadas e monitorar seu progresso.
- Reservar um horário específico para se exercitar todos os dias; incluir os exercícios em sua rotina de modo conveniente.
- Gratificar-se por ter conseguido alcançar suas metas.

* N. de R.T.: Os objetivos do *Healthy people* 2020 já estão disponíveis no *site*: www.healthy.people.gov.

Um dia, em dezembro de 2000, Joe Decker:

- pedalou 161 km,
- correu 16 km, escalou 16 km,
- fez caminhada rápida por 8 km,
- fez canoagem por quase 10 km,
- esquiou 16 km em um aparelho NordicTrack,
- remou 16 km, nadou 3 km,
- fez 3.000 abdominais,
- fez 1.100 polichinelos,
- fez 1.000 séries de elevação de pernas, 1.100 flexões de braço,
- e levantou peso que, no total cumulativo, somou 126 kg.
- Seus esforços (e dores) lhe renderam um lugar no *Livro dos Recordes Guinness Book*, como o homem vivo com a melhor forma física do mundo.

- Não se preocupar com contratempos eventuais; concentrar-se em benefícios para a saúde no longo prazo.

As Dietary Guidelines for Americans de 2005* recomendam três metas quanto à atividade física (ver o Cap. 2):

- 30 minutos/dia de atividade física moderada, além da atividade habitual, para pessoas que estejam tentando diminuir o risco de doença crônica na idade adulta. Fazer mais de 30 minutos de atividade física ou aumentar a intensidade do treino poderia resultar em ainda mais benefícios.
- 60 min/dia de atividade física moderada a intensa para ajudar pessoas adultas a controlar o peso corporal ou evitar o ganho gradativo de peso.
- 90 min/dia de atividade física moderada – alguns adultos podem precisar realizar esse nível de atividade física para manter a perda do peso e, ao mesmo tempo, devem monitorar a ingestão calórica.

DECISÕES ALIMENTARES

Planeje seus exercícios

Considere usar o princípio dietético da variedade, equilíbrio e moderação em seu plano de exercício:

- Variedade: faça diferentes atividades para exercitar músculos diversos.
- Equilíbrio: atividades diferentes trazem benefícios distintos, então, equilibre seu padrão de exercícios. Para a forma física geral, você precisa fazer exercícios que melhorem a resistência cardiovascular, muscular e a flexibilidade.
- Moderação: faça exercícios para se manter em forma, mas sem exagerar. Você não precisa fazer um treino difícil todos os dias para ter uma boa forma física.

REVISÃO CONCEITUAL

A atividade física regular é parte fundamental de um estilo de vida saudável; o ideal é que sejam feitas todos os dias (ou quase todos os dias) atividades aeróbicas que durem pelo menos 30 minutos (de preferência 60 min, sobretudo se houver problemas para controlar ou perder peso). Pessoas que realizam atividades físicas se beneficiam de menor risco de doença cardiovascular, diabetes tipo 2, obesidade e outras doenças crônicas comuns.

10.2 Diretrizes para alcançar e manter a forma física

Recomenda-se, para pessoas saudáveis, um aumento gradativo até chegar à meta de realizar atividades físicas regularmente. Homens com 40 anos de idade ou mais e mulheres com 50 anos de idade ou mais, que estejam sedentários há muitos anos ou apresentem problemas de saúde, devem conversar com o médico sobre metas de exercícios físicos antes de aumentar suas atividades. Os problemas de saúde que requerem avaliação médica antes do início de um programa de exercícios são obesidade, doença cardiovascular (ou ter história familiar), hipertensão, diabetes (ou ter história familiar), falta de ar após esforços leves e artrite.

Durante a primeira fase de um programa de exercícios para promover a saúde, você deve começar a incluir períodos curtos de atividade física em sua rotina. Essa medida inclui caminhada, subir escadas em vez de usar o elevador, limpar a casa, cuidar do jardim e realizar outras atividades que façam "suar a camisa" um pouco. O objetivo é fazer, no total, 30 minutos desse tipo de atividade física moderada quase todos os dias (de preferência todos os dias). Se necessário, você pode dividir essas atividades em segmentos que durem pelo menos 10 minutos. Especialistas

* N. de R.T.: As Dietary Guidelines for Americans 2010 estão disponíveis no *site*: http://health.gov.

sugerem começar com períodos curtos, de modo a incluir, no total, 30 minutos de atividades físicas nas tarefas do cotidiano. Se não houver muito tempo para a realização de exercícios, podem ser feitas atividades mais intensas em períodos mais curtos com o objetivo de obter os mesmos benefícios; muitas das atividades que acabaram de ser recomendadas não são muito intensas.

Quando você puder fazer exercícios físicos durante 30 minutos por dia, concentre-se em metas mais específicas, como aumentar a massa muscular e a resistência para conseguir ainda mais benefícios. As diretrizes para o desenvolvimento de um programa de exercícios estão listadas na Tabela 10.1, que inclui atividades aeróbias, musculação e alongamento, além de levar em conta aspectos como duração, frequência, intensidade e progressão.

Comece fazendo aquecimento durante 5 a 10 minutos, com exercícios de baixa intensidade, como caminhada, trote lento ou qualquer uma das atividades citadas anteriormente, em ritmo lento. Com isso, seus músculos ficarão aquecidos, então, os filamentos musculares deslizarão com mais facilidade uns sobre os outros, aumentando a amplitude de movimentos e diminuindo o risco de lesões.

Treino aeróbico

Recomenda-se a prática diária de atividade aeróbica. Os benefícios para a saúde obtidos com a atividade física regular podem ser observados principalmente quando se alcança um nível moderado de intensidade em um exercício.

Há algumas maneiras de determinar a intensidade de um exercício. Um método simples e conhecido é usar o percentual da frequência cardíaca máxima esperada para sua idade (Fig. 10.2). Para descobrir a frequência cardíaca máxima, a sua idade deve ser subtraída de 220. A multiplicação da frequência cardíaca máxima por 0,60 e 0,90 resultará em uma faixa de frequências que às vezes é chamada de *zona-alvo*. Para uma pessoa de 20 anos que esteja começando um programa de exercícios, a frequência cardíaca máxima equivale a 200 batimentos por minuto (220 - 20 = 200). Então (200 × 0,6) e (200 × 0,9) são a zona-alvo de 120 a 180 batimentos por minuto. É fácil medir a frequência cardíaca (pulso): pare e meça seu pulso por 10 segundos e, em seguida, multiplique esse número por 6 para determinar sua frequência cardíaca em 1 minuto. Alguns equipamentos de exercício e relógios de tecnologia avançada contêm monitores de frequência cardíaca.

No início de um programa de exercícios, estabeleça metas mais modestas - fique na parte inferior da curva. Conforme for progredindo e melhorando a forma

▲ Qual é o melhor exercício? Aquele que você sinta vontade de continuar fazendo.

TABELA 10.1 Como desenvolver um programa de condicionamento físico

Tipo de atividade	**Aeróbica** (usa grandes grupos musculares de uma maneira rítmica)	**Resistência** (exercícios de resistência)	**Alongamento** (usa grandes grupos musculares; importantes durante o aquecimento e o desaquecimento)
Exemplo	Caminhada vigorosa, corrida, ciclismo, natação, basquete, tênis, futebol	Halterofilismo, pilates, flexão de braço, elevação em barra fixa	Ioga
Duração (tempo gasto com cada exercício)	20 – 60 min	8 – 12 repetições de 8 – 10 diferentes exercícios	4 repetições de 10 – 30 s por grupo muscular
Frequência (quantas vezes a atividade é realizada)	5 dias/semana	2 – 3 dias por semana	2 – 3 dias/semana e durante o aquecimento e o desaquecimento
Intensidade (nível de esforço)	55-90% da frequência cardíaca máxima ou pontuação de 4 ou mais na escala de percepção de esforço (Fig. 10.3).	O suficiente para condicionar grandes grupos musculares dos membros superiores e inferiores	5 – 10 min durante o aquecimento e o desaquecimento
Progresso (aumento da frequência, intensidade e duração ao longo do tempo)	**Fase inicial:** 3 – 6 semanas **Fase de melhora:** 5 – 6 meses **Fase de manutenção:** estagnação em termos de ganhos de condicionamento físico		Comece com grupos musculares menores (p. ex., braços) e trabalhe até chegar aos grupos maiores (como pernas e abdome)

FIGURA 10.2 ▶ Gráfico de treino de frequência cardíaca. Esse gráfico mostra o número de batimentos cardíacos por minuto que correspondem a exercícios de diversas intensidades.

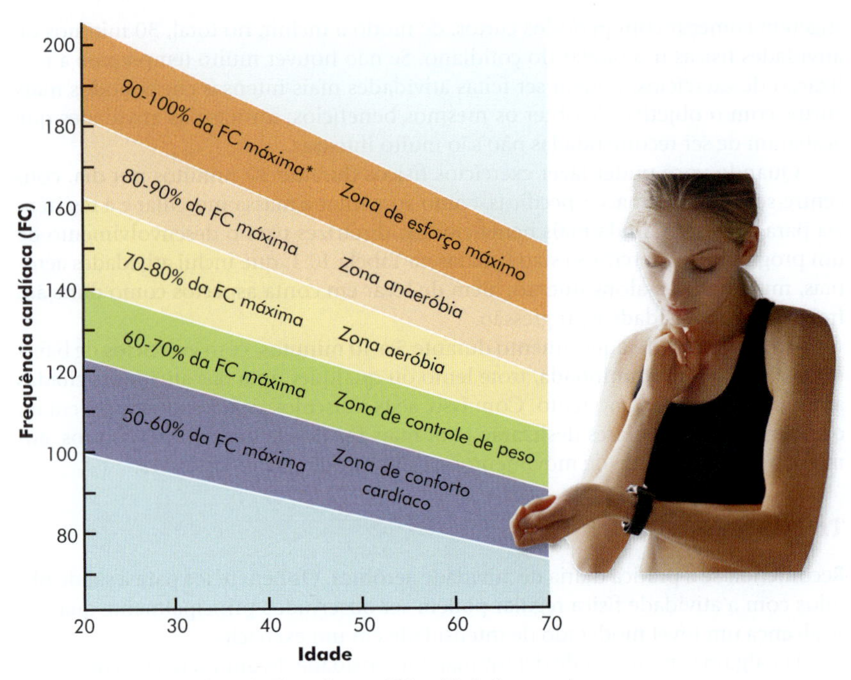

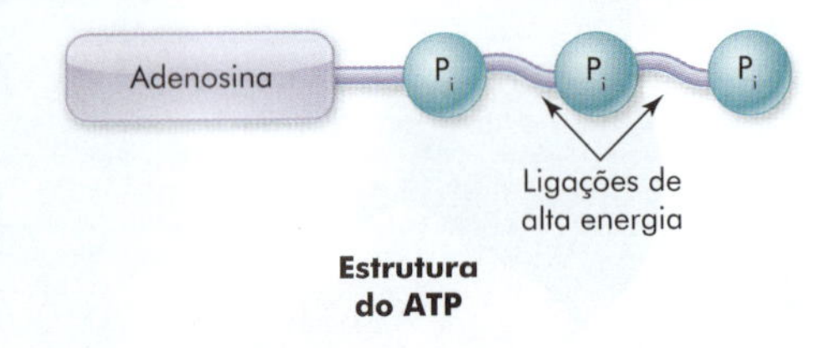

física, poderá se exercitar em frequência cardíaca mais elevada. Assim como ocorre com muitas fórmulas estimadas, o cálculo da frequência cardíaca máxima é apenas uma estimativa. Medicamentos como os usados para hipertensão e outros problemas de saúde podem afetar a frequência cardíaca. Se você tem preocupações relacionadas à sua saúde, um médico pode ajudar a personalizar sua zona-alvo.

Outra maneira de determinar a intensidade do exercício é a classificação pela escala de percepção de esforço. Uma versão inclui uma faixa de 1 a 10, em que cada número corresponde a uma sensação subjetiva de esforço. Por exemplo, o número zero corresponde a "nenhum esforço" (estar sentado), e o número 10 é considerado um número próximo ao esforço máximo ou "extremamente intenso" (pique em velocidade máxima) (Fig. 10.3).

Quando se usa a escala de percepção de esforço, a meta é o número 4, que corresponde ao começo de esforço "moderadamente intenso". É nesse momento que começam a aparecer resultados significativos sobre a forma física. Você deve fazer um treino difícil, mas tem que conseguir conversar com um colega que esteja treinando com você (o que às vezes chamamos de "teste da conversa").

Durante o desaquecimento, siga o padrão inverso ao do aquecimento: 5 a 10 minutos de atividades de baixa intensidade somados a 5 a 10 minutos de alongamento. Os mesmos exercícios realizados durante o aquecimento são opções adequadas. O desaquecimento é fundamental para a prevenção de lesões e dores.

10.3 Fontes de energia para os músculos em atividade

trifosfato de adenosina (ATP) Principal composto usado para troca de energia nas células. A energia do ATP é utilizado para bombeamento de íons para a atividade enzimática e para a contração muscular.

difosfato de adenosina (ADP) Produto da quebra do ATP. O ADP é transformado em ATP ao adquirir um radical fosfato (cuja abreviatura é P_i) com a ajuda da energia proveniente dos alimentos.

Assim como outras células, as células musculares não podem usar, diretamente, a energia liberada pela degradação da glicose ou dos triglicerídeos. Essas células precisam de uma forma específica de energia para se contrair. As células do organismo devem, primeiramente, converter a energia dos alimentos (ou seja, calorias) em **trifosfato de adenosina (ATP)**.

As ligações químicas entre os fosfatos no ATP e moléculas relacionadas são ricas em energia. Ao usar a energia proveniente dos alimentos, as células produzem

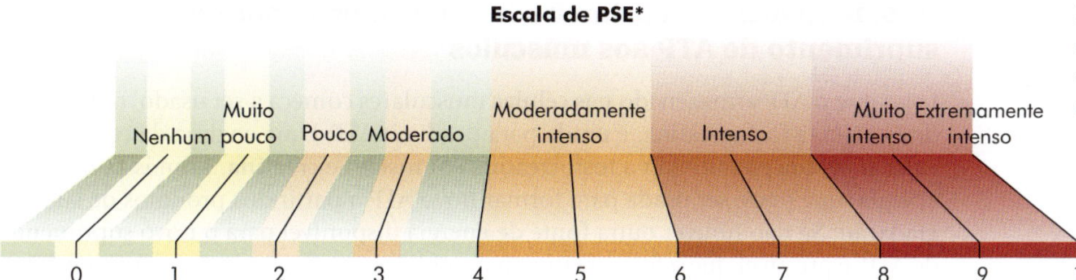

FIGURA 10.3 ► Classificação pela escala de percepção de esforço. É indicado o grau 4 ou maior para alcançar/manter o condicionamento físico.

ATP a partir do produto de sua degradação, o **difosfato de adenosina (ADP)** e um grupo fosfato (cuja abreviatura é P_i).

$$ADP + \text{energia obtida dos alimentos} + P_i \rightarrow ATP$$

Ao contrário, para liberar energia do ATP, as células degradam parcialmente esse componente em ADP e P_i. A energia liberada é usada para as funções de muitas células.

$$ATP \rightarrow \text{Energia para trabalhar} + ADP + P_i$$

Essencialmente, o ATP é a fonte de energia imediata para as funções do organismo (Tab. 10.2). A meta primária do uso de qualquer combustível, seja carboidrato, gordura ou proteína, é a produção do ATP. A célula muscular em repouso contém apenas uma pequena quantidade de ATP, que pode ser imediatamente utilizada. Essa quantidade de ATP poderia manter o músculo trabalhando por, no máximo, cerca de 2 a 4 segundos, se não fosse possível fornecer mais ATP. No entanto, outro tipo de composto rico em energia – a **fosfocreatina** – também está presente em células musculares e pode, rapidamente, ser degradada para liberar energia suficiente para produzir mais ATP. Assim, as células musculares que estão em atividade recebem um apoio até que o metabolismo de carboidratos e gorduras para geração de energia esteja a todo vapor. Em geral, as células devem usar e produzir novo ATP, de forma constante e repetida, a partir de várias fontes e energia.

fosfocreatina Composto altamente energético que pode ser usado para produzir novo ATP. É utilizado pelas células principalmente durante exercícios físicos curtos e muito exigentes, como salto ou levantamento de peso.

creatina Molécula orgânica (ou seja, que contém carbono) presente nas células musculares e que faz parte de um composto altamente energético (fosfato de creatina ou fosfocreatina) capaz de sintetizar ATP a partir do ADP.

TABELA 10.2 Fontes de energia usadas por células musculares em repouso ou em ação

Fonte de energia*	Quando é usada	Atividade
ATP	O tempo todo	Todos os tipos
Fosfocreatina	Inicialmente, todos os exercícios; depois, exercícios rápidos e vigorosos	Arremesso de peso, salto em altura, supino
Carboidrato (anaeróbios)	Exercícios de alta intensidade, principalmente com 30 s a 2 m de duração	*Sprint* de cerca de 200 m
Carboidrato (aeróbios)	Exercícios que durem de 2 min a 3 h ou mais; quanto mais intenso (p. ex., corrida em ritmo de 6 min/1,6 km), maior é o uso	Basquete, natação, trote, caminhada vigorosa, futebol, tênis
Gordura (aeróbios)	Exercícios que durem mais do que alguns minutos; é usada mais energia em exercícios de menor intensidade	Corrida de longa distância, ciclismo de longa distância; a maior parte da energia usada em uma caminhada vigorosa de 30 min é proveniente de gordura
Proteína (aeróbios)	Baixa quantidade ao longo de todo o exercício; um pouco mais em exercícios de resistência, principalmente quando o estoque de carboidratos se esgota	Corrida de longa distância

* Em qualquer momento, mais de uma fonte é usada. A quantidade relativa de uso difere durante várias atividades.

▲ A atividade muscular rápida e veloz usa várias fontes de energia, incluindo fosfocreatina e ATP.

Consultar o tópico "Nutrição e Saúde": recursos *ergogênicos e desempenho atlético*, no final do Capítulo 10.

A fosfocreatina é a primeira linha de defesa para novo suprimento de ATP aos músculos

Logo que o ATP armazenado nas células musculares começa a ser usado, outra fonte de energia, a fosfocreatina, é usada para produzir ATP. Uma enzima da célula muscular é ativada para dividir a fosfocreatina em fosfato e **creatina**. Com isso, libera-se energia, que pode ser usada para formar novo ATP a partir dos produtos de sua degradação. Se não houver outra fonte de energia disponível para o novo suprimento de ATP, é provável que a fosfocreatina mantenha as contrações musculares por cerca de 10 segundos, no máximo. Entretanto, outras fontes de novo suprimento de ATP entram em ação, então a fosfocreatina acaba se tornando uma fonte de energia para eventos que durem cerca de 1 minuto ou menos.

$$\text{Fosfocreatina} + \text{ADP} \rightarrow \text{ATP} + \text{creatina}$$

A principal vantagem da fosfocreatina é que ela pode ser ativada instantaneamente e repor o ATP em velocidade rápida o suficiente para suprir as demandas de energia em atividades mais velozes e vigorosas, inclusive saltos, levantamento de peso, arremesso de peso e *sprints* de corrida. A desvantagem é que a quantidade produzida e armazenada nos músculos é bem pequena. Atletas que praticam musculação começaram a usar suplementos de creatina na tentativa de aumentar a fosfocreatina muscular.

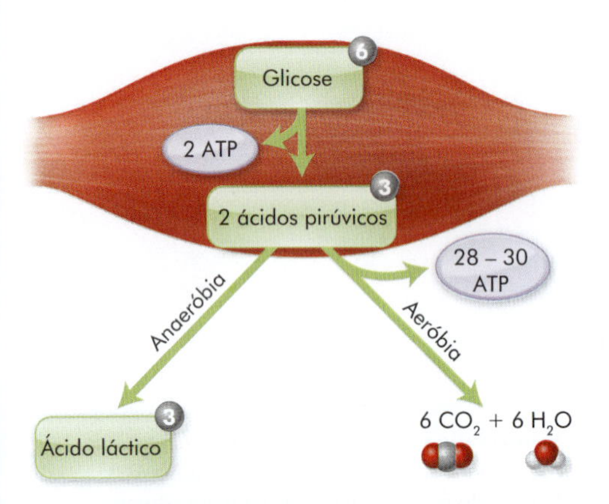

FIGURA 10.4 ▶ Rendimento em ATP do metabolismo aeróbio *versus* anaeróbio da glicose. Os números circulados indicam o número de carbonos em cada molécula.

Energia proveniente de carboidratos para os músculos

Os carboidratos são uma fonte importante de energia para os músculos. A forma mais útil de energia proveniente de carboidratos é a glicose, um açúcar simples disponível para todas as células na corrente sanguínea. Conforme foi visto no Capítulo 4, a glicose é armazenada sob a forma de glicogênio nas células do fígado e dos músculos. A glicose do sangue é mantida pela degradação do glicogênio hepático. A quebra do glicogênio armazenado em um músculo específico também ajuda a suprir a demanda de carboidrato desse músculo, mas a quantidade real de glicogênio armazenada no músculo é limitada (cerca de 350 g para todos os músculos do corpo, o que produziria cerca de 1.400 kcal).

Dependendo de quanto oxigênio houver disponível para os músculos em atividade, o uso de glicose para a produção de ATP pode ser anaeróbio ou aeróbio.

ácido pirúvico Composto formado por três átomos de carbono durante o metabolismo da glicose; também conhecido como piruvato.

ácido láctico Ácido formado por três átomos de carbono durante a fase de metabolismo celular anaeróbio; subproduto da degradação parcial da glicose; também conhecido como lactato.

A degradação anaeróbia da glicose produz energia rapidamente Quando o suprimento de oxigênio para os músculos é limitado (condições anaeróbias), a glicose é degradada em um composto formado por três átomos de carbono, denominado **ácido pirúvico**. O ácido pirúvico se acumula no músculo e, então, é convertido em **ácido láctico**. Somente cerca de 5% da quantidade total de ATP que poderia ser formada da degradação completa da glicose são liberados por meio desse processo anaeróbio (glicose → → ácido láctico).

A vantagem da degradação anaeróbia da glicose é que esse é a forma mais rápida de fornecer novo ATP, comparada à quebra da fosfocreatina. Portanto, ela fornece a maioria da energia necessária em eventos que exijam uma rápida queima de energia, que variem de cerca de 30 segundos a 2 minutos. Exemplos de atividade que dependem, principalmente, da quebra da glicose anaeróbia incluem correr *sprints* de 400 m ou nadar trechos de 100 m.

▲ Os *sprints* de corrida dependem da degradação anaeróbia da glicose.

As duas principais desvantagens do processo anaeróbio são (1) a alta velocidade de produção de ATP não pode ser mantida por longos períodos e (2) o rápido acúmulo de ácido láctico aumenta muito a acidez muscular. A acidez inibe as atividades de enzimas cruciais nos músculos celulares, diminuindo a produção anaeróbia de ATP e provocando fadiga a curto prazo. A acidez também provoca uma perda líquida de potássio pelas células musculares, levando a outra causa de fadiga. Aprendemos, por tentativa e erro, um ritmo que controla as concentrações de ácido láctico no músculo durante esses eventos anaeróbios.

A maior parte do ácido láctico se forma nas células musculares ativas, até ser liberada para dentro da corrente sanguínea. O fígado (e os rins, em parte) captam o ácido láctico e, com ele, ressintetizam glicose. Então, a glicose pode entrar novamente na corrente sanguínea, onde estará disponível para a captação celular e degradação.

A degradação anaeróbia da glicose é uma fonte de energia sustenda Se houver muito oxigênio disponível no músculo (condições aeróbias), como quando os exercícios são de intensidade baixa à moderada, os três carbonos do ácido pirúvico são levados à mitocôndria da célula, onde são totalmente metabolizados em dióxido de carbono (CO_2) e água (H_2O) (Fig. 10.5). Essa degradação aeróbia da glicose produz aproximadamente 95% do ATP formado pelo metabolismo completo da glicose (glicose $\rightarrow \rightarrow CO_2 + H_2O$).

A degradação aeróbia de glicose fornece mais ATP do que o processo anaeróbio, mas libera a energia de forma mais lenta. Essa velocidade mais lenta de suprimento de energia aeróbia pode ser mantida por horas. Um motivo é que os produtos são dióxido de carbono e água, não ácido láctico. A degradação aeróbia da glicose dá uma grande contribuição em termos energéticos às atividades que durem de 2 minutos a 3 horas ou mais. Exemplos de atividades desse tipo incluem trote e nado de distância (ver a Tab. 10.2).

PARA REFLETIR

Marty começou a fazer ginástica há cerca de oito semanas. No começo, ele percebeu que ficava ofegante após aproximadamente sete minutos de exercício aeróbio. Porém, agora, já é capaz de fazer exercícios por 25 minutos sem se cansar. Qual é a explicação possível para essa capacidade de fazer exercícios por mais tempo?

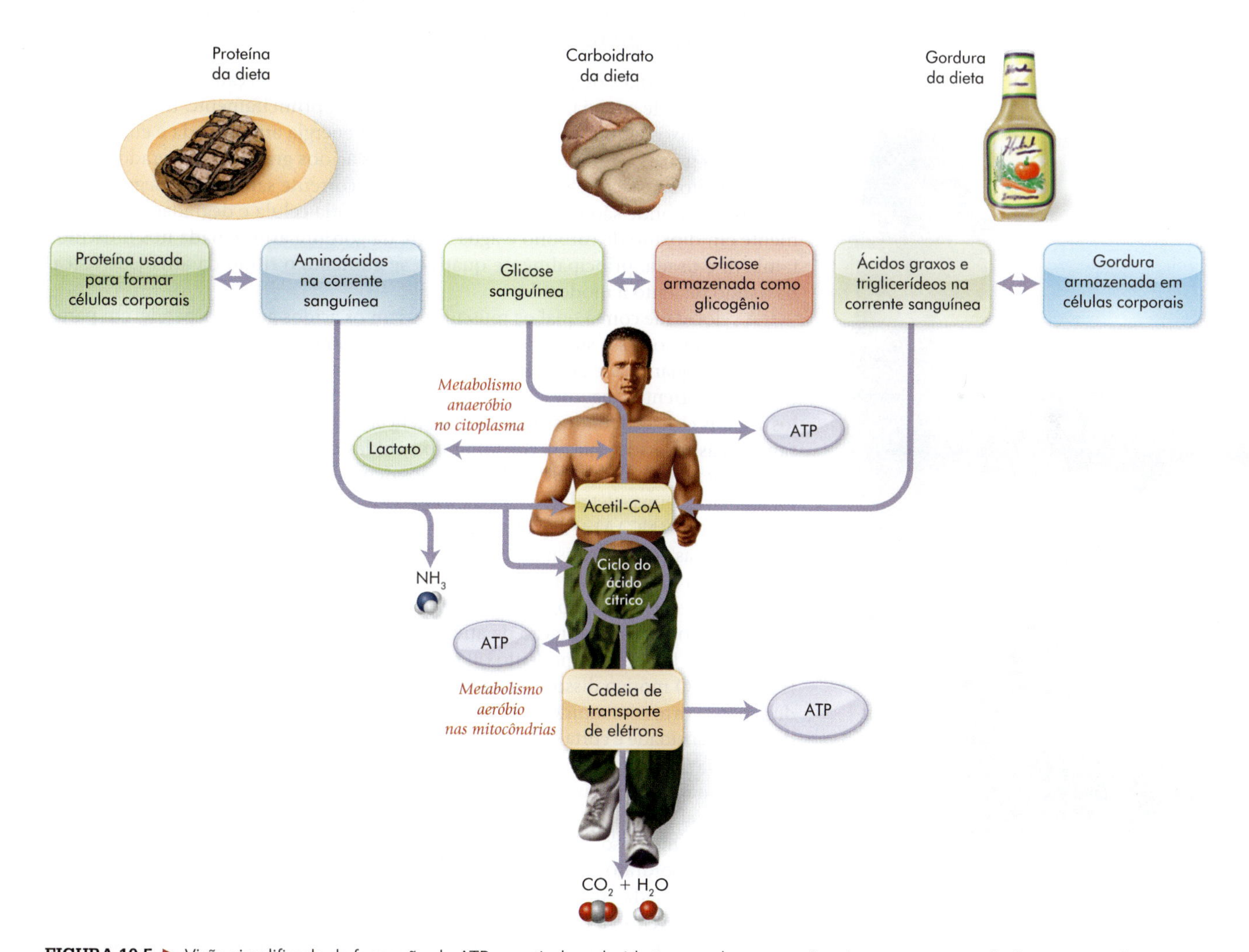

FIGURA 10.5 ▶ Visão simplificada da formação do ATP a partir de carboidratos, gordura e proteína. Juntamente com a fosfocreatina, todos os três nutrientes podem ser usados para a síntese de ATP, mas a glicose e os ácidos graxos são as fontes primárias. A glicose pode ser degradada de maneira anaeróbia ou ser submetida ao metabolismo aeróbio completo. Os produtos da degradação dos ácidos graxos são direcionados para o metabolismo aeróbio. Embora limitados, os produtos da degradação dos aminoácidos também são direcionados para a via aeróbia. Importante lembrar dos Capítulos 8 e 9, que muitas vitaminas e minerais participam dessas vias metabólicas.

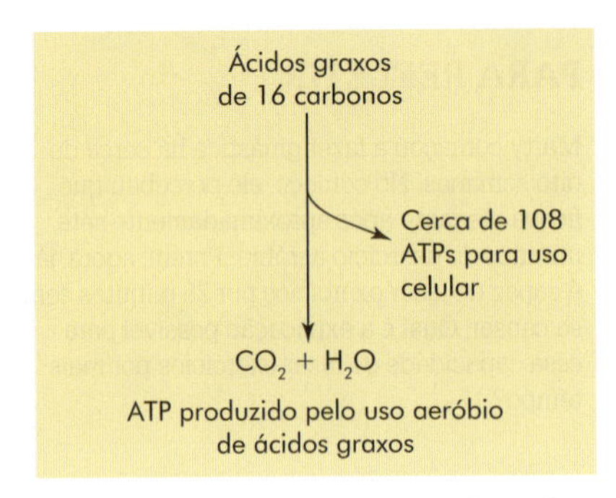

▲ ATP produzido pelo uso aeróbio de ácidos graxos.

Muitos pesquisadores estudaram a capacidade que os vários tipos de dietas à base de carboidratos têm de maximizar o suprimento de glicose para os músculos durante exercícios prolongados. Em geral, as técnicas foram bem-sucedidas. O consumo de cerca de 30 a 60 g de carboidratos por hora durante exercícios de resistência extenuantes que durem 1 hora ou mais, como ciclismo, pode contribuir para manter a glicemia adequada, levando a um retardo na fadiga de 30 a 60 minutos. Essa atenção à ingestão de carboidratos também ajuda a tolerar exercícios vigorosos feitos diariamente.

À medida que a glicemia diminui durante a atividade física, diminui também a função mental: é o que os ciclistas chamam *bonking* ou esgotamento. A queda da glicose no sangue está relacionada à depleção do glicogênio hepático, não do glicogênio muscular, pois o glicogênio do fígado é usado para manter a glicemia. Veja o item adiante, "Bebidas esportivas", para saber mais sobre a reposição de carboidratos durante os exercícios (Fig. 10.7, p. 453).

O consumo de carboidratos durante os exercícios não é tão importante em eventos de menor duração (p. ex., de 30 min), pois os músculos não usam tanta glicose sanguínea em exercícios de curta duração, eles recorrem principalmente aos estoques de glicogênio como fonte de energia.

Gordura: principal fonte de energia para atividades prolongadas de baixa intensidade

Quando os estoques de gordura dos tecidos corporais começam a ser degradados para a geração de energia, cada triglicerídeo fornece, primeiramente, três moléculas de ácidos graxos e uma de glicerol. A maioria da energia armazenada é encontrada nos ácidos graxos. Durante a atividade física, os ácidos graxos são liberados de vários depósitos de tecido adiposo para dentro da corrente sanguínea e seguem para os músculos, onde são captados para dentro de cada célula e degradados aerobiamente em dióxido de carbono e água. Parte da gordura armazenada nos músculos também é usada, principalmente quando se aumenta o ritmo da atividade física, passando de lento a moderado.

A velocidade com a qual os músculos usam os ácidos graxos depende, em parte, da concentração dessa substância na corrente sanguínea. Em outras palavras, quanto maior for a quantidade de ácidos graxos liberada dos estoques de tecido adiposo para dentro da corrente sanguínea, maior será a quantidade de gordura usada pelos músculos. Alguns ciclistas e outros atletas de resistência tentaram aumentar as concentrações sanguíneas de ácidos graxos consumindo bebidas cafeinadas. Essa prática pode, de fato, aumentar a liberação de ácido graxo dos depósitos do tecido adiposo e é, portanto, útil para alguns atletas, mas é ilegal segundo as regras da National Collegiate Athletic Association (NCAA) se a quantidade de cafeína no organismo exceder o equivalente a 6 a 8 xícaras de café (consultar o tópico "Nutrição e Saúde", no final deste capítulo).

▲ Os ácidos graxos podem vir de qualquer parte do organismo e não necessariamente da gordura armazenada próxima a músculos ativos. *É por isso que não é possível perder gordura de forma localizada.* Os exercícios podem tonificar os músculos próximos aos tecidos adiposos, mas não usam preferencialmente esses estoques.

Embora não seja uma fonte de energia muito útil para os músculos em exercícios intenso e de curta duração, a gordura vai adquirindo mais importância como fonte de energia conforme a duração da atividade física aumenta, principalmente quando o exercício é feito em ritmo lento ou moderado (aeróbico) por mais de 20 minutos (Fig. 10.6). O motivo disso é que parte das etapas envolvidas na degradação da gordura não ocorre com rapidez suficiente para suprir as demandas de ATP em exercícios de alta intensidade e curta duração. Se a gordura fosse a única fonte de energia disponível, não conseguiríamos fazer mais do que uma caminhada ou trote rápido.

A vantagem de usar gordura como fonte de energia é que ela oferece estoques de forma relativamente concentrada, e costumamos ter bastante energia armazenada. O mesmo peso em gordura fornece mais do que o dobro da energia fornecida pelos carboidratos. Em atividades de mais longa duração, em ritmo moderado (p. ex., caminhada em trilhas), ou mesmo trabalhar sentado oito horas por dia, a gordura fornece cerca de 70 a 90% da energia necessária. O uso de carboidratos é muito menor. Conforme aumentamos a intensidade, como em uma maratona de três horas em ritmo de competição, os músculos usam gordura e carboidratos na proporção aproximada de 50:50. Comparativamente, em eventos de mais curta duração, como *sprints* de 100 m ou competições de 1.500 m, a contribuição da gordura para a reposição de ATP é mínima. Em resumo, lembre-se de que o carboidrato é o único nutriente que consumimos como fonte de energia para atividades de ritmo rápido (anaeróbicas); nas atividades de ritmo lento e constante (aeróbicas), usamos gordura, além de carboidratos.

DECISÕES ALIMENTARES

Efeito do treinamento

Conforme começamos a nos exercitar regularamente, 4 a 5 vezes por semana, experimentamos o "efeito do treinamento". No começo, somos capazes de fazer exercícios por 20 minutos sem nos cansarmos. Meses mais tarde, essa duração pode ser aumentada para 1 hora antes de nos sentirmos cansados. Durante meses de treinamento, as células musculares produzem mais mitocôndrias e, por isso, conseguem queimar mais gordura. O treinamento também aumenta o número de capilares nos músculos, o que leva ao aumento do suprimento de oxigênio para os músculos. O resultado é a diminuição da produção de ácido láctico decorrente do metabolismo anaeróbio da glicose. O ácido láctico contribui para a fadiga muscular de curto prazo, então, quanto menor for sua produção, mais tempo conseguimos nos exercitar. Outros fatores que contribuem para o efeito de treinamento incluem o aumento da eficiência aeróbia do coração e dos músculos e a elevação da quantidade de triglicerídeos nos músculos, com melhora da capacidade que os músculos têm de usar triglicerídeos para suprir as necessidades energéticas.

Proteína: fonte de energia menos usada, principalmente em exercícios de resistência

Embora os aminoácidos derivados de proteínas possam ser usados para levar energia aos músculos, sua contribuição é relativamente pequena quando comparada à dos carboidratos e gorduras. Como guia estimado, apenas cerca de 5% das necessidades

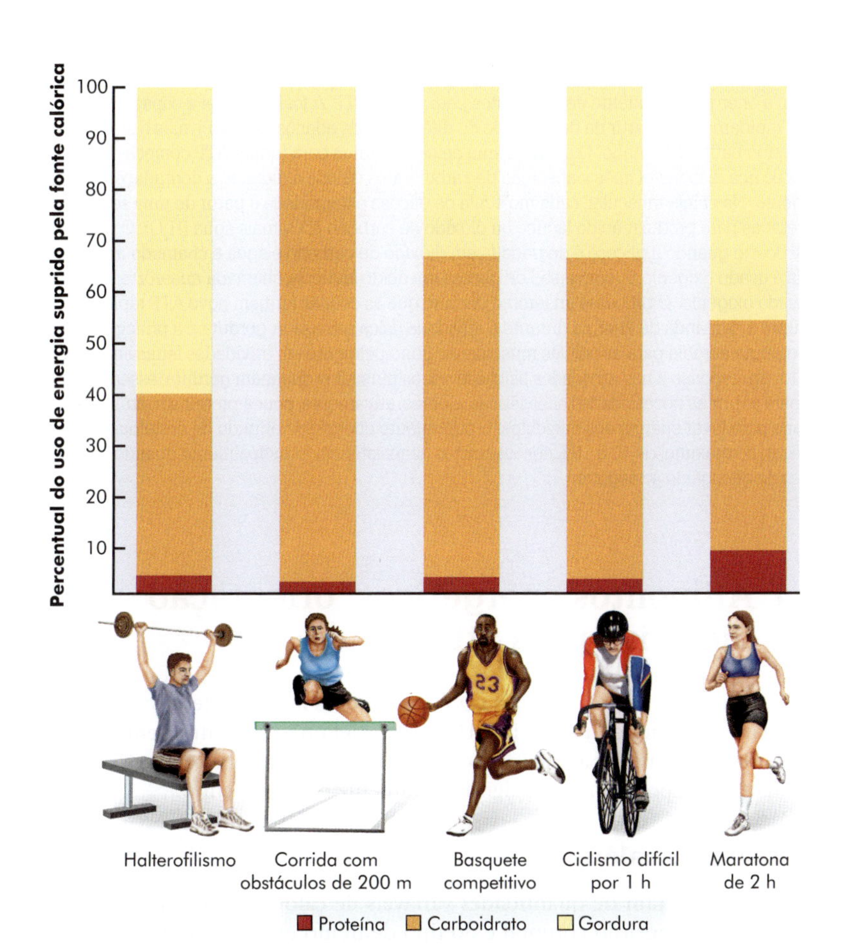

FIGURA 10.6 ▶ Estimativas gerais do uso de energia durante vários tipos de atividade física. Em relação aos treinos de halterofilismo, o uso de carboidrato pode ser maior, e o de gordura menor, se o treino for intenso e feito em ritmo rápido (p. ex., treino em circuitos). O uso de gordura costuma ser maior porque os períodos de repouso e de atividades feitas com equipamentos compõem a maior parte do treino de halterofilismo

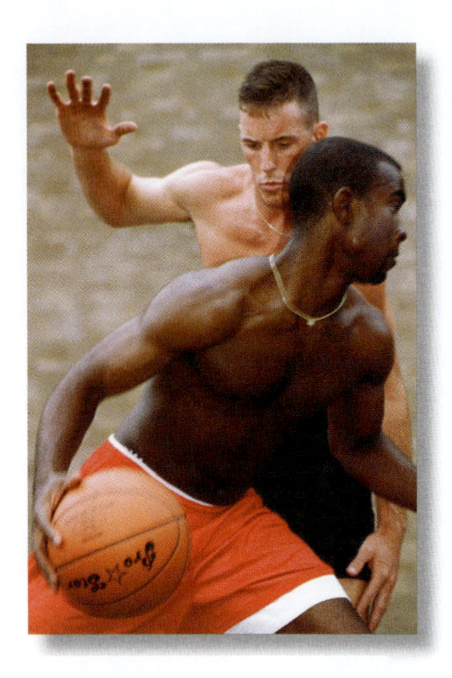

▲ As calorias necessárias para a realização de exercícios vêm do carboidrato, da gordura e da proteína. A combinação relativa depende do ritmo.

energéticas gerais, bem como das necessidades energéticas típicas dos músculos que estão realizando exercícios físicos, são supridas pelo metabolismo de aminoácidos.

Durante exercícios de resistência, as proteínas podem contribuir, de maneira importante, para as necessidades energéticas, chegando a cerca de 10 a 15%, principalmente quando os estoques de glicogênio nos músculos se esgotam. A maior parte da energia fornecida pelas proteínas vem do metabolismo de aminoácidos de cadeia ramificada: leucina, isoleucina e valina. A dieta normal fornece muitos aminoácidos de cadeia ramificada para suprir essa quantidade de energia, então, não é necessário usar suplementos de proteínas ou aminoácidos. Contrariamente ao que muitos atletas acreditam, a proteína é menos usada como fonte de energia em exercícios de resistência (p. ex., halterofilismo) do que em atividades intensas e prolongadas (p. ex., corrida) (ver Fig. 10.6). No halterofilismo, a fonte de energia primária para os músculos são a fosfocreatina e os carboidratos em atividades intensas e de curta duração, com uso de energia proveniente de gordura nas fases de repouso e uso mínimo de proteínas ao longo da atividade. Apesar disso, produtos com alto teor de proteína, como são comercializados especificamente para quem pratica musculação e para fisiculturistas, em quase todas as lojas de produtos esportivos ou nas que vendem alimentos saudáveis. O consumo de alimentos com elevado teor de carboidratos e teor moderado de proteínas imediatamente após o treino de musculação aumenta o efeito da atividade destinada ao ganho de massa muscular por meio da elevação da concentração de insulina e hormônio do crescimento liberados no sangue e em função da contribuição para a síntese de proteínas. Ainda assim, é impossível aumentar a massa muscular apenas com o consumo de proteínas. É preciso fazer força física com o músculo por meio da musculação ou outra atividade.

REVISÃO CONCEITUAL

O trifosfato de adenosina (ATP) é a principal forma de energia usada pelas células. As células usam a energia proveniente dos alimentos para formar ATP. A fosfocreatina é capaz de refazer ATP rapidamente, a partir da degradação do difosfofato de adenosina (ADP), mas o suprimento de fosfocreatina é limitado. O metabolismo de carboidratos para formar ATP começa quando a glicose fica disponível após a absorção de carboidratos devido à dieta ou à degradação do glicogênio. Na célula muscular, cada molécula de glicose é degradada a partir de uma sequência de etapas para produzir ácido láctico ou dióxido de carbono (CO_2) mais água (H_2O). O processo que ocorre quando a glicose é degradada em dióxido de carbono e água é chamado *aeróbio*, pois é usado oxigênio. A conversão de glicose em ácido láctico é chamada *anaeróbia*, pois não é usado oxigênio. O processo anaeróbio permite que as células formem novo ATP rapidamente e supre a demanda de energia durante a atividade física intensa. A gordura é a principal fonte de energia aeróbia para as células musculares, principalmente em atividades feitas em ritmo lento. Em repouso e nas atividades físicas leves, os músculos queimam gordura, essencialmente para suprir as necessidades energéticas. Comparativamente, pouca proteína costuma ser usada para levar energia aos músculos. O suprimento energético oriundo de proteínas pode chegar, no máximo, de 10 a 15% nos exercícios de resistência, principalmente quando os estoques de glicogênio se esgotam.

10.4 Alimentos energéticos: orientação dietética para atletas

O treinamento atlético e a herança genética são dois fatores determinantes importantes para o desempenho atlético. Uma boa dieta não substitui nenhum desses fatores, mas pode ajudar a melhorar e maximizar o potencial atlético. No entanto, uma dieta pobre pode diminuir significativamente o desempenho.

Necessidades calóricas

Os atletas necessitam de quantidades variáveis de calorias, que dependem do tamanho e da composição corporal e do tipo de treino ou competição que estamos considerando. Uma pessoa pequena pode precisar de apenas 1.700 kcal diariamente para manter as atividades diárias normais sem perder peso; um homem musculoso e grande pode precisar de 4.000 kcal. Essas estimativas podem ser vistas como pontos de partida que precisam ser individualizados por tentativa e erro para cada atleta.

Uma estimativa das calorias necessárias para manter uma atividade moderada é de 5 a 8 kcal/min. Então, as calorias necessárias para o treinamento ou para a competição esportiva têm que ser somadas às usadas para realizar as atividades normais. Por exemplo, 1 hora de boliche exige poucas calorias, além das necessárias para a realização de tarefas cotidianas. No entanto, uma competição de resistência de ciclismo nas montanhas, com 12 horas de duração, pode exigir mais 4.000 kcal por dia. Portanto, alguns atletas podem precisar de até 7.000 kcal ou mais diárias para manter o peso corporal durante o treinamento, ao passo que outros podem necessitar de 1.700 kcal ou menos. Se um atleta apresentar fadiga diariamente, o primeiro ponto a ser considerado deveria ser se ele está se alimentando de forma adequada. Podem ser necessárias até seis refeições diárias, incluindo uma antes de cada treino.

Como saber se um atleta está consumindo calorias suficientes? Uma maneira de estimar a ingestão diária é o atleta manter um diário alimentar. Outra maneira é estimar o percentual de gordura corporal do atleta, medida pelas pregas cutâneas, por impedância bioelétrica ou por pesagem submersa (ver Cap. 7). A gordura corporal dever ser a quantidade típica encontrada em atletas em relação ao esporte praticado. Esse número corresponde a 5 a 18% para a maioria dos atletas do sexo masculino e 17 a 28% para a maioria das atletas. O passo seguinte é monitorar mudanças no peso corporal diária ou semanalmente. Se o peso corporal começar a diminuir, a ingestão calórica deve aumentar; se o peso subir, e esse aumento for devido à elevação da gordura corporal, o atleta deve diminuir o consumo de alimentos.

▲ O treinamento atlético intenso pode exigir milhares de calorias adicionais. Esse aumento da ingestão de alimentos deveria fornecer facilmente muitas proteínas e outros alimentos necessários à realização de atividades físicas.

Revisar a Tabela 7.4, no Capítulo 7, que lista o gasto energético de algumas atividades físicas frequentes.

DECISÕES ALIMENTARES

Como ganhar massa muscular

Pugilistas, boxeadores, judocas, jóqueis e remadores com frequência tentam perder peso antes da competição buscando ser aprovados para que possam competir em categorias de menor peso. Isso os ajuda a ganhar vantagem mecânica em relação ao oponente de menor estatura. Esses atletas geralmente perdem peso antes da pesagem oficial. E podem perder até 10 kg de peso corporal na forma de água em um dia se fizerem sauna, exercitarem-se usando um moletom de plástico ou tomarem medicamentos diuréticos, que aceleram a perda de água pelos rins. Entretanto, perder a pequena quantidade de 2% de peso corporal pela desidratação pode afetar negativamente a resistência e o desempenho, sobretudo no clima quente. Um padrão repetitivo de perda ou ganho de peso acima de 5% do peso corporal por desidratação acarreta risco de internação e mau funcionamento dos rins. Também pode ocorrer morte.

Para evitar mortes futuras decorrentes de perda de peso corporal entre atletas, a NCAA e muitos estados autorizaram médicos ou treinadores de atletas a definir pesos e teor de gordura corporal mínimos (p. ex., 7% ou mais do peso corporal total para atletas homens e 12% ou mais para mulheres), como medida de segurança, em esportes com categorias por peso. Considerando as novas diretrizes, os atletas são designados para categorias por peso no início das temporadas e não podem emagrecer para ganhar vantagem competitiva. Atualmente, o ganho de peso nos dias após a competição (que reflete a recuperação da água corporal) não pode ultrapassar 900 g. Se atletas, como pugilistas, desejarem competir em uma categoria de peso mais leve e tiverem estoques de gordura extras suficientes, precisarão iniciar uma diminuição gradativa e manter a ingestão de calorias bem antes do início das temporadas de competições.

Se o exame de composição corporal mostrar que um atleta tem gordura corporal em excesso, deverá diminuir a ingestão de alimentos em cerca de 200 a 500 kcal/dia, ao mesmo tempo em que precisará manter um programa de exercícios regular, até que o percentual de gordura desejável seja alcançado. A redução da ingestão de gordura é a melhor abordagem relacionada aos nutrientes. Contudo, se o atleta precisar ganhar peso, o fato de aumentar a ingestão calórica em 500 a 700 kcal/dia irá, eventualmente, levar ao ganho de peso necessário. Aconselha-se o consumo de carboidratos, gorduras e proteínas combinadas, juntamente com atividade física, para garantir que esse ganho seja predominantemente na forma de tecido magro e não de estoque de gordura.

▲ Alimentos que são fonte de carboidratos devem compor a base da dieta de atletas.

Necessidades de carboidratos

Qualquer pessoa que faça exercícios vigorsos, sobretudo se mais de 1 hora por dia regularmente, precisa fazer uma dieta que inclua quantidades moderadas a elevadas de carboidratos. Essa dieta deve conter alimentos variados, como os recomendados pelo programa *MyPyramid*. Várias porções de grão, vegetais com alto teor de amido e frutas fornecem carboidratos em quantidade suficiente para manter estoques adequados de glicogênio no fígado e nos músculos, principalmente para repor as perdas de glicogênio resultantes de treinos feitos no dia anterior. Não se recomendam dietas com teor relativamente baixo de carboidratos/alto de proteínas, como a *The Zone Diet*. Lembre-se de que a *Zone Diet* foi discutida no Capítulo 7. O teor de carboidratos dessa dieta corresponde a apenas 40% das calorias, em vez de 60% ou mais, que é o que geralmente se recomenda para atletas.

A ingestão de carboidratos deve corresponder a pelo menos 5 g/kg de peso corporal. As pessoas que fazem exercícios aeróbicos e atividades de resistência (60 min ou mais por dia) podem precisar de até 7 g/kg de peso corporal. Quando a duração do exercício se aproxima de várias horas por dia, a recomendação do consumo de carboidrato aumenta para até 10 g/kg de peso corporal. Em outras palavras, triatletas e maratonistas devem considerar o consumo diário de carboidratos de cerca de 500 a 600 g, ou até mais, se necessário, para evitar fadiga crônica; e abastecer os músculos e o fígado com glicogênio. Observe que o consumo de carboidratos é especialmente importante quando são feitos vários períodos de treino em um dia, por exemplo, natação ou treinos difíceis em dias consecutivos, como treino de corrida *cross-country*. Entre as causas mais frequentes de fadiga, a depleção de carboidratos vem logo abaixo da perda de água e eletrólitos. A Tabela 10.3 apresenta amostras de menus, com base no *MyPyramid*, para dietas que forneçam energia variando de 1.500 a 5.000 kcal/dia. Além disso, o sistema de substituições descrito no Apêndice C é uma ferramenta muito útil no planejamento de todos os tipos de dietas, inclusive as com alto teor de carboidratos para atletas.

Conforme mencionado, os atletas devem suprir pelo menos 60% das necessidades energéticas totais a partir de carboidratos (em vez de 50% como nas dietas norte-americanas típicas), principalmente se a duração do exercício exceder duas horas e a ingestão calórica total for de cerca de 3.000 kcal/dia ou menos. As dietas que fornecem de 4.000 a 5.000 kcal/dia podem contar com até 50% de carboidratos, pois ainda assim fornecem carboidratos suficientes (p. ex., cerca de 500 a 600 g/dia).

Não é preciso eliminar da dieta um alimento específico quando se planeja uma dieta com alto teor de carboidratos. A meta é incluir mais alimentos que são fontes de carboidratos ao mesmo tempo em que se modera o consumo de fontes de gordura concentrada. Os nutricionistas do esporte enfatizam a diferença entre refeições com alto teor de carboidrato e refeições com alto teor de carboidrato e de gorduras. Antes de eventos de resistência, como maratonas ou provas de triatlo, alguns atletas tentam aumentar as reservas de carboidratos consumindo alimentos como batata *chips*, batata frita, torta cremosa de banana e doces confeitados. Embora alguns alimentos forneçam carboidratos, eles também contêm muita gordura. As melhores escolhas de alimentos fonte de carboidrato incluem massas, arroz, batatas, pão, frutas e suco de fruta, além de cereais matinais; verifique o teor de carboidrato no rótulo do produto. (Tab. 10.4). As bebidas esportivas adequadas à carga de carboidrato também podem ajudar. O consumo moderado, e não elevado, de fibra ao final do dia de treino é uma boa precaução, pois diminui as chances de distensão e gases abdominais durante o treino do dia seguinte.

PARA REFLETIR

Joe é pugilista e se qualificou para a categoria dos 56 kg na competição anual do colégio estadual. Depois de algumas lutas, começou a sentir tontura, desmaiou e acabou desclassificado porque não conseguiu continuar a disputa. Mais tarde, o técnico descobriu que Joe havia passado duas horas na sauna antes da pesagem, o que fez com que ele ficasse desidratado. Quais são as consequências da desidratação? O que você sugere como uma alternativa mais segura para perda de peso?

Carga de carboidrato

carga de carboidrato Processo de ingestão de grande quantidade de carboidratos durante seis dias antes de uma competição atlética, acompanhado de redução gradativa da duração dos treinos, com o objetivo de aumentar as reservas musculares de glicogênio.

Para atletas que competem em eventos aeróbicos intensos e contínuos, que durem mais de 60 a 90 minutos (ou eventos de menor duração que se repetem em intervalos inferiores a 24 h), adotar um regime de **carga de carboidrato** pode contribuir para maximizar a quantidade de energia armazenada no músculo sob a forma de glicogênio, durante a prova. (Entretanto, essa quantidade de atividade se aplica a poucos atletas.) Um regime possível, durante a semana que antecede a prova, é o

TABELA 10.3 Cardápios diários com vários níveis de aporte calórico, segundo o *MyPyramid*

1.500 kcal	2.000 kcal	3.000 kcal	4.000 kcal	5.000 kcal
Café da manhã Leite desnatado, 1 copo Cereal matinal, ½ xícara Pão, ½ Geleia de cereja, 2 colheres de chá Margarina, 1 colher de chá	**Café da manhã** Leite desnatado, 1 copo Cereal matinal, 1 xícara Pão, ½ Geleia de cereja, 1 colher de sopa Margarina, 1 colher de chá	**Café da manhã** Leite desnatado, 1 copo Cereal matinal, 2 xícaras Pão, 1 Geleia de cereja, 2 colheres de chá Margarina, 1 colher de chá *Muffins* de farelo de aveia, 2	**Café da manhã** Leite desnatado, 1 copo Cereal matinal, 2 xícaras Laranja, 1 *Muffins* de farelo de trigo, 2	**Café da manhã** Leite com teor reduzido de gordura, 1 copo Cereal matinal, 2 xícaras *Muffins* de farelo de trigo, 2 Laranja, 1
			Lanche Tâmaras cortadas, ¾ de xícara	**Lanche** Iogurte com baixo teor de gordura, 1 porção Tâmaras cortadas, 1 xícara
Almoço Peito de frango (assado) 56,5 g Figo, 1 Leite desnatado, ½ copo Banana, 1	**Almoço** Peito de frango (assado) 56,5 g Pão de trigo, 2 fatias Maionese, 1 colher de chá Uva passas, ¼ de xícara Suco de *cranberry*, 1 e ½ copos Banana, 1	**Almoço** Peito de frango (assado) 56,5 g Pão de trigo, 2 fatias Queijo provolone, 28 g Maionese, 1 colher de chá Uva passas, ⅓ de xícara Suco de framboesa, 1 e ½ copos Iogurte com baixo teor de gordura, 1 porção	**Almoço** Alface romana, 1 xícara Grão de bico, 1 xícara Cenoura ralada, ½ xícara Vinagrete, 2 colheres de sopa Macarrão com queijo, 3 xícaras Suco de maçã, 1 copo	**Almoço** Suco de maçã, 1 copo *Enchilada* de frango, 1 Alface romana, 1 xícara Grão-de-bico, 1 xícara Cenoura em tiras, ¾ de xícara Aipo picado, ½ xícara *Croutons* temperados, 28 g Vinagrete, 2 colheres de sopa Pão de trigo, 2 fatias Margarina, 1 colher de sopa
Lanche Biscoito com aveia e uvas passas, 1 Iogurte com baixo teor de gordura, 1 porção	**Lanche** Biscoito com aveia e uvas passas, 3 Iogurte com baixo teor de gordura, 1 porção	**Lanche** Banana, 1 Biscoito com aveia e uva passas, 3	**Lanche** Pão de trigo, 2 fatias Margarina, 1 colher de chá Geleia, 2 colheres de sopa	**Lanche** Banana, 1 Pão, 1 Requeijão, 1 colher de sopa
Jantar Espaguete com almôndegas 1 xícara Alface romana, 1 xícara Molho para salada do tipo italiano, 2 colheres de chá Vagem, ½ xícara Suco de *cranberry*, 1 e ½ copos	**Jantar** Bife de contrafilé grelhado, 85 g Alface romana, 1 xícara Molho para salada do tipo italiano, 2 colheres de chá Vagem, 1 xícara Leite desnatado, ½ copo	**Jantar** Bife de contrafilé grelhado, 85 g Alface romana, 1 xícara Grão-de-bico, 1 xícara Molho para salada do tipo italiano, 2 colheres de chá Macarrão de espinafre, 1 e ½ xícaras Margarina, 1 colher de chá Vagem, 1 xícara Leite desnatado, ½ copo	**Jantar** Peito de peru sem pele, 56,5 g Purê de batatas, 2 xícaras Ervilhas e cebola, 1 xícara Banana, 1 Leite desnatado, 1 copo	**Jantar** Leite com teor reduzido de gordura, 1 copo Bife de contrafilé, 142 g Purê de batatas, 2 xícaras Macarrão de espinafre, 1 e ½ xícaras Queijo parmesão ralado, 2 colheres de sopa Vagem, 1 xícara Biscoito com aveia e uvas passas, 3
			Lanche Massa, 1 xícara cozida Margarina, 2 colheres de chá Queijo parmesão, 2 colheres de sopa Suco de framboesa, 1 copo	**Lanche** Suco de *cranberry*, 2 copos Pipoca, 4 xícaras Uvas passas, ⅓ de xícara
18% de proteína (68 g) 64% de carboidratos (240 g) 19% de gordura (32 g)	17% de proteína (85 g) 63% de carboidratos (315 g) 20% de gordura (44 g)	17% de proteína (128 g) 62% de carboidratos (465 g) 21% de gordura (70 g)	14% de proteína (140 g) 61% de carboidratos (610 g) 26% de gordura (116 g)	14% de proteína (175 g) 63% de carboidratos (813 g) 24% de gordura (136 g)

atleta reduzir gradativamente a intensidade e a duração dos exercícios e, ao mesmo tempo, aumentar o percentual de calorias totais supridas por carboidratos.

Por exemplo, considere o esquema de carga de carboidrato de um homem jovem, de 25 anos de idade, que está se preparando para uma maratona. As necessidades calóricas típicas são de cerca de 3.500 kcal/dia. Seis dias antes da competição,

A carga de carboidrato pode se benéfica para essas atividades

- Maratonas
- Natação de longa distância
- Esqui *cross-country*
- Corridas de 30 km
- Triatlos
- Basquete competitivo
- Futebol
- Contrarrelógio (ciclismo)
- Canoagem competitiva de longa distância

A carga de carboidrato não é benéfica para essas atividades

- Futebol americano
- Corridas de até10 km
- Caminhada e caminhada em trilha
- A maioria dos eventos de natação
- Basquete não competitivo
- Halterofilismo
- A maioria das provas de atletismo

▲ As frutas são uma boa fonte de carboidratos, principalmente de amido e açúcares naturais, para atletas.

ele faz um último treino difícil de 60 minutos. Nesse dia, os carboidratos correspondem de 45 a 50% da ingestão calórica total. Durante o restante da semana, a duração dos treinos diminui para 40 minutos e, depois, para cerca de 20 minutos ao final da semana. Ao mesmo tempo, esse atleta aumenta a quantidade de carboidratos na dieta para chegar a 70 a 80% do consumo total de calorias ao longo da semana. O consumo total de calorias deve diminuir conforme o tempo de exercício diminui ao longo da semana. No último dia antes da competição, resolve ficar descansando e, ao mesmo tempo, manter o consumo elevado de carboidratos.

Dias antes da competição	6	5	4	3	2	1
Tempo de exercício (min)	60	40	40	20	20	Repouso
Carboidratos (g)	450	450	450	600	600	600

Essa técnica de carga de carboidrato em geral aumenta os estoques musculares de glicogênio em 50 a 85% em condições típicas (ou seja, quando os carboidratos da dieta constituem apenas cerca de 50% da ingestão total de calorias).

A desvantagem potencial da carga de carboidratos é que mais água (cerca de 3 g) é incorporada pelos músculos juntamente com cada grama de glicogênio. Embora a água adicional ajude a manter a hidratação, em algumas pessoas esse peso extra proveniente da água e a rigidez muscular relacionada a ela diminuem o desempenho esportivo o que, por sua vez, torna a carga de carboidrato inadequada. Os atletas que estejam pensando em adotar o esquema de carga de carboidrato devem experimentar fazer isso durante o treinamento (e bem antes de uma competição importante) para ver como essa medida afeta o desempenho. Poderão, então, definir se vale a pena o esforço. Além disso, o consumo de carboidratos durante a competição fornece praticamente a mesma vantagem que a carga de carboidrato anterior à prova. Os especialistas aconselham a não adotar a carga de carboidrato e optar pelo segundo método, alinhado ao consumo elevado de carboidratos diariamente. Lembre-se também da importância do "efeito do treinamento" discutido no item "Decisões alimentares": efeito do treinamento, na página 439.

Necessidades de gordura

Geralmente, recomenda-se aos atletas uma dieta em que até 35% das calorias sejam provenientes de gorduras. Alimentos que são fontes de gordura insaturada, como óleo de canola, devem ter preferência, ao passo que a ingestão de gorduras saturadas e gorduras *trans* deve ser limitada.

Necessidades proteicas

Para a maioria dos atletas, as recomendações típicas para ingestão de proteínas variam de 1 a 1,6 g de proteína por quilograma de peso corporal. Essa quantidade é consideravelmente mais alta do que a ingestão dietética recomendada (RDA), de 0,8 g/kg de peso corporal para não atletas, recomendada pelo Comitê de Alimentos e Nutrição, inclusive para atletas (Tab. 10.5).

Para atletas que estejam começando um programa de musculação, alguns especialistas recomendam a ingestão de 1,7 g de proteína por quilograma de peso corporal. Essa quantidade equivale ao dobro da RDA de proteína. Até o momento, o valor dessa ingestão excessiva de proteínas durante as fases iniciais do treino de musculação não tem suporte suficiente em pesquisas científicas. Além disso, a ingestão de proteínas acima dessa quantidade resulta em maior uso de aminoácidos para suprir as necessidades energéticas. Não foi observado aumento da síntese de proteína muscular. Conforme foi mencionado anteriormente, neste capítulo, a fosfocreatina e o carboidrato (e não a proteína extra) são as fontes de energia primárias para o organismo durante o treino de musculação. Teoricamente, a quantidade extra de proteína é necessária para a síntese de novo tecido muscular provocada pelo efeito da carga da musculação. Uma vez que se tenha conseguido a massa muscular desejada, a ingestão de proteínas não deve exceder a 1,2 g/kg de peso corporal.

TABELA 10.4 Gramas de carboidrato com base no tamanho da porção de alimentos fontes de carboidratos

Amidos – 15 g de carboidrato por porção (80 kcal)	
1 porção	
Cereais matinais secos*, ½ a ¾ de xícara	Batata assada, ¼ grande
Cereais matinais cozidos, ½ xícara	Pão, ½ (113 g)
Mingau, ½ xícara	*Muffin* inglês, ½
Arroz cozido, ⅓ de xícara	Pão, 1 fatia
Massa cozida, ⅓ de xícara	*Pretzels*, 21 g
Feijões cozidos, ⅓ de xícara	Biscoito de água e sal, 6
Milho cozido, ½ xícara	Panquecas de 10 cm de diâmetro, 1
Feijões secos cozidos, ½ xícara	Tacos, 2 (adicione 45 kcal)
Vegetais – 5 g de carboidratos por porção (25 kcal)	
1 porção	
Vegetais cozidos, ½ xícara	
Vegetais crus, 1 xícara	
Suco de vegetais, ½ copo	
Exemplos: cenoura, vagem, brócolis, couve-flor, cebola, espinafre, tomate, suco de vegetais	
Frutas – 15 g de carboidratos por porção (60 kcal)	
1 porção	
Frutas ou frutas silvestres enlatadas, ½ xícara	Uvas (pequenas), 17
Suco de fruta, ½ copo	Suco de uva, ½ copo
Figos (secos), 1 e ½	Tâmaras, 3
Maçã ou laranja, 1 pequena	Pêssego, 1
Damasco (seco), 8	Cubos de melancia, 1 e ¼ xícaras
Banana, 1 pequena	
Leite – 12 g de carboidratos por porção	
1 porção	Leite de soja, 1 copo
Leite, 1 copo	
Iogurte simples com baixo teor de gordura, ⅔ de um copo	
Doces – 15 g de carboidratos por porção (calorias variáveis)	
1 porção	
Bolo, quadrado de 5 cm	Sorvete, ½ taça
Bolachas, 2 pequenas	Sorvete sem leite, ½ taça

* O teor de carboidrato dos cereais desidratados varia muito. Verifique o rótulo daqueles que você escolher e ajuste o tamanho da porção de modo adequado.

Modificada de *Choose Your Foods: Exchange Lists for Diabetes* da Associação Americana de Diabetes e da Associação Dietética Americana, 2008, Chicago, Associação Dietética Americana.

▲ A carga de carboidratos é adequada apenas para atividades de resistência, como competições de longa distância.

A Tabela 10.5 resume as faixas recomendadas de ingestão de proteínas para vários tipos de atividade. Qualquer atleta que não esteja fazendo um regime específico

TABELA 10.5 Recomendações de ingestão de proteínas com base em quilograma de peso corporal*

Grupo de atividade	g/kg	Quantidade para uma pessoa de 70 kg (g)
Sedentário	0,8	56
Musculação para manutenção	1 – 1,2	70 – 84
Musculação para ganho de massa muscular	1,5 – 1,7	105 – 119
Atividades de resistência de intensidade moderada	1,2	84
Treino de resistência de alta intensidade	1,6	112

Fonte: Burke L, Deakin V: Clinical Sports Nutrition, McGraw-Hill, Roseville NSW2069, Australia, 2000.

▲ Os produtos com elevado teor de proteínas, geralmente comercializados para atletas, são desnecessários. O mesmo se aplica às barras ricas em proteína, que são uma tendência no mercado de produtos para atletas.

▲ Atletas com restrição de peso devem garantir, especificamente, o consumo de quantidade suficiente de proteínas, além de outros nutrientes essenciais.

Conforme foi visto no Capítulo 8, os nutrientes contidos nos suplementos dietéticos não devem exceder nenhum valor máximo definido a longo prazo. Da mesma forma, pessoas do sexo masculino devem ter cuidado ao usar suplementos que contenham ferro.

de baixas calorias pode, facilmente, cumprir essas recomendações de proteína ao ingerir alimentos variados (ver Tab. 10.3). Por exemplo, uma mulher que pese 53 kg e realize atividades de resistência pode consumir 64 g de proteínas (53 × 1,2) em um único dia se incluir em sua dieta 85 g de frango (1 filé de peito de frango), 85 g de carne (1 hambúrguer magro, pequeno) e 2 copos de leite. Da mesma forma, um homem que pese 77 kg e tenha por objetivo ganhar massa muscular com a musculação precisa consumir apenas 170 g de frango (1 filé grande de peito de frango), ½ xícara de feijões cozidos, 1 lata de atum de 170 g e 3 copos de leite para chegar ao consumo diário de 130 g de proteínas (77 × 1,7). Para ambos os atletas, esses cálculos não incluem as proteínas presentes nos grãos e vegetais que eles também vão consumir. É possível perceber que, ao satisfazer as necessidades calóricas, muitos atletas consomem mais proteína do que o necessário. Apesar das alegações de *marketing*, os suplementos de proteína são uma parte cara e desnecessária do programa de boa forma física.

O consumo excessivo de proteínas tem pontos negativos. Conforme visto no Capítulo 6, ele aumenta a perda de cálcio pela urina, além de aumentar a produção de urina, podendo comprometer a hidratação corporal. Pode, também, levar à formação de cálculos renais em pessoas com história de problemas de rins dessa ou de outra natureza. Por fim, esse tipo de dieta pode impedir o aporte suficiente de carboidratos como fonte de energia, o que resulta em fadiga. Os atletas que têm que fazer uma limitação importante da ingestão calórica ou que sejam vegetarianos devem determinar especificamente o consumo de proteínas. Além disso, devem garantir uma dieta que forneça pelo menos 1,2 g de proteína por quilograma de peso corporal por dia, que é a recomendação máxima para a maioria dos atletas.

Necessidades de vitaminas e minerais

As necessidades de vitaminas e minerais são as mesmas ou um pouco mais altas para atletas, em comparação com as de adultos sedentários. Os atletas geralmente consomem grande quantidade de calorias, então, tendem a consumir muitas vitaminas e minerais. A exceção são atletas que fazem dieta de baixa caloria (cerca de 1.200 kcal ou menos), conforme observado no caso de algumas atletas que participam de eventos em que é fundamental manter um baixo peso corporal. Essas dietas podem não preencher as necessidades de vitamina B e outros micronutrientes. Atletas vegetarianos também são um grupo preocupante. Nesses casos, recomenda-se o consumo de alimentos fortificados, como cereais matinais prontos e suplementos equilibrados de multivitaminas e minerais.

As necessidades do atleta quanto a antioxidantes, como as vitaminas E e C, podem ser maiores em razão da proteção potencial que esses nutrientes fornececem. Esse efeito pode ser especialmente importante quando se considera o uso do grande volume de oxigênio pelos músculos. Entretanto, o consumo de altas doses de vitamina E e C exige mais estudo e, atualmente, não é aceito em grande parte das orientações dietéticas para atletas. Os especialistas sugerem uma dieta que contenha alimentos ricos em antioxidantes, como frutas, vegetais, pães e cereais integrais e óleos vegetais. Além disso, há evidências de que a atividade dos sistemas antioxidantes do organismo aumenta conforme progride o treinamento físico. Especula-se, também, que o "estresse oxidativo" produzido durante o exercício possa ter benefícios, como de adaptação muscular às atividades físicas; então, tentar bloquear esse processo pode não ser vantajoso.

A deficiência de ferro compromete o desempenho O ferro está envolvido na produção de células sanguíneas vermelhas, no transporte de oxigênio e na produção de energia, portanto a deficiência desse mineral pode diminuir, significativamente, o desempenho atlético ideal. As causas potenciais da deficiência de ferro em atletas variam. Assim como ocorre na população em geral, atletas do sexo feminino são mais suscetíveis a apresentar baixo nível de ferro em razão das perdas mensais na menstruação. Dietas especiais seguidas por atletas, como as de baixas calorias e as vegetarianas (sobretudo a vegana), têm probabilidade de conter baixa quantidade de ferro. Os corredores de distância devem dar atenção especial à ingestão de ferro, pois seus treinos intensos podem levar a sangramento gastrintestinal. Outra preocupação é a *anemia esportiva*, que ocorre porque o exercício provoca o aumento do volume de plasma sanguíneo, principalmente no início de um programa de treinamento, antes que a síntese de células sanguíneas vermelhas aumente. Com isso, tem-se a diluição do sangue. Nesse caso, mesmo que os estoques de ferro sejam adequados, o exame de ferro sanguíneo poderá indicar baixo nível.

A anemia esportiva não provoca dano no desempenho, mas é difícil distinguir a anemia esportiva da anemia verdadeira. Se houver baixo nível de ferro e ele não for reposto, poderão ocorrer anemia ferropriva (por deficiência de ferro) e comprometimento acentuado da resistência física. Embora a anemia verdadeira (nível diminuído de hemoglobina sanguínea) não seja muito comum entre atletas, recomenda-se que esses esportistas (principalmente mulheres adultas) verifiquem o nível de ferro no início de uma temporada de treinamento e, pelo menos, na metade dessa temporada de novo, e monitorem a ingestão de ferro na dieta.

Qualquer exame de sangue que indique baixo nível de ferro – seja anemia esportiva ou não – requer acompanhamento médico. Em alguns casos, pode ser recomendado usar suplementos de ferro. Entretanto, o uso indiscriminado desses suplementos não é aconselhado, pois pode haver efeitos tóxicos. É importante que os médicos investiguem a causa da deficiência de ferro, porque ela pode ser causada por perda de sangue. Se diagnosticadas no início, algumas patologias graves como essa podem ser tratadas ou prevenidas.

O "*doping* sanguíneo" é a injeção de hemácias, que contêm ferro naturalmente, com o intuito de aumentar a capacidade aeróbia. Segundo as diretrizes olímpicas, essa prática é ilegal.

Alguns estudos sugerem que a deficiência de ferro sem anemia também pode ter um efeito negativo sobre a atividade e o desempenho físico. Além disso, quando os estoques de ferro se esgotam, é provável que a reposição desse elemento demore meses. Por isso, os atletas devem ter o cuidado especial de suprir suas demandas de ferro.

Consultar o tópico "Nutrição e Saúde": *auxílios ergogênicos e desempenho atlético*, no final do capítulo 10.

A ingestão de cálcio é importante, sobretudo para mulheres. Os atletas, em especial as mulheres que estejam tentando perder peso restringindo a ingestão de laticínios, podem ter um consumo quase insuficiente ou baixo de cálcio. Essa prática compromete a saúde óssea ideal. Uma situação ainda mais preocupante é a de atletas cuja menstruação tenha cessado em decorrência da interferência do treinamento árduo e da composição de gordura corporal na secreção normal dos hormônios do sistema reprodutor. Relatórios preocupantes mostram que as atletas que não menstruam regularmente têm a densidade óssea da coluna vertebral muito mais baixa, quando comparadas a atletas e não atletas que menstruam regularmente. Com isso, elas têm maior risco de sofrer fraturas ósseas durante os treinos e competições e de futuramente desenvolver osteoporose. Os impactos negativos da baixa ingestão de cálcio e da irregularidade menstrual das atletas excedem os possíveis benefícios dos exercícios com pesos para a densidade óssea. Esse tópico será discutido em detalhes no Capítulo 11, em relação à tríade das atletas mulheres. O Capítulo 9 revisa a osteoporose minuciosamente.

Uma pesquisa documentou claramente a importância da menstruação regular para manter a densidade mineral óssea. Estudos mostram que corredoras que não menstruam regularmente também podem ter maior risco de desenvolver **fratura de estresse**. Portanto, as atletas cujo ciclo menstrual se torne irregular devem procurar atendimento médico para determinar a causa do problema. A diminuição da quantidade de treinos ou o aumento do consumo de energia e do peso corporal costumam restaurar os ciclos menstruais regulares. Se os ciclos menstruais irregulares persistirem, pode haver perda óssea severa (sendo parte dela irreversível), que pode levar à osteoporose. Acrescentar mais cálcio à dieta não compensa, necessariamente, esses efeitos nocivos provocados pelas irregularidades na menstruação, porém a dieta de cálcio inadequada pode piorar ainda mais a situação.

fratura de estresse Fratura que decorre de traumatismo por impacto repetitivo sobre um osso. É comum nos ossos do pé.

10.5 Foco nas necessidades hídricas

As necessidades hídricas de um adulto de porte físico médio é de cerca de 9 copos/dia para mulheres e 13 copos/dia para homens. Os atletas geralmente necessitam de mais água ainda para manter a capacidade do corpo de regular a temperatura interna e se resfriar. A maior parte da energia liberada durante o metabolismo aparece imediatamente na forma de calor. Além disso, a produção de calor na contração

▲ A desidratação, que pode provocar doenças e morte, é um problema que deve ser evitado durante atividades físicas em ambientes quentes e úmidos.

muscular pode aumentar de 15 a 20 vezes do que em repouso muscular. Se o calor não for rapidamente dissipado, pode ocorrer exaustão pelo calor, cãibras de calor e insolação potencialmente fatal.

Os atletas devem evitar a desidratação não só pelo desempenho atlético, mas também para devido à exaustão pelo calor, cãibras de calor e insolação fatal. A ingestão de líquidos durante a atividade física, quando possível, deve ser adequada para minimizar a perda de peso; recomenda-se seguir essa prática mesmo quando a sudorese passa despercebida, por exemplo, quando se pratica natação ou durante o inverno. Para repor os líquidos perdidos na sudorese, regular a temperatura corporal, evitar a desidratação e manter níveis baixos de sódio no sangue, a American College of Sports Medicine recomenda ingerir quantidade adequada de líquidos antes, durante e depois da atividade física. As necessidades hídricas e eletrolíticas variam muito, com base em diferenças de massa corporal, condições ambientais, níveis de treinamento, duração do evento e, até mesmo, fatores genéticos. Como as necessidades hídricas são altamente individualizadas e dinâmicas, não é adequado fazer recomendações gerais para a reposição hídrica. Em vez disso, o atleta deve se concentrar em repor a quantidade total de líquidos perdidos durante a atividade física. Isso pode ser feito se for determinada a taxa de sudorese do corpo em 1 hora, que pode ser calculada a partir do peso perdido durante 1 hora de exercício mais o líquido consumido durante a prática de exercício por 1 hora.

A meta de hidratação recomendada é a de perda de não mais de 2% do peso corporal durante os exercícios, em especial no calor. Os atletas devem calcular, primeiramente, 2% do peso corporal e então determinar, por tentativa e erro, a quantidade de líquido que eles devem consumir para evitar perder mais do que essa quantidade de peso durante a atividade física. Essa definição será mais precisa se um atleta se pesar antes e depois de um treino típico. Para cada 0,5 kg perdido, devem ser consumidos 2,5 a 3 copos de água (cerca de 0,75 L) durante os exercícios ou imediatamente depois. A recomendação de água substitui a anterior de dois copos por 450 g, pois parte da reposição de líquido será rapidamente perdida em razão do aumento da sudorese pós-exercício e aumento do débito urinário. A maior parte da reposição hídrica terá que ser feita após o exercício, porque é difícil consumir líquidos em quantidade suficiente durante a atividade física para evitar a perda de peso. Se a perda de peso não puder ser monitorada, a cor da urina é outra medida da hidratação. A cor da urina deveria ser um amarelo chamado "citrino".

A sede é um sinal tardio da desidratação, então não é um indicador confiável da necessidade de reposição hídrica durante o exercício. É provável que um atleta que só consuma líquidos ao sentir sede leve 48 horas para suprir a perda hídrica. Depois de vários dias de treino, o atleta que use a sede como indicador poderá acumular um débito hídrico que irá comprometer o desempenho. A abordagem para reposição hídrica apresentada a seguir poderá suprir as necessidades dos atletas na maioria dos casos:

- Ingerir líquidos livremente (como água, suco de fruta diluído, bebidas esportivas) no período de 24 horas antes de uma prova, mesmo que você não esteja especificamente com sede.
- Ingerir de 1,5 a 2,5 copos de líquidos (400 a 600 mg) 2 a 3 horas antes dos exercícios. Com isso, tem-se tempo para uma hidratação adequada e para a excreção do excesso de líquidos.
- Durante provas que durem mais de 30 minutos, ingerir cerca de 0,5 a 1,5 copo (150 a 350 mL) de líquido a cada 15 a 20 minutos, ao longo do exercício. Consumir mais de 1 L de líquido por hora pode provocar desconforto. Em dias quentes, dê preferência às bebidas frias para ajudar a resfriar o corpo. Novamente, o atleta não deve esperar até sentir sede. Em muitos casos, atletas, principalmente crianças e adolescentes, precisam ser lembrados de consumir líquidos durante a atividade física.
- No período de 4 a 6 horas após os exercícios, cerca de 2,5 a 3 copos de líquido devem ser consumidos para cada 450 g perdidas, conforme mencionado anteriormente. Também é importante que o peso seja recuperado antes do próximo treino. É provável que a falta de consumo de líquidos antes ou durante as competições comprometa seu desempenho. Tanto a cafeína quanto as bebidas alcoólicas têm, supostamente, efeitos diuréticos. Entretanto, um pequisa recen-

te mostrou que o consumo moderado de cafeína não é prejudicial para atletas e, de fato, pode melhorar o desempenho em eventos de resistência; já bebida alcoólica não é uma boa escolha para a hidratação.

As bebidas energéticas que contêm cafeína tornaram-se populares nos últimos anos. Alguns estudos mostraram que a cafeína melhorou o desempenho atlético durante eventos de resistência (p. ex., ciclismo) ou esportes que exijiam um nível elevado de alerta mental (p. ex., tiro com arco). Todavia, o consumo excessivo de cafeína pode provocar tremores, nervosismo, ansiedade, náusea e insônia. Além disso, o efeito diurético da cafeína não apoia a hidratação ideal. Compare o teor de cafeína das bebidas energéticas mais vendidas.*

Amp (248 mL)	75 mg
Full Throttle (473 mL)	144 mg
Monster (473 mL)	160 mg
No Fear (473 mL)	174 mg
Red Bull (245 mL)	80 mg
Rockstar (473 mL)	160 mg
SoBe Adrenaline Rush (245 mL)	79 mg
Tab Energy (10,5)	95 mg

▲ É importante ingerir líquidos antes, durante e depois da atividade física.

A **exaustão pelo calor** ocorre quando o estresse pelo calor provoca a perda de líquidos, seguida da depleção de volume. É importante manter a hidratação corporal adequada. Quando a temperatura do ambiente fica acima de 35°C, praticamente todo o calor corporal se perde em função da evaporação do suor da pele. A taxa de sudorese durante exercícios prolongados varia de 3 a 8 copos (750 a 2.000 mL) por hora. Entretanto, conforme a umidade aumenta, principalmente se acima de 75%, a evaporação diminui, e a sudorese se torna uma forma ineficaz para resfriar o corpo. O resultado é a rápida sensação de fadiga, mais trabalho para o coração e dificuldade com esforço prolongado. Claramente, a combinação de calor e umidade elevados (p. ex., 35°C e 90% de umidade) pode ser perigosa, assim como é o frio extremo.

O aumento da temperatura corporal associado à desidratação é evidente quando a perda de água excede apenas 2% do peso corporal, principalmente em temperatura elevada. Em seguida, a desidratação leva à diminuição da resistência, da força e do desempenho total. O uso de equipamento de futebol em clima quente pode levar à perda de 2% do peso corporal em 30 minutos. Demonstrou-se que maratonistas perdem de 6 a 10% do peso corporal durante a competição.

Os sintomas comuns de exaustão pelo calor incluem sudorese abundante, cefaleia, tontura, náusea, vômitos, fraqueza muscular, distúrbios visuais e rubor. Uma pessoa que sofra de exaustão pelo calor deve ser levada a um ambiente fresco imediatamente, e as roupas que estiverem em excesso devem ser retiradas. Deve-se colocar uma esponja com água no corpo da pessoa. A reposição hídrica, conforme a tolerância da pessoa, deve ser suficiente para corrigir o quadro.

exaustão pelo calor Primeiro estágio da intermação, que ocorre quando há depleção de volume sanguíneo pela perda de líquidos. A temperatura corporal aumenta, podendo levar à cefaleia, tontura, fraqueza muscular e transtornos visuais, entre outros efeitos.

cãibras de calor Complicação frequente da exaustão pelo calor. Geralmente ocorrem em pessoas com sudorese abundante após exercício físico prolongado em clima quente, e que consumiram grande volume de água. As cãibras afetam os músculos esqueléticos e consistem em contrações que duram de um a três minutos de cada vez.

As **cãibras de calor** são uma complicação frequente da exaustão pelo calor, mas podem aparecer sem outros sintomas de desidratação. Geralmente ocorrem em pessoas que tenham se exercitado durante horas em clima quente, tenham apresentado sudorese significativa e consumido grande volume de água sem repor as perdas de sódio. São um sintoma de alteração da musculatura esquelética. A musculatura lisa do tubo digestivo também pode ser afetada da mesma forma, porém esse sintoma se denomina cólica. As cãibras de calor ocorrem em músculos esqueléticos, inclusive nos do abdome e dos membros inferiores, e consistem em uma contração que dura de 1 a 3 minutos cada vez. Movimentam o músculo para baixo e estão associadas a uma dor excruciante. Para evitar cãibras de calor, comece fazendo exercícios moderadamente; estabeleça como meta manter uma ingestão adequada de sal, antes de iniciar atividades prolongadas e extenuantes no calor, e evite a desidratação.

A **intermação** pode ocorrer quando a temperatura corporal interna chega aos 40°C ou mais. Os sintomas relacionados a ela são náusea, confusão mental, irrita-

intermação A intermação ocorre quanto a temperatura interna do corpo alcança 40°C. Se o quadro não for tratado, em geral o suor cessa, e a circulação sanguínea diminui muito. Pode haver dano ao sistema nervoso e morte. A pele da pessoa que sofreu intermação costuma se apresentar quente e seca.

* N. de R.T.: Alguns desses produtos não são comercializados no Brasil.

com baixo teor de açúcar e leite desnatado ou semidesnatado. Também se pode optar por fórmulas líquidas que substituem refeições, como *Carnation Instant Breakfast*. Os alimentos especialmente ricos em fibra devem ser ingeridos no dia anterior para ajudar o esvaziamento do colo antes da atividade física, mas não devem ser consumidos na noite ou manhã anteriores à atividade física. Devem ser evitados alimentos gordurosos ou frituras, como salsicha, *bacon*, molhos e temperos pesados.

Nunca é demais enfatizar que qualquer estratégia de nutrição deve ser testada durante os treinos e em corridas-teste e, somente depois disso, deverá ser usada em competições importantes. O atleta nunca deve experimentar um novo alimento ou bebida no dia da competição. Alguns alimentos e bebidas podem não ser bem-tolerados, e o dia da competição não é momento de se fazer esse tipo de descoberta.

Reposição de energia durante os exercícios de resistência

Já estabelecemos a importância do consumo de quantidade adequada de líquidos durante os exercícios de resistência. Em competições esportivas que durem mais de 60 minutos, o consumo de carboidratos durante a atividade também pode melhorar o desempenho atlético. Isso ocorre porque a atividade física prolongada esgota os estoques musculares de glicogênio e diminui os níveis de açúcar no sangue, provocando fadiga física e mental. Quando o suprimento de calorias oriundas de carboidratos fica lento, os atletas geralmente se queixam de "exaustão total". Nesse momento, parece ser impossível manter um ritmo competitivo. Uma maneira de superar esse obstáculo é manter normal a concentração de açúcar no sangue, pela ingestão de carboidratos. Conforme mencionado anteriormente, a recomendação geral para competições de resistência é consumir de 30 a 60 g de carboidratos por hora; entretanto, o atleta deve experimentar essa prática durante os treinos, para poder estabelecer que nível o leva ao desempenho ideal.

No item anterior sobre necessidades hídricas, foi visto que as bebidas esportivas são uma boa fonte de calorias oriundas de carboidratos para uso em competições de resistência. Elas proporcionam a hidratação necessária e fornecem eletrólitos e carboidratos para manter o melhor desempenho atlético. Como alternativa às bebidas esportivas, alguns atletas começaram a consumir géis de carboidratos e barras energéticas. Leia o rótulo desses produtos para medir que quantidade de gel ou barra fornece de 30 a 60 g de carboidratos por hora. Os géis contêm cerca de 25 g de carboidratos por porção, e as barras energéticas, dependendo do tipo, podem variar de 2 a 45 g de carboidrato por porção (Tab. 10.7). Em comparação, as bebidas esportivas contêm cerca de 14 g de carboidratos por 250 mL. A grande variedade de teores de carboidratos em barras energéticas se deve à variedade das tendências de mercado na indústria de suplementos esportivos. Em geral, recomenda-se optar por uma barra com cerca de 40 g de carboidratos e não mais do que 10 g de proteínas, 4 g de gordura e 5 g de fibra. Além disso, as barras energéticas costumam ser fortificadas com vitaminas e minerais, podendo conter até 100% das necessidades diárias. Embora seu custo possa ser elevado, as barras são uma prática fonte de nutrientes. Deve-se ter cuidado, entretanto, porque essas barras altamente fortificadas também podem levar à toxicidade por nutrientes, como a vitamina A, quando consumidas em excesso.

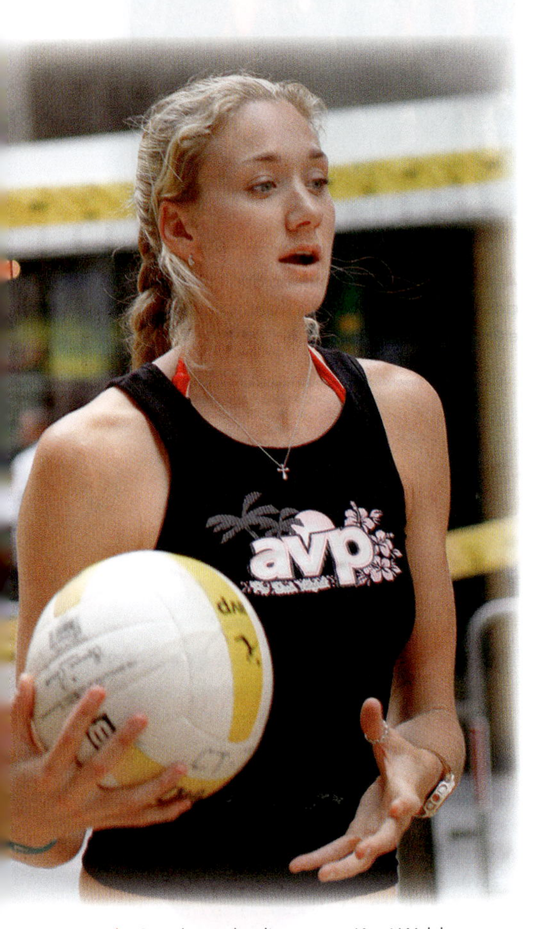

▲ Os atletas de elite, como Kerri Walsh, que ganhou medalha de ouro nos Jogos Olímpicos de vôlei de praia, sabem que modificar a dieta e o programa de treinamento para atender a necessidades específicas do esporte que praticam é fundamental para se ter um desempenho ideal. A reposição de carboidratos e líquidos é especialmente importante quando se treina.

DECISÕES ALIMENTARES

Gordura para resistência?

Por que a gordura não foi mencionada como forma de melhorar o desempenho atlético durante um evento de resistência? Embora a gordura seja usada como fonte de energia, juntamente com os carboidratos, durante atividades aeróbicas prolongadas, processos de digestão, absorção e metabolismo são relativamente lentos. Portanto, o consumo de gordura durante a atividade provavelmente não se traduza em melhor desempenho atlético.

Se houver preferência por fontes sólidas de carboidratos, os biscoitos de figo e as balas de goma também são uma fonte rápida de glicose e custam muito menos. Entretanto, qualquer alimento que contenha carboidratos, inclusive barras e géis energéticos, deve ser acompanhado da ingestão de líquidos para garantir a hidratação adequada.

DECISÕES ALIMENTARES

Barras energéticas

Conforme discutido anteriormente, os fabricantes de alimentos começaram a promover barras para substituição de refeição (também denominadas barras "energéticas") para todo o tipo de atleta. Normalmente, essas barras contêm cerca de 180 a 250 kcal, com distruibuição de macronutrientes típica das dietas comuns. Entretanto, algumas barras substituem a maior parte dos carboidratos por proteínas. São fortificadas com vitaminas e minerais, em quantidades que variam de cerca de 25 a 100% das necessidades típicas de uma pessoa. Para algumas pessoas, as barras são uma maneira conveniente de se fazer uma refeição (ou lanche) durante a corrida, ao mesmo tempo em que fornecem alguns nutrientes que talvez não sejam consumidos em quantidade suficiente, como a vitamina do complexo B folato ou o mineral cálcio. O custo das barras varia de 1 a 2 dólares. O teor energético e nutritivo das barras energéticas mais conhecidas é apresentado na Tabela 10.7. Os críticos sugerem que esses produtos têm, essencialmente, valor nutricional equivalente ao de um copo de iogurte com baixo teor de gordura e pedaços de frutas.

TABELA 10.7 Teor de macronutrientes e energia nas principais barras e géis energéticos*

Produto	Energia (kcal)	Carboidratos (g)	Fibra (g)	Proteína (g)	Gordura (g)
Balance Bar (chocolate)	200	22	< 1	14	6
Clif Bar (gotas de chocolate)	250	45	5	10	5
Clif Shot (baunilha)	100	25	0	0	0
Gatorade Nutrition Bar (pasta de amendoim)	250	38	2	15	5
Genisoy Bar (cookies & cream)	240	35	1	14	4,5
GU Energy Gel (limão sublime)	100	25	0	0	0
Kashi GoLean Bar (flocos de chocolate maltado)	290	49	6	13	6
LARABAR (torta de creme de coco)	200	27	5	3	10
LUNA Bar (cereja com chocolate)	180	28	3	9	5
MET-Rx Big 100 Bar (super *cookie crunch*)	410	43	3	32	14
PowerBar Gel (morango com banana)	110	27	0	0	0
PowerBar Performance (chocolate)	230	45	3	10	2
PowerBar Pria (farelo de baunilha)	110	17	5	5	3
PowerBar ProteinPlus (*cookies & cream*)	300	38	1	23	6
Power Crunch Bar (pasta de amendoim cremosa)	200	10	1	13	12
Promax Energy Bar (bolo floresta negra)	280	38	2	20	6
Snickers Marathon (farelo de múltiplos grãos)	220	32	2	10	7
Soldier Fuel (maçã com canela)	280	42	1	10	8
Tiger's Milk (pasta de amendoim e mel)	140	19	1	5	5
Zone Perfect (maçã com canela)	210	21	1	15	7

Em geral, a escolha de barras energéticas é preferível à de doces e bolos industrializados. As barras energéticas podem ser úteis no contexto esportivo. Entretanto, melhor ainda é consumir alimentos integrais variados, pois eles oferecem mais compostos que conferem proteção à saúde. Além disso, são uma escolha de menor custo, principalmente quando se consideram lanches diários. Outra preocupação é a possibilidade de ocorrer toxicidade por micronutrientes caso sejam consumidas muitas barras energéticas por dia, pois muitas delas são fortificadas. Dois nutrientes que merecem atenção especial nesses casos são a vitamina A e o ferro.

Ingestão de carboidratos durante a fase de recuperação de exercícios prolongados

Alimentos considerados fontes de carboidratos fornecem de 1 a 2 g/kg de peso corporal e devem ser consumidos no período de duas horas após a atividade física prolongada (de resistência): quanto antes, melhor (Tab. 10.8). A síntese de glico-

* N. de R.T.: Alguns desses produtos não são comercializados no Brasil.

Para mais informações sobre nutrição esportiva, visite a página de internet do Gatorade Sport Science Institute (www.gssiweb.com). Para mais informações sobre medicina esportiva, acesse www.physsportsmed.com. A página de Internet da revista científica *The Physician and Sportsmedicine* detalha questões atuais referentes à medicina esportiva, inclusive prevenção de lesões, nutrição e exercício. Outras páginas de Internet úteis são: American College of Sports Medicine (www.acsm.org), Centers for Disease Control and Prevention/ Division of Nutrition and Physical Activity (www.cdc.gov/nccdphp/dnpa) e American Council on Exercise (www.acefitness.org).

TABELA 10.8 Exemplos de refeições que devem ser consumidas após a atividade física, para a rápida reposição do glicogênio muscular

Opção 1
1 pão francês
2 colheres de sopa de pasta de amendoim sem pedaços
236 mL de leite desnatado
1 banana média
562 kcal, 77 g de carboidrato, 23 g de proteína, 18 g de gordura
Opção 2: bater até ficar homogêneo
1 envelope de *milk shake* com fibras
236 mL de leite desnatado
1 banana média
1 colheres de sopa de pasta de amendoim
438 kcal, 70 g de carboidrato, 17 g de proteína, 10 g de gordura
Opção 3
1,5 lata de bebida energética (325 mL por lata)
559 kcal, 89 g de carboidrato, 26 g de proteína, 11 g de gordura

gênio é maior imediatamente após a atividade física, pois é nesse momento que os músculos estão sensíveis à insulina. Portanto, esse processo deve ser repetido ao longo das duas horas seguintes. Os atletas que fazem treinos intensos podem consumir doces açucarados, refrigerantes açucarados, frutas ou suco de frutas ou outro tipo de suplementos de carboidratos logo após o treinamento, à medida que tentam repor o glicogênio muscular.

Depois desse período, o consumo adicional de carboidratos, como batata cozida, pão enriquecido e arroz branco de grão curto, pode ajudar. Esses carboidratos, que têm elevada carga glicêmica, contribuem principalmente para a síntese de glicogênio. Lembre-se de que a Tabela 4.4 mostra a carga glicêmica de vários alimentos. A adição de quantidade adequada de proteínas (3 g de carboidratos: 1 g de proteína) à dieta durante a recuperação pode ser muito útil para que as necessidades calóricas e nutricionais gerais sejam atendidas. Para um atleta que pese 70 kg, essa quantidade corresponde a cerca de 70 g de carboidratos e 25 g de proteína a cada duas horas (A Tab. 10.8 apresenta exemplos de refeições que têm essa composição). Em resumo, os fatores a seguir são cruciais para se conseguir a mais rápida reposição de glicogênio muscular possível, após a atividade física: (1) disponibilidade de carboidratos adequados; (2) ingestão de carboidratos logo que possível, após o término da atividade física e (3) escolha de carboidratos que tenham carga glicêmica elevada.

A ingestão de líquidos e eletrólitos (ou seja, sódio e potássio) também é um componente essencial da dieta de recuperação do atleta, pois ajuda a repor os líquidos perdidos o mais rápido possível. Essa reposição é especialmente importante se forem feitos dois treinos por dia ou se o ambiente estiver quente e úmido. Se a ingestão de alimentos e líquidos for suficiente para restaurar a perda de peso, geralmente ela fornecerá eletrólitos também suficientes para atender às suas necessidades na fase de recuperação pós-atividade física de resistência.

REVISÃO CONCEITUAL

Todos os atletas fariam bem em planejar uma dieta seguindo o programa *MyPyramid*. Deve-se dar ênfase a alimentos que são fontes de carboidratos, que devem também ser predominantes nas refeições pré-eventos. A ingestão de 1,7 g de proteína por quilograma de peso corporal não é confirmada por evidências científicas. Muitos atletas consomem, facilmente, quantidade suficiente de proteína em alimentos comuns. Se forem usados suplementos nutricionais, as doses não devem exceder, normalmente, o nível máximo estabelecido para cada nutriente. O consumo de líquido deve ser feito sem restrições, antes, durante e depois de uma competição. Os carboidratos e eletrólitos presentes nos líquidos são em especial úteis no sentido de ajudar a retardar a fadiga e manter o equilíbrio eletrolítico quando a duração do exercício ultrapassa 60 minutos.

Recursos ergogênicos e desempenho atlético

Recursos ergogênicos para melhorar o desempenho atlético

O uso de dietas extremas para melhorar o desempenho atlético não é uma inovação recente. Há 30 anos, os jogadores de futebol americano foram estimulados a "endurecer" em competições em dias quentes apenas consumindo, sem restrições, comprimidos de sal antes e durante a prova, sem beber água. Nos dias de hoje, é amplamente reconhecido que essa prática pode levar à morte. Atualmente, os atletas experimentam, assim como fizeram seus antecessores, substâncias que prometem uma vantagem competitiva. Em 2007, os consumidores gastaram mais de 18,2 bilhões de dólares em bebidas esportivas e suplementos para emagrecer. Substâncias ineficazes, como coração de alcachofra, pólen, extrato desidratado de suprarrenal de gado, alga marinha, fígado liofilizado, gelatina e *ginseng*, são usadas por atletas, na esperança de conseguir um recurso **ergogênico** (que gere trabalho).

Com base no que se sabe até o momento, os atletas podem se beneficiar de evidências científicas que documentam as propriedades ergogênicas de algumas substâncias dietéticas. Esses recursos ergogênicos incluem água e eletrólitos em quantidade suficiente, muitos carboidratos e uma dieta equilibrada e variada, compatível com o programa *MyPyramid*. Os suplementos de proteína e aminoácidos não estão entre esses recursos, pois os atletas podem suprir as necessidades proteicas com a alimentação, conforme mostra a Tabela 10.3. O uso desses suplementos nutricionais deve se destinar a suprir carências dietéticas específicas, como o consumo inadequado de ferro. Antes de serem usados, esses recursos devem ser bem-avaliados, pois costumam ter benefícios duvidosos e podem oferecer risco à saúde. A relação de risco-benefício de qualquer auxílio ergogênico merece uma avaliação cuidadosa.

Conforme resumido na Tabela 10.9, não há evidências científicas que garantam a eficácia de muitas substâncias vendidas para auxiliar a melhora do desempenho. Muitas delas são inúteis, e algumas são perigosas. Os atletas devem ser céticos em relação a qualquer substância, até que seu efeito ergogênico seja cientificamente validado. A FDA limitou a possiblidade de regulamentar esses suplementos dietéticos (ver Cap. 1), e os processos de fabricação desses produtos não são estritamente controlados pela FDA, como ocorre com os medicamentos de prescrição. Alguns suplementos podem conter certas substâncias que sejam consideradas substâncias proibidas. Esse fato foi demonstrado nas Olimpíados de Inverno de 2002. Estudos também avaliaram o controle de qualidade associado à fabricação de suplementos dietéticos. Muitos deles não contêm a substância e/ou não contêm a quantidade informada no rótulo.

Esses resultados somam mais uma preocupação para o atleta. Além de descobrir se há evidências de que um suplemento dietético é seguro e eficaz, ele deve questionar se o suplemento contém aquilo que deveria conter.

Mesmo as substâncias cujos efeitos ergogênicos tenham sido apoiados por estudos científicos sistemáticos devem ser usadas com cuidado, pois as condições de teste podem não ser iguais às de uso.

Por fim, em vez de esperar encontrar uma bala mágica para melhorar o desempenho, os atletas devem ser orientados a concentrar seus esforços em melhorar a rotina de treinamento e as técnicas esportivas e, ao mesmo tempo, fazer dietas bem-equilibradas, como as descritas neste capítulo.

ergogênico Que produz trabalho. Um ergogênico é qualquer substância ou tratamento de natureza mecânica, nutricional, psicológica, farmacológica ou fisiológica destinada a melhorar diretamente o desempenho do exercício físico.

DECISÕES ALIMENTARES

NCAA e suplementos

O Committee on Competitive Safeguards and Medical Aspects of Sports, da NCAA (National Collegiate Athletic Association), desenvolveu listas de suplementos permitidos e proibidos para uso por atletas. Veja os principais exemplos:

Permitidos	Proibidos
Vitaminas e minerais	Aminoácidos
Barras energéticas (cujo teor de proteína seja inferior a 30%)	Creatina
Bebidas esportivas	Glicerol
Bebidas que substituem refeições	HMB
	L-carnitina
	Proteínas em pó

TABELA 10.9 Avaliação dos ergogênicos atuais

Substância/Prática	Justificativa	Realidade
Útil em algumas circunstâncias		
Creatina	Aumenta a fosfocreatina nos músculos para manter elevada a concentração de ATP.	O uso de 20 g por 5 a 6 dias e, depois, de 2 mg diários pode melhorar o desempenho de atletas que fazem atividades intensas e curtas, como *sprint* de corrida e halterofilismo. Atletas vegetarianos se beneficiam ainda mais, pois sua dieta é pobre em creatina ou não contém essa substância. Parte do ganho de massa muscular observada com o uso dessa substância resulta da água contida nos músculos. Os atletas de resistência não se beneficiam do uso dessa substância. Não há muitas informações sobre a segurança do uso da creatina a longo prazo. O uso contínuo de doses elevadas provocou lesão renal, em alguns casos. Custo de 25 a 65 dólares por mês.
Bicarbonato de sódio (fermento)	Contém o acúmulo de ácido láctico.	Parcialmente eficaz em algumas ocasiões (quando a produção de ácido láctico é rápida), como pugilismo, mas induz náusea e diarreia. A dose usada é de 300 mg/kg, de 1 a 3 h antes da atividade física. Custo: nenhum.
Cafeína	Aumenta o uso de ácidos graxos como energia para os músculo; promove o alerta mental.	Para alguns atletas, pode ser útil consumir de 2 a 3 xícaras de café de 148 mL (equivalente a 3 a 10 mg de cafeína por kg de peso corporal) cerca de 1 hora antes de eventos que durem 5 minutos ou mais; os benefícios são menos aparentes em pessoas que têm um amplo estoque de glicogênio, treinam muito ou consomem cafeína com frequência; a ingestão de mais de 600 mg (6 a 8 xícaras) de café leva a concentrações ilegais na urina, segundo as normas da NCAA (mais de 15 μg por mL). Os efeitos colaterais possíveis são tremores, nervosismo, náusea, ansiedade e insônia. Custo: 0,08 centavos de dólar por 300 mg.
Possivelmente útil, mas ainda em estudo		
Ácido beta-hidroxi-beta metilbutírico (HMB)	Diminui o catabolismo proteico, levando a um efeito final de promoção do crescimento.	Estudos em gado e seres humanos sugerem que a suplementação com essa substância possa aumentar a massa muscular. Ainda assim, não há informações sobre segurança e eficácia do uso de HMB a longo prazo, em humanos. Custo: 100 dólares por mês.
Glutamina (aminoácido)	Aumenta a função imune, preserva a massa muscular magra.	Alguns estudos preliminares mostram diminuição de infecções no trato respiratório superior de atletas, com o uso dessa substância. Além disso, ela promove o crescimento muscular, mas ainda não há estudos a longo prazo sobre isso. As proteínas alimentares são fonte de glutamina. Custo de 10 a 20 dólares por mês, para 1 a 2 g diários.
Aminoácidos de cadeia ramificada (leucina, isoleucina, valina)	São fonte de energia importante, principalmente quando o estoque de carboidratos se esgota.	A suplementação com aminoácidos de cadeia ramificada (10 a 30 g/dia) durante a atividade física pode aumentar os níveis sanguíneos dessa substância depois que ela já tiver diminuído em razão dos exercícios, mas não há evidências consistentes de melhora do desempenho. O consumo de carboidratos, para retardar o uso de aminoácidos de cadeia ramificada como combustível, pode anular a necessidade de suplementação dessa substância. Estudos preliminares mostraram que o uso de aminoácidos de cadeia ramificada pode aumentar a massa muscular, mais do que a suplementação com carboidratos usados de forma isolada, em nadadores, mas não há estudos relacionados a treinos de resistência. Os alimentos fonte de proteínas (principalmente laticínios) também são fonte de aminoácidos de cadeia ramificada. Custo: 20 dólares por mês.
Substâncias/práticas perigosas ou ilegais		
Esteroides anabólicos (e substâncias relacionadas, como androstenediona e tetra-hidrogestrinona)	Aumentam a massa e a força musculares.	Embora sejam eficazes para o aumento da síntese de proteínas, os esteroides anabolizantes são ilegais nos Estados Unidos, a menos que sejam prescritos por um médico. Eles têm diversos efeitos colaterais potenciais, como fechamento prematuro do crescimento das placas ósseas (possibilitando, assim, a limitação do crescimento em altura do atleta adolescente), formação de cistos sanguinolentos no fígado, aumento do risco de doença cardiovascular, aumento da pressão arterial e disfunção reprodutiva. As possíveis consequências psicológicas incluem aumento da agressividade, dependência de droga, sintomas de abstinência (como depressão), distúrbios do sono e alterações do humor (crises de raiva). O uso de agulha para formas injetáveis da substância é mais um risco de saúde. Essas substâncias foram banidas pelo International Olympic Committee.
Hormônio do crescimento	Aumenta a massa muscular.	Em idades críticas, como na adolescência, pode aumentar a altura; também pode provocar crescimento descontrolado do coração e de outros órgãos internos e até levar à morte; pode ser perigoso; requer acompanhamento de perto por um médico. O uso de agulha para formas injetáveis da substância é mais um risco de saúde. Essa substância foi banida pelo International Olympic Committee.

TABELA 10.9 Avaliação dos ergogênicos atuais *(Continuação)*

Substância/Prática	Justificativa	Realidade
Doping sanguíneo	Melhora a capacidade aeróbia pela injeção de hemácias coletadas anteriormente da medula do atleta ou usar o hormônio eritropoetina (Epogen) para aumentar o número de hemácias.	Pode ter benefício aeróbico; pode ter muitas consequências de saúde graves, inclusive espessamento do sangue, que estressa mais o coração; essa prática é ilegal, segundo as diretrizes olímpicas
Ácido gama-hidroxibutírico (GHB)	São considerados esteroides alternativos para formação de massa corporal.	A FDA nunca aprovou esse produto para venda como medicamento; é ilegal produzir ou vender GHB nos Estados Unidos. Os sintomas relacionados ao GHB incluem vômitos, tontura, tremores e convulsões. Muitas pessoas precisaram ser hospitalizadas, e algumas faleceram. Quase todo o fornecimento de GHB para uso abusivo provém de laboratórios clandestinos. A FDA está trabalhando em conjunto com a Promotoria dos EUA para prender, acusar e condenar as pessoas responsáveis por operações ilegais

◄ O auxílio ergogênico mais importante é a atenção às necessidades de carboidratos e líquidos aliada ao suprimento adequado para preencher as necessidades totais de nutrientes.

Estudo de caso: como planejar uma dieta para treinamento

Michael está treinando para uma corrida de 10 km, que ocorrerá em três semanas. Ele leu muito sobre nutrição esportiva e, especialmente, sobre a importância de uma dieta com alto teor de carboidratos durante o treinamento. Além disso, está lutando para manter seu peso dentro de certa faixa por acreditar que isso contribui para que ele tenha mais velocidade e resistência. Consequentemente, também está tentando ingerir quantidades mínimas de gordura. No entanto, na última semana, seus treinos vespertinos não cumpriram suas expectativas. Seus tempos de corrida foram mais lentos, e ele começou a apresentar sinais de fadiga depois de apenas 20 minutos desde o início do treino.

Ontem, no café da manhã, ele comeu 1 pão grande com 1 porção pequena de requeijão e bebeu suco de laranja. No almoço, comeu 1 salada pequena com molho sem gordura, 1 prato grande de massa com molho marinara e brócolis e bebeu 1 refrigerante *diet*. No jantar, Michael comeu 1 peito de frango grelhado pequeno, 1 porção de arroz equivalente a 1 xícara, 1 porção de cenouras e bebeu chá gelado. Mais tarde, comeu *pretzels* sem gordura.

Responda às perguntas a seguir e verifique suas respostas no Apêndice A.

1. A dieta rica em carboidratos é uma boa opção durante o treino de Michael?
2. Falta algum componente importante na dieta de Michael? O(s) componente(s) que falta(m) contribui(contribuem) para a fadiga que ele sente?
3. Descreva algumas alterações que deveriam ser feitas na dieta de Michael, inclusive alguns alimentos específicos que deveriam ganhar destaque.
4. Como as necessidades hídricas podem ser cumpridas durante os treinos?
5. Michael deveria se concentrar em fornecer energia para o corpo antes, durante ou depois dos treinos?

Resumo

1. O aumento gradativo da atividade física regular é recomendado a todas as pessoas saudáveis, para que elas possam alcançar os benefícios ilustrados na Figura 10.1.
2. Um plano de condicionamento físico mínimo inclui 30 minutos de atividade física todos ou quase todos os dias; exercitar-se 60 minutos por dia traz ainda mais benefícios, principalmente nos casos em que seja difícil controlar o peso. Um programa intenso tem atividades que duram de 60 a 90 minutos e deve começar com exercícois de aquecimento, para aumentar o fluxo de sangue e aquecer os músculos, e terminar com desaquecimento. Os exercícios de resistência e alongamento trazem ainda mais benefícios, se feitos regularmente.
3. As vias metabólicas humanas extraem energia química dos alimentos e a transformam em ATP, composto que fornece energia para as funções corporais.
4. No uso da energia fornecida por carboidratos, a glicose é degradada em ácido pirúvico, componente que contém três átomos de carbonos e produz ATP. O ATP é metabolizado pela via aeróbia e forma dióxido de carbono (CO_2) e água (H_20), ou pela via anaeróbia, e forma ácido láctico.
5. Em repouso, as células musculares usam gordura como principal fonte de energia. Em atividades físicas intensas de curta duração, os músculos usam fosfocreatina, predominantemente, para gerar energia. Em atividades mais intensas e prolongadas, o glicogênio muscular degrada o ácido láctico e fornece pequenas quantidades de ATP. Em exercícios de resistência, são usados tanto carboidratos quanto gordura para geração de energia; os carboidratos são cada vez mais utilizados, conforme a atividade física se intensifica. Pouca proteína é usada para dar energia aos músculos.
6. Qualquer pessoa que se exercite regularmente deve fazer uma dieta que atenda às necessidades calóricas e contenha quantidade moderada à alta de carboidratos e líquidos e quantidade adequada de outros nutrientes, como ferro e cálcio.
7. Os atletas devem ingerir quantidade suficiente de líquidos para minimizar a perda de peso e restaurar o peso pré-exercício. As bebidas esportivas ajudam a repor líquidos, eletrólitos e carboidratos perdidos durante os treinos. Seu uso é especialmente adequado quando a atividade contínua se prolonga além de 60 minutos.
8. Na refeição pré-evento, os atletas, sobretudo os de resistência, devem consumir grande quantidade de carboidratos. Os carboidratos com carga glicêmica elevada devem ser consumidos no período de duas horas após um treino, para que seja iniciada a restauração dos estoques musculares de glicogênio. Algumas proteínas da refeição também ajudam.
9. Os atletas podem se beneficiar das propriedades ergogênicas consumindo água e eletrólitos em quantidade suficiente, consumindo também muitos carboidratos e fazendo uma dieta equilibrada e variada, compatível com o programa *MyPyramid*. Os suplementos de proteína e aminoácidos não estão entre esses recursos, pois os atletas podem suprir as necessidades proteicas com a alimentação.

Questões para estudo

1. Como a atividade física mais intensa contribui para uma melhor saúde geral? Explique o processo.
2. O estoque muscular de ATP se esgota rapidamente quando se inicia a contração muscular. Em atividades físicas contínuas, o ATP deve ser reposto imediatamente. Descreva como isso ocorre após o início da atividade física e nos diversos momentos a partir de então.
3. Qual é a diferença entre exercício anaeróbico e aeróbico? Explique por que o metabolismo aeróbio aumenta com a atividade física rotineira.
4. O que é glicogênio? Como ele é usado durante a atividade física?
5. A gordura proveniente do tecido adiposo é usada como fonte de energia durante a atividade física? Em caso afirmativo, quando isso acontece?
6. Quais são algumas medidas típicas usadas para avaliar se a ingestão calórica do atleta é adequada?
7. Cite cinco nutrientes específicos, necessários para atletas, e os alimentos nos quais esses nutrientes podem ser encontrados.
8. Que condições podem contribuir para a incapacidade de ingerir todos os nutrientes necessários a partir dos alimentos, exigindo, assim, o uso de suplementos multivitamínicos e minerais?
9. Que conselho você daria a um vizinho que estivesse planejando correr uma prova de 5 km, em relação à ingestão de líquidos antes da e durante a competição?
10. Uma amiga, que é atleta e participa de competições, pede sua opinião em relação a um suplemento de aminoácidos vendido em boas lojas de artigos esportivos da região, pois leu que esses suplementos podem ajudar a melhorar o desempenho atlético. O que você diria a ela a respeito da eficácia geral desses produtos?

Verifique seus conhecimentos

As respostas das próximas questões de múltipla escolha encontram-se a seguir.

1. Um composto rico em energia, a fosfocreatina, é encontrada no tecido _______________.
   a. adiposo
   b. muscular
   c. hepático
   d. renal
2. A carga de carboidrato é um processo destinado a aumentar
   a. os estoques de gordura.
   b. as concentrações de glicose no sangue.
   c. os níveis de glicose hepática.
   d. os estoques de glicogênio muscular.
3. Durante treinos para formação de massa muscular, os atletas deveriam consumir __________ g de proteína por quilograma de peso corporal.
   a. 0,5 a 0,7
   b. 0,8
   c. 1,5 a 1,7
   d. 2 a 2,5
4. Qual dos alimentos a seguir é a melhor escolha para carga de carboidrato durante eventos de resistência?
   a. batata *chips*.
   b. batata frita.
   c. cereal rico em fibra.
   d. arroz.
5. É aconselhável que atletas, principalmente mulheres adultas, verifiquem o nível de hemoglobina regularmente para identificar possíveis deficiências de que mineral?
   a. cálcio.
   b. potássio.
   c. zinco.
   d. ferro.
6. Devem ser consumidos mais líquidos __________ uma competição atlética.
   a. antes de
   b. durante
   c. depois de
   d. a, b, c
7. Quantos copos de líquido são necessários para repor cada 0,5 kg de peso perdido durante uma competição ou treino atléticos?
   a. 0,5 a 0,75.
   b. 1 a 1,5.
   c. 2,5 a 3.
   d. 4 a 5.
8. O benefício de uma bebida esportiva é fornecer
   a. água para hidratação.
   b. eletrólitos para aumentar a absorção de água no intestino e manter o volume de sangue.
   c. carboidratos para dar energia.
   d. todas as anteriores.
9. É melhor fazer uma refeição leve _______________ antes de participar de uma competição.
   a. imediatamente
   b. 2 a 4 horas
   c. 4 a 6 horas
   d. 8 a 10 horas
10. Alguns atletas usam a cafeína como medida ergogênica porque se considera que ela
    a. aumenta o uso de ácidos graxos.
    b. diminui o acúmulo de ácido láctico.
    c. atua como fonte de energia.
    d. aumenta a massa e a força musculares.

Respostas: 1. b, 2. d, 3. c, 4. d, 5. d, 6. d, 7. c, 8. d, 9. b, 10. a

Leituras complementares

1. Adamidou J, Bell-Wilson J: Iron deficiency anemia and exercise. *IDEA Fitness Journal* May:82, 2006.

   Esse artigo revisa por que os atletas podem necessitar de maior quantidade de ferro. Também são sugeridas as melhores fontes de alimento para prevenir a depleção de ferro e a anemia esportiva.

2. Bell-Wilson J, Nisevich P: Eating for endurance: Nutrition needs of power players. *Today's Dietitian* 8:3, 2006.

   Os atletas de resistência precisam de energia para os treinos rigorosos. São apresentadas diretrizes para a ingestão adequada de carboidratos e líquidos em todas as fases da atividade física – antes, durante e depois.

3. Casa DJ and others: American College of Sports Medicine Roundtable on Hydration and Physical Activity: Consensus Statements. *Current Sports Medicine Reports* 4:115, 2005.

   Esse relato feito por um painel internacional de especialistas conclui que a ingestão adequada de líquidos antes, durante e depois da atividade física é importante para a reposição dos líquidos perdidos na sudorese e para regular a temperatura corporal. O atleta deve repor a quantidade total de líquidos perdidos durante a atividade física. Pode-se fazer isso quando se define a taxa de sudorese por hora, que pode ser calculada a partir do peso perdido durante 1 hora de atividade física mais os líquidos consumidos durante 1 hora de atividade física.

4. De Jonge L, Smith SR: Macronutrients and exercise. *Obesity Management* February:11, 2008.

   Os estoques corporais de carboidratos e gorduras são usados, preferencialmente, para dar energia para os músculos que estão se exercitando, enquanto a proteína é poupada. Esse artigo revisa a importância do exercício para a gestão de peso, devido ao seu papel de aumentar a oxidação da gordura. Os exercícios levam ao aumento da oxidação da gordura durante a atividade física e também no período pós-exercício. Além disso, a capacidade de o corpo queimar gordura melhora com o treinamento.

5. Denny S: What are the guidelines for prevention of hyponatremia in individuals training for endurance sports, as well as other physically active adults? *Journal of the American Dietetic Association* 105:1323, 2005.

   Para diminuir o risco de hiponatremia (baixos níveis de sódio no sangue), os especialistas concordam que os atletas devem repor os líquidos corporais ingerindo líquidos como bebidas esportivas, que contêm carboidratos e eletrólitos, além da água.

6. Glazer JL: Management of heat stroke and heat exhaustion. *American Family Physician* 71:2133, 2005.

   A exaustão pelo calor e a intermação, que afetam atletas (e outros indivíduos, como adultos mais velhos), são comuns e podem ser evitadas. O tratamento da exaustão pelo calor inclui levar a pessoa para um local de sombra e garantir a hidratação adequada. O tratamento da intermação é mais complicado, conforme descrito no artigo.

7. Gleeson M: Can nutrition limit exercise-induced immunodepression? *Nutrition Reviews* March:119, 2006.

   Os exercícios intensos e prolongados podem provocar imunodepressão, levando à maior incidência de infecções (p. ex., infecção respira-

tória alta) entre atletas. Esses efeitos se devem à ação dos hormônios do estresse, como adrenalina e cortisol, sobre as células imunes. A nutrição ideal pode atenuar a imunodepressão. A ingestão dietética habitual e adequada de proteínas, ácidos graxos essenciais, zinco, ferro e antioxidantes contribui para a função imune. Claramente, o consumo de carboidratos e a hidratação durante a atividade física de resistência, por exemplo, são estratégias importantes para a prevenção da resposta ao estresse que leva à disfunção imune.

8. Harber VJ: Energy balance and reproductive function in active women. *Canadian Journal of Applied Physiology* 29:48, 2004.

   É importante que as atletas que fazem treinos rigorosos possam consumir as calorias necessárias. Caso contrário, o equilíbrio calórico negativo resultante provavelmente acarretará vários distúrbios do ciclo menstrual, que podem provocar outros problemas de saúde. Esse artigo discute tal problema em detalhes e fornece estratégias terapêuticas para problemas que possam se desenvolver.

9. Hew-Butler T and others: Updated fluid recommendation: Position statement from the International Marathon Medical Directors Association (IMMDA). *Clinical Journal of Sport Medicine* 16:283, 2006.

   Essas recomendações são o resultado de uma revisão extensa feita pela IMMDA sobre evidências científicas atuais relativas aos processos fisiológicos que regulam o balanço hídrico em maratonistas. Os estudos mostraram que a sede é uma indicação mais dinâmica para a manutenção do balanço hídrico, em relação a abordagens estáticas, como estimar a perda de líquidos ou de peso corporal. Para evitar a desidratação por perda de líquidos durante a atividade física, a principal recomendação é ingerir líquidos quando se tem sede. Recomenda-se não ingerir líquidos quando não se sente sede para evitar o risco de diminuição do sódio até níveis perigosos, condição essa provocada pelo excesso de líquido. Os corredores devem ser orientados a definir se devem optar por água pura ou bebidas esportivas, que fornece sódio e outros minerais, conforme o que sentem.

10. Kunstel K: Calcium requirements for the athlete. *Current Sports Medicine Reports* 4:203, 2005.

    A ingestão adequada de cálcio é necessária para manter a saúde óssea e evitar a osteoporose em qualquer pessoa. Esse artigo enfatiza que o aumento da atividade física por parte de atletas não exige, necessariamente, que se aumente a ingestão diária de cálcio ou de outros micronutrientes. Pode-se perder cálcio na sudorese, entretanto, os atletas são orientados a repor essa substância por meio de uma dieta que inclua alimentos que são fontes de cálcio ou suplementos de cálcio.

11. Laaksonen DE and others: Physical activity in the prevention of type 2 diabetes: The Finnish Diabetes Prevention Study. *Diabetes* 54:158, 2005.

    A atividade física regular pode diminuir significativamente o risco de desenvolver diabetes tipo 2 em pacientes de alto risco. Pessoas que aumentaram o nível de atividade, passando de moderado a vigoroso, diminuíram o risco de desenvolver diabetes tipo 2 em 65%, comparadas às que continuaram inativas. Mesmo as atividades de baixa intensidade, como caminhada, tiveram efeitos semelhantes, nesse estudo.

12. Maughan RJ, Shirreffs SM: Development of individual hydration strategies for athletes. *International Journal of Sport and Nutrition and Exercise Metabolism* 18:457, 2008.

    Tanto a desidratação quanto a hiperidratação são prejudiciais para o desempenho atlético e podem ser letais. Apesar da desvalorização comum da sede como indicador de desidratação, pesquisas recentes mostraram que a adesão aos sinais fisiológicos para o consumo de líquidos e eletrólitos apoia o desempenho atlético ideal, mesmo quando 100% do peso corporal não é mantido. As necessidades hídricas individuais são determinadas pela combinação de fatores, inclusive genéticos, tamanho do corpo, duração e intensidade da atividade, nível de treinamento atlético e ambiente. Portanto, esse artigo revisa vários métodos para a avaliação da hidratação, que vão desde medidas de alta tecnologia de osmolalidade plasmática até métodos de baixa tecnologia, como observar a cor da urina. Para o desempenho ideal, as estratégias de hidratação devem considerar a reposição de carboidratos e eletrólitos, além da ingestão de líquidos.

13. McCaffree J: Managing the diabetic athlete. *Journal of the American Dietetic Association* 106:8, 2006.

    Em relação a outros atletas e a outros diabéticos, o atleta com diabetes enfrenta desafios em termos de equilíbrio da insulina com medicamentos, alimentos e exercícios. Esse artigo dá orientação a atletas diabéticos e seus cuidadores sobre quando e o que comer. Além disso, ele trata da diferença entre o diabetes tipo 1 e o tipo 2. Também são dadas diretrizes para nutrientes específicos e hidratação.

14. Rosenbloom C, Rosbruck M: Popular dietary supplements used in sports. *Nutrition Today* 43:60, 2008.

    Os autores revisaram quatro suplementos dietéticos que são populares como recursos ergogênicos e para perda de peso. A principal substância estudada foi a creatina, que mostrou ser capaz de melhorar o desempenho físico, modestamente, em eventos que exigem esforços curtos e intensos. Os benefícios da cafeína para os atletas de resistência também foram explorados, embora os autores apontem que a eficácia dependeu do consumo prévio de cafeína. Uma pesquisa recente sobre a cafeína mostrou que a preocupação sobre o impacto negativo dessa substância sobre a hidratação não tem fundamento. A epigalocatequina galato (EGCG) foi discutida como substância que pode ajudar na perda de peso, principalmente se combinada à cafeína. Por fim, foi revisado se o óxido nítrico e seu metabólito, L-arginina, poderiam aumentar a capacidade aeróbia. Entretanto, é preciso realizar mais estudo com atletas antes de se recomendar o óxido nítrico como recurso ergogênico.

15. Sawka MN and others: Human water needs. *Nutrition Reviews* 63:S30, 2005.

    Essa revisão resume as recomendações para ingestão de água por pessoas saudáveis e enfatiza que a hidratação é bem-mantida se houver alimentos e líquidos prontamente disponíveis. O efeito da atividade física extenuante e do estresse cardíaco sobre a hidratação também foi revisado. A revisão concluiu que a atividade física e o calor podem aumentar muito as necessidades hídricas e que a variabilidade individual entre atletas pode ser importante.

16. Sinclair LM, Hinton PS: Prevalence of iron deficiency with and without anemia in recreationally active men and women. *Journal of the American Dietetic Association* 105:975, 2005.

    Embora tanto atletas do sexo masculino e feminino tenham risco de apresentar estoques baixos de ferro e até anemia ferropriva, são as mulheres que apresentam risco maior. Os autores recomendam examinar atletas quanto à anemia ferropriva e também avaliar seu estoque de ferro atual. A falta de ferro pode provocar queda no desempenho e, por isso, deve ser evitada.

17. Spano M: Ergogenic aids: Fueling the sports nutrition industry. *Today's Dietitian* 8:3, 2006.

    Esse artigo revisa as tendências na nutrição esportiva e a influência da pesquisa, da demanda do consumidor e legislação. Empresas importantes do setor vêm lançando novos produtos com base em pesquisas científicas, e mais nutricionistas estão se especializando em esporte.

18. Suedekum NA, Dimeff RJ: Iron and the athlete. *Current Sports Medicine Reports* 4:1999, 2005.

    A anemia ferropriva pode se manifestar em atletas em diferentes níveis, sendo que a incidência é maior entre atletas mulheres, comparada à encontrada entre homens. Os sintomas variam de assintomático à fadiga severa. A deficiência de ferro pode ocorrer sem anemia, e o desempenho atlético pode diminuir em decorrência disso. Esse artigo discute as várias causas da deficiência de ferro, inclusive baixa ingestão, perdas menstruais, sangramentos gastrintestinais e geniturinários em razão de isquemia induzida por exercícios ou deslocamento de órgãos, hemólise de impacto, termo-hemólise e sudorese.

19. William SL and others: Antioxidant requirements of endurance athletes: Implications for health. *Nutrition Reviews* 64:93, 2006.

    A atividade física aumenta a produção de radicais livres de oxigênio, que estão associados à lesão celular e a numerosas doenças crônicas. Os resultados de estudos limitados sobre suplementos antioxidantes (principalmente vitaminas C ou E) em atletas são incertos; de fato, alguns estudos mostraram que esses suplementos têm efeito pró-oxidante. Além disso, o aumento da produção de espécies reativas ao oxigênio durante a atividade física pode ser parte das adaptações fisiológicas benéficas ao exercício. As evidências atuais não dão suporte ao uso de suplementos de nutrientes antioxidantes. Em vez disso, as diretrizes dietéticas para atletas devem enfatizar a importância do consumo de frutas e vegetais variados como fonte de antioxidantes.

20. Williams MH: *Nutrition for health, fitness & sport.* 7th ed. Boston: McGraw-Hill, 2005.

    Manual excelente para a revisão das necessidades nutricionais dos atletas; também ensina mais sobre os recursos ergogênicos; além disso, apresenta, em detalhes, o metabolismo no exercício.

AVALIE SUA REFEIÇÃO

I. Como avaliar a ingestão de proteínas – estudo de caso A

Mark está na faculdade e vem praticando musculação no centro de recreação para estudantes. O técnico do centro recomendou uma bebida proteica para ajudar Mark a formar massa muscular. Responda às perguntas a seguir sobre a alimentação atual de Mark e determine se a bebida esportiva é necessária para suplementar sua dieta.

1. A tabela a seguir representa o que foi ingerido ontem.

Café da manhã	Cereal matinal, 57 g Leite com 1% de gordura, 1 e ½ copo Suco de laranja gelado, 170 mL Pão doce, 1 Café coado, 1 xícara
Almoço	Hambúrguer duplo com condimentos, 1 Batata frita, 30 Refrigerante de cola, 355 mL Maçã média, 1
Jantar	Lasanha congelada com carne, 2 pedaços Leite com 1% de gordura, 1 copo Alface crespa, picada, 1 xícara Molho para salada italiano, cremoso, 2 colheres de chá Tomate médio, ½ Cenoura inteira, crua, 1
Lanche da noite	Gelado de baunilha, 1 copo Cobertura de chocolate quente, 2 colheres de chá Biscoitos com gotas de chocolate, 2

Avalie a dieta de Mark. Ele está cumprindo as recomendações mínimas do programa *MyPyramid*?_________

____

2. O peso de Mark está estável, em 70 kg. Defina suas necessidades proteicas com base na RDA (0,8 g/kg).
   a. A RDA de proteína, estimada, para Mark, é ____

   ____

   b. Quais são as recomendações máximas quanto à ingestão de proteínas para atletas que fazem musculação (ver p. 425)? ____
   c. Calcule a recomendação máxima de proteína para Mark. ____

   ____

3. A análise do teor total de calorias e proteínas da dieta atual de Mark é de 3.470 kcal, 125 g de proteínas (14% do total de calorias fornecidas pelas proteínas). Essa dieta representa as escolhas alimentares e a quantidade de alimentos que Mark consome, regularmente.
   a. Qual é a diferença entre as necessidades estimadas de proteína de Mark, na condição de atleta (ver questão número 2), e a quantidade de proteínas atualmente suprida por sua dieta? _______________________

   ____

   b. Sua ingestão de proteínas atual é inadequada, adequada ou excessiva? _______________________
4. Mark seguiu a orientação de seu treinador e foi ao mercado comprar uma bebida proteica para adicionar à sua dieta. Havia quatro produtos disponíveis; seus rótulos trazem as seguintes informações.

	Amino Fuel	Joe Weider's Sugar-Free 90% Plus Protein	Joe Weider's Dynamic Muscle Builder	Victory Super Mega Mass 2000
Tamanho da porção	3 colheres de sopa	3 colheres de sopa	3 colheres de sopa	¼ de colher
Kcal	104	110	103	104
Proteína (g)	15	24	10	5

O treinador recomenda adicionar o suplemento à dieta de Mark duas vezes ao dia. Mark optou pela bebida proteica *Muscle Builder*.

a. Quanta proteína seria adicionada à dieta diária de Mark com duas porções de suplemento apenas (antes de misturar com a bebida)?

b. Mark mistura o pó com o leite que ele já consome no café da manhã e no jantar. Qual é total de proteínas que Mark consumiria em um dia, agora? (Adicione a quantidade de proteínas provenientes da análise nutritiva ao valor definido na pergunta 4a).

c. Qual é a diferença entre as necessidades proteicas estimadas de Mark, como atleta, e qual o valor total?

5. Qual é a sua conclusão? Mark precisa de suplementos de proteínas?

Resposta aos cálculos

2a. A RDA de proteína estimada para Mark é: 70 kg × 0,8 g/kg = 56 g.
2b. A recomendação máxima de ingestão de proteínas para atletas é de 1,7 g/kg.
2c. Aplicado a Mark: 1,7 × 70 = 119 g.
3a. Diferença entre as necessidades proteicas máximas estimadas para Mark, para o ganho de massa muscular, e a quantidade de proteínas suprida por sua dieta atual: 125 – 119 = 6 g de proteína.
3b. A ingestão de proteínas atual de Mark excede as necessidades máximas.
4a. Duas porções de suplemento de proteína sozinhas = 20 g de proteína.
4b. O consumo total de proteínas de Mark é 125 g + 20 g = 145 g de proteínas.
4c. Diferença entre as necessidades proteicas máximas estimadas para Mark ganhar massa muscular e o consumo de proteínas total com o suplemento de proteínas (ver dado anterior): 145 g - 119 g = 26 g de proteínas.

II. Qual é o seu condicionamento físico?

As avaliações de condicionamento físico apresentadas a seguir são fáceis de fazer e requerem poucos equipamentos. Além disso, são acompanhadas de tabelas que comparam seus resultados aos resultados típicos de outros atletas.

Condicionamento cardiovascular: caminhada de 1,6 km

Meça 1,5 km em uma pista de corrida (geralmente 4 voltas) ou em uma rua do seu bairro que seja pouco movimentada (use o velocímetro para medir a distância corretamente). Com um cronômetro ou relógio com ponteiros de segundo, ande 1,5 km o mais rápido possível. Observe quanto tempo levou.

Força: flexão de braço

Homens: apoie-se sobre seus dedos dos pés e das mãos. Mantenha as costas retas, as palmas das mãos em contato com chão, alinhadas com os ombros.
Mulheres: mesma posição, mas podem usar apoio nos joelhos, se necessário.
Leve o tronco para baixo flexionando os cotovelos, até seu queixo tocar o chão. Eleve o tronco até seus braços ficarem esticados. Continue fazendo esse movimento até não conseguir mais fazer nenhuma flexão de braço (você pode descansar quando tiver elevado o corpo).

Força: abdominais

Deite-se com as costas no chão, joelhos flexionados, pés em contato com o chão. Coloque as mãos em suas coxas. Contraia os músculos da barriga, dê impulso com as costas retas e eleve o tronco a uma altura suficiente para que suas mãos encostem nas pontas dos joelhos. Não puxe o pescoço ou a cabeça e mantenha a região dorsal em contato com o chão. Conte quantos abdominais você consegue fazer em 1 minuto.

Flexibilidade: sentar e alcançar

Coloque uma trena no chão e aplique um pedaço de fita de 61 cm de comprimento no chão, perpendicularmente à trena, cruzando na marca de 38 cm. Sente-se no chão, com as pernas esticadas e as solas dos pés tocando a fita na marca dos 38 cm, com a marca zero posicionada de frente para você. Seus pés devem estar afastados a uma distância de 30,5 cm. Coloque uma mão sobre a outra, expire e, lentamente, incline o corpo para a frente, o máximo que conseguir, ao longo da trena, posicionando a cabeça entre os braços. Não dê impulso para a frente! Observe a marca mais distante que você consegue alcançar. Não se machuque tentando ir além do limite do seu corpo. Relaxe e, depois, faça mais duas repetições.

Verifique seus resultados. Você quer melhorar? Veja como:

- Faça exercícios aeróbicos que provoquem uma respiração mais intensa por pelo menos meia hora, em quase ou em todos os dias da semana.
- Levante pesos que sejam difíceis para você, 2 a 3 vezes por semana.
- Faça alongamento após a atividade física, pelo menos duas vezes por semana.
- Caminhe mais.

Cardiovascular: caminhada de 1,5 km (tempo, em minutos)

	Menos de 40		Mais de 40	
	Homens	Mulheres	Homens	Mulheres
Excelente	13:00 ou menos	13:30 ou menos	14:00 ou menos	14:30 ou menos
Bom	13:01-15:30	13:31-16:00	14:01-16:30	14:31-17:00
Médio	15:31-18:00	16:01-18:30	16:31-19:00	17:01-19:30
Abaixo de médio	18:01-19:30	18:31-20:00	19:01-21:30	19:31-22:00
Ruim	19:31 ou mais	20:01 ou mais	21:31 ou mais	22:01 ou mais

Fonte: Copper Institute

Força: flexão de braço (número de repetições completadas sem repouso)

Homens						
Idade	17–19	20–29	30–39	40–49	50–59	60–65
Excelente	> 56	> 47	> 41	> 34	> 31	> 30
Bom	47-56	39-47	34-41	28-34	25-31	24-30
Acima da média	35-46	30-39	25-33	21-28	18-24	17-23
Médio	19-34	17-29	13-24	11-20	9-17	6-16
Abaixo da média	11-18	10-16	8-12	6-10	5-8	3-5
Ruim	4-10	4-9	2-7	1-5	1-4	1-2
Muito ruim	< 4	< 4	< 2	0	0	0

Mulheres						
Idade	17–19	20–29	30–39	40–49	50–59	60–65
Excelente	> 35	> 36	> 37	> 31	> 25	> 23
Bom	27-35	30-36	30-37	25-31	21-25	19-23
Acima da média	21-27	23-29	22-30	18-24	15-20	13-18
Médio	11-20	12-22	10-21	8-17	7-14	5-12
Abaixo da média	6-10	7-11	5-9	4-7	3-6	2-4
Ruim	2-5	2-6	1-4	1-3	1-2	1
Muito ruim	0-1	0-1	0	0	0	0

Fonte: Golding LA: *YMCA Fitness Testing and Assessment Manual*. YMCA of the USA, 4th ed, 2000. topendsports.com

Força: Abdominais (quantidade completada em 60 s)

Homens						
Idade	18–25	26–35	36–45	46–55	56–65	65+
Excelente	> 49	> 45	> 41	> 35	> 31	> 28
Bom	44-49	40-45	35-41	29-35	25-31	22-28
Acima da média	39-43	35-39	30-34	25-28	21-24	19-21
Médio	35-38	31-34	27-29	22-24	17-20	15-18
Abaixo da média	31-34	29-30	23-26	18-21	13-16	11-14
Ruim	25-30	22-28	17-22	13-17	9-12	7-10
Muito ruim	< 25	< 22	< 17	< 13	< 9	< 7

Mulheres						
Idade	18–25	26–35	36–45	46–55	56–65	65+
Excelente	> 43	> 39	> 33	> 27	> 24	> 23
Bom	37-43	33-39	27-33	22-27	18-24	17-23
Acima da média	33-36	29-32	23-26	18-21	13-17	14-16
Médio	29-32	25-28	19-22	14-17	10-12	11-13
Abaixo da média	25-28	21-24	15-18	10-13	7-9	5-10
Ruim	18-24	13-20	7-14	5-9	3-6	2-4
Muito ruim	< 18	< 13	< 7	< 5	< 3	< 2

Fonte: Golding LA: *YMCA Fitness Testing and Assessment Manual*. YMCA of the USA, 4th ed, 2000.

Flexibilidade: sentar e alcançar (em cm)

	Homens	Mulheres
Excepcional	> +27	> +30
Excelente	+17 - +27	+21 - +30
Bom	+6 - +16	+11 - +20
Médio	0 - +5	+1 - +10
Regular	−8 - −1	−7 - 0
Ruim	−19 - −9	−14 - −8
Muito ruim	< −20	< −15

Fonte: Golding LA: *YMCA Fitness Testing and Assessment Manual*. YMCA of the USA, 4th ed, 2000.
Esses quadros são geralmente usados por especialistas em saúde e condicionamento físico. Para obter uma avaliação mais detalhada do condicionamento físico ou desenvolver um plano de exercício adequado a seu nível de condicionamento, consultar um *personal trainer* credenciado ou um profissional da área esportiva.

PARTE IV

NUTRIÇÃO: ALÉM DOS NUTRIENTES

CAPÍTULO 11 Transtornos alimentares

Objetivos do aprendizado

1. Contrastar atitudes saudáveis em relação à alimentação com padrões de comportamento que possam levar a usos não saudáveis do alimento.
2. Descrever as causas, os efeitos, as pessoas que costumam sofrer de anorexia nervosa, bem como o tratamento desse transtorno.
3. Descrever as causas, os efeitos, as pessoas que costumam sofrer de bulimia nervosa, bem como tratamento desse transtorno.
4. Descrever outros tipos de transtornos alimentares: transtorno da compulsão alimentar periódica, síndrome do comer noturno e tríade da mulher atleta.
5. Correlacionar os transtornos alimentares com as tendências da sociedade atual.
6. Descrever métodos para reduzir o aparecimento de transtornos alimentares, incluindo o uso de sinais de alerta para identificar os casos precocemente.

Conteúdo do capítulo

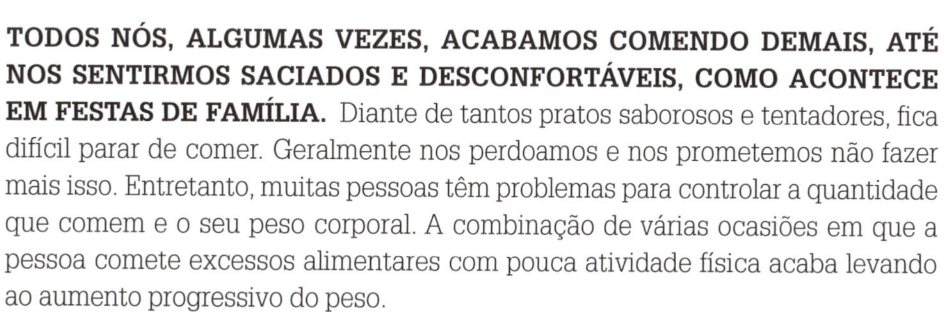

TODOS NÓS, ALGUMAS VEZES, ACABAMOS COMENDO DEMAIS, ATÉ NOS SENTIRMOS SACIADOS E DESCONFORTÁVEIS, COMO ACONTECE EM FESTAS DE FAMÍLIA. Diante de tantos pratos saborosos e tentadores, fica difícil parar de comer. Geralmente nos perdoamos e nos prometemos não fazer mais isso. Entretanto, muitas pessoas têm problemas para controlar a quantidade que comem e o seu peso corporal. A combinação de várias ocasiões em que a pessoa comete excessos alimentares com pouca atividade física acaba levando ao aumento progressivo do peso.

De fato, a obesidade, hoje em dia considerada uma doença crônica, é o transtorno alimentar mais comum na sociedade norte-americana, mas os transtornos alimentares abordados no Capítulo 11 envolvem distorções muito mais graves do processo alimentar. São tão sérios quanto a obesidade e, em alguns casos, são até mais críticos, podendo se transformar em quadros potencialmente fatais se não forem tratados. O que mais assusta nesses transtornos – anorexia nervosa, bulimia nervosa, transtorno da compulsão alimentar periódica e tríade da mulher atleta – é o aumento do número de casos relatado a cada ano.

Algumas pessoas são mais suscetíveis do que outras a esses transtornos alimentares, por razões genéticas, psicológicas e físicas. O tratamento bem-sucedido dos transtornos alimentares é um desafio complexo e deve envolver mais do que a terapia nutricional. Vale ressaltar que os transtornos alimentares não estão ligados à classe socioeconômica ou à etnia da pessoa. Eles também podem afetar indivíduos de ambos os sexos, de qualquer idade, como ilustra o quadrinho a seguir. Vamos examinar detalhadamente as causas e os tratamentos desses quadros, visto que os transtornos alimentares afetam a vida de muitas pessoas.

Para relembrar

Antes de começar a estudar os transtornos alimentares como a anorexia nervosa e a bulimia nervosa, neste Capítulo 11, talvez seja interessante revisar os seguintes tópicos:

- Os efeitos dos neurotransmissores sobre a ingestão de alimentos, no Capítulo 1
- O papel do risco genético na suscetibilidade às doenças, no Capítulo 3
- O cálculo do IMC, no Capítulo 7
- Os efeitos e o tratamento da osteoporose, no Capítulo 9
- Os efeitos e o tratamento da anemia ferropriva, no Capítulo 9

11.1 Hábitos alimentares – ordem e transtorno

Comer é um comportamento totalmente instintivo nos animais, porém, no homem, tem uma extraordinária gama de finalidades psicológicas, sociais e culturais. As práticas alimentares podem ter significado religioso, marcar laços familiares ou raciais bem como representar meios de expressar hostilidade, afeto, prestígio ou valores de uma classe social. Em família, oferecer, preparar e servir o alimento podem ser formas de expressão de sentimentos como amor, ódio ou mesmo poder.

Diariamente, somos bombardeados por imagens do que representa o corpo "ideal" na nossa sociedade. Os hábitos alimentares são divulgados como meio para alcançar esse ideal – um corpo eternamente jovem e admirado. Programas de televisão, *outdoors*, revistas, filmes e jornais sugerem um corpo ultraesbelto como sinônimo de felicidade, amor e, em última análise, sucesso. Essa noção fantasiosa é contraditória com o fato de que a maioria das pessoas vem se tornando mais gorda e até obesa. Como resposta a essa pressão social, algumas pessoas adotam atitudes extremas, na busca patológica pelo controle ou pela perda de peso.

Muito cedo em nossa vida construímos imagens do que é um corpo "aceitável" ou "inaceitável". O peso corporal é considerado, por muitas pessoas, o mais im-

PARA O QUE DER E VIER

A preocupação com a imagem corporal pode começar muito cedo. Por que você acha que isso acontece? Que tendências da sociedade encorajaram esse tipo de preocupação? Existem pessoas mais vulneráveis, em razão da genética e das condições ambientais? O Capítulo 11 traz algumas respostas.

portante dentre os atributos que compõem a atratividade, em parte porque somos capazes de controlar, em alguma medida, nosso peso. A gordura corporal é o desvio mais temido de nossos ideais culturais de beleza corporal, uma das características mais sujeitas à rejeição e à zombaria, mesmo na idade escolar.

É difícil resistir à tentação de nos compararmos ao corpo "ideal". Nem todos podem se parecer com uma modelo. As pessoas que se impressionam muito com essas mensagens – especialmente as que sofrem determinadas influências genéticas, psicológicas e ambientais – têm mais tendência a desenvolver transtornos alimentares na tentativa de se aproximar do ideal percebido.

Considerando as múltiplas funções da alimentação normal e o bombardeio da mídia sobre o corpo ideal, não surpreende que algumas pessoas evoluam das respostas típicas à fome e à saciedade para comportamentos obsessivos que visam perder peso e, em última instância, para um transtorno alimentar declarado.

▲ Na cultura atual, manter um físico anoréxico se tornou uma meta para muitas pessoas. A mídia e o mundo da moda nos bombardeiam com imagens de um corpo que não é realista para a maioria das pessoas.

Alimento: mais do que uma simples fonte de nutrientes

Desde o nascimento, relacionamos a alimentação com experiências pessoais e emocionais. Na fase de lactente, associamos o leite à segurança e ao calor, por isso o seio materno ou a mamadeira não é apenas alimento, mas uma fonte de conforto. Conforme foi visto no Capítulo 1, mesmo as pessoas idosas experimentam muito prazer e conforto na alimentação. Esse é um fenômeno biológico e, ao mesmo tempo, psicológico. O alimento pode ser um símbolo de conforto, mas também pode estimular a liberação de certos neurotransmissores (p. ex., serotonina) e *opiáceos naturais* (inclusive as **endorfinas**), que produzem uma sensação de calma e euforia. Por isso algumas pessoas, em momentos de grande estresse, procuram na alimentação um efeito calmante, semelhante ao das drogas.

O alimento também pode ser usado como recompensa ou "suborno". Você já não ouviu ou disse algo semelhante aos comentários a seguir?

Se você comer mais um pouquinho dos legumes, você ganha a sobremesa.
Você só pode ir brincar depois que "raspar" o prato.
Eu como brócolis se você me deixar ver TV.
Mostra que você ama a mamãe comendo tudo.

Analisando superficialmente, esse uso do alimento como recompensa ou "suborno" parece inofensivo. Entretanto, com o tempo, a partir dessa prática, adultos e crianças passam a usar o alimento para alcançar outras metas que não apenas saciar a fome e a necessidade de nutrição. Com isso, o alimento pode se tornar muito mais do que uma fonte de nutrientes. O uso repetido do alimento como barganha pode contribuir para o desenvolvimento de padrões alimentares anormais. Levados ao extremo, esses padrões podem resultar em **transtorno alimentar.**

O transtorno alimentar pode ser definido como uma alteração leve e de curto prazo no padrão alimentar em resposta a algum acontecimento estressante, doença ou mesmo ao desejo de modificar o perfil da dieta por várias razões de saúde ou de aparência física. O problema pode não passar de um mau hábito, um estilo de alimentação copiado de amigos ou familiares ou uma forma de se preparar para uma competição desportiva. Embora o transtorno alimentar possa causar perda ou ganho de peso, além de alguns problemas nutricionais, raramente exige uma intervenção profissional mais profunda. No entanto, se esse transtorno alimentar se prolongar, causar desconforto ou começar a interferir nas atividades cotidianas e for acompanhado de alterações fisiológicas, poderá ser necessária uma intervenção profissional.

Visão geral sobre anorexia nervosa e bulimia nervosa

Com frequência as pessoas fazem dieta na América do Norte; dessa forma, pode ser difícil dizer onde o problema deixa de ser distúrbio alimentar e passa a ser um **transtorno alimentar**. De fato, muitos transtornos alimentares começam por uma simples dieta. Em seguida, eles evoluem e passam a envolver alterações fisiológicas associadas à restrição alimentar, compulsão alimentar, vômitos forçados e variação do peso. Além disso, envolvem várias alterações cognitivas e emocionais que afetam o modo como a pessoa percebe e vivencia seu corpo, inclusive sentimentos de

endorfinas Substâncias naturais que exercem efeito tranquilizante no organismo e podem estar envolvidas na resposta alimentar, atuando também como analgésicos.

distúrbio alimentar Alteração leve e de curto prazo no padrão alimentar em resposta a algum acontecimento estressante, doença ou mesmo ao desejo de modificar o perfil da dieta por várias razões de saúde ou de aparência física.

transtorno alimentar Alteração grave do padrão alimentar associada a problemas fisiológicos. Os problemas associados são restrição alimentar, compulsão alimentar, vômitos forçados e variação do peso. Esses transtornos também envolvem várias alterações cognitivas e emocionais que afetam o modo como a pessoa percebe e vivencia seu corpo.

anorexia nervosa Transtorno alimentar que se caracteriza por perda ou negação do apetite, de fundo psicológico, que acaba levando a pessoa a passar fome, voluntariamente. Em parte, o problema está relacionado a uma distorção da imagem corporal e a pressões sociais comuns na puberdade.

bulimia nervosa Transtorno alimentar caracterizado pela ingestão de grande quantidade de alimento de uma só vez (compulsão alimentar) seguida de vômitos, uso excessivo de laxantes, diuréticos ou enemas. Outros meios usados na tentativa de controlar esse comportamento são o jejum e o excesso de exercícios físicos.

transtorno da compulsão alimentar periódica Transtorno alimentar que se caracteriza por compulsão alimentar e sentimento de perda de controle do impulso alimentar, com duração superior a seis meses. Os episódios de compulsão alimentar podem ser desencadeados por raiva, depressão, ansiedade, permissão para comer alimentos proibidos e fome excessiva.

angústia ou de preocupação exagerada com a forma física ou o peso. Os transtornos alimentares não são causados por problemas de comportamento ou por decisões equivocadas; são doenças reais, tratáveis, nas quais certos padrões alimentares que sinalizam dificuldades de adaptação assumem vida própria.

Os principais tipos de transtornos alimentares são **anorexia nervosa** e **bulimia nervosa**. Outros tipos, inclusive o **transtorno da compulsão alimentar periódica** e a síndrome do comer noturno, ainda não são considerados formalmente como quadros psiquiátricos, embora essa qualificação tenha sido sugerida. Mais de cinco milhões de pessoas, na América do Norte, têm um desses transtornos, que afetam cinco vezes mais mulheres do que homens. Frequentemente, os transtornos alimentares surgem na adolescência ou no adulto jovem (85% dos casos), mas há relato de casos iniciados na infância ou mais tarde, na vida adulta. Também é comum a associação entre transtornos alimentares e outros transtornos psicológicos, como depressão, abuso de drogas e transtornos de ansiedade. *Pessoas que sofrem de um transtorno alimentar, especialmente anorexia nervosa ou bulimia nervosa, podem apresentar várias complicações que afetam sua saúde física, como problemas cardíacos e insuficiência renal, que podem levar à morte.* Por isso, é crucial reconhecer os transtornos alimentares como doenças importantes e passíveis de tratamento.

Atualmente, na América do Norte, chega a 5% o número de mulheres que apresentam, em algum momento da vida, anorexia nervosa ou bulimia nervosa. Neste item, você encontrará uma breve descrição das características e dos sintomas diagnósticos dos dois transtornos alimentares que afetam, mais frequentemente, adolescentes ou jovens na fase universitária. Em seguida, há uma discussão mais detalhada desses e de outros transtornos semelhantes, incluindo seu tratamento.

A anorexia nervosa se caracteriza por uma perda de peso extrema, distorção da imagem corporal e um temor irracional, quase mórbido, da obesidade e do ganho de peso. Os pacientes anoréxicos acreditam, sem razão, que são gordos, embora as pessoas à sua volta estejam sempre comentando sobre sua magreza. Alguns anoréxicos percebem que estão magros, mas continuam exageradamente preocupados com algumas áreas do corpo que, segundo eles, estariam gordas – por exemplo, coxas, nádegas e abdome.

▲ A autoimagem é uma parte importante da adolescência. As pessoas que sofrem de transtornos alimentares podem ter muita dificuldade para aceitar a diferença entre o físico real e o desejado. Acesse a página www.womenshealth.gov/body-image.

O termo *nervosa*, comum a ambos os transtornos alimentares, refere-se à atitude de desgosto em relação ao próprio corpo. O termo *anorexia* implica perda do apetite; no entanto, a negação do apetite é o que descreve melhor o comportamento das pessoas com anorexia nervosa. Na América do Norte, segundo estimativas grosseiras, aproximadamente 1 em 200 (0,5%) adolescentes do sexo feminino apresenta, em algum momento, anorexia nervosa. Esse número tão elevado pode ser resultado do sentido de culpa que as adolescentes sentem em função do ganho de peso, típico dessa faixa etária. Os homens correspondem a apenas cerca de 10% dos casos de anorexia nervosa, em parte porque a imagem do corpo ideal para o homem é a de um físico musculoso e avantajado. No sexo masculino, os atletas são os que apresentam mais chance de desenvolver esses e outros transtornos alimentares, sobretudo aqueles que praticam esportes que exigem qualificação por peso, como boxeadores, lutadores e jóqueis. Outras atividades capazes de provocar transtornos alimentares em homens são a natação, a dança e a profissão de modelo.

A bulimia nervosa (*bulimia* significa "grande fome") caracteriza-se por episódios de compulsão alimentar seguidos de tentativas de eliminar as calorias consumidas por meio dos vômitos forçados ou uso excessivo de laxantes, diuréticos ou enemas. Pode ser difícil identificar as pessoas que sofrem desse transtorno porque elas mantêm esse hábito de comer e vomitar em segredo, e os sintomas não são evidentes; 4% ou mais das adolescentes ou alunas de faculdades sofrem de bulimia nervosa. De modo semelhante ao que acontece na anorexia nervosa, cerca de 10% dos casos ocorrem em homens.

Os médicos usam critérios específicos para diagnosticar transtornos alimentares (p. ex., *Manual Diagnóstico e Estatístico de Transtornos Mentais* da American Psychiatric Association). Na Tabela 11.1, há uma lista com algumas características. Algumas pessoas podem ter sintomas de transtornos alimentares, mas não o suficiente para permitir que o médico faça diagnóstico de uma dessas duas doenças. Além disso, conforme sugerem os critérios de diagnóstico, algumas pessoas têm características tanto de anorexia nervosa quanto de bulimia nervosa porque as duas doenças acabam se sobrepondo de forma considerável. Cerca de metade das mulheres nas quais é diagnosticada anorexia nervosa acabam apresentando sintomas de bulimia. Como se vê na Tabela 11.1, algumas características da bulimia também estão presentes na anorexia nervosa, o que torna as duas patologias menos distintas. Apesar disso, se forem reconhecidas as diferenças entre esses transtornos será possível compreender melhor as várias formas de prevenção e tratamento.

Até recentemente, a maioria dos pesquisadores apontava mulheres brancas de classe média e alta como as mais afetadas por transtornos alimentares. No entanto, novos estudos mostraram grandes semelhanças na incidência de insatisfação com o próprio corpo e comportamentos que levam a transtorno alimentar em diferentes grupos étnicos e culturais. Talvez, no passado, algumas minorias com transtornos alimentares tenham deixado de procurar ajuda por vergonha ou estigma, falta de recursos ou barreiras linguísticas. Contudo, parece menor a probabilidade de os profissionais de saúde fazerem diagnóstico de transtornos alimentares em indivíduos de raças não brancas. No passado, aparentemente as culturas de outras raças aceitavam melhor um corpo mais avantajado, mas a pressão dos meios de comunicação universais parece ter igualado todas as culturas com a da raça branca nesse aspecto. Essa mudança cultural generalizada pode estar associada à maior vulnerabilidade a transtornos alimentares.

Você conhece alguém que esteja sob risco de apresentar esses transtornos alimentares? Se esse for o caso, não deixe de sugerir que a pessoa procure um profissional de saúde para ser avaliada porque quanto mais cedo o tratamento começar, maiores serão as chances de recuperação. É importante não tentar diagnosticar transtornos alimentares nos seus amigos ou familiares. Somente um profissional

Progressão de uma alimentação ordenada para um transtorno alimentar

- Atenção aos sinais de fome e saciedade; limitação do consumo de calorias para restaurar o peso saudável

↓

- Alguns hábitos alimentares descontrolados começam quando se tenta perder peso restringindo demasiadamente a ingestão de alimentos

↓

- Reconhecimento do transtorno alimentar clinicamente evidente

TABELA 11.1 Características típicas de pessoas anoréxicas e bulímicas

Anorexia nervosa	Bulimia nervosa
• Dietas rígidas que causam perda de peso drástica, geralmente para menos de 85% do peso esperado para a idade da pessoa (ou IMC ≤ 17,5) • Falsa percepção do próprio corpo – a pessoa pensa "estou muito gorda", mesmo quando está extremamente abaixo do peso ideal; busca incessante de controle • Rituais que envolvem alimentação, exercícios físicos excessivos e outros aspectos da vida • Estilo de vida caracterizado por um rígido controle de tudo, buscando sensação de segurança na ordem e no controle • Sentimento de pânico se há um pequeno ganho de peso; pavor de ganhar peso • Sentimentos de pureza, poder e superioridade por conseguir manter uma estrita disciplina e sacrifícios pessoais • Preocupação com a comida, seu preparo e hábito de observar outras pessoas comendo • Sensação de impotência frente à comida • Falha da menstruação (depois do período da puberdade) por pelo menos três meses • Possível presença de compulsão alimentar seguida de vômitos forçados	• Compulsão alimentar mantida em segredo; geralmente a pessoa não come muito na presença de outras pessoas • Hábito de comer quando se sente deprimida ou estressada • Compulsão para comer grandes quantidades de alimentos e depois fazer jejum, usar laxantes ou diuréticos em excesso, provocar vômitos ou fazer exercícios exagerados (pelo menos duas vezes por semana por três meses) • Vergonha, mal-estar, fingimento e depressão; baixo nível de autoestima e sentimento de culpa (principalmente depois de um episódio de compulsão alimentar) • Variação de peso (± 5 kg) em decorrência dos excessos alimentares alternados com jejum • Perda de controle; medo de não ser capaz de parar de comer • Perfeccionismo, "mania de agradar"; o alimento como única fonte de conforto/válvula de escape em uma vida cuidadosamente controlada e regulada • Erosão dos dentes, gânglios inchados • Uso de xarope de ipeca, comprado na farmácia, para indução do vômito
As pessoas que têm apenas uma ou algumas dessas características podem estar sob risco, mas provavelmente não sofrem de nenhuma das duas doenças. Entretanto, precisam refletir sobre seus hábitos alimentares e tomar as medidas cabíveis, como procurar um médico para fazer uma avaliação detalhada.	

▲ Anorexia nervosa é um quadro caracterizado por sentimentos de pânico em relação a mínimos aumentos de peso; bulimia nervosa se caracteriza por frequentes variações do peso decorrentes da compulsão alimentar alternada com jejum.

Nossa paixão pela magreza pode ter origem na era vitoriana do século XIX, com sua negação de realidades físicas "desagradáveis", como o apetite e o desejo sexual. A frivolidade dos anos 1920 consolidaram essa tendência à magreza típica do século XX. Desde 1922, os valores do IMC das vencedoras do concurso de Miss América vêm caindo gradativamente; nas últimas três décadas, a maioria das finalistas tinha IMC na faixa de "baixo peso" (menos de 18,5).

▲ Os transtornos alimentares são comuns em pessoas obrigadas a manter o peso corporal baixo, bailarinas, por exemplo.

pode excluir outras causas e avaliar corretamente os critérios de diagnóstico necessários para identificar a anorexia nervosa ou a bulimia nervosa. Uma vez diagnosticado o transtorno alimentar, recomenda-se seu imediato tratamento. Como amigo, o melhor que você tem a fazer é incentivar a pessoa a procurar ajuda profissional. Essa ajuda costuma estar disponível em centros de saúde universitários e nos serviços de orientação e aconselhamento das faculdades.

Não existem causas simples dos transtornos alimentares, por isso seu tratamento também não é simples. O estresse pode ter um papel especialmente relevante no desenvolvimento dos transtornos alimentares. Um traço comum à maioria dos casos parece ser a falta de mecanismos adequados para lidar com frustrações, à medida que o indivíduo chega à adolescência e ao início da vida adulta, associada a relacionamentos familiares disfuncionais.

Algumas pesquisas avaliaram a influência da genética no desenvolvimento de transtornos alimentares. Esses estudos comparam gêmeos idênticos e gêmeos fraternos quanto à incidência de transtornos alimentares e, em geral, mostram que gêmeos idênticos têm maior probabilidade do que gêmeos fraternos de compartilharem os mesmos transtornos alimentares. Isso indica que a genética é um importante fator de risco para o desenvolvimento desses transtornos, já que os gêmeos idênticos têm o mesmo DNA. Um dos estudos mostrou que a herança genética responde por 50% do risco total de desenvolver anorexia nervosa. A identificação dos genes causadores dos transtornos alimentares pode ajudar a definir os melhores meios de prevenção para pacientes de risco, mas os indivíduos afetados ainda necessitam do mesmo aconselhamento que hoje faz parte da terapia.

11.2 Visão detalhada da anorexia nervosa

A anorexia nervosa começa com um quadro mental de risco e evolui para uma doença física quase sempre potencialmente fatal. A literatura médica de 1689 descreve pela primeira vez o transtorno e menciona que os pacientes se julgam gordos e têm pavor da obesidade e do ganho de peso. Por isso, essas pessoas perdem muito mais peso do que seria aconselhável, o que pode comprometer a saúde. Embora a alimentação tenha tudo a ver com a doença, o problema se origina principalmente em um conflito psicológico.

Cerca de 10% das pessoas que sofrem de anorexia nervosa acabam morrendo em decorrência dessa doença—por suicídio, problemas cardíacos ou infecções. Aproximadamente um quarto dos pacientes com anorexia nervosa se recuperam dentro de seis anos, porém os demais vivem com a doença ou evoluem para outro transtorno alimentar. Quanto mais tempo a pessoa sofre desse transtorno, menores são as chances de uma completa recuperação. Um jovem que apresenta um curto episódio e recebe o apoio da família tem uma perspectiva melhor do que outros pacientes com situações distintas. Em geral, um tratamento rápido e vigoroso seguido de um rigoroso acompanhamento aumenta as chances de sucesso.

A anorexia nervosa pode começar com uma simples tentativa de perder peso. Muitas vezes, basta um comentário bem-intencionado de um amigo, familiar ou treinador desportivo de que a pessoa está ganhando peso ou está muito gorda. O estresse de precisar manter um certo peso para parecer atraente ou competente para uma função também pode causar transtorno alimentar. As mudanças físicas ligadas à puberdade, o estresse do término da infância ou a perda de um amigo são exemplos de fatores desencadeantes de hábitos alimentares extremos. Sair da casa dos pais ao entrar para a faculdade ou para trabalhar pela primeira vez pode reforçar o desejo de parecer mais "aceitável" do ponto de vista social. Ainda assim, um "bom visual" não necessariamente ajuda a pessoa a lidar com raiva, depressão, perda da autoestima ou história de abuso sexual. Se o transtorno tiver como base esses problemas e se não forem resolvidos com a perda de peso, a pessoa poderá intensificar seus esforços de perder peso para "ficar ainda mais bonita", em vez de procurar resolver seus traumas psicológicos.

Durante a adolescência, um período de turbulência devido a tensões sociais e sexuais, o jovem procura levar uma vida independente, longe da família – e, muitas vezes, essa é a atitude que se espera deles. Embora declarem independência, eles buscam aceitação e apoio de seus amigos e familiares e reagem fortemente àquilo que eles acreditam que os outros pensam a respeito deles. Ao mesmo tempo, seu corpo está mudando, e muitas das mudanças escapam ao seu controle. Em resposta à falta de controle e de mecanismos para lidar com a frustração, típica da adolescência, podem começar a fazer dieta e não conseguem ganhar peso como deveriam para seu crescimento em altura. Às vezes, a condição não é prontamente identificada porque não chega a haver perda de peso real. A ingestão de uma quantidade insuficiente de calorias durante um período de crescimento pode acarretar baixa estatura. Se a anorexia se instala antes da puberdade, a maturidade sexual e a menstruação também podem demorar mais para acontecer.

Adolescentes que sofrem de doenças crônicas, como diabetes tipo 1 ou asma, correm risco ainda maior de evoluir para um transtorno alimentar. Qualquer indício de perda de peso ou dificuldade para ganhar peso ou de exercícios em excesso, nessas pessoas, precisa ser investigado, pois pode ser um sinal de transtorno alimentar.

As dietas exageradas são o mais importante fator preditivo de transtorno alimentar. (Adolescentes que expressam preocupação com o peso devem ser aconselhados a fazer exercícios, pois isso não parece trazer riscos futuros.) Uma vez iniciada a dieta radical, a anorexia nervosa tende a progredir. O resultado é um longo período de fome autoinfligida, praticada quase como uma vingança, na busca incessante pelo controle. Posteriormente, a anorexia nervosa pode levar à prática da compulsão alimentar, com ingestão de enormes quantidades de comida em pouco tempo, seguida de vômitos forçados. Além dos vômitos, a pessoa pode usar outros meios para se livrar da comida, como laxantes, diuréticos e enemas. Portanto, ela pode se manter em um estado de semi-inanição permanente ou alternar períodos em que passa fome com períodos de compulsão alimentar e vômitos.

Existem ligações entre transtorno alimentar e abuso de substâncias entorpecentes, sobretudo alcoolismo. Algumas pessoas podem usar a restrição alimentar ou forçar os vômitos para compensar as calorias consumidas em bebida alcoólica. Essa prática, que combina a embriaguez à anorexia, pode causar graves deficiências nutricionais e desidratação.

Perfil típico da pessoa que sofre de anorexia nervosa

A pessoa que tem anorexia nervosa se recusa a comer a quantidade suficiente de alimento para manter seu peso na faixa aceitável. Essa recusa é a marca registrada da doença, quer existam outras práticas, como compulsão e vômitos, ou não. O perfil típico da pessoa anoréxica é uma mulher branca, de classe socioeconômica média ou alta. Em alguns casos, a mãe dessa paciente também tem ideias distorcidas sobre o que seriam um corpo ideal e bons hábitos alimentares. A menina costuma ser descrita pelos pais e professores como responsável, meticulosa e obediente.

Essa pessoa é competitiva e, quase sempre, obsessiva. Os pais exigem muito dela. Em casa, seu quarto precisa estar sempre arrumado. O médico percebe que, depois do exame físico, ela dobra o avental cuidadosamente e limpa a sala de exame antes de sair. Embora esses comportamentos possam parecer estranhos, somente um profissional capacitado pode diferenciar entre anorexia nervosa e outros problemas da adolescência, como retardo da puberdade, fadiga e depressão.

▲ A preocupação com a aparência começa muito cedo, por isso buscar uma aparência saudável com respeito ao peso corporal é algo que também deve começar cedo.

Um traço comum a muitos casos – embora não todos – de anorexia nervosa são os conflitos familiares, geralmente associados a uma mãe dominadora e um pai ausente do ponto de vista afetivo. Quando a família também tem expectativas muito elevadas – inclusive acerca do peso corporal –, o resultado é frustração e brigas. Envolvimento exagerado, rigidez, superproteção e negação são as interações diárias típicas dessas famílias.

Problemas de controle são o ingrediente central no desenvolvimento da anorexia nervosa. Frequentemente, o transtorno alimentar permite que a pessoa anoréxica assuma o controle de sua existência quando, em outros aspectos, ela é impotente. Perder peso pode ser seu primeiro ato independente e bem-sucedido. Nas pessoas com anorexia, a autoestima está quase inteiramente ligada ao autocontrole. Algumas crianças que sofreram abuso sexual evoluem para anorexia nervosa, na crença de que se conseguirem dominar seu apetite por comida, relações sexuais e contato humano, terão controle e serão competentes para eliminar quaisquer sentimentos de vergonha. Além disso, a restrição alimentar interrompe o desenvolvimento

A limitação radical e prolongada da ingestão calórica compromete o estado nutricional de meninas adolescentes ou mulheres jovens, prejudicando seu sistema reprodutor e freando seu crescimento. Não se sabe exatamente qual é o dano causado por períodos mais curtos e menos radicais de restrição alimentar. As evidências, no entanto, indicam que mesmo uma restrição alimentar moderada, se for contínua, contribuirá para aumentar o risco de várias formas de anemia, futuras complicações gestacionais e parto de bebês com baixo peso, além de reduzir permanentemente a massa óssea.

e bloqueia os impulsos sexuais e pode ser uma estratégia de prevenção de futura vitimização e sentimentos de culpa. Muitas vezes, as pessoas anoréxicas se sentem desesperançosas quanto aos relacionamentos humanos e isoladas socialmente em razão de suas famílias disfuncionais. Assim, concentram-se na comida, em comer e no peso, em vez de buscarem se relacionar com outras pessoas.

Sinais de alerta precoces

Quando a pessoa desenvolve um quadro de anorexia nervosa, apresenta importantes sinais de alerta. No começo, a dieta se torna o foco da vida da pessoa. Ela pensa: "A única coisa que eu sei fazer bem é dieta. Não sirvo para mais nada". Esse começo inocente pode levar a grandes alterações da autoimagem e dos hábitos alimentares, como cortar um grão de ervilha ao meio e comer só metade. Outros hábitos são, por exemplo, esconder e armazenar alimentos ou espalhar a comida no prato para parecer que boa parte já foi comida. A pessoa anoréxica às vezes prepara uma grande refeição apenas para ficar olhando outras pessoas comerem, enquanto ela se recusa a comer qualquer coisa. Anoréxicos também costumam fazer exercícios físicos compulsivamente, até que esses se tornam obsessivos e automáticos. Os exercícios podem interferir nas atividades diárias ou a pessoa escolhe momentos e locais estranhos para se exercitar, por exemplo, fazer flexões enquanto escova os dentes.

À medida que o transtorno se agrava, a variedade de alimentos consumidos vai se restringindo, e os alimentos começam a ser classificados em seguros e inseguros, sendo que a lista de alimentos seguros diminui cada vez mais. O significado dessas práticas para quem sofre de anorexia nervosa é o mesmo que dizer "Eu controlo minha vida". A pessoa pode estar com fome, mas nega que esteja, acreditando que terá sucesso na vida simplesmente se mantendo bem-magra. O processo se torna uma questão de força de vontade.

Pessoas que sofrem de anorexia se tornam irritadas e hostis e, consequentemente, começam a se afastar da família e dos amigos. Em geral, seu desempenho escolar se deteriora. Então, recusam convites para jantar fora com familiares e amigos, porque pensam: "Não vou poder comer o que eu quero" ou "Não vou poder vomitar em seguida".

Pessoas anoréxicas se veem como racionais e veem os outros como irracionais. Elas também tendem a ser excessivamente críticas tanto em relação a elas mesmas quanto em relação aos outros. Nada é bom o suficiente para elas. Como consideram que não têm uma vida perfeita, então passam a se sentir vazias e não conseguem ver sentido nas coisas. Tudo fica impregnado de um sentimento de falta de alegria.

À medida que o estresse aumenta, surgem distúrbios do sono e depressão. Muitos dos problemas físicos e psicológicos associados à anorexia nervosa decorrem da ingestão calórica insuficiente, além das deficiências de nutrientes, como tiamina e vitamina B6. Na mulher, esse conjunto de problemas – somados à redução cada vez mais acentuada do peso corporal e das reservas de gordura – interrompe os ciclos menstruais. Esse pode ser o primeiro sinal da doença a ser observado pelos pais e representa outro indício clássico da doença.

Com o tempo, a pessoa anoréxica passa a comer uma quantidade mínima de alimento – não são raros os casos em que a ingestão diária é de 300 a 600 kcal. Em lugar dos alimentos, a pessoa chega a consumir até 20 latas de refrigerante *diet* e masca chicletes sem açúcar o dia inteiro.

▲ A anorexia nervosa é mais comum em mulheres jovens do que em homens jovens.

Efeitos físicos da anorexia nervosa

Embora a raiz da anorexia nervosa tenha a ver com o estado emocional da pessoa, a doença causa profundos efeitos físicos. Em geral, a pessoa anoréxica parece só ter pele e ossos. Um dos indicadores clínicos da anorexia nervosa é o peso corporal abaixo de 85% do esperado. Esse percentual pode ser calculado com base nas tabelas da Metropolitan Life Insurance Company (Apêndice F), mas o biotipo e o histórico de peso da pessoa também devem ser levados em conta no cálculo do peso adequado. O IMC é um indicador mais confiável do grau de desnutrição; geralmente, um IMC de 17,5 ou menos indica um caso grave (ver mais informações sobre o IMC no Capítulo 7). Em crianças abaixo dos 18 anos de idade, o peso adequado deve ser obtido das curvas de crescimento (Cap. 15).

O estado de semi-inanição causa perturbações em vários sistemas corporais, já que força o organismo a conservar ao máximo suas reservas de energia (Fig. 11.1). Essa tentativa de conservar as reservas de energia é a causa da maioria dos efeitos físicos da doença. Por isso, muitas complicações podem ser revertidas com o retorno ao peso saudável, desde que o dano não tenha sido demasiadamente prolongado. São os seguintes os efeitos previsíveis da deficiência nutricional causada pela semi-inanição e das respectivas respostas hormonais:

- Queda da temperatura corporal e intolerância ao frio por perda da camada de gordura de isolamento.
- Diminuição da taxa metabólica pela queda da síntese de hormônios da tireoide.
- Queda da frequência cardíaca, à medida que o metabolismo se torna mais lento, levando à fadiga prematura, a desmaios e a uma necessidade de sono irresistível. Também podem ocorrer outras alterações da função cardíaca, inclusive perda de tecido do coração e arritmia cardíaca.
- Anemia por carência de ferro, que agrava a fraqueza.
- Pele fria, descamada, seca e áspera, que pode apresentar equimoses devido à perda da camada protetora de gordura que normalmente existe sob a pele.
- Queda da contagem de leucócitos, o que aumenta o risco de infecção – uma das causas de morte de pessoas que sofrem de anorexia nervosa.
- Sensação anormal de plenitude ou distensão abdominal, que pode se prolongar por várias horas após a alimentação.
- Queda de cabelos.
- Aparecimento de **lanugem**– pelos finos sobre o corpo que servem para reter o ar e compensar, parcialmente, a perda de calor decorrente da diminuição do tecido adiposo.
- Constipação causada pela deterioração do trato gastrintestinal e pelo uso abusivo de laxantes.
- Baixo nível de potássio no sangue, agravado pela perda de potássio nos vômitos e em consequência do uso de certos tipos de diuréticos. Aumenta o risco de distúrbios do ritmo cardíaco, que também são uma causa de morte de pessoas anoréxicas.
- Falha de ciclos menstruais em decorrência do baixo peso corporal, da diminuição da gordura corporal e do estresse causado pela doença. As alterações hormonais associadas causam perda de massa óssea e maior risco de osteoporose no futuro.
- Alterações do funcionamento dos neurotransmissores cerebrais, levando à depressão.
- Possível perda de dentes, decorrente da erosão do esmalte pelo ácido do estômago nos casos de vômitos frequentes. Enquanto não for possível controlar os vômitos, um meio de reduzir esse efeito prejudicial sobre os dentes é bochechar com água imediatamente após o vômito e escovar os dentes logo que for possível. A perda de dentes (juntamente com a perda de massa óssea) pode persistir como sinais típicos da doença, mesmo depois que outros problemas físicos e mentais forem resolvidos.
- Nos atletas, pode haver rupturas musculares e fraturas de estresse decorrentes da perda de massa muscular e óssea.

Pessoas que apresentam esse transtorno estão física e psicologicamente doentes e precisam de ajuda.

REVISÃO CONCEITUAL

A anorexia nervosa é um transtorno alimentar caracterizado por semi-inanição. Ocorre principalmente, mas não somente, em meninas adolescentes, e se instala na puberdade ou em torno dela. Pessoas que sofrem de anorexia se reduzem à pele e ossos, mas continuam se achando gordas. A semi-inanição produz alterações hormonais e deficiências nutricionais que baixam a temperatura corporal, diminuem a frequência cardíaca e a resposta imune, interrompem os ciclos menstruais e contribuem para a perda de cabelos, músculos e massa óssea. A doença é grave, costuma ter consequências por toda a vida e pode ser fatal.

Às vezes, os pais acham que a filha adolescente não está madura para tomar decisões. Se a jovem discorda, e a situação familiar se torna muito tensa, essa menina poderá começar a fazer greve de fome ou forçar vômitos para demonstrar que tem poder: "Vocês podem tentar controlar a minha vida, mas eu posso fazer o que quiser com meu corpo".

Veja o testemunho de uma jovem: "Eu não podia expressar minha raiva, porque eu tinha a sensação de que estaria destruindo alguém, por exemplo, minha mãe, e que ela iria me odiar para sempre. Então, eu expressava minha raiva por meio da anorexia nervosa. Era minha última esperança. Era o meu próprio corpo, e eu estava no fundo do poço, usando-o como último recurso".

lanugem Pelos finos que aparecem quando há uma perda de peso importante decorrente de semi-inanição. Esses pelos se mantêm eretos e retêm o ar, funcionando como uma capa de isolamento do corpo e compensando a relativa falta de gordura corporal, que é o isolante natural.

PARA REFLETIR

Jennifer é uma bela adolescente de 13 anos. No entanto, é muito compulsiva. Tudo precisa estar perfeito – seu cabelo, suas roupas, até mesmo seu quarto. Seu corpo começa a amadurecer, por isso ela está obcecada pela ideia de ter uma aparência física perfeita. Os pais estão preocupados com seu comportamento. Considerando seus indícios comportamentais, a quais sintomas de transtorno alimentar eles devem estar atentos? O que os pais de Jennifer devem fazer se suspeitarem de um transtorno alimentar?

Erika Goodman, ex-dançarina do *Joffrey Ballet*, ficou inválida devido à osteoporose resultante de vários anos de restrição alimentar para manter o peso baixo. Essa restrição alimentar causou irregularidade ou ausência de ciclos menstruais por vários anos. Ela morreu em 2004, aos 59 anos, depois de sofrer uma queda, em seu apartamento de Manhattan.

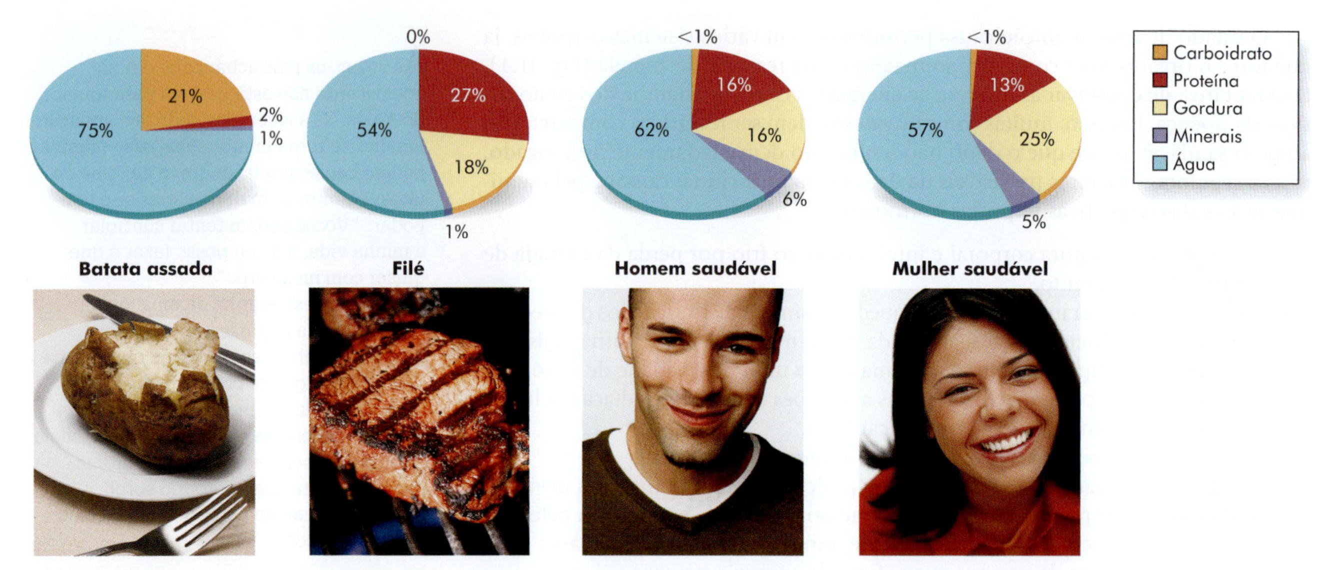

FIGURA 11.1 ► Sinais e sintomas de transtornos alimentares. Anorexia nervosa e bulimia nervosa estão associadas a inúmeros efeitos físicos. A figura mostra várias das possíveis consequências, mas a lista ainda é maior. Esses efeitos físicos também servem de alerta para a existência do problema. Quando eles surgem, a pessoa deve ser avaliada por um profissional.

Em 1983, a morte da cantora Karen Carpenter, falecida devido a complicações da anorexia nervosa, chamou a atenção para a gravidade dessa doença. Atualmente, o período médio de recuperação da anorexia nervosa é de sete anos. Muitos planos de saúde só cobrem uma fração do custo estimado do tratamento, que é de 150 mil dólares.

Uma mulher jovem que participava de um grupo de autoajuda para pessoas com anorexia nervosa explicou aos outros participantes seus sentimentos: "Eu perdi aquele 'algo mais' especial que eu achava que a doença me dava. Eu era diferente de todas as outras pessoas. Agora eu sei que sou alguém que conseguiu vencer a doença, algo que nem todos conseguem".

Tratamento da anorexia nervosa

As pessoas que sofrem de anorexia costumam se fechar em uma concha de isolamento e medo e passam a negar a existência do problema. Em muitos casos, amigos e familiares que se preocupam, genuinamente, com a pessoa decidem confrontá-la na tentativa de resolver o problema. É o que se chama *intervenção*. Eles mostram à pessoa as evidências de que o problema existe e a incentivam a buscar tratamento imediato. O tratamento requer uma equipe multidisciplinar, formada por médicos experientes, nutricionistas, psicólogos e outros profissionais de saúde, todos trabalhando em conjunto. O lugar ideal para tratar essas pessoas é uma clínica de transtornos alimentares ligada a um centro médico. Em geral, o tratamento começa em regime ambulatorial. Podem ser necessárias 3 a 5 consultas por semana. A internação em hospital-dia (permanência de 6 a 12 h) também é uma opção, assim como a hospitalização propriamente dita. A hospitalização é necessária para pessoas cujo peso cai abaixo de 75% do esperado ou que apresentam problemas médicos agudos, graves transtornos psicológicos ou risco suicida. Ainda que a pessoa seja tratada por uma equipe experiente, nas melhores instituições, a terapia poderá fracassar. Por isso, a prevenção da anorexia nervosa é tão importante.

Depois de ganhar a confiança e a cooperação da pessoa anoréxica, a equipe procura trabalhar em conjunto para restaurar o senso de equilíbrio, de propósito e de perspectivas futuras da vida. Conforme já foi visto, a anorexia nervosa geralmente tem origem em um conflito psicológico. Entretanto, a pessoa anoréxica que praticamente apenas sobrevive, em um estado de semi-inanição, não consegue se concentrar em outra coisa senão em sua alimentação. Pesadelos e ideias mórbidas sobre a alimentação interferem na terapia, e essa situação só muda depois que já houve um ganho de peso suficiente.

Terapia nutricional A primeira meta da terapia nutricional é ganhar a confiança e a cooperação da pessoa, com o objetivo básico de aumentar a ingestão de alimentos. O ideal é que o ganho de peso seja suficiente para trazer a taxa metabólica ao nível normal e reverter o máximo possível de sinais físicos da doença. A ingestão de alimentos é planejada inicialmente para diminuir ou deter a perda de peso. Em seguida, o foco passa a ser a recuperação de hábitos alimentares adequados. Depois de vencida essa etapa, pode-se esperar um lento ganho de peso, em torno de 1 kg a 1,5 kg por semana. A nutrição enteral (por sonda) ou parenteral (intravenosa) só deve ser usada se for necessário realimentar imediatamente a pessoa. Essas técnicas podem assustar e levar a pessoa a perder confiança na equipe médica.

As pessoas que sofrem de anorexia nervosa precisam de muito apoio durante o processo de realimentação, já que costumam experimentar efeitos desconfortáveis com os quais não estão acostumadas, como sensação de estômago cheio e aumento da temperatura e da gordura do corpo. O processo é assustador para elas, porque esses efeitos podem simbolizar a perda do controle. Além disso, as rápidas mudanças nos níveis sanguíneos de eletrólitos e minerais, associadas à realimentação, podem ser perigosas, especialmente as variações de potássio, fósforo e magnésio. Por isso, é fundamental monitorar os níveis desses elementos no sangue durante o processo de incorporação de mais alimentos à dieta.

Além de ajudar a pessoa que sofre de anorexia nervosa a alcançar e manter o estado nutricional adequado, o profissional nutricionista da equipe fornece informações corretas sobre os nutrientes ao longo de todo o período de tratamento, incentiva uma atitude saudável quanto à alimentação e ajuda a pessoa a aprender a se alimentar em resposta aos estímulos naturais de fome e saciedade. Em seguida, o foco deve passar a ser a identificação de escolhas alimentares adequadas e saudáveis, que promovam o ganho de peso, a fim de alcançar e manter a meta de peso definida clinicamente (p. ex., IMC $\geq$ 20). Conforme já foi visto, pessoas anoréxicas costumam ter deficiências nutricionais. É aconselhável adicionar à alimentação um suplemento vitamínico-mineral, além de cálcio, cuja ingestão diária deve chegar a 1.500 mg.

O excesso de atividade física dificulta o ganho de peso, por isso a equipe profissional deve orientar a pessoa anoréxica para que modere sua atividade física. Em muitos centros de tratamento, a pessoa fica em repouso relativo no leito nas primeiras fases da recuperação, para que possa ganhar peso.

A chave para a solução do problema é buscar ajuda profissional. As pessoas anoréxicas podem estar à beira da inanição e do suicídio; além disso, costumam ser muito inteligentes e resistem ao tratamento. Algumas disfarçam o emagrecimento usando várias camadas de roupas, colocando moedas nos bolsos ou nas roupas íntimas e bebendo muita água.

Há uma tendência preocupante de promover os transtornos alimentares como estilo de vida. Algumas pessoas anoréxicas representam sua doença por meio de uma personagem chamada "Ana", que lhes diz o que comer e as ridiculariza quando elas não perdem peso. As páginas de Internet que veiculam essa personagem negam os graves riscos do comportamento anoréxico e convencem pessoas vulneráveis a buscar um estado de magreza que é totalmente inseguro.

Terapia de cunho psicológico Uma vez atacados os problemas físicos da anorexia nervosa, o tratamento deve se voltar para os problemas emocionais de base que levaram à radicalização da dieta e outros sintomas da doença. Para se curar, a pessoa anoréxica precisa rejeitar a sensação de realização que elas mesmas associam ao corpo emaciado e começar a se aceitar com um peso corporal saudável. Se os terapeutas conseguirem descobrir o motivo do transtorno, poderão desenvolver estratégias de resolução de conflitos que ajudem a restaurar o peso normal e os hábitos alimentares saudáveis. Também pode ser útil educar o paciente quanto às consequências médicas da semi-inanição. Um aspecto-chave do tratamento psicológico é mostrar à pessoa como ela pode retomar o controle de outros aspectos de sua vida e lidar com situações difíceis. À medida que a alimentação entra na rotina normal, é possível dar mais atenção a outras atividades, até então negligenciadas.

Os terapeutas podem lançar mão da **terapia cognitivo-comportamental**, que atua ajudando a pessoa a enfrentar e mudar suas crenças irracionais sobre imagem corporal, alimentação, relacionamentos e peso corporal. Causas de base mais profundas, como abuso sexual, também devem ser identificadas e tratadas pelo terapeuta.

terapia cognitivo-comportamental Terapia psicológica em que os conceitos do indivíduo sobre alimentação, peso corporal e questões correlatas são questionados. Exploram-se novas formas de pensar que devem, em seguida, ser colocadas em prática pelo indivíduo. Dessa forma, procura-se orientar a pessoa a controlar seu transtorno alimentar e o estresse associado a ele.

Muitas vezes, a terapia familiar é um importante recurso no tratamento da anorexia nervosa, especialmente no caso de jovens que ainda vivem na casa dos pais. O foco dessa terapia é o impacto da doença na família, as reações de cada membro do círculo familiar e a possível contribuição de seus comportamentos subconscientes para a instalação dos padrões alimentares anormais. É frequente o terapeuta encontrar conflitos familiares como cerne do problema. À medida que o transtorno se resolve, o paciente precisa encontrar novas formas de relacionamento com a família, para obter a atenção devida, antes concentrada na doença. Por exemplo, a família poderá ter que ajudar na transição da pessoa da adolescência para a vida adulta e no processo de aceitação das responsabilidades e dos benefícios dessa transição. Um primeiro passo para o tratamento, que não representa nada ameaçador, pode ser a participação em grupos de autoajuda para pessoas com anorexia (e bulimia) e seus familiares e amigos.

O alimento é a "droga de escolha" no tratamento de pacientes anoréxicos. Em geral, medicamentos não têm efeito no tratamento dos sintomas primários de anorexia nervosa. A fluoxetina e outros medicamentos semelhantes podem estabilizar

▲ O tratamento precoce de transtornos alimentares como a anorexia nervosa aumenta as chances de sucesso.

o processo de recuperação depois de alcançados 85% do peso corporal esperado. Esses medicamentos atuam prolongando a atividade da serotonina no cérebro, o que, por sua vez, regula o humor e a sensação de saciedade. Diversos outros fármacos, como a olanzapine podem servir para tratar as alterações do humor, a ansiedade ou os sintomas psicóticos associados à anorexia nervosa, mas têm valor limitado se não forem acompanhados do necessário ganho de peso.

Com ajuda profissional, muitas pessoas que sofrem de anorexia nervosa podem conseguir levar uma vida normal. Embora não fiquem totalmente curadas, elas não precisam mais depender de hábitos alimentares incomuns para lidar com seus problemas diários. Elas recuperam o senso de normalidade da vida diária. Não existe uma abordagem universal, porque cada caso é um caso. Um dos fatores-chave na recuperação é estabelecer uma sólida relação com o terapeuta ou com outra pessoa de apoio. Ao se sentir compreendida e aceita pelos outros, a pessoa anoréxica pode começar a reconstruir sua autoimagem e a exercer alguma autonomia. À medida que ela aprende mecanismos alternativos para lidar com problemas, poderá deixar de lado sua relação disfuncional com a alimentação e, em vez disso, passa a ter relacionamentos interpessoais saudáveis.

REVISÃO CONCEITUAL

Para aliviar o estado de semi-inanição em que se encontra a maioria das pessoas que sofrem de anorexia nervosa, o tratamento inicial se concentra em aumentar moderadamente a ingestão de alimentos e obter um lento ganho de peso. Uma vez alcançado esse objetivo, a psicoterapia pode começar a investigar as causas da doença e ajudar a pessoa a desenvolver as habilidades necessárias para voltar a ter uma vida saudável. A terapia familiar pode ser um importante recurso terapêutico; os medicamentos têm papel limitado.

11.3 Visão detalhada da bulimia nervosa

A bulimia nervosa se caracteriza por episódios de compulsão alimentar seguidos de vários métodos de eliminação do alimento. É mais comum em adultos jovens, na fase universitária, embora também possa ocorrer em estudantes de segundo grau. Pessoas suscetíveis costumam ter fatores genéticos e hábitos de vida que as predispõem ao excesso de peso, sendo que muitas já tentaram dietas emagrecedoras na adolescência. Assim como ocorre na anorexia nervosa, a bulimia nervosa geralmente afeta mulheres bem-sucedidas. No entanto, ao contrário das pessoas anoréxicas, as mulheres que sofrem de bulimia geralmente têm o peso normal ou um pouco acima do normal. Elas também costumam ser, em geral, sexualmente ativas, diferentemente das pacientes que sofrem de anorexia nervosa.

A pessoa que sofre de bulimia nervosa costuma pensar constantemente na alimentação. Todavia, ao contrário da pessoa anoréxica, que se afasta do alimento quando enfrenta problemas, a pessoa bulímica se volta para o alimento em situações de crise. Além disso, também ao contrário da anorexia nervosa, as pessoas com bulimia nervosa reconhecem que seu comportamento é anormal. Com frequência, essas pessoas têm baixa autoestima e sofrem de depressão. Aproximadamente metade das pessoas que sofrem de bulimia nervosa tem depressão maior. Uma das causas do problema é o efeito duradouro de abusos sofridos na infância. Muitas pessoas bulímicas relatam ter sido vítimas de abuso sexual. Para os estranhos, elas parecem pessoas normais, porém, no íntimo, sentem-se frustradas, envergonhadas e sem controle sobre sua vida.

A alimentação compulsiva seguida de vômitos já era observada em Roma, na era pré-cristã, mas era uma prática grupal. A bulimia nervosa como transtorno alimentar é geralmente um hábito privado; foi descrita pela primeira vez na literatura médica em 1979.

As pessoas bulímicas tendem a ser impulsivas, o que se reflete em comportamentos como furto, atividade sexual intensa, uso abusivo de drogas e álcool, automutilação ou tentativas de suicídio. Especialistas acreditam que parte do problema seja, de fato, decorrente de uma incapacidade de controle das respostas impulsivas e do desejo. Alguns estudos demonstraram que pessoas bulímicas tendem a vir de famílias desorganizadas ou desestruturadas. Nessas famílias, os papéis não são claramente definidos, não há respeito a regras, e existem muitos conflitos. (Ao contrário, as pessoas anoréxicas geralmente vêm de famílias onde os membros se envolvem tanto no contexto familiar que os papéis tendem a ser exageradamente definidos.)

Comportamento típico na bulimia nervosa

Muitas pessoas com comportamento bulímico nem chegam a ter um diagnóstico; os critérios de diagnóstico especificam que a pessoa precisa se alimentar compulsivamente e eliminar a comida pelo menos duas vezes por semana, durante três meses. As pessoas que sofrem de bulimia nervosa levam uma vida secreta, escondendo seus hábitos alimentares anormais. Além disso, é impossível reconhecer o transtorno pela simples aparência da pessoa. A maioria dos diagnósticos de bulimia nervosa se baseia em relatos do próprio paciente, por isso as estimativas de incidência são provavelmente mais baixas do que a realidade. O distúrbio pode ser muito mais comum do que se pensa, principalmente se considerarmos as formas leves.

Para se caracterizar um episódio de compulsão alimentar, é preciso haver ingestão de uma quantidade anormal de alimento de uma só vez, e a pessoa deve mostrar sinais de falta de controle de seu próprio comportamento. Nas pessoas que sofrem de bulimia nervosa, esses episódios de compulsão alimentar com frequência se alternam com tentativas de limitar rigidamente a ingestão de alimentos. São comuns as dietas radicais, por exemplo, as que proíbem qualquer tipo de doce. Por isso, o fato de comer um biscoito ou um *donut* pode causar nessas pessoas um sentimento de culpa, como se tivessem descumprido uma regra. Quando isso acontece, a pessoa bulímica decide que chegou o momento de eliminar da dieta o alimento condenável. Geralmente, esses eventos levam a mais episódios de excessos alimentares, em parte porque é mais fácil regurgitar uma grande quantidade de comida do que uma pequena quantidade.

▲ O excesso de exercício físico também pode estar presente na bulimia, podendo servir para compensar a ingestão calórica excessiva de cada surto alimentar. O exercício é considerado excessivo quando praticado em horários ou condições inadequados ou quando a pessoa continua praticando apesar de ter sofrido lesões ou outras complicações médicas.

Os ciclos de compulsão alimentar-vômitos podem se repetir diariamente, semanalmente ou em intervalos mais longos. Quase sempre, a pessoa escolhe um momento determinado. A maioria dos episódios de compulsão alimentar ocorre à noite, quando é menos provável que eles sejam interrompidos por outras pessoas, e, em geral, duram de 30 minutos a 2 horas. O fator desencadeante do episódio pode ser estresse, tédio, solidão ou depressão. Normalmente, o surto ocorre após um período de dieta rigorosa e, por isso, pode estar ligado a uma intensa sensação de fome. Os episódios compulsivos não se parecem com uma refeição normal: uma vez iniciados, a pessoa não consegue parar de comer. Ela não só perde o controle, mas geralmente não aprecia nem sente o paladar da comida. É isso que diferencia um simples excesso alimentar da compulsão.

Durante os episódios bulímicos, os alimentos consumidos com mais frequência são bolos, biscoitos, sorvetes e outros alimentos supérfluos, ricos em carboidratos, porque podem ser vomitados com relativa facilidade e conforto. Um único episódio de compulsão alimentar pode significar a ingestão de 3.000 kcal ou mais. Em seguida, a pessoa provoca o vômito ou usa outros meios de eliminação na esperança de não ganhar peso. Entretanto, mesmo quando os vômitos ocorrem, de 33 a 75% das calorias ingeridas ainda são absorvidas, causando um ganho de peso inevitável. Quando se usam laxantes ou enemas, cerca de 90% das calorias são absorvidas, porque os laxantes atuam no intestino grosso, além do ponto onde a maior parte dos nutrientes é absorvida. A crença de que vomitar depois de um episódio de compulsão alimentar evitará a absorção de calorias e o ganho de peso é um equívoco.

No início do quadro de bulimia nervosa, os pacientes costumam induzir o vômito colocando os dedos bem fundo na garganta. Inadvertidamente, podem morder os dedos, o que resulta em marcas e cicatrizes ao redor das juntas dos dedos, um sinal característico da doença. Depois que a doença se estabelece, no entanto, a pessoa passa a ser capaz de vomitar apenas contraindo os músculos abdominais. Os vômitos podem também ocorrer espontaneamente.

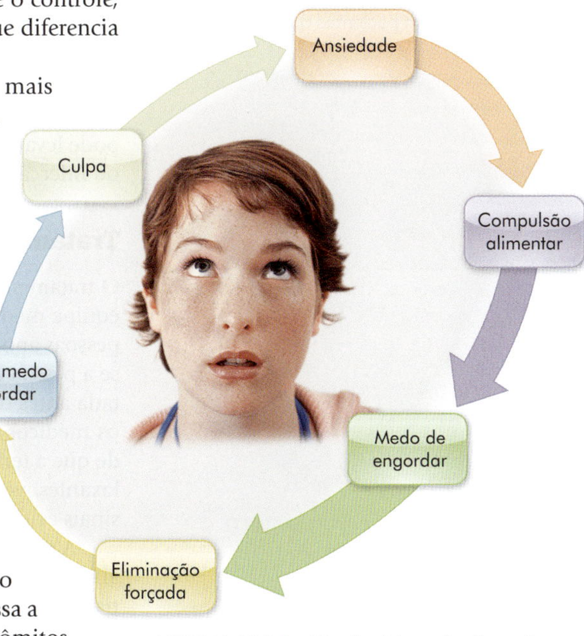

FIGURA 11.2 ▶ Círculo vicioso de obsessão da bulimia nervosa.

Outra maneira pela qual as pessoas bulímicas tentam compensar o excesso de ingestão e controlar o peso é fazer exercícios exageradamente, visando gastar muitas calorias. Nessa prática, conhecida como "debitar", as pessoas bulímicas tentam calcular a quantidade de calorias que ingeriram durante o episódio compulsivo e fazer exercício de intensidade suficiente para compensar esses excessos.

Pessoas que sofrem de bulimia nervosa não se orgulham de seu comportamento. Depois de um episódio de compulsão alimentar, geralmente se sentem culpadas e deprimidas. Com o tempo, essas pessoas passam a ter baixa autoestima, sentem-se desesperadas e ficam presas em um círculo vicioso de obsessão (Fig. 11.2). Esses sentimentos podem ser agravados por hábitos como mentir compulsivamente, roubar alimentos em lojas e usar entorpecentes. Pessoas bulímicas descobertas por um amigo ou familiar no ato de comer compulsivamente podem reagir gritando para expulsar o intruso. Aos poucos, elas se afastam das outras pessoas e passam a maior parte do tempo ocupadas na compulsão de comer e eliminar o que comeram.

Problemas de saúde decorrentes da bulimia nervosa

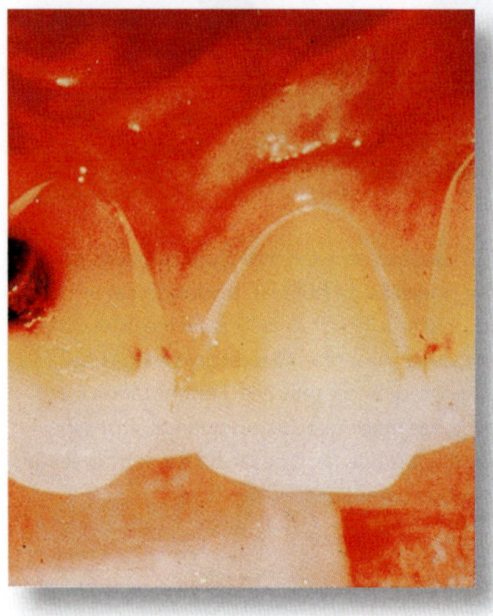

FIGURA 11.3 ▶ Desgaste excessivo dos dentes, comum em pacientes que sofrem de bulimia.

Os vômitos autoinduzidos pelas pessoas que sofrem de bulimia são um método fisicamente destrutivo de eliminar os alimentos ingeridos. De fato, a maioria dos problemas de saúde associados à bulimia nervosa é decorrente dos vômitos:

- Exposição repetida dos dentes ao conteúdo ácido do vômito causa desmineralização, tornando os dentes doloridos e sensíveis a alimentos quentes, frios e ácidos. Com o tempo, os dentes podem se deteriorar muito, sofrer erosão em torno das restaurações e até cair (Fig. 11.3). Às vezes, o dentista é o primeiro a perceber os sinais de bulimia nervosa. Conforme já foi dito, é importante lavar bem a boca com água após um episódio de vômito, especialmente antes de escovar os dentes.
- O potássio sanguíneo pode cair significativamente com a repetição dos vômitos ou com o uso de certos diuréticos. A queda do potássio pode causar distúrbios do ritmo cardíaco e até morte súbita.
- As glândulas salivares podem ficar inchadas por conta de infecções e irritação pelos vômitos persistentes.
- Em alguns casos, surgem úlceras no estômago, sangramento e rupturas no esôfago.
- O uso frequente de laxantes pode causar constipação.
- O xarope de ipeca, usado como indutor do vômito, é tóxico para o coração, o fígado e os rins. Existem casos de envenenamento acidental por uso repetido dessa substância.

Em geral, a bulimia nervosa é um transtorno potencialmente incapacitante que pode levar à morte, geralmente por suicídio, queda do nível de potássio no sangue ou infecção grave.

Tratamento da bulimia nervosa

O tratamento da bulimia nervosa, assim como o da anorexia nervosa, requer uma equipe médica experiente. Pessoas bulímicas têm menor probabilidade do que as pessoas anoréxicas de iniciar o tratamento em estado de semi-inanição. Entretanto, se a pessoa bulímica apresentar uma perda de peso significativa, essa pode ser tratada antes dos problemas psicológicos. Embora ainda existam controvérsias entre os médicos quanto ao melhor tratamento para bulimia nervosa, existe consenso de que a terapia deve durar pelo menos 16 semanas. Em casos de uso excessivo de laxantes, vômitos repetidos, uso de drogas e depressão, especialmente se houver sinais evidentes de danos físicos, pode ser necessária a hospitalização.

A primeira meta do tratamento da bulimia nervosa é diminuir a quantidade de alimento consumida nos episódios de compulsão alimentar a fim de diminuir o risco de ruptura do esôfago pelos vômitos autoinduzidos. A redução da frequência de vômitos também diminui a agressão aos dentes.

O objetivo primário da psicoterapia é melhorar a autoaceitação da pessoa e ajudá-la a se preocupar menos com seu peso corporal. Geralmente, a modalidade empregada é a terapia cognitivo-comportamental. A psicoterapia contribui para corrigir os pensamentos do tipo "tudo ou nada", típicos das pessoas bulímicas: "Se eu comer um biscoito, serei um fracasso e poderei acabar comendo compulsivamente". A premissa desse tipo de psicoterapia é que, se for possível modificar crenças e atitudes anormais, a consequência natural será a normalização dos hábitos alimentares. Além disso, o terapeuta orienta a pessoa a criar hábitos alimentares que minimizem a compulsão: evitar jejum prolongado, fazer refeições regulares e usar métodos alternativos – em vez de comer – para lidar com situações de estresse. A terapia de grupo é um recurso útil para gerar um forte apoio social. Uma das metas da terapia é levar as pessoas bulímicas a aceitar certo grau de depressão e insegurança como algo normal.

O ciclo compulsão alimentar-vômitos pode, inicialmente, levar a pessoa a um estado de euforia. Desistir dessa euforia, segundo alguns, é o mesmo que desistir de um vício. Contudo, é importante dar esse passo.

Embora não devam ser usados apenas medicamentos para controlar a bulimia nervosa, vários estudos indicam que alguns deles podem ser benéficos se associados a outras modalidades terapêuticas. A fluoxetina é o único antidepressivo aprovado pela FDA para uso no tratamento da bulimia nervosa, mas o médico também poderá prescrever outros antidepressivos semelhantes, da mesma classe ou de outras classes de medicamentos psiquiátricos, por exemplo, antiepilépticos (como topiramato).

O aconselhamento nutricional tem dois objetivos principais: corrigir falsas concepções sobre a alimentação e restabelecer hábitos alimentares regulares. As pessoas bulímicas devem receber informações corretas sobre a bulimia nervosa e suas consequências. Logo no início do tratamento, recomenda-se que a pessoa evite os alimentos típicos dos episódios de compulsão e pare de subir na balança a todo o momento. A meta primária, no entanto, é desenvolver um padrão alimentar normal. Para que essa meta seja alcançada, alguns especialistas incentivam a pessoa a elaborar cardápios e manter um diário da sua alimentação, no qual elas devem registrar a ingestão de alimentos, os momentos em que sentiram fome, além de fatores ambientais que precipitam os episódios de compulsão alimentar e seus pensamentos e sentimentos que acompanham os ciclos de compulsão alimentar-vômitos. O diário não só representa um meio de monitorar com exatidão a ingestão de alimentos, mas também ajuda a identificar situações que, aparentemente, desencadeiam os episódios de compulsão alimentar. Com a ajuda de um terapeuta, pessoas bulímicas podem desenvolver estratégias alternativas para lidar com problemas.

Em geral, o foco não é propriamente eliminar os ciclos de compulsão alimentar-vômitos, mas desenvolver hábitos alimentares normais. Uma vez alcançada essa meta, é de se esperar que os episódios comecem a diminuir. O ideal é que essas pessoas não adotem regras dietéticas radicais quanto à escolha de alimentos saudáveis, pois essa é apenas outra faceta das atitudes obsessivas típicas da bulimia. Em vez disso, incentiva-se uma atitude madura quanto à nutrição, ou seja, consumir regularmente quantidades moderadas de vários tipos de alimentos, procurando equilibrar os diversos grupos alimentares, para vencer o problema.

Em casos de transtorno alimentar, é importante definir a duração das refeições principais e dos lanches. Pessoas bulímicas costumam comer rapidamente, o que faz parte de seu transtorno da saciedade. Uma das técnicas usadas pelos terapeutas comportamentais na recuperação da pessoa com bulimia é recomendar que ela repouse o talher depois de cada garfada ou colherada. (As pessoas anoréxicas, ao contrário, geralmente comem muito lentamente, e levam, p. ex., uma hora para comer um *muffin*, todo picado em pedacinhos.)

Pessoas que sofrem de bulimia nervosa precisam reconhecer que têm um transtorno grave, que pode acarretar severas complicações médicas se não for tratado. As recaídas são frequentes, por isso o tratamento é a longo prazo. Essas pessoas necessitam de ajuda profissional porque podem ficar muito deprimidas e apresentar alto risco de suicídio. Cerca de 50% das pessoas que sofrem de bulimia nervosa se recuperam totalmente. Outras continuam a lutar com o problema, em graus variados, pelo resto da vida. A dificuldade de tratamento reforça a importância da prevenção.

▲ Desenvolver hábitos alimentares regulares ajuda a pessoa que sofre de bulimia nervosa a quebrar os círculos viciosos de compulsão alimentar-vômitos.

REVISÃO CONCEITUAL

A bulimia nervosa se caracteriza por episódios de compulsão alimentar seguidos de eliminação dos alimentos, geralmente por meio de vômitos autoinduzidos. Os vômitos são muito destrutivos para o organismo e causam grave desgaste dos dentes, úlceras no estômago, irritação do esôfago e desequilíbrio do potássio no sangue. O tratamento, que inclui aconselhamento nutricional e psicoterapia, busca restaurar os hábitos alimentares normais a fim de ajudar a pessoa a corrigir suas crenças equivocadas sobre alimentação e estilo de vida e encontrar meios alternativos de lidar com o estresse natural da vida. Medicamentos como a fluoxetina podem ajudar na recuperação, se aliados às medidas já citadas.

11.4 Outros padrões de transtornos alimentares

Nos últimos anos, foram reconhecidos outros padrões de transtornos alimentares. Muitos desses padrões se enquadram na categoria diagnóstica de *transtorno alimentar não especificado* (do inglês *eating disorder not otherwise specified*, EDNOS). O EDNOS é descrito no manual da American Psychiatric Association como uma "categoria (de) transtornos alimentares que não preenche os critérios de nenhum transtorno alimentar específico".

A categoria EDNOS costuma ser usada para classificar as pessoas que têm algumas características (mas não todas) da anorexia nervosa ou da bulimia nervosa. Cada caso de EDNOS tem elementos distintos. Por exemplo, a pessoa pode ter episódios de compulsão alimentar seguida de vômitos, porém não tão frequentes que justifiquem o diagnóstico de bulimia nervosa. Ou a pessoa pode ter os episódios de compulsão alimentar sem lançar mão de comportamentos compensatórios – é o que se chama transtorno da compulsão alimentar periódica. Outro transtorno alimentar que vem sendo estudado é a **síndrome do comer noturno**. Essa síndrome se caracteriza pela ingestão de grande quantidade de alimento muito tarde da noite ou pelo ato de levantar no meio da noite para comer. Por fim, a **tríade da mulher atleta** é um quadro que se caracteriza por transtorno alimentar, falha de ciclos menstruais e osteoporose. Todas essas condições, que serão discutidas a seguir, requerem tratamento médico profissional.

síndrome do comer noturno Ingestão de grande quantidade de alimento muito tarde da noite ou ato de levantar no meio da noite para comer.

tríade da mulher atleta Síndrome caracterizada por distúrbio alimentar, ausência de menstruação (amenorreia) e osteoporose.

Transtorno da compulsão alimentar periódica

As características típicas do transtorno da compulsão alimentar periódica estão descritas na Tabela 11.2. Geralmente, pode-se definir esse transtorno como a ocorrência de episódios de compulsão alimentar não seguidos de práticas de eliminação do alimento (típicas da bulimia nervosa) e que se repetem pelo menos duas vezes por semana, por pelo menos seis meses. Descrito formalmente pela primeira vez em 1994, o transtorno da compulsão alimentar periódica atualmente é reconhecido pelos profissionais de saúde como um problema complexo, potencialmente grave e crescente.

Aproximadamente 30% dos pacientes que participam de programas organizados de controle do peso sofrem de transtorno da compulsão alimentar periódica; na população em geral dos EUA, há cerca de quatro milhões de pessoas que sofrem desse problema. Entretanto, é provável que muito mais pessoas da população em geral tenham formas menos graves do transtorno, que não preenchem todos os critérios de diagnóstico. O número de casos de transtorno da compulsão alimentar periódica é muito maior do que os de anorexia nervosa ou bulimia nervosa. O transtorno também é mais comum em pessoas com obesidade grave e naquelas que têm uma longa história de seguir dietas muito restritivas, embora a obesidade não seja um critério de diagnóstico desse transtorno.

▲ O transtorno de compulsão alimentar periódica afeta homens e mulheres.

Desenvolvimento e características do transtorno da compulsão alimentar periódica Pessoas que sofrem de transtorno da compulsão alimentar periódica

TABELA 11.2 Algumas características do transtorno da compulsão alimentar periódica

A. Episódios recorrentes de compulsão alimentar, caracterizados por: (1) Ingestão de alimentos em um determinado período de tempo (p. ex., 2 h) em quantidade muito maior do que a maioria das pessoas poderia comer em circunstâncias e períodos semelhantes. (2) Sensação de perda de controle durante os episódios (p. ex., a pessoa sente que não consegue parar de comer nem controlar o que come ou a quantidade ingerida).
B. A maioria dos episódios de compulsão alimentar inclui pelo menos três das seguintes ocorrências: (1) A pessoa come muito mais rapidamente do que o habitual. (2) A pessoa come até se sentir desconfortável. (3) A pessoa come grande quantidade sem estar, de fato, com fome. (4) A pessoa come sozinha por se sentir constrangida com a quantidade que está ingerindo. (5) Depois de comer, a pessoa sente nojo de si própria, depressão ou culpa.
C. Sofrimento intenso em razão da compulsão alimentar.
D. A compulsão alimentar ocorre, em média, pelo menos dois dias por semana, durante seis meses seguidos.
E. Esse comportamento não é exclusivo dos quadros de bulimia nervosa ou anorexia nervosa.

Com base em informações extraídas do *Manual Diagnóstico e Estatístico de Transtornos Mentais*, 4ª edição (DSM-IV-TR). Washington DC: American Psychiatric Association, 2000.

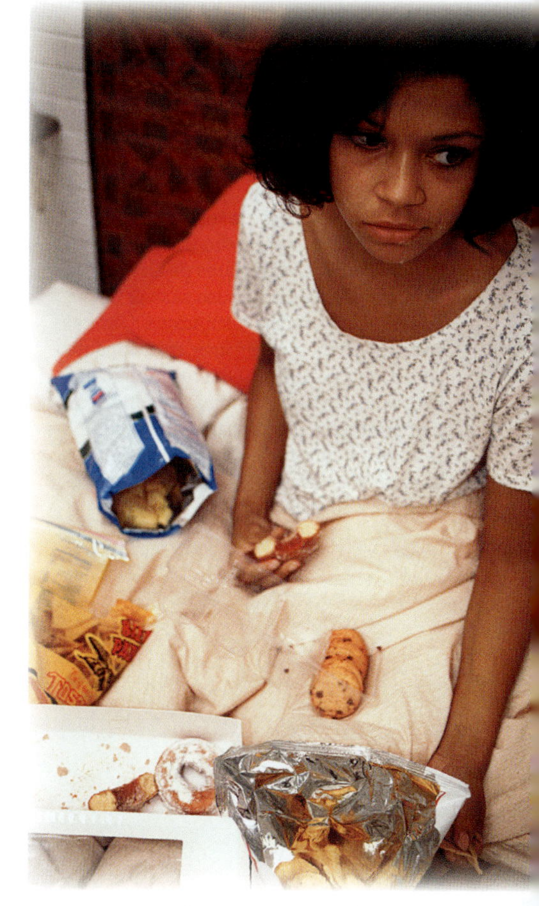

▲ Pessoas que sofrem de transtorno da compulsão alimentar periódica devem procurar ajuda profissional.

(40% são do sexo masculino) quase sempre sentem fome com frequência maior do que a normal. Geralmente, essas pessoas começam a fazer dieta quando ainda são jovens, têm episódios de compulsão alimentar desde a adolescência ou aos 20 anos de idade e não conseguem resultado quando seguem programas comerciais de controle do peso. Metade das pessoas que sofrem de transtorno da compulsão alimentar periódica severo apresenta depressão clínica. Algumas também podem ter predisposição genética para esse transtorno.

Nos casos típicos de compulsão alimentar, a pessoa se isola e consome grande quantidade de seus alimentos favoritos. Esse comportamento pode ser desencadeado por situações de estresse ou por quadros de depressão ou ansiedade. Os episódios também podem ser precipitados por uma transgressão alimentar a que a pessoa se permita. Outros fatores desencadeantes são solidão, ansiedade, autocomiseração, depressão, raiva, ira, alienação e frustração. Às vezes, a pessoa come qualquer coisa que esteja disponível em grande quantidade – macarrão, arroz, pão, sobras de comida. Todavia, em geral, essas pessoas costumam comer alimentos considerados *junk food* ou ruins para a saúde, como sorvete, biscoitos, doces, batatas fritas e salgadinhos de pacote.

A compulsão alimentar começa frequentemente com o objetivo de produzir uma sensação de bem-estar ou mesmo de "entorpecer" a pessoa que está tentando evitar algum sofrimento emocional ou que está ansiosa. A alimentação passa a ser dissociada de qualquer necessidade biológica e se torna uma espécie de ritual repetitivo. Em alguns casos, a ingestão alimentar é contínua e se estende por um período prolongado – é o chamado *grazing* ("beliscar" contínuo); em outros casos, os episódios de compulsão se alternam com períodos de alimentação normal. Por exemplo, alguém que tem um emprego frustrante ou estressante pode ficar em casa, à noite, comendo sem parar, "beliscando", até ir dormir. Outra pessoa pode comer normalmente na maior parte do tempo, mas quando tem algum problema emocional se consola ingerindo enormes quantidades de algum alimento.

Embora as pessoas que sofrem de anorexia nervosa e bulimia nervosa manifestem constante preocupação com a forma física, o peso e a silhueta magra, aquelas que têm compulsão alimentar não necessariamente têm essas mesmas preocupações. Por isso, elas não costumam se submeter à restrição alimentar prolongada ou provocar vômitos. Alguns médicos classificam o transtorno da compulsão alimentar periódica como um vício em comida, caracterizado por dependência psicológica. A pessoa se sente atraída por esse comportamento e compelida a mantê-lo, sente

Conforme visto no Capítulo 2, fazer várias refeições pequenas ao longo do dia tem algumas vantagens, desde que a ingestão calórica total fique dentro da faixa adequada.

que tem controle limitado sobre ele e precisa continuar apesar das consequências negativas. O alimento é usado como meio de redução do estresse, produz sensações de poder e bem-estar, serve para evitar a intimidade com outras pessoas e escapar dos problemas do cotidiano. Obesidade e compulsão alimentar nem sempre estão associadas. Nem todas as pessoas obesas têm compulsão alimentar e, embora a obesidade possa ser uma consequência da tentativa de controlar o sofrimento emocional com comida, nem todos os casos de compulsão alimentar têm essa evolução.

Pessoas que sofrem de transtorno da compulsão alimentar periódica podem ter antecedentes familiares de alcoolismo ou podem ter sofrido abuso sexual. Os membros de famílias disfuncionais muitas vezes não sabem como lidar efetivamente com as emoções e acabam recorrendo às drogas. A família aprende a acobertar os padrões disfuncionais para manter seu relacionamento com a pessoa alcoolistas, às expensas das necessidades dos outros membros do grupo.

O transtorno da compulsão alimentar periódica surge, com mais frequência, em pessoas que nunca souberam expressar e lidar adequadamente com seus sentimentos. Em vez de enfrentar as frustrações, a raiva e a dor, preferem comer. A frustração continuará porque elas não enfrentaram o problema de base. A compulsão alimentar faz a pessoa sentir como se tivesse perdido o controle do seu comportamento e, portanto, da sua vida. Esse tipo de compulsão em geral agrava os sentimentos de culpa, constrangimento e vergonha.

É frequente a ocorrência de compulsão alimentar em pessoas que vêm de famílias onde os sentimentos não são tratados e expressados de modo saudável. São pais que se relacionam e consolam seus filhos com alimento, em vez de se comunicarem, de modo sadio, falando com franqueza sobre sentimentos e solução de problemas. Os membros dessas famílias acabam aprendendo a comer quando têm problemas emocionais e quando estão sofrendo, não apenas quando estão com fome. Muitas pessoas que apresentam compulsão alimentar crescem se importando mais com os outros do que com elas próprias, evitando expressar seus sentimentos e reservando pouco tempo para si. Não sabendo como satisfazer suas próprias necessidades emocionais por meios mais saudáveis, elas recorrem à comida.

Em alguns casos, o hábito de fazer dieta desde a infância ou adolescência é um precursor do transtorno da compulsão alimentar periódica. Durante esses períodos de dieta muito restritiva, a pessoa passa fome e se torna obsessiva acerca da alimentação. Quando lhe é permitido comer mais, ela se sente atraída pela comida, de modo compulsivo e descontrolado. A alternância de dieta restritiva com períodos de compulsão alimentar pode se prolongar por muito tempo.

Como ajudar as pessoas que sofrem de transtorno da compulsão alimentar periódica Essas pessoas precisam aprender a comer em resposta à sensação de fome, que é um sinal biológico, e não em resposta a necessidades emocionais ou fatores externos, como a hora do dia ou a simples disponibilidade do alimento. Os consultores geralmente pedem que a pessoa registre os momentos do dia em que sente fome, de fato, e que tipo de sensação física elas têm no início e no final de cada refeição. A pessoa precisa aprender a reagir a uma determinada sensação de plenitude causada pela refeição. Inicialmente, elas devem evitar dietas para perder peso, porque a sensação de falta de alimento pode causar outros transtornos emocionais e sentimento de carência. Dietas acabam provocando maiores problemas, por exemplo, fome excessiva. Muitas pessoas que sofrem de compulsão alimentar têm dificuldade para identificar suas próprias necessidades e para expressar suas emoções. Esse problema é um fator comum de predisposição à compulsão alimentar, por isso o tratamento deve abordar as dificuldades de comunicação. Pessoas com compulsão alimentar devem ser ajudadas para que reconheçam suas emoções reprimidas em situações geradoras de ansiedade e incentivadas, a seguir, a compartilhar essas emoções com o terapeuta ou com o grupo de terapia. Algumas frases simples, que a pessoa aprende a dizer a si mesma, podem ser úteis para interromper a compulsão quando o desejo de comer é muito forte.

▼ A síndrome do comer noturno se caracteriza por despertar ao menos uma vez durante a noite com necessidade de comer para poder dormir novamente.

Grupos de autoajuda, por exemplo, os comedores compulsivos anônimos, têm por objetivo apoiar a recuperação do transtorno da compulsão alimentar periódica. A filosofia de tratamento desses grupos, paralela à dos alcoolistas anônimos, busca criar um ambiente de encorajamento, levando a pessoa a assumir a responsabilidade de vencer o transtorno alimentar. A orientação dietética pode variar, havendo casos em que se evitam restrições e outros em que se limita o acesso aos alimentos críticos. Especialistas acreditam que uma boa meta para essas pessoas é aprender a comer de tudo, com moderação. Essa prática pode evitar os sentimentos de desespero e privação decorrentes da limitação do acesso a certos alimentos. Antidepressivos como a fluoxetina e outros tipos de medicamentos (p. ex., topiramato) também já se mostraram úteis em casos de compulsão alimentar, em razão de diminuírem a depressão associada. Em geral, as pessoas que sofrem desse transtorno não conseguem controlar sozinhas o problema. Por isso, elas precisam de ajuda profissional.

Síndrome do comer noturno

A síndrome do comer noturno se caracteriza por hiperfagia noturna (comer mais de um terço do total de calorias do dia depois do jantar) e despertar no meio da noite para comer. Embora a síndrome do comer noturno tenha sido observada inicialmente em pessoas obesas, também ocorre em pessoas que não são obesas. Estima-se que esse problema afete 1,5% da população em geral e 8,9% das pessoas que se tratam em clínicas de obesidade.

Sinais e sintomas da síndrome do comer noturno

- Não ter fome pela manhã e adiar a primeira refeição até várias horas depois de ter levantado.
- Comer demais à noite, especificamente ingerindo mais de um terço do total diário após o horário do jantar.
- Ter dificuldade para adormecer e precisar comer alguma coisa para conseguir pegar no sono.
- Despertar ao menos uma vez durante a noite com necessidade de comer para poder dormir novamente.
- Ter sentimentos de culpa e vergonha depois de comer.
- Sentir depressão, especialmente à noite.

As pesquisas mostram que a causa da síndrome do comer noturno pode ser um ciclo alimentar anormal, que resulta em jejuns prolongados durante o dia. O ritmo circadiano (nosso relógio biológico de 24 h) de ingestão alimentar parece estar desordenado nos casos de síndrome do comer noturno. Também há estudos que demonstram a prevalência dessa síndrome em pacientes psiquiátricos não hospitalizados e que os sintomas, inclusive o despertar noturno para comer e a hiperfagia noturna, melhoram muito com o uso do antidepressivo sertralina.

Tríade da mulher atleta

Mulheres que participam de esportes de resistência e modalidades que se baseiam na forma física correm risco de apresentar um transtorno alimentar. Um estudo feito com atletas universitárias descobriu que 15% das nadadoras, 62% das ginastas e 32% das atletas que praticavam esportes de equipe apresentavam padrões alimentares alterados. As estimativas de incidência de transtornos alimentares em universitárias que não praticam esportes competitivos são muito mais baixas.

Além dos transtornos alimentares, as atletas universitárias costumam ter irregularidade menstrual com maior frequência do que as demais alunas de faculdade. A alimentação desordenada, particularmente as dietas restritivas, e o estresse podem precipitar esse quadro e produzir redução da densidade e enfraquecimento dos ossos decorrentes da menor concentração de estrogênio no sangue. Algumas dessas mulheres jovens têm valores de massa óssea equivalentes aos de uma mulher de 50 a 60 anos de idade, o que aumenta o risco de fraturas de estresse durante a prática de esportes ou outras atividades em geral. A perda óssea é, em grande parte, irreversível.

O American College of Sports Medicine (ACSM) denominou esse quadro "tríade da mulher atleta" porque ele tem três componentes: transtorno alimentar, falha de ciclos menstruais e osteoporose (Fig. 11.4). O ACSM fez um apelo a professores,

Muitas vezes, mulheres atletas são muito resistentes em aceitar que necessitam de tratamento. Frequentemente, elas têm uma ideia fixa sobre o esporte que praticam e ignoram as futuras consequências para a sua saúde.

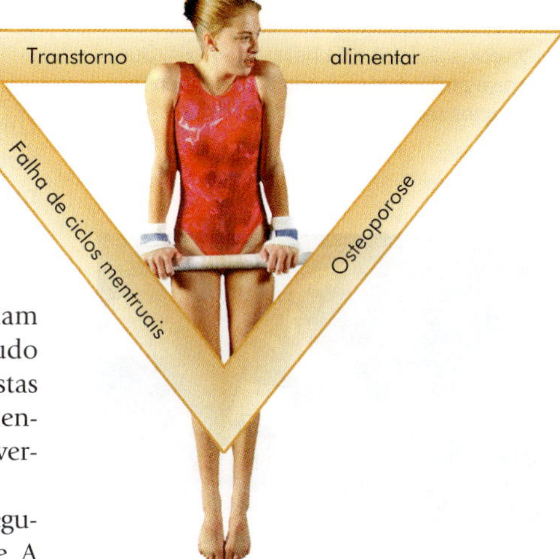

FIGURA 11.4 ▶ A tríade da mulher atleta se caracteriza por transtorno alimentar, falha de ciclos menstruais e osteoporose. Fraturas de estresse e fadiga crônica também podem estar presentes. A tríade costuma afetar mulheres que praticam esportes ligados à forma física, como ginástica. A longo prazo, o problema coloca em risco a saúde, por isso a prevenção e o tratamento precoce são cruciais.

Recentemente, a atleta de uma escola de segundo grau admitiu sua luta de três anos contra a anorexia nervosa e a bulimia nervosa. Mesmo depois de ver seu desempenho esportivo declinar e de sofrer uma lesão traumática que a deixou fora do esporte por um ano e exigiu tratamento cirúrgico, essa atleta continuou achando que controlar o peso e ter um comportamento alimentar anormal fariam dela uma campeã – no estudo e no esporte. Esse exemplo demonstra vários pontos importantes sobre os transtornos alimentares: certos grupos de pessoas correm maior risco de desenvolver transtornos alimentares; são campeões, pessoas que têm alto desempenho e cuidam para que seu transtorno alimentar não seja descoberto. É importante lembrar também que existe uma frequente superposição entre a tríade da mulher atleta, bulimia nervosa e anorexia nervosa.

PARA REFLETIR

Tom é um professor de segundo grau preocupado com transtornos alimentares. Ele quer tentar evitar que os jovens caiam na armadilha da anorexia nervosa e da bulimia nervosa. Que tópicos e problemas ele poderia discutir com seus alunos nas aulas sobre saúde?

▲ Peso corporal baixo associado a excesso de exercício físico podem levar à amenorreia e, por fim, à tríade da mulher atleta.

treinadores, profissionais de saúde e pais para que orientem as atletas quanto a essa tríade e suas consequências.

Muitos treinadores/técnicos e até alguns profissionais de saúde acreditam, de modo equivocado, que a falha da menstruação é uma consequência natural da atividade física intensiva. No entanto, a falha de ciclos menstruais em mulheres atletas tem origem na redução drástica dos hormônios femininos, particularmente o estrogênio. A queda do estrogênio tem outras consequências negativas para o corpo, como a fragilidade dos ossos, já mencionada. Ao corrigir o desequilíbrio hormonal e as irregularidades menstruais pelo aumento da ingestão de calorias, pode-se esperar uma estabilização da massa óssea. Durante o tratamento, o médico pode prescrever suplementos vitamínicos e minerais, além de suplementos específicos de cálcio, cujo aporte deve ser mantido entre 1.200 e 1.500 mg.

As mulheres que apresentam sintomas da tríade da mulher atleta devem procurar a ajuda de uma equipe de saúde multidisciplinar. O envolvimento do técnico ou treinador na terapia costuma ser um fator-chave de sucesso do tratamento. Veja algumas sugestões de tratamento:

- Reduzir a preocupação com alimentos, peso e gordura corporal.
- Aumentar gradativamente as refeições e lanches até alcançar a quantidade adequada.
- Corrigir o peso para o nível adequado à altura.
- Regularizar os ciclos menstruais.
- Diminuir em 10 a 20% o tempo e/ou a intensidade dos treinos.

A tragédia de Christy Henrich é um exemplo do motivo pelo qual a tríade da mulher atleta requer atendimento profissional. Na adolescência, Christy pesava cerca de 47 kg e media 1,50 m. Ela tinha potencial como ginasta, mas lhe disseram que estava muito gorda para vencer nessa modalidade esportiva. Christy continuou treinando e frequentemente ficava em jejum, comendo apenas uma maçã por dia e depois provocando vômitos. Continuou tendo sucesso na ginástica, mas, aos 22 anos de idade, pesava apenas 26 kg e acabou falecendo em decorrência dos efeitos prolongados da semi-inanição.

11.5 Prevenção dos transtornos alimentares

A chave para um comportamento saudável em relação à alimentação é o reconhecimento de que um certo grau de preocupação com a dieta, a saúde e o peso é uma atitude normal. Também é normal haver alguma variação no que comemos, como nos sentimos e até mesmo no nosso peso. Por exemplo, é normal que o nosso peso varie minimamente (900–1.200 g) ao longo do dia e um pouco mais ao longo de uma semana. Contudo, se a variação for muito acentuada ou se houver perda ou ganho de peso constante, é mais provável que exista algum problema. Se você notar uma mudança importante nos seus hábitos alimentares, nas suas sensações relacionadas à alimentação ou no seu peso corporal, talvez seja bom você procurar o médico. O tratamento precoce de problemas físicos e emocionais contribui para a sua paz de espírito e para a sua saúde.

Considerando a sociedade como um todo, sabemos que muitas pessoas começam a formar seus conceitos sobre alimentação, nutrição, saúde, peso e imagem corporal pouco antes ou durante a puberdade. Pais, amigos e profissionais que trabalham com jovens devem levar em conta as orientações a seguir se desejarem evitar os transtornos alimentares:

- Não encorajar práticas alimentares restritivas e eliminação de refeições. Desencorajar a prática do jejum (salvo em ocasiões religiosas).
- Dar informações sobre as alterações normais do corpo durante a puberdade.
- Corrigir preconceitos sobre nutrição, peso corporal saudável e programas para perder peso.
- Ter cuidado ao fazer comentários ou recomendações sobre controle de peso.

- Não dar ênfase excessiva aos números da balança. Em vez disso, incentivar uma alimentação saudável.
- Incentivar a expressão normal de emoções incômodas.
- Ter cuidado para que a criança só coma no momento em que sentir fome.
- Ensinar os preceitos básicos de uma boa nutrição e de atividade física regular, tanto na escola quanto em casa.
- Dar aos adolescentes certo grau, embora não ilimitado, de independência, escolha, dever e responsabilidade por seus atos.
- Estimular a autoaceitação e o apreço pelo poder do corpo e pelo prazer dele derivado.
- Promover a tolerância pela diversidade de pesos e formas físicas.
- Formar um ambiente de respeito e relacionamentos positivos.
- Incentivar os treinadores para que observem se há eventuais problemas de peso e imagem corporal nas atletas.
- Enfatizar que a magreza não está, necessariamente, associada a um melhor desempenho atlético.

▲ A bulimia nervosa afeta muitos estudantes de segundo grau. Existem profissionais capazes e disponíveis para orientar sobre esse problema.

Nossa sociedade, como um todo, só terá benefícios se mudarmos o foco das nossas práticas alimentares e passarmos a ter uma visão mais saudável sobre nutrição e peso corporal. O tratamento dos transtornos alimentares, conforme já foi visto, é muito mais difícil do que a prevenção; além disso, esses transtornos têm efeitos devastadores sobre toda a família da pessoa. Por isso, todas as pessoas que cuidam desses pacientes e os profissionais de saúde em geral devem reforçar a importância de uma dieta saudável, que se caracterize por moderação, em vez de dietas restritivas e perfeccionistas. Dietas restritivas são especialmente danosas na infância, porque não suprem as calorias necessárias para manter o crescimento. O aconselhamento nutricional serve também para tranquilizar os pais e responsáveis de que um pouco de guloseimas ou *fast-food* podem fazer parte da alimentação da criança (ver mais detalhes no Capítulo 15).

Em geral, o desafio que muitos norte-americanos enfrentam é o de conseguir manter um peso saudável sem dietas exageradas. Isso significa adotar e manter hábitos alimentares sensatos, um estilo de vida ativo, atitudes e emoções realistas e positivas, além de encontrar maneiras criativas de lidar com o estresse. Os transtornos alimentares derivam, em parte, de certos conceitos culturais, e uma mudança desses conceitos pode reduzir a pressão que predispõe algumas pessoas a vários tipos de comportamentos alimentares indevidos. Algumas feministas, por exemplo, afirmam que a verdadeira liberdade significa ser livre para encontrar seu peso natural. Mulheres que combinam uma carreira com as obrigações da maternidade dizem que têm coisas mais importantes para se preocupar; grandes nomes da moda começam a ser mais tolerantes com as curvas femininas; os programas de exercício físico vêm incentivando a caminhada rápida em vez de atividades muito intensivas, como corrida. Por fim, escritores, terapeutas e nutricionistas vêm trabalhando para que as mulheres possam aceitar seu corpo, conforme visto no tópico "Aceitando suas medidas", no Capítulo 7.

DECISÕES ALIMENTARES

Síndrome do ovário policístico e transtornos alimentares

A síndrome do ovário policístico é um distúrbio hormonal complexo e a principal causa de infertilidade feminina. Caracteriza-se por um desequilíbrio hormonal em mulheres com altos níveis de hormônios masculinos, como a testosterona, secretados pelos ovários. O desequilíbrio hormonal leva ao aparecimento de minúsculos cistos nos ovários, cuja aparência no exame de imagem é a de um colar de pérolas. Os sinais e sintomas dessa síndrome incluem dificuldade para perder peso, desejo incontrolável de comer carboidratos e irregularidade menstrual ou amenorreia. A maioria desses sintomas tem efeito direto sobre a autoimagem corporal e a autoestima, por isso se suspeita que haja uma relação entre ovário policístico e transtornos alimentares. Essa sobreposição de sintomas significa que é importante que as mulheres com essas características sejam investigadas tanto para pesquisa de ovário policístico quanto de transtornos alimentares, antes de fazer recomendações terapêuticas.

Para mais informações sobre transtornos alimentares, contatar:

Academy for Eating Disorders, 111 Deer Lake Road, Suite 100, Deerfield, IL 60015 847-498-4274; www.aedweb.org

The National Eating Disorders Association, 603 Stewart St., Suite 803, Seattle, WA 98101; 206-382-3587 or 800-931-EDAP; www.nationaleatingdisorders.org

The National Institute of Mental Health publicou uma análise concisa sobre transtornos alimentares (www.nimh.nih.gov/health.topics/eating-disorders.index.shtml).

REVISÃO CONCEITUAL

A compulsão alimentar (sem vômitos) e o "beliscar" constante são comportamentos característicos do transtorno de compulsão alimentar periódica. O tratamento deve abordar as questões emocionais profundas que estão na origem dessas práticas alimentares pouco saudáveis e, ao mesmo tempo, evitar que a pessoa se prive de comida ou siga dietas restritivas, evoluindo para um comportamento alimentar mais normal. A síndrome do comer noturno se caracteriza por ingestão excessiva de alimentos à noite e necessidade de comer para conseguir dormir. A tríade da mulher atleta se caracteriza por transtorno alimentar, amenorreia e osteoporose e afeta, com mais frequência, mulheres que praticam esportes de resistência ou que dependem da aparência física. Pais, treinadores, professores e profissionais de saúde devem se esforçar para prevenir e tratar esse problema.

Reflexões sobre transtorno alimentar

Considerações de uma mulher anoréxica

Foi na primavera do meu primeiro ano do colegial. Eu acabara de fazer 15 anos e queria o papel principal no musical que minha escola estava organizando – *West Side Story*. Decidi que era melhor emagrecer um pouco e assim pareceria mais atraente aos olhos do chefe dos estudantes, Shawn; resolvi, então, parar de comer sanduíches e guloseimas. No dia seguinte, minha colega Sandra olhou para o meu almoço, arrumado na minha frente, sobre um guardanapo, e gritou: "Endro?! O que é isso?! Você vai almoçar endro em conserva"?! As outras meninas da nossa mesa quase morreram de rir. "Está quase na hora da escolha do elenco de *West Side Story*", eu disse, "e eu decidi parar de comer 'porcaria' para tentar emagrecer um pouco". Uma das colegas resolveu fazer graça e me deu um confeito de chocolate – só para eu cheirar. Foi isso. Eu guardei o confeito em um potinho e fiquei com ele na mochila durante vários dias, como um lembrete. De vez em quando, eu abria o pote e cheirava o chocolate.

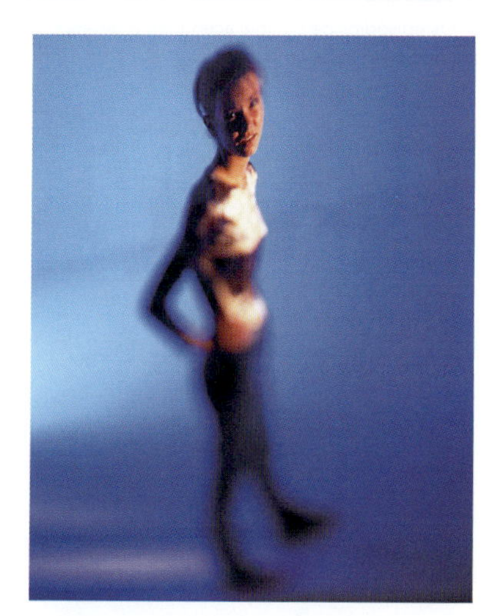

▲ A anorexia nervosa pode causar danos à saúde física e mental.

Nas semanas seguintes, por várias vezes eu abria a porta da geladeira e ficava olhando para uma deliciosa barra de chocolate crocante na gaveta dos doces. Porém não comia nada disso. Quando ia ao *shopping* com minhas colegas (aos 15 anos de idade, isso era tudo o que meus pais me permitiam fazer sozinha), Bridgette e Nora sempre paravam no quiosque para comprar um doce bem-açucarado. Elas me provocavam, mas eu continuava inflexível. O doce tinha um cheiro delicioso, mas enquanto assistia àquele espetáculo das duas comendo e se deliciando, eu me sentia orgulhosa de mim mesma, por ser capaz de me manter fiel ao que havia decidido. Percebi que elas tinham inveja da minha força de vontade.

Quando chegou a Páscoa, minha mãe insistiu em preparar uma cesta cheia de chocolates – olhei e virei para o outro lado. Havia provado a mim mesma que eu era capaz de resistir à tentação... Então por que parar agora?

Acabei conseguindo somente um papel secundário na peça, mas não fiquei tão desapontada assim. À medida que meu peso diminuía, ficava mais bonita. Todas as manhãs, depois de fazer a higiene e antes de tomar café, eu subia na balança do banheiro da minha mãe. Já estava nos 52 kg e continuava evoluindo. Para quem tinha 1,70 m de altura, não estava nada mal.

Nessa mesma época, comecei a correr com uma colega, Laura. Ela estava se preparando para a próxima temporada de hóquei na grama. Depois da escola, nos encontrávamos no vestiário, trocávamos de roupa e lá íamos nós. Nunca havia sido muito atlética – sempre achei que fazer parte de uma equipe, tanto no esporte quanto nos estudos, diluiria a excelência que eu seria capaz de alcançar sozinha. Correr, no entanto, era algo que eu podia fazer sozinha – não precisava conviver com a mediocridade.

Quando eu tinha 16 anos e pesava 47,5 kg, queijo e manteiga já estavam na minha lista de alimentos proibidos. Meu mantra era "nada de gordura". No meu aniversário de 16 anos, as colegas organizaram uma festa surpresa para mim. Nora sabia que eu iria reclamar, mas mesmo assim fez um bolo. "É o seu aniversário! Você pode se permitir um pedaço de bolo!" Agradeci educadamente e disse que serviria todo mundo, mas que eu mesma não iria comer. Elas não paravam de me criticar, e Nora ficou ofendida, então eu acabei comendo algumas garfadas do bolo para não vê-la se debulhar em lágrimas. Fazia tanto tempo que eu não comia açúcar, que eu me senti mal, com o estômago cheio demais. Não comi mais nada no resto do dia e, no dia seguinte, comi apenas seis bolachinhas, uma maçã e dois talos de salsão. Esses alimentos figuravam na minha lista de permitidos. Salada também era permitida, mas somente de alface, com sal e vinagre. Eu disse aos meus pais que as dissecções das aulas de biologia me haviam causado aversão por carne, mas na verdade o que eu não queria era comer tanta caloria. Durante algum tempo, sentia uma vontade enorme de comer, dia e noite, mas aos poucos fui ficando mais resistente.

No último ano do colegial, já não almoçava mais e preferia ficar estudando na biblioteca. "Onde você se meteu na hora do almoço?", Bridgette perguntava. "Ah, eu tinha que estudar. As provas estão aí e vão ser difíceis." Com apenas 45 kg, eu estava prestes a descobrir o significado real da palavra "difícil".

Apesar de ter perdido a companhia de Laura, que se mudou para outro estado, não desisti dos exercícios. Agora, o aparelho de *step* do ginásio da escola era o meu favorito. Colocava o caderno de microbiologia na minha frente e me exercitava no *step* até ter queimado 400 kcal. Sentia-me muito eficiente fazendo tudo assim ao mesmo tempo. Às vezes, eu praticava duas vezes por dia. À medida que o ano avançava, no entanto, eu tinha cada vez mais dificuldade de me levantar, pela manhã, e calçar os tênis. Até que, uma manhã, desmaiei no chuveiro enquanto tomava banho.

Fui parar no hospital, e quando acordei, havia um tubo de soro espetado no meu braço. Com 41,7 kg, eu estava passando fome. A questão é que, se você não alimenta o seu corpo, ele começa a se canibalizar, por assim dizer. Meu corpo passara tanta fome que meus músculos estavam se desgastando – o desmaio no chuveiro foi, na verdade, um problema de coração. Um problema que eu mesma criei... Não foi criado pelos meus pais nem pelas minhas colegas, que eu deixei de lado... Foi criado por mim. Lá estava minha mãe, ao meu lado, acariciando o braço no local do soro, deixando toda a sua vida de lado por minha causa. Não foi isso que eu quis – ter total controle do meu destino?

E agora, para onde eu vou?

Considerações de uma mulher bulímica

Hall L, Cohn L: *Bulimia – A Guide to Recovery.* Gurze Books: Carlsbad, CA, 1992.

Estou totalmente desperta e pulo da cama. Penso na noite passada, quando fiz uma lista do que eu gostaria de fazer e como eu gostaria de ser. Meu marido está logo atrás de mim, a caminho do chuveiro, para depois ir trabalhar. Talvez eu consiga me esgueirar até a balança e me pesar antes que ele me veja. Eu já estou no meu universo privado. Fico radiante quando a balança me diz que ainda tenho o mesmo peso da noite passada e começo a sentir um pouco de fome. Talvez eu consiga parar hoje, talvez hoje consiga mudar tudo. Quais eram mesmo as coisas que eu queria fazer?

Tomamos café juntos e comemos basicamente o mesmo, mas eu não coloco manteiga na torrada, nem creme no café e nunca repito nada (até que Doug saia de casa). Hoje, eu vou me comportar, ou seja, vou comer porções predeterminadas de certos alimentos e não vou comer nada além do que eu acho que me seja permitido. Tenho todo o cuidado de não comer mais do que Doug. Eu me julgo pelo seu corpo. Posso sentir a tensão crescendo. Eu gostaria que Doug saísse logo para que eu pudesse tocar minha vida!

Assim que ele fecha a porta atrás de si, tento me envolver com uma das diversas tarefas da minha lista. Odeio todas elas! Só quero me arrastar até um buraco. Não quero fazer nada. Prefiro comer. Estou sozinha, estou nervosa; não sirvo para nada; sempre acabo fazendo tudo errado; não tenho controle de nada; não vou conseguir vencer esse dia, tenho certeza. Isso vem assim há muito tempo. Eu me lembro do cereal que comi no café da manhã. Estou no banheiro, na balança. Meu peso é o mesmo, mas não quero que seja o mesmo! Eu quero ser mais magra! Olho no espelho. Acho minhas coxas feias e deformadas. O que eu vejo é uma forma de pera, cheia de protuberâncias, desajeitada. Mas há sempre algo de errado com o que eu vejo. Eu me sinto frustrada, presa nesse corpo, e não sei o que fazer a respeito.

Vou caminhando sem sentir até a geladeira, já sabendo o que há lá dentro. Começo pelo bolo da noite passada. Sempre começo pelos doces. No começo, eu tento acreditar que não me falta nada, mas meu apetite é voraz, e acabo "arrasando" mais bolo de chocolate. Sei que tem meio pacote de biscoitos no banheiro, que eu joguei lá ontem à noite, e dou conta deles imediatamente. Tomo um pouco de leite, para tornar os vômitos mais suaves. Eu gosto dessa sensação de plenitude que vem depois de beber um copo cheio de leite. Pego seis fatias de pão, coloco para tostar, viro todas elas e cubro com montanhas de manteiga, coloco todas novamente no grill até começar a fritar. Ponho todo esse pão no prato e levo para a sala de TV, mas logo volto à cozinha para buscar uma tigela de cereal com banana para acompanhar o pão. Antes de terminar de comer o pão, já volto a preparar mais seis fatias. Quem sabe mais um bolinho, ou talvez cinco, e duas tigelas de sorvete, iogurte ou queijo *cottage*.

Meu estômago está totalmente distendido, como uma grande bola pressionando minhas costelas. Eu sei que terei de correr para o banheiro, mas quero adiar esse momento. Estou na terra do nunca. Estou esperando, sentindo a pressão, entrando e saindo de todos os cômodos da casa. O tempo está passando. O tempo está passando. Está chegando a hora. Perambulo novamente por todos os cômodos, arrumando coisas, limpando a casa, colocando tudo no lugar. Por fim, eu me decido e me dirijo ao banheiro. Firmo bem os pés, prendo meu cabelo e coloco o dedo na garganta duas vezes, até vomitar uma enorme quantidade de comida. Provoco novamente, três, quatro vezes, e lá vem outra montanha de comida. Eu vejo tudo sair. Fico tão feliz em ver esses bolinhos, porque eles engordam tanto. O ritmo dos vômitos é interrompido, e minha cabeça começa a doer. Fico de pé, estou tonta, vazia e fraca. Todo esse processo levou mais ou menos uma hora.

▲ Os episódios de bulimia acentuam o desespero causado pelo transtorno.

Estudo de caso: transtornos alimentares – o caminho para a recuperação

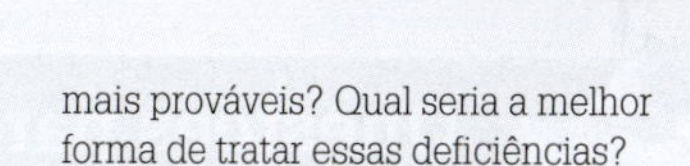

Aos 16 anos, Sarah de repente começou a se preocupar com seu corpo, pois as colegas diziam que ela estava gorda. Comprou um vídeo de aeróbica e começou a se exercitar uma hora por dia; logo percebeu que estava conseguindo perder peso, e esse foi o início da sua obsessão pela magreza. Em seguida, Sarah passou a comer cada vez menos, a fim de perder mais peso, e começou a eliminar certos alimentos da dieta, como doces e carne. Aumentou a ingestão de água e legumes e passou a usar goma de mascar sem açúcar para diminuir a fome. Depois que ela começou a seguir esse regime, não conseguiu mais parar. Gostava de ter total controle sobre seu próprio corpo. Mas o fato é que ela estava literalmente obcecada por comida e até desenvolveu o hábito de ficar olhando enquanto outras pessoas comiam. De tempos em tempos, preparava uma enorme refeição, mas depois comia apenas algumas garfadas. Aos 19 anos, com 1,68 m de altura, Sarah havia perdido peso, passando de 68 kg para 38,5 kg em apenas 20 meses. A família se preocupava com essa situação e insistia para que ela procurasse um médico para ser avaliada. Sarah não gostava da ideia, mas achava que, se fosse ao médico, a família pararia de incomodá-la. Sarah não achava que tivesse um problema; só achava que ainda estava grotescamente acima do peso. Mas ela já havia percebido que não tolerava bem o frio e estava preocupada porque fazia um ano que não menstruava.

Responda às seguintes perguntas e verifique as respostas no Apêndice A.

1. Sarah parece ter um transtorno alimentar. Que transtorno alimentar corresponde melhor ao comportamento de Sarah?
2. Cite os comportamentos que Sarah adotou entre os 16 e os 19 anos e que sinalizam o desenvolvimento desse transtorno alimentar.
3. Quais são os sintomas físicos desse transtorno apresentados por Sarah (ver Fig. 11.1)?
4. Que tipos de terapia você acha que o médico deverá sugerir a Sarah?
5. Você acha que Sarah desenvolveu alguma deficiência de vitaminas ou minerais? Quais seriam as deficiências mais prováveis? Qual seria a melhor forma de tratar essas deficiências?
6. Onde ela deve buscar o tratamento necessário?
7. Que tipo de profissionais são os mais indicados para tratar o problema de Sarah?
8. Que probabilidade ela tem de se recuperar completamente?

Resumo

1. A anorexia nervosa é mais comum em meninas ou mulheres jovens, perfeccionistas e bem-sucedidas, oriundas de famílias exigentes, rígidas, marcadas por conflitos e negação. O transtorno geralmente começa no início da puberdade, com tentativas de fazer dieta que evoluem para uma recusa total de se alimentar. Os sinais de alerta precoces são uma preocupação exagerada com o peso e a dieta, além de hábitos alimentares anormais, por exemplo, preparar vários alimentos e não comer nenhum deles.
2. A anorexia nervosa pode ser definida como a negação da fome. As pessoas anoréxicas se tornam irritáveis, hostis, exageradamente críticas e perdem toda a alegria; tendem a se afastar da família e dos amigos. Com o tempo, a anorexia nervosa pode causar inúmeros problemas físicos, inclusive uma redução acentuada do peso corporal e da gordura corporal, queda da temperatura e da frequência cardíaca, anemia ferropriva, baixa contagem de leucócitos, queda de cabelos, constipação, potássio baixo no sangue e falha de ciclos menstruais. As pessoas que sofrem de anorexia nervosa encontram-se em um estado de doença física. O tratamento da anorexia nervosa consiste, entre outras medidas, em aumentar a ingestão de alimentos para que haja uma recuperação gradativa do peso. O aconselhamento psicológico procura ajudar a restabelecer hábitos alimentares regulares e encontrar meios de lidar com as situações de estresse que provocaram o problema. Pode ser necessário hospitalizar o paciente ou prescrever certos medicamentos.
3. A bulimia nervosa se caracteriza por uma compulsão alimentar que leva a pessoa a consumir, secretamente, enormes quantidades de comida em pouco tempo e depois provocar a eliminação do que comeu por meio de vômitos ou uso abusivo de laxantes, diuréticos ou enemas. Outras vezes, a pessoa decide jejuar ou fazer exercícios físicos em excesso. O problema pode afetar homens e mulheres. Os vômitos autoinduzidos são muito destrutivos para o organismo e causam grave desgaste dos dentes, úlceras no estômago, irritação do esôfago, diminuição do potássio no sangue e outros problemas. A bulimia nervosa representa uma séria ameaça à saúde e está associada a um risco significativo de suicídio. O tratamento da bulimia nervosa inclui aconselhamento psicológico e nutricional. Durante

o tratamento, as pessoas bulímicas aprendem a se aceitar e a lidar com os problemas de outras formas que não recorrendo à comida. A pessoa vai desenvolvendo padrões alimentares regulares à medida que planeja suas refeições de modo saudável, bem-informado. Certos medicamentos podem ser úteis quando associados a esse regime terapêutico.

4. O transtorno da compulsão alimentar periódica, problema mais frequente do que a anorexia nervosa ou a bulimia nervosa, é mais comum em pessoas com história de tentativas repetidas e malsucedidas de seguir uma dieta. Essas pessoas, em geral, apresentam compulsão alimentar (sem vômitos posteriores) ou "beliscam" continuamente (*grazing*). Com frequência, a origem desses transtornos alimentares está em problemas emocionais. A síndrome do comer noturno é um transtorno no qual a pessoa ingere mais de um terço de toda a alimentação do dia no período noturno, após o horário do jantar; tem dificuldade para adormecer se não comer alguma coisa e acorda pelo menos uma vez, durante a noite, com necessidade de comer para poder pegar no sono novamente. A tríade da mulher atleta se caracteriza por transtorno alimentar, falha de ciclos menstruais e osteoporose. É particularmente comum em mulheres que praticam esportes de resistência ou que dependem da forma física. Se não for corrigida, a síndrome acabará causando uma queda do desempenho da atleta e vários problemas de saúde.

5. A prevenção dos transtornos alimentares é crucial porque o tratamento é caro e demorado e não é 100% eficaz. Se a criança for incentivada a ter uma atitude saudável em relação à alimentação e ao exercício físico, isso ajudará a prevenir o desenvolvimento de transtornos alimentares. Pessoas que trabalham diretamente com crianças e jovens devem encorajar a aceitação da diversidade de formas corporais e ter cautela ao fazer comentários sobre o peso corporal. Também é importante ajudar a criança a se preparar para lidar de modo saudável com suas emoções.

Questões para estudo

1. Quais são as características típicas de uma pessoa que sofre de anorexia nervosa? O que pode influenciar alguém a começar uma dieta rígida, por autoimposição?
2. Cite os efeitos colaterais nocivos, físicos e psicológicos da bulimia nervosa. Descreva importantes metas da terapia nutricional e psicológica da bulimia.
3. Qual é a conduta atual no que se refere ao uso de medicamentos em casos de anorexia nervosa e bulimia nervosa?
4. Explique o papel do exercício físico excessivo nos transtornos alimentares.
5. Como os pais podem contribuir significativamente para o desenvolvimento de um transtorno alimentar? Indique uma atitude de um pai ou adulto que você conheça e que possa ter induzido o desenvolvimento de um relacionamento anormal com a alimentação.
6. Com base nos seus conhecimentos sobre uma boa nutrição e hábitos alimentares saudáveis, responda às seguintes perguntas:
   a. Por que mecanismo os episódios de compulsão alimentar seguida de vômitos levam a deficiências nutricionais importantes?
   b. Como essas deficiências nutricionais significativas podem causar sérios problemas de saúde mais tarde, na vida da pessoa?
   c. Como você é especialista em nutrição, um amigo lhe pergunta se é verdade que se pode fazer uma "limpeza" no corpo comendo somente laranjas, durante uma semana. Qual será a sua resposta?
7. Na sua opinião, de que forma a sociedade contribuiu para o desenvolvimento de vários tipos de transtornos alimentares? Dê um exemplo.
8. Cite os três sintomas clássicos da tríade da mulher atleta. Qual é o principal risco para a saúde associado à falha de ciclos menstruais em mulheres atletas?
9. Quais são as diferenças entre o transtorno da compulsão alimentar periódica e a bulimia nervosa? Descreva os fatores que contribuem para o desenvolvimento e o tratamento do transtorno da compulsão alimentar periódica.
10. Faça duas recomendações para reduzir o problema dos transtornos alimentares em nossa sociedade.

Teste seus conhecimentos

As respostas das próximas questões de múltipla escolha encontram-se a seguir:

1. A anorexia nervosa, geralmente, é uma doença que afeta
   a. crianças.
   b. mulheres de meia idade.
   c. rapazes.
   d. meninas adolescentes.
2. A anorexia nervosa pode ser definida como
   a. compulsão alimentar.
   b. hiperatividade.
   c. negação psicológica do apetite.
   d. eliminação forçada da comida.
3. Uma das consequências da anorexia nervosa a longo prazo pode ser
   a. fratura decorrente da perda de massa óssea.
   b. doença cardíaca por aterosclerose.
   c. úlceras no esôfago.
   d. câncer.
4. A bulimia costuma ser diagnosticada por um
   a. nutricionista.
   b. médico.
   c. dentista.
   d. fisioterapeuta.
5. O *principal* risco para a saúde decorrente dos vômitos frequentes da bulimia nervosa é
   a. queda do nível de potássio no sangue.
   b. constipação.
   c. ganho de peso.
   d. inchaço nas glândulas salivares.
6. O tratamento inicial da bulimia nervosa inclui todos os seguintes, *exceto*
   a. psicoterapia para melhorar a imagem corporal.
   b. ênfase em hábitos alimentares regulares.
   c. aconselhamento nutricional.
   d. realimentação por sonda.
   e. opções "a" e "c".
7. O transtorno da compulsão alimentar periódica pode ser caracterizado por
   a. compulsão alimentar seguida de eliminação induzida.
   b. comer em segredo.
   c. comer para evitar sentir e lidar com o sofrimento emocional.
   d. fase inicial da bulimia nervosa.
8. O transtorno da compulsão alimentar periódica difere da anorexia nervosa e, particularmente, da bulimia nervosa, porque não necessariamente envolve
   a. o sexo feminino.
   b. uma preocupação constante com a forma física, o peso e a magreza.
   c. forçar a eliminação da comida, por exemplo, induzindo o vômito.
   d. riscos para a saúde.
   e. opções "b" e "c".
9. A síndrome do comer noturno se caracteriza por
   a. jantar, mas não tomar café da manhã nem almoçar.
   b. necessidade de comer para conseguir dormir.
   c. despertar no meio da noite para forçar o vômito.
   d. consumir todas as calorias do dia no período da noite.
10. A tríade da mulher atleta consiste em
   a. Anorexia nervosa, falta de apoio da família e excesso de treinamento.
   b. transtorno alimentar, excesso de treinamento e falha de ciclos menstruais.
   c. osteoporose, falha de ciclos menstruais e transtorno alimentar.
   d. osteoporose, falta de sono e transtorno alimentar.

Respostas: 1. d, 2. c, 3. a, 4. c, 5. a, 6. d, 7. c, 8. e, 9. b, 10. c

Leituras complementares

1. ADA Reports: Position of the American Dietetic Association: Nutrition intervention in the treatment of anorexia nervosa, bulimia nervosa, and other eating disorders. *Journal of the American Dietetic Association* 106: 2073, 2006.

   Transtornos alimentares são problemas de saúde graves e complexos que se apresentam como um espectro, desde a prática de dietas radicais até transtornos com diagnóstico bem-definido, como está descrito detalhadamente nesse artigo. Para que o tratamento dessas doenças seja eficaz, deve haver uma boa interação dos profissionais de várias disciplinas, inclusive nutricionistas.

2. American Academy of Pediatrics: Identifying and treating eating disorders. *Pediatrics* 111:204, 2003.

   Os transtornos alimentares vêm se tornando mais comuns em nossa sociedade. Esse artigo analisa as atuais opções de diagnóstico e tratamento desses transtornos.

3. American Psychiatric Association: Treatment of patients with eating disorders, 3rd ed. *American Journal of Psychiatry* 163(suppl):4, 2006.

   As pessoas que sofrem de transtornos alimentares apresentam diversos sintomas que se estendem ao longo de um espectro, que vai da anorexia nervosa à bulimia nervosa. O tratamento desses casos requer uma abordagem abrangente, que aumente as chances de sucesso da terapia.

4. Bonci CM: National athletic trainers' association position statement: Preventing, detecting, and managing disordered eating in athletes. *Journal of Athletic Training* 43: 80, 2008.

   Práticas alimentares descontroladas são comuns entre atletas, particularmente entre as que participam de esportes que classificam por peso ou nos quais a forma física está ligada ao sucesso. Ao mesmo tempo, um treinamento intensivo aumenta a necessidade de nutrientes, e a falta desses nutrientes compromete o desempenho da atleta. Considerando sua frequente interação com as atletas, seus treinadores são as pessoas mais bem-posicionadas para detectar os transtornos alimentares, encaminhá-las a um profissional de saúde e ajudar no tratamento. Treinadores e outros profissionais que trabalham diretamente com atletas devem ser orientados a incentivar comportamentos alimentares saudáveis, reconhecer sinais de transtornos alimentares e ser sensíveis a questões relacionadas ao peso.

5. Couturier J, Lock J: What is recovery in adolescent anorexia nervosa? *International Journal of Eating Disorders* 39:550, 2006.

   Há vários conceitos empregados para definir a recuperação da anorexia nervosa, por exemplo, percentual do peso corporal ideal, recuperação psicológica e combinações dessas variáveis. Nesse estudo de adolescentes tratadas devido à anorexia nervosa, os índices de recuperação va-

riaram de 57 a 94%, dependendo da definição utilizada. O tempo médio até a recuperação do peso variou de 11 a 22 meses. É necessário haver uma definição consistente do que seja recuperação, que inclua tanto o peso quanto os sintomas psicológicos.

6. Goebel-Fabbri AE: Eating disorders in type 1 diabetes: Clinical significance and treatment recommendations. *Current Diabetes Reports* 9:133, 2009.

   Meninas e mulheres com diabetes do tipo 1 correm maior risco de transtornos alimentares. As restrições alimentares necessárias para controlar o diabetes e o medo da hipoglicemia podem precipitar a compulsão alimentar. Algumas pessoas podem restringir o uso da insulina com o objetivo de eliminar calorias, sem levar em conta os resultados nocivos do descontrole da glicemia. Essa revisão destaca a importância de avaliar meninas e mulheres diabéticas quanto à presença de sintomas de transtornos alimentares.

7. Grassi A: Are polycystic ovary syndrome & eating disorders related? *Today's Dietitian* p. 32, October 2006.

   A síndrome do ovário policístico é um distúrbio hormonal complexo e a principal causa de infertilidade feminina. Os sintomas de ovário policístico e os de alguns transtornos alimentares são semelhantes. Além disso, os sintomas de ovário policístico têm efeito direto na autoimagem corporal e na autoestima, podendo levar ao desenvolvimento de transtornos alimentares. Esse artigo aborda essas relações.

8. Jackson K: Exercise abuse: Too much of a good thing. *Today's Dietitian* p. 51, March 2005.

   A prática constante de exercícios físicos em excesso tem efeitos deletérios sobre o corpo, inclusive sobre o esqueleto. O autor aborda o problema do excesso de exercícios e avalia as alternativas de tratamento.

9. Kouba S and others: Pregnancy and neonatal outcomes in women with eating disorders. *Obstetrics and Gynecology* 105: 255, 2005.

   Mulheres grávidas que sofrem ou já sofreram de transtornos alimentares, como anorexia nervosa e bulimia nervosa, têm maior risco de dar à luz um bebê com baixo peso ao nascimento. Os autores recomendam que essas mulheres fiquem sob cuidadoso acompanhamento durante a gestação.

10. Lundgren JD and others: Prevalence of the night eating syndrome in a psychiatric population. *American Journal of Psychiatry* 163 (1):156, 2006.

    A síndrome do comer noturno se caracteriza por hiperfagia noturna (comer mais de um terço do total de calorias do dia depois do jantar) e despertar no meio da noite para comer. Os resultados desse estudo mostram que a síndrome do comer noturno é um transtorno comum entre pacientes com problemas psiquiátricos não institucionalizados, e está associado a uso de drogas e obesidade.

11. Mathieu J: What is orthorexia? *Journal of the American Dietetic Association* 105:1510, 2005.

    "Ortorexia", embora não seja atualmente classificada como transtorno alimentar, é uma condição nova que consiste em uma obsessão pela alimentação saudável. A ortorexia pressupõe um desejo de perfeição ou de pureza. Saudável ou não, dietas radicais se tornam um problema quando interferem na capacidade da pessoa de interagir com a sociedade. Esse perfeccionismo extremo em termos de práticas alimentares pode estar relacionado ao diagnóstico psiquiátrico de transtorno obsessivo-compulsivo. Nutricionistas são profissionais capacitados para reconhecer a ortorexia e orientar as pessoas a buscar atendimento psiquiátrico.

12. Mehler PS: Bulimia nervosa. *The New England Journal of Medicine* 349:875, 2003.

    A combinação de terapia cognitivo-comportamental com medicamentos antidepressivos é a que dá melhores chances no tratamento da bulimia nervosa. O aconselhamento nutricional também é importante para lidar com as preocupações sobre certos alimentos "proibidos".

13. Mond JM and others: An update on the definition of "excessive exercise" in eating disorders research. *International Journal of Eating Disorders* 39:147, 2006.

    A relação entre o comportamento relacionado ao exercício físico e o comportamento relacionado à alimentação descontrolada foi estudada em 3.472 mulheres de 18 a 42 anos de idade que faziam exercício físico regularmente. Os resultados do estudo indicaram que o exercício físico era excessivo quando seu adiamento gerava um intenso sentimento de culpa e quando era praticado apenas para modificar o peso ou a forma física. Mulheres que relatavam fazer exercícios dessa forma apresentavam níveis significativamente maiores de psicopatologia associada a transtorno alimentar. Portanto, essas variáveis poderiam ser um indicador útil dos transtornos alimentares.

14. Norris ML and others: Ana and the Internet: A review of pro-anorexia websites. *International Journal of Eating Disorders* 39:443, 2006.

    Quando se busca o termo "anorexia" nos sites de busca comuns da Internet, surgem centenas de páginas, muitas delas "pró-anorexia". Essas páginas fornecem informações de apoio à anorexia nervosa, porém, em grande parte, controversas e perigosas. Esse estudo foi conduzido para identificar as características-chave das páginas de Internet pró-anorexia. Os temas mais comuns são controle, sucesso e perfeição. Há muitas coleções de fotografias que servem de motivação para a perda de peso. É importante, para profissionais de saúde e cuidadores, que eles estejam cientes da existência e do conteúdo dessas páginas.

15. Ringham R and others: Eating disorder symptomatology among ballet dancers. *International Journal of Eating Disorders* 39:503, 2006.

    Bailarinas correm alto risco de desenvolver transtornos alimentares. Nesse estudo, 29 dançarinas de balé foram comparadas a mulheres com anorexia nervosa, bulimia nervosa e sem patologia alimentar. Os resultados mostraram que os padrões alimentares das bailarinas são mais semelhantes aos dos indivíduos com transtornos alimentares do que aos do grupo-controle. A maioria das bailarinas (83%) se encaixava nos critérios de transtornos alimentares.

16. Robinson-O'Brien R and others: Adolescent and young adult vegetarianism: Better dietary intake and weight outcomes but increased risk of disordered eating behaviors. *Journal of the American Dietetic Association* 109: 648, 2009.

    Esse estudo incluiu mais de 2.500 jovens de ambos os sexos e contribui para corroborar as evidências de que hábitos alimentares vegetarianos bem-planejados podem ser saudáveis para pessoas de todas as idades. Entretanto, alguns jovens podem usar esses padrões alimentares socialmente aceitáveis como um meio de praticar restrições alimentares não saudáveis, visando a uma perda de peso significativa. Uma história de dieta vegetariana pode estar associada a práticas alimentares anormais, como a compulsão alimentar. Se o motivo primário para optar por uma dieta vegetariana for a perda de peso, os pais devem atentar para os sinais de alerta de transtornos alimentares.

17. Spear BA: Does dieting increase the risk for obesity and eating disorders? *Journal of the American Dietetic Association* 106:523, 2006.

    Esse editorial sumariza os resultados de recentes estudos sobre dietas restritivas e outros métodos pouco saudáveis de controle do peso que parecem predispor e se associar, posteriormente, a ganho de peso, sobrepeso e transtornos alimentares.

18. Stuppy P: Eating disorders in women at midlife. *Today's Dietitian* p. 12, January 2006.

    Vários problemas emocionais que ocorrem na meia-idade, como morte do cônjuge, divórcio, síndrome do "ninho vazio" e ter que cuidar dos pais idosos, podem precipitar transtornos alimentares. As mulheres, que já são propensas a ter um alto nível de insatisfação com seu corpo, podem usar a restrição alimentar ou a compulsão alimentar como mecanismo para lidar com seus problemas. O nutricionista pode ajudar as pessoas facilitando o reconhecimento da origem emocional dos problemas alimentares e encaminhando os pacientes, sempre que for o caso, a profissionais de saúde mental.

19. Wolfe BE: Reproductive health in women with eating disorders. *Journal of Obstetric, Gynecologic, and Neonatal Nursing* 34:255, 2005.

    As complicações médicas dos transtornos alimentares incluem sintomas associados à saúde reprodutiva. Essa revisão aborda os problemas da reprodução que podem afetar mulheres que sofrem de anorexia nervosa e bulimia nervosa, além das complicações clínicas desses quadros.

20. Yager J, Andersen AA: Anorexia nervosa. *The New England Journal of Medicine* 353:1481, 2005.

    Excelente revisão dos transtornos alimentares feita por especialistas. O artigo aborda tanto o diagnóstico quanto o tratamento.

AVALIE SUA REFEIÇÃO

I. Como avaliar o risco de transtorno alimentar

Pesquisadores ingleses desenvolveram uma ferramenta de triagem de cinco perguntas, chamada Questionário **SCOFF** (do inglês Sick, Control, One stone, Fat e Food) para ajudar no reconhecimento dos transtornos alimentares:†

1. Você se sente mal depois de comer muito?
2. Você perde o controle do quanto está comendo?
3. Você perdeu mais de 7 kg recentemente?
4. Você se acha gordo(a) embora os outros digam que você está magro(a)?
5. Sua vida é dominada pelo alimento?

Duas respostas afirmativas ou mais indicam um transtorno alimentar.

1. Depois de completar o questionário, você acha que talvez tenha um transtorno alimentar ou o potencial para desenvolver esse quadro?
   ____
   ____

2. Você acha que algum dos seus amigos pode estar sofrendo de transtorno alimentar?
   ____
   ____

3. Que recursos educativos e de aconselhamento existem na sua área profissional ou na sua faculdade para ajudar alguém que possa ter um transtorno alimentar?
   ____
   ____

4. Se um amigo tiver um transtorno alimentar, qual você acha que seria a melhor opção para ajudá-lo a procurar assistência?
   ____
   ____

†Morgan JF and others: The SCOFF *Questionnaire, British Medical Journal* 319:1467, 1999.

II. Como prevenir os transtornos alimentares

Você foi convidado(a) a falar a uma classe de alunos de colegial sobre transtornos alimentares. Quais são os quatro principais tópicos que você abordaria para ajudar a prevenir o desenvolvimento de uma alimentação descontrolada nesse grupo?

1. ______________________________
2. ______________________________
3. ______________________________
4. ______________________________

Veja alguns tópicos que você poderá considerar:

1. A magreza extrema é um assunto constante nos meios de comunicação. Um peso extremamente baixo (IMC $< 17{,}5$), em geral, não é saudável.
2. Os vômitos autoinduzidos são perigosos. Frequentemente, eles danificam os dentes, o estômago e o esôfago.
3. A falha de ciclos menstruais é um sinal de doença. Quando isso ocorre, é importante procurar um médico. Uma consequência frequente é a deterioração dos ossos.
4. O tratamento dos transtornos alimentares na fase precoce contribui para um bom resultado. Depois de instaladas, essas doenças são difíceis de tratar.

PARTE IV

NUTRIÇÃO: ALÉM DOS NUTRIENTES

CAPÍTULO 12 Desnutrição no mundo

Objetivos do aprendizado

1. Definir e caracterizar os termos *fome, desnutrição e subnutrição.*
2. Avaliar o problema da subnutrição nos Estados Unidos e destacar os vários programas criados para combatê-la.
3. Avaliar a subnutrição no mundo em desenvolvimento e avaliar os principais obstáculos que dificultam sua solução.
4. Descrever algumas possíveis soluções para a subnutrição no mundo em desenvolvimento.
5. Avaliar as consequências da subnutrição em períodos críticos da vida da pessoa.

Conteúdo do capítulo

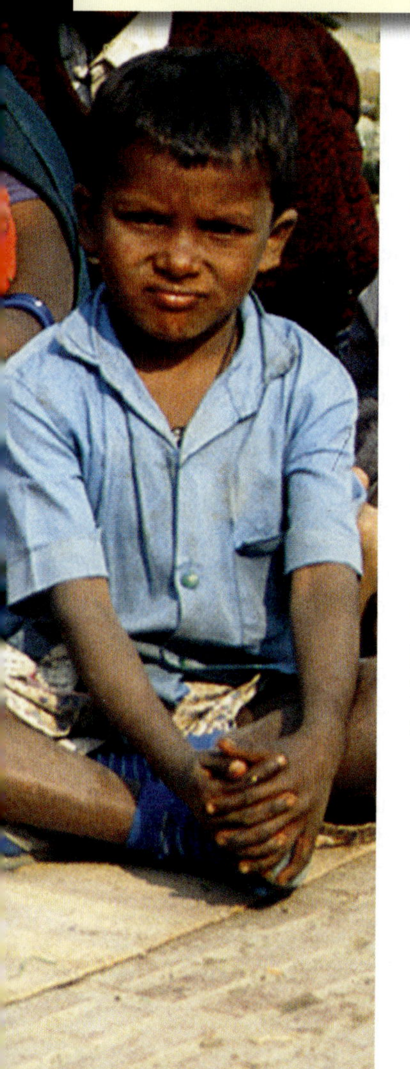

NOS DIAS ATUAIS, 1 EM CADA 6 PESSOAS NO MUNDO SÃO CRONICAMENTE SUBNUTRIDAS. A fome impede que elas levem uma vida ativa e produtiva. Nos últimos 10 anos, essa questão se agravou. Em todo o mundo, os problemas ligados à pobreza e à subnutrição são disseminados e cada vez mais graves, apesar de haver alimento disponível em quantidade suficiente para alimentar toda a humanidade.

No mundo em desenvolvimento, aproximadamente 1 bilhão de pessoas são desnutridas, e o maior número delas está na Ásia. A desnutrição é a principal causa de queda da resistência a doenças, infecções e morte, sendo as mais suscetíveis as crianças abaixo de cinco anos de idade.

O Capítulo 12 aborda o problema da subnutrição, as condições que a originam e algumas possíveis soluções. Para erradicar a subnutrição, é preciso compreender esse assunto. Como sugere o quadrinho deste capítulo, precisamos assumir hoje – não amanhã – a responsabilidade de buscar soluções para a fome, tanto perto de casa quanto em países remotos. É importante reconhecer que muitos fatores sociais, econômicos e políticos contribuem, em todo o mundo, direta e indiretamente, para agravar a questão da fome.

Para relembrar

Antes de começar a estudar a fome no mundo, no Capítulo 12, talvez seja interessante revisar os seguintes tópicos:

- Efeitos da desnutrição proteico-calórica sobre a saúde, no Capítulo 6
- Papel da vitamina A e suas fontes alimentares, no Capítulo 8
- Papéis e fontes alimentares de ferro, zinco e iodeto, no Capítulo 9

▲ Desnutrição é um problema associado a, ou exacerbado, pela superpopulação de alguns países em desenvolvimento.

insegurança alimentar Condição caracterizada por ansiedade pela perspectiva da falta de alimento ou de dinheiro para comprar alimentos.

fome Impulso fisiológico (de natureza interna) de buscar e consumir alimentos, regulado principalmente por uma atração inata pela comida.

12.1 Fome no mundo: a crise se agrava

Para quase 1 bilhão de pessoas em todo o mundo, ainda existe, todos os dias, incerteza quanto à próxima refeição. Essa é uma situação preocupante se considerarmos que a agricultura mundial produz alimentos em quantidade mais do que suficiente para suprir as necessidades dos quase sete bilhões de habitantes do planeta. Mesmo com toda essa abundância, em 2008, 963 milhões de pessoas não tiveram acesso a alimentos suficientes para lhes garantir uma vida ativa e saudável, ou seja, viveram em situação de **insegurança alimentar**. Os graves problemas de insegurança e desnutrição existem em quase todos os países, porém são mais comuns no mundo em desenvolvimento, sobretudo na Ásia, na África subsaariana, na América Latina e no Caribe. Quase todas as pessoas que sofrem com insegurança alimentar, fome ou desnutrição são pobres.

Vamos começar a analisar o problema da fome mundial e da desnutrição definindo alguns termos-chave.

Fome

Fome é o estado fisiológico que resulta da falta de ingestão alimentar suficiente para atender às necessidades energéticas. O conceito também inclui sensações de mal-estar, desconforto, fraqueza ou dor causadas pela falta de alimento. Os custos sociais e médicos da subnutrição resultante da fome são elevados – bebês prematuros, incapacidade mental, déficit de crescimento e desenvolvimento na infância, mau desempenho escolar, queda da capacidade de trabalho do adulto e doenças crônicas. Embora exista desnutrição na América do Norte, ela não está associada à pobreza extrema nem afeta uma grande parcela da população. Em vez disso, a desnutrição costuma ter causas específicas, como um transtorno alimentar, alcoolismo, permanência em instituições para idosos e incapacitados ou indigência. Também se observa incidência de desnutrição moderada em alguns dos segmentos mais pobres

Todos os anos, ao redor do mundo, milhões de pessoas morrem por problemas de saúde ligados à subnutrição. Entre as causas mais importantes desse cenário estão aumento de preço dos alimentos, guerras, catástrofes ambientais e ameaça global representada pela Aids. Por que devemos agir imediatamente para deter essa onda de subnutrição? Por que a preocupação de Ziggy deve ser levada a sério? O Capítulo 12 traz algumas dessas respostas.

da sociedade norte-americana (p. ex., entre as pessoas que estão abaixo da atual linha de pobreza). Existem recursos como bancos de alimentos, embora às vezes as pessoas carentes precisem enfrentar obstáculos burocráticos para ter acesso a esses recursos. Além disso, há o problema da **insegurança alimentar**, que consiste em um estado de ansiedade em razão de possível falta de alimentos ou de dinheiro para comprar alimentos. Em 2008, 12,6% das famílias dos Estados Unidos relataram ter passado por situações de insegurança alimentar. Esse problema também existe no Canadá, onde afetou 7% das famílias no mesmo ano.

Em todo o mundo, a pobreza é a principal causa da desnutrição. Nos Estados Unidos, pelo menos 13 milhões de crianças, ou seja, 18% da população abaixo de 18 anos de idade, vivem em famílias que estão abaixo da linha de pobreza federal (definida como uma família de quatro pessoas que ganhava menos de 21.200 dólares por ano, em 2008; mais informações podem ser encontradas em www.neep.org). As pesquisas, no entanto, estimam que uma família necessite de duas vezes essa renda para cobrir despesas básicas. Com base nesse padrão de renda, 39% das crianças vivem em famílias de baixa renda. Viver na pobreza compromete a capacidade de aprendizado da criança e contribui para o surgimento de problemas comportamentais e de saúde. Os riscos decorrentes da pobreza são maiores para as crianças pequenas. Nos Estados Unidos, existem programas de assistência alimentar para famílias de baixa renda, por isso a maioria das crianças fica protegida da fome.

desnutrição Comprometimento da saúde resultante de práticas alimentares que não estão de acordo com as necessidades nutricionais.

subnutrição Comportamento da saúde em consequência de um período prolongado de ingestão alimentar insuficiente para suprir as necessidades.

fome epidêmica Privação extrema de alimentos levando populações inteiras à inanição; frequentemente associada à perda de lavouras, guerras e instabilidade política.

Desnutrição e carência de micronutrientes

A desnutrição é causada pela falta prolongada ou pelo excesso da ingestão de calorias e nutrientes, que compromete o desenvolvimento e as funções orgânicas do indivíduo. Quando o alimento é escasso, e a população é numerosa, é comum haver **subnutrição** acompanhada de deficiência nutricionais específicas como bócio (falta de iodo) e xeroftalmia (problemas oculares causados pela falta de vitamina A). A abundância de alimento nem sempre impede a ocorrência de subnutrição, já que uma alimentação incorreta, com excesso de alguns alimentos e falta de outros, pode levar a um desequilíbrio associado a doenças crônicas, como a obesidade e o diabetes, nas quais o indivíduo apresenta deficiências nutricionais.

Entretanto, nas populações pobres, a desnutrição está invariavelmente associada à subnutrição, e isso vale tanto para países em desenvolvimento quanto desenvolvidos. A desnutrição é também a causa primária de certas deficiências nutricionais específicas, que podem resultar em desgaste muscular, cegueira, escorbuto, pelagra, beribéri, anemia, raquitismo, bócio e vários outros problemas (Tab. 12.1).

No mundo inteiro, os principais micronutrientes, que geralmente faltam na alimentação das pessoas subnutridas (Fig. 12.1) são ferro, vitamina A, iodeto, zinco e vitaminas do complexo B (p. ex., folato), além de selênio e vitamina C. Cerca de 1 bilhão de pessoas, a maioria em países em desenvolvimento, sofre de anemia ferropriva (por deficiência de ferro). O mesmo se verifica no caso da carência de zinco. A falta de ferro compromete, em muitos casos, o desenvolvimento cognitivo particularmente se houver deficiência prolongada desde a primeira infância. Estima-se que, no mundo inteiro, haja 50 milhões de bebês que sofrem danos cerebrais pela deficiência (evitável) de iodo durante a gestação. Embora a deficiência grave de vitamina A esteja diminuindo, ano após ano, anos, ela ainda causa cegueira em quase 500 mil crianças em idade pré-escolar. Segundo o UNICEF, seria possível salvar entre 1 e 3 milhões de crianças, a cada ano, no mundo em desenvolvimento, se elas recebessem suplementos de vitamina A algumas vezes por ano. O custo anual dessa medida seria de aproximadamente seis centavos de dólar por criança.

Dos 6,4 bilhões de habitantes do mundo, dois bilhões, aproximadamente, estão sujeitos a períodos de falta de alimento e podem sofrer alguma forma de carência de micronutrientes. A desnutrição crônica aumenta muito o risco de morte por infecções (particularmente as que causam diarreia aguda e prolongada ou doença respiratória) ou em função de agravamento dessas doenças. No mundo em desenvolvimento, a subnutrição crônica coloca muitas pessoas em um estado permanente de depressão da função imunológica, o que, por sua vez, aumenta muito o risco de morte, especialmente na infância.

A Grande Fome da Batata, ocorrida na Irlanda de 1840 a 1850, causou cerca de dois milhões de mortes e resultou na emigração desse mesmo número de pessoas para outros países, como Estados Unidos e Canadá. Em Bengala, na Índia, mais de três milhões de pessoas morreram de fome em 1943. A China foi afetada pela fome de 1959 a 1961, período em que o número de mortes estimado varia de 16 a 64 milhões de pessoas. Em 1974, 1,5 milhão de pessoas passou fome em Bangladesh.

FIGURA 12.1 ▶ Deficiências graves de micronutrientes em todo o mundo.

A desnutrição proteico-calórica (DPC) é um tipo de subnutrição que se caracteriza pela extrema deficiência de ingestão de calorias ou proteínas, geralmente associada a alguma doença orgânica. As consequências drásticas da desnutrição proteico-calórica – os quadros de *kwashiorkor* e marasmo – foram descritas no Capítulo 6. Este capítulo tem como foco os efeitos mais sutis da falta crônica de alimento.

Fome no mundo

A **fome** no mundo é o resultado extremo da falta crônica de alimento. Os períodos de fome se caracterizam por uma elevada taxa de mortalidade, desordem social e caos econômico, que leva, por sua vez, à redução da produção de alimentos. Em consequência desses eventos, as comunidades afetadas sofrem uma deterioração que se traduz em sofrimento humano, venda de terras, gado e outros bens rurais, migração, cisão e empobrecimento das famílias carentes, crime e enfraquecimento dos alicerces morais da sociedade. Temos exemplos no Sudão e em Ruanda. Em meio a tudo isso, crescem muito os índices de subnutrição; doenças infecciosas, como o cólera, disseminam-se; e muitas pessoas morrem.

São necessários esforços especiais para erradicar as causas de base da fome. Essas causas variam de uma região para outra e de uma época para outra, mas a situação mais comum é a perda de lavouras. As razões mais evidentes para perda

TABELA 12.1 Doenças por deficiência de nutrientes que costumam acompanhar a subnutrição

Doença e principal nutriente envolvido	Efeitos típicos	Alimentos ricos no nutriente que falta	Populações-alvo para intervenção
Xeroftalmia Vitamina A	Cegueira por infecção crônica dos olhos, déficit de crescimento, secura e queratinização dos tecidos epiteliais	Leite fortificado, batata doce, espinafre, folhas, cenouras, melão, damasco	Ásia, África
Raquitismo Vitamina D	Ossos malcalcificados, pernas arqueadas e outras deformidades ósseas	Leite fortificado, óleo de peixe, exposição ao sol	Ásia, África e regiões do mundo onde as vestimentas impostas por crenças religiosas impedem que mulheres e crianças recebam uma quantidade adequada de luz solar na pele; idosos de países desenvolvidos
Beribéri Tiamina	Degeneração dos nervos, comprometimento da coordenação motora, problemas cardiovasculares	Sementes de girassol, carne de porco, cereais integrais e enriquecidos, ervilhas	Vítimas da fome na África
Carência de riboflavina Riboflavina	Inflamação da língua, boca, face e cavidade oral e transtornos do sistema nervoso	Leite, cogumelos, espinafre, fígado e cereais enriquecidos	Vítimas da fome na África
Pelagra Niacina	Diarreia, dermatite e demência	Cogumelos, gérmen de trigo, atum, aves, carne de vaca, amendoim, cereais integrais e enriquecidos	Vítimas da fome na África, sobreviventes da guerra no leste europeu
Anemia megaloblástica Folato	Hemácias aumentadas de tamanho, fadiga, fraqueza	Folhas verdes, legumes, laranja e fígado	Ásia, África
Escorbuto Vitamina C	Retardamento da cicatrização, sangramento interno, formação anormal dos ossos e dentes	Frutas cítricas, morangos, brócolis	Vítimas da fome na África
Anemia ferropriva Ferro	Queda do desempenho no trabalho, retardamento de crescimento, maior risco para a saúde na gravidez	Carnes, frutos do mar, brócolis, ervilhas, gérmen de trigo, cereal integral e pães enriquecidos	Mundo todo
Bócio Iodo	Aumento de tamanho da glândula tireoide em adolescentes e adultos, possível retardamento mental, cretinismo	Sal iodado, peixes de água salgada	América do Sul, leste europeu, África

Embora os nutrientes estejam separados na tabela para ilustrar o importante papel de cada um, é frequente que ocorram duas ou mais doenças de carência nutricional nas pessoas subnutridas do mundo em desenvolvimento.

de lavouras são condições climáticas extremas, como inundações ou seca, guerras e conflitos civis. A guerra merece uma atenção especial e será abordada especificamente em um item dedicada a esse tema – guerras e instabilidades civil/política.

Efeitos gerais da semi-inanição

Nos estágios iniciais, os efeitos da subnutrição decorrente da semi-inanição costumam ser tão discretos que não causam sintomas físicos, e as alterações metabólicas não são detectadas nos exames laboratoriais. Mesmo na ausência de sintomas clínicos, contudo, a subnutrição pode afetar a capacidade reprodutiva, a resistência às doenças e a capacidade de recuperação, a atividade física e o desempenho no trabalho, levando à fadiga e a problemas comportamentais. Conforme mencionado no Capítulo 2, se os tecidos continuarem sofrendo com a falta de nutrientes, os exames de sangue acabarão por mostrar alterações, por exemplo, uma queda da concentração de hemoglobina. Com o agravamento do quadro, surgem sintomas físicos, como a fraqueza. Por fim, todos os sintomas da deficiência predominante se tornam evidentes – é o caso, por exemplo, da cegueira por deficiência de vitamina A.

Quando algumas pessoas de uma população apresentam uma grave deficiência, esse fato pode representar apenas a "ponta do *iceberg*." Em geral, isso significa que um número muito maior de pessoas sofre de subnutrição em graus mais leves. Por isso, essas deficiências não devem ser negligenciadas, especialmente nos países em desenvolvimento. Está cada vez mais claro que deficiências combinadas de certas vitaminas e dos minerais ferro e zinco podem comprometer seriamente o desempenho profissional, mesmo quando ainda não estão causando sintomas físicos evidentes. O frágil estado de saúde resultante diminui, por sua vez, a capacidade de pessoas, comunidades e mesmo da população inteira de um país de realizar sua plena capacidade física e mental (Fig. 12.2).

Além da falta de alimento, os habitantes dos países mais pobres também sofrem de infecções recorrentes, vivem em más condições sanitárias, enfrentam climas extremos e estão sempre expostos a agentes infecciosos. Essas pessoas precisam de maiores quantidades de certos nutrientes, sobretudo ferro, para combater infecções por parasitas e outros germes que se disseminam facilmente. Deficiências de ferro e zinco podem comprometer as funções imunológicas e, consequentemente, aumentar o risco de doenças como diarreia e pneumonia.

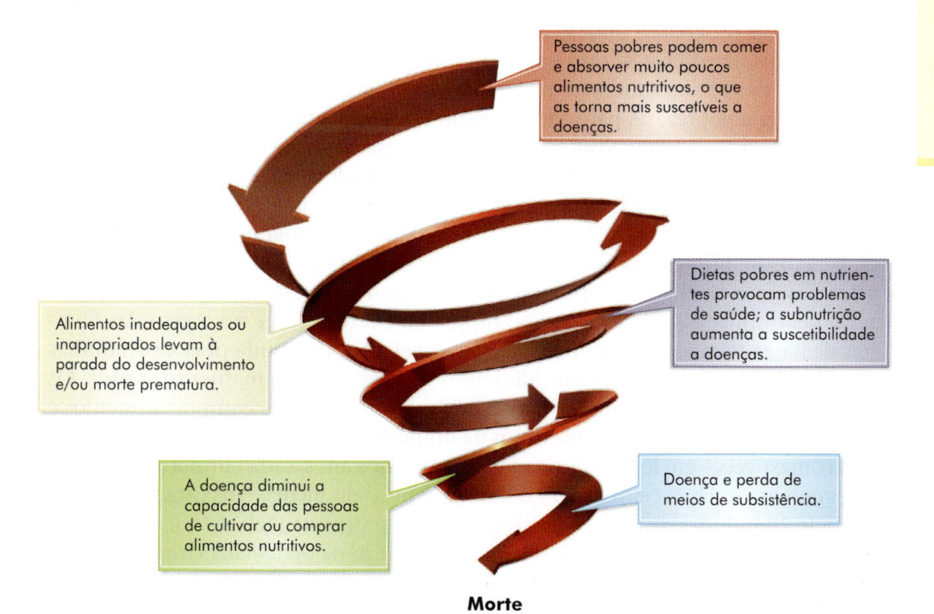

FIGURA 12.2 ▶ Círculo vicioso da pobreza e das doenças que podem acabar levando à morte (com base no gráfico do World Food Program).

Os efeitos da fome são abrangentes:

- Diminuição da energia e da força
- Queda da capacidade de concentração
- Dificuldade de aprendizado
- Baixa produtividade
- Agravamento de doenças crônicas
- Maior suscetibilidade a infecções
- Deterioração do humor
- Lenta recuperação de doenças e traumatismos

Histórico das pesquisas sobre subnutrição

Nos anos 1940, um grupo de pesquisadores liderados pelo Dr. Ansel Keys avaliou os efeitos gerais da subnutrição em adultos. Homens inicialmente saudáveis receberam uma dieta de 1.800 kcal em média, diariamente, por seis meses. Durante esse período, os homens perderam, em média, 24% do seu peso corporal. Depois de três meses, aproximadamente, os participantes passaram a se queixar de fadiga, dores musculares, irritabilidade, intolerância ao frio e sensação dolorosa de fome. Além disso, apresentavam problemas no que se refere a motivação, autodisciplina e concentração e constantemente tinham alterações do humor ou ficavam apáticos e deprimidos. Foi detectada ainda queda da frequência cardíaca e do tônus muscular, além de aparecimento de edema. Quando esses homens foram liberados para se alimentar normalmente, as sensações de fome recorrente e fadiga persistiam mesmo após 12 semanas. A recuperação total levou cerca de oito meses. Esse estudo nos ajuda a entender a situação geral dos adultos subnutridos em todo o mundo.

REVISÃO CONCEITUAL

A fome provoca mal-estar e dor quando a ingestão de alimentos não é suficiente para atender às necessidades calóricas. A insegurança alimentar é uma condição que compromete a qualidade, a variedade e o acesso aos alimentos. A fome crônica leva à subnutrição, que pode causar déficit de crescimento em crianças e fraqueza em adultos. O risco de infecção aumenta, e surgem as doenças devido à carência. A principal causa da subnutrição é a pobreza. Os períodos críticos para o surgimento da subnutrição são a gravidez, o primeiro ano de vida, a infância e a velhice. A subnutrição crônica diminui o desempenho no trabalho, a motivação e a função imunológica. Os efeitos adversos na gravidez e no primeiro ano de vida são devastadores, como demonstram as taxas de mortalidade muito mais elevadas do que as das populações saudáveis. Também são comuns os danos irreversíveis para o desenvolvimento das crianças que sobrevivem.

12.2 Subnutrição nos Estados Unidos

Cerca de 36,5 milhões de pessoas ou 12,3% da população dos Estados Unidos vivem na linha de pobreza ou abaixo dela, ou seja, têm renda familiar de 21 mil dólares anuais para quatro pessoas. Desses 36,5 milhões, 13 milhões (36%) são crianças.

Entre essas pessoas, 10% são brancos, 24% são afro-americanos e 20,6% são hispânicos. Muitos índios americanos também são pobres, bem como 18% dos americanos de origem asiática. (No Canadá, também existem muitos índios vivendo na pobreza.)

Os pobres enfrentam dilemas, por exemplo, ter que escolher entre comprar alimentos para a família ou pagar o aluguel do mês; entre ir ao dentista ou pagar a conta de energia elétrica; entre comprar roupas para as crianças ou pagar a passagem de ônibus para ir a uma entrevista de emprego. Os alimentos são um dos poucos itens flexíveis no orçamento das famílias pobres. Aluguel, contas de luz, gás, consultas médicas e despesas de transporte não são negociáveis, mas comer menos é sempre possível. A curto prazo, as consequências de comer menos podem ser menores do que as de ser despejado, mas a longo prazo, os efeitos acumulados são significativos.

▲ A insegurança alimentar faz parte da realidade norte-americana. Existe uma rede de segurança, mas ela tem alguns problemas.

Como ajudar os que têm fome nos Estados Unidos

Até o século XX, a ajuda aos pobres dos Estados Unidos vinha principalmente de pessoas físicas e de diversas instituições filantrópicas, muitas delas ligadas à igreja. Os primeiros programas poucas vezes distribuíam diretamente dinheiro às pessoas pobres, pois acreditava-se que isso diminuiria sua motivação para melhorar suas condições de vida ou mudar comportamentos como alcoolismo, que contribuíam para agravar a pobreza. A partir do início do século, as autoridades municipais e estaduais passaram a se envolver cada vez mais na assistência aos pobres.

Depois de constatar, durante a campanha presidencial dos anos 1960, que a fome e a pobreza eram disseminadas, John F. Kennedy revitalizou o Food Stamp Program, que existia há duas décadas, e expandiu os programas de distribuição de gêneros de primeira necessidade. Desde 1º de outubro de 2008, o programa de selos passou a se chamar Supplemental Nutrition Assistance Program (SNAP). A nova denominação reflete o foco do programa em nutrição e no acesso das famílias de baixa renda a uma alimentação saudável. O SNAP ajuda pessoas e famílias de baixa renda com a compra de alimentos necessários para manter sua saúde. Os beneficiários podem usar um cartão de débito eletrônico para comprar alimentos e sementes – mas não cigarros, produtos de limpeza, bebida alcoólica ou outros itens não comestíveis – em lojas autorizadas. Nos últimos anos, cada família participante do programa recebeu cerca de 190 dólares por mês, em média. Nos Estados Unidos, cerca de 28 milhões de pessoas participam desse programa (Tab. 12.2). A American Recovery and Reinvestment Act de 2009 aumentou os benefícios concedidos aos participantes do SNAP. Para famílias de quatro membros, o aumento do benefício foi de 80 dólares mensais.

Em 1965, o Congresso americano criou o School Breakfast Program, quando os parlamentares perceberam que era significativo o número de crianças que che-

TABELA 12.2 Alguns programas de distribuição de alimentos atualmente subsidiados pelo governo federal dos Estados Unidos

Programa	Elegibilidade	Descrição
Supplemental Nutrition Assistance Program (antigo Food Stamp Program)*	Famílias de baixa renda	Os cartões eletrônicos distribuídos permitem comprar alimentos em determinadas lojas; as quantidades dependem do tamanho da família e da renda.
The Emergency Food Assistance Program (TEFAP)*	Famílias de baixa renda	Presta assistência nutricional a americanos carentes por meio da distribuição de gêneros de primeira necessidade.
Commodity Supplemental Food Program	Certas populações de baixa renda, gestantes, crianças até 6 anos de idade e idosos	Cestas básicas suplementares são distribuídas por agências dos municípios; não existe em todos os estados; pode se basear no risco nutricional.
Special Supplemental Nutrition Program for Women, Infants, and Children (WIC)*	Gestantes/lactantes de baixa renda, bebês e crianças abaixo dos 5 anos de idade sob risco nutricional	O programa distribui cupons para compra, nos supermercados, de leite, queijo, suco de frutas, cereais, fórmulas infantis e outros itens; inclui um componente de educação nutricional.
National School Lunch Program*	Crianças de famílias de baixa renda, em idade escolar	Merenda distribuída gratuitamente ou a preço reduzido, na escola; a refeição segue os preceitos do *MyPyramid*, e o preço cobrado depende da renda familiar. Os alunos não participantes do programa de merenda escolar são incluídos em um programa especial de distribuição de leite.
School Breakfast Program	Crianças de famílias de baixa renda, em idade escolar	Café da manhã distribuído gratuitamente ou a preço reduzido, na escola; a refeição segue os preceitos do *MyPyramid*, e o preço cobrado depende da renda familiar.
Child and Adult Care Food Program	Crianças e adultos inscritos em programas assistenciais organizados; as diretrizes quanto à renda familiar são as mesmas da merenda escolar	As refeições fornecidas às crianças são reembolsadas para as entidades de assistência; a alimentação deve seguir os preceitos do *MyPyramid*.
Congregate Meals for the Elderly	Pessoas de 60 anos de idade ou mais (sem restrição de renda)	Almoço fornecido em um local coletivo; a refeição deve cobrir um terço das necessidades nutricionais diárias.
Home-Delivered Meals	Idosos a partir dos 60 anos de idade, restritos ao lar	O almoço é fornecido gratuitamente, ou mediante uma doação, pelo menos 5 dias por semana. Às vezes, são entregues refeições adicionais que podem ser consumidas em outros horários; o programa é conhecido como "Refeições sobre rodas".
Summer Food Service Program	Residência em área de baixa renda ou participação em programa assistencial	Refeições e lanches nutritivos, gratuitos, fornecidos a crianças em áreas de baixa renda, em um local coletivo, como escola ou centro comunitário, durante as férias escolares.
Food Distribution Program on Indian Reservations*	Famílias indígenas ou não, de baixa renda, que vivem em reservas; membros de tribos reconhecidas pelo governo federal	Alternativa ao Food Stamp Program, que distribui cestas básicas mensais; inclui um componente de educação nutricional.

* A American Recovery and Reinvestment Act of 2009 (Lei de Recuperação e Reinvestimento de 2009) aumentou os benefícios.

gava à escola com fome, pela manhã. Os programas de merenda escolar, com orçamento de 8,1 milhões para o café da manhã e 30,5 milhões de dólares para o almoço, permitem distribuir refeições gratuitas ou a preço reduzido para alunos de baixa renda que preencham certos requisitos (renda familiar entre 27.560 dólares e 39.220 dólares por ano, respectivamente, para quatro pessoas). No mesmo ano, o Congresso dos EUA passou a custear um programa de distribuição de almoço comunitário e refeições entregues em domicílio a todos os cidadãos de mais de 60 anos de idade, independentemente da renda (embora o programa dependa de doações). Ambos os programas continuam ativos e servem aproximadamente 1 milhão de refeições por dia, mas ainda não alcançam todos os necessitados. Além desses, em 1972, foi autorizada a extensão do Special Supplemental Nutrition Program for Women, Infants, and Children (WIC). Esse programa fornece cupons de alimentos e educação nutricional a mulheres de baixa renda que estejam grávidas ou amamentando e a seus filhos pequenos. Ele cobre cerca de 8,7 milhões de pessoas.

PARA REFLETIR

Ao estudar o desenvolvimento na primeira infância, Nakia se surpreendeu aos constatar que, nos Estados Unidos, há crianças subnutridas. Que sinais Nakia pode ter observado nas crianças e que seriam indicativos de subnutrição?

Entre 1969 e 1971, alguns programas federais de alimentação que já tinham uma grande abrangência foram expandidos, e outros foram criados. Por exemplo, o Programa de Selos atendeu apenas dois milhões de pessoas em 1968, mas em 1971 já estava servindo 11 milhões. O National School Lunch Program, que atendia apenas dois milhões de crianças pobres antes de 1970, já servia 8 milhões em 1971. Logo depois, o School Breakfast Program, um programa-piloto para crianças que vivem em áreas pobres, foi lançado em nível nacional.

De fato, há pessoas passando fome, nos Estados Unidos, e apresentando subnutrição grave. Porém, a situação mais frequente é a de pessoas que passam por períodos de privação de alimento e insegurança alimentar. As causas da falta de alimento ou de insegurança alimentar nos lares americanos são desemprego, despesas médicas e de moradia ou um gasto extra eventual.

Os programas de assistência alimentar do governo representam um "rede" de segurança – são firmes, mas contêm alguns problemas. A Lei de Recuperação sancionada pelo Presidente Obama em fevereiro de 2009 foi um esforço sem precedentes para aumentar os benefícios e serviços oferecidos pelos programas federais de alimentação e nutrição (Tab. 12.2). As melhorias feitas nesses programas ajudaram os trabalhadores e famílias mais duramente atingidas pela crise econômica. Alguns programas financiados com recursos privados vieram se somar aos esforços estaduais e federais para combater a fome e a insegurança alimentar nos Estados Unidos. Há mais de 150 mil obras de caridade que fornecem alimentos (p. ex., bancos de alimentos) para ajudar as pessoas a vencer esse problema. Essas entidades atendem cerca de 23 milhões de americanos. Muitas famílias de baixa renda dos EUA dependem dessas iniciativas, e um levantamento mostrou que pouco mais de 2 em cada 3 pessoas que solicitam essa ajuda de emergência são membros de uma mesma família, ou seja, pais e filhos.

DECISÕES ALIMENTARES

Insegurança alimentar e sobrepeso?

Na América do Norte, a subnutrição é um problema muito mais sutil do que nos países em desenvolvimento. Para um observador desavisado, crianças subnutridas podem apenas parecer magrinhas, porém seu crescimento pode estar sendo comprometido devido à falta de nutrientes em quantidade suficiente. No entanto, o mais provável é que as crianças cujas famílias vivem em situação de insegurança alimentar tenham tendência a apresentar excesso de peso. Essa pode ser a consequência do abuso de alimentos de conveniência, que fornecem principalmente gorduras e açúcares. Além disso, é comum, nessas famílias, comprar balas e doces para os filhos porque não há condições para comprar brinquedos ou roupas novas.

Outro fator que afeta o consumo de nutrientes nas famílias pobres é a falta de instalações adequadas para cozinhar. Sem esses recursos, as pessoas acabam comprando comidas prontas baratas, que não exigem qualquer preparo. Esses itens são geralmente alimentos muito industrializados, ricos em calorias, porém pobres em nutrientes.

Fatores socioeconômicos relacionados à subnutrição

Nos Estados Unidos, a fome persistente e a insegurança alimentar estão associadas, quase sempre, a duas situações que caminham em paralelo: pobreza e falta de moradia. Os fatores econômicos, sociais e políticos que levam ao aumento do número de pessoas pobres e sem-teto também têm tendência a agravar o problema da subnutrição.

▲ Os entrepostos e centros comunitários de distribuição de alimentos são importantes para fornecer nutrientes a um número cada vez maior de pessoas nos Estados Unidos. Talvez você possa dedicar parte do seu tempo ao trabalho voluntário em um desses programas.

Pobreza O desemprego leva à pobreza. Essa relação aumentou significativamente com a recessão econômica que começou no final de 2007. A recente crise econômica, a pior que já tivemos em muitas décadas, provocou a explosão do desemprego. Entre dezembro de 2007 e setembro de 2009, 7,6 milhões de postos de trabalho foram fechados. Esse desemprego afetou todos os setores do mercado, como fábricas, varejo, hotelaria e entretenimento, financeiro, transportes e logística. Em setembro de 2009, havia 15,1 milhões de desempregados, o que resultou em uma taxa de desemprego de 8,9%. O impacto do maior índice de desemprego foi potencializado pelo fato de que o número de pessoas que recebem ajuda do governo é o mais baixo nos últimos 40 anos. Menos pessoas estão recebendo ajuda nessa crise econômica porque muitos estados cortaram seu orçamento para assistência social. Essa combinação de eventos teve como resultado um aumento do número de pessoas que vivem na pobreza e necessitam de ajuda para se alimentar, pessoas sem-teto e sem atendimento médico adequado.

Indigência A indigência é o resultado da falta de recursos para pagar por uma moradia; é um problema muito mais evidente hoje em dia do que há algumas décadas. A crescente escassez de moradias por preços razoáveis e o aumento simultâneo da pobreza são as duas tendências responsáveis, em grande parte, pelo aumento do número de pessoas sem-teto nos últimos 25 anos. As recentes crises da economia e das hipotecas agravaram a situação e privaram mais pessoas de moradia, além de aumentar o número de famílias sob risco de indigência nos Estados Unidos. Em 2009, os dados das principais cidades mostraram aumento de até 20% no número de pessoas sem-teto, desde o início da crise em 2007. Um estudo feito pelo órgão do poder judiciário que lida com a indigência e a pobreza estima que, no período de 1 ano, 3,5 milhões de pessoas, das quais 1,35 milhão de crianças, podem ficar sem moradia. Cada vez existem mais famílias com crianças que não têm onde morar, especialmente em zonas rurais. Essas famílias representam 23% da população de moradores de rua. Mães solteiras na faixa dos 25 a 30 anos e com aproximadamente dois filhos são os casos mais frequentes entre as famílias sem-teto. As pessoas pobres precisam fazer escolhas difíceis porque seus recursos limitados só cobrem algumas das necessidades básicas – moradia, alimentação, atenção à criança, saúde e educação. Como o preço da moradia costuma absorver boa parte da renda, essa despesa é frequentemente abandonada. Nos dias de hoje, para pagar o aluguel de um apartamento de dois dormitórios, a pessoa precisa ganhar mais de duas vezes o salário mínimo. Essa situação, combinada à erosão dos salários, tornou impossível, para muitas famílias, ter onde morar. Registra-se, atualmente, a maior defasagem de todos os tempos entre a oferta e a demanda de moradias baratas. A indigência decorrente dessa defasagem tem impacto na saúde e no bem-estar de todos os indivíduos. As crianças sem-teto são as mais vulneráveis – elas têm risco duas vezes maior de passar fome, em comparação com as crianças que têm moradia.

▲ A indigência pode ser resultado de vários problemas, inclusive da pobreza.

Possíveis soluções para a pobreza e a fome nos Estados Unidos

Poucas pessoas discordam de que seja importante dar assistência física e mental a adultos carentes e ao grande contingente de crianças pobres dos Estados Unidos. Os programas de assistência alimentar do governo ajudaram a aliviar um pouco o problema da subnutrição nos Estados Unidos. A questão é: *será que os programas do governo poderiam – ou deveriam – solucionar definitivamente a pobreza e a subnutrição?* Documentos mostram que cada vez mais pessoas que convivem com a pobreza recorrem aos benefícios do Supplemental Nutrition Assistance Program (SNAP; anteriormente chamado Food Stamp Program), além de outros programas do governo federal. A partir da entrada em vigor da Lei Americana de Recuperação e Reinvestimento de 2009 (www.recovery.gov), mais recursos federais foram direcionados para programas assistenciais. Contudo, isso não garante que os benefícios desses programas irão atender às necessidades dos pobres. Além disso, cada vez mais pessoas acreditam que os programas e políticas assistenciais dos estados e do governo federal são ineficazes e inadequados. Essas preocupações são manifestadas em especial pelos mais pobres e pelas pessoas que têm mais tendência a estar em situação de pobreza e indigência.

Conseguir alimento para sobreviver é um grande desafio, principalmente quando as pessoas são obrigadas a viver na rua. As pesquisas sobre a fome e a indigência em cidades dos Estados Unidos indicam que os programas de distribuição de refeições em centros comunitários não atendem às necessidades. As pessoas que moram em abrigos muitas vezes não têm como se deslocar até os centros onde as refeições são servidas. E os fatores para isso são trabalho, doença, incapacidade ou falta de acesso ao transporte público. Outra pesquisa feita pelo Conselho Interinstitucional da Indigência revelou que 40% das pessoas sem-teto ficaram sem ter o que comer por 1 ou mais dias no mês anterior à pesquisa.

Embora muitas pessoas considerem que os centros de distribuição de alimentos e refeições forneçam alimento em abundância, dando acesso a todos os necessitados, há muitos obstáculos para que as pessoas possam usufruir desse benefício. Os entrepostos de distribuição de alimentos muitas vezes são ineficazes porque só podem entregar uma cesta básica por mês a cada família, e isso não atende a todas as necessidades. Além disso, as pessoas sem-teto não têm onde cozinhar e preparar uma refeição. Os centros comunitários de distribuição de refeições também têm alcance limitado em muitas cidades. Outro problema é que as cidades passaram a usar, mais recentemente, uma série de normas e políticas que visam coibir ou proibir a distribuição de alimentos aos pobres por pessoas físicas ou grupos de indivíduos. São leis problemáticas, especialmente se considerarmos que a maioria das cidades não tem todos os recursos para atender à demanda dos pobres e indigentes. Vários grupos de defesa dos direitos humanos questionam, até mesmo na justiça, essas práticas que conflitam com a liberdade individual. Essas entidades e as que distribuem alimentos parecem estar dispostas a trabalhar em colaboração com prefeituras e outros setores do governo para ajudar a combater a fome e a indigência melhorando o acesso das pessoas carentes aos benefícios e a outros recursos do governo referentes à alimentação.

Embora existam muitas pessoas motivadas para ajudar, as perspectivas são sombrias para muitas famílias que tentam deixar a situação de dependência dos programas assistenciais. A gravidez na adolescência quase sempre interrompe a trajetória educacional ou profissional de um ou de ambos os cônjuges, o que dificulta seu acesso a uma renda adequada. Frequentemente, o custo de criar um filho com segurança e qualidade excede em muito as possibilidades de quem ganha apenas um salário mínimo. Além disso, se um dos pais ou a criança ficar doente, esse fato pode impedir que o adulto mantenha um emprego estável. A falta de habilidades de comunicação, a incapacidade de recolocação no mercado e a falta de reservas econômicas são outros fatores que dificultam o alcance da independência financeira. Ainda que muitos considerem os esforços assistenciais do governo dispendiosos e ineficazes, eles provavelmente serão sempre necessários, de um modo ou de outro.

Muitas pessoas, nos Estados Unidos, consideram que uma meta crítica deva ser o aumento do grau de responsabilidade individual. Programas governamentais não conseguem corrigir a pobreza e sua consequência, a fome, quando elas resultam de comportamentos irresponsáveis. No entanto, os programas de governo podem ajudar a reduzir ou evitar a pobreza decorrente, em grande parte, da falta de educação ou de oportunidades.

A subnutrição prolongada, especialmente nas crianças, tem consequências individuais e sociais: toda a população dos Estados Unidos é afetada, direta ou indiretamente, por esse problema. À medida que os programas do governo vão sendo redesenhados, é inevitável que haja algumas perdas. Resta a esperança de que as novas estratégias tragam avanços a longo prazo e, finalmente, aliviem a pobreza e a fome.

Uma das metas do *Healthy People 2010* é aumentar a segurança alimentar das famílias dos EUA, dos atuais 88% para 94%. Outra meta é reduzir o retardamento de crescimento a 5% nas crianças menores de cinco anos de idade, de famílias de baixa renda.

REVISÃO CONCEITUAL

Nos anos 1960, relatórios sobre a pobreza e a fome disseminadas motivaram o Congresso dos EUA a criar diversos programas de assistência alimentar, além de aumentar muito a dotação orçamentária dos programas já existentes. Principalmente como resultado desses programas federais, em meados dos anos 1970, a subnutrição havia diminuído de modo considerável. A pobreza, a indigência e a subnutrição são influenciadas por fatores individuais, culturais e econômicos, além das políticas governamentais. As sérias dúvidas levantadas acerca da eficácia de muitos desses programas a longo prazo levaram a importantes alterações em sua configuração. Todo cidadão pode ajudar a reduzir o problema da subnutrição.

12.3 Subnutrição no mundo em desenvolvimento

Nos países em desenvolvimento, a subnutrição também está ligada à pobreza, e qualquer solução para uma delas passa, necessariamente, pela outra. No entanto, esses países têm inúmeros problemas, tão complexos e inter-relacionados que não podem ser tratados separadamente. Nesse contexto, os programas que se revelaram úteis nos Estados Unidos (e no continente norte-americano) são apenas um ponto de partida. Há vários obstáculos importantes que dificultam a busca de soluções:

- Desequilíbrios extremos na relação oferta de alimentos/tamanho da população nas diferentes regiões do país
- Guerras e conflitos políticos/civis, sobretudo na África
- Rápida depleção de reservas naturais, como terras agricultáveis, peixes e água
- A incidência da Aids, especialmente na África subsaariana e na Ásia
- Valor elevado da dívida externa, cuja maior parte é contraída com nações desenvolvidas
- Péssima **infraestrutura**, especialmente nos aspectos moradia, saneamento e instalações para guarda de alimentos, educação, comunicação e sistemas de transporte

Cada um desses problemas merece uma análise individual (Fig. 12.3).

infraestrutura Arcabouço fundamental de um sistema organizacional. No caso da sociedade, inclui rodovias, pontes, telefonia e outras tecnologias básicas.

Relação alimento/população

O mundo tem 6,8 bilhões de habitantes. Na maior parte do mundo em desenvolvimento, o crescimento populacional excede o crescimento econômico, por isso a pobreza não para de crescer. Esse fenômeno quebra o equilíbrio alimento/ população, que pende para a falta de alimento. Segundo especialistas, para se garantir uma vida decente a essa parcela cada vez maior da humanidade, é preciso que o crescimento dos grupos populacionais mais vulneráveis diminua de ritmo. Do contrário, até 2050, o mundo poderá ter de 1 a 3 bilhões de pessoas a mais do que nos dias de hoje, a maioria delas em países onde a renda média per capita é inferior a dois dólares por dia. Nos países mais pobres da África, quase 65% das pessoas precisam se sustentar com menos de 1 dólar por dia. A menos que ocorra uma catástrofe, mais de 9 em cada 10 bebês da próxima geração nascerão nos países mais pobres do mundo.

Mais de três quartos da população mundial vivem em países em desenvolvimento, e mais da metade vive na Ásia. Um relatório das ONU sobre a fome no mundo revelou que quase dois terços das pessoas subnutridas do mundo estão na Ásia e na costa do Pacífico. Além disso, o estoque de alimentos do mundo não está distribuído de modo igualitário entre os consumidores. Existem grandes disparidades entre os países desenvolvidos e em desenvolvimento, entre ricos e pobres e mesmo entre pessoas de uma mesma família (homens sendo alimentados antes das mulheres).

Ainda assim, os economistas estimam que a produção mundial de alimentos continue crescendo mais rapidamente do que a população no futuro próximo, per-

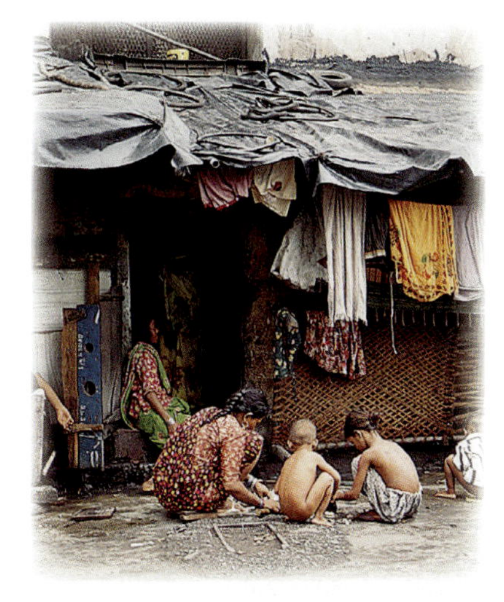

▲ A pobreza agrava o problema da fome no mundo em desenvolvimento.

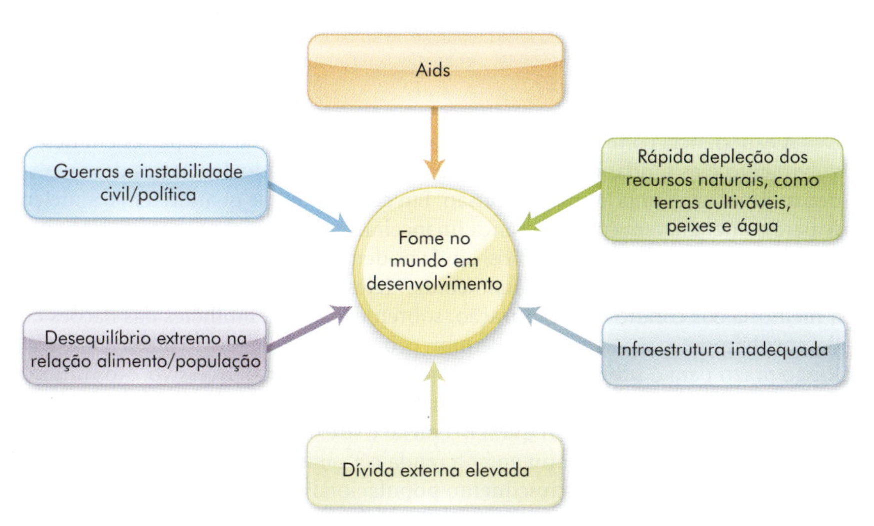

FIGURA 12.3 ► Muitos fatores contribuem para a subnutrição no mundo em desenvolvimento. Qualquer solução para o problema deve levar em conta esses fatores.

mitindo que a relação alimento/população aumente até o ano 2020. Mas isso terá um alto custo em termos de água, fertilizantes e pesticidas necessários para fomentar essa produção. Em geral, a curto prazo, o problema primário não parece ser a produção e sim a distribuição e o uso dos alimentos, especialmente nas áreas mais pobres das nações em desenvolvimento.

Todavia, em algum momento, no futuro, a produção de alimento ficará defasada em relação ao crescimento populacional. A maioria das terras agricultáveis do mundo já está sendo usada, e as áreas disponíveis vêm diminuindo ano após ano como consequência de práticas agrícolas inadequadas ou demandas conflitantes de uso da terra. Por muitas razões, a oferta sustentável de alimentos no mundo – uma quantidade que não esgote os recursos do planeta – está hoje em dia bem abaixo do consumo de alimentos. Essa discrepância indica que a produção de alimentos nos países menos desenvolvidos dificilmente conseguirá acompanhar o crescimento populacional e logo não será suficiente.

Programas de controle da natalidade, que obviamente detêm a expansão populacional, já funcionaram em países desenvolvidos, mas são relativamente ineficazes nos países em desenvolvimento que poderiam se beneficiar deles. O planejamento familiar e o uso de contraceptivos pelas mulheres aumentaram, em todo o mundo, de 10% em 1969 para os atuais 60%. Se as Nações Unidas, entidades voluntárias e governos não tivessem iniciado programas de planejamento familiar e uso de contraceptivos, a população mundial atualmente estaria acima dos 7 ou 8 bilhões. Entretanto, as mulheres (e os homens) em muitos países em desenvolvimento ainda não têm acesso adequado a contraceptivos. As Nações Unidas estimam que pelo menos 200 milhões de mulheres queiram adotar métodos seguros e eficazes de planejamento familiar, mas não têm acesso a informações e serviços, nem contam com o apoio dos maridos ou da comunidade em que vivem. Organizações como o Population Services International vêm tentando manter os custos de distribuição sob controle e tornar os produtos disponíveis para tantas pessoas quanto possível, subsidiando preservativos e contraceptivos orais para alguns locais, por exemplo, Bangladesh.

vírus da imunodeficiência humana (HIV) Vírus causador da síndrome de imunodeficiência adquirida (Aids).

síndrome de imunodeficiência adquirida (Aids) Doença na qual um vírus (vírus da imunodeficiência humana [HIV]) infecta certos tipos específicos de células do sistema imune. As funções imunológicas do paciente se reduzem, e ele se torna indefeso contra diversos agentes infecciosos; em geral, a doença leva o indivíduo a morte.

DECISÕES ALIMENTARES

Benefícios do aleitamento materno

Promover o aleitamento materno também contribui para a meta de controle da natalidade. Embora não seja um método totalmente confiável para contracepção, a amamentação exclusiva diminui a ovulação e, consequentemente, a probabilidade de fertilização, por seis meses em média. (Mulheres que não amamentam em geral voltam a ovular dentro de um mês após o parto.) Quando as gestações são mais espaçadas, não só diminui o número total de nascimentos, mas a mãe tem mais tempo para se recuperar da gravidez, e a criança é alimentada prioritariamente por um período mais longo. Uma exceção à recomendação do aleitamento como prática saudável é o caso das mães infectadas pelo **vírus da imunodeficiência humana (HIV)**. O risco de transmissão do vírus pelo leite humano é de aproximadamente 10%. Dependendo das circunstâncias, esse risco pode exceder os benefícios da amamentação.

A experiência com programas de planejamento familiar nos países em desenvolvimento e as mudanças históricas na taxa de natalidade dos países desenvolvidos indicam uma importante conclusão. Em geral, somente quando têm o suficiente para comer e vivem com segurança financeira, essas pessoas se sentem confiantes de que, mesmo tendo menos filhos, ainda podem ter certeza de que terão, na idade avançada, filhos e filhas que possam cuidar deles. O aumento da renda *per capita* e a melhoria das condições de educação, sobretudo para as mulheres das nações em desenvolvimento, são os fatores que mais provavelmente poderão trazer soluções a longo prazo para o problema do crescimento populacional excessivo. Nos últimos anos, esses esforços resultaram em declínio do tamanho das famílias no Brasil, no Egito, na Índia e no México. A questão crucial é se existem, no mundo, recursos em quantidade suficiente para aumentar a renda *per capita* e garantir o nível de educação necessário para deter o crescimento populacional.

REVISÃO CONCEITUAL

A produção mundial de alimentos é suficiente para atender às necessidades calóricas da população mundial. Apesar desses recursos alimentares adequados, a subnutrição continua existindo, em decorrência da pobreza, da falta de política adequada, e da desigualdade na distribuição de alimentos. Além disso, o crescimento populacional projetado poderá ultrapassar, em breve, a produção de alimentos. A maioria dos cientistas e líderes mundiais recomenda limitar o crescimento populacional, sobretudo em países em desenvolvimento, onde a taxa de natalidade é elevada.

▲ Avanços duradouros na batalha mundial contra a subnutrição levam tempo.

Guerras e instabilidade civil/política

A Cúpula do Milênio das Nações Unidas, realizada em setembro de 2000, resultou na Declaração do Milênio, que incluiu a resolução de "não medir esforços para livrar nossos povos dos tormentos da guerra." No entanto, não podemos esquecer a realidade dos gastos militares mundiais, que ultrapassam 1,2 trilhão de dólares por ano – despesas que vêm crescendo desde 2001. O orçamento inteiro das Nações Unidas é apenas uma fração, de aproximadamente 1,5%, das despesas militares mundiais. No século XX, armas de guerra mortais causaram a morte de inúmeros civis em nações pobres, politicamente vulneráveis, devastadas por conflitos. Menos da metade de 1% da produção mundial anual de bens e serviços serve para dar assistência ao desenvolvimento econômico, enquanto cerca de 6% vão para despesas militares.

Além do impacto econômico dos gastos militares, as guerras e os conflitos civis estão impedindo que as populações pobres consigam progredir, o que contribui para a subnutrição em grande escala. Muitas regiões da África estiveram envolvidas em uma série de guerras civis e conflitos nos últimos anos. São exemplos desses conflitos os da República Democrática do Congo, a crise de Serra Leoa e a guerra Etiópia-Eritreia. Esses conflitos resultaram em milhões de mortes e mais de nove milhões de refugiados e pessoas desabrigadas em seu próprio país. Enquanto a guerra se alastrava, a saúde, a educação e os serviços públicos nesses países africanos se deterioravam, e aumentava a pobreza na África subsaariana. A fome decorrente da guerra afeta pelo menos 20 milhões de pessoas nas regiões sul e nordeste da África. A guerra na fronteira entre a Etiópia e a Eritreia teve um terrível impacto negativo sobre os recursos alimentares. Um dos diretores do Banco Mundial afirmou que a falta de alimento na Etiópia deverá persistir até que haja mudanças políticas. Aproximadamente 12,4 milhões de pessoas correm risco de privação de alimentos em países como Etiópia, Eritreia, Djibuti, Quênia, Somália e Zimbábue. Outros conflitos persistem, entre o Congo (antigo Zaire) e a República do Congo, e também em Angola e no Sudão, onde milhões de pessoas correm risco de inanição. Em Bagdá, capital do Iraque, país também devastado pela guerra, a desnutrição infantil aumentou drasticamente. A destruição da infraestrutura por bombardeios e saques restringe o acesso à água potável; por isso, as autoridades da saúde registraram um aumento de 250% nos casos de diarreia. Além disso, as unidades de atendimento necessárias para lidar com a subnutrição e a desidratação foram destruídas e saqueadas por toda a cidade de Bagdá e áreas vizinhas. Em geral, as pessoas que vivem em áreas devastadas pela guerra ficam sem abrigo, roupas, alimentos e meios de obter tudo isso. Estima-se que o problema deva se agravar, em todo o mundo, nos próximos 15 anos.

Os conflitos na região de Darfur, no Sudão, provocaram grande número de mortes e condenaram à subnutrição as populações desalojadas pela guerra.

Mesmo quando existe alimento disponível, as divisões políticas podem impedir sua distribuição a tal ponto que muitas pessoas acabam sofrendo de subnutrição por vários anos. Especialmente nas situações emergenciais, os programas destinados a ajudar os pobres costumam ser minados por uma administração instável, corrupção e influências políticas. Durante períodos de caos político, os organismos de ajuda frequentemente se veem presos entre as facções em guerra e as pessoas que eles tentam ajudar. Foi o que ocorreu recentemente no Sudão, onde organizações não governamentais assistenciais, como o fundo para alívio da fome na infância, foram expulsas do país. Esse cenário resultou em contínua deterioração das condições de vida na região de Darfur, onde centenas de milhares de refugiados foram privados da ajuda da qual dependiam, prestada por essas organizações.

▲ As residências e a infraestrutura são quase sempre danificadas em tempos de guerra ou conflito político.

Durante os anos 1960 e 1970, o problema da subnutrição nos países em desenvolvimento foi tratado como uma questão técnica: como produzir alimento suficiente para enfrentar crescimento da população mundial. Atualmente, o problema é considerado principalmente político: como obter cooperação entre nações e dentro dos próprios países, para que os avanços na produção de alimentos e em infraestrutura não sejam anulados pelas guerras. A melhor resposta está na combinação de estratégias – encontrar soluções técnicas para os problemas de fome crônica e pobreza e resolver as crises políticas que levaram as nações em desenvolvimento a essa situação aguda de fome e caos.

Rápida depleção dos recursos naturais

Com a rápida depleção dos recursos do planeta, o controle do crescimento populacional se torna ainda mais grave. A produção agrícola está se aproximando do limite em muitas áreas do mundo. Métodos de plantio insustentáveis, do ponto de vista ambiental, prejudicam a produção de alimentos, especialmente nos países em desenvolvimento.

revolução verde Termo que se refere ao aumento do rendimento das lavouras resultante da introdução de novas tecnologias agrícolas em países menos desenvolvidos a partir dos anos 1960. As tecnologias em questão envolvem o uso de variedades de arroz, trigo e milho de alto rendimento e resistentes a pragas, aumento do uso de fertilizantes e água e melhores práticas de cultivo.

A **revolução verde** foi um fenômeno que começou nos anos 1960, quando o rendimento das lavouras aumentou de modo significativo em alguns países, como Filipinas, Índia e México (a África não se beneficiou porque o clima lá não era compatível com as lavouras em questão). O aumento do uso de fertilizantes, a irrigação e o desenvolvimento de variedades de qualidade superior por meio de cruzamentos cuidadosos foram os fatores que viabilizaram esse grande aumento na produção agrícola. Atualmente, muitas das tecnologias associadas à revolução verde alcançaram seu pleno potencial. O rendimento das lavouras de arroz, por exemplo, não teve aumento significativo desde o lançamento das variedades superiores em 1966. (A revolução verde foi idealizada como uma medida paliativa, até que os líderes mundiais conseguissem controlar o crescimento da população.)

No futuro, será bem mais difícil aumentar a produtividade porque as terras agricultáveis estão cada vez menos produtivas. Até que seja lançada outra variedade superior de arroz ou de outros cereais, os países em desenvolvimento não deverão se beneficiar muito das recentes, porém modestas, inovações da biotecnologia (ver o item sobre o uso da biotecnologia).

As regiões do mundo que continuam não tendo plantações nem pastos são, quase todas, muito pedregosas, íngremes, inférteis, secas, úmidas ou inaccessíveis ao plantio. Quase toda a água disponível para irrigação está sendo usada, em nível mundial, e os mananciais estão se esgotando rapidamente em muitas regiões. Se houver falta de água, essa situação deverá aumentar as guerras e os conflitos em regiões áridas do mundo, como o norte da África e o Oriente Médio. A China, que tem mais de 20% das lavouras irrigadas do mundo, também sofre com uma escassez cada vez maior de água doce. No futuro, bilhões de pessoas enfrentarão falta permanente de água.

As perspectivas de se extrair uma quantidade substancial de alimento dos oceanos também são limitadas. Nos últimos anos, a pesca se estabilizou em todo o mundo. No passado, o peixe era a proteína do pobre, por assim dizer, mas essa situação não deverá se manter porque a criação de peixes não compensa, de forma alguma, a redução da população natural de peixes.

Está claro que a exploração dos recursos do planeta está chegando ao máximo; a população mundial provavelmente não poderá continuar a se expandir nesse mesmo ritmo sem um sério risco de fome e morte. A Food and Agriculture Organization, FAO, trabalha com base no seguinte princípio: "A luta para garantir que todas as pessoas tenham alimentos nutritivos na mesa em quantidade suficiente vale todos os nossos esforços, mas precisamos empreender essa luta sabendo que só iremos vencer se a agricultura, a pesca e as atividades extrativistas devolverem para a Terra tanto quanto – ou mais do que – tiram dela." Portanto, se quisermos que a produção de alimentos cresça em paralelo à expansão populacional, será preciso adotar medidas imediatas para proteger da destruição total o meio ambiente, que já está deteriorado.

▲ Os abundantes recursos agrícolas da América do Norte, como os campos de trigo, fornecem excelente alimento, como o pão fresco visto aqui.

Falta de abrigo e condições sanitárias

Quando as pessoas que vivem em países em desenvolvimento morrem de subnutrição, outros fatores quase sempre contribuem, como falta de abrigo e más condições sanitárias. A falta de condições sanitárias adequadas aliada à subnutrição aumenta especialmente o risco de infecção. Condições de moradia inadequadas, em prédios destruídos, ameaçam a vida de mais de 500 milhões de pessoas. Muitas das 15 milhões de crianças que morrem todos os anos – metade delas com menos de cinco anos de idade – nos países em desenvolvimento não teriam esse fim se vivessem em um ambiente com melhores padrões de higiene. Em alguns países em desenvolvimento, as populações urbanas crescem à taxa anual de 5 a 7%. Essa concentração populacional acabará resultando em mais pobreza. A explosão urbana é o resultado das elevadas taxas de natalidade aliada à constante migração do meio rural para as cidades. As pessoas se deslocam para as cidades em busca de emprego e renda que já não conseguem obter no campo. Em 1975, 38% da população mundial viviam nas áreas urbanas. Atualmente, esse percentual é algo em torno de 50%, com expectativa de crescer para 70% até 2050. Em 20 anos, 9 das 10 maiores metrópoles do mundo estarão em países pobres. Segundo o Banco Mundial, 16 das 20 cidades mais poluídas do mundo estão na China.

Em países em desenvolvimento, a população urbana é composta, sobretudo, de pessoas pobres, cujas necessidades de moradia e serviços públicos quase sempre excedem os recursos governamentais disponíveis. A maioria dessas pessoas pobres das cidades vivem em casas precárias, em bairros superpovoados, onde falta água potável, e os serviços públicos de infraestrutura chegam apenas parcialmente. As favelas e guetos do mundo em desenvolvimento quase sempre são piores do que as zonas rurais que essas pessoas abandonaram. Os pobres das cidades precisam de dinheiro para comprar mantimentos e, muitas vezes, sobrevivem comendo ainda menos do que quando estavam no campo. Para piorar a situação, os locais de moradia com frequência são muito ruins e não têm as condições necessárias para proteger os alimentos da deterioração ou do ataque por insetos e roedores. Essa dificuldade de cuidar dos alimentos é responsável, em alguns países em desenvolvimento, pela perda de até 40% dos itens perecíveis.

Quem mais sofre com êxodo rural são os bebês e as crianças. Os bebês frequentemente deixam de ser amamentados muito cedo e passam a tomar leite artificial, porque a mãe precisa trabalhar e também por influência da propaganda de fórmulas infantis. Como essas fórmulas são relativamente caras, as mães pobres procuram economizar diluindo demais o pó ou dando à criança um volume insuficiente para as necessidades nutricionais. Além disso, se a água não for limpa, a fórmula poderá ser contaminada por bactérias. O leite humano, ao contrário, é muito mais higiênico, está sempre disponível e é nutritivo. Além disso, fornece ao bebê imunidade contra várias doenças. É importante incentivar o aleitamento materno quando ele é seguro para o bebê (ver comentário anterior sobre Aids, HIV e amamentação).

Em geral, pode-se dizer que uma fonte de água potável e abundante é, isoladamente, o recurso mais eficaz para manter a saúde das pessoas. Condições sanitárias inadequadas e consumo de água contaminada são responsáveis por 75% de todas as doenças e mais de um terço das mortes nos países em desenvolvimento. A Organização Mundial da Saúde (OMS) estima que 1,1 bilhão de pessoas, ou seja, 1/6 da população mundial, não tenha acesso a água de modo adequado e seguro. Além disso, até 90% das doenças observadas nos países em desenvolvimento podem ser atribuídas à água contaminada.

A falta de condições de higiene, outro problema de infraestrutura do mundo em desenvolvimento, representa um grave problema de saúde pública. Fezes humanas, lixo em decomposição e as consequentes infestações por insetos e roedores são fontes de microrganismos causadores de doenças comuns nas áreas urbanas dos países em desenvolvimento. Entre as substâncias mais perigosas do ambiente de convívio humano estão a urina e as fezes. A impossibilidade de lidar corretamente com grande número de cadáveres (de pessoas e animais) em épocas de guerra civil agrava o problema da higiene. Em alguns países em desenvolvimento, as doenças que causam diarreia representam até um terço de todas as mortes de crianças de menos de

No Brasil, migrantes expulsos de suas terras por multinacionais do agronegócio invadem as cidades do Rio de Janeiro e São Paulo, vindos do norte e do nordeste do país atraídos pela perspectiva de emprego. Nessas cidades, essas pessoas acabam vivendo em favelas no entorno de bairros de alta renda, mas os empregos não se materializam, e a pobreza urbana substitui a rural.

A perda de sangue causada por parasitoses intestinais é outra causa comum de anemia em pessoas pobres, especialmente as que não usam sapatos. Parasitas como o ancilóstoma podem facilmente penetrar pela sola do pé ou pelas pernas e chegar à corrente sanguínea. Embora a ancilostomíase tenha sido quase completamente erradicada nos Estados Unidos e outras nações industrializadas, em função de medidas sanitárias, ela continua atacando aproximadamente 1 a cada 8 pessoas da população mundial, sobretudo em regiões tropicais.

▲ Instalações sanitárias inadequadas e consumo de água contaminada causam a maior parte de todas as doenças. Aproximadamente 1 bilhão de pessoas nos países em desenvolvimento não têm acesso a uma fonte de água potável.

cinco anos de idade. A OMS estima que mesmo com melhorias na moradia, dois bilhões de pessoas em todo o mundo carecem de instalações sanitárias adequadas.

Dívida externa elevada

Desde os anos 1970, muitos países em desenvolvimento se tornaram escravos de um ciclo de empréstimos repetitivos concedidos por outros países e bancos internacionais. A manutenção da dívida externa levou muitos desses países à beira de um colapso econômico. Cerca de 6 bilhões de dólares são devidos aos Estados Unidos. A dívida externa da América Latina representa 45% do produto interno bruto da região.

Muitos países da África também têm dívidas imensas. O problema se agrava com a queda dos preços das *commodities* exportadas por esses países, além do aumento de preço do petróleo importado e da corrupção nas altas esferas de governo. Para fechar a balança entre exportações e importações, esses países foram forçados a pedir milhões de dólares emprestados a bancos internacionais. Embora as dívidas dos países africanos sejam muito menores, em números absolutos, do que as do Brasil, da Argentina e do México, por exemplo, o ônus é maior se considerarmos a renda e as receitas de exportação dos países. Quase metade dos ganhos dos países africanos com exportações servem para pagar a dívida de muitos bilhões de dólares do continente. O restante é quase todo usado para importar maquinaria, concreto, caminhões e bens de consumo dos países desenvolvidos. Sobra pouco, portanto, para os programas domésticos, que sofrem cortes, ou seja, ficam sem recursos para combater a subnutrição disseminada.

Em 2005, o Grupo dos 8 (as 8 nações mais industrializadas do mundo) anunciou planos de perdoar parte da dívida dos países em desenvolvimento. As novas condições para quitação da dívida foram condicionadas à promessa do país em desenvolvimento de administrar bem suas finanças e usar o dinheiro economizado para melhorar a saúde, a educação e a infraestrutura.

REVISÃO CONCEITUAL

Conflitos e guerra civil, aliados ao declínio das reservas naturais do planeta, contribuem para a dificuldade de se dar um fim à subnutrição em muitos países em desenvolvimento. Além disso, a falta de condições adequadas de moradia, água potável e instalações sanitárias aumenta o risco de infecções e outras doenças. As infecções se combinam à subnutrição e comprometem ainda mais a saúde das pessoas pobres. Por fim, muitos países em desenvolvimento sofrem com dívidas externas extremamente elevadas, que limitam muito sua capacidade de implantar programas que reduzam a subnutrição.

O impacto da Aids no mundo

Aproximadamente 33 milhões de pessoas em todo o mundo estão infectadas pelo vírus da imunodeficiência humana (HIV) ou evoluíram, a partir dessa infecção, para a síndrome de imunodeficiência adquirida (Aids). A infecção se distribui igualmente nos dois sexos, mas vem aumentando mais rapidamente nas mulheres em vários países. Embora o número de mortes por Aids a cada ano tenha declinado, em todo mundo, desde o ano 2005, mais de dois milhões de adultos e crianças ainda morreram de Aids em 2007.

A infecção pelo HIV pode ocorrer por contato com líquidos corporais, como sangue, sêmen, secreção vaginal e leite humano. Portanto, o vírus pode ser transmitido por contato sexual, por contato direto entre o sangue contaminado e o da pessoa ou pode passar da mãe para o filho durante a gestação, o parto ou a amamentação. O vírus tem capacidade muito limitada de viver fora do corpo.

Uma vez infectada pelo HIV, diz-se que a pessoa passou a ser HIV-positiva. Se não tratada, a doença viral evolui em poucos anos, e a pessoa começa a apresentar sintomas de infecções oportunistas, como diarreia, doença pulmonar, perda de peso e um tipo particular de câncer. Quando a pessoa apresenta esses sintomas, diz-se que ela tem Aids. Sem tratamento, a Aids leva a pessoa à morte em 4 a 5 anos.

Os esforços feitos em todo o mundo têm surtido efeito, estabilizando a epidemia e levando a uma queda do aparecimento de novos casos de infecção por HIV em vários países. Entre 2001 e 2007, o número de novas infecções por HIV caiu de 3 para 2,7 milhões por ano. Na África, particularmente subsaariana, o HIV está disseminado na população e afeta homens e mulheres. A região responde por 60% dos indivíduos HIV-positivos do mundo (Fig. 12.4). Na maioria das áreas da África

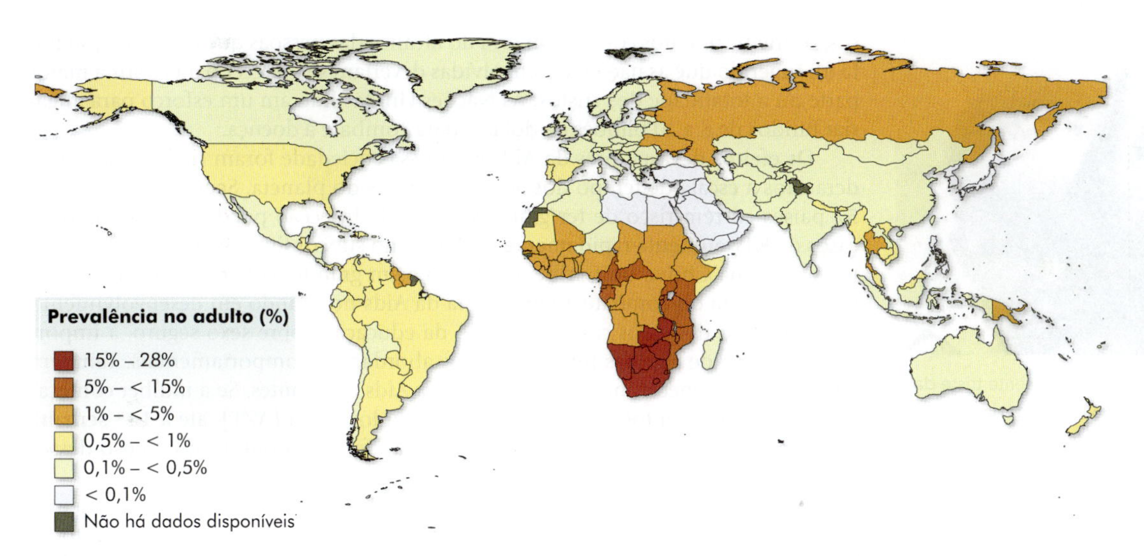

FIGURA 12.4 ▶ Panorama global dos 33 milhões de pessoas que viviam com infecção por HIV em 2007.

Fonte: Relatório sobre a Epidemia Global de HIV/Aids 2008: Sumário Executivo, julho de 2008.

subsaariana, a Aids reduz à metade a expectativa de vida, especialmente se a pessoa também sofre de tuberculose. Em muitos países, a Aids também produz órfãos, cujo número é estimado em 12 milhões, somente na África.

A América do Norte também sofre com o problema da Aids. Nos Estados Unidos, estima-se que cerca de 1,2 milhão de pessoas (1 em cada 280 pessoas) estejam infectadas pelo HIV, muitas delas sem saber da infecção. (Relatórios afirmam que, em Nova Iorque, 1 em cada 100 pessoas está infectada pelo HIV.) Aproximadamente 580 mil pessoas morreram de Aids, nos Estados Unidos, desde que a doença surgiu nos anos 1980, e todos os anos cerca de 50 mil novos casos são registrados. O HIV incide em maior porcentagem nas minorias dos Estados Unidos.

A Aids se torna, rapidamente, uma doença da infância. Em 2007, dois milhões de crianças abaixo de 15 anos de idade viviam com HIV/Aids em todo o mundo.

Embora não exista uma vacina que possa prevenir a Aids, os medicamentos antivirais mais modernos podem diminuir significativamente a velocidade de progressão da doença. Entretanto, há muitas barreiras que dificultam o acesso a esses medicamentos nos países em desenvolvimento. Por exemplo, as terapias mais recentes exigem que a pessoa tome pelo menos três diferentes medicamentos e cerca de 14 comprimidos por dia. Se a pessoa falhar algumas doses, isso poderá reduzir muito a eficácia do tratamento e acelerar a progressão da doença. Outra barreira é a econômica: um esquema-padrão pode custar aproximadamente 14 mil dólares por ano, sem incluir internações hospitalares imprevistas. Certas empresas farmacêuticas e governos vêm trabalhando para reduzir o custo dos medicamentos usados para tratar Aids nas nações em desenvolvimento. Ainda assim, na maioria dos ca-

DECISÕES ALIMENTARES

Nutrição e Aids

Uma alimentação balanceada pode prevenir a Aids? A resposta, infelizmente, é não. Uma alimentação saudável não cura a doença, mas pode ajudar a atenuar o impacto das infecções associadas à Aids. O estado nutricional comprometido, com deficiência de vitamina A e de vitamina E, por exemplo, contribui para o mais rápido aparecimento de sintomas como emagrecimento e febre e acelera a evolução fatal. Isso explica por que foi demonstrado, em uma pesquisa, que o uso diário de um suplemento vitamínico-mineral balanceado diminui a rapidez de deterioração da saúde nesses casos. Em geral, a manutenção do estado nutricional deve fazer parte do tratamento da Aids.

▲ Uma consequência particularmente triste da Aids na África é o número de órfãos da doença, crianças cujos pais morreram, ambos, de Aids. As Nações Unidas registram cerca de 15 milhões de órfãos da Aids que passaram a ser responsáveis por seus irmãos e outros membros da família.

sos, os medicamentos continuam fora do alcance das pessoas que deles necessitam. Já foi sugerido que as nações desenvolvidas deveriam se oferecer para cobrir a maior parte ou a totalidade dos custos. As Nações Unidas lideram um esforço para angariar fundos de 8 a 10 bilhões de dólares para combate à doença.

Os efeitos devastadores da Aids em nossa sociedade foram rápidos, se considerarmos a escala de tempo dos acontecimentos do planeta. Segundo um estudo, 57 países correm risco de ter grandes surtos de infecção por HIV. O número de casos de HIV aumenta rapidamente na África, no subcontinente indiano, no sudeste asiático, na China, no Caribe, na Rússia e em grande parte do leste europeu. A principal meta do combate ao problema da Aids no mundo em desenvolvimento é a prevenção de novos casos por meio da educação sobre sexo seguro, a importância do uso de agulhas limpas e outras abordagens comportamentais. Também é importante fornecer medicamentos contra Aids a gestantes. Se a mulher começar a tomar medicamentos contra Aids, como a zidovudina (AZT), até a 14ª semana de gestação, o risco de transmissão do vírus ao feto diminui muito. O uso desses medicamentos imediatamente antes do parto também ajuda.

Por trás das complexas estatísticas sobre Aids, existem custos menos evidentes para empresas, famílias, escolas e universidades e para a sociedade como um todo. Por exemplo, a produtividade no trabalho diminui muito, porque as vítimas de Aids produzem menos e necessitam de mais, especialmente nos estágios mais avançados da doença. A produtividade das empresas cai ainda mais quando as pessoas precisam se licenciar do trabalho ou dos estudos para cuidar de seus familiares afetados por essa doença. Além disso, a Aids consome boa parte da renda familiar. Nessas famílias que vivem sob pressão, precisando gastar boa parte de sua renda com médicos e medicamentos, sobra pouco dinheiro para as despesas da casa. Outros membros da família precisam se esforçar para cumprir as obrigações domésticas e cuidar dos órfãos deixados no rastro da doença. Para saber mais sobre Aids, acesse a página www.unaids.org.

REVISÃO CONCEITUAL

Aproximadamente 40 milhões de pessoas em todo o mundo estão infectadas pelo vírus da imunodeficiência humana (HIV) ou evoluíram, a partir dessa infecção, para a síndrome de imunodeficiência adquirida (Aids). O vírus pode ser transmitido por contato sexual, por contato direto entre o sangue contaminado e o da pessoa, ou pode passar da mãe para o filho durante a gestação, o parto ou a amamentação. Sem tratamento, uma pessoa infectada provavelmente morrerá de Aids em 4 a 5 anos. A maior esperança para resolver o problema da Aids no mundo em desenvolvimento é a prevenção de novos casos.

Como reduzir a subnutrição no mundo em desenvolvimento

Reduzir de modo significativo a subnutrição no mundo em desenvolvimento é uma tarefa complexa que levará muito tempo para ser realizada (Fig. 12.5). É uma prática comum que as nações mais ricas enviem ajuda direta, sob a forma de alimentos, às áreas onde há fome. Entretanto, a ajuda direta com alimentos não é uma solução a longo prazo. Embora reduza o número de mortes por inanição, essa alternativa também pode diminuir o incentivo à produção local, em função de provocar a baixa dos preços. Além disso, os países mais afetados podem ter poucos meios de transportar os alimentos para os mais necessitados e, em alguns casos, esses alimentos não são adequados ao perfil cultural da população.

A curto prazo, não há escolha – é preciso enviar ajuda porque as pessoas estão passando fome. No entanto, o foco, a longo prazo, deve ser a melhoria da infraestrutura para as pessoas pobres, especialmente no meio rural. Essa estratégia é necessária porque o fator determinante da subnutrição em áreas carentes do mundo é a dependência dessas pessoas de recursos externos para suprir suas necessidades básicas. Essa dependência as torna constantemente vulneráveis.

O Banco Mundial indica três abordagens básicas para combater as deficiências de micronutrientes: aumentar a diversidade da alimentação fornecida, fortificar certos alimentos com nutrientes específicos e fornecer suplementação nutricional, se necessário, em base individual.

FIGURA 12.5 ▶ Encontrar soluções para resolver o problema da fome no mundo em desenvolvimento. Juntar as peças desse quebra-cabeça significa tomar as medidas necessárias para alcançar a meta global.

O desenvolvimento deve ser ajustado às condições locais Vale ressaltar que, nos últimos 40 anos, a oferta mundial de alimentos cresceu mais do que a população. Portanto, se a subnutrição aumentou nesse período, isso ocorreu devido ao aumento do número de pessoas que foram privadas da parte que lhes cabia na distribuição de alimentos. Milhões de produtores rurais vêm perdendo acesso aos recursos necessários para que se tornem autossuficientes. É cada vez mais evidente que, a menos que sejam criadas oportunidades econômicas no âmbito de um plano para o desenvolvimento sustentável, a população rural sem terras migrará em massa para as cidades superpovoadas. Uma das respostas para o problema é o desenvolvimento regional cuidadoso, de pequena escala.

A solução reside, em grande parte, em ajudar as pessoas no suprimento de suas próprias necessidades direcionando-as para os recursos e oportunidades de emprego e não lhes entregando diretamente os recursos. A experiência mostrou que a oferta de crédito – além de treinamento, instalações para armazenagem de alimentos e apoio para comercialização – permite à população rural participar ativamente de seu próprio desenvolvimento, o que irá beneficiar suas famílias e comunidades.

O programa *Peace Corps*, dos Estados Unidos, ajuda a melhorar as condições de vida em nações em desenvolvimento por meio da educação, da distribuição de alimentos e medicamentos e da construção de infraestrutura local. A meta do *Peace Corps* é ajudar a criar economias autossustentáveis e independentes em todo o mundo.

As mulheres pobres são um foco especial de atenção, pois além de uma jornada de trabalho mais longa do que a dos homens, elas produzem a maior parte do alimento que a família consome e representam três quartos da força de trabalho no setor informal da economia e um percentual crescente do setor formal. É preciso dar mais oportunidades econômicas às mulheres e incrementar a educação sobre planejamento familiar. Dos três bilhões de pessoas que vivem com menos de dois dólares por dia em todo o mundo, 70% são mulheres. Além disso, entre os 900 mi-

▲ A segurança alimentar é promovida por ações que permitam à comunidade produzir e distribuir seu próprio alimento.

PARA REFLETIR

Stan leu sobre vários programas de ajuda a pessoas subnutridas dos países em desenvolvimento, especialmente sobre os programas de auxílio emergencial a regiões devastadas pela fome. Aparentemente, muitos desses programas são apenas temporários, e ele se pergunta que estratégias a longo prazo poderiam contribuir para aliviar o problema da subnutrição. Que sugestões você daria a Stan sobre possíveis soluções a longo prazo para a subnutrição nos países em desenvolvimento?

lhões de analfabetos do mundo em desenvolvimento, há duas vezes mais mulheres do que homens. Por isso, um dos meios importantes de tirar essas nações do círculo de pobreza é pôr um fim no ciclo de negligência em relação às mulheres.

Também é preciso incentivar o uso de tecnologias adequadas para processamento, conservação, comercialização e distribuição de gêneros alimentícios locais, com o objetivo de garantir a subsistência dos produtores rurais. Um benefício adicional pode ser alcançado com a educação sobre o preparo de uma alimentação saudável, por exemplo, sobre o consumo de vegetais ricos em vitamina A. A suplementação dos alimentos naturais com nutrientes que eles não contêm, como ferro, vitaminas do complexo B, zinco e iodo, também merece ser levada em conta. Um dos programas de ajuda inclui a adição de ferro ao açúcar em várias partes do mundo. A próxima seção trata do papel da biotecnologia na melhoria de qualidade dos nutrientes e de certas características de plantas e animais, outro passo que poderá ter efeito positivo e diminuir a subnutrição. Além disso, é preciso empreender ações para purificação da água.

A reforma agrária extensiva também é parte da solução. Uma das muitas vantagens dessa estratégia é aumentar a disponibilidade dos alimentos. Se os recursos alimentares ficarem concentrados nas mãos de uma minoria, como resultado de uma distribuição desigual da terra, os alimentos não serão distribuídos de modo igualitário, a menos que existam sistemas eficazes de transporte. A distribuição desigual é um problema de difícil solução.

Elevar a condição econômica das pessoas pobres dando-lhes emprego é tão importante quanto expandir a oferta de alimentos. Se a oferta de alimentos aumenta sem que haja, paralelamente, um aumento da oferta de empregos, a longo prazo, não haverá mudança do número de pessoas desnutridas. Embora o preço dos alimentos possa baixar como resultado da mecanização da agricultura, do uso de fertilizantes e de outras modernas tecnologias, é preciso lembrar que esses avanços também podem gerar desemprego, o que piora em vez de melhorar a situação.

DECISÕES ALIMENTARES

Desenvolvimento sustentável, desenvolvimento e igualdade entre os sexos

Desenvolvimento sustentável é o crescimento econômico que reduz a pobreza ao mesmo tempo em que protege o ambiente e preserva os recursos naturais. No relatório da Cúpula Mundial de 2005, a Organização das Nações Unidas (ONU) cita o desenvolvimento econômico, o desenvolvimento social e a proteção ambiental como os "pilares de reforço" do desenvolvimento sustentável. Nos últimos 20 anos, a compreensão dos papéis e responsabilidades de homens e mulheres na comunidade e a relação dos homens e mulheres entre si foram importantes componentes do desenvolvimento sustentável. A **estratégia de desenvolvimento e igualdade entre os sexos** visa à melhoria do *status* das mulheres por meio da participação ativa de homens e mulheres. Essa abordagem aumenta o acesso das mulheres à educação, às informações e às tecnologias de comunicação, recursos econômicos e governança, e assim contribui para reduzir a pobreza, promover o desenvolvimento, estabelecer a igualdade entre os sexos, proteger os direitos humanos das mulheres e erradicar a violência contra a mulher.

desenvolvimento sustentável Crescimento econômico que, simultaneamente, reduz a pobreza, protege o ambiente e preserva os recursos naturais.

estratégia de desenvolvimento e igualdade entre os sexos Compreensão dos papéis e responsabilidades de homens e mulheres no processo de desenvolvimento sustentável.

12.4 Papel da agricultura sustentável e da biotecnologia na oferta mundial de alimentos

Agricultura sustentável

As mudanças ocorridas nas práticas agrícolas ao longo de vários anos produziram muitos resultados positivos no sentido de aumentar a quantidade de alimento disponível no mundo. Contudo, paralelamente aos efeitos positivos nas lavouras, houve também importantes impactos negativos. Os mais significativos foram o desgaste do solo, a contaminação do lençol freático, o declínio da agricultura familiar, a deterioração das condições de vida e trabalho dos trabalhadores rurais, o aumento dos custos da produção e o descompasso das condições sociais e econômicas das comunidades rurais.

Nas últimas duas décadas, o papel da agroindústria na promoção de práticas que contribuem para os problemas sociais e ambientais foi objeto de discussão. O resultado foi um crescente interesse em práticas agrícolas alternativas e o surgimento de um movimento no sentido da agricultura sustentável. O termo agricultura sustentável designa sistemas de plantio e criação capazes de se manter, indefinidamente, produtivos e úteis para a sociedade. A agricultura sustentável depende da integração de diversas metas, inclusive saúde ambiental, lucratividade econômica e equidade social e econômica. Simboliza uma resposta a várias preocupações sociais e ambientais e oferece oportunidades inovadoras e economicamente viáveis para vários integrantes do sistema alimentar, como agricultores, trabalhadores, consumidores e legisladores. Atualmente, a agricultura sustentável ganha apoio e aceitação por parte de produtores rurais de vários países.

agricultura sustentável Sistema agrícola que garante o sustento das famílias que vivem no campo. Conserva o ambiente e os recursos naturais, dá apoio à comunidade rural, respeita e trata com justiça todos os envolvidos, incluindo os agricultores, os consumidores e os animais criados para a subsistência.

A agricultura sustentável significa manter ou aumentar a extensão de terras e os recursos naturais que poderão ser utilizados por muito tempo. Além disso, devem ser consideradas as responsabilidades sociais dos recursos humanos, o que inclui as condições de vida e trabalho dos empregados, as necessidades das comunidades rurais e a saúde e a segurança do consumidor, no presente e no futuro. O potencial da sustentabilidade é mais bem-compreendido quando se consideram as consequências das práticas agrícolas para as comunidades humanas e para o ambiente.

Produtores rurais de todo o mundo poderão ter sucesso na transição para a agricultura sustentável caso consigam dar pequenos passos, de acordo com sua realidade e com base em suas metas pessoais e economia familiar. Para que a agricultura sustentável se torne realidade em todo o mundo, será necessária a participação de todos os interlocutores – agricultores, trabalhadores, varejistas, consumidores, pesquisadores e governantes.

A capacidade que tem o homem de manipular a natureza permitiu melhorar a produção e o rendimento de muitos alimentos importantes. A **biotecnologia** tradicional é quase tão antiga quanto a agricultura. O primeiro fazendeiro que melhorou a qualidade do seu gado cruzando o melhor touro com as melhores vacas já estava praticando biotecnologia, no sentido mais simples do conceito. O primeiro padeiro que usou fermento para fazer crescer a massa do pão já estava tirando proveito da biotecnologia.

Por volta dos anos 1930, a biotecnologia tornou possível cultivar, seletivamente, variedades melhores de plantas. O resultado, nos Estados Unidos, foi que a produção de milho duplicou rapidamente. Por meio de métodos semelhantes, as lavouras de trigo foram cruzadas com gramíneas selvagens e passaram a ter certas propriedades interessantes, como maior rendimento, maior resistência a doenças causadas por fungos e bactérias e maior tolerância à salinidade ou a condições climáticas adversas.

Outro tipo de biotecnologia usa hormônios em vez de métodos de criação. Na última década, o salmão do Canadá foi tratado com um hormônio que permite ao peixe alcançar a maturidade três vezes mais rápido do que o normal, sem alterar qualquer outra de suas características. Em termos gerais, a biotecnologia pode ser entendida como o uso de seres vivos – plantas, animais, bactérias – para fabricar produtos.

biotecnologia Conjunto de processos que envolve o uso de sistemas biológicos para alterar e, de preferência, melhorar as características de plantas, animais e outras formas de vida.

engenharia genética Manipulação do código genético de qualquer organismo vivo por meio da tecnologia de DNA recombinante.

tecnologia de DNA recombinante Tecnologia usada no tubo de ensaio para rearranjar as sequências de DNA de um organismo, cortando, adicionando, deletando e juntando sequências de DNA com a ajuda de diversas enzimas.

organismo geneticamente modificado (OGM) Qualquer organismo criado por engenharia genética.

transgênico Organismo que contém genes originalmente presentes em outro organismo.

Biotecnologia

A nova biotecnologia usada na agricultura inclui diversos métodos que modificam diretamente os produtos. Difere dos métodos tradicionais porque modifica mais diretamente o material genético (DNA) de alguns organismos para melhorar suas características. O cruzamento de plantas ou animais já não é o único recurso disponível. O desenvolvimento desse novo processo, denominado engenharia genética, começou nos anos 1970. Hoje em dia, o campo da biotecnologia dispõe de uma grande variedade de técnicas celulares e subcelulares para síntese e inserção de material genético em organismos (Fig. 12.6).

Esse processo, chamado de **tecnologia de DNA recombinante**, permite acesso a um *pool* de genes mais amplo, possibilitando a produção mais rápida e mais

FIGURA 12.6 ▶ A biotecnologia envolve o uso de várias técnicas para transferir DNA de um organismo para outro. Nesse diagrama, uma amostra de DNA é separada de um fragmento maior de DNA e inserida no DNA da célula hospedeiro. Assim, a célula-hospedeira passa a conter uma nova informação genética, que confere a essa célula uma nova capacidade. No caso do milho, isso pode significar resistência à variedade europeia da broca do milho, por exemplo. Esse novo milho agora se chama um organismo geneticamente modificado (OGM). Em outro tipo de aplicação, bactérias podem ser manipuladas por engenharia genética para produzir uma insulina idêntica ao hormônio humano.

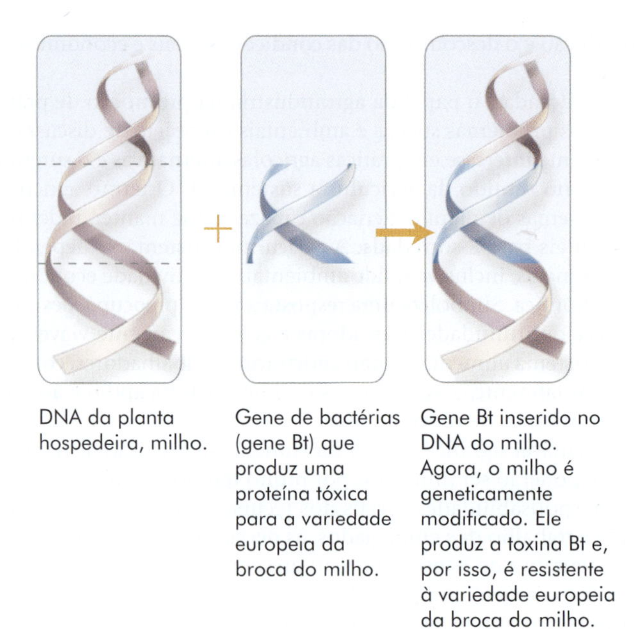

precisa de novas espécies animais, vegetais e microbianas mais úteis para o ser humano. As técnicas convencionais de cruzamento e criação são ineficazes e têm resultados inconsistentes; a biotecnologia usa o material genético com maior precisão. Os cientistas selecionam o traço que desejam e modificam ou introduzem o gene que produz esse traço em uma planta ou animal (que passa a se chamar **organismo geneticamente modificado [OGM]** ou **transgênico**). A engenharia genética não substituiu as práticas convencionais de cruzamento – elas trabalham juntas.

DNA da planta hospedeira, milho.
Gene de bactérias (gene Bt) que produz uma proteína tóxica para a variedade europeia da broca do milho.
Gene Bt inserido no DNA do milho. Agora, o milho é geneticamente modificado. Ele produz a toxina Bt e, por isso, é resistente à variedade europeia da broca do milho.

A biotecnologia é usada para melhorar as lavouras segundo três abordagens principais. A primeira é a adição, à variedade cultivada, de uma característica ímpar, denominada "característica de primeira geração" (*input trait*). Essas características melhoradas incluem tolerância a herbicidas, proteção contra vírus e insetos e tolerância a fatores de estresse ambientais, como a seca. Outras abordagens são a melhoria qualitativa (*output trait*), por exemplo, óleos vegetais com níveis mais elevados de ácidos graxos ômega-3 e cultivares que produzem medicamentos. Os cientistas já conseguiram criar, por engenharia genética, plantas que crescem com menos uso de pesticidas e novas variedades de batata que podem ser armazenadas por mais tempo sem necessidade de conservantes. Além disso, a biotecnologia permite que os cientistas criem frutos e grãos com maior teor de certos nutrientes, como betacaroteno (p. ex., "arroz dourado") e vitaminas E e C. A biotecnologia é usada com cautela, de modo conservador, por isso seus benefícios nos parecem sutis. No entanto, o benefício final pode ser importante se for possível melhorar os alimentos consumidos pelas populações do mundo em desenvolvimento.

Poucos consumidores nos Estados Unidos se dão conta de que pelo menos 50% do milho e 90% da soja produzidos no país foram geneticamente modificados para resistir a certos insetos, o que diminiu, assim, a necessidade de uso de pesticidas, e/ou para sobreviverem quando borrifados com herbicidas que matam ervas daninhas. Os pés de mamão papaia são geneticamente modificados para resistir aos vírus.

A modificação genética do milho chamou muita atenção dos meios de comunicação. O milho pode ser geneticamente modificado pela inserção de um gene da bactéria *Bacillus thuringiensis*, geralmente chamado gene Bt, no DNA do milho (Fig. 12.6). Esse gene permite que o milho produza uma proteína letal para alguns tipos de lagarta que agridem a planta. A proteína Bt do milho, no entanto, só está presente na planta em baixas concentrações e não tem qualquer efeito no ser humano – ela é digerida juntamente com as demais proteínas do milho. Por muitos anos,

▲ Tanto os métodos tradicionais de cruzamento de plantas quando a biotecnologia produziram variedades de alto rendimento, resistentes a doenças, inclusive novas variedades de milho.

os adeptos da agricultura orgânica pulverizaram as lavouras com bactérias Bt para destruir pragas. (Pulverizar a lavoura, no entanto, não modifica o DNA da planta.)

A FDA acredita que as variedades de alimentos geneticamente modificadas aprovadas atualmente sejam seguras para o consumo. Por isso, os fabricantes de alimentos não precisam mencionar, no rótulo dos produtos, o teor do ingrediente geneticamente modificado. A FDA não defende a rotulagem de produtos com OGM porque não acredita que eles causem risco à saúde.

Contudo, a opinião pública sobre o uso da biotecnologia e dos OGMs é controvertida. Mesmo a comunidade científica tem opiniões conflitantes sobre essa tecnologia, e seus defensores estão bastante convencidos dos benefícios tanto quanto seus oponentes estão convencidos dos riscos. O principal debate nos Estados Unidos tem como foco os possíveis riscos ambientais de introduzir genes de uma espécie em outra. Alguns oponentes questionam até mesmo a suposta redução do uso de pesticidas que seria decorrente da implantação de lavouras geneticamente modificadas. Embora as lavouras geneticamente modificadas possam necessitar de menos atividades danosas ao ambiente, como a pulverização com pesticidas, os críticos alegam que as sementes com maior potencial inseticida levarão a um rápido aumento de resistência dos insetos, devido à constante exposição a essas características das sementes. O uso de pesticidas tradicionais, contudo, pressupõe sua aplicação com prudência, em parte para evitar resistência dos insetos. Além disso, a disseminação acidental de animais, por exemplo, peixes, geneticamente modificados, pode causar dano às variedades selvagens.

Embora os riscos da biotecnologia pareçam desprezíveis a curto prazo, podem ser cumulativos e, portanto, preocupantes a longo prazo. A FDA analisa cuidadosamente todos os produtos desenvolvidos com base nessa tecnologia e obriga o rótulo a conter informações sobre alérgenos potenciais que estejam presentes em alimentos alterados pela biotecnologia.

A opinião pública sempre se opôs a processos considerados danosos para o ambiente, como a fabricação de produtos não naturais. Como as reservas de alimentos nos Estados Unidos, Canadá e Europa são elevadas, alguns questionam a necessidade de aumentar a produção de alimentos. Produtos não totalmente naturais despertam críticas; essas crícticas fizeram a Europa Ocidental, por exemplo, proibir o uso de hormônios na produção de carne e leite e suspender a comercialização de quase todos os alimentos geneticamente modificados.

Papel da nova biotecnologia no mundo em desenvolvimento

Em 2007, 23 países plantaram 282 milhões de acres de lavouras melhoradas pela biotecnologia, incluindo variedades de soja, milho, algodão, canola, mamão papaia e abóbora. Em 2005, sete países – Estados Unidos, Canadá, Brasil, Argentina, Uruguai, Paraguai e Austrália – plantaram 94% dessas lavouras, em 208,7 milhões de acres. Pequenas propriedades rurais da China, Índia, África do Sul, México, Filipinas, Colômbia, Honduras e Irã ficaram em segundo lugar no plantio de lavouras tratadas por biotecnologia, com 13,2 milhões de acres. O objetivo nesses países foi aumentar o rendimento das lavouras para melhorar a renda e suprir as populações urbanas cada vez maiores.

Ainda não se sabe se as aplicações da engenharia genética ajudarão a reduzir significativamente a subnutrição no mundo em desenvolvimento. A menos que esse aumento de produção seja acompanhado por uma queda dos preços, somente os proprietários de terras e os fornecedores de biotecnologia poderão se beneficiar. Os pequenos produtores rurais só terão benefício se conseguirem comprar sementes geneticamente modificadas. A questão merece ser enfatizada: quem não pode comprar alimento suficiente atualmente ainda terá a mesma situação no futuro.

Assim como ocorre com qualquer inovação, os produtores rurais mais bem-sucedidos – principalmente os que possuem grandes propriedades – serão os primeiros a adotar as novas técnicas de biotecnologia. Por isso, a tendência é que continuem existindo cada vez menos e maiores propriedades rurais no mundo em desenvolvimento, dificultando a solução do problema premente da subnutrição nessas áreas. Além disso, a biotecnologia não promete aumentos significativos na

▲ A soja transgênica é um alimento comum no mercado. Mais de 90% da soja plantada nos Estados Unidos são geneticamente modificadas.

produção da maioria dos cereais e da mandioca, base da alimentação nos países em desenvolvimento.

Com a introdução de variedades autofertilizantes e resistentes à seca e às pragas, a biotecnologia agrícola poderá ajudar a diminuir a fome no mundo. O potencial mais promissor dos alimentos geneticamente modificados talvez esteja na criação de vegetais especialmente ricos em certos micronutrientes. Eles fornecem aos países em desenvolvimento uma estratégia para tratar e prevenir carências nutricionais específicas observadas na população, desde que haja acesso aos recursos agrícolas necessários para aumentar o teor de micronutrientes nas lavouras. Outra esperança reside na criação de variedades nativas, como tomates, de maior rendimento e mais tolerantes ao solo com alto grau de salinidade. A biotecnologia provavelmente será, no futuro, uma estratégia útil para livrar o mundo da praga da subnutrição. As melhorias que essa tecnologia é capaz de introduzir nas lavouras, em conjunto com esforços políticos e outras ações, poderão contribuir para vencer a batalha contra a subnutrição no mundo.

Conclusões e reflexões

As perdas econômicas decorrentes da subnutrição são cada vez maiores, e o sofrimento humano dela resultante é incalculável. Apesar de todos os programas internacionais de ajuda e assistenciais desenvolvidos por governos e organismos privados, trabalhando em conjunto, ainda há muito que precisa ser feito para vencer a batalha contra a subnutrição.

Em última análise, a depleção dos recursos mundiais, a dívida externa dos países mais pobres, a ameaça que eles representam para os países vizinhos, mais prósperos, e o preço pago em vidas humanas afetam a economia mundial e o bem-estar da sociedade. A instabilidade decorrente dessa situação pode, por sua vez, ter impacto novamente no mundo em desenvolvimento, como foi visto nos últimos anos. A vida nem sempre é justa, mas o objetivo da civilização deveria ser esse. O mundo tem alimento suficiente e conhecimento técnico para acabar com a fome. Falta vontade política.

REVISÃO CONCEITUAL

Como ideia geral, uma das estratégias importantes para reduzir a subnutrição no mundo em desenvolvimento está relacionada com uma boa oferta de empregos, para que as pessoas possam comprar o alimento de que suas famílias necessitam. O acesso à terra e a outros meios de produção de alimentos também ajuda a combater a subnutrição. Os programas de desenvolvimento devem levar em conta as condições regionais para garantir que as novas tecnologias não agravem os problemas já existentes das pessoas mais pobres.

Subnutrição em estágios críticos da vida

Estágios críticos da vida nos quais a subnutrição é particularmente prejudicial

A subnutrição prolongada é prejudicial para muitos aspectos da saúde humana (Fig. 12.7), mas é particularmente danosa em certos períodos de crescimento e nos idosos. O Fundo das Nações Unidas para a Infância desenvolveu um modelo conceitual de desnutrição em 1990 (Fig. 12.8). Segundo esse modelo, as causas imediatas de desnutrição (ingestão alimentar inadequada e saúde insatisfatória) afetam as pessoas. As causas subjacentes se relacionam às famílias e incluem acesso inadequado ao alimento, maus tratos sofridos por mulheres e crianças e serviços de saúde insuficientes. As causas básicas se relacionam aos recursos humanos e econômicos e afetam comunidades e nações.

Gravidez

A subnutrição representa um risco maior durante a gravidez. Cerca de 500 mil mulheres morrem no mundo, vítimas de complicações na gravidez e no parto. Uma gestante necessita de nutrientes extras para suprir suas necessidades e as do feto em desenvolvimento. Nutrir o feto pode esgotar as reservas maternas de nutrientes. A anemia ferropriva da gestante é uma das possíveis consequências (Capítulo 4).

Na África, as mulheres costumam dar à luz, em média, mais de seis bebês vivos. Combinadas à subnutrição crônica, essas taxas altas de natalidade resultam em uma chance de 1 para 20 de que a mulher venha morrer de causas ligadas à gravidez. Para mulheres norte-americanas, ao contrário, há risco de uma morte de causa relacionada à gravidez para cada 8 mil partos. Essas mortes são um indicador social que mostra a maior disparidade entre os países industrializados e os em desenvolvimento. São menores as diferenças em termos de alfabetização, expectativa de vida e mortalidade infantil.

Estágio fetal e primeiro ano de vida

A subnutrição durante a gravidez acarreta graves riscos à saúde do feto. Para sustentar o crescimento e o desenvolvimento do cérebro e de outros tecidos corporais, o feto requer um bom suprimento de proteínas, vitaminas e minerais. Quando essas necessidades não são atendidas, o bebê geralmente nasce antes de 37 semanas de gestação, bem antes das 40 semanas ideais. As consequências do parto prematuro incluem disfunção pulmonar e deficiências do sistema imune. Essas condições não apenas comprometem a saúde, mas também aumentam o risco de morte prematura. Se sobrevive, o bebê poderá ter problemas de crescimento e desenvolvimento a longo prazo. Em casos extremos, bebês que nascem com baixo peso (2,5 kg ou menos) correm risco de 5 a 10 vezes maior de morrer antes de completar 1 ano de vida, basicamente em razão do desenvolvimento pulmonar incompleto. Quando o baixo peso ao nascimento é acompanhado de outras anormalidades físicas, os cuidados médicos podem custar mais de 200 mil dólares. Custos dessa ordem só podem ser cobertos em países desenvolvidos.

Em todo o mundo, mais de 30 milhões de bebês nascem com baixo peso cada ano. Cerca de 8% dos bebês nascidos nos Estados Unidos e 6% dos nascidos no Canadá têm baixo peso ao nascimento. Nos Estados Unidos, esse problema é responsável por mais da metade de todas as mortes ocorridas no primeiro ano de vida e por 75% das mortes antes de 1 mês de vida. Embora a subnutrição seja um importante fator de contribuição para o baixo peso ao nascimento nos países em desenvolvimento, a principal causa do problema nos países industrializados é o tabagismo. A gestação na adolescência, período em que a gestante ainda está em crescimento, contribui para o baixo peso ao nascimento na mesma proporção, tanto em países industrializados quanto em desenvolvimento.

O percentual de bebês com baixo peso ao nascimento nos Estados Unidos aumentou significativamente nos últimos 20 anos. Uma das razões para esse fenômeno é o aumento de gestações múltiplas (gêmeos, trigêmeos, quíntuplos), decorrentes dos avanços na medicina e do aperfeiçoamento dos procedimentos de fertilização. A incidência de baixo peso ao nascimento também varia com a raça. Cerca de 13% dos bebês de mães afro-americanas têm baixo peso ao nascimento. Entre os grupos de origem hispânica que vivem nos Estados Unidos, os de origem mexicana têm a menor incidência de baixo peso ao nascimento (6%), ao passo que os grupos originários de Porto Rico têm a incidência mais elevada (9%). Entre os subgrupos de asiáticos, o baixo peso ao nascimento varia de 5% entre os chineses até 9% entre os filipinos.

Infância

A primeira infância, uma fase de rápido crescimento, é outro período no qual a subnutrição acarreta um risco muito elevado. O sistema nervoso central, incluindo o cérebro, continua sendo vulnerável ao longo da primeira infância, em razão do seu rápido crescimento. Depois da idade pré-escolar, o crescimento e o desenvolvimento do cérebro se tornam muito mais lentos, até alcançar a maturidade. A falta de uma nutrição adequada, especialmente na primeira infância, pode comprometer permanentemente o cérebro. Sem uma intervenção efetiva, estima-se que a subnutrição mantida possa resultar em comprometimento das funções mentais em mais de 1 bilhão de crianças até o ano 2020.

Em geral, as crianças pobres são as que correm maior risco de privação nutricional e de doenças subsequentes. Um dos efeitos óbvios é a parada do crescimento, observada em aproximadamente um terço de todas as crianças com menos de cinco anos de idade, em todo o mundo. Além disso, a anemia ferropriva é muito mais comum em crianças de famílias de baixa renda do que nas crianças que vivem em melhor situação social. Essa deficiência pode causar fadiga aos esforços, falta de disposição, parada do crescimento,

FIGURA 12.7 ▶ A subnutrição resulta de e afeta muitos aspectos da saúde humana e da sociedade.

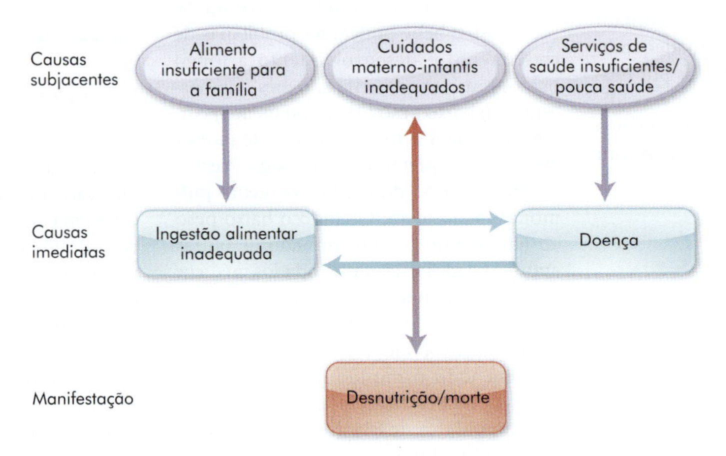

FIGURA 12.8 ▶ O UNICEF elaborou um modelo conceitual das causas da desnutrição levando em conta as práticas alimentares, de saúde e de cuidados. Essas causas foram divididas em três tipos: imediatas, subjacentes e básicas (não mostradas). As causas básicas incluem recursos humanos, econômicos e empresariais. O modelo é usado como orientação para a criação de políticas de saúde.

comprometimento do desenvolvimento motor e problemas de aprendizado. A subnutrição na infância também pode diminuir a resistência às infecções porque as funções imunológicas ficam comprometidas quando a alimentação é pobre em nutrientes como proteínas, vitamina A e zinco. A subnutrição tem uma clara relação cíclica com a doença: ela leva à doença, e a doença, particularmente diarreia e infecção, agrava a subnutrição. Por isso, muitas crianças, nos países em desenvolvimento, morrem da combinação de desnutrição e infecção. Ao contrário, quando os nutrientes faltantes, como a vitamina A e o zinco, voltam a estar presentes na alimentação da criança, percebe-se uma melhora evidente da saúde.

Idosos

Adultos mais velhos, principalmente mulheres idosas que vivem sozinhas na pobreza, também correm risco de subnutrição. Em geral, os idosos necessitam de alimentos com boa densidade nutricional, em quantidade que depende de suas condições de saúde e grau de atividade física.

Muitas dessas pessoas têm uma renda estagnada e despesas médicas significativas, por isso a alimentação acaba se tornando menos prioritária. Além disso, fatores como depressão, isolamento social e queda do estado de saúde física e mental podem contribuir para o problema da subnutrição em idosos.

▶ Comparadas a outras crianças, as crianças sem-teto sofrem com muitos problemas médicos, como:

- Infecções do trato respiratório superior
- Sarna e piolhos
- Deterioração dos dentes
- Infecções da pele e do ouvido
- Dermatite de fraldas
- Infecções oculares
- Retardamento do desenvolvimento
- Lesões traumáticas

◀ Em todo o mundo, a ingestão de quantidades mínimas de proteína e zinco limita o crescimento das crianças. Cerca de 30% das crianças que vivem nos países em desenvolvimento mostram sinais de déficit de crescimento.

Estudo de caso: subnutrição na infância

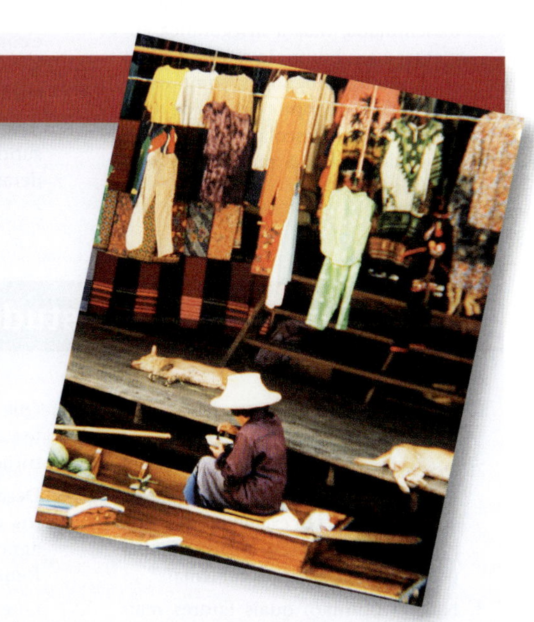

No verão passado, Jamal viajou para as Filipinas com seu grupo da igreja. Durante sua permanência no país, eles ajudaram a construir abrigos para a população de um vilarejo no qual muitas casas haviam sido destruídas por uma tempestade, algumas semanas atrás. Jamal notou que muitas das crianças tinham baixa estatura, ou seja, eram muito mais baixas do que as crianças que viviam na sua região dos Estados Unidos. O grupo trabalhou em uma área isolada, de baixa altitude, onde a tempestade e as inundações haviam causado mais dano. Várias vezes, ele encontrou jovens mães agachadas nas esquinas ou na porta dos prédios, com crianças no colo. Essas crianças raramente se moviam – elas pareciam pálidas e letárgicas. Ao contrário das crianças que o grupo de Jamal havia encontrado em uma das igrejas da capital, a maioria das crianças desse vilarejo era inativa e mostrava baixa disposição. Uma noite, o grupo de Jamal conversou com uma enfermeira que trabalhava no ambulatório local. Segundo ela, muitas crianças dessa região não recebiam alimento suficiente e sofriam com vários problemas de saúde. Ela considerava que a tempestade havia sido, de certa maneira, uma bênção, porque talvez incentivasse o governo das Filipinas a enviar suprimentos ao vilarejo, particularmente alimentos e medicamentos. Jamal ficou chocado ao ver tanto sofrimento. Ele se perguntou como as crianças das Filipinas poderiam morrer de fome enquanto muitas crianças de sua cidade, nos Estados Unidos, estavam obesas.

Responda às seguintes perguntas e verifique as respostas no Apêndice A.

1. Jamal tinha razão de se surpreender com as doenças disseminadas e a debilidade geral das crianças das Filipinas?
2. Que nutrientes devem estar faltando na alimentação dessas crianças?
3. Que carências nutricionais contribuem para o déficit ou para a parada do crescimento?
4. Que carências nutricionais podem estar causando diarreia e outras doenças?
5. Essas crianças parecem consumir uma quantidade adequada de calorias? Que efeito o consumo de uma quantidade inadequada de calorias tem sobre o crescimento?
6. Por que a tempestade que ocorrera recentemente poderia ser considerada uma bênção para esse vilarejo?
7. Cite algumas razões pelas quais as crianças vizinhas de Jamal, nos Estados Unidos, têm maior tendência à obesidade.

Resumo

1. A pobreza costuma estar ligada à subnutrição periódica ou crônica. Pode ocorrer desnutrição em situações de escassez ou abundância de alimento. Os estados de carência e as doenças degenerativas decorrentes da desnutrição contribuem para uma queda do estado geral de saúde.

   Nos países em desenvolvimento, a subnutrição, a forma mais comum da desnutrição, resulta de processos inadequados de ingestão, absorção ou uso dos nutrientes ou das calorias da alimentação. Em consequência, ocorrem os estados de carência e as doenças infecciosas, decorrentes do mau funcionamento do sistema imune.

   A subnutrição diminui a capacidade física e mental do indivíduo. Em países pobres, esse quadro é agravado por infecções recorrentes, más condições de higiene, condições climáticas extremas, falta de moradia e exposição a agentes causadores de doenças.

2. Na América do Norte, não há fome disseminada, mas a insegurança alimentar e a subnutrição são problemas reais. Muitos programas, como os de distribuição de sopa e cupons de refeição, a merenda escolar e o programa de suplementação nutricional para mulheres, lactentes e crianças visam melhorar a saúde nutricional das pessoas pobres, que vivem em condições de risco. Quando recebem financiamento adequado, esses programas reduzem, efetivamente, a subnutrição. A diminuição da frequência de gestações fora do casamento continua sendo uma prioridade nacional, porque mães solteiras e seus filhos correm risco muito maior de viver na pobreza.

3. Muitos fatores contribuem para o problema da subnutrição no mundo em desenvolvimento. Em países muito populosos, os recursos alimentares e os meios de distribuição de alimentos podem não ser adequados. Os métodos de plantio geralmente provocam erosão, privam o solo de nutrientes valiosos e, dessa forma, prejudicam os cultivos posteriores. A falta de água em abundância também dificulta a produção de alimentos. Fenômenos naturais, como seca, chuvas torrenciais, incêndios, infestação das lavouras e fatores humanos – urbanização, guerras e conflitos civis, dívida, más condições de higiene e Aids – contribuem para o grave problema da subnutrição.

4. As soluções propostas para erradicar a subnutrição no mundo devem considerar a interação de múltiplos fatores, muitos deles ligados a tradições culturais. Por exemplo, os esforços de planejamento familiar podem fracassar, a menos que a expectativa de vida aumente. A educação é importante para aperfeiçoar os métodos de plantio e a qualidade das lavouras, controlar a natalidade, incentivar o aleitamento materno quando seguro e melhorar as condições sanitárias e de higiene.

   O fornecimento direto de alimentos é uma solução a curto prazo. Muitos especialistas recomendam o retorno à agricultura de subsistência, mais sustentável. O desenvolvimento industrial de pequena escala é outra maneira de gerar empregos relevantes e aumentar o poder de compra de muitas pessoas do meio rural. Várias aplicações da biotecnologia também podem trazer benefícios.

5. O maior risco da subnutrição está nos períodos críticos de crescimento e desenvolvimento: gestação, período de lactente e infância. O baixo peso ao nascer é uma das principais causas de morte infantil em todo o mundo. Muitos problemas de desenvolvimento são causados pela privação de alimento durante períodos críticos de crescimento do cérebro. As pessoas idosas também correm grande risco.

Questões para estudo

1. Descreva a diferença entre desnutrição e subnutrição.
2. Descreva, em poucas linhas, algum sinal de subnutrição observado quando você era jovem, por exemplo, em algum programa de televisão. Quais seriam as possíveis origens desse problema?
3. Na sua opinião, quais fatores mais contribuem para a subnutrição em nações desenvolvidas como os Estados Unidos? Cite algumas soluções para esse problema.
4. Cite três aspectos que você gostaria de abordar com um grupo de meninas da 7ª série a respeito dos riscos econômicos de ter filhos na adolescência.
5. Que programas federais existem para tentar resolver o problema da subnutrição nos Estados Unidos?
6. Descreva como as guerras e os conflitos dos países em desenvolvimento agravaram os problemas ligados à fome crônica nos últimos anos.
7. Que importância tem o controle populacional na resolução do problema da fome no mundo, hoje e no futuro? Cite três pontos principais que justifiquem a sua resposta.
8. Por que a solução do problema da subnutrição contribui na capacidade que os países em desenvolvimento têm de alcançar seu pleno potencial?
9. Cite três nutrientes que faltam, com frequência, na alimentação das pessoas subnutridas. Que efeitos se podem esperar de cada uma dessas deficiências?
10. Descreva como a agricultura sustentável e a biotecnologia podem aumentar a quantidade de alimentos em todo o mundo.

Teste seus conhecimentos

As respostas das próximas questões de múltipla escolha encontram-se a seguir:

1. Estima-se que existam, no mundo ________ pessoas cronicamente subnutridas.
   a. 14 milhões
   b. 800 milhões a 1,1 bilhão
   c. 3 bilhões
   d. 6 bilhões
2. A primeira causa de morte de crianças em países em desenvolvimento é
   a. xeroftalmia.
   b. anemia ferropriva.
   c. carência de iodeto.
   d. diarreia
3. O organismo humano é particularmente suscetível aos efeitos da subnutrição durante
   a. a gravidez.
   b. o primeiro ano de vida.
   c. a infância.
   d. todas as anteriores.
4. Um dos seguintes NÃO é uma barreira para solucionar o problema da subnutrição no mundo em desenvolvimento
   a. dívida externa.
   b. infraestrutura inadequada.
   c. falta de mão de obra.
   d. expansão populacional.
5. Muitas das mortes de crianças, todos os anos, nos países em desenvolvimento, poderiam ser evitadas se
   a. a tecnologia melhorasse.
   b. os médicos fossem mais especializados.
   c. as mães aprendessem mais sobre nutrição.
   d. as condições sanitárias e de higiene melhorassem.
6. O Programa de Cupons de Refeição, que recentemente passou a se chamar Programa de Assistência Nutricional Suplementar, permite que
   a. famílias de baixa renda comprem alimentos que sobram em lojas do governo, com cartões eletrônicos fornecidos pelo governo.
   b. famílias de baixa renda comprem alimentos, produtos de limpeza, bebida alcoólica e qualquer outro item, em supermercados, com cartões eletrônicos.
   c. famílias de baixa renda troquem cartões eletrônicos fornecidos pelo governo por dinheiro para comprar alimentos.
   d. famílias de baixa renda comprem alimentos e sementes com cartões eletrônicos fornecidos pelo governo.
7. Uma solução a longo prazo para a fome mundial é
   a. a revolução verde.
   b. lavoura de rendimento.
   c. empregos e autossuficiência.
   d. ajuda do governo e de entidades privadas.
8. O milho Bt foi geneticamente modificado para produzir
   a. a bactéria *Bacillus thuringiensis.*
   b. uma proteína tóxica para lagartas que destroem os pés de milho.
   c. um açúcar que torna o milho mais doce.
   d. uma gordura que torna o óleo de milho mais saudável.
9. Mais de ____ da soja plantada nos Estados Unidos é geneticamente modificada.
   a. 50
   b. 75
   c. 80
   d. 90
10. O FDA exige que o rótulo dos alimentos que contêm ingredientes geneticamente modificados inclua a frase "contém ingredientes geneticamente modificados".
    a. Verdadeiro
    b. Falso

Respostas: 1. b, 2. d, 3. d, 4. c, 5. d, 6. d, 7. c, 8. b, 9. d, 10. b

Leituras complementares

1. ADA Reports: Position of the American Dietetic Association: Agricultural and food bio-technology. *Journal of the American Dietetic Association* 106:285, 2006.

   A opinião da American Dietetic Association é que as técnicas de biotecnologia alimentar e agrícola podem melhorar a qualidade, a segurança, o valor nutritivo e a variedade dos alimentos disponíveis para consumo humano e aumentar a eficiência da produção, do processamento e da distribuição dos alimentos, o que contribui para um melhor controle dos dejetos e para a proteção do ambiente.

2. ADA Reports: Position of the American Dietetic Association: Food insecurity and hunger in the United States. *Journal of the American Dietetic Association* 106:446, 2006.

   A opinião da American Dietetic Association é que são necessárias ações sistemáticas e sustentadas para erradicar o problema da insegurança alimentar e da fome nos Estados Unidos, garantindo a nutrição e a segurança alimentar a toda a população do país. São necessárias intervenções, inclusive um financiamento adequado e maior uso dos programas de assistência alimentar, inclusão da educação nutricional em todos esses programas e projetos inovadores que promovam e sustentem a autossuficiência econômica de indivíduos e famílias, para eliminar a insegurança alimentar e a fome nos Estados Unidos.

3. ADA Reports: Position of the American Dietetic Association: Addressing world hunger, malnutrition and food security. *Journal of the American Dietetic Association* 103:1046, 2003.

   A opinião da American Dietetic Association é que o acesso a alimentos seguros, nutritivos e culturalmente aceitáveis, em quantidades adequadas, é um direito humano fundamental. Ainda assim, a fome continua sendo um problema mundial de proporções alarmantes. Para resolver esse problema, é importante incentivar programas e práticas que combatam a fome e a desnutrição, aumentem a segurança alimentar, promovam a autossuficiência e que sejam sustentáveis do ponto de vista econômico e ambiental.

4. ADA Reports: Position of the American Dietetic Association: Child and adolescent food and nutrition programs. *Journal of the American Dietetic Association* 106:1467, 2006.

   Os programas alimentares voltados para famílias de baixa renda, como o Programa de Cupons de Refeição, já conseguiram muito no sentido de aumentar a ingestão de nutrientes pelas crianças e adolescentes. É importante que esses programas recebam apoio financeiro adequado porque deles depende a saúde de muitas crianças e adolescentes, que só por meio dessas iniciativas recebem nutrientes suficientes para seu crescimento e desenvolvimento físico, social e cognitivo.

5. Coutsoudis A: Infant feeding dilemmas created by HIV: South African experiences. *Journal of Nutrition* 135:956, 2005.

   Esse artigo discute o dilema relativo aos riscos e benefícios da amamentação por mães infectadas pelo HIV. O artigo aborda o impacto do Programa Sul-Africano de Aleitamento Seguro, implantado para reduzir alguns dos fatores de risco associados à transmissão do HIV.

6. Darton-Hill I and others: Micronutrient deficiencies and gender: Social and economic costs. *American Journal of Clinical Nutrition* 81:1198S, 2005.

   Carências de micronutrientes como vitamina A, iodo, ferro e zinco resultam em problemas de saúde, especialmente nas mulheres, em países em desenvolvimento. É importante atacar esse problema para melhorar as condições econômicas das pessoas, das comunidades e dos países em desenvolvimento.

7. Doherty T and others: A longitudinal qualitative study of infant-feeding decision making and practices among HIV-positive women in South Africa. *Journal of Nutrition* 136:2421, 2006.

   Mulheres HIV-positivas enfrentam desafios em relação ao modo de alimentar seus bebês. Esse estudo avaliou esses desafios e constatou que o sucesso do aleitamento tinha relação com um ambiente familiar acolhedor, uma firme crença nos benefícios da amamentação e a capacidade de resistir à pressão para oferecer aos bebês outros tipos de alimentos.

8. Dworkin SL, Ehrhardt AA: Going beyond "ABC" to include "GEM": Critical reflections on progress in the HIV/Aids epidemic. *American Journal of Public Health* 97:13, 2007.

   Esse artigo discute a feminização do HIV/Aids e as limitações da abordagem que preconiza abstinência, fidelidade ao parceiro e uso de preservativo. As estratégias cujo foco são as relações entre os sexos, os fatores econômicos e a migração parecem mais adequadas para prevenção.

9. Food and Agriculture Organization of the United Nations: *The state of food insecurity in the world 2008: High food prices and food security-threats and opportunities.* FAO, Rome, Italy, 2008

   Esse relatório emitido após a reunião da FAO sobre segurança alimentar, em Roma, Itália, em junho de 2008, enfatiza que, somente em 2008, milhões de pessoas entraram em situação de insegurança alimentar, o que exige medidas urgentes e investimentos significativos. O texto discute a preocupação mundial com as ameaças à segurança alimentar, despertada, em grande parte, pelo aumento dos preços dos alimentos. Representantes de 180 países e a União Europeia se reuniram para expressar sua convicção de que "a comunidade internacional precisa tomar medidas urgentes e coordenadas para combater os impactos negativos do aumento acentuado dos preços dos alimentos sobre os países e populações mais vulneráveis do mundo."

10. Gibson RS: Zinc: The missing link in combating micronutrient malnutrition in developing countries. *Proceedings of the Nutrition Society* 65:51, 2006.

    Embora a carência de zinco seja um dos principais fatores de risco de doenças, em nível global, o zinco ainda não figura na lista de micronutrientes prioritários da Organização das Nações Unidas (ONU). Certos países têm risco de carência de zinco e devem ser alvo de intervenções adequadas. As estratégias para correção da carência de zinco são discutidas nesse artigo.

11. Grandesso F and others: Mortality and malnutrition among populations living in South Darfur, Sudan. *Journal of the American Medical Association* 293:1490, 2005.

    Os conflitos na região de Darfur, no Sudão, provocaram grande número de mortes e condenaram à subnutrição as populações desalojadas pela guerra. Esse artigo descreve o que ocorreu repetidamente nos últimos 50 anos: a subnutrição e sua consequência, a morte, são produtos típicos da guerra.

12. Joint United Nations Programme on HIV/Aids (UNAIDS) and World Health Organization. 2008 Report on the Global Aids epidemic July 2008.

    O relatório do UNAIDS contém as estimativas globais de 2008 sobre a extensão da pandemia de Aids. Segundo esse relatório, aproximadamente 33 milhões de pessoas viviam com HIV em 2007, ano em que 45% dos novos casos ocorreram na faixa etária de 15 a 24 anos.

13. Milman A and others: Differential improvement among countries in child stunting is associated with long-term development and specific interventions. *Journal of Nutrition* 135:1415, 2005.

    A deficiência de nutrientes e o comprometimento da saúde nos períodos pré e pós-natal podem resultar em deficiência do crescimento. Foram estudados vários fatores capazes de reduzir a desnutrição e o consequente retardamento do crescimento. Os fatores considerados mais importantes em nível nacional foram as mudanças na taxa de imunização, a proporção de pessoas com acesso à água potável, a alfabetização das mulheres, o consumo pelo governo, a distribuição de renda e a proporção da economia voltada para a agricultura. Os resultados desse estudo indicam que é possível reduzir a elevada prevalência de casos de baixa estatura investindo em intervenções específicas.

14. Nord M, Hopwood H: A comparison of household food security in Canada and the United States. Economic Research Report, No. 67, December 2008, http://www.ers.usda.gov/publications/err67/.

    Esse relatório descreve as diferenças na prevalência de insegurança alimentar entre as famílias do Canadá e dos Estados Unidos. O percentual da população que vive em situação de insegurança alimentar é menor no Canadá (7%) do que nos Estados Unidos (12,6%). A diferença entre o Canadá e os EUA quanto às pessoas que vivem em situação de insegurança alimentar foi maior em se tratando do percentual de crianças (8,3% vs. 17,9%) do que de adultos (6,6% vs. 10,8%).

15. Palmer S: GE foods under the microscope. *Today's Dietitian* p. 34, May 2005.

    Cerca de 70% dos alimentos processados à venda nos Estados Unidos contêm ingredientes que sofreram algum tipo de alteração genética. Esse artigo aborda alguns dos benefícios e certas preocupações relativos ao uso dessa tecnologia tão recente nos alimentos.

16. Palmer S: Water of life in peril. *Today's Dietitian* 9(10):55, 2007.

    Esse artigo faz um resumo da crise de escassez de água que o mundo vem enfrentando e mostra estatísticas alarmantes sobre o esgotamento das fontes de água e a piora das condições de higiene. A crise de escassez de água potável exigirá um esforço global de conservação e sanitização. O artigo fala sobre os esforços feitos pela Organização das Nações Unidas para que os governos tomem medidas imediatas.

17. Shetty P: Achieving the goal of halving global hunger by 2015. *Proceedings of the Nutrition Society* 65:7, 2006.

    Esse artigo revisa a meta da Cúpula Mundial sobre Alimentos da FAO e as Metas de Desenvolvimento do Milênio da ONU, de até 2015 reduzir à metade o número de pessoas que passam fome em todo o mundo. Até o momento, os esforços ainda não chegaram perto do ritmo necessário para alcançar essa meta. Os países em desenvolvimento vêm enfrentando novos desafios, já que a fome coexiste com novas epidemias de doenças causadas pelos alimentos.

18. Steinbrook R: After Bangkok—Expanding the global response to Aids. *The New England Journal of Medicine* 351:738, 2004.

    Os avanços no tratamento da Aids trouxeram muitos benefícios nos países desenvolvidos. Há uma necessidade urgente de levar esses benefícios aos pacientes que sofrem de Aids no mundo em desenvolvimento.

19. United Nations: *Tackling a global crisis: International year of sanitation 2008.* UN-Water, 2008, www.unwater.org.

    O Ano Internacional da Higiene (2008) chamou atenção do mundo para a necessidade de melhorias na saúde e nas condições sanitárias. Estima-se que, em todo o mundo, 2,6 bilhões de pessoas carecam de um local limpo e seguro para realizar suas necessidades físicas porque não têm acesso a um banheiro. Esse relatório expõe o escândalo da indignidade humana, das mortes infantis sem causa aparente e da perda de oportunidades econômicas associadas à crise sanitária e exige que as instituições aumentem significativamente seus esforços para acabar com essa crise silenciosa.

20. Yach D and others: The global burden of chronic diseases: Overcoming impediments to prevention and control. *Journal of the American Medical Association* 291:2616, 2004.

    Deficiências nutricionais são comuns no mundo em desenvolvimento. Esses países também são os mais afetados por casos fatais de diarreia, HIV e Aids, além de várias doenças da infância. Esse grande problema do mundo em desenvolvimento requer mais atenção.

AVALIE SUA REFEIÇÃO

I. Combate à desnutrição do mundo no plano individual

Se você quiser fazer algo a respeito da desnutrição no mundo e no país, pense nas seguintes atividades. É nobre tentar fazer diferença, mesmo que você só possa fazer algo que teoricamente tenha pouca importância. Toda mudança de comportamento é gradativa e não se pode fazer tudo de uma só vez. Tente concluir uma ou duas atividades que representem seu compromisso com a solução do problema.

1. Trabalhe por algum tempo como voluntário em um refeitório comunitário ou abrigo para pessoas sem-teto (p. ex., durante 1 mês). O que você aprendeu?
2. Coordene os esforços de uma organização universitária para angariar fundos para uma agência de voluntariado contra a fome, por exemplo:

Bread for the World
50 F Street NW, Suite 500
Washington, DC 20001
http://www.bread.org/

Catholic Relief Services
228 W. Lexington St
Baltimore, MD 21201
www.crs.org

Oxfam America
226 Causeway St., 5th Floor
Boston, MA 02114
http://www.oxfamamerica.org/

Feeding America
35 E. Wacker Dr., #2000
Chicago, IL 60601
feedingamerica.org

CARE USA
151 Ellis Street, NE
Atlanta, GA 30303
http://www.care.org/

EarthSave International
PO Box 96
New York, NY 10108
http://www.earthsave.org/

Save the Children Foundation
54 Wilton Rd.
Westport, CT 06880
http://www.savethechildren.org/

3. Contribua doando alimentos não perecíveis para alguma campanha da igreja mais próxima. Se você não encontrar uma campanha assim, comece uma.
4. Consiga a lista de endereços de um programa de recuperação alimentar, leia os boletins informativos sobre eventos para arrecadação de fundos e outras atividades e procure se envolver.
5. Participe de campanhas organizadas por supermercados contribuindo com alimentos ou serviços. Essas campanhas podem precisar de voluntários para transportar as doações da loja até um armazém comunitário. Fique atento, especialmente, aos eventos do dia 16 de outubro, Dia Mundial da Alimentação.
6. Aponte, clique e combata a fome. Você poderá encontrar informações sobre a fome no mundo em várias páginas da Internet, como:

- A cada 3,6 segundos, alguém morre de fome em algum lugar. Você pode parar esse relógio: acesse www.thehungersite.com e clique em *Donate Free Food* para enviar uma refeição para alguém necessitado. Essa página é ligada ao Programa Mundial de Alimentos da ONU, que capta o número de cliques e depois manda a conta para um dos seus patrocinadores – empresas ou entidades filantrópicas.
- HungerWeb, da Tufts University, fornece informações a respeito de pesquisas sobre fome, programas, listas de endereços, educação e grupos de apoio. A página contém links para a ONU, o U.S. AID e o Banco Mundial. http://nutrition.tufts.edu/ academic/hungerweb/
- A Organização para a Agricultura e a Alimentação da ONU trabalha para aliviar a pobreza e a fome promovendo desenvolvimento agrícola, melhorias na nutrição e buscando a segurança alimentar. Nessa página, você poderá se manter atualizado sobre as últimas notícias e ter acesso a uma extensa lista de publicações sobre segurança alimentar: www.fao.org
- Bread for the World é um movimento nacional cristão que busca justiça para as pessoas que passam fome no mundo, trabalhando para sensibilizar as pessoas que tomam decisões nos Estados Unidos: www.bread.org
- CARE é uma das maiores organizações privadas internacionais de ajuda e desenvolvimento; suas metas são salvar vidas, criar oportunidades e levar esperança às pessoas carentes: www.care.org

II. Entre na luta contra a desnutrição

Imagine que, recentemente, você passou as férias de verão em um país em desenvolvimento e viu sinais de subnutrição e fome. Agora imagine que você está pedindo a uma grande empresa para apoiar seus esforços para combater a fome e aliviar o sofrimento naquele país. Prepare um texto de dois parágrafos descrevendo por que é importante combater a fome naquela região. Inclua suas ideias sobre como a empresa pode ajudar.

PARTE IV

NUTRIÇÃO: ALÉM DOS NUTRIENTES

CAPÍTULO 13 Segurança alimentar

Objetivos do aprendizado

1. Citar alguns tipos e fontes comuns de vírus, bactérias, fungos e parasitas que podem contaminar os alimentos.
2. Comparar e contrastar os métodos de conservação dos alimentos.
3. Descrever as principais razões para uso de aditivos químicos nos alimentos, as principais classes de aditivos e as funções de cada uma delas.
4. Identificar fontes de contaminantes tóxicos ambientais nos alimentos e as consequências de sua ingestão.
5. Compreender as razões que justificam o uso de pesticidas, as possíveis complicações a longo prazo que eles podem trazer para a saúde e os seus limites seguros de utilização.
6. Compreender os efeitos da agricultura convencional e sustentável em nossas escolhas alimentares.
7. Descrever os procedimentos que podem ser aplicados para limitar o risco de doenças transmitidas por alimentos.

Conteúdo do capítulo

HÁ MAIS DE CEM ANOS, EM 1906, A PRESSÃO CADA VEZ MAIOR DA OPINIÃO PÚBLICA ACABOU LEVANDO À APROVAÇÃO DA PRIMEIRA LEI SOBRE ALIMENTOS E MEDICAMENTOS DOS ESTADOS UNIDOS, QUE MELHOROU, EM GERAL, AS PRÁTICAS DE PREPARO DE ALIMENTOS. Atualmente, advertências sobre segurança alimentar e da água estão por toda parte. As atenções se voltam, agora, para preocupações mais atuais, como a contaminação por agentes químicos e microbianos. Por um lado, somos aconselhados a comer mais frutas, legumes, peixe e aves, além de beber mais água; por outro lado, somos alertados de que esses alimentos podem conter substâncias perigosas, o que nos leva a continuar perguntando: "Qual é o grau de segurança de nossos alimentos e da nossa água?"

Cientistas e autoridades de saúde concordam que a população da América do Norte é abastecida com alimentos relativamente seguros, especialmente quando são armazenados e preparados corretamente. Nos últimos cem anos, aproximadamente, houve um impressionante avanço nessa área. Apesar disso, microrganismos e certos agentes químicos presentes nos alimentos continuam ameaçando a nossa saúde. Por isso, os benefícios nutricionais e de saúde dos alimentos precisam ser avaliados levando-se em conta seus riscos. O Capítulo 13 aborda exatamente esses riscos – a verdade sobre eles e como você pode minimizar o efeito desses riscos na sua vida. Como indica o quadrinho deste capítulo, você é tão responsável por esse controle quanto os órgãos do governo e a indústria. Conforme visto no Capítulo 2, é importante lembrar que as Dietary Guidelines for Americans, de 2005, foram o incentivo para preparar e armazenar os alimentos de modo seguro.

Para relembrar

Antes de começar a estudar segurança alimentar no Capítulo 13 talvez seja interessante revisar os seguintes tópicos:

- Edulcorantes alternativos, no Capítulo 4
- A doença fenilcetonúria (PKU), no Capítulo 4
- Substitutos de gordura, no Capítulo 5
- Biotecnologia de alimentos, no Capítulo 12

13.1 Segurança alimentar: noções preliminares

Nas primeiras fases da urbanização, na América do Norte, água e alimentos – sobretudo leite – contaminados foram responsáveis por muitos surtos de febre tifoide, faringite séptica, escarlatina, difteria e outras doenças agressivas para o ser humano. Essas ocorrências levaram ao desenvolvimento de processos de purificação da água, tratamento de esgotos e **pasteurização** do leite. Desde aquela época, água e leite próprios para consumo se tornaram disponíveis universalmente, havendo apenas problemas eventuais com esses recursos.

O maior risco à saúde ligado aos alimentos é a contaminação por **vírus** e **bactérias** e, em menor grau, por vários tipos de **fungos** e **parasitas**. Esses microrganismos podem causar as **doenças transmitidas por alimentos**. Em um surto recente, nos Estados Unidos, 199 pessoas de 26 estados foram infectadas por bactérias do tipo *Escherichia coli* (*E. coli*) O157:H7 contidas no espinafre fresco; 102 dessas pessoas foram hospitalizadas, e 31 evoluíram para insuficiência renal; 22 eram crianças de menos de cinco anos de idade. Houve três casos fatais.

Embora a contaminação microbiana seja a causa da maioria dos incidentes de doença transmitida por alimentos, os norte-americanos parecem estar mais preocupados com os riscos da presença de substâncias químicas nos alimentos. A longo

pasteurização Processo de aquecimento dos alimentos para matar microrganismos patogênicos e reduzir o número total de bactérias.

vírus Menor agente infeccioso conhecido; capaz de causar doenças no ser humano. Um vírus é, essencialmente, um fragmento de material genético envolvido por uma capa de proteína. Os vírus não são capazes de metabolizar, crescer ou se movimentar sozinhos. Só se reproduzem com a ajuda de uma célula viva hospedeira.

bactérias Microrganismos unicelulares; alguns produzem substâncias tóxicas, que causam doenças no ser humano. As bactérias podem ser transportadas pela água, por animais e por pessoas. Elas sobrevivem na pele, nas roupas e no cabelo e se reproduzem nos alimentos em temperatura ambiente. Algumas podem viver sem oxigênio e sobrevivem por meio da formação de esporos.

esporos Células reprodutoras em estado latente, capazes de se transformar em organismos adultos sem a ajuda de outra célula. Várias bactérias e fungos formam esporos.

fungos Formas de vida parasitária simples, que incluem fungos propriamente ditos, mofos, leveduras e cogumelos. Vivem na matéria orgânica morta ou em decomposição. Os fungos podem crescer em forma unicelular, como as leveduras, ou em colônias multicelulares, como se vê no mofo.

parasita Organismo que vive dentro ou sobre outro organismo e dele se alimenta.

doença transmitida por alimentos Doença causada pela ingestão de alimentos que contêm substâncias prejudiciais à saúde.

Que alimentos trazem maior risco de causar doença? Um alimento qualquer é seguro depois de permanecer no refrigerador por seis meses? Os aditivos alimentares e pesticidas representam um risco ainda maior no cotidiano? O Capítulo 13 traz algumas dessas respostas.

prazo, essa preocupação se justifica. Entretanto, no dia a dia, os aditivos alimentares causam apenas 4% de todos os casos de doença transmitida por alimentos na América do Norte. A contaminação microbiana dos alimentos é, certamente, o problema mais importante para a nossa saúde, por isso vamos discuti-lo em primeiro lugar. Em seguida, serão abordados os riscos à segurança alimentar decorrentes de substâncias químicas, inclusive o uso e a segurança dos aditivos alimentares e os riscos dos pesticidas nos alimentos.

Efeitos da doença transmitida por alimentos

Segundo estimativas do U.S. Centers for Disease Control and Prevention, todos os anos, nos EUA, ocorrem 76 milhões de casos de doenças transmitidas por alimentos, responsáveis por 325 mil internações hospitalares e 5 mil mortes. Os custos hospitalares desses casos são estimados em mais de 3 bilhões de dólares anuais, e os custos relacionados à perda de produtividade são estimados em 8 bilhões por ano. Algumas pessoas são particularmente suscetíveis a doenças transmitidas por alimentos, inclusive as seguintes:

- Lactentes e crianças
- Adultos idosos
- Pessoas que sofrem de doença hepática, diabetes, infecção por HIV (e Aids) ou câncer
- Pacientes em pós-operatório
- Gestantes
- Pessoas que fazem uso de imunossupressores (p. ex., pacientes transplantados)

Estima-se que, somente nos Estados Unidos, cerca de 30 milhões de pessoas tenham episódios de doença transmitida por alimentos. Alguns desses episódios, especialmente se associados a outros problemas de saúde já existentes, são prolongados e acabam acarretando alergias alimentares, convulsões, envenenamento (pelas toxinas dos microrganismos presentes na corrente sanguínea) ou outras doenças.

toxinas Substâncias nocivas (venenosas) produzidas por organismos capazes de causar doenças.

A doença transmitida por alimentos frequentemente resulta do manuseio inadequado dos alimentos em casa, por isso todos nós temos responsabilidade por sua prevenção. Em geral, não se pode dizer se um alimento está contaminado com base apenas no paladar, cheiro ou aspecto, por isso muitas vezes nem sabemos exatamente o que nos causou problemas. É bem possível que o último episódio que você teve de diarreia tenha sido causado por algum alimento (Tab. 13.1). Os órgãos do governo tomam medidas para garantir a nossa segurança alimentar, mas isso não substitui os nossos cuidados individuais (Tab. 13.2).

Por que a doença transmitida por alimentos é tão comum?

A maioria dos casos de doença transmitida por alimentos ocorre porque ingerimos alimentos nos quais os microrganismos conseguem se reproduzir rapidamente. São alimentos úmidos, ricos em proteínas, com pH neutro ou levemente ácido. E o agravante é que essa descrição corresponde a muitos dos alimentos que comemos diariamente, como carnes, ovos e laticínios.

A indústria alimentícia tenta, sempre que possível, encontrar modos de aumentar o prazo de validade dos produtos fabricados; entretanto, o prazo de validade mais longo aumenta as chances de as bactérias se multiplicarem no alimento. Algumas bactérias crescem até mesmo sob refrigeração. Alimentos parcialmente cozidos – e alguns totalmente cozidos – são particularmente perigosos, porque seu armazenamento sob refrigeração pode frear, mas não evitar o crescimento bacteriano. O risco de contrair uma doença transmitida por alimentos também tem relação com certas tendências de consumo. Atualmente, há maior preferência por alimentos de origem animal crus ou malcozidos. Além disso, mais pessoas fazem uso de medicamentos que suprimem sua capacidade de combater os agentes infecciosos presentes nos alimentos. Outro fator relevante é o aumento da população idosa.

▲ Alguns restaurantes que servem alimentos malcozidos a pedido dos clientes incluíram em seus cardápios um alerta sobre os riscos inerentes a esses alimentos, particularmente ovos e carnes crus ou malpassados.

O risco de doenças causadas por microrganismos presentes nos alimentos aumenta à medida que a alimentação é preparada em locais coletivos, fora do ambiente doméstico. Os supermercados atualmente oferecem alternativas às pessoas

TABELA 13.1 Exemplos de casos de doença transmitida por alimentos. Geralmente, os alimentos que consumimos são seguros, mas às vezes acontecem casos como os descritos a seguir

Vírus

- *Norovírus:* durante um cruzeiro no Caribe, mais de 380 passageiros e tripulantes do maior transatlântico do mundo, o *Freedom of the Seas*, da Royal Caribbean, adoeceram com infecção por *Norovírus*. O navio, com capacidade para 3.900 passageiros, foi limpo e higienizado, mas uma semana depois outro surto de gastrenterite acometeu 97 passageiros e 11 tripulantes.
- *Hepatite A:* mais de 500 adultos dos Estados Unidos contraíram hepatite A depois de comerem cebolinhas cruas em um restaurante mexicano. A contaminação veio da lavoura no México, e as cebolinhas não foram bem lavadas pelo pessoal da cozinha do restaurante.

Bactérias

- *Salmonella:* em 2008–2009, dois surtos de salmonelose de extensão nacional atraíram muita atenção da imprensa e custaram milhões de dólares aos fabricantes dos alimentos contaminados. O primeiro surto, inicialmente atribuído a tomates, foi por fim identificado como decorrente de pimentas *jalapeño* e serrano importadas de um produtor rural do México. O surto provocou a hospitalização de 282 pessoas e duas mortes. O segundo surto, que pode ter contribuído para pelo menos oito mortes, foi decorrente de uma manteiga de amendoim produzida na Geórgia.
- *Shigella:* seis pessoas adoeceram de infecção por *Shigella* após ingerirem salsinha crua, usada como tempero em sanduíches de frango e saladas. Em outro incidente, um navio cruzeiro teve de voltar ao porto quando mais de 600 pessoas a bordo tiveram shigellose, e uma delas morreu.
- *Listeriose:* doença causada pela presença de *Listeria* em queijos cremosos do tipo mexicano levou à morte 48 pessoas. Um surto de listeriose associado à salsicha malcozida e embutidos resultou em mais de 82 casos e 17 mortes, em 19 estados.
- *E. coli:* um dos maiores surtos de *E. coli* 0157:H7 já registrados infectou mais de mil pessoas em uma feira na região ao norte de Nova Iorque. A bactéria foi encontrada na caixa d'água. Um homem de 79 anos e uma menina de quatro anos morreram, e outras 10 crianças precisaram de diálise. Seis adultos e 1 criança de dois anos de idade morreram em um surto de *E. coli* por contaminação da água potável no Canadá. As bactérias, provenientes de esterco, entraram no sistema de abastecimento de água depois que uma tempestade causou graves inundações. No estado do Oklahoma, cinco crianças foram infectadas por *E. coli* ao consumirem suco de maçã não pasteurizado. Em um surto recente, 199 pessoas foram infectadas por *E. coli* 0157:H7 isolada de 13 maços de espinafre fresco, vendidos em 10 estados. Pelo menos 11 maços saíram do mesmo produtor, no mesmo dia.
- *C. botulinum:* no Arkansas, um homem teve botulismo depois de comer um ensopado que foi deixado em temperatura ambiente por três dias. Ele ficou 49 dias internado, dos quais 42 sob ventilação mecânica.
- *Vibrio:* desde 1992, 17 pessoas já morreram, na Flórida, de infecção por *Vibrio vulnificus* transmitida por ostras cruas.
- *B. cereus:* um adolescente e seu pai apresentaram dor abdominal, vômitos e diarreia 30 min depois de comerem um molho pesto caseiro que ficara guardado por quatro dias. O molho havia sido usado e reaquecido várias vezes durante esse período. Aparentemente, a contaminação foi por *Bacillus cereus*. O adolescente morreu de insuficiência hepática.

Parasitas

- *Cryptosporidium:* um grupo de pessoas que participou de um banquete apresentou diarreia 3 a 9 dias depois de comerem cebolinhas verdes, que foram a provável causa da intoxicação. Das 10 amostras de fezes obtidas do grupo que adoeceu, oito foram positivas para *Cryptosporidium*. Os funcionários da cozinha do restaurante admitiram não terem lavado sempre com o mesmo cuidado as cebolinhas.

Riscos dos frutos do mar

- *Escombroide:* quatro adultos adoeceram por ingestão da toxina escombroide depois de comerem salada de atum em um restaurante da Pensilvânia.
- *Ciguatera:* um surto de intoxicação por ciguatera de peixe afetou 17 tripulantes de um navio cargueiro que pescaram e prepararam uma refeição de barracuda nas Bahamas. Todos os 17 tripulantes adoeceram e apresentaram náusea, vômitos, cólicas abdominais e diarreia poucas horas depois de comer o peixe. Em dois dias, todos os homens desenvolveram um quadro de dor e fraqueza muscular, tontura, dormência ou prurido nos pés, mãos e boca.

▲ Um alimento contaminado em uma linha de produção central pode causar doença em pessoas de um país inteiro. No caso dos sucos, a pasteurização é um método eficaz de reduzir o risco de doença transmitida por alimentos.

que não querem ou não podem cozinhar em casa, sob a forma de refeições prontas nos setores de carnes, saladas e padaria. Com o aumento da proporção de famílias em que ambos os pais trabalham fora, cresce a necessidade de alimentos nutritivos, porém de fácil e rápido preparo. Nos supermercados, as pessoas encontram pratos prontos para aquecer e servir. Esses alimentos são geralmente preparados em cozinhas industriais e distribuídos aos pontos de venda.

Essa centralização do preparo de alimentos e do setor de restaurantes aumenta o risco de doença transmitida por alimentos. Se um alimento é contaminado em uma linha de produção centralizada, consumidores de uma área extensa poderão adoecer. Por exemplo, uma falha no funcionamento de uma fábrica de sorvetes em Minnesota resultou em 224 mil casos suspeitos de infecção por *Salmonella*, que foram associados ao uso da mistura básica contaminada. Pelo menos quatro pessoas morreram, e 700 adoeceram, na área de Washington e arredores, depois de comerem em uma rede de lanchonetes do tipo *fast food*. A origem do problema foi um lote de hambúrgueres malcozidos, contaminados pela bactéria *E. coli* 0157:H7.

TABELA 13.2 Agências responsáveis pelo monitoramento dos alimentos comercializados nos Estados Unidos

Nome da agência	Responsabilidades	Métodos	Informação para contato
United States Department of Agriculture (USDA)	• Impor padrões de qualidade e confiabilidade para cereais e cultivos (no campo), carnes, aves, leite, ovos e derivados	• Inspeção • Classificação • "Selo de segurança"	www.fsis.usda.gov
Bureau of Alcohol, Tobacco, Firearms and Explosives (ATF)	• Aplicar as leis sobre bebidas alcoólicas	• Inspeção	www.atf.gov
Environmental Protection Agency (EPA)	• Regulamentar o uso de pesticidas • Definir padrões de qualidade da água	• Aprovação obrigatória de todos os pesticidas usados nos EUA • Definição de limites para resíduos de pesticidas nos alimentos	www.epa.gov
Food and Drug Administration (FDA)	• Impor padrões de qualidade e confiabilidade a todos os alimentos comercializados entre os estados (exceto carne, aves e produtos processados derivados de ovos) • Regulamentar o consumo de frutos do mar • Controlar a rotulagem dos produtos	• Inspeção • Análise de amostras de alimentos • Definição de padrões para alimentos específicos	www.fda.gov
Centers for Disease Control and Prevention (CDC)	• Promover a segurança alimentar	• Atendimento de casos de emergência relativos a doenças transmitidas por alimentos • Pesquisas e estudos sobre problemas de saúde ambientais • Determinação e imposição quarentenas • Programas nacionais de prevenção e controle de doenças em geral e transmitidas pelos alimentos	www.cdc.gov
National Marine Fisheries Service ou NOAA Fisheries	• Conservar e gerir os recursos marinhos no âmbito doméstico e internacional	• Programa de inspeção voluntária de frutos do mar • Uso de selo de inspeção federal	www.nmfs.noaa.gov
Governos estaduais e municipais	• Promover a segurança do leite • Monitorar a indústria alimentícia em seu âmbito de governo	• Inspeção de estabelecimentos que lidam com alimentos	Números para contato na lista telefônica

Restaurantes só costumam receber a visita de inspetores sanitários a cada seis meses. Somos obrigados a confiar nas práticas de segurança alimentar dos restaurantes onde comemos.

Outra causa do aumento de doença transmitida por alimentos na América do Norte é o maior consumo de alimentos prontos, importados de outros países. No passado, os alimentos importados eram sobretudo ingredientes *in natura*, que depois eram processados segundo rigorosos padrões sanitários. Atualmente, no entanto, importamos mais alimentos prontos para consumo – frutas vermelhas da Guatemala e crustáceos da Ásia – alguns deles contaminados. As autoridades sanitárias dos EUA estão reavaliando os procedimentos de inspeção dessas importações.

O uso de antibióticos nas rações para animais também vem aumentando a gravidade dos casos de doença transmitida por alimentos. Os antibióticos usados estimulam o desenvolvimento de cepas bacterianas resistentes, ou seja, que crescem mesmo quando expostas aos medicamentos antibióticos típicos. Os cientistas especializados dão grande atenção a esse problema.

Por fim, mais casos de doença transmitida por alimentos são relatados atualmente porque os cientistas estão mais informados sobre o papel dos vários fatores no processo. A lista de microrganismos suspeitos de causarem doença transmitida por alimentos aumenta a cada década. Além disso, atualmente, os médicos suspei-

Uma das armas que temos na batalha contra a doença transmitida por alimentos é a chamada Análise de Perigos e Pontos Críticos de Controle (HACCP, do inglês Hazard Analysis Critical Control Point). Aplicando os princípios do HACCP, as pessoas que manuseiam alimentos podem analisar de modo crítico seus métodos de preparo e que condições devem existir para que os microrganismos patogênicos penetrem e se reproduzam na cadeia de produção de alimentos. Uma vez identificados os riscos específicos e pontos críticos de controle (problemas potenciais), podem-se tomar medidas preventivas para reduzir as fontes específicas de contaminação.

* N. de R.T.: No Brasil, a Anvisa é responsável pelo monitoramento dos alimentos comercializados. Para maiores informações acesse o *site*: www.anvisa.gov.br.

tam mais de contaminação alimentar, diante de um quadro clínico sugestivo. Também sabemos que, nos dias de hoje, os alimentos não apenas servem como meio de crescimento para alguns microrganismos, mas também transmitem muitos agentes contaminantes. Os frutos do mar são mais analisados e fiscalizados pela FDA em razão de seu potencial de causar doença transmitida por alimentos. Para mais informações sobre segurança alimentar, entre em contato com o Center for Food Safety and Applied Nutrition (Centro de Segurança Alimentar e Nutrição Aplicada) da FDA pela página www.FoodSafety.gov.

13.2 Conservação dos alimentos – passado, presente e futuro

Durante muitos séculos, a conservação dos alimentos foi feita com sal, açúcar, defumação, fermentação e secagem. Os romanos da Antiguidade usavam sulfetos para desinfetar os tonéis e conservar o vinho. Na era das grandes descobertas, os aventureiros europeus que viajavam para o Novo Mundo conservavam a carne salgando-a. A maioria dos métodos de conservação se baseia no princípio de redução do teor de água no alimento. As bactérias necessitam de água em abundância para crescer; fungos e leveduras crescem em ambientes mais secos, ainda assim necessitam de água. O açúcar ou o sal se ligam à água e diminuem o volume disponível para esses micróbios. O processo de secagem consiste na evaporação da água livre.

Diminuir o teor de água de alguns alimentos muito úmidos pode, no entanto, provocar a perda de suas características essenciais. Para conservar esses alimentos, a alternativa foi a fermentação, como a que produz pepinos em conserva, chucrute, iogurte e vinho. Bactérias ou fungos selecionados são usados para fermentar ou produzir conservas de alimentos. As bactérias fermentadoras ou leveduras produzem ácidos e álcool, que minimizam, por sua vez, o crescimento de outras bactérias e fungos.

Atualmente, são acrescentados os processos de pasteurização, esterilização, refrigeração, congelamento, irradiação, enlatamento e preservação química à lista de técnicas usadas para conservação de alimentos. Outro método de conservação de alimentos, a embalagem asséptica, simultaneamente esteriliza e embala o alimento que, em seguida é transportado em embalagens múltiplas. Alimentos líquidos, como sucos de frutas, são especialmente adequados a esse tipo de processamento. Nessas embalagens cartonadas esterilizadas (denominadas "longa vida" ou UHT), alimentos como leite ou sucos podem permanecer durante muito tempo nas prateleiras dos supermercados, livres de contaminação microbiana.

irradiação Processo no qual a energia da radiação é aplicada aos alimentos criando compostos (radicais livres) que destroem membranas celulares, quebram as moléculas de DNA, ligam proteínas umas às outras, limitam a atividade enzimática e alteram diversas proteínas e funções celulares dos microrganismos capazes de deteriorar os alimentos. O processo não torna o alimento radiativo.

radiação Literalmente, o termo significa energia radiante, ou seja, emitida de uma fonte em várias direções. Os tipos de energia radiante incluem os raios X e os raios ultravioleta da luz solar.

embalagem asséptica Método pelo qual o alimento e sua embalagem são esterilizados separada e simultaneamente. Permite aos fabricantes produzir leite em embalagens cartonadas que podem ser armazenadas em temperatura ambiente.

A irradiação dos alimentos usa doses mínimas de radiação para controlar patógenos como *E. coli* O157:H7 e *Salmonella*. A energia radiante usada não torna o alimento radiativo. A energia passa, essencialmente, através do alimento, como acontece no forno de micro-ondas, e não ficam resíduos radiativos. No entanto, essa energia é suficientemente forte para quebrar laços químicos, destruir paredes e membranas celulares, fragmentar o DNA e ligar proteínas entre si. Assim, a irradiação controla o crescimento de insetos, bactérias, fungos e parasitas presentes nos alimentos.

A FDA aprovou a irradiação da carne crua para reduzir o risco de *E. coli* e outros microrganismos infecciosos. Outros produtos que também estão na lista de autorização são ovos crus e sementes. Antes dessa decisão, os únicos produtos de origem animal tratados com esse método eram carne de porco e frango. A irradiação também estende a validade de condimentos, temperos feitos de vegetais desidratados, carnes, frutas e legumes frescos.

Os alimentos irradiados, exceto os temperos desidratados, devem conter no rótulo o símbolo internacional da irradiação de alimentos, o Radura, e uma declaração de que o produto foi tratado por irradiação. Os alimentos assim tratados são seguros, na opinião da FDA e de muitas outras autoridades de saúde, inclusive a American Academy of Pediatrics. Embora a demanda por alimentos irradiados ainda seja baixa nos Estados Unidos, outros países, como Canadá, Japão, Itália e México, usam amplamente a tecnologia de irradiação de alimentos. Certos grupos de consumidores tentam impedir seu uso nos Estados Unidos, alegando que a irradiação diminui o valor nutricional do alimento e pode levar à formação de compostos prejudiciais à saúde, alguns deles cancerígenos. No futuro, talvez as pesquisas possam resolver essa controvérsia, mas, de todo modo, o risco é muito baixo. Vale ressaltar que, mesmo quando os alimentos, sobretudo carnes, são irradiados, ainda é importante obedecer aos procedimentos básicos de segurança alimentar, porque a contaminação posterior, durante o preparo, continua sendo possível.

▲ Este é o Radura, o símbolo internacional que denota irradiação do alimento.

13.3 Doenças transmitidas por alimentos, causadas por microrganismos

A maioria dos casos de doença transmitida por alimentos é causada por vírus, bactérias e fungos específicos. Os príons, proteínas responsáveis por manter o funcionamento das células nervosas, também podem se tornar infecciosos e causar doenças, como no caso da doença da vaca louca. As bactérias causam mal à saúde diretamente, invadindo a parede intestinal e produzindo *infecção* pela toxina que contêm, ou indiretamente, produzindo toxinas que são liberadas dentro do alimento e, quando esse é ingerido, causam dano à pessoa (é a chamada *intoxicação*). A principal diferença entre uma infecção e uma intoxicação alimentar é a evolução no tempo: se os sintomas aparecerem em quatro horas ou menos, trata-se de intoxicação.

▲ A carne moída é uma fonte típica de infecção transmitida por alimentos porque as bactérias existentes na superfície da carne se misturam a todo o conteúdo quando a carne é triturada.

Bactérias

As bactérias são microrganismos unicelulares encontrados nos alimentos, na água potável e no ar que respiramos. Muitos tipos de bactérias causam doenças transmitidas por alimentos, inclusive *Bacillus, Campylobacter, Clostridium, Escherichia, Listeria, Vibrio, Salmonella* e *Staphylococcus* (Tab. 13.3). As bactérias estão por toda parte: cada colher de chá de solo contém cerca de 2 bilhões de bactérias. Felizmente, só um pequeno número de todas essas bactérias representam ameaça. Algumas bactérias presentes nos alimentos causam infecções; outras causam intoxicações. A *Salmonella*, por exemplo, causa uma infecção porque é a própria bactéria que causa a doença. *Clostridium botulinum, Staphylococcus aureus* e *Bacillus cereus* produzem toxinas, portanto causam intoxicação. Além disso, embora a maioria das cepas de *E. coli* seja inofensiva, a *E. coli* O157:H7 produz uma toxina que causa doença grave, como diarreia com sangue e síndrome hemolítico-urêmica (SHU). As doenças de origem bacteriana transmitidas por alimentos causam sintomas gastrintestinais típicos, como vômitos, diarreia e cólicas abdominais. *Salmonella, Listeria, E. coli O157:H7* e *Campylobacter* são as doenças transmitidas por alimentos de maior interesse, pois são as que mais frequentemente acarretam óbito. *E. coli O157:H7* causa morte quando o paciente evolui para SHU. Dos 2.500 casos de listeriose que ocorrem todos os anos nos Estados Unidos, 500 são fatais. A listeriose é particularmente preocupante em mulheres grávidas porque elas têm probabilidade 20 vezes maior de contrair essa infecção do que outros adultos sadios, e a listeriose pode causar abortamento espontâneo ou parto de natimorto porque a *Listeria* é uma bactéria capaz de atravessar a placenta e atingir o feto.

Para que possam proliferar, as bactérias necessitam de nutrientes, água e calor. A maioria cresce melhor na chamada **zona perigosa** de temperatura, que é de 5°C a 57°C) (Fig. 13.1). Bactérias patogênicas não costumam se multiplicar quando o alimento é submetido à temperatura acima de 57°C ou refrigerado em temperaturas seguras, ou seja, de 0°C a 4,4°C. Uma exceção importante é a *Listeria*, capaz de se multiplicar mesmo sob refrigeração. Vale ressaltar também que as altas temperaturas podem matar as bactérias produtoras de toxina, mas as toxinas produzidas dentro dos alimentos não são inativadas pela alta temperatura. A maioria das bactérias patogênicas também necessitam de oxigênio para crescer, mas *Clostridium botulinum* e *Clostridium perfringens* só crescem em meio anaeróbio (sem oxigênio), por exemplo, em ambiente de latas e potes hermeticamente fechados. A acidez dos alimentos também pode afetar o crescimento bacteriano. Embora a maioria das bactérias não cresça bem em meio ácido, algumas, como a *E. coli* patogênica, podem crescer nessas condições, por exemplo, em sucos de frutas.

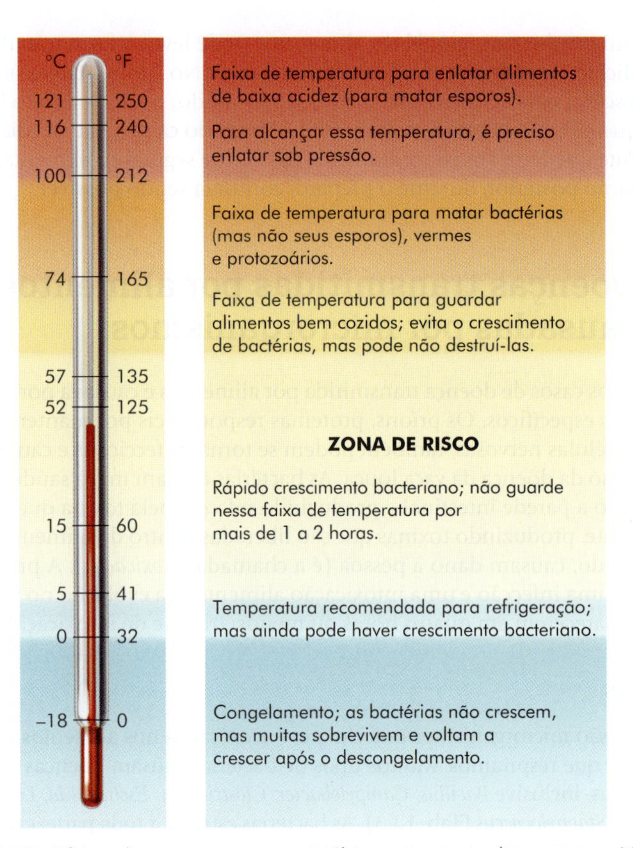

FIGURA 13.1 ▶ Efeitos da temperatura nos micróbios que causam doença transmitida por alimentos.

▲ Epidemias de norovírus são comuns em navios de cruzeiro. Originalmente, esse vírus se chamava "vírus de Norwalk", pois foi nessa cidade do estado de Ohio que ocorreu a primeira epidemia de gastrenterite causada por esse vírus.

Vírus

Assim como as bactérias, os vírus estão disseminados na natureza. No entanto, ao contrário das bactérias, eles só conseguem se reproduzir quando invadem células, como as da parede intestinal. Especialistas acreditam que aproximadamente 70% dos casos de doença transmitida por alimentos fiquem sem diagnóstico porque são decorrentes de infecções virais, já que não há um meio fácil de identificar a presença desses patógenos. A Tabela 13.4 descreve as duas causas virais mais comuns de doença transmitida por alimentos e as fontes alimentares típicas, além dos sintomas dessas doenças. O norovírus causa uma doença que costuma ser erroneamente diagnosticada como "influenza gástrica". A infecção por norovírus tem início abrupto e, em geral, dura apenas 1 a 2 dias. Esse vírus, que se tornou um problema em cruzeiros turísticos, é resistente e sobrevive ao congelamento, a temperaturas relativamente altas e à purificação da água com cloro na concentração de até 10 ppm. Nos EUA, um dos *sites* que coordenam projetos de segurança alimentar é o www.FoodSafety.gov, já mencionado. Outra página útil é a www.homefoodsafety.org.

REVISÃO CONCEITUAL

Os vírus e as bactérias representam os maiores fatores de risco de doença transmitida por alimentos. No passado, a adição de açúcar e sal aos alimentos, ou a prática de defumá-los e secá-los, eram medidas usadas para prevenir o crescimento de microrganismos. Os processos comerciais, como pasteurização e irradiação, protegem de doenças transmitidas por alimentos. Produtos de origem animal crus, alimentos cozidos, frutas e vegetais crus são todos fontes potenciais de doenças transmitidas por alimentos e assim devem ser tratados.

TABELA 13.3 Causas bacterianas de doenças transmitidas por alimentos

Bactérias	Fontes alimentares típicas	Sintomas	Informações adicionais
***Salmonella* (várias espécies)**	Carne, aves, ovos e peixes crus ou malpassados; vegetais frescos, sobretudo brotos crus; manteiga de amendoim; leite não pasteurizado	Início: 12–72 h; náusea, febre, cefaleia, cólicas abdominais, diarreia e vômitos; pode ser fatal em lactentes, idosos e nas pessoas com comprometimento do sistema imune; tem duração de 4-7 dias	A estimativa é que ocorram 1,4 milhão de casos/ ano; a bactéria vive no intestino de animais e seres humanos; os alimentos são contaminados por água e fezes; cerca de 2 mil cepas diferentes de *Salmonella* podem causar doença, mas 3 delas respondem por quase 50% dos casos; a *Salmonella enteritidis* infecta os ovários de galinhas e contamina os ovos; quase 20% dos casos ocorrem pelo consumo de ovos crus ou pratos à base de ovos crus; a carne de répteis, como tartarugas, também transmite a doença
Campylobacter jejuni	Carne bovina ou de aves crua ou malpassada (mais da metade de toda a carne de aves dos EUA está contaminada), leite não pasteurizado, água contaminada	Início: 2–5 dias; dor muscular, cólicas abdominais, diarreia (às vezes com sangue), febre; tem duração de 2-7 dias	Estima-se que ocorram 1 milhão de casos/ano; produz uma toxina que destrói a mucosa intestinal; pode causar síndrome de Guillain-Barré, distúrbio neurológico raro que causa paralisia
***Escherichia coli* (O157:H7 e outras cepas)**	Carne moída malpassada; vegetais frescos – alface, espinafre, brotos; suco e leite não pasteurizados	Início: 1–8 dias; diarreia com sangue, cólicas abdominais; em crianças < 5 anos de idade e nos idosos, a síndrome hemolítico-urêmica (SHU) é uma grave complicação; as hemácias são destruídas, e os rins deixam de funcionar; pode ser fatal; tem duração de 5-10 dias	Principal causa de diarreia sanguinolenta nos EUA; estima-se que ocorram 73 mil casos/ano; a bactéria vive no intestino do gado sadio; as principais fontes são o próprio gado e o esterco; a doença é causada por uma poderosa toxina produzida pela bactéria; exposições de animais domésticos, lagos e piscinas podem conter *E. coli* patogênica
***Shigella* (várias espécies)**	Transmissão oral/fecal; sistema de abastecimento de água, vegetais crus e outros alimentos contaminados pelo manuseio em más condições de higiene	Início: 1–3 dias; cólicas abdominais, febre, diarreia (quase sempre com sangue); tem duração de 5–7 dias	Estimam-se 448 mil casos/ano; humanos e primatas são as únicas fontes; comum em casas de repouso e instituições prisionais com más condições de higiene; a diarreia do viajante é frequentemente causada por *Shigella dysenteriae*
Staphylococcus aureus	Presunto, aves, ovos, saladas, massas recheadas de creme, tortas, creme chantilly	Início: 1–6 h; diarreia, vômitos, náusea, cólicas abdominais; tem duração de 1–3 dias	Bactérias da pele e das vias aéreas nasais de até 25% das pessoas; podem contaminar os alimentos; multiplicam-se rapidamente quando alimentos contaminados são mantidos por muito tempo em temperatura ambiente; doença causada por uma toxina resistente ao calor que não pode ser destruída pelo cozimento

(Continua)

TABELA 13.3 Causas bacterianas de doenças transmitidas por alimentos *(Continuação)*

Bactérias	Fontes alimentares típicas	Sintomas	Informações adicionais
Clostridium perfringens	Carne bovina, aves, molhos e comida mexicana	Início: 8–24 h; dor abdominal e diarreia, geralmente leve; pode ser mais grave nos idosos ou pessoas doentes; tem duração de 1 dia ou menos	Estimam-se que ocorram 10 mil casos/ano; bactérias anaeróbias disseminadas no solo e na água; multiplicam-se rapidamente em alimentos preparados, como carnes, assados e molhos gordurosos, deixados longo tempo em temperatura ambiente
Listeria monocytogenes	Leite e requeijão não pasteurizados, carne crua, vegetais malcozidos, embutidos e salsichas, peixe defumado resfriado	Início: 9–48 h (sintomas iniciais); 14-42 dias (sintomas graves); febre, dores musculares, cefaleia, vômitos; pode afetar o sistema nervoso e causar rigidez de nuca, confusão mental, perda do equilíbrio ou convulsão; pode causar parto prematuro ou natimorto	Estima-se que ocorram 2.500 casos sendo 500 fatais/ano; disseminadas no solo e na água e podem ser transmitidas por animais sadios; crescem sob refrigeração; cerca de um terço dos casos ocorre durante a gravidez; indivíduos com alto risco devem evitar carnes cruas, queijos cremosos (p. ex., requeijão, feta, Brie, Camembert), queijos do tipo gorgonzola, queijos feitos com leite não pasteurizado, patês de carne resfriada e peixe defumado cru resfriado
Clostridium botulinum	Vegetais, carnes e peixes mal-acondicionados por método caseiro; alimentos comercializados mal-acondicionados; óleos/azeites com especiarias; alho em pote; batata assada em alumínio e deixada em temperatura ambiente; mel	Início: 18–36 h, mas pode variar de 6 h a 10 dias; sintomas neurológicos como visão dupla e visão turva, queda da pálpebra, fala arrastada, dificuldade para deglutir, fraqueza muscular e paralisia da face, braços, músculos respiratórios, tronco e pernas; pode ser fatal; tem duração de dias a semanas	Estima-se que ocorram 100 casos/ano; causado por uma neurotoxina; o *C. botulinum* só cresce na ausência de ar, em alimentos sem acidez; a maioria dos casos de botulismo é causada por mal-acondicionamento doméstico de alimentos, mas em 2007 houve um surto causado por um molho *chili* em lata, vendido no comércio; o mel pode conter esporos do *C. botulinum* e não deve ser oferecido a crianças < 1 ano de idade
Vibrio	*V. parahemolyticus:* moluscos/crustáceos crus ou malcozidos, especialmente ostras	Início: 24 h; diarreia aquosa, náusea, vômitos, febre, calafrios; tem duração de 3 dias	Encontrado em águas costeiras; mais casos no verão; é difícil determinar o número de casos porque a bactéria dificilmente é isolada em laboratório
	V. vulnificus: moluscos/crustáceos crus ou malcozidos, especialmente ostras	Início: 1–2 dias; vômitos, diarreia, dor abdominal; em casos mais graves, infecção da corrente sanguínea, com febre, calafrios, queda da pressão arterial, bolhas na pele; tem duração de 3 dias ou mais	Estima-se que ocorram 95 casos/ano; encontrado em águas costeiras; mais casos no verão; pessoas com comprometimento do sistema imune e doença hepática correm maior risco de infecção; mortalidade de 50% quando há infecção da corrente sanguínea
	V. cholerae: água e alimentos contaminados, portadores humanos	Início: 2–3 dias; diarreia grave que leva à desidratação, vômitos; pode causar desidratação, colapso cardiovascular e morte	Ocorre principalmente em países sem tratamento adequado da água e do esgoto
Yersinia enterocolitica	Carne de porco crua ou malcozida, sobretudo vísceras de porco; *tofu*; água; leite não pasteurizado	Início: 4–7 dias; febre, dor abdominal, diarreia (quase sempre com sangue); tem duração de 1–3 semanas ou mais	Mais comum em crianças < 5 anos de idade; relativamente rara; as bactérias vivem principalmente no porco, mas podem ser encontradas em outros animais

TABELA 13.4 Causas virais de doenças transmitidas por alimentos

Vírus	Fontes alimentares típicas	Sintomas	Informações adicionais
Norovírus (vírus de Norwalk e assemelhados), rotavírus humano	Alimentos preparados sem higiene, por pessoas com as mãos contaminadas; moluscos de águas contaminadas; legumes e frutas contaminados durante o cultivo, a colheita e o processamento	Início: 1–2 dias; "influenza gástrica"— diarreia grave, náusea, vômitos, cólicas estomacais, febre baixa, calafrios, dores musculares; dura 1–2 dias ou mais	O vírus se encontra nas fezes e no vômito das pessoas infectadas; as pessoas que lidam com alimentos podem contaminar os próprios alimentos ou as superfícies de contato; o norovírus é altamente infectante – apenas de 10 a 100 partículas pode causar infecção; trabalhadores com sintomas de infecção por norovírus devem ser afastados até 2 ou 3 dias depois de estarem se sentindo melhor
Vírus da hepatite A	Alimentos preparados sem higiene, por pessoas com as mãos contaminadas, especialmente alimentos crus ou que são manuseados, como sanduíches, salgados e saladas; moluscos de águas contaminadas; legumes e frutas contaminados durante o cultivo, a colheita e o processamento	Início: 15–50 dias; anorexia, diarreia, febre, icterícia, urina escura, fadiga; pode causar lesão do fígado e morte; dura de várias semanas a 6 meses	Os alimentos contaminados durante o manuseio podem transmitir a doença a dezenas de pessoas; crianças e adultos jovens são mais suscetíveis; há uma vacina disponível, capaz de diminuir muito o número de infecções; a aplicação de imunoglobulina uma semana após a exposição ao vírus da hepatite A também pode prevenir a infecção

▲ Moluscos crus, especialmente os bivalves (p. ex., ostras e mariscos), acarretam um risco particularmente elevado de viroses alimentares. Esses animais filtram seu alimento, processo que concentra vírus, bactérias e toxinas presentes na água. O cozimento adequado desses moluscos mata os vírus e as bactérias, mas pode não destruir as toxinas. É importante comprar crustáceos e moluscos de fontes confiáveis, criados em águas seguras com baixo risco de contaminação.

Parasitas

Parasitas são organismos que vivem dentro ou sobre outro organismo, conhecido como hospedeiro, do qual eles absorvem nutrientes. O ser humano pode servir de hospedeiro a vários parasitas. Esses seres diminutos e vorazes prejudicam a saúde e, às vezes, são fatais a milhões de pessoas. As pessoas que mais sofrem com parasitoses são as que vivem em países tropicais, em más condições de higiene.

Há mais de 80 tipos de parasitas que contaminam a alimentação do homem, os quais incluem, principalmente, protozoários (animais unicelulares), como *Cryptosporidium* e *Cyclospora*, e helmintos, como a tênia e a *Trichinella spiralis*. A Tabela 13.5 descreve os parasitas comuns e as fontes alimentares típicas, além dos sintomas das doenças que eles causam. As parasitoses se transmitem de uma pessoa para outra, bem como por meio de alimentos, água e solo contaminados.

13.4 Aditivos alimentares

Quando você compra um alimento no supermercado, em geral, ele contém substâncias que foram adicionadas para torná-lo mais palatável, enriquecê-lo com nutrientes ou prolongar sua validade. Os fabricantes também adicionam algumas substâncias aos alimentos para facilitar seu processamento. Outras substâncias podem ter entrado acidentalmente na composição desses alimentos. Todas essas substâncias extrínsecas são denominadas aditivos e, embora algumas sejam benéficas, outras, como os sulfetos, podem ser prejudiciais a algumas pessoas. Todas as substâncias adicionadas intencionalmente aos alimentos precisam ser avaliadas pela FDA.

protozoários Animais unicelulares mais complexos do que as bactérias. Os protozoários causadores de doenças podem se disseminar por meio de alimentos e da água.

helminto Parasita vermiforme que pode contaminar os alimentos, a água, as fezes, os animais e outras substâncias.

aditivos Substâncias adicionadas aos alimentos, por exemplo, conservantes.

conservantes Compostos que prolongam o prazo de validade dos alimentos inibindo o crescimento microbiano ou minimizando os efeitos destrutivos do oxigênio e dos metais.

quelantes Compostos que se ligam a íons metálicos livres. Essa ligação diminui a capacidade dos íons de tornar rançosa a gordura dos alimentos.

TABELA 13.5 Causas parasitárias de doenças transmitidas por alimentos

Parasita	Fontes alimentares típicas	Sintomas	Informações adicionais
Trichinella spiralis	Carne de porco e de caça	Início: semanas a meses; sintomas gastrintestinais seguidos de fraqueza muscular, retenção hídrica na face, febre, sintomas de gripe	O número de infecções por triquinela diminuiu muito porque a infestação dos suínos é menos provável atualmente; o cozimento da carne de porco em alta temperatura (72°C) mata a *Trichinella*, o mesmo ocorrendo com o congelamento por 3 dias a –20°C.
Anisakis	Peixe cru ou malcozido	Início: 12 h ou menos; dor no estômago violenta, náusea, vômitos	Causada pela ingestão de larvas do helminto; a infecção é mais comum em locais onde se come peixe cru rotineiramente
Tênia	Carne bovina, de porco e peixe crus	Desconforto abdominal, diarreia	
Toxoplasma gondii	Carne crua ou malcozida, frutos e vegetais não lavados	Início: 5–20 dias; maioria dos casos é assintomática; quando há sintomas, são febre, cefaleia, dores musculares, diarreia; pode ser fatal para o feto em desenvolvimento no útero	O parasita passa dos animais para o homem, sendo transmitido sobretudo pelo gato, principal reservatório da doença; o ser humano adoece por ingestão de carne contaminada ou por manuseio de fezes de gato
Cyclospora cayetanensis	Água e alimentos contaminados	Início: 1 semana; diarreia aquosa, vômitos dores musculares, fadiga, anorexia, perda de peso; dura 10–12 semanas	Mais comum em áreas tropicais e subtropicais, mas desde 1990 já ocorreram dezenas de surtos, que afetaram 3.600 pessoas nos EUA e no Canadá
Cryptosporidium	Água e alimentos contaminados	Início: 2–10 dias; diarreia aquosa, dor abdominal, febre, náusea, vômitos, perda de peso; pessoas com sistema imune comprometido têm doença mais grave; tem duração de 1-2 semanas nas pessoas sadias	Os surtos ocorrem em todo o mundo; o maior surto nos EUA ocorreu em 1993, em Milwaukee, e afetou mais de 443 mil pessoas; também pode se disseminar em parques aquáticos e piscinas públicas

Por que se usam aditivos alimentares?

A maioria dos aditivos é usada para limitar a deterioração dos alimentos. Os aditivos alimentares comuns geralmente funcionam como conservantes e incluem agentes acidificantes ou alcalinizantes, antimicrobianos, substâncias usadas para curtir ou fermentar, além de agentes quelantes. A Tabela 13.6 ajuda a entender exatamente por que essas substâncias são usadas e quais são as características de cada uma delas. Aditivos alimentares, como o sorbato de potássio, são usados para manter a segurança e a aceitabilidade dos alimentos, retardando o crescimento microbiano, que pode causar doenças transmitidas por alimentos.

Os aditivos também são usados para combater certas enzimas que provocam alterações indesejáveis na coloração e no sabor dos alimentos, mas não causam problemas tão graves quanto uma doença transmitida por alimentos. Esse segundo tipo de deterioração dos alimentos ocorre quando as enzimas presentes no alimento reagem com o oxigênio: é o caso, por exemplo, das fatias de maçã ou pera que escurecem quando ficam expostas ao ar. Antioxidantes são conservantes que detêm a ação das enzimas que captam oxigênio na superfície dos alimentos. Esses conservantes não são, necessariamente, substâncias químicas inovadoras. Eles podem ser as vitaminas E e C e diversos sulfetos.

Sem alguns desses aditivos, seria impossível produzir grandes quantidades de alimentos e distribuí-los com segurança por todo um país, ou por todo o mundo como se faz nos dias de hoje. Apesar das preocupações do consumidor com a segurança dos aditivos alimentares, muitos deles foram exaustivamente estudados, nos Estados Unidos, e tiveram sua segurança comprovada desde que usados conforme as normas da FDA.

Aditivos alimentares intencionais *versus* incidentais

Os aditivos alimentares são classificados em dois tipos: aditivos alimentares intencionais (adicionados diretamente aos alimentos) e aditivos alimentares incidentais (adicionados indiretamente, como contaminantes). Ambos os tipos são regulamentados, nos Estados Unidos, pela FDA. Atualmente, mais de 2.800 substâncias são adicionadas intencionalmente aos alimentos. E até 10 mil outras substâncias entram nos alimentos como contaminantes. Esse número inclui substâncias que podem, não raramente, penetrar nos alimentos a partir do seu contato superficial com equipamentos de processamento ou materiais de embalagem.

aditivos alimentares intencionais Aditivos que são incorporados diretamente aos alimentos pelo fabricante.

aditivos alimentares incidentais Aditivos que penetram indiretamente nos alimentos, por contaminação ambiental dos ingredientes ou durante o processo de fabricação.

geralmente reconhecidos como seguros (GRAS) Lista de aditivos alimentares que, em 1958, eram considerados seguros para consumo nos Estados Unidos. Os fabricantes foram autorizados a continuar usando esses aditivos, sem qualquer inspeção especial, se necessários nos produtos alimentícios. A FDA é responsável por provar que eles não são seguros e pode retirar da lista um produto que julgue impróprio para consumo.

A lista GRAS

Em 1958, todos os aditivos alimentares usados nos Estados Unidos e considerados seguros naquele momento foram incluídos em uma lista de aditivos geralmente reconhecidos como seguros (GRAS, do inglês *generally recognized as safe*). O congresso dos EUA criou a lista GRAS por acreditar que os fabricantes não precisavam provar a segurança de substâncias que eram usadas há muito tempo e que já eram reconhecidas como seguras. Desde então, a FDA tem sido responsável por provar que uma substância não deve estar na lista GRAS. Outras substâncias podem ser adicionadas à lista GRAS se existirem dados e informações sobre seu uso que sejam amplamente aceitos por especialistas qualificados e que comprovem que a substância é segura nas condições de seu uso pretendido.

Desde 1958, houve revisão de algumas substâncias da lista. Algumas, como os ciclamatos, não passaram no processo de revisão e foram retiradas da lista. O corante vermelho nº 3 foi retirado devido à sua ligação com o câncer. Muitas substâncias químicas da lista GRAS ainda não foram rigorosamente testadas, em geral, devido ao custo. Essas substâncias químicas foram consideradas de baixa prioridade para testes, principalmente porque são usadas há muito tempo sem qualquer evidência de toxicidade ou porque suas características químicas não indicam que elas possam ser perigosas para a saúde.

Algumas definições importantes:

toxicologia	Estudo científico das substâncias nocivas
segurança	Certeza relativa de que uma substância não causa mal
risco	Chance de uma substância causar mal quando utilizada
toxicidade	Capacidade de uma substância de causar mal ou doença em alguma dosagem

TABELA 13.6 Tipos de aditivos alimentares – fontes e problemas de saúde relacionados

Classe de aditivos alimentares	Atributos	Riscos para a saúde
Agentes acidificantes ou alcalinizantes, como ácido cítrico, lactato de cálcio e hidróxido de sódio	Os ácidos conferem o sabor áspero aos refrigerantes, sorvetes de fruta e queijos cremosos; inibem o crescimento de fungos, evitam que os alimentos mudem de cor e fiquem rançosos. Além disso, diminuem o risco de botulismo em vegetais que são naturalmente pobres em ácidos, como as ervilhas enlatadas. Os agentes alcalinizantes neutralizam os ácidos produzidos durante a fermentação e, assim, melhoram o sabor.	Não há riscos conhecidos quando usados de modo adequado.
Adoçantes artificiais de baixa caloria, como sacarina, sucralose, acessulfa-K, aspartame, neotame e tagatose	Adoçam os alimentos acrescentando a eles poucas calorias.	O uso moderado desses adoçantes alternativos ao açúcar é considerado seguro (exceto o aspartame, no caso de pessoas que têm fenilcetonúria).
Dessecantes, como silicato de cálcio, estearato de magnésio e dióxido de sílica	Absorvem a umidade e mantêm soltos o sal, o fermento em pó, o açúcar e outros alimentos em pó, evitando que eles empedrem ou formem aglomerados	Não há riscos conhecidos quando usados de modo adequado.
Antimicrobianos, como sal, benzoato de sódio, ácido sórbico e propionato de cálcio	Inibem o crescimento de fungos e mofos.	O sal aumenta o risco de hipertensão, especialmente em algumas pessoas propensas. Não há riscos conhecidos dos demais agentes quando usados de modo adequado.
Antioxidantes, como BHA (hidroxianisol de butila), BHT (hidroxitolueno de butila), alfatocoferol (vitamina E), ácido ascórbico (vitamina C) e sulfetos	Retardam a mudança de coloração dos alimentos causada pela exposição ao oxigênio; diminuem o ranço decorrente da degradação das gorduras; mantêm a cor das carnes enlatadas; evitam a formação de nitrosaminas cancerígenas	Os sulfetos podem causar reação alérgica em 1 de cada 100 pessoas. Os sintomas incluem dificuldade para respirar, chiado, urticária, diarreia, dor abdominal, cólicas e tontura. Saladas prontas, frutas secas e vinhos são fontes típicas de sulfetos.
Aditivos coloríficos, como a tartrazina	Tornam os alimentos mais atrativos.	A tartrazina (amarelo nº 5 da FD&C) pode causar sintomas alérgicos, como urticária e coriza, em algumas pessoas, especialmente as que são alérgicas à aspirina. A FDA exige que os fabricantes declarem nos rótulos de alimentos todos os corantes sintéticos neles contidos.
Agentes para curtir e fermentar, como sal, nitratos e nitritos	Nitratos e nitritos atuam como conservantes, sobretudo prevenindo o crescimento de *Clostridium botulinium;* frequentemente usados combinados ao sal.	O sal aumenta o risco de hipertensão, especialmente em algumas pessoas propensas. O consumo de nitratos e nitritos em alimentos curados e também naturais, presentes em alguns vegetais, foi associado à síntese de nitrosaminas. (A ingestão de vitamina C em quantidade adequada pode reduzir essa síntese.) Algumas nitrosaminas são cancerígenas, particularmente para o estômago, esôfago e intestino grosso, mas o risco é baixo. O National Cancer Institute recomenda consumir esses alimentos com moderação.

(Continua)

Açúcar, sal, xarope de milho e ácido cítrico representam 98% de todos os aditivos (com base em peso) usados no processamento de alimentos.

▲ Refrigerantes são fontes típicas de edulcorantes alternativos e são muito consumidos. O uso moderado desses produtos geralmente não representa risco para a saúde.

Talvez você se pergunte: Se os nitratos e nitritos formam substâncias químicas capazes de causar câncer, por que não são banidos pela emenda Delaney? Nos Estados Unidos, o USDA regulamenta o uso de substâncias químicas na carne. As leis que regem as normas do USDA para alimentos são diferentes das leis que regem a FDA. Por isso, a emenda Delaney não se aplica aos atos do USDA. O USDA não considera que o uso regulamentado de nitratos e nitritos nas carnes represente uma ameaça à saúde pública, por isso nenhuma medida a respeito foi tomada.

TABELA 13.6 Tipos de aditivos alimentares – fontes e problemas de saúde relacionados *(Continuação)*

Classe de aditivos alimentares	Atributos	Riscos para a saúde
Emulsificantes, como os monoglicerídeos e as lecitinas	Suspendem as gorduras em água, melhorando a uniformidade e conferindo textura macia e volume a alimentos assados, sorvetes e maionese.	Não há riscos conhecidos quando usados de modo adequado.
Substitutos de gordura	Limitam o valor calórico dos alimentos, reduzindo seu teor de gordura.	Geralmente, não há riscos conhecidos quando usados de modo adequado.
Aromatizantes (como os sabores naturais e artificiais), açúcar e xarope de milho	Dão mais sabor ou melhoram o sabor dos alimentos.	O açúcar e o xarope de milho podem aumentar o risco de cáries dentárias. Geralmente, não há riscos conhecidos dos aromatizantes quando usados de modo adequado.
Agentes para realce de sabor, como glutamato monossódico e sal	Ajudam a realçar o sabor natural dos alimentos, como o da carne.	Algumas pessoas, (especialmente lactentes) são sensíveis ao glutamato contido no glutamato monossódico e, ao serem expostas, apresentam rubor facial, dor torácica, sensação de pressão no rosto, tontura, sudorese, aumento da frequência cardíaca, náusea, vômitos, aumento da pressão arterial e cefaleia. É importante, nesses casos, que a pessoa pesquise o rótulo dos alimentos, à procura dos termos glutamato, proteína isolada, extrato de leveduras e tabletes de caldo. O sal aumenta o risco de hipertensão, especialmente em algumas pessoas propensas.
Umectantes, como glicerol, propilenoglicol e sorbitol	Ajudam a reter a umidade, manter a textura e o sabor de balas e doces, coco ralado e *marshmallows*	Não há riscos conhecidos quando usados de modo adequado.
Fermentos, como leveduras, fermento em pó, fermento para pão	Introduzem dióxido de carbono nos alimentos.	Não há riscos conhecidos quando usados de modo adequado.
Agentes para maturação e branqueamento, como bromatos, peróxidos e cloreto de amônia	Encurtam o tempo necessário para maturação da farinha usada para fazer pães e bolos.	Não há riscos conhecidos quando usados de modo adequado.
Suplementos nutricionais, como vitamina A, vitamina D e iodeto de potássio	Aumentam o teor nutritivo dos alimentos, como margarina, leite e cereais matinais.	Não há riscos conhecidos para a saúde se a ingestão dos suplementos combinada a outras fontes naturais de determinados nutrientes não exceder a o nível máximo de ingestão tolerável (UL) definida para aquele nutriente em particular (o ferro pode ser uma exceção; ver Cap. 9)
Estabilizantes e espessantes, como pectinas, gomas, gelatinas e ágar	Conferem uma textura macia, cor e sabor uniformes a balas, sorvetes, doces gelados, achocolatados e bebidas que contêm adoçantes artificiais. Evita a evaporação e deterioração dos aromatizantes usados em bolos, pudins e pós para gelatina.	Não há riscos conhecidos quando usados de modo adequado.
Quelantes, como EDTA e ácido cítrico	Capturam os íons livres, ajudando a preservar a qualidade dos alimentos e evitando que os íons tornem a gordura rançosa.	Não há riscos conhecidos quando usados de modo adequado.

▲ Emulsificantes melhoram a textura de alimentos como sorvetes, pães e biscoitos.

PARA REFLETIR

Sabendo que Joseph está estudando nutrição, seu colega de quarto lhe pergunta: "O que é mais perigoso – as bactérias que podem estar presentes nos alimentos ou os aditivos declarados no rótulo daquele meu bolo favorito?" Que resposta Joseph deve dar? Que informações ele teria para embasar suas conclusões?

▲ Os corantes tornam alguns alimentos mais atrativos.

A margem de segurança de 100 vezes é 25 vezes menor do que a da vitamina A, quando se compara a RDA para mulheres sadias (700 μg) a uma dose de vitamina A potencialmente nociva para gestantes (3.000 μg).

Emenda Delaney Cláusula da Emenda de Aditivos Alimentares de 1958 à Lei de Alimentos Puros e Drogas dos Estados Unidos; previne a adição intencional (direta) aos alimentos de compostos que comprovadamente causam câncer em animais de laboratório ou seres humanos.

Substâncias químicas sintéticas são sempre nocivas?

Está comprovado que não há maior segurança em ingerir um produto natural do que um sintético. Muitos produtos sintéticos são cópias, produzidas em laboratório, das substâncias químicas que ocorrem na natureza (ver alguns exemplos no tópico sobre biotecnologia do Cap. 12). Além disso, embora as atividades humanas possam contribuir para a adição de toxinas aos alimentos, por exemplo, o uso de pesticidas sintéticos e substâncias químicas industriais, os venenos naturais são quase sempre mais potentes e disseminados. Cientistas que pesquisam sobre câncer acreditam que sejam ingeridas pelo menos 10 mil vezes mais toxinas naturais (por peso) produzidas por plantas do que resíduos de pesticidas sintéticos. (As plantas produzem essas toxinas para se proteger de predadores e microrganismos causadores de doenças.) Essa comparação não torna as substâncias químicas sintéticas menos tóxicas, mas fornece uma perspectiva mais exata da questão.

Vejamos, por exemplo, a vitamina E, frequentemente adicionada aos alimentos para evitar que as gorduras se tornem rançosas. Essa é uma substância segura quando usada dentro de certos limites. Altas doses foram associadas a problemas de saúde, como interferência na atividade da vitamina K no corpo (ver Cap. 8). Assim, mesmo as substâncias químicas bem-conhecidas, com as quais nos sentimos confortáveis, podem ser tóxicas em determinadas circunstâncias e em certas concentrações.

Testes de segurança de aditivos alimentares

Os aditivos alimentares são testados pela FDA quanto à sua segurança em pelo menos duas espécies animais, geralmente ratos e camundongos. Os cientistas determinam a maior dose do aditivo *sem efeitos observáveis* nos animais. Essa dose é muito maior, proporcionalmente, do que a dose à qual o ser humano jamais será exposto. A dose máxima sem efeitos observáveis é então dividida pelo menos por 100 para se estabelecer a margem de segurança para uso humano. Essa margem de 100 vezes se baseia no pressuposto de que somos pelo menos 10 vezes mais sensíveis aos aditivos alimentares do que os animais de laboratório, e que uma pessoa pode ser 10 vezes mais sensível do que outra. Essa ampla margem garante, essencialmente, que o aditivo alimentar em questão não cause qualquer efeito nocivo para o ser humano. De fato, muitas substâncias químicas sintéticas são provavelmente menos perigosas nessas doses baixas do que alguns compostos naturais, presentes em alimentos comuns, como maçã ou aipo.

Uma importante exceção se aplica ao processo de teste de aditivos alimentares intencionais: se um aditivo causa câncer, comprovadamente, mesmo que seja apenas em altas doses, não é permitida qualquer margem de segurança. O aditivo alimentar, nesse caso, não poderá ser usado, já que estaria violando a Emenda Delaney da Lei de Aditivos Alimentares de 1958. Essa emenda proíbe a adição intencional aos alimentos de qualquer composto lançado depois de 1958 e que cause câncer em qualquer nível de exposição. As evidências do efeito cancerígeno podem vir de estudos em seres humanos ou em animais de laboratório. São poucas as exceções a essa causa; elas são discutidas na Tabela 13.6, no tópico sobre agentes que servem para curtir e fermentar.

Os aditivos alimentares incidentais são diferentes. A FDA não pode banir várias substâncias químicas, resíduos de pesticidas e toxinas de fungos dos alimentos, mesmo que alguns desses contaminantes possam causar câncer. Esses produtos não são adicionados de maneira intencional aos alimentos. A FDA define níveis aceitáveis para essas substâncias. Uma substância incidental encontrada em um alimento não pode contribuir para mais do que 1 caso de câncer durante os períodos de vida de 1 milhão de pessoas. Se o risco foi maior do que isso, a quantidade do composto no alimento deverá ser reduzida até cumprir a norma.

Em geral, se você consumir alimentos variados com moderação, as chances de ameaça à saúde pelos aditivos serão mínimas. Preste atenção ao seu corpo. Se você suspeitar de intolerância ou sensibilidade, consulte um médico para fazer uma avaliação. Lembre-se de que, a curto prazo, é muito mais provável você ter uma doença transmitida por alimentos decorrente de práticas indevidas de manuseio dos alimentos, que permitem a contaminação por vírus e bactérias, ou pelo consumo de alimentos de origem animal crus, do que pela ingestão de aditivos. O excesso de calorias, gorduras saturadas, colesterol, gordura *trans*, sal e outros nutrientes potencialmente "problemáticos" da nossa dieta representa a longo prazo um risco muito maior para a nossa saúde.

Aprovação de um novo aditivo alimentar

Antes que um novo aditivo alimentar possa ser usado na fabricação de alimentos, ele precisa ser aprovado pela FDA. Além de testes rigorosos para estabelecer a margem de segurança, os fabricantes devem fornecer informações à FDA que sirvam para (1) identificar o novo aditivo, (2) apresentar sua composição química, (3) demonstrar como ele é fabricado e (4) especificar os métodos laboratoriais usados para medir sua presença no alimento, nas quantidades compatíveis com o uso pretendido.

Os fabricantes também devem apresentar provas de que o aditivo cumprirá a função pretendida no alimento, que é seguro e que não será usado em quantidade acima da necessária. Os aditivos não podem ser usados para esconder problemas dos ingredientes do alimento, como gorduras rançosas, nem para enganar o consumidor ou substituir boas práticas de fabricação. O fabricante deve comprovar que o ingrediente é necessário para produzir um determinado alimento.

▲ Dependendo da sua escolha entre alimentos naturais e processados, a sua dieta poderá conter aditivos ou não. No entanto, muitas pessoas não têm essa preocupação.

DECISÕES ALIMENTARES

Alimentos integrais ou processados?

Se você estiver confuso ou preocupado com todos os aditivos da sua alimentação, poderá facilmente evitar a maioria deles consumindo alimentos naturais não processados. Entretanto, não há evidências de que isso fará de você, necessariamente, uma pessoa mais saudável, nem é possível evitar todos os aditivos, porque alguns estão presentes também nos alimentos naturais, como os pesticidas, por exemplo. A decisão é individual. Você confia na FDA e nos fabricantes de alimentos quanto à proteção da sua saúde e bem-estar ou prefere ter maior controle da sua alimentação, minimizando a ingestão de compostos que não são naturalmente encontrados nos alimentos?

REVISÃO CONCEITUAL

Aditivos alimentares servem para reduzir o risco de deterioração dos alimentos causado por crescimento microbiano, oxigênio, metais e outros compostos. Os aditivos são também usados para ajustar a acidez, melhorar o sabor e a coloração do alimento, além de atuar direto como fermentos, enriquecer, do ponto de vista nutricional, espessar e emulsificar componentes do alimento. Os aditivos são classificados em intencionais (adicionados de modo intencional aos alimentos) e incidentais (indiretos, presentes nos alimentos em razão de contaminação ambiental ou de práticas de fabricação). A quantidade de um aditivo permitida em um alimento limita-se a 1/100 da maior quantidade que não tem qualquer efeito observável em animais. A Emenda Delaney permite à FDA limitar a adição intencional de compostos cancerígenos aos alimentos que estão sob sua responsabilidade, nos Estados Unidos, onde a lei também estabelece o teor permitido de carcinógenos que podem penetrar incidentalmente nos alimentos.

13.5 Substâncias que ocorrem naturalmente nos alimentos e podem causar doenças

Os alimentos contêm diversas substâncias naturais capazes de causar doenças. Veja alguns exemplos importantes:

- *Safrol* – encontrado no sassafrás, no macis e na noz moscada; causa câncer se consumido em grande quantidade.
- *Solanina* – encontrada em brotos de batata e nos pontos verdes da casca da batata; inibe a ação de certos neurotransmissores.

▲ Se você quiser colher cogumelos selvagens, saiba o que procurar. Muitas variedades contêm toxinas letais.

- *Toxinas de cogumelo* – encontradas em alguns gêneros de cogumelos, como o amanita; pode causar mal-estar gástrico, tontura, alucinações e outros sintomas neurológicos. As variedades mais letais podem causar insuficiência renal e hepática, coma e, até mesmo, a morte. A FDA controla as plantações comerciais de cogumelos. Eles são cultivados em instalações fechadas, de concreto, ou câmaras de cultivo. Entretanto, não há controle sistemático de pessoas que, individualmente, colhem espécies selvagens, exceto nos estados de Illinois e Michigan.
- *Avidina* – encontrada na clara de ovo crua (o cozimento destrói a avidina); liga-se à vitamina biotina evitando sua absorção, por isso, a longo prazo, pode causar deficiência de biotina.
- *Tiaminase* – encontrada em peixes, mariscos e mexilhões crus; destrói a vitamina tiamina.
- *Tetrodotoxina* – encontrada no peixe baiacu; causa parada respiratória.
- *Ácido oxálico* – encontrado no espinafre, nos morangos, nas sementes de gergelim e em outros alimentos; liga-se ao cálcio e ao ferro dos alimentos, limitando a absorção desses nutrientes.
- *Chás de ervas* que contenham sena ou confrei – podem causar diarreia e dano ao fígado.

Durante muitos séculos, as pessoas conviveram com essas substâncias naturais e aprenderam a evitar algumas delas e limitar o consumo de outras. Por isso, elas representam um risco pequeno para a saúde. Os agricultores sabem que batatas devem ser guardadas no escuro, para evitar a síntese de solanina. Além disso, os métodos de cozimento e preparo de alimentos que foram sendo desenvolvidos limitam a potência de algumas dessas substâncias, como a tiaminase, por exemplo. As especiarias são usadas em quantidades tão pequenas que não acarretam risco à saúde. Apesar de tudo isso, é importante compreender que algumas substâncias químicas potencialmente nocivas existem naturalmente nos alimentos.

Devemos nos preocupar com a cafeína?

Por que tanta controvérsia a respeito de um cafezinho? Muitos cientistas se dedicaram intensamente ao estudo da cafeína, substância que mais preocupa na bebida favorita de muitas pessoas. Então, por que as recomendações sobre o consumo de cafeína mudam de ano para ano?

A cafeína é um estimulante que pode ser natural ou adicionado a bebidas e chocolate. Em média, 75% da cafeína que consumimos vem do café; 15% do chá; 10% dos refrigerantes e 2% do chocolate (Tab. 13.7). (Entre adolescentes e adultos jovens, o percentual relativo aos refrigerantes é maior e o do café é menor.)

A cafeína não costuma ser consumida de maneira isolada. Com a popularização das cafeterias, que servem inúmeras variedades de bebidas à base de café, fica difícil separar o consumo de cafeína do consumo de leite, creme, açúcar, adoçantes e aromatizantes. Então, como deve se posicionar o consumidor de café consciente? Vamos falar um pouco sobre os mitos e verdades do consumo de cafeína.

A cafeína não se acumula no corpo e costuma ser excretada dentro de algumas horas depois do consumo. Em doses elevadas, pode causar ansiedade, aumento da frequência cardíaca, insônia, aumento do volume de urina (o que pode resultar em desidratação), diarreia e mal-estar gastrintestinal. Além disso, pessoas que sofrem de úlcera podem piorar devido ao aumento da produção de ácido pelo estômago; aquelas que sofrem de ansiedade ou crises de pânico podem sentir que a cafeína agrava seus sintomas e as com tendência a azia podem piorar porque a cafeína relaxa os músculos que fecham a passagem do esôfago (esfincteres). Algumas pessoas já sentem todos esses efeitos com uma pequena dose de cafeína, e as crianças são particularmente mais sensíveis do que os adultos.

Os sintomas de abstinência também são reais. Pessoas que têm o hábito de beber muito café podem apresentar cefaleia, náusea e depressão por um curto período após a interrupção do hábito. Esses sintomas podem alcançar a intensidade máxima em 20 a 48 horas a partir do último consumo de cafeína. Mesmo pessoas que estão tentando deixar de tomar uma xícara de café por dia podem apresentar

TABELA 13-7 Teor de cafeína nas fontes comuns

	Miligramas de cafeína	
Item	**Típicos**	**Variação***
Café (225 mL)		
Coado	85	65–120
Percolado	75	60–85
Descafeinado	3	2–4
Expresso (30 mL)	40	30–50
Chás (225 mL)		
Chá preto	40	20–90
Chá verde	20	8–30
Chá gelado	25	9–50
Chá solúvel	28	24–31
Alguns refrigerantes (225 mL)	24	20–40
Bebidas energéticas (233 mL)	80	0–80
Bebida de cacau (225 mL)	6	3–32
Leite achocolatado (225 mL)	5	2–7
Chocolate ao leite (30 g)	6	1–15
Chocolate meio amargo (30 g)	20	5–35
Chocolate culinário (30 g)	26	26
Calda de chocolate (30 g)	4	4

* Chás e cafés têm teores variáveis dependendo do método de preparo, da variedade da planta, da marca do produto, etc.

Fonte: International Food Information Council. *Caffeine and women's health*, August 2002.

esses sintomas. Para evitar esses problemas, recomenda-se reduzir gradativamente o uso, ao longo de vários dias.

O consumo regular de cafeína pode ter consequências mais graves? Foi levantada a hipótese de que o consumo de cafeína poderia causar certos tipos de câncer, como câncer de pâncreas e de bexiga. A associação entre a cafeína e o câncer não tem comprovação na literatura recente. Na prática, o consumo regular de café foi associado a um menor risco de câncer do colo.

A pressão negativa da mídia diminuiu quanto à ligação entre doença cardiovascular e consumo moderado de café. O consumo exagerado aumenta, de fato, a pressão arterial por um curto período. O consumo de café também foi associado a aumento dos níveis sanguíneos de colesterol LDL e triglicerídeos. Essa associação, ao que parece, tem a ver com dois óleos encontrados no café moído – cafestol e caveol. Entretanto, cafés instantâneos e filtrados não contêm esses óleos nocivos. Portanto, é prudente limitar, em geral, o consumo de café, especialmente de café expresso e preparado sob pressão (do tipo francês) porque esses não são cafés filtrados.

Acredita-se que os riscos do consumo de cafeína sejam maiores para as mulheres, pois podem ocorrer abortamento, osteoporose e nascimento de bebês com malformações. É fato que o consumo exagerado de cafeína aumenta ligeiramente a concentração de cálcio excretado na urina. Por isso, é importante que as pessoas que consomem muito café fiquem atentas para incluir na dieta fontes adequadas de cálcio. Alguns estudos mostram maior probabilidade de abortamento em mulheres que consomem mais de 500 mg de cafeína por dia (cerca de 5 xícaras de 225 mL de café). A FDA alerta as mulheres para consumirem cafeína com moderação (no máximo, o equivalente a 1 ou 2 xícaras de café por dia).

Em contraste com todos esses possíveis efeitos nocivos da cafeína, muitas pessoas estão convencidas dos benefícios de um cafezinho. Embora algumas mulheres afirmem que a cafeína melhora os sintomas pré-menstruais, não existe comprovação científica para essa tese. No passado, alguns medicamentos redutores do peso continham cafeína, com base na pressuposição de que ela aumentava a eficácia desses

▲ O café é uma fonte de cafeína para muitos adultos.

fármacos. A FDA já proibiu esse tipo de uso, comprovadamente ineficaz. Pesquisas mais recentes indicam que a cafeína pode reduzir o risco de aparecimento de cefaleia, cirrose hepática, alguns tipos de cálculos renais, cálculos biliares e doenças do sistema nervoso e, além disso, contribuir para o controle da glicose no sangue. Talvez você tenha ouvido falar que a cafeína melhora o desempenho físico. Isso foi demonstrado em atletas de alto nível, mas lembre-se de que o uso de cafeína em grande quantidade é proibido pelo NCAA (ver Cap. 10). Contudo, não foi demonstrado qualquer benefício nos praticantes de esporte amador. Lembre-se também de que o café não "acorda" uma pessoa que esteja embriagada.

O debate sobre a cafeína provavelmente continuará enquanto os norte-americanos continuarem bebendo café, mas as pesquisas não confirmam muitos dos conceitos que antes eram considerados verdadeiros. Os estudos reforçam a ideia de que o melhor é o consumo moderado, ou seja, o equivalente a cerca de 2 a 3 xícaras de 225 mL por dia. A dose prudente de cafeína é 200 a 300 mg diários. Ver na Tabela 13.7 o teor de cafeína de várias fontes comuns.

13.6 Contaminantes ambientais dos alimentos

A modificação genética dos alimentos como milho e soja causa preocupação, sobretudo na Europa. A FDA considera que os alimentos geneticamente modificados são seguros se tiverem sido aprovados para consumo humano (ver detalhes no Cap. 12).

Diversos contaminantes ambientais podem ser encontrados nos alimentos. Além de resíduos de pesticidas, outros contaminantes potenciais que merecem atenção estão listados na Tabela 13.8. Para reduzir a exposição a toxinas ambientais presentes nos alimentos e capazes de causar doenças, veja que alimentos acarretam risco. Além disso, é importante priorizar a variedade e a moderação na escolha de alimentos. As sugestões contidas nas Tabelas 13.8 e 13.9 também se aplicam para reduzir a exposição a contaminantes ambientais.

REVISÃO CONCEITUAL

As medidas gerais para minimizar a exposição a contaminantes ambientais incluem o conhecimento sobre os alimentos de maior risco e o consumo moderado de alimentos variados.

Um dos problemas dos pesticidas é que eles acabam criando novas pragas, porque destroem os predadores (aranhas, vespas e besouros) que mantêm sob controle natural as populações de insetos que se alimentam das lavouras. O gafanhoto, que sempre infestou os campos de arroz da Indonésia, não era um problema tão grave até que se começou a usar pesticidas em larga escala para matar seus predadores. Nos Estados Unidos, pragas importantes como os ácaros e as lagartas eram apenas incômodas até que os pesticidas dizimaram seus predadores.

Pesticidas nos alimentos

Os pesticidas usados na produção de alimentos têm efeitos benéficos e efeitos indesejáveis. A maioria das autoridades de saúde acredita que os benefícios excedam os riscos. Os pesticidas garantem nosso suprimento seguro e adequado de alimentos e tornam os alimentos disponíveis a custo razoável. Entretanto, a maior parte da população acha que os pesticidas representam um risco evitável para a saúde. Em geral, os consumidores passaram a acreditar que tudo que é sintético é perigoso e tudo que é orgânico é seguro. Alguns cientistas acreditam que essa opinião esteja fundamentada no medo e que seja incentivada por notícias tendenciosas. Outros cientistas acham que a preocupação com pesticidas é válida e mais do que oportuna.

As preocupações com resíduos de pesticidas nos alimentos giram em torno da toxicidade crônica, e não aguda, já que a quantidade de resíduo presente nos alimentos, quando existe, é mínima. Essas baixas concentrações encontradas nos alimentos não produzem, até onde se sabe, efeitos adversos a curto prazo, embora já tenham ocorrido problemas causados por exposição a grandes quantidades, acidental ou por mau uso. Os danos causados pelos pesticidas nos seres humanos são sobretudo por efeito cumulativo, por isso é difícil determinar com exatidão que ameaça eles representam para a saúde. Entretanto, as evidências, inclusive os problemas de contaminação do lençol freático e a destruição do habitat de espécies selvagens, indicam, cada vez mais, que estaríamos mais seguros se reduzíssemos o uso de pesticidas. Nos EUA, tanto o governo federal quanto os agricultores estão trabalhando nesse sentido. No Capítulo 12, são discutidas as mais recentes aplicações da biotecnologia na redução do uso de pesticidas.

TABELA 13.8 Possíveis contaminantes ambientais e outros presentes nos nossos alimentos

Substância química	Fonte	Efeitos tóxicos	Medidas preventivas
Acrilamida	Frituras ricas em carboidratos cozidos em alta temperatura por longos períodos, como batatas fritas comuns e *chips*	Efeitos neurotóxicos e carcinogênicos potenciais. Reconhecidamente carcinogênica para animais de laboratório, mas os estudos não provaram claramente a relação entre a ingestão de acrilamida e o aparecimento de câncer no ser humano.	Limitar o consumo de frituras ricas em carboidratos.
Cádmio	Plantas em geral, se o solo for rico em cádmio Mariscos, crustáceos, fumaça de tabaco Exposição ocupacional em alguns casos	Doença renal Doença hepática Câncer de próstata (discutível) Deformidades ósseas Doença pulmonar (quando inalado)	Consumir alimentos variados, inclusive frutos do mar.
Dioxina	Incineradores de lixo Peixes que se alimentam do fundo dos grandes lagos Gordura derivada de animais expostos à contaminação pela água ou pelo solo	Reprodução anormal e problemas do desenvolvimento do feto/ lactente Imunossupressão Câncer (até o momento, só demonstrado em animais de laboratório)	Atenção aos alertas sobre os riscos de dioxina nos peixes locais, se houver, limitando o consumo conforme as recomendações das autoridades. Consumir peixes variados de origem local, sem se restringir a uma espécie.
Chumbo	Lascas de tinta com chumbo e detritos de casas antigas Exposição ocupacional (p. ex., mecânicos que consertam radiadores) Tampas de metal das garrafas de vinho Sucos de fruta e vegetais em conserva armazenados em latas ou recipientes galvanizados ou vidro que contenha chumbo Alguns tipos de soldas usadas em canos de cobre (sobretudo em casas antigas) Cerâmica mexicana Fitoterápicos Koo-Soo Recipientes de vidro com chumbo	Anemia Doença renal Lesão do sistema nervoso (os sintomas são cansaço e mudança de comportamento) Diminuição da capacidade de aprendizado em crianças (mesmo com uma leve exposição ao chumbo)	Evitar contato com lascas de pintura e poeira de casas antigas; também é importante a limpeza periódica dessas residências. Suprir as necessidades de ferro e cálcio para reduzir a absorção de chumbo. Limpar o gargalo das garrafas de vinho por fora e por dentro antes de servir, se a garrafa tiver lacre de metal. Guardar sucos de fruta e vegetais em conserva em recipientes de vidro, plástico ou papel parafinado. Deixar a água correr por 1 minuto, aproximadamente, se tiver havido falta de água por mais de 2 horas, e usar apenas água fria para cozimento; não beber água desmineralizada. Não guardar bebidas alcoólicas em garrafas de vidro com chumbo.
Mercúrio	Peixe-espada, tubarão, carapau e peixe-paleta; atum branco fresco e enlatado também é uma fonte potencial; o atum sólido típico geralmente contém muito pouco mercúrio.	Prejuízo ao desenvolvimento do feto e da criança; defeitos congênitos; tóxico para o sistema nervoso	Consumir esses alimentos não mais do que 1 vez por semana e não mais do que 2 vezes por semana no caso do atum branco. Gestantes devem evitar essas espécies de peixes, mas o consumo leve de atum branco não traz problemas. Duas ou três refeições de peixe por semana são indicadas para gestantes e mães que estejam amamentando, desde que os tipos de peixe sejam variados.
Bifenil policlorado (PCB)	Peixes dos grandes lagos e do vale do rio Hudson (p. ex., salmão coho) O salmão de fazendas marinhas também pode ser fonte, mas a probabilidade é menor	Câncer (até o momento, só foi claramente comprovado em animais de laboratório), além de possíveis distúrbios hepáticos, imunológicos e da reprodução	Atenção aos alertas sobre os riscos de PCB nos peixes locais, se houver, limitando o consumo conforme as recomendações das autoridades. Variar o tipo de peixe consumido dentro da mesma semana.
Uretano	Bebidas alcoólicas, como xerez, Bourbon, saquê e licores de frutas	Câncer (até o momento, só demonstrado em animais de laboratório)	Evitar o consumo imoderado dessas fontes.

▲ O uso de pesticidas é uma questão de risco *versus* benefício. Cada um desses ângulos tem justificativas que merecem consideração. As comunidades rurais, onde a exposição é mais direta, estão sujeitas a maior risco a curto prazo.

O que é um pesticida?

As leis federais definem pesticida como qualquer substância ou mistura de substâncias destinadas a prevenir, destruir, repelir ou mitigar pragas. As propriedades tóxicas inerentes aos pesticidas implicam a possibilidade de outros organismos, inclusive o ser humano, também serem lesados. O termo *pesticida* tende a ser usado genericamente, fazendo referência a muitos tipos de produtos, como inseticidas, herbicidas, fungicidas e raticidas. Um pesticida pode ser químico ou bacteriano, natural ou sintético. Na agricultura, a Environmental Protection Agency (EPA), dos Estados Unidos permite que sejam usados cerca de 10 mil pesticidas, que contêm por volta de 300 ingredientes ativos. Todos os anos, nos Estados Unidos, usam-se cerca de 500 mil toneladas de pesticidas, a maior parte aplicada às lavouras.

Uma vez aplicado, o pesticida pode ir parar em vários locais inusitados e indesejados. Ele pode ser transportado pelo vento, na poeira; pode se ligar a partículas do solo e lá permanecer; pode ser captado por microrganismos presentes no solo; pode se decompor, dando origem a outros compostos; pode penetrar nas raízes das plantas, no lençol freático ou pode invadir rios e lagos. Em geral, cada uma dessas vias leva à cadeia alimentar, algumas mais diretamente do que outras.

Por que usar pesticidas?

Nos Estados Unidos, as pragas causam um prejuízo de quase 20 bilhões de dólares à agricultura, todos os anos, apesar do uso extensivo de pesticidas. A razão primária para o uso de pesticidas é econômica – o uso de agroquímicos aumenta a produção e diminui o custo os alimentos, pelo menos a curto prazo. Muitos agricultores acreditam que seria impossível continuarem no agronegócio sem os pesticidas, que ajudam a evitar perdas irreparáveis.

As exigências do consumidor também mudaram com o passar dos anos. Houve um tempo em que o consumidor não se importava com o aspecto dos alimentos. Atualmente, o consumidor não aceita um furinho de lagarta na maçã, por isso os agricultores dependem dos pesticidas para produzir frutos e vegetais mais bonitos e atraentes. Do ponto de vista prático, os pesticidas protegem contra o apodrecimento e a deterioração dos frutos e legumes frescos. Esse papel é útil, já que nosso sistema de distribuição de alimentos, em geral, não permite que eles sejam consumidos imediatamente após ser colhidos. Além disso, os alimentos cultivados sem pesticidas podem conter microrganismos naturais, capazes de produzir substâncias carcinogênicas em concentrações muito superiores às dos resíduos habituais de pesticidas. Por exemplo, os fungicidas ajudam a prevenir a formação, em certas lavouras, da aflatoxina, substância cancerígena resultante do crescimento de um fungo. Portanto, embora alguns pesticidas não façam muito mais do que melhorar a aparência dos alimentos, outros ajudam a mantê-los frescos e mais seguros para o consumo.

Regulamentação dos pesticidas

Nos Estados Unidos, os órgãos responsáveis por garantir que os níveis de resíduos de pesticidas nos alimentos fiquem abaixo do limiar de risco para a saúde são a FDA, a EPA e o Serviço de Inspeção e Segurança Alimentar da USDA. Na Tabela 13.2, estão descritas as funções dos diversos órgãos ligados à proteção dos alimentos. A FDA é responsável por fazer cumprir os limites de tolerância de pesticidas em todos os alimentos, exceto carnes, aves e alguns derivados de ovos, que são monitorados pela USDA. Um novo pesticida proposto é exaustivamente testado, talvez por mais de 10 anos, antes de ser aprovado para uso. A EPA julga se o pesticida causa ou não efeitos adversos inaceitáveis nas pessoas e no ambiente e se os benefícios do seu uso excedem os riscos. Entretanto, há certa preocupação com substâncias químicas registradas antes dos anos 1970, quando as leis eram menos rigorosas. A EPA exige, agora, que as empresas de produtos químicos façam novos testes, mais rigorosos, em seus compostos antigos. Infelizmente, a falta de recursos financeiros destinados à EPA prejudica a reanálise desses pesticidas mais antigos. A lentidão dos testes enfureceu os críticos do uso de pesticidas. Ao ponderar se aprova ou não um pesticida, a EPA considera o custo adicional, para o agricultor, do uso de pesticidas ou processos alternativos e se a proibição causaria queda de produtividade. Depois de calcular os custos para o produtor rural, a EPA considera os custos para a indústria e para o consumidor. Uma vez aprovado para uso, o pesticida deve cumprir as normas sobre margem de segurança dos aditivos alimentares (ver o tópico anterior, sobre testes de segurança de aditivos alimentares).

▲ Frutos e legumes cultivados sem uso de pesticidas podem ser encontrados rotulados como "orgânicos" (ver na Tabela 2.9 as normas para uso da expressão "orgânico" nos rótulos de alimentos). Esses produtos costumam ser mais caros do que os cultivados com pesticidas. O consumidor deve decidir se os benefícios potenciais desses produtos valem seu custo adicional.

Qual é o grau de segurança dos pesticidas?

Os riscos da exposição a pesticidas por meio de alimentos dependem da potência da toxina química, de sua concentração no alimento, da quantidade consumida e da frequência de consumo, além da resistência ou suscetibilidade do consumidor àquela substância. Há cada vez mais informações ligando o uso de pesticidas ao aumento dos casos de câncer nas comunidades rurais. Nas áreas rurais dos Estados Unidos, a incidência de câncer do trato digestório do cérebro, genital e linfático aumenta quando o uso de pesticida excede a média. A incidência de câncer das vias respiratórias aumenta com o uso mais intensivo de inseticidas. Nos testes feitos em animais de laboratório, os cientistas descobriram que algumas substâncias químicas presentes nos resíduos de pesticidas causam defeitos congênitos, esterilidade, tumores, lesões de órgãos e danos ao sistema nervoso central. Alguns pesticidas permanecem no ambiente por vários anos.

No entanto, alguns pesquisadores argumentam que o risco de câncer por pesticidas é centenas de vezes menor do que o risco pelo consumo de alimentos comuns, como manteiga de amendoim, mostarda escura e manjericão. As plantas produzem substâncias tóxicas para se defender de insetos, pássaros e animais de pasto (e também do homem). Quando as plantas sofrem estresse ou danos, elas produzem ainda mais toxinas. Por isso, muitos alimentos contêm compostos químicos naturais considerados tóxicos, alguns até mesmo cancerígenos. Outros cientistas argumentam que, se os alimentos já contêm substâncias cancerígenas naturais, então deveríamos reduzir, sempre que possível, a quantidade dessas substâncias adicionadas aos alimentos. Em outras palavras, deveríamos fazer todo o possível para diminuir nossa exposição total.

Testes quantitativos de pesticidas nos alimentos

A FDA testa milhares de matérias-primas, todos os anos, quanto à presença de resíduos de pesticidas. (Um pesticida é considerado ilegal, portanto, se não for aprovado para uso na lavoura em questão ou se for usado em quantidades acima dos limites de tolerância). Os estudos mais recentes da FDA mostram que cerca de 60% das amostras não contêm resíduos. Menos de 1% dos produtos norte-americanos e cerca de 3% dos produtos importados têm resíduos sempre acima do limite de tolerância. Esses resultados corroboram os estudos prévios da FDA, feitos nos últimos 10 anos, que mostram que os resíduos de pesticidas nos alimentos, em geral, ficam bem abaixo dos limites de tolerância fixados pela EPA e confirmam a segurança da alimentação nos Estados Unidos nesse aspecto.

Atitudes individuais

Na vida, costuma-se assumir riscos, mas é preferível ter o direito de escolha, depois de pesar os prós e contras. Em relação à presença de pesticidas nos alimentos, contudo, o consumidor decide o que é aceitável ou não. A escolha reside apenas em comprar ou não alimentos que contenham pesticidas. Na prática, é quase impossível evitar totalmente os pesticidas, porque mesmo os produtos orgânicos costumam conter traços, provavelmente por contaminação cruzada das lavouras próximas.

Estudos a curto prazo sobre os efeitos dos pesticidas em animais de laboratório não conseguem determinar com exatidão o risco de câncer, a longo prazo, para o ser humano. No entanto, é importante deixar bem claro que a presença de traços

▲ A avaliação anual da "cesta básica", feita pela FDA, mostra que, na maioria dos alimentos comuns, o teor de pesticidas é mínimo.

diminutos de uma substância química ambiental em um alimento não significa que a ingestão daquele alimento irá provocar um efeito adverso.

A FDA e outras organizações científicas acreditam que os riscos são comparativamente baixos e, a curto prazo, menores do que o perigo de contrair uma intoxicação alimentar com a alimentação caseira. Não se pode evitar totalmente os riscos dos pesticidas, mas pode-se limitar a exposição seguindo alguns conselhos simples (Tab. 13.9).

Também se pode dar incentivos aos produtores rurais para que usem menos pesticidas e, assim, reduzam a exposição dos alimentos e da água que se consome, mas é preciso aceitar produtos de aparência menos agradável ou então conviver com as aplicações da biotecnologia (novamente, ver detalhes no Cap. 12). Você está suficientemente preocupado com a presença de pesticidas nos alimentos que consome a ponto de mudar seus hábitos de compra e adotar uma postura mais ativa, politicamente?

▲ Lave as frutas e legumes em água corrente para remover as bactérias que vêm do solo. Não é necessário usar produtos antibacterianos especiais.

13.7 Escolhas na fabricação de alimentos

A agricultura e a criação de animais para consumo garantem a alimentação do homem há milênios. Houve uma época em que praticamente todas as pessoas estavam envolvidas, de alguma forma, na produção de alimentos. Atualmente, só 1 em cada 3 pessoas, no mundo, e muito menos nos EUA (menos de 1%) estão envolvidas em atividades agrícolas. Hoje, os diversos avanços na agricultura e nas ciências a ela relacionadas têm impacto sobre os alimentos consumidos, devendo ser mencionadas, especialmente, a produção de alimentos orgânicos e a agricultura sustentável.

Alimentos orgânicos

Cada vez existem mais alimentos orgânicos em supermercados, lojas de produtos especiais, mercados do produtor e restaurantes. Os consumidores podem escolher vários produtos orgânicos: frutas, legumes, grãos, laticínios, carnes, ovos e muitos alimentos industrializados, como molhos e condimentos, cereais matinais, biscoitos e salgadinhos. O interesse na saúde pessoal e na proteção ambiental contribuiu para a maior oferta e demanda de alimentos orgânicos. Segundo Organic Trade Association, as vendas de alimentos orgânicos nos EUA chegaram a 22,9 bilhões de dólares ao final de 2008, o que significou um aumento de 15,8% em relação a 2007, mesmo com a crise econômica. Apesar desse rápido crescimento, menos de

TABELA 13.9 O que você pode fazer para reduzir sua exposição a pesticidas

A amostragem e os testes realizados pela FDA mostram que os resíduos de pesticidas nos alimentos não representam risco para a saúde. Apesar disso, se você quiser reduzir sua exposição aos pesticidas na alimentação, siga esses conselhos da Agência de Proteção Ambiental (EPA):

- Consuma alimentos variados, especialmente no tocante a frutas, legumes e peixes.
- Lave bem as frutas e legumes (se necessário, usando uma escova). Descasque-os, se for o caso, embora alguns nutrientes se percam na casca.
- Remova as folhas externas dos vegetais folhosos, como alface e repolho.
- Os resíduos de alguns pesticidas adicionados à ração animal se concentram na gordura do animal, por isso limpe a gordura da carne bovina, de ave e dos peixes, remova a pele (onde está a maior parte da gordura) das aves e peixes e descarte a gordura das frituras e a que fica na superfície dos caldos de carne e frango.
- Se pescar para comer, descarte os peixes maiores – os pequenos tiveram menos tempo para captar e concentrar pesticidas e outros resíduos nocivos. Além disso, preste atenção aos avisos públicos nos locais de pesca autorizada acerca do risco de contaminação da água ou de determinadas espécies de peixes.
- Evite o contato com gramados e jardins que tenham sido tratados, recentemente, com pesticidas e herbicidas.

Adaptado de: Food and Drug Administration: Safety first: Protecting America's food supply, *FDA Consumer*, p. 26, November 1988.

▲ Esse selo de produto orgânico identifica alimentos cultivados em fazendas orgânicas certificadas pela USDA.

3,5% dos alimentos comercializados são orgânicos. Esse tipo de produto é sempre mais caro do que o alimento convencional correspondente, já que seu cultivo e sua produção têm maior custo.

O termo orgânico se refere ao modo como os produtos agrícolas são cultivados. A produção orgânica se baseia em práticas agrícolas como o controle biológico de pragas, compostagem, uso de esterco e rotação de culturas para manter a saúde do solo, da água, das lavouras e dos animais. Nesse tipo de cultivo, é proibido o uso de pesticidas sintéticos, fertilizantes, hormônios, antibióticos, lodo de esgoto (como fertilizante), engenharia genética e irradiação. Além disso, derivados orgânicos de carne, frango, ovos e laticínios devem se originar de animais que pastem ao ar livre e sejam alimentados com ração orgânica.

controle biológico de pragas Controle das pragas agrícolas por meio de predadores, parasitas ou patógenos naturais. Por exemplo, as joaninhas podem ser usadas para controlar a infestação por pulgões.

A lei sobre produção de alimentos orgânicos de 1990 definiu padrões para que os alimentos possam receber o selo de "orgânico" do USDA. Os alimentos rotulados e comercializados como orgânicos devem ser cultivados em fazendas certificadas pelo USDA e seguir todas as normas estabelecidas na lei de 1990. Alimentos que contêm múltiplos ingredientes (p. ex., cereal matinal) e rotulados como orgânicos devem ter 95% dos seus ingredientes (por peso) produzidos segundo os padrões orgânicos. O termo "produzido com matéria-prima orgânica" pode ser usado se pelo menos 70% dos ingredientes forem orgânicos. Pequenos produtores e agricultores que utilizam métodos orgânicos e vendem menos de 5 mil dólares por ano estão isentos das normas para certificação. Alguns produtores rurais usam métodos orgânicos mas preferem não ser certificados pelo USDA. Os alimentos que eles produzem não podem ser rotulados como orgânicos, mas muitos desses produtos são vendidos para pessoas que buscam alimentos orgânicos.

O mercado de alimentos orgânicos teve um impulso, em 2009, quando o USDA destinou 50 milhões de dólares adicionais para estimular a produção por métodos orgânicos nos Estados Unidos. A Organic Trade Association (http://www.ota.com/index.html) acredita que essa verba servirá de incentivo a outros produtores rurais para que adotem práticas orgânicas e ajudem a aumentar a produção de alimentos orgânicos nos EUA e, assim, possa atender à crescente demanda do consumidor. Com a crise econômica, os consumidores adotaram várias estratégias para continuar comprando alimentos orgânicos. Como muitas lojas agora oferecem esse tipo de produtos, o consumidor pode fazer pesquisa de preços. A distribuição e o uso mais frequente de cupons de desconto, a proliferação de marcas próprias das lojas e as ofertas de preço das grandes marcas de produtos orgânicos contribuíram para o aumento das vendas.

Alimentos orgânicos e saúde Os consumidores podem escolher alimentos orgânicos para reduzir a ingestão de pesticidas, para proteger o meio ambiente e para melhorar o valor nutricional da dieta. Os que consomem produtos orgânicos de fato ingerem menor quantidade de pesticidas (apenas 1 em cada 4 frutas e legumes orgânicos contém pesticidas e em menor quantidade do que os produtos convencionais), mas não se sabe qual seria o efeito dessa prática na saúde da maioria dos consumidores. Entretanto, os alimentos orgânicos podem ser uma boa escolha para crianças pequenas, porque os resíduos de pesticidas representam um risco maior para elas. Os consumidores também podem optar por alimentos orgânicos para incentivar a prática da **agricultura sustentável**, mais favorável ao meio ambiente.

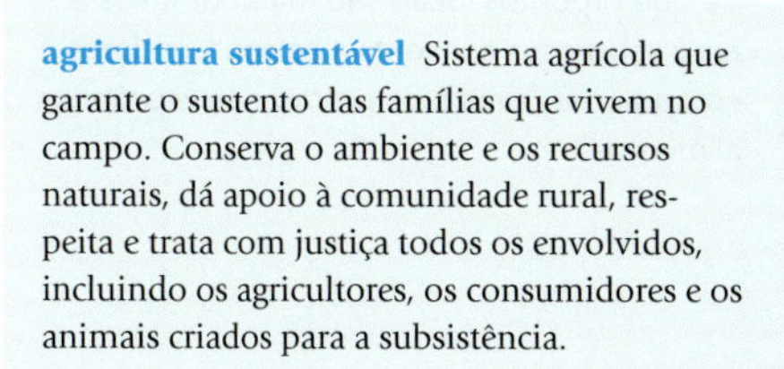

agricultura sustentável Sistema agrícola que garante o sustento das famílias que vivem no campo. Conserva o ambiente e os recursos naturais, dá apoio à comunidade rural, respeita e trata com justiça todos os envolvidos, incluindo os agricultores, os consumidores e os animais criados para a subsistência.

A maioria dos estudos não demonstra que os alimentos orgânicos tenham maior teor de vitaminas e/ou minerais. No entanto, os pesquisadores descobriram que, em alguns casos, frutas e legumes orgânicos contêm mais vitamina C e antioxidantes, que ajudam a evitar danos às células. No momento, não é possível recomendar a substituição de alimentos convencionais por alimentos orgânicos com base no teor de nutrientes – ambos atendem as nossas necessidades nutricionais. Uma dose saudável de bom-senso também é importante – o rótulo "orgânico" não transforma alimentos não saudáveis em saudáveis. Batatas fritas orgânicas têm tantas calorias e gorduras quanto batatas fritas convencionais.

PARA REFLETIR

Stephanie, sua colega de faculdade, é radical – só consome alimentos orgânicos. Frequentemente, ela diz que os alimentos cultivados e processados por métodos convencionais são pouco saudáveis, cheios de substâncias químicas nocivas e praticamente desprovidos de nutrientes. Sabendo que você está estudando Nutrição, Stephanie lhe fala sobre essas crenças e pede a sua opinião. Quais seriam suas possíveis respostas?

Uma das preocupações relativas aos alimentos orgânicos é que o uso do esterco animal como fertilizante possa comprometer a segurança alimentar por causar contaminação por agentes patogênicos. No entanto, as pesquisas não demonstram que alimentos orgânicos certificados estejam sujeitos a maior contaminação por bactérias patogênicas. Todos os produtos de origem agrícola – sejam eles orgânicos ou convencionais – devem ser bem lavados em água corrente.

O termo "natural" não é regulamentado. Os produtos rotulados como "naturais" são geralmente derivados de ingredientes naturais, como uma planta, que conservam suas propriedades naturais no produto acabado. Carne de gado ou de frango rotulada como "natural" deve ser minimamente processada e não pode conter aromatizantes ou corantes artificiais, conservantes químicos nem qualquer outro ingrediente sintético ou artificial. Ninguém está, de fato, verificando esses produtos, e existe certa controvérsia sobre o que seria exatamente "minimamente processado". Embora todos os produtos orgânicos se encaixem nessa definição de natural, nem todo produto natural é orgânico.

Agricultura sustentável

A agricultura convencional se concentra em maximizar a produção por meio do uso de grandes áreas plantadas, máquinas poderosas, substâncias químicas que controlam pragas e fertilizantes à base de petróleo para incrementar o rendimento. A agricultura sustentável, ao contrário, é um sistema integrado de produção vegetal e animal que, a longo prazo, satisfaz as necessidades humanas de alimento, melhora a qualidade do ambiente, usa de modo eficaz os recursos não renováveis, sustenta a viabilidade econômica das operações agrícolas e melhora a qualidade de vida dos produtores rurais e da sociedade como um todo. A cultura da sustentabilidade é relativamente recente e inclui uma tendência a se preferir alimentos que se originam de práticas sustentáveis, produzidos de forma ambientalmente responsável. A indústria alimentícia reagiu a essa tendência voltando-se para iniciativas "verdes", que deverão ser sustentáveis a longo prazo. Um novo termo demográfico, LOHAS (*Lifestyle of Health and Sustainability*), surgiu para designar um grupo crescente de pessoas que se interessam por um estilo de vida sustentável. Cada vez mais estudantes universitários estão entrando nesse segmento de mercado e adotando comportamentos associados à responsabilidade social. Esses consumidores estão provocando mudanças em várias áreas, inclusive na indústria alimentícia. A Slow Food Nation, por exemplo, é uma organização sem fins lucrativos que se dedica a criar uma matriz de aprofundamento da nossa conexão com o meio ambiente em termos alimentares, para inspirar e incentivar os norte-americanos a implantar um sistema de alimentação sustentável, saudável e gostoso.

▲ O movimento locávoro se baseia na premissa de que produtos locais são mais nutritivos e mais saborosos e incentiva os consumidores a comprar nas feiras ou a produzir seus próprios alimentos.

Alimentos diretamente do produtor

Nesses tempos em que mais gente está interessada em conhecer a origem de seus alimentos, as prateleiras das mercearias abrem espaço para os produtos que vêm "diretamente do produtor". Os consumidores exigem cada vez mais transparência dos fornecedores de alimentos, e há serviços de apoio que dão informações sobre a origem dos alimentos e como eles foram produzidos. Os varejistas usam o rótulo "diretamente do produtor" para atender ao desejo dos consumidores de comprar produtos frescos e seguros, além de apoiar os pequenos produtores rurais e proteger o meio ambiente. Os itens que vêm "diretamente do produtor" são mais frescos e não carregam os custos do transporte de longa distância, por isso contribuem para diminuir o uso de combustíveis fósseis. Os restaurantes também têm procurado dar prioridade aos produtos de origem local, valorizando o modo como foram cultivados e manuseados.

O interesse nesse tipo de alimentos se tornou um fenômeno tão difundido que o termo "locávoro" foi indicado como Palavra do Ano de 2007 no *New Oxford American Dictionary*. **Locávoro** se define como alguém que só consome alimentos cultivados ou produzidos na própria localidade, ou a pouca distância do consumidor (pode variar entre 50, 100 ou 150 km). O movimento locávoro ganhou destaque graças às preocupações dos consumidores com sua segurança alimentar e também pela busca de alimentos sustentáveis. Ele se baseia na premissa de que produtos locais são mais nutritivos e mais saborosos, e incentiva os consumidores a comprar nas feiras, ou a produzir seus próprios alimentos.

locávoro Pessoas que só consomem alimentos produzidos na própria localidade ou dentro de um raio de 50, 100 ou 500 km.

Não há evidências, contudo, de que esses alimentos comprados diretamente do produtor sejam mais seguros. Embora muitos pequenos produtores rurais apliquem boas práticas de cultivo, frequentemente eles não passam pelas inspeções, de custo elevado, que são feitas nos grandes produtores. As inspeções de segurança alimentar determinam, por exemplo, se há evidências da presença de insetos nos produtos e se as fazendas ou indústrias têm instalações sanitárias adequadas para os trabalhadores. Além disso, surtos não detectados de doença transmitida por alimentos são mais prováveis com produtos "locais" distribuídos em pequenas quantidades e vendidos em uma área restrita. Produtos locais não são necessariamente isentos de pesticidas e podem ser mais caros, devido à desvantagem dos pequenos produtores em relação às grandes fazendas.

Diferentemente dos produtos orgânicos, não há normas que especifiquem o que significa "diretamente do produtor". *Whole Foods Market, Inc.* é o maior varejista de alimentos orgânicos e naturais nos Estados Unidos e, provavelmente, o que mais vende e compra produtos locais. Whole Foods considera que seja "local" tudo o que é produzido a uma distância de até sete horas de suas lojas – a maioria dos fornecedores estão a cerca de 300 km da loja. *Wal-Mart*, maior rede de varejo do mundo, também se tornou um grande comprador de frutas e vegetais diretamente dos produtores e considera "local" qualquer produto agrícola cultivado no mesmo estado em que é vendido. Atualmente, os compradores, restaurantes, distribuidores e consumidores podem consultar bases de dados como o *MarketMaker* (http://national.marketmaker.uiuc.edu/), que contêm informações sobre esse assunto. Esse tipo de portal facilita a busca das pessoas que querem comprar e vender produtos de origem local.

▲ Os produtores rurais participantes dos programas de agricultura comunitária (CSA) oferecem parte dos alimentos de cada safra às pessoas, famílias ou empresas que deram apoio ao programa, seja financeiramente e/ou trabalhando para o CSA.

Agricultura de base comunitária

Os consumidores não só estão se sentindo mais confortáveis por saberem de onde vêm seus alimentos, mas também estão buscando contato, via comunidade, com produtores rurais locais/regionais. A partir desse interesse em alimentos adquiridos diretamente do produtor, aumentou o nível de apoio nacional às cooperativas de alimentos e à agricultura de base comunitária. Os programas de agricultura comunitária (CSA, do inglês Community Supported Agriculture) pressupõem uma parceria entre os produtores e consumidores locais. Durante cada safra, os produtores rurais participantes desses programas oferecem parte dos alimentos às pessoas, famílias ou empresas que deram apoio ao programa, seja financeiramente e/ou trabalhando para o programa CSA.

Outro exemplo de parceria produtor-comunidade é o National Farm to School Program (http://www.farmtoschool.org/), projeto sem fins lucrativos que conecta os produtores locais às cantinas das escolas. Entre 1997 e 2009, esse programa cresceu, de apenas seis projetos locais para 2.051 programas em 41 estados, que resultaram em 8.864 escolas que incorporaram à merenda os produtos da região. Os administradores do programa acreditam que, se as crianças puderem conhecer o produtor rural que forneceu o alimento que comem na merenda, terão mais incentivos para se alimentar na escola.

Prevenção de doenças transmitidas por alimentos

Regras para prevenção de doenças transmitidas por alimentos

Você pode reduzir muito o risco de doença transmitida por alimentos seguindo essas regras importantes. A lista é longa, porque são abordados muitos comportamentos de risco.

Compra de alimentos

- Ao fazer compras, pegue por último os alimentos congelados e perecíveis, como carnes, aves ou peixe. Sempre coloque esses produtos em sacos plásticos separados, para que o gotejamento não contamine outros alimentos do carrinho. Não deixe seus gêneros alimentícios no carro, no calor, pois isso favorece o crescimento de bactérias. Leve os alimentos perecíveis, como carnes, ovos e laticínios, rapidamente para casa e coloque-os imediatamente na geladeira ou no freezer.
- Não compre nem use alimentos cujas embalagens estejam danificadas, vazando, abauladas ou muito amassadas, nem cujos vidros estejam rachados ou tenham tampas frouxas ou abauladas. Não prove nem use alimentos que tenham mau odor ou cuja lata espirre líquido ao ser aberta; pode haver toxina de *Clostridium botulinum*, fatal, dentro do alimento.
- Só compre leite e queijos pasteurizados (verifique o rótulo). Isso é especialmente importante no caso de gestantes, porque bactérias e vírus altamente tóxicos presentes no leite não pasteurizado podem lesar o feto.
- Compre apenas a quantidade de alimentos necessária para uma semana. Quanto mais tempo você guardar frutas e legumes, mais tempo as bactérias terão para crescer.
- Ao comprar saladas ou vegetais já cortados, evite os que parecem pegajosos, escurecidos ou secos, pois são sinais de conservação em temperatura inadequada.
- Observe o prazo de validade no rótulo dos alimentos.

Preparo dos alimentos

- Lave bem as mãos por 20 s em água quente, com sabão, antes de manusear alimentos. Essa prática é especialmente importante ao lidar com carne crua de vaca, de ave, peixes e ovos, depois de usar o banheiro, brincar com seu animal de estimação ou trocar as fraldas do bebê.
- Certifique-se de que a bancada da cozinha, a tábua de cortar carne, os pratos e outros utensílios estejam bem limpos e secos antes do uso. Tome cuidado especial de lavar com água quente e sabão as superfícies e utensílios que tenham entrado em contato com carne crua de vaca, de aves, de peixes ou em contato com ovos, logo que possível, para remover as bactérias do gênero *Salmonella* que estejam presentes. Do contrário, as bactérias presentes nessas superfícies infectarão os próximos alimentos que você manusear sobre elas, o que se chama contaminação cruzada. Além disso, substitua as esponjas e lave os panos de prato com frequência. (Colocar as esponjas no forno de micro-ondas por 30 a 60 s também ajuda a eliminar bactérias.)
- Se possível, corte alimentos que sejam consumidos crus em uma tábua própria para esse fim. Em seguida, lave essa tábua com água quente e sabão. Se usar a mesma tábua para carne e outros alimentos, corte por último os itens potencialmente contaminados, por exemplo a carne. Depois de cortar carne, lave bem a tábua.

A FDA recomenda o uso de tábuas com superfície lisa, feitas de materiais não porosos e de fácil limpeza, como plástico, mármore ou vidro. Se você preferir uma tábua de madeira, certifique-se de que ela seja de madeira de lei, não porosa, como carvalho, e que não tenha rachaduras ou junções evidentes. E reserve essa tábua para um uso específico, por exemplo, somente para carne ou aves cruas. Separe uma tábua de madeira somente para cortar vegetais e fatiar pão, para evitar que esses itens sejam contaminados por bactérias da carne crua. Muitos alimentos são servidos crus, portanto, as bactérias presentes neles não serão destruídas.

Além disso, a FDA recomenda que as tábuas de cortar alimentos sejam substituídas quando começarem a apresentar sulcos ou rachaduras de difícil limpeza, que podem abrigar bactérias. Essas tábuas também devem ser higienizadas uma vez por semana com solução diluída de hipoclorito de sódio (água sanitária). Mergulhe a tábua nessa solução, deixe de molho por alguns minutos e depois enxague bem.

- Ao descongelar alimentos, faça-o na geladeira, sob água potável fria corrente ou no forno de micro-ondas. Além disso, cozinhe os alimentos imediatamente depois de descongelá-los. Nunca deixe alimentos descongelarem espontaneamente durante todo o dia ou à noite. Alimentos que precisam ficar no tempero devem ficar na geladeira.
- Evite tossir ou espirrar próximo aos alimentos, mesmo que você esteja saudável. Se tiver cortes nas mãos, cubra com curativo adesivo. Isso evita que o *Staphylococcus* passe para os alimentos.
- Lave bem as frutas e os legumes, em água corrente, para remover sujeiras e bactérias presentes na superfície, e use uma escovinha se a casca for comestível. Já houve casos de infecção por *Sal-*

▶ Limpe periodicamente as superfícies e utensílios com uma solução diluída de hipoclorito de sódio (1:10), isso ajuda a reduzir o risco de contaminação cruzada dos alimentos.

Regras de Ouro do Preparo de Alimentos segundo a Organização Mundial da Saúde

1. Escolha os alimentos processados com base na segurança.
2. Cozinhe bem os alimentos.
3. Coma imediatamente os alimentos cozidos.
4. Guarde com cuidado os alimentos cozidos.
5. Reaqueça bem os alimentos, se for o caso.
6. Evite contato entre alimentos crus e cozidos.
7. Lave as mãos várias vezes.
8. Mantenha todas as superfícies da cozinha meticulosamente limpas.
9. Proteja os alimentos de insetos, roedores e outros animais.
10. Use água limpa.

O USDA simplificou essas regras resumindo-as em quatro ações, como parte do programa *Fight BAC!* – (acesse www.fightbac.org):

1. Limpeza. Lave sempre as mãos e as superfícies.
2. Separação. Não cause contaminação cruzada.
3. Cozimento. Cozinhe em temperatura adequada.
4. Resfriamento. Refrigere imediatamente.

As Dietary Guidelines for Americans de 2005 também enfatizam a importância dessas quatro medidas.

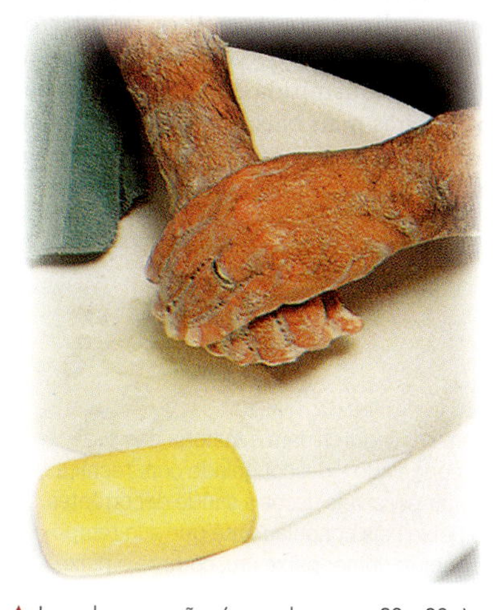

▲ Lavar bem as mãos (por pelo menos 20 a 30 s) com água quente e sabão deve ser a primeira etapa no preparo de alimentos. Os quatro elementos da contaminação são dedos, alimentos, fezes e moscas. Lavar as mãos combate, especialmente, os fatores dedos e fezes.

▲ Logotipo de segurança alimentar do USDA.

monella transmitida de melões usados para fazer uma salada de frutas e de laranjas espremidas para fazer suco. As bactérias estavam na casca das frutas.

- Retire completamente qualquer parte mofada do alimento ou não coma esse alimento. *Na dúvida, jogue fora!* Pode-se evitar o crescimento de fungos armazenando os alimentos corretamente em baixa temperatura e consumindo imediatamente os alimentos.
- Carne moída e hambúrguer mantidos na geladeira devem ser consumidos em 1 a 2 dias; quando congelados, em 3 a 4 meses. O intervalo de seis meses mencionado no quadrinho do começo deste capítulo é longo demais para ser seguro.

Cozimento

- Cozinhe bem os alimentos e use termômetros de forno para verificar se estão prontos, especialmente carne de vaca e peixes (63 °C), carne de porco (71 °C) e aves (74 °C) (Fig. 13.2). Ovos devem ser cozidos até que a gema e a clara estejam duras. Brotos de alfafa e outros tipos de brotos devem ser cozidos até ficarem crocantes. O cozimento é, com certeza, o método mais confiável de destruir vírus e bactérias presentes nos alimentos, por exemplo, Norovírus e cepas tóxicas de *E. coli*. O congelamento só interrompe o crescimento bacteriano e viral. A FDA recomenda não consumir ovos fritos com gema mole.

Conforme mencionado, os restaurantes têm incluído nos cardápios avisos sobre o risco de doença transmitida por alimentos associado ao consumo de ovos malpassados. Entretanto, mesmo com esse aviso no cardápio, os restaurantes podem servir os ovos do modo como o cliente pedir. A FDA alerta para não consumir sorvetes caseiros, gemada e maionese, se forem feitos com ovos crus não pasteurizados, devido ao risco de infecção por *Salmonella*. É mais seguro usar ovos ou derivados que tenham sido pasteurizados, porque esse processo mata as bactérias do gênero *Salmonella*. Em geral, um bom conselho é não comer produtos de origem animal crus. O USDA responde a perguntas sobre o consumo seguro de produtos de origem animal (800-535-4555, das 10-16 h em dias úteis).

Frutos do mar também trazem risco de doença transmitida por alimentos, especialmente ostras. Frutos do mar bem-cozidos devem se descamar facilmente e/ou devem ficar opacos, rijos e firmes. Se estiverem transparentes ou brilhosos, não estão prontos.

- Cozinhe o recheio separado da ave (ou lave bem a ave, recheie imediatamente antes de assar e, quando estiver pronta, transfira imediatamente o recheio para uma vasilha limpa). Certifique-se de que o recheio atinja a temperatura de 74 °C. O maior problema das aves é a contaminação por *Salmonella*.
- Uma vez pronto, o alimento deve ser consumido imediatamente, ou deve ser resfriado até 5 °C no prazo de duas horas. Se a intenção não for consumir imediatamente, no calor, resfrie o alimento em até 1 hora. Para aumentar a superfície de resfriamento, use tantas vasilhas rasas quantas forem necessárias para acondicionar todo o alimento durante o processo. Tenha cuidado para não recontaminar os alimentos já prontos por contato com carne crua ou resíduos presentes nas mãos, tábuas, utensílios ou outros meios.
- Sirva carnes, aves e peixes em travessas limpas – nunca no mesmo prato onde estava o produto cru. Por exemplo, ao grelhar hambúrgueres, não coloque os que já estão prontos no mesmo prato dos que ainda estão crus ao retirar da grelha.
- Se for comer ao ar livre, cozinhe os alimentos no local do piquenique, não leve alimentos parcialmente cozidos.

Como guardar e reaquecer alimentos cozidos

- Mantenha os alimentos fora da "zona de perigo" (Fig. 13.1) de temperatura (alimentos quentes devem ser mantidos quentes; os frios devem ser mantidos frios). Mantenha os alimentos abaixo de 5 °C ou acima de 57 °C. Os

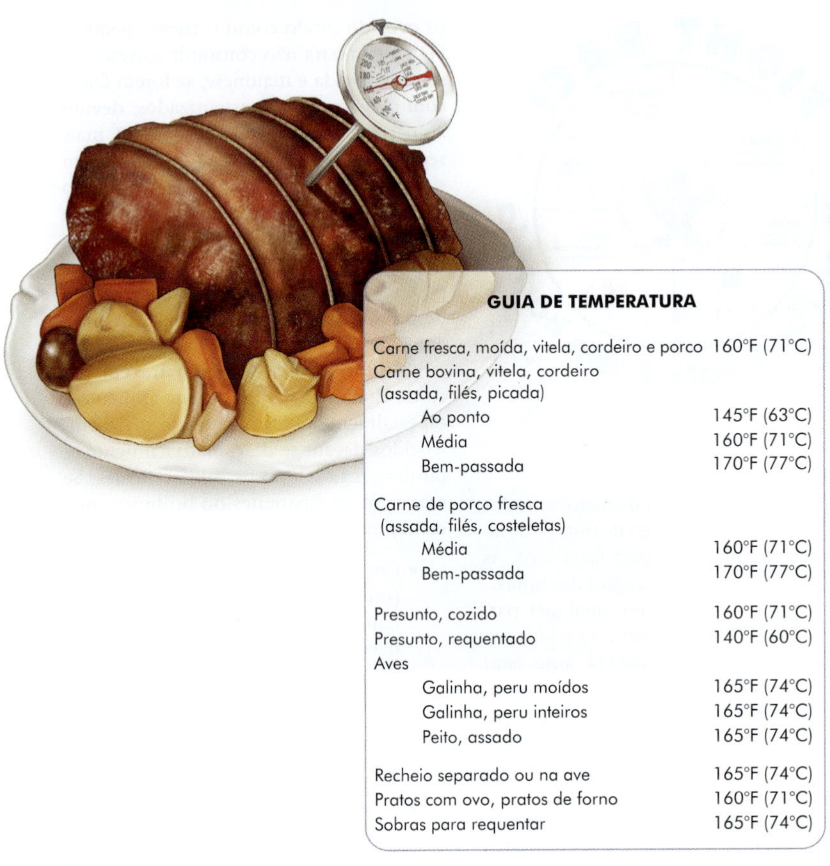

GUIA DE TEMPERATURA

Carne fresca, moída, vitela, cordeiro e porco	160°F (71°C)
Carne bovina, vitela, cordeiro (assada, filés, picada)	
Ao ponto	145°F (63°C)
Média	160°F (71°C)
Bem-passada	170°F (77°C)
Carne de porco fresca (assada, filés, costeletas)	
Média	160°F (71°C)
Bem-passada	170°F (77°C)
Presunto, cozido	160°F (71°C)
Presunto, requentado	140°F (60°C)
Aves	
Galinha, peru moídos	165°F (74°C)
Galinha, peru inteiros	165°F (74°C)
Peito, assado	165°F (74°C)
Recheio separado ou na ave	165°F (74°C)
Pratos com ovo, pratos de forno	160°F (71°C)
Sobras para requentar	165°F (74°C)

FIGURA 13.2 ▶ Temperatura interna mínima para cozimento ou reaquecimento de alimentos.
Fonte: USDA "Kitchen's Companion", February 2008.

▲ Sushi, como todo prato feito com carne ou peixe cru, é um alimento de alto risco. Para máxima proteção contra doenças, alimentos de origem animal devem ser consumidos bem cozidos.

microrganismos presentes nos alimentos proliferam em temperaturas moderadas (16°C a 43°C). Alguns microrganismos podem até mesmo crescer no refrigerador. Novamente, não deixe alimentos prontos ou refrigerados, como carnes e saladas, em temperatura ambiente por mais de duas horas (ou 1 hora no verão), porque isso possibilita que os microrganismos cresçam. Guarde alimentos secos em 16°C a 21°C.

- Reaqueça sobras a 74°C; molhos devem ser aquecidos até a fervura, para matar o *Clostridium perfringens* que possa estar presente. Apenas reaquecer até uma temperatura agradável à boca não é suficiente para matar bactérias nocivas.
- Guarde na geladeira frutas e legumes descascados, por exemplo, bolas de melão.
- Certifique-se de que a geladeira esteja sempre abaixo de 5°C. Use um termômetro na geladeira ou mantenha-a tão fria quanto possível sem congelar o leite ou a alface.
- Mantenha as sobras na geladeira apenas pelo prazo recomendado (Fig. 13.3).

A contaminação cruzada não é um problema que ameaça os alimentos apenas durante seu preparo; ela pode ocorrer também no alimento guardado. Certifique-se de que todos os alimentos, inclusive as sobras, estejam em recipientes fechados e cobertos na geladeira, para evitar que o gotejamento de alimentos crus e potencialmente perigosos contaminem outros alimentos. É melhor guardar os alimentos que têm maior risco de causar doença transmitida por alimentos nas prateleiras mais baixas da geladeira, abaixo de outros alimentos que serão consumidos crus.

DECISÕES ALIMENTARES

Peixe cru

Pratos preparados com peixe cru, como sushi, podem ser seguros para a maioria das pessoas se forem preparados com peixe fresco, que foi congelado e descongelado com técnica adequada. O congelamento é importante para eliminar possíveis riscos à saúde decorrentes da presença de parasitas. A FDA recomenda que o peixe seja congelado até que sua temperatura interna seja de −23°C, por sete dias. Se você decidir comer peixe cru, compre o peixe de estabelecimentos confiáveis que sigam elevados padrões de qualidade e higiene. Se você tiver alto risco de contrair uma doença transmitida por alimentos, é melhor evitar pratos de peixe cru.

Instruções atuais de segurança do USDA para manuseio e rotulagem de derivados de carne e ave

Esse produto foi preparado com carne de vaca e/ou ave inspecionada e aprovada. Alguns alimentos podem conter bactérias capazes de causar doença se manuseados ou cozidos de modo inadequado. Para sua proteção, siga essas instruções de manuseio.

Mantenha refrigerado ou congelado.

Descongele no refrigerador ou no forno de micro-ondas.

Mantenha carnes e aves cruas separadas de outros alimentos.

Lave as superfícies de trabalho (inclusive tábuas de corte), utensílios e as mãos depois de manusear carne ou aves cruas.

Cozinhe bem os alimentos.

Mantenha os alimentos quentes aquecidos. Coloque as sobras na geladeira imediatamente ou jogue-as fora.

Instruções para manuseio seguro de ovos

Para evitar doenças causadas por bactérias: mantenha os ovos refrigerados, cozinhe-os até que a gema e a clara estejam duras, e cozinhe bem os alimentos que contenham ovos.

Para reduzir os risco de as bactérias sobreviverem durante o cozimento no forno de micro-ondas:

- Cubra o alimento com uma tampa de vidro ou cerâmica, se possível, para diminuir a evaporação e aquecer a superfície.
- Mistura e gire o alimento pelo menos 1 ou 2 vezes, para um cozimento uniforme. Em seguida, deixe o alimento preparado no forno de micro-ondas coberto, depois de pronto, para que a parte externa cozinhe bem e para que a temperatura seja equalizada.
- Use o termômetro do forno ou um termômetro próprio para carne para verificar se o alimento está pronto. Introduza o termômetro em vários pontos.
- Ao descongelar a carne no forno de micro-ondas, use a função "descongelar." Os cristais de gelo dos alimentos congelados não são bem aquecidos pelo forno de micro-ondas e podem criar pontos frios, que se cozinham mais lentamente.

Na dúvida, jogue fora!

Alimento	Tempo de permanência na geladeira (dias)
Carnes	
Carne moída/peru cozidos	3-4
Frios	2-3
Carne de porco cozida	3-4
Ave cozida	3-4
Carne bovina, búfalo, cordeiro	3-4
Frutos do mar	
Crus (p. ex., sushi/sashimi)	Devem serconsumidos no mesmo dia da compra
Cozidos	2
Outros pratos	
Pizza	1-2
Massa/Arroz	1-2
Pratos de forno	3-4
Sopas e *Chili*	
Chili com carne	2-3
Chili sem carne	3-4
Sopa/ensopado	3-4
Acompanhamentos	
Salada fresca	1-2
Vegetais frescos	1-2
Salada de macarrão ou batata	2-3
Ovo cozido recheado	2-3
Ovo cozido	7
Batatas (qualquer prato)	3-4
Vegetais cozidos	3-4
Sobremesas	
Torta com creme	2-3
Torta de frutas	2-3
Massas doces	7
Bolo	7
Cheesecake	7

FIGURA 13.3 ▶ Tempo de permanência das sobras de comida na geladeira.

REVISÃO CONCEITUAL

Cozinhe bem todas as carnes e aves para reduzir o risco de doença transmitida por alimentos causada por *E. coli* e *Salmonella*. Além disso, sempre separe carnes e aves cruas dos alimentos já cozidos. Para evitar intoxicação alimentar por *Staphylococcus*, cubra qualquer corte na mão com curativo adesivo e evite espirrar sobre os alimentos. Para evitar intoxicação alimentar por *Clostridium perfringens*, resfrie rapidamente as sobras de alimentos e as reaqueça bem, antes de comê-las. Para evitar intoxicação por *Clostridium botulinum*, examine bem as latas de alimentos. Em geral, não deixe alimentos cozidos por mais de 1 ou 2 horas em temperatura ambiente. As precauções já mencionadas se aplicam, muitas vezes, à prevenção de outros tipos de doença transmitida por alimentos. Além disso, cozinhe bem peixes e outros frutos do mar; só consuma laticínios pasteurizados; lave todas as frutas e legumes; e lave bem as mãos com água e sabão antes e depois de preparar alimentos e depois de usar o banheiro.

Estudo de caso: prevenção de intoxicações alimentares em festas e eventos

Nicole foi a uma festa com seus colegas de trabalho em um sábado de verão. O tema da festa era comida internacional. Nicole e seu marido foram escalados para levar um prato argentino – empanadas de carne com batatas. Eles seguiram a receita e o tempo de cozimento com cuidado, retiraram o prato do forno às 13 h e o conservaram quente embrulhando a panela em um pano. Foram de carro até o local da festa e colocaram o prato na mesa de bufê às 15 h. A refeição foi servida às 16 h. Entretanto, os convidados estavam se divertindo tanto, na piscina, tomando cerveja, que só começaram a comer às 18 h. Nicole não quis deixar de provar as empanadas que havia preparado com o marido, mas ele não quis. Ela também comeu salada, pão de alho e uma sobremesa feita de coco.

O casal voltou para casa às 23 h e foi dormir. Por volta das 2 h da madrugada, Nicole percebeu que havia algo errado. Ela sentiu uma forte dor abdominal e teve de correr para o banheiro. Ela passou as 3 horas seguintes no banheiro, com uma grave diarreia. Quando amanheceu, a diarreia havia diminuído, e ela começou a se sentir melhor. Depois de tomar um pouco de chá e um café da manhã leve, por volta de meio-dia, já estava bem.

Responda às seguintes perguntas e verifique as respostas no Apêndice A.

1. Com base nos sintomas, que tipo de doença transmitida por alimentos você acha que Nicole teve?
2. Por que a carne é o veículo mais provável desse tipo de doença transmitida por alimentos?
3. Por que é arriscado comer em eventos com muita gente?
4. Que precauções para evitar doença transmitida por alimentos foram ignoradas por Nicole e pelos demais convidados da festa?
5. Como esse cenário poderia ser reescrito para reduzir substancialmente o risco de doença transmitida por alimentos?

Resumo

1. Os vírus, as bactérias e outros microrganismos presentes nos alimentos representam os maiores fatores de risco de doença transmitida por alimentos. As principais causas de doença transmitida por alimentos são Norovírus e as bactérias *Campylobacter jejuni, Salmonella, Staphylococcus aureus* e *Clostridium perfringens.* Além disso, bactérias como *Clostridium botulinum, Listeria monocytogenes* e *Escherichia coli* também podem causar de doenças.
2. No passado, eram utilizados sal, açúcar, defumação, fermentação e secagem para evitar doença transmitida por alimentos. Hoje em dia, cozinhar com cuidado, pasteurizar, manter os alimentos quentes em alta temperatura e os alimentos frios refrigerados e lavar bem as mãos são medidas de segurança adicionais.
3. Aditivos alimentares são usados, em geral, para prolongar o prazo de validade, evitando o crescimento microbiano e a destruição de certos componentes dos alimentos por oxigênio, metais e outras substâncias. Os aditivos são classificados em intencionais (adicionados diretamente aos alimentos) e incidentais. Um aditivo intencional é adicionado em quantidades que não excedem 1 centésimo da maior quantidade com a qual não se observam sintomas em animais. Nos Estados Unidos, a Emenda Delaney permite à FDA, na sua jurisdição, banir o uso de qualquer aditivo intencional que cause câncer.

   Antioxidantes, como BHA, BHT, vitaminas E e C, e sulfetos evitam a destruição dos alimentos por oxigênio e enzimas. Emulsificantes suspendem as gorduras em água, melhorando a uniformidade, conferindo uma textura macia e volume aos sorvetes. Conservantes comuns incluem sal, benzoato de sódio e ácido sórbico, que previnem o crescimento bacteriano. Os quelantes capturam metais e, assim, evitam que eles contaminem e deteriorem os alimentos. Vários produtos naturais, como aromatizantes naturais, açúcar e xarope de milho, bem como aromatizantes e edulcorantes artificiais, como aspartame, melhoram o sabor dos alimentos.
4. Existem substâncias tóxicas naturais em vários alimentos, como batatas esverdeadas, peixe cru, cogumelos e clara de ovo crua. O cozimento limita os efeitos tóxicos de algumas delas; outras devem ser evitadas, como os cogumelos tóxicos e as partes verdes da batata.
5. Diversos contaminantes ambientais e resíduos de pesticidas podem estar presentes nos alimentos. É útil saber quais alimentos apresentam maior risco e agir de modo a reduzir a exposição a eles, por exemplo, lavando bem as frutas e os legumes.
6. A agricultura convencional é voltada para maximizar a produção em grandes fazendas, usando máquinas e substâncias químicas. A cultura da sustentabilidade, mais recente, exige alimentos produzidos de modo responsável em relação ao meio ambiente. As vendas de alimentos orgânicos cresceram muito nos últimos anos, nos EUA, apesar da crise econômica.

Os consumidores estão mais interessados na origem de seus alimentos, o que levou os supermercados a oferecer mais alimentos "diretamente do produtor". Embora não haja evidências de que esses alimentos produzidos localmente sejam seguros, eles são mais frescos e não têm custos de transporte agregados. Os consumidores também estão interessados em se aproximar dos pequenos produtores rurais locais/regionais, atraindo maior apoio, em nível nacional, para a agricultura de base comunitária.

7. Para maior proteção contra vírus e bactérias, os alimentos suscetíveis devem ser bem cozidos. Além disso, se tiver cortes nas mãos, cubra-os com curativos adesivos, não espirre nem tussa sobre os alimentos, evite deixar carnes ou aves cruas em contato com outros alimentos, resfrie rapidamente e reaqueça bem as sobras, e só use laticínios pasteurizados. Em geral, tenha cuidado com alimentos que estejam na "zona de perigo" (5°C a 57°C).

A contaminação cruzada é uma causa comum de doença transmitida por alimentos. Ocorre particularmente quanto bactérias presentes em carnes cruas entram em contato com alimentos que favorecem o crescimento bacteriano. Devido ao risco de contaminação cruzada, nenhum alimento perecível deve ser deixado na "zona de perigo" por mais de 1 a 2 horas (dependendo da temperatura ambiente), especialmente se houver possibilidade de contato com alimentos crus de origem animal.

Questões para estudo

1. Identifique as três principais classes de microrganismos responsáveis por doenças transmitidas por alimentos.
2. Que tipos de alimentos estão mais frequentemente envolvidos na gênese da doença transmitida por alimentos? Por que eles são sujeitos à contaminação?
3. Quais são as três práticas da compra e da produção de alimentos responsáveis pelo maior número de casos de doença transmitida por alimentos?
4. Por que o cozimento correto é importante para reduzir o risco de doença transmitida por alimentos?
5. Cite quatro técnicas, além do cozimento correto, importantes para evitar a ocorrência de doença transmitida por alimentos.
6. Defina o termo *aditivo alimentar* e dê exemplos de quatro aditivos intencionais. Quais são suas funções específicas nos alimentos? Qual é sua relação com a lista GRAS?
7. Descreva as normas federais que regem o uso de aditivos alimentares, inclusive a Emenda Delaney.
8. Faça um balanço dos riscos e benefícios do uso de aditivos nos alimentos. Aponte um modo simples de reduzir o consumo de aditivos alimentares. Você acha que vale o esforço, em termos de manutenção da saúde? Por que sim ou por que não?
9. Descreva quatro recomendações para reduzir o risco de toxicidade por contaminantes ambientais.
10. Como os vários órgãos federais dos EUA trabalham juntos para manter a segurança dos alimentos?

Teste seus conhecimentos

As respostas das próximas questões de múltipla escolha encontram-se a seguir.

1. Os nitritos evitam o crescimento de
   a. *Clostridium botulinum*.
   b. *Escherichia coli*.
   c. *Staphylococcus aureus*.
   d. fungos.
2. As substâncias usadas para conservar os alimentos reduzindo seu pH são
   a. defumação e irradiação.
   b. fermento em pó e levedura.
   c. sal e açúcar.
   d. vinagre e ácido cítrico.
3. Os aditivos alimentares amplamente usados há muitos anos e sem riscos aparentes estão na lista ________.
   a. FDA
   b. GRAS
   c. USDA
   d. Delaney
4. O microrganismo causador de doença transmitida por alimentos frequentemente associado a frios e caldos de carne é
   a. *Listeria*.
   b. *Staphylococcus*.
   c. *Clostridium botulinum*
   d. *Salmonella*.
5. As bactérias do gênero *Salmonella* geralmente se transmitem por
   a. carnes, aves e ovos crus.
   b. legumes fermentados.
   c. legumes enlatados por método caseiro.
   d. legumes crus.
6. Recomenda-se não descongelar carnes ou aves
   a. no forno de micro-ondas.
   b. no refrigerador.
   c. em água fria corrente.
   d. em temperatura ambiente.
7. O leite que pode ficar na prateleira do supermercado, sem crescimento microbiano, durante vários anos, foi processado por que métodos?
   a. uso de umectantes.
   b. uso de antibióticos na ração animal.
   c. uso de quelantes.
   d. processamento asséptico.
8. As pessoas que correm maior risco de intoxicação alimentar são:
   a. gestantes.
   b. lactentes e crianças.
   c. pessoas com imunossupressão.
   d. todas as alternativas anteriores.

9. A pasteurização envolve
   a. exposição do alimento a altas temperaturas por curtos períodos, para destruir microrganismos nocivos.
   b. exposição do alimento ao calor para inativar enzima que causa efeito indesejável durante o armazenamento dos alimentos.
   c. fortificação dos alimentos com vitaminas A e D.
   d. uso da irradiação para destruir certos patógenos nos alimentos.
10. Os alimentos podem ser conservados por longo tempo pela adição de sal ou açúcar porque essas substâncias
    a. acidificam os alimentos impedindo que eles se deteriorem.
    b. ligam-se à água, tornando-a indisponível para os microrganismos.
    c. matam efetivamente os microrganismos.
    d. dissolvem as paredes celulares dos alimentos vegetais.

Respostas: 1. a, 2. d, 3. b, 4. b, 5. a, 6. d, 7. d, 8. d, 9. a, 10. b

Leituras complementares

1. Acheson DWK, Fiore AE: Preventing foodborne illness—What clinicians can do. *The New England Journal of Medicine* 350:437, 2004.

   Os alimentos distribuídos nos Estados Unidos são, em geral, seguros, mas pode ser feito mais para diminuir o risco de doença transmitida por alimentos. Esse artigo discute as estratégias para alcançar esse objetivo, além de resumir as características dos principais organismos causadores de doença transmitida por alimentos.

2. ADA Reports: Position of the American Dietetic Association: Food and water safety. *Journal of the American Dietetic Association* 103:1203, 2003.

   É a posição da American Dietetic Association de que o público tem direito a alimentos e água seguros. Ainda assim, estima-se que, anualmente, ocorram 76 milhões de casos de doença transmitida por alimentos nos Estados Unidos, com significativos custos econômicos. Portanto, é preciso ter outras atitudes em relação à segurança alimentar.

3. Anderson JB and others: A camera's view of consumer food-handling behaviors. *Journal of the American Dietetic Association* 104:186, 2004.

   O manuseio inadequado dos alimentos foi um achado comum nos lares estudados nessa pesquisa. Adotar as recomendações da campanha Fight BAC!, como usar um termômetro para verificar se a carne está cozida, poderia melhorar essas práticas de manuseio dos alimentos.

4. Calvert GM: Health effects of pesticides. *American Family Physician* 69:1613, 2004.

   Casos comprovados de doença por exposição a pesticidas ocorrem quando há exposição aguda a grandes quantidades. Os efeitos da exposição crônica a uma dose baixa são difíceis de quantificar, mas a maioria dos adultos tem níveis detectáveis de pesticidas no sangue. Portanto, deve-se tentar reduzir a exposição a pesticidas sempre que possível, especialmente quando o uso ocorre dentro e fora da casa.

5. Consumers Union: Dirty birds: Even "premium" chickens harbor dangerous bacteria. *Consumer Reports* p. 20, January 2007.

   Uma análise dos frangos comprados inteiros, frescos, nos Estados Unidos revelou que 83% continham Campylobacter *ou* Salmonella, *duas das principais causas de intoxicação alimentar. Esse artigo descreve em detalhe a investigação e os resultados.*

6. Food Safety and Inspection Service: A century of progress in food safety. *Be Food Safe* Fall:12, 2006.

   A inspeção da carne pelas autoridades federais se tornou lei em 1906. Esse artigo sumariza os cem anos de história da inspeção federal da carne e das aves.

7. Gerner-Smidt P and others: Invasive listeriosis in Denmark 1994-2003: A review of 299 cases with special emphasis on risk factors for mortality. *Clinical Microbiological Infections* 11:618, 2005.

   Infecções por Listeria *levam à morte, sobretudo em idosos e pessoas que sofrem de câncer. Por isso, é especialmente importante que essas pessoas tenham cuidado com a exposição à* Listeria.

8. Hillers VN and others: Consumer food handling behaviors associated with prevention of 13 foodborne illnesses. *Journal of Food Protection* 66:1893, 2003.

   Lavar as mãos é uma constante recomendação dos especialistas, para prevenção de doenças transmitidas por alimentos. Outro ponto importante a ser considerado é evitar consumir certos alimentos, como frutos do mar crus. O uso de um termômetro culinário também é uma medida importante para evitar a contaminação cruzada entre os alimentos.

9. McCabe-Sellers BJ, Beattie SF: Food safety: emerging trends in foodborne illness surveillance and prevention. *Journal of the American Dietetic Association* 104:1708, 2004.

   Esse artigo traz uma discussão detalhada sobre a prevenção de doenças transmitidas por alimentos, incluindo a atenção que se deve dar aos produtos de origem agrícola como fontes primárias de agentes causais – vírus e bactérias. O artigo também faz recomendações a consumidores e pessoas que lidam com alimentos no sentido de reduzir o risco, principalmente por meio de medidas de higiene pessoal.

10. Musher DM, Musher BL: Contagious acute bacterial infections. *The New England Journal of Medicine* 351:2417, 2004.

    Discussão detalhada sobre vírus e bactérias associados à intoxicação alimentar. A lavagem das mãos é citada como método importante para reduzir a exposição. O uso, sempre que possível, de soluções diluídas de hipoclorito de sódio (1:10) sobre as superfícies de trabalho também é recomendado.

11. Schardt D: Get the lead out—What you don't know can hurt you. *Nutrition Action Healthletter* p. 1, March 2005.

    Existem evidências de que a hipertensão, a doença renal, o declínio da função cerebral e a catarata estejam ligados à exposição ao chumbo. O artigo mostra que o teste da água consumida nas residências quanto à presença de chumbo é um meio barato de se identificar essa possível fonte de contaminação. Também se recomenda usar apenas água fria da torneira para cozinhar.

12. Scheier LM: The safety of beef in the United States. *Journal of the American Dietetic Association* 105:339, 2005.

    A encefalopatia espongiforme bovina, mais conhecida como doença da vaca louca, continua atraindo o interesse do público. Esse artigo aborda os protocolos de teste da carne e as medidas de segurança adotadas, além da legislação atual.

13. Sivapalasingam S and others: Fresh produce: A growing cause of outbreaks of foodborne illness in the United States. *Journal of Food Protection* 67:2342, 2004.

    Frutas e vegetais frescos - alface, sucos, melão, brotos e frutas vermelhas - são todos potenciais agentes causadores de doenças transmitidas por alimentos. Esses alimentos devem ser consumidos com cautela, da mesma forma que se atenta para a carne crua e os laticínios.

14. Spano M: Organics in overdrive—the explosion of natural food products. *Today's Dietitian* 9: 66, October 2007.

    A maior oferta de produtos orgânicos nos supermercados em geral, aliada ao medo do consumidor em relação a hormônios e antibióticos, levou ao crescimento acentuado das vendas de alimentos orgânicos. A agricultura convencional é comparada ao cultivo orgânico quanto aos métodos de adubação, controle de pragas, ervas daninhas e rendimento.

15. U.S. Food and Drug Administration: *Food Code.* U.S. Department of Health and Human Services, Public Health Service, Food and Drug Administration: College Park, MD, 2005.

O Código Alimentar da FDA constitui uma base técnica e legal, cientificamente comprovada, para a regulamentação da qualidade dos alimentos, tanto nos canais de distribuição da indústria alimentícia quanto no setor de restaurantes, mercearias e instituições como casas de repouso. O código serve de modelo para normas locais, estaduais, tribais e federais, que podem elaborar ou atualizar suas próprias normas de segurança alimentar de modo consistente com a política nacional de controle dos alimentos.

16. Widdowson MA and others: Norovirus and foodborne disease, United States, 1991–2000. *Emerging Infectious Diseases* 11:95, 2005.

    O Norovírus é o agente causador do maior número de intoxicações alimentares. Atualmente necessita-se de uma melhor vigilância desse microrganismo para que se possa estimar com maior precisão o número de casos.

17. Yates J: Traveler's diarrhea. *American Family Physician* 71:2095, 2005.

    Todos os anos, milhões de viajantes apresentam diarreia aguda. A contaminação dos alimentos e da água por matéria fecal é a principal origem dessas infecções. Escherichia coli, E. coli enteropatogênica, Campylobacter, Salmonella e Shigella *são as causas mais comuns da chamada diarreia do viajante, enquanto parasitas e vírus são causas menos frequentes.*

18. Yeager D: Got organic? *Today's Dietitian* 10:60, October 2008.

    O artigo discute a regulamentação da indústria de laticínios orgânicos. O U.S. Department of Agriculture é quem regulamenta, atualmente, essa indústria. O National Organic Program certifica alimentos produzidos por esse método. A maioria das indústrias de laticínios segue rigorosamente as normas de produção de leite orgânico.

AVALIE SUA REFEIÇÃO

I. Você seria capaz de identificar práticas inadequadas quanto à segurança alimentar?

Neste capítulo, você aprendeu que (1) as doenças transmitidas por alimentos afetam até 76 milhões de cidadãos dos EUA todos os anos e (2) cerca de 5 mil mortes são causadas, todos os anos, nos Estados Unidos, por microrganismos transmitidos pelos alimentos.

O preparo cuidadoso dos alimentos pode diminuir o risco de intoxicação alimentar, na maioria das vezes. Leia o texto a seguir e identifique violações da segurança alimentar que poderiam resultar em doença.

Um inspetor da Agência de Vigilância Sanitária da cidade faz o seguinte relato de sua visita a uma lanchonete:

Ao caminhar pela cozinha do *Morningside Diner*, notei que todos os funcionários lavavam bem as mãos com água quente e sabão antes de manusear os alimentos, especialmente depois de lidar com carne, peixe, aves e ovos crus. Antes de preparar pratos crus, eles também lavavam bem as tábuas de corte, travessas e outros utensílios. Ao usarem as tábuas de corte, depois do contato com os alimentos, eles as limpavam com um pano úmido e as usavam novamente.

Durante o preparo de frutas e legumes crus, lavavam esses alimentos, mas deixavam um pouco de resíduos para evitar eliminar importantes nutrientes da casca. As carnes geralmente eram cozidas até a temperatura interna de 82°C. Entretanto, para conservar o sabor, a carne de porco era cozida até a temperatura interna de 60°C. Alguns alimentos cozidos para serem servidos mais tarde eram resfriados até menos de 5°C dentro de duas horas, e pratos como ensopado de carne eram resfriados em panelas rasas.

A lanchonete servia itens enlatados e fazia uso deles mesmo que as latas estivessem amassadas. Sobras de comida, quando requentadas, eram levadas à temperatura interna de 55°C e servidas imediatamente. Os funcionários da cozinha sempre tinham o cuidado de remover as partes mofadas dos alimentos. Os recheios de aves eram preparados separadamente. A temperatura das geladeiras era de aproximadamente 7°C.

1. Cite as violações da segurança alimentar que poderiam contribuir para a ocorrência de doenças transmitidas por alimentos.

____
____
____
____

2. Se você estivesse escrevendo um relatório sobre como corrigir essas práticas, o que você diria?

____
____
____
____

3. Cite as práticas de segurança alimentar que seguem as normas gerais de prevenção de doenças transmitidas por alimentos.

____
____
____
____

II. Analise os aditivos alimentares

Examine o rótulo de um alimento de conveniência (p. ex., prato congelado, torta pronta) no supermercado ou, se você tiver, em casa.

1. Copie a lista de ingredientes.
2. Identifique os ingredientes que, na sua opinião, podem conter aditivos.
3. Com base nas informações obtidas neste capítulo, que funções teriam esses aditivos?
4. Como esse alimento seria sem esses ingredientes?

III. Analise os alimentos orgânicos

Visite um ou mais supermercados e veja que alimentos orgânicos são oferecidos. Anote o que você descobriu.

	Oferecido	Não oferecido
Carne		
Aves		
Leite		
Ovos		
Queijos		
Alface		
Maçãs		
Bananas		
Brócolis		
Outros vegetais		
Cereal matinal		
Salgadinhos		
Bolachas		
Pão		
Massas		
Cerveja		

Você costuma comprar alimentos orgânicos? Por que sim ou por que não?

PARTE V

NUTRIÇÃO: UM FOCO NOS ESTÁGIOS DA VIDA

CAPÍTULO 14 Gravidez e amamentação

Objetivos do aprendizado

1. Enumerar as principais mudanças fisiológicas que ocorrem no corpo durante a gravidez e como as necessidades de nutrientes são alteradas.
2. Enumerar os fatores que predizem e os que não predizem uma gravidez bem-sucedida.
3. Especificar o ganho de peso ideal durante a gravidez para uma mulher adulta sadia.
4. Elaborar um plano de refeições balanceado e adequado para uma gestante ou lactante usando a *MyPyramid* como base.
5. Identificar os nutrientes que talvez precisem de suplementação durante a gravidez e justificar cada um.
6. Explicar os desconfortos típicos da gravidez que podem ser minimizados por mudanças dietéticas.
7. Descrever os processos fisiológicos envolvidos na amamentação bem como algumas vantagens da amamentação tanto para o bebê quanto para a mãe.

Conteúdo do capítulo

A GRAVIDEZ PODE SER UM MOMENTO ESPECIAL. Euforia e encanto acompanham a imensa responsabilidade dos pais de ajudar um filho a se desenvolver e crescer. Os futuros pais muitas vezes sentem um desejo dominante de gerar um bebê sadio, o que pode dar origem a um novo interesse em informações sobre nutrição e saúde. Esses pais geralmente querem fazer tudo o que for possível para maximizar suas chances de ter um recém-nascido forte e cheio de vida.

Apesar dessas intenções, a taxa de mortalidade neonatal na América do Norte é maior do que a vista em muitos outros países industrializados. No Canadá, cerca de 6,1 em cada 1.000 recém-nascidos morrem por ano antes de completar o primeiro ano de vida, ao passo que no Estados Unidos, essa taxa é de 6,9. Essas estatísticas são alarmantes para dois países que têm um orçamento de saúde *per capita* tão alto comparados a muitos outros países no mundo; A taxa de mortalidade neonatal na Suécia, por exemplo, fica em torno de 3 em cada 1.000 recém-nascidos. Além disso, nos Estados Unidos, cerca de 20% das gestantes recebem assistência pré-natal inadequada nos primeiros meses da gravidez. As adolescentes grávidas são as que se encontram em maior risco.

Gerar um bebê sadio não é só uma questão de sorte. A verdade é que alguns aspectos da saúde fetal e neonatal fogem ao nosso controle. Contudo, conforme sugerido pelo quadrinho neste capítulo, decisões conscientes a respeito de fatores sociais, de saúde, ambientais e nutricionais durante a gravidez afetam significativamente o futuro do bebê.

A opção por amamentar o bebê agrega mais benefícios. Vamos examinar como alimentar-se bem durante a gravidez e a amamentação pode ajudar o bebê a ter um começo de vida saudável.

Para relembrar

Antes de começar a estudar a nutrição na gravidez e a amamentação, no Capítulo 14, talvez seja interessante revisar os seguintes tópicos:

- Barras de cereais substitutas de refeições fortificadas, no Capítulo 1, e cereais matinais prontos para o consumo, no Capítulo 2.
- Causas e efeitos da cetose, no Capítulo 4.
- Componentes das classes de macronutrientes – carboidratos, proteínas e lipídeos – nos Capítulo 4 a 6, especialmente ácidos graxos ômega-3.
- Cálculo do índice de massa corporal, no Capítulo 7.
- Fontes alimentares de folato, no Capítulo 8, e de cálcio, ferro e zinco, no Capítulo 9.

14.1 Planejando a gravidez

Controlar e corrigir problemas de saúde existentes e modificar hábitos potencialmente prejudiciais antes da concepção são medidas que aumentam a chance de ter uma gravidez bem-sucedida. Cerca de 50% das gravidezes não são planejadas. Mesmo quando planejadas, as mulheres muitas vezes não suspeitam de que estão grávidas durante as primeiras semanas depois da concepção. Em muitos casos, não buscam assistência médica até depois dos primeiros 2 a 3 meses de gravidez. Contudo, mesmo sem alarde, o futuro bebê cresce e se desenvolve diariamente. Por isso, os hábitos de saúde e nutrição da mulher que tenta engravidar – ou que potencialmente pode engravidar – são particularmente importantes. Embora alguns aspectos da saúde fetal e neonatal estejam além do controle dos pais, as decisões conscientes da mulher a respeito de fatores sociais, de saúde, ambientais e nutricionais afetam a saúde e o futuro do bebê.

Em uma tentativa de reduzir a ocorrência de defeitos do tubo neural, o *Healthy People 2010* propõe, a mulheres em idade fértil, a ingestão de pelo menos 400 microgramas de ácido fólico a partir de alimentos fortificados ou suplementos alimentares. Esse objetivo visa aumentar o número de gestações que começam com um estado de folato ideal.

O momento de tratar problemas de saúde existentes é antes da concepção. O controle inadequado do diabetes, da hipertensão, fenilcetonúria e estado de HIV positivo ou Aids podem levar a complicações graves na gestação, como defeitos congênitos e morte fetal. Além disso, as mulheres devem tentar manter um peso adequado antes de engravidar. O peso e as reservas de nutrientes pré-gravidez afe-

© Rina Piccolo. Reproduzido com permissão do King Features Syndicate.

Quais dietas e hábitos do estilo de vida contribuem para uma gravidez bem-sucedida? Quais provavelmente são prejudiciais? Por que a mulher deve começar a se preparar para a gravidez meses antes da concepção do bebê? Quando grávida, a mãe precisa "comer por dois"? O Capítulo 14 dá algumas respostas.

tam a capacidade da mulher de engravidar. Muitas mulheres abaixo do peso sofrem de amenorreia, o que pode reduzir a capacidade de ovular. As chances de ovular e engravidar melhoram quando a gordura corporal aumenta até um nível adequado.

Bebês nascidos de mulheres que, quando engravidaram, se encontravam bem acima ou abaixo do peso saudável, são mais propensos a ter problemas do que aqueles de mulheres que começaram a gravidez com um peso normal. Por exemplo, bebês nascidos de mães obesas têm um risco maior de sofrer defeitos congênitos, de morrer nas primeiras semanas depois do parto ou de se tornar obesos na infância. Muitas gestantes obesas sofrem hipertensão, diabetes gestacional e partos difíceis. No outro extremo, mulheres que começam a gravidez abaixo do peso saudável (IMC $< 19{,}8$) são mais propensas a dar à luz bebês com baixo peso ao nascer e prematuros do que mulheres com peso normal. Essas diferenças podem ocorrer devido ao fato de que mulheres abaixo do peso tendem a ter placentas mais leves e reservas de nutrientes menores, especialmente de ferro, comparadas a mulheres com mais peso, o que pode afetar o crescimento fetal negativamente. Uma mulher abaixo do peso pode melhorar suas reservas de nutrientes e o desfecho da gravidez ganhando peso antes da gravidez ou peso extra durante a gravidez.

A Figura 14.1 ilustra como e quando agentes tóxicos podem prejudicar o feto em desenvolvimento. Para se preparar para uma gravidez saudável, é preciso que a mulher elimine totalmente o tabaco, o álcool e as drogas ilícitas (p. ex., maconha e cocaína). Alguns fármacos, como a aspirina e os anti-inflamatórios não esteroides (AINEs) relacionados (p. ex., ibuprofeno), bem como medicamentos típicos para tratar o resfriado comum e muitos fitoterápicos, têm o potencial de prejudicar o feto. Doses menores e/ou alternativas mais seguras devem ser usadas quando se planeja engravidar. Os riscos à saúde no ambiente materno, incluindo riscos ocupacionais e exposição a raios X, devem ser minimizados. A ingestão de cafeína também deve ser limitada.

Pesquisas indicam que uma ingestão de vitaminas e minerais adequada pelo menos oito semanas antes da concepção e durante a gravidez pode melhorar os desfechos da gravidez. Particularmente suprir as necessidades de folato (400 μg/dia de ácido fólico sintético) ajuda a prevenir defeitos congênitos, como defeitos do tubo neural (ver Fig. 8.27, no Cap. 8), e a diminuir o risco de parto prematuro. Conforme visto no Capítulo 8, um estado de folato adequado antes e durante a gravidez reduz o risco de defeitos do tubo neural em cerca de 70%. Ingestões baixas de cálcio e ferro ou excessivas de vitamina A também são questões preocupantes durante a gravidez. Escolhas dietéticas criteriosas, muitas vezes com a ajuda de um suplemento multivitamínico e mineral balanceado, contribuirão para que, durante gravidez, seja mantida uma boa saúde tanto da mãe quanto do bebê.

▲ O momento de começar a pensar sobre nutrição pré-natal é antes de engravidar. Isso inclui garantir que a ingestão de ácido fólico seja adequada (400 μg de ácido fólico sintético por dia) e que qualquer ingestão suplementar de vitamina A pré-formada não exceda a 100% do valor diário (1.000 μg EAR ou 5.000 UI).

DECISÕES ALIMENTARES

Suplementos de folato

Mulheres que anteriormente deram à luz um bebê com um defeito do tubo neural, como espinha bífida, deverão consultar o médico a respeito da necessidade de suplementação de folato; recomenda-se uma ingestão de 4 mg/dia de ácido fólico sintético pelo menos um mês antes da concepção para essas mulheres, o que deve ser feito sob supervisão médica.

14.2 Crescimento e desenvolvimento pré-natal

Durante 8 semanas depois da concepção, o **embrião** humano se desenvolve a partir de um **óvulo** e dá origem a um **feto**. Durante as outras 32 semanas seguintes, o feto continua a se desenvolver. Quando seu corpo enfim amadurece, o bebê nasce. Até nascer, a mãe nutre o bebê por meio da **placenta**, um órgão que se forma no útero para acomodar o crescimento e desenvolvimento do feto (Fig. 14.2). O papel da placenta é a troca de nutrientes, oxigênio e outros gases, além de produtos de degradação entre a mãe e o feto.

embrião Nos humanos, a prole em desenvolvimento no útero desde o começo da 3ª semana até o final da 8ª semana depois da concepção.

óvulo Célula germinativa feminina que dá origem ao feto se for fertilizada por um espermatozoide.

feto A forma de vida humana em desenvolvimento desde oito semanas de concepção até o nascimento.

placenta Órgão que se forma no útero da mulher grávida. Por intermédio da placenta, o oxigênio e os nutrientes são transferidos do sangue da mãe para o feto, e os resíduos do metabolismo do feto são removidos, para serem eliminados pelo organismo da mãe. A placenta também secreta hormônios que ajudam a manter a gravidez.

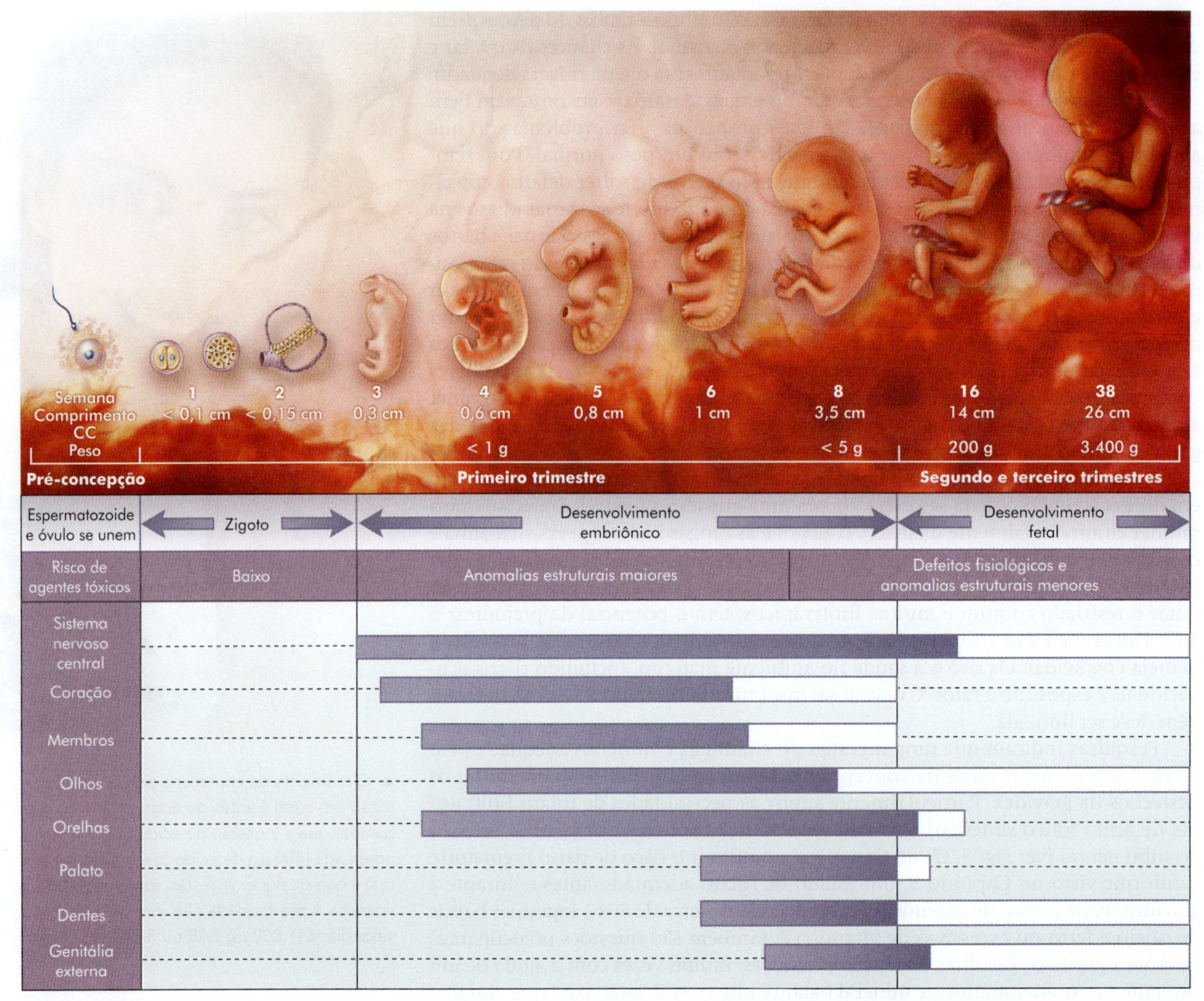

FIGURA 14.1 ► Efeitos nocivos de agentes tóxicos durante a gravidez. Os períodos vulneráveis do desenvolvimento fetal estão indicados com barras roxas. O sombreado roxo indica a época de maior risco ao órgão. O dano mais grave ao feto pela exposição a toxinas provavelmente ocorre durante as primeiras oito semanas depois da concepção, dois terços do caminho do primeiro trimestre. Entretanto, conforme as barras brancas do gráfico indicam, o dano a partes vitais do corpo – incluindo olhos, cérebro e genitália – também pode ocorrer nos últimos meses de gravidez.

zigoto Óvulo fertilizado. Célula resultante da união do óvulo com o espermatozoide antes do início das divisões celulares.

trimestres Períodos de 13 a 14 semanas que marcam as etapas da gestação (a duração total de uma gravidez normal é de aproximadamente 40 semanas, contadas a partir do primeiro dia da última menstruação da mulher); trata-se de uma divisão um pouco arbitrária que visa sistematizar a discussão e a análise. O desenvolvimento do feto, no entanto, é um processo contínuo, que se desenrola ao longo da gravidez, sem indicadores específicos da transição de um trimestre para outro.

Crescimento inicial – O primeiro trimestre é um momento muito importante

Na formação do organismo humano, o óvulo e o espermatozoide se unem para produzir um zigoto (Fig. 14.4). A partir desse ponto, o processo reprodutivo ocorre muito rapidamente.

- Depois de 30 horas – o zigoto se divide ao meio formando duas células.
- Depois de 4 dias – o número de células sobe para 128 células.
- Aos 14 dias – o grupo de células é denominado embrião.
- Depois de 35 dias – o coração está batendo, o embrião mede 8 mm, e os olhos e os brotos dos membros são claramente visíveis.
- Em 8 semanas – o embrião é conhecido como feto.
- Em 13 semanas (final do primeiro trimestre) – a maioria dos órgãos está formada, e o feto consegue se movimentar.

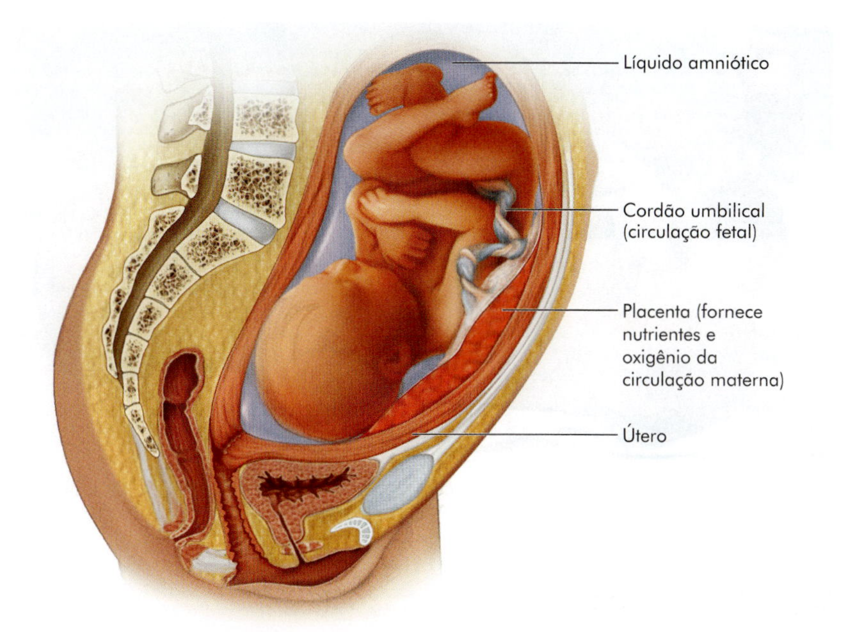

FIGURA 14.2 ▶ O feto em relação à placenta. A placenta é o órgão por meio do qual a nutrição flui para o feto.

Para fins dessa discussão, a duração da gravidez – normalmente de 38 a 42 semanas – é em geral dividida em três períodos, denominados **trimestres**. O crescimento começa no primeiro trimestre com um rápido aumento no número de células. Esse tipo de crescimento domina o desenvolvimento embriônico e fetal inicial. As células recém-formadas começam então a crescer. O crescimento posterior é uma mistura de aumentos no número e no tamanho das células. Ao final de 13 semanas (o primeiro trimestre), a maioria dos órgãos está formada, e o feto consegue se movimentar (ver Fig. 14.1).

À medida que o embrião ou o feto se desenvolve, deficiências nutricionais e outros insultos têm o potencial de impor danos ou riscos aos sistemas de órgãos. Por exemplo, reações adversas a medicamentos, ingestões de grande quantidade de vitamina A, exposição à radiação ou traumatismo podem alterar ou interromper a fase atual do desenvolvimento fetal, e os efeitos podem ser permanentes (ver Fig. 14.4). O momento mais crítico para esses problemas potenciais é durante o primeiro trimestre. A maioria dos **abortos espontâneos** – términos prematuros da gravidez que ocorrem naturalmente – acontece nessa época. Cerca da metade ou mais das gravidezes terminam dessa maneira, muitas vezes tão cedo que a mulher até mesmo não percebe que estava grávida. (Outros 15 a 20% são perdidos antes do parto normal.) Abortos espontâneos precoces geralmente resultam de um defeito genético ou um erro fatal no desenvolvimento fetal. Tabagismo, abuso de álcool, uso de aspirina e AINEs e uso de drogas ilícitas aumentam o risco de aborto espontâneo.

aborto espontâneo Cessação da gravidez com expulsão do embrião ou de um feto não viável com menos de 20 semanas de gestação. Decorre de causas naturais, como um defeito genético ou uma falha do desenvolvimento. Também conhecido como abortamento.

A mulher deve evitar substâncias que possam prejudicar o feto em desenvolvimento, especialmente durante o primeiro trimestre, assim como na época em que está tentando engravidar. Além disso, o feto se desenvolve tão rapidamente durante o primeiro trimestre que, se um nutriente essencial não estiver disponível, ele pode ser afetado até mesmo antes de haver indícios de deficiência do nutriente na mãe.

Por essa razão, a qualidade – em vez da quantidade – da ingestão nutricional da mulher é mais importante durante o primeiro trimestre. Em outras palavras, a mulher deverá consumir a mesma quantidade de calorias, porém os alimentos escolhidos devem ser mais ricos em nutrientes. Algumas mulheres perdem o apetite e sentem náuseas durante o primeiro trimestre; mesmo assim, elas devem suprir as necessidades nutricionais o máximo possível.

Apesar de as decisões, práticas e precauções maternas durante a gravidez contribuírem para a saúde fetal, não é possível garantir a boa saúde do feto porque alguns fatores genéticos e ambientais estão além de seu controle. A mãe e outras pessoas envolvidas na gravidez não podem manter uma ilusão de controle total.

▶ Um bebê sadio de 1 semana de vida. Ao nascer, o bebê geralmente pesa 3,4 kg e mede 51 cm.

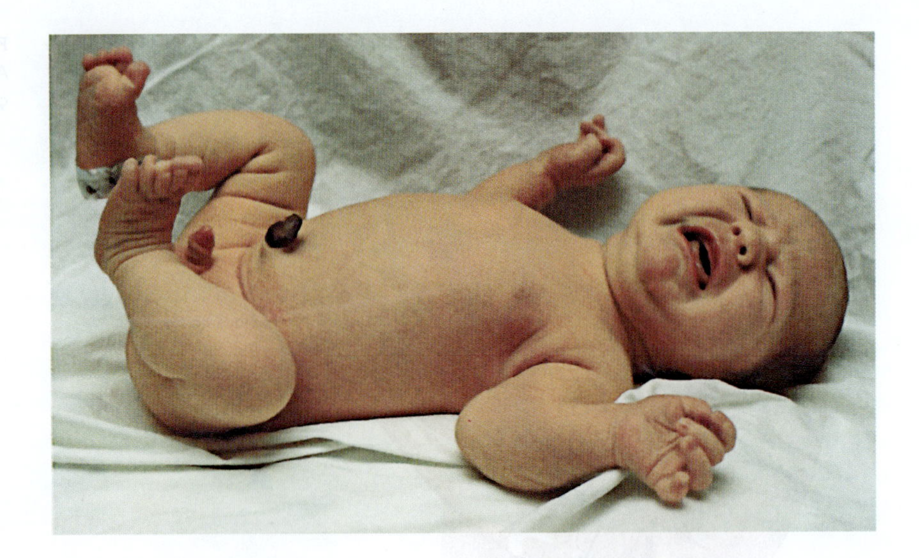

Segundo trimestre

Até o começo do segundo trimestre, o feto ganha aproximadamente 30 g. Braços, mãos, dedos das mãos, pernas, pés e dedos dos pés estão inteiramente formados. O feto tem orelhas e começa a formar cavidades dentárias nas mandíbulas. Os órgãos continuam a crescer e amadurecer e, por meio de um estetoscópio ou Doppler, os médicos conseguem detectar os batimentos cardíacos fetais. A maioria dos ossos está nitidamente evidente por todo o corpo. Por fim, o feto começa a se parecer mais com um recém-nascido; pode chupar o dedo e chutar com força suficiente para a mãe conseguir senti-lo. Conforme demonstrado na Figura 14.1, o feto ainda pode ser afetado pela exposição a toxinas, mas não no grau visto no primeiro trimestre.

Durante o segundo trimestre, o peso das mamas da mãe aumenta aproximadamente 30% em virtude do desenvolvimento de células lactíferas e do depósito de 1 a 2 kg de gordura para a **lactação** (amamentação). Essa gordura armazenada serve como um reservatório para as calorias extras necessárias para produzir o leite materno.

lactação Período de produção de leite depois da gravidez; em geral, chamado de amamentação.

gestação Período de desenvolvimento intrauterino, da concepção até o nascimento. No ser humano, a gestação dura cerca de 40 semanas, contadas a partir da última menstruação.

Terceiro trimestre

No começo do terceiro trimestre, o feto pesa cerca de 1 a 1,5 kg. O terceiro trimestre é um momento crucial para o crescimento fetal. O feto dobrará de comprimento, e seu peso aumentará de 3 a 4 vezes. O feto começa a ter uma prioridade maior do que a mãe no tocante ao ferro e vai depletar as reservas maternas. Se a mãe não suprir suas próprias necessidades de ferro, poderá ficar gravemente depletada depois do parto. Um bebê nascido depois de 26 semanas de **gestação** tem uma boa chance de sobrevida se cuidado em uma unidade neonatal para bebês de alto risco. Entretanto, ele não acomodará as reservas de minerais (principalmente ferro e cálcio) e gordura normalmente acumuladas durante o último mês de gestação. Esse e outros problemas médicos, como a pouca capacidade de sugar e deglutir, complicam o cuidado nutricional dos bebês prematuros.

Aos nove meses, o feto normalmente pesa em torno de 3 a 4 kg e mede cerca de 50 cm. Um ponto mole no topo da cabeça indica onde os ossos cranianos (fontanelas) estão crescendo. Os ossos por fim se fecham quando o bebê chega aos 12 a 18 meses de idade.

Uma meta do *Healthy People 2010* é reduzir o baixo peso ao nascer e os partos prematuros em um terço.

14.3 Sucesso na gravidez

A meta da gravidez é obter a saúde ideal para o bebê e para a mãe. No caso da mãe, uma gravidez bem-sucedida é aquela em que sua saúde física e emocional está preservada de maneira que ela possa retornar ao estado de saúde pré-gravídico. No caso do bebê, dois critérios são amplamente aceitos: (1) um período gestacional > 37 semanas e (2) um peso de nascimento > 2,5 kg. Um desenvolvimento pulmonar suficiente, que provavelmente ocorreu até as 37 semanas de gestação, é fundamental para a sobrevida do recém-nascido. Quanto mais longa a gestação, maior o peso final de nascimento e o estado de amadurecimento, levando a menos problemas médicos e a uma qualidade de vida melhor para o bebê. Em termos gerais, uma gravidez bem-sucedida é resultado de uma interação complexa entre genes, diversas práticas de estilo de vida e ambiente.

▲ Para assegurar a saúde ideal e o tratamento rápido de problemas médicos que se desenvolvem durante a gravidez, a gestante deve consultar regularmente um serviço de saúde. O ideal é que essa consulta comece antes de a mulher engravidar.

Peso do bebê ao nascer

Recém-nascidos com **baixo peso ao nascer** (BPN) são os que pesam < 2,5 kg ao nascer. O BPN com frequência está associado ao parto **prematuro**. Os custos médicos durante o primeiro ano de vida de bebês com BPN são maiores do que os de bebês de peso normal. De fato, os custos hospitalares do cuidado de recém-nascidos com BPN somam mais de US$ 4 bilhões por ano nos Estados Unidos. Bebês nascidos a termo e prematuros que pesam menos do que o peso esperado para a idade gestacional, consequência do crescimento insuficiente, são descritos como **pequenos para a idade gestacional** (**PIG**). Assim, um bebê nascido a termo pesando < 2,5 kg é PIG, mas não prematuro, ao passo que um bebê prematuro nascido a 30 semanas de gestação provavelmente é BPN, mas não PIG. Bebês PIG são mais propensos do que os de peso normal de sofrer complicações médicas, incluindo problemas no controle da glicemia sanguínea, regulação térmica, crescimento e desenvolvimento nas primeiras semanas de vida.

Cuidado e aconselhamento pré-natal

O cuidado pré-natal adequado é um determinante essencial do sucesso na gravidez. O ideal é que as mulheres façam exames e aconselhamento antes de engravidar e que continuem os cuidados pré-natais regulares durante toda a gestação. Se o cuidado pré-natal for inadequado, atrasado ou ausente, deficiências nutricionais maternas não tratadas podem privar o feto em desenvolvimento dos nutrientes necessários. Além disso, problemas de saúde não tratados, como anemia, Aids, hipertensão ou diabetes, devem ser cuidadosamente controlados para minimizar complicações da gravidez. O tratamento de infecções crônicas também diminuirá os riscos de dano fetal. Sem o cuidado pré-natal, a mulher é três vezes mais propensa a dar à luz um bebê com BPN – que será 40 vezes mais propenso a morrer durante as primeiras quatro semanas de vida em comparação com um recém-nascido de peso normal. De acordo com o Physicians Committee for Responsible Medicine (Comitê de Médicos para Medicina Responsável), o cuidado pré-natal precoce e consistente pode reduzir o número de nascimentos de bebês com BPN em 12.600 por ano nos Estados Unidos. Embora o momento ideal para começar o cuidado pré-natal seja antes da concepção, cerca de 20% das mulheres nos Estados Unidos não recebem cuidados pré-natais durante todo o primeiro trimestre – uma época fundamental para influenciar positivamente o resultado da gravidez.

Não é possível prever hábitos alimentares a partir de renda, educação ou estilo de vida. Apesar de algumas mulheres já terem bons hábitos alimentares, a maioria pode se beneficiar de aconselhamento nutricional. Todas deverão ser lembradas dos hábitos que podem prejudicar o feto em crescimento, como dietas rígidas e jejum. Ao enfatizar cuidados pré-natais, ingestão nutricional e hábitos de saúde adequados, os pais dão ao feto – e posteriormente ao bebê – a melhor chance de prosperar. Em termos gerais, as chances de gerar um bebê saudável são maximizadas com educação, dieta adequada e cuidados médicos pré-natais precoces e consistentes.

baixo peso ao nascer (BPN) Refere-se a um bebê que nasce com menos de 2,5 kg. Pode ser consequência de prematuridade.

prematuro Bebê que nasce antes de 37 semanas de gestação; também conhecido como pré-termo.

pequeno para a idade gestacional (PIG) Termo que designa bebês que nascem com peso abaixo do que se esperaria para o tempo de gestação. No caso de um recém-nascido a termo, esse peso seria abaixo de 2,5 kg. Bebês prematuros que também são PIG têm grande probabilidade de apresentarem complicações clínicas.

Efeitos da idade materna

A idade materna é outro fator que determina o desfecho da gravidez. A idade ideal para a gravidez é entre 20 e 35 anos. Fora dessa faixa etária – em ambos os extremos –, é mais possível haver complicações. Gestantes adolescentes com frequên-

Mulheres portadoras da síndrome da imunodeficiência adquirida (Aids) podem transmitir o vírus causador da doença para o feto durante a gravidez ou o parto. Cerca de 1 em cada 3 recém-nascidos infectados desenvolverá sintomas de Aids e morrerá em poucos anos. Estudos mostram que essas chances de transmissão mãe-bebê podem ser reduzidas significativamente se a mulher começar a tomar o fármaco azidotimidina (AZT) e outros medicamentos relacionados para Aids até a 14ª semana de gestação. Usar esses medicamentos pouco antes do parto também é útil. Assim, a triagem de gestantes para Aids e tratamento com AZT às gestantes portadoras de Aids são medidas defendidas por alguns especialistas.

cia exibem uma variedade de fatores de risco que podem complicar a gravidez e representar um risco ao feto. Por exemplo, as adolescentes são mais propensas do que as gestantes adultas a estar abaixo do peso no começo da gravidez e a ganhar muito pouco peso durante a gravidez. Além disso, seus corpos geralmente carecem da maturidade necessária para carregar um feto com segurança. Assim, 16% dos bebês com BPN nascem de mães adolescentes, até mesmo se elas tiverem recebido cuidado pré-natal adequado. Na outra ponta do espectro, a idade materna avançada acarreta riscos especiais para a gravidez. Os riscos de dar à luz um recém-nascido com BPN e prematuro aumentam um pouco, porém progressivamente, com a idade materna $>$ 35 anos. Ainda assim, com um acompanhamento cuidadoso, uma mulher $>$ 35 anos de idade tem uma excelente chance de dar à luz um bebê sadio.

Partos muito próximos ou de múltiplos

Bebês que nascem em sucessão com intervalo inferior a um ano entre o parto e a concepção seguinte são mais propensos a nascer com baixo peso do que os que nascem com um intervalo maior. Os riscos de baixo peso ao nascer, parto prematuro ou tamanho pequeno para a idade gestacional são de 30 a 40% maiores para bebês concebidos menos de seis meses depois de um parto comparados aos concebidos de 18 a 23 meses depois de um parto. Esses resultados desfavoráveis provavelmente estão ligados a uma falta de tempo suficiente para reconstruir as reservas de nutrientes depletadas pela gravidez. Da mesma maneira, partos de múltiplos (p. ex., gêmeos) aumentam o risco de parto prematuro.

Tabagismo, uso de medicamento e abuso de drogas

O tabagismo, o uso de alguns medicamentos e o uso de drogas ilícitas durante a gravidez levam a efeitos nocivos. O tabagismo está ligado ao parto prematuro e parece aumentar o risco de defeitos congênitos, morte súbita do lactente e câncer infantil. Problemas com fármacos incluem aspirina (especialmente o uso em excesso), pomadas à base de hormônios, gotas nasais e medicamentos antigripais relacionados, supositórios retais, medicamentos para controle do peso e os prescritos para enfermidades prévias. O uso de drogas ilícitas é particularmente nocivo durante a gravidez. Muitas substâncias químicas contidas nessas drogas atravessam a placenta e atingem o feto, cujos sistemas de desintoxicação são imaturos. Durante o desenvolvimento dos órgãos, esses insultos podem causar malformações. A maconha, a droga ilícita mais comum usada durante os anos reprodutivos, pode resultar em menos fluxo sanguíneo para o útero e a placenta, levando ao crescimento fetal deficiente. O baixo peso ao nascer e o risco maior de prematuridade com frequência são vistos em bebês cujas mães usaram maconha durante a gravidez. O uso de cocaína também tem consequências devastadoras para o feto em desenvolvimento.

O USDA recomenda que as gestantes cozinhem bem (p. ex., no micro-ondas) todas as carnes prontas para consumo, incluindo salsichas e frios, até estarem fumegantes, para reduzir o risco de infecções por *Listeria*.

Segurança alimentar

Toda doença de origem alimentar durante qualquer estágio da vida é preocupante. Um tipo de doença de origem alimentar que representa perigo particularmente à gestante é causado pela bactéria *Listeria monocytogenes* (ver Cap. 13). A infecção com esse microrganismo em geral causa sintomas gripais leves, como febre, cefaleia e vômitos, cerca de 7 a 30 dias depois da exposição. Entretanto, gestantes, recém-nascidos e pessoas imunossuprimidas podem sofrer sintomas mais graves, incluindo aborto espontâneo e infecções sanguíneas graves. Nessas pessoas em alto risco, 25% das infecções podem ser fatais. Leite não pasteurizado, queijos moles feitos de leite cru (p. ex., *brie*, Camembert, feta e queijos de mofo azul-esverdeado) e repolho cru podem ser fontes de organismos *Listeria*, portanto é especialmente importante que as gestantes (e outras pessoas em alto risco de sofrer infecções) evitem esses produtos. Especialistas aconselham o consumo apenas de leite pasteurizado e seus derivados e cozinhar muito bem carne, aves e frutos do mar para destruir esses e outros organismos. Não é seguro durante a gravidez consumir carnes cruas e outros produtos animais crus, salsichas cruas e aves malcozidas. Essas recomendações de segurança alimentar estão incluídas nas Dietary Guidelines for Americans discutidas posteriormente neste capítulo (Tab. 14.2).

Estado nutricional

Vale a pena ter atenção a uma boa nutrição? Sim. As evidências mostram que o trabalho compensa. Nutrientes e calorias extras são importantes para o crescimento fetal e para as mudanças que o corpo materno sofre para acomodar o feto. O útero e as mamas crescem, a placenta se desenvolve, o volume total de sangue aumenta, o coração e os rins trabalham mais, e as reservas de gordura corporal crescem.

Embora seja difícil prever o grau de desnutrição que afetará cada gravidez, considera-se que uma dieta diária contendo apenas 1.000 kcal restringe bastante o crescimento e o desenvolvimento fetal. As taxas de mortalidade maternas e neonatais vistas em áreas de fome e inanição da África oferecem mais evidências.

O perfil genético pode explicar poucas das diferenças observadas no peso ao nascer entre países desenvolvidos e em desenvolvimento. Tanto fatores ambientais quanto nutricionais são importantes. Quanto pior a condição nutricional da mulher no início da gravidez, mais valiosos são uma dieta pré-natal saudável e/ou o uso de suplementos pré-natais para melhorar o curso e o desfecho da gravidez.

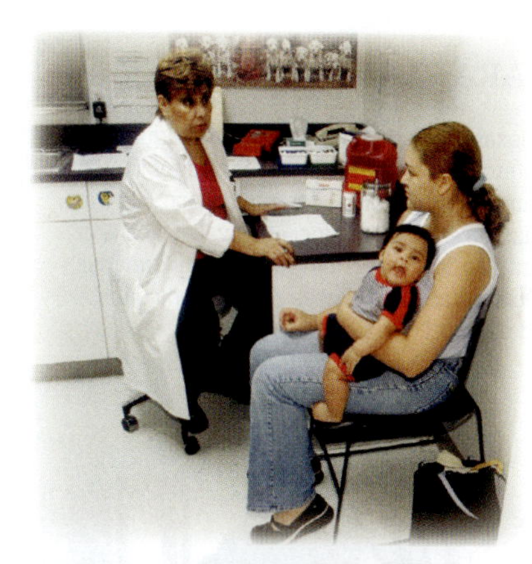

▲ Nos Estados Unidos, gestantes de baixa renda e seus filhos (bebês e crianças) se beneficiam de atenção médica e nutricional oferecidas pelo programa WIC*.

* N. de T.: O Special Supplemental Program for Women, Infants and Children (WIC) é, provavelmente, o maior e mais visível programa de serviços para melhorar o estado nutricional de gestantes e crianças. O WIC fornece alimentos suplementares, educação nutricional e encaminhamento a serviços de saúde e de assistência social para gestantes, puérperas e lactantes, bebês e crianças entre 1 e 4 anos de idade, de baixa renda e em risco nutricional.)

Assistência nutricional para famílias de baixa renda

Uma situação socioeconômica desfavorável também está associada a problemas na gravidez. As características típicas do baixo *status* socioeconômico incluem pobreza, assistência médica inadequada, práticas de saúde desfavoráveis, carência de educação e estado conjugal não casado. Nos Estados Unidos, cerca de 31% de todos os nascimentos são atribuídos a mães solteiras, muitas das quais são pobres.

Vários programas do governo norte-americano oferecem assistência médica e alimentar de alta qualidade para reduzir a mortalidade infantil. Esses programas são elaborados para aliviar o impacto negativo da pobreza e de educação e ingestão nutricional insuficientes nos desfechos da gravidez. Um exemplo desse tipo de programa é o Special Supplemental Program for Women, Infants and Children (WIC)* (Programa de Suplementação Especial para Mulheres, Lactentes e Crianças). Esse programa oferece avaliações médicas e cupons para alimentos que possuam proteína de alta qualidade, cálcio, ferro e vitaminas A e C a gestantes, lactentes e crianças (até os cinco anos de idade) de populações de baixa renda. O programa WIC está disponível em todas as áreas dos Estados Unidos e conta com uma equipe treinada para ajudar as mulheres a terem filhos saudáveis. Mais de oito milhões de mulheres, lactentes e crianças pequenas se beneficiam desse programa, porém muitas gestantes elegíveis não estão participando.

REVISÃO CONCEITUAL

Para ajudar a garantir tanto à mãe quanto ao bebê uma saúde ideal, a nutrição adequada é crucial tanto antes quanto durante a gravidez. Suprir especialmente as necessidades de folato a partir de uma fonte sintética começando pelo menos três meses antes de engravidar é uma medida eficaz para prevenir uma variedade de malformações fetais. Órgãos e partes do corpo começam a se desenvolver no bebê logo depois da concepção. O primeiro trimestre é um período crítico quando a ingestão de nutrientes inadequada ou o uso de álcool e outras drogas pode resultar em defeitos congênitos.

Bebês nascidos depois de 37 semanas de gestação pesando > 2,5 kg têm menos problemas médicos ao nascer. Para reduzir os problemas médicos ou morte do lactente e da mãe, a gestante, a família e os profissionais de saúde devem tomar as medidas necessárias para garantir que a mãe carregue seu bebê no útero durante nove meses completos, o que, por sua vez, contribui para o crescimento adequado. Boa nutrição e boas práticas de saúde ajudam a conquistar essa meta.

* N. de R.T.: O governo brasileiro também disponibiliza programas de assistência nutricional para famílias de baixa renda. Para conhecer mais sobre esses programas, acesse o *site*: www.saude.gov.br.

PARA REFLETIR

Alexandra quer ter um filho. Ela leu que é muito importante a mulher se manter saudável durante a gravidez. Entretanto, Jane, sua irmã, diz que a hora de começar a avaliar o estado nutricional e de saúde é antes de engravidar. Que outras informações Jane deveria dar a Alexandra?

▲ Muitas mulheres reconhecem os benefícios de manter uma vida ativa durante a gravidez. Os profissionais de saúde normalmente estimulam mulheres saudáveis e bem-nutridas a praticar exercícios moderados desde que as necessidades calóricas e nutricionais sejam atendidas.

14.4 Aumento das necessidades nutricionais na gravidez

A gravidez é um tempo de maior necessidade de nutrientes. É importante reconhecer a importância de avaliação e aconselhamento individuais para as futuras mães, já que o estado de saúde e nutricional de cada mulher é diferente. Contudo, existem alguns princípios gerais que se aplicam à maioria das mulheres em relação às necessidades nutricionais maiores.

Maior necessidade calórica

Para sustentar o crescimento e o desenvolvimento do feto, a gestante precisa aumentar sua ingestão calórica. As necessidades calóricas durante o primeiro trimestre são essencialmente as mesmas de mulheres não grávidas. Entretanto, durante o segundo e o terceiro trimestres, é preciso que a gestante consuma aproximadamente 350 a 450 kcal a mais por dia acima das necessidades pré-gravídicas (o extremo final da faixa é necessário no terceiro trimestre).

Em vez de ver isso como uma oportunidade de consumir sobremesas cheias de açúcar ou lanches gordurosos, essas calorias extras devem vir na forma de alimentos ricos em nutrientes. Por exemplo, ao longo do dia, cerca de 6 bolachas integrais, 30 g de queijo e ½ xícara de leite desnatado supririam as calorias extras (e também um pouco de cálcio). Embora "coma por dois", a gestante não deve dobrar sua ingestão calórica normal. O conceito de "comer por dois" refere-se mais corretamente às necessidades maiores de diversas vitaminas e minerais. As necessidades de micronutrientes aumentam até 50% durante a gravidez, ao passo que as necessidades calóricas durante o segundo e o terceiro trimestres representam apenas um aumento em torno de 20%.

Se a mulher se mantiver ativa durante a gravidez, talvez precise aumentar a ingestão calórica para mais de 350 a 450 kcal extras estimadas por dia. O peso corporal maior requer mais calorias para atividades. Muitas mulheres acham que estão sedentárias nos últimos meses, em parte por causa de seu tamanho maior, de maneira que de 350 a 450 kcal extras na dieta diária geralmente são suficientes.

DECISÕES ALIMENTARES

Mantendo-se ativa durante a gravidez

A gravidez não é o momento de começar um programa de condicionamento físico intenso; no entanto, as mulheres, geralmente, podem praticar a maioria das atividades físicas de intensidade baixa à moderada durante a gravidez. Em geral, recomenda-se caminhar, pedalar, nadar ou fazer exercícios aeróbicos leves por 30 minutos ou mais na maioria dos dias da semana. Esses exercícios podem prevenir complicações da gravidez e promover um parto mais fácil. Algumas pesquisas indicam que a atividade física regular durante a gravidez diminui o risco de a mulher desenvolver diabetes gestacional em 50% e pré-eclâmpsia em 40%. Alguns tipos de atividades podem ter o potencial de prejudicar o feto e devem ser evitados, especialmente os que acarretam risco inerente de quedas e trauma abdominal. Exemplos de exercícios a serem evitados, especialmente durante o segundo e o terceiro trimestres, incluem esqui de montanha, levantamento de peso, futebol, basquete, hipismo, alguns exercícios calistênicos (p. ex., agachamentos profundos), esportes de contato (p. ex., *hockey*) e mergulho submarino.

Mulheres com gravidez de alto risco, como as que sofrem contrações de trabalho de parto prematuro, talvez precisem restringir a atividade física. Para garantir a saúde ideal tanto para si mesma quanto para o bebê, a gestante deverá primeiro consultar o médico a respeito da atividade física e possíveis limitações.

Ganho de peso adequado

As principais recomendações para o controle do peso durante a gravidez e a lactação estão incluídas nas Dietary Guidelines for Americans (ver Tab. 14.2). O ganho de peso adequado para a mãe é um dos melhores prognosticadores do desfecho da gravidez. A dieta da gestante deve permitir aproximadamente de 0,9 a 1,8 kg de ganho de peso durante o primeiro trimestre e, depois, um ganho de peso de 0,3 a 0,5

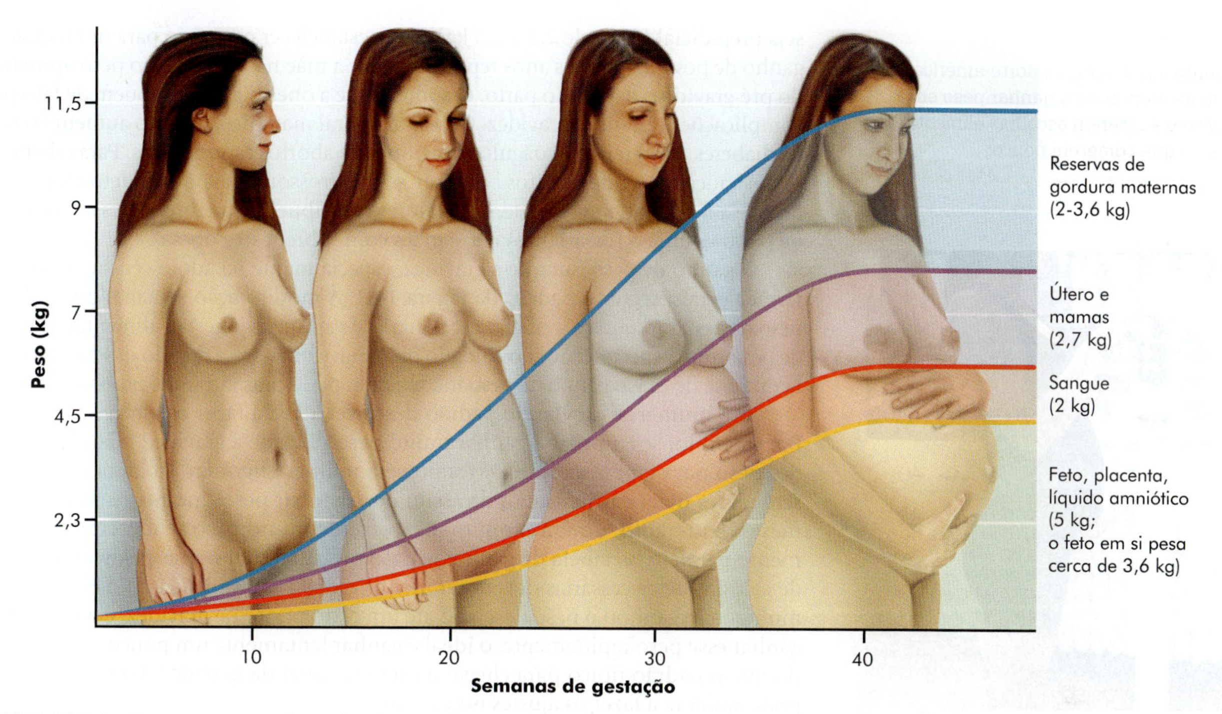

FIGURA 14.3 ▶ Os componentes do ganho de peso durante a gravidez. Recomenda-se um ganho de peso de 11,5 a 16 kg para a maioria das mulheres. Os diversos componentes totalizam cerca de 11,5 kg.

kg semanais durante o segundo e o terceiro trimestres (Fig. 14.3). Uma meta saudável de ganho de peso total para uma mulher de peso normal (com base no IMC; Tab. 14.1) é de 11,5 a 16 kg em média. Adolescentes e mulheres afro-americanas, que com frequência têm bebês menores, são fortemente aconselhadas a buscar o ganho de peso maior. Gestantes de gêmeos devem ganhar de 16 a 20 kg, e as gestantes de trigêmeos deverão ganhar 23 kg.

Para mulheres que começam a gravidez com um índice de massa corporal IMC baixo, a meta de ganho de peso é de 12,5 a 18 kg. A meta diminui para 7 a 11,5 kg para mulheres com um IMC alto. A meta de ganho de peso para mulheres obesas é de 7 kg ou mais. A Figura 14.3 mostra por que a recomendação típica começa em 11,5 kg.

O ganho de peso entre 11,5 e 16 kg para uma mulher de peso normal no início da gravidez em geral mostra uma saúde ideal tanto para a mãe quanto para o bebê se a gestação durar pelo menos 38 semanas. O ganho de peso deverá gerar um peso ao nascer de 3,5 kg. Embora um pouco de peso extra durante a gravidez geralmente não

TABELA 14.1 Recomendações de ganho de peso na gravidez com base no índice de massa corporal (IMC) pré-gravidez

Categoria de IMC pré-gravidez	Ganho de peso total* (Kg)
Baixo (IMC < 19,8)	12,5 a 18
Normal (IMC de 19,8 a 25,9)	11,5 a 16
Alto (IMC de 26 a 29)	7 a 11,5
Obesidade (IMC > 29)	7 (ou mais)

* Valores listados para gestações de um único feto. Mulheres baixas (< 1,57 m) devem ter como meta um ganho de peso na extremidade inferior das faixas. Para mulheres de IMC normal grávidas de gêmeos, a faixa é de 16 a 20 kg. Adolescentes 2 anos depois da menarca e mulheres afro-americanas devem ter como meta ganhos de peso na extremidade superior das faixas.

Reproduzido com permissão de Nutrition During Pregnancy and Lactation, Direitos autorais de 1992 pela National Academy of Sciences. Cortesia da National Academy Press, Washington, DC.

Durante a gravidez, as norte-americanas são mais propensas a ganhar peso em excesso e a fazerem escolhas alimentares ruins do que comerem pouco.

▲ Seguir as recomendações de ganho de peso durante a gravidez ajuda a aumentar as chances de um resultado bem-sucedido.

seja prejudicial (cerca de 2,3 a 2,5 kg), pode estabelecer o cenário para um padrão de ganho de peso durante os anos reprodutivos se a mãe não retornar ao peso aproximado do pré-gravídico depois do parto. O sobrepeso e a obesidade contribuem de fato para complicações durante a gravidez. O peso corporal materno excessivo aumenta o risco de diabetes, hipertensão, coágulos sanguíneos e abortos espontâneos. Para o bebê, há uma chance maior de defeitos congênitos e macrossomia, na qual o feto cresce mais do que a média no útero. Lactentes maiores contribuem para uma necessidade maior de parto cirúrgico (cesarianas) entre mães com sobrepeso e obesas.

O ganho de peso durante a gravidez, especialmente na adolescência, deverá, em termos gerais, seguir o padrão da Figura 14.3. A monitoração semanal do ganho de peso da gestante ajuda a avaliar a necessidade de ajuste da ingestão alimentar. O ganho de peso é um aspecto-chave no cuidado pré-natal e uma preocupação das futuras mães. Lembre-se de que o ganho de peso inadequado pode causar muitos problemas.

Se a mulher se desviar do padrão desejável, deverá fazer os ajustes adequados. Por exemplo, se começar a ganhar muito peso durante a gravidez, não deverá perder peso para entrar na linha. Mesmo se a mulher engordar 16 kg nos primeiros sete meses de gestação, ela ainda assim deve ganhar peso durante os últimos dois meses. Entretanto, deverá monitorar esse aumento no peso tendo em vista o aumento paralelo na tabela de ganho de peso pré-natal. Em outras palavras, as fontes de calorias desnecessárias devem ser identificadas e minimizadas. No entanto, se a mulher não ganhou o peso desejado até um certo ponto na gravidez, ela não deverá ganhar esse peso rapidamente, o ideal é ganhar lentamente um pouco mais de peso do que o padrão típico para chegar à meta no final da gravidez. Um nutricionista pode ajudá-la a fazer os ajustes necessários.

Maior necessidade de proteína e carboidrato

A RDA para proteína aumenta em 25 g/dia durante a gravidez. Só 1 xícara de leite contém 8 g. Muitas mulheres não grávidas já consomem proteína em excesso em relação a suas necessidades e, portanto, não precisam aumentar a ingestão proteica. Entretanto, todas as mulheres devem ficar atentas para que seu consumo de proteína e de calorias seja suficiente, de maneira que essa proteína seja usada para suprir as necessidades energéticas.

A RDA para carboidratos aumenta para 175 g/dia, basicamente para prevenir cetose. Corpos cetônicos, um subproduto do metabolismo de gordura para energia, são mal-utilizados pelo cérebro fetal, o que acarreta um possível atraso do desenvolvimento cerebral do feto. As ingestões de carboidratos da maioria das mulheres, grávidas ou não, já é superior à RDA.

Uma palavra sobre lipídeos

A ingestão de gordura aumenta proporcionalmente à ingestão calórica durante a gravidez para manter em torno de 20 a 30% das calorias totais provenientes de gordura. A gravidez não é momento para seguir uma dieta hipolipídica, já que os lipídeos são uma fonte extra de calorias e ácidos graxos essenciais necessários durante a gravidez. As recomendações dos tipos de lipídeos a serem consumidos durante a gravidez geralmente são as mesmas para mulheres não grávidas. Para reduzir o risco de doenças cardiovasculares, a American Heart Association recomenda não mais do que 7% das calorias totais provenientes de gordura saturada e não mais do que 1% de gordura *trans*. O consumo de colesterol nos alimentos não é necessário, mas manter a ingestão de colesterol em um máximo de 300 mg/dia também é uma boa meta para manter a boa saúde cardiovascular materna.

Durante a gravidez, é particularmente importante garantir o consumo adequado de ácidos graxos essenciais – ácido linoleico (ômega-6) e ácido alfa-linolênico (ômega-3). Conforme foi visto no Capítulo 5, os ácidos graxos essenciais não podem ser sintetizados no corpo e precisam ser consumidos na dieta. Para o feto em desenvolvimento, os ácidos graxos essenciais são necessários ao crescimento, desenvolvimento cerebral e desenvolvimento ocular. As recomendações são um pouco maiores na gravidez: 13 g/dia de ácidos graxos ômega-6 e 1,4 g/dia de ácidos graxos ômega-3. Essas necessidades podem ser supridas pelo consumo de 2 a 4 colheres de sopa de óleos vegetais por dia. O consumo de peixe pelo menos duas vezes por semana também é útil para suprir as necessidades de ácidos graxos essenciais na dieta. (Ver tópico "Nutrição e Saúde", no final deste capítulo, para uma discussão sobre mercúrio no peixe.)

Maior necessidade de vitaminas

As necessidades de vitaminas geralmente aumentam em relação a RDAs/ingestões adequadas pré-gravidez em até 30% para a maioria das vitaminas do complexo B e ainda mais para vitamina B6 (45%) e folato (50%). As necessidades de vitamina A só aumentam 10%, portanto um foco específico nessa vitamina não é necessário. E lembre-se: quantidades excessivas de vitamina A são prejudiciais ao feto em desenvolvimento.

A quantidade extra de vitamina B6 e de outras vitaminas do complexo B (exceto folato) necessária na dieta é facilmente suprida por escolhas alimentares sensatas, como uma porção de cereais matinais e algumas fontes de proteína animal. Entretanto, as necessidades de folato com frequência merecem um planejamento dietético específico e uma possível suplementação. A síntese de DNA e, portanto, a divisão celular, necessita de folato, de maneira que esse nutriente é especialmente importante durante a gravidez. Em última análise, tanto o crescimento fetal quanto o materno dependem de um suprimento abundante de folato. A formação das hemácias do sangue, que requer folato, aumenta durante a gravidez. Por isso, uma grave anemia relacionada ao folato pode se desenvolver se a ingestão de folato for inadequada. A RDA para o folato aumenta durante a gravidez para 600 μg DFE: *dietary folate equivalents* (equivalentes dietéticos do folato) por dia (ver Cap. 8, o cálculo de DFE). Trata-se de um meta importante no cuidado nutricional da gestante. É possível uma gestante aumentar as ingestões de folato para obter 600 μg DFE por dia por meio de fontes dietéticas, uma fonte suplementar de ácido fólico ou uma combinação de ambos. Adotar uma dieta rica em fontes de ácido fólico sintético, como cereais matinais ou barras de cereais (granola ou morango) (com aproximadamente 50 a 100% do valor diário) é especialmente útil para suprir as necessidades de folato. Conforme o Capítulo 8, o ácido fólico sintético é mais facilmente absorvido do que as diversas formas de folato encontradas naturalmente nos alimentos.

Maior necessidade de minerais

As necessidades de minerais geralmente aumentam durante a gravidez, especialmente as de iodo e ferro. As necessidades de zinco também aumentam. (As necessidades de cálcio não aumentam, mas ainda assim merecem atenção especial porque muitas mulheres têm ingestões deficientes.)

A gestante precisa de mais iodo (total de 220 μg/dia) para evitar o bócio. As ingestões típicas de iodo são suficientes se a mulher usar sal iodado. Proteínas animais e um cereal matinal fortificado na dieta conseguem facilmente suprir zinco extra. O ferro extra (total de 27 mg/dia) é importante para sintetizar uma quantidade maior de hemoglobina necessária durante a gravidez e para suprir reservas de ferro para o feto. As mulheres com frequência precisam de uma fonte suplementar de ferro, especialmente se não consumirem alimentos fortificados com ferro, como cereais matinais altamente fortificados contendo perto de 100% do valor diário para ferro (18 mg). Suplementos de ferro podem diminuir o apetite e podem causar náusea e constipação; portanto, se usados, deverão ser tomados entre as refeições ou pouco antes de se deitar à noite. Não se deve consumir leite, café ou chá com um suplemento de ferro porque essas bebidas contêm substâncias que interferem na absorção do ferro. Consumir alimentos ricos em vitamina C junto com alimentos que contêm ferro não heme e suplementos de ferro ajuda a aumentar a absorção de ferro dessas fontes. Gestantes que não estejam anêmicas podem aguardar até o segundo trimestre, quando a náusea relacionada à gravidez geralmente diminui, para começar a tomar suplementos de ferro, se necessário.

As consequências da anemia ferropriva – especialmente durante o primeiro trimestre – podem ser graves. Desfechos negativos incluem parto prematuro, bebês com BPN e risco maior de morte neonatal nas primeiras semanas depois do parto.

As Dietary Guidelines for Americans recomendam que mulheres que possam engravidar consumam alimentos ricos em ferro e quantidades adequadas da forma sintética de folato (ver Tab. 14.2).

TABELA 14.2 Principais recomendações das últimas Dietary Guidelines for Americans, mulheres em idade reprodutiva que possam engravidar, gestantes e lactantes

Nutrientes adequados dentro das necessidades calóricas
• *Mulheres em idade reprodutiva que possam engravidar.* Consumir alimentos ricos em ferro de fontes animais e/ou consumir alimentos ricos em ferro de fontes vegetais com um intensificador de absorção de ferro, como alimentos ricos em vitamina C.
• *Mulheres em idade reprodutiva que possam engravidar e as que se encontram nos primeiros meses de gestação.* Consumir uma quantidade adequada da forma sintética da vitamina B folato (ácido fólico) diariamente (de alimentos fortificados ou suplementos) além das formas alimentares de folato encontradas em uma dieta variada.
Manutenção do peso
• *Gestantes.* Garantir um ganho de peso de acordo com as especificações de um profissional de saúde.
• *Lactantes.* A redução moderada do peso é segura e não compromete o ganho de peso do bebê amamentado.
Atividade física
• *Gestantes.* Na ausência de complicações médicas, incorporar 30 min ou mais de atividade física moderada na maioria dos, senão todos os, dias da semana. Evitar atividades com um alto risco de quedas ou traumas abdominais.
• *Lactantes.* Vale ressaltar que nem o exercício intenso, nem o regular afetam de maneira adversa a capacidade da mãe de amamentar com sucesso.
Bebidas alcoólicas
• Alguns indivíduos não devem consumir bebidas alcóolicas, incluindo os que não conseguem restringir a ingestão de álcool, mulheres em idade reprodutiva que possam engravidar, gestantes e lactantes, crianças e adolescentes, pessoas que usam medicamentos que possam interagir com o álcool e portadores de condições médicas específicas.
Segurança alimentar
• *Bebês e crianças pequenas, gestantes, idosos e pessoas imunocomprometidas.* Não consumir leite não pasteurizado ou produtos feitos com leite não pasteurizado, ovos crus ou parcialmente cozidos ou alimentos contendo ovos crus, carne e aves cruas ou malpassadas, peixes e crustáceos crus ou malcozidos, sucos não pasteurizados e brotos crus.
• *Gestantes, idosos e pessoas imunocomprometidas.* Consumir apenas determinados frios e embutidos que tenham sido reaquecidos até estarem fumegantes.

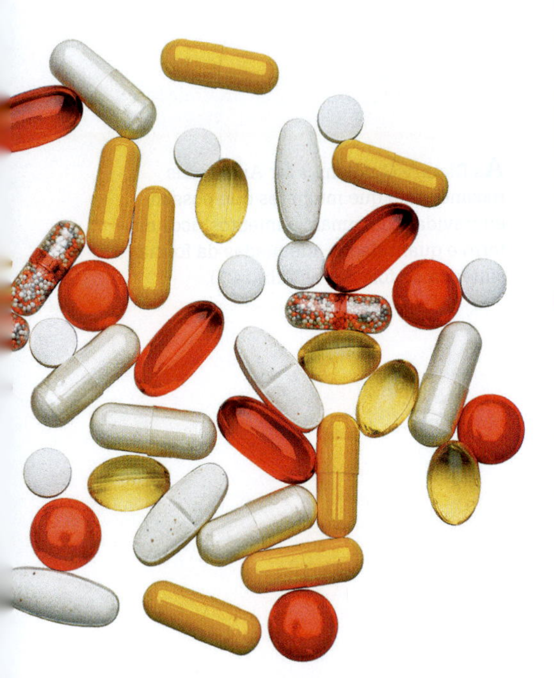

▲ A gravidez, em particular, não é um momento de autoprescrever suplementos de vitaminas e minerais. Por exemplo, embora a vitamina A seja um componente rotineiro das vitaminas pré-natais, ingestões acima de três vezes a RDA para vitamina A mostraram ter efeitos tóxicos no feto.

Uso de suplementos vitamínicos e minerais pré-natais

Suplementos especiais formulados para a gravidez são prescritos como rotina para gestantes pela maioria dos médicos. Alguns são vendidos livremente sem prescrição, enquanto outros precisam de prescrição em virtude do alto teor de ácido fólico (1.000 μg), que poderia ser prejudicial para outras pessoas, como idosos (ver Cap. 16). Esses suplementos são ricos em ferro (27 mg por comprimido). Não há evidência de que o uso desses suplementos cause problemas significativos na gravidez, exceto talvez pelas quantidades combinadas de vitamina A suplementar e dietética (ver tópico "Nutrição de Saúde", no final deste capítulo).

Exemplos de contextos em que suplementos pré-natais podem contribuir especialmente para uma gravidez bem-sucedida são em mulheres pobres e adolescentes que apresentam uma dieta deficiente em termos gerais, mulheres grávidas de fetos múltiplos, as que fumam ou usam álcool ou drogas ilícitas e veganas. Em outros casos, dietas saudáveis conseguem suprir os nutrientes necessários. Ao escolher um suplemento multivitamínico, opte por marcas que exibam o símbolo USP, significando que o suplemento atende aos padrões de teor, qualidade, pureza e segurança da farmacopeia norte-americana (do inglês, U.S. Pharmacopoeia) (no Brasil, MS – Ministério da Saúde e/ou Anvisa). Além disso, devem-se evitar megadoses de qualquer nutriente. A toxicidade da vitamina A está particularmente associada a defeitos congênitos. Doses elevadas de cobalto e vitamina D também estão sendo estudadas quanto aos possíveis efeitos nocivos no desfecho da gravidez. É preciso, assim, evitar suplementos que contenham ervas, enzimas e aminoácidos. A segurança de muitos desses ingredientes ainda não foi avaliada durante a gravidez ou a lactação, podendo ser tóxicos ao feto. Ademais, descarte suplementos com prazo de validade vencido, já que alguns ingredientes perdem a potência com o tempo.

14.5 Planejamento dietético para a gestante

Uma conduta dietética para sustentar uma gravidez bem-sucedida se baseia na *MyPyramid*. Para uma mulher ativa de 24 anos de idade, recomenda-se cerca de 2.200 kcal/dia durante o primeiro trimestre (o mesmo recomendado para essa mulher não grávida). O plano deverá incluir:

- 3 xícaras de alimentos ricos em cálcio do grupo do leite e laticínios ou o uso de alimentos fortificados com cálcio para preencher qualquer lacuna entre ingestão e necessidade de cálcio
- 170 g de equivalentes do grupo de carne e feijões
- 3 xícaras do grupo de vegetais
- 2 xícaras do grupo de frutas
- 200 g de equivalentes do grupo de grãos
- 6 colheres de chá do grupo de óleos vegetais

Na página do **MyPyramid** na internet, as futuras mães podem encontrar informações dietéticas individualizadas no *link* para *MyPyramid for Pregnancy and Breastfeeding* (*MyPyramid* para a gravidez e amamentação). Com base na idade, na altura, na atividade física e no peso pré-gravidez, são geradas recomendações calóricas e de grupos alimentares para cada trimestre.

DECISÕES ALIMENTARES

Desejos durante a gravidez

É um mito comum que as mulheres sabem instintivamente o que comer durante a gravidez. Os desejos nos últimos dois trimestres estão com frequência relacionados a mudanças hormonais na mãe ou tradições familiares. Entretanto, não se deve confiar nesses "instintos", com base em observações de que algumas mulheres desejam itens não alimentares (denominado **pica**), como goma de lavanderia, giz, cinzas de cigarro e terra (barro). Essa prática pode ser muito prejudicial à mãe e ao feto. Em termos gerais, embora as mulheres possam ter um instinto natural de consumir os alimentos certos na gravidez, os humanos estão tão desacostumados a viver de acordo com instintos que se basear em desejos para suprir as necessidades de nutrientes é uma prática arriscada. O conselho nutricional de especialistas é mais confiável.

pica (alotriofagia) A prática de ingerir itens não alimentares, como sujeira, goma de lavanderia ou argila.

Especificamente, escolhas do grupo do leite devem incluir versões semidesnatadas ou desnatadas de leite, iogurte e queijo. Esses alimentos fornecem proteína, cálcio e carboidrato extras, bem como outros nutrientes. Escolhas do grupo de carnes e feijões devem incluir fontes animais e vegetais. Além de proteína, esses alimentos ajudam a suprir o ferro e o zinco extras necessários. As escolhas dos grupos de vegetais e frutas proporcionam uma variedade de vitaminas e minerais. Uma xícara dessa combinação deverá ser uma boa fonte de vitamina C, e uma xícara deverá ser de uma hortaliça verde ou outra fonte rica em folato. Escolhas do grupo dos grãos deverão enfatizar grãos integrais e alimentos fortificados. Assim, 30 g de um cereal matinal integral fortificado contribui significativamente para suprir as necessidades de muitas vitaminas e minerais. Por fim, a inclusão de óleos vegetais na dieta contribui com ácidos graxos essenciais. Outras calorias opcionais (até cerca de 300 kcal) podem ser acrescentadas para permitir a manutenção do peso.

No segundo e no terceiro trimestres, são recomendadas cerca de 2.600 kcal diárias para essa mulher. O plano deverá incluir agora:

- 3 xícaras de alimentos ricos em cálcio do grupo do leite ou o uso de alimentos fortificados com cálcio
- 185 g de equivalentes do grupo de carnes e feijões
- 3 ½ xícaras do grupo de vegetais
- 2 xícaras do grupo de frutas
- 230 g de equivalentes do grupo de grãos

• 7 colheres de chá de óleo vegetal

Calorias opcionais (até cerca de 400 kcal) podem ser acrescentadas para permitir o ganho gradativo de peso. A Tabela 14.3 ilustra um menu diário que se baseia no plano de 2.600 kcal para a gravidez no segundo e no terceiro trimestres. Esse menu supre as necessidades de nutrientes extras associadas à gravidez. Mulheres que precisem consumir acima disso – e algumas precisam de fato por diversas razões – devem incorporar mais frutas, vegetais e pães e cereais integrais e não fontes pobres em nutrientes, como sobremesas e refrigerantes açucarados.

Gestantes vegetarianas

Mulheres que sejam lacto-ovovegetarianas ou lactovegetarianas geralmente não enfrentam dificuldades especiais em atender às necessidades nutricionais durante a gravidez. Assim como as não vegetarianas, elas devem se concentrar essencialmente em suprir as necessidades de vitamina B6, ferro, folato e zinco.

No entanto, para uma vegana, o planejamento dietético cuidadoso durante a pré-concepção e a gravidez é crucial para garantir proteína, vitamina D (parti-

▲ Uma salada por dia proporciona muitos nutrientes para a dieta pré-natal.

TABELA 14.3 Amostra de um um cardápio diário de 2.600 kcal que supre as necessidades nutricionais da maioria das gestantes e lactantes

	Vitamina B6	Folato	Ferro	Zinco	Cálcio
Desjejum					
1 xícara de cereal integral fortificado	✓	✓	✓	✓	✓
1 copo de suco de laranja		✓			
1 copo de leite desnatado	✓				✓
Lanche					
2 col de sopa de pasta de amendoim	✓	✓	✓	✓	
2 talos de aipo		✓			
1 fatia de torrada integral		✓	✓	✓	
1 copo de iogurte desnatado	✓				✓
½ xícara de morangos		✓			
Almoço					
2 xícaras de salada de espinafre com 2 col de chá de molho à base de óleo e vinagre		✓			✓
½ tomate					
1 fatia de torrada integral		✓	✓	✓	
43 g de queijo provolone	✓				✓
Lanche					
5 bolachas integrais		✓	✓	✓	
1 copo de suco de uva					
Jantar					
85 g de hambúrguer magro, grelhado (com temperos)	✓		✓	✓	
½ xícara de feijão cozido	✓	✓	✓	✓	
1 pão de hambúrguer		✓	✓		
½ tomate fatiado					
1 xícara de brócolis cozidos		✓			✓
1 col de sopa de margarina					
Chá gelado					
Ceia					
Barra de granola (57 g)		✓	✓	✓	
½ banana	✓				
Outras calorias até 400 kcal*					

* A quantidade das calorias opcionais vai variar de acordo com as escolhas dos alimentos dentro dos grupos da *MyPyramid*.

Essa dieta supre as necessidades nutricionais para a gravidez e a lactação. A ausência da marca (✓) indica uma fonte pobre naquele nutriente. O cereal matinal fortificado com vitaminas e minerais faz uma contribuição importante para suprir as necessidades de nutrientes. Líquidos podem ser acrescentados conforme desejado. A ingestão total de líquidos, como água, deverá ser de 10 copos por dia.

cularmente na ausência de exposição suficiente ao sol), vitamina B6, ferro, cálcio, zinco e especialmente uma fonte suplementar de vitamina B12 suficientes. A dieta vegana básica listada no Capítulo 6 deve ser modificada de maneira a incluir mais grãos, feijões, nozes e sementes que supram as quantidades extras necessárias de alguns desses nutrientes. Conforme mencionado, o uso de um suplemento multivitamínico e mineral também é geralmente aconselhável para ajudar a preencher lacunas de micronutrientes. Entretanto, embora sejam ricos em ferro, não são em cálcio (200 mg por comprimido). Se suplementos de ferro e cálcio forem usados, eles não devem ser tomados juntos, para evitar a possível competição pela absorção.

REVISÃO CONCEITUAL

As necessidades calóricas aumentam em média de 350 a 450 kcal/dia durante o segundo e o terceiro trimestres de gravidez, respectivamente. O ganho de peso deverá ser lento e gradativo até um total de 11,5 a 16 kg para uma mulher de peso normal (IMC pré-gravídico de 19,8 a 25,9). As necessidades de proteínas e de algumas vitaminas e minerais aumentam durante a gravidez. As mais importantes são vitamina B6, folato, ferro, iodo e zinco. A dieta da gestante deve ser variada e seguir geralmente o padrão da *MyPyramid*. Um suplemento multivitamínico e mineral pré-natal é em geral prescrito, mas talvez não seja necessário, dependendo da dieta e do estado de saúde. Tomar suplementos em excesso – especialmente vitamina A – pode ser perigoso para o feto.

14.6 Mudanças fisiológicas importantes durante a gravidez

Durante a gravidez, as necesidades de oxigênio e nutrientes do feto, bem como a excreção de produtos de degradação, aumentam a carga nos pulmões, no coração e nos rins maternos. Embora o sistema digestório e os sistemas metabólicos da mãe funcionem de maneira eficaz, um certo desconforto acompanha as mudanças que o corpo sofre para acomodar o feto.

Azia, constipação e hemorroidas

Hormônios (como a progesterona) produzidos pela placenta relaxam os músculos no útero e no trato gastrintestinal, o que, com frequência, causa azia já que o ácido estomacal reflui para o esôfago (ver Cap. 3). Quando isso ocorre, a mulher deve evitar deitar-se depois de comer, precisa ingerir menos gordura para que os alimentos passem mais rapidamente do estômago para o intestino delgado e evitar alimentos apimentados que não consiga tolerar. Além disso, deverá consumir mais líquidos entre as refeições para diminuir o volume de alimento no estômago depois das refeições e, assim, aliviar parte da pressão que estimula o refluxo. Mulheres com casos mais graves talvez precisem de antiácidos ou medicamentos relacionados.

A constipação, muitas vezes, é uma consequência do relaxamento dos músculos intestinais durante a gravidez. Ela tende a se desenvolver mais especialmente no final da gravidez, já que o feto compete com o trato gastrintestinal por espaço na cavidade abdominal. Para combater esses desconfortos, a mulher deve praticar exercícios regularmente e consumir mais líquidos, fibras e frutas secas, como ameixas. A ingestão adequada para fibras na gravidez é de 28 g, um pouco mais do que para a mulher não grávida. As necessidades de líquidos são de 10 copos por dia. Essas práticas podem ajudar a prevenir a constipação e um problema que com frequência a acompanha: as hemorroidas. Fazer força durante a defecação pode levar a hemorroidas, que tendem mais a ocorrer durante a gravidez por causa de outras mudanças corporais. Uma reavaliação da necessidade de uma dose de suplementação de ferro também deve ser considerada, uma vez que ingestões elevadas de ferro estão ligadas à constipação.

Edema

Hormônios placentários fazem vários tecidos corporais reterem líquido durante a gravidez. O volume de sangue também aumenta muito durante a gravidez. O líquido extra em geral produz um pouco de inchaço (edema). Não há razão para restringir seriamente o sal ou usar diuréticos para limitar um edema leve. Entretanto, o edema pode limitar a atividade física mais tarde na gravidez e eventualmente requer que a mulher eleve os pés ou use meias de compressão para controlar os sintomas. Em geral, o edema só representa problema na presença de hipertensão e proteinúria (consultar o item mais adiante, "Hipertensão induzida pela gravidez").

Enjoos matinais

Cerca de 70 a 85% das gestantes sofrem náusea durante os estágios iniciais da gravidez. Essa náusea pode estar relacionada a um olfato mais aguçado induzido por hormônios da gravidez na circulação sanguínea. Embora geralmente chamado de "enjoo matinal", a náusea relacionada à gravidez pode ocorrer em qualquer momento e persistir o dia inteiro. É com frequência o primeiro sinal de que a mulher está grávida. Para ajudar a controlar a náusea branda, a gestante pode tentar as seguintes medidas: evitar alimentos enjoativos, como alimentos fritos e gordurosos; cozinhar em ambiente com boa ventilação para dissipar odores nauseantes; comer bolachas salgadas (*crackers*) ou cereais secos antes de se levantar da cama; evitar ingerir líquido demais logo cedo pela manhã e fazer refeições menores e mais frequentes. Os suplementos de ferro pré-natais desencadeiam náusea em algumas mulheres, de maneira que mudar o tipo de suplemento usado ou adiá-lo até o segundo trimestre pode proporcionar alívio em alguns casos. Se uma mulher achar que o suplemento pré-natal utilizado está relacionado ao enjoo matinal, deverá discutir com o médico a mudança para outro suplemento.

▲ Algumas bolachas salgadas ao acordar ou antes das refeições podem ajudar a aliviar a náusea relacionada à gravidez.

Em termos gerais, se um alimento parece bom para a gestante que não sofre náuseas matinais, seja brócolis, bolachas salgadas ou limonada, ela deverá consumi-lo quando puder, ao mesmo tempo tentando seguir sua dieta pré-natal. O American College of Obstetricians e Gynecologists recomenda as seguintes medidas para evitar e tratar náusea e vômitos da gravidez:

- história de uso de um suplemento vitamínico e mineral balanceado na época da concepção;
- uso de megadoses de vitamina B6 (10-25 mg 3 a 4x/dia), especialmente conjugadas ao anti-histamínico doxilamina (10 mg) em cada dose;
- injestão de gengibre (350 mg/3x/dia).

Em geral, a náusea cede depois do primeiro trimestre; entretanto, em cerca de 10 a 20% dos casos, ela pode continuar durante toda a gravidez. Nos casos de náusea grave, as práticas citadas anteriormente oferecem pouco alívio. Vômitos excessivos podem causar desidratação perigosa e devem ser evitados. Quando os vômitos persistirem (cerca de 0,5 a 2% das gravidezes), é preciso atenção médica.

Anemia

Para suprir as necessidades fetais, o volume de sangue circulante da mãe aumenta aproximadamente 150% acima da quantidade normal. Entretanto, o número de hemácias aumenta apenas de 20 a 30%, e isso ocorre de maneira mais gradativa. Como consequência, a gestante tem uma proporção de hemácias em relação ao volume de sangue total menor em seu sistema. Essa hemodiluição é conhecida como **anemia fisiológica** e trata-se de uma resposta normal à gravidez, em vez de resultado de uma ingestão alimentar inadequada. No entanto, se durante a gravidez as reservas de ferro e/ou a ingestão dietética de ferro não for suficiente para suprir as necessidades, qualquer anemia ferropriva resultante requer atenção médica. As diretrizes dietéticas para americanos recomendam que mulheres que possam engravidar consumam alimentos ricos em ferro (Tab. 14.2).

anemia fisiológica Aumento normal do volume de sangue na gravidez, resultando em diluição da concentração de célula sanguínea e consequente anemia; também conhecida como hemodiluição.

Diabetes gestacional

Hormônios sintetizados pela placenta diminuem a eficácia da insulina, levando a um leve aumento da glicose sanguínea, o que ajuda a suprir calorias para o feto. Se o aumento na glicemia tornar-se excessivo, leva a **diabetes gestacional**, que, com frequência, se manifesta nas semanas 20 a 28, particularmente em mulheres obesas ou com uma história familiar de diabetes. Outros fatores de risco incluem idade materna > 35 anos e diabetes gestacional em uma gravidez prévia. Na América do Norte, cerca de 4% das gravidezes desenvolvem diabetes gestacional; esse número aumenta para 7% na população branca. Nos dias atuais, as gestantes são com frequência rastreadas para diabetes entre 24 e 28 semanas de gestação pela checagem da concentração sanguínea de glicose elevada 1 a 2 horas depois de consumir 50 a 100 g de glicose. Se o diabetes gestacional for detectado, é preciso implementar uma dieta especial que distribua carboidratos de baixa carga glicêmica ao longo do dia. Às vezes, injeções de insulina ou medicamentos orais também são necessários. A atividade física regular também ajuda a controlar a glicose sanguínea.

O risco primário do diabetes descontrolado durante a gravidez é que o feto pode crescer demais. Trata-se de uma consequência do suprimento excessivo de glicose pela circulação materna conjugado a uma produção maior de insulina pelo feto, o que possibilita que os tecidos fetais captem uma quantidade maior de constituintes para o crescimento. A mãe talvez precise fazer uma cesariana se o tamanho do feto não for compatível com um parto vaginal. Outro problema é que o feto pode apresentar hipoglicemia ao nascer em virtude da tendência a produzir insulina extra que começa durante a gestação. Outras preocupações são o potencial de parto prematuro e um risco maior de trauma e malformações congênitas. Embora com frequência desapareça depois do nascimento do bebê, o diabetes gestacional aumenta o risco de a mãe desenvolver diabetes posteriormente na vida, especialmente se ela não conseguir manter um peso corporal saudável. Estudos mostram que bebês nascidos de mães com diabetes gestacional também apresentam riscos maiores de desenvolver obesidade e diabetes tipo 2 na fase adulta. Por essas razões, o controle adequado do diabetes gestacional (e de qualquer diabetes presente na mãe antes da gravidez) é muito importante.

diabetes gestacional Elevação da concentração de glicose no sangue durante a gravidez, com retorno ao normal após o parto. Uma das causas é a produção, pela placenta, de hormônios que antagonizam o controle da glicose sanguínea pela insulina.

hipertensão induzida pela gravidez Distúrbio grave que pode incluir pressão arterial alta, insuficiência renal, convulsões e até mesmo a morte da mãe e do feto. Embora sua causa exata não seja conhecida, uma dieta adequada (especialmente uma ingestão de cálcio adequada) e o cuidado pré-natal podem prevenir esse distúrbio ou limitar sua gravidade. Casos brandos são conhecidos como pré-eclâmpsia; casos mais graves são denominados eclâmpsia (antigamente, toxemia).

PARA REFLETIR

Aos quatro meses de gestação, Sandy vem sofrendo de azia depois das refeições, constipação e movimentos intestinais difíceis. Como estudante de nutrição, você entende o sistema digestório e o papel da nutrição na saúde. Que medidas você pode sugerir a Sandy para aliviar esses problemas?

Hipertensão induzida pela gravidez

A **hipertensão induzida pela gravidez** é um distúrbio de alto risco que acomete cerca de 3 a 5% das gravidezes. Em suas formas brandas, é conhecida também como *pré-eclâmpsia* e, nas formas graves, *eclâmpsia*. Os sintomas iniciais incluem aumento na pressão arterial, proteinúria, edema, mudanças na coagulação sanguínea e distúrbios do sistema nervoso. Efeitos muito graves, como convulsões, podem ocorrer no segundo e terceiro trimestres. Se não controlada, a eclâmpsia acaba danificando o fígado e os rins, e a mãe e o bebê podem morrer. As populações em maior risco de sofrer esse distúrbio são mulheres com menos de 17 anos ou mais de 35 anos de idade, acima do peso ou obesas, e as gestantes de múltiplos. Uma história familiar de hipertensão induzida pela gravidez na família da mãe ou do pai, diabetes, raça afro-americanos e primiparidade também aumentam o risco. Algumas pesquisas apontam deficiências de vitamina E, vitamina C, cálcio, selênio ou zinco como causas potenciais dessa condição.

A hipertensão induzida pela gravidez cede quando a gestação termina, o que faz do parto o tratamento mais seguro para a mãe. Entretanto, como o problema com frequência começa antes de o feto estar pronto para nascer, os médicos em muitos casos precisam usar tratamentos para evitar o agravamento do distúrbio. Repouso no leito e sulfato de magnésio são os métodos de tratamento mais eficazes, embora essa eficácia varie. É provável que o magnésio atue no relaxamento dos vasos sanguíneos, levando, assim, a uma queda na pressão arterial. Vários outros tratamentos, como medicamentos anticonvulsivantes e anti-hipertensivos, cálcio e suplementos antioxidantes, estão sob estudo.

REVISÃO CONCEITUAL

Azia, constipação, hemorroidas, náusea e vômitos, edema, anemia e diabetes gestacional são possíveis desconfortos e complicações da gravidez. Mudanças nos hábitos alimentares muitas vezes podem aliviar esses problemas. A hipertensão induzida pela gravidez, com aumento da pressão arterial e insuficiência renal, pode levar a complicações graves ou até mesmo à morte da mãe e do feto se não tratadas.

Muitos dos benefícios da amamentação podem ser encontrados na Tabela 14.4 e em www.womeshealth.gov/breastfeeding.index.html, patrocinada pelo U.S. Departament of Health and Human Service office on Women's Health.

14.7 Amamentação

A amamentação garante ao bebê uma saúde melhor, de maneira que complementa a atenção dada à dieta durante a gravidez. A American Dietetic Association e a American Academy of Pediatrics recomendam a amamentação exclusiva do bebê nos primeiros seis meses, com a combinação de amamentação e alimentos infantis até 1 ano de idade. A Organização Mundial de Saúde vai além e recomenda a amamentação até dois anos de idade (com a introdução de alimentos sólidos adequados; ver Cap. 15). Contudo, pesquisas mostram que apenas cerca de 70% das mães norte-americanas atualmente começam a amamentar seus bebês no hospital e que aos 4 e 6 meses de vida apenas 33 e 20%, respectivamente, ainda estão amamentando seus bebês. O número baixa para 18% em 1 ano de idade. Essas estatísticas referem-se a mulheres brancas; as de minorias populacionais tendem ainda menos a estar amamentando seus bebês nesses intervalos de tempo.

Mulheres que optam por amamentar geralmente acham a experiência prazerosa, um momento especial em suas vidas e na sua relação com o novo bebê. Embora o aleitamento com mamadeira de fórmula infantil também seja seguro para os lactentes, conforme discutido no Capítulo 15, não se iguala aos benefícios proporcionados pelo leite humano em todos os aspectos. Se uma mulher não amamentar o bebê, o peso das mamas volta ao normal logo depois do parto.

▲ A amamentação é a maneira preferencial de alimentar um lactente.

Capacidade de amamentar

Quase todas as mulheres são fisicamente capazes de amamentar seus filhos, mas existem algumas exceções, como será visto adiante. Na maioria dos casos, os problemas encontrados na amamentação ocorrem devido a uma carência de informações apropriadas. Problemas anatômicos nas mamas, como mamilos invertidos, podem ser corrigidos durante a gravidez. O tamanho das mamas geralmente aumenta durante a gravidez, o que não é indicação de sucesso na amamentação. A maioria das mulheres percebe um aumento considerável no tamanho e no peso das mamas perto do terceiro ou quarto dia da amamentação. Se essas mudanças não ocorrerem, a mulher precisa conversar com o médico ou um especialista em lactação.

Bebês amamentados devem ser acompanhados atentamente durante os primeiros dias de vida para garantir que a alimentação e o ganho de peso estejam procedendo normalmente. A monitoração é especialmente importante na primípara, pois a mulher é inexperiente nas técnicas de amamentação. Mães e bebês sadios, hoje, recebem alta do hospital em geral de 1 a 2 dias depois do parto, ao passo que, 20 anos atrás, ficavam no hospital por 3 a 4 dias ou mais. Um dos resultados dessa alta rápida é um período menor de monitoração do bebê pelos profissionais de saúde. Há relatos de bebês que desenvolvem desidratação e, consequentemente, coágulos sanguíneos, logo depois da alta hospitalar, quando a amamentação não procedeu tranquilamente. A monitoração atenta na primeira semana por um médico ou especialista em lactação é aconselhável.

O *Healthy People 2010* estabeleceu uma meta de 75% das mulheres amamentando seus bebês no momento da alta hospitalar; 50% amamentando por seis meses e 25% ainda amamentando o bebê com 1 ano de idade.

As primíparas que planejam amamentar devem aprender o máximo possível a respeito do processo logo no começo da gravidez. As mulheres interessadas deverão aprender a técnica correta, quais problemas esperar e como responder a eles. Em termos gerais, a amamentação é uma habilidade aprendida, e as mães precisam de conhecimento para amamentar com segurança, especialmente o primeiro filho.

A produção de leite humano

Durante a gravidez, as células na mama formam células lactíferas denominadas **lobos** (Fig. 14.4). Hormônios da placenta estimulam essas mudanças nas mamas. Depois do parto, a mãe produz mais hormônio **prolactina** para manter as mudanças nas mamas e, assim, a capacidade de produzir leite. Durante a gravidez, o peso da mama aumenta cerca de 500 g a 1 kg.

O hormônio prolactina também estimula a síntese de leite. A sucção do bebê estimula a liberação de prolactina da glândula hipófise. A síntese de leite ocorre então à medida que o bebê se alimenta. Quanto mais o bebê sugar, mais leite é produzido. Por isso, até mesmo gêmeos (e trigêmeos) podem ser amamentados adequadamente.

Grande parte da proteína encontrada no leite materno é sintetizada pelo tecido mamário. Algumas proteínas também entram no leite diretamente da circulação sanguínea da mãe. Essas proteínas incluem fatores imunológicos (p. ex., anticorpos) e enzimas. Gorduras encontradas no leite materno são provenientes tanto da dieta da mãe quanto das sintetizadas pelo tecido mamário. O açúcar galactose é sintetizado na mama, ao passo que a glicose é proveniente da circulação sanguínea da mãe. Juntos, esses açúcares formam a lactose, o principal carboidrato do leite humano.

Reflexo de descida do leite (ejeção do leite)

Uma importante conexão cérebro-mama – em geral denominada **reflexo de descida (ou ejeção) do leite** – é necessária para a amamentação. O cérebro libera o hormônio **ocitocina** para permitir que os tecidos mamários liberem o leite dos locais

lóbulos Estruturas em forma de bolsas na glândula mamária que armazenam leite.

prolactina Hormônio produzido pela glândula hipófise, que estimula a síntese de leite na mama.

reflexo de descida do leite Reflexo estimulado pela sucção do bebê, que causa a liberação (ejeção) do leite dos ductos lactíferos nas mamas da mãe; também denominado reflexo de ejeção do leite.

ocitocina Hormônio produzido pela glândula hipófise, causa a contração de células de tipo musculares ao redor dos ductos mamários e do músculo liso uterino.

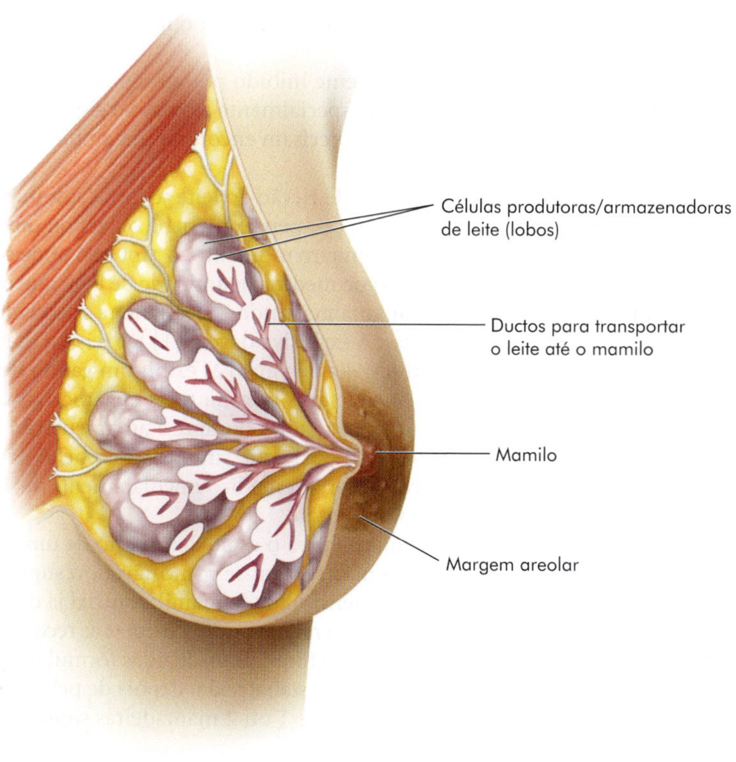

FIGURA 14.4 ► Anatomia da mama. Muitos tipos de células formam uma rede coordenada para produzir e secretar leite humano.

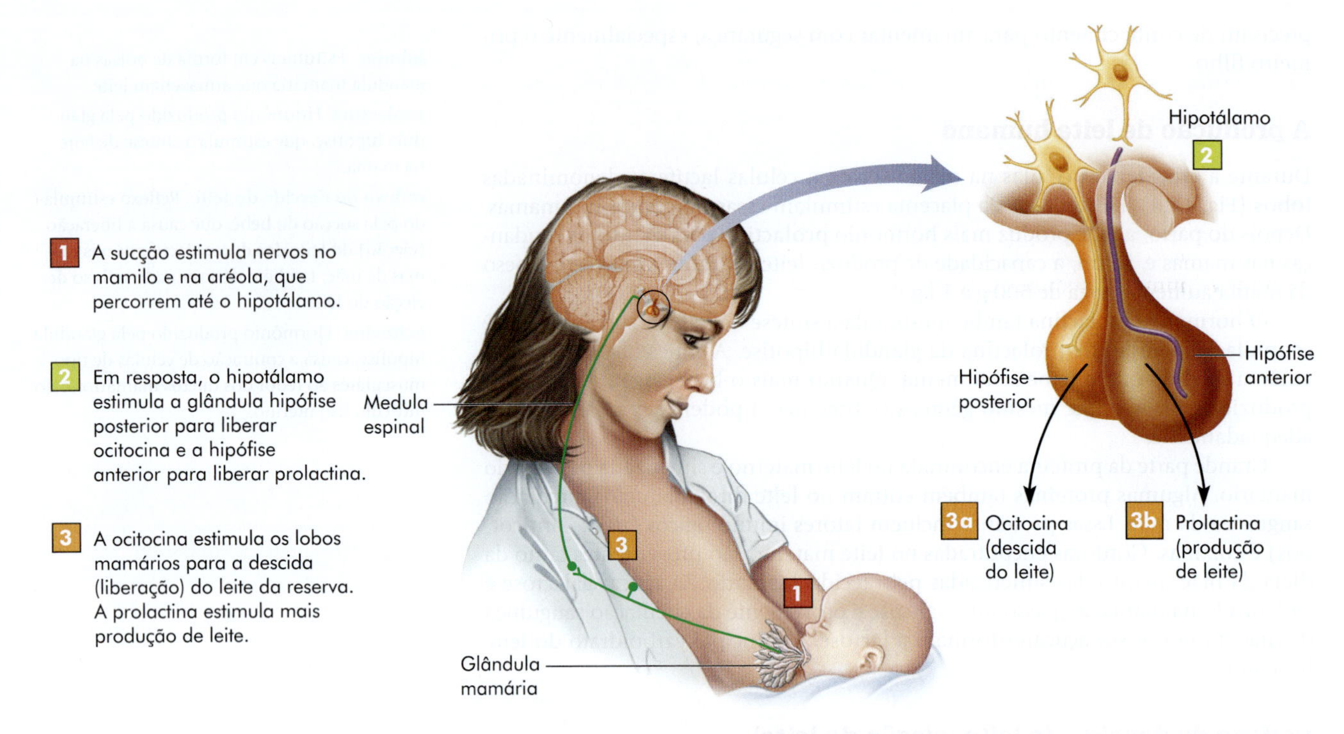

FIGURA 14.5 ▶ Reflexo de descida do leite. A sucção desencadeia a sequência de eventos que leva à descida do leite, o fluxo de leite nos ductos mamários.

Fraldas descartáveis conseguem absorver tanta urina que é difícil julgar quando estão molhadas. Uma folha de papel-toalha colocada no interior de uma fralda descartável transforma-se em um bom indicador da umidade. No entanto, fraldas de pano podem ser usadas por um dia ou dois para estimar se a alimentação está suprindo leite suficiente.

de armazenagem (Fig. 14.5). O leite então segue uma trajetória até a área mamilar. Uma sensação de formigamento sinaliza o reflexo de descida do leite pouco antes de o leite começar a fluir. Se o reflexo de descida do leite não funcionar, pouco leite estará disponível para o bebê. Ele então fica frustrado, o que pode frustrar a mãe também.

O reflexo de descida do leite é facilmente inibido por tensão nervosa, falta de confiança e fadiga. As mães deverão estar especialmente atentas ao elo entre tensão e um reflexo fraco de descida do leite. Elas precisam encontrar um ambiente relaxado em que possam amamentar.

Depois de algumas semanas, o reflexo de ejeção do leite se torna automático. A resposta da mãe pode ser desencadeada só por pensar no bebê ou ver ou ouvir outro bebê chorando. Entretanto, em um primeiro momento, o processo pode ser um pouco desconcertante. A mãe não consegue medir a quantidade de leite que o bebê consome e então pode temer não estar amamentando-o de maneira adequada.

Em geral, um bebê em amamentação exclusiva deverá (1) ter seis ou mais trocas de fraldas por dia depois do segundo dia de vida; (2) exibir um ganho de peso normal e (3) eliminar pelo menos 1 ou 2 vezes por dia fezes encaroçadas de cor mostarda. Além disso, o amolecimento das mamas durante a amamentação ajuda a indicar o consumo de leite suficiente. Os pais que sintam que o bebê não está consumindo leite suficiente devem consultar um médico imediatamente devido ao risco de desenvolvimento rápido de desidratação.

Geralmente é preciso de 2 a 3 semanas para o estabelecimento de uma rotina de alimentação: tanto o bebê quanto a mãe sentem-se confortáveis, o suprimento de leite atende às demandas do bebê, e a sensibilidade mamilar inicial já desapareceu. Estabelecer uma rotina de amamentação requer paciência, mas as recompensas são enormes. É mais fácil haver ajustes se não forem introduzidas fórmulas infantis suplementares até a amamentação estar bem-estabelecida, depois de pelo menos 3 a 4 semanas. Então, é perfeitamente aceitável se 1 ou 2 mamadeiras suplementares de fórmula infantil por dia forem necessárias.

Qualidades nutricionais do leite humano

A composição do leite humano é diferente da composição do leite de vaca. A menos que alterado, o leite de vaca jamais deverá ser usado na alimentação do lactente até pelo menos os 12 meses de vida. O leite de vaca é rico demais em proteínas e minerais e não contém carboidratos suficientes para atender às necessidades do lactente. Além disso, é mais difícil para um lactente digerir a principal proteína no leite de vaca do que as principais proteínas no leite humano. As proteínas no leite de vaca também podem causar alergias no lactente. Por fim, determinados compostos no leite humano atualmente sob estudo mostram outros possíveis benefícios para o lactente.

Colostro No final da gravidez, o primeiro líquido produzido pela mama humana é o **colostro**. Esse líquido espesso e amarelado pode vazar da mama no final da gravidez e é produzido de forma intensa por alguns dias depois do parto. O colostro contém anticorpos e células do sistema imune, algumas das quais passam inalteradas do trato GI imaturo do lactente para a circulação sanguínea. Os primeiros meses de vida são a única época em que conseguimos absorver prontamente proteínas totais pelo trato GI. Esses fatores e células imunes protegem o bebê de algumas doenças do trato GI e de outros distúrbios infecciosos, compensando o sistema imune imaturo do lactente durante os primeiros meses de vida.

colostro O primeiro líquido secretado pela mama durante o final da gravidez e os primeiros dias pós-parto. Esse líquido espesso é rico em fatores imunológicos e proteína.

fator *Lactobacillus bifidus* Um fator de proteção secretado no colostro, que estimula o crescimento de bactérias benéficas nos intestinos do recém-nascido.

Um dos componentes do colostro, o **fator *Lactobacillus bifidus***, estimula o crescimento de bactérias *Lactobacillus bifidus*. Essas bactérias limitam o crescimento de bactérias potencialmente tóxicas no intestino. Em termos gerais, a amamentação promove a saúde intestinal do bebê amamentado nesse aspecto.

Leite maduro A composição do leite materno vai mudando gradativamente até chegar à composição normal do leite maduro vários dias depois do parto. O leite humano tem uma aparência bem diferente da aparência do leite de vaca (a Tab. 15.1 no Cap. 15 faz uma comparação direta). O leite humano é ralo e quase aguado em aparência e muitas vezes tem tonalidades azuladas. Entretanto, suas qualidades nutricionais são enormes.

As proteínas do leite humano formam uma espécie de coalhada leve e mole no estômago do lactente e são de fácil digestão. Algumas proteínas do leite humano se ligam ao ferro, reduzindo o crescimento de bactérias que precisam de ferro, algumas das quais causadoras de diarreia. Contudo, outras proteínas oferecem a importante proteção imunológica já comentada.

Os lipídeos no leite materno são ricos em ácido linoleico e colesterol, necessários ao desenvolvimento cerebral. O leite materno também contém ácidos graxos ômega-3 de cadeia longa, como o ácido docosahexanoico (DHA). Esse ácido graxo poli-insaturado é usado para a síntese de tecidos no cérebro, no sistema nervoso central e na retina do olho.

A composição de gordura do leite humano muda durante cada alimentação. A consistência do leite liberado inicialmente (leite inicial) assemelha-se à do leite desnatado. Posteriormente, ele apresenta uma proporção de gordura maior, semelhante à do leite integral. Por fim, o leite liberado depois de 10 a 20 minutos (leite final) é praticamente um creme. Os bebês precisam mamar tempo o suficiente (p. ex., um total de 20 min ou mais) para obter as calorias no leite final rico para ficarem saciados entre as mamadas e crescerem bem. O conteúdo calórico total do leite humano é aproximadamente igual ao das fórmulas infantis (67 kcal por 100 mL).

A composição do leite materno também concede um estado hídrico adequado para o bebê, desde que ele seja exclusivamente amamentado. Uma pergunta feita com frequência é se o bebê precisa de água extra, se exposto a uma temperatura quente, se estiver com diarreia, vômitos ou febre. Dar ao bebê amamentado até 120 mL de água por dia em uma mamadeira é aceitável. Entretanto, quantidades maiores de água suplementar podem levar a distúrbios cerebrais, hiponatremia (baixa de sódio no sangue) e outros problemas. Assim, a água extra só deve ser dada com orientação médica.

▲ A amamentação promove a saúde intestinal do bebê amamentado.

Plano de alimentação para a lactante

As necessidades de nutrientes para a lactante mudam na mesma extensão que as da gestante no segundo e terceiro trimestres (ver Tabela F). Há uma queda nas necessidades de folato e ferro e um aumento nas necessidades de calorias, vitaminas A, E e C, riboflavina, cobre, cromo, iodo, manganês, selênio e zinco. Contudo, essas necessidades maiores da lactante são atendidas pelo plano alimentar geral proposto para uma mulher nos estágios finais da gravidez. Vale ressaltar que cada dia dessa dieta inclui no mínimo:

- 3 xícaras de alimentos ricos em cálcio, como do grupo do leite, ou o uso de alimentos fortificados com ferro para preencher qualquer lacuna entre a ingestão e as necessidades de cálcio
- 180 g de equivalentes do grupo de carnes e feijões
- 3 e ½ xícaras do grupo de vegetais
- 2 xícaras do grupo de frutas
- 230 g de equivalentes do grupo de grãos
- 7 colheres de chá de óleo vegetal

Outras calorias (até cerca de 400 kcal) podem ser acrescentadas para permitir a manutenção do peso ou a perda de peso gradativa, o que for necessário.

A Tabela 14.3 apresenta um menu para um plano como esse. Substituir um hambúrguer comum por um hambúrguer de soja (hambúrguer vegetariano) nesse menu seria uma opção prática para uma mulher lactovegetariana também.

Assim como na gravidez, uma porção de cereal matinal altamente fortificado (ou o uso de um suplemento multivitamínico e mineral balanceado) é recomendada para ajudar a suprir as necessidades extras de nutrientes. E, conforme mencionado para as gestantes, as lactantes deverão consumir peixe pelo menos duas vezes por semana (ou 1 g de ácidos graxos ômega-3 por um suplemento de óleo de peixe) porque os ácidos graxos ômega-3 presentes no peixe são secretados no leite materno e são importantes ao desenvolvimento do sistema nervoso do bebê.

A produção de leite requer aproximadamente 800 kcal/dia. As necessidades energéticas estimadas durante a lactação representam de 400 a 500 kcal extras diariamente acima das recomendações pré-gravidez. A diferença entre as necessárias à produção do leite e a ingestão recomendada – cerca de 300 kcal – deverá permitir uma perda gradativa de gordura corporal extra acumulada durante a gravidez, especialmente se a amamentação for mantida por seis meses ou mais e a mulher praticar alguma atividade física. Isso ilustra apenas um dos benefícios naturais da amamentação por vários meses após a gravidez.

Depois de dar à luz, as mulheres com frequência estão ansiosas por perder a "gordura de bebê" excessiva. Entretanto, a amamentação não é momento para dietas radicais. Uma perda gradativa de 500 g a 2 kg por mês é adequada para a lactante. Com uma perda de peso significativamente mais rápida – quando as calorias são restringidas a menos de 1.500 kcal/dia – a produção de leite diminui. Uma conduta sensata para a lactante é consumir uma dieta balanceada que forneça pelo menos 1.800 kcal/dia, que tenha um conteúdo de gordura moderado e inclua uma variedade de laticínios, frutas, vegetais e grãos integrais.

Para promover a melhor experiência de aleitamento possível para o lactente, existem diversos outros fatores dietéticos a serem considerados. A hidratação é especialmente importante durante a amamentação; a mulher deverá ingerir líquidos sempre que o bebê mamar. Beber cerca de 13 copos de líquidos por dia estimula uma produção de leite abundante. Maus hábitos de saúde, como fumar ou beber mais de 2 *drinks* alcoólicos por dia, podem diminuir a produção de leite. (Até mesmo menos álcool do que isso tem um efeito nocivo na produção de leite em algumas mulheres.) Para evitar a exposição a níveis perigosos de mercúrio, as precauções relativas ao provável teor de

A maioria das substâncias que a mãe ingere é secretada no leite. Por essa razão, ela deve limitar a ingestão de, ou eliminar por completo, álcool e cafeína e checar todas os medicamentos com o pediatra. Algumas mulheres acreditam que certos alimentos, como alho e chocolate, dão sabor ou aroma ao leite e incomodam o bebê. Se a mulher observar uma conexão entre um alimento que ingeriu e um desconforto posterior no bebê, talvez possa considerar evitar tal alimento. Entretanto, ela pode experimentar novamente depois, já que os bebês ficam inquietos por outras razões. Alguns pesquisadores pensam que a passagem de sabores ou odores da dieta materna para o leite dá uma oportunidade para o bebê aprender a respeito dos sabores e aromas dos alimentos de sua família bem antes da introdução dos alimentos sólidos. Esses pesquisadores suspeitam que bebês alimentados com mamadeira estejam perdendo experiências sensoriais significativas que, até recentemente na história humana, eram comuns a todos os bebês.

▲ Comer peixe pelo menos duas vezes por semana ajuda as lactantes a garantir que seus bebês recebam ácidos graxos ômega-3 importantes. Entretanto, é preciso evitar peixes provavelmente contaminados com mercúrio (espada, cação, cavala, peixe-batata).

mercúrio nos peixes deverão se estender além da gravidez para a lactante. As lactantes também devem evitar o consumo de amendoins e manteiga de amendoim, já que vários estudos mostraram que alérgenos do amendoim passam para o leite materno, aumentando potencialmente o risco de o bebê sofrer alergia ao amendoim. A recomendação é ainda mais pertinente aos que tenham uma história familiar de alergias alimentares.

▲ É possível continuar a amamentar depois de voltar a trabalhar fora, porém requer planejamento.

REVISÃO CONCEITUAL

O reconhecimento da importância da amamentação contribuiu para a sua maior popularidade. Quase todas a mulheres têm a capacidade de amamentar. O hormônio prolactina estimula o tecido mamário a sintetizar leite. A sucção do bebê desencadeia um reflexo de descida (ejeção) do leite, que libera o leite. Quanto mais o bebê mamar, mais leite é sintetizado. Alguns componentes do leite humano são provenientes diretamente da circulação sanguínea da mãe. A composição nutricional do leite humano é diferente do leite de vaca e muda à medida que o bebê amadurece. O primeiro líquido produzido, o colostro, é rico em fatores imunológicos. A dieta da mãe durante a amamentação geralmente é semelhante à dieta na gravidez, exceto pela necessidade maior de líquido.

A amamentação atualmente

Conforme observado, a grande maioria das mulheres é capaz de amamentar e seus bebês irão se beneficiar com isso. Os diversos benefícios estão listados na Tabela 14.4. Contudo, a decisão da mulher por amamentar depende de vários fatores, alguns dos quais podem tornar a amamentação impraticável ou indesejável para ela. Mães que não desejam amamentar seus bebês não devem se sentir pressionadas a

TABELA 14.4 Vantagens da amamentação

Para o bebê
• Oferece segurança bacteriológica.
• O leite materno encontra-se sempre fresco e pronto para o consumo.
• Proporciona anticorpos enquanto o sistema imune do bebê ainda é imaturo, bem como substâncias que contribuem para o amadurecimento do sistema imune.
• Contribui para o amadurecimento do trato gastrintestinal via fator *Lactobacillus bifidus*; reduz a incidência de diarreia e doenças respiratórias.
• Reduz o risco de alergias e intolerâncias alimentares e de algumas outras alergias.
• Estabelece o hábito de comer com moderação, diminuindo, assim, a possibilidade de obesidade posteriormente na vida em torno de 20%.
• Contribui para o crescimento adequado de mandíbulas e dentes para um desenvolvimento melhor da fala.
• Diminui o risco de infecções otológicas.
• Pode realçar o desenvolvimento do sistema nervoso (pelo aporte do ácido graxo DHA) e posterior capacidade de aprendizagem.
• Pode reduzir o risco de desenvolvimento posterior de hipertensão e outras doenças crônicas, como o diabetes.
Para a mãe
• Contribui para a recuperação mais rápida da gravidez devido à ação de hormônios que promovem um retorno mais rápido do útero ao seu estado pré-gravídico.
• Diminui o risco de câncer de ovário e de mama na pré-menopausa.
• Proporciona um retorno potencialmente mais rápido ao peso pré-gravidez.
• Possui potencial para retardar a ovulação e, assim, reduzir as chances de gravidez (entretanto, efeito de curto prazo).

▲ O leite materno pode ser extraído pela mãe com o uso de uma bomba manual, à pilha (foto) ou elétrica. O leite retirado pode ser guardado para quando a mãe não estiver disponível para amamentar o bebê.

fazê-lo. A amamentação proporciona vantagens distintas, mas nenhuma tão grande que uma mulher que decida alimentar seu bebê com mamadeira deva sentir que está comprometendo o bem-estar dele.

Vantagens da amamentação Assim como o leite de todos os mamíferos é a fonte de nutrição perfeita para os filhotes de qualquer espécie, o leite humano é feito sob medida para atender às necessidades de nutrientes do bebê nos 4 a 6 primeiros meses de vida. As possíveis exceções são a carência relativa de flúor, ferro e vitamina D. Suplementos infantis, usados sob orientação do pediatra, conseguem suprir essas carências e são frequentemente recomendados, em especial a vitamina D. A American Academy of Pediatrics recomenda que todos os bebês, incluindo bebês amamentados exclusivamente, recebam 400 UI de vitamina D por dia, começando logo depois do nascimento e continuando até que possam consumir esse montante nos alimentos (p. ex., pelo menos 2 xícaras [0,5 L] de fórmula infantil por dia). A exposição ao sol também ajuda a suprir as necessidades de vitamina D. O flúor pode ser encontrado na água potável doméstica. Se não estiver presente em quantidades adequadas ou o bebê não estiver recebendo água potável, um suplemento de flúor deve ser considerado e um dentista consultado. Suplementos de vitamina B12 são recomendados para o bebê amamentado cuja mãe seja vegetariana estrita (vegana).

Menos infecções A amamentação reduz o risco global de o bebê desenvolver infecções, em parte porque o bebê pode usar os anticorpos do leite humano. Quando amamentados, também têm menos infecções otológicas (otite média) porque não dormem com a mamadeira na boca. Especialistas recomendam enfaticamente não deixar o bebê dormir com a mamadeira na boca, pois, quando isso acontece, o leite pode acumular-se na boca, refluir para a garganta e ir para a orelha, criando um meio de crescimento para bactérias. As infecções otológicas no bebê são um problema comum. Ao evitar esses problemas, os pais conseguem diminuir o desconforto do bebê, evitar idas ao médico e prevenir uma possível perda auditiva. Cáries dentárias causadas pelas mamadeiras noturnas são uma outra consequência provável de dormir com a mamadeira na boca (ver Cap. 15).

Menos alergias e intolerâncias A amamentação também reduz as chances de algumas alergias, especialmente em bebês com tendências alérgicas (ver Cap. 15). A época crucial para obter esse benefício da amamentação é durante os primeiros 4 a 6 meses de vida do bebê. Um compromisso maior além de 4 a 6 meses é melhor, mas os primeiros meses são os mais importantes. Até a amamentação apenas nas primeiras semanas é benéfica. Outro benefício da amamentação é que os bebês conseguem tolerar melhor o leite humano do que as fórmulas. Às vezes, é preciso mudar a fórmula várias vezes até os cuidadores encontrarem a mais adequada para seu bebê.

Conveniência e custo A amamentação livra a mãe de tempo e despesa envolvidos na compra e no preparo da fórmula e na higienização de mamadeiras. O leite humano está pronto para servir e é estéril, o que permite que a mãe passe mais tempo com o bebê.

Possíveis barreiras à amamentação A desinformação disseminada, a necessidade da mãe de voltar ao trabalho e a reticência social servem como barreiras à amamentação.

Desinformação Provavelmente, a principal barreira à amamentação seja a desinformação, como a ideia de que as mamas da mulher são muito pequenas, por exemplo. Um fator positivo tem sido o grande aumento na disponibilidade de consultores em lactação nos últimos anos. Esses consultores são um recurso valioso para as novas mães no ajuste à amamentação. Se a mulher estiver interessada em amamentar, deverá buscar apoio conversando com mulheres que já tiveram sucesso em amamentar, pois elas podem ser uma ajuda inestimável à mãe de primeira viagem. A nova mãe deverá encontrar uma amiga que possa chamar para aconselhar-se. Em quase toda comunidade, um grupo cha-

O leite humano congelado não deve ser descongelado no micro-ondas. O calor pode destruir fatores imunológicos no leite e criar pontos quentes, que podem queimar a boca e o esôfago do bebê.

mado La Leche League (no Brasil, Amigas do Peito) oferece aulas sobre amamentação e aconselha as mulheres que tenham problemas para amamentar (www.lalecheleague.org). Outros recursos são www.breastfeeding,com, www.breastfeeding.org e www.nal.usda.gov/wicworks.

Voltando a trabalhar fora O trabalho fora de casa pode complicar os planos de amamentar. Uma possibilidade depois de um mês ou dois de amamentação é a mãe retirar o próprio leite e guardá-lo. Ela pode usar uma bomba ou expressar manualmente o leite em uma mamadeira plástica ou saco esterilizado (usado em um sistema de mamadeiras descartáveis). O armazenamento do leite humano requer higienização e resfriamento rápido. O leite pode ficar guardado na geladeira por 3 a 5 dias ou congelado por 3 a 6 meses. O leite descongelado deverá ser usado dentro de 24 horas. A retirada do leite requer uma habilidade especial, mas a liberdade que proporciona compensa, pois permite que outras pessoas alimentem o bebê com o leite materno. Um esquema de retirada do leite e uso de alimentações suplementares com fórmula tem mais êxito se começar depois de 1 a 2 meses de amamentação exclusiva. Depois de cerca de um mês, o bebê está bem-adaptado à amamentação e provavelmente sente uma segurança emocional suficiente e outros benefícios da nutrição para alimentar-se das duas maneiras.

Algumas mulheres conseguem conciliar trabalho e amamentação, mas outras acham muito problemático e decidem pela alimentação com fórmula. Um meio-termo – equilibrar algumas mamadas, talvez de manhã cedo e à noite, com mamadeiras de fórmula durante o dia – é possível. Entretanto, o excesso de alimentações suplementares com fórmula infantil diminui a produção de leite materno.

Questões sociais Outra barreira para algumas mulheres é a vergonha de amamentar o bebê em público. Historicamente, nossa sociedade sempre enfatizou o recato e desencorajou exibições públicas das mamas – mesmo por uma boa causa, como amamentar bebês. Nos Estados Unidos, nenhum estado ou território tem uma lei que proíba a amamentação em público. Entretanto, a exposição indecente (incluindo a exposição das mamas das mulheres) representa uma ofensa legal e estatutária comum. Durante os anos 1990, alguns estados, como a Flórida e a Carolina do Norte, começaram a esclarecer o direito à amamentação e a descriminalizar a amamentação pública. Desde então, vários outros estados aprovaram leis semelhantes. Mulheres que se sintam relutantes deverão ser tranquilizadas de que têm apoio social e que a amamentação pode ser feita discretamente com pouca exposição das mamas.

Condições médicas que impedem a amamentação A amamentação pode ser descartada por determinadas condições médicas, seja no bebê, seja na mãe. Por exemplo, a amamentação pode ser prejudicial a bebês com fenilcetonúria. A concentração elevada de fenilalanina no leite materno pode sobrecarregar a capacidade prejudicada desses bebês para metabolizar esse aminoácido, levando à produção de produtos tóxicos.

Alguns medicamentos que passam para o leite materno e afetam de maneira adversa o bebê amamentado devem ser evitados durante o período de amamentação. Além disso, uma mulher norte-americana ou de outras regiões desenvolvidas do mundo que tenha uma doença crônica grave (como tuberculose, Aids ou um *status* de HIV positivo) ou que esteja recebendo quimioterapia não deve amamentar.

Contaminantes ambientais no leite humano Existe uma certa preocupação justificada com os níveis de diversos contaminantes ambientais no leite humano. Entretanto, os benefícios do leite humano estão bem-estabelecidos, e os riscos dos contaminantes ambientais ainda são em grande parte especulativos. Assim, talvez seja melhor continuar com o que já mostrou funcionar até que dados de pesquisas contundentes contradigam as provas. Algumas medidas que a mulher pode tomar para compensar alguns dos contaminantes conhecidos são: (1) evitar o consumo de peixe de águas poluídas; (2) lavar bem e descascar frutas e vegetais e (3) remover as margens gordurosas das carnes, já que os pesticidas se concentram na gordura. Além disso, a mulher não deve tentar perder peso rapidamente enquanto amamen-

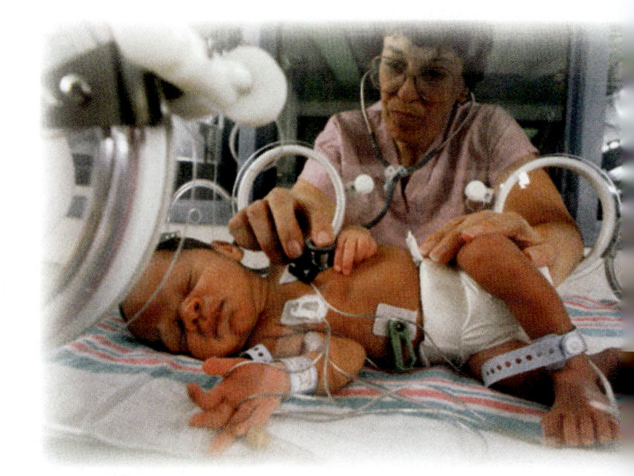

▲ Se o leite humano for usado para alimentar o recém-nascido prematuro, a fortificação do leite com determinados nutrientes com frequência é necessária.

ta (> 340 a 500 g por semana), já que os contaminantes contidos em sua gordura corporal podem então entrar na corrente sanguínea dela e afetar o leite. Se a mulher questionar a segurança do seu próprio leite, especialmente se viver em uma área com uma concentração elevada de resíduos tóxicos ou poluentes ambientais, ela deve consultar o departamento de saúde local.

DECISÕES ALIMENTARES

Leite materno para bebês prematuros

Não há uma resposta universal à pergunta: uma mulher pode amamentar um bebê prematuro? Em alguns casos, o leite humano é o tipo de nutrição mais desejável, dependendo do peso do bebê e da duração da gestação. Caso positivo, o leite deve ser retirado da mama e dado ao bebê por meio de uma sonda até que o bebê desenvolva os reflexos de sucção e deglutição. Esse tipo de alimentação exige muita dedicação materna. A fortificação do leite com nutrientes, como cálcio, fósforo, sódio e proteína, é com frequência necessária para suprir as necessidades de um prematuro em rápido crescimento. Em outros casos, problemas especiais com a alimentação podem impedir o uso de leite humano ou demandar a suplementação com fórmula. Às vezes, a nutrição parenteral total (alimentação intravenosa) é a única opção. Trabalhando em equipe, o pediatra, a enfermagem neonatal e o nutricionista devem orientar os pais nessa decisão.

REVISÃO CONCEITUAL

O leite humano fornece a maior parte das necessidades nutricionais do bebê nos primeiros seis meses, embora a suplementação com vitamina D, ferro e flúor talvez seja necessária. A amamentação é com frequência mais conveniente do que a fórmula. Comparados aos bebês alimentados com fórmula, os bebês amamentados têm menos infecções intestinais, respiratórias e otológicas e são menos suscetíveis a algumas alergias e intolerâncias alimentares. Apesar das vantagens da amamentação, a desinformação, as responsabilidades profissionais e a reticência social podem dissuadir a mãe de amamentar. Uma combinação de amamentação e aleitamento com fórmula é possível quando a mulher está regularmente longe do bebê e não consegue retirar e armazenar seu leite para uso posterior. A amamentação não é desejável se a mãe for portadora de determinadas doenças ou se estiver usando medicamentos potencialmente nocivos ao bebê. O bebê prematuro, dependendo da sua condição, pode se beneficiar do consumo de leite humano.

A prevenção de defeitos congênitos

A boa alimentação para uma gravidez saudável não só fornece material para o crescimento e desenvolvimento fetal como também ajuda a orientar o incrível processo de construção de uma nova vida. Considerando a complexidade do corpo humano e seus mais de 20 mil genes, não é surpreendente que anomalias de estrutura, função ou metabolismo às vezes estejam presentes no nascimento. Defeitos congênitos afetam 1 em cada 33 bebês nascidos nos Estados Unidos. Em alguns casos, esses defeitos são tão graves que o bebê não consegue sobreviver ou crescer. Os defeitos congênitos são a causa presumida de muitos abortos espontâneos e são a origem de cerca de 20% dos óbitos infantis antes de 1 ano de idade. Entretanto, com intervenção médica, muitos bebês com defeitos congênitos conseguem prosseguir tendo vidas saudáveis e produtivas.

Uma grande quantidade de incapacidades físicas ou mentais resulta de defeitos congênitos. Defeitos cardíacos estão presentes em aproximadamente 1 em cada 100 a 200 recém-nascidos, representando uma grande proporção de óbitos infantis. Lábio leporino e/ou fenda palatina são malformações labiais ou do céu da boca e ocorrem em aproximadamente 1 de cada 700 a 1.000 nascimentos. Defeitos do tubo neural são malformações do cérebro ou da medula espinal que ocorrem nos estágios iniciais da gravidez, durante o desenvolvimento embriônico. Alguns exemplos incluem espinha bífida, em que toda ou parte da medula espinal fica exposta, e anencefalia, em que parte do ou todo o cérebro está ausente. Bebês nascidos com espinha bífida conseguem sobreviver até a fase adulta, porém, em muitos casos, apresentam incapacidades extremas. Bebês nascidos com anencefalia morrem logo após o parto. Os defeitos do tubo neural ocorrem em 1 em cada 1.000 nascimentos. A síndrome de Down, uma condição na qual um cromossomo extra leva ao retardamento mental e outras alterações físicas, ocorre em cerca de 1 em 800 nascimentos. Outros defeitos congênitos comuns incluem defeitos musculoesqueléticos, defeitos gastrintestinais e distúrbios metabólicos.

O que causa um defeito congênito? Sabe-se que cerca de 15 a 25% dos defeitos congênitos são genéticos (ou seja, mutações hereditárias ou espontâneas do código genético). Outros 10% ocorrem devido a influências ambientais (p. ex., exposições a **teratógenos**). A causa específica dos outros 65 a 75% de defeitos congênitos é desconhecida. Embora a etiologia dos defeitos congênitos seja multifatorial e muitos elementos fujam ao controle humano, boas práticas nutricionais são uma maneira importante de a futura mãe ter um influência positiva no resultado da gravidez.

Ácido fólico

Durante os anos 1980, pesquisadores do Reino Unido observaram uma relação entre hábitos dietéticos desfavoráveis e uma taxa elevada de defeitos do tubo neural entre filhos de mulheres pobres. Estudos intervencionais subsequentes demonstraram que a administração de um suplemento multivitamínico durante o período periconcepcional – os meses anteriores à concepção e durante o início da gravidez – reduziu a recorrência desses defeitos congênitos. O elo específico entre ácido fólico dietético e defeitos do tubo neural foi testado e confirmado em diversos estudos de acompanhamento. Conforme foi visto no Capítulo 8, o folato tem um papel importante na síntese de DNA e no metabolismo dos aminoácidos. O rápido crescimento celular da gravidez aumenta as necessidades de folato durante a gravidez para 600 μg DFE por dia. Algumas mulheres, por razões genéticas, talvez tenham uma necessidade ainda maior. O aporte adequado de ácido fólico no período periconcepcional diminui o risco de defeitos do tubo neural em cerca de 70% e também foi associado a um risco menor de lábio leporino/fenda palatina, defeitos cardíacos e síndrome de Down.

Em 1998, o Food and Drug Administration (FDA) obrigou a fortificação de grãos para proporcionar 140 μg de ácido fólico por 100 g de grãos consumidos. No Canadá, o nível da fortificação é de 150 μg por 100 g de grãos consumidos. Em geral, isso aumenta o consumo médio de ácido fólico dietético em 100 μg/dia. Uma dieta bem-planejada consegue suprir a RDA de ácido fólico, mas o U.S. Public Health Service e o March of Dimes recomendam que todas a mulheres em idade reprodutiva usem um suplemento multivitamínico e mineral diário contendo 400 μg de ácido fólico. O médico pode recomendar vitaminas pré-natais ou uma dose maior de ácido fólico para algumas mulheres, particularmente as que tiveram uma gravidez anterior complicada por um defeito do tubo neural. As Dietary Guidelines for Americans recomendam que mulheres que possam engravidar ou aquelas que se encontram nos primeiros meses de gravidez consumam uma quantidade adequada da forma sintética de folato, ácido fólico (Tab. 14.2).

Iodo

A relação entre ácido fólico e defeitos do tubo neural é um exemplo drástico de como uma deficiência de um nutriente pode ter um impacto negativo no desfecho da gravidez, mas esse não é o único nutriente digno de preocupação e atenção. A carência de iodo durante o primeiro trimestre de gravidez – um período crítico do desenvolvimento cerebral – pode levar ao cretinismo. Trata-se de uma forma congênita de hipotireoidismo que leva ao prejuízo do desenvolvimento físico e mental se não tratada. Quando o defeito é identificado de maneira precoce (por testes de triagem neonatal), é possível evitar o cretinismo pelo tratamento com hormônios da tireoide. Entretanto, com o uso do sal iodado, deficiências de iodo são raras.

teratógeno Uma substância que pode causar ou aumentar o risco de um defeito congênito. A exposição a um teratógeno nem sempre leva a um defeito congênito; seus efeitos no feto dependem da dose, da época e da duração da exposição.

Antioxidantes

Os antioxidantes também têm um papel na prevenção de defeitos congênitos. Radicais livres são gerados constantemente no corpo em consequência de processos metabólicos normais. Uma abundância de radicais livres resulta em dano às células e ao DNA, o que pode levar a mutações genéticas ou malformações teciduais. Algumas pesquisas apontam para os radicais livres como uma fonte de dano durante o desenvolvimento do embrião e a organogênese. Sistemas antioxidantes no corpo agem minimizando o dano causado pelos radicais livres, e pesquisadores especulam que fontes dietéticas de antioxidantes podem ajudar na prevenção de defeitos congênitos. Até o momento, as evidências são insuficientes para respaldar a suplementação de nutrientes individuais que participem em sistemas antioxidantes – vitamina E, vitamina C, selênio, zinco e cobre – na prevenção de defeitos congênitos. Entretanto, o uso de um suplemento multivitamínico e mineral balanceado, aliado ao consumo de uma dieta rica em grãos integrais, leguminosas e uma variedade de frutas e vegetais, proporcionará o suficiente desses nutrientes para suprir as recomendações atuais.

▲ Dar à luz um bebê sadio é mais do que simplesmente sorte. Muitas práticas relacionadas à nutrição e à saúde precisam ser consideradas.

Vitamina A

Enquanto as necessidades da maioria das vitaminas e minerais aumentam cerca de 30% durante a gravidez, as necessidades de vitamina A aumentam apenas 10%. Estudos mostraram o potencial teratogênico da vitamina A em doses tão baixas quanto aproximadamente 3.000 μg RAE (equivalentes de atividade de retinol) por dia. Isso representa um pouco mais de três vezes a RDA de 770 μg RAE/por dia para gestantes adultas. Anomalias fetais decorrentes da toxicidade da vitamina A incluem basicamente defeitos faciais e cardíacos, mas uma grande quantidade de defeitos foi relatada. É raro que fontes alimentares de vitamina levem à toxicidade. Conforme visto no Capítulo 8, a vitamina A pré-formada é encontrada no fígado, no peixe, nos óleos de peixe, no leite e iogurte fortificados e em ovos. Os carotenoides, encontrados em frutas e vegetais, são precursores de vitamina A que se convertem em vitamina A no intestino delgado. Entretanto, a eficiência de absorção dos carotenoides diminui à medida que a ingestão aumenta. Excessos de vitamina A em geral são decorrentes de suplementos dietéticos em doses altas em vez de fontes alimentares. As dietas típicas dos norte-americanos suprem vitamina A adequada pelos alimentos, de maneira que a suplementação geralmente não é necessária. Durante a gravidez, a vitamina A pré-formada suplementar não deverá exceder a 3.000 μg RAE por dia (15.000 UI/dia). A maioria das multivitaminas e vitaminas pré-natais fornece < 1.500 μg/dia RAE. Uma dieta balanceada e o uso prudente de suplementos dietéticos são ações que podem contornar os problemas potenciais com a toxicidade da vitamina A.

Cafeína

A segurança da cafeína durante a gravidez foi examinada, especialmente quanto a algum elo da substância com a taxa de defeitos congênitos. A cafeína diminui a absorção materna de ferro e pode reduzir o fluxo sanguíneo placentário. Além disso, o feto não consegue desintoxicar cafeína. Pesquisas mostram que à medida que a ingestão de cafeína aumenta, também aumenta o risco de aborto e de dar à luz um bebê com BPN. O uso em excesso de cafeína durante a gravidez pode levar também a sintomas de abstinência de cafeína no recém-nascido. Esses riscos estão relatados com ingestões de cafeína > 500 mg, ou o equivalente a cerca de cinco xícaras de café por dia. O uso moderado de cafeína (até o equivalente a três xícaras/dia), no entanto, não está associado ao risco de defeitos congênitos. Com base nas evidências atuais, recomenda-se o consumo de não mais do que três xícaras de café e não mais do que quatro copos de refrigerante cafeinado por dia durante a gravidez (ou quando a gravidez for possível). Também é importante ter atenção à ingestão de cafeína por chá e fármacos de venda sem prescrição contendo cafeína e chocolate.

Aspartame

A fenilalanina, um componente do adoçante artificial aspartame, é preocupante para algumas gestantes. Quantidades elevadas de fenilalanina no sangue materno afetam o desenvolvimento cerebral do feto se a mãe tiver uma doença conhecida como *fenilcetonúria* (ver item a seguir). Se a mãe não tiver esse problema, é improvável que o bebê seja afetado pelo uso moderado de aspartame.

Para a maioria dos adultos, os refrigerantes dietéticos são a principal fonte de adoçantes artificiais. Mais preocupante do que a segurança dos adoçantes durante a gravidez é a qualidade dos alimentos e bebidas consumidos. Uma ingestão alta de refrigerantes dietéticos talvez impeça o consumo de bebidas mais saudáveis, como água e leite semidesnatado.

Obesidade e problemas de saúde crônicos

Mesmo antes de engravidar, mulheres em idade reprodutiva devem fazer *check-ups* médicos regulares para acompanhar qualquer problema de saúde já existente ou para identificar algum problema de saúde novo em desenvolvimento. Em alguns casos, o problema em si aumenta o risco de defeitos congênitos. Obesidade, hipertensão e diabetes descontrolado são problemas de saúde comuns conhecidos por aumentar o risco de defeitos congênitos, incluindo defeitos do tubo neural. Em outros casos, medicamentos usados para controlar afecções podem representar um risco ao feto em desenvolvimento. Outras questões de saúde, como distúrbios convulsivos e metabólicos, também podem afetar o desenvolvimento fetal. Uma consulta pré-concepção com um profissional de saúde pode ajudar a identificar e fazer planos para minimizar esses riscos. Quando a mulher engravida, cuidados pré-natais precoces e regulares podem ajudar no sucesso de uma gravidez.

Mulheres portadoras de diabetes são 2 a 3 vezes mais propensas a dar à luz um bebê com defeitos congênitos, comparadas a mulheres com metabolismo da glicose normal. Exemplos de defeitos congênitos comuns nesse grupo incluem malformações da espinha, das pernas e dos vasos sanguíneos do coração. Alguns especialistas especulam que o diabetes aumenta o risco de defeitos congênitos por meio dos radicais livres excessivos, que levam ao dano oxidativo do DNA no início da gestação. O controle atento da glicemia sanguínea diminui drasticamente o risco para mulheres diabéticas. O controle glicêmico ideal pode ser conseguido por meio de uma combinação de modificações dietéticas e medicamentos. Considerando-se que o diabetes vem crescendo entre mulheres em idade reprodutiva, essa taxa elevada de defeitos congênitos tornou-se uma área de maior conscientização.

Outro problema de saúde para o qual o controle nutricional materno é de extrema importância é a fenilcetonúria. Conforme visto no Capítulo 6, a fenilcetonúria é um erro do metabolismo no qual o fígado carece da capacidade de processar fenilalanina, levando a um acúmulo desse aminoácido e seus metabólitos nos tecidos corporais. Bebês nascidos de mães com fenilcetonúria não controlada por dieta têm um risco maior de apresentar defeitos cerebrais, como microcefalia e retardamento mental.

Álcool

Evidências conclusivas mostram que o consumo repetido de quatro ou mais bebidas alcoólicas de uma só vez prejudica o feto. Essas bebedeiras são especialmente perigosas durante as primeiras 12 semanas de gestação, o período de eventos críticos do desenvolvimento inicial do feto no útero. Embora os cientistas não saibam se as gestantes devem eliminar completamente o uso de álcool para evitar o risco de dano ao feto, as mulheres são aconselhadas a não beber *drinks* alcoólicos durante a gravidez ou quando houver chance de engravidar até que um nível seguro seja estabelecido. O embrião (e, nos estágios posteriores, o feto) não consegue desintoxicar o álcool.

Mulheres com problemas de alcoolismo crônico geram filhos com um padrão reconhecível de malformações denominadas **síndrome alcóolica fetal (SAF)**. O diagnóstico da SAF se baseia principalmente em déficit de crescimento do feto e do lactente, deformidades físicas (especialmente de aspectos faciais) retardamento mental (Fig. 14.6). O bebê é com frequência irritadiço e pode desenvolver hiperatividade e problemas de déficit de atenção. Uma coordenação mão-olho limitada é comum. Defeitos na visão, audição e no processamento mental com frequência se desenvolvem com o tempo.

Não se sabe exatamente como o álcool causa esses defeitos. Uma linha de pesquisa indica que o álcool, ou subprodutos do metabolismo do álcool (p. ex., acetaldeído), causam o movimento defeituoso das células no cérebro durante os estágios iniciais do desenvolvimento das células nervosas ou bloqueiam a ação de determinados neurotransmissores cerebrais. Além disso, a ingestão nutricional inadequada, menos transferência de nutrientes e oxigênio através da placenta, tabagismo com frequência associado à ingestão de álcool, uso de drogas e possivelmente outros fatores contribuem para o resultado geral.

As Dietary Guidelines for Americans recomendam que gestantes e lactantes não consumam bebidas alcoólicas (Tab. 14.2). Para mais informações a respeito da síndrome alcoólica fetal, visite o *website* www.cdc.gov/ncbddd/fas/.

Contaminantes ambientais

Há pouca evidência ligando defeitos congênitos às quantidades de pesticidas, herbicidas e outros contaminantes nos alimentos ou no sistema de água pública na América do Norte. Avaliar esse elo pode ser uma tarefa metodologicamente difícil, e muitos argumentariam que as normas relativas a contaminantes nos alimentos e no fornecimento de água são permissivas demais. Dessa forma, parece prudente tomar medidas que diminuam a ingestão de pesticidas e herbicidas sempre que possível. No caso de frutas e vegetais, descascar, remover as folhas externas e/ou lavar muito bem esfregando com uma escova sob água corrente removerá a maioria dos contaminantes. No caso de produtos de origem animal, pesticidas e outros contaminantes tendem mais a se acumular nos tecidos gordurosos. Por isso, remover a pele, descartar a gordura derretida e eliminar a gordura visível diminuirá a exposição a contaminantes na carne de vaca, aves e peixes.

No caso do peixe, o mercúrio é uma preocupação em particular, já que ele pode prejudicar o sistema nervoso do feto. Assim, a FDA recomenda que as gestantes evitem peixe-espada, cação, cavala e peixe-batata em virtude da possível contaminação elevada com mercúrio. O achigã também foi implicado. Em geral, a ingestão de outros peixes e frutos do mar não deverá exceder a 350 g por semana. O atum albacora enlatado é uma fonte potencial de mercúrio, de maneira que não deve ser consumido em quantidades > 170 g por semana. Como regra prática, consumir uma variedade de alimentos minimiza o risco de exposição a contaminantes de fontes alimentares.

▶ O Healthy People 2010 estabeleceu como meta 100% de abstinência de álcool, cigarros e drogas ilícitas para mulheres grávidas.

síndrome alcoólica fetal (SAF) Grupo de anomalias físicas e mentais irreversíveis no bebê decorrentes do consumo de álcool pela mãe durante a gravidez.

Resumindo

Embora muitos fatores de risco para defeitos congênitos fujam ao nosso controle, uma mulher com potencial reprodutivo pode fazer algumas escolhas nutricionais sensatas para melhorar suas chances de ter um bebê saudável sem defeitos congênitos. Uma dieta variada e balanceada, como o plano alimentar para gestantes descritos neste capítulo, em conjunto com um suplemento multivitamínico e mineral diário com 400 μg de ácido fólico, garantirão um estado nutricional adequado. Estima-se que o uso diário de um suplemento multivitamínico e mineral contendo ácido fólico diminuirá a taxa de todos os defeitos congênitos em 50%. Converse sobre o uso de qualquer outro suplemento dietético com um médico para garantir que o feto não seja exposto a níveis tóxicos de vitamina A ou outros ingredientes perigosos. O cuidado pré-natal precoce e consistente pode ajudar a controlar a obesidade e qualquer problema de saúde crônico que possa complicar a gravidez. Além disso, evitar o álcool durante a gravidez eliminará o risco de síndrome alcoólica fetal.

Apesar de parecer que a recomendação para uma gravidez saudável sempre seja direcionada à mãe, os futuros pais não ficam fora da questão. Saúde é um assunto familiar, de maneira que estimular bons hábitos alimentares e evitar fumo e álcool são importantes para os pais também. Pouca pesquisa foi feita nessa área, mas a genética do bebê certamente é resultado de mãe e pai. As, quantidades inadequadas de zinco, folato e vitamina C afetam a qualidade do espermatozoide, o que pode prejudicar a fertilidade. Considerando-se que a espermatogênese leva aproximadamente 70 dias, o período periconcepcional é um bom momento para a boa nutrição e práticas de estilo de vida saudáveis para o pai também.

▶ Nos Estados Unidos, a mortalidade materna no parto é incomum, apenas 11 em cada 100 mil nascidos vivos. Entretanto, a taxa de mortalidade infantil é muito maior: para cada 100 mil bebês nascidos vivos, entre 600 e 700 morrem durante o primeiro ano de vida. Essa taxa entre os afro-americanos é mais que o dobro do que entre os brancos e hispânicos nos EUA.

▶ As grávidas devem identificar que muitos xaropes para tosse contêm álcool. Foram reportados casos de bebês com SAF, nascidos de mães que consumiram grande quantidade desses medicamentos, sem ingerir outras bebidas alcoólicas.

efeitos alcoólicos fetais (EAF) Hiperatividade, déficit de atenção, falta de discernimento, distúrbios do sono e dificuldade de aprendizado resultantes da exposição ao álcool na fase pré-natal.

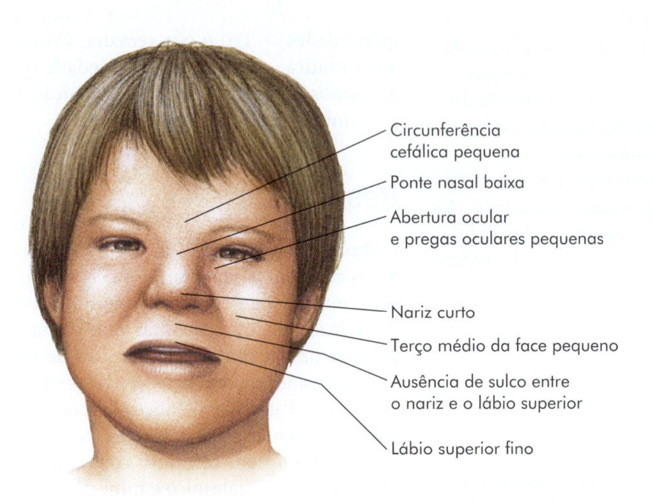

FIGURA 14.6 ▶ Síndrome alcoólica fetal. As características faciais exibidas são típicas da criança afetada. Outras anomalias no cérebro e em outros órgãos internos acompanham a síndrome alcóolica fetal, mas não são imediatamente aparentes apenas ao se olhar a criança. Formas mais brandas de alterações induzidas pelo álcool por uma exposição alcóolica menor ao feto são conhecidas como **efeitos alcoólicos fetais**. Nesse caso, problemas comportamentais sem efeitos físicos, como características faciais alteradas, são vistos.

Estudo de caso: preparando-se para a gravidez

Lily e o marido decidiram que estão prontos para a primeira gravidez. Lily tem 25 anos de idade, pesa 61 kg e mede 1,70 m. Ela tem lido tudo que encontra a respeito de gravidez porque sabe que a saúde pré-gravidez é importante ao sucesso da própria gravidez.

Lily sabe que deverá evitar álcool, sobretudo porque essa substância é potencialmente tóxica ao feto em crescimento nas primeiras semanas da gravidez, e ela poderia engravidar e não saber logo. Lily não fuma, não usa nenhum medicamento e limita a ingestão de café a quatro xícaras por dia e de refrigerantes a três bebidas à base de cola por dia. Com base no que leu, decidiu amamentar o bebê e já pesquisou cursos de preparação para o parto. Lily modificou a dieta de maneira a incluir mais proteína, frutas e vegetais. Também começou a tomar um suplemento de vitaminas e minerais de venda livre sem prescrição. Lily sempre se manteve em boa forma e admite estar preocupada em engordar muito durante a gravidez. Recentemente, iniciou um programa de corrida cinco vezes por semana e planeja continuar a correr durante a gravidez.

Responda às seguintes perguntas e verifique suas respostas no Apêndice A.

1. Que recomendações você tem a respeito do uso de suplementos dietéticos de Lily?
2. O que Lily está fazendo para prevenir defeitos do tubo neural? O que mais ela poderia fazer?
3. Que recomendações você faria a respeito do consumo de cafeína de Lily?
4. Lily é sensata ao ter atenção à ingestão de proteína para se preparar para engravidar e amamentar. Ela deveria incluir peixe como uma fonte de proteína na dieta? Por que sim ou por que não?
5. A constipação é uma queixa comum durante a gravidez. Que sugestões você tem para ajudar Lily a evitar esse problema?
6. Que informações você daria a Lily a respeito do ganho de peso adequado durante a gravidez?

Resumo

1. A nutrição adequada é vital durante a gravidez para garantir o bem-estar do bebê e da mãe. A má nutrição materna e o uso de alguns medicamentos, especialmente durante o primeiro trimestre, podem causar defeitos congênitos. Restrição do crescimento e desenvolvimento alterado também podem ocorrer se esses insultos acontecerem posteriormente na gravidez.
2. Bebês prematuros (nascidos antes de 37 semanas de gestação) geralmente têm mais problemas médicos no e depois do parto do que bebês normais.
3. Em geral, uma mulher precisa de mais 350 a 450 kcal por dia durante o segundo e o terceiro trimestres da gravidez para atender às necessidades energéticas. Uma medida melhor desse suprimento de necessidades energéticas é o ganho de peso adequado, que deverá ocorrer lentamente, chegando a um total de 11,3 kg a 16 kg em um mulher de peso saudável.
4. As necessidades de proteína, carboidrato, fibra, vitaminas e minerais aumentam durante a gravidez. Recomenda-se seguir um plano com base na *MyPyramid*. Uma fonte suplementar de ferro, em particular, talvez seja necessária. O aporte de folato em especial deve ser adequado no momento da concepção. Qualquer uso de suplemento nutricional deve ser orientado por um médico, já que o excesso de vitamina A e outros nutrientes durante a gravidez pode ter efeitos nocivos no feto.
5. Os fatores que contribuem para um desfecho desfavorável da gravidez incluem o cuidado de saúde inadequado em geral e o cuidado pré-natal inadequado em particular, obesidade, gravidez adolescência, tabagismo, consumo de álcool, uso de drogas ilícitas (como a cocaína), ingestão inadequada de carboidrato (< 175 g/dia), uso em excesso de cafeína e diversas infecções, como a *listeriose*.
6. Hipertensão induzida pela gravidez, diabetes gestacional, azia, constipação, náusea, vômitos, edema e anemia são possíveis desconfortos e complicações da gravidez. A terapia nutricional pode ajudar a minimizar alguns desses problemas.
7. Quase todas as mulheres são capazes de amamentar seus bebês. A composição nutricional do leite humano é diferente da composição do leite de vaca inalterado e é bem mais desejável para o bebê. O colostro, o primeiro líquido produzido pela mama humana, é rico em fatores imunológicos. O leite maduro é rico em proteína e lactose. O plano dietético recomendado para o segundo e terceiro trimestres da gravidez também é adequado para suprir as necessidades de nutrientes da lactante, exceto pela necessidade maior de líquidos que ela terá.
8. As vantagens da amamentação sobre a fórmula infantil para o bebê são diversas, incluindo menos infecções intestinais, respiratórias e otológicas e menos alergias e intolerâncias alimentares. A amamentação também é menos dispendiosa e talvez mais conveniente do que a fórmula. Entretanto, o bebê pode ser adequadamente nutrido com fórmula se a mãe optar por não amamentar. A amamentação não é desejável se a mãe tiver determinadas doenças ou precisar tomar medicamentos potencialmente prejudiciais ao bebê. Da mesma maneira, a amamentação talvez não seja recomendável para bebês com determinados problemas médicos, incluindo alguns prematuros.

Questões para estudo

1. Dê três conselhos importantes para os pais que buscam maximizar suas chances de ter um bebê saudável. Por que você escolheu esses fatores específicos?
2. Descreva as recomendações de ganho de peso atuais para a gravidez. Qual a base dessas recomendações?
3. Identifique quatro nutrientes essenciais cuja ingestão deve ser significativamente maior durante a gravidez.
4. Como a dieta *MyPyramid* para uma mulher comum se adapta para suprir as necessidades de nutrientes maiores da gravidez?
5. Por que a gravidez de adolescentes recebe tanta atenção hoje? Em que idade você pensa que a gravidez é ideal? Por quê?
6. Dê três razões para uma mulher considerar seriamente amamentar o bebê.
7. Descreva os mecanismos fisiológicos que estimulam a produção e a liberação de leite. O fato de ter essas informações pode ajudar as mães a amamentar com sucesso?
8. Quais diretrizes uma mulher pode usar para determinar se o bebê amamentado está recebendo nutrição suficiente?
9. Como o plano alimentar básico adequado para a gravidez deve ser modificado durante a amamentação?
10. Onde mulheres que são mães pela primeira vez podem buscar ajuda para ter sucesso na amamentação?

Teste seus conhecimentos

As respostas das próximas questões de múltipla escolha encontram-se a seguir.

1. O feto é mais suscetível a danos de deficiências nutricionais, de teratógenos e do uso de alguns medicamentos, álcool e drogas ilícitas durante
   a. o primeiro trimestre.
   b. o segundo trimestre.
   c. o terceiro trimestre.
   d. o trabalho de parto e a expulsão.
2. Um bebê nascido a 38 semanas de gestação pesando 2,3 kg é descrito como
   a. prematuro.
   b. BPN.
   c. PIG.
   d. BPN e PIG.
3. Se uma mulher mede 1,57 m e pesa 68 kg antes de engravidar, quanto peso ela deverá ganhar durante a gravidez?
   a. 12,5 a 18kg.
   b. 11,5 a 16 kg.
   c. 7 a 11,5 kg.
   d. o mínimo possível.
4. Necessidades maiores de carboidratos durante a gravidez são estabelecidas para
   a. prevenir cetose.
   b. aliviar a náusea.
   c. prevenir a hipertensão induzida pela gravidez.
   d. suprir folato adequado.
5. Qual dos seguintes alimentos é melhor conjugado a um suplemento de ferro durante a gravidez?
   a. leite desnatado.
   b. suco de laranja.
   c. café.
   d. chá.
6. A obesidade durante a gravidez está associada a taxas maiores de
   a. defeitos congênitos.
   b. diabetes.
   c. cesariana.
   d. todas as opções anteriores.
7. O consumo de 1 xícara de café por dia está associado a
   a. abortos espontâneos.
   b. BPN.
   c. defeitos congênitos.
   d. nenhuma das opções anteriores.
8. Qual das seguintes medidas pode ajudar a aliviar a náusea durante a gravidez?
   a. Adiar as refeições até a tarde.
   b. Beber muita água.
   c. Adiar o uso de suplementos de ferro até o segundo trimestre.
   d. Todas as opções anteriores.
9. Qual das seguintes condições impede, em termos médicos, que uma mulher amamente o bebê?
   a. mamas muito pequenas.
   b. o bebê tem fenilcetonúria.
   c. mamilos invertidos.
   d. nenhum das opções anteriores.
10. Em termos fisiológicos, a produção do leite requer ___ kcals por dia.
   a. 300
   b. 500
   c. 800
   d. 1.000

Respostas: 1.a, 2.d, 3.c, 4.a, 5.b, 6.d, 7.d, 8.c, 9.b, 10.c

Leituras complementares

1. ADA Reports: Position of the American Dietetic Association: Nutrition and lifestyle for a healthy pregnancy outcome. *Journal of the American Dietetic Association* 108:553, 2008.

   Os principais componentes de um estilo de vida saudável durante a gravidez incluem ganho de peso adequado, consumo de uma variedade de alimentos, ingestão adequada garante a informação correta de vitaminas e minerais, abstenção de álcool, tabaco e outras substâncias prejudiciais e manuseio seguro dos alimentos. A suplementação de vitaminas e minerais é recomendada para alguns nutrientes, particularmente em certas situações, como para veganas.

2. ADA Reports: Position of the American Dietetic Association: Promoting and supporting breastfeeding. *Journal of the American Dietetic Association* 105:810, 2005.

   A American Dietetic Association apoia enfaticamente a amamentação para os bebês. Esse artigo discute os benefícios da amamentação para a mãe e o bebê, bem como aponta considerações dietéticas que precisam ser observadas, como evitar o consumo de algumas espécies de peixes conhecidos por conter quantidades elevadas de mercúrio.

3. Allen LH: Multiple micronutrients in pregnancy and lactation: An overview. *American Journal of Clinical Nutrition* 81:1206S, 2005.

   Vários nutrientes contribuem para um desfecho saudável da gravidez, incluindo muitas vitaminas do complexo B e ferro. O autor observa que, em muitos casos, mudanças na dieta permitem que a mulher atenda a essas necessidades, porém, em alguns casos, a suplementação é necessária, como para mulheres pobres. Em relação às mudanças dietéticas, elas deverão começar antes da gravidez de maneira que a mulher tenha um estado saudável nas primeiras semanas quando está grávida mas ainda não sabe.

4. Bodnar LM and others: Periconceptional multivitamin use reduces the risk of preeclampsia. *American Journal of Epidemiology* 164:470, 2006.

   No Pregnancy Exposures and Preeclampsia Prevention Study, mulheres que consumiam regularmente um suplemento multivitamínico durante o período periconcepcional tinham um risco 45% menor de desenvolver pré-eclâmpsia durante a primeira gravidez do que as que não consumiam multivitaminas. A relação entre o uso de multivitaminas e o risco de doença era profundamente afetada pelo peso corporal na gravidez: mulheres com um IMC < 25 se beneficiavam mais do uso de multivitaminas. O mecanismo pelo qual o uso de multivitaminas pode prevenir a pré-eclâmpsia não é conhecido.

5. Carlson S, Aupperle P: Nutrient requirements and fetal development: Recommendations for best outcomes. *Journal of Family Practice* 56:S1, 2007.

   O estado nutricional materno antes e durante a gravidez e durante a lactação tem um impacto a longo prazo na saúde do bebê e da criança. Os nutrientes particularmente importantes incluem ácido fólico, cálcio, vitamina D e ácidos graxos ômega-3. A importância dos ácidos graxos no desenvolvimento cerebral e ocular é enfatizada. Embora os profissionais de saúde devam aconselhar os pacientes a consumir uma dieta rica em nutrientes, a suplementação pode ser necessária para conquistar um estado nutricional ideal.

6. Crowther CA and others: Effect of treatment of gestational diabetes mellitus on pregnancy outcomes. *The New England Journal of Medicine* 352:2477, 2005.

   Esse estudo observou que tratar o diabetes gestacional quando ele se manifesta é importante a fim de melhorar a saúde da mãe, do feto e, posteriormente, do bebê. Mudanças na dieta e controle regular da glicemia sanguínea são partes importantes da terapia; em alguns casos, injeções de insulina também são necessárias para controlar a glicemia sanguínea.

7. Field CJ: The immunological components of human milk and their effect on immune development in infants. *Journal of Nutrition* 135:1, 2005.

 O leite humano contém muitos fatores que melhoram a função imune no bebê. Esse artigo revisa uma série desses fatores complexos.

8. Henriksen T: Nutrition and pregnancy outcome. *Nutrition Reviews* 64:S19, 2006.

 Esse artigo revisa as práticas nutricionais atuais das gestantes, que não estão de acordo com o ideal. O aumento dos casos de mulheres acima do peso tem sido acompanhado por um aumento significativo nos casos de diabetes gestacional e bebês grandes.

9. Hulsey TC and others: Maternal prepregnant body mass index and weight gain related to low birth weight in South Carolina. *Southern Medical Journal* 98:411, 2005.

 Nesse estudo, um peso saudável na concepção e o ganho de peso adequado durante a gravidez contribuíram para uma redução significativa de bebês de baixo peso ao nascer. Por exemplo, mulheres com ganhos ponderais inadequados tinham cerca de 1,5 a 2 vezes mais chances de dar à luz um bebê com baixo peso ao nascer.

10. Kelly, AKW: Practical exercise advice during pregnancy. *The Physician and Sports Medicine* 3 3(6):24, 2005.

 É seguro a gestante exercitar-se desde que tenha uma gravidez sem complicações. O autor observa que são possíveis muitos efeitos positivos do exercício durante a gravidez. A maioria dos exercícios sem sustentação de peso (p. ex., natação) e caminhada são seguros para as gestantes. As mulheres devem começar com 15 minutos de exercício três vezes por semana e progredir conforme tolerado. O autor discute como monitorar as mulheres à medida que elas aumentam a atividade física.

11. King JC: Maternal obesity, metabolism, and pregnancy outcomes. *Annual Review of Nutrition* 26:271, 2006.

 A obesidade materna aumenta o risco de complicações e resultados adversos da gravidez, incluindo diabetes gestacional, pré-eclâmpsia, defeitos congênitos e bebês grandes para a idade gestacional. Há muitas evidências respaldando a noção de que a obesidade materna também tem impactos negativos no risco de doenças crônicas para a prole. São discutidos os mecanismos potenciais dessas relações e apresentados conselhos nutricionais práticos, com base nas Dietary Guidelines for Americans de 2005.

12. Lucas RM and others: Future health implications of prenatal and early-life vitamin D status. *Nutrition Reviews* 66:710, 2008.

 Evidências emergentes apontam para a importância do estado de vitamina D materno na progressão de diversas doenças crônicas na prole. Além do seu papel na saúde óssea, os efeitos preventivos da vitamina D em distúrbios autoimunes, diabetes, câncer, doença cardiovascular, osteoporose e transtornos psiquiátricos são mediados pelo envolvimento da vitamina na expressão genética. A suplementação materna com vitamina D pode levar a melhoras abrangentes na saúde pública, porém mais pesquisa é necessária para determinar a dosagem adequada e os efeitos a longo prazo.

13. Makrides M: Outcomes for mothers and their babies: Do n-3 long-chain polyunsaturated fatty acids and seafoods make a difference? *Journal of the American Dietetic Association* 108: 1622, 2008.

 Os ácidos graxos ômega-3 são importantes para o desenvolvimento cerebral e ocular do feto e do bebê. Essas gorduras foram implicadas na prevenção da pré-eclâmpsia, do parto prematuro, de BPN e PIG, mas as evidências atuais não respaldam a suplementação para tais finalidades. Apesar da importância dos ácidos graxos ômega-3 no desenvolvimento fetal, muitas mulheres têm ingestas inadequadas dessas gorduras. Os dados disponíveis indicam que gestantes e lactantes devem ter como meta consumir pelo menos 200 mg por dia de ácidos graxos ômega-3 de fontes dietéticas, incluindo peixes gordurosos, ovos e carne vermelha magra.

14. Moore, VM, Davies, MJ: Diet during pregnancy, neonatal outcomes and later health. *Reproduction, Fertility, and Delivery* 17:341, 2005.

 Alterar a dieta materna antes e durante a gravidez pode induzir mudanças importantes no tamanho da prole ao nascer e na saúde/no tempo de vida do adulto. As consequências de uma nutrição materna inadequada para a prole dependem do tempo específico na gestação em que ocorrem. Os autores enfatizam a importância de melhorar a dieta antes de a mulher engravidar a fim de proteger a saúde dela e a da prole.

15. Ramachenderan J and others: Maternal obesity and pregnancy complications: A review. *Australian and New Zealand Journal of Obstetrics and Gynaecology* 48:228, 2008.

 A obesidade na gestante leva a um risco maior de complicações tanto para a mãe quanto para o bebê e, portanto, requer monitoração criteriosa do médico. Os efeitos da obesidade na mãe incluem hipertensão, diabetes, distúrbios da coagulação, retenção do peso pós-parto e parto prematuro. Para o bebê, a obesidade aumenta o risco de defeitos congênitos, macrossomia, lesões puerperais e morte do feto ou do recém-nascido. Os autores acreditam que o ganho de peso mínimo ou até mesmo uma perda de peso modesta durante a gravidez podem promover desfechos gestacionais ideais para mulheres obesas.

16. Rosenburg, TJ and others: Maternal obesity and diabetes as risk factors for adverse pregnancy outcomes: Differences among 4 racial/ethnic groups. *American Journal of Public Health* 95:1545, 2005.

 Nesse grande estudo populacional, a obesidade e o diabetes estavam claramente associados a desfechos adversos da gravidez, o que enfatiza a necessidade de a mulher controlar essas condições o melhor possível durante os anos reprodutivos para proteger a saúde dos futuros bebês.

17. Tamura T, Picciano MF: Folate and human reproduction. *American Journal of Clinical Nutrition* 83:993, 2006.

 O estado de folato é importante para a reprodução humana em virtude de seus papéis na síntese de DNA e no metabolismo de vários aminoácidos. A suplementação de ácido fólico para a prevenção da anemia megaloblástica durante a gravidez e de defeitos do tubo neural representa um importante avanço de saúde pública. Várias outras áreas de saúde reprodutiva estão sob estudo contínuo em relação ao estado de folato, incluindo ruptura placentária, pré-eclâmpsia, aborto espontâneo, natimorto, baixo peso ao nascer e risco de defeitos congênitos que não sejam defeitos do tubo neural.

18. Taylor JS and others: A systematic review of the literature associating breastfeeding with type 2 diabetes and gestational diabetes. *Journal of the American College of Nutrition* 24:320, 2005.

 A amamentação confere benefícios salutares tanto à mãe quanto ao filho. Bebês amamentados têm taxas menores de obesidade, diabetes tipo 1 e diabetes tipo 2 na fase adulta, comparados a bebês alimentados com fórmula. Além disso, as mães que amamentam têm uma tolerância à glicose melhor e um risco menor de diabetes pós-parto comparadas às não lactantes. Estudos mostram que mães diabéticas são menos propensas a amamentar do que as não diabéticas, mas os dados revisados nesse artigo proporcionam evidências de que as mães diabéticas e seus bebês poderiam se beneficiar da amamentação.

19. Wagner, LK: Diagnosis and management of preeclampsia. *American Family Physician* 70:2317, 2004.

 A pré-eclâmpsia é um distúrbio multissistêmico de causa desconhecida. Afeta cerca de 5 a 7% das gravidezes e é uma causa significativa de doença e morte na mãe e no feto. O controle requer a monitoração atenta da mãe e do feto quando o distúrbio se desenvolve. O sulfato de magnésio é a principal terapia usada, porém medicamentos para controlar a hipertensão relacionada também podem ser empregados. Esse artigo revisa a pré-eclâmpsia em detalhes.

20. Ward EM: Prime the body for pregnancy—preconception care and nutrition for moms-tobe. *Today's Dietitian* 10: 26, 2008.

 A concepção pode ocorrer inesperadamente e pode permanecer despercebida nas primeiras semanas de gestação. Por essa razão, mulheres com potencial reprodutivo devem tomar medidas para garantir uma gravidez saudável antes de engravidar. O artigo dá diretrizes práticas para a ingestão de nutrientes fundamentais (p. ex., ácido fólico e ferro), uso de suplemento, controle do peso, atividade física e consumo de cafeína e álcool.

AVALIE SUA REFEIÇÃO

I. Enfatizando os nutrientes necessários para as gestantes

Este capítulo mencionou que as gestantes podem ter dificuldade em suprir suas necessidades maiores de folato, vitamina B6, ferro e zinco. Enumere seis alimentos ricos nesses nutrientes no título correto. Consulte os Caps. 8 e 9 se necessário.

Nutriente	Alimentos	Nutriente	Alimentos
Folato	______	Ferro	______
	______		______
	______		______
	______		______
	______		______
	______		______
Vitamina B6	______	Zinco	______
	______		______
	______		______
	______		______
	______		______
	______		______

1. Alimentos ricos em mais de um desses nutrientes são especialmente valiosos para as gestantes. Escreva na linha todos os alimentos que você listou que sejam boas fontes de mais de um desses nutrientes essenciais.
____

2. As necessidades de folato, vitamina B6, ferro e zinco aumentam durante a gravidez. De quais desses nutrientes as gestantes geralmente obtêm ingestões adequadas a partir de fontes dietéticas?
____

3. Quais desses nutrientes são com frequência tomados na forma de suplemento durante a gravidez?
____

4. Por que seria difícil para as gestantes suprir suas necessidades maiores desses nutrientes apenas com os alimentos?
____
____

II. Colocando na prática o seu conhecimento a respeito de nutrição e gravidez

Uma amiga da faculdade, Angie, diz a você que acabou de saber que está grávida. Você sabe que ela normalmente gosta de comer o seguinte durante as refeições:

Desjejum

Não faz essa refeição ou come uma barra de granola
Café

Almoço

Iogurte adoçado, 1 copo
Pãozinho com requeijão
Às vezes um pedaço de fruta
Refrigerante comum cafeinado, 350 mL

Lanche

Uma barra de chocolate

Jantar

2 fatias de pizza, macarrão com queijo ou 2 ovos com 2 fatias de torrada
Raramente come uma salada ou vegetais
Refrigerante comum cafeinado, 350 mL

Lanches

Pretzels ou batata frita, 30 g
Refrigerante comum cafeinado, 350 mL

1. Usando o programa NutritionCalc Plus ou outro programa para cálculo de dietas, avalie a dieta de Angie quanto ao teor de proteína, carboidrato, folato, vitamina B6, ferro e zinco. Como a ingestão dela se compara às quantidades recomendadas para a gravidez?

___
___
___

2. Agora elabore uma dieta nova para Angie e certifique-se de que ela atenda às necessidades da gravidez de proteína, carboidrato, folato, vitamina B6 e zinco. (Dica: alimentos fortificados, como cereais matinais, são geralmente ricos em nutrientes, o que pode facilitar suprir as necessidades nutricionais de uma pessoa.) Aumente o conteúdo de ferro também, contudo ainda abaixo da RDA para gravidez.

___
___
___

PARTE V

NUTRIÇÃO: FOCO NOS ESTÁGIOS DA VIDA

CAPÍTULO 15 Nutrição desde a infância até a adolescência

Objetivos do aprendizado

1. Descrever a extensão em que a nutrição afeta o crescimento e o desenvolvimento fisiológico do bebê.
2. Identificar diretrizes dietéticas que atendam às necessidades nutricionais básicas para o crescimento e desenvolvimento normal de um bebê e discutir alguns prós e contras associados à alimentação infantil.
3. Enumerar os diversos desafios que os pais podem enfrentar ao lidar com hábitos alimentares na infância.
4. Enumerar os nutrientes com frequência ausentes nas dietas de lactentes, bebês maiores, crianças em idade pré-escolar e adolescentes, além de fazer recomendações para solucionar esses problemas.
5. Identificar alérgenos alimentares comuns e indicar diversas práticas que possam reduzir o risco de desenvolver uma alergia alimentar.

Conteúdo do capítulo

À MEDIDA QUE OS HUMANOS CRESCEM, DESDE OS ANOS MAIS TENROS ATÉ A FASE ADULTA JOVEM, AS NECESSIDADES CALÓRICAS E NUTRICIONAIS MUDAM. Os lactentes precisam de mais calorias, proteína, vitaminas e minerais por quilo de peso corporal do que adultos jovens e mais velhos para sustentar o ritmo rápido de crescimento e desenvolvimento. A velocidade do crescimento das crianças é mais lenta do que a dos lactentes; por isso, as necessidades e a ingestão das crianças são proporcionalmente menores. Conforme mostra o quadrinho deste capítulo, os comportamentos alimentares erráticos das crianças pequenas representam grandes desafios para pais e cuidadores. Por sua vez, a infância é um tempo importante para estabelecer hábitos saudáveis, como os relacionados a escolhas alimentares e atividade física.

Os comportamentos familiares exercem influências poderosas na criança. Assim, a educação destinada a mudar comportamentos alimentares das crianças deve ser direcionada simultaneamente aos cuidadores principais. Pais e outros cuidadores, em geral, determinam os alimentos a serem comprados e como eles serão preparados. Para ajudar as crianças a adotar uma ingestão dietética saudável por toda a vida, é importante introduzir uma variedade de alimentos em casa, reservar comida de lanchonete e refrigerantes adoçados para poucas vezes por semana ou menos, além de introduzir regularmente novos alimentos. A manutenção de um padrão alimentar saudável (e atividade física) deve continuar à medida que a criança cresce e durante a adolescência. Ao explorar esses estágios da vida, o Capítulo 15 observa o papel crucial dos nutrientes e como as escolhas alimentares devem ser individualizadas para atender às necessidades em constante mudança.

Para relembrar

Antes de começar a estudar a nutrição desde a infância até a adolescência no Capítulo 15, talvez seja interessante rever os seguintes tópicos:

- *MyPyramid* e Dietary Guidelines de 2005, no Capítulo 2
- O sistema imune, no Capítulo 3
- Diagnóstico e tratamento do diabetes tipo 2, no Capítulo 4
- Fontes comuns de gordura saturada, colesterol e gordura *trans*, no Capítulo 5
- Vegetarianismo, no Capítulo 6

15.1 Nutrição e saúde infantil – uma introdução

As estatísticas atuais descrevem que a saúde nutricional e geral de crianças e adolescentes na América do Norte mostram tendências tanto positivas quanto negativas. Um ponto positivo é o fato de que as crianças estão recebendo mais vacinações do que nunca, e menos adolescentes estão engravidando. Em contraste com as boas novas, o número de crianças e adolescentes com obesidade e diabetes tipo 2 aumentou, e a atividade física em geral diminui, já que os jovens passam cada vez mais tempo na frente do computador ou da televisão. Ingestões de cálcio deficientes também vêm recebendo muita atenção, já que os refrigerantes substituíram grande parte do leite que crianças e adolescentes antes consumiam regularmente. Frutas, vegetais e grãos integrais também são pouco consumidos. Neste capítulo, serão estudadas essas tendências e seus efeitos na saúde nutricional e geral dessa faixa etária.

15.2 Crescimento e necessidades nutricionais do lactente

Durante o primeiro ano de vida, as atitudes em relação aos alimentos e ao processo nutricional começam a tomar forma. Se os pais e outros cuidadores praticarem a boa nutrição e forem flexíveis, eles poderão ensinar as crianças a ter hábitos alimentares saudáveis por toda a vida. Nesse ambiente, um bebê tem uma boa chance de começar a vida com os nutrientes necessários para sustentar o crescimento cerebral e os estirões de crescimento do corpo, além de desenvolver uma disposição de ex-

MARVIN© Reproduzido com a permissão especial de King Features Syndicate, Inc.

Em que idade um lactente deve receber alimentos sólidos? Quais os alimentos mais adequados para os que se encontram nos estágios iniciais da introdução de alimentos sólidos? Quais alimentos não se deve dar aos lactentes? Por quê? O Capítulo 15 dá algumas respostas.

perimentar novos alimentos. Entretanto, essas vantagens físicas e psicológicas por si só não garantem que a criança crescerá bem.

As crianças também necessitam de atenção concentrada nelas; precisam crescer em um ambiente estimulante para que possam se sentir seguras. Por exemplo, crianças hospitalizadas por insuficiência do crescimento ganham peso mais rapidamente quando mais estimulação amorosa, como segurar e embalar o bebê, acompanha os nutrientes necessários.

O lactente em crescimento

Tudo que os bebês parecem fazer é comer e dormir. Existe uma boa razão para isso. O peso de nascimento de um lactente dobra nos primeiros 4 a 6 meses de vida e triplica no primeiro ano. Jamais esse crescimento será novamente tão intenso. Esse crescimento rápido requer muito alimento e sono. Depois do primeiro ano de vida, o crescimento é mais lento: levará mais cinco anos para dobrar o peso visto com 1 ano de idade. O comprimento do bebê também aumenta no primeiro ano em 50%, e depois a estatura continua a aumentar até a adolescência. Esses ganhos não são necessariamente contínuos – estirões do crescimento se alternam com platôs. A altura final é praticamente atingida aos 19 anos de idade, embora alguns centímetros de crescimento possam ocorrer na casa dos 20 anos, especialmente entre os meninos (Fig. 15.1). O tamanho da cabeça em relação à estatura total diminui de um quarto para um oitavo durante a escalada desde a a infância até a fase adulta.

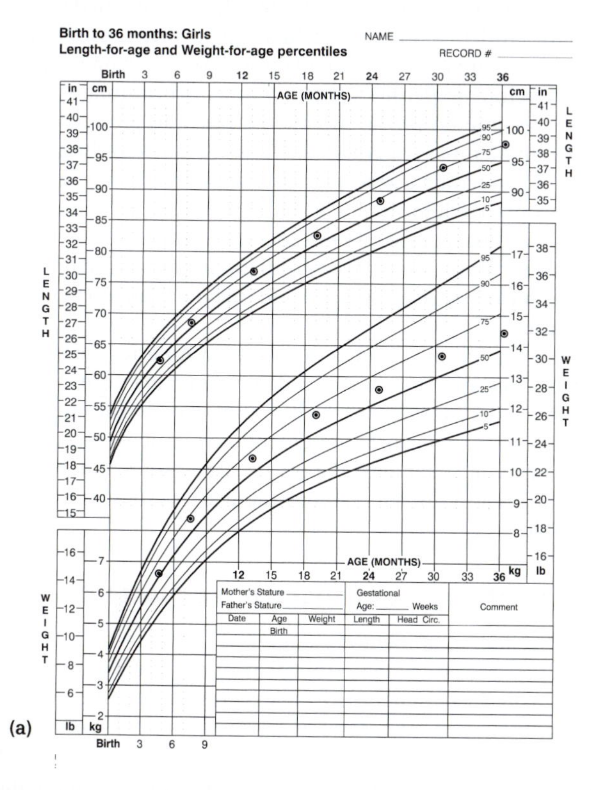

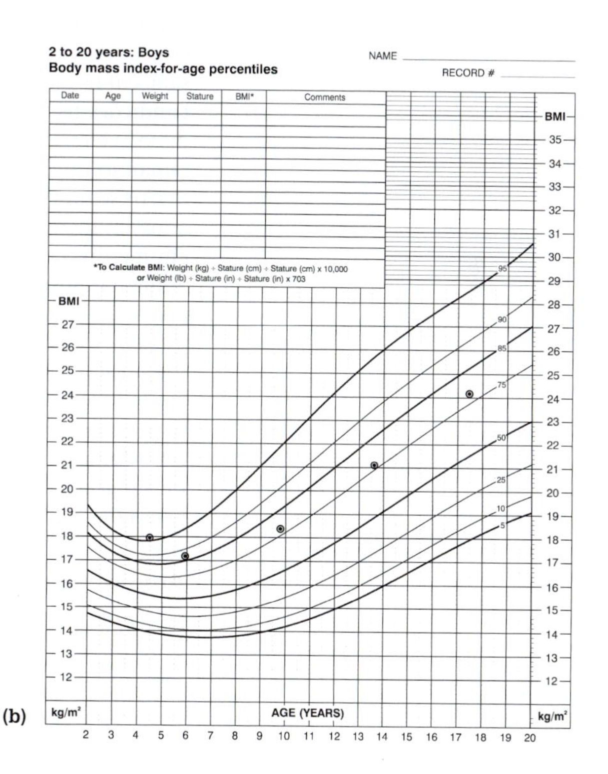

FIGURA 15.1 ▶ Gráficos para avaliar o crescimento de crianças. O crescimento de uma criança está plotado para mostrar como os gráficos são usados em contextos de saúde. (a) Gráficos do crescimento usados para avaliar comprimento (altura) e peso em meninas. Um determinado comprimento (altura) e peso correspondem a um valor de percentil, uma classificação da pessoa entre cem pares. Esse gráfico mostra que, aos 36 meses de idade, a menina estava no 75° percentil para o comprimento e no 62° percentil para o peso. (b) Gráficos do crescimento usados para avaliar as relações peso-altura em meninos de 2 a 20 anos de idade. Atualmente, esses gráficos para crianças mais velhas e adolescentes utilizam, em geral, o IMC para a avaliação. Aos seis anos de idade, o menino estava no 85° percentil para o IMC.

Fonte: Desenvolvido pelo National Center for Health Statistics em colaboração com o Nacional Center for Disease Prevention and Health Promotion (2000). www.cdc.gov/growthcharts. Revisado em 21 de novembro de 2000.

O corpo humano necessita de muito mais alimento para sustentar o crescimento e o desenvolvimento do que simplesmente para manter seu tamanho quando o crescimento cessa. Quando alguns nutrientes estão ausentes em fases críticas desse processo, o crescimento e o desenvolvimento podem desacelerar ou até mesmo parar. Em países em desenvolvimento, cerca de um terço das crianças com menos de cinco anos de idade estão abaixo do peso e da altura para a idade. A deficiência de nutrição – denominada **subnutrição** – é o cerne do problema, que ocorre em menor extensão na América do Norte. Crianças subnutridas são versões menores das crianças bem-nutridas. Em países mais pobres, quando a amamentação é interrompida, as crianças com frequência são alimentadas com uma dieta rica em carboidrato e pobre em proteína. Esse tipo de dieta sustenta parte do crescimento, mas não permite que as crianças conquistem seu potencial genético total. Para crescer, é preciso consumir quantidades adequadas de calorias, proteína, cálcio, ferro, zinco e outros nutrientes.

subnutrição Comportamento da saúde em consequência de um período prolongado de ingestão alimentar insuficiente para suprir as necessidades.

percentil Classificação de uma medida de uma unidade em divisões de cem unidades.

Efeitos da subnutrição no crescimento

Assim como ocorre com o feto no útero, os efeitos de problemas nutricionais a longo prazo na primeira e segunda infâncias dependem da gravidade, do momento e da duração do insulto nutricional aos processos celulares.

O melhor indicador individual do estado nutricional de uma criança é o crescimento, particularmente o aumento de peso a curto prazo e estatural (altura) a longo prazo. Deficiências leves de zinco na América do Norte estavam ligadas ao déficit do crescimento. A melhora nas dietas dessas crianças levou, então, a um crescimento melhor. Em termos gerais, o consumo de uma dieta inadequada na fase em que se é bebê ou criança dificulta a divisão celular que ocorre nesses estágios críticos da vida. O consumo de uma dieta adequada posteriormente não compensará, em termos gerais, o crescimento perdido, já que condições hormonais e outras condições necessárias ao crescimento provavelmente não estarão presentes. Além disso, o crescimento cessa em meninas e meninos quando o esqueleto chega ao seu tamanho final. Isso acontece à medida que as placas de crescimento nos terminais ósseos se fundem, o que acontece em torno dos 14 anos de idade em meninas e 15 anos em meninos. Os estágios finais desse processo ocorrem em torno dos 19 anos em meninas e 20 anos em meninos. Além disso, o diâmetro dos músculos pode aumentar posteriormente na vida, mas seu crescimento linear é limitado pelo comprimento do osso mais curto.

Por essas razões, uma menina de 15 anos de idade da América Central que meça 1,43 m não consegue chegar à estatura adulta de uma menina norte-americana típica simplesmente por comer melhor. As meninas sofrem o pico de crescimento pouco depois do surgimento da menstruação. Quando o tempo de crescimento cessa (em mulheres, em torno de cinco anos depois de começarem a menstruar), uma ingestão nutricional suficiente ajuda a manter a saúde e o peso, mas não compensa o crescimento perdido.

Avaliação do crescimento e desenvolvimento do lactente

Os profissionais de saúde avaliam os aumentos estaturais e ponderais de uma criança comparando-a com padrões de crescimento típicos registrados em gráficos (Fig. 15.1). Esses gráficos contêm divisões em **percentis**, que representam as medidas típicas de 90 a 96% das crianças. Um percentil representa a classificação da pessoa entre cem pares equiparados por idade e gênero. Se um menino pequeno, por exemplo, estiver no 90° percentil de altura para a idade, ele é mais baixo do que 10% e mais alto do que 80% das crianças da idade dele. Uma criança no 50° percentil é considerada mediana. Então, 50 crianças serão mais altas do que ela; 49 serão mais baixas.

Os gráficos de crescimento individuais estão disponíveis tanto para meninos quanto para meninas no National Center for Health Statistics (NCHS) (conforme demonstrado na Fig. 15.1). Para idades desde o nascimento até os 36 meses, as opções de gráficos do crescimento incluem peso para idade, comprimento para idade, peso para comprimento e circunferência cefálica para idade. Para os indivíduos de 2 a 20 anos de idade, de ambos os gêneros, os gráficos de crescimento estão disponíveis para determinar peso para idade e altura para idade; entretanto, o gráfico de crescimento preferencial para crianças e adolescentes é o índice de massa corporal (IMC) para a idade. Para adultos, o IMC tem pontos de corte fixos (p. ex., um IMC de 25 para um adulto é considerado sobrepeso). Conforme a Figura 15.1, isso não é verdadeiro para crianças, já que o IMC é específico para gênero e idade.

Em 2006, a Organização Mundial de Saúde divulgou uma nova série de padrões de crescimento para crianças desde o nascimento até os cinco anos de idade para substituir os gráficos do NCHS usados até então. Os gráficos de crescimento da OMS oferecem uma maneira de avaliar os mesmos parâmetros listados (p. ex., altura ou comprimento, peso, IMC e circunferência cefálica); os dados foram coletados de crianças de diversas regiões do mundo criadas sob condições de crescimento e desenvolvimento ideais: amamentados quando lactentes, seguiram as práticas alimentares-padrão para bebês e crianças estabelecidas pela OMS, tiveram cuidados médicos adequados, e as mães não fumaram durante a ou depois da gravidez. No entanto, os gráficos de crescimento da NCHS se baseiam, em geral, em dados de crianças brancas que foram alimentadas com fórmulas infantis quando lactentes. Os novos padrões de crescimento da OMS enfatizam que a amamentação é a norma biológica para a nutrição do lactente. Observe como esses novos gráficos de crescimento estarão mais amplamente disponíveis nos próximos anos.

▲ Os novos padrões de crescimento da OMS para crianças diferem, em parte, dos padrões anteriores porque refletem dados que se baseiam em crianças do mundo inteiro criadas em condições de crescimento e desenvolvimento ideais. Consulte http://www.who.int/childgrowth/en para mais informações a respeito dos Padrões de Crescimento Infantil da OMS.

Bebês e crianças devem ter seu crescimento avaliado durante exames médicos de rotina. É preciso de 1 a 3 anos para que o potencial genético (em termos de classificação de percentil nos gráficos) do crescimento infantil se estabeleça. Aos três anos de idade, as medidas de uma criança, como comprimento (altura) para a idade, devem estar niveladas em relação ao percentil estabelecido. Se o crescimento da criança não acompanhar seu percentil de comprimento para a idade, o médico precisa investigar se um problema clínico ou nutricional está impedindo o crescimento previsto. O ganho de peso inadequado – muito pouco ou demais – também deve ser investigado.

Bebês prematuros podem recuperar-se em termos de crescimento em 2 a 3 anos. Isso requer que a criança aumenta seus percentis. Se isso ocorrer – especialmente o comprimento para a idade –, geralmente não há razão para alarme. Contudo, escalar os percentis de peso para altura pode ser problemático se a criança aproximar-se do 80° e 90° percentil. Uma criança no 85° percentil do IMC ou acima é considerada em risco de sobrepeso. Quando está no 95° percentil ou acima, a criança é considerada acima do peso. No 95° percentil, o diagnóstico de obesidade também pode ser estabelecido se o exame físico da criança indicar que ela realmente tem gordura excessiva. Esse é geralmente o caso nesse percentil.

Crianças com menos de 2 a 3 anos de idade são medidas deitadas de costas com os joelhos esticados, por isso o termo *comprimento* é usado em vez de *altura*.

DECISÕES ALIMENTARES

Circunferência cefálica e desenvolvimento cerebral

O cérebro cresce mais rapidamente no lactente do que em qualquer outra fase da vida. Para acomodar esse crescimento, é preciso que a circunferência cefálica do bebê seja maior em proporção ao restante do corpo. O crescimento rápido cessa em torno dos 18 meses de vida. Nos exames médicos iniciais, o profissional de saúde, em geral, mede a circunferência cefálica como um meio de avaliar o crescimento, especialmente o crescimento cerebral. É difícil medir como o estado nutricional afeta o desenvolvimento cerebral e o quociente de inteligência (QI) porque os cientistas não determinaram como distinguir os efeitos da natureza dos efeitos da criação. Entretanto, vários estudos determinaram que bebês amamentados têm QIs mais altos do que bebês alimentados com fórmulas infantis. Ao mesmo tempo, estudos da América Central indicam que o QI depois dos cinco anos de idade está mais relacionado à quantidade de instrução escolar que a criança recebe do que à ingestão nutricional durante a infância.

▲ O crescimento cerebral é mais rápido no lactente do que em qualquer outro estágio da vida. Portanto, a cabeça de um bebê precisa ser maior em comparação ao corpo para permitir esse crescimento rápido.

Crescimento do tecido adiposo

Desde 1970, pesquisadores vêm especulando que a superalimentação durante a primeira infância pode aumentar o número de células de tecido adiposo. Nos dias de hoje, sabemos que o número de células adiposas também pode aumentar à medida que a obesidade do adulto se desenvolve. Contudo, se a ingestão calórica é limitada na primeira infância para controlar as células adiposas, o crescimento de outros sistemas de órgãos também pode ser gravemente restrito. Uma preocupação especial envolve o crescimento e desenvolvimento corporal, especialmente o desenvolvimento do cérebro e do sistema nervoso. Além disso, grande parte dos bebês acima do peso tornam-se pré-escolares de peso normal sem restrições dietéticas excessivas. Por essas razões, não é aconselhável restringir demais a dieta, e especialmente a gordura, em lactentes. Depois dos primeiros 12 meses de vida, a ingestão de gordura pode representar de 30 a 40% da ingestão calórica para idades de 1 a 3 anos; e de 25 a 35% da ingestão calórica para crianças com mais idade (e adolescentes).

Déficit de crescimento

Em geral, crianças acima de dois anos sofrem menos déficit do crescimento porque, com frequência, conseguem obter alimento sozinhas. Crianças mais novas, em grande parte, são limitadas ao que o cuidador lhes oferece.

Eventualmente, um lactente não cresce muito nos primeiros meses de vida. Problemas físicos que podem contribuir para a restrição do crescimento vão desde problemas de desenvolvimento da cavidade oral, infecções e anomalias cardíacas até diarreia constante associada a problemas intestinais. Entretanto, mais da metade dos lactentes que não crescem normalmente não apresentam doença aparente. Às vezes, a causa é uma interação mãe-bebê insatisfatória, que pode avir de desinformação, ausência de um modelo materno, pouca preocupação com o bem-estar da criança ou até mesmo um controle excessivo com a alimentação (p. ex., ansiedade materna, alimentação forçada). Pobreza e insegurança alimentar também podem estar na raiz da subnutrição do lactente ou da criança. Em geral, os problemas são decorrentes da inexperiência dos pais e não de negligência intencional. As consequências do déficit do crescimento incluem déficit do crescimento físico, comprometimento do desenvolvimento mental e problemas comportamentais. Quando profissionais de saúde se deparam com um lactente com déficit de crescimento, é preciso que as causas verdadeiras sejam identificadas e tratadas.

REVISÃO CONCEITUAL

O crescimento ocorre rapidamente durante os primeiros meses de vida: o peso de nascimento dobra em torno dos 4 a 6 meses e triplica até o primeiro ano. A subnutrição na infância pode inibir irreversivelmente o crescimento e a maturação, de maneira que um indivíduo jamais chega a seu potencial genético estatural completo. O crescimento do bebê e da criança é avaliado pelo acompanhamento do peso corporal, do comprimento (altura) e da circunferência cefálica com o tempo. O índice de massa corporal (IMC) é geralmente usado para estimar o peso para a altura depois dos dois anos de idade. Não é desejável que os bebês tornem-se gordos, embora nenhuma evidência indique definitivamente que bebês acima do peso tornem-se adultos acima do peso. Entretanto, a restrição calórica severa não é recomendável para bebês, pois pode retardar o crescimento de sistemas de órgãos. Quando os bebês não crescem de modo adequado, o déficit do crescimento pode ser proveniente de distúrbios físicos ou de cuidados inadequados, como práticas alimentares equivocadas.

▲ Lactentes alimentados com fórmula permanecem com esse tipo de alimento até 1 ano de idade.

Necessidades nutricionais do lactente

As necessidades nutricionais dos lactentes variam conforme eles crescem e são diferentes das necessidades do adulto, tanto em quantidade quanto em proporção. Inicialmente, o leite humano ou a fórmula infantil (em geral usando como base leite de vaca tratado termicamente) supre os nutrientes necessários. Alimentos sólidos não são necessários até cerca dos seis meses de idade. Ainda quando alimentos sólidos são introduzidos, a base da dieta de um lactente no primeiro ano de vida ainda é o leite humano (materno) ou a fórmula infantil. Em virtude da grande importância da nutrição adequada nos primeiros meses de vida e das dificuldades encontradas em alimentar alguns lactentes, há mais discussão neste capítulo sobre esse período do desenvolvimento do que sobre períodos posteriores da infância.

Calorias As necessidades calóricas (com base nas necessidades energéticas estimadas) do lactente são (89 kcal × peso do lactente [Kg]) + 75 de 0 a 3 meses. Dos 4 aos 6 meses, essas necessidades são (89 kcal × peso do lactente [Kg]) + 44; dos 7 aos 12 meses, são (89 kcal × peso do lactente [Kg]) - 78). Com base em comparações do peso corporal, aos seis meses de idade, essa quantidade corresponde a cerca de 700 kcal/dia e representa de 2 a 4 vezes mais calorias por quilograma de peso corporal do que a necessidade do adulto. Os lactentes precisam de uma maneira fácil para obter essa quantidade de calorias. Tanto o leite humano quanto a fórmula infantil são ideais para os primeiros meses de vida. Ambos são ricos em gordura e fornecem cerca de 640 kcal por um quarto de líquido (em torno de 670 kcal/L; Tab. 15.1). Posteriormente, o leite humano ou a fórmula infantil, suplementado por alimentos sólidos, pode prover ainda mais calorias e variedade também para o lactente mais maduro.

As necessidades calóricas maiores do lactente são, em geral, direcionadas pelo rápido crescimento e pela taxa metabólica. A taxa metabólica alta é causada, em parte, pela proporção da superfície corporal do lactente em relação ao peso. Mais superfície corporal permite menos perda térmica pela pele; o corpo precisa usar calorias extras para repor esse calor.

Carboidratos As necessidades de carboidratos do lactente são de 60 g/dia entre 0 e 6 meses e de 95g/dia entre 7 e 12 meses de idade. Essas necessidades se baseiam nas ingestões-padrão de leite humano por bebês amamentados e seu uso eventual de alimentos sólidos. As metas de carboidratos são satisfeitas pelas ingestões-padrão dos lactentes em uma dieta correta.

Proteína As necessidades proteicas dos lactentes ficam em torno de 9 g/dia para lactentes menores e cerca de 14 g/dia para lactentes mais velhos. Essas necessidades também se baseiam nas ingestões-padrão de leite humano por lactentes amamentados de 0 a 6 meses e, então, nas necessidades de crescimento de lactentes mais velhos. Cerca da metade da ingestão proteica total deverá vir de aminoácidos essenciais (indispensáveis). Assim como no caso dos carboidratos, as necessidades

Ver "Nutrição e Saúde": *alergias e intolerâncias alimentares*, no final deste capítulo.

TABELA 15.1 Composição do leite humano e do leite de vaca e fórmulas infantis por litro. Aos três meses de idade, os bebês em geral consomem de 0,75 a 1 L de leite humano ou de fórmula por dia

	Energia (kcal)	Proteína (g)	Gordura (g)	Carboidrato (g)	Minerais* (g)
Leite					
Leite humano	670**	11	45	70	2
Leite de vaca, integral†	670	36	36	49	7
Leite de vaca, desnatado†	360	36	1	51	7
Fórmulas com base em caseína/soro de leite					
Similac®	680	14	36	71	3
Enfamil®	670	15	37	69	3
Good Start®***	670	16	34	73	3
Fórmulas com base em proteína de soja					
ProSobee®	670	20	35	67	4
Isomil®	680	16	36	68	4
Fórmulas/bebidas de transição‡					
Similac Toddler's Best®***	670	25	33	75	3
Enfamil Next Step®***	670	17	33	74	3
Carnation Follow-Up®***	670	17	27	88	3

* Cálcio, fósforo e outros minerais.

** Estimativa bruta; de 650-670 kcal/L.

*** N. de R.T.: Essas fórmulas não estão disponíveis no Brasil.

† Não indicado para alimentação do lactente, com base essencialmente no alto teor de proteína e minerais.

‡ Para uso depois dos seis meses de idade ou mais (ver rótulo).

Observando a Tabela 15.1, é fácil perceber por que laticínios desnatados não são recomendados para lactentes. Eles não suprem gordura e calorias adequadas para atender às necessidades desses bebês. O leite desnatado (bem como o semidesnatado e o integral) também proporcionariam proteína e minerais demais se fossem usados para atender às necessidades calóricas.

proteicas são facilmente atendidas pelo leite humano ou pela fórmula infantil. A ingestão proteica não deverá exceder muito esse padrão. O excesso de nitrogênio e minerais fornecido por dietas hiperproteicas excederiam a capacidade dos rins do lactente de excretar os produtos de degradação do metabolismo proteico, colocando, assim, um estresse excessivo na função renal geral.

Na América do Norte, é improvável haver deficiência proteica nos lactentes, exceto nos casos de erros no preparo da fórmula, como quando a fórmula infantil é excessivamente diluída em água. A deficiência de proteína pode ser induzida também por dietas de eliminação usadas para detectar **alergias** alimentares (hipersensibilidades). Como os alimentos são eliminados da dieta, os lactentes talvez não recebam proteína suficiente para compensar as fontes ricas em proteína não mais presentes (ver tópico "Nutrição e Saúde", no final do capítulo).

alergia Resposta imunológica hipersensível que ocorre quando substâncias ou componentes produzidos pelo nosso sistema imune reagem com uma proteína considerada estranha pelo nosso organismo (antígeno).

Gordura Os lactentes precisam de cerca de 30 g/dia de gordura. Ácidos graxos essenciais devem representar cerca de 15% da ingestão total de gordura (em torno de 5 g/dia). Mas uma vez, as duas recomendações se baseiam nas ingestões-padrão de leite humano por lactentes amamentados e na ingestão eventual de alimentos sólidos. As gorduras são uma parte importante da dieta do lactente por serem vitais ao desenvolvimento do sistema nervoso. Como uma fonte concentrada de calorias, a gordura também ajuda a solucionar o problema potencial das elevadas necessidades calóricas do lactente de uma capacidade gástrica pequena. Mais uma vez, não é recomendável a restrição da ingestão de gordura para lactentes ou crianças com menos de dois anos de idade (Fig. 15.2).

O ácido araquidônico (AA) e o ácido docosahexaenoico (DHA, do inglês *doxosahexaenoic acid*) são dois ácidos graxos de cadeia longa que têm papéis importantes no desenvolvimento do lactente. O sistema nervoso, especialmente o cérebro e os olhos, dependem desses ácidos graxos para o desenvolvimento adequado. Durante o último trimestre, o DHA e o AA providos pela mãe acumulam-se no cérebro e nas retinas dos olhos do feto. Lactentes amamentados são capazes de continuar a obter esses ácidos graxos do leite humano, especialmente se as mães consumirem peixe regularmente. Até recentemente, nenhuma fórmula infantil vendida nos Estados Unidos incluía AA ou DHA, mas várias marcas estão hoje disponíveis com esses ácidos. Essas fórmulas são particularmente úteis para a alimentação do bebê prematuro.

Vitaminas de interesse especial Conforme observado no Capítulo 8, a vitamina K é administrada por injeção como rotina a todos os recém-nascidos. Bebês alimentados com fórmula recebem o restante das vitaminas de que necessitam. Bebês amamentados deverão receber um suplemento de vitamina D (400 UI/dia) até passarem para a mamadeira e estarem consumindo pelo menos 500 mL/dia. Bebês amamentados cujas mães sejam vegetarianas radicais (veganas) deverão receber também suplemento de vitamina B12.

Minerais de interesse especial Os bebês nascem com algumas reservas internas de ferro. Entretanto, até o peso de nascimento dobrar (4 a 6 meses de vida), as reservas de ferro geralmente estarão depletadas se não fizerem parte da dieta de outra forma. Se a mãe teve deficiência de ferro durante a gravidez, essas reservas de ferro estarão exauridas ainda mais cedo. Conforme visto no Capítulo 9, a anemia ferropriva pode levar a problemas de desenvolvimento mental nos bebês. Vários estudos indicam que a anemia ferropriva durante o início da infância, mesmo se corrigida, tem um impacto duradouro em termos de comprometimento cognitivo, desenvolvimento motor e problemas comportamentais posteriormente na vida. Para manter um nível de ferro desejável, a American Academy of Pediatrics recomenda que lactentes alimentados com fórmula recebam fórmula fortificada com ferro desde o nascimento. Fórmulas infantis pobres em ferro são às vezes prescritas para tratar lactentes com diversos problemas do trato gastrintestinal; de outra forma, seu uso não é recomendado. No entanto, lactentes amamentados precisam, em torno dos seis meses de idade, de alimentos sólidos que forneçam ferro extra. Essa necessidade de ferro é uma consideração importante na decisão de introduzir alimentos sólidos. Alguns médicos recomendam suplementos de ferro na forma líquida desde

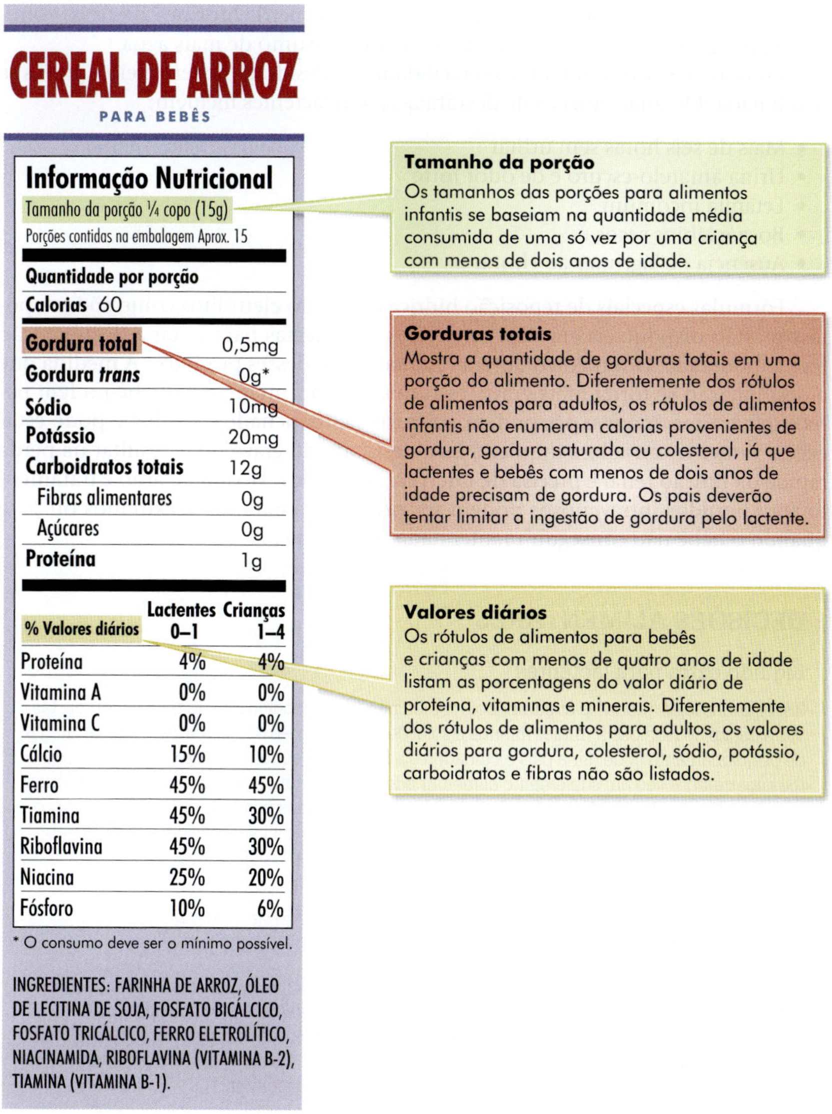

CEREAL DE ARROZ

PARA BEBÊS

Informação Nutricional

Tamanho da porção ¼ copo (15g)

Porções contidas na embalagem Aprox. 15

Quantidade por porção	
Calorias 60	
Gordura total	0,5mg
Gordura *trans*	0g*
Sódio	10mg
Potássio	20mg
Carboidratos totais	12g
Fibras alimentares	0g
Açúcares	0g
Proteína	1g

% Valores diários	Lactentes 0–1	Crianças 1–4
Proteína	4%	4%
Vitamina A	0%	0%
Vitamina C	0%	0%
Cálcio	15%	10%
Ferro	45%	45%
Tiamina	45%	30%
Riboflavina	45%	30%
Niacina	25%	20%
Fósforo	10%	6%

* O consumo deve ser o mínimo possível.

INGREDIENTES: FARINHA DE ARROZ, ÓLEO DE LECITINA DE SOJA, FOSFATO BICÁLCICO, FOSFATO TRICÁLCICO, FERRO ELETROLÍTICO, NIACINAMIDA, RIBOFLAVINA (VITAMINA B-2), TIAMINA (VITAMINA B-1).

Tamanho da porção
Os tamanhos das porções para alimentos infantis se baseiam na quantidade média consumida de uma só vez por uma criança com menos de dois anos de idade.

Gorduras totais
Mostra a quantidade de gorduras totais em uma porção do alimento. Diferentemente dos rótulos de alimentos para adultos, os rótulos de alimentos infantis não enumeram calorias provenientes de gordura, gordura saturada ou colesterol, já que lactentes e bebês com menos de dois anos de idade precisam de gordura. Os pais deverão tentar limitar a ingestão de gordura pelo lactente.

Valores diários
Os rótulos de alimentos para bebês e crianças com menos de quatro anos de idade listam as porcentagens do valor diário de proteína, vitaminas e minerais. Diferentemente dos rótulos de alimentos para adultos, os valores diários para gordura, colesterol, sódio, potássio, carboidratos e fibras não são listados.

FIGURA 15-2 ▶ Os rótulos dos alimentos infantis, assim como os de alimentos para adultos, contêm uma tabela de informações nutricionais. Entretanto, as informações divulgadas nos rótulos de alimentos infantis diferem das informações dos rótulos de alimentos para adultos, especialmente em relação ao teor de gorduras totais, gorduras saturadas e colesterol (ver Fig. 2.12 para uma comparação). Algumas marcas de cereais são fortificadas com vários outros micronutrientes.

o nascimento ou a partir de 1 mês de vida para lactentes amamentados, especialmente se o bebê mostrar evidências de deficiência de ferro.

Para ajudar no desenvolvimento dos dentes, suplementos de flúor são recomendados para lactentes amamentados depois dos seis meses de idade. O mesmo se aplica a bebês alimentados com fórmula se a água usada para preparar a fórmula em casa – seja encanada ou engarrafada – não contém flúor. Fabricantes de fórmulas infantis usam água sem flúor no preparo da fórmula. Os pais devem consultar o dentista para recomendações a respeito das necessidades de flúor do lactente. A American Dental Association não recomenda o uso de água engarrafada fluoretada em lactentes, porque ela acarreta um risco de fluorose no esmalte dentário durante o desenvolvimento dos dentes antes da erupção através das gengivas.

Os bebês também precisam de quantidades adequadas de zinco e iodo para sustentar o crescimento. Entretanto, quando o leite humano e a fórmula infantil são providos em quantidades que atendam às necessidades calóricas, geralmente são fornecidos zinco e iodo suficientes.

Água Um lactente precisa de aproximadamente três xícaras (700 a 800 mL) de água por dia. Os lactentes consomem, em geral, leite humano ou fórmula suficiente para suprir essa quantidade. Em climas quentes, porém, talvez seja preciso dar mais água. Além disso, qualquer condição que leve a uma perda hídrica – diarreia, vômitos, febre ou excesso de sol – pode demandar o consumo de mais água.

Os lactentes se desidratam com facilidade, e a desidratação tem efeitos graves se não tratada. Os sinais iniciais de desidratação em lactentes incluem:

- Mais de seis horas sem urinar
- Urina amarelo-escuro e de odor forte
- Letargia incomum
- Boca e lábios secos
- Ausência de lágrimas ao chorar

Fórmulas especiais de reposição hídrica contendo eletrólitos como sódio e potássio estão disponíveis em supermercados e farmácias para tratar a desidratação leve à moderada. Um médico deverá orientar o uso desses produtos. À medida que a desidratação se torna mais grave, os olhos e/ou a fontanela do bebê podem parecer escavados, mãos e pés podem estar frios e manchados, e o bebê pode estar excessivamente cansado e inquieto. Essa desidratação grave pode resultar na perda rápida da função renal e precisa de intervenção médica. Hospitalização e tratamento com líquidos intravenosos podem ser necessários para casos extremos ou para quando o bebê não conseguir manter nada no estômago.

DECISÕES ALIMENTARES

Líquido extra para lactentes

Em algumas lojas, produtos engarrafados, comercializados especificamente para lactentes, talvez estejam ao lado das fórmulas infantis e soluções de reposição de eletrólitos. Essa estratégia de posicionamento pode dar a pais e cuidadores a impressão equivocada de que esses produtos engarrafados são um suplemento alimentar adequado ou substitutos para reposição hídrica para lactentes; esses produtos não são e não deverão ser usados para tais finalidades. É importante lembrar que o excesso de líquido também pode ser prejudicial, especialmente ao cérebro.

REVISÃO CONCEITUAL

Grande parte das necessidades nutricionais nos primeiros seis meses de vida é atendida pelo leite humano ou pela fórmula infantil. Bebês amamentados precisam de um suplemento de vitamina D e possivelmente suplemento de ferro; bebês alimentados com fórmula talvez precisem de suplementos de flúor depois dos seis meses de idade. Os lactentes, em geral, recebem água suficiente do leite humano ou da fórmula infantil que consomem.

Em termos gerais, é melhor limitar líquidos suplementares a cerca de 120 mL/dia, a menos que o médico considere haver necessidade extra em virtude de uma doença ou outras condições. Em suma, extremos de ingestão hídrica – muito pouco ou excesso – podem levar a problemas de saúde.

Alimentação com fórmula para lactentes

A amamentação foi coberta em detalhes no Capítulo 14. Neste capítulo, o foco é a alimentação com fórmula. Vale lembrar que uma das principais vantagens da amamentação é propiciar proteção imunológica ao lactente. Em termos gerais, em áreas do mundo onde padrões elevados de pureza e limpeza da água são comuns, a alimentação com fórmula é uma alternativa saudável para os lactentes (porém, em geral, não tão benéfica quanto a amamentação).

Os pais devem consultar um médico ao escolher uma fórmula infantil adequada. Nem todos os produtos similares à fórmula são destinados para uso do lactente. Uma menina de cinco meses de idade chegou a um hospital em Arkansas com sintomas de insuficiência cardíaca, raquitismo, inflamação dos vasos sanguíneos e possível dano nervoso depois de receber Soy Moo® (uma bebida à base de soja vendida em lojas de produtos naturais) desde os três dias de vida. Os sintomas indicam deficiências graves de vitaminas.

Composição da fórmula Os lactentes não conseguem tolerar o leite de vaca em virtude de seu alto teor de proteína e minerais. O leite de vaca é perfeito para as necessidades de crescimento maiores dos bezerros, não de bebês humanos. Por isso, o leite de vaca precisa ser alterado pelos fabricantes de fórmulas para ser seguro para a alimentação do bebê. Formas alteradas de leite de vaca, conhecidas como fórmulas infantis, devem seguir diretrizes federais rígidas quanto à composição nutricional e qualidade. As fórmulas geralmente contêm lactose e/ou sacarose – carboidrato, proteína do leite de vaca tratada termicamente e óleos vegetais como gordura (ver Tab. 15.1). Fórmulas à base de proteína de soja estão disponíveis para lactentes que não conseguem tolerar a lactose ou os tipos de proteínas encontrados no leite de vaca. Se a fórmula à base de soja não for tolerada, o próximo passo é tentar uma fórmula pré-digerida na qual as proteínas foram decompostas em polipeptídeos e aminoácidos menores. Várias outras fórmulas especializadas também se encontram disponíveis para condições médicas específicas. É importante usar uma fórmula fortificada com ferro a menos que o médico recomende o contrário.

Algumas fórmulas/bebidas de transição foram introduzidas para bebês maiores e crianças de 1 a 3 anos de idade (Tab.15.1). Alguns desses produtos destinam-se a bebês com mais de seis meses de idade se ele estiver consumindo alimentos sólidos, ao passo que outros destinam-se apenas ao uso de crianças de 1 a 3 anos. Esses produtos de transição têm menos gordura do que o leite humano ou as fórmulas infantis-padrão; seu teor de ferro é maior do que o do leite de vaca, e seu teor total de minerais geralmente se aproxima mais ao teor do leite humano do que ao do leite de vaca. De acordo com os fabricantes, as vantagens dessas fórmulas/bebidas de transição sobre as fórmulas infantis para bebês mais velhos e crianças de 1 a 3 anos incluem o custo reduzido e o sabor melhor. Os pais devem consultar o médico a respeito do uso desses produtos.

O bisfenol A (BPA) é uma substância química usada em muitos plásticos, como algumas mamadeiras infantis. A exposição humana ao BPA, principalmente por meio da liberação do agente químico das embalagens de alimentos e bebidas, é ampla e comum. A preocupação a respeito dessa exposição vem de estudos com animais ligando o BPA a defeitos reprodutivos e do desenvolvimento. Entretanto, o consenso entre órgãos reguladores nos Estados Unidos e no Canadá é de que os níveis atuais de exposição ao BPA não são prejudiciais, nem mesmo para os lactentes. Para pais que desejam limitar tal exposição, há mamadeiras sem BPA disponíveis no mercado.

Preparo da fórmula Algumas fórmulas infantis são prontas para o consumo. Elas são despejadas na mamadeira limpa e consumidas imediatamente. A fórmula em temperatura ambiente é aceitável por muitos bebês. Caso contrário, para aquecer uma mamadeira com fórmula, o cuidador pode deixá-la sob água quente corrente ou colocá-la em uma panela com água fervente em fogo brando. As fórmulas infantis não devem ser aquecidas no micro-ondas devido à possibilidade de haver partes quentes demais, o que poderá queimar a boca e o esôfago do bebê.

Fórmulas em pó e líquidas concentradas também são amplamente usadas. Todos os utensílios usados para preparar a fórmula devem ser lavados e bem enxaguados. Fórmulas em pó ou concentradas devem ser combinadas com água fria e limpa, seguindo-se exatamente as orientações do rótulo. A fórmula é então aquecida, se desejado, e dada imediatamente ao bebê. Não se deve usar água quente da torneira para preparar a fórmula, pois isso representa um risco de exposição a um alto teor de chumbo (ver Cap. 13). A água fria representa menos risco. Para lactentes até seis meses de idade, os pediatras geralmente recomendam ferver (e depois esfriar) a água a ser usada no preparo da fórmula e esterilizar mamadeiras e utensílios por imersão em água fervente.

É seguro refrigerar a fórmula pronta por um dia. Entretanto, as sobras de uma mamadeira devem ser descartadas por estarem contaminadas por bactérias e enzimas da saliva do bebê. Se for usada, a água de poço deverá ser fervida antes de preparar a fórmula durante pelo menos os três primeiros meses de vida do bebê e deverá ser analisada quanto a uma concentração excessiva de nitratos de ocorrência natural, que podem levar a uma forma grave de anemia. Se o teor de nitratos no sistema de água municipal estiver alto, os consumidores serão advertidos (p. ex., pelo jornal local) a não usar a água para preparar a mamadeira até que as concentrações estejam seguras novamente. A American Dental Association orienta que a fórmula não deve ser misturada com água purificada para bebês, disponível ao lado de fórmulas infantis na maioria dos supermercados, em virtude do risco de descoloração dos dentes por níveis elevados de flúor.

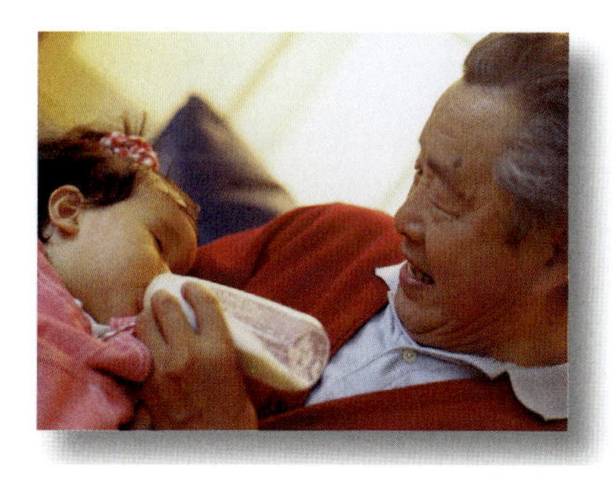

▲ A atenção cuidadosa durante a alimentação permite que o cuidador perceba quando o bebê sinaliza que a alimentação deve terminar.

Técnica de alimentação

Os bebês engolem muito ar quando bebem a fórmula ou o leite humano, por isso é importante fazê-los arrotar depois de 10 minutos de aleitamento ou depois que 30 a 60 mL forem consumidos da mamadeira, e mais uma vez ao final da mamada. A regurgitação de um pouco de leite é normal nesse momento.

Quando o bebê parecer satisfeito, deve-se parar a mamada, mesmo se houver leite na mamadeira. As pistas comuns que sinalizam que o bebê mamou o suficiente incluem virar a cabeça para o outro lado, ficar desatento, adormecer e querer brincar.

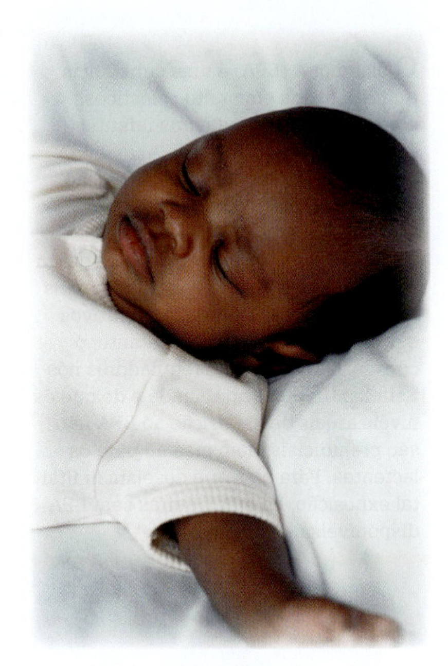

▲ A campanha *Back to Sleep* (de costas para dormir) recomenda que os lactentes sejam colocados deitados de costas para dormir.

Em geral, o apetite do lactente é um guia melhor do que as recomendações padronizadas a respeito das quantidades de alimentação. Bebês amamentados normalmente mamaram o suficiente depois de 20 minutos mais ou menos. Embora seja difícil dizer quanto leite os bebês amamentados ao seio estão obtendo, eles também dão sinais quando estão satisfeitos. Ao observar atentamente bebês aleitados com mamadeira ou amamentados e responder a suas pistas de modo adequado, os cuidadores não só conseguem saber que as necessidades calóricas dos bebês estão sendo atendidas, como também conseguem promover um clima de confiança e sensibilidade.

Uma vez alimentado, não se deve colocar o bebê deitado de bruços. A American Academy of Pediatrics recomenda colocar o bebê deitado de costas. A razão para não se colocar o bebê de bruços é porque essa posição de sono foi associada à síndrome da morte súbita do lactente (SMSL). A campanha norte-americana *Back to Sleep* (de costas para dormir), iniciada em 1994 nos Estados Unidos, reduziu a SMSL no país em 40%.

Entretanto, em razão da campanha, o fato de manter o bebê durante muito tempo nessa posição trouxe um problema conhecido como síndrome da cabeça chata (clinicamente conhecida como plagiocefalia postural). O crânio do lactente é mole e, portanto, pode mudar de formato. A síndrome da cabeça chata pode ocorrer se o bebê ficar uma quantidade excessiva do tempo deitado de costas ou recostado contra o "bebê-conforto" ou a cadeirinha do carro. Em resposta a essa preocupação, a Academia Americana de Pediatria recomendou reposicionar em tempo pré-determinado a cabeça do lactente enquanto ele dorme e permitir que ele fique por um tempo supervisionado deitado de bruços quando acordado. Além disso, alguns lactentes talvez precisem usar capacetes especiais para corrigir o formato da cabeça.

Expandindo as escolhas alimentares do lactente

Em torno dos seis meses de idade, o lactente está pronto para começar a comer "comida de mesa". Inicialmente, os alimentos da mesa são acrescentados – e não substituem – a fórmula ou o leite humano. Nas primeiras tentativas de introduzir alimentos sólidos, só o fato de colocar a comida na boca do bebê já é um desafio. Ao final do primeiro ano de vida, o bebê deverá estar consumindo uma variedade de carnes, vegetais, frutas e grãos de maneira que a dieta comece a se parecer com um padrão balanceado, estabelecendo o estágio para preferências e hábitos alimentares duradouros (Tab. 15.2). No processo de expandir as escolhas alimentares nas refeições dos lactentes, é essencial permitir que o bebê controle a situação – o cuidador deve avançar lentamente e responder às pistas do bebê de que ele está com fome ou já comeu o bastante.

Reconhecendo a prontidão do lactente para alimentos sólidos Como o cuidador sabe que está na hora de introduzir alimentos sólidos? O tamanho do lactente pode servir como um indicador bruto da prontidão – chegar a um peso de no mínimo 6 Kg é um sinal preliminar de prontidão para alimentos sólidos. Outra pista fisiológica é a frequência de alimentação, como consumir mais de 1 L de fórmula por dia ou mamar ao seio mais de 8 a 10 vezes em 24 horas. Subjacentes a esses sinais nítidos, existem diversos fatores importantes do desenvolvimento:

1. *Necessidade nutricional*. Antes de chegar aos seis meses de idade, as necessidades do lactente podem ser atendidas, em geral, com leite humano e/ou fórmula. Entretanto, depois dos seis meses, muitos lactentes precisam das calorias adicionais fornecidas por alimentos sólidos. Em termos de nutrientes individuais, as reservas de ferro estarão exauridas em torno dos seis meses de vida. Por isso, a suplementação de ferro de alimentos sólidos ou na forma de suplementos é necessária para suprir ferro se o bebê for amamentado ou receber uma fórmula infantil deficiente ou livre de ferro. (Conforme mencionado anteriormente, um suplemento de vitamina D também deve ser dado a lactentes amamentados.)
2. *Recursos fisiológicos*. À medida que o lactente cresce, a capacidade de digerir e metabolizar uma grande quantidade de componentes alimentares melhora. Antes dos três meses de idade, o trato digestório do lactente não consegue digerir prontamente o amido. Além disso, a função renal é limitada até cerca de

TABELA 15.2 Amostra de cardápio diário para uma criança de 1 ano de idade*

Desjejum 1 a 2 col de sopa de purê de maçã ¼ xícara de cereal matinal ½ copo de leite integral	**Lanche** 15 g de queijo *cheddar* 4 bolachas de trigo ½ copo de leite integral
Lanche ½ ovo cozido ½ fatia de torrada de trigo com ½ col de chá de margarina ½ copo de suco de laranja	**Jantar** 30 g de hambúrguer 1 a 2 col de sopa de purê de batatas com ½ col de chá de margarina 1 a 2 col de sopa de cenouras cozidas (cortada em tiras, não em rodelas) ½ copo de leite integral
Almoço 30 g de frango assado picadinho 1 a 2 col de sopa de arroz com ½ col de chá de margarina 1 a 2 col de sopa de ervilhas cozidas ½ copo de leite integral	**Lanche** ½ banana 2 biscoitos de aveia (sem passas) ½ copo de leite integral

Análise nutricional	
Total energético (kcal)	1.100
% de energia de	
Carbodidratos	40%
Proteína	19%
Gordura	41%

* Essa dieta é apenas um começo. Uma criança de 1 ano de idade talvez precise de mais ou de menos alimento. Nesses casos, os tamanhos das porções devem ser ajustados. O leite pode ser oferecido em um copo; parte pode ser colocado na mamadeira se a criança ainda não tiver passado para a xícara/copo. O suco deve ser oferecido em um copo.

4 a 6 semanas de vida. Até então, a excreção dos produtos de degradação de quantidades excessivas de proteína ou minerais é difícil.

3. *Capacidade física*. Três marcadores físicos indicam que uma criança está pronta para receber alimentos sólidos: (1) o desaparecimento do reflexo de extrusão (expulsão dos alimentos para fora da boca com a língua); (2) o controle da cabeça e do pescoço e (3) a capacidade de sentar-se sem apoio. Esses eventos ocorrem normalmente em torno de 4 a 6 meses de idade, mas variam em cada bebê.
4. *Prevenção de alergias*. O trato intestinal do lactente é "malvedado" – proteínas totais podem ser absorvidas prontamente desde o nascimento até cerca de 4 a 5 meses de idade. Se o bebê for exposto cedo demais a alguns tipos de proteína, particularmente as encontradas no leite de vaca e na clara de ovo, ele pode ficar predisposto a alergia futuras e outros problemas de saúde, como diabetes. Por essa razão, é melhor minimizar o número de tipos de proteínas na dieta do lactente, especialmente durante os primeiros três meses (ver tópico "Nutrição e Saúde" sobre alergias alimentares, no final deste capítulo).

▲ Cereais de arroz fortificados são recomendados como o primeiro alimento sólido para lactentes.

Com base nas considerações de necessidade nutricional, prontidão fisiológica e física e prevenção de alergias, a American Academy of Pediatrics recomenda que não sejam introduzidos alimentos sólidos até cerca de seis meses de idade e que os lactentes não recebam leite de vaca inalterado antes de 1 ano de idade.

DECISÕES ALIMENTARES

Introduzindo alimentos sólidos

Os pais talvez acreditem que a adição precoce de alimentos sólidos ajudará o lactente a dormir a noite inteira. De fato, trata-se da conquista de uma etapa do desenvolvimento, e a quantidade de alimento consumida pelo lactente é de pouca relevância para uma boa noite de sono. Antes de 4 a 6 meses de idade, os lactentes não estão fisicamente maduros o suficiente para consumir muito alimento sólido. Apenas em alguns casos, um lactente que cresce muito rápido precisa de alimentos sólidos para suprir as necessidade calóricas e de nutrientes antes dos seis meses de idade.

Progressão típica de alimentos sólidos a partir de 6 meses de idade*

Semana 1	Mingau de arroz
Semana 2	Acrescentar cenouras passadas na peneira
Semana 3	Acrescentar purê de maçã
Semana 4	Acrescentar mingau de aveia
Semana 5	Acrescentar gema de ovo cozida
Semana 6	Acrescentar carne de frango passada na peneira
Semana 7	Acrescentar ervilhas passadas na peneira
Semana 8	Acrescentar ameixas

* Recomenda-se estender a etapa do mingau de arroz por um mês mais ou menos se a introdução de alimentos sólidos começar aos quatro meses de idade. Além disso, se em algum ponto houver sinais de alergia ou intolerância, substitua por outro alimento semelhante.

Alimentos para atender às necessidades e às habilidades do desenvolvimento durante o primeiro ano de vida Se alimentos sólidos forem introduzidos antes dos seis meses de idade, a meta primária deve ser atender às necessidades de ferro. Portanto, os primeiros alimentos sólidos devem ser cereais fortificados com ferro. Alguns pediatras talvez recomendem carnes magras moídas (reduzidas a purês) para o bebê obter formas mais absorvíveis de ferro. O arroz é o melhor cereal para começar por ser o de menor potencial alergênico.

Ao introduzir alimentos sólidos, é importante começar com uma colher de chá de um item alimentar contendo um único ingrediente, como mingau de arroz, e aumentar a porção gradativamente. Quando o alimento tiver sido aceito por cerca de uma semana sem causar efeitos nocivos, outro alimento pode ser introduzido na dieta do lactente. Esse novo alimento pode ser um outro tipo de mingau ou talvez um vegetal cozido e passado na peneira (ou reduzido a purê), vegetal, carne, fruta e gema de ovo na mesma consistência mole.

É importante esperar cerca de sete dias para introduzir cada novo alimento porque pode demorar para o lactente desenvolver evidência de uma alergia ou intolerância. Sintomas de alergia a serem observados incluem diarreia, vômitos, erupção cutânea ou chiados respiratórios. Se ocorrer um ou mais desses sintomas, o alimento suspeito de causar o problema deve ser evitado por várias semanas e então reintroduzido em uma quantidade pequena. Se o problema persistir, um médico deverá ser consultado.

Alguns alimentos que, em geral, causam uma resposta alérgica em lactentes incluem clara de ovo, chocolate, nozes e leite de vaca. É melhor não introduzir esses alimentos nessa idade. Além disso, é importante evitar introduzir alimentos misturados até que cada componente da combinação tenha sido dado separadamente. Caso contrário, se uma alergia ou intolerância se desenvolver, será difícil identificar o alimento ofensor. Muitos bebês superam alergias alimentares posteriormente durante a infância.

Existem vários alimentos em forma de purês (papinhas) para lactentes disponíveis nos supermercados. Um único item alimentar é mais desejável do que papinhas de vários alimentos misturados, menos densos em nutrientes. A maioria das marcas não acrescenta sal, porém algumas papinhas de frutas contêm muito açúcar.

Como alternativa, alimentos cozidos simples e sem temperos – vegetais, frutas e carnes – podem ser processados em um processador/moedor plástico de alimentos infantis, um utensílio barato. Outra opção é reduzir a purê uma quantidade maior de alimento no liquidificador, congelar em formas de gelo e guardar em sacos plásticos, prontos para descongelar e aquecer conforme necessário. É preciso ter muita atenção à limpeza. Temperos que talvez agradem o restante da família não deverão ser acrescentados aos alimentos infantis feitos em casa. O bebê não nota a diferença se omitirmos sal, açúcar e temperos. É melhor introduzir uma variedade de alimentos ao lactente, de maneira que, ao final do primeiro ano, o bebê esteja consumindo muitos alimentos – leite humano ou fórmula, carnes, frutas, vegetais e grãos.

A habilidade de alimentar-se sozinho requer coordenação e talvez só se desenvolva se deixarmos o bebê praticar e experimentar. Entre 6 e 7 meses de idade, o lactente terá aprendido a lidar com o alimento que consegue pegar com a ponta dos dedos e a transferir objetos de uma mão para outra com uma certa destreza. É mais ou menos nessa época que os primeiros dentes aparecem. Torradas, cortadas em tiras, proporcionam horas de prazer. Entre 7 e 8 meses, os lactentes conseguem empurrar a comida pelo prato, brincam com um copo com bico, seguram a mamadeira e comem sozinhos uma bolacha ou um pedaço de torrada. Com o domínio dessas manipulações, os lactentes desenvolvem confiança e autoestima. É importante que os pais sejam pacientes e apoiem essas tentativas iniciais de alimentação, embora pareçam ineficazes.

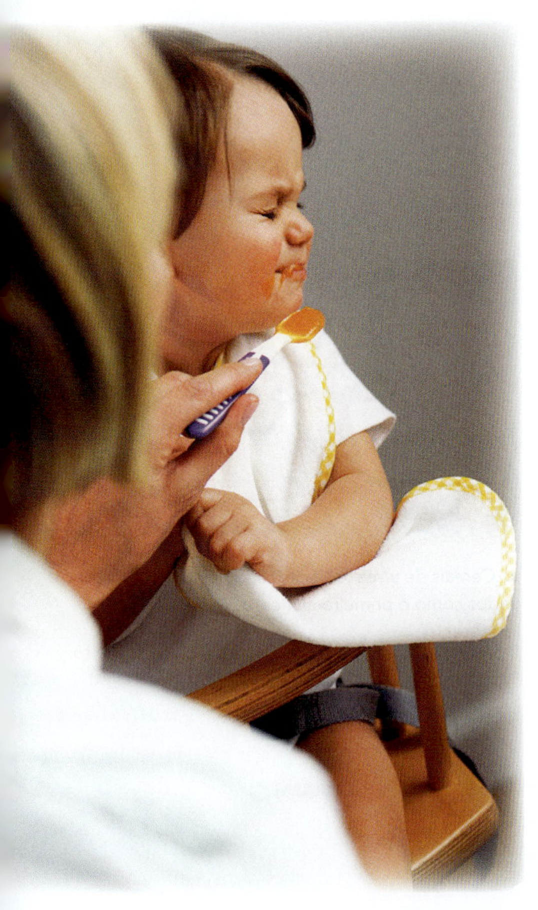

▲ A exposição repetida ajuda na aceitação de novos sabores e texturas.

Em torno dos 9 a 10 meses de idade, o desejo do bebê por explorar, experimentar e brincar com os alimentos pode prejudicar a alimentação. O alimento é usado como um meio de explorar o ambiente e, portanto, a hora da refeição geralmente é uma grande bagunça – uma tigela de macarrão pode acabar no cabelo da criança. Apresentar um novo alimento em vários dias consecutivos pode ajudar o bebê a aceitá-lo. É preciso que os cuidadores relaxem e olhem essa fase do desenvolvimento infantil com tolerância. Refeições relaxadas e agradáveis serão boas lembranças no futuro. No final do primeiro ano, a alimentação com os dedos torna-se mais eficaz, e a mastigação é melhor à medida que mais dentes surgem. Ainda assim, pode-se esperar experimentação e imprevisibilidade.

Para facilitar os esforços na oferta de alimentos sólidos, considere as orientações a seguir:

- Use uma colher para bebês; uma colher pequena com cabo comprido é melhor.
- Segure o bebê de maneira confortável no colo, como se fosse amamentar ou dar a mamadeira, porém um pouco mais ereto para facilitar a deglutição. Quando nessa posição, o bebê espera o alimento.
- Ponha uma pequena porção do alimento na ponta da colher e delicadamente encoste a colher na língua do bebê.
- Transmita calma e segurança ao bebê, que precisa de tempo para acostumar-se ao alimento.
- Espere que o bebê aceite apenas de 2 a 3 colheres pequenas nas primeiras refeições.

Desmamando do seio ou da mamadeira

Em torno dos seis meses de idade, podem-se oferecer sucos ao bebê em um copo com bico e uma base larga. Beber em copo com bico em vez da mamadeira ajuda a prevenir cáries infantis precoces. Se o bebê continuar a usar só a mamadeira, o líquido rico em carboidratos banha os dentes de modo contínuo, promovendo um meio de crescimento ideal para bactérias aderirem aos dentes. Essas bactérias então formam ácidos, que dissolvem o esmalte dentário. Para evitar cáries dentárias, os bebês não devem ser colocados no berço com uma mamadeira ou na cadeirinha infantil com uma mamadeira apoiada.

cáries infantis precoces Cárie dentária que resulta do contato prolongado da fórmula ou do suco (e até mesmo do leite materno) com os dentes quando a criança adormece com a mamadeira na boca. Os dentes superiores são os mais afetados, já que os inferiores estão protegidos pela língua; antigamente chamada de síndrome da mamadeira ou cárie da mamadeira.

Em torno dos 10 meses de idade, os bebês estão aprendendo a comer sozinhos e a beber sozinhos em um copo. À medida que a criança passa a beber em um copo com mais frequência, menos mamadas ao seio e/ou mamadeiras são necessárias. A capacidade de engatinhar e andar deverá levar naturalmente ao desmame gradativo da mamadeira ou do seio. Ainda assim, eliminar o hábito da mamadeira antes de dormir à noite pode ser difícil. Cuidadores determinados podem recuar depois de algumas noites de choro do bebê, ou desmamá-lo lentamente da mamadeira, seja com uma chupeta ou com água (por uma semana mais ou menos).

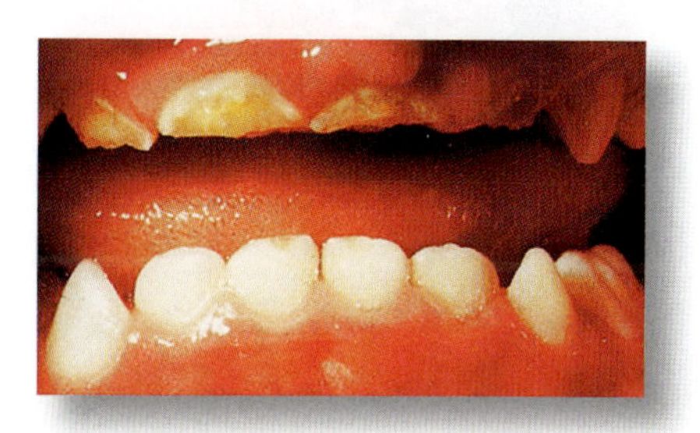

▲ Cáries infantis precoces Um exemplo extremo de cárie dentária provavelmente decorrente do hábito de colocar o bebê no berço com a mamadeira na boca. Os dentes superiores estão cariados até quase a linha da gengiva.

Diretrizes dietéticas para alimentação do lactente

Talvez seja difícil para os novos pais estabelecer metas de nutrição para os lactentes diante das recomendações dietéticas inconstantes das autoridades de saúde, preferências culturais e conselhos ultrapassados de amigos e familiares. Em resposta às diversas controvérsias que cercam a alimentação infantil, a American Academy of Pediatrics divulgou uma série de declarações a respeito das dietas infantis. As diretrizes a seguir se baseiam nessas declarações:

- *Use uma variedade de alimentos.* Durante os primeiros meses de vida, o leite humano (ou a fórmula infantil) é tudo de que um lactente precisa. (A necessidade de vitamina D de bebês amamentados é uma exceção.) Quando o lactente estiver pronto, comece a introduzir novos alimentos, um de cada vez. Durante o primeiro ano, a meta é ensinar o bebê a apreciar uma variedade de alimentos nutritivos. Hábitos alimentares saudáveis pela vida toda começam com essa primeira etapa importante.
- *Preste atenção ao apetite do bebê para evitar superalimentá-lo ou subalimentá-lo.* Alimente o bebê quando ele tiver fome. Nunca o force a terminar uma porção de alimento não desejada. Observe sinais que indiquem fome ou saciedade. Isso reforçará a capacidade natural do bebê de autorregular a ingestão de alimentos.
- *Bebês precisam de gordura.* Embora a gordura contribua para muitos problemas de saúde no adulto, ela é uma fonte essencial de calorias para bebês em crescimento. A gordura também ajuda no desenvolvimento do sistema nervoso.

- *Opte por frutas, vegetais e grãos, porém não exagere em alimentos muito ricos em fibras.* Durante a segunda metade do primeiro ano de vida, os lactentes recebem uma variedade de frutas e vegetais. Entretanto, estudos mostram que, em torno de 1 ano de idade, o consumo de vegetais é dominado por batata inglesa. Continue a oferecer opões de vegetais de cor verde e amarela nessa fase para melhorar a ingestão de vitaminas, minerais e fitoquímicos importantes. Em termos de fibras, apesar de muitos adultos se beneficiarem de dietas ricas em fibras, elas não são tão boas para os lactentes. Elas são volumosas, saciam precocemente e com frequência são pobres em calorias. As quantidades naturais de fibras e nutrientes em frutas, vegetais e grãos são adequadas como parte de uma dieta infantil saudável.
- *Os lactentes precisam de açúcar com moderação.* Os açúcares são fontes adicionais de calorias para lactentes ativos e em rápido crescimento. Alimentos como leite humano, frutas e sucos integrais são fontes naturais de açúcares e outros nutrientes também. Alimentos que contêm adoçantes artificiais devem ser evitados; eles não proporcionam as calorias de que os lactentes em crescimento precisam. No entanto, a ingestão excessiva de açúcares, particularmente bebidas com aromas de frutas e refrigerantes, contribui para a epidemia de obesidade infantil.
- *Lactentes precisam de sódio em moderação.* O sódio é um mineral necessário encontrado naturalmente em quase todos os alimentos. Como parte de uma dieta saudável, os lactentes precisam de sódio para que seus corpos funcionem adequadamente. Entretanto, as ingestões médias de sódio entre lactentes e bebês maiores estão acima da AI. Os cuidadores devem retardar a introdução de leite de vaca (uma fonte de sódio para os lactentes) até 1 ano de idade e abster-se de oferecer alimentos muito temperados e processados.
- *Opte por alimentos que contenham ferro, zinco e cálcio.* Os lactentes precisam de boas fontes de ferro, zinco e cálcio para o crescimento ideal nos primeiros dois anos de vida. Esses minerais são importantes para a saúde do sangue, o crescimento ideal e ossos fortes. Muitos alimentos para lactentes e bebês maiores (p. ex., cereais, bolachas e biscoitos) são fortificados com esses minerais.

▲ Tentativas precoces de se alimentar sozinho devem ser incentivados embora causem confusão e sujeira.

Claras de ovos também não devem ser oferecidas a crianças até 1 ano de idade para ajudar a prevenir o desenvolvimento de alergias.

Em geral, não há evidências de que dietas restritivas durante o primeiro ano de vida tenham efeitos positivos, já seus riscos estão bem documentados.

O que não dar ao lactente

A seguir, temos diversos alimentos e práticas que devem ser evitados na alimentação do lactente:

- *Mel.* Esse produto pode conter esporos de *Clostridium botulinum*. Os esporos podem evoluir para bactérias no estômago e levar a uma doença alimentar conhecida como *botulismo*, que pode ser fatal, especialmente em crianças com menos de 1 ano de idade (ver Cap. 13).
- *Fórmula infantil ou leite humano em excesso.* Depois dos 6 a 8 meses de idade, os alimentos sólidos devem ter um papel maior na satisfação do apetite do lactente. A principal razão para essa mudança é que os alimentos sólidos contêm consideravelmente mais ferro biodisponível do que o leite humano ou as fórmulas pobres em ferro. A ingestão de cerca de ¾ a 1 L de leite humano ou fórmula diariamente é o ideal depois dos seis meses, com o alimento sólido fornecendo o restante das necessidades calóricas do lactente.
- *Alimentos que tendam a causar engasgos.* Esses alimentos incluem salsichas (a menos que cortadas em tiras, não em rodelas), balas, nozes inteiras, uvas, carnes em pedaços grandes, cenoura crua, pipoca e manteiga de amendoim. Os cuidadores jamais devem deixar crianças pequenas lancharem enquanto brincam e devem supervisionar todas as refeições.
- *Leite de vaca, especialmente semidesnatado ou desnatado.* A Academia Americana de Pediatria recomenda veementemente que os pais não alimentem crianças com menos de dois anos de idade com leite semidesnatado ou desnatado. Antes dessa idade, a quantidade desses tipos de leite suficiente para prover as ne-

cessidades calóricas do bebê forneceria um excesso de muitos minerais, o que, por sua vez, poderia sobrecarregar a capacidade dos rins em eliminar o excesso. A ingestão menor de gorduras também pode prejudicar o desenvolvimento do sistema nervoso. Depois dos dois anos de idade, as crianças podem consumir leite semidesnatado ou desnatado, pois nessa idade já estarão consumindo alimentos sólidos o suficiente para suprir as necessidades de calorias e gordura.

- *Dar quantidades excessivas de suco de maçã ou pera.* A frutose e o sorbitol contidos nesses sucos podem levar à diarreia por serem absorvidos lentamente. Além disso, se o suco de fruta ou bebidas similares estiverem substituindo a fórmula ou o leite na dieta, o lactente pode não estar recebendo quantidades adequadas de cálcio e outros minerais essenciais para o crescimento ósseo. Estudos mostraram uma associação entre quantidades excessivas de suco de fruta e déficit do crescimento, complicações do trato GI, obesidade, baixa estatura e problemas no desenvolvimento dentário. Dessa forma, essas substâncias devem ser usadas com parcimônia. Lactentes acima de seis meses de idade, em geral, podem consumir com segurança até 180 mL de suco no curso de um dia e não mais do que 60 a 120 mL por vez.

Práticas alimentares inadequadas para lactentes

Pais e outros cuidadores devem estar atentos a uma variedade de problemas de saúde potenciais relacionados à nutrição infantil, de maneira que possam tomar ações corretivas rapidamente. Em alguns casos, esses problemas são provenientes de práticas alimentares equivocadas e ingestões nutricionais inadequadas, incluindo as seguintes:

- Uma dieta que propicia ferro insuficiente.
- Ausência na dieta de todo um grupo alimentar da *MyPyramid* quando alimentos sólidos são introduzidos e tornam-se a principal fonte de nutrientes.
- Uso de leite de vaca.
- Introdução prematura de alimentos com potencial alergênico, como claras de ovo e nozes.
- Consumo de leite cru (não pasteurizado), que pode estar contaminado com bactérias ou vírus.
- Consumo de leite de cabra, pobre em folato, ferro, vitamina C e vitamina D.
- Falta de estímulo para beber líquidos de um copo ou xícara com 1 ano de idade.
- Alimentação com mamadeira depois dos 18 meses de idade.
- Ingestão de vitaminas e minerais suplementares acima de 100% da RDA apropriada ou outro padrão nutricional.
- Consumo de grandes quantidades de suco de fruta depois dos seis meses de idade, especialmente em substituição à fórmula infantil ou ao leite humano. (Lembre-se de que o suco de fruta não deve ser dado de forma alguma antes dos seis meses.)

O *website* da American Academy of Pediatrics (www.aap.org) também oferece informações úteis a respeito desses e de outros problemas relacionados à nutrição na infância.

REVISÃO CONCEITUAL

As fórmulas infantis geralmente contêm lactose ou sacarose, proteínas do leite de vaca tratadas termicamente e óleo vegetal. As fórmulas podem ser ou não fortificadas com ferro. A higiene no preparo e na armazenagem da fórmula é importante. Alimentos sólidos não devem ser acrescentados à dieta de um lactente até que a criança esteja pronta e precise de alimentos sólidos, geralmente em torno dos seis meses de idade. Os primeiros alimentos sólidos podem ser cereais infantis fortificados com ferro, com os acréscimos gradativos de outros alimentos – um alimento novo por semana. Alguns alimentos que não devem ser dados aos lactentes no primeiro ano de vida são mel, leite de vaca (particularmente semidesnatado ou desnatado), alimentos que possam fazer a criança engasgar e quantidades excessivas de suco de fruta ou produtos relacionados (p. ex., bebidas à base de frutas).

Resumo das recomendações para alimentação do lactente

Lactentes amamentados

- Amamente por seis meses ou mais, se possível. Em seguida, introduza fórmula infantil se e quando a amamentação diminuir ou cessar. (O leite materno também pode ser retirado com bomba e colocado na mamadeira para uso posterior.)
- Dê um suplemento de vitamina D (400 UI/dia).
- Investigue a necessidade de suplementação de vitamina B12, flúor e ferro para prevenir deficiências.

Lactentes alimentados com fórmula

- Use fórmula infantil no primeiro ano de vida, de preferência um tipo fortificado com ferro.
- Investigue a necessidade de um suplemento de flúor se o abastecimento de água não for fluoretado.

Todos os bebês

- Acrescente cereal fortificado com ferro em torno dos seis meses de idade.
- Ofereça uma variedade de alimentos básicos e macios depois dos seis meses de idade, avançando para uma dieta variada.

▲ O lactente mais velho aprecia alimentos que consegue comer com os dedos.

15.3 Crianças em idade pré-escolar: questões nutricionais

O rápido crescimento que caracteriza o primeiro ano de vida vai diminuindo durante os anos subsequentes. O ganho de peso médio anual é de apenas 2 a 3 Kg, e a média de ganho estatural é de apenas 7,5 a 10 cm entre 2 e 5 anos de idade. À medida que o ritmo de crescimento da criança de 1 a 3 anos diminui, o comportamento alimentar muda. Por exemplo, uma taxa de crescimento menor leva a menos apetite, conhecido geralmente como "seletividade alimentar", em comparação aos lactentes.

Em virtude dessa diminuição no apetite, planejar uma dieta que supra as necessidades nutricionais de uma criança em idade pré-escolar representa um desafio especial para os cuidadores. A *MyPyramid* para pré-escolares (idades de 2-5 anos), disponível no *site*, oferece inúmeros recursos para planejar refeições e lanches nutritivos e apropriados à idade. Mais orientação nutricional, começando na gravidez e estendendo-se até os anos pré-escolares, encontra-se disponível no centro de recursos *Start Healthy, Stay Healthy* (Comece saudável, mantenha-se saudável) em http://www.gerber.com/Nutrition_Feeding/Start_Healthy_Stay_Healthy.aspx. A escolha de alimentos ricos em nutrientes é importante em particular para crianças que comem relativamente pouco. Trata-se de um bom momento para enfatizar alguns grãos integrais, frutas e vegetais sem aumentar a ingestão de gordura e açúcares simples. Um cereal matinal integral instantâneo com pouca gordura e açúcar é uma excelente escolha. Não é preciso reduzir drasticamente a ingestão de gordura e açúcares simples, porém escolhas de alimentos gordurosos e açucarados não devem prevalecer sobre opções mais nutritivas.

A ingestão excessiva de sódio é uma preocupação para crianças em idade pré-escolar também. Os cuidadores podem reduzir a ingestão de sódio com as seguintes dicas: limitar a adição de sal durante o cozimento e à mesa; restringir o uso de alimentos processados (p. ex., frios e embutidos, salsichas); lavar feijões e vegetais enlatados antes de cozinhar e estimular o consumo de frutas, vegetais e grãos integrais no lugar de lanches prontos pré-embalados. Os anos pré-escolares são a melhor época para uma criança começar um padrão saudável de vida e alimentação, enfatizando a prática regular de atividades físicas e o consumo de alimentos nutritivos. Pais e outros cuidadores são os melhores exemplos: se eles consumirem uma variedade de alimentos, as crianças também o farão. Uma regra possível é a regra de um pedaço: com ponderação, as crianças deverão comer pelo menos um pedaço ou provarem os alimentos apresentados a elas. No caso de lanches, os pais deverão selecionar diversas possibilidades de escolhas aceitáveis e permitir que as crianças escolham uma. O ideal é que a responsabilidade pela escolha alimentar da criança comece cedo.

Resumo das necessidades de macronutrientes durante a infância

Carboidratos

- 130 g/dia para suprir energia ao sistema nervoso central e prevenir cetose

Proteína

- 13-19 g/dia (1-3 anos)
- 34-52 g/dia (crianças mais velhas)

Gordura

- Pelo menos 5 g/dia de ácidos graxos essenciais
- Posteriormente a meta é 20 a 35% da ingestão calórica total aos 19 anos

▲ O interesse pelos alimentos começa desde cedo.

Como ajudar uma criança a escolher alimentos nutritivos

Uma das maneiras pelas quais os adultos podem estimular as crianças pequenas a fazer refeições nutritivas e bem-balanceadas é servir novos alimentos e repetir a exposição a eles. O jantar é uma boa hora para as crianças experimentarem novos alimentos e desenvolverem preferências alimentares. As crianças em idade pré-escolar tendem especialmente a rejeitar alimentos novos. Uma razão para isso é que elas têm papilas gustativas mais sensíveis do que as dos adultos. Além disso, elas têm uma desconfiança generalizada de alimentos não familiares. Se os adultos forem pacientes e insistirem, as crianças formarão bons hábitos alimentares. Talvez seja preciso de 8 a 10 exposições a um alimento novo até que a criança o aceite. Antes de qualquer coisa, a mesa do jantar não deve ser um campo de batalha, e usar o suborno alimentar – por exemplo, uma fatia de torta se comer as ervilhas – é altamente desaconselhável.

As características de alguns alimentos, como texturas crocantes e sabores leves, são atraentes para as crianças. A familiaridade também tem um papel importante na aceitação dos alimentos. Contudo, as crianças pequenas são especialmente cautelosas com alimentos quentes e tendem a rejeitá-los.

Os pré-escolares acabam desenvolvendo habilidade no manuseio de colheres e garfos e podem usar facas sem corte afiado. Entretanto, ainda é uma boa ideia servir alguns alimentos que possam ser comidos com os dedos. A meta deverá ser tornar a hora da refeição um momento social feliz para compartilhar e desfrutar os alimentos saudáveis.

Problemas alimentares na infância

Tensões entre os pais, ou entre pais e filhos, especialmente durante as refeições, com frequência contribuem para problemas alimentares. Etapas importantes para resolver muitos desses problemas na infância são analisar a raiz das questões familiares e criar uma atmosfera mais harmoniosa. Além disso, muitos pais precisam ser educados sobre o que esperar de uma criança em idade pré-escolar e quais metas alimentares vão estabelecer. A seguir, serão consideradas algumas queixas e preocupações típicas dos pais, as causas dos problemas e algumas sugestões para corrigi-los.

"Meu filho não come tanto ou tão regularmente como quando era um bebê" Esse comportamento é típico dos pré-escolares, porque sua taxa de crescimento diminui depois da fase de lactente; assim, eles não precisam de tanto alimento. Os pais precisam entender que não se pode esperar que uma criança de três anos de idade coma tão vorazmente quanto um bebê ou que comam porções de adultos. A Tabela 15.3 mostra um plano alimentar geral, com base na *MyPyramid*, adequado para crianças em idade pré-escolar e escolar. Até cerca de cinco anos de idade, os tamanhos das porções no grupo de vegetais, frutas, carne e feijões deverão ser de uma colher de sopa por ano de vida, podendo ser aumentados conforme necessário. A mesma recomendação não se aplica aos grupos de grãos ou leite, mas consumir leite em excesso pode deixar a dieta pobre em ferro. As crianças de peso normal têm mecanismos de alimentação formados, que ajustam a fome para regular a ingestão alimentar em cada estágio do crescimento. Se uma criança estiver crescendo e se desenvolvendo normalmente, e o cuidador estiver propiciando uma variedade de alimentos saudáveis, todos podem ficar tranquilos a respeito do bem-estar da criança.

Um padrão de exigências alimentares, ou alimentação seletiva, é em geral uma outra expressão de independência para as crianças, que têm um desejo forte de estabelecer uma rotina autodeterminada. Os cuidadores devem evitar importunar, forçar ou subornar as crianças para que elas comam. Essas táticas reforçam indiretamente comportamentos de alimentação seletiva pela atenção excessiva dada a eles. Em termos gerais, os pais devem enfatizar a oferta de uma variedade de escolhas saudáveis, permitindo que a criança exerça certa autonomia sobre o tipo específico de alimento e a quantidade consumida. Entretanto, quando a criança perde subitamente o apetite, pode haver razão para preocupação, já que a inapetência pode ser um sinal de doença subjacente.

Os pais devem lembrar também que gostos e aversões mudam rapidamente na infância e podem sofrer influência de temperatura, aparência, textura e sabor do alimento. Às vezes, as crianças rejeitam a mistura de alimentos, como em ensopados e cozidos, até mesmo se, em geral, gostam dos ingredientes separadamente.

Além disso, os pais devem reconhecer que se trata de uma idade importante para as crianças explorarem o mundo ao seu redor. Até mesmo as crianças que comem bem às vezes se interessam mais por explorar do que comer. Existe espaço para indulgências eventuais, pular uma refeição ou duas, ou de vez em quando fazer escolhas "menos ideais". O que importa são os hábitos alimentares e de estilo de vida ao longo de um mês (e durante a vida). As crianças controlam sua alimentação quando os adultos estabelecem bons exemplos, proporcionam oportunidades de aprendizagem, apoiam a exploração e limitam comportamentos inadequados.

"Minha filha está sempre lanchando, mas nunca termina uma refeição" As crianças têm estômagos pequenos. Oferecer-lhes seis pequenas refeições, por exemplo, funcionará melhor do que limitá-las a três refeições por dia. Ater-se a três

É comum que crianças de dois anos prefiram determinados alimentos, mas os pais não devem se preocupar com isso. Uma criança pode passar da ênfase em um alimento específico (com frequência denominada *manias alimentares*) para outro com igual intensidade (lactentes mais velhos também podem agir dessa forma). Se o cuidador continuar a oferecer escolhas, a criança logo começará a comer uma variedade maior de alimentos novamente, e o foco no alimento específico desaparecerá tão subitamente quanto apareceu.

A asfixia (engasgo) é um perigo que pode facilmente ser evitado em crianças pequenas. Algumas sugestões para o cuidador incluem:

- Seja um bom exemplo à mesa, comendo porções pequenas e mastigando bem os alimentos.
- É importante que a criança sente-se à mesa, pare um pouco e concentre-se nos alimentos durante refeições e lanches.
- Evite dar às crianças qualquer alimento que seja redondo, firme, grudento ou cortado em pedaços grandes. Alguns exemplos de alimentos a serem evitados são nozes, uvas, passas, pipoca, manteiga de amendoim e pedaços duros de frutas e vegetais crus.

TABELA 15.3 Planos alimentares para crianças com base na *MyPyramid*

		Número aproximado de porções[1]				
Grupo alimentar	**Tamanho da porção**	**2 anos[2]**	**5 anos[3]**	**8 anos[3]**	**12 anos[3,4]**	**16 anos[3,4]**
Grãos	Gramas	85	140	140	170-200	170-285
Vegetais	Xícara	1	1,5	2	2,5-3	2,5-3,5
Frutas	Xícara	1	1,5	1,5	2	2-2,5
Leite	Copo	2	2	3	3	3
Carne e feijões	Gramas	57	113	140	156-170	156-200
Óleos	Colher de chá	3	4	5	6	6-8
Calorias opcionais	kcal	Até 165	Até 170	Até 130	Até 265-290	Até 265-425

[1] Consulte a página do *MyPyramid* na internet para outras idades e outros níveis de atividade física.
[2] Com base em menos de 30 minutos de atividade física.
[3] Com base em 30 a 60 minutos de atividade física.
[4] As quantidades menores se referem a meninas.

refeições por dia não oferece vantagens nutricionais em especial; trata-se apenas de um costume social. Lanchar é bom, desde que bons hábitos de higiene dentária sejam praticados. Quando comemos não é tão importante quanto o que comemos. Se lanches nutritivos estiverem prontamente disponíveis, eles serão uma boa opção para o meio da manhã ou da tarde quando a criança sente fome. Frutas e vegetais (frescos, congelados ou na forma de sucos) e pães e biscoitos integrais são boas opções de lanche. É importante que esses lanches sejam planejados com antecedência para que escolhas saudáveis estejam disponíveis. Pais que trabalham fora devem garantir que seus filhos tenham lanches nutritivos disponíveis para que possam esperar até a hora do jantar.

Quando uma criança se recusa a comer, é melhor não reagir de modo exagerado. A exasperação pode dar à criança a ideia de que não comer é um meio de receber atenção ou de manipular uma situação. A maioria das crianças não passa fome de modo intencional a ponto de causar um dano físico. Quando elas se recusam a comer, faça com que se sentem à mesa um pouco; se ainda assim elas não se interessarem por comer, remova a comida e espere até a próxima refeição ou lanche.

"Meu filho nunca come vegetais" As crianças geralmente comem frutas o suficiente, mas não uma quantidade adequada de vegetais. Qualquer pessoa pode não gostar de determinados alimentos. Mais uma vez, a regra de um pouquinho (uma colherada, um pedaço) pode ser usada, incluindo porções de vegetais. Leva tempo para uma criança se entusiasmar com um alimento novo; entretanto, com a exposição contínua e um exemplo positivo, é provável que a criança até mesmo passe a gostar daquilo de que antes não gostava.

Não se pode e nem se deve forçar uma criança a comer. Elas precisam desenvolver independência e identidades distintas dos pais. Conforme dito antes, as crianças precisam escolher por si mesmas – uma prática que deverá ser encorajada. Não existe um alimento único que seja parte essencial de uma dieta. A fome ainda é a melhor maneira de fazer a criança se interessar pelos alimentos. Talvez seja melhor oferecer os vegetais no começo da refeição, quando elas estão com mais fome. Ofereça novos alimentos junto com alimentos familiares. Uma travessa de cenouras, brócolis, pimentões verdes e vermelhos, repolho e cogumelos crus ou levemente cozidos oferecidos no lanche com amigos pode ser aceito. Uma criança de 4 ou 5 anos pode consumir com segurança vegetais crus sem perigo de engasgo e asfixia. Vale ressaltar que as crianças com frequência são mais sensíveis do que os adultos a sabores e odores fortes. Molhos, patês e pastas nutritivas, como o (molho industrializado para saladas), contribuem para que as crianças se interessem por vegetais. Os vegetais podem se tornar mais atraentes quando as crianças os preparam. E, assim como qualquer alimento, é importante lembrar que elas têm direito a gostar e não gostar também.

▲ O leite é uma fonte de proteína rica em cálcio, zinco e outros nutrientes para respaldar o crescimento. É especialmente problemático suprir as necessidades de cálcio na infância sem o consumo regular de laticínios (ver, no Cap. 9, fontes alternativas de cálcio).

As crianças precisam de um suplemento de vitaminas e minerais?

Grupos científicos importantes, como a American Dietetic Association (Asssociação Dietética Americana) e a American Society for Clinical Nutrition (Associação Americana de Nutrição Clínica), acreditam que suplementos de vitaminas e minerais, em geral, são desnecessários para crianças saudáveis; é melhor sempre oferecer bons alimentos. De fato, o consumo de alimentos fortificados e suplementos pode levar a ingestões acima do nível máximo de ingestão tolerável (UL, do inglês *upper level*) para alguns nutrientes, como vitamina A e zinco. Suplementos infantis parecidos com balas podem resultar em superdosagem acidental, como no caso do ferro. Cereais matinais fortificados misturados com leite são especialmente úteis para compensar qualquer diferença entre ingestão e necessidades de macronutrientes, como vitamina E, folato e vitamina D. Dois micronutrientes de especial interesse nesse quesito são ferro e zinco, que podem estar ausentes nas dietas das crianças porque elas consomem pequenas porções de alimentos ricos, como proteínas animais. Além disso, como as Dietary Guidelines for Americans de 2005 indicam que crianças acima de dois anos de idade sigam uma dieta pobre em gordura saturada e colesterol, fontes ricas em ferro e zinco podem estar ausentes nessas dietas. Para compensar, os pais podem procurar um cereal matinal integral de que a criança goste e que tenha também cerca de 50% do valor diário para ferro e 25% do valor diário para zinco. (Isso fornecerá quantidades suficientes dos dois nutrientes porque os valores diários baseiam-se nas principais necessidades dos adultos.) Se isso não for possível, especialmente no caso de uma criança que esteja ou seja doente, tenha um padrão de preferência alimentar ou um apetite muito errático, ou esteja em uma dieta para perder peso, a American Academy of Pediatrics afirma que a criança pode se beneficiar de um suplemento multivitamínico e mineral infantil que não ultrapasse 100% dos valores diários apontados no rótulo, especialmente se essas condições persistirem. Ainda assim, conforme já mencionado, essa prática não substitui uma dieta saudável, nem para as crianças.

Se é preciso que as práticas alimentares infantis se tornem mais saudáveis, o foco deverá ser nos pães e cereais integrais, frutas, vegetais e leite e laticínios com pouca gordura. Não é preciso restringir drasticamente o que as crianças podem comer, mas modificar hábitos alimentares com pequenas mudanças. Algumas mudanças fáceis na dieta são usar pães em vez de roscas açucaradas; iogurte gelado sem gordura em vez de sorvete cremoso; leite desnatado ou semidesnatado em vez de leite integral; frutas em vez de bolachas e queijo nos lanches e pipoca sem gordura em vez de salgadinhos.

Para crianças que seguem uma dieta totalmente vegetariana, é preciso ter atenção também com a ingestão de proteína e vitamina B12.

O Capítulo 4 observou que é improvável que o uso de açúcar seja a causa de hiperatividade ou comportamento antissocial na maioria das crianças.

Problemas nutricionais em crianças pré-escolares

Três problemas nutricionais encontrados em crianças pré-escolares são anemia ferropriva, constipação e cáries dentárias. Uma dieta adequada pode ajudar a corrigir ou aliviar esses problemas. Dietas vegetarianas também podem representar problemas. Autismo e intoxicação por chumbo são outras condições que podem ser afetadas pelo estado nutricional.

Anemia ferropriva A melhor maneira de prevenir a anemia por deficiência de ferro (ferropriva) em crianças é oferecer alimentos que sejam fontes adequadas desse mineral. Cereais matinais fortificados com ferro e alguns gramas de carne magra são meios convenientes de aumentar a ingestão de ferro na dieta infantil. A alta proporção de ferro heme em muitos alimentos de origem animal permite que o ferro seja mais prontamente absorvido do que o ferro em alimentos de origem vegetal. O consumo de vitamina C ajuda na absorção do ferro menos prontamente absorvido de vegetais e suplementos.

É mais provável que ocorra anemia ferropriva em crianças entre 6 e 24 meses de idade, o que pode levar a quedas no vigor e na capacidade de aprendizagem da criança porque diminui o suprimento de oxigênio às células. Outro efeito é uma resistência menor a doenças. A anemia infantil não é comum hoje em dia na América do Norte, provavelmente em virtude do uso de cereais matinais fortificados com

▲ O uso excessivo de suco de fruta e bebidas à base de frutas é outro problema potencial nos anos pré-escolares (e na adolescência). A American Academy of Pediatrics recomenda não mais do que 120 a 180 mL/dia para crianças de 1-6 anos (e 240 a 300 mL/dia para idades de 7-18 anos). Refrigerantes açucarados também devem ser limitados.

ferro na dieta infantil. Também digno de crédito nos Estados Unidos é o Special Supplemental Program for Women, Infants and Children (WIC), financiado pelo governo federal dos EUA. Esse programa enfatiza a importância de fórmulas e cereais fortificados com ferro e distribui esses alimentos – em conjunto com educação nutricional – a pais de baixa renda de bebês e crianças pré-escolares considerados em risco nutricional.

Recomendações do Food and Nutrition Board para crianças

Crianças pequenas		
	1-3 anos	19 g/dia
	4-8 anos	25 g/dia
Meninos		
	9-13 anos	31 g/dia
	14-18 anos	38 g/dia
Meninas		
	9-13 anos	26 g/dia
	14-18 anos	26 g/dia

Constipação A constipação pode estar associada a uma doença mais grave, embora algumas crianças sofram constipação não relacionada a uma condição médica. Quando atende uma criança constipada, o médico primeiro precisa descartar uma causa clínica, como um bloqueio intestinal. Embora o sintoma do trato gastrintestinal mais comum que reflete intolerância ao leite de vaca seja a diarreia, a constipação crônica também é uma possibilidade. O tratamento da constipação, em geral, consiste em primeiro evacuar os intestinos, quase sempre com um enema. A promoção de hábitos intestinais regulares então se segue, com o uso de laxantes orientados pelo médico. Vários meses a anos de intervenção de apoio podem ser necessários para o tratamento eficaz.

As intervenções dietéticas primárias para aliviar a constipação incluem o consumo de mais fibra e líquidos. Nos estágios iniciais do tratamento, alguns sucos de fruta (p. ex., ameixa preta, uva e maçã) e a substituição do leite de vaca por leite de soja podem aliviar a constipação. Entretanto, a longo prazo, frutas inteiras (p. ex., ameixas, pêssegos e damascos) são opções melhores do que sucos porque as frutas inteiras têm menos fontes concentradas de calorias. Outras boas fontes de fibras incluem vegetais, pães e cereais integrais e feijões. As metas diárias de fibras para crianças estabelecidas pelo Food and Nutrition Board variam por idade (ver quadro). Poucas crianças conseguem essas metas diárias. As recomendações de líquidos são 4 xícaras/copos (900 mL) por dia para crianças de 1 a 3 anos e cerca de 5 xícaras/copos (1.200 mL) por dia para crianças mais velhas.

Cáries dentárias Uma dieta adequada traz muitos benefícios na prevenção de cáries dentárias em crianças pequenas. As dicas a seguir podem ajudar a reduzir problemas dentários em crianças:

- Institua a higiene oral assim que os dentes romperem.
- Procure cuidados dentários pediátricos cedo.
- Beba água fluoretada.
- Use pequenas quantidades de pasta de dente com flúor duas vezes ao dia.
- Modere o consumo de lanches.
- Peça ao dentista para aplicar selantes nos dentes se necessário.
- Evite lanches ricos em açúcar e grudentos, especialmente entre as refeições.
- Se as crianças pequenas ou pré-escolares mascarem chicletes, a melhor opção são chicletes sem açúcar, já que reduzem a incidência de cáries dentárias.

Vegetarianismo na infância Dietas vegetarianas representam diversos riscos para crianças pequenas, incluindo a possibilidade de que desenvolvam anemia ferropriva, deficiência de vitamina B12 e raquitismo por deficiência de vitamina D. Durante os primeiros anos de vida, provavelmente as crianças não consomem calorias suficientes quando seguem uma dieta vegetariana rigorosa. Contudo, esses riscos são facilmente evitáveis por meio de um planejamento dietético bem-informado (ver tópico "Nutrição e Saúde": *dietas vegetarianas e com base em vegetais*, no Capítulo 6). O planejamento alimentar para crianças que consomem dietas vegetarianas totais deve enfatizar proteínas, vitamina B12, ferro e zinco, com uma ênfase adicional no consumo de vitamina D (ou a exposição regular ao sol) e cálcio. Algumas dessas incorreções dietéticas podem ser compensadas aumentando-se o consumo de óleos, nozes, sementes, cereais matinais e leite de soja fortificado.

Autismo O transtorno do espectro autista (TEA) é caracterizado por uma grande variedade de problemas de interação social, comunicação verbal e não verbal e/ou atividades e interesses incomuns, repetitivos ou limitados. Esses transtornos geralmente são diagnosticados no início da infância e estima-se que afetem 1 em cada 1.500

crianças, com uma prevalência maior em meninos do que em meninas. As causas do TEA não são bem-entendidas, mas existe um componente genético definido.

O TEA tanto pode afetar como ser afetado pelo estado nutricional. Além de anomalias comportamentais e do desenvolvimento, muitas crianças com TEA também apresentam distúrbios gastrintestinais, como constipação, diarreia ou refluxo. Esses distúrbios podem comprometer a ingestão ou a absorção de nutrientes. Algumas crianças autistas podem ter problemas alimentares relacionados a problemas do desenvolvimento. Além disso, comportamentos de seletividade alimentar podem afetar a ingestão de nutrientes. Dessa forma, é necessária uma atenção criteriosa a escolhas alimentares densas em nutrientes.

Existem muitas teorias nutricionais envolvidas nas causas e no tratamento do TEA. Intervenções nutricionais, como restrições dietéticas ou suplementos de nutrientes, são, em geral, empregadas por famílias afetadas por TEA. Uma intervenção nutricional amplamente usada é a dieta livre de glúten e caseína (DLGC), que elimina todos os produtos derivados de trigo, cevada, centeio e leite. Os defensores desse tratamento propõem que sensibilidades a determinadas proteínas alimentares podem ter efeitos na síntese de neurotransmissores, afetando, assim, a função do sistema nervoso. Evidências clínicas respaldando a eficácia da dieta sem glúten e caseína são limitadas, porém promissoras. Se essa dieta for usada, as famílias deverão recorrer ao auxílio de um nutricionista para assegurar a adequação da dieta, particularmente de proteína, cálcio, vitamina D, ácido fólico e algumas vitaminas do complexo B. Outras terapias populares para TEA incluem suplementação com probióticos, vitamina B6 (0,6 mg/kg/dia), magnésio (6 mg/kg/dia) e ácidos graxos ômega-3 (não excedendo 800 mg/dia). Embora escassa, a pesquisa sobre essas terapias é animadora. Há evidências de alteração na absorção ou no metabolismo de nutrientes entre crianças autistas, de maneira que mesmo com uma ingestão adequada, a disponibilidade de alguns nutrientes para processos metabólicos pode ser pequena. Embora esses suplementos acarretem um risco baixo de efeitos adversos, é preciso ter cautela para evitar superdosagens. Em virtude da alta incidência de TEA e da carência de tratamentos curativos, intervenções nutricionais para TEA continuarão a ser uma área ativa de pesquisa.

Apesar da crença popular, as evidências científicas não corroboram uma relação causal entre o mercúrio nas vacinas e o autismo. Embora pequenos riscos sejam inerentes às vacinações de rotina, os riscos de doenças infecciosas são bem piores.

Intoxicação por chumbo Os humanos podem ser expostos ao chumbo pelo consumo de água contaminada, pelo consumo ou inalação de pó de chumbo (p. ex., de tinta lascada ou descascada contendo chumbo), por suplementos dietéticos contaminados (p. ex., suplementos de cálcio derivados de farinha de ossos) ou alimentos armazenados ou preparados em recipientes contendo chumbo. Em 2006, quase 40 mil crianças foram diagnosticadas com intoxicação por chumbo nos Estados Unidos. Crianças pequenas são particularmente vulneráveis aos efeitos nocivos da intoxicação por chumbo, o que inclui compromentimentos intelectuais

REVISÃO CONCEITUAL

A rápida velocidade do crescimento do bebê no primeiro ano de vida diminui durante os anos seguintes da infância (1 a 5 anos de idade). À medida que o apetite da criança diminui, os adultos precisam servir alimentos ricos em nutrientes e permitir que a criança decida o quanto comer. É comum que ocorram desvios súbitos nas preferências alimentares. Lanches são bons se houver atenção à seleção de alimentos saudáveis e uma boa higiene dentária. Apesar de, em geral, não ser preciso usar um suplemento multivitamínico e mineral em crianças, já que um plano que siga a *MyPyramid*, incluindo uma porção diária de cereais matinais fortificados, deverá suprir as necessidades nutricionais, o uso desses suplementos é uma prática sensata. As crianças precisam de muitos alimentos contendo ferro para prevenir anemia ferropriva, bem como zinco para o crescimento. O nível mineral adequado também reduz o risco de intoxicação por chumbo. O consumo adequado de fibras e líquido ajuda a prevenir a constipação. Dietas para crianças totalmente vegetarianas devem enfatizar o aporte adequado de proteínas, vitamina D (ou exposição regular ao sol), vitamina B12, cálcio, ferro, e zinco às necessidades. Tratamentos nutricionais potencialmente úteis e com base em evidências para o autismo incluem a dieta livre de glúten e caseína e a suplementação de vitamina B6, magnésio, probióticos e ácidos graxos essenciais.

▲ O ideal é que a educação nutricional comece em casa, com pais e cuidadores oferecendo uma dieta saudável e bem-balanceada.

e comportamentais a longo prazo, bem como um risco maior de diversas doenças crônicas na fase adulta. Apesar de não tratar a fonte de exposição, a nutrição adequada pode reduzir os riscos de intoxicação por chumbo em crianças. O consumo de refeições regulares, a moderação da ingestão de gordura e a manutenção de um nível adequado de ferro e cálcio são práticas conhecidas por reduzir a absorção de chumbo. Ingestões adequadas de zinco, tiamina e vitamina E também reduzem os efeitos nocivos do chumbo absorvido. Para haver o menor consumo de chumbo, apenas água fria deve ser usada para beber e preparar fórmula ou alimentos. Deixar a água fria correr por 2 a 3 minutos depois de um longo período de inatividade (p. ex., durante a noite) limita a quantidade de chumbo acumulada na água da torneira. Se o abastecimento público de água tiver uma alta concentração de chumbo, a água engarrafada é uma alternativa mais segura, particularmente para o preparo da fórmula. Em termos gerais, um plano alimentar balanceado que ofereça uma variedade de grãos integrais, carnes magras e laticínios com pouca gordura é especialmente útil para proteger as crianças da intoxicação por chumbo.

15.4 Crianças em idade escolar: questões nutricionais

As dietas de muitas crianças em idade escolar podem melhorar em termos gerais, principalmente no que diz respeito a escolhas de frutas, vegetais, grãos integrais e laticínios. Também é aconselhável beber pouco refrigerante e bebidas açucaradas. Um levantamento feito entre crianças norte-americanas revelou que, no dia da investigação, 40% das crianças não tinham comido vegetais, exceto por batatas e molho de tomate, e 20% não comiam frutas. Outro estudo mostrou que apenas 2% de cerca de 3.300 crianças e jovens de 2 a 19 anos de idade tinham cumprido as recomendações de porções de todos os grupos alimentares da *MyPyramid*. Em termos gerais, as questões e metas nutricionais aplicáveis a crianças em idade escolar são as mesmas discutidas em relação às crianças em idade pré-escolar. Entretanto, com pressões extras dos amigos, mensagens de saúde da mídia e um desejo maior por independência, parece mais difícil alcançar essas metas à medida que as crianças crescem. A *MyPyramid* continua a ser uma boa base para o planejamento dietético, com uma ênfase no consumo moderado de gordura e açúcar e garantindo uma ingestão adequada de ferro, zinco e cálcio (Fig. 15.3). A única diferença é que o número de porções se eleva à medida que as necessidades calóricas aumentam (Tab. 15.3). A seguir, serão abordadas diversas questões nutricionais de interesse particular durante os anos escolares.

Desjejum

Quando as crianças entram na escola, seus padrões alimentares tornam-se mais programados, e o consumo de refeições regulares – especialmente o desjejum – torna-se um foco importante. Um cereal matinal fortificado, é em geral, a maior fonte de ferro, vitamina A e ácido fólico para crianças e jovens de 2 a 18 anos de idade. Embora haja controvérsias a respeito do benefício verdadeiro do desjejum na capacidade cognitiva, crianças que fazem o desjejum tendem mais a suprir suas necessidades diárias de vitaminas e minerais comparadas a crianças que não fazem o desjejum. Para influenciar o desempenho em testes pela manhã, parece que o desjejum deve ser feito poucas horas antes do teste. Considera-se que o aumento subsequente nos níveis sanguíneos de glicose melhora o desempenho.

Os menus do desjejum não precisam se limitar ao tradicional. Um pouco de imaginação pode aumentar o interesse até mesmo da criança mais relutante. Em vez dos alimentos tradicionais do desjejum, os pais podem oferecer sobras do jantar, como pizza, espaguete, sopas, iogurte com frutas secas, castanhas e confeitos, feijão temperado ou sanduíches. Para mais energia e saciedade, combine alimentos matinais ricos em carboidratos com uma fonte de proteína, como queijo magro, nozes ou claras de ovos.

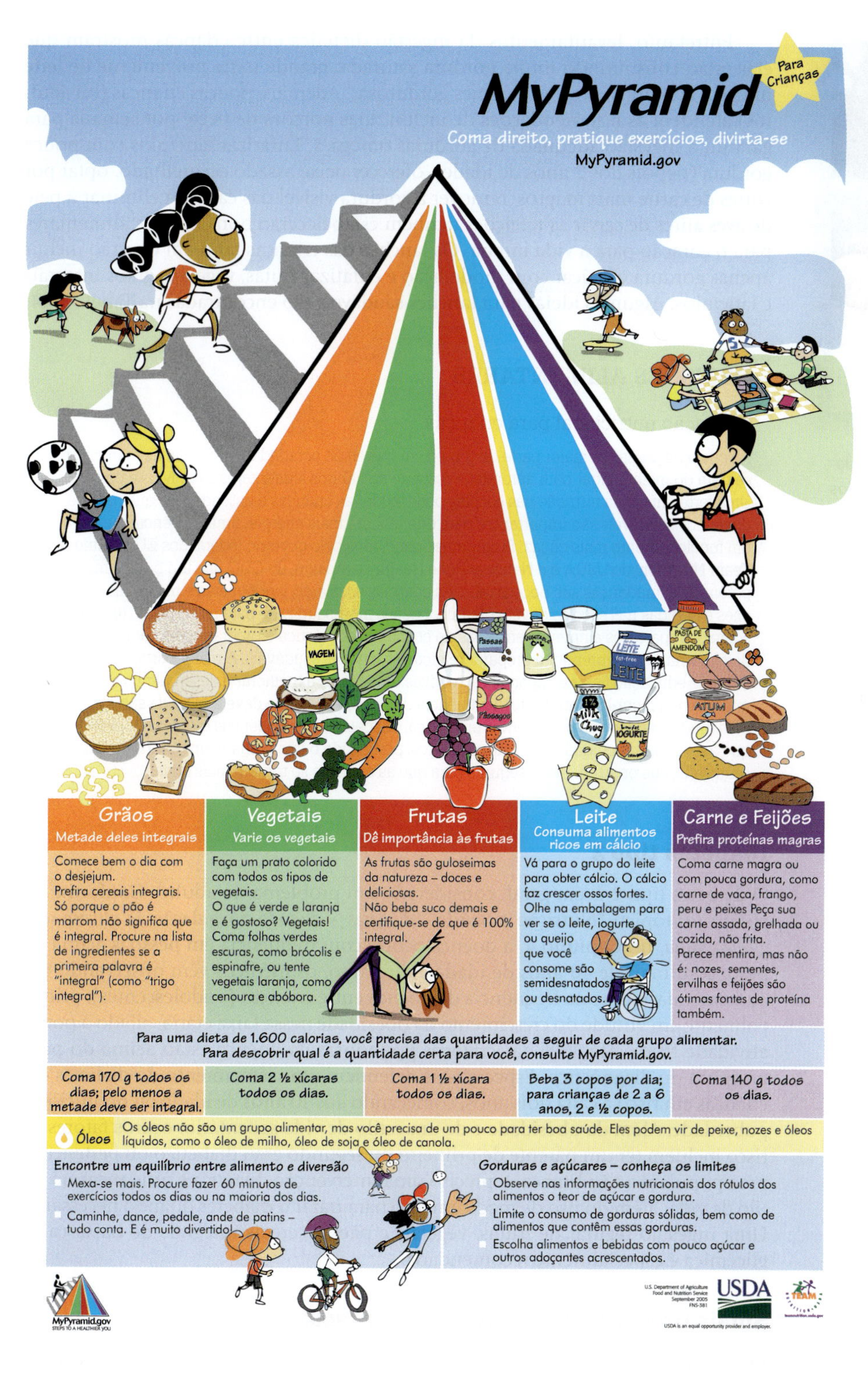

FIGURA 15.3 ▶ *MyPyramid* para crianças pré-escolares (2-5 anos) e escolares (6-11 anos; elaborada pelo USDA.). Os *websites* do *MyPyramid* promovem o desenvolvimento precoce de hábitos alimentares e de exercício saudáveis que persistirão à medida que a criança amadurece. Um jogo interativo – *MyPyramid Blast Off Game* – e uma planilha de acompanhamento de refeições são atrantes para as crianças. Para cuidadores, os *sites* contêm informações e recursos para modelar e educar as crianças a respeito da nutrição adequada.

Ingestão de gordura

As dietas de crianças em idade escolar devem incluir uma variedade de alimentos de cada grupo alimentar principal, o que não exclui necessariamente um alimento específico em virtude de seu teor de gordura. A ênfase excessiva em dietas hipolipídicas na infância foi ligada a um aumento em transtornos alimentares e estimula uma atitude "alimento bom, alimento rium" inadequado.

▲ Doces devem ser consumidos com moderação na infância, mas não é preciso evitá-los inteiramente.

PARA REFLETIR

Tim se recusa a comer o desjejum antes da escola. Ele não gosta de cereais, torradas e nenhuma alimento típico do desjejum. O que os pais de Tim podem fazer para garantir que ele consuma alimentos nutritivos antes de ir para a escola?

Entretanto, levantamentos da ingestão dietética entre crianças mostram que elas estão consumindo muita gordura saturada, grande parte proveniente de leite integral, laticínios integrais e carnes gordurosas. Ademais, poucas crianças (ou adultos) atendem às recomendações de incluir duas porções de peixe por semana para garantir a ingestão adequada de gorduras ômega 3. Enfatizar laticínios com pouca gordura (depois dos 2 anos de idade), oferecer peixe assado ou grelhado, optar por cortes de carne mais magros, remover a gordura visível das carnes e eliminar a pele de aves antes de servir as refeições também estabelecerão bons hábitos alimentares para o coração para a vida inteira. Os lanches das crianças também deverão incluir apenas gordura e açúcar com moderação e enfatizar frutas, vegetais, grãos integrais e laticínios. Algumas ideias para lanches saudáveis são encontradas na Tabela 15.4.

DECISÕES ALIMENTARES

Educação nutricional para crianças

As crianças passam a maior parte do tempo em que estão acordadas na escola, de maneira que se trata do melhor lugar para aprender a respeito de hábitos alimentares saudáveis e positivos. Uma forte ênfase na nutrição nas escolas pode ajudar as crianças a entender por que hábitos dietéticos saudáveis são importantes para que tenham mais energia, uma aparência melhor e um funcionamento mais eficaz. Programas financiados pelo governo federal dos EUA, como o Team Nutrition, do USDA e o National Bone Health Campaign, do CDC, são um bom começo, porém mais mudanças são necessárias. As cantinas escolares, lanchonetes e máquinas de lanches e bebidas nas escolas devem oferecer opções mais saudáveis para as crianças. Instruções sobre o preparo dos alimentos em aulas de economia doméstica e programas extraclasse ajudam as crianças a aprender a preparar refeições e lanches saudáveis. A maior participação em aulas de educação física e esportes recreativos tende mais a melhorar o desempenho acadêmico do que piorá-lo. Entretanto, a influência da nutrição positiva deve ir além da sala de aula para mudar tendências persistentes em direção à obesidade e a doenças crônicas. É preciso que o exemplo de cuidadores e outros adultos, praticando o que pregam em termos de hábitos saudáveis, crie oportunidades seguras para que as crianças se tornem mais ativas.

Diabetes tipo 2

O diabetes tipo 2 é, em geral, considerado um problema do adulto. Conforme revisado no tópico "Nutrição e Saúde", *diabetes – quando a regulação da glicose sanguínea falha*, no Capítulo 4, a doença ocorre com frequência em pessoas acima do peso, com mais de 40 anos de idade. Entretanto, os médicos vêm observando um aumento alarmante na frequência da doença entre crianças (e adolescentes), principalmente em virtude do crescimento da obesidade nessa faixa etária, aliado à pouca atividade física. Até 85% das crianças portadoras da doença estão acima do peso na época do diagnóstico. Especialistas defendem um rastreamento do diabetes em crianças em risco a cada dois anos, começando aos 10 anos de idade ou no início da puberdade. Além da obesidade e de um estilo de vida sedentário, outros fatores de risco incluem ter um parente de primeiro ou segundo grau diabético ou pertencer a uma população não branca. É preciso uma intervenção dietética e mudanças no estilo de vida, além do uso de medicamento para tratar o diabetes quando necessário. Uma ingestão regular de frutas, vegetais e pães e cereais integrais de baixa carga glicêmica é especialmente recomendada.

Sinais precoces de doença cardiovascular

Em paralelo ao aumento na obesidade infantil, sinais precoces de doença cardiovascular também estão se tornando cada vez mais prevalentes entre crianças e adolescentes. Está claro que a doença cardiovascular começa na infância. Por isso, modificações no estilo de vida para retardar a progressão da doença são fundamentais durante toda a vida. A American Academy of Pediatrics recomenda que crianças em risco façam o rastreamento de colesterol em algum momento entre 2 e 10 anos de idade, seguido por rastreamento de colesterol a cada 3 a 5 anos. Crianças e adolescentes considerados "em risco" são as que estão acima do peso, têm pressão arterial

TABELA 15.4 Vinte ideias de lanches saudáveis para crianças em idade escolar

	Ferro	Zinco	Cálcio	Vitamina C	Fibra
Amêndoas (30 g)			✓		✓
Purê de maçã (1/2 xícara)				✓	✓
Sanduíche de queijo e presunto (1)	✓	✓	✓		✓
Queijo (30 g) com bolacha integral (6)	✓	✓	✓		✓
Frutas secas (1/4 xícara)				✓	✓
Pedaços de frutas congeladas (1 xícara)				✓	✓
Salada de frutas (1 xícara)				✓	✓
Vitamina de frutas (1 copo)				✓	✓
Ovo cozido	✓	✓			
Bolo de cenoura, 1 fatia				✓	✓
Pipoca de micro-ondas com pouca gordura (3 col de sopa de milho não estourado)					✓
Minipizzas feitas com brioche inglês integral (2)	✓	✓	✓	✓	✓
Pasta de amendoim (2 col de sopa) e fatias de maçã (1 xícara)	✓	✓		✓	✓
Bolo de banana, 1 fatia	✓				√
Queijo de corda (1 tira)			✓		
Mistura de nozes, castanhas, frutas secas (1/4 xícara)	✓	✓		✓	✓
Salada de atum (1/2 xícara) no pão árabe integral	✓	✓			✓
Cereal integral (1 xícara)	✓	✓			✓
Salada de macarrão integral com vegetais (1 xícara)	✓	✓		✓	✓
Iogurte (226 g) com granola (2 col de sopa)		✓	✓		✓

alta, fumam ou têm diabetes; têm uma história familiar de doença cardiovascular ou a doença familiar é desconhecida. Para crianças cujos níveis de colesterol estejam elevados, as abordagens de estilo de vida, como controle do peso por meio de modificações na dieta e aumento da atividade física, são a primeira linha de terapia. Adotar um plano de refeições de acordo com as diretrizes da *MyPyramid* é adequado para prevenir a doença cardiovascular. Para algumas crianças em risco, pode ser indicado medicamento para reduzir os níveis de colesterol.

Sobrepeso e obesidade

Nos Estados Unidos, mais de 30% das crianças em idade escolar estão acima do peso ou obesas. O número de casos vem aumentando, especialmente em minorias populacionais. A curto prazo, zombarias, vergonha, possivelmente depressão e baixa estatura ligada à puberdade precoce são as principais consequências dessa obesidade. A longo prazo, problemas sérios associados à obesidade, como doença cardiovascular, diabetes tipo 2 e hipertensão, em geral aparecerão na fase adulta. Entretanto, observa-se um crescimento dessas complicações relacionadas à saúde em crianças. A obesidade infantil é uma ameaça grave à saúde porque cerca de 40% das crianças obesas (e cerca de 80% dos adolescentes obesos) tornam-se adultos obesos. O ganho de peso significativo geralmente começa entre 5 e 7 anos de idade, durante a puberdade ou durante a adolescência.

Pesquisas apontam muitas causas potenciais de obesidade infantil. Lembre-se da discussão sobre natureza e criação, no Capítulo 7. Alguns lactentes nascem com

▲ A atividade física regular é parte importante da prevenção e do tratamento de problemas de peso na infância. A meta é cerca de 60 min de atividade física por dia. Muitas crianças não cumprem essa meta.

taxas metabólicas menores; eles utilizam as calorias de maneira mais eficaz e, por sua vez, conseguem produzir reservas adiposas com mais facilidade. Contudo, estudos apontam também que esse elo genético é responsável por apenas um terço das diferenças individuais em termos de peso corporal.

Pesquisadores acreditam que, embora a dieta seja um fator importante, a inatividade também contribui para o aumento na obesidade infantil. Estudos mostram que à medida que a criança cresce, a atividade física diminui gradativamente. Aos 15 anos de idade, apenas um terço dos adolescentes praticam os 60 minutos diários de atividade física recomendados. Outro agravante é o fato de que as aulas de educação física são eletivas em muitas escolas secundárias. A geração atual de crianças assiste à TV cerca de 24 horas por semana; muitas crianças passam outras 10 horas semanais jogando no computador ou no videogame. A American Academy of Pediatrics recomenda um limite de 14 horas de TV ou vídeo por semana para crianças acima dos dois anos de idade (nenhuma televisão para crianças com menos de dois anos de idade). Além disso, os lanches em excesso, o consumo excessivo de alimentos de lanchonetes, a negligência dos pais, a mídia em geral, a falta de áreas seguras para brincar e a disponibilidade abundante de opções alimentares hipercalóricas contribuem para a obesidade infantil. Refrigerantes açucarados estão especialmente implicados nesse contexto.

A abordagem inicial no tratamento da criança obesa é estimar quanta atividade física ela pratica. Se a criança passar grande parte do tempo livre em atividades sedentárias (como assistir à televisão ou jogar *video games*), é preciso estimular a prática de mais atividade física. O governo federal norte-americano e profissionais de saúde recomendam 60 minutos ou mais de atividade física moderada à intensa por dia para crianças e adolescentes. Aprender a praticar e a gostar da atividade física regular ajudará as crianças a conquistar um peso corporal saudável, além de mantê-lo posteriormente na vida. Um aumento na atividade física não acontecerá ao acaso; é preciso que pais e cuidadores planejem essa atividade. Reunir a família para uma caminhada vigorosa depois do jantar estimula hábitos saudáveis para todos os envolvidos. Atividades adequadas à idade para crianças na primeira fase do ensino fundamental incluem caminhar, dançar, pular corda e participar em esportes organizados que enfatizem a diversão em vez de competição intensa. Para crianças na segunda fase do ensino fundamental, esportes organizados mais complexos (p. ex., futebol e basquete) são interessantes, e um pouco de treinamento com peso usando pesos pequenos também pode ser benéfico.

Para que as crianças se envolvam nos exercícios, novas aulas de educação física foram introduzidas nas escolas, oferecendo lições de condicionamento físico para toda a vida em atividades como montanhismo, patinação e corridas recreativas. Essas aulas ajudam a promover a atividade porque tiram o foco de equipes em competições, o que muitas vezes desestimula e constrange crianças que não têm talento atlético.

A moderação na ingestão calórica é importante, especialmente um limite para alimentos hipercalóricos, como refrigerantes açucarados e leite integral. O foco deve ser em alimentos mais ricos em vitaminas e minerais e lanches saudáveis. Uma ênfase em tamanhos de porções ideais pode ajudar os jovens a aprender a controlar a ingestão alimentar excessiva. Pequenas mudanças, como substituir o leite integral pelo leite desnatado ou semidesnatado, ou fruta conservada com seu próprio suco em vez de caldas grossas, podem cortar calorias moderadamente sem sacrificar o sabor ou transtornar padrões alimentares normais. Para tratar especificamente o imenso ônus do sobrepeso e da obesidade entre minorias populacionais, os profissionais de saúde devem conhecer as preferências alimentares de diversas culturas.

Em geral, não é preciso recorrer a uma dieta para perder peso – é melhor enfatizar a mudança de hábitos que permita a manutenção do peso. As crianças têm uma vantagem sobre os adultos em lidar com a obesidade; seus corpos conseguem usar a energia armazenada para o crescimento. Assim, se for possível moderar o ganho de peso, o crescimento estatural e a massa corporal magra resultante podem reduzir a porcentagem de peso corporal representado como gordura armazenada, produzindo, assim, uma relação peso-altura mais saudável. Isso explica por que é desejável tratar a obesidade na infância. O crescimento posterior pode contribuir para o sucesso. Se uma criança pequena precisar perder peso, essa perda deverá ser gradativa, cerca de 250 a 450 g por semana. Em alguns casos, a criança deve ser observada atentamente para garantir que a taxa de crescimento continue a ser normal. Não é preciso que a ingestão calórica da criança seja tão baixa que os ganhos estaturais diminuam. Em alguns casos, medicamentos podem ser prescritos sob orientação médica para reduzir a ingestão alimentar (sibutramina) e/ou a absorção de gordura (orlistat). Para os 3% de crianças americanas morbidamente obesas, a cirurgia bariátrica pode ser uma opção para o controle do peso.

REVISÃO CONCEITUAL

Recomenda-se que a criança em idade escolar siga a *MyPyramid* e especialmente modere escolhas ricas em gordura e açúcares simples. O desjejum é uma refeição importante para reabastecer o corpo para um novo dia escolar e ajudar a garantir os nutrientes necessários para esse dia. A atenção à prática regular de atividade física e uma dieta saudável ajudam a prevenir/tratar a obesidade infantil e a formar um padrão de estilo de vida desejável para toda a vida.

▲ Porções de tamanho grande de alimentos, como hambúrgueres e refrigerantes normais servidos a crianças, estão contribuindo para a epidemia de obesidade e diabetes tipo 2 atual entre os jovens.

15.5 Adolescência: questões nutricionais

A maioria das meninas entra em um rápido estirão do crescimento entre 10 e 13 anos de idade, e a maioria dos meninos passa por esse processo entre 12 e 15 anos de idade. Praticamente todos os órgãos no corpo crescem durante esses períodos. Mais notáveis são os aumentos estaturais e ponderais e o desenvolvimento de características sexuais secundárias. As meninas normalmente começam a menstruar (chegam à **menarca**) durante esse estirão do crescimento e crescem muito pouco nos dois anos depois da menarca. Meninas que amadurecem precocemente podem entrar no estirão do crescimento mais cedo, em torno de 7 a 8 anos de idade, ao passo que meninos que amadurecem mais cedo podem começar aos 9 a 10 anos de idade.

menarca Primeira menstruação. A menarca costuma ocorrer por volta dos 13 anos de idade, 2 ou 3 anos após o aparecimento dos primeiros sinais da puberdade.

Durante esse estirão do crescimento da adolescência, as meninas crescem cerca de 25 cm; e os meninos, 30 cm. As meninas também tendem a acumular tecido magro e gordo; os meninos tendem a ganhar mais tecido magro. Esse estirão proporciona cerca de 50% do peso final na fase adulta e cerca de 15% da altura final na fase adulta (ver Fig. 15.1).

Quando essa fase do crescimento começa, os adolescentes passam a comer mais. Se os adolescentes escolherem alimentos nutritivos, poderão se beneficiar desse maior apetite e facilmente satisfazer suas necessidades de nutrientes. Conforme discutido para faixas etárias mais jovens, a *MyPyramid* pode proporcionar a base para suprir essas necessidades nutricionais (Tab. 15.3). A adoção desse plano atenderá às necessidades de carboidratos (130 g/dia) e proteínas (52 g/dia para meninos e 46 g/dia para meninas).

Problemas e questões nutricionais dos adolescentes

A anorexia nervosa e a bulimia nervosa são problemas nutricionais na adolescência, o que pode ser visto em mais detalhes no Capítulo 11. Outros problemas nutricionais são mais comuns durante essa fase da vida. Um levantamento feito com estudantes do ensino médio nos EUA mostrou que pouco mais de 25% tinham consumido cinco porções de frutas e vegetais no dia anterior e estavam consumindo aproximadamente 25% mais sódio do que o recomendado. Outra preocupação é que muitas adolescentes param de beber leite, de maneira que podem não estar consumindo cálcio suficiente para permitir a mineralização óssea máxima durante a segunda década de vida. A ingestão inadequada de cálcio durante a adolescência estabelece o cenário para o desenvolvimento da osteoporose posteriormente na vida.

Em função de beber refrigerante no lugar do leite, muitos adolescentes acabam ingerindo pouco cálcio. Nos últimos 20 anos, os refrigerantes vêm substituindo o leite como a bebida preferida dos adolescentes. Apenas a metade dos meninos em idade escolar e 20% das meninas atendem às recomendações de ingestão de cálcio. Essa tendência foi associada ao aumento das fraturas ósseas nessa faixa etária.

Muitos adolescentes não suprem as suas necessidades de cálcio. A ingestão dietética recomendada de cálcio tanto para mulheres quanto para homens entre 9 e 18 anos de idade é de 1.300 mg/dia, comparada a 1.000 mg/dia para crianças menores. Três porções diárias de alimentos do grupo do leite, iogurte e queijo são recomendadas para todos os adolescentes e adultos jovens para suprir o cálcio de que necessitam. A Figura 2.1, no Capítulo 2, mostra o enorme contraste entre o leite e os refrigerantes no que se refere ao teor de cálcio e outros nutrientes. Se a pessoa não consumir laticínios, é preciso incluir outras fontes de cálcio.

Uma dieta estritamente vegetariana deve ser monitorada quanto ao conteúdo adequado de proteína, ferro, vitamina B12, cálcio e vitamina D (essa última se a exposição ao sol não for suficiente). Esses nutrientes tornam-se particularmente importantes na adolescência, uma época da vida em que as dietas com frequência já estão comprometidas.

Outro problema comum é a deficiência de ferro. A anemia ferropriva às vezes aparece nas meninas depois que começam a menstruar (menarca) e nos meninos

▲ Um estilo de vida ativo conjugado a uma dieta saudável deve fazer parte da adolescência. Esses dois hábitos contribuem para o desenvolvimento ósseo e a força óssea.

O alcoolismo é um problema de saúde significativo que pode ter suas raízes na adolescência. O tabagismo – outro hábito que prejudica a saúde – também com frequência começa na adolescência. Parte do ímpeto para fumar é o desejo de controlar o peso corporal – porém, não se trata de um método aconselhável.

A obesidade é um problema crescente entre adolescentes, e cerca de 30% dos adolescentes obesos têm a síndrome metabólica (síndrome do X) discutida nos Capítulos 4 e 6. Se um adolescente chegar à estatura final adulta ainda obeso, talvez seja preciso instituir um regime para emagrecer. Trata-se de algo especialmente apropriado depois do estirão do crescimento da adolescência. A perda de peso deve ser gradativa, talvez 500 g por semana, e geralmente deve seguir as recomendações no Capítulo 7. Medicamentos para emagrecer também podem ser prescritos.

durante o estirão do crescimento. Cerca de 10% dos adolescentes têm reservas de ferro baixas ou anemia relacionada. Os que tentam forjar uma identidade adotando padrões dietéticos estranhos a suas famílias – vegetarianismo, por exemplo – podem não saber o suficiente a respeito do padrão de dieta alternativo para impedir que desenvolvam problemas de saúde, como a anemia ferropriva. É importante que os adolescentes escolham boas fontes alimentares de ferro, como carnes magras, grãos integrais e cereais enriquecidos. As meninas, particularmente as que têm fluxo menstrual intenso, precisam consumir boas fontes de ferro (ou consumir regularmente um suplemento de ferro). A anemia ferropriva é uma condição altamente indesejável em um adolescente e pode produzir mais fadiga e menos capacidade de concentração e aprendizado. O desempenho físico e escolar pode sofrer.

DECISÕES ALIMENTARES

Nutrição e acne

A acne é um problema comum na adolescência – cerca de 80% dos adolescentes sofrem com ela. Apesar da crença popular de que comer nozes, chocolate e pizza pode aumentar a incidência de acne, estudos científicos não conseguiram mostrar uma forte ligação entre esses fatores dietéticos e a acne. Com base nos resultados de pesquisas observacionais, duas práticas dietéticas atualmente em estudo quanto ao possível impacto no desenvolvimento da acne incluem a alta carga glicêmica e o consumo de leite de vaca. Entretanto, não há evidências suficientes disponíveis no momento que confirmem alguma mudança dietética drástica para controlar a acne. Uma dieta balanceada e uma ingestão hídrica adequada combinadas a práticas de higiene adequadas permanecem as melhores práticas para promover a saúde da pele.

Muitos medicamentos antiacne, contêm análogos de vitamina A (p. ex., 13-cis-ácido retinoico). Embora esses tratamentos possam ser eficazes, a supervisão atenta de um médico é crucial, já que análogos de vitamina A podem ser tóxicos. A vitamina A em si não ajuda a tratar a acne, e quantidades excessivas dessa vitamina ou análogos relacionados durante a gravidez podem causar defeitos congênitos. Assim, recomenda-se que meninas que usam medicamentos à base de vitamina A não engravidem.

Ajudando os adolescentes a consumir mais alimentos nutritivos

Os adolescentes enfrentam uma variedade de desafios: lutam por independência, sofrem crises de identidade, buscam aceitação do grupo e se preocupam com a aparência física. Esses fatores influenciam as escolhas alimentares. A propaganda tira vantagem disso forçando o consumo de uma grande variedade de produtos – balas, chicletes, refrigerantes e guloseimas – no mercado para jovens. Batatas fritas e salgadinhos constituem mais de um terço das porções de vegetais consumidas por adolescentes. Além disso, muitas escolas oferecem regularmente batatas fritas no cardápio, e é possível encontrar máquinas de refrigerantes nos corredores e nas cantinas escolares, competindo com a refeição da escola. O grande consumo de lanches rápidos, bebidas açucaradas e guloseimas toma o lugar de alimentos ricos em nutrientes, limitando, assim, a ingestão de cálcio, ferro, zinco, vitaminas lipossolúveis e folato.

Os adolescentes em geral não pensam sobre os benefícios a longo prazo da boa saúde. Eles têm dificuldade em relacionar as ações do presente aos resultados para a saúde no futuro. Muitos adolescentes tendem a pensar que podem mudar os hábitos mais tarde; não há pressa.

Contudo, hábitos alimentares saudáveis entre adolescentes não demandam abrir mão dos alimentos preferidos. Pequenas porções de alimentos gordurosos podem complementar porções maiores de laticínios desnatados ou semidesnatados, carnes magras, proteínas vegetais, frutas, vegetais e produtos à base de grãos integrais. Um exemplo desse tipo de refeição é um hambúrguer comum com uma salada verde (minimize a quantidade de molho comum ou use uma variedade com pouca gordura), uma pequena porção de batatas fritas ou *chili* e um refrigerante *diet* médio ou leite semidesnatado ou desnatado.

Os lanches rápidos dos adolescentes são prejudiciais?

▲ A adolescência é o período típico de lanches e guloseimas. Com escolhas alimentares sensatas, os adolescentes podem fazer lanches saudáveis.

Os adolescentes com frequência obtêm de um quarto a um terço de suas calorias e principais nutrientes de lanches rápidos. Estudos observaram que os adolescentes comem como petiscos principalmente batatas fritas e salgadinhos, biscoitos doces, balas e sorvete. As principais razões para petiscar incluem uma oportunidade de sair e socializar com amigos, acessibilidade, fome e comemoração de um evento especial. Os adolescentes podem obter muitos nutrientes dos lanches rápidos. Até mesmo cadeias de lanchonetes oferecem algumas boas escolhas de alimentos. Ao escolher de maneira sensata e comer com moderação, os adolescentes podem comer em lanchonetes eventualmente e ainda consumir uma dieta bastante saudável. Petiscos e lanchonetes não são o problema em si, mas as escolhas alimentares inadequadas em termos de tipo e quantidade.

A falta de exercício e hábitos alimentares inadequados formados durante a adolescência com frequência se mantêm na fase adulta e podem aumentar o risco de doenças crônicas, como doença cardiovascular, osteoporose e alguns tipos de câncer. Transmitir essa mensagem aos adolescentes é uma tarefa importante e difícil para os pais.

REVISÃO CONCEITUAL

Um segundo período de crescimento rápido ocorre durante a adolescência. Em geral, as meninas entram nesse estirão de crescimentos mais cedo do que os meninos. A *MyPyramid* pode orientar o planejamento das refeições. Problemas nutricionais comuns nesses anos ocorrem devido a escolhas alimentares equivocadas e incluem uma ingestão de cálcio inadequada nas meninas e anemia ferropriva. As mudanças ocorrem tão rapidamente nesses anos e em tantas áreas – psicológicas, sociais e físicas – que talvez seja difícil enfatizar a relevância da nutrição para os adolescentes. A moderação no consumo de gordura e açúcar é uma meta importante a ser considerada ao escolher lanches rápidos.

Alergias e intolerâncias alimentares

As alergias alimentares estão crescendo. Entre 1997 e 2007, essas alergias cresceram 18% entre crianças. O que antigamente era um incidente médico raro hoje em dia é a causa de mais de 30 mil consultas no pronto-socorro e 150 a 200 óbitos por ano. Atualmente, estima-se que as alergias alimentares afetem 11 milhões de americanos (cerca de 2% dos adultos e 8% das crianças).

Reações adversas a alimentos – indicadas por espirros, tosse, náusea, vômitos, diarreia, urticária e outras erupções cutâneas – são amplamente classificadas como alergias (também chamadas de hipersensibilidades) ou intolerâncias alimentares. Enquanto as alergias envolvem uma resposta imunológica a uma proteína estranha (alérgeno), as intolerâncias são causadas pela incapacidade de o indivíduo digerir um determinado componente alimentar ou pelo efeito direto de um componente alimentar ou contaminante no corpo. A seguir, serão examinadas primeiramente as alergias e depois as intolerâncias.

ALERGIAS ALIMENTARES: SINTOMAS E MECANISMO

Reações alérgicas a alimentos são comuns (Fig. 15.4) e ocorrem com mais frequência em mulheres do que em homens. As alergias alimentares em geral acontecem na primeira infância e na fase adulta. Três tipos de reações podem ocorrer depois da ingestão de alimentos problemáticos por pessoas suscetíveis:

- *Clássicas* – prurido, rubor cutâneo, asma, inchaço, asfixia e coriza.
- *Trato gastrintestinal* – náusea, vômitos, diarreia, gases intestinais, distensão abdominal, dor, constipação e indigestão.
- *Gerais* – cefaleia, reações cutâneas, tensão e fadiga, tremores e problemas psicossociais.

Qualquer reação mais leve do que essas caracteriza uma **sensibilidade alimentar**.

As reações alérgicas variam tanto em termos de sistema corporal afetado como em duração, indo desde segundos até alguns dias. Uma reação de todos os sistemas, generalizada, é denominada **choque anafilático**. Essa resposta alérgica grave resulta em hipotensão e sofrimento respiratório e gastrintestinal, o que pode ser fatal. Uma pessoa muito sensível a um alimento talvez não possa até mesmo tocá-lo ou nem estar no mesmo ambiente em que se está cozinhando esse alimento sem reagir a ele.

intolerância alimentar Reação adversa a um alimento que não envolve uma reação alérgica.

alérgeno Proteína estranha ou antígeno que induz a produção excessiva de certos anticorpos pelo sistema imune; a exposição subsequente à mesma proteína leva ao aparecimento de sintomas alérgicos. Embora todo alérgeno seja um antígeno, nem todo antígeno é um alérgeno.

sensibilidade alimentar Reação leve a alguma substância presente no alimento. Pode se manifestar como um discreto prurido ou vermelhidão da pele.

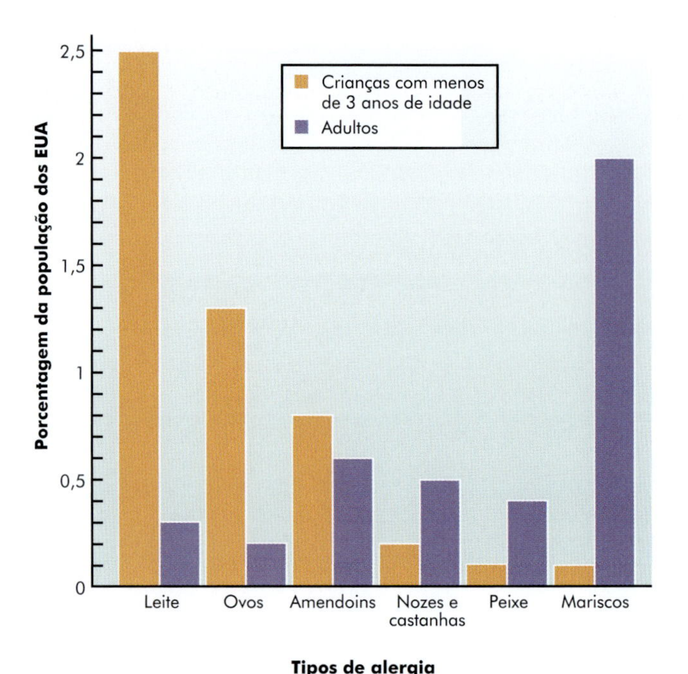

FIGURA 15.4 ▶ Tipos de alergia e porcentagem da população norte-americana com essas alergias. *Fonte: Journal of Allergy and Clinical Immunology (estudo conduzido pela Mount Sinai School of Medicine)*

Apesar de todo alimento poder desencadear um choque anafilático, os mais comuns são amendoim (uma leguminosa, não uma oleaginosa), castanhas/nozes de árvores (p. ex., nozes, nozes pecãs, etc.), frutos do mar, leite (procure um ingrediente chamado caseína no rótulo), ovos (procure pelo ingrediente albumina no rótulo), soja, trigo e peixe. Outros alimentos com frequência relacionados com reações adversas são carne e derivados de carne, frutas e queijo. Para um pequeno número de pessoas, evitar alimentos como amendoins e frutos do mar é uma questão de vida ou morte.

Em geral, alergias são uma resposta inadequada do sistema imune. Quando as células imunes identificam uma proteína estranha nociva (**antígeno**), elas a destroem e produzem anticorpos, de maneira que a próxima resposta à substância nociva será imediata e eficaz. Quase todas as alergias alimentares são causadas por proteínas nos alimentos que agem como antígenos (também denominados **alérgenos**). Nesses casos, o sistema imune confunde a proteína do alimento com uma substância nociva e elabora uma resposta imunológica, levando a sintomas como urticárias, coriza e distúrbios gastrintestinais.

Ninguém sabe ao certo por que o sistema imune às vezes reage de maneira exagerada a proteínas inofensivas. A introdução precoce de alimentos sólidos a lactentes pode desencadear alergias alimentares. A razão para tanto é que o trato GI do lactente é imaturo e "malvedado", permitindo que algumas proteínas não digeridas sejam absorvidas na circulação sanguínea. Essa situação é benéfica para bebês amamentados, que conseguem absorver proteínas imunes do leite materno. Entretanto, se algumas proteínas alimentares forem introduzidas antes de o trato GI estar amadurecido, esses antígenos podem entrar na circulação sanguínea e estimular uma resposta imunológica.

A hipótese relacionada à higiene oferece outra explicação: na nossa sociedade 'germofóbica", com a proteção de antibióticos, desinfetantes para as mãos e sabonetes e limpadores antimicrobianos, nosso sistema imune não é intensamente desafiado por antígenos. Consequentemente, ele pode tornar-se sensível a substâncias inócuas, como as proteínas alimentares. Pesquisas recentes corroboram a hipótese da higiene. Crianças que crescem em fazendas ou que têm animais e, por conseguinte, são expostas a muitos antígenos, têm menos alergias e asma do que crianças que crescem em ambientes mais estéreis.

Qualquer que seja a explicação, uma coisa é certa: as alergias alimentares são um problema relevante para pais e outros que trabalham com crianças.

Testando uma alergia alimentar

O diagnóstico de uma alergia alimentar pode ser uma tarefa difícil (Tab. 15.5) e requer a participação de um médico habilidoso. O primeiro passo para determinar a presença de uma alergia alimentar é registrar detalhamente uma história de sintomas, o que inclui a hora desde a ingestão até o aparecimento dos sintomas, a duração dos sintomas, a reação mais recente, o alimento suspeito de causar uma reação e a quantidade e natureza do alimento necessários

choque anafilático Reação alérgica grave, que provoca queda da pressão arterial e sintomas de desconforto gastrintestinal e respiratório. Pode ser fatal.

antígeno Qualquer substância que induz um estado de sensibilidade e/ou resistência a microrganismos ou substâncias tóxicas após um período de latência; substância estranha que estimula um aspecto específico do sistema imune.

▶ Pessoas com uma história de reações alérgicas graves e as que têm asma devem carregar consigo uma forma autoadministrável de epinefrina, para debelar um episódio de choque anafilático, caso ocorra.

▶ A American Academy of Allergy, Asthma, and Immunology responde a dúvidas a respeito de alergias alimentares. O *website* é www.foodallergy.org.

TABELA 15.5 Estratégias de avaliação de alergias alimentares

História	Inclua descrições de sintomas, tempo entre a ingestão do alimento e aparecimento dos sintomas, duração dos sintomas, episódio alérgico mais recente, quantidade de alimento necessário para produzir a reação, alimentos suspeitos e doenças alérgicas em outros membros da família.
Exame físico	Observe sinais de uma reação alérgica (erupção cutânea, prurido, distensão abdominal, etc.).
Dieta de eliminação	Estabeleça uma dieta sem os alimentos suspeitos e mantenha por 1 a 2 semanas ou até os sintomas cederem.
Provocação alimentar	Acrescente de volta pequenas quantidades dos alimentos excluídos, um de cada vez, desde que não haja possibilidade de ocorrer choque anafilático.
Exame de sangue	Determine a presença de anticorpos no sangue que se liguem a antígenos alimentares testados.
Prova cutânea	Ponha uma amostra do alérgeno suspeito sob a pele e observe a ocorrência de uma reação inflamatória.

▲ Ovos, trigo, leite, amendoins, nozes e castanhas, soja e frutos do mar representam o maior risco de alergias alimentares na infância.

para produzir uma reação. Uma história familiar de doenças alérgicas também pode ser útil, já que reações alérgicas tendem a ser características nas famílias. Um exame físico pode revelar evidências de alergia, como doenças da pele e asma. Vários testes diagnósticos podem descartar outras condições. A primeira etapa no diagnóstico é eliminar da dieta – por 1 a 2 semanas – todas as substâncias testadas que pareçam causar sintomas alérgicos, além de todos os outros alimentos suspeitos de causar uma alergia com base na história alimentar da pessoa. Em geral, a pessoa começa ingerindo alimentos aos quais quase ninguém reage, como arroz, vegetais, frutas não cítricas e carnes e aves frescas. Se os sintomas ainda estiverem presentes, a pessoa pode fazer uma dieta ainda mais restrita ou, até mesmo, usar dietas com fórmulas especiais que sejam hipoalergênicas.

Quando se descobrir uma dieta que não cause qualquer sintoma, chamada de dieta de eliminação, os alimentos podem ser acrescentados de volta um de cada vez. Esse tipo de provocação alimentar é uma opção apenas quando se sabe que os alimentos nocivos não representam risco de choque anafilático na pessoa. Primeiramente são oferecidas doses de ½ a 1 colher de chá (2,5 a 5 mL) . A quantidade é aumentada até que a dose se aproxime da ingestão-padrão. Qualquer alimento reintroduzido que cause a manifestação de sintomas significativos é identificado como um alérgeno para a pessoa.

Testes laboratoriais também podem ajudar no diagnóstico de alergias alimentares. Provas cutâneas envolvem fazer pequenas perfurações na pele introduzindo uma quantidade pequena de extrato de alimento purificado, além da observação de uma resposta alérgica (p. ex., uma erupção avermelhada no local da picada). Esses tipos de testes são fáceis e seguros, até mesmo para bebês pequenos, mas talvez não diagnostiquem claramente uma alergia alimentar. Um teste de puntura cutânea indica apenas que a pessoa foi sensibilizada a um alimento, mas não consegue identificar de maneira definitiva se tal alimento é a causa dos sintomas em questão. Novos tipos de testes sanguíneos têm mais valor diagnóstico. Os exames de sangue estimam a concentração sanguínea de anticorpos que se ligam a determinados antígenos alimentares.

Vivendo com alergias alimentares

Uma vez que os alérgenos potenciais tenham sido identificados, devem ser feitas modificações dietéticas. Em alguns casos, pequenas quantidades do alimento ofensor podem ser consumidas sem uma reação observável. Além disso, alguns alérgenos alimentares são destruídos pelo calor, de maneira que cozinhar os alimentos pode eliminar a resposta alérgica. Isso em geral é eficaz contra alergias a frutas e vegetais, não contra as alergias mais comuns a leite, amendoins ou frutos do mar. Na maioria dos casos, entretanto, evitar inteiramente os ingredientes do alimento causador da alergia é a atitude mais segura, o que torna essencial ler os rótulos dos alimentos. A partir de 2006, a Food Allergen Labeling and Consumer Protection Act exige que os fabricantes identifiquem claramente a presença dos principais alérgenos alimentares (leite, ovos, peixe, frutos do mar, amendoins, nozes e castanhas, trigo e soja) nos rótulos de produtos alimentícios.

Um grande desafio ao se tratar uma pessoa com uma alergia alimentar é garantir que o que permaneça na dieta ainda consiga proporcionar os nutrientes essenciais. A pequena ingestão alimentar das crianças permite menos liberdade de ação ao remover alimentos ofensores que possam conter numerosos nutrientes. Um nutricionista pode ajudar a orientar um planejamento dietético que garanta que as escolhas alimentares restantes ainda atendam às necessidades nutricionais ou ajudar a orientar o uso de suplementos, caso haja necessidade.

Cerca de 80% das crianças pequenas portadoras de alergias alimentares superam o problema antes dos três anos de idade. Os pais devem saber disso e não achar que a alergia será pela vida inteira. Alergias alimentares diagnosticadas depois dos três anos de idade com frequência são mais duradouras, mas isso não é uma regra. Nesses casos, cerca de 33% das pessoas superam o problema dentro de três anos. Para outras, a condição pode ser prolongada; algumas alergias alimentares duram a vida inteira, como alergias a amendoins, nozes e castanhas e frutos do mar. A reintrodução periódica dos alimentos ofensores pode ser tentada a cada 6 a 12 meses para ver se a reação alérgica diminuiu. Se nenhum sintoma aparecer, é sinal de que a pessoa desenvolveu tolerância ao alimento.

Várias estratégias estão sob estudo para facilitar as restrições dietéticas impostas pelas alergias alimentares. Uma possibilidade inclui o tratamento com antibióticos que aumentarão o limiar em que ocorre uma resposta alérgica. Para uma pessoa com alergia a amendoins, por exemplo, isso aliviaria uma certa ansiedade a respeito de reações graves a quantidades-traço de amendoins encontradas am alguns alimentos. Do mesmo modo, a imunoterapia, que expõe indivíduos alérgicos a quantidades muito pequenas, porém progressivamente maiores, de alérgenos alimentares, pode ajudar algumas pessoas a desenvolver uma tolerância a determinados componentes alimentares. Vacinas são uma outra área de investigação. Além disso, pesquisadores estão trabalhando em alimentos geneticamente elaborados que não contêm alérgenos comuns.

Prevenção de alergias alimentares

Com o número crescente de casos de alergias alimentares, muitos pais inexperientes perguntam quando e como introduzir novos alimentos durante a fase de lactente e na primeira infância. Está claro que introduzir outros alimentos que não o leite materno ou a fórmula infantil antes dos quatro meses de idade está associado a um risco maior de doenças alérgicas. A maioria dos especialistas, incluindo a American Academy of Pediatrics e o American College of Allergy, Asthma and Immunology, recomenda aguardar para introduzir alimentos sólidos até depois dos seis meses de idade para diminuir o risco de alergias alimentares.

Todo alimento contém um alérgeno potencial, porém percebeu-se que alguns alimentos têm um potencial alergênico maior: amendoins, nozes e castanhas, ovos, leite de vaca, peixe e frutos do mar. O momento ideal para introduzir esses alimentos é motivo de discussão. Depende do profissional de saúde aconselhar os pais individualmente, levando em consideração a duração da amamentação e a história familiar de alergias alimentares e outras alergias. Uma declaração de consenso do American College of Allergy, Asthma and Immunology recomenda esperar até os 12 meses de idade para introduzir leite de vaca; 24 meses de idade para introduzir ovos (claras) e 36 meses de idade para introduzir amendoins, nozes e castanhas, peixe e frutos do mar.

Se uma mulher com tendências alérgicas estiver grávida ou amamentando, muitos especialistas recomendam que ela evite alimentos ofensores – como ovos, peixe e amendoins – porque os alérgenos conseguem atravessar a placenta durante a gravidez e também são excretados no leite. A mulher deve conversar com o médico e

dieta de eliminação Dieta restritiva que testa, de forma sistemática, alimentos que possam causar reação alérgica, começando por suprimi-los da alimentação por um a duas semanas, voltando a acrescentá-los, em seguida, um de cada vez.

o nutricionista para certificar-se de ainda consumir uma dieta adequada. Além disso, quando alergias alimentares forem comuns na família, as mulheres são aconselhadas a amamentar seus bebês exclusivamente por seis meses. O leite materno contém fatores que atuam na maturação do intestino delgado. Lactentes alimentados com fórmula, especialmente com fórmula que contenha leite de vaca, têm um risco maior de desenvolver alergias alimentares. Assim, a amamentação deve continuar o máximo possível, de preferência até 1 ano.

Além de promover a amamentação exclusiva pelos primeiros seis meses de vida e retardar a introdução do leite de vaca até 1 ano de idade, outras práticas de prevenção ainda são especulativas. Adiar a introdução de outros alérgenos potenciais na dieta do bebê é uma atitude prudente, mas não comprovada. Da mesma maneira, embora saibamos que os alérgenos atravessam a placenta e são excretados no leite materno, há pouca evidência corroborando evitar alérgenos comuns durante a gravidez ou a amamentação visando prevenir alergias.

Intolerâncias alimentares

Intolerâncias alimentares são reações adversas a alimentos que não envolvem mecanismos alérgicos. Em geral, quantidades maiores de um alimento ofensor são necessárias para produzir os sintomas de uma intolerância em vez de desencadear sintomas alérgicos. Causas comuns de intolerâncias alimentares incluem:

- Componentes de determinados alimentos (p. ex., vinho tinto, tomates, abacaxi) que têm uma atividade similar a fármacos, causando efeitos fisiológicos, como mudanças na pressão arterial.
- Alguns componentes sintéticos acrescentados a alimentos, como sulfitos, corantes e glutamato monossódico (MSG, do inglês *monosodium glutamate*).
- Contaminantes alimentares, como antibióticos e outras substâncias químicas usadas na produção de rebanhos e lavouras, bem como partes de insetos não removidas durante o processamento.
- Contaminantes tóxicos, que podem ser ingeridos com alimentos manuseados e preparados inadequadamente, contendo *Clostridium botulinum*, *Salmonella* e outros microrganismos alimentares (ver Cap. 13).
- Deficiências em enzimas digestórias, como a lactase (ver Cap. 4).

Quase todas as pessoas são sensíveis a uma ou mais dessas causas de intolerância alimentar, muitas das quais produzem sintomas do trato GI.

Sulfitos acrescentados a alimentos e bebidas, como antioxidantes, causam rubor facial, espasmos das vias respiratórias e uma queda da pressão arterial em pessoas suscetíveis. Vinho, batatas desidratadas, frutas secas, molho ou caldo de carne, misturas para sopa e verduras de restaurantes em geral contêm sulfitos. Uma reação ao MSG pode incluir um aumento na pressão arterial, dormência, sudorese, vômitos, cefaleia e sensação de pressão na face. O MSG é encontrado com frequência na comida de restaurantes e muitos alimentos processados (p. ex., sopas). Uma reação à tartrazina, um corante alimentício, induz espasmos das vias respiratórias, prurido e rubor facial. A tiramina, um derivado do aminoácido tirosina, é encontrada em alimentos "envelhecidos", como queijos e vinhos tintos. Esse componente alimentar natural pode causar hipertensão em pessoas que tomam inibidores da monoamina oxidase (MAO), medicamentos prescritos para tratar depressão clínica.

O tratamento básico da intolerância alimentar é evitar os componentes ofensores. Entretanto, com frequência a eliminação total não é necessária porque as pessoas, em geral, não são tão sensíveis a substâncias que causam intolerâncias alimentares como são para alérgenos.

Estudo de caso: subnutrição infantil

Damon é um menino de sete meses de idade que foi levado a uma clínica para um *checkup* de rotina. Ao exame, o médico observou que a criança estava moderadamente abaixo do peso para a idade e o comprimento corporal. O médico marcou uma consulta de acompanhamento para três meses depois. Na consulta de 10 meses, Damon parecia letárgico e aparentava estar agora ainda mais abaixo do peso para sua idade e seu comprimento corporal.

Um nutricionista entrevistou a mãe (de 16 anos de idade) de Damon para coletar informações a respeito da ingestão alimentar do filho. A ingestão do bebê nas últimas 24 horas consistiu em 2 mamadeiras de fórmula infantil, 3 mamadeiras de 236 mL de Kool-Aid (suco de frutas artificial) e 1 salsicha. A mãe ainda estava na escola e, à noite, ela costumava deixar o bebê com a vizinha para sair com os amigos por algumas horas. Assim, ela não tinha a menor ideia do que Damon comia.

Responda às seguintes perguntas e confira suas respostas no Apêndice A.

1. A mãe de Damon não especificou que tipo de fórmula ele toma. Quais perguntas você faria a respeito dessa fórmula?
2. Que riscos potenciais aguardam Damon se ele continuar a crescer assim?
3. Que alimentos os cuidadores de Damon devem oferecer que sejam adequados à idade e às necessidades nutricionais dele?
4. Que problemas podem surgir do consumo de bebidas açucaradas da mamadeira?
5. Damon precisa de suplementos de vitaminas e minerais?

Resumo

1. O lactente cresce muito rápido. O peso de nascimento dobra em 4 a 6 meses, e o comprimento aumenta em 50% no primeiro ano. Uma dieta adequada, especialmente em termos calóricos e em relação aos nutrientes proteína e zinco, é essencial para respaldar o crescimento normal. A subnutrição pode causar mudanças irreversíveis no crescimento e no desenvolvimento. O crescimento de lactentes e crianças pode ser estimado pela medida do peso corporal, altura (ou comprimento) e circunferência cefálica com o tempo. Gráficos do crescimento foram revisados de maneira a incluir uma medida mais adequada para determinar o crescimento infantil: o índice de massa corporal (IMC).
2. Os nutrientes necessários nos seis primeiros meses de vida podem ser obtidos do leite materno ou da fórmula infantil fortificada. Um suplemento de vitamina D é necessário para bebês amamentados, e muitos lactentes talvez precisem de suplemento de ferro e flúor. As fórmulas infantis geralmente contêm lactose ou sacarose, proteínas do leite de vaca tratadas termicamente e óleo vegetal. Essas fórmulas podem ou não ser fortificadas com ferro. A higiene é importante no preparo e na armazenagem da fórmula.

   A maioria dos lactentes não precisa de alimentos sólidos antes dos seis meses de idade. Não se deve acrescentá-los à dieta do lactente até que os nutrientes sejam necessários, o trato GI possa digerir alimentos complexos, o lactente tenha habilidade física de controlar o movimento de empurrar o alimento com a língua e o risco de desenvolver alergias alimentares esteja diminuído.

   Os primeiros alimentos sólidos devem ser cereais infantis fortificados com ferro ou carnes moídas. Outros alimentos simples podem ser acrescentados de modo gradativo, em torno de um novo alimento por semana. Alguns alimentos a serem evitados em lactentes no primeiro ano incluem mel, leite de vaca (especialmente variações semidesnatadas ou desnatadas), alimentos com açúcar ou sal acrescentados e os que possam causar engasgos e asfixia. A introdução de alimentos sólidos contendo ferro no momento adequado e o não oferecimento de leite de vaca até 1 ano de idade geralmente conseguem prevenir a anemia ferropriva posteriormente.
3. Um ritmo de crescimento mais lento resulta em menos apetite entre crianças em idade pré-escolar. Com tamanhos de porções menores e comportamentos de seletividade alimentar, a oferta de alimentos ricos em nutrientes é um aspecto crucial nesse momento. A escolha por alimentos ricos em ferro, como carnes vermelhas magras, é importante nessa idade. Porções de uma colher de sopa de cada alimento para cada ano de vida são um bom começo para ofertar alimentos dos grupos de vegetais, frutas, carnes e feijões da *MyPyramid*. Os pré-escolares também deverão ter uma certa liberdade para determinar o tamanho da porção e devem ser estimulados a experimentar novos alimentos.

   Crianças e adolescentes obesos têm maior tendência a se tornar adultos obesos e, portanto, estão sujeitos a riscos de saúde maiores. Os pais podem oferecer escolhas alimentares saudáveis, e as crianças deverão controlar os tamanhos das porções. Quando controlado precocemente por meio de dieta e exercícios, o problema da obesidade poder ser corrigido por si mesmo à medida que a criança continua a crescer em altura.
4. Durante o estirão do crescimento da adolescência, tanto meninos quanto meninas têm uma necessidade maior de ferro e cálcio. A ingestão inadequada de cálcio pelas meninas é uma grande preocupação, pois pode estabelecer o cenário para o desenvolvimento de osteoporose posteriormente na vida. Os adolescentes em geral devem moderar a ingestão de alimentos ricos em gordura e açúcar – especialmente guloseimas e comida de lanchonete, que atualmente são consumidas em abundância – e praticar atividade física regular.
5. As alergias alimentares mais comuns estão associadas a amendoins, nozes e castanhas, frutos do mar, leite, ovos, soja, trigo e peixe. As alergias alimentares podem ocorrer na primeira infância e em adultos jovens.

Questões para estudo

1. Enumere dois fatores que limitam a "recuperação" do crescimento na fase adulta quando uma pessoa consumiu uma dieta deficiente em nutrientes durante toda a infância.
2. Descreva como você determinaria se um bebê de oito meses está ou não consumindo uma dieta saudável.
3. Aponte três fatores-chave que ajudam a determinar o momento de introduzir alimentos sólidos na dieta de um lactente.
4. Um bebê de três meses de idade é levado a uma clínica com déficit do crescimento. Quais são duas possíveis explicações para essa condição?
5. Enumere três razões para o comportamento de "seletividade alimentar" dos pré-escolares. Para cada uma, descreva uma resposta adequada dos pais.
6. Cite três fatores que provavelmente contribuem para a obesidade em uma criança normal de 10 anos de idade.
7. Compare as diretrizes para a alimentação do lactente resumidas no Capítulo 15 com as Dietary Guidelines for Americans, de 2005 para crianças acima de dois anos de idade e adultos discutidas no Capítulo 2. Que diretrizes são semelhantes? Alguma contradiz a outra? Caso a resposta seja sim, explique por que isso acontece.
8. Descreva três prós e três contras dos lanches. Qual a recomendação básica para lanches saudáveis desde a infância até a adolescência?
9. Quais os dois nutrientes de interesse particular no planejamento de dietas para adolescentes? Qual a importância de cada um?
10. Enumere três nutrientes importantes para um adolescente vegetariano.

Teste seus conhecimentos

As respostas das próximas questões de múltipla escolha encontram-se a seguir.

1. A ingestão inadequada de qual item a seguir resulta em problemas do crescimento?
   a. calorias.
   b. ferro.
   c. zinco.
   d. todos os itens anteriores.
2. De acordo com as fórmulas para necessidades energéticas estimadas apresentadas no texto, uma menina de 11 meses de idade pesando 8,6 kg precisa de aproximadamente ____ calorias por dia.
   a. 690
   b. 810
   c. 845
   d. 930
3. A introdução do leite de vaca deve ser adiada até os 12 meses de idade porque:
   a. O leite de vaca contém muita gordura.
   b. O leite de vaca não contém minerais suficientes (p. ex., cálcio e fósforo) para suprir as necessidades do lactente.
   c. O leite de vaca pode induzir uma alergia alimentar.
   d. Todas as opções anteriores.
4. Você está tentando introduzir um purê de maçã e mirtilo a um lactente de sete meses de idade, mas a criança o rejeita. O que você deve fazer?
   a. assumir que ela não gosta de maçãs e mirtilos.
   b. oferecer o alimento novamente em outro dia.
   c. forçar 1 colher cheia na boca da criança.
   d. nenhuma das opções anteriores.
5. O leite é uma fonte rica em todos os nutrientes listados a seguir, exceto
   a. proteína.
   b. ferro.
   c. cálcio.
   d. zinco.
6. Uma dieta livre de glúten e caseína pode ser usada para tratar
   a. raquitismo.
   b. anemia.
   c. intoxicação por chumbo.
   d. autismo.
7. Das opções que seguem, qual é preferível para garantir a ingestão adequada de vitaminas e minerais em uma criança seletiva para comer?
   a. consumir um cereal matinal fortificado.
   b. prometer sobremesa como recompensa por comer carnes e vegetais.
   c. usar um suplemento multivitamínico e mineral.
   d. nenhuma das opções anteriores.
8. Qual das seguintes opções é aconselhável para o tratamento do sobrepeso entre crianças de idade escolar?
   a. fazer menos refeições.
   b. seguir um plano alimentar com pouco carboidrato.
   c. realizar em torno de 60 minutos ou mais de atividade física de moderada à intensa.
   d. evitar laticínios.
9. Os hábitos alimentares prevalentes de adolescentes norte-americanos contribuem para todas as seguintes condições, exceto
   a. acne.
   b. hipertensão.
   c. perda de massa óssea.
   d. diabetes tipo 2.
10. Sua amiga sofre um surto repentino de urticária e sente-se nauseada depois de comer uma salada contendo manga. Ela provavelmente tem uma
    a. sensibilidade.
    b. alergia.
    c. intolerância.
    d. a, b e c.

Respostas: 1.d, 2.a, 3.c, 4.b, 5b., 6.d, 7.a, 8.c, 9.a, 10.b

Leituras complementares

1. ADA Reports: Position of the American Dietetic Association: Child and adolescent food and nutrition programs. *Journal of the American Dietetic Association* 106:1467, 2006.

   A American Dietetic Association defende que todas as crianças e adolescentes, independentemente de idade, gênero, nível socioeconômico, diversidade racial, étnica ou linguística ou estado de saúde, devem ter acesso a programas alimentares e de nutrição que garantam a disponibilidade de um aporte alimentar seguro e adequado que promova o crescimento e o desenvolvimento físico, cognitivo, social e emocional ideais.

2. ADA Reports: Position of the American Dietetic Association: Nutrition guidance for healthy children ages 2 to 11 years. *Journal of the American Dietetic Association* 108:1716, 2008.

   A MyPyramid *combinada com as Dietary Guidelines for Americans oferece um modelo para alimentar as crianças. As dietas de muitas crianças não estão seguindo essas recomendações e estão contribuindo para problemas nutricionais comuns na infância e posteriormente na fase adulta.*

3. Bounds W and others: The relationship of dietary and lifestyle factors to bone mineral indexes in children. *Journal of the American Dietetic Association* 105:735, 2005.

   Uma influência primária nos parâmetros de massa óssea saudável nesse estudo foi uma dieta nutritiva – rica em proteína, fósforo, vitamina K, magnésio, zinco, ferro e calorias. Altura e peso também foram positivamente correlacionados ao estado ósseo.

4. Council on Sports Medicine and Fitness and Council on School Health. Active healthy living: Prevention of childhood obesity through increased physical activity. *Pediatrics* 117:1834, 2006.

   À luz dos estilos de vida cada vez mais sedentários da juventude atual, a atividade física deve ser estimulada durante e depois da escola e como parte da vida doméstica. Os benefícios da atividade física regular entre crianças e adolescentes incluem mudanças físicas (p. ex., melhor sensibilidade à insulina, pressão arterial mais baixa) e melhoras psicológicas (p. ex., maior autoestima, menos depressão). Metas e exemplos específicos de atividades a serem promovidas são oferecidos para cada faixa etária.

5. Curtis LT and others: Nutritional and environmental approaches to preventing and treating autism and attention-deficit hyperactivity disorder (ADHD): A review. *Journal of Alternative and Complementary Medicine* 14:79, 2008.

   Esse artigo oferece uma revisão abrangente dos elos ambientais e nutricionais presumidos associados ao autismo e ao transtorno do déficit de atenção e hiperatividade. Não existem evidências adequadas que corroborem uma relação entre autismo e exposição ambiental ao mercúrio. Intervenções nutricionais de mérito científico no tratamento do autismo incluem evitar alérgenos alimentares e corrigir deficiências de algumas vitaminas do complexo B, magnésio, ferro, zinco e ácidos graxos ômega-3. Para o tratamento do TDAH, alguns estudos mostram um benefício de eliminar o açúcar refinado e os aditivos alimentares, como corantes e conservantes.

6. Daniels SR and others: Lipid screening and cardiovascular health in childhood. *Pediatrics* 122:198, 2008.

   À luz da incidência crescente de sinais precoces de doença cardiovascular entre jovens, esse relato clínico da Academia Americana de Pediatria substitui diretrizes anteriores para rastreamento de colesterol entre crianças e adolescentes. Crianças com fatores de risco para doença cardiovascular devem fazer rastreamento lipídico regular a partir de 10 anos de idade. Os tratamentos para dislipidemias em crianças são modificações dietéticas, atividade física e medicações antilipêmicas.

7. Elder JH: The gluten-free, casein-free diet in autism: An overview with clinical implications. *Nutrition in Clinical Practice* 23:583, 2008.

   A dieta livre de glúten e caseína (DLGC) é um tratamento popular, porém intenso, para crianças com transtornos de espectro autístico. Alguns pesquisadores conjecturam que a absorção intestinal em crianças autistas é alterada ("síndrome do intestino malvedado"), de maneira que desenvolvem sensibilidades alimentares a proteínas do trigo e de laticínios. As proteínas alimentares absorvidas podem causar inflamação e outros efeitos no sistema nervoso central. Uma revisão da pesquisa atual sobre a eficácia da dieta sem glúten e sem caseína concluiu que ela pode ser útil para aliviar sintomas em algumas crianças autistas, mas é essencial um planejamento dietético correto para prevenir deficiências nutricionais.

8. Fitzgibbon ML, Stolley M: Promoting health in an unhealthful environment: Lifestyle challenges for children and adolescents. *Journal of the American Dietetic Association* 106:518, 2006.

   Esse artigo resume os problemas dietéticos e de saúde dos adolescentes. Os jovens são bombardeados por mensagens conflitantes que apoiam o consumo excessivo de alimentos nocivos ao mesmo tempo em que estigmatizam a obesidade e promovem regimes para emagrecer e um padrão de magreza irreal.

9. Gadding SS and others: Dietary recommendations for children and adolescents: A guide for practitioners. *Pediatrics* 117:544, 2006.

   A American Heart Association reconhece que os padrões dietéticos de crianças e adolescentes oferecem risco de doenças cardiovasculares na fase adulta e até mesmo durante a infância. Recomendações adequadas à idade são oferecidas para ingestão energética total, gorduras dietéticas, açúcares adicionados, sódio e atividade física. Além disso, esse artigo oferece conselhos práticos para profissionais de saúde e escolas a fim de estimular a aceitação das diretrizes.

10. Greer FR: Groups compare CDC, WHO growth curves. *American Academy of Pediatrics News* 27 (9):1, 2006.

    Os padrões de crescimento de 2006 da Organização Mundial de Saúde (OMS) foram comparados à referência de 2000 do Center of Disease Control (CDC). São prováveis novas recomendações para o uso de curvas de crescimento, nos Estados Unidos, mais semelhantes às curvas de crescimento da OMS. O uso das curvas da OMS para bebês de 0 a 2 anos de idade indica que menos bebês norte-americanos estão abaixo do 5º percentil do peso para a idade e mais bebês estão acima do 95º percentil.

11. Hellekson K: Report on the diagnosis, evaluation, and treatment of high blood pressure in children and adolescents. *American Family Physician* 71:1014, 2005.

    O rastreamento da hipertensão é parte importante dos checkups *regulares de saúde da criança no pediatra. As últimas recomendações para tratar hipertensão são uma dieta rica em vegetais, frutas e laticínios semidesnatados ou desnatados, pobre em sal e moderada em alimentos e bebidas hipercalóricos. A atividade física regular também é importante, assim como a perda de peso, se necessário.*

12. Kirk S and others: Pediatric obesity epidemic: Treatment options. *Journal of the American Dietetic Association* 105:S44, 2005.

    Reduzir a ingestão calórica e aumentar o gasto energético são importantes para tratar a obesidade pediátrica. Medicamentos e cirurgias para tratar a obesidade também podem ser empregados. Os autores enfatizam a importância de envolver a família para criar um ambiente estimulante como parte da conduta terapêutica geral.

13. Koplan JP and others: Preventing childhood obesity: Health in the balance: Executive Summary. *Journal of the American Dietetic Association* 105:131, 2005.

    A prevenção da obesidade infantil envolve padrões alimentares saudáveis e atividade física regular. A meta deve ser conquistar e manter um peso corporal saudável. Os autores observam que muitos fatores sociais terão que ser alterados para facilitar essa meta, como oferecer mais opções para a prática de atividades físicas.

14. Kranz S and others: Dietary fiber intake by American preschoolers is associated with more nutrient-dense diets. *Journal of the American Dietetic Association* 105:221, 2005.

    As crianças, em geral, podem se beneficiar de dietas mais ricas em fibra. Escolhas alimentares melhores permitem isso, incluindo aumentar o teor de grãos integrais, frutas e vegetais. Quanto mais saudável a dieta em geral, maior o número de alimentos ricos em fibra.

15. Lee LA, Burks W: Food allergies: Prevalence, molecular characterization, and treatment/prevention strategies. *Annual Review of Nutrition* 26:539, 2006.

    Esse artigo define precisamente as alergias alimentares, apresenta estatísticas de prevalência de diversas alergias, detalha o que se sabe a respeito dos mecanismos biológicos envolvidos nas alergias alimentares e estabelece recomendações para tratamento e prevenção dessas alergias.

16. Monsen ER: New findings from the Feeding, Infants and Toddlers Study. *Journal of the American Dietetic Association* 106:S5, 2006.

    O Feeding Infants and Toddlers Study (FITS) (Alimentando Bebês e Crianças Pequenas) patrocinado pela Gerber, coberto em diversos artigos nessa edição, examinou ingestões comuns de nutrientes de alimentos e suplementos, bem como outras práticas dietéticas, com uma ênfase nos hábitos alimentares de bebês e crianças hispânicos. Os achados do estudo confirmam que bebês e crianças pequenas não consomem frutas, vegetais ou fibras suficientes e que as ingestões calóricas totais de gorduras dietéticas e sódio estão aumentando.

17. Rao G: Childhood obesity: Highlights of AMA expert committee recommendations. *American Family Physician* 78:56, 2008.

    Esse artigo destaca as principais recomendações do Comitê de Especialistas em Avaliação, Prevenção e Tratamento do Sobrepeso e da Obesidade Infantil e Adolescente da Associação Médica Americana. O controle do peso deve ser abordado precocemente nos checkups *médicos de todas as crianças. Além disso, no caso de crianças acima do peso ou obesas (com base no IMC para a idade), o rastreamento de lipídeos e glicose e da função hepática e renal é necessário. A conduta em quatro estágios para tratar a obesidade infantil inclui reduzir o consumo de bebidas açucaradas e comida de lanchonete; limitar o tempo em frente à TV, jogando videogames e sentado ao computador; praticar 60 minutos ou mais de atividade física todos os dias e estimular refeições em família.*

18. Shaikh U and others: Vitamin and mineral supplement use by children and adolescents in the 1999-2004 National Health and Nutrition Examination Survey: Relationship with nutrition, food security, physical activity, and health care access. *Archives of Pediatrics and Adolescent Medicine* 163:250, 2009.

    Embora cerca de um terço das crianças e adolescentes usem suplementos de vitaminas e minerais, os que tomam esses suplementos são justamente os que menos necessitam. Jovens com uma ingestão dietética inadequada, estilos de vida sedentários e acesso inadequado a cuidados médicos são os que menos tendem a usar suplementos dietéticos. Os autores reiteram que uma dieta balanceada e variada é suficiente para suprir as necessidade nutricionais da maioria das crianças e adolescentes.

19. Wagner CL and others: Prevention of rickets and vitamin D deficiency in infants, children, and adolescents. *Pediatrics* 122(5): 1142, 2008.

    O raquitismo e a deficiência de vitamina D são riscos para bebês e crianças mais velhas e adolescentes nos Estados Unidos e são atribuíveis à ingestão inadequada de vitamina D e a pouca exposição ao sol. A American Academy of Pediatrics recomenda que todos os bebês e crianças e os adolescentes tenham uma ingestão diária mínima de 400 UI de vitamina D, que deve ser iniciada logo depois do nascimento.

20. Wiecha JL and others: When children eat what they watch: Impact of television viewing on dietary intake in youth. *Archives of Pediatrics and Adolescent Medicine* 160:436, 2006.

    Esse estudo de crianças em Boston observou que mais tempo passado em frente à televisão estava relacionado ao consumo maior de alimentos anunciados durante a programação e a uma ingestão calórica total maior com o tempo. Cada hora a mais em frente à televisão estava associada a um aumento geral de 167 calorias por dia.

AVALIE SUA REFEIÇÃO

I. Fazendo o pequeno Bill comer

Bill é um menino de três anos de idade, e a mãe está preocupada com os hábitos alimentares dele. O menino se recusa a comer vegetais e carne e a jantar em geral. Em alguns dias ele come muito pouco e quer petiscar a maior parte do tempo. A hora das refeições é uma batalha, porque Bill diz que não está com fome, e a mãe quer que ele faça as refeições sentado à mesa para garantir que o filho consuma todos os nutrientes necessários e que ele coma tudo o que está no prato. O menino bebe de 5 a 6 copos de leite integral por dia por ser o único alimento de que gosta.

Quando a mãe de Bill prepara o jantar, inclui muitos vegetais, fervendo-os até estarem macios na esperança de que despertem o interesse do filho. O pai de Bill deixa para comer os vegetais no final, dizendo regularmente à família que ele os come apenas porque precisa. E também regularmente se queixa da preparação do jantar. Bill guarda os vegetais para o final e geralmente engasga e faz que vai vomitar quando a mãe pede que ele os coma. Fica sentado à mesa do jantar por 1 hora até que a "guerra de vontades" termine. A mãe de Bill serve ensopados e cozidos com regularidade por serem convenientes. O menino gosta de cereais matinais, frutas e queijo e utiliza esses alimentos como petiscos. Entretanto, a mãe tenta negar esses pedidos para que ele tenha apetite para jantar. A mãe de Bill vem até você e pergunta o que ela deve fazer para que o filho se alimente.

Análise

1. Enumere os erros dos pais de Bill que contribuem para os maus hábitos alimentares do filho.

2. Enumere quatro estratégias que eles podem tentar para promover bons hábitos alimentares em Bill.

II. Avaliando o almoço de um adolescente

A seguir temos dois exemplos típicos de almoços de adolescentes e a informação nutricional de cada um:

Refeição 1	Refeição 2
2 fatias de pizza de queijo	1 sanduíche de hambúrguer grande com temperos
1 barra de chocolate ao leite	30 batatas fritas
600 mL de refrigerante cola	600 mL de refrigerante cola

	Refeição 1	Refeição 2	Necessidades nutricionais totais para adolescentes
Energia (kcal)	990	1.000	Homens: 3.000 Mulheres: 2.200
Proteína	32	20	Homens: 59 Mulheres: 44
Vitamina C (mg)	5	18	Ambos os gêneros: 45 a 75
Vitamina A (μg EAR)	300	10	Homens: 900 Mulheres: 700
Ferro (mg)	3	4	Homens: 11 Mulheres: 15
Cálcio (mg)	545	100	Ambos os gêneros: 1.300

1. Considerando que as refeições devem fornecer cerca de um terço das necessidades nutricionais, quais as deficiências e os excessos nessas refeições (considerando a informação nutricional, compare essas refeições com um terço da RDA para proteína, vitamina C, vitamina A, ferro e cálcio)?

2. Como você modificaria essas refeições para melhorar e suprir as necessidades nutricionais citadas?

3. Reflita sobre suas escolhas alimentares como adolescente. Você acha que suas escolhas de refeições eram balanceadas e variadas? Por que sim ou por que não? O que você poderia ter feito para melhorar seus hábitos nutricionais naquela época?

III. Iniciativas de saúde pública para combater a obesidade infantil

Principais iniciativas de saúde pública visando combater a rápida escalada da obesidade infantil e problemas de saúde relacionados. Com base na escola, orientadas à comunidade ou voltadas para as famílias, as metas abrangentes promovem hábitos alimentares saudáveis e mais atividade física.

1. Descubra o que está sendo feito na sua área para combater a obesidade infantil. A seguir, temos alguns exemplos:*

- **HealthCorps:** http://www.healthcorps.net/
- **Action for Healthy Kids:** http://www.actionforhealthykids.org
- **The President's Council on Fitness and Sports:** http://www.fitness.gov

Imagine que você foi designado para desenvolver uma campanha de saúde pública para diminuir a obesidade infantil na sua comunidade.

2. Quais são as necessidades específicas da sua comunidade (p. ex., carência de espaço seguro para atividade física, superabundância de lanchonetes)?

3. Quem é seu público-alvo? Por quê?

4. Quais atividades você faria para alcançar seu público-alvo? O que distinguirá o seu programa de outras iniciativas na sua comunidade?

5. Como você definirá o sucesso do seu programa? Enumere dois ou mais objetivos mensuráveis para a sua campanha.

* N. de R.T.: No Brasil também existem *sites* que orientam quanto aos hábitos alimentares saudáveis para a idade escolar.

www.saude.gov.br/bvs (Manual das Cantinas Escolares Saudáveis – Promovendo a alimentação saudável).

www.saude.gov.br/nutricao (Estratégia Nacional para Alimentação Complementar Saudável – ENPACS).

www.saude.gov.br/dab (Cadernos de Atenção Básica, nº 24, Saúde na Escola).

PARTE V

NUTRIÇÃO: FOCO NOS ESTÁGIOS DA VIDA

CAPÍTULO 16 Nutrição no adulto

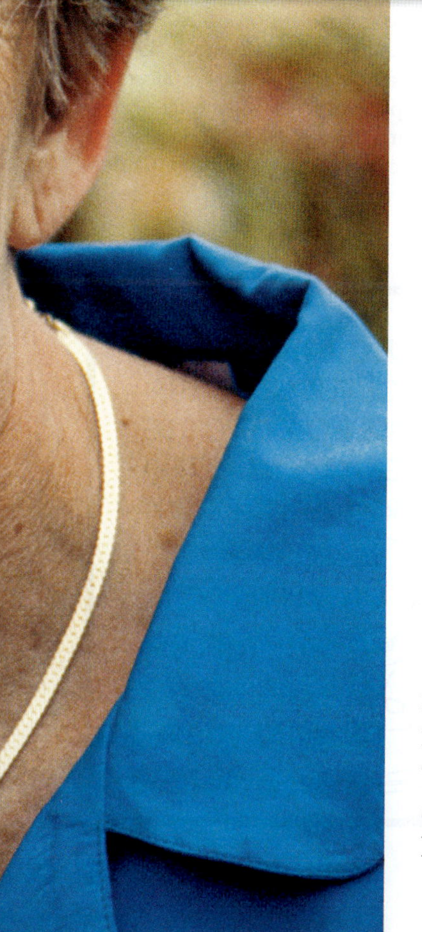

Objetivos do aprendizado

1. Enumerar várias hipóteses a respeito das causas do envelhecimento.
2. Discutir fatores que afetam a velocidade do envelhecimento.
3. Descrever como as mudanças fisiológicas que ocorrem na fase adulta afetam as necessidades nutricionais.
4. Comparar a ingestão dietética dos adultos com as recomendações atuais.
5. Fazer recomendações de mudanças dietéticas na prevenção e no tratamento de problemas nutricionais em idosos.
6. Identificar problemas de saúde relacionados à nutrição na fase adulta e descrever as opções de prevenção e tratamento.
7. Comparar os benefícios do uso moderado de álcool aos riscos do abuso de álcool.
8. Enumerar diversos programas nutricionais disponíveis que ajudam a suprir as necessidades nutricionais de idosos.

Conteúdo do capítulo

COMER É UM DOS NOSSOS MAIORES PRAZERES. Orientados pelo senso comum e pela moderação, comer bem também significa boa saúde. A maioria de nós deseja uma vida longa e produtiva, livre de doenças. Contudo, conforme sugerido pelo quadrinho neste capítulo, muitas pessoas a partir do início da meia-idade em diante sofrem de obesidade, doença cardiovascular, hipertensão e acidentes cerebrovasculares, diabetes tipo 2, osteoporose e outras doenças crônicas. Podemos retardar o desenvolvimento de – e em alguns casos até mesmo evitar – doenças seguindo um padrão dietético como o proposto pela *MyPyramid*. O efeito de uma dieta desse tipo é mais proveitoso se começarmos desde cedo e continuarmos durante a fase adulta. Fazemos um trabalho melhor – a nós mesmos como indivíduos e como nação – tentando manter a vitalidade até mesmo nas últimas décadas de vida. Esse conceito foi explorado primeiro no Capítulo 1 e é discutido novamente neste capítulo, à luz das necessidades nutricionais dos adultos.

As práticas de saúde diárias podem influenciar significativamente na saúde posteriormente na vida. Embora a genética tenha de fato um papel nessa questão, conforme discutido no Capítulo 3, muitos dos problemas de saúde que ocorrem com o envelhecimento não são inevitáveis; eles resultam de processos patológicos relacionados à dieta que influenciam a saúde física. É possível aprender muito com idosos cuja atenção a uma dieta saudável e à atividade física – em conjunto com um pouco de sorte – os mantém ativos e vibrantes bem além dos anos típicos de aposentadoria. O envelhecimento bem-sucedido é a meta. Envelhecer rápido ou lentamente – em parte é escolha nossa.

Para relembrar

Antes de começar a estudar questões de nutrição do adulto no Capítulo 16, talvez seja interessante revisar os seguintes tópicos:

- As implicações do 1994 Dietary Supplement Health and Education Act (Lei de saúde e informações sobre suplementos alimentares), no Capítulo 1
- O efeito da genética na saúde, no Capítulo 3
- Os diversos sistemas corporais abordados, no Capítulo 3
- As fontes de fibra e açúcar, no Capítulo 4
- A definição de peso corporal saudável, no Capítulo 7
- As fontes dietéticas de vitamina D, das diversas vitaminas do complexo B e de cálcio, nos Capítulos 8 e 9
- As recomendações de ingestão de sal, no Capítulo 9
- Os benefícios da atividade física regular, no Capítulo 10

16.1 O envelhecimento dos norte-americanos

Em virtude dos avanços na assistência médica e no saneamento, a demografia dos países desenvolvidos está mudando de maneira que, como população, estamos envelhecendo mais. Na América do Norte, o grupo que constitui pessoas acima de 85 anos de idade é o segmento de crescimento mais rápido. Entre 1997 e 2050, calcula-se que a população com mais de 85 anos de idade nos Estados Unidos aumente de 3,3 milhões para 19 milhões. Ainda mais incrível é que, em 2050, em torno de 1 milhão de pessoas nos Estados Unidos possam estar com mais de 100 anos de idade.

Esse "envelhecimento" da América do Norte acarreta alguns problemas. Embora as pessoas com mais de 65 anos de idade respondam por apenas 13% da população dos EUA, elas representam mais de 25% de todas as prescrições de medicamentos usadas, 40% das estadas hospitalares por eventos agudos e 50% de todo o orçamento de saúde federal. Só as fraturas de quadril custam à nação cerca de US$ 12 bilhões por ano. Entre os idosos, 65% ou mais têm problemas relacionados à nutrição, como doença cardiovascular, diabetes tipo 2, hipertensão e osteoporose.

Adiar a ocorrência dessas doenças crônicas o máximo possível ajudará a controlar os custos de saúde. Independência e saúde contribuem para a qualidade – não só a quantidade – de vida à medida que a idade avança e diminui o ônus de um

É inevitável haver um declínio na saúde conforme envelhecemos? Quais intervenções dietéticas e de estilo de vida mostraram retardar (ou reverter) o processo de envelhecimento? Quais problemas nutricionais são vistos geralmente em idosos? Como é possível equilibrá-los? O Capítulo 16 dá algumas respostas.

sistema de saúde já sobrecarregado. Vale lembrar que o envelhecimento não é uma doença. Ademais, doenças que em geral acompanham a velhice – osteoporose e aterosclerose, por exemplo – não são uma parte inevitável do envelhecimento. Muitas podem ser prevenidas ou tratadas. Algumas pessoas morrem de fato de velhice, não como um resultado direto de doença.

16.2 Mudanças fisiológicas na fase adulta

A fase adulta, o estágio mais longo do ciclo da vida, começa quando o adolescente conclui seu crescimento físico. Diferentemente dos estágios anteriores do ciclo da vida, os nutrientes são usados em especial para manter o corpo, em vez de sustentar o crescimento físico. (A gravidez é o único momento durante a fase adulta em que quantidades substanciais de nutrientes são usadas para o crescimento.) À medida que o adulto envelhece, os nutrientes precisam mudar. Por exemplo, é preciso aumentar o aporte de vitamina D para adultos mais velhos. Com base na necessidade de diversos nutrientes, o Food and Nutrition Board dividiu os anos da fase idade em quatro estágios: 19 a 30 anos, 31 a 50 anos, 51 a 70 anos e mais de 70 anos de idade. Os intervalos que abrangem dos 19 aos 50 anos de idade são com frequência referidos como fase adulta jovem; 51 a 70 anos de idade, fase adulta média (meia--idade); e além dos 70 anos de idade, fase adulta mais velha (idoso).

A fase adulta é caracterizada pela manutenção corporal e por transições físicas e fisiológicas gradativas, geralmente conhecidas como envelhecimento. **Envelhecimento** pode ser definido como mudanças físicas e fisiológicas relacionadas ao tempo na estrutura e na função corporal que ocorrem normalmente e progressivamente durante toda a fase adulta à medida que os humanos amadurecem e envelhecem. Uma perspectiva do envelhecimento o descreve como um processo de morte celular lenta, começando logo depois da fertilização. Quando somos jovens, o envelhecimento não é aparente porque as principais atividades metabólicas estão voltadas para o crescimento e a maturação. Produzimos uma grande quantidade de células ativas para suprir as necessidades fisiológicas. Durante o final da adolescência e na fase adulta, a principal tarefa do corpo é manter as células. Do início da fase adulta até em torno dos 30 anos de idade, os sistemas corporais encontram-se em sua taxa de eficiência máxima. Estatura, vigor, força, resistência, eficiência e saúde estão em seu ponto máximo na vida. As taxas de síntese e decomposição celular estão equili-

▲ A geração *baby boom** completou 65 anos de idade em 2011, e as questões relacionadas à saúde desta população receberam mais atenção.

envelhecimento Mudanças físicas e fisiológicas relacionadas ao tempo na estrutura e função corporal que ocorrem normalmente e de maneira progressiva durante toda a fase adulta à medida que os humanos amadurecem e envelhecem.

capacidade de reserva A extensão em que um órgão consegue preservar a função essencialmente normal apesar de um número menor de células ou de menos atividade celular.

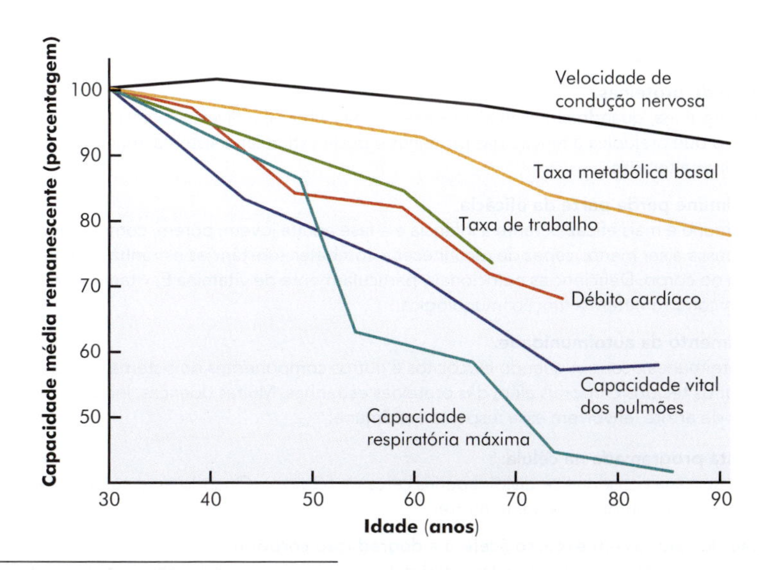

FIGURA 16.1 ▶ Declínios na função fisiológica que ocorrem com o envelhecimento. O declínio em muitas funções corporais é especialmente evidente em pessoas sedentárias.

* N. de T.: Pessoas nascidas entre 1945 e 1964, consideradas os filhos da Segunda Guerra Mundial, já que logo após a guerra houve uma grande explosão populacional. Como muitos soldados estavam voltando da guerra para casa, a natalidade aumentou.

bradas na maioria dos tecidos. Entretanto, é inevitável que as células envelheçam e morram. Depois dos 30 anos de idade aproximadamente, a taxa de decomposição celular começa lentamente a exceder a taxa de renovação celular, levando a um declínio gradativo no tamanho e na eficácia dos órgãos. Por fim, o corpo não consegue se ajustar para atender a todas as demandas fisiológicas, e o funcionamento do corpo começa a decair (Fig. 16.1). Contudo, os sistemas corporais e os órgãos geralmente retêm uma **capacidade de reserva** suficiente para lidar com as demandas diárias normais durante toda a vida de uma pessoa. Problemas causados pela diminuição da capacidade em geral não surgem a menos que demandas intensas sejam impostas ao corpo em envelhecimento. Por exemplo, a ingestão de álcool pode exigir demais de um fígado em processo de envelhecimento. Um exercício extenuante pode sobrecarregar o coração e dos pulmões. Lidar com uma enfermidade também exige acima da sua capacidade normal do corpo mais velho.

As causas do envelhecimento permanecem um mistério. O mais provável é que as mudanças fisiológicas do envelhecimento sejam um somatório de mudanças celulares automáticas, práticas do estilo de vida e influências ambientais, conforme listadas na Tabela 16.1. Mesmo com o ambiente e o estilo de vida mais favoráveis, a estrutura e função celular inevitavelmente mudam com o tempo. A morte das células em declínio de fato é benéfica porque é provável que previna doenças como o câncer. Infelizmente, existem consequências negativas dessa progressão celular natural porque, à medida que cada vez mais células no órgão morrem, a função desse órgão deteriora. Por exemplo, os **néfrons renais** são perdidos continuamente

néfrons renais Unidades funcionais dos rins que filtram os resíduos da corrente sanguínea para que eles sejam eliminados pela urina.

glicosilação O processo pelo qual a glicose se fixa (glica) a outros compostos, como proteínas.

TABELA 16.1 Hipóteses atuais sobre as causas do envelhecimento

Hipótese
Erros que ocorrem na cópia da impressão genética (DNA). Quando erros suficientes na cópia do DNA se acumulam, uma célula não consegue mais sintetizar as principais proteínas necessárias à função e, assim, morre.
O tecido conectivo endurece. Faixas paralelas de proteínas, encontradas principalmente no tecido conectivo, ligam-se transversalmente umas às outras, o que diminui a flexibilidade nos principais componentes corporais.
Compostos que buscam elétrons danificam partes das células. Radicais livres que buscam elétrons conseguem degradar as membranas celulares e proteínas. Uma maneira de evitar parte do dano desses compostos é consumir quantidades adequadas de vitamina E e C, selênio e carotenoides.
A função hormonal muda. A concentração sanguínea de muitos hormônios, como a testosterona nos homens, cai durante o processo de envelhecimento. A reposição desses e de outros hormônios é possível, mas os riscos e benefícios resultantes são desconhecidos.
Glicosilação de proteínas. A glicose sanguínea, quando cronicamente elevada, se fixa (glica) a diversas proteínas no sangue e no corpo, o que prejudica a função das proteínas e pode estimular o sistema imune a atacar essas proteínas alteradas.
O sistema imune perde parte da eficácia. O sistema imune é mais eficaz durante a infância e a fase adulta jovem, porém, com o avanço da idade, ele passa a ser menos capaz de reconhecer e combater substâncias estranhas, como vírus, que entram no corpo. Deficiências nutricionais, particularmente de vitamina E, vitamina B6 e zinco, também comprometem a função imunológica.
Desenvolvimento da autoimunidade. Reações autoimunes ocorrem quando leucócitos e outros componentes do sistema imune começam a atacar os tecidos corporais além das proteínas estranhas. Muitas doenças, incluindo algumas formas de artrite, envolvem essa resposta autoimune.
A morte está programada na célula. Toda célula humana consegue se dividir apenas cerca de 50 vezes. Quando esse número de divisões ocorre, a célula automaticamente morre.
A ingestão de calorias em excesso acelera a degradação corporal. Em termos experimentais, animais subalimentados, como aranhas, camundongos e ratos, vivem mais. É preciso reduzir a ingestão calórica comum em cerca de 30% para ver esse efeito. Tal abordagem é a única maneira comprovada de retardar de forma significativa o processo de envelhecimento.

▲ Adotar práticas dietéticas e de estilo de vida saudáveis que minimizem o declínio na função corporal é um investimento na saúde futura.

à medida que envelhecemos. Em algumas pessoas, essa perda exaure a capacidade de reserva dos rins e acaba levando à insuficiência renal. Entretanto, a maioria das pessoas mantém uma função renal suficiente durante a vida.

As doenças e os processos degenerativos em geral observados em pessoas mais velhas há muito são considerados consequências inevitáveis do envelhecimento. Certamente alguns desses declínios que atribuímos ao envelhecimento podem ser inevitáveis, como reduções gradativas no número de tecidos e células orgânicas, o cabelo grisalho e a menor capacidade pulmonar. Entretanto, muitas das chamadas mudanças comuns ou degenerativas relacionadas ao envelhecimento podem ser, de fato, minimizadas, evitadas e/ou revertidas por estilos de vida saudáveis (p. ex., consumir dietas nutritivas, praticar exercícios regularmente, dormir bem) e evitando-se fatores ambientais adversos (p. ex., exposição excessiva ao sol e tabagismo). Essas descobertas levaram os pesquisadores a introduzir conceitos de "envelhecimento normal" e "envelhecimento bem-sucedido".

Envelhecimento normal e bem-sucedido

As células do corpo envelhecem, independentemente das práticas de saúde que seguimos. Entretanto, até certo ponto, podemos escolher a rapidez desse envelhecimento durante os anos da fase adulta. O *envelhecimento normal* refere-se àquelas mudanças em geral consideradas típicas ou esperadas como parte do envelhecimento, como aumento da gordura corporal, diminuição da massa corporal magra, aumento da pressão sanguínea, diminuição da massa óssea e piora da saúde. Pesquisadores apontam que muitas dessas mudanças realmente representam uma aceleração do processo de envelhecimento induzidas por escolhas de estilo de vida insalubres, exposições ambientais adversas e/ou doenças crônicas. Por exemplo, a pressão arterial não tende a aumentar com a idade entre pessoas cujas dietas são tradicionalmente pobres em sódio. Além disso, a massa corporal magra é melhor mantida nas pessoas mais velhas que se exercitam do que nas que não praticam exercícios.

O *envelhecimento bem-sucedido* refere-se aos declínios na função física e fisiológica que ocorrem apenas porque a pessoa envelhece, não porque escolhas de estilo de vida, exposições ambientais e doenças crônicas agravaram ou aceleraram o envelhecimento. Os que têm envelhecimento bem-sucedido sofrem declínios relacionados à idade mais lentamente, e sintomas de doenças crônicas se manifestam mais tardiamente na vida do que entre os que envelhecem de maneira comum. A busca por ter o maior número de anos de vida saudável e o menor número de anos de doença é com frequência referida como **compressão da morbidade.** Em outras palavras, uma pessoa tenta retardar o aparecimento de incapacidades causadas pelas doenças crônicas e a comprimir enfermidades relacionadas ao envelhecimento nos últimos anos - ou meses - de vida.

Vale ressaltar que prolongar a vida sem retardar o aparecimento de doenças crônicas prolonga também o sofrimento em muitos casos. Além disso, o número maior de anos incapacitados é dispendioso para todos os norte-americanos. Por essas razões, prolongar a vida sem comprimir o número de anos de incapacidade é denominado "fracasso do sucesso".

compressão da morbidade Atraso no aparecimento de incapacidades causadas por doenças crônicas.

tempo de vida Idade máxima a que uma pessoa consegue chegar.

expectativa de vida O tempo médio de vida de um determinado grupo de pessoas nascidas em um ano específico.

Fatores que afetam a velocidade do envelhecimento

Tempo de vida refere-se ao número máximo de anos que um humano consegue viver. Até onde se sabe, isso não mudou na história documentada. A mais longa vida humana já documentada até hoje é de 122 anos para uma mulher e 114 anos para um homem. **Expectativa de vida**, contudo, é o tempo que se espera que uma pessoa comum nascida em um ano específico, por exemplo em 2009, viva. A expectativa de vida na América do Norte é em torno de 75 anos para homens e cerca de 80 anos para mulheres, com um tempo de "anos saudáveis" em torno de 64. Além disso, espera-se que uma pessoa que sobreviva até os 80 anos viva mais 7 a 10 anos.

A velocidade de envelhecimento é individual e determinada por hereditariedade, estilo de vida e ambiente. Com exceção da hereditariedade, a maioria dos fatores que influenciam a velocidade do envelhecimento está diretamente ligada a escolhas sob nosso controle.

Além de ter familiares que viveram muitos anos, pessoas que vivem até os 100 anos geralmente:

- Não fumam e não bebem em demasia.
- Ganham pouco peso na fase adulta.
- Consomem muitas frutas e vegetais.
- Fazem atividade física diariamente.
- Desafiam suas mentes.
- Mantêm amizades íntimas.
- São (ou foram) casadas (especialmente verdadeiro para homens).
- Têm uma produção de colesterol HDL saudável.

Hereditariedade

A hereditariedade define quem somos em termos bioquímicos e, até certo ponto, nosso tempo de vida (longevidade). Viver até uma idade avançada tende a ser uma característica em algumas famílias. Se seus pais e avós viveram muito, é provável que você tenha o potencial de viver muitos anos também. Uma das características genéticas mais óbvias que influencia a longevidade é o gênero. No caso dos humanos, bem como da maioria das outras espécies, as fêmeas tendem a viver mais do que os machos.

Outra característica genética que pode influenciar a longevidade é a eficiência metabólica. Indivíduos com um "metabolismo econômico" precisam de menos calorias para os processos metabólicos e são capazes de armazenar gordura corporal mais facilmente do que pessoas com taxas metabólicas mais rápidas. Ao longo da história, os indivíduos com metabolismo econômico eram os que tendiam a viver mais porque armazenavam gordura de maneira eficaz durante tempos de abundância e, assim, tinham as reservas de energia necessárias para sobreviver a períodos frequentes de escassez de alimentos. Entretanto, nos tempos atuais, com dispositivos tecnológicos que poupam trabalho e com a abundância de alimentos ricos em calorias, um metabolismo econômico pode reduzir a longevidade. O acúmulo de gordura corporal excessiva aumenta o risco de desenvolver problemas de saúde que reduzem a expectativa de vida (p. ex., doença cardíaca, hipertensão e alguns cânceres).

Como sabemos, a hereditariedade é um fator essencialmente imutável. Entretanto, hereditariedade não significa necessariamente destino – as pessoas podem exercer um certo controle sobre a expressão de seu potencial genético. Tanto o estilo de vida quanto o ambiente podem modificar a expressão do potencial genético.

Estilo de vida

Estilo de vida é o padrão de vida de uma pessoa e inclui escolhas alimentares, padrões de exercício e uso de substâncias (p. ex., álcool, drogas e tabaco). As escolhas de vida podem ter um impacto significativo na saúde e na longevidade, bem como na expressão do potencial genético. Se os indivíduos têm uma história familiar de doença cardíaca prematura, eles podem ajustar os padrões de dieta, exercício e uso de tabaco para retardar a progressão da doença, obter cuidados médicos e possivelmente estender seu tempo de vida. Ou seja, as escolhas do padrão de vida (p. ex., dieta rica em gordura e uma personalidade preguiçosa) podem aumentar a suscetibilidade a doenças que aceleram o envelhecimento e acabam encurtando a expectativa de vida, até mesmo se o potencial genético da pessoa for de uma vida muito longa.

No mundo inteiro, a maior expectativa de vida média encontra-se em Okinawa, uma extensão de ilhas na costa do Japão: 86 anos para mulheres e 78 anos para homens. Pesquisadores apontam que essas estatísticas têm suas raízes na dieta tradicional e no padrão de vida de seus habitantes. A dieta em Okinawa se baseia em arroz, peixe, fontes de proteínas vegetais, frutas, vegetais, chá, ervas para temperar e pequenas quantidades de carne. A ingestão de álcool e sal é mínima. A baixa densidade energética se traduz em uma ingestão calórica geralmente baixa, e o IMC é de, em média, 21 kg/m^2. Um desejo de imitar esse controle do peso bem-sucedido, a compressão da morbidade e a longevidade levou à produção de vários livros e *websites* populares que promovem as práticas dietéticas de Okinawa.

Os seguidores da dieta mediterrânea tradicional também compartilham dos mesmos registros de taxas muito baixas de doenças crônicas no mundo (ver Cap. 2, p. 53). Conforme introduzido no Capítulo 5, a dieta mediterrânea tem as seguintes características:

- Azeite de oliva, uma fonte de gordura monoinsaturada saudável para o coração, como principal gordura da dieta.
- Ingestão diária abundante de frutas, vegetais (especialmente hortaliças folhosas), grãos integrais, feijões, oleaginosas e sementes.
- Uma ênfase em alimentos minimamente processados e, sempre que possível, alimentos frescos de cultivo local.
- Ingestão diária de pequenas quantidades de queijo e iogurte.
- Ingestão semanal de quantidades pequenas a moderadas de peixe.
- Uso limitado de ovos e carne vermelha.
- Exercícios regulares.
- Consumo moderado de vinho junto às refeições.

PARA REFLETIR

A "fonte da juventude" permanece um mistério. Muitas pessoas acreditam que existe um meio de interromper o processo de envelhecimento, permitindo continuarmos jovens. Entretanto, Neil, um estudante de história, afirma que a fonte da juventude não é um lugar ou uma coisa em particular, mas sim uma combinação de dieta e estilo de vida. Como ele pode justificar essa afirmação?

Os pontos em comum dessas práticas dietéticas que prolongam a vida são a ênfase em alimentos não processados, ricos em fibras e fontes saudáveis de gorduras (p. ex., óleos vegetais e peixe) e fontes magras de proteínas. Além da dieta, as populações que têm mais qualidade e quantidade de vida incluem a atividade física como uma parte importante de suas rotinas diárias. Compare essas escolhas de estilo de vida com as dos norte-americanos típicos.

Ambiente

Alguns aspectos do ambiente que exercem uma influência poderosa na velocidade do envelhecimento são renda, nível de educação, assistência médica, moradia e fatores psicossociais. Por exemplo, a capacidade de adquirir alimentos, uma assistência médica de qualidade e moradia segura ajudam a reduzir a velocidade do envelhecimento. Uma educação necessária para ter uma renda suficiente, além do conhecimento para selecionar uma dieta nutritiva e fazer escolhas de estilo de vida saudáveis, também pode retardar o processo de envelhecimento. Além disso, a disposição de procurar assistência médica prontamente quando necessária, a capacidade de seguir as instruções de um profissional de saúde e o desejo de aceitar a responsabilidade pela própria saúde podem diminuir a velocidade do envelhecimento. Da mesma maneira, moradias que protejam as pessoas de perigos físicos, extremos climáticos e radiação solar ajudam a retardar o processo de envelhecimento. Permitir que as pessoas tomem pelo menos algumas decisões por si mesmas e que controlem suas próprias atividades (autonomia) e disponibilidade de apoio psicossocial (recursos informativos e emocionais) promovem o envelhecimento bem-sucedido e o bem-estar psicológico. No entanto, é provável que o envelhecimento seja acelerado se algum ou todos os aspectos contrários (renda insuficiente, baixo nível de educação, carência de assistência médica, moradia inadequada e/ou falta de autonomia e apoio psicosocial) estiverem presentes.

REVISÃO CONCEITUAL

Apesar do tempo de vida não poder ser mudado, a expectativa de vida aumentou consideravelmente no último século. Nos EUA, uma proporção maior de norte-americanos está acima de 65 anos de idade e viverá mais décadas ainda. Evitar custos de assistência médica continuamente crescentes e maximizar a satisfação com a vida demandam adiar e minimizar a ocorrência de enfermidades crônicas. Uma dieta saudável e a atividade física regular podem ter um papel central em retardar o processo de envelhecimento.

16.3 Necessidades nutricionais do adulto

O desafio da fase adulta é manter o corpo, preservar sua função e evitar doenças crônicas, ou seja, envelhecer com sucesso. Uma dieta saudável pode ajudar a conquistar essa meta. Um esquema para uma dieta saudável vem das Dietary Guidelines for Americans de 2005, discutidas no Capítulo 2. Suas recomendações podem ser resumidas em três pontos principais:

1. Consumir uma variedade de alimentos e bebidas ricos em nutrientes a partir dos grupos de alimentos básicos da *MyPyramid*, que resultam em uma dieta pobre em gorduras saturadas e *trans*, colesterol, açúcares extras, sal e álcool (se consumido). Alimentos a serem enfatizados incluem vegetais, frutas, feijões, pães e cereais integrais, leite e laticínios com pouca gordura e água.
2. Manter o peso corporal em uma faixa saudável, equilibrando a ingestão energética com a energia dispendida. Praticar pelo menos 30 minutos de atividade física de intensidade moderada, acima das atividades comuns, no trabalho ou em casa, na maioria dos dias da semana.
3. Praticar hábitos de manuseio seguro dos alimentos ao preparar a comida. Lavar as mãos, as superfícies de contato com os alimentos e frutas e vegetais antes

do preparo e cozinhar os alimentos até uma temperatura segura para eliminar microrganismos.

Em termos gerais, a boa nutrição traz benefícios para os adultos de diversas maneiras. Atender às necessidades nutricionais adia o aparecimento de determinadas doenças; aumenta o bem-estar mental, físico e social e, com frequência, diminui a necessidade ou a extensão de hospitalizações. Os adultos norte-americanos são razoavelmente bem-nutridos, embora existam alguns excessos e inadequações dietéticas. Por exemplo, os excessos dietéticos comuns são de calorias, gordura, sódio e, para alguns, álcool. As dietas das mulheres adultas tendem a não suprir as quantidades recomendadas das vitaminas D e E, folato, magnésio, cálcio, zinco e fibra. As dietas dos homens adultos tendem a ser carentes de alguns nutrientes, exceto vitamina D, que não se torna problemática até os 50 anos de idade. A ingestão de ferro da maioria das mulheres durante os anos reprodutivos (19 a 50 anos) é insuficiente para suprir suas necessidades; entretanto, em virtude de uma necessidade menor de ferro depois da **menopausa**, as mulheres mais velhas obtêm ferro suficiente.

menopausa Cessação dos ciclos menstruais da mulher, geralmente por volta dos 50 anos de idade.

Pessoas acima de 65 anos, particularmente as que se encontram em instituições de longa permanência e hospitais, são o único grande grupo em risco de sofrer desnutrição. Elas podem estar abaixo do peso e exibirem sinais de diversas deficiências de micronutrients (p. ex., vitaminas B6 e B12 e folato). Amigos, parentes e profissionais de saúde devem monitorar a ingestão de nutrientes de todos os idosos, incluindo os que vivem em instituições de longa permanência. Os familiares podem

FIGURA 16.2 ▶ Uma checagem nutricional para idosos.

Reproduzido com permissão do Nutrition Screening Initiative, um projeto da American Academy of Family Physicians, American Dietetic Asssociation e National Council on Aging, Inc. e financiado em parte pela Ross Product Division, Abbott Laboratories.

Teste nutricional para idosos

Checagem nutricional para pessoas com mais de 65 anos.
Circule o número de pontos de cada afirmação aplicável. Em seguida, some o total e compare-o com a pontuação nutricional.

	Pontos	
	2	1. A pessoa tem uma doença crônica ou uma condição atual que mudou o tipo ou a quantidade de alimento consumido.
	3	2. A pessoa faz menos de 2 refeições completas por dia.
	2	3. A pessoa consome poucas frutas, vegetais ou laticínios.
	2	4. A pessoa bebe 3 ou mais doses de cerveja, destilados ou vinho quase todos os dias.
	2	5. A pessoa tem problemas dentários ou bucais que dificultam a alimentação.
	4	6. A pessoa não tem dinheiro suficiente para comprar alimentos.
	1	7. A pessoa come sozinha a maior parte do tempo.
	1	8. A pessoa usa 3 ou mais medicamentos com prescrição diferentes ou fármacos de venda sem prescrição todos os dias.
	2	9. A pessoa involuntariamente perdeu ou ganhou 4,5 kg nos últimos 6 meses.
	2	10. A pessoa nem sempre consegue comprar alimentos, cozinhar ou alimentar-se sozinha.
Total		

Pontuação nutricional

0–2: Bom. Checar novamente em 6 meses.

3–5: Marginal. Um órgão local tem informações a respeito de programas nutricionais para idosos. A National Association of Area Agencies on Aging dos Estados Unidos pode ajudar. Checar novamente em 6 meses.

6 ou mais: Alto risco. Um médico deverá revisar esse teste e sugerir como melhorar a saúde nutricional.

ter um papel valioso em garantir que as necessidades de nutrientes sejam atendidas, observando a manutenção do peso com base em padrões alimentares regulares e saudáveis. Para localizar exatamente pessoas acima de 65 anos de idade em risco de sofrer deficiências de nutrientes, a American Academy of Family Physicians, a American Dietetic Association e o National Council on Aging desenvolveram uma lista de verificação de Iniciativa de Rastreamento Nutricional (Fig. 16.2). Idosos americanos, familiares e profissionais de saúde podem usar essa lista para identificar pessoas em risco nutricional *antes* de a saúde piorar de modo significativo. Se houver problemas no consumo de uma dieta saudável, nutricionistas podem oferecer orientação profissional e personalizada.

Definindo as necessidades nutricionais

As DRIs para adultos estão divididas por gênero em quatro faixas etárias para refletirem como as necessidades de nutrientes mudam à medida que os adultos envelhecem. Essas mudanças nas necessidades nutricionais devem considerar as alterações fisiológicas relacionadas à idade na composição corporal, no metabolismo e na função dos órgãos.

Calorias. Depois dos 30 anos de idade, as necessidades calóricas totais de adultos fisicamente inativos vão caindo durante toda a fase adulta. Isso é causado por um declínio gradativo no metabolismo basal. Até certo ponto, os adultos podem exercer controle sobre essa redução nas necessidades calóricas por meio do exercício. O exercício pode deter, retardar ou até mesmo reverter reduções na massa corporal magra e nos declínios subsequentes nas necessidades calóricas. Além disso, manter as necessidades calóricas altas facilita suprir as necessidades nutricionais e evita o sobrepeso.

Proteína. A ingestão proteica de adultos de todas as idades na América do Norte tende a exceder os níveis atualmente recomendados. Entretanto, alguns estudos recentes indicam que o consumo de proteínas um pouco acima da RDA pode ajudar a preservar a massa muscular e óssea. Adultos que têm rendas limitadas para adquirir alimentos, dificuldade de mastigar carne ou intolerância à lactose podem não obter proteína suficiente. Conforme visto no Capítulo 6, toda proteína consumida acima do necessário para a manutenção dos tecidos corporais será decomposta e usada como energia ou armazenada como gordura. Os produtos residuais do metabolismo proteico devem ser removidos pelos rins; a ingestão excessiva de proteína pode acelerar o declínio da função renal.

Gordura. A ingestão de gordura de adultos de todas as idades é com frequência igual ou maior do que as recomendadas. É uma boa ideia para a maioria dos adultos reduzir a ingestão de gordura em virtude do forte elo entre dietas ricas em gordura e obesidade, doença cardíaca e alguns cânceres. Além disso, reduzir a ingestão de gordura "libera" algumas calorias que podem ser "gastas" melhor em carboidratos complexos.

Carboidratos. A ingestão total de carboidratos de adultos de todas as idades na América do Norte é com frequência menor do que a recomendada. Além disso, muitos adultos precisam mudar a composição de carboidratos de suas dietas para enfatizar carboidratos complexos ao mesmo tempo minimizando a ingestão de carboidratos simples (açúcares). Uma dieta rica em carboidratos complexos ajuda a suprir as necessidades de nutrientes e manter a pessoa dentro dos limites calóricos porque muitos alimentos altamente açucarados são pobres em nutrientes e ricos em calorias. Substituir doces por carboidratos complexos também facilita o controle dos níveis sanguíneos de glicose pelo corpo – uma função que se torna menos eficaz à medida que ocorrem aumentos na gordura corporal e na inatividade associados ao envelhecimento. Declínios no metabolismo dos carboidratos são tão comuns que mais de 20% das pessoas acima dos 65 anos de idade têm diabetes. Uma dieta rica em fibras ajuda os adultos a reduzir o risco de câncer de colo e doenças cardíacas, reduzir os níveis sanguíneos de colesterol e evitar constipação. O adulto americano típico obtém um pouco mais da metade da quantidade recomendada de fibras dietéticas.

▲ Conforme as pessoas envelhecem, suas necessidades de nutrientes mudam. Por exemplo, idosos precisam de mais vitamina D.

Água. Muitos adultos, especialmente os mais velhos, não consomem quantidades adequadas de água. De fato, muitos encontram-se em um estado constante de desidratação leve e em risco de sofrer desequilíbrios eletrolíticos. A baixa ingestão de água em idosos pode ser causada pelo prejuízo da sensibilidade às sensações de sede, doenças crônicas e/ou reduções conscientes na ingestão de líquidos a fim de reduzir a frequência de micções. Alguns também podem apresentar débito reduzido por estarem tomando determinados medicamentos (p. ex., diuréticos e laxantes), por terem uma **ostomia** e/ou sofrerem um declínio relacionado à idade na capacidade dos rins de concentrar urina. A desidratação é muito perigosa e, entre outros sintomas, causa desorientação e confusão mental, constipação, inpactação fecal e óbito.

ostomia Curto circuito intestinal criado cirurgicamente formando-se uma abertura na parede abdominal para saída do conteúdo do intestino, denominada colostomia. Uma das consequências desse procedimento é a perda de um volume maior de água pelas fezes do que ocorreria no intestino intacto.

Minerais e vitaminas. A ingestão adequada de todas as vitaminas e minerais é importante durante toda a fase adulta. É preciso ter atenção especial com os micronutrientes porque alguns tendem a estar presentes em quantidades menores do que as ideais nas dietas de muitos adultos, como cálcio, vitamina D, ferro, zinco, magnésio, folato e vitaminas B6, B12 e E. Adultos com absorção prejudicada ou que não consigam consumir uma dieta nutritiva podem se beneficiar de suplementos de vitaminas e minerais equiparados às suas necessidades. Assim, muitos especialistas em nutrição recomendam um suplemento multivitamínico e mineral balanceado diário para idosos, especialmente indivíduos acima dos 70 anos de idade. Suplementos ou alimentos fortificados podem ser especialmente úteis no tocante às necessidades de vitamina D e B12.

Cálcio e vitamina D Esses nutrientes formadores de ossos tendem a ser pobres nas dietas de todos os adultos. Eles se tornam particularmente problemáticos depois dos 50 anos de idade. A ingestão inadequada desses nutrientes, agregada à sua absorção reduzida, à síntese menor de vitamina D na pele e à capacidade renal reduzida de transformar a vitamina D em sua forma ativa, contribui muito para o desenvolvimento de osteoporose. Obter o suficiente desses nutrientes é um problema para muitos adultos mais velhos, pois as fontes alimentares de vitamina D são limitadas na dieta norte-americana, e as principais fontes – peixes gordurosos e leite fortificado – não são amplamente consumidos por idosos. Além disso, com o avanço da idade, a produção de lactase com frequência diminui. Como sabemos, uma das fontes mais ricas e absorvíveis desses nutrientes, o leite, contém lactose. Para obter vitamina D e cálcio necessários, muitas pessoas com intolerância à lactose podem consumir pequenas quantidades de leite às refeições sem efeitos prejudiciais. Alimentos fortificados com cálcio, queijo, iogurte, peixe ingerido com as espinhas (p. ex., sardinha ou salmão enlatados) e folhas verdes escuras podem ajudar os que sofrem de intolerância à lactose a suprir as necessidades de cálcio, mas esses alimentos com frequência não provêm vitamina D. Apenas de 10 a 15 minutos diários de exposição ao sol podem fazer uma grande diferença no nível da vitamina D.

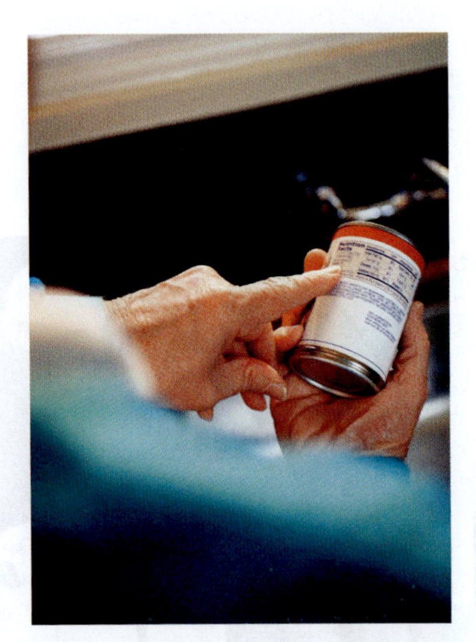

▲ A necessidade de sódio de adultos mais velhos é de 1.200 a 1.300 mg/dia. Essas pessoas consomem, como rotina, pelo menos essa quantidade de sódio. As necessidades de potássio são de 4.700 mg/dia. Muitos adultos mais velhos não cumprem essa meta.

Ferro A anemia por deficiência de ferro (ferropriva), o tipo mais comum de desnutrição durante a fase adulta, é encontrada com mais frequência em mulheres nos anos reprodutivos porque suas dietas não proporcionam ferro suficiente para compensar o mineral perdido mensalmente durante a menstruação. Outras causas comuns de deficiência de ferro em adultos de todas as idades incluem problemas do trato digestório que causam sangramentos (p. ex., úlceras hemorrágicas ou hemorroidas) e uso de medicamentos como aspirina, que causam perda de sangue. O comprometimento da absorção de ferro em virtude de declínios relacionados à idade na produção de ácido estomacal pode contribuir para a deficiência de ferro em idosos.

Zinco Além da ingestão de zinco inferior à ideal durante a fase adulta, a absorção de zinco diminui à medida que a produção de ácido estomacal também diminui com a idade. Um nível de deficiência de zinco pode acarretar perdas na sensação do paladar, letargia mental e demora na cicatrização de feridas que muitos idosos apresentam.

Magnésio Esse mineral tende a ser baixo nas dietas dos adultos. Ingestão inadequada de magnésio pode contribuir para perdas da resistência óssea, fraqueza muscular e confusão mental vistas em alguns idosos. Podem levar também à morte súbita em virtude de disritmias cardíacas e estão ligadas à doença cardiovascular, osteoporose e diabetes. A melhor fonte de magnésio é a dieta; os suplementos podem deixar as fezes soltas e causar diarreia.

Folato e vitaminas B6 e B12 A suficiência de folato, em virtude do seu papel na prevenção de defeitos do tubo neural, é muito importante para mulheres durante os anos reprodutivos. Posteriormente, o folato e as vitaminas B6 e B12 são especialmente importantes por serem necessários à eliminação da homocisteína da circulação sanguínea. Conforme comentado no Capítulo 5, concentrações sanguíneas de homocisteína elevadas estão associadas a um risco maior de doença cardiovascular, acidente vascular cerebral, fraturas ósseas e declínio neurológico vistos em alguns idosos. A vitamina B12 é um problema em especial para a população idosa porque pode haver uma deficiência quando a ingestão parece inadequada. À medida que as pessoas envelhecem, o estômago diminui sua produção de ácido e do fator intrínseco, o que leva à má-absorção de vitamina B12 e posteriormente à anemia perniciosa. Adultos acima dos 51 anos de idade precisam suprir as necessidades de vitamina B12 com alimentos ou suplementos fortificados com vitamina B12 sintética.

Vitamina E A ingestão dietética da maioria da população é insuficiente em relação às recomendações para vitamina E. A baixa ingestão de vitamina E significa que o corpo tem um suprimento inadequado de antioxidantes, o que pode aumentar o grau de dano celular causado por radicais livres, promover a progressão de doenças crônicas e cataratas e acelerar o envelhecimento. Além disso, níveis de vitamina E baixos podem levar a declínios nas capacidades físicas.

▲ Uma porção diária de cereal matinal integral propicia uma fonte rica de vitaminas, minerais e fibras e, portanto, contribui para o envelhecimento saudável.

Carotenoides As ingestões dietéticas de determinados carotenoides têm diversos efeitos antienvelhecimento e protetores da saúde importantes. A luteína e a zeaxantina foram especificamente ligadas à prevenção de cataratas e da degeneração macular associada ao envelhecimento. Dietas ricas em frutas e vegetais, as principais fontes de carotenoides e outros fitoquímicos benéficos, mostram de maneira consistente que protegem contra uma variedade de problemas relacionados à idade.

Os adultos estão seguindo as recomendações dietéticas atuais?

Em geral, os adultos na América do Norte procuram seguir muitas das recomendações descritas neste capítulo. Desde meados dos anos 1950, eles vêm consumindo menos gordura saturada, já que muitas pessoas substituíram creme e leite integral por leite semidesnatado e desnatado. Entretanto, consomem mais queijo, geralmente uma forma concentrada de gordura saturada. Desde 1963, os adultos consomem menos manteiga, menos ovos, menos gordura animal e mais óleos vegetais e peixe. Essas mudanças, em geral, seguem as recomendações para reduzir a ingestão de gordura saturada e colesterol em favor de escolhas de gorduras insaturadas. Os pecuaristas estão criando gado e porcos mais magros do que os produzidos nos anos 1950, o que também ajuda a reduzir a ingestão de gorduras saturadas.

Outros aspectos da dieta do norte-americano comum são menos favoráveis. O último levantamento nutricional dos hábitos alimentares nos Estados Unidos mostra que os principais contribuintes calóricos à dieta do adulto são pão branco, carne vermelha, roscas doces, bolos e biscoitos, refrigerantes, leite, frango, queijo, bebidas alcóolicas, molhos de salada, maionese, batatas e açúcares/xaropes/geleias. Se a tendência nas dietas fosse realmente diminuir a ingestão de açúcar e gordura saturada e aumentar a ingestão de fibras, muitos desses alimentos não apareceriam no topo da lista.

REVISÃO CONCEITUAL

As Dietari Guidelines for Americans de 2005 orientam as pessoas a consumir uma variedade de alimentos; a manter um peso saudável; a optar por uma dieta pobre em gordura saturada, gordura *trans* e colesterol; a escolher uma dieta rica em frutas, vegetais, leguminosas (feijões) e produtos integrais; a usar pouco açúcar e sal e a beber pouco ou nenhum álcool. Os principais micronutrientes dignos de preocupação entre a população em envelhecimento incluem cálcio, ferro, zinco, magnésio, folato, carotenoides e vitaminas D, B6, B12 e E.

16.4 Fatores relacionados à ingestão e às necessidades de nutrientes

A dieta é um dos principais fatores diretamente envolvidos no desenvolvimento de vários problemas de saúde durante a fase adulta. Os efeitos da dieta e dos nutrientes em muitos desses problemas, como aterosclerose, câncer, constipação, diabetes, doença diverticular, azia, hipertensão, obesidade e osteoporose, foram discutidos em capítulos anteriores. Contudo, outros problemas de saúde, como artrite, doença de Alzheimer e depressão, não estão diretamente ligados à dieta, mas a nutrição está implicada na sua prevenção e/ou tratamento.

Um conceito importante a ser lembrado é que o corpo em envelhecimento perde a sua resiliência – ele se torna menos capaz de lidar com fatores de estresse e restaurar o equilíbrio (homeostase). Por exemplo, comparado a um adulto saudável de 30 anos de idade, os rins de uma pessoa de 80 anos levam o dobro do tempo para remover restos e restaurar os níveis sanguíneos ao normal depois de ingerir proteína em excesso. Da mesma maneira, a decomposição de álcool, medicamentos e até mesmo suplementos nutricionais é mais lenta. Consequentemente, os níveis sanguíneos dessas substâncias são maiores e têm um efeito mais forte e duradouro em adultos mais velhos comparados aos mais jovens. Algumas medidas para evitar fatores de estresse às capacidades corporais (p. ex., evitar a ingestão excessiva de proteínas ou megadoses de suplementos dietéticos) podem ajudar a preservar a função fisiológica ideal em idosos.

Pesquisadores acreditam que manter a massa muscular magra pode ser a estratégia mais importante para o envelhecimento bem-sucedido porque:

- Mantém a taxa metabólica basal, o que ajuda a diminuir o risco de obesidade.
- Mantém a gordura corporal baixa, o que ajuda a controlar os níveis sanguíneos de colesterol e evitar o desenvolvimento de diabetes tipo 2.
- Mantém a água corporal, o que diminui o risco de desidratação e melhora a regulação da temperatura corporal.

Assim como as de outras faixas etárias, as escolhas alimentares e a adequação nutricional das dietas dos adultos dependem da interação de fatores fisiológicos, psicossociais e econômicos. Alterações em um desses fatores podem resultar em declínios na qualidade da ingestão dietética, no estado nutricional e na saúde.

Fatores fisiológicos

As implicações de muitas das mudanças fisiológicas que ocorrem durante a fase adulta na ingestão dietética e nas necessidades nutricionais estão resumidas na Tabela 16.2. Algumas das mudanças listadas (p. ex., perda de dentes, perda nas percepções de paladar e olfato) podem influenciar a ingestão dietética. Outras mudanças (p. ex., perda do tecido corporal magro) podem alterar as necessidades de nutrientes e/ou calorias. Contudo, outras mudanças (p. ex., redução na acidez estomacal, diminuição da função renal) podem causar mudanças na utilização dos nutrientes. Doenças crônicas e a necessidade de medicamentos são outras mudanças fisiológicas que muitos adultos sofrem e que podem influenciar a ingestão de alimentos e as necessidades nutricionais. O item a seguir detalha as interações de diversos desses fatores no estado nutricional durante a fase adulta.

Composição corporal As mudanças primárias na composição corporal que ocorrem à medida que a fase adulta avança são a diminuição da massa corporal magra e da água corporal e o aumento das reservas de gordura. A perda da massa corporal magra é denominada **sarcopenia**. Algumas células musculares encolhem e outras são perdidas à medida que os músculos envelhecem; alguns músculos perdem sua elasticidade à medida que acumulam gordura e colágeno. A perda da massa muscular leva a uma queda no metabolismo basal, na força muscular e nas necessidades de energia. A perda da massa muscular magra também leva a menos atividade física, o que piora ainda mais o prognóstico da manutenção muscular. Nesse contexto, é melhor evitar esse ciclo vicioso.

sarcopenia Em geral, designa a perda de tecido muscular. Em indivíduos idosos, a perda de massa magra aumenta muito o risco de doença e morte.

obesidade sarcopênica Perda de massa muscular acompanhada por ganhos na massa adiposa.

O estilo de vida é um fator determinante da taxa de deterioração da massa muscular. Um estilo de vida ativo ajuda a manter a massa muscular, ao passo que um estilo de vida inativo estimula a sua perda. De fato, muito do que é associado à velhice deve-se a uma vida de inatividade física. O ideal é que se mantenha um estilo de vida ativo durante toda a vida, incluindo tanto treinamento aeróbico quanto de força (ver tópico "Decisões alimentares"). A atividade física aumenta a força muscular e a mobilidade, melhora o equilíbrio e diminui o risco de quedas, facilita as tarefas diárias que demandam uma certa força, melhora o sono, retarda a perda

TABELA 16.2 Mudanças fisiológicas típicas do envelhecimento e respostas dietéticas e de estilo de vida recomendadas

Mudanças fisiológicas	Respostas recomendadas
Apetite (↓)	• Monitore o peso e tente comer o suficiente para manter um peso saudável. • Use produtos substitutos de refeições.
Sentidos do paladar e olfato (↓)	• Varie a dieta. • Experimente ervas e temperos.
Capacidade de mastigação (↓)	• Consulte um dentista para maximizar a capacidade de mastigação. • Modifique a consistência dos alimentos se necessário. • Faça lanches ricos em calorias.
Sensação de sede (↓)	• Consuma bastante líquido todos os dias. • Fique alerta a sinais de desidratação (p. ex., micção mínima ou urina escura).
Acidez estomacal (↓)	• Consuma alimentos ricos em ferro com uma fonte de vitamina C. • Escolha alimentos fortificados com vitamina B12 ou use um suplemento que contenha vitamina B12.
Função intestinal (↓)	• Consuma fibras suficientes todos os dias, optando basicamente por frutas, vegetais e pães e cereais integrais. • Consuma bastante líquido.
Produção de lactase (↓)	• Limite o tamanho da porção de leite a cada uso. • Substitua o leite por queijo ou iogurte. • Use produtos com lactose reduzida ou sem lactose. • Procure fontes de cálcio não derivadas de laticínios.
Nível de ferro (↓)	• Inclua um pouco de carne magra e alimentos fortificados com ferro na dieta. • Peça ao médico para monitorar o nível do ferro sanguíneo.
Função hepática (↓)	• Consuma álcool com moderação, se consumir. • Evite o consumo excessivo de vitamina A.
Função da insulina (↓)	• Mantenha o peso corporal saudável. • Faça atividade física regular.
Função renal (↓)	• Se necessário, trabalhe com o médico e o nutricionista para modificar o teor de proteína e outros nutrientes na dieta.
Função imune (↓)	• Atenda às necessidades nutricionais, especialmente de proteínas, vitamina E, vitamina B6 e zinco.
Função pulmonar (↓)	• Evite produtos à base de tabaco. • Faça atividade física regular.
Visão (↓)	• Consuma regularmente fontes de carotenoides, vitamina C, vitamina E e zinco (p. ex., frutas, vegetais e pães e cereais integrais). • Modere a ingestão de gorduras. • Use óculos escuros ao sol. • Evite produtos à base de tabaco. • Faça atividade física regularmente (para diminuir a resistência à insulina). • No caso de um diagnóstico de degeneração macular relacionada à idade, converse com o médico a respeito de seguir um protocolo de suplementação de zinco, cobre, vitamina E, vitamina C e betacaroteno.
Tecido magro (↓)	• Atenda às necessidades nutricionais, especialmente proteínas e vitamina D. • Faça atividade física regularmente, incluindo treinamento de força.
Função cardiovascular (↓)	• Use modificações na dieta ou medicamentos prescritos pelo médico para manter a pressão arterial dentro das faixas desejáveis. • Mantenha-se fisicamente ativo. • Conquiste e mantenha um peso corporal saudável.
Massa óssea (↓)	• Atenda às necessidades nutricionais, especialmente de cálcio e vitamina D (a exposição regular ao sol ajuda a suprir as necessidades de vitamina D). • Faça atividade física regular, especialmente exercícios de sustentação de peso. • As mulheres devem considerar o uso de medicamentos para osteroporose na menopausa. • Mantenha um peso saudável (evite especialmente a perda de peso desnecessária).
Função mental (↓)	• Atenda às necessidades nutricionais, especialmente de vitamina E, vitamina C, vitamina B6, folato e vitamina B12. • Busque o aprendizado durante toda a vida. • Faça atividade física regularmente. • Tenha um sono adequado.
Reservas adiposas (↓)	• Evite comer demais. • Faça atividade física regularmente.

Nutricionistas, médicos e farmacêuticos podem ajudar em qualquer ajuste necessário que se origine desses e de outros problemas relacionados a medicamentos.

▲ Pessoas mais velhas se beneficiam de exercícios aeróbicos e de treinamento de força (resistência). Faça o *download* de uma cópia do guia *Exercise & Physical Activity: Your Everyday Guide* do National Institute of Aging em www.nia.nih.gov.

óssea e aumenta o movimento articulatório, reduzindo, assim, as lesões, além de ter um impacto positivo na perspectiva mental da pessoa. O treinamento de força (resistência) ajuda a reverter parte do declínio na função diária associada à perda muscular em geral vista em idosos.

À medida que a massa magra diminui com a idade, a gordura corporal com frequência aumenta, uma condição denominada **obesidade sarcopênica**. Grande parte desse aumento na gordura corporal resulta da superalimentação e da atividade física limitada, embora até mesmo homens atléticos e mulheres magras muitas vezes ganhem um pouco de gordura na região abdominal depois dos 50 anos de idade. Um pequeno ganho de peso na fase adulta pode não comprometer a saúde, mas grandes ganhos são problemáticos. Lembre-se de que a obesidade pode aumentar a pressão arterial e a glicose sanguínea e tornar a caminhada e as tarefas diárias mais difíceis.

Diminuições no peso corporal são comuns depois dos 70 anos de idade. A perda de peso é um problema para os idosos em particular porque aumenta o risco de doenças relacionadas à nutrição e ao óbito. Essa perda pode levar a doenças, tolerância reduzida a medicamentos ou isolamento da vida. Os efeitos dos medicamentos atuais, bem como de alterações no paladar e no olfato, podem inibir o apetite também. Além disso, muitos idosos vivem sozinhos, uma circunstância associada a um apetite menor.

Sistema esquelético Conforme o Capítulo 9, a perda óssea em mulheres ocorre em geral depois da menopausa. A perda óssea em homens é lenta e uniforme a partir da meia-idade e posteriormente na vida. Muitos idosos podem sofrer de osteomalacia não diagnosticada, uma condição causada principalmente por vitamina D insuficiente. A osteoporose pode limitar a capacidade dos idosos de movimentar-se, fazer compras, preparar as refeições e viver normalmente. O consumo adequado de vitamina D, cálcio e proteína e não fumar, consumir álcool com moderação ou não beber e praticar exercícios de sustentação de peso podem ajudar a preservar a massa óssea. Alguns medicamentos também podem ajudar a diminuir a perda óssea.

DECISÕES ALIMENTARES

Diretrizes de exercício para idosos

Exercício aeróbico: Todos os adultos devem praticar exercícios aeróbicos de intensidade moderada por 30 minutos diariamente, pelo menos três vezes por semana, ou exercício aeróbico vigoroso por 20 min diariamente três dias por semana. Essa quantidade de atividade aeróbia ajuda na prevenção de doenças crônicas. Exercícios diários mais prolongados podem ser necessários para a perda ou a manutenção do peso. Exercícios de sustentação de peso são particularmente úteis para preservar a massa óssea.

Treinamento de força: Para manter a massa magra e a taxa metabólica, o treinamento de força deve incluir de 8 a 10 exercícios diferentes (cada qual com duas séries de 8 a 15 repetições), feitos 2 a 3 vezes por semana. Exercícios que envolvam os grandes grupos musculares (p. ex., braços, coluna e pernas) e exercícios que melhoram a força de preensão (firmeza) devem ser enfatizados. Comece devagar, concentre-se na respiração, descanse entre as séries, evite o bloqueio de articulações nos braços e nas pernas e pare o exercício que se tornar doloroso.

Exercícios de flexibilidade: Para prevenir lesões, 10 minutos de alongamento dos principais grupos musculares e tendões devem acompanhar os exercícios aeróbicos e de força.

Exercícios de equilíbrio: Para pessoas com mais de 65 anos com risco de sofrer quedas, exercícios que melhorem o equilíbrio (p. ex., yoga, tai chi) são recomendados, além de exercícios aeróbicos, de força e flexibilidade.

Ter um plano de exercícios, desenvolvido com um profissional de saúde para acomodar os riscos e as necessidades individuais, aumentará o sucesso para adultos mais velhos. Homens com mais de 40 anos e mulheres com mais de 50 anos, portadores de doenças cardíacas, diabetes ou problemas articulatórios e qualquer pessoa que tenha sido sedentária devem consultar um médico antes de começar um plano de exercícios.

Saiba mais em: **www.acsm.org.**

Sistema digestório A produção de HCl, fator intrínseco e lactase diminui com a idade avançada e, consequentemente, prejudica a absorção de diversos nutrientes. A constipação é o principal problema intestinal dos idosos. Para evitar a constipação, os idosos devem consumir fibras, beber bastante líquido e exercitar-se. Medicamentos à base de fibras geralmente são desnecessárias, mas podem ser úteis quando o consumo energético total não permitir a ingestão suficiente de fibras. Na medida em que alguns medicamentos podem causar constipação, um médico deve ser consultado para determinar a necessidade de um laxante ou um amolecedor das fezes.

Além das mudanças no trato gastrintestinal, as funções dos órgãos acessórios declinam com a idade. Por exemplo, a função hepática é menos eficaz. Uma história de consumo significativo de álcool ou doença hepática tornará a função do fígado ainda menos eficaz. À medida que a função hepática piora, sua capacidade de desintoxicar muitas substâncias, incluindo medicações, álcool e suplementos de vitaminas e minerais, diminui. A possibilidade de toxicidade de vitaminas aumenta.

A vesícula biliar também funciona com menos eficácia com a idade avançada. Cálculos biliares podem bloquear o fluxo de bile da vesícula para o intestino delgado, inferferindo na digestão de gorduras. A obesidade é um fator de risco importante para a doença da vesícula biliar, especialmente em mulheres idosas. Uma dieta pobre em gordura ou cirurgia para remover o cálculo biliar podem ser necessárias.

Embora a função pancreática possa piorar com a idade, o pâncreas tem uma grande capacidade de reserva. Um sinal de falência do pâncreas é uma glicose sanguínea elevada, embora isso possa ocorrer em consequência de várias condições. Esse órgão pode estar produzindo menos insulina, ou as células podem estar resistindo à ação da insulina (em geral visto em pessoas obesas com depósito adiposo na região abdominal). Uma melhor ingestão de nutrientes, atividade física regular e perda do excesso do peso corporal podem melhorar a ação da insulina e a regulação da glicose sanguínea.

Sistema nervoso Uma perda gradativa de células nervosas que transmitem sinais pode diminuir as percepções de paladar e odor e prejudicar a coordenação neuromuscular, o raciocínio e a memória. Tanto a visão quanto a audição pioram com a idade. O prejuízo da audição é maior nos que foram expostos continuamente a sons altos, como trânsito urbano, barulho de aeronaves e música alta. Como não conseguem ouvir bem, as pessoas mais velhas tendem a evitar contatos sociais, o que aumenta seu risco de ingestão dietética pobre.

A visão comprometida, com frequência causada por degeneração da retina e cataratas, pode afetar as capacidades de uma pessoa de fazer compras no mercado, localizar os alimentos desejados, ler rótulos de informações nutricionais e preparar as refeições em casa. Em função das perdas visuais, as pessoas também passam a evitar contatos sociais, reduzem a atividade física e não praticam rotinas diárias de saúde e cuidados pessoais. A degeneração macular, uma forma de prejuízo visual na velhice, é bastante comum, afetando em torno de 1,75 milhão de adultos nos EUA. Um dos principais fatores de risco é o tabagismo. Dietas ricas em carotenoides ajudam a reduzir o risco de degeneração macular. O risco de desenvolver cataratas é reduzido pelo consumo de uma dieta rica em frutas e vegetais.

Perdas da coordenação neuromuscular podem dificultar as compras e o preparo dos alimentos. Tarefas tão simples como abrir embalagens de alimentos podem se tornar tão difíceis que as pessoas limitam a ingestão dietética a produtos que demandam pouco preparo e dependem de outros para prover produtos prontos para o consumo. O próprio ato de comer pode se tornar difícil também. A perda da coordenação torna problemático segurar as alças das xícaras e manipular talheres. Consequentemente, adultos mais velhos podem evitar alimentos que derramem facilmente (p. ex., sopas e sucos) ou que precisem ser cortados (p. ex., carnes, pedações grandes de vegetais) e limitam a ingestão alimentar a alimentos fáceis de pegar com os dedos e comer. Alguns podem até mesmo isolar-se da interação social e comer sozinhos, o que pode provocar uma ingestão de nutrientes inadequada.

Sistema imune Com o passar do tempo, o sistema imune com frequência opera de maneira menos eficaz. O consumo adequado de proteínas, vitaminas (especialmente folato e vitaminas A, D e E), ferro e zinco ajuda a maximizar a função desse sistema. Doenças recorrentes e demora na cicatrização de feridas são sinais de alerta de que uma dieta deficiente (especialmente em proteína e zinco) pode prejudicar sua função. No entanto, a supernutrição parece ser igualmente prejudicial. Por exemplo, a obesidade e ingestões excessivas de gordura, ferro e zinco podem suprimir a função imunológica.

▲ A má higiene dental contribui para uma ingestão alimentar menor e problemas digestivos. Servir alimentos mais macios e fáceis de mastigar e esperar um tempo entre a mastigação e a deglutição melhora a ingestão alimentar.

Sistema endócrino À medida que a fase adulta avança, a taxa de síntese e liberação hormonal pode diminuir. Uma queda na liberação de insulina ou na sensibilidade à insulina, por exemplo, significa que é preciso mais tempo para os níveis sanguíneos de glicose voltarem ao normal depois de uma refeição. Manter um peso adequado, praticar exercícios regulares e consumir uma dieta pobre em gordura e rica em fibras e evitar alimentos com um índice glicêmico alto podem melhorar a capacidade do corpo de usar insulina e restaurar níveis elevados de glicose no sangue ao nível normal depois de uma refeição.

Doença crônica A prevalência de obesidade, doença cardíaca, osteoporose, câncer, hipertensão e diabetes aumenta com a idade. Mais de 8 em cada 10 idosos têm uma dessas doenças crônicas potencialmente debilitantes. Metade de todos os idosos têm pelo menos duas condições crônicas. As doenças crônicas podem ter um forte impacto na ingestão dietética. Por exemplo, gordura excessiva, doença cardíaca e osteoporose podem comprometer a mobilidade física até um ponto em que as vítimas ficam incapazes de fazer compras e preparar os alimentos. As doenças crônicas também podem influenciar as necessidades de nutrientes e calorias. O câncer, por exemplo, aumenta as necessidades tanto de nutrientes quanto de calorias. A hipertensão pode indicar uma necessidade de ingerir menos sódio. A utilização dos nutrientes pode ser afetada também por doenças crônicas. O diabetes, por exemplo, altera a capacidade do corpo de utilizar glicose. Além disso, os efeitos da doença cardíaca nos rins pode comprometer sua capacidade de reabsorver glicose, aminoácidos e vitamina C.

DECISÕES ALIMENTARES

Intervenções nutricionais para artrite

Existem mais de cem tipos de artrite, uma doença que causa a degeneração e a rigidez da cartilagem que cobre e protege as articulações. Devido a essas mudanças, as articulações ficam doloridas e inflamadas, causando dor ao movimento. A osteoartrite, cuja prevalência aumenta com a idade avançada, é a principal causa de incapacidade entre idosos. A artrite reumatoide, bem menos comum, é mais prevalente em adultos jovens.

Apesar de não sabermos as causas ou curas precisas, muitos "remédios" não comprovados foram alardeados. Dietas incomuns, restrições alimentares e suplementos de nutrientes são alguns dos tratamentos mais populares. Entretanto, não ficou comprovado que uma dieta, um alimento ou um nutriente especial possa prevenir, aliviar ou tratar a artrite em humanos. Até onde os suplementos são conhecidos, a glucosamina e/ou condroitina foram os mais extensivamente estudados. Muitos estudos, embora não sejam todos, demonstram que esses suplementos conseguem aliviar a dor, retardar a progressão da degeneração articulatória ou reconstruir a cartilagem. Manter um peso adequado, o que reduz o estresse nas articulações artríticas, é o único tratamento relacionado à dieta conhecido por oferecer algum alívio. A *MyPyramid* pode ser usada como um guia para fazer escolhas alimentares saudáveis para a manutenção do peso.

Medicações Idosos são os grandes consumidores de medicamentos (tanto os prescritos quanto os vendidos sem prescrição) e suplementos de nutrientes. Metade de todas as pessoas acima dos 65 anos de idade tomam vários medicamentos por dia. A taxa de uso de suplementos aumenta durante a fase adulta, de maneira que, em torno dos 50 anos de idade, aproximadamente metade de todos os adultos usam suplementos diariamente. Declínios fisiológicos que ocorrem durante o envelhecimento (p. ex., menos água corporal, queda da função renal e hepática) tornam os efeitos dos medicamentos e dos suplementos de nutrientes exagerados, que persistem por mais tempo em idosos.

Os medicamentos conseguem melhorar a saúde e a qualidade de vida, mas alguns também afetam de maneira adversa o estado nutricional, particularmente de pessoas mais velhas e/ou que tomam muitos medicamentos diferentes. Por exemplo, alguns deprimem a acuidade do paladar e do olfato ou causam anorexia ou náusea, que podem comprometer o interesse em comer e levar a uma ingestão dietética menor. Outros alteram as necessidades nutricionais. A aspirina, por exemplo, aumenta a probabilidade de sangramento intestinal, de maneira que o uso prolongado pode aumentar a necessidade de ferro, bem como de outros nutrientes. Os

PARA REFLETIR

Jamila foi à farmácia local ontem procurar um produto para ajudá-la a ficar acordada enquanto estuda. Ela encontrou nas prateleiras um suplemento dietético que afirma ser uma erva chinesa para sonolência e fadiga. Então pensou que, já que uma farmácia vendia esse produto, devia ser seguro e funcionar conforme indicado no rótulo.

Ela está certa nessas suposições? Existe algum risco específico associado ao uso desses fitoterápicos?

antibióticos podem depletar o corpo de vitamina K. Há também aqueles que podem comprometer a utilização de nutrientes – diuréticos e laxantes podem causar excreção excessiva de água e minerais. Até mesmo suplementos de vitaminas e minerais podem afetar o estado nutricional. Suplementos de ferro tomados em grandes doses podem interferir no funcionamento do zinco e do cobre. Suplementos de folato podem mascarar a deficiência de vitamina B12. Pessoas que precisam tomar medicamentos devem consumir alimentos ricos em nutrientes e evitar qualquer alimento ou suplemento que interfira na função desse medicamento. Por exemplo, a vitamina K pode reduzir a ação de anticoagulantes orais; o queijo envelhecido pode interferir no funcionamento de determinados fármacos usados para tratar hipertensão e depressão, e a toranja pode interferir em medicamentos como tranquilizantes e os que reduzem os níveis de colesterol. Um médico ou farmacêutico deverá ser consultado a respeito de quaisquer restrições em alimentos e/ou suplementos.

Vários relatos documentaram riscos significativos à saúde associados ao uso de alguns fitoterápicos e remédios alternativos, às vezes resultando em morte. Os estudos apontam, especialmente, germander, fitolaca, sassafrás, mandrágora, poejo, confrei, chaparral, yohimbe, lobélia, *ji bu huan*, *kava kava*, produtos contendo estefânia e magnólia, sene, *hai gen fen*, chá paraguaio, chá kombuchá, *tung shueh* (bolinhas pretas chinesas) e casca de salgueiro.

Medicina alternativa e envelhecimento

Nos EUA, pelo menos metade dos adultos relatam usar algum tipo de suplemento dietético ou fitoterápico. Conforme o Capítulo 3, esses produtos não têm sua eficácia ou segurança avaliadas pela FDA já que se encaixam na regulação da Dietary Supplement Health and Education Act (DSHEA) de 1994. A pureza e a quantidade do produto no frasco também são duvidosos. A Tabela 16.3 revisa alguns fitoterápicos populares usados por adultos mais velhos. Observe na tabela que esses produtos podem acarretar riscos à saúde em algumas pessoas. Além disso, eles podem ser caros (US$ 100 por mês ou mais em alguns casos) e não são cobertos por planos de saúde. O uso de muitos fitoterápicos diminuiu por causa da despesa e dos benefícios questionáveis. Em 2003, as vendas de *ginseng* e Erva de São João (hipérico) baixaram 30 e 38%, respectivamente.

TABELA 16.3 Uma visão detalhada de alguns fitoterápicos populares

Produto	Efeitos pretendidos	Efeitos colaterais	Quem deve especialmente procurar orientação médica antes de usar
Cohosh negro	• Redução leve nos sintomas da pós-menopausa (mostrou-se eficaz em algumas, mas não em todas as mulheres; em geral, não deve ser usado por mais de 6 meses)	• Náusea • Hipotensão	• Mulheres que tiveram câncer de mama • Gestantes • Qualquer pessoa que esteja usando estrogênio, medicamentos anti-hipertensivos ou que servem como coagulantes*
Cranberry	• Prevenção ou tratamento de infecções do trato urinário (alguma evidência de eficácia)	• O uso de comprimidos concentrados pode aumentar o risco de cálculos renais	• Pessoas suscetíveis a cálculos renais • Qualquer pessoa que esteja tomando antidepressivos ou analgésicos prescritos
Equinácea	• Estimulação do sistema imune • Prevenção ou tratamento de resfriados ou outras infecções (no máximo um efeito leve)	• Náusea • Irritação cutânea • Reações alérgicas • Leve desconforto do trato GI • Aumento da micção	• Qualquer pessoa com uma doença autoimune • Pacientes pré ou pós-cirúrgicos • Pessoas com alergias a margaridas
Alho	• Propriedades antibióticas • Pequena redução no colesterol sanguíneo ou na pressão arterial mostrou-se eficaz em alguns estudos, mas não em todos	• Desconforto do trato GI (p. ex., azia, flatulência) • Odor desagradável	• Pacientes pré ou pós-cirúrgicos • Mulheres em período perinatal • Pessoas com uma história de cálculo biliar • Pessoas que usam medicamentos anticoagulantes ou para tratar a Aids
Ginkgo biloba	• Aumenta a circulação • Melhora a memória (especialmente para pessoas com doença de Alzheimer; pouca evidência de eficácia)	• Cefaleia leve • Desconforto do trato GI • Irritabilidade • Diminuição da coagulação sanguínea • Convulsões (se contaminado com sementes tóxicas de *ginkgo*)	• Pessoas com distúrbios de sangramento • Pacientes pré ou pós-cirúrgicos • Pessoas com alergias à planta • Uso concomitante com matricária, alho, *ginseng*, *dong quai* ou trevo vermelho • Pessoas que usam medicamentos para diabetes, anticoagulantes, suplementos de vitamina E, antidepressivos ou diuréticos

(Continua)

TABELA 16.3 Uma visão detalhada de alguns fitoterápicos populares *(Continuação)*

Produto	Efeitos pretendidos	Efeitos colaterais	Quem deve especialmente procurar orientação médica antes de usar
Ginseng	• Mais energia • Alívio do estresse • Menos fraqueza e fadiga (eficácia amplamente desconhecida)	• Hipertensão • Crises de asma • Batimentos cardíacos irregulares • Insônia • Cefaleia • Nervosismo • Desconforto do trato GI • Redução da coagulação sanguínea • Irregularidades menstruais e sensibilidade mamária	• Qualquer pessoa que use medicamento prescrito deverá consultar um médico antes de usar • Mulheres em terapia hormonal • Mulheres que tiveram câncer de mama • Qualquer pessoa com uma doença crônica do trato GI • Qualquer pessoa com hipertensão descontrolada • Qualquer pessoa que use medicamento anticoagulante, diabetes, depressão ou insuficiência cardíaca
Erva de São João (hipérico)	• Alívio da depressão (no máximo um efeito leve)	• Desconforto leve do trato GI • Eritemas cutâneos • Cansaço • Inquietação • Aumento da sensibilidade ao sol	• Qualquer pessoa que esteja usando um medicamento prescrito • Pessoas com sensibilidade UV, incluindo a induzida por medicamentos ou outros tratamentos** • Pessoas com transtorno bipolar • Qualquer pessoa em recuperação de enxerto ou transplante de órgão • Qualquer pessoa que use ritalina, cafeína, medicamentos anti-HIV, medicamentos para insuficiência cardíaca, hipocolesterolêmicos, medicamentos para afinar o sangue, quimioterapia, contraceptivos orais, antidepressivos, antipsicóticos ou para tratar a asma
Valeriana	• Alívio da inquietação e outros transtornos do sono provenientes de condições nervosas • Redução da ansiedade (alguma evidência de eficácia)	• Prejuízo da atenção • Cefaleia • Tontura matinal • Batimentos cardíacos irregulares • Desconforto do trato GI • Odor desagradável • Delírio por abstinência	• Qualquer pessoa que esteja usando depressores do sistema nervoso central*** • Qualquer pessoa que consuma álcool • Pessoas que irão operar equipamentos pesados ou dirigir

Gestantes ou nutrizes, crianças com menos de 2 anos de idade, pessoas acima de 65 anos de idade e qualquer pessoa que tenha uma doença crônica jamais deverão tomar suplementos sem orientação médica. Foi levantada uma preocupação a respeito de pacientes que suspendem abruptamente remédios alternativos quando começam tratamentos hospitalares ou que negam estar usando uma terapia alternativa. As interações entre terapias alternativas e agentes farmacêuticos podem ser drásticas e incluir complicações como delírio, anormalidades da coagulação e batimentos cardíacos rápidos, resultando na necessidade de cuidados intensivos. A revelação completa de todos os tratamentos prescritos e não prescritos ajuda na prevenção de tais complicações. Especialistas recomendam que, se houver tempo, os pacientes parem de usar fitoterápicos cerca de uma semana antes de uma cirurgia eletiva ou que levem todas as embalagens de suplementos originais para o hospital, de maneira que o anestesista possa avaliar o que foi usado.

* Coumadin (varfarina), Aspirina, Heparina, Lovenox ou Fragmin.

** Medicamentos à base de sulfa, anti-inflamatórios ou antirrefluxo ácido.

*** Valium, Halcion, Seconal.

▲ Alguns produtos fitoterápicos são eficazes para tratar problemas médicos específicos. Siga as instruções da bula atentamente. Observe os efeitos colaterais potenciais listados, bem como quem não deve usar o produto. O melhor conselho é só usar essas substâncias sob estrita supervisão médica.

Uma abordagem racional ao uso de fitoterápicos é usar apenas um produto por vez, manter um diário dos sintomas e checar com o médico antes de suspender um medicamento prescrito. Além disso, a FDA recomenda a qualquer pessoa que apresente efeitos colaterais adversos de um fitoterápico a entrar em contato com o médico, o qual, então, deve relatar esses eventos adversos ao FDA, aos departamentos de saúde estaduais e municipais e aos órgãos de proteção do consumidor.

Para mais informações a respeito de fitoterápicos, acesse os seguintes *websites*, que são regularmente atualizados e abrangem os fitoterápicos listados na Tabela 16.3, bem como muitos outros.

Alternative Medicine Foundation
www.amfoundation.org/
National Institutes of Health National Center for Complementary and Alternative Medicine (NCCAM)
www.nccam.nih.gov/
American Botanical Council
www.abc.herbalgram.org/
Complementary and Alternative Medicine Program at Stanford (CAMPS)
www.camps.stanford.edu/
National Institutes of Health Office of Dietary Supplements
www.ods.od.nih.gov/

Natural Medicines Comprehensive Database
www.naturaldatabase.com
Farmacopeia Brasileira - Formulário Fitoterápico Nacional - Anvisa
www.anvisa.gov.br/farmacopeiabrasileira/formulário_fitoterápico.htm
Política Nacional de Plantas Medicinais e Fitoterápicos - Ministério da Saúde
www.saude.gov.br/bus
Programa Nacional de Plantas Medicinais e Fitoterápicos - Ministério da Saúde
www.saude.gov.br - Assistência Farmacêutica

Fatores psicossociais

Preocupações a respeito do possível constrangimento causado pela deterioração das capacidades físicas podem ter como consequência o fato de que os idosos acabam se isolando da interação social e passam a comer sozinhos e não com os outros. Os que comem sozinhos, independentemente da razão, poucas vezes comem tanto ou bem em termos nutricionais como deveriam. Tanto pessoas jovens quanto idosas que comem sem companhia tendem a sentir-se desmotivadas a comprar e preparar os alimentos. Muitas tornam-se apáticas em relação à vida, tanto que com o tempo é possível que o estado de saúde e nutricional piorem. Como você verá adiante neste capítulo, vários programas de assistência nutricional podem ajudar as pessoas mais velhas a obter alimento e apoio social necessários para a boa saúde.

Depressão Uma perspectiva positiva da vida e redes de apoio intactas ajudam a tornar os alimentos e a alimentação interessantes e gratificantes. No entanto, o isolamento social, a tristeza, a dor e as enfermidades crônicas ou uma mudança no estilo de vida podem levar à depressão, perda de apetite, falta de interesse na comida e incapacidade. A depressão ocorre em cerca de 12 a 30% dos idosos que vivem em asilos e em 17 a 37% dos idosos que vivem fora de asilos. Se não tratada, a depressão pode levar a um declínio contínuo no apetite, o que resulta em fraqueza, má nutrição, confusão mental e mais sentimentos de isolamento e solidão (Fig. 16.3). Contudo, algumas pessoas lidam com a depressão comendo excessivamente, o que leva à obesidade e a seus problemas associados. A depressão pode sinalizar uma doença subjacente e também comprometer a recuperação de doenças ou lesões existentes. Até 15% dos casos terminam em suicídio. Por essas razões, é importante detectar precocemente a depressão em idosos. A depressão é com frequência tratável, mas a medicação por si só não ajudará os que sofrem grandes mudanças na vida, como a morte de um cônjuge. O apoio social adequado e/ou intervenções psicológicas também são essenciais.

Doença de Alzheimer A doença de Alzheimer é uma deterioração irreversível, anormal e progressiva do cérebro, que acarreta perda gradativa da capacidade de lembrar, raciocinar e compreender. A doença de Alzheimer com frequência acarreta um ônus terrível na saúde mental e posteriormente física dos idosos. Cerca de 4,5 milhões de adultos nos EUA sofrem da doença.

FIGURA 16.3 ▶ O declínio da saúde com frequência visto em idosos. Uma pequena mudança leva a uma cadeia de eventos ou a um "efeito dominó", que resulta em má saúde. Sempre que possível, esse declínio deve ser evitado.

Dez sinais de alerta da doença de Alzheimer

- Perda de memória recente que afeta o desempenho ocupacional
- Dificuldade em fazer tarefas familiares
- Problemas de linguagem
- Desorientação em tempo e espaço
- Julgamento falho ou comprometido
- Problemas com o raciocínio abstrato
- Tendência em perder as coisas
- Mudanças de humor e comportamento
- Mudanças na personalidade
- Perda de iniciativa

Os 10 sinais de alerta da doença de Alzheimer estão listados no quadro. Não se sabe exatamente o que causa a doença, mas cientistas propuseram várias causas, como alterações no desenvolvimento celular ou na produção de proteínas no cérebro, acidentes cerebrovasculares, composição alterada das lipoproteínas do sangue, obesidade, má regulação da glicose sanguínea (p. ex., diabetes), hipertensão, hipercolesterolemia e níveis elevados de radicais livres.

Esforços precoces para prevenir a doença são cruciais, porque o progresso do declínio cognitivo começa de 10 a 20 anos antes de aparecerem os sinais de alerta. Medidas preventivas da doença de Alzheimer enfatizam a manutenção da atividade cerebral por meio de aprendizagem durante toda a vida, o consumo de uma dieta rica em frutas e vegetais e o uso de ibuprofeno. O papel da nutrição para prevenir ou minimizar o risco dessa doença está sendo investigado. O consumo suficiente de antioxidantes como vitamina C, vitamina E e selênio ajuda a proteger o corpo dos efeitos nocivos dos radicais livres. Ingestões adequadas de folato e vitaminas B6 e B12 são especialmente importantes porque níveis elevados de homocisteína no sangue também são um fator de risco. As gorduras dietéticas igualmente podem ter um papel em manter longe essa doença. Indivíduos que têm uma dieta rica em ômega-3 e ômega-6 e pobre em ácidos graxos saturados e *trans* parecem ter um risco menor de desenvolver a doença de Alzheimer.

As ingestões dietéticas dos portadores da doença de Alzheimer são desfavoráveis, comparadas às de pessoas da mesma idade sem essa doença. Os cuidadores de pessoas com a doença de Alzheimer precisam monitorar o peso do paciente para garantir a manutenção de um peso e um estado nutricional saudáveis. Outras dicas são servir peixe rico em ômega-3 nas refeições três vezes por semana e garantir que os hábitos alimentares não representem um risco à saúde (p. ex., manter a comida na boca e esquecer de engolir). A atividade física regular também melhora o estado mental de pessoas afetadas por essa doença.

Fatores econômicos Os recursos financeiros disponíveis para adquirir alimentos podem ter um grande impacto nos tipos e nas quantidades de alimentos que uma pessoa consome. Desemprego, subemprego, aposentadoria ou qualquer outro fator que limite a renda dificulta a obtenção de alimentos melhores e mais saudáveis e pode comprometer o estado nutricional e a saúde. A renda insuficiente é um problema sobretudo entre pessoas acima de 65 anos de idade e, consequentemente, essas pessoas com frequência têm problemas em garantir a boa nutrição. O Commodity Foods Program e o Supplemental Nutrition Assistance Program são dois programas federais dos EUA que podem ajudar indivíduos de baixa renda de todas as idades a obter os alimentos de que necessitam.

▲ De todas as fontes de álcool, o vinho tinto-com moderação é com frequência destacado como a melhor escolha por causa dos benefícios extras dos diversos fitoquímicos presentes (p. ex., resveratrol). Esses fitoquímicos se desprendem da casca da uva durante a fermentação do vinho tinto. A cerveja escura também é uma fonte de fitoquímicos.

REVISÃO CONCEITUAL

Fatores fisiológicos, psicológicos e econômicos afetam o estado nutricional dos idosos. Os seguintes sistemas de órgãos e funções podem piorar com o envelhecimento: apetite, sentidos de paladar, olfato, sede, audição e visão; digestão e absorção; função hepática, da vesícula biliar, pancretática, renal, pulmonar e cardíaca e o sistema imune. Além disso, a massa óssea e a massa muscular diminuem, sendo que essa última principalmente devido a uma dieta deficiente e à inatividade. Mudanças dietéticas adequadas, atividade física regular, manutenção de contatos sociais e participação em programas de assistência nutricional muitas vezes conseguem ajudar a reduzir o impacto desses fatores.

16.5 Implicações nutricionais do consumo de álcool

etanol Termo químico para a forma de álcool encontrada em bebidas alcoólicas.

Considerando-se um amplo espectro do uso e do abuso de álcool, o conhecimento do consumo de álcool e sua relação com a saúde geral é essencial ao estudo da nutrição. As bebidas alcoólicas contêm a forma química do álcool conhecida como **etanol**. Apesar de não ser um nutriente em si, o álcool é uma fonte de calorias (cer-

TABELA 16.4 Teor de álcool, carboidrato e calorias das bebidas alcóolicas*

Bebida	Quantidade (mL)	Álcool (g)	Carboidratos (g)	Calorias (kcal)
Cerveja				
Comum	350	13	13	146
Light	350	11	5	99
Destilados				
Gim, vodca, bourbon, uísque (40%), aguardente, conhaque	45	14	-	96
Vinho				
Tinto	150	14	2	102
Branco	150	14	1	100
Doce, de sobremesa	150	23	17	225
Rosé	150	14	2	100
***Drinks* misturados**				
Manhattan	90	26	3	191
Martini	90	27	-	189
Bourbon e soda	90	11	-	78
Uísque sour	90	14	113	144

* Há pouca ou nenhuma gordura ou contribuição proteica ao conteúdo calórico.
Fonte: USDA.

▲ Uma dose-padrão é universamente definida como uma garrafa de 350 mL de cerveja ou *cooler*, 1 taça de 150 mL de vinho, 90 mL de *sherry* ou licor, ou 45 mL de bebidas destiladas com teor alcoólico de 40% GL (*80-proof*).

ca de 7 kcal/g) para aproximadamente a metade dos adultos, constituindo cerca de 3% das calorias totais na dieta do norte-americano comum (Tab. 16.4). Importante ressaltar que as bebidas alcoólicas servidas em bares e restaurantes podem ter uma quantidade de 20 a 45% maior do que as doses-padrão descritas a seguir.

O consumo moderado de álcool por uma pessoa de idade legal é uma prática aceitável e tem até mesmo benefícios salutares. Entretanto, apenas cerca da metade do álcool é consumido com moderação. Quase 14 milhões de pessoas nos Estados Unidos sofrem de alcoolismo, e outras 31,9 milhões ficam embriagadas com frequência. O álcool é com certeza a droga de abuso mais frequente.

Graduação alcoólica representa duas vezes o volume de álcool em termos percentuais. Assim, a vodca *80 proof* é 40% álcool.

Como as bebidas alcoólicas são produzidas

A base da produção de álcool é a fermentação, um processo pelo qual microrganismos decompõem açúcares simples (p. ex., glicose, maltose) em álcool, dióxido de carbono e água na ausência de oxigênio. Bebidas com alto teor de carboidrato estimulam especialmente o crescimento de leveduras, o microrganismo responsável pela produção do álcool. O vinho é formado pela fermentação da uva e de outros sucos de frutas. A cerveja é feita de cereal maltado. Bebidas destiladas (p. ex., vodca, gin, uísque) são feitas de diversas frutas, vegetais e grãos. As temperaturas de produção, a composição do alimento usado para fermentação e as técnicas de envelhecimento determinam as características do produto.

Absorção e metabolismo do álcool

O álcool não requer digestão. Ele é absorvido rapidamente pelo trato gastrintestinal por difusão, o que o torna a fonte de caloria absorvida com mais eficiência. Uma vez absorvido, é distribuído livremente para todos os compartimentos de líquidos dentro do corpo. Cerca de 1 a 3% do álcool é eliminado pela urina, e cerca de 1 a 5% evapora-se pela respiração, a base do teste do bafômetro. Entretanto, a maior parte do álcool (90-98%) é metabolizada. O fígado é o principal local do metabolismo do álcool, e parte dele também é metabolizada pelas células que revestem o estômago. A principal via do metabolismo do álcool envolve as enzimas **álcool desidrogenase** e **acetaldeído desidrogenase.** O álcool não pode ser armazenado no corpo, de maneira que ele assume uma prioridade absoluta sobre outras fontes de energia para o metabolismo.

álcool desidrogenase Uma enzima usada no metabolismo do álcool (etanol), que converte álcool em acetaldeído.

acetaldeído desidrogenase Enzima que participa do metabolismo do etanol convertendo o acetaldeído em dióxido de carbono e água.

abuso de álcool Consumo excessivo de álcool, que leva a problemas de saúde e outros problemas relacionados ao álcool, como doenças recorrentes, incapacidade de cumprir obrigações importantes, uso em situações arriscadas (p. ex., dirigindo), problemas legais ou uso apesar de dificuldades sociais e interpessoais.

cirrose Perda da função das células hepáticas, que são substituídas por tecido conectivo não funcional. Qualquer substância que intoxique as células hepáticas pode levar à cirrose. A causa mais comum é a ingestão crônica excessiva de álcool. A exposição a algumas substâncias químicas industriais também pode levar à cirrose.

▲ Não existe consumo controlado de álcool quando a pessoa é alcoolista. A abstinência total é o mais indicado para a recuperação.

Quando o consumo de álcool de uma pessoa ultrapassa a capacidade do corpo de metabolizá-la, a concentração sanguínea de álcool aumenta, o cérebro fica exposto ao álcool e aparecem sintomas de intoxicação (ver Tab. 16.5). A absorção e o metabolismo do álcool dependem de diversos fatores: gênero, raça, tamanho corporal, condição física, composição da refeição, taxa de esvaziamento gástrico, teor de álcool da bebida, uso de determinados fármacos, abuso crônico de álcool e, até mesmo, a quantidade de sono que a pessoa teve. As mulheres absorvem e metabolizam o álcool de maneira diferente. A quantidade de álcool metabolizada pelas células que revestem o estômago é maior nos homens. As mulheres também têm menos água corporal em que diluir o álcool. Em termos gerais, as mulheres desenvolvem problemas relacionados ao alcoolismo, como cirrose hepática, mais rapidamente do que os homens com os mesmos hábitos de consumo de álcool.

Benefícios do uso moderado de álcool

Quando usado com moderação, o álcool está ligado a diversos benefícios à saúde. Esses benefícios estão associados a ingestões em torno de uma dose por dia para homens e um pouco menos de uma dose para mulheres. A socialização e o relaxamento estão entre os benefícios intangíveis do uso moderado de álcool por pessoas em idade legal para beber. Em termos de benefícios fisiológicos, os que bebem com moderação têm menos risco de desenvolver doenças cardiovasculares e diabetes tipo 2. Os que antes bebiam e param de beber não têm mais esses benefícios do álcool. Veja na Tabela 16.6 outros benefícios do consumo de álcool.

Riscos de abuso de álcool

Ainda que existam uns poucos benefícios do uso moderado regular, os riscos de **abuso de álcool** são mais numerosos e prejudiciais. Embora seja um dos problemas de saúde mais evitáveis, o consumo excessivo de álcool contribui significativamente para 5 das 10 principais causas de óbito na América do Norte, para alguns tipos de câncer, **cirrose** hepática, acidentes automobilísticos e outros e suicídios (ver na Tabela 16.6 outros riscos à saúde). Nos Estados Unidos, cerca de US$ 185 bilhões são gastos anualmente em termos de perda de produtividade, mortes prematuras, despesas diretas de tratamento e honorários legais associados ao alcoolismo. Em termos gerais, o abuso de álcool reduz a expectativa de vida de uma pessoa em 15 anos.

As bebidas alcoólicas têm pouco valor nutricional e, portanto, deficiências nutricionais são uma consequência comum do alcoolismo. O teor de proteína e vita-

TABELA 16.5 Concentração sanguínea de álcool elevada e sintomas

Concentração*	Consumidor esporádico	Consumidor crônico	Horas para o álcool ser metabolizado**
50 (parcialmente elevada) (0,05%)	Euforia crônica; menos tensão; prejuízo nítido na capacidade de dirigir e na coordenação	Sem efeito observável	2-3
75 (0,075%)	Sociável	Geralmente nenhum efeito	3-4
80 a 100 (0,08%-0,1%)	Descoordenação; 0,08% é considerado embriagado (p. ex., dirigindo sob embriaguez) nos Estados Unidos	Sinais discretos	4-6
125-150 (0,125%-0,15%)	Comportamento desinibido; comportamento incontido episódico	Euforia agradável ou começo da descoordenação	6-10
200-250 (0,2%-0,25%)	Perda da vigilância; letárgico	É preciso se esforçar para manter controle emocional e motor	10-24
300-350 (0,3%-0,35%)	Estupor a coma	Sonolento e lentificado	10-24
> 500 (> 0,5%)	Alguns morrerão	Coma	>24

* Miligramas de álcool por 100 mL de sangue.

** Para o bebedor social; o metabolismo do álcool é um pouco mais rápido nos que abusam cronicamente de álcool.

Modificado de Wyngaarder JB, Smith LH: *Cecil Textbook of Medicine*, quarta edição, Filadélfia, 1988, WB Saunders. Usado com permissão.

TABELA 16.6 Resumo dos benefícios e riscos do uso de álcool

	Uso moderado*	Abuso de álcool**
Doença coronariana	Menor risco de morte nos que têm alto risco de óbito relacionado a doenças coronarianas, principalmente por aumento do colesterol HDL em algumas pessoas, redução da coagulação sanguínea e relaxamento dos vasos sanguíneos	Transtornos do ritmo cardíaco, dano ao músculo cardíaco, aumento dos triglicerídeos sanguíneos e aumento da coagulação sanguínea
Hipertensão e AVC	Pequena queda na pressão arterial; menos AVC isquêmico em pessoas com pressão arterial normal	Aumento da pressão arterial (hipertensão); mais AVC isquêmico e hemorrágico
Doença vascular periférica	Menos risco devido à redução da coagulação sanguínea	Nenhum benefício
Regulação da glicose sanguínea e do diabetes tipo 2	Risco menor de desenvolver diabetes tipo 2; risco menor de morte por doenças cardiovasculares	Hipoglicemia; menor sensibilidade à insulina; dano ao pâncreas (local de produção de insulina)
Saúde óssea e articulatória	Um certo aumento no conteúdo mineral ósseo em mulheres, ligado à produção de estrogênio	Perda de células ativas formadoras de osso e eventual osteoporose (muitas deficiências nutricionais também contribuem para esse problema); risco maior de gota
Função cerebral	Função cerebral melhor e menos risco de demência ao aumentar a circulação sanguínea no cérebro	Dano ao tecido cerebral e comprometimento da memória
Saúde do músculo esquelético	Nenhum benefício	Dano ao músculo esquelético
Câncer	Nenhum benefício	Maior risco de câncer oral, esofágico, estomacal, hepático, pulmonar, colorretal, de mama, entre outros (especialmente se a dieta for carente em folato)
Função hepática	Nenhum benefício	Infiltração gordurosa e posterior cirrose hepática, especialmente se a pessoa também estiver infectada com hepatite C; toxicidade do ferro
Doença do trato GI	Menos risco de algumas infecções bacterianas no estômago	Inflamação do estômago (e do pâncreas); dano a células absortivas levando à má-absorção de nutrientes
Função do sistema imune	Nenhum benefício	Prejuízo da função e mais infecções
Função do sistema nervoso	Nenhum benefício	Perda da sensação nervosa e do controle do sistema nervoso dos músculos
Transtornos do sono	Um certo relaxamento	Padrão de sono fragmentado; agrava a apneia do sono
Impotência e diminuição da libido	Nenhum benefício	Contribui para o problema tanto em homens quanto em mulheres
Superdosagem de fármacos/drogas	Nenhum benefício	Contribui para o problema, especialmente em combinação com sedativos
Obesidade	Nenhum benefício	Aumento do depósito de gordura abdominal; contribui para o ganho de peso já que as calorias das bebidas alcoólicas se acumulam rapidamente
Ingestão nutricional	Pode prover algumas vitaminas do complexo B e ferro	Leva a numerosas deficiências de nutrientes: proteína, vitaminas e minerais
Alcoolismo	Nenhum benefício. Devido ao risco de defeitos congênitos, não se recomenda nem mesmo o uso moderado de álcool durante a gravidez (ver Cap. 14)	Maior risco de desenvolver alcoolismo, incluindo em adolescentes e adultos jovens
Saúde fetal	Nenhum benefício	Diversos efeitos tóxicos no feto quando o álcool é consumido pela gestante (ver Cap. 14)
Socialização e relaxamento	Proporciona um certo benefício de socialização e leva ao relaxamento ao aumentar a atividade de neurotransmissores cerebrais	Contribui para o comportamento violento e agitação
Mortes no trânsito e outras mortes violentas associadas	Nenhum benefício	Contribui para a morte no trânsito e mortes violentas

* Cerca de uma dose por dia para homens e um pouco menos do que uma para mulheres.

** Os riscos do abuso de álcool começam com uma ingestão acima de 2 a 3 doses por dia para homens e 2 doses por dia para mulheres e todos os adultos acima de 65 anos de idade. As bebedeiras (mais de 4 doses para mulheres e mais de 5 doses para homens) podem ser especialmente prejudiciais.

dependência de álcool A pessoa sofre dificuldades repetidas relacionadas ao álcool, como incapacidade de controlar o uso, passa muito tempo associado ao uso de álcool, uso contínuo de álcool apesar das consequências físicas ou psicológicas, desejo persistente ou tentativas fracassadas de diminuir ou controlar o uso de álcool, além de sintomas de isolamento. Também se nota tolerância.

alcoolismo Conforme definição da Associação Médica Americana, uma doença caracterizada pelo prejuízo significativo diretamente relacionado ao uso persistente e excessivo de álcool.

PARA REFLETIR

Para muitas pessoas, beber e fumar estão de mãos dadas. Quais os riscos e as doenças correlacionadas à combinação desses comportamentos?

mina é extremamente baixo, exceto na cerveja, que é mínimo. O teor de ferro varia de acordo com a dose, sendo que o vinho tinto é especialmente rico em ferro. As deficiências típicas vistas no alcoolismo surgem principalmente de ingestões de nutrientes deficientes, mas as perdas urinárias e a má-absorção de gordura (ligada à má função pancreática) também estão relacionadas. As vitaminas que, em geral, estão mais depletadas no alcoolismo são as vitaminas A, D, E e K; tiamina; niacina; folato; vitamina B6 e B12 e vitamina C. Deficiências de minerais como cálcio, fósforo, potássio, magnésio, zinco e ferro são possíveis. No entanto, a toxicidade de vitaminas e minerais também preocupa. O dano ao trato GI e ao fígado e níveis elevados de alguns minerais nas bebidas alcóolicas podem levar à toxicidade de vitamina A, ferro, cobre e cobalto. No tratamento nutricional do alcoolismo, o objetivo imediato é eliminar a ingestão de álcool, seguido pela reposição das reservas de nutrientes.

A **dependência de álcool** é o transtorno psiquiátrico mais comum, afetando 13% dos norte-americanos. Estudos indicam que cerca de 40% do risco de uma pessoa desenvolver alcoolismo vem de fatores genéticos, embora o gene ou os genes ainda não tenham sido identificados. Por isso, pessoas com uma história familiar de alcoolismo, particularmente filhos de alcoólicos, devem estar particularmente atentos ao consumo de álcool.

O diagnóstico precoce do **alcoolismo** pode prevenir múltiplos problemas de saúde e economizar milhões em custos de saúde. Perguntar a uma pessoa a respeito da quantidade e frequência de consumo de álcool é um meio importante de detectar abuso e dependência (ver nota no quadro sobre o questionário CAGE). Os alcoólicos podem exibir alguns ou todos os seguintes critérios:

- Dependência fisiológica de álcool com evidência de sintomas de abstinência quando a ingestão é interrompida.
- Tolerância aos efeitos do álcool, levando a uma ingestão de álcool maior para conseguir o efeito desejado.
- Evidência de afecções relacionadas ao álcool, como doença hepática alcóolica ou dano cerebral irreversível manifestado por perda de memória, incapacidade de concentrar-se e declínio das funções intelectuais.
- Manutenção do consumo de álcool apesar de fortes contraindicações médicas e sociais e transtornos na vida normal.
- Depressão, apagamentos e prejuízo do funcionamento social e ocupacional.

Outros sinais de alcoolismo são odor de álcool na respiração; rubor facial e pele avermelhada e transtornos do sistema nervoso, como tremores. Ausências inexplicadas no trabalho (absenteísmo), acidentes frequentes e quedas ou lesões de origem vaga são possíveis sinais de alcoolismo. Evidências laboratoriais (p. ex., comprometimento da função hepática, hemácias aumentadas ou triglicerídeos elevados) também são úteis ao diagnóstico do alcoolismo.

Os idosos são particularmente vulneráveis ao alcoolismo, talvez devido a uma abundância de tempo livre, eventos sociais envolvendo bebida, solidão ou depressão. Sintomas comuns do alcoolismo – mãos trêmulas, fala arrastada, distúrbios do sono, perda de memória e marcha instável – podem facilmente ser confundidos com sinais da velhice. Um metabolismo mais lento do álcool e menor água corporal faz o idoso ficar intoxicado com uma quantidade menor de álcool do que adultos mais jovens. Até mesmo o consumo moderado de álcool pode exacerbar alguns problemas de saúde crônicos, como diabetes e osteoporose. Além disso, mesmo pequenas quantidades de álcool podem reagir negativamente com diversos medicamentos usados pelos idosos. Os efeitos adversos da bebida à saúde podem ser piores nesses indivíduos, de maneira que depois dos 65 anos de idade deve-se limitar o consumo de álcool a no máximo uma dose por dia.

Quando o diagnóstico de abuso ou dependência de álcool é estabelecido, um médico pode providenciar o tratamento adequado ou aconselhamento para a pessoa e a família. O tratamento do alcoolismo com frequência inclui o uso de alguns medicamentos, psicoterapia e apoio social. A abstinência total deve ser o objetivo supremo. Os Alcoólicos Anônimos (AA) ou outros programas terapêuticos podem ajudar os alcoólicos e suas famílias enquanto se recuperam dessa doença devastadora.

O questionário CAGE é usado para identificar abuso de álcool. Mais de uma resposta positiva indica um problema com álcool:

C: Você já sentiu que precisa cortar (Cut) a bebida que consome?
A: As pessoas já aborreceram (Annoyed) você criticando seu consumo de álcool?
G: Já se sentiu mal ou o seu consumo de álcool gerou (Guilty) culpa?
E: Já tomou uma dose logo de manhã cedo para acalmar os nervos ou combater uma ressaca (estimulante) (Eye-opener)?

A etnia tem um papel importante tanto na probabilidade quanto nos riscos à saúde associados à dependência e ao abuso de álcool. Os norte-americanos apresentam as maiores taxas de lesões involuntárias, suicídio, homicídio e abuso doméstico relacionadas ao uso de álcool. Alcoólicos afro-americanos têm o maior risco do que outros grupos raciais de sofrer tuberculose, hepatite C, HIV/Aids e outras doenças infecciosas. Hispano-americanos estão particularmente em risco de sofrer morte relacionada à cirrose.

DECISÕES ALIMENTARES

Cirrose hepática

O álcool é mais prejudicial ao fígado. A cirrose se desenvolve em até 20% dos casos de alcoolismo e representa a segunda principal razão para o transplante de fígado, afetando cerca de dois milhões de pessoas nos Estados Unidos. Essa doença crônica e em geral implacavelmente progressiva é caracterizada por infiltração gordurosa do fígado. O fígado gorduroso ocorre em resposta a uma síntese maior de gordura e uso menor dela para energia pelo fígado. Por fim, os depósitos gordurosos distendidos bloqueiam o suprimento sanguíneo, privando as células hepáticas de oxigênio e nutrientes. As células hepáticas podem acumular tanta gordura que elas explodem e morrem e são substituídas por tecido conectivo (cicatriz). Nesse estágio, o fígado é considerado cirrótico. Os estágios iniciais da lesão hepática cirrótica são reversíveis, porém não os estágios avançados. Quando uma pessoa tem cirrose, ela tem uma chance de 50% de morrer dentro de quatro anos, um prognóstico bem pior do que o de muitas formas de câncer. Se por um lado não existe um nível de consumo de álcool que determine a cirrose, algumas evidências indicam que o dano é causado por uma dose tão pequena quanto 40 g/dia para homens (3 cervejas) a 20 g para mulheres (1 ½ cerveja).

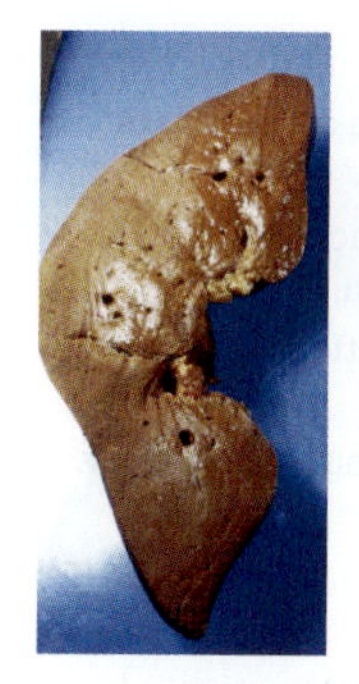
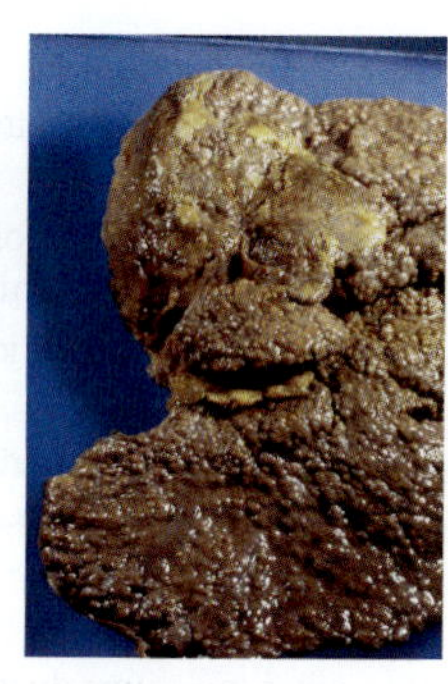

▲ O álcool é particularmente lesivo ao fígado. As figuras mostram (a) um fígado saudável e (b) um fígado cirrótico. Não existe cura para a doença, exceto o transplante de fígado.

Orientação a respeito do uso do álcool

Nenhum órgão governamental recomenda o consumo de álcool. As Dietary Guidelines for Americans, de 2005 dão o seguinte conselho a respeito do uso de bebidas alcóolicas:

- As pessoas que optam por consumir bebidas alcóolicas devem fazê-lo de maneira sensata e com moderação – definido como o consumo de até uma dose por dia para mulheres e idosos e até 2 doses por dia para homens.
- Alguns indivíduos não devem consumir bebidas alcoólicas, incluindo os que não conseguem restringir sua ingestão alcoólica, mulheres em idade reprodutiva que possam engravidar, gestantes e nutrizes, crianças e adolescentes, os que tomam medicação que pode interagir com o álcool e os portadores de problemas médicos específicos.
- Bebidas alcoólicas devem ser evitadas por indivíduos que praticam atividades que demandam atenção, habilidade ou coordenação, como direção e operação de equipamentos.

À medida que o entendimento da relação entre o consumo de álcool e a saúde aumenta, nutricionistas e outros profissionais de saúde podem promover estilos de vida saudáveis – não encorajando o consumo indiscriminado de álcool, mas assegurando aos adultos que o consumo moderado pode ter resultados benéficos à saúde.

▲ O limite de bebida alcóolica para idosos é de 1 dose por dia.

REVISÃO CONCEITUAL

O álcool não é um nutriente essencial, mas proporciona calorias para o corpo. Ele não requer digestão, e seu metabolismo tem precedência sobre o metabolismo de outros nutrientes que geram energia. O álcool em geral é metabolizado pelo fígado por álcool desidrogenase e acetaldeído desidrogenase. Uma série de fatores individuais, como gênero, raça e composição corporal, determinam como uma pessoa reage ao álcool. A despeito dos benefícios modestos do uso moderado de álcool, o alcoolismo interfere em todos os aspectos da vida familiar, profissional e social. O uso excessivo de álcool aumenta o risco de hipertensão, acidente vascular cerebral, dano cardíaco, defeitos congênitos, inflamação do pâncreas, dano cerebral e desnutrição. O tratamento do alcoolismo com frequência inclui o uso de determinados medicamentos, psicoterapia e apoio social.

16.6 Como garantir uma dieta saudável na fase adulta

O *Healthy People 2010* estabeleceu uma meta importante a respeito do uso de álcool: reduzir em 25,3% a proporção de adultos que excedem as diretrizes de uso apropriado de álcool, atualmente, 73% dos que consomem álcool.

As práticas dietéticas recomendadas para a fase adulta são aumentar a densidade nutricional da dieta e garantir uma ingestão adequada de fibras e líquidos. Além

Para saber mais a respeito do alcoolismo, visite os *websites*:

National Institute on Alcohol Abuse and Alcoholism: **www.niaa.nih.gov**

American Society of Addiction Medicine: **www.asam.org**

American Self-Help Clearinghouse: **www.mentalhelp.net/selfhelp.**

O Capítulo 1 discute o *Healthy People 2010*, um programa federal dos EUA voltado para prevenção de doenças e promoção da saúde.

disso, algumas proteínas devem vir de carnes magras para ajudar a suprir as necessidades de proteína, vitamina B6, vitamina B12, ferro e zinco.

Solteiros de todas as idades enfrentam problemas logísticos com alimentos: comprá-los, prepará-los, armazená-los e usá-los com o mínimo de desperdício são um desafio. Embalagens econômicas de carnes e vegetais normalmente são muito grandes para uma pessoa só. Muitos solteiros vivem em habitações sem cozinhas e *freezers*. Criar uma dieta que acomode renda e instalações limitadas e o apetite de uma só pessoa requer considerações especiais. A seguir, algumas sugestões práticas para o planejamento da dieta para solteiros:

- Se a pessoa tiver um *freezer*, cozinhar grandes quantidades, dividi-las em porções e congelar.
- Comprar apenas o que for utilizar; embalagens pequenas podem ser dispendiosas, mas deixar a comida estragar também é caro.
- Pedir ao vendedor para abrir uma embalagem tamanho grande de carne ou vegetais frescos e separá-la em unidades menores.
- Comprar apenas diversos pedaços de fruta – talvez uma madura, uma semimadura e uma verde – de maneira que as frutas possam ser consumidas em um período de vários dias.
- Manter uma embalagem de leite em pó para acrescentar nutrientes a receitas de alimentos assados e outros alimentos para os quais esse acréscimo é aceitável.

A Tabela 16.7 dá mais ideias para a alimentação saudável na fase adulta.

Deficiências nutricionais e subnutrição proteico-calórica foram identificadas em populações idosas, em especial entre os hospitalizados, os que moram em asilos ou instituições de longa permanência. Esses problemas nutricionais aumentam o risco de muitas doenças, incluindo escaras (úlceras pressóricas), e comprometem a recuperação de doenças e cirurgias. Amigos, parentes e profissionais de saúde devem monitorar a ingestão de nutrientes em todos os idosos, incluindo os que vivem em instituições de longa permanência. Os familiares podem ter um papel valioso em garantir que as necessidades nutricionais sejam atendidas observando a manutenção do peso com base em padrões de refeições saudáveis e regulares. Se houver problemas no consumo de uma dieta saudável, nutricionistas podem oferecer conselhos profissionais e personalizados.

Em termos gerais, os idosos se beneficiam da boa nutrição de diversas maneiras. Conforme foi discutido em relação aos adultos mais jovens, atender às necessidades nutricionais retarda o surgimento de muitas doenças; melhora o controle de algumas doenças existentes; acelera a recuperação de muitas enfermidades; aumenta o bem-estar mental, físico e social e, com frequência, diminui a necessidade e a extensão de hospitalizações. Uma *MyPyramid* Modificada (Fig. 16.4) para idosos incorpora as mensagens de nutrição e atividade básicas da *MyPyramid*, mas enfatiza nutrientes especialmente importantes (p. ex., cálcio, vitamina D, vitamina B12). Um foco em escolhas alimentares densas em nutrientes, muito líquido, metas de atividade física modificadas e uso de determinados suplementos dietéticos aponta as necessidades singulares de idosos.

Talvez seja difícil para eles obterem alimento suficiente, sobretudo se não puderem dirigir e se os parentes não morarem perto o bastante para ajudá-los no preparo ou na compra. Para uma pessoa idosa, pedir ajuda pode significar perder a independência. O orgulho ou o medo de ser vitimizado podem atrapalhar a ajuda tão necessária. Nesses casos, os amigos podem ser uma grande ajuda. Providências especiais de transporte também podem estar disponíveis por meio da companhia de trânsito local ou um serviço de táxi.

Assim, muitas pessoas idosas capazes não fazem todas as refeições e estão desnutridas porque não conhecem os programas disponíveis para ajudá-las. Padrões de refeições irregulares e perda de peso, com frequência causados por dificuldades em preparar as refeições, são sinais de alerta de um possível desenvolvimento de subnutrição. É preciso fazer um esforço para identificar pessoas desnutridas e informá-las dos serviços comunitários.

TABELA 16.7 Diretrizes para a alimentação saudável de idosos

• Coma regularmente; pequenas refeições mais frequentes podem ser melhor. Use alimentos ricos em nutrientes como uma base para os cardápios.
• Use dispositivos que poupem trabalho e alguns alimentos semiprontos, mas tente incorporar alguns alimentos frescos nos cardápios diários.
• Experimente novos alimentos, novos temperos e novas maneiras de preparar os alimentos. Use alimentos enlatados com moderação ou escolha os que tenham pouco sódio.
• Mantenha alimentos fáceis de preparar à mão para quando estiver cansado.
• Faça uma extravagância eventualmente, talvez um corte de carne mais caro ou uma fruta fresca predileta.
• Faça as refeições em locais bem-iluminados ou ensolarados; sirva as refeições com uma boa apresentação; use alimentos com sabores, cores, formatos, texturas e odores diferentes.
• Arrume a cozinha e a área de refeições de maneira que a preparação dos alimentos e a limpeza sejam fáceis.
• Coma com amigos, parentes ou em um centro para idosos quando possível.
• Divida as responsabilidades pelo preparo das refeições com um vizinho.
• Use recursos comunitários para ajudar na compra e em outras necessidades de cuidados diários.
• Mantenha-se fisicamente ativo.
• Se possível, faça uma caminhada antes de comer para estimular o apetite.
• Quando necessário, pique, moa e triture alimentos de mastigação difícil. Alimentos macios ricos em proteínas (p. ex., carnes moídas, ovos) podem ser melhores quando a função dentária prejudicada limitar a ingestão alimentar normal. Prepare sopas, ensopados, cereais integrais cozidos.
• Se a sua destreza for limitada, corte os alimentos antecipadamente, use utensílios com beiradas ou cabos mais profundos; compre utensílios mais especializados se necessário.

Determine a presença de:

- Doença (**D**isease)
- Alimentação deficiente (**E**ating)
- Perda de dentes e dor oral (**T**ooth)
- Problemas econômicos (**E**conomic)
- Poucos contatos e interações sociais (**R**educed)
- Múltiplos medicamentos (**M**ultiple)
- Ganho ou perda de peso involuntária (**I**nvoluntary)
- Necessidade de assistência com autocuidados (**N**eed)
- Idoso em idade avançada (**E**lder)

Para informações gerais sobre programas para idosos, visite os seguintes *websites*: *National Institute on Aging*, www.nia.nih.gov; *American Geriatrics Society*, www.americangeriatrics.org/ e *Administration on Aging*, www.aoa.gov.

Serviços comunitários de nutrição para idosos

Serviços e aconselhamento em saúde para idosos podem ser prestados por clínicas, profissionais de prática privada e organizações de assistência médica (planos de saúde). As organizações de assistência domiciliar, programas de cuidados durante o dia para adultos, programas de cuidados noturnos para adultos e **cuidados terminais** (para doentes em estágio terminal) podem prover cuidados diários.

A iniciativa de triagem nutricional, um *checklist* de nutrição para profissionais de saúde, familiares e idosos, pode ser usada como uma ferramenta para melhorar a conscientização em saúde e nutrição e para planejar a educação relacionada de pessoas idosas (Fig. 16.2). A iniciativa de triagem nutricional usa o acrônimo em inglês "DETERMINE" (ver quadro) para ajudar a identificar idosos cujas necessidades de saúde demandam atenção extra.

Programas de nutrição para pessoas acima de 60 anos nos Estados Unidos incluem programas de refeições em grupo, que propiciam almoço em uma localização central, e refeições entregues em casa (mais conhecidas como *Meals on Wheels* se patrocinadas por órgãos privados ou públicos locais). Ao redor de 2,6 milhões de idosos são servidos a cada dia. Cerca de metade das refeições utiliza o método de entrega em domicílio.

O governo federal dos EUA estabelece padrões específicos para refeições entregues em domicílio e para as servidas nos centros de refeições comunitárias. As refeições são planejadas para suprir um terço da RDA/AI. O aspecto social muitas vezes melhora o apetite e a perspectiva geral da vida.

Contudo, os programas de refeições comunitárias em geral oferecem uma refeição por dia (algumas mais) e normalmente apenas cinco dias por semana. Outro problema com as refeições entregues em domicílio é que 1 ou 2 refeições entregues

▲ Uma atenção especial à segurança dos alimentos também é importante para os idosos. O Capítulo 13 faz recomendações sobre esse tópico, como lavar bem as mãos e a superfície de trabalho antes de preparar os alimentos.

cuidados terminais Local onde os pacientes recebem cuidados gerais, visando manter sua dignidade ao se aproximar da morte.

MyPyramid Modificada para Idosos

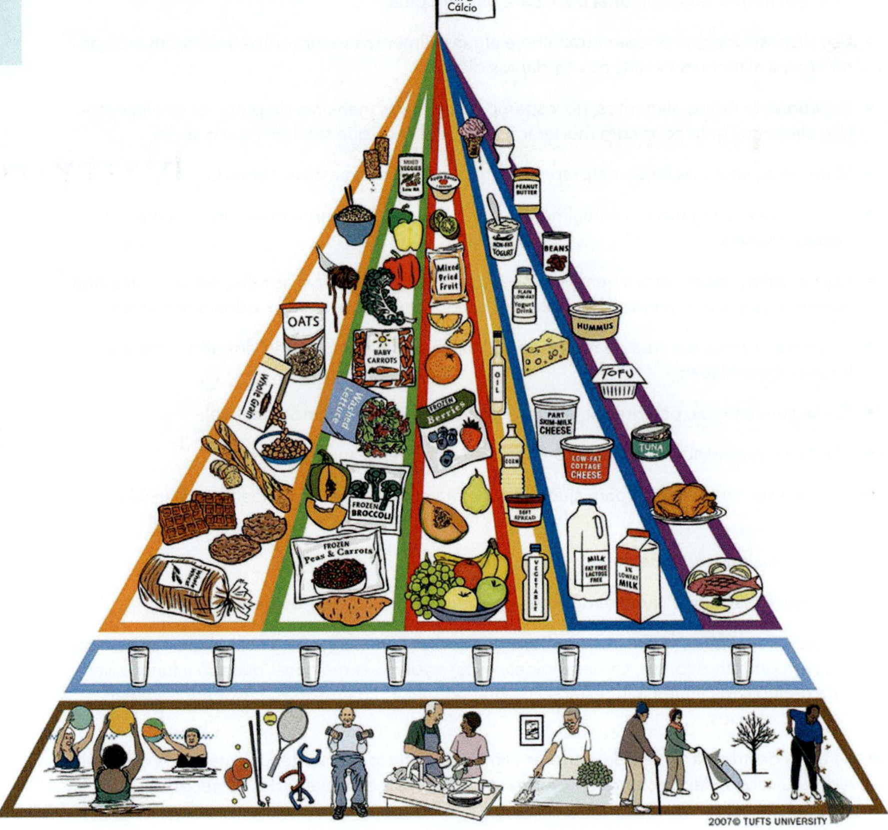

FIGURA 16.4 ▶ *MyPyramid* Modificada Para Idosos. A densidade nutricional é importante para idosos porque as necessidades de micronutrientes permanecem elevadas apesar das necessidades calóricas menores.

talvez não cheguem a ser consumidas e, se não consumidas na entrega e deixadas à temperatura ambiente, talvez não sejam mais seguras para o consumo. Assim, esses programas podem ajudar os idosos, mas provavelmente não atendem a todas as necessidades nutricionais deles.

Além das refeições comunitárias e entregues em domicílio, a distribuição de gêneros alimentícios federal está disponível em algumas áreas dos Estados Unidos para idosos de baixa renda. Idosos cujas rendas estejam abaixo do nível de pobreza podem se beneficiar do programa SNAP (auxílio ou vale-alimentação) (ver no Cap. 12 mais detalhes sobre esses programas). Cooperativas de alimentos e uma variedade de clubes e organizações religiosas e sociais oferecem auxílio extra.

REVISÃO CONCEITUAL

Uma dieta rica em nutrientes ajuda a suprir as necessidades singulares dos idosos. O uso cuidadosamente planejado de suplementos de vitaminas e minerais também pode ajudar, especialmente adultos com mais de 70 anos de idade. O planejamento da dieta dever ser individualizado de acordo com o estado fisiológico, psicossocial e econômico de cada pessoa. Nos Estados Unidos, muitos serviços de nutrição – como refeições comunitárias e entregues em domicílio – estão disponíveis para ajudar os idosos a obter uma dieta saudável.

Nutrição e câncer

O câncer é a segunda principal causa de morte de adultos norte-americanos. Estima-se que mais de 1.500 pessoas morram a cada dia de câncer nos Estados Unidos. As despesas relacionadas ao câncer ultrapassam US$ 100 bilhões por ano. Os quatro principais cânceres responsáveis por mais de 50% dos óbitos por câncer são os cânceres de pulmão, colorretal, da mama e da próstata. Desses, o câncer de pulmão em mulheres tabagistas é a única forma que cresce anualmente.

O câncer abrange muitas doenças, as quais diferem em termos de tipos de células afetadas e, em alguns casos, de fatores que contribuem para o desenvolvimento do câncer (Fig. 16.5). Por exemplo, os fatores que levam ao câncer de pele são diferentes dos que levam ao câncer de mama. Da mesma maneira, os tratamentos para os diferentes tipos de câncer com frequência variam.

O câncer representa essencialmente uma divisão anômala e incontrolável de células decorrente de mutações no DNA. Essa divisão inicia o processo do câncer. As células passam então por uma variedade de etapas (denominadas promoção e progressão). O resultado é uma célula cancerosa. Sem tratamento efetivo, o câncer, em geral, leva à morte. A maioria dos cânceres toma a forma de tumores, embora nem todos os tumores sejam câncer. Um **tumor** é um crescimento tecidual novo espontâneo sem finalidades fisiológicas. Ele pode ser **benigno**, como uma verruga, ou **maligno**, como a maioria dos cânceres de pulmão. Os termos *tumor maligno* e *neoplasma maligno* são sinônimos de câncer.

Enquanto os tumores benignos são perigosos apenas se sua presença interferir nas funções corporais normais, os tumores malignos (cancerosos) são capazes de invadir estruturas adjacentes, como os vasos sanguíneos, o sistema linfático e o tecido nervoso. O câncer também pode se espalhar, **metastatizar**, a locais distantes por meio da circulação sanguínea e linfática, produzindo, assim, tumores invasivos em praticamente qualquer parte do corpo. A metástase então torna o câncer muito mais difícil de tratar. A possibilidade de disseminação do câncer explica por que a detecção precoce é tão importante. Cânceres que podem ser diagnosticados em seus estágios iniciais são os de colo, mama e cérvice.

Fatores genéticos, ambientais e de estilo de vida são forças potentes que influenciam o risco de desenvolver câncer. Uma predisposição genética é especialmente importante no desenvolvimento do câncer de colo, de alguns tipos de câncer de mama (p. ex., mutação no gene BRCA1 ou BRCA2) e do câncer de próstata (35%, 27% e 42%, respectivamente). Cerca de 30 genes de suscetibilidade ao câncer foram identificados. Entretanto, especialistas estimam que apenas de 1 a 5% da maioria dos cânceres podem ser explicados por herança de um gene de câncer. Em termos gerais, o estilo de vida e exposições ambientais também são fatores importantes na maioria das formas de câncer, conforme evidenciado pela variação nas taxas de câncer de país para país. É provável que a dieta de fato seja responsável por 30 a 40% ou mais de todos os cânceres.

Apesar de termos pouco controle sobre nossos riscos genéticos de desenvolver câncer, podemos exercer um enorme controle ao tomarmos decisões de riscos no estilo de vida, especialmente em relação a tabagismo, abuso de álcool, atividade física e ingestão nutricional (escolhas alimentares). Já se sabe que um terço de todos os cânceres na América do Norte ocorre devido diretamente ao uso de tabaco. Cerca da metade dos cânceres da boca, faringe e laringe está associada ao uso pesado de álcool. Uma combinação do uso de álcool e tabagismo aumenta ainda mais os riscos de câncer.

Uma visão detalhada de dieta e câncer

Alguns componentes alimentares podem contribuir para o desenvolvimento de câncer, ao passo que outros têm um efeito protetor (Tab. 16.8). Primeiramente, será discutida a associação entre a ingestão de gorduras/calorias e o risco de câncer e, depois, serão apresentados alguns dos componentes alimentares que podem reduzir o risco de câncer.

▲ Vegetais crucíferos, como repolho e couve-flor, são ricos em fitoquímicos que previnem o câncer.

Contribuição das ingestões de gordura/calorias ao risco de câncer

Uma ingestão calórica elevada, que posteriormente causa obesidade, está relacionada

tumor Massa de células que crescem anormalmente. Pode ser maligno (câncer) ou benigno.

benigno Não canceroso; tumor que não se espalha pelo corpo.

maligno Nocivo. Quando se refere a um tumor, diz respeito à propriedade de disseminação local e a distância.

metástase Disseminação de um câncer de uma parte do corpo para outro, mesmo as que ficam distantes do local original do tumor. As células cancerosas podem ser levadas pelos vasos sanguíneos, pelo sistema linfático por contiguidade ou a partir do crescimento do tumor.

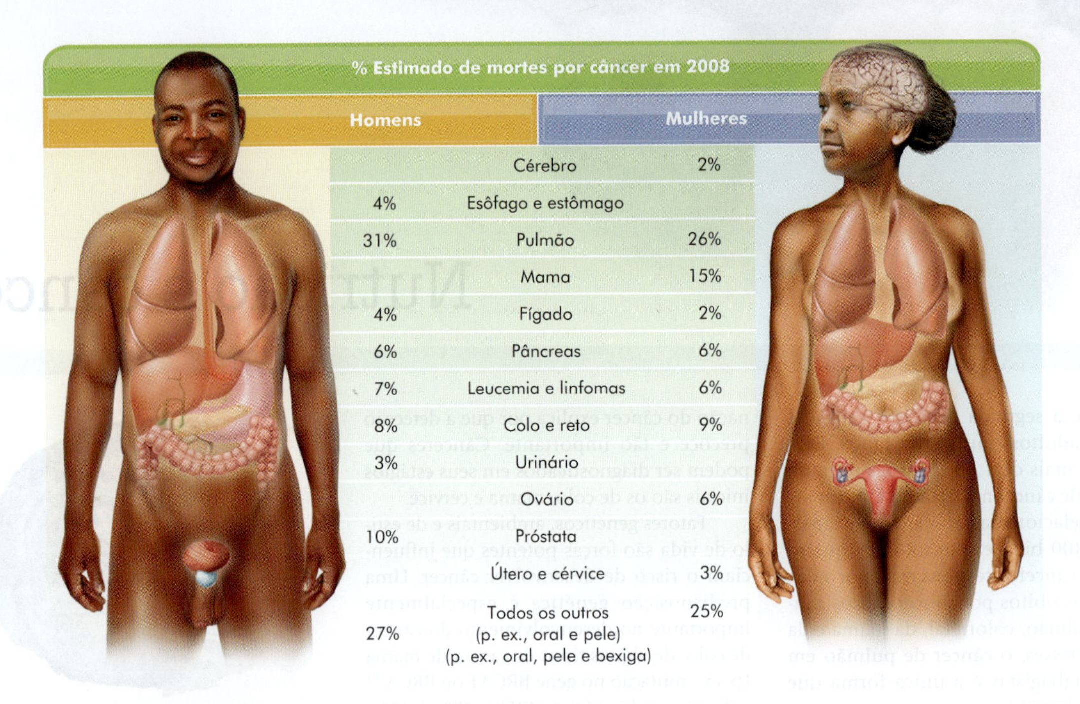

FIGURA 16.5 ▶ O câncer representa muitas doenças. Diversos tipos de células e órgãos são o seu alvo. Cerca de um terço de todos os cânceres ocorrem devido ao tabagismo (primariamente câncer de pulmão).

a todas as principais formas de câncer, exceto o câncer de pulmão. Esse é o principal fator de risco de câncer relacionado à dieta. Isso inclui câncer de mama (especialmente em mulheres na pós-menopausa), do pâncreas, do rim, da vesícula biliar, do colo, do **endométrio** e da glândula prostática. O elo provavelmente ocorre entre o tecido adiposo e a síntese de estrogênio. Concentrações elevadas de estrogênio circulantes no sangue acabam, com o tempo, promovendo o câncer. O débito excessivo de insulina decorrente de um estado obeso e resistente à insulina também está implicado.

O National Cancer Institute dos EUA também acredita haver evidências suficientes de um elo entre gordura dietética e câncer para encorajar os norte-americanos a reduzir a ingestão de gordura. Recomenda-se inicialmente diminuir a gordura dietética para cerca de 30% da ingestão calórica total e por fim para 20% ou menos das calorias totais se a pessoa tiver um risco alto e puder seguir um padrão dietético como esse.

Entretanto, alguns cientistas acreditam que, embora evidências epidemiológicas de fato associem gordura e determinadas formas de câncer, essas evidências não são fortes. Existe um elo mais forte entre câncer e excesso de calorias na dieta. Em experimentos animais, a restrição da ingestão calórica total para cerca de 70% da ingestão-padrão resulta em uma redução de cerca de 40% no desevolvimento de tumores, independentemente da quantidade de gordura na dieta. A restrição calórica é a técnica mais efetiva para prevenir o câncer em animais de laboratório.

É difícil para os humanos reduzir as calorias dietéticas a 70% da ingestão-padrão. Por isso, se, por um lado, os dados obtidos de estudos com animais de laboratório são interessantes, os nutricionistas não veem nenhuma maneira prática de fazer recomendações com base nesses estudos. Além disso, uma vez que o câncer esteja presente, a restrição calórica em nada mais vai ajudar.

Componentes alimentares inibidores do câncer

Muitos nutrientes simples podem ter propriedade anticancerígenas. Esses anticarcinógenos incluem antioxidantes e alguns fitoquímicos (ver Tab. 16.8).

A atividade antioxidante da vitamina C e da vitamina E ajuda a prevenir a formação de **nitrosaminas** no trato GI, evitando, assim, a formação de um carcinógeno potente. A vitamina E também ajuda a proteger ácidos graxos insaturados do dano causado por radicais livres. Em termos gerais, carotenoides, vitamina E, vitamina C e selênio funcionam como protetor ou contribuem para a proteção antioxidante do corpo. Alguns desses sistemas antioxidantes ajudam a prevenir mutações no DNA por compostos que buscam elétrons, a principal maneira como o câncer se desenvolve na primeira etapa.

Além disso, fitoquímicos de frutas e vegetais, e até mesmo do chá, bloqueiam o desenvolvimento do câncer em alguns tipos de células. Numerosos estudos indicam que a ingestão de frutas e vegetais reduz o risco de quase todos os tipos de câncer. Esses alimentos são normalmente ricos em carotenoides, vitamina C e vitamina E. Há evidências de que a ingestão adequada de vitamina D reduz os cânceres de mama, colo, próstata e outras formas de câncer. O cálcio também está ligado a um risco menor de desenvolver câncer de colo. Em suma, uma dieta que segue a *MyPyramid*, com o consumo diário de frutas, vegetais, grãos integrais, laticínios semidesnatados e desnatados e alguns óleos vegetais, está voltada para prevenir o câncer. É provável que todos esses alimentos tenham um efeito "coquetel" e que nenhum alimento em particular seja tão poderoso individualmente.

endométrio Membrana que reveste o interior do útero. Aumenta de espessura durante o ciclo menstrual até ocorrer a ovulação. As camadas superficiais desprendem-se durante a menstruação se não ocorrer a concepção.

nitrosamina Carcinógeno formado por nitratos e produtos de degradação de aminoácidos; pode levar ao câncer de estômago.

TABELA 16.8 Alguns constituintes alimentares com um papel presumido no câncer

Constituinte	Fontes dietéticas	Ação
Possivelmente protetores*		
Vitamina A	Fígado, leite fortificado, frutas, vegetais	Estimula o desenvolvimento celular normal.
Vitamina D	Leite fortificado	Aumenta a produção de uma proteína que suprime o crescimento celular, como no colo.
Vitamina E	Grãos integrais, óleos vegetais, hortaliças verdes	Previne a formação de nitrosaminas; propriedades antioxidantes gerais.
Vitamina C	Frutas, vegetais	Consegue bloquear a conversão de nitritos e nitratos em carcinógenos potentes; provavelmente tem propriedades antioxidantes gerais.
Folato	Frutas, vegetais, grãos integrais	Estimula o desenvolvimento celular normal; reduz especialmente o câncer de colo.
Selênio	Carnes, grãos integrais	Parte do sistema antioxidante que inibe o crescimento tumoral e destrói células cancerosas em desenvolvimento.
Carotenoides, como licopeno	Frutas, vegetais	Provavelmente agem como antioxidantes; alguns deles possivelmente influenciam o metabolismo celular. O licopeno particularmente pode reduzir o risco do câncer de próstata.
Flavonoides, indóis, fenóis e outros fitoquímicos	Vegetais, especificamente repolho, couve-flor, brócolis, couve-de-bruxelas, alho, cebolas, chá	Podem reduzir o câncer de estômago e em outros órgãos.
Cálcio	Leite e derivados, hortaliças verdes	Retarda a divisão celular no colo, liga-se aos ácidos biliares e ácidos graxos livres, reduzindo, assim, o risco de câncer do colo.
Ácidos graxos ômega-3	Peixes de águas frias, como salmão e atum	Podem inibir o crescimento tumoral.
Produtos de soja	*Tofu*, leite de soja, *tempeh***, grãos de soja torrados	O ácido fítico presente pode ligar-se a carcinógenos no trato GI; o componente genisteína possivelmente reduz o crescimento e a metástase de células malignas.
Ácido linoleico conjugado	Leite e derivados, carnes	Pode inibir o desenvolvimento de tumores e agir como antioxidante.
Alimentos ricos em fibras	Frutas, vegetais, pães e cereais integrais, feijões, nozes e castanhas	O risco de câncer colorretal pode ser menor pela aceleração do trato GI ou pela ligação a carcinógenos de maneira que eles sejam excretados.
Possivelmente carcinogênicos		
Ingestão calórica excessiva	Todos os macronutrientes podem contribuir	Massa adiposa excessiva, levando à obesidade; ligada a uma síntese maior de estrogênio e outros hormônios sexuais, os quais, em excesso, podem por si só aumentar o risco de câncer. A produção excessiva de insulina pela criação de um estado de resistência à insulina também está implicada.
Gorduras totais	Carnes, leite e derivados integrais, gorduras animais e óleos vegetais	A evidência mais forte é da ingestão excessiva de gordura saturada e poli-insaturada. A gordura saturada está ligada a um risco maior de câncer de próstata.
Carboidratos de alta carga glicêmica	Biscoitos, bolos, refrigerantes açucarados, balas	Picos de insulina associados a esses alimentos podem aumentar o crescimento tumoral, por exemplo, no colo.
Álcool	Cerveja, vinho, destilados	Contribui para cânceres da garganta, do fígado, da bexiga, da mama e do colo (especialmente se a pessoa não consumir folato suficiente).
Nitritos, nitratos	Carnes curadas, especialmente presunto, *bacon* e salsichas	Sob temperaturas muito altas, ligam-se a derivados de aminoácidos formando nitrosaminas, carcinógenos potentes.
Compostos de múltiplos anéis: aflatoxina	Formados na presença de fungo em amendoins e grãos	Podem alterar a estrutura do DNA e inibir sua capacidade de responder corretamente aos controles fisiológicos; a aflatoxina particularmente está ligada ao câncer de fígado.
Benzo(a)pireno e outras aminas heterocíclicas	Alimentos grelhados em carvão, especialmente carnes	Ligado ao câncer de estômago e colo. Para limitar esse risco, elimine a gordura das carnes antes de cozinhar, reduza o tempo da grelha cozinhando parcialmente a carne antes (como no micro-ondas) e não consuma as partes torradas.

* Muitas dessas ações enumeradas para esses agentes possivelmente protetores são especulativas e só foram verificadas por estudos experimentais em animais. A melhor evidência respalda a obtenção desses nutrientes e de outros componentes alimentares diretamente dos alimentos. A U.S. Preventive Task Force (USPTF) apoia essa afirmação, observando que não há evidências claras de que suplementos de nutrientes promovam os mesmos benefícios.

* Soja orgânica fermentada.

Questões nutricionais durante o tratamento do câncer

As questões nutricionais durante o tratamento do câncer podem variar de acordo com a localização do câncer, mas as metas gerais da terapia nutricional clínica são minimizar a perda de peso e prevenir deficiências nutricionais. A perda de peso, particularmente a perda de massa muscular, é uma das principais preocupações durante o tratamento do câncer porque um estado de má nutrição pode limitar a recuperação da doença. Efeitos comuns do câncer e/ou dos seus tratamentos são fadiga, úlceras orais, boca seca, alterações do paladar, náusea e diarreia – e todos esses efeitos podem levar a uma ingestão alimentar insuficiente.

Durante o tratamento do câncer, o melhor alimento a consumir é qualquer alimento que o paciente consiga tolerar. As escolhas alimentares variam com base nos sintomas individuais do paciente, mas líquidos frios e não ácidos e alimentos macios e de sabor leve geralmente são bem-aceitos. Pequenas refeições frequentes e alimentos com alta densidade nutricional e calórica devem ser enfatizados para suprir as necessidades de calorias e proteína. Muitas vezes suplementos nutricionais líquidos são necessários. Na medida em que a imunidade pode ser suprimida durante o tratamento de câncer, boas práticas de manuseio seguro dos alimentos também são muito importantes (ver Cap. 13).

O ponto principal

Considerando-se o ônus do tratamento do câncer e a ausência de uma cura definitiva, esforços preventivos são cruciais. Uma variedade de mudanças dietéticas reduzirão o seu risco de câncer. Comece certificando-se de que sua dieta é moderada em calorias e gordura e que você consome muitas frutas e vegetais, pães e cereais integrais, feijões, peixe e leite e laticínios semidesnatados ou desnatados. Além disso, mantenha-se fisicamente ativo; evite a obesidade; em caso de consumo de álcool, que seja com moderação; limite a ingestão de gordura animal ou alimentos curados em sal, defumados e curados em nitrato.

Vale ressaltar que, se não tratado, o câncer pode se espalhar rapidamente por todo o corpo. Quando isso ocorre, é mais provável que leve à morte. Assim, a detecção precoce é essencial. Alguns auxílios para detectar o câncer precocemente incluem os seguintes sinais de alerta:

- Mudança nos hábitos intestinais ou urinários
- Uma ferida que não cicatriza
- Sangramento ou corrimento incomum
- Espessamento de um caroço na mama ou em outra parte do corpo
- Indigestão ou dificuldade de engolir
- Uma mudança óbvia em uma verruga ou um sinal
- Tosse ou rouquidão persistente

A perda de peso inexplicada também é outro sinal de alerta.

Existem outras maneiras de detectar o câncer precocemente. A colonoscopia para adultos de meia-idade e idosos, exames de PSA (antígeno prostático-específico) para homens de meia-idade e idosos e exames de Papanicolau (esfregaços Pap) e exames periódicos das mamas (e mamografias a partir dos 40 anos de idade) para mulheres são recomendados pela American Cancer Society. Por fim, para saber ainda mais a respeito do câncer, revise algumas fontes de informações confiáveis sobre câncer na Internet:

American Cancer Society
www.cancer.org
National Cancer Institute
www.cancer.gov
Oncolink
www.oncolink.org
Harvard University Center for Cancer Prevention
www.diseaserisk.harvard.edu

▶ Diretrizes de saúde e dieta para prevenção do câncer do American Institute for Cancer Research

1. Escolha uma dieta rica em variedade de alimentos de origem vegetal.
2. Coma bastante vegetais e frutas.
3. Mantenha um peso saudável e seja fisicamente ativo.
4. Beba álcool apenas com moderação, se beber.
5. Selecione alimentos pobres em gordura e sal.
6. Prepare e armazene os alimentos com segurança.

E lembre-se sempre...
Jamais use qualquer forma de tabaco.

Estudo de caso: assistência para um idoso

Francis é uma mulher de 78 anos de idade que sofre de degeneração macular, osteoporose e artrite. Desde que o marido morreu há 1 ano, ela se mudou da casa da família para um pequeno apartamento de um quarto. Sua visão vem piorando progressivamente, dificultando a ida ao mercado e até mesmo cozinhar (por medo de se queimar). Ela com frequência fica sozinha; o único filho de Francis mora a 1 hora de distância e tem dois empregos, mas visita a mãe sempre que possível. Francis perdeu o apetite e, consequentemente, deixa de fazer algumas refeições com frequência durante a semana. Consome em geral alimentos frios, simples de preparar, mas limita seriamente a variedade e a palatabilidade da dieta. Vem perdendo peso lentamente em consequência das mudanças dietéticas e da perda do apetite.

A dieta de Francis consiste habitualmente de um desjejum que pode incluir 1 fatia de torrada integral com margarina, mel e canela e 1 xícara de chá quente. Se ela almoçar, normalmente é ½ lata de pêssegos, metade de um sanduíche de peru e queijo e ½ copo d'água. No jantar, ela comeria metade de um sanduíche de atum feito com maionese e 1 xícara de chá gelado. Por fim, come 1 ou 2 biscoitos antes de dormir.

Responda às seguintes perguntas e verifique as suas respostas no Apêndice A.

1. Que nutrientes provavelmente estão inadequados na dieta atual de Francis?
2. Que os efeitos potenciais terão os padrões alimentares inadequados de Francis no estado de saúde dela?
3. Que mudanças fisiológicas do envelhecimento irão se agregar aos efeitos da dieta inadequada de Francis (ver Tab. 16.2)?
4. Que serviços estão disponíveis na comunidade que poderiam ajudar Francis a melhorar a dieta e possivelmente aumentar o apetite?
5. Que outros alimentos convenientes poderiam ser incluídos na dieta de Francis para torná-la mais saudável e mais variada?

Resumo

1. Embora não se possa mudar o tempo máximo de vida, a expectativa de vida aumentou drasticamente no último século. Para muitas sociedades, isso significa que uma proporção maior da população tem mais de 65 anos de idade. À medida que os custos de saúde aumentam, a meta de retardar a doença torna-se ainda mais importante.
2. Durante a fase adulta, os nutrientes são usados principalmente para manter o corpo em vez de sustentar o crescimento físico. À medida que os adultos envelhecem, os nutrientes precisam mudar. A fase adulta é caracterizada por manutenção corporal e transições fisiológicas gradativas, geralmente conhecidas como "envelhecimento". As mudanças fisiológicas do envelhecimento são o somatório de mudanças celulares, práticas de estilo de vida e influências ambientais. Muitas dessas mudanças podem ser minimizadas, evitadas e/ou revertidas por estilos de vida saudáveis. O envelhecimento normal refere-se às mudanças físicas e fisiológicas relacionadas à idade em geral consideradas típicas da velhice. O envelhecimento bem-sucedido descreve os declínios na função física e fisiológica que ocorrem porque uma pessoa envelhece. A tentativa de manter o maior número de anos sadios e a menor ocorrência de doenças é conhecida como compressão da morbidade. A velocidade de envelhecimento de cada pessoa é individual, sendo determinada por hereditariedade, estilo de vida e ambiente.
3. Uma dieta saudável com base na *MyPyramid* e nas Dietary Guidelines for Americans, de 2005 pode ajudar a preservar a função corporal, evitar doenças crônicas e contribuir para um envelhecimento bem-sucedido. Essas diretrizes recomendam que as pessoas consumam uma variedade de alimentos; equilibrem os alimentos consumidos com atividade física para manter ou melhorar o peso; escolham uma dieta com muitos grãos integrais, vegetais e frutas; escolham uma dieta pobre em gordura saturada, gordura *trans* e colesterol; limitem açúcares e sal e consumam bebidas alcóolicas com moderação. A atividade física regular também é importante, assim como o preparo seguro dos alimentos. Adultos norte-americanos são razoavelmente bem-nutridos, embora os excessos dietéticos comuns sejam calorias, gordura, sódio e, para alguns, álcool.

   Inadequações dietéticas comuns incluem vitaminas D e E, folato, magnésio, cálcio, zinco e fibra. Pessoas acima de 65 anos de idade, particularmente as que vivem em instituições de longa permanência e hospitais, estão em risco de sofrer desnutrição. O *checklist* da Nutrition Screening Initiative (Iniciativa de Triagem Nutricional) pode ajudar a identificar adultos mais velhos em risco de sofrer deficiências nutricionais. As DRIs para adultos são divididas por gênero e idade para refletir como as necessidades de nutrientes mudam à medida que eles envelhecem. Essas mudanças nas necessidades nutricionais levam em consideração as alterações fisiológicas relacionadas à idade na composição corporal, no metabolismo e na função dos órgãos.
4. As escolhas alimentares e a adequação das dietas dos adultos dependem de fatores fisiológicos, psicossociais e econômicos. Alterações em algum desses fatores podem resultar em prejuízos na qualidade da ingestão dietética, no estado nutricional e na saúde. Os fatores fisiológicos incluem mudanças na composição corporal e nos sistemas corporais e doenças crônicas que influenciam a ingestão dietética e alteram as necessidades de nutrientes e/ou a utilização dos nutrientes. Particularmente importante é a sarcopenia, ou perda da massa muscular, que, com frequência, acompanha o envelhecimento. O uso de medicações e suplementos pode melhorar a saúde e a qualidade de vida, mas alguns podem afetar de maneira adversa o estado nutricional. Produtos fitoterápicos devem ser usados com cautela. Influências psicossociais no estado nutricional incluem mudanças no estilo de vida e na interação social e presença de problemas de saúde mental, como depressão e doença de Alzheimer. Fatores econômicos também podem ter um grande impacto nos tipos e nas quantidades dos alimentos consumidos por uma pessoa.
5. O uso de álcool é uma questão complexa porque envolve aspectos psicológicos, sociais, econômicos, de saúde, legais e familiares. O álcool é metabolizado no fígado e em outros tecidos. Os benefícios do uso de álcool estão associados ao consumo baixo a moderado da substância. Entre esses benefícios estão a satisfação e os aspectos sociais do uso de álcool, uma redução em diversas formas de doença cardiovascular, aumento na sensibilidade à insulina e proteção contra algumas bactérias estomacais nocivas. Entretanto, o álcool tem o potencial de piorar a saúde também. O consumo excessivo de álcool contribui significativamente para 5 entre 10 causas principais de óbito na América do Norte. O álcool aumenta o risco de desenvolver determinadas formas de dano cardíaco, inflamação do pâncreas, dano ao trato GI, deficiências de vitaminas e minerais, cirrose hepática, algumas formas de câncer, hipertensão e acidente cerebrovascular hemorrágico – entre outros.

   Se o álcool for consumido, ele deve ser feito com moderação junto às refeições. As mulheres são aconselhadas a não tomar mais de 1 dose por dia, assim como adultos acima de 65 anos de idade; os homens são aconselhados a limitar a ingestão a 2 doses por dia.
6. Planos de dietas para adultos devem se basear em alimentos densos em nutrientes e na necessidade de serem individualizados de acordo com problemas de saúde existentes, capacidades físicas, presença de interações fármaco-nutrientes, possível depressão e restrições econômicas. Um suplemento multivitamínico e mineral balanceado pode ser usado para ajudar a suprir as necessidades, especialmente para adultos acima dos 70 anos de idade. A maioria das comunidades conta com sistemas de refeições comunitárias ou entregues em domicílio, auxílio-refeição e outras provisões para dar ajuda nutricional aos que necessitam.

Questões para estudo

1. Enumere três recomendações importantes feitas pelas Dietary Guidelines for Americans de 2005 para a população em geral e dê um exemplo de por que cada uma pode ser difícil de implementar para adultos mais velhos. Cite algumas sugestões para romper essas barreiras.
2. Qual é a diferença entre tempo de vida e expectativa de vida?
3. Enumere cinco diretrizes gerais para a prevenção do câncer.
4. Descreva duas hipóteses propostas para explicar as causas do envelhecimento e observe evidências de cada uma nas suas experiências diárias.
5. Enumere cinco sistemas de órgãos cuja função pode decair com o envelhecimento, bem como uma resposta dietética/estilo de vida para ajudar a lidar com tal declínio.
6. Defenda a recomendação para a prática de atividade física regular durante a velhice, incluindo alguma atividade de resistência (treinamento com peso).
7. Como as necessidades nutricionais dos idosos seriam diferentes das de pessoas mais jovens? Como essas necessidades são semelhantes? Especifique.
8. Quais os três recursos em uma comunidade estão amplamente disponíveis para ajudar os idosos a manter a saúde nutricional?
9. Descreva alguns sinais de alerta de depressão e observe uma possível implicação nutricional à medida que esse problema avança.
10. Enumere quatro sinais de alerta de subnutrição em idosos que façam parte do acrônimo em inglês DETERMINE. Justifique brevemente a inclusão de cada um.

Teste seus conhecimentos

As respostas das próximas questões de múltipla escolha abaixo encontram-se a seguir.

1. Entre a população idosa dos Estados Unidos, a idade do segmento que cresce mais rapidamente é ____ anos.
   a. 65
   b. 74
   c. 79
   d. 85+
2. As dietas dos adultos tendem a ser pobres em ____.
   a. vitamina E
   b. cálcio
   c. fibra
   d. todas as anteriores
3. A razão da incidência de obesidade aumentar com a idade é:
   a. a taxa metabólica basal diminui com a idade.
   b. a atividade física com frequência diminui com a idade.
   c. a ingestão energética excede ao gasto energético.
   d. todas as anteriores.
4. O sistema imune torna-se menos eficaz com a idade, por isso é especialmente importante consumir adequadamente _____ e _____, nutrientes que contribuem para a função imunológica.
   a. vitamina A, vitamina B6
   b. proteína, zinco
   c. zinco, iodo
   d. vitamina A, vitamina K
5. Qual das opções a seguir não descreve uma mudança fisiológica do envelhecimento?
   a. diminuição na capacidade de digestão e absorção.
   b. redução na massa corporal magra.
   c. metabolismo basal mais lento.
   d. aumento na sensibilidade do paladar.
6. Para manter um estado nutricional ideal e um peso corporal adequado, a dieta de uma pessoa mais velha deverá ter uma densidade nutricional ____ e ser ___ em energia.
   a. baixa, alta
   b. baixa, baixa
   c. alta, moderada
   d. alta, alta
7. Programas nutricionais, como refeições comunitárias e entregues em domicílio, promovem qual dos seguintes aspectos?
   a. um estado nutricional melhor
   b. uma atmosfera social
   c. uma refeição econômica para idosos de baixa renda.
   d. todas as anteriores.
8. Durante o envelhecimento, as necessidades de vitaminas e minerais
   a. continuam a oscilar.
   b. diminuem bastante.
   c. aumentam um pouco em certos casos.
   d. aumentam bastante.
9. O álcool é digerido no
   a. estômago.
   b. intestino delgado.
   c. fígado.
   d. nenhum dos anteriores; o álcool não requer digestão.
10. O álcool é mais prejudicial
    a. às células cerebrais, porque pode ser usado como uma fonte de energia mesmo antes da glicose.
    b. às células renais, porque é onde o álcool é excretado.
    c. às células do trato gastrintestinal, porque estão em contato direto com o álcool digerido.
    d. às células hepáticas, onde o álcool é metabolizado.

Respostas: 1.d, 2.d, 3.d, 4.b, 5.d, 6.c, 7.d, 8.c, 9.d, 10.d

Leituras complementares

1. ADA Reports: Position of the American Dietetic Association: Nutrition across the spectrum of aging. *Journal of the American Dietetic Association* 105:616, 2005.

   Comportamentos como uma dieta saudável, ser fisicamente ativo e não usar nenhum tipo de tabaco são três aspectos cruciais para o envelhecimento saudável. A American Dietetic Association apoia essas práticas, bem como encoraja os adultos mais velhos a buscar cuidados médicos e nutricionais para tratar problemas de saúde, como diabetes e hipertensão.

2. Brannon CA: Alcohol: Functional food or addictive drug? *Today's Dietitian,* 10(12):8, 2008.

   O álcool tem uma longa história de agente funcional e medicinal, mas o potencial de abuso é alto. Esse artigo descreve o processo de produção de etanol, os benefícios à saúde e os riscos do uso de álcool. Uma ingestão moderada de 1 ou 2 doses por dia, particularmente vinho tinto junto às refeições, parece ser benéfico.

3. Brannon CA: Perimenopause: Nutritional management. *Today's Dietitian* 8(10):10, 2006.

   Para a maioria das mulheres, a perimenopausa começa entre o meio dos 40 e o início dos 50 anos. As mudanças mais significativas durante a perimenopausa são níveis flutuantes de estrogênio e progesterona. Esse artigo revisa diversos sintomas relacionados à nutrição desse estágio do ciclo de vida feminino e oferece sugestões de vários alimentos funcionais que contêm componentes que podem diminuir esses sintomas desagradáveis.

4. DeKosky ST and others: Ginkgo biloba for prevention of dementia. *Journal of the American Medical Association* 300: 2253, 2008.

   Em virtude de seus efeitos antioxidantes propostos, o ginkgo biloba é usado popularmente na prevenção ou no tratamento da doença de Alzheimer. Esse ensaio clínico de larga escala comparou os efeitos do ginkgo biloba (120 mg, 2x/dia) ao placebo em mais de 3 mil adultos mais velhos. O ensaio mostrou não haver efeito do ginkgo biloba em prevenir ou retardar a demência por todas as causas ou por Alzheimer.

5. Dickerson LM, Gibson MV: Management of hypertension in older persons. *American Family Physician 71:* 469, 2005.

   A hipertensão é um resultado bastante comum do processo de envelhecimento, especialmente a pressão sistólica elevada. Os autores recomendam que pessoas mais velhas tentem combater essa tendência seguindo uma dieta saudável pobre em sódio e álcool (se consumido) e praticando atividade física regular. Medicamentos típicos usados para tratar hipertensão na população também são revisados.

6. DiMaria-Ghalili RA, Amella E: Nutrition in older adults. *American Journal of Nursing* 105(3): 40, 2005.

   É importante prevenir a desnutrição de idosos, já que o risco à saúde é maior do que o sobrepeso nessa população. Os fatores de risco que contribuem para esse estado de desnutrição incluem uma dieta inadequada, renda insuficiente, isolamento, doenças crônicas e várias mudanças fisiológicas decorrentes do envelhecimento. Essas mudanças, por sua vez, podem ser tratadas por intervenções adequadas no estilo de vida revisadas nesse artigo.

7. Getting smart about Alzheimer's. *Tufts University Health & Nutrition Letter* 23(3):1, 2005.

   Até 4,5 milhões de norte-americanos sofrem de doença de Alzheimer. O consumo de uma dieta rica em frutas e vegetais coloridos contém muitos fitoquímicos que podem evitar a doença. O consumo regular de peixe também é importante, bem como evitar a obesidade, praticar exercícios regularmente e manter-se mentalmente ativo. Suprir as necessidades de vitamina B também é crucial, já que muitas vitaminas do complexo B contribuem para a saúde do cérebro, como a niacina.

8. Grieger L: Dietary tips for baby boomers: Ageless advice for an aging generation. *Today's Dietitian,* 10(3): 38, 2008.

   Esse artigo resume diretrizes que se baseiam em evidências para o envelhecimento saudável. Manter um peso saudável é considerada a estratégia mais importante para reduzir o risco de doenças crônicas, melhorando, assim, a qualidade de vida na velhice da pessoa. Práticas dietéticas que corroboram e complementam essa recomendação incluem substituir alimentos processados e ricos em calorias por alimentos não processados e densos em nutrientes. Alimentos de origem vegetal são enfatizados por serem pobres em calorias, embora ricos em vitaminas, minerais, fibras e fitoquímicos. O peixe é recomendado como uma fonte de ácidos graxos ômega-3.

9. Kushi LH and others: American Cancer Society guidelines on nutrition and physical activity for cancer prevention: Reducing the risk of cancer with healthy food choices and physical activity. *CA: A Cancer Journal for Clinicians* 56: 254, 2006.

   Quatro diretrizes gerais são apresentadas como modificações do estilo de vida para reduzir o risco de câncer. A manutenção de um peso corporal saudável é apoiada por muitas pesquisas. No tocante às escolhas alimentares, uma dieta pobre em carne vermelha e carnes processadas e rica em frutas, vegetais e grãos integrais é defendida como uma estratégia para reduzir o risco de câncer. A atividade física regular também é uma inclusão importante. O álcool deve ser consumido com moderação, se consumido. A SCA enfatiza a importância de um ambiente social incentivador para incorporar essas mudanças em um estilo de vida saudável.

10. Litchford MD: Declining nutritional status in older adults. *Today's Dietitian,* 6(7): 12, 2004.

    As causas mais comuns do comprometimento do estado nutricional em adultos mais velhos são escolhas alimentares inadequadas, declínio do estado cognitivo, problemas de saúde oral, perda do apetite e desidratação. É importante implementar um plano de ação para tratar esses problemas; um nutricionista pode ajudar a desenvolver um plano como esse.

11. Liu RH: Potential synergy of phytochemicals in cancer prevention: Mechanism of action. *Journal of Nutrition* 134:347S, 2004.

    Não existe um antioxidante destacado que, por si só, consiga substituir a combinação dos fitoquímicos naturais em frutas e vegetais para conseguir benefícios salutares. Antioxidantes ou compostos bioativos são melhor obtidos pelo consumo de alimentos integrais, não de suplementos dietéticos. O consumo de 5 a 10 porções diárias de uma grande variedade de frutas e vegetais é uma estratégia adequada para reduzir significativamente o risco de doenças crônicas, como o câncer, e atender às necessidades de nutrientes para uma saúde ideal.

12. Manini TM and others: Daily activity energy expenditure and mortality among older adults. *Journal of the American Medical Association* 296:171, 2006.

    A energia dispendida em atividades de vida livre por idosos saudáveis (70-82 anos de idade) estava fortemente relacionada a um risco de mortalidade menor. Esse estudo de 302 idosos altamente funcionais vivendo em habitações na comunidade indica que qualquer atividade pode aumentar a sobrevida.

13. Newton KM and others: Treatment of vasomotor symptoms of menopause with black cohosh, multibotanicals, soy, hormone therapy, or placebo: A randomized trial. *Annals of Internal Medicine* 145:869, 2006.

    Suplementos fitoterápicos são usados com frequência para tratar sintomas vasomotores da menopausa (p. ex., fogachos). Nesse estudo randomizado de um ano, suplementos fitoterápicos e terapia hormonal foram comparados ao placebo em 351 mulheres de 45 a 55 anos de idade na transição para a menopausa ou na pós-menopausa com dois ou mais sintomas vasomotores por dia. Os sintomas vasomotores ou a intensidade dos sintomas não diferiam significativamente entre as intervenções fitoterápicas, incluindo cohosh negro, ou placebo, exceto por aquelas que receberam um suplemento multibotânico mais suplemento de soja, cujos sintomas eram piores do que com placebo. A terapia hormonal (estrogênio com ou sem progesterona) resultou em uma redução nos sintomas vasomotores comparada ao placebo.

14. Petersen RC and others: Vitamin E and donepezil for the treatment of mild cognitive

impairment. *The New England Journal of Medicine* 352:2379, 2005.

A terapia com megadoses de vitamina E não retardou o desenvolvimento de prejuízo cognitivo leve nesse estudo. Esse resultado questiona estudos anteriores que mostraram um efeito modesto, porém breve, de tal terapia. O uso de donezepil foi de certa forma eficaz, mas levou apenas a um benefício modesto.

15. Pierce JP and others: Greater survival after breast cancer in physically active women with high vegetable-fruit intake regardless of obesity. *Journal of Clinical Oncology* 25: 2345, 2007.

Entre as sobreviventes do câncer de mama, mulheres que praticavam atividade física regular (mínimo de 30 min por dia, 6 dias por semana) e consumiam pelo menos 5 porções diárias de frutas e/ou vegetais tinham metade do risco de sofrer recidiva do câncer comparadas às sobreviventes que não seguiam essas práticas de estilo de vida saudáveis.

16. Redman LM and others: Effect of calorie restriction in non-obese humans on physiological, psychological and behavioral outcomes. *Physiology & Behavior* 94: 643, 2008.

A restrição calórica prolonga o tempo de vida e retarda o desenvolvimento de doenças crônicas em ratos, camundongos, peixes, moscas e outras espécies. Isso ocorre devido a uma redução na taxa metabólica e no estresse oxidativo, na melhor sensibilidade à insulina e/ou a alterações nas atividades hormonais e do sistema nervoso. Apesar de estudos prospectivos prolongados da restrição calórica em humanos não serem viáveis, evidências de estudos epidemiológicos e ensaios clínicos de curto prazo indicam que a restrição calórica reduz o risco de diabetes e doença cardiovascular e melhora os biomarcadores do envelhecimento sem induzir comportamentos alimentares patológicos, sensação constante de fome, depressão ou declínio cognitivo. Entretanto, os autores observam que a capacidade de aderir a uma dieta de restrição calórica será baixa em um ambiente obesogênico. As pesquisas por uma pílula "antienvelhecimentto", que simule os efeitos da restrição calórica em humanos, continuam.

17. Rhone M, Basu A: Phytochemicals and age-related eye disease. *Nutrition Reviews* 66: 465, 2008.

Doenças oculares relacionadas à idade, como a degeneração macular relacionada à idade e cataratas, são as principais causas de cegueira em idosos. Intervenções nutricionais para prevenir e/ou tratar doenças oculares são revisadas. As evidências apoiam a eficácia da luteína e da zeaxantina na proteção contra doenças oculares relacionadas à idade. Outros fitoquímicos, como os flavonoides, são promissores na promoção da saúde ocular, porém é preciso pesquisar mais antes que se possa recomendar a suplementação para tal finalidade. Uma dieta saudável voltada para a manutenção do peso e que enfatize o consumo de frutas e vegetais é atualmente a melhor prática para proteger a saúde dos olhos em envelhecimento.

18. Riediger ND and others: A systemic review of the roles of n-3 fatty acids in health and disease. *Journal of the American Dietetic Association* 109: 668, 2009.

Ácidos graxos ômega-3, abundantes no peixe, nos óleos de peixe, em alguns óleos vegetais e novos alimentos fortificados (p. ex., ovos, pastas e margarinas) foram implicados na prevenão e no tratamento de muitas doenças. Particularmente interessante para adultos em envelhecimento, os ácidos graxos ômega-3 mostraram melhorar o risco cardiovascular, o risco de câncer e vários outros transtornos da saúde mental (como depressão e doença de Alzheimer). As queixas relacionadas ao consumo de óleos de peixe incluem náusea e eructações desagradáveis. Megadoses desse suplemento podem levar ao sangramento excessivo. Ao evitar o consumo de cação, peixe-espada, cavala, peixe-batata e qualquer peixe de águas contaminadas, é possível reduzir o risco de consumir toxinas ambientais, incluindo mercúrio. As dietas típicas norte-americanas são deficientes nessas gorduras saudáveis, porém a disponibilidade maior de alimentos fortificados respaldará o consumo adequado de ácido graxos ômega-3.

19. Stenholm S and others: Sarcopenic obesity—definition, etiology and consequences. *Current Opinions in Clinical Nutrition and Metabolic Care* 11: 693, 2008.

Os idosos sofrem de perda da massa muscular acompanhada por ganhos na massa adiposa. Essas mudanças na composição corporal aumentam consideravelmente os riscos de doença e incapacidade. Os autores revisam as causas potenciais de obesidade sarcopênica, como mudanças na dieta, atividade física, níveis hormonais e inflamação.

20. Trichopoulou A and others: Modified Mediterranean diet and survival: EPIC-elderly prospective cohort study. *British Medical Journal* 330:991, 2005.

Uma dieta caracterizada por ingestões elevadas de vegetais, leguminosas, frutas, cereais e gorduras insaturadas; quantidades moderadas de peixe e álcool e quantidades baixas a moderadas de laticínios e carnes diminuiu o risco de desenvolver doença cardiovascular nas pessoas nesse estudo. A mortalidade total também foi reduzida, especialmente em pessoas que aderiram intensamente a esse padrão dietético.

AVALIE SUA REFEIÇÃO

I. Estou envelhecendo com saúde?

O livro *Take Control of Your Aging* do Dr. William B. Malarkey (Wooster Book Co., Wooster OH, 1999) inclui um plano que incorpora vários fatores dietéticos e de estilo de vida associados ao envelhecimento bem-sucedido. Indique o grau em que você segue um plano como esse (ou então preencha essa classificação considerando pai/mãe ou outro parente idoso que você tenha).

Físico: Você consome uma dieta bem-balanceada, pratica exercícios regularmente, permanece livre de doenças, não fuma, não ingere álcool excessivamente e tem um sono revigorante?

____

____

____

Intelectual: Você é analítico, lê regularmente, aprende coisas novas todos os dias, empenha sua capacidade mental no trabalho (ou na escola) e reflete com frequência sobre a sua vida?

____

____

____

Emocional: Você está em paz, gosta de quem é, é otimista, ri e relaxa regularmente?

____

____

____

Relacionamentos: Você é bom ouvinte, sente-se amparado pelos amigos, frequenta atividades sociais, conversa com frequência com familiares e sente-se próximo de colegas de trabalho (ou da escola)?

____

____

____

Espiritual: Você aprecia a natureza, doa-se e serve aos outros, medita e busca a fé religiosa e sente que a vida tem significado?

____

____

____

Quanto mais desses fatores você incluir na sua vida, mais harmonioso será o seu plano para manter a saúde geral. Qualquer uma dessas cinco áreas na qual você não esteja obtendo sucesso mostra características nas quais você deve trabalhar no futuro.

II. Ajudando os adultos mais velhos a se alimentar melhor

Durante a vida, a maioria das pessoas normalmente faz as refeições com a família ou entes queridos. À medida que as pessoas chegam à velhice, muitas delas enfrentam o fato de viver e comer sozinhas. Em um estudo das dietas de 4.400 idosos nos Estados Unidos, 1 homem em cada 5 morava sozinho e, acima dos 55 anos de idade, alimentava-se mal. Ainda, 1 em cada 4 mulheres de 55 a 64 anos de idade seguia uma dieta de baixa qualidade. Essas dietas inadequadas podem contribuir para o declínio da saúde mental e física. Considere o exemplo a seguir da situação de vida de um idoso.

Neal, um homem de 70 anos de idade, mora sozinho em uma casa de área suburbana. A mulher dele morreu há 1 ano. Ele não tem muitos amigos; a mulher era sua confidente primária. Os vizinhos da rua são amistosos, e Neal costumava ajudá-los em projetos de jardinagem em seu tempo livre. A saúde de Neal sempre foi boa, mas recentemente ele passou a ter problemas dentários. A dieta dele tem sido ruim, e nos últimos três meses seu vigor mental e físico piorou. Ele vem gradativamente entrando em depressão e, assim, mantém as cortinas fechadas e raramente sai de casa. Neal mantém pouca comida em casa porque era a mulher quem fazia a comida e grande parte das compras de mercado, e ele não se interessa muito por alimentos.

Se você fosse parente de Neal e soubesse da situação dele, quais as seis coisas que você poderia sugerir para ajudar a melhorar o estado nutricional e a perspectiva mental dele? Consulte este capítulo para ter algumas ideias.

1. ______________________________
2. ______________________________
3. ______________________________
4. ______________________________
5. ______________________________
6. ______________________________

SOLUÇÕES DOS ESTUDOS DE CASOS

Capítulo 1: Hábitos alimentares na faculdade

1. O aspecto mais positivo da dieta de Andy é que ela contém boas fontes de proteína animal, ricas também em zinco e ferro. Alternar o hambúrguer e batatas fritas com pizza ou tacos é uma boa escolha.

2.a. No entanto, a dieta de Andy tem poucos derivados lácteos, frutas e legumes. A consequência disso é uma baixa ingestão de cálcio, de várias vitaminas e de substâncias fitoquímicas (derivadas de plantas), conforme discutido no Capítulo 1. Sua dieta também tem pouca fibra, porque os restaurantes que servem *fast food* usam basicamente produtos à base de cereais refinados e não integrais, e há poucas opções de frutas e legumes no cardápio. A maioria das bebidas é refrigerante cheio de açúcar. Muitos itens oferecidos, especialmente batatas fritas e *nuggets* de frango, são bastante gordurosos.

2.b. A maioria das porções grandes ou gigantes é de alimentos ricos em gorduras (batatas fritas) e açúcar (refrigerantes), o que resulta na ingestão excessiva desses dois componentes.

2.c. Ele poderia escolher uma barra de granola com baixo teor de gordura, em vez do doce, no café da manhã, ou poderia comer com calma uma tigela de cereal integral com leite desnatado ou semidesnatado, para aumentar o aporte de fibra e cálcio. De modo geral, Andy poderia melhorar seu consumo de frutas e legumes, além dos laticínios, escolhendo uma alimentação mais variada e com maior equilíbrio entre os grupos alimentares.

2.d. Andy poderia alternar entre tacos e burritos com feijão para se beneficiar da adição de proteínas vegetais à dieta. Ao comer pizza, ele poderia substituir as coberturas ricas em gordura (p. ex., salame), por uma pizza mais vegetariana (p. ex., pimentão e cebola). Muitas lojinhas de alimentos naturais oferecem sanduíches com pouca gordura, feitos com carnes magras como peru, acompanhados de molhos vegetais. Como bebida, Andy poderia pedir leite pelo menos metade das vezes ao comer fora e tomar refrigerantes *light* ou *diet* em vez da versão normal. Assim ele estaria moderando seu consumo de açúcar.

Capítulo 2: Suplementos alimentares

1. Whitney deve ter cuidado ao usar suplementos, especialmente os que anunciam no rótulo que são "novidades". Conforme foi visto, os suplementos alimentares não são regulamentados com rigor pela FDA.
2. Uma afirmativa genérica do tipo "aumenta a energia" é considerada uma alegação estrutural/funcional e, portanto, não exige aprovação prévia da FDA para constar do rótulo.
3. A FDA não avalia nem a segurança nem a eficácia desse tipo de produto e, mesmo quando eles são prejudiciais, é difícil haver uma ordem de retirada do mercado pela FDA.
4. Existe uma chance de que o suplemento, se eficaz, contenha muito pouco ou nada dos supostos ingredientes ativos.
5. Infelizmente, Whitney vai ter que sofrer para descobrir isso e ainda vai ficar sem seus 60 dólares.
6. O dinheiro suado de Whitney seria mais bem-empregado se ele fizesse um *check-up* médico no ambulatório da faculdade. O consumidor precisa ter cautela com informações nutricionais, especialmente as contidas nos rótulos de suplementos alimentares comercializados como novidades ou cura para todos os males. Atenção consumidor!

Capítulo 3: Refluxo gastresofágico

1. Quando Caitlin come demais às refeições, isso parece provocar suas crises de azia. Outros fatores que estimulam o relaxamento do esfincter e/ou irritam o esôfago são o fumo, o excesso de peso e o consumo de pimenta, cebola, alho, hortelã, cafeína, álcool e chocolate.
2. A orientação dietética geralmente inclui fazer refeições menores e mais frequentes, com pouca gordura, evitar excessos à mesa, esperar duas horas depois do jantar para se deitar e dormir com a cabeceira elevada mais ou menos 15 cm (ver Tab. 3.4). Essas recomendações reduzem o risco de retorno do conteúdo do estômago para o esôfago. Outros conselhos úteis são parar de fumar, perder o excesso de peso e limitar o consumo dos itens listados na resposta à pergunta 1.
3. Se essas medidas não controlarem os sintomas, pode-se recorrer aos medicamentos que inibem a produção de ácido no estômago (ver os comentários sobre inibidores da bomba de prótons, como omeprazol, usado para tratar o refluxo e também a úlcera péptica). Quando os medicamentos e outros recursos não funcionam, é possível recorrer à cirurgia para reforço do esfincter esofágico inferior.
4. O RGE de Caitlin pode ser tratado, mas provavelmente esse problema irá acompanhá-la por toda a vida. Mesmo a cirurgia pode não curar o refluxo. Provavelmente, ela precisará de dieta e mudança nos hábitos de vida, além de medicamentos, continuamente.
5. É importante manter o tratamento do RGE porque se o refluxo continuar ocorrendo, isso aumenta o risco de câncer do esôfago.

Capítulo 4: Problemas com a ingestão de leite

1. Myeshia começou a achar que fosse sensível ao leite porque sempre apresentava distensão e flatulência ao tomar leite durante uma refeição.
2. A causa mais provável dos sintomas de Myeshia é a lactose, o dissacarídeo do leite.
3. Quando falta a enzima lactase ou quando ela existe em pequena quantidade no intestino delgado, a lactose não digerida passa ao intestino grosso e sofre fermentação pelas bactérias lá presentes. A fermentação da lactose pelas bactérias produz gases, distensão abdominal e dor. Também pode ocorrer diarreia porque a presença de lactose no colo atrai água dos vasos sanguíneos para a luz do intestino grosso.
4. A má digestão da lactose é um padrão fisiológico normal que geralmente ocorre por volta dos 3 a 5 anos de idade em populações que não têm o leite ou outros laticínios como principal fonte alimentar. Quando a ingestão da lactose determina o aparecimento de sintomas significativos, o quadro é chamado intolerância à lactose.
5. A forma primária de má digestão da lactose ocorre em cerca de 75% da população mundial, segundo estimativas. A maioria dessas pessoas é de origem negra (como Myeshia), asiática ou latina. A má digestão da lactose também aumenta com a idade.
6. As bactérias ativas presentes no iogurte digerem a lactose quando elas se espalham no intestino delgado e liberam sua própria enzima lactase.
7. Existem muitos produtos que podem ser usados pelas pessoas que digerem mal a lactose para melhorar sua tolerância ao leite, como leite com baixo teor de lactose e comprimidos de lactase.
8. Muitas pessoas que digerem mal a lactose conseguem consumir quantidades moderadas, com mínimo ou nenhum desconforto intestinal, devido à quebra da lactose pelas bactérias no intestino grosso.
9. Na América do Norte e na Europa Ocidental, o leite e derivados são importantes fontes de cálcio e vitamina D, que mantêm a saúde dos ossos.
10. A má digestão secundária da lactose ocorre quando uma doença (p. ex., diarreia viral prolongada) provoca uma queda significativa da produção de lactase.

Capítulo 5: Planejando uma dieta saudável para o coração

1. As escolhas de Jackie para reduzir o colesterol sanguíneo não são as melhores. Ela retirou boa parte da gordura da alimentação, talvez mais do que o necessário, mas não incluiu alguns grupos alimentares importantes, que contêm substâncias redutoras de colesterol.
2. Reduzir a ingestão de gordura tão drasticamente não é necessário, especialmente no caso de uma mulher de 21 anos de idade, fisicamente ativa.
3. Jackie poderia se permitir um pouco mais de gordura na dieta, incluindo mais gorduras monoinsaturadas. Óleo de canola e azeite de oliva, assim como as gorduras encontradas em nozes e abacate, são ricos em gorduras monoinsaturadas. Essas gorduras não aumentam o colesterol sanguíneo. Além disso, ela deveria incluir boas fontes de ácidos graxos ômega-3, como peixes, castanhas, linhaça ou óleo de soja. Uma opção é usar óleo de canola com vinagre para temperar a salada, em vez do suco de limão.
4. Ela excluiu boa parte das gorduras da dieta e simplesmente as substituiu por carboidratos refinados.
5. Se quiser mudar para uma dieta mais saudável para o coração, Jackie terá que incluir na sua alimentação pelo menos duas xícaras de fruta e três xícaras de legumes por dia, além de produtos à base de cereais integrais. Deverá consumir pão integral em vez de pão branco nos seus sanduíches e usar um cereal matinal que tenha pelo menos 3g de fibra por porção.
6. Fazer uma caminhada rápida pela manhã é uma excelente maneira de garantir pelo menos 30 min de atividade todos os dias da semana. Já foi demonstrado que o exercício físico aumenta a concentração de HDL-colesterol no sangue e diminui o risco de doença cardiovascular.

Capítulo 6: Como planejar uma dieta vegetariana

1. Estudos mostram que a incidência de algumas doenças crônicas, como doença cardiovascular, hipertensão, muitas formas de câncer, diabetes tipo 2 e obesidade, e as taxas de mortalidade por essas doenças são mais baixas entre vegetarianos do que em não vegetarianos.
2. Estão faltando muitos componentes de uma dieta vegetariana saudável – cereais integrais, nozes, produtos de soja, feijão, 2 a 4 porções de fruta e 3 a 5 porções de legumes por dia. Com tão poucas frutas e legumes, sua dieta também contém pouco dos vários fitoquímicos cujas propriedades benéficas à saúde estão sendo estudadas.
3. Também parece haver pouca proteína na dieta de Jordan, pois ele não substituiu a carne por nenhuma boa fonte de proteína vegetal. Os alimentos que ele escolheu também não contêm vitamina B12, ferro ou zinco. Sua dieta parece ter cálcio e riboflavina em quantidades adequadas porque ele consome laticínios (*milkshake* e queijo).
4. Alguns dos alimentos escolhidos por Jordan têm alto teor de gordura (massa folhada, *milkshake*, biscoitos) e açúcar (ponche de frutas).
5. Uma dieta vegetariana saudável deve incluir cereais integrais, nozes, produtos de soja, feijão, 2 a 4 porções de fruta e 3 a 5 porções de legumes por dia. Parece que ele ainda não aprendeu a aplicar o conceito de proteínas complementares, por isso a proteína da sua dieta é de baixa qualidade. Refeições que combinam legumes ou folhas com cereais ou nozes e amêndoas (ver Fig. 6.13) fornecem a quantidade necessária de todos os aminoácidos.

Capítulo 7: Como escolher um programa de perda de peso

1. Joe vem ganhando peso, e isso significa que seu balanço calórico está positivo.
2. Quando Joe não está trabalhando, seu nível de atividade é baixo. Ele não gasta muita energia quando está vendo TV e estudando. Joe deveria tentar achar um tempo para praticar atividades físicas depois do trabalho e nos finais de semana.

3. O equilíbrio entre a ingestão calórica e o gasto de energia é a chave para a perda e manutenção do peso. Joe poderia mudar sua alimentação diminuindo os itens de alto teor de gordura e calorias nas refeições que ele compra para levar. Além disso, deveria incluir mais frutas, legumes e cereais integrais em suas refeições. Um cereal integral com frutas seria uma escolha saudável e um bom substituto para o pão doce que ele come no café da manhã. No almoço, poderia escolher um sanduíche de frango grelhado ou um taco com salada. Frango grelhado ou picadinho com *chili* e batata assada ou salada seriam escolhas mais saudáveis no jantar. A Tabela 7.3 inclui muitas sugestões de alimentos substitutivos de baixa caloria.
4. Joe estará desperdiçando seu dinheiro se comprar o produto que viu anunciado. Infelizmente, a indústria de suplementos é muito pouco regulamentada. No futuro, se houver alguma descoberta revolucionária para ajudar as pessoas a perderem peso ou controlar o peso, autoridades da área da saúde, como o Secretário de Saúde ou o National Institutes of Health divulgarão o fato aos norte-americanos.
5. As características de uma boa dieta para perder peso podem ser vistas na Figura 7.15. Essas características incluem uma perda de peso lenta e gradativa, flexibilidade quanto aos hábitos e preferência alimentares, adequação nutricional, mudança de comportamento, atividade física e manutenção da saúde geral.

Capítulo 8: Como escolher um suplemento alimentar

1. A dose de manutenção, que é de 2 ou 3 comprimidos por dia, não traz nenhum risco *per se* porque essa dose de Nutramega não excede o nível máximo de ingestão tolerável de vitamina A, vitamina C, niacina ou vitamina B6.

2.a. **Vitamina A** 33% (0,33) multiplicados pelo valor diário de 1.000 µg EAR são 330 µg EAR por comprimido. Assim, 16 comprimidos seriam 5.280 µg EAR. O nível máximo de ingestão tolerável é de 3.000 µg EAR para vitamina A pré-formada. De toda a vitamina A, 75% são vitamina A pré-formada, portanto, esse valor significa 3.960 µg EAR de vitamina A pré-formada (5.280 × 0,75 = 3.960), ou 1,3 vezes o nível máximo de ingestão tolerável (3.960/3.000 = 1,3).

b. **Vitamina C** 700% (7) multiplicados pelo valor diário de 60 mg são 420 mg por comprimido; 16 comprimidos seriam 6.720 mg. O nível máximo de ingestão tolerável é de 2.000 mg. Isso seria, portanto, 3,4 vezes o nível máximo de ingestão tolerável (6.720/2.000 = 3,4).

c. **Niacina** 200% (7) multiplicados pelo valor diário de 20 mg são 40 mg por comprimido; 16 comprimidos seriam 640 mg. O nível máximo de ingestão tolerável é de 35 mg.

d. **Vitamina B6** 100% (1) multiplicados pelo valor diário de 2 mg são 2 mg por comprimido; 16 comprimidos seriam 32 mg. O nível máximo de ingestão tolerável é de 100 mg.

e. A sugestão de uso de Nutramega "ao primeiro sinal de mal-estar" pode trazer riscos à saúde de Amy. Assim, de 2 a 3 comprimidos cada três horas significaria tomar pelo menos 16 comprimidos por dia. Essa dose levaria a uma ingestão de vitamina A, vitamina C e niacina muito acima dos níveis máximos de ingestão toleráveis para esses nutrientes.

3. Nutramega é um produto de custo elevado comparado ao custo dos suplementos polivitamínico-minerais típicos (a quantidade necessária desses polivitamínicos para um mês custaria cerca de 4 reais, comparados aos 102 reais de Nutramega).
4. Amy está correta por se preocupar com suas necessidades nutricionais, mas o estresse pelo qual ela está passando não aumenta essas necessidades.
5. Uma dieta saudável como a sugerida pelo programa *MyPyramid* deveria ser a prioridade para Amy. O uso de um suplemento polivitamínico-mineral balanceado é também uma boa prática.

Capítulo 9: Abrindo mão do leite

1. Os fatores que contribuem para o risco potencial de osteoporose nesse caso são a baixa ingestão de cálcio e vitamina D. A dieta também é pobre em proteínas, importante nutriente para a síntese de tecido conjuntivo, importante para o sistema esquelético.
2. Ashley está aumentando seu risco de osteoporose no futuro, em razão dos seus atuais hábitos de vida. O fato de ter começado a fumar e praticar pouca atividade física diária aumenta o risco de desenvolvimento de osteoporose.
3. Ashley deveria repensar sua justificativa para evitar o leite. O desnatado tem baixa caloria e fornece bastante cálcio. Leite e derivados não provocam *per se*, ganho de peso. Existem até mesmo estudos que indicam que o consumo regular de laticínios ricos em cálcio pode ajudar a perder peso quando a pessoa segue uma dieta com outras restrições calóricas.
4. Ashley precisa escolher algumas fontes confiáveis de cálcio e vitamina D, as quais podem ser sucos, pães e barrinhas de cereais, além de chocolates enriquecidos com cálcio. *Tofu* (que é feito de cálcio) é outra possível fonte, assim como o leite de soja enriquecido com cálcio. *Tofu* e leite de soja também são boas fontes de proteína vegetal de alta qualidade. Não seria difícil garantir a ingestão adequada para a idade dela, de 1.000 mg diários de cálcio, se ela fizesse um esforço para usar esses alimentos enriquecidos com cálcio e/ou incorporar outras boas fontes.
5. Para diminuir o risco de osteoporose e de várias outras doenças crônicas, Ashley deveria parar de fumar. Além disso, incluir na rotina pelo menos 30 min de atividade física na maioria dos dias da semana diminuirá o risco de osteoporose e ajudará a manter seu peso na faixa saudável.

Capítulo 10: Como planejar uma dieta para a prática esportiva

1. Michael tem razão de seguir uma dieta com alto teor de carboidratos.
2. Em seu esforço para diminuir a ingestão de gordura, provavelmente não está consumindo calorias, proteínas, ferro e cálcio em quantidades suficientes para sustentar sua rotina de treinos. Ele acabou caindo na rotina de pão, massas e biscoitos, que os especialistas em nutrição esportiva desaconselham para quem quer ter um desempenho ideal. A baixa ingestão de proteína, ferro e calorias pode contribuir para a fadiga.
3. O desempenho de Michael melhoraria se ele também ingerisse um alimento rico em proteínas em cada refeição. Poderia incluir leite no café da manhã e, possivelmente, um iogurte ou queijo magro no almoço. Antes dos treinos, deveria comer um lanche rico em carboidratos e proteínas, por exemplo, meio sanduíche, com fruta e água. O sanduíche e a fruta fornecerão o combustível necessário para um treino vigoroso. À noite, ele poderia trocar o azeite e o vinagre por um tempero de salada sem gordura e comer queijo e *crackers*, em vez de pão, para aumentar o aporte de proteínas.
4. Durante os treinos, poderia tomar uma bebida esportiva para suprir suas necessidades de líquido e algum carboidrato, ou beber água, comer biscoitos de passas ou outra boa fonte de carboidratos.
5. De modo geral, é importante que Michael forneça combustível ao seu corpo, antes, durante e depois dos treinos.

Capítulo 11: Transtornos alimentares – etapas da recuperação

1. Sarah tem as características de alguém que sofre de anorexia nervosa.
2. Seus hábitos alimentares desordenados começaram quando ela começou a se preocupar exageradamente com seu corpo, e suas colegas começaram a zombar de seu excesso de peso. Começou se exercitando diariamente e conseguiu perder peso. Em seguida, seus hábitos alimentares se modificaram, então começou a restringir sua ingestão de alimentos. Sarah gostava da sensação de ter controle do seu corpo.

3. Sarah tem os seguintes sintomas físicos de anorexia nervosa: se recusa a manter uma relação peso-altura saudável, seu peso está abaixo de 85% do esperado, tem uma visão distorcida de sua aparência e não menstrua há mais de três meses consecutivos.
4. Seu tratamento provavelmente consistiria em um grau moderado de repouso no leito para promover ganho de peso, além da ingestão, inicialmente, de 1.000 a 1.600 kcal, com aumento gradual de 100 a 200 kcal em intervalos de poucos dias, até que fosse obtida uma taxa de ganho de peso aceitável. A meta é que ela alcance um peso corporal pelo menos 90% do esperado para sua altura, ou seja, um IMC mínimo de 19 kg/m^2.
5. Nesse caso, pode haver várias deficiências nutricionais. As mais prováveis são as deficiências de cálcio e ferro. O médico provavelmente prescreveria um suplemento polivitamínico-mineral, juntamente com outros suplementos de cálcio, conforme necessário, para garantir um aporte de 1.200 a 1.500 mg por dia. Se Sarah estiver anêmica, poderá necessitar de ferro adicional. Essas medidas gerais deverão corrigir as deficiências de vitaminas e minerais. O cálcio, particularmente, contribuirá para a saúde dos ossos.
6. Sarah precisaria, inicialmente, ser hospitalizada, pois seu IMC é muito baixo: 13,8.
7. Ela seria então tratada por uma equipe de saúde, composta de médico, nutricionista e psicólogo. A colaboração de Sarah com o tratamento é o fator mais importante para o sucesso da terapia. Ela precisa reconhecer que tem um problema e que precisa de ajuda e deve estar disposta a aceitar o apoio que esses profissionais estão lhe oferecendo. A equipe, principalmente o psicólogo, poderá usar a terapia cognitivo-comportamental para ajudar Sarah a melhorar sua autoimagem.
8. A perspectiva de recuperação de Sarah só será boa se ela reconhecer seu problema. Mesmo que esteja disposta a aceitar o tratamento e o aconselhamento, as recaídas são prováveis. Só 50% das pessoas que sofrem de anorexia nervosa conseguem se recuperar totalmente da doença. Os hábitos alimentares desorganizados de Sarah existem há cerca de seis anos, por isso seu problema está profundamente enraizado. As chances de recuperação são maiores se um programa de tratamento intenso for reforçado por um rigoroso acompanhamento.

Capítulo 12: Subnutrição na infância

1. Jamal não deveria se surpreender por saber que as crianças do vilarejo estão sempre doentes e agitadas. A situação do momento e a recente catástrofe natural vieram se somar às más condições de vida do local. Sabemos que as crianças são especialmente suscetíveis aos efeitos da pobreza e da subnutrição.
2. Com base nos relatos de falta de alimento e nos sinais externos de comprometimento da saúde, provavelmente estão faltando proteínas, vitamina A, ferro, iodo e zinco na alimentação dessas crianças.
3. As deficiências de proteína, vitamina A, ferro, iodo e zinco contribuem para o déficit de crescimento e para a baixa estatura, em razão de suas funções essenciais no organismo. Uma ou mais dessas deficiências deve estar presente em muitas crianças do vilarejo.
4. As deficiências de proteína, vitamina A, ferro, iodo e zinco também podem contribuir para deprimir as funções imunológicas, podendo causar diarreia e doenças. Essas deficiências são arriscadas em particular nas crianças.
5. As dietas dessas crianças provavelmente também têm baixo teor calórico. A baixa ingestão de calorias na infância prejudica ainda mais o crescimento e agrava a saúde, já comprometida pela falta de proteínas e micronutrientes. O Capítulo 6 mostra que a desnutrição proteico-calórica é uma forma de subnutrição decorrente da ingestão extremamente deficiente de calorias ou proteínas e, em geral, é acompanhada de doenças.
6. A recente tempestade talvez leve o governo das Filipinas a enviar alimentos e medicamentos ao vilarejo, o que seria uma solução de curto prazo para algumas das necessidades nutricionais e médicas dessas pessoas.

7. Pobreza e subnutrição são muito menos frequentes nos Estados Unidos e outros países desenvolvidos. Os problemas nutricionais das crianças dos países desenvolvidos tendem a aumentar a incidência de sobrepeso e obesidade. Conforme discutido no Capítulo 7, a manutenção de um peso saudável requer um bom equilíbrio entre a ingestão e o gasto de calorias. O Capítulo 15 aborda o fato de que crianças com sobrepeso são cada vez mais comuns porque o consumo diário de calorias vem aumentando, enquanto o gasto de calorias em atividades físicas vem diminuindo.

Capítulo 13: Como evitar intoxicação alimentar em eventos coletivos

1. Nicole provavelmente contraiu uma infecção por *Clostridium perfringens*, porque ela teve diarreia, mas não vomitou, e os sintomas surgiram cerca de oito horas após o consumo dos alimentos contaminados (ver Tab. 13.3).
2. Esporos de *Clostridium perfringens* geralmente são transmitidos pela carne. O cozimento prolongado mata qualquer bactéria, mas o alimento ainda pode conter esporos, que podem, posteriormente, gerar bactérias se o alimento permanecer em um ambiente aquecido por algumas horas. Provavelmente, foi a carne das empanadas que transmitiu esporos, os quais germinaram e produziram toxina quando a carne ficou dentro do carro e na mesa do bufê.
3. O consumo de alimentos em eventos coletivos é arriscado por várias razões. Primeiramente, os alimentos destinados a esses eventos são, em geral, preparados com muita antecedência e não são consumidos imediatamente, assim, acabam ficando na zona de perigo, entre 20°C e 70°C. Alimentos quentes devem ser mantidos quentes, e os frios devem ser mantidos frios. No entanto, nem sempre há equipamentos adequados de aquecimento ou refrigeração nesses eventos. Além disso, muitas pessoas manuseiam esses alimentos e os utensílios de servir nos eventos de grande porte. É importante que qualquer pessoa que manuseie os alimentos ou utensílios de cozinha lave bem as mãos antes e depois de lidar com a comida e evite tossir ou espirrar próximo aos alimentos. Além disso, sempre que voltar a se servir no bufê, a pessoa deve usar um prato limpo para evitar contaminação cruzada. Por fim, o foco desses eventos é a diversão e a socialização, não a segurança alimentar.
4. A principal precaução ignorada foi manter os alimentos fora da "zona de perigo". De modo geral, é arriscado deixar alimentos perecíveis como carne, peixe, aves, ovos e laticínios em temperatura ambiente por mais de 1 ou 2 horas.
5. O ideal é que os alimentos cozidos não permaneçam em temperatura ambiente por mais de 1 hora. Assim sendo, logo após Nicole e seu marido terem tirado os salgados do forno, eles deveriam tê-los separado em pequenas vasilhas para acelerar o resfriamento e depois colocado tudo no refrigerador, já que sabiam que não seriam serviços nas próximas 1 a 2 horas. Antes de sair, eles poderiam ter voltado a colocar tudo em uma única vasilha limpa. Ao chegarem à festa, os salgados deveriam ter sido novamente colocados no refrigerador e, depois, reaquecidos no momento de servir.

Capítulo 14: Como se preparar para a gravidez

1. O suplemento vitamínico-mineral de venda livre que Lily está tomando supre bastante ácido fólico sintético e pode ajudar a complementar algumas deficiências da dieta e as necessidades de vários nutrientes. Ainda assim, ela deveria conversar com seu médico sobre esse suplemento e talvez fosse mais indicado tomar um suplemento pré-natal, que teria maior teor de ferro do que o suplemento de venda livre. Ela deveria cuidar para não exceder 100% do valor diário de vitamina A pré-formada, porque a toxicidade dessa vitamina pode causar defeitos congênitos. Lily faz bem em evitar o uso de suplementos derivados de ervas durante a gravidez, a menos que aprovados pelo médico.
2. Sabe-se que a deficiência de folato está ligada a defeitos do tubo neural. O ácido fólico sintético presente nos suplementos vitamínico-minerais é bem-absor-

vido e certamente ajudará a suprir as necessidades desse nutriente. Consumir mais frutas e legumes – especialmente vegetais folhosos – também é uma boa escolha. Um cereal matinal enriquecido igualmente contribui para o aporte de vitaminas e minerais. Seu médico poderá recomendar um suplemento pré-natal em vez do produto de venda livre.

3. Muitos especialistas diriam que ela está consumindo muita cafeína e que deveria diminuir o café e os refrigerantes que contêm cafeína para um total de três porções ou menos por dia.
4. Se Lily gostar de peixe, ela poderá incluir duas porções de peixe por semana na sua dieta durante a gravidez e amamentação. O peixe é uma boa fonte de proteína e também fornece gorduras saudáveis, inclusive ácidos graxos ômega-3, que estão ligados ao desenvolvimento do cérebro e dos olhos do feto. Entretanto, Lily deve evitar alguns tipos de peixes por seu alto teor de mercúrio, que pode ser danoso para o sistema nervoso do feto em desenvolvimento. Os peixes que costumam ter altos níveis de mercúrio são peixe-espada, tubarão, carapau, cavala, robalo e atum branco enlatado.
5. As frutas e legumes adicionais que Lily vem consumindo fornecerão a fibra necessária para evitar a constipação. Outras ideias para aumentar a ingestão de fibras são o consumo de cereais integrais e a incorporação de feijão e outras leguminosas à dieta. Lily também deveria aumentar sua ingestão de líquido e manter uma rotina de exercícios físicos, como a caminhada.
6. Lily está preocupada com seu ganho de peso na gravidez. As pesquisas mostram claramente que um ganho de peso adequado na gravidez é fundamental para o crescimento e desenvolvimento do feto. O ganho de peso inadequado contribui para o risco de bebês de baixo peso ou pequenos para a idade gestacional. No entanto, o ganho de peso excessivo durante a gravidez deve ser evitado porque pode provocar problemas de saúde a longo prazo e complicar a gravidez com diabetes gestacional ou gerar bebês grandes para a idade gestacional. Antes da gravidez, o peso e a altura de Lily geravam um IMC normal (21 kg/m^2), por isso sua meta deveria ser ganhar de 11 a 15 kg durante a gestação. No segundo e terceiro trimestres, o consumo de 350 a 450 kcal extras por dia, provenientes de alimentos de alta densidade nutricional, ajudará Lily a alcançar essa meta. Exercícios moderados regulares também são recomendáveis durante esse período. No entanto, a gravidez não é o momento para se começar uma rotina de exercícios pesados. Caminhar ou se exercitar na bicicleta ergométrica são boas atividades para controlar o ganho de peso. Lily deve ficar tranquila sobre sua escolha de amamentar o bebê, pois isso ajudará a perder um pouco do peso depois do nascimento.

Capítulo 15: Subnutrição no período de lactente

1. Pergunte se a fórmula é enriquecida com ferro. Além disso, verifique se as pessoas que cuidam de Damon preparam corretamente a mamadeira, adicionando a quantidade correta de pó à água. Certifique-se de que as pessoas que cuidam de Damon pretendem continuar alimentando-o com fórmula até 1 ano de idade.
2. O cenário descrito representa um risco para Damon em termos de seu desenvolvimento, talvez porque a pessoa que cuida dele não tem noção das práticas corretas de alimentação do lactente. Sua dieta provavelmente é carente em calorias, cálcio, ferro e zinco. A alimentação inadequada pode prejudicar o crescimento, causar problemas cognitivos, comportamentais e enfraquecer os ossos.
3. Além de uma fórmula enriquecida com ferro, Damon deveria estar recebendo cereais infantis enriquecidos, papa de frutas, legumes e carnes, além de alimentos comuns, pastosos ou fáceis de serem cortados em pedaços pequenos. Após os seis meses de idade, os alimentos sólidos ajudam a suprir as necessidades nutricionais. Alimentos processados, como o cachorro-quente descrito no caso, geralmente são ricos em sódio, gordura ou açúcares. Esses ingredientes não são ideais para as necessidades nutricionais de Damon. Deixar que Damon se alimente sozinho, até certo ponto, pode ajudá-lo a desenvolver suas habilida-

des motoras e adquirir autoconfiança. Alimentos potencialmente alergênicos, como frutos do mar, clara de ovo, leite de vaca, amendoins e oleaginosas só devem ser oferecidos a Damon mais tarde.

4. Lactentes não devem tomar bebidas açucaradas como refrigerantes de cola ou sucos de fruta aromatizados, já que esses produtos não têm a densidade nutricional necessária para suprir suas necessidades. As pessoas que cuidam de Damon devem limitar sua ingestão de suco de fruta 100% a 120 a 180 g. Para evitar cáries e desenvolver as habilidades de se alimentar sozinho, Damon deve ser treinado a beber do copo em vez da mamadeira.
5. A combinação de uma fórmula infantil bem-preparada, enriquecida com ferro, e vários alimentos sólidos fornecerão todos os nutrientes de que Damon necessita. Entretanto, se estiver anêmico, ele poderá necessitar de um suplemento de ferro.

Capítulo 16: Assistência alimentar ao idoso

1. A dieta típica de Frances é pobre em muitos nutrientes, inclusive proteína, cálcio, ferro, zinco e vitaminas B12 e D.
2. Sua alimentação deficiente pode causar um declínio mais rápido do seu tecido magro e da massa óssea, além de comprometer suas reservas de ferro, sua visão e suas funções mentais.
3. As alterações fisiológicas que poderão exacerbar os efeitos da má alimentação incluem aumento dos depósitos de gordura e diminuição do apetite; comprometimento do paladar, do olfato e da sensação de sede; problemas de mastigação; função intestinal, produção de lactase, reservas de ferro, disfunção hepática, renal, pulmonar, cardiovascular e imunológica; visão, massa magra, massa óssea e função mental. Ver na Tabela 16.2 as medidas recomendadas para esses casos.
4. Frances poderia contatar uma instituição local que ofereça refeições comunitárias em endereço conveniente e poderia se informar sobre a localização e a disponibilidade de transporte para esse centro. Isso também lhe proporcionaria uma chance de contato social com outros idosos, um importante elemento que falta na sua vida, além de aliviar a sensação de solidão. Ela também poderia solicitar assistência de um programa do governo para receber uma refeição quente por dia. Uma refeição quente preparada para ela pode ser justamente o que ela precisa para estimular seu apetite. Além disso, também poderia fazer compras por telefone, para recebê-las em cada, se puder pagar por isso.
5. Outros alimentos práticos que podem ser acrescentados à sua dieta são leite; nozes e amêndoas; manteiga de amendoim, cereais matinais, frango ou carnes especiais enlatados; iogurte, queijo fatiado, queijo *cottage*, suco de laranja enriquecido com cálcio, frutas e legumes congelados ou enlatados e algumas frutas e legumes frescos que não exijam preparo, como alface lavada e bananas. Outra possibilidade é um suplemento nutricional na forma líquida, por exemplo, Ensure® Plus. O aumento resultante da ingestão de nutrientes ajudará a evitar doenças futuras e contribuirá para o seu bem-estar.

APÊNDICE B Valores diários citados nos rótulos de alimentos

Valores diários citados nos rótulos de alimentos nos Estados Unidos, comparados aos valores de RDA e outros padrões nutricionais atualizados*

Componente da dieta	Unidade de medida	Valores diários atuais Acima dos 4 anos de idade	RDA ou outro padrão dietético atual – Sexo masculino 19 anos de idade	RDA ou outro padrão dietético atual – Sexo feminino 19 anos de idade
Gordura total†	g	< 65	—	—
Ácidos graxos saturados†	″	< 20	—	—
Proteína†	″	50	56	46
Colesterol§	mg	< 300	—	—
Carboidratos†	g	300	130	130
Fibra	″	25	38	25
Vitamina A	μg de equivalentes de atividade de retinol	1.000	900	700
Vitamina D	Unidades internacionais	400	600	600
Vitamina E	″	30	22–33	22–33
Vitamina K	μg	80	120	90
Vitamina C	mg	60	90	75
Folato	μg	400	400	400
Tiamina	mg	1,5	1,20	1,10
Riboflavina	″	1,7	1,30	1,10
Niacina	″	20	16	14
Vitamina B6	″	2	1,30	1,30
Vitamina B12	μg	6	2,40	2,40
Biotina	mg	0,3	0,03	0,03
Ácido pantotênico	″	10	5	5
Cálcio	″	1.000	1.000	1.000
Fósforo	″	1.000	700	700
Iodo	μg	150	150	150
Ferro	mg	18	8	18
Magnésio	″	400	400	310
Cobre	″	2	0,9	0,9
Zinco	″	15	11	8
Sódio‡	″	< 2.400	1.500	1.500
Potássio‡	″	3.500	4.700	4.700
Cloro‡	″	3.400	2.300	2.300
Manganês	″	2	2,3	1,8
Selênio	μg	70	55	55
Cromo	″	120	35	25
Molibdênio	″	75	45	45

Abreviaturas: g = grama, mg = miligrama, μg = micrograma

* Os valores diários são geralmente estabelecidos com base na maior recomendação do nutriente para aquele sexo e idade. Muitos valores diários excedem os atuais padrões nutricionais. Isso se deve, em parte, ao fato de os valores diários terem sido estabelecidos, originalmente, no início dos anos 1970, com base nas estimativas de necessidades de nutrientes publicadas em 1968. Os valores diários precisam ser atualizados para refletir o estágio atual de conhecimento.

†Esses valores diários se baseiam em uma dieta de 2.000 kcal e não na RDA, com distribuição calórica de 30% provenientes de gorduras (um terço de gorduras saturadas), 60% de carboidratos e 10% de proteínas.

‡Os valores diários consideravelmente maiores para sódio e cloreto têm por finalidade permitir maior flexibilidade da dieta, mas as quantidades extras não são necessárias para manter a saúde.

§Com base nas recomendações dos órgãos federais dos EUA.

APÊNDICE C O sistema de substituições: uma ferramenta útil no planejamento alimentar

O SISTEMA DE SUBSTITUIÇÕES

O **sistema de substituições** é uma ferramenta valiosa para uma estimativa bruta do conteúdo de caloria, proteína, carboidrato e gordura de um alimento ou uma refeição. A ferramenta organiza em detalhes a composição nutricional dos alimentos de uma estrutura manejável. Ao usar o sistema de substituições, é possivel planejar menus diários que se encaixem aproximadamente dentro das porcentagens específicas dos macronutrientes sem ter que pesquisar ou memorizar os valores nutricionais de diversos alimentos, de maneira que o tempo dispendido agora para familiarizar-se com o sistema de substituições compensará no futuro.

sistema de substituições. Um sistema para classificar os alimentos em várias listas com base na composição de macronutrientes dos alimentos e estabelecendo tamanhos de porções, de maneira que uma porção de cada alimento em uma lista contenha a mesma quantidade de carboidrato, proteína, gordura e calorias.

substituição. O tamanho da porção de um alimento em uma lista de trocas específica.

No sistema de substituições, alimentos individuais são alocados em três grupos principais: carboidratos; carnes e substitutos de carnes e gorduras. Dentro desses grupos, existem listas que contêm alimentos de composição de macronutrientes semelhante: diversos tipos de leite, frutas, vegetais, amido, outros carboidratos, carnes e substitutos de carnes e gordura. Essas listas estão elaboradas de modo que, quando o tamanho adequado da porção é observado, cada alimento na lista proporciona aproximadamente a mesma quantidade de carboidrato, proteína, gordura e calorias. Essa equivalência possibilita a troca de alimentos em cada lista, por isso o termo *sistema de substituições*.

Esse sistema foi desenvolvido originalmente para planejar dietas de diabéticos. É mais fácil controlar o diabetes se a dieta da pessoa tiver a mesma composição dia a dia. Se um determinado número de **substituições** de cada uma das diversas listas for consumido a cada dia, é mais fácil conseguir tal regularidade. Entretanto, como o sistema de substituições oferece uma maneira rápida de estimar o conteúdo de calorias, carboidrato, proteína e gordura em qualquer alimento ou refeição, trata-se de uma ferramenta útil para planejar menus para pessoas não diabéticas também.

Conhecendo o sistema de substituições

Para usar o sistema de substituições, é preciso saber quais alimentos estão em cada lista e os tamanhos das porções de cada alimento.

A Tabela C-1 lista o tamanho das porções dos alimentos em cada lista de substituição e o conteúdo de carboidrato, proteína, gordura e calorias por troca. As listas de carnes e leite estão divididas em subclasses, que variam em termos de teor de gordura e, portanto, na quantidade de calorias que oferecem. Os alimentos nas listas de carne e gordura praticamente não contêm carboidrato; os alimentos nas listas de frutas e gorduras carecem de quantidades apreciáveis de proteína; os que se encontram nas listas de vegetais, frutas e outros carboidratos praticamente não contêm gordura. É necessário estudar a Tabela C-1 e a Figura C-1 para se familiarizar com as listas, os tamanhos das substituições (ou seja, tamanhos das porções) em cada lista e com as quantidades de carboidrato, proteína, gordura e calorias por substituição.

Antes de poder transformar um grupo de substituições em um plano alimentar diário, deve-se conhecer quais alimentos se encontram em cada lista de substituições (Fig. C-1). Todo o sistema de substituições (2003) está apresentado no Apêndice C, que você deverá ser consultado com frequência enquanto se explora o sistema para descobrir suas diversas peculiaridades. Por exemplo, a lista de amidos inclui não só pão, cereais secos, cereais cozidos, arroz e massas, mas também feijões cozidos, espiga de milho e batatas. Esses alimentos não são idênticos aos que compõem os alimentos do grupo dos pães, cereais e arroz na *MyPyramid*. O sistema de substituições não se preocupa com a origem de um alimento, seja animal ou vegetal. Ele está muito voltado para os macronutrientes carboidrato, proteína e gordura em cada alimento em uma lista específica. Por exemplo, a composição de carboidrato das batatas se assemelha à do pão mais do que à do brócolis, embora batatas

TABELA C-1 Composição nutricional das listas do sistema de substituições (Edição de 2003)

Grupos/ Listas	Medidas caseiras*	Carboidrato (g)	Proteína (g)	Gordura (g)	Calorias (kcal)
Grupo dos carboidratos					
Amido	1 fatia, ¾ xícara cru ou ½ xícara cozido	15	3	1 ou menos†	80
Fruta	1 pequena/pedaço médio	15	—	—	60
Leite	1 copo				
Desnatado/muito pouca gordura		12	8	0-3†	90
Semidesnatado		12	8	5	120
Integral		12	8	8	150
Outros carboidratos	Varia	15	Variável	Variável	Variável
Vegetais não amiláceos	1 xícara cru ou ½ xícara cozido	5	2	—	25
Grupo da carne e substitutos de carne	30 g				
Muito magra		—	7	0-1	35
Magra		—	7	3	55
Gordura média		—	7	5	75
Muita gordura		—	7	8	100
Grupo de gorduras	1 col de chá	—	—	5	45

*Uma estimativa; consulte nas listas de substituições as quantidades reais.

†Calculado como 1 g para finalidades de contribuição calórica.

A reprodução das listas de substituições, no todo ou em parte, sem permissão da The American Dietetic Association ou da American Diabetes Association, Inc. é uma violação das leis federais. Esse material foi modificado de *Exchange Lists for Meal Planning*, que é a base do sistema de planejamento de refeições elaborado por um comitê da American Diabetes Association e The American Dietetic Association. Mesmo elaborado basicamente para portadores de diabetes e outros que precisam seguir dietas especiais, as listas de substituições se baseiam nos princípios da boa nutrição que se aplicam a todas as pessoas. © 2003 da American Diabetes Association e The American Dietetic Association.

Escolhas de substituição de amido

Escolhas de substituição de carnes e substitutos da carne

Escolhas de substituição de vegetais

Escolhas de substituição de frutas

Escolhas de substituição de leite

Escolhas de substituição de gorduras

FIGURA C-1 ▶ Alimentos agrupados de acordo com as listas do sistema de substituições.

TABELA C-2 Possíveis padrões de substituições que compõem 55% de calorias como carboidrato, 30% como gordura e 15% como proteína

	kcal/Dia						
Lista de substituições	**1.200***	**1.600***	**2.000**	**2.400**	**2.800**	**3.200**	**3.600**
Leite (gordura reduzida)	2	2	2	2	2	2	2
Vegetais	3	3	3	4	4	4	4
Frutas	3	4	5	6	8	9	9
Amido	5	8	11	13	15	18	21
Carne (magra)	4	4	4	5	6	7	8
Gordura	2	4	6	8	10	11	13

Trata-se apenas de uma série de opções. Seria possível incluir mais carne se menos leite fosse usado, por exemplo.

* Ingestões calóricas de 1.200 e 1.600 kcal contêm 20% das calorias como proteína e 50% das calorias como carboidrato para permitir uma flexibilidade maior no planejamento da dieta.

sejam vegetais. Além disso, outros carboidratos incluem geleia, pão de ló, iogurte congelado desnatado e alimentos como bolo coberto com glacê, que contam como substituições de carboidrato e como substituições de gordura. O *bacon* aparece na lista de gorduras, em vez de na categoria de carnes com alto teor de gordura.

Alimentos livres, ou liberados (praticamente sem calorias), incluem caldos, refrigerantes dietéticos, café, chá, pepinos em conserva, vinagre, ervas e temperos (condimentos). A maioria dos vegetais, como repolho, aipo, cogumelos, alface e abobrinha, também podem ser considerados alimentos livres; sua contribuição calórica mínima não precisa contar nos cálculos quando consumidos com moderação (1 a 2 porções por refeição ou lanche).

Usando o sistema de substituições para desenvolver menus diários

A seguir, um exemplo de como usar o sistema de substituições para planejar um menu para um dia. Teremos como meta um conteúdo calórico de 2.000 kcal, sendo 55% provenientes de carboidratos (1.100 kcal), 15% de proteínas (300 kcal) e 30% de gorduras (600 kcal). Essas porcentagens podem ser traduzidas em duas substituições de leite com baixo teor de gordura, três de vegetais, cinco de frutas, 11 de amido, quatro de carnes magras e seis de gorduras (Tab. D-2). Trata-se apenas de uma dentre muitas possíveis combinações; o sistema de substituições oferece grande flexibilidade.

A Tabela C-3 separa arbitrariamente essas substituições em desjejum, almoço, jantar e um lanche. O desjejum inclui 1 substituição de leite com teor de gordura reduzido, duas substituições de frutas, duas de amidos e 1 de gordura. Esse total corresponde a $^{3}/_{4}$ xícara de um cereal matinal instantâneo, 1 copo de leite com teor de gordura reduzido, 1 fatia de pão com 1 colher de chá de margarina e 1 copo de suco de laranja.

O almoço consiste em duas substituições de gordura, quatro de amido, 1 de vegetal, 1 de leite com teor de gordura reduzido e duas de frutas. Isso se traduz em 1 fatia de *bacon* com 1 colher de chá de maionese em duas fatias de pão com tomate – em outras palavras, 1 sanduíche de *bacon* com tomate. Você pode acrescentar também alface ao sanduíche, o que é considerado uma substituição de vegetal liberado. Acrescente a essa refeição uma banana de 23 cm (1 substituição = 1 banana pequena), 1 copo de leite com baixo teor de gordura e seis bolachas salgadas (*cream crackers*, 6 cm x 6 cm). Acrescente posteriormente um lanche consistindo em 21 g de *pretzels* para outra substituição de amido.

TABELA C-3 Exemplo de menu de 2.000 kcal para um dia com base no plano do sistema de substituições*

Desjejum	
1 substituição de leite com gordura reduzida	1 copo de leite com gordura reduzida (um pouco no cereal)
2 substituições de frutas	1 copo de suco de laranja
2 substituições de amido	¾ de cereal matinal instantâneo, 1 fatia de torrada integral
1 substituição de gordura	1 colher de chá de margarina cremosa na torrada
Almoço	
4 substituições de amido	2 fatias de pão integral, 6 bolachas salgadas (6cm × 6cm)
2 substituições de gordura	1 fatia de *bacon*, 1 colher de chá de maionese
1 substituição de vegetal	1 tomate fatiado
2 substituições de fruta	1 banana (23 cm)
1 substituição de leite com gordura reduzida	1 copo de leite com gordura reduzida
Lanche	
1 substituição de amido	21 g de *pretzels*
Jantar	
4 substituições de carne magra	110 g de filé magro (sem aparas de gordura)
2 substituições de amido	1 batata assada média
1 substituição de gordura	1 col de chá de margarina cremosa
2 substituições de vegetal	1 xícara de brócolis cozido
1 substituição de fruta	1 kiwi
	Café (se desejado)
Lanche	
2 substituições de amido	1 pãozinho (bagel)
2 substituições de gordura	2 col de sopa de requeijão comum

*A meta era uma ingestão de 2.000 kcal, com 55% das calorias provenientes de carboidrato, 15% de proteína e 30% de gordura. A análise computadorizada indica que esse menu gerava 2.040 kcal, com 53% das calorias provenientes de carboidrato, 16% de proteína e 31% de gordura – bem próximo às metas do plano.

O jantar consiste em quatro substituições de carne magra, 1 de fruta, duas de vegetais, 1 de gordura e duas de amido. Esse total corresponde a 110 g de carne grelhada (apenas a carne, sem os ossos), uma batata assada média (1 substituição = 1 batata pequena cozida) com 1 colher de chá de margarina, 1 xícara de brócolis e 1 kiwi (fruta). Café (se desejado) não é computado, pois não contém calorias apreciáveis.

Por fim, temos um lanche contendo duas substituições de amido e duas de gordura, o que se traduz em um pãozinho com duas colheres de sopa de requeijão comum.

Esse menu de um dia é apenas uma das diversas opções que usam as listas de substituições. O suco de maçã pode substituir o suco de laranja; duas maçãs poderiam substituir a banana. As escolhas são intermináveis. Uma dieta de substituições é bem mais fácil de planejar se forem usados alimentos individuais, como foi feito aqui; entretanto, as tabelas desse sistema listam alguns alimentos combinados para ajudar o planejamento. Usar alimentos combinados, como pizza ou lasanha, no entanto, dificulta um pouco mais calcular o número de substituições em uma porção. Por exemplo, a lasanha, em geral, contém substituições de carne, vegetais e amido. Com a prática, aprende-se a lidar com esses alimentos complexos (Fig. C-2). Por ora, usar alimentos individuais facilita muito aprender o sistema de substituições. Por fim, talvez você queira provar a si mesmo que as escolhas alimentares listadas na Tabela C-3 realmente se encaixam no plano de substituições. Essa demonstração trará a prática de transformar as substituições em porções de alimentos.

Lista de substituições	Total de substituições a serem consumidas diariamente	Substituições consumidas em cada refeição		
		Desjejum	Almoço	Jantar
LEITE				
VEGETAIS				
FRUTAS				
AMIDO				
CARNE E SUBSTITUTOS				
GORDURA				

FIGURA C-2 ► Registre o padrão do sistema de substituições que você escolheu na coluna à esquerda. Em seguida, distribua as substituições ao longo de um dia, anotando o alimento a ser usado e o tamanho da porção.

LISTAS DO SISTEMA DE SUBSTITUIÇÕES

As listas de substituições são a base de um sistema de planejamento de refeições elaborado por um comitê da American Diabetes Association e da American Dietetic Association. Embora, em princípio, elaboradas para pessoas com diabetes e outras que precisam seguir dietas especiais, essas listas se baseiam em princípios da boa nutrição que se aplicam a todos.

LISTA DE SUBSTITUIÇÕES DE LEITE

Leite desnatado e semidesnatado

(12 g de carboidrato, 8 g de proteína, 0-3 g de gordura, 90 kcal)

1 copo	Leite desnatado, 0,5% e 1% e leitelho (soro do leite)
$^{1}/_{3}$ copo	Leite em pó (seco, desnatado, antes de acrescentar líquido)
$^{1}/_{2}$ copo	Leite semidesnatado evaporado, enlatado
1 copo	Leitelho feito de leite semidesnatado ou desnatado
1 copo	Leite de soja (semidesnatado ou desnatado)
$^{2}/_{3}$ copo (180 mL)	Iogurte feito de leite desnatado (natural, sem sabor)
$^{2}/_{3}$ copo (180 mL)	Iogurte desnatado com sabor, adoçado com adoçante não calórico e frutose

Leite com gordura reduzida

(12 g de carboidrato, 8 g de proteína, 5 g de gordura, 120 kcal)

1 copo	Leite 2 %
1 copo	Leite de soja
$^{3}/_{4}$ copo	Iogurte natural semidesnatado (sólidos do leite acrescentados)
1 copo	Leite acidófilo adoçado

Leite integral

(12 g de carboidrato, 8 g de proteína, 8 g de gordura, 150 kcal)

1 copo	Leite integral
$^{1}/_{2}$ copo	Leite integral evaporado
1 copo	Leite de cabra
1 copo	Quefir
1 copo	Iogurte natural (feito de leite integral)

LISTA DE SUBSTITUIÇÕES DE VEGETAIS NÃO AMILÁCEOS

(5 g de carboidrato, 2 g de proteína, 0 g de gordura, 25 kcal)
1 substituição de vegetal = $^{1}/_{2}$ xícara de vegetais cozidos ou suco de vegetais ou 1 xícara de vegetais crus

Alcachofra
Coração de alcachofra
Aspargos
Vagens e ervilhas
Broto de feijão
Beterrabas
Brócolis
Couve-de-bruxelas
Cenouras
Couve-flor
Aipo
Pepino
Berinjela
Cebolinha verde
Couve-manteiga
Couve-rábano
Alho-poró
Vegetais mistos (sem milho, ervilhas ou massa)
Cogumelos
Quiabo
Ervilha em vagem
Pimentões (todas as variedades)
Rabanetes
Verduras (todas as variedades)
Chucrute
Espinafre
Abobrinha-menina
Tomate (fresco, enlatado, molho)
Suco de tomate/vegetais
Nabo
Castanha-de-água
Agrião
Abobrinha italiana

LISTA DE SUBSTITUIÇÕES DE FRUTAS

Frutas

(15 g de carboidrato, 0 g de proteína, 0 g de gordura, 60 kcal)
1 substituição de fruta é igual a:

1 (113 g)	Maçã, com casca (pequena)
4 anéis	Maçã (seca)
$^{1}/_{2}$ xícara	Purê de maçã (não adoçado)
4 (156 g)	Damascos, frescos

8 metades	Damascos, secos
$^1/_2$ xícara	Damascos, enlatados
1 (113 g)	Banana (pequena)
$^3/_4$ xícara	Amoras silvestres
$^3/_4$ xícara	Mirtilo
$^1/_3$ melão (300 g)	Melão cantaloupe (pequeno)
1 xícara, cubos	Melão cantaloupe
12 (85 g)	Cerejas
$^1/_2$ xícara	Cerejas, enlatadas
3	Tâmaras
2 (100 g)	Figos, frescos (grandes)
1 $^1/_2$	Figos, secos
$^1/_2$ xícara	Coquetel de frutas
$^1/_2$ (310 g)	Toranja (grande)
$^3/_4$ xícara	Gomos de toranja, enlatados
17 (85 g)	Uvas (pequenas)
1 fatia (280 g)	Melão verde (ou 1 xícara em cubos)
1 (100 g)	Kiwi
$^3/_4$ xícara	Tangerina
$^1/_2$ (156 g)	Manga (ou $^1/_2$ xícara)
1 (140 g)	Nectarina (pequena)
1 (185 g)	Laranja (pequena)
$^1/_2$ (226 g)	Papaia (ou 1 xícara em cubos)
1 (113 g)	Pêssego, fresco (médio)
$^1/_2$ xícara	Pêssegos, enlatados
1 (113 g)	Pera fresca
$^1/_2$ xícara	Pera enlatada
$^3/_4$ xícara	Abacaxi fresco
$^1/_2$ xícara	Abacaxi enlatado
2 (140 g)	Ameixas roxas (pequenas)
$^1/_2$ xícara	Ameixas roxas enlatadas
3	Ameixas secas (pretas)
2 col de sopa	Passas
1 xícara	Framboesa
1 $^1/_4$ xícaras	Morangos (crus, inteiros)
2 (227 g)	Mandarinas (pequenas)
1 fatia (380 g)	Melancia (ou 1 $^1/_4$ xícara em cubos)

Suco de frutas

$^1/_2$ copo	Suco de maçã/sidra
$^1/_3$ copo	Coquetel de suco de amora
1 copo	Coquetel de suco de amora, calorias reduzidas
$^1/_3$ copo	Combinação de sucos de frutas, 100% suco
$^1/_3$ copo	Suco de uva
$^1/_2$ copo	Suco de toranja
$^1/_2$ copo	Suco de laranja
$^1/_2$ copo	Suco de abacaxi
$^1/_3$ copo	Suco de ameixa

LISTA DE SUBSTITUIÇÕES DE AMIDO

(15 g de carboidrato, 3 g de proteína, 0-1 g de gordura, 80 kcal)
1 substituição de amido é igual a:

Pão

$^1/_4$ (30 g)	Pão (rosca)
2 fatias (42 g)	Pão, calorias reduzidas
1 fatia (30 g)	Pão, branco, integral, preto, centeio
1 (20 g)	Grissinis, crocantes, 10 cm x 1,30 cm
$^1/_2$	*Muffin* inglês
$^1/_2$ (30 g)	Pão de cachorro-quente ou hambúrguer
$^1/_4$	Naan (pão indiano) 20 cm x 5 cm
1	Panqueca, 10 cm diâmetro x 6 mm espessura
$^1/_2$	Pão árabe, 15 cm diâmetro
1 fatia (30 g)	Pão com passas, sem cobertura
1 (30 g)	Rosca, comum (pequena)
1	Tortilla, milho, 15 cm diâmetro
1	Tortilla, farinha, 15 cm diâmetro
$^1/_3$	Tortilla, farinha, 25 cm diâmetro
1	*Waffle*, 10 cm quadrado ou diâmetro, gorduras reduzidas

Cereais e grãos

$^1/_2$ xícara	Cereais integrais
$^1/_2$ xícara	Triguilho
$^1/_2$ xícara	Cereal cozido
$^3/_4$ xícara	Cereal sem açúcar, instantâneo
3 col de sopa	Farinha de milho (seca)
$^1/_3$ xícara	Cuscuz
2 col de sopa	Farinha (seca)
$^1/_4$ xícara	Granola, gordura reduzida
$^1/_4$ xícara	Cereal integral
$^1/_2$ xícara	Canjica
$^1/_2$ xícara	Trigo sarraceno
$^1/_3$ xícara	Painço
$^1/_4$ xícara	Muesli
$^1/_2$ xícara	Aveia
$^1/_3$ xícara	Massa
1 $^1/_2$ xicara	Cereal matinal de arroz ou milho
$^1/_3$ xícara	Arroz branco ou integral
$^1/_2$ xícara	Cereal matinal de trigo
$^1/_2$ xícara	Cereal açucarado (do tipo Sucrilhos)
3 col de sopa	Gérmen de trigo

Cereais amiláceos

1/2 xícara	Feijão cozido
1/2 xícara	Milho
1/2 xícara (140 g)	Espiga de milho (grande)
1 xícara	Vegetais mistos com milho, ervilhas ou massa
1/2 xícara	Ervilhas verdes
1/2 xícara	Banana-da-terra
1/2 xícara ou 1/2 média (85 g)	Batata cozida
1/4 grande (85 g)	Batata assada com casca
1/2 xícara	Batata amassada (purê)
1 xícara	Abóbora (todos os tipos)
1/2 xícara	Inhame, batata doce comum

Bolachas salgadas e salgadinhos

8	Biscoitos
3	Biscoitos integrais, 6 cm
21 g	Matzá (pão ázimo)
4 fatias	Torradas finas
24	Torradinhas tipo *crouton*
3 xícaras	Pipoca (estourada, sem adição de gordura ou de micro-ondas *light*)
21 g	*Pretzels*
2	Bolachas de arroz, 10 cm de diâmetro
6	Bolachas tipo saltines
15-20 (21 g)	Salgadinhos, sem gordura (de milho, batata)
2-5 (21 g)	Bolachas integrais, sem adição de gordura

Feijões, ervilhas, lentilhas secas

(Contam como 1 substituição de amido mais 1 substituição de carne bem magra)

1/2 xícara	Feijões (todos os tipos), ervilhas, grão de bico
1/2 xícara	Lentilha
2/3 xícara	Vagens
3 col de sopa	Missô (pasta de soja)

Alimentos amiláceos preparados com gordura

(Contam como 1 substituição de amido mais 1 substituição de gordura)

1	Pão de minuto, 6,30 cm diâmetro
1/2 xícara	Macarrão chinês
1 pedaço (57 g)	Broa de milho, 5 cm
6	Biscoitos amanteigados
1 xícara	*Croutons*
1 xícara (57 g)	Batatas fritas (feitas no forno) (ver também a lista de refeições rápidas)
1/4 xícara	Granola
1/3 xícara	Humus (pasta de grão de bico)
1/5 (30 g)	*Muffin*, 140 g
3 xícaras	Pipoca, de micro-ondas
3	Bolacha recheada, queijo ou manteiga de amendoim
9-13 (21 g)	Salgadinhos (batata, milho)
1/3 xícara	Recheio salgado para aves e carnes à base de pão (preparado)
2	Massa de taco, 15 cm diâmetro
1	*Waffle*, 10 cm diâmetro
4-6 (28 g)	Bolachas integrais, com gordura

LISTA DE SUBSTITUIÇÕES DE DOCES, SOBREMESAS E OUTROS CARBOIDRATOS

Uma substituição equivale a 15 g de carboidrato ou 1 amido ou 1 leite.

Substituições para uma porção

1/12 bolo (cerca de 57 g)	Pão de ló, sem glacê	2 carboidratos
Pedaço de 5 cm (cerca de 30 g)	*Brownie*, sem cobertura (pequeno)	1 carboidrato, 1 gordura
Pedaço de 5 cm (cerca de 30 g)	Bolo, sem cobertura	1 carboidrato, 1 gordura
Pedaço de 5 cm (cerca de 57 g)	Bolo, com cobertura	2 carboidratos, 1 gordura
2	Biscoito doce, sem gordura (pequeno)	1 carboidrato
2 (cerca de 20 g)	Biscoito doce ou biscoito doce recheado (pequeno)	1 carboidrato, 1 gordura
1/4 xícara	Molho de amora, gelatinoso	1 1/2 carboidrato
1 (cerca de 57 g)	Bolinho com cobertura (pequeno)	2 carboidratos, 1 gordura
1 (42 g)	Rosca doce comum (média)	1 1/2 carboidrato, 2 gorduras
9,5 cm diâmetro (57 g)	Rosca doce com glacê	2 carboidratos, 2 gorduras
1 barra (38 g)	Barra energética esportiva ou de desjejum	2 carboidratos, 1 gordura
1 barra (57 g)	Barra energética esportiva ou de desejum	3 carboidratos, 1 gordura
1/2 xícara (100 g)	Pavê de frutas	3 carboidratos, 1 gordura

1 barra (85 g)	Barras de frutas, congeladas, 100% suco	1 carboidrato
1 unidade (113 g)	Petisco de fruta, mastigável (purê concentrado de frutas)	1 carboidrato
1 1/2 col de sopa	Geleia de fruta, 100% fruta	1 carboidrato
1/2 xícara	Gelatina comum	1 carboidrato
3	Bolacha de gengibre	1 carboidrato
1 barra (30 g)	Barra de granola ou lanche (comum e com pouca gordura)	1 1/2 carboidrato
1 col de sopa	Mel	1 carboidrato
1/2 xícara	Sorvete com pouca gordura	1 1/2 carboidrato
1/2 xícara	Sorvete	1 carboidrato, 2 gorduras
1/2 xícara	Sorvete *light*	1 carboidrato, 1 gordura
1/2 xícara	Sorvete desnatado sem açúcar	1 carboidrato
1 col de sopa	Compota ou geleia comum	1 carboidrato
1 xícara	Leite achocolatado integral	2 carboidratos, 1 gordura
1/6 torta	Torta de fruta, 2 camadas (20 cm diâmetro)	3 carboidratos, 2 gorduras
1/8 torta	Torta de abóbora ou creme (20 cm diâmetro)	2 carboidratos, 2 gorduras
1/2 xícara	Pudim, comum (feito de leite semidesnatado)	2 carboidratos
1/2 xícara	Pudim, sem açúcar (feito com leite desnatado)	1 carboidrato
1 lata (295-325 mL)	Substituto de refeição de calorias reduzidas (*shake*)	1 1/2 carboidratos, 0-1 gordura
1 xícara	Leite de arroz, semidesnatado ou desnatado, comum	1 carboidrato
1 xícara	Leite de arroz semidesnatado, com sabor	1 1/2 carboidratos
1/4 xícara	Molho de salada sem gordura	1 carboidrato
1/2 xícara	*Sorbet* ou sorvete de suco de frutas	2 carboidratos
1/2 xícara	Molho de espaguete ou massa, enlatado	1 carboidrato, 1 gordura
1 xícara (227 g)	Isotônicos esportivos	1 carboidrato
1 col de sopa	Açúcar	1 carboidrato
1 (70 g)	Pãozinho doce	1 1/2 carboidrato, 2 gorduras
2 col de sopa	Calda *light*	1 carboidrato
1 col de sopa	Calda comum	1 carboidrato
5	*Waffers* de baunilha	1 carboidrato, 1 gordura
1/3 copo	Iogurte congelado, sem gordura	1 carboidrato
1 copo	Iogurte semidesnatado com fruta	3 carboidratos, 0-1 gordura

LISTA DE CARNES E SUBSTITUTOS DE CARNES

Lista de carnes muito magras e substitutos

(0 g de carboidrato, 7 g de proteína, 0-1 de gordura e 35 kcal)
Uma substituição de carne muito magra equivale a:

	Aves
30 g	Frango ou peru (carne branca, sem pele), galeto (sem pele)
	Peixe
30 g	Bacalhau fresco ou congelado, linguado, hadoque, halibute, truta; atum fresco ou enlatado em água
	Frutos do mar
30 g	Marisco, caranguejo, lagosta, vieiras, camarão, similares de frutos do mar
	Caça
30 g	Pato ou faisão (sem pele), veado, búfalo, avestruz
	Queijo com 1 g ou menos de gordura por 30 g
1/4 xícara	Queijo *cottage* desnatado ou semidesnatado
30 g	Queijo desnatado
	Outros
30 g	Carnes para sanduíche com 1 g ou menos de gordura por 30 g, como frios, rosbife, peito de peru, presunto
1/4 xícara	Substituto de ovo, comum
2	Clara de ovo
30 g	Salsicha com 1 g ou menos de gordura por 30 g
30 g	Rim (rico em colesterol)
30 g	Linguiça com 1 g ou menos de gordura por 30 g

Conta como uma substituição de carne muito magra e um amido:

1/2 xícara	Feijões, ervilhas, lentilhas (cozidas)

Lista de carnes magras e substitutos

(0 g de carboidrato, 7 g de proteína, 3 g de gordura e 55 kcal)

Carne bovina

30 g Cortes selecionados de carne de vaca magra, gordura aparada, como contrafilé, fraldinha, alcatra; filé-mignon; costela, acém, picanha; chuleta; filé grosso; em cubos, moída

Porco

30 g Carne de porco magra como presunto fresco; presunto cozido enlatado, curado ou cozido; *bacon* canadense; lombinho, filé

Cordeiro

30 g Assado, costeleta, paleta

Vitela

30 g Costeleta magra, assada

Aves

30 g Galinha, peru (carne escura, sem pele), carne branca de galinha (com pele), pato ou ganso doméstico (gordura bem-retirada, sem pele)

Peixe

30 g Arenque (não cremoso ou defumado)

6 Ostras (médias)

30 g Salmão (fresco ou enlatado); lampreia

2 Sardinhas (enlatadas, médias)

30 g Atum (enlatado com óleo, drenado)

Caça

30 g Ganso (sem pele); coelho

Queijo

1/4 xícara Queijo *cottage* 4,5% gordura

2 C.S. Parmesão ralado

30 g Queijos com 3 g ou menos de gordura por 30 g

Outros

42 g Salsichas com 3 g ou menos de gordura por 30 g

30 g Carnes para sanduíche processadas com 3 g de gordura ou menos por 30 g, como pastrami de peru ou salsichão

30 g Fígado, coração (ricos em colesterol)

Lista de carnes com teor médio de gordura e substitutos

(0 g de carboidrato, 7 g de proteína, 5 g de gordura e 75 kcal)
Uma substituição de carne com gordura média equivale a:

Carne bovina

30 g A maioria dos cortes de carne (carne moída, bolo de carne, carne enlatada, costelinhas, cortes nobres de carne sem aparas de gordura, como costela)

Porco

30 g Lombo, carrê, sobrepaleta e paleta, costeleta

Peixe

30 g Qualquer produto de peixe frito

Queijo (com 5 g de gordura ou menos por 30 g)

30 g Feta

30 g Mussarela

1/4 xícara (57 g) Ricota

Cordeiro

30 g Costela assada, moída

Vitela

30 g Costeleta (moída ou em cubos, sem empanar)

Aves

30 g Carne escura de galinha (com pele), peru ou galinha moídos, galinha frita (com pele)

Outros

1 Ovo (rico em colesterol, limitar a 3 por semana)

30 g Linguiça com 5 g de gordura ou menos por 30 g

1/4 xícara Carne de soja

113 g (1/2 xícara) *Tofu*

Lista de carnes com alto teor de gordura e substitutos

(0 g de carboidrato, 7 g de proteína, 8 g de gordura e 100 kcal)

Porco

30 g Costeleta com pouca carne, moída, linguiça

Queijo

30 g Todos os queijos comuns, como o prato, *cheddar*, suíço

Outros

30 g Carnes para sanduíches processadas com 8 g de gordura ou menos por 30 g, como mortadela, salsichão, salame, salaminho, salsichas condimentadas

1 Salsicha comum (peru ou frango) (10 por 500 g)

3 fatias *Bacon* (20 fatias por 500 g)

Contam como carne com alto teor de gordura mais uma substituição de carne

1 Salsicha comum (bovina, porco ou combinação) (10 por 500 g)

LISTA DE SUBSTITUIÇÃO DE GORDURA

Lista de gorduras monoinsaturadas

(5 g gordura e 45 kcal)
Uma substituição equivale a:

2 col de sopa (30 g)	Abacate (médio)
1 col de chá	Óleo (canola, oliva, amendoim)
	Azeitonas:
8	Preta (grande)
10	Verde, recheada (grande)
6 oleaginosas	Amêndoas, castanhas
6 oleaginosas	Mistas (50% amendoins)
10 oleaginosas	Amendoins
4 metades	Pecãs
1/2 col de sopa	Sementes de gergelim
2 col de sopa	Pasta de tahini ou gergelim

Lista de gorduras poli-insaturadas

(5 g gordura e 45 kcal)
Uma substituição equivale a:

	Margarina:
1 col de chá	Tablete, caixa ou pasta
1 col de sopa	Baixo teor de gordura (30 a 50% de óleo vegetal)
	Maionese:
1 col de chá	Comum
1 col de sopa	Baixo teor de gordura
4 metades	Nozes, castanhas
1 col de chá	Óleo (milho, cártamo, soja)
	Molho de salada:
1 col de sopa	Comum
2 col de sopa	Baixo teor de gordura
	Molho cremoso para salada:
2 col de chá	Comum
1 col de sopa	Baixo teor de gordura
1 col de sopa	Sementes: abóbora, girassol

Lista de gorduras saturadas

(5 g de gordura e 45 kcal)
Uma substituição equivale a:

1 fatia	*Bacon*, cozido (20 fatias por 500 g)
1 col de chá	*Bacon*, gordura
2 col de sopa	Miúdos de porco, cozidos
	Requeijão cremoso:
1 col de sopa (14 g)	Comum
2 col de sopa (30 g)	Gordura reduzida
1 col de sopa	Gordura vegetal ou banha de porco
	Manteiga:
1 col de chá	Tablete
2 col de chá	Cremosa
1 col de sopa	Gordura reduzida
	Creme de leite:
2 col de sopa	Comum
3 col de sopa	Gordura reduzida

LISTA DE ALIMENTOS LIBERADOS

Um *alimento liberado* é qualquer alimento que contenha menos de 20 kcal ou menos de 5 g de carboidrato em cada porção. Os alimentos com um tamanho de porção listado devem ser limitados a três porções por dia. Alimentos listados sem um tamanho de porção podem ser consumidos sempre que você quiser.

Alimentos sem gordura ou com gordura reduzida

1 col de sopa (15 g)	Requeijão cremoso sem gordura
1 col de sopa	Cremosos, não laticínios, líquidos
2 col de chá	Cremosos, não laticínios, em pó
1 col de sopa	Maionese sem gordura
1 col de chá	Maionese com gordura reduzida
4 col de sopa	Margarina sem gordura
1 col de chá	Margarina com gordura reduzida
1 col de sopa	Molho cremoso para salada, sem gordura
1 col de chá	Molho cremoso para salada, gordura reduzida, em *spray*
1 col de sopa	Molho de salada, *spray* para cozinhar sem gordura
1 col de sopa	Molho de salada, sem gordura ou pouca gordura, italiano
2 col de sopa	Molho de salada, sem gordura, italiano
1 col de sopa	Creme de leite, sem gordura, gordura reduzida
1 col de sopa	Cobertura cremosa, comum
2 col de sopa	Cobertura cremosa, *light* ou sem gordura

Alimentos sem açúcar

1 bala	Bala dura, sem açúcar; de gelatina, sem açúcar; de gelatina, sem sabor; bala de goma, sem açúcar
2 col de sopa	Geleia ou compota, com adoçante *light*
2 col de sopa	Calda, sem açúcar

Bebidas

	Caldo de carne, de galinha, consomê
	Caldo de carne, de galinha, pouco sódio
	Água mineral comum ou com gás
1 col de sopa	Achocolatado, sem açúcar
	Café
	Refrigerantes *diet*, sem açúcar
	Misturas para bebidas, sem açúcar
	Chá
	Água tônica, sem açúcar

Condimentos

1 col de sopa	Extrato de tomate (*catchup*)
	Raiz forte
	Suco de limão
	Suco de lima
	Mostarda
1 col de sopa	Picles condimentado
1 $^{1}/_{2}$	Picles endro (médio)
2 fatias	Picles doce (pão e manteiga)
21 g	Picles doce (pepino em conserva)
$^{1}/_{4}$ xícara	Molho (salsa)
1 col de sopa	Molho de soja, comum ou *light*
1 col de sopa	Molho para tacos
	Vinagre
2 col de sopa	Iogurte

Temperos

Extratos
Alho
Ervas, frescas ou secas
Pimentão
Especiarias
Tabasco® ou molho de pimenta forte
Vinho, usado como tempero
Molho inglês

LISTA DE COMBINAÇÃO DE ALIMENTOS

	Prato principal	**Substuições para cada porção**
1 xícara (226 g)	Macarrão gratinado com atum, espaguete com almôndegas, feijão com temperos, macarrão com queijo	2 carboidratos, 2 carnes teor médio de gordura
2 xícaras (450 g)	Massa salteada (sem macarrão ou arroz)	1 carboidrato, 2 carnes magras
$^{1}/_{2}$ xícara (100 g)	Salada de atum ou galinha	$^{1}/_{2}$ carboidrato, 2 carnes magras, 1 gordura
	Pratos e refeições congeladas	
Geralmente 400-480 g	Jantar pronto	3 carboidratos, 3 carnes teor médio de gordura, 3 gorduras
85 g	Hambúrguer de vegetais	$^{1}/_{2}$ carboidrato, 2 carnes magras
85 g	Hambúrguer de soja	1 carboidrato, 1 carne magra
$^{1}/_{4}$ de 30 cm (170 g)	Pizza de queijo, massa fina	2 carboidratos, 2 carnes teor médio de gordura, 2 gorduras
$^{1}/_{4}$ de 30 cm (170 g)	Pizza com carne, massa fina	2 $^{1}/_{2}$ carboidratos, 1 carne teor médio de gordura, 3 gorduras
1 (200 g)	Empadão	2-3 carboidratos, 1-2 carnes magras
227-300 g	Prato ou refeição com < 340 kcal	
	Sopas	
1 xícara	Feijão	1 carboidrato, 1 carne muito magra
1 xícara (227 g)	Creme (feito com água)	1 carboidrato, 1 gordura
170 g pronta	Instantânea	1 carboidrato
227 g pronta	Instantânea com feijões/lentilhas	2 $^{1}/_{2}$ carboidratos, 1 carne muito magra
$^{1}/_{2}$ xícara (110 g)	Ervilhas (feita com água)	1 carboidrato
1 xícara (227 g)	Tomate (feita com água)	1 carboidrato
1 xícara (227 g)	Carne e vegetal, canja ou outro tipo de caldo	1 carboidrato

Refeições rápidas (*fast-food*)

		Trocas para cada porção
1 (140-200 g)	Tortilha à base de trigo com carne	3 carboidratos, 1 carne teor médio de gordura, 1 gordura
6	*Nuggets* de frango	1 carboidrato, 2 carnes teor médio de gordura, 1 gordura
1 unidade	Peito e asa de frango, empanado e frito	1 carboidrato, 4 carnes teor médio de gordura, 2 gorduras
1	Sanduíche de galinha, grelhado	2 carboidratos, 3 carnes muito magras
6 (140 g)	Asas de frango, apimentadas	1 carboidrato, 3 carnes teor médio de gordura, 4 gorduras
1	Sanduíche de peixe/molho tártaro	3 carboidratos, 1 carne teor médio de gordura, 3 gorduras
1 porção média (140 g)	Batatas fritas	4 carboidratos, 4 gorduras
1	Hambúrguer normal	2 carboidratos, 2 carnes teor médio de gordura
1	Hambúrguer (grande)	2 carboidratos, 3 carnes teor médio de gordura, 1 gordura
1	Cachorro-quente	1 carboidrato, 1 carne alto teor de gordura, 1 gordura
1	Pizza de massa grossa individual	5 carboidratos, 3 carnes teor médio de gordura, 3 gorduras
$^1/_4$ 30 cm (cerca de 170 g)	Pizza com queijo, massa fina	2 $^1/_2$ carboidratos, 2 carnes teor médio de gordura
$^1/_4$ 30 cm (cerca de 170 g)	Pizza com carne, massa fina	2 $^1/_2$ carboidratos, 2 carnes teor médio de gordura, 1 gordura
1 (140 g)	Sorvete de casquinha (pequeno)	2 $^1/_2$ carboidratos, 1 gordura
1 sub (15 cm)	Sanduíche com pão baguete	3 carboidratos, 1 vegetal, 2 carnes teor médio de gordura, 1 gordura
1 (85-100 g)	Taco, massa (frita ou assada)	1 carboidrato, 1 carne teor médio de gordura, 1 gordura

APÊNDICE D Avaliação dietética e gasto energético

Embora essa tarefa pareça, em princípio, impossível, é fácil monitorar a sua alimentação. Uma sugestão: anote o que comeu e bebeu logo que possível depois do consumo.

I. **Você pode usar a ficha de acompanhamento apresentada a seguir.** O Apêndice A tem um exemplo da ficha em branco (ver uma ficha preenchida na Tab. E-1). Em seguida, para calcular os teores de nutrientes dos alimentos que você comeu, consulte os rótulos. Se você não encontrar exatamente o tamanho de porção necessário, ajuste o valor. Por exemplo, se você tomou $^1/_2$ copo de suco de laranja, mas a tabela só informa os valores de um copo, divida todos os valores por 2 e registre. Em seguida, para facilitar, você pode somar todos os valores do mesmo alimento; se você toma 1 copo de leite semidesnatado 3 x dia, lance na ficha o seu consumo de leite uma só vez, como 3 copos. Ao registrar os alimentos consumidos para depois usar os dados na ficha de análise a seguir, siga as seguintes sugestões:

- Registre o seu consumo de alimentos usando medidas de porções como copos, colheres de chá, colheres de sopa, gramas, fatias ou pedaços medidos em centímetros.
- Registre as marcas de todos os produtos, consumidos "Quick Quaker Oats."
- Meça e registre todos os pequenos "extras", como molhos, temperos, recheios de tacos, picles, geleias, açúcar, catchup e margarina.
- No caso das bebidas
  - Anote o tipo de leite – integral, desnatado, semidesnatado, evaporado, achocolatado ou leite em pó reconstituído.
  - Anote se o suco de fruta foi fresco, congelado ou enlatado.
  - Indique os outros tipos de bebidas, como refrescos, bebidas aromatizadas, suco em pó e chocolate quente, feito com água ou leite.
- No caso das frutas
  - Anote se a fruta foi fresca, congelada, desidratada ou enlatada.
  - Se a fruta foi consumida inteira, anote o número e o tamanho aproximado (p. ex., 1 maçã de 7 cm de diâmetro).
  - Indique se foi uma fruta em compota, com pouco ou muito açúcar.
- No caso dos legumes
  - Anote se o legume foi fresco, congelado, desidratado ou enlatado.
  - Registre as porções como xícaras, colher de chá, colher de sopa ou pedaços (p. ex., palitos de cenoura de 10 cm, com 1 cm de espessura).
  - Registre o método de preparo.
- No caso dos cereais
  - Registre os cereais cozidos em porções do tipo colher de sopa ou xícara (depois de cozidos).
  - Registre os cereais secos em porções de colher de sopa ou xícara, niveladas.
  - Se você tiver adicionado margarina, leite, fruta ou qualquer outro item, meça e registre o tipo e a quantidade.
- No caso dos pães
  - Indique se foram de trigo integral, centeio, pão branco ou outro.
  - Meça e registre o número e tamanho das porções (p. ex., fatias de 8 x 10 cm, com 0,5 cm de espessura; bolachas de 4 cm de diâmetro, etc.)
  - Sanduíches: registre todos os ingredientes (alface, maionese, tomate, etc.)
- No caso das carnes, peixes, aves e queijo
  - Anote o tamanho (comprimento, largura, espessura) ou o peso depois de cozido, no caso de carnes, peixes e aves (p. ex., hambúrguer pronto de 8 cm de diâmetro e 1,5 cm de espessura).
  - Anote o tamanho (comprimento, largura, espessura) ou o peso da porção de queijo.

- Registre somente a parte cozida e comestível – sem osso e sem a gordura deixada no prato.
- Descreva o método de preparo de carnes, aves ou peixes.
- No caso de ovos
  - Anote se foram ovos quentes pouco ou muito cozidos, fritos, mexidos, pochê ou omelete.
  - Se forem adicionados manteiga, leite ou molhos, especifique o tipo e a quantidade.
- No caso das sobremesas
  - Anote o nome comercial ou se foi uma sobremesa caseira ou de confeitaria.
  - Doces, biscoitos e bolos prontos: registre o tipo e tamanho.
  - Meça e registre as porções de bolos, tortas e biscoitos, especificando espessura, diâmetro e largura ou comprimento, dependendo do item.

TABELA D-1 Registro de um dia de alimentação – esta atividade ajudará você a conhecer melhor os seus hábitos alimentares

Horário	Minutos gastos na alimentação	R ou L*	F† (0–3)	Atividade durante a refeição	Local da refeição	Alimentos e quantidades	Outras pessoas presentes	Motivo da escolha
7h10min	15	R	2	De pé, preparando o almoço	Cozinha	Suco de laranja, 1 copo Crispis, 1 xícara Leite desnatado, ½ copo Açúcar, 2 col. chá Café preto		Saúde Hábito Saúde Paladar Hábito
10h	4	L	1	Sentado, fazendo anotações	Sala de aula	Refrigerante *Diet*, 350 mL	Classe	Controle de peso
12h15min	40	R	2	Sentado, conversando	Grêmio estudantil	Sanduíche de frango com alface e maionese (100 g de frango, 2 fatias de pão branco, 2 col. chá de maionese) Pera, 1 média Leite desnatado, 1 copo	Amigos	Paladar Saúde Saúde
14h30min	10	L	1	Sentado, estudando	Biblioteca	Refrigerante normal, 350 mL	Amigo	Fome
18h30min	35	R	3	Sentado, conversando	Cozinha	Costeleta de porco, 1 Batata assada, 1 Margarina, 2 col. sopa Alface e tomate Salada, 1 xícara Molho pronto tipo rústico, 2 col de sopa Ervilhas, ½ xícara Leite integral, 1 copo Torta de cereja, 1 pedaço Chá gelado, 350 mL	Namorado	Praticidade Saúde Paladar Saúde Paladar Saúde Hábito Paladar Saúde
21h10min	10	L	2	Sentado, estudando	Sala de estar	Maçã, 1 média Água mineral, 1 copo		Controle de peso Controle de peso

* R ou L: refeição ou lanche
† F: Nível de fome (0 – nenhuma; 3 – máxima)

Horário	Minutos gastos na alimentação	R ou L*	F[†] (0–3)	Atividade durante a refeição	Local da refeição	Alimentos e quantidades	Outras pessoas presentes	Motivo da escolha

* R ou L: refeição ou lanche

[†] F: Nível de fome (0 _ nenhuma; 3 _ máxima)

II. **Agora, preencha a ficha de análise de nutrientes, conforme mostrado a seguir, usando seu registro de alimentos.** Nas páginas 713 e 714, você encontrará uma cópia em branco dessa ficha, para seu uso.

Ficha de análise de nutrientes (exemplo)

Nome	Quantidade	kcal	Proteína (g)	Carboidratos (g)	Fibra(g)	Gordura total (g)	Gordura monoinsaturada (g)	Gordura poli-insaturada (g)	Gordura saturada (g)	Colesterol (g)	Cálcio (mg)	Ferro (mg)
Pão (rosca), 8 cm de diâmetro	1 unidade*	180	7,45	34,7	0,748	1	0,286	0,400	0,171	44	20	2,10
Geleia	1 col de sopa	49	0,018	12,7	—	0,018	0,005	0,005	0,005	—	2	0,120
Suco de laranja, fresco ou congelado	1 ½ copo	165	2,52	40,2	1,49	0,210	0,037	0,045	0,025	—	33	0,411
Cheeseburgers	2 unidades*	636	30,2	57	0,460	32	12,2	2,18	13,3	80	338	5,68
Batatas fritas	1 porção	220	3	26,1	4,19	11,5	4,37	0,570	4,61	8,57	9	0,605
Refrigerante de cola, normal	1 ½ copo	151	—	38,5	—	—	—	—	—	—	9	0,120
Costeleta de porco grelhada, magra	120 g	261	36,2	—	—	11,9	5,35	1,43	4,09	112	5,67	1,04
Batata assada com casca	1 unidade*	220	4,65	51	3,90	0,200	0,004	0,087	0,052	—	20	2,75
Ervilhas, congeladas, cozidas	½ xícara	63	4,12	11,4	3,61	0,220	0,019	0,103	0,039	—	19	1,25
Margarina, normal ou cremosa, 80% de gordura	20 g	143	0,160	0,100	—	16,1	5,70	6,92	2,76	—	5,29	—
Alface crespa picada	2 xícaras	14,6	1,13	2,34	1,68	0,212	0,008	0,112	0,028	—	21,2	0,560
Molho vinagrete,	60 g	300	0,318	3,63	0,431	32	14,2	12,4	4,94	—	7,10	0,227
Leite semidesnatado (2%)	1 copo	121	8,12	11,7	—	4,78	1,35	0,170	2,92	22	297	0,120
Biscoito salgado	2 unidades*	60	1,04	10,8	1,40	1,46	0,600	0,400	0,400	—	6	0,367
Total		2.584	99	300	17,9	112	44,1	24,8	33,4	266	792	15,4
RDA ou padrão semelhante*		2.900	58	130	38						1.000	8
% da necessidade de nutrientes		89	170	230	47						79	193

Abreviaturas: g = gramas, mg = miligramas, μg = microgramas

* Valores da Tabela F. Valores para indivíduos do sexo masculino, de 19 anos de idade. O número de kcal é uma estimativa aproximada. É melhor considerar as necessidades calóricas com base no gasto real de energia.

† Em unidades RAE. Os valores da tabela geralmente estão em unidades RE porque os valores desses alimentos não foram atualizados para refletir o padrão mais recente recomendado para a vitamina A. RAE é igual a SRE no caso de alimentos com vitamina A pré-formada, como a costeleta de porco, mas os valores RAE são apenas metade dos valores RE dos alimentos com carotenoides pró-vitamina A, como as ervilhas (ver detalhes no Cap. 8).

‡ As quantidades se referem ao teor real de folato e não aos equivalentes de folato no alimento (DFE, do inglês dietary folate equivalentes). É importante considerar essa diferença quando o alimento contém ácido fólico sintético adicionado para enriquecimento ou fortificação. Qualquer quantidade desse tipo de ácido fólico é absorvida duas vezes mais do que o folato naturalmente presente nos alimentos. Portanto, a contribuição total do folato dos alimentos, relativamente às necessidades humanas, será maior do que no caso de alimentos com folato natural. As tabelas de análise de nutrientes ainda precisam ser atualizadas para refletir os equivalentes de folato alimentar contidos nos produtos (ver mais detalhes no Cap. 8).

Ficha de análise de nutrientes (exemplo) (cont.)

Magnésio (mg)	Fósforo (mg)	Potássio (mg)	Sódio (mg)	Zinco (mg)	Vitamina A (RE)	Vitamina C (mg)	Vitamina E (mg)	Tiamina (mg)	Riboflavina (mg)	Niacina (mg)	Vitamina B6 (mg)	Folato (µg)	Vitamina B12 (µg)
18	61	65	300	0,612	7	—	1,80	2,58	0,197	2,40	0,030	16,3	0,065
0,720	1	16	4	—	0,200	0,710	0,016	0,002	0,005	0,036	0,005	2	—
36	60	711	3	0,192	28,5	145	0,714	0,300	0,060	0,750	0,165	163	
45,8	410	314	1.460	5,20	134	4,10	0,560	0,600	0,480	8,66	0,230	42	1,82
26,7	101	564	109	0,320	5	12,5	0,203	0,122	0,020	2,26	0,218	19	0,027
3	46	4	15	0,049	—	—	—	—	—	—	—	—	—
34	277	476	88,2	2,54	3,15	0,454	0,405	1,30	0,350	6,28	0,535	6,77	0,839
55	115	844	16	0,650	—	26,1	0,100	0,216	0,067	3,32	0,701	22,2	—
23	72	134	70	0,750	53,4	7,90	0,400	0,226	0,140	1,18	0,090	46,9	—
0,467	4,06	7,54	216	0,041	199	0,028	2,19	0,002	0,006	0,004	0,002	0,211	0,017
10,1	22,4	177	10,1	0,246	37	4,36	0,120	0,052	0,034	0,210	0,044	62,8	—
5,81	3,63	7,03	666	0,045	0,023	—	15,9	—	—	—	0,006	—	—
33	232	377	122	0,963	140	2,32	0,080	0,095	0,403	0,210	0,105	12	0,888
6	20	36	86	0,113	—	—	—	0,020	0,030	0,600	0,011	1,80	—
298	1.425	3.732	3.165	11,7	607	204	22,5	5,52	1,79	25,9	2,14	395	3,65
400	700	4.700	1.500	11	900†	90	15	1,2	1,3	16	1,3	400‡	2,4
75	204	80	210	106	67	226	150	450	138	162	160	99	152

Análise de nutrientes

Nome	Quantidade	kcal	Proteína (g)	Carboidratos (g)	Fibra(g)	Gordura total (g)	Gordura monoinsaturada (g)	Gordura poli-insaturada (g)	Gordura saturada (g)	Colesterol (g)	Cálcio (mg)	Ferro (mg)
Total												
RDA ou padrão semelhante*												
% da necessidade de nutrientes												

*Valores da Tabela F. O número de kcal é uma estimativa aproximada. É melhor considerar as necessidades calóricas com base no gasto real de energia.
†Usa valores RAE.
‡Usa valores DFE.

Análise de nutrientes (cont.)

Magnésio (mg)	Fósforo (mg)	Potássio (mg)	Sódio (mg)	Zinco (mg)	Vitamina A (RE)	Vitamina C (mg)	Vitamina E (mg)	Tiamina (mg)	Riboflavina (mg)	Niacina (mg)	Vitamina B6 (mg)	Folato (µg)	Vitamina B12 (µg)

III. Preencha a tabela a seguir para resumir seu consumo de alimentos.

Percentual de kcal provenientes de proteínas, gorduras, carboidratos e álcool

Ingestão		
Proteína (P):	_____ g/dia × 4 kcal g	= (P)_____ kcal/dia
Gordura (G):	_____ g/dia × 9 kcal g	= (G)_____ kcal/dia
Carboidrato (C):	_____ g/dia × 4 kcal g	= (C)_____ kcal/dia
Álcool (A):,		= (A)_____ kcal/dia*
	Total de kcal (T)/dia	= (T)_____ kcal/dia
Percentual das kcal de proteína: $\frac{(P)}{(T)} \times 100 =$ _____%		
Percentual das kcal de gordura: $\frac{(G)}{(T)} \times 100 =$ _____%		
Percentual das kcal de carboidratos: $\frac{(C)}{(T)} \times 100 =$ _____%		
Percentual das kcal de álcool: $\frac{(A)}{(T)} \times 100 =$ _____%		

Nota: Os quatro percentuais podem totalizar 99, 100 ou 101, dependendo dos arredondamentos dos valores anteriores.

* Para calcular quanto das calorias da bebida vêm do álcool, aplique aos dados da bebida. Em seguida, determine quantas kcal provêm de carboidratos (multiplicando o valor de carboidrato em gramas por 4), gorduras (multiplicando o valor de gordura em gramas por 9) e proteínas (multiplicando o valor de proteínas em gramas por 4). As kcal restantes provêm do álcool.

IV. **Use a tabela da página seguinte para novamente registrar seu consumo de alimentos em um dia, colocando cada item na categoria correta do *MyPyramid*, com o número correto de porções (ver Cap. 2).** Um alimento como torrada com margarina cremosa contribui para duas categorias: cereais e óleos. Pode acontecer de várias escolhas contribuírem para mais de um grupo alimentar. Indique o número de porções de cada alimento, com base no *MyPyramid*.

Indique o número de porções de cada alimento, com base no *MyPyramid*.

Alimento ou bebida	Quantidade consumida	Leite	Carne e leguminosas	Frutas	Legumes	Cereais	Óleos
Totais por grupo							
Porções recomendadas na página do *MyPyramid*							
Excesso/falta nos números de porções							

V. **Avaliação.** Existem pontos fracos na sua alimentação que correspondam à falta de porções segundo o *MyPyramid*? Considere a possibilidade de ajustar suas escolhas alimentares para seguir as recomendações do *MyPyramid* e melhorar sua ingestão de nutrientes.

VI. **Faça um registro das suas atividades nas 24 h do dia em que você anotou seu consumo alimentar.** Inclua dormir, ficar sentado e caminhar, além das formas óbvias de exercício. Calcule seu gasto energético nessas atividades usando a Tabela 7.4 do Capítulo 7 ou o programa de análise da dieta que acompanha este livro. Procure uma atividade semelhante se a sua atividade não estiver na lista. Calcule o total de kcal que você gastou no dia (total da coluna 3). A seguir, veja um exemplo de registro de atividades. Há uma ficha em branco para seu uso. Pergunte ao seu professor se você deve entregar a ficha ou a cópia impressa do registro de atividades ou outro programa de cálculo de dieta.

Peso (kg):70 kg

Atividade	Tempo (min) Converta em horas	Gasto de energia		
		Coluna 1 kcal/kg/h (da Tabela 7.4)	Coluna 2 (Coluna 1 × tempo)	Coluna 3 (Coluna 2 × peso em kg)
Caminhada rápida	(60 min) 1 h	4,4	(× 1) = 4,4	(× 70) = 308

Peso (kg)

Atividade	Tempo (min) Converta em horas	Gasto de energia		
		Coluna 1 kcal/kg/h (da Tabela 7.4)	Coluna 2 (Coluna 1 × tempo)	Coluna 3 (Coluna 2 × peso em kg)

Total de kcal gastas (somatório da coluna 3)

APÊNDICE E Estruturas químicas importantes em nutrição

AMINOÁCIDOS

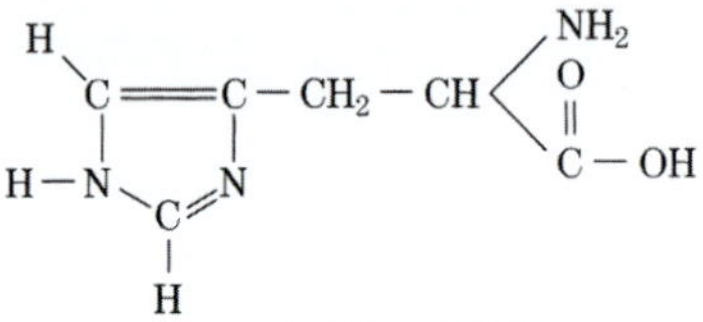

Histidina (His)
(essencial)

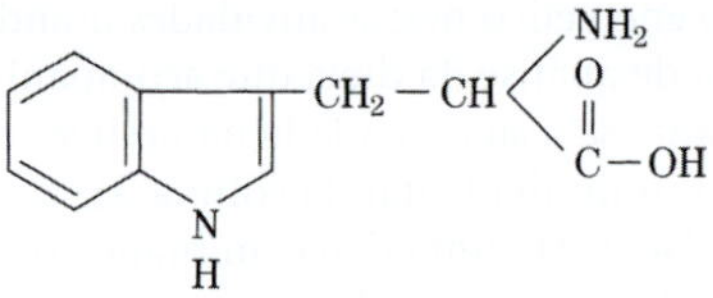

Triptofano (Trp)
(essencial)

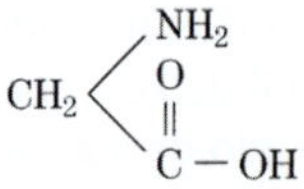

Glicina (Gli)

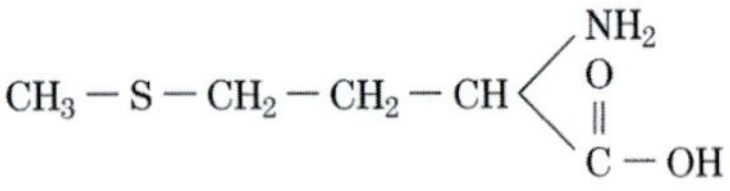

Metionina (Met)
(essencial)

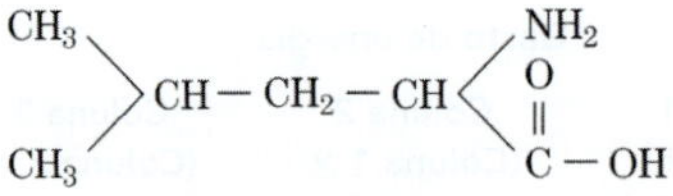

Leucina (Leu)
(essencial)

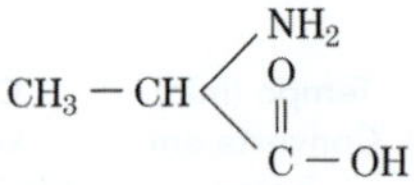

Alanina (Ala)

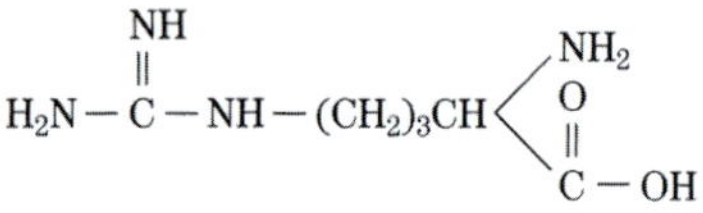

Arginina (Arg)
(essencial na infância)

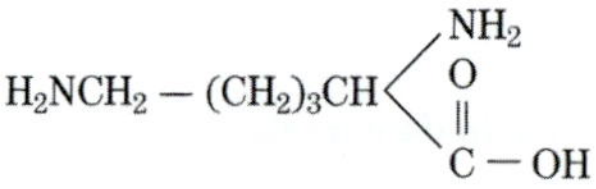

Lisina (Lis)
(essencial)

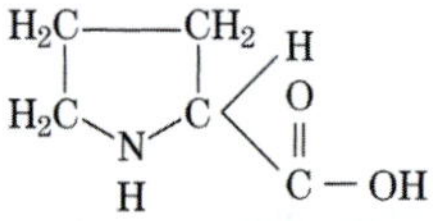

Prolina (Pro)

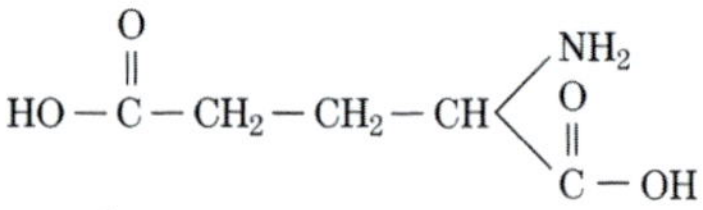

Ácido glutâmico (Glu)

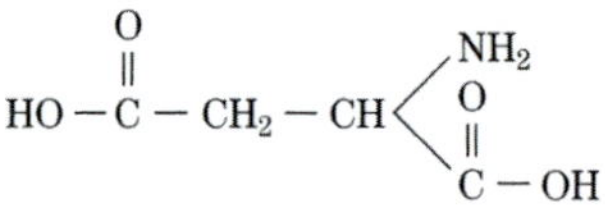

Ácido aspártico (Asp)

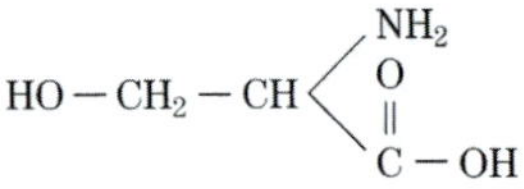

Serina (Ser)

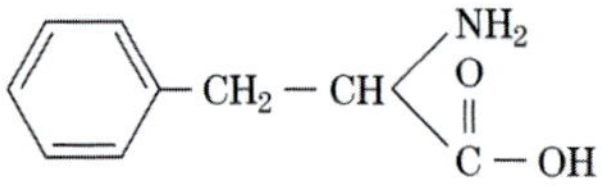

Fenilalanina (Fen)
(essencial)

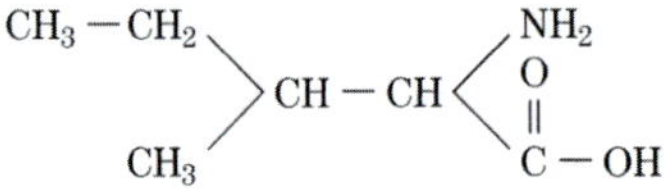

Isoleucina (Ile)
(essencial)

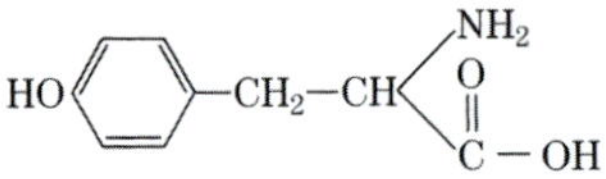

Tirosina (Tir)

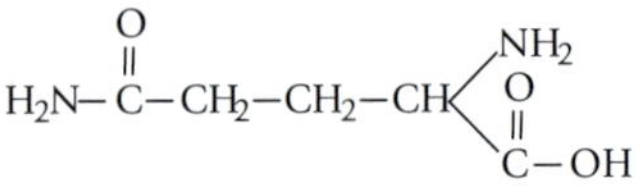

Glutamina (Gln)

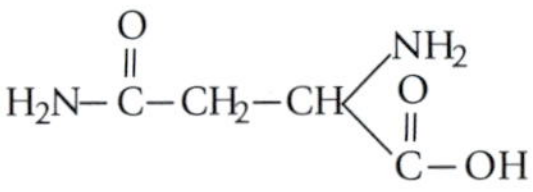

Asparagina (Asn)

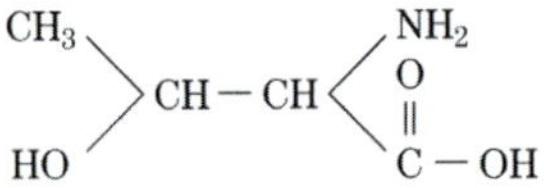

Treonina (Tre)
(essencial)

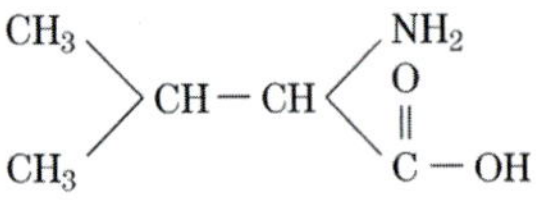

Valina (Val)
(essencial)

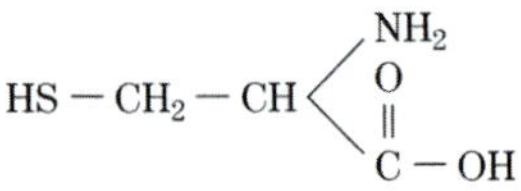

Cisteína (Cis)

VITAMINAS

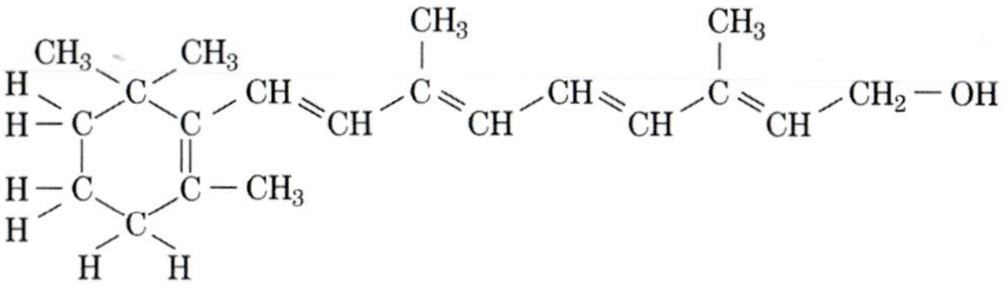

Vitamina A: retinol

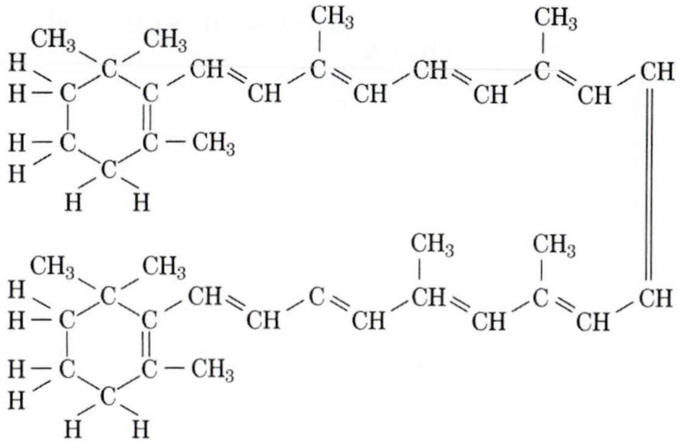

Betacaroteno

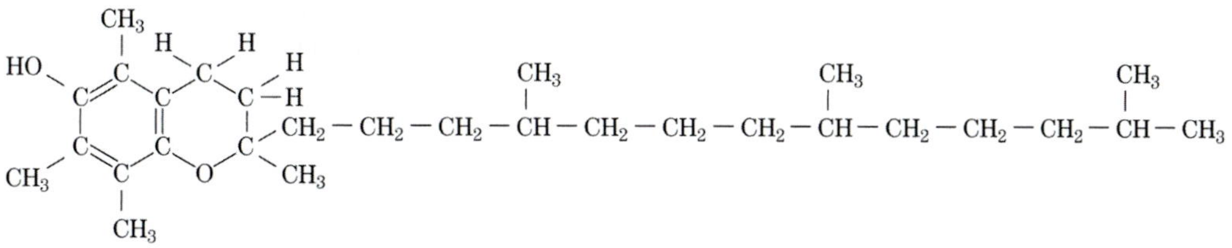

Vitamina E

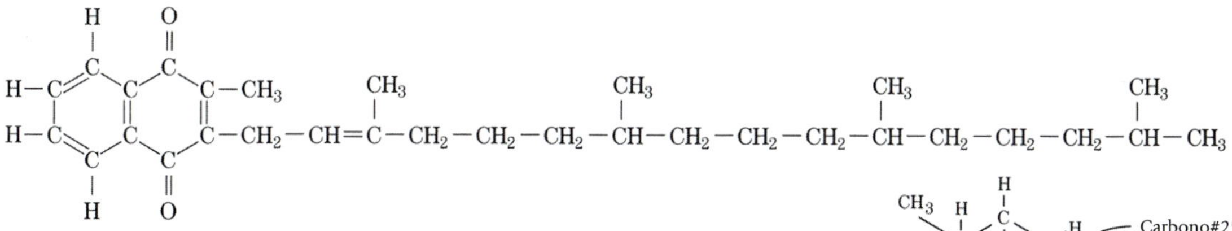

Vitamina K

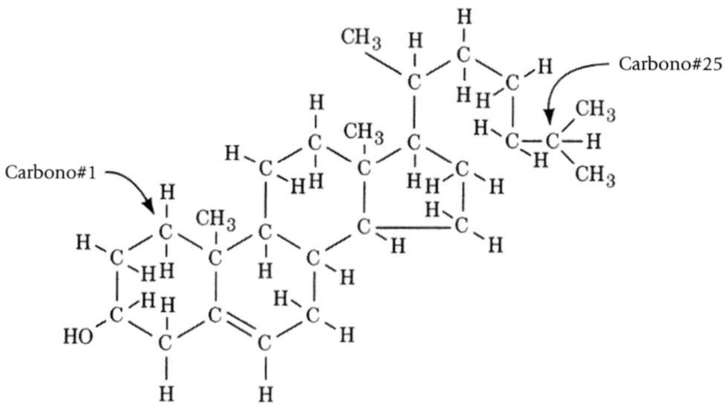

Carbono#1

Carbono#25

7-deidrocolesterol

Carbono#25

Carbono#1

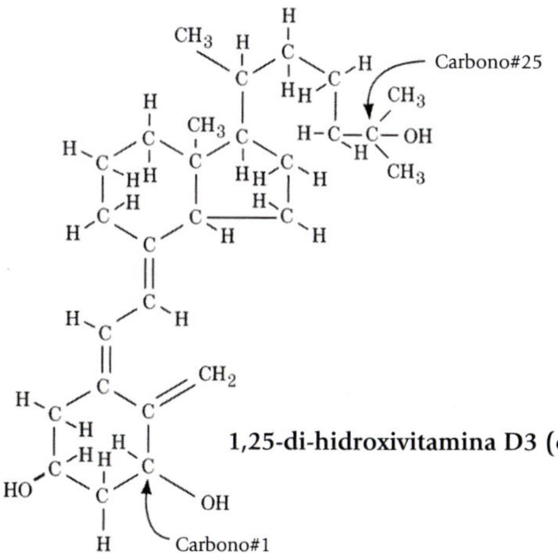

1,25-di-hidroxivitamina D3 (calcitriol)

Vitamina D ativa (calcitriol) e seu precursor, 7-deidrocolesterol

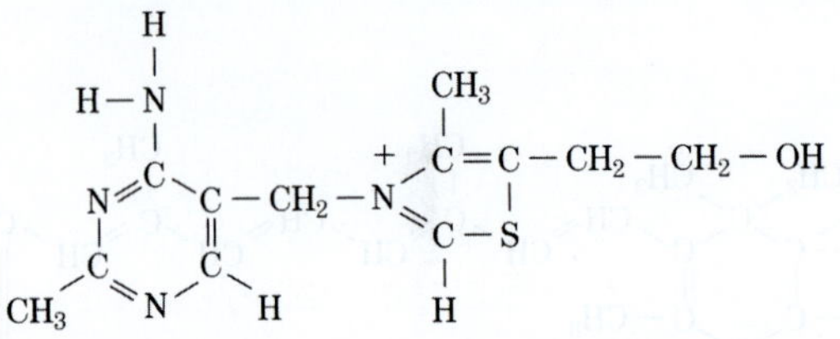

Tiamina

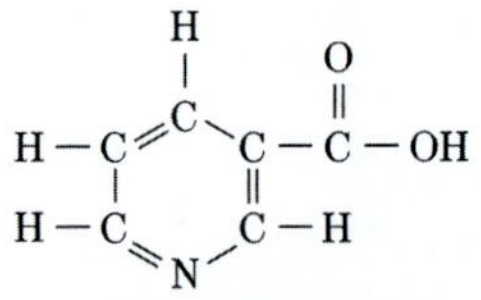

Ácido nicotínico

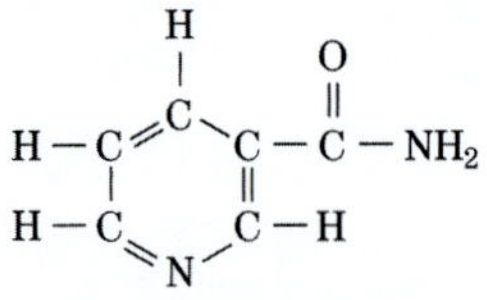

Nicotinamida

Niacina (ácido nicotínico e nicotinamida)

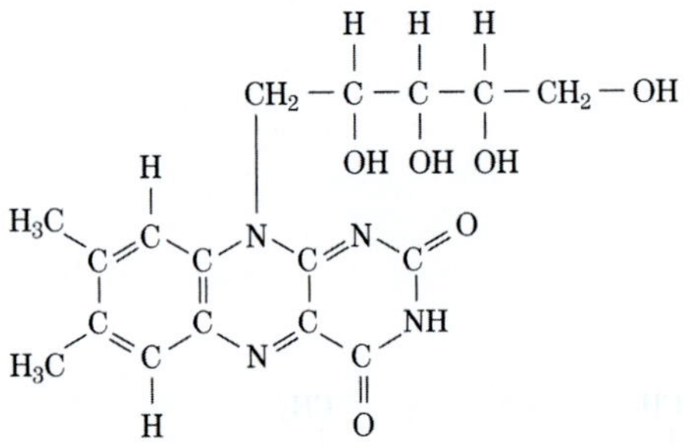

Riboflavina

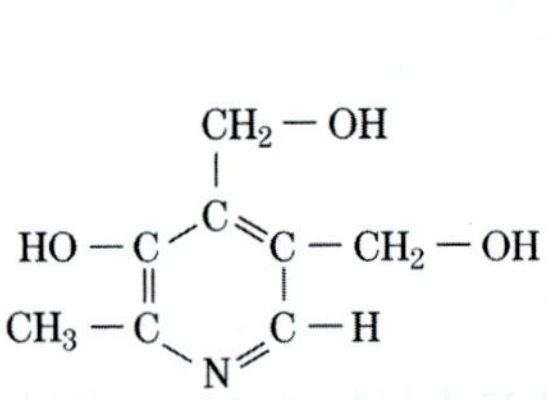

Piridoxina

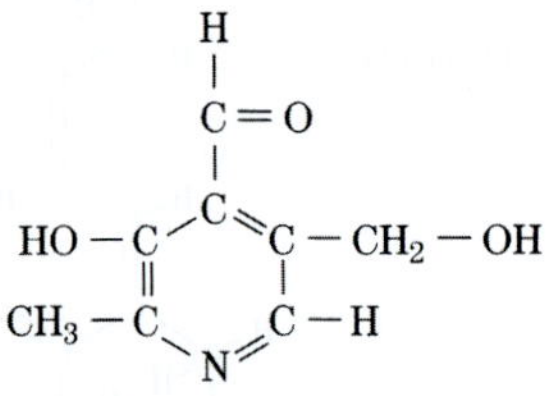

Piridoxal

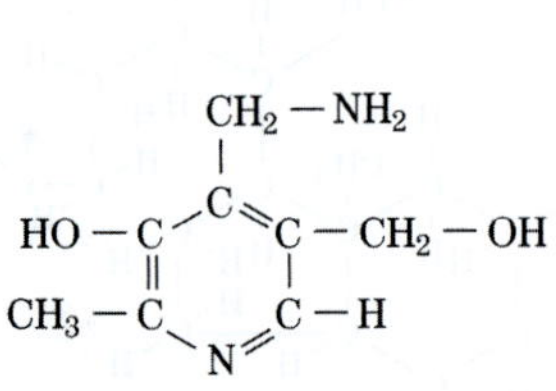

Piridoxamina

Vitamina B6 (nome genérico do conjunto de três compostos – piridoxina, piridoxal e piridoxamina)

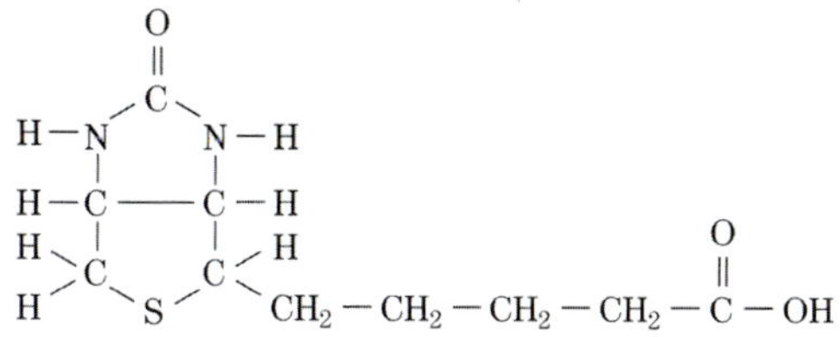

O
||
C
H – N N – H
H – C —— C – H
H C C H
H S CH₂ – CH₂ – CH₂ – CH₂ – C – OH
||
O

Biotina

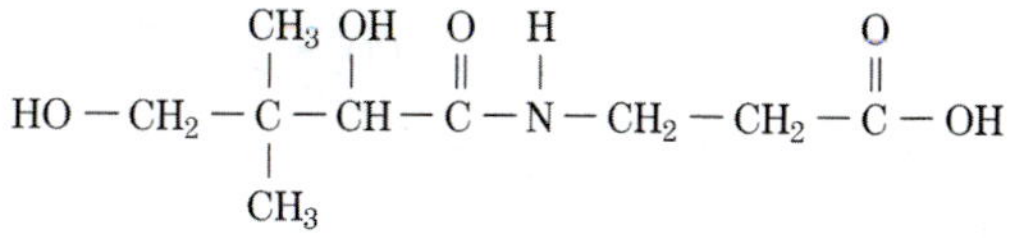

CH₃ OH O H O
HO – CH₂ – C – CH – C – N – CH₂ – CH₂ – C – OH
CH₃

Ácido pantotênico

OH H H
H C=C O H O
N=C N=C – CH₂ – N – C C – C – N – C – CH₂ – CH₂ – C – OH
NH₂ – C C C – H C – C H C = O
N N H H OH

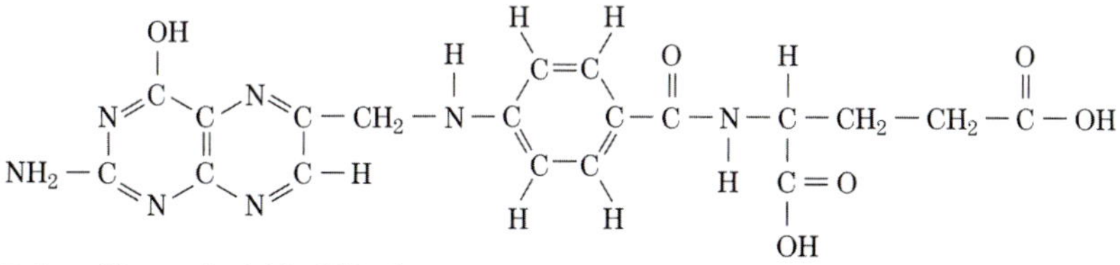

Folato (forma de ácido fólico)

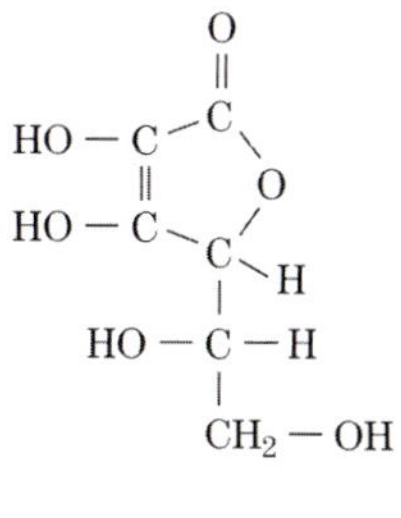

O
||
C – NH₂
CH₂
CH₂
O CH₃ CH₃ O
NH₂ – C – CH₂ C – H C CH₂ – C – NH₂ O
C C C C CH₂ – CH₂ – C – NH₂
CH₃ N C H
CH₃ C – N N = C
C
N ≡ C
Co⊕ C – H
O H
NH₂ – C – CH₂ C – N N – C
C C C CH₃ O
H C CH₃ C CH₃
CH₂ CH₃ CH₃ H CH₂ – CH₂ – C – NH₂
CH₂
CH₃ C = O
CH – CH₂ – NH H
O O⊖ H C = N C C – CH₃
O = P OH
O C – C N —— C C – CH₃
H C H H C H
O H
CH₂
OH

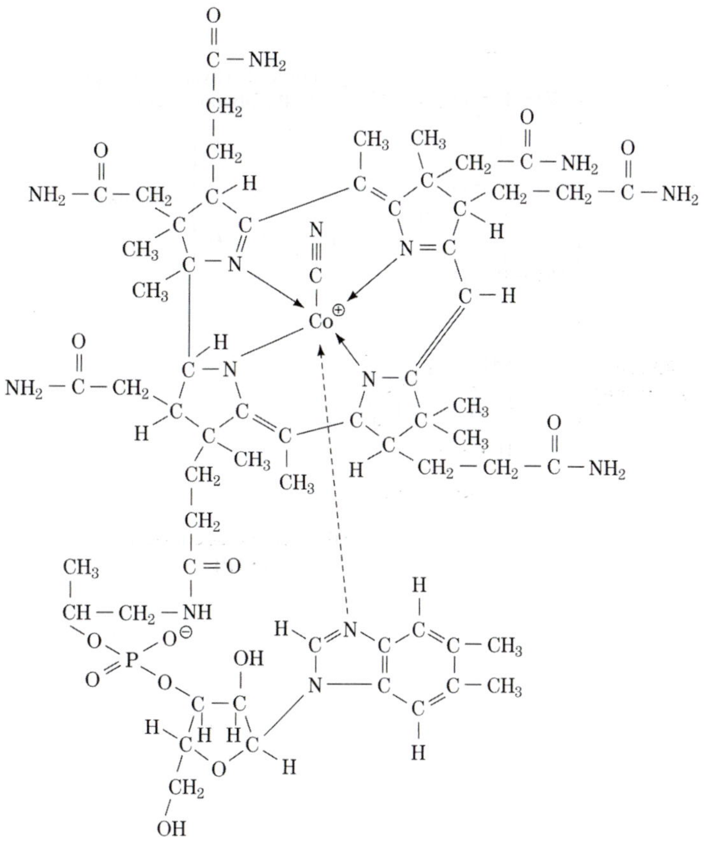

Vitamina B12 (cianocobalamina) As setas no diagrama indicam que os elétrons disponíveis dos átomos de nitrogênio são atraídos pelo átomo de cobalto.

O
||
HO – C C
|| O
HO – C C H
HO – C – H
CH₂ – OH

Vitamina C (ácido ascórbico)

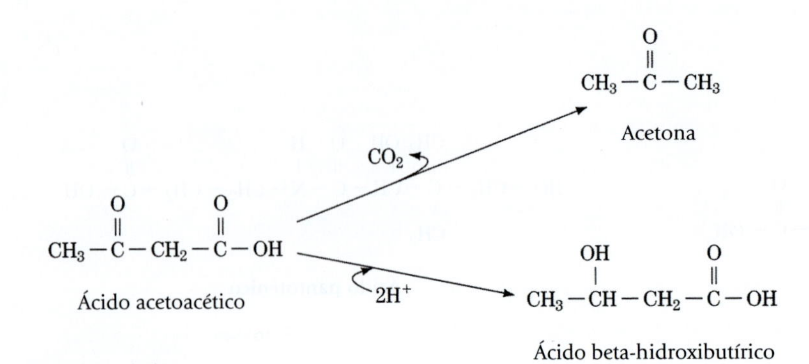

Corpos cetônicos

Ponto de clivagem para gerar ADP e liberar energia

Trifosfato

Adenina

Ribose (um açúcar)

Trifosfato de adenosina (ATP)

APÊNDICE F Tabela de peso-altura e determinação da compleição física da *Metropolitan Life Insurance Company*

Tabela de peso-altura e determinação da compleição física da *Metropolitan Life Insurance Company,* 1983*

Mulheres				Homens			
	Compleição				Compleição		
Altura (cm)	Pequena	Média	Grande	Altura (cm)	Pequena	Média	Grande
	Peso (kg)				Peso (kg)		
147,7	46,3-50,3	49,4-51,9	53,5-59,4	157,5	58,8-60,8	59,4-63,9	62,2-68,0
149,9	46,7-51,3	50,3-55,8	51,4-60,8	160,0	58,9-61,7	60,3-61,9	63,5-69,4
152,4	47,2-52,2	51,3-57,1	55,3-62,1	162,6	59,9-62,6	61,2-65,8	64,4-70,8
154,9	48,1-53,5	52,2-58,5	56,7-63,5	165,1	60,8-63,5	62,1-67,1	65,3-72,0
157,5	48,9-54,9	53,5-59,9	58,0-61,9	165,6	61,7-64,4	63,1-68,5	60,2-74,4
160,0	50,3-56,2	54,9-61,2	59,4-66,7	170,2	62,6-65,8	64,4-69,9	67,6-76,2
162,6	51,7-57,6	56,2-62,6	60,8-68,5	172,7	63,5-67,1	65,8-71,2	68,9-78,0
165,1	53,1-58,9	57,6-63,9	62,1-70,3	175,3	64,4-68,5	67,1-72,9	70,3-79,8
167,6	54,4-60,3	58,9-65,3	63,5-72,2	177,8	65,3-69,9	68,5-73,9	71,7-81,6
170,2	55,3-61,7	60,3-66,7	64,0-73,9	180,3	66,2-71,2	69,9-75,3	73,0-83,5
172,7	57,1-63,1	61,7-68,0	66,2-75,7	182,9	67,6-72,6	71,2-77,1	74,4-85,3
175,3	58,5-64,4	63,1-69,4	67,6-77,1	185,4	68,9-74,4	72,0-78,9	76,2-87,1
177,8	59,9-65,8	64,4-70,8	68,9-78,5	187,9	70,3-76,2	74,4-80,7	78,0-86,4
180,3	61,2-67,1	65,8-72,1	70,3-79,8	190,5	71,7-78,0	75,8-82,5	70,8-91,6
182,9	62,6-68,5	67,1-73,5	71,7-81,2	193,0	73,5-79,8	77,6-81,8	82,1-93,9

* Com base no estudo de mortalidade por peso-altura conduzido pela *Society of Actuaries* e pela *Association of Life Insurance Medical Directors of America, Metropolitan Life Insurance Medical Directors of America, Metropolitan Life Insurance Company*, revisada em 1983.

† Peso em kg para a faixa etária de 25 a 59 anos com base na menor taxa de mortalidade. A altura inclui salto de 2,54 cm. O peso das mulheres inclui 1,4 Kg para roupas de casa. Peso dos homens inclui 2,3 Kg para roupas de casa.

Reprodução autorizada do boletim estatístico da *Metropolitan Life Insurance Company.*

Reprodução autorizada do boletim estatístico da Metropolitan Life Insurance Company.

COMO USAR A TABELA DA *METROPOLITAN LIFE INSURANCE* PARA CALCULAR O PESO SAUDÁVEL

A tabela da *Metropolitan Life Insurance* é um método comum para cálculo do peso saudável. Mostra, para cada altura, o peso associado à maior expectativa de vida. A tabela não indica o peso mais saudável para uma pessoa, apenas o peso associado à longevidade.

Essa tabela é muito criticada, porque inclui algumas pessoas e exclui outras. Por exemplo, os cálculos só incluem pessoas com apólices de seguro de vida. Além disso, inclui fumantes, mas exclui qualquer pessoa de mais de 60 anos de idade. O peso só é medido no momento da aquisição do seguro e não há qualquer acompanhamento. Todos esses fatores contribuem para que a tabela seja usada apenas como uma ferramenta de triagem básica, e não seguir exatamente as recomendações não deve ser motivo de alarme.

Para diagnóstico de sobrepeso ou obesidade com base nesses dados, calcule o percentual do peso indicado na tabela da *Metropolitan Life Insurance*. Use o ponto médio da faixa de peso para uma determinada altura.

Equação:

$$\frac{(\text{peso atual} - \text{peso da tabela})}{\text{peso da tabela}} \times 100$$

Exemplo: $$\frac{63,5 - 54,4}{54,4} \times 100 = 17\% \text{ acima do padrão}$$

Sobrepeso pode ser definido como um peso pelo menos 10% acima do indicado na Tabela. Obesidade seria um peso 20% acima do indicado na Tabela. Além disso, essa medida da obesidade é expressa em graus. Enquanto a obesidade leve tem baixo risco à saúde, a obesidade grave aumenta 20 vezes o risco de doença.

Graus de obesidade	
% acima do peso corporal saudável	**Forma de obesidade**
20–40%	Leve
41–99%	Moderada
100%+	Grave

DETERMINAÇÃO DA COMPLEIÇÃO FÍSICA

Método 1

A altura é medida sem sapatos.

A circunferência do punho é medida logo abaixo (em direção à mão) da apófise estiloide (o ossinho do punho) no braço direito, com fita métrica.

Em seguida, aplica-se a fórmula:

$$r = \frac{\text{altura (cm)}}{\text{circunferência do punho (cm)}}$$

A compleição física da pessoa pode ser assim determinada:†

Sexo masculino	Sexo feminino
$r > 10,4$ pequeno	$r > 11$ pequeno
$r = 9,6–10,4$ médio	$r = 10,1 – 11$ médio
$r < 9,6$ grande	$r < 10,1$ grande

†Fonte: Grant JP: *Handbook of Total Parenteral Nutrition*. Philadelphia: WB Saunders, 1980.

Método 2

A pessoa estende o braço direito para a frente, perpendicular ao corpo, e dobra o antebraço formando um ângulo de 90 graus no cotovelo, com os dedos apontando para cima e a palma da mão virada para fora do corpo. A maior largura na articulação do cotovelo é medida com um compasso ao longo do eixo do braço, sobre as duas protuberâncias ósseas que ficam de cada lado do cotovelo. Essa medida é registrada como a largura do cotovelo. As tabelas a seguir mostram as medidas de largura do cotovelo para homens e mulheres de tamanho médio, de várias alturas. Medidas abaixo das indicadas significam compleição pequena, e medidas maiores indicam compleição grande.‡

Homens		Mulheres	
Altura (cm)	**Largura do cotovelo (cm)**	**Altura (cm)**	**Largura do cotovelo (cm)**
157,5-160	6,35-7,3	147,3-149,9	5,72-6,35
162,6-170,2	6,67-7,3	152,4-160	5,72-6,35
172,7-180,3	7-7,62	162,6-170,2	6-6,67
183,0-190,52	7-8,26	172,7-180,3	6-6,67
193,06 ou mais	7,3-9,53	182,9 ou mais	6,35-7

‡Fonte: Metropolitan Life Insurance Co., 1983.

A altura inclui salto de 2,54 cm.

APÊNDICE G Fontes de informação sobre nutrição

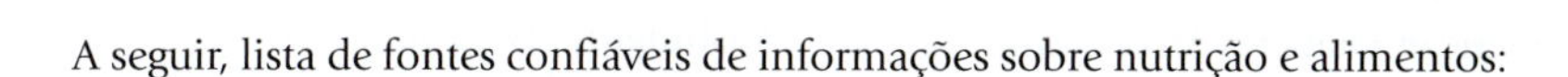

A seguir, lista de fontes confiáveis de informações sobre nutrição e alimentos:

Periódicos que regularmente publicam artigos sobre Nutrição

*American Family Physician**
American Journal of Clinical Nutrition
American Journal of Epidemiology
American Journal of Medicine
American Journal of Nursing
American Journal of Obstetrics and Gynecology
American Journal of Physiology
American Journal of Public Health
American Scientist
Annals of Internal Medicine
Annual Review of Medicine
Annual Review of Nutrition
Archives of Disease in Childhood
Archives of Internal Medicine
British Journal of Nutrition
BMJ (British Medical Journal)
Canadian Journal of Dietetic Practice and Research
Cancer
Cancer Research
Circulation
Diabetes
Diabetes Care
Disease-a-Month
FASEB Journal
*FDA Consumer**
Food and Chemical Toxicology
Food Engineering
Food Technology
Gastroenterology
Geriatrics
Gut
*Journal of the American College of Nutrition**
*Journal of the American Dietetic Association**
Journal of the American Geriatrics Society
JAMA (Journal of the American Medical Association)
Journal of Applied Physiology
Journal of Clinical Investigation
Journal of Food Science
JNCI (Journal of the National Cancer Institute)
Journal of Nutrition
*Journal of Nutrition Education and Behavior**
Journal of Nutrition for the Elderly
Journal of Pediatrics
Lancet
Mayo Clinic Proceedings
Medicine & Science in Sports & Exercise
Nature
The New England Journal of Medicine
Nutrition
Nutrition Reviews
*Nutrition Today**
Pediatrics
The Physician and Sports Medicine
*Postgraduate Medicine**
Proceedings of the Nutrition Society
Science
*Science News**
*Scientific American**

Revista de Nutrição
Ciência e Tecnologia de Alimentos
Arquivos Brasileiros de Cardiologia
Arquivos Brasileiros de Endocrinologia & Metabologia
Cadernos de Saúde Pública

A maioria desses periódicos está disponível nas bibliotecas centrais das faculdades ou nos departamentos especializados, por exemplo, em saúde ou economia doméstica. Conforme indicado anteriormente, algumas dessas revistas são catalogadas pela abreviatura e não pelo nome por extenso. Os funcionários da biblioteca poderão ajudar você a localizar essas fontes. Os periódicos marcados com asterisco (*) são particularmente interessantes e úteis por apresentarem, todos os meses, vários artigos sobre nutrição e por terem uma abordagem menos técnica.

Revistas (para o consumidor leigo) que contêm artigos sobre nutrição

Better Homes and Gardens
Good Housekeeping
Health
Men's Health
Parents
Self

Livros-texto e outras fontes para o estudo avançado de temas de nutrição

Bowman BA, Russell RM: *Present knowledge in nutrition.* Vol. I and II. 9th ed. Washington DC: International Life Sciences Institute, 2006.

Brody T: *Nutritional biochemistry.* 2nd ed. San Diego: Academic Press, 1999.

Gropper SS, Smith JL: *Advanced nutrition and human metabolism.* 5th ed. Florence, KY: Wadsworth, Cengage 2009.

Mahan LK, Escott-Stump S: *Krause's food, and nutrition, therapy.* 12th ed. St. Louis: W.B. Saunders, 2008.

Murray RK and others: *Harper's illustrated biochemistry.* 27th ed. New York: McGraw-Hill, 2006.

Schils ME, Shike M, Ross AC, Caballero B, Cousins RJ: *Modern -nutrition in health and disease.* 10th ed. Philadelphia: Lippincott, Williams & Wilkins, 2005.

Stipanuk MH: *Biochemical, physiological, & molecular aspects of human nutrition.* 2nd ed. Philadelphia: Elsevier Health Sciences, 2006.

Boletins que abordam temas de nutrição periodicamente

American Institute for Cancer Research e.Newsletter
American Institute for Cancer Research
www.aicr.org

Consumer Health Digest
National Council Against Health Fraud
www.ncahf.org

Dairy Council Digest
National Dairy Council
www.nationaldairycouncil.org

Diabetes E-News (and others)
American Diabetes Association
www.diabetes.org

Environmental Nutrition
www.environmentalnutrition.com

Harvard Health Letter (and others)
Harvard Medical School
www.health.harvard.edu/newsletters

Health and Nutrition Letter
Tufts University
www.healthletter.tufts.edu

In-Touch
Heinz Infant Nutrition Institute
www.hini.org

Mayo Clinic House call
Mayo Clinic
www.mayoclinic.com

Nutrition Action Healthletter
Center for Science in the Public Interest
www.cspinet.org

Nutrition Research Update
Egg Nutrition Center
www.enc-online.org

Soy Connection
United Soybean Board
www.soyconnection.com

U-Mail: Everyday Nutrition Solutions You Can Use
National Cattlemen's Beef Association
www.beefnutrition.org

Wellness Letter
University of California at Berkeley
www.wellnessletter.com

Associações profissionais

American Academy of Pediatrics
141 Northwest Point Boulevard
Elk Grove Village, IL 60007-1098
www.aap.org

American Cancer Society
1599 Clifton Road, NE
Atlanta, GA 30329
www.cancer.org

American College of Sports Medicine
PO Box 1440
Indianapolis, IN 46206-1440
www.acsm.org

American Dental Association
211 East Chicago Avenue
Chicago, IL 60611-2678
www.ada.org

American Diabetes Association
1701 North Beauregard Street
Alexandria, VA 22311
www.diabetes.org

American Dietetic Association
120 South Riverside Plaza #2000
Chicago, IL 60606-6995
www.eatright.org

American Geriatrics Society
350 Fifth Avenue #801
New York, NY 10118
www.americangeriatrics.org

American Heart Association
7272 Greenville Avenue
Dallas, TX 75231
www.americanheart.org

American Medical Association
515 North State Street
Chicago, IL 60610
www.ama-assn.org

American Public Health Association
800 I Street, NW
Washington, DC 20001-3710
www.apha.org

American Society for Nutrition
9650 Rockville Pike #L-4500
Bethesda, MD 20814
http://www.asnutrition.org/

Canadian Council of Food and Nutrition
2810 Matheson Boulevard East, 1st Floor
Mississaugo, Ontario L4W 4X7
http://www.ccfn.ca/

Canadian Diabetes Association
1400-522 University Avenue
Toronto, ON M5G 2R5
www.diabetes.ca

Canadian Society for Nutritional Sciences
Department of Family Relations and Applied Nutrition
University of Guelph
Guelph ON N1G 2W7
www.nutritionalsciences.ca

Dietitians of Canada
480 University Avenue #604
Toronto, ON M5G 1V2
www.dietitians.ca

Environmental Working Group
1436 U Street, NW #100
Washington, DC 20009
www.ewg.org

Food and Nutrition Board
Institute of Medicine
The National Academies
500 Fifth Street, NW
Washington, DC 20001
www.iom.edu/cMs/3788.aspx

Institute of Food Technologists
525 West Van Buren #1000
Chicago, IL 60607
www.ift.org

National Council on Aging
1901 L Street, NW, 4th floor
Washington, DC 20036
www.ncoa.org

National Osteoporosis Foundation
1232 22nd Street, NW
Washington, DC 20037-1202
www.nof.org

Society for Nutrition Education
9100 Purdue Road, Suite 200
Indianapolis, IN 46268
www.sne.org

Associações profissionais dedicadas a questões relativas à nutrição

Bread for the World Institute
50 F Street, NW #500
Washington, DC 20001
www.bread.org

Food Research and Action Center
1875 Connecticut Avenue, NW #540
Washington, DC 20009
www.frac.org

Institute for Food and Development Policy
398 60th Street
Oakland, CA 94618
www.foodfirst.org

La Leche League International
PO Box 4079
Schaumburg, IL 60168-4079
www.llli.org

March of Dimes
1275 Mamaroneck Avenue
White Plains, NY 10605
www.marchofdimes.com

National Council Against Health Fraud
119 Foster Street
Peabody, MA 01960
www.ncahf.org

National WIC Association
2001 S Street, NW #580
Washington, DC 20009
www.nwica.org

Overeaters Anonymous
PO Box 44020
Rio Rancho, NM 87174-4020
www.oa.org

Oxfam America
226 Causeway Street, 5th floor
Boston, MA 02114-2206
www.oxfamamerica.org

Recursos locais para orientação sobre nutrição

Nutricionistas de serviços de saúde ou de órgãos municipais, estaduais e federais, ou que atuam na prática privada.
Agências de cooperação no nível estadual
Professores de nutrição ligados aos departamentos universitários de nutrição e dietética ou economia doméstica.

Agências governamentais dedicadas a questões sobre nutrição ou que distribuem informações sobre nutrição

Estados Unidos

Agricultural Research Service
United States Department of Agriculture
Jamie L. Whitten Building
1400 Independence Avenue, SW
Washington, DC 20250
www.ars.usda.gov

Federal Citizen Information Center
31201 Bryan Circle
Pueblo, CO 81001
www.pueblo.gsa.gov

Food and Drug Administration
10903 New Hampshire Avenue
Silver Spring, MD 20993
www.fda.gov

Food Safety & Inspection Service
United States Department of Agriculture
331-E Jamie L. Whitten Building
1400 Independence Avenue, SW
Washington, DC 20250-3700
www.fsis.usda.gov

MyPyramid
USDA Center for Nutrition Policy and Promotion
3101 Park Center Drive #1034
Alexandria, VA 22302-1594
www.mypyramid.gov

National Agricultural Library
Abraham Lincoln Building
10301 Baltimore Avenue
Beltsville, MD 20705-2351
www.nal.usda.gov

National Cancer Institute
6116 Executive Boulevard #3036A
Bethesda, MD 20892-8322
www.cancer.gov

National Center for Health Statistics
1600 Clifton Road
Atlanta, GA 30333
www.cdc.gov/nchs

National Heart, Lung, and Blood Institute
Building 31, Room 5A48
31 Center Drive, MSC 2486
Bethesda, MD 20892
www.nhlbi.nih.gov

National Institute on Aging
Building 31, Room 5C27
31 Center Drive, MSC 2292
Bethesda, MD 20892
www.nia.nih.gov

U.S. Government Printing Office
710 North Capitol Street, NW
Washington, DC 20401
www.gpo.gov

Canadá
Canadian Food Inspection Agency
1400 Merivale Road
Ottawa, Ontario K1A 0Y9
www.inspection.gc.ca

Health Canada
Brooke Claxton Building
Ottawa, Ontario K1A 0K9
www.hc-sc.gc.ca

Nações Unidas
Food and Agriculture Organization
Liaison Office with North America
2175 K Street, NW #500
Washington, DC 20037
www.fao.org

World Health Organization
Avenue Appia 20
1211 Geneva 27
Switzerland
www.who.int

Entidades comerciais e empresas que divulgam informações sobre nutrição

Abbott Nutrition
625 Cleveland Avenue
Columbus, OH 43215-1724
www.abbottnutrition.com

American Institute of Baking
1213 Bakers Way
PO Box 3999
Manhattan, Kansas 66505-3999
www.aibonline.org

American Meat Institute
1150 Connecticut Avenue, NW, 12th floor
Washington, DC 20036
www.meatami.com

Beech-Nut Nutrition
13023 Tesson Ferry Road
St. Louis, MO 63128
www.beechnut.com

Campbell Soup Company
1 Campbell Place
Camden, NJ 08103-1701
www.campbellsoup.com

Dannon Company
100 Hillside Avenue, 3rd Floor
White Plains, NY 10603
www.dannon.com

Del Monte Foods
One Market Plaza #11
PO Box 193575
San Francisco, CA 94105
www.delmonte.com

DSM Nutritional Products
45 Waterview Boulevard
Parsippany, NJ 07054-1298
www.nutraaccess.com

General Mills/Pillsbury
PO Box 9452
Minneapolis, MN 55440
www.generalmills.com

Gerber Products Company
445 State Street
Fremont, MI 49413-0001
www.gerber.com

H.J. Heinz
90 Sheppard Avenue East #400
Toronto, ON M2N 7K5
www.heinzbaby.com

Idaho Potato Commission
661 South Rivershore Lane
Eagle, ID 83616
www.idahopotatoes.com

Kellogg Company
One Kellogg Square
Battle Creek, MI 49016
www.kelloggs.com/us/

Kraft Foods Global
Three Lakes Drive
Northfield, IL 60093
www.kraftfoods.com

Mead Johnson Nutritionals
2400 West Lloyd Expressway
Evansville, IN 47721-0001
www.meadjohnson.com

National Dairy Council
10255 West Higgins Road #900
Des Plaines, IL 60018
www.nationaldairycouncil.org

NutraSweet Company
222 Merchandise Mart Plaza
Chicago, IL 60654
www.nutrasweet.com

Sunkist Growers
14130 Riverside Drive
Sherman Oaks, CA 91423
www.sunkist.com

APÊNDICE H Tabela de conversão de pesos e medidas

CONVERSÕES ENTRE OS SISTEMAS MÉTRICO E NORTE-AMERICANO

Comprimento

Sistema norte-americano	Sistema métrico
1 polegada (in)	= 2,54 cm, 25,4 mm
1 pé (ft)	= 0,30 m, 30,48 cm
1 jarda (yd)	= 0,91 m, 91,4 cm
1 milha	= 1,61 km, 1.609 m
1 milha náutica	= 1,85 km, 1.850 m
Sistema métrico	**Sistema norte-americano**
1 milímetro (mm)	= 0,039 in
1 centímetro (cm)	= 0,39 in
1 metro (m)	= 3,28 ft, 39,37 in
1 quilômetro (km)	= 0,62 mi, 1.091 yd, 3.273 ft

Peso

Sistema norte-americano	Sistema métrico
1 grão	64,80 mg
1 onça (oz)	= 28,35 g
1 libra (lb)	= 453,60 g, 0,45 kg
1 tonelada curta (2.000 lb)	= 0,91 tonelada métrica (907 kg)
Sistema métrico	**Sistema norte-americano**
1 miligrama (mg)	= 0,002 grão (0,000035 oz)
1 grama (g)	= 0,04 oz ($^1/_{28}$ de 1 oz)
1 quilograma (kg)	= 35,27 oz, 2,20 lb
1 tonelada métrica (1.000 kg)	= 1,10 tons

Volume

Sistema norte-americano	Sistema métrico
1 polegada cúbica	= 16,39 cm³
1 pé cúbico	= 0,03 m³
1 jarda cúbica	= 0,765 m³
1 colher de chá	= 5 mL
1 colher de sopa	= 15 mL
1 onça líquida	= 0,03 litro (30 mL)*
1 xícara ou copo (c)	= 237 mL
1 quartilho (pt)	= 0,47 litro
1 quarto (qt)	= 0,95 litro
1 galão (gal)	= 3,79 litros

Sistema métrico	Sistema norte-americano
1 mililitro (mL)	= 0,03 oz
1 litro (L)	= 2,12 pt
1 litro	= 1,06 qt
1 litro	= 0,27 gal

1 litro ÷ 1.000 = 1 mL ou 1 cm³ (10^{-3} L)
1 litro ÷ 1.000.000 = 1 μL (10^{-6} L)
*Nota: 1 ml = 1 cm³

UNIDADES MÉTRICAS E OUTRAS UNIDADES COMUNS

Unidade/Abreviatura	Outra medida equivalente
1 miligrama/mg	$^1/_{1000}$ de 1 g
1 micrograma/μg	$^1/_{1.000.000}$ de 1 g
1 decilitro/dL	$^1/_{10}$ do litro (cerca de $^1/_2$ xícara)
1 mililitro/mL	$^1/_{1000}$ de 1 litro (5 mL é cerca de 1 colher de chá)
Unidade internacional/ UI	Medida estimada da atividade vitamínica, geralmente com base na taxa de crescimento observado em animais.

ESCALA DE CONVERSÃO FAHRENHEIT-CELSIUS

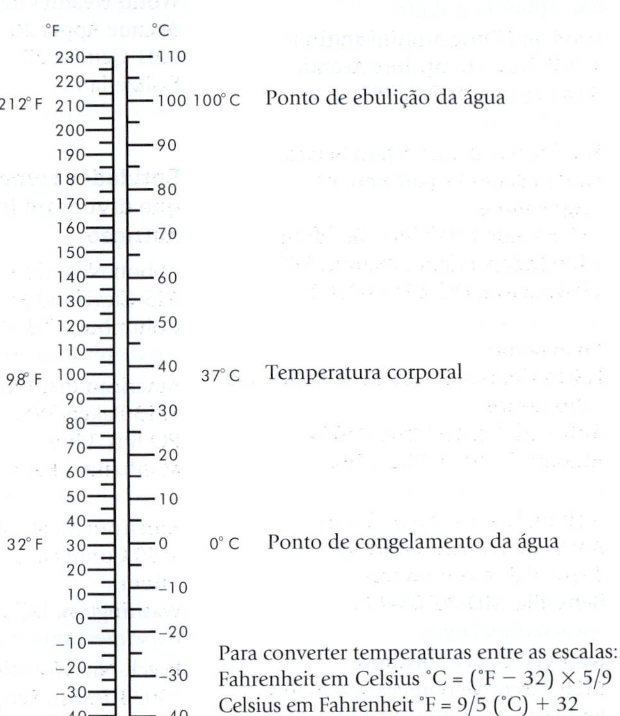

Para converter temperaturas entre as escalas:
Fahrenheit em Celsius °C = (°F − 32) × 5/9
Celsius em Fahrenheit °F = 9/5 (°C) + 32

MEDIDAS CASEIRAS

3 colheres de chá	= 1 colher de sopa	= 15 g
4 colheres de sopa	= 1/4 de xícara	= 60 g
5 1/3 colheres de sopa	= 1/3 xícara	= 80 g
8 colheres de sopa	= 1/2 xícara	= 120 g
10 2/3 colheres de sopa	= 2/3 xícara	= 160 g
16 colheres de sopa	= 1 xícara	= 240 g
1 colher de sopa	= 1/2 onça líquida	= 15 mL
1 xícara	= 8 onças líquidas	= 15 mL
1 xícara	= 1/2 pint	= 240 g
2 xícaras	= 1 pint	= 480 g
4 xícaras	= 1 quarto	= 960 g = 1 litro
2 pints	= 1 quarto	= 960 g = 1 litro
4 quartos	= 1 galão	= 3.840 g = 4 litros

GLOSSÁRIO Terminologia médica para auxílio ao estudo da nutrição

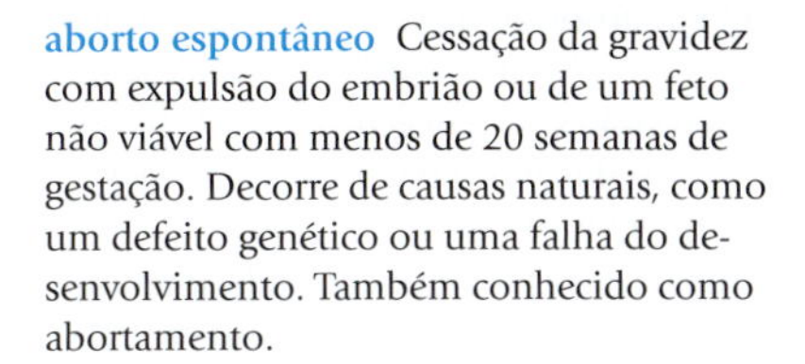

aborto espontâneo Cessação da gravidez com expulsão do embrião ou de um feto não viável com menos de 20 semanas de gestação. Decorre de causas naturais, como um defeito genético ou uma falha do desenvolvimento. Também conhecido como abortamento.

abuso de álcool Consumo excessivo de álcool, que leva a problemas de saúde e outros problemas relacionados ao álcool, como doenças recorrentes, incapacidade de cumprir obrigações importantes, uso em situações arriscadas (p. ex., dirigindo), problemas legais ou uso apesar de dificuldades sociais e interpessoais.

absorção Processo em que substâncias são retiradas do trato GI e levadas à corrente sanguínea ou à linfa.

absorciometria de raio X de dupla energia (DEXA) Método de alta precisão para medir a composição corporal, a massa e a densidade óssea utilizando raios X múltiplos de baixa energia.

acessulfame K Edulcorante alternativo que não fornece energia. Tem 200 vezes mais poder adoçante do que a sacarose.

acetaldeído desidrogenase Enzima que participa do metabolismo do etanol convertendo o acetaldeído em dióxido de carbono e água.

acidente vascular cerebral Morte de parte do tecido cerebral geralmente causada por um coágulo sanguíneo. Conhecido pela sigla AVC.

ácido alfa-linolênico Ácido graxo essencial do tipo ômega-3 com 18 átomos de carbono e três ligações duplas.

ácido araquidônico Ácido graxo ômega-6 derivado do ácido linoleico e que possui 20 átomos de carbono com quatro ligações duplas carbono-carbono.

ácido desoxirribonucleico (DNA) Composto que armazena as informações genéticas nas células; o DNA comanda a síntese proteica na célula.

ácido docosa-hexanoico (DHA) Ácido graxo ômega-3 que tem 22 átomos de carbono e seis ligações duplas carbono-carbono. Está presente em grande quantidade nos peixes gordurosos, e sua síntese no corpo humano é lenta e parte do ácido alfa-linolênico. O DHA se encontra sobretudo na retina e no cérebro.

ácido eicosapentanoico (EPA) Ácido graxo ômega-3 que possui 20 átomos de carbono e cinco ligações duplas carbono-carbono. Está presente em grande quantidade nos peixes gordurosos, e sua síntese no corpo humano é lenta e parte do ácido alfa-linolênico.

ácido fítico (fitato) Componente das fibras vegetais que liga íons positivos a seus múltiplos grupos fosfato.

ácido graxo Componente principal da maioria dos lipídeos; composto, basicamente, por uma cadeia de átomos de carbono ligados a átomos de hidrogênio.

ácido graxo *cis* Tipo de ácido graxo insaturado que tem os átomos de hidrogênio todos do mesmo lado da ligação dupla carbono-carbono.

ácido graxo de cadeia longa Ácido graxo que contém 12 átomos de carbono ou mais.

ácido graxo insaturado Ácido graxo que contém uma ou mais ligações duplas carbono-carbono.

ácido graxo monoinsaturado Ácido graxo que contém uma ligação dupla carbono-carbono.

ácido graxo ômega-3 (ω-3) Ácido graxo insaturado cuja primeira ligação dupla se situa no terceiro carbono a partir do terminal metila ($-CH_3$).

ácido graxo ômega-6 (ω-6) Ácido graxo insaturado cuja primeira ligação dupla se situa no sexto carbono a partir do terminal metila ($-CH_3$).

ácido graxo poli-insaturado Ácido graxo que contém duas ou mais ligações duplas carbono-carbono.

ácido graxo saturado Ácido graxo que não contém ligações duplas carbono-carbono.

ácido láctico Ácido formado por três átomos de carbono durante a fase de metabolismo celular anaeróbio; subproduto da degradação parcial da glicose; também conhecido como lactato.

ácido linoleico Ácido graxo essencial do tipo ômega-6 com 18 átomos de carbono e três ligações duplas.

ácido oleico Ácido graxo essencial do tipo ômega-9 com 18 átomos de carbono e uma ligação dupla.

ácido oxálico (oxalato) Ácido orgânico encontrado em vegetais como espinafre, ruibarbo e outras folhas verdes e que pode diminuir a absorção de certos minerais presentes nos alimentos, por exemplo, o cálcio.

ácido pirúvico Composto formado por três átomos de carbono durante o metabolismo da glicose; também conhecido como piruvato.

ácido ribonucleico (RNA) Ácido nucleico de fita simples envolvido na transcrição da informação genética e na tradução dessa informação em estruturas proteicas.

ácidos graxos essenciais Ácidos graxos que precisam ser fornecidos na dieta para manter boa saúde. Atualmente, somente o ácido linoleico e o ácido alfa-linolênico são classificados como essenciais.

ácidos graxos *trans* Forma de ácido graxo não saturado, geralmente monoinsaturado quando presente nos alimentos, no qual os hidrogênios ligados aos átomos de carbono que formam a ligação dupla estão situados em lados opostos dessa ligação, e não no mesmo lado, como na maioria das gorduras naturais. As principais fontes são margarina, gorduras culinárias em geral e frituras.

açúcar Carboidrato simples cuja fórmula química é expressa como $(CH_2O)_n$. A unidade básica formadora de todos os açúcares é a glicose, que tem uma estrutura em anel, com seis átomos de carbono. O açúcar mais usado na dieta é a sacarose, formada por glicose e frutose.

açúcar simples Monossacarídeo ou dissacarídeo presente na dieta.

aditivos Substâncias adicionadas aos alimentos, por exemplo, conservantes.

aditivos alimentares incidentais Aditivos que penetram indiretamente nos alimentos, por contaminação ambiental dos ingredientes ou durante o processo de fabricação.

aditivos alimentares intencionais Aditivos que são incorporados diretamente aos alimentos pelo fabricante.

aeróbio Organismo que requer oxigênio.

agricultura apoiada pela comunidade (CSA, em inglês) Fazendas em que uma comunidade de produtores e consumidores apoiam-se mutuamente e dividem os riscos e benefícios da produção de alimentos, em geral incluindo um sistema de entrega ou coleta semanal de vegetais e frutas, às vezes laticínios e carnes.

agricultura comunitária Iniciativa que consiste em lavouras mantidas em comum por agricultores e consumidores, que se apoiam mutuamente e compartilham os riscos e benefícios da produção de alimentos; geralmente inclui um sistema de entregas ou retiradas semanais de legumes e frutas, às vezes também de laticínios e carne.

agricultura sustentável Sistema agrícola que garante o sustento das famílias que vivem no campo. Conserva o ambiente e os recursos naturais, dá apoio à comunidade rural, respeita e trata com justiça todos os envolvidos, incluindo os agricultores, os consumidores e os animais criados para a subsistência.

água Solvente universal; sua fórmula química é H_2O. Nosso corpo é composto por 60% de água. A necessidade de água é de aproximadamente 9 copos por dia para mulheres e 13 para homens; as necessidades aumentam com o exercício físico.

AINEs Anti-inflamatórios não esteroides; incluem ácido acetilsalicílico, ibuprofeno e naproxeno.

álcool Álcool etílico ou etanol (CH_3CH_2OH) – é o composto que caracteriza as bebidas alcoólicas.

álcool desidrogenase Uma enzima usada no metabolismo do álcool (etanol), que converte álcool em acetaldeído.

alcoolismo Segundo a definição da *American Medical Association*, é uma doença que se caracteriza por comprometimento significativo da saúde, diretamente relacionado ao consumo excessivo e persistente de álcool.

aldosterona Hormônio produzido pelas glândulas suprarrenais e que atua nos rins para conservar sódio (e, portanto, água).

alérgeno Proteína estranha ou antígeno que induz a produção excessiva de certos anticorpos pelo sistema imune; a exposição subsequente à mesma proteína leva ao aparecimento de sintomas alérgicos. Embora todo alérgeno seja um antígeno, nem todo antígeno é um alérgeno.

alergia Resposta imunológica hipersensível que ocorre quando substâncias ou componentes produzidos pelo nosso sistema imune reagem com uma proteína considerada estranha pelo nosso organismo (antígeno).

alimentação desordenada Alteração leve e de curto prazo nos hábitos alimentares em resposta a estresse, doença ou desejo de modificar a dieta por várias razões ligadas à saúde ou à aparência física.

alimentação incerta Condição em que a qualidade, variedade e/ou atratividade da dieta são reduzidas e há dificuldades, por vezes, de alimentar todos os membros da família.

alimentos funcionais Alimentos que proporcionam benefícios à saúde, além daqueles oriundos dos nutrientes tradicionais que eles contêm. Por exemplo, o tomate contém um fitoquímico denominado licopeno, por isso pode ser considerado alimento funcional.

amido Carboidrato formado por múltiplas unidades de glicose interligadas em uma estrutura que o nosso corpo é capaz de digerir; também denominado carboidrato complexo.

amilase Enzima produzida pelas glândulas salivares e pelo pâncreas, capaz de digerir o amido.

amilase salivar Enzima produzida pelas glândulas salivares e que digere amido.

amilopectina Tipo de amido de cadeia ramificada, digerível, composto por unidades de glicose.

amilose Tipo de amido de cadeia simples, digerível, composto por unidades de glicose.

aminoácido Unidade formadora das moléculas de proteínas; contém um carbono central, ligado a átomos de nitrogênio e outros ao redor.

aminoácidos de cadeia ramificada Aminoácidos que possuem uma cadeia básica de carbonos, ramificada; são eles: leucina, isoleucina e valina. Todos são aminoácidos essenciais.

aminoácidos essenciais Aminoácidos que não são sintetizados por humanos em quantidades suficientes ou até mesmo em alguma quantidade e, portanto, devem ser incluídos na dieta; existem nove aminoácidos essenciais, também denominados aminoácidos indispensáveis.

aminoácidos limitantes Aminoácidos essenciais na menor concentração em um alimento ou uma dieta em relação às necessidades corporais.

aminoácidos não essenciais Aminoácidos que podem ser sintetizados por um organismo saudável em quantidades suficientes; existem 11 aminoácidos não essenciais. São também denominados aminoácidos dispensáveis.

anaeróbio Organismo que não requer oxigênio.

análogo Um composto químico que se difere um pouco de um outro composto, geralmente natural. Os análogos, em geral, contêm grupos químicos adicionais ou alterados e podem ter efeitos metabólicos similares ou opostos comparados ao composto original. Em inglês, pode ser escrito como analog ou analogue.

anemia Geralmente se refere à diminuição na capacidade de transporte de oxigênio pelo sangue. Pode ser causada por diversos fatores, como deficiência de ferro ou perda de sangue.

anemia fisiológica Aumento normal do volume de sangue na gravidez, resultando em diluição da concentração de célula sanguínea e consequente anemia; também conhecida como hemodiluição.

anemia megaloblástica Anemia caracterizada pela presença de hemácias anormalmente grandes.

anemia perniciosa Anemia resultante da falta de absorção da vitamina B12; o nome "perniciosa", menos utilizado atualmente, tem relação com a degeneração das fibras nervosas que leva à paralisia e, eventualmente, à morte.

anfetamina Um grupo de medicamentos que estimulam o sistema nervoso central e têm outros efeitos no corpo. O abuso está ligado à dependência física e psicológica.

anorexia nervosa Transtorno alimentar que se caracteriza por perda ou negação do apetite, de fundo psicológico, que acaba levando a pessoa a passar fome, voluntariamente. Em parte, o problema está relacionado a uma distorção da imagem corporal e a pressões sociais comuns na puberdade.

anticorpo Proteína do sangue (imunoglobulina) que se liga a outras proteínas estranhas encontradas no corpo. Esse processo ajuda a prevenir e controlar infecções.

antígeno Qualquer substância que induz um estado de sensibilidade e/ou resistência a microrganismos ou substâncias tóxicas após um período de latência; substância estranha que estimula um aspecto específico do sistema imune.

antioxidante Geralmente, um composto que interrompe os efeitos danosos de substâncias reativas que buscam um elétron (agentes oxidantes). Eles evitam a degradação (oxidação) de substâncias existentes nos alimentos ou no corpo, particularmente lipídeos.

ânus Porção final do trato GI; serve como via de saída desse órgão.

aparelho de Golgi Organela celular localizada próxima ao núcleo e que processa a proteína recém-sintetizada para secreção ou distribuição a outras organelas.

apetite Impulso primariamente psicológico (externo) que nos incentiva a buscar e ingerir alimentos, em geral na ausência de sinais evidentes de fome.

aptidão física Capacidade de realizar atividades físicas de moderadas a vigorosas, sem apresentar excesso de fadiga.

artéria Vaso que transporta sangue a partir do coração.

aspartame Edulcorante alternativo composto por dois aminoácidos e metanol. É cerca de 200 vezes mais doce do que a sacarose.

ataque cardíaco Redução súbita da função cardíaca em decorrência da diminuição do fluxo de sangue nos vasos que suprem o coração. Com frequência, parte do tecido cardíaco morre em consequência desse processo. O termo técnico é infarto do miocárdio.

aterosclerose Acúmulo de material gorduroso (placa de ateroma) nas artérias, inclusive nas que levam sangue ao coração (coronárias).

átomo Menor unidade combinante de um elemento químico, como ferro ou cálcio. Os átomos são formados por prótons, nêutrons e elétrons.

automonitoração Registrar os alimentos consumidos e as condições que afetam a alimentação; as ações geralmente são escritas em um diário com o local, a hora e o estado de espírito. Trata-se de uma ferramenta para ajudar as pessoas a entender melhor a respeito de seus hábitos alimentares.

avaliação das condições ambientais Inclui detalhes sobre condições de vida, nível de escolaridade e capacidade para comprar, transportar e preparar alimentos. Um importante elemento a considerar é o orçamento de que a pessoa dispõe, semanalmente, para a compra de alimentos.

avaliação antropométrica Medida do peso, da altura corporal, das circunferências corporais e da espessura das pregas cutâneas em algumas partes do corpo.

avaliação bioquímica Medida de parâmetros bioquímicos relacionados às funções de um determinado nutriente (p. ex., concentrações dos subprodutos de nutrientes ou atividades enzimáticas no sangue ou na urina).

avaliação clínica Exame do aspecto geral da pele, dos olhos e da língua; sinais de queda de cabelos; sensação tátil e capacidade de tossir e caminhar.

avaliação dietética Estimativa das escolhas alimentares típicas, com base, principalmente, no relato feito pela própria pessoa, a respeito das refeições dos últimos dias.

AVC Redução ou perda de fluxo sanguíneo cerebral decorrente da presença de um coágulo ou outra alteração nas artérias que levam sangue ao cérebro. Esse processo acarreta a morte do tecido cerebral. O nome por extenso é acidente vascular cerebral.

AVC hemorrágico Lesão de uma parte do cérebro decorrente da ruptura de um vaso sanguíneo, seguida de sangramento no interior do cérebro ou sobre a superfície interna do crânio.

bactérias Microrganismos unicelulares; alguns produzem substâncias tóxicas, que causam doenças no ser humano. As bactérias podem ser transportadas pela água, por animais e por pessoas. Elas sobrevivem na pele, nas roupas e no cabelo e se reproduzem nos alimentos em temperatura ambiente. Algumas podem viver sem oxigênio e sobrevivem por meio da formação de esporos.

bainha de mielina Combinação de lipídeos e proteínas (lipoproteína) que recobre as fibras nervosas.

baixo peso Índice de massa corporal abaixo de 18,5. O ponto de corte é menos exato do que na obesidade porque essa condição é menos estudada.

baixo peso ao nascer (BPN) Refere-se a um bebê que nasce com menos de 2,5 kg. Pode ser consequência de prematuridade.

balanço calórico negativo Estado em que a ingestão de calorias é menor do que o consumo de energia, resultando em perda de peso.

balanço calórico positivo Estado em que a ingestão de calorias é maior do que o consumo de energia, resultando, geralmente, em ganho de peso.

balanço energético positivo Estado em que a ingestão energética é maior do que a energia despendida, geralmente resultando em ganho de peso.

balanço energético negativo Estado em que a ingestão energética é menor do que a energia despendida, resultando em perda de peso.

balanço (equilíbrio) energético Estado em que a ingestão energética, na forma de alimentos e bebidas, iguala a energia gasta, basicamente, no metabolismo basal e na atividade física.

balanço proteico Estado de equilíbrio em que a ingestão de proteínas iguala sua perda; também chamado balanço nitrogenado.

balanço proteico negativo Estado em que a ingestão de proteínas é menor do que as perdas, o que frequentemente ocorre durante uma doença aguda.

balanço proteico positivo Estado em que a ingestão de proteínas excede as perdas, o que é necessário em fases de crescimento.

banda gástrica ajustável Um procedimento restritivo em que a abertura do esôfago para o estômago é reduzida por uma banda gástrica oca.

bariátrica Especialidade médica voltada para o tratamento da obesidade.

benigno Não canceroso; tumor que não se espalha pelo corpo.

beribéri Distúrbio causado pela deficiência de tiamina e que se caracteriza por fraqueza muscular, perda do apetite, degeneração dos nervos e, em alguns casos, edema.

BHA, BHT Butil-hidroxianisol e butil-hidroxitolueno, antioxidantes sintéticos geralmente adicionados aos alimentos.

bile Secreção do fígado armazenada na vesícula biliar e levada pelo duto biliar comum até o primeiro segmento do intestino delgado. É essencial para a digestão e absorção de gorduras.

biodisponibilidade Grau de absorção de um nutriente ingerido e o quanto ele está disponível para ser usado pelo corpo.

bioimpedância elétrica O método de estimar a gordura corporal total que utiliza uma corrente elétrica de baixa potência. Quanto mais depósito de gordura a pessoa tem, mais impedância (resistência) ao fluxo elétrico será exibida.

biotecnologia Conjunto de processos que envolvem o uso de sistemas biológicos para alterar e, de preferência, melhorar as características de plantas, animais e outras formas de vida.

bisfosfonatos Compostos constituídos basicamente de carbono e fósforo que se ligam ao mineral ósseo e reduzem o desgaste ósseo. Alguns exemplos são alendronato, risedronato e ibandronato.

bloqueador H_2 Medicamento, como a cimetidina, que bloqueia o aumento da produção de ácido pelo estômago provocado pela histamina.

bócio Aumento de volume da glândula tireoide; frequentemente é causado pela falta de iodo na alimentação.

bolo alimentar Massa umedecida de alimentos ingeridos, que passa da cavidade oral para a faringe.

bomba calorimétrica Instrumento usado para determinar o teor de calorias dos alimentos.

bulimia nervosa Transtorno alimentar caracterizado pela ingestão de grande quantidade de alimento de uma só vez (compulsão alimentar) seguida de vômitos, uso excessivo de laxantes, diuréticos ou enemas. Outros meios usados na tentativa de controlar esse comportamento são o jejum e o excesso de exercícios físicos.

câibras de calor Complicação frequente da exaustão pelo calor. Geralmente ocorrem em pessoas com sudorese abundante após exercício físico prolongado em clima quente e que consumiram grande volume de água. As câibras afetam os músculos esqueléticos e consistem em contrações que duram de um a três minutos de cada vez.

calorias discricionárias São as calorias permitidas na dieta, além daquelas necessárias para suprir as necessidades nutricionais. Essa quantidade de calorias, que geralmente é pequena, permite flexibilidade de consumo de certos alimentos e bebidas que contenham álcool (p. ex., cerveja e vinho), açúcar adicionado (p. ex., refrigerantes, balas e doces) ou gorduras adicionadas, como parte dos alimentos com teor moderado ou elevado de lipídeos (p. ex., muitos alimentos industrializados, salgadinhos, etc.).

calorimetria direta Um método para determinar o uso de energia pelo corpo medindo-se o calor liberado pelo corpo. Geralmente utiliza-se uma câmara isolada.

calorimetria indireta Um método para mensurar o uso de energia pelo corpo medindo-se a captação de oxigênio. Fórmulas são então usadas para converter esse valor da troca gasosa em uso de energia.

capacidade de reserva A extensão em que um órgão consegue preservar a função essencialmente normal apesar de um número menor de células ou de menos atividade celular.

capilar Vaso sanguíneo microscópico que conecta as artérias e veias de menor calibre; local onde se dão as trocas de oxigênio nutrientes, e resíduos entre as células do corpo e o sangue.

carboidrato Composto formado por átomos de carbono, hidrogênio e oxigênio. São conhecidos, em sua maioria, como açúcares, amidos e fibras.

carboidrato complexo Carboidrato composto por várias moléculas de monossacarídeo. Por exemplo, glicogênio, amido e fibras.

carga de carboidrato Processo de ingestão de grande quantidade de carboidratos durante seis dias antes de uma competição atlética, acompanhado de redução gradativa da duração dos treinos, com o objetivo de aumentar as reservas musculares de glicogênio.

carga glicêmica Quantidade de carboidrato em uma porção de alimento, multiplicada pelo índice glicêmico daquele carboidrato. Divide-se o resultado por 100.

cáries dentárias Erosões na superfície dos dentes causadas por ácidos produzidos por bactérias que digerem açúcares.

cáries infantis precoces Cárie dentária que resulta do contato prolongado da fórmula ou do suco (e até mesmo do leite materno) com os dentes quando a criança adormece com a mamadeira na boca. Os dentes superiores são os mais afetados, já que os inferiores estão protegidos pela língua; antigamente chamada de síndrome da mamadeira ou cárie da mamadeira.

carotenoides Pigmentos de cor amarela, alaranjada ou vermelha encontrados nas frutas e legumes; dentre os vários carotenoides, três são fontes de vitamina A. Muitos deles são antioxidantes.

cegueira noturna Deficiência de vitamina A na qual a retina (do olho) não consegue se ajustar a condições de pouca luminosidade.

célula Elemento estrutural básico dos organismos animais e vegetais. As células contêm o material genético e os sistemas necessários à síntese de compostos energéticos. Elas têm capacidade de retirar compostos e excretá-los de e para o meio circundante.

células absortivas Células intestinais distribuídas na superfície das vilosidades. Essas células participam da absorção de nutrientes.

células epiteliais Células que revestem a superfície externa do corpo e a superfície interna de todos os órgãos tubulares, por exemplo, o trato gastrintestinal.

células "lixeiras" [*scavenger*] Tipo específico de leucócitos que se escondem na parede das artérias e acumulam LDL. No momento em que captam as LDL, as células lixeiras contribuem para o desenvolvimento da aterosclerose.

celulose Polissacarídeo formado por uma cadeia reta de moléculas de glicose; não digerível e não fermentável.

cereal integral Grão em que está presente a semente completa da planta, incluindo a casca, o gérmem e o endosperma (núcleo amiláceo). Exemplos são o trigo integral e o arroz integral.

cetose Condição em que existe alta concentração de corpos cetônicos e outros subprodutos semelhantes na corrente sanguínea e nos tecidos.

choque anafilático Reação alérgica grave, que provoca queda da pressão arterial e sintomas de desconforto gastrintestinal e respiratório. Pode ser fatal.

circulação êntero-hepática Reciclagem contínua de substâncias entre o intestino delgado e o fígado; os ácidos biliares são exemplos de compostos reciclados.

circulação porta Parte do sistema circulatório que usa uma grande veia (veia porta) para transportar o sangue rico em nutrientes dos capilares intestinais e de partes do estômago até o fígado.

círculo vicioso (quebra do) Dissociação de dois ou mais comportamentos que incentivam excessos alimentares, por exemplo, comer assistindo à televisão.

cirrose Perda da função das células hepáticas, que são substituídas por tecido conectivo não funcional. Qualquer substância que intoxique as células hepáticas pode levar à cirrose. A causa mais comum é a ingestão crônica excessiva de álcool. A exposição a algumas substâncias químicas industriais também pode levar à cirrose.

citoplasma O conteúdo líquido e organelas (exceto o núcleo) que preenchem a célula.

coagulação Solidificação do sangue. Essencialmente, é a passagem do sangue de um estado de suspensão líquida para uma forma sólida, de consistência gelatinosa.

coenzima Composto que se liga a uma enzima inativa para dar origem à forma ativa, catalítica. Portanto, as coenzimas contribuem para a função das enzimas.

cofator Mineral ou outra substância que se liga a uma região específica de uma proteína, como uma enzima, sendo fundamental para que essa proteína exerça sua função.

colecistocinina Hormônio que participa da liberação de enzima pelo pâncreas, da liberação da bile da vesícula biliar e da regulação da fome.

colesterol Lipídeo encontrado em todas as células do corpo semelhante a uma cera. Sua estrutura contém múltiplos anéis com laços químicos e só é encontrado em alimentos de origem animal.

colostro O primeiro líquido secretado pela mama durante o final da gravidez e os primeiros dias pós-parto. Esse líquido espesso é rico em fatores imunológicos e proteína.

composto Grupo de diferentes tipos de átomos reunidos e ligados em proporções predefinidas.

compressão da morbidade Atraso no aparecimento de incapacidades causadas por doenças crônicas.

compulsão alimentar periódica (transtorno de) Transtorno alimentar caracterizado por compulsão alimentar recorrente e sensação de perda de controle sobre a alimentação persistentes há pelo menos 6 meses. Os episódios de compulsão alimentar podem ser desencadeados por frustração, raiva, depressão, ansiedade, permissividade quanto a alimentos proibidos e fome excessiva.

conservantes Compostos que prolongam o prazo de validade dos alimentos inibindo o crescimento microbiano ou minimizando os efeitos destrutivos do oxigênio e dos metais.

constipação Quadro caracterizado por redução da frequência das evacuações.

controle biológico de pragas Controle das pragas agrícolas por meio de predadores, parasitas ou patógenos naturais. Por exemplo, as joaninhas podem ser usadas para controlar a infestação por pulgões.

controle de contigências Formação de um plano de ação para responder a uma situação na qual é provável que se coma demais, como petiscos ao alcance em uma festa.

controle de estímulos Alteração do ambiente a fim de minimizar os estímulos para comer – por exemplo, remover os alimentos do campo de visão e guardá-los nos armários da cozinha.

corpos cetônicos Subprodutos da degradação parcial de gorduras. Contêm 3 ou 4 átomos de carbono.

creatina Molécula orgânica (ou seja, que contém carbono) presente nas células musculares e que faz parte de um composto altamente energético (fosfato de creatina ou fosfocreatina) capaz de sintetizar ATP a partir do ADP.

cretinismo Atraso no desenvolvimento corporal e déficit do desenvolvimento mental na criança decorrentes da ingestão materna inadequada de iodo durante a gravidez.

cromossomo Grande molécula de DNA associada a proteínas; contém muitos genes que armazenam e transmitem informações genéticas.

cuidados terminais Local onde os pacientes recebem cuidados gerais, visando manter sua dignidade ao se aproximar da morte.

defeito do tubo neural Defeito na formação do tubo neural, que ocorre durante o início do desenvolvimento fetal. Esse tipo de defeito resulta em diversos transtornos do sistema nervoso, como a espinha bífida. A deficiência de folato na gestante aumenta o risco de o feto desenvolver esse transtorno.

degeneração macular Doença que desorganiza a região central da retina (no fundo do olho) e provoca visão turva, mas não causa dor.

demência Perda ou diminuição generalizada das faculdades mentais.

densidade calórica Relação entre o teor calórico (kcal) de um alimento e o peso deste. Um alimento de alta densidade calórica pesa pouco, mas tem muitas calorias (p. ex., batata *chips*), enquanto um alimento de baixa densidade calórica tem poucas calorias em comparação ao seu peso (p. ex., laranja).

densidade mineral óssea Conteúdo mineral total de um osso específico dividido pela amplitude do osso naquele local, geralmente expresso como gramas por centímetro cúbico (g/cm^3).

densidade nutricional Resultado da divisão do teor de nutrientes pelo teor calórico do alimento. Quando um alimento contribui mais para as nossas necessidades de um determinado nutriente do que para as nossas necessidades calóricas, esse alimento é considerado de boa densidade nutricional.

dependência de álcool Situação em que o indivíduo apresenta diversos problemas relacionados ao consumo de álcool, por exemplo, incapacidade de controlar seu uso, muito tempo da vida dedicado à bebida, uso continuado de álcool apesar das consequências físicas ou psicológicas, desejo persistente ou fracasso nas tentativas de suspender ou controlar o consumo de bebida alcoólica, além de sintomas de abstinência. Também pode surgir tolerância.

desenvolvimento sustentável Crescimento econômico que, simultaneamente, reduz a pobreza, protege o ambiente e preserva os recursos naturais.

desidrogenase alcoólica Enzima que participa do metabolismo do etanol convertendo o álcool em acetaldeído.

deslocamento de ar Um método para estimar a composição corporal que utiliza o volume de espaço tomado pelo corpo dentro de uma pequena câmara.

desnaturação Alteração da estrutura tridimensional de uma proteína, geralmente devido à ação de calor, enzimas, soluções ácidas ou alcalinas ou agitação.

desnutrição Comprometimento da saúde resultante de práticas alimentares que não estão de acordo com as necessidades nutricionais.

desnutrição proteico-calórica (DPC) Uma condição decorrente do consumo regular de quantidades insuficientes de calorias e proteínas. A deficiência acaba resultando em perda de massa muscular, basicamente do tecido magro, e a uma suscetibilidade maior a infecções.

diabetes gestacional Elevação da concentração de glicose no sangue durante a gravidez, com retorno ao normal após o parto. Uma das causas é a produção, pela placenta, de hormônios que antagonizam o controle da glicose sanguínea pela insulina.

diabetes tipo 1 Forma de diabetes com tendência à cetose e que requer tratamento com insulina.

diabetes tipo 2 Forma de diabetes caracterizada por resistência à insulina e quase sempre associada à obesidade. A insulina pode ser usada para tratamento, mas geralmente não é necessária.

dieta de eliminação Dieta restritiva que testa, de forma sistemática, alimentos que possam causar reação alérgica, começando por suprimi-los da alimentação por uma a duas semanas, voltando a acrescentá-los, em seguida, um de cada vez.

dieta de pouquíssimas calorias (DMPC) Conhecida também como jejum modificado poupador de proteína (JMPP), essa dieta proporciona de 400 a 800 kcal diárias à pessoa, geralmente na forma líquida. Desse montante, de 120 a 480 kcal são provenientes de carboidratos, e o restante é basicamente proteína de alta qualidade.

Dietary Guidelines for Americans Metas gerais de ingestão de nutrientes e composição da dieta definidas pelos órgãos reguladores da agricultura (USDA) e da saúde (Departament of Health and Human Services) nos EUA.

difosfato de adenosina (ADP) Produto da quebra do ATP. O ADP é transformado em ATP ao adquirir um radical fosfato (cuja abreviatura é P_i) com a ajuda da energia proveniente dos alimentos.

digestão Nesse processo, as grandes moléculas ingeridas são quebradas, por ação mecânica e química, gerando nutrientes básicos que possam ser absorvidos pela parede do TGI.

diglicerídeo Produto da quebra de um triglicerídeo, formado por dois ácidos graxos ligados a uma molécula de glicerol.

dissacarídeo Classe de açúcares formados pela ligação química entre dois monossacarídeos.

distúrbio alimentar Alteração leve e de curto prazo no padrão alimentar em resposta a algum acontecimento estressante, doença ou mesmo ao desejo de modificar o perfil da dieta por várias razões de saúde ou de aparência física.

diurético Substância que aumenta o volume urinário.

diverticulite Inflamação dos divertículos causada pelos ácidos produzidos pelo metabolismo bacteriano em seu interior.

divertículos Dilatações que fazem protrusão na parede externa do intestino grosso.

diverticulose Presença de muitos divertículos no intestino grosso.

doença celíaca Reação alérgica ou imunológica ao glúten, proteína presente em certos cereais, como trigo e centeio. O resultado dessa reação é a destruição dos enterócitos (células da parede intestinal), reduzindo a superfície de contato da parede intestinal em razão do achatamento das vilosidades. A eliminação do trigo, do centeio e de alguns outros grãos da dieta restaura a mucosa da parede intestinal.

doença falciforme (anemia falciforme) Doença resultante de uma má-formação das hemácias do sangue em consequência de uma estrutura incorreta em parte das cadeias proteicas da hemoglobina. A doença pode levar a episódios de dor óssea e articulatória intensa, dores abdominais, cefaleia, convulsões, paralisia e até mesmo óbito.

doença transmitida por alimentos Doença causada pela ingestão de alimentos que contêm substâncias prejudiciais à saúde.

edema O acúmulo de líquido em excesso nos espaços extracelulares.

efeito térmico do alimento (ETA) Aumento do metabolismo que ocorre durante a digestão, a absorção e o metabolismo dos nutrientes calóricos. Representa de 5 a 10% das calorias consumidas.

efeitos alcoólicos fetais (EAF) Hiperatividade, déficit de atenção, falta de discernimento, distúrbios do sono e dificuldade de aprendizado resultantes da exposição ao álcool na fase pré-natal.

elemento Substância que não pode ser separada em outras, mais simples, por processos químicos. Os elementos geralmente utilizados em nutrição incluem carbono, oxigênio, hidrogênio, nitrogênio, cálcio, fósforo e ferro.

eletrólitos Substâncias cujos íons se separam na água e que, dessa forma, são capazes de conduzir a corrente elétrica. Por exemplo, sódio, cloreto e potássio.

embalagem asséptica Método pelo qual o alimento e sua embalagem são esterilizados separada e simultaneamente. Permite aos fabricantes produzir leite em embalagens cartonadas que podem ser armazenadas em temperatura ambiente.

embrião Nos humanos, a prole em desenvolvimento no útero desde o começo da 3ª semana até o final da 8ª semana depois da concepção.

Emenda Delaney Cláusula da Emenda de Aditivos Alimentares de 1958 à Lei de Alimentos Puros e Drogas dos Estados Unidos; previne a adição intencional (direta) aos alimentos de compostos que comprovadamente causam câncer em animais de laboratório ou seres humanos.

emulsificante Composto capaz de manter a gordura suspensa em água, pois transforma a gordura em pequenas gotículas cercadas por moléculas de água ou de outra substância que evita a coalescência da gordura.

endométrio Membrana que reveste o interior do útero. Aumenta de espessura durante o ciclo menstrual até ocorrer a ovulação. As camadas superficiais desprendem-se durante a menstruação se não ocorrer a concepção.

endorfinas Substâncias naturais que exercem efeito tranquilizante no organismo e podem estar envolvidas na resposta alimentar, atuando também como analgésicos.

engenharia genética Manipulação do código genético de qualquer organismo vivo por meio da tecnologia de DNA recombinante.

envelhecimento Mudanças físicas e fisiológicas relacionadas ao tempo na estrutura e função corporal que ocorrem normalmente e de maneira progressiva durante toda a fase adulta à medida que os humanos amadurecem e envelhecem.

enzima Composto que acelera uma reação química, sem ser alterado por essa reação. Quase todas as enzimas são proteínas (algumas são feitas de material genético).

epidemiologia Estudo da variação da incidência das doenças em diferentes grupos populacionais.

epiglote Prega de tecido que se dobra sobre a abertura da traqueia durante a deglutição.

epinefrina Hormônio também conhecido como adrenalina, liberado pelas glândulas suprarrenais (localizadas sobre cada rim) em situações de estresse. Entre outras ações, promove a quebra do glicogênio no fígado.

equilíbrio proteico Estado em que a ingestão proteica é igual às perdas proteicas relacionadas; diz-se que a pessoa encontra-se em balanço proteico.

ergogênico Que produz trabalho. Um ergogênico é qualquer substância ou tratamento de natureza mecânica, nutricional, psicológica, farmacológica ou fisiológica destinada a melhorar diretamente o desempenho do exercício físico.

eritrócitos Hemácias maduras. Essas células não contêm núcleo, têm uma vida útil em torno de 120 dias e contêm hemoglobina, que transporta oxigênio e dióxido de carbono.

eritropoietina Hormônio secretado principalmente pelos rins e que estimula a síntese de hemácias e sua liberação pela medula óssea.

escorbuto Doença de carência que surge após semanas ou meses de consumo de uma dieta na qual falta vitamina C; um dos sinais precoces dessa deficiência são pontos hemorrágicos na pele.

esfincter esofágico inferior Músculo circular que se contrai fechando a passagem do esôfago para o estômago. Também é denominado cárdia.

esfincter pilórico Anel de músculo liso situado entre o estômago e o intestino delgado.

esfincteres anais Grupo de dois esfincteres (interno e externo) que ajudam no controle da eliminação das fezes.

esôfago Porção tubular do trato GI que conecta a faringe ao estômago.

espaço extracelular É o espaço fora das células; representa um terço do líquido corporal.

esporos Células reprodutoras em estado latente, capazes de se transformar em organismos adultos sem a ajuda de outra célula. Várias bactérias e fungos formam esporos.

esqueleto de carbono Estrutura aminoacídica remanescente depois que o grupo amino (-NH_2) foi removido.

estado nutricional Saúde nutricional de uma pessoa, determinada pelos parâmetros antropométricos (altura, peso, circunferências corporais, etc.), pela dosagem bioquímica dos nutrientes ou de seus subprodutos no sangue e na urina, pelo exame clínico (físico) e pela análise da dieta e da situação socioeconômica.

esterol Composto cuja estrutura é formada por vários anéis interligados (molécula esteroide) e um radical hidroxila (–OH). Um exemplo típico é o colesterol.

estudo de caso-controle Estudo no qual indivíduos que sofrem de uma determinada doença, por exemplo, câncer pulmonar, são comparados a indivíduos que não têm a mesma doença.

estudo duplo-cego Protocolo experimental no qual nem os participantes do estudo nem os pesquisadores sabem o que cada participante está recebendo (o produto em teste ou placebo) nem conhecem os resultados até que o estudo seja concluído. Um terceiro independente guarda os códigos e dados até que o estudo esteja terminado.

etanol Termo químico para a forma de álcool encontrada em bebidas alcoólicas.

exaustão pelo calor Primeiro estágio da intermação, que ocorre quando há depleção de volume sanguíneo pela perda de líquidos. A temperatura corporal aumenta, podendo levar à cefaleia, tontura, fraqueza muscular e transtornos visuais, entre outros efeitos.

expectativa de vida O tempo médio de vida de um determinado grupo de pessoas nascidas em um ano específico.

expressão gênica Uso da informação contida no DNA de um gene para produzir uma proteína. Considerada um dos principais fatores determinantes do desenvolvimento das células.

fagócitos Células que "engolem" (fagocitam) substâncias, partículas, etc.; entre elas, podemos citar os neutrófilos e os macrófagos.

fagocitose Processo em que a célula forma uma indentação, na qual partículas ou líquidos são capturados e, em seguida, introduzidos na célula.

faringe Órgão que pertence, ao mesmo tempo, ao sistema digestório e ao trato respiratório, localizado atrás das cavidades oral e nasal, chamado de garganta em linguagem leiga.

fator intrínseco Composto de natureza proteica produzido pelo estômago e que aumenta a absorção de vitamina B12.

fator *Lactobacillus bifidus* Um fator de proteção secretado no colostro, que estimula o crescimento de bactérias benéficas nos intestinos do recém-nascido.

fenilcetonúria (PKU) Defeito congênito que torna o fígado incapaz de metabolizar o aminoácido fenilalanina e transformá-lo em tirosina; se o problema não for tratado, a fenilalanina e alguns subprodutos se acumulam no organismo e causam retardo mental.

fermentação Conversão de carboidratos em álcool, ácido e dióxido de carbono, sem uso de oxigênio.

ferro heme Ferro presente nos tecidos animais sob a forma de hemoglobina e mioglobina. Aproximadamente 40% do ferro presente na carne que consumimos é do tipo heme. Essa substância é rapidamente absorvida.

ferro não heme Ferro proveniente de fontes vegetais ou animais em outras formas que não a hemoglobina e a mioglobina. O ferro não heme não é tão bem-absorvido quanto o ferro heme; sua absorção depende das necessidades do organismo.

feto A forma de vida humana em desenvolvimento desde oito semanas de concepção até o nascimento.

fibra alimentar Fibra encontrada nos alimentos.

fibra não fermentável Fibra que não é facilmente metabolizada pelas bactérias intestinais.

fibra total Somatório dos conteúdos de fibra alimentar e funcional em um alimento. Também chamada, simplesmente, fibra.

fibra viscosa Fibra rapidamente fermentada por bactérias no intestino grosso.

fibras Substâncias presentes nos alimentos de origem vegetal e que não são digeridas pelo estômago ou intestino delgado humanos. As fibras aumentam o volume das fezes. Naturalmente presentes nos alimentos, as fibras são também denominadas fibras alimentares.

fibra funcional Fibra adicionada aos alimentos que, comprovadamente, proporciona benefícios à saúde.

fibrose cística Doença hereditária que pode causar superprodução de muco. O muco bloqueia o duto pancreático e diminui a descarga de enzimas no intestino.

fitoquímico Substância química encontrada nas plantas. Alguns fitoquímicos podem contribuir para reduzir o risco de câncer ou doença cardiovascular, se consumidos regularmente.

fome Impulso fisiológico (de natureza interna) de buscar e consumir alimentos, regulado principalmente por uma atração inata pela comida.

fome (mundial) Carência extrema de alimentos que afeta populações inteiras, levando à morte por inanição; quase sempre está associada à destruição de lavouras, guerras ou conflitos políticos.

fome epidêmica Privação extrema de alimentos levando populações inteiras à inanição; frequentemente associada à perda de lavouras, guerras e instabilidade política.

fosfocreatina Composto altamente energético que pode ser usado para produzir novo ATP. É utilizado pelas células principalmente durante exercícios físicos curtos e muito exigentes, como salto ou levantamento de peso.

fosfolipídeo Composto pertencente a uma classe de substâncias gordurosas que contêm fósforo, ácidos graxos e um componente de nitrogênio. Os fosfolipídeos são uma parte essencial de todas as células.

fotossíntese Processo em que os vegetais utilizam a energia solar para sintetizar compostos ricos em energia, como a glicose.

fratura de estresse Fratura que decorre de traumatismo por impacto repetitivo sobre um osso. É comum nos ossos do pé.

frutariano Pessoa que come, principalmente, frutas, sementes, mel e óleos vegetais.

frutose Monossacarídeo com seis átomos de carbono, geralmente em forma de anel. Encontrada nas frutas e no mel de abelhas; é também conhecida como açúcar da fruta.

fungos Formas de vida parasitária simples, que incluem fungos propriamente ditos, mofos, leveduras e cogumelos. Vivem na matéria orgânica morta ou em decomposição. Os fungos podem crescer em forma unicelular, como as leveduras, ou em colônias multicelulares, como se vê no mofo.

galactose Monossacarídeo com seis átomos de carbono, geralmente em forma de anel. Composto estreitamente relacionado à glicose.

gastroplastia Cirurgia de derivação gástrica feita para limitar o volume do estômago a aproximadamente 30 mL. Também conhecida como grampeamento do estômago.

gêmeos idênticos (univitelinos) Dois bebês que se desenvolvem a partir de um único óvulo fecundado por um espermatozoide e que, consequentemente, têm o mesmo código genético.

gene Segmento específico de um cromossomo. Os genes fornecem a matriz para a produção das proteínas celulares.

gênero e desenvolvimento (GAD) Abordagem que tem como foco os papéis e as responsabilidades de homens e mulheres no processo de desenvolvimento sustentável.

geralmente reconhecidos como seguros (GRAS) Lista de aditivos alimentares que, em 1958, eram considerados seguros para consumo nos Estados Unidos. Os fabricantes foram autorizados a continuar usando esses aditivos, sem qualquer inspeção especial, se necessários nos produtos alimentícios. A FDA é responsável por provar que eles não são seguros e pode retirar da lista um produto que julgue impróprio para consumo.

gestação Período de desenvolvimento intrauterino, da concepção até o nascimento. No ser humano, a gestação dura cerca de 40 semanas, contadas a partir da última menstruação.

glândula endócrina Glândula que produz hormônios.

glicerol Álcool que contém três átomos de carbono usado para formar triglicerídeos.

glicogênio Carboidrato formado por várias unidades de glicose, com estrutura muito ramificada. É a forma de armazenamento da glicose no ser humano, sendo sintetizado (e armazenado) no fígado e nos músculos.

glicose Açúcar com seis átomos de carbono em forma de anel; encontrada em forma simples no sangue; no açúcar de mesa, encontra-se ligada à frutose; também pode ser chamada dextrose, sendo classificada como um açúcar simples.

glicosilação O processo pelo qual a glicose se fixa (glica) a outros compostos, como proteínas.

glucagon Hormônio produzido pelo pâncreas e que estimula a degradação do glicogênio no fígado, gerando glicose. Esse processo tende a aumentar a glicose sanguínea. O glucagon também desempenha outras funções.

goma Fibra viscosa que contém cadeias de galactose, ácido glicurônico e outros monossacarídeos. Geralmente é encontrada no exsudato de caules de plantas.

grelina Hormônio produzido pelo estômago e que faz aumentar o desejo de comer.

grupo-controle Participantes de um experimento que não recebem o tratamento que está sendo testado.

helminto Parasita vermiforme que pode contaminar os alimentos, a água, as fezes, os animais e outras substâncias.

hematócrito Porcentagem de sangue constituída de hemácias.

hemicelulose Fibra não fermentável que contém xilose, galactose, glicose e outros monossacarídeos ligados entre si.

hemocromatose Um distúrbio do metabolismo do ferro caracterizado por maior absorção e depósito de ferro nos tecidos hepáticos e cardíacos, o que acaba intoxicando as células desses órgãos.

hemoglobina Substância que contém ferro, presente nas células vermelhas do sangue; a hemoglobina transporta oxigênio para as células do corpo e retira delas parte do dióxido de carbono. O radical de ferro heme é também o responsável pela cor vermelha do sangue.

hemólise Destruição das hemácias. A membrana nas hemácias se rompe, permitindo que conteúdos celulares vazem para a porção líquida do sangue.

hemorragia Escape de sangue de dentro dos vasos.

hemorroida Ingurgitamento pronunciado de uma veia de grosso calibre, particularmente na região anal.

hidrogenação Adição de hidrogênio a uma dupla ligação carbono-carbono, o que produz uma ligação simples com dois átomos de hidrogênio ligados a cada carbono. A hidrogenação dos ácidos graxos insaturados contidos no óleo vegetal endurece o produto, por isso esse processo é usado para converter óleos líquidos em gorduras mais sólidas, usadas como margarinas culinárias. Ácidos graxos *trans* são um subproduto da hidrogenação dos óleos vegetais.

hiperglicemia Glicose sanguínea elevada acima de 125 mg em cada 100 mL de sangue.

hipertensão induzida pela gravidez Distúrbio grave que pode incluir pressão arterial alta, insuficiência renal, convulsões e até mesmo a morte da mãe e do feto. Embora sua causa exata não seja conhecida, uma dieta adequada (especialmente uma ingestão de cálcio adequada) e o cuidado pré-natal podem prevenir esse distúrbio ou limitar sua gravidade. Casos brandos são conhecidos como pré-eclâmpsia; casos mais graves são denominados eclâmpsia (antigamente, toxemia).

hipoglicemia Glicose sanguínea diminuída, abaixo de 40 a 50 mg em cada 100 mL de sangue.

hipoglicemia de jejum Baixo nível sanguíneo de glicose que resulta de aproximadamente um dia de jejum.

hipoglicemia reativa Nível baixo de glicose no sangue após uma refeição muito rica em açúcares simples, acompanhado de sintomas, como irritabilidade, cefaleia, nervosismo, sudorese e confusão mental. Também denominada hipoglicemia pós-prandial.

hipotálamo Região da base do cérebro que contém células atuantes nos mecanismos de controle da fome, da respiração, da temperatura corporal e de outras funções do corpo.

hipótese Explicação proposta por um cientista para explicar um fenômeno.

histamina Produto resultante da degradação do aminoácido histidina e que estimula a secreção ácida do estômago, além de ter outros efeitos no organismo, como provocar a contração da musculatura lisa, aumentar a secreção nasal, relaxar os vasos sanguíneos e interferir no relaxamento das vias aéreas.

hormônio Composto secretado na corrente sanguínea por um tipo de célula, o qual atua controlando a função de outro tipo de célula. Por exemplo, algumas células do pâncreas produzem insulina que, por sua vez, atua no músculo e em outros tipos de células promovendo a captação de nutrientes do sangue.

hormônio antidiurético Hormônio secretado pela glândula hipófise e que atua nos rins diminuindo a excreção de água.

hormônio da paratireoide (PTH) Hormônio produzido pela glândula paratireoide que aumenta a síntese do hormônio vitamina D e ajuda na liberação de cálcio dos ossos e na conservação de cálcio pelos rins, dentre outras funções.

hormônios da tireoide Hormônios produzidos pela glândula tireoide que, entre outras funções, aumentam o ritmo geral do metabolismo corporal.

impedância bioelétrica Método para estimativa da gordura corporal total, que utiliza uma corrente elétrica de baixa energia. Quanto maior for a quantidade de gordura armazenada, maior será a impedância (resistência à passagem da corrente elétrica) do corpo.

imunidade específica Função dos linfócitos dirigida contra antígenos específicos.

imunidade inespecífica Defesas orgânicas que bloqueiam a invasão de agentes patogênicos. Entram em ação no primeiro contato com um determinado patógeno.

imunidade mediada por células Nesse processo, alguns leucócitos entram em contato com células invasoras visando destruí-las.

imunoglobulinas Proteínas encontradas no sangue que se ligam a antígenos específicos; também denominadas anticorpos. As cinco grandes classes de imunoglobulinas desempenham papéis diferentes na imunidade mediada por anticorpos.

índice de massa corporal (IMC) Peso (em quilos [kg]) dividido pela altura (em metros [m]) elevada ao quadrado; quando o resultado é 25 ou mais, indica sobrepeso; um valor igual ou maior do que 30 indica obesidade.

índice glicêmico Variação da glicose sanguínea em resposta à ingestão de um determinado alimento, comparada a um padrão (geralmente glicose pura ou pão branco). O índice glicêmico varia com a estrutura do amido, com o teor de fibras, com o processamento do alimento e sua estrutura física e com o teor de macronutrientes da refeição, como gordura.

infarto do miocárdio Morte de uma parte do músculo cardíaco. Também conhecido como ataque cardíaco.

infraestrutura Arcabouço fundamental de um sistema organizacional. No caso da sociedade, inclui rodovias, pontes, telefonia e outras tecnologias básicas.

ingestão adequada (AI) Valor definido para nutrientes para os quais não haja dados de pesquisa suficientes para definir a RDA. A AI se baseia em estimativas de ingestão que parecem manter um estado nutricional definido em uma faixa etária específica.

ingestão diária aceitável (ADI) Estimativa da quantidade de edulcorante que um indivíduo pode consumir com segurança, diariamente, ao longo da vida. A ADI é expressa em mg/kg de peso corporal por dia.

Ingestão dietética de referência (DRI) Termo que engloba as recomendações nutricionais do Food and Nutrion Board. Sob essa denominação incluem-se os conceitos de RDA, EAR (necessidade média estimada), AI, EER e UL.

ingestão dielética recomendada (DRA) Ingestão de nutrientes suficiente para suprir de 97 a 98% das necessidades do indivíduo, de acordo com a sua faixa etária.

inibidor da bomba de prótons Medicamento que inibe a secreção de íons hidrogênio pelas células do estômago. Doses baixas desses medicamentos podem ser usadas sem prescrição (p. ex., omeprazol, lansoprazol).

inorgânico Qualquer composto que não contenha, em sua estrutura, átomos de carbono ligados a átomos de hidrogênio.

insegurança alimentar Condição caracterizada por ansiedade pela perspectiva da falta de alimento ou de dinheiro para comprar alimentos.

insulina Hormônio produzido pelo pâncreas. Entre outros processos, a insulina aumenta a síntese de glicogênio pelo fígado e movimenta a glicose da corrente sanguínea para dentro das células.

intermação A intermação ocorre quando a temperatura interna do corpo alcança 40°C. Se o quadro não for tratado, em geral o suor cessa, e a circulação sanguínea diminui muito. Pode haver dano ao sistema nervoso e morte. A pele da pessoa que sofreu intermação costuma se apresentar quente e seca.

intolerância à lactose Síndrome que se caracteriza por sintomas como flatulência e distensão abdominal, decorrentes de uma grave deficiência de digestão da lactose.

intolerância alimentar Reação adversa a um alimento que não envolve uma reação alérgica.

intoxicação alimentar Doença causada pela ingestão de alimentos que contêm substâncias nocivas à saúde.

íon Átomo com número desigual de elétrons e prótons. Os íons com carga negativa têm mais elétrons do que prótons; os íons com carga positiva têm mais prótons do que elétrons.

irradiação Processo no qual a energia da radiação é aplicada aos alimentos criando compostos (radicais livres) que destroem membranas celulares, quebram as moléculas de DNA, ligam proteínas umas às outras, limitam a atividade enzimática e alteram diversas proteínas e funções celulares dos microrganismos capazes de deteriorar os alimentos. O processo não torna o alimento radiativo.

isômeros Compostos que têm a mesma fórmula química, porém diferentes estruturas.

kwashiorkor Uma doença que ocorre principalmente em crianças pequenas portadoras de uma doença e que consomem uma quantidade marginal de calorias e proteínas, insuficiente em relação às necessidades. A criança geralmente sofre infecções e exibe edema, déficit de crescimento, fraqueza e uma suscetibilidade maior a outras doenças.

lactação Período de produção de leite depois da gravidez; em geral, chamado de amamentação.

lactase Enzima produzida pelas células absortivas do intestino delgado. Essa enzima digere a lactose, dando origem à glicose e à galactose.

Lactobacillus bifidus Fator protetor secretado no colostro, que estimula o crescimento de bactérias benéficas no intestino do recém-nascido.

lactose Glicose ligada à galactose; também conhecida como açúcar do leite.

lactovegetariano Pessoa que se alimenta de vegetais e laticínios.

lanugem Pelos finos que aparecem quando há uma perda de peso importante decorrente de semi-inanição. Esses pelos se mantêm eretos e retêm o ar, funcionando como uma capa de isolamento do corpo e compensando a relativa falta de gordura corporal, que é o isolante natural.

laxante Medicamento ou substância que estimula o esvaziamento do trato intestinal.

lecitina Grupo de fosfolipídeos que são importantes componentes das membranas celulares.

leito capilar Rede de vasos com espessura de uma célula que criam uma junção entre a circulação arterial e a venosa. É onde ocorre a troca de gases e nutrientes entre as células do corpo e o sangue.

leptina Hormônio produzido no tecido adiposo proporcionalmente ao total de gordura armazenada no corpo e que influencia, a longo prazo, o controle da massa adiposa. A leptina também interfere nas funções reprodutivas e em outros processos corporais, como a secreção do hormônio insulina.

leucócitos Um dos elementos sólidos do sangue, também conhecidos como glóbulos brancos. Os leucócitos conseguem se deformar e passar por pequenos espaços intercelulares, para migrar de um local para outro do corpo. Realizam fagocitose com bactérias, fungos e vírus, além de destoxificar proteínas oriundas de reações alérgicas e lesões celulares e outras células do sistema imunológico.

ligação peptídica Uma ligação química formada entre aminoácidos em uma proteína.

ligações Junção entre dois átomos que compartilham elétrons ou que se atraem.

ligninas Fibra não fermentável cuja estrutura consiste em um composto alcoólico com vários anéis (não carboidrato).

linfa Líquido claro que flui pelos vasos linfáticos e transporta a maioria dos lipídeos absorvidos no intestino delgado.

lipase Enzima produzida pelas glândulas salivares, pelo estômago e pelo pâncreas, capaz de digerir gorduras.

lipase lipoproteica Enzima ligada às células que revestem a parede interna dos vasos sanguíneos e que promove a quebra dos triglicerídeos em ácidos graxos livres e glicerol.

lipídeo Composto que contém muito carbono e hidrogênio, pouco oxigênio e, às vezes, outros átomos. Os lipídeos não são solúveis em água e englobam gorduras, óleos e colesterol.

lipoproteína Composto presente na corrente sanguínea, formado por um núcleo de lipídeo envolvido por uma membrana de proteína, fosfolipídeo e colesterol.

lipoproteína de alta densidade (HDL) Lipoproteína circulante que captura o colesterol derivado de células mortas e de outras fontes e o transfere para outras lipoproteínas na corrente sanguínea ou diretamente ao fígado. Um nível baixo de HDL significa um maior risco de doença cardiovascular.

lipoproteína de baixa densidade (LDL) Lipoproteína do sangue que contém principalmente colesterol. O nível elevado de LDL tem forte correlação com o risco de doença cardiovascular.

lipoproteína de muito baixa densidade (VLDL) Lipoproteína produzida no fígado e que transporta colesterol e lipídeos captados ou recém-sintetizados no fígado.

líquido amniótico Líquido contido em uma espécie de bolsa no interior do útero. Esse líquido envolve e protege o feto durante seu desenvolvimento.

líquido extracelular Líquido presente fora das células; representa cerca de um terço do líquido corporal.

líquido intracelular Líquido contido no interior de uma célula; representa cerca de dois terços do líquido corporal.

lisossomo Organela celular que contém enzimas digestivas usadas no interior da célula para degradar suas próprias substâncias.

lisozima Enzima produzida por diversas células, que pode destruir bactérias pela ruptura de suas membranas celulares.

lóbulos Estruturas em forma de bolsas na glândula mamária que armazenam leite.

locávoro Pessoas que só consomem alimentos produzidos na própria localidade ou dentro de um raio de 50, 100 ou 500 km.

má digestão da lactose (primária e secundária) A má digestão primária da lactose ocorre quando a produção da enzima lactase diminui sem motivo aparente. A má digestão secundária tem causa específica, como uma diarreia prolongada que leva à diminuição da produção de lactase. Quando a ingestão de lactose provoca sintomas significativos, o quadro é denominado intolerância à lactose.

má nutrição Comprometimento da saúde em consequência de hábitos alimentares incompatíveis com as necessidades nutricionais.

macroelemento Mineral vital para a saúde e que deve estar presente na dieta em quantidades acima de 100 mg por dia.

macronutriente Nutriente necessário em quantidades significativas na dieta.

magreza Um índice de massa corporal < 18,5. O ponto de corte é menos preciso do que para a obesidade porque essa conclusão foi menos estudada.

maligno Nocivo. Quando se refere a um tumor, diz respeito à propriedade de disseminação local e a distância.

maltase Enzima produzida pelas células absortivas do intestino delgado. Essa enzima digere a maltose dando origem a duas moléculas de glicose.

maltose Açúcar formado pela união de duas moléculas de glicose.

manchamento Mudança de coloração ou manchas na superfície dos dentes por fluorose dentária.

marasmo Doença resultante do consumo insuficiente de proteínas e calorias; uma das doenças classificadas como desnutrição proteico-calórica. As vítimas têm pouca ou nenhuma reserva de gordura, pouca massa muscular e pouca força. O óbito decorrente de infecções é comum.

massa corporal magra A massa corporal magra é calculada subtraindo-se a gordura armazenada do peso corporal total. Ela inclui órgãos, como cérebro, músculos e fígado, ossos e sangue e outros líquidos corporais.

massa óssea Substância mineral total (como cálcio e fósforo) em um corte transversal do osso, geralmente expresso em gramas por centímetro de comprimento (g/cm).

megadose Ingestão maciça de um nutriente além das necessidades estimadas ou muito acima do que se deveria encontrar em uma dieta balanceada, por exemplo, no mínimo 2 a 10 vezes a necessidade humana.

megaloblasto Célula vermelha sanguínea grande e imatura, resultante de uma incapacidade dessa célula de se dividir normalmente.

menarca Primeira menstruação. A menarca costuma ocorrer por volta dos 13 anos de idade, 2 ou 3 anos após o aparecimento dos primeiros sinais da puberdade.

menopausa Cessação dos ciclos menstruais da mulher, geralmente por volta dos 50 anos de idade.

metabolismo Processos químicos que ocorrem no corpo visando fornecer energia utilizável e manter as atividades vitais.

metabolismo basal A quantidade mínima de calorias que o corpo utiliza para sustentar-se no estado de jejum em repouso (p. ex., 12 h para ambos) e desperto em um ambiente aquecido e tranquilo. Representa cerca de 1 kcal/kg/h para homens e 0,9 kcal/kg/h para mulheres; esses valores são muitas vezes referidos como taxa de metabolismo basal (TMB).

metabolismo em repouso A quantidade de calorias que o corpo usa quando a pessoa não come há quatro horas e está em repouso (p. ex., 15 a 30 min) e desperta em um ambiente aquecido e tranquilo. Representa cerca de 6% acima do metabolismo basal em virtude dos critérios de testagem menos rígidos; geralmente referido como taxa metabólica em repouso (TMR).

metástase Disseminação de um câncer de uma parte do corpo para outro, mesmo as que ficam distantes do local original do tumor. As células cancerosas podem ser levadas pelos vasos sanguíneos, pelo sistema linfático por contiguidade ou a partir do crescimento do tumor.

micronutriente Nutriente necessário na dieta no nível de miligramas (mg) ou microgramas (μg).

microrganismos Bactérias, vírus ou outro organismo invisível a olho nu, alguns deles capazes de causar doenças. Também chamados micróbios.

mineral Elemento usado pelo corpo em reações químicas e para formar estruturas moleculares.

mineral essencial Mineral vital para a saúde que é necessário na dieta em quantidades acima de 100 mg/dia.

mingau Mistura fina de cereais cozidos em água ou leite.

mioglobina Proteína que contém ferro e que se liga ao oxigênio no tecido muscular.

mitocôndria O principal local de produção de energia na célula. Também abriga os processos de oxidação de gordura para gerar combustível, entre outros processos metabólicos.

modelo animal Uso de animais em pesquisas que ajudam a compreender melhor as doenças humanas.

monoglicerídeo Produto de degradação de um triglicerídeo que consiste em um ácido graxo ligado a uma molécula de glicerol.

monossacarídeo Açúcar simples, como a glicose, que não sofre degradação adicional durante a digestão.

motilidade Refere-se à capacidade de se mover espontaneamente. Também se refere ao movimento dos alimentos ao longo do trato gastrintestinal.

mucilagem Fibra viscosa formada por cadeias de galactose, manose e outros monossacarídeos; encontrada geralmente nas algas marinhas.

muco Fluido espesso secretado por várias células do corpo. O muco contém um composto formado por uma mistura de carboidrato e proteína que atua como lubrificante e meio das células.

necessidade energética estimada (EER) Estimativa da ingestão de energia (kcal) necessária para suprir o gasto energético de um indivíduo-padrão, em uma fase específica da vida.

néfrons renais Unidades funcionais dos rins que filtram os resíduos da corrente sanguínea para que eles sejam eliminados pela urina.

neotame Edulcorante não nutritivo, de uso geral, aproximadamente de sete a 13 mil vezes mais doce do que o açúcar de mesa. Tem estrutura química semelhante à do aspartame. O neotame é termoestável, podendo substituir o açúcar na mesa e na culinária. No organismo, depois de consumido, esse edulcorante não é fragmentado nos aminoácidos que o compõem.

neurônio Unidade estrutural e funcional do sistema nervoso. Consiste em um corpo celular, dendritos e um axônio.

neuropeptídeo Y Substância química produzida no hipotálamo e que estimula a ingestão de alimentos. O hormônio leptina inibe a produção do neuropeptídeo Y.

neurotransmissor Composto produzido por células nervosas e que permite a comunicação com outras células.

nitrosamina Carcinógeno formado por nitratos e produtos de degradação de aminoácidos; pode levar ao câncer de estômago.

nível máximo de ingestão tolerável (UL) Ingestão diária crônica de um nutriente que tem pouco risco de causar efeitos adversos à saúde na maioria das pessoas de uma determinada faixa etária.

norepinefrina Neurotransmissor presente nas terminações nervosas e secretado como hormônio pela medula da glândula suprarrenal. É liberado em momentos de estresse e está envolvido na regulação da fome, do nível de glicose no sangue e em outros processos orgânicos.

núcleo celular Organela delimitada por sua própria dupla membrana, que contém cromossomos – estrutura onde se encontra a informação genética para a síntese de proteínas e para a replicação celular.

nutrição parenteral total Administração, por via intravenosa, de todos os nutrientes necessários, inclusive as formas mais básicas de proteínas, carboidratos, lipídeos, vitaminas, minerais e eletrólitos.

nutricionista Profissional formado em curso universitário de nutrição.

nutriente essencial Em termos nutricionais, é uma substância que, se não estiver presente na dieta, acarretará sinais de saúde precária. É um nutriente que o corpo não tem capacidade de produzir ou produz em quantidade insuficiente para suprir suas necessidades. Se adicionado à dieta antes de causar dano permanente, ajuda a restaurar os aspectos da saúde que foram comprometidos.

nutrientes Substâncias presentes nos alimentos e que contribuem para a saúde, algumas delas sendo componentes essenciais da dieta. Os nutrientes nos alimentam fornecendo calorias para suprir nossa necessidade de energia, matéria-prima para formar partes do nosso corpo e fatores que regulam processos químicos essenciais.

nutrigenômica Estudo do impacto dos alimentos na saúde por meio de sua interação com os genes e consequente efeito na expressão genética.

obesidade central Tipo de obesidade na qual a gordura se deposita principalmente na área abdominal; definida como uma circunferência de cintura acima de 102 cm em homens e 88 cm em mulheres; bastante associada a um alto risco de doença cardiovascular, hipertensão e diabetes tipo 2. Também conhecida como obesidade androide.

obesidade periférica Tipo de obesidade na qual o depósito de gordura está principalmente localizado na área das nádegas e das coxas. Também conhecida como obesidade ginoide ou ginecoide.

obesidade sarcopênica Perda de massa muscular acompanhada de ganho na massa adiposa.

ocitocina Hormônio produzido pela glândula hipófise, causa a contração de células de tipo musculares ao redor dos ductos mamários e do músculo liso uterino.

oligoelemento Mineral – vital para a saúde que é necessário na dieta em quantidades inferiores a 100 mg/dia.

organelas Compartimentos, partículas ou filamentos que desempenham funções especializadas no interior da célula.

orgânico Qualquer composto que contenha, em sua estrutura, átomos de carbono ligados a átomos de hidrogênio.

organismo geneticamente modificado (OGM) Qualquer organismo criado por engenharia genética.

órgão Grupo de tecidos projetado para executar uma função específica, por exemplo, o coração, que contém tecido muscular, tecido nervoso e outros.

osmose Passagem de um solvente como a água através de uma membrana semipermeável de um compartimento menos concentrado para um mais concentrado.

osso cortical Osso denso e compacto que compreende a superfície externa e as hastes ósseas; também denominado osso compacto.

osso trabecular Matriz interna, esponjosa, do osso, encontrada, sobretudo, na coluna, na pelve e nos terminais osseos; também denominado osso esponjoso ou canceloso.

osteomalacia Forma de raquitismo do adulto. O enfraquecimento dos ossos característico dessa doença é causado pelo baixo conteúdo de cálcio. Um dos fatores determinantes da doença é a redução dos níveis de vitamina D no organismo.

osteoporose Diminuição da massa óssea relacionada aos efeitos do envelhecimento, origens genéticas e dieta inadequada em ambos os gêneros, e, nas mulheres, mudanças hormonais na menopausa.

ostomia Curto circuito intestinal criado cirurgicamente formando-se uma abertura na parede abdominal para saída do conteúdo do intestino, denominada colostomia. Uma das consequências desse procedimento é a perda de um volume maior de água pelas fezes do que ocorreria no intestino intacto.

ovolactovegetariano Pessoa que se alimenta de vegetais, laticínios e ovos.

óvulo Célula germinativa feminina que dá origem ao feto se for fertilizada por um espermatozoide.

oxidação No sentido mais elementar, é a perda de um elétron ou o ganho de um átomo de oxigênio por uma substância química. Essa alteração, em geral, modifica a forma e/ou a função da substância.

parasita Organismo que vive dentro ou sobre outro organismo e dele se alimenta.

pasteurização Processo de aquecimento dos alimentos para matar microrganismos patogênicos e reduzir o número total de bactérias.

pectina Fibra viscosa que contém cadeias de ácido galacturônico e outros monossacarídeos; em geral encontrada na parede celular dos vegetais.

pepsina Enzima produzida pelo estômago para digerir proteínas.

pequeno para a idade gestacional (PIG) Termo que designa bebês que nascem com peso abaixo do que se esperaria para o tempo de gestação. No caso de um recém-nascido a termo, esse peso seria abaixo de 2,5 kg. Bebês prematuros que também são PIG têm grande probabilidade de apresentarem complicações clínicas.

percentil Classificação de uma medida de uma unidade em divisões de cem unidades.

peristaltismo Contrações musculares coordenadas que impulsionam os alimentos ao longo do trato gastrintestinal.

peroxissomo Organela celular que destrói substâncias tóxicas no interior célula.

pesagem hidrostática Um método para estimar a gordura corporal total pesando o indivíduo em uma balança padrão e então pesando-o novamente embaixo d'água. A diferença entre os dois pesos é usada para estimar o volume corporal total.

pH Medida da acidez ou alcalinidade relativa de uma solução. A escala de pH vai de 0 a 14. O pH abaixo de 7 é ácido; acima de 7 é alcalino.

pica (alotriofagia) A prática de ingerir itens não alimentares, como sujeira, goma de lavanderia ou argila.

placa de ateroma Acúmulo de uma substância rica em colesterol na parede dos vasos sanguíneos. Contém leucócitos, células musculares lisas, várias proteínas, colesterol e outros lipídeos e, às vezes, cálcio.

placebo Em geral, trata-se de um medicamento ou tratamento "inerte", usado para disfarçar o tratamento administrado aos participantes de um estudo.

placenta Órgão que se forma no útero da mulher grávida. Por intermédio da placenta, o oxigênio e os nutrientes são transferidos do sangue da mãe para o feto, e os resíduos do metabolismo do feto são removidos, para serem eliminados pelo organismo da mãe. A placenta também secreta hormônios que ajudam a manter a gravidez.

plano de contingência Plano de ação elaborado para enfrentar situações em que a probabilidade de cometer excessos alimentares é alta, por exemplo, em festas.

plasma Parte líquida do sangue. Inclui o soro sanguíneo e todos os fatores da coagulação. O **soro**, no entanto, é o que resta quando todos os fatores de coagulação foram removidos do plasma.

pletismografia por deslocamento de ar Método usado para estimar a composição corporal com base no volume ocupado pelo corpo em uma pequena câmara.

polipeptídeo Cadeia de 50 a 2.000 aminoácidos interligados.

polissacarídeo Carboidrato complexo formado por 10 a 1.000 moléculas de glicose interligadas.

ponto de ajuste Geralmente refere-se à regulação justa do peso corporal. Não se sabe quais células controlam esse ponto de ajuste ou como ele funciona na regulação do peso. Entretanto, há indicações de que existem mecanismos que ajudam a regular o peso.

pool A quantidade de um nutriente armazenado no corpo capaz de ser mobilizado quando necessário.

prebiótico Substância que estimula o crescimento de bactérias benéficas no intestino grosso.

prematuro Bebê que nasce antes de 37 semanas de gestação; também conhecido como pré-termo.

pressão arterial diastólica Pressão no interior dos vasos sanguíneos arteriais quando o coração está entre um e outro batimento.

pressão arterial sistólica Pressão no interior dos vasos sanguíneos arteriais decorrentes do bombeamento de sangue pelo coração.

prevenção de recaída Uma série de estratégias usadas para ajudar a prevenir e lidar com deslizes no controle do peso, como reconhecer situações de alto risco e decidir antecipadamente as respostas adequadas.

probiótico Produto que contém tipos específicos de bactérias. Seu consumo colonizar o intestino grosso com essas bactérias. Um exemplo é o iogurte.

processo asséptico Nesse método, um alimento e seu recipiente são esterilizados separadamente e ao mesmo tempo; é o processo usado, por exemplo, na fabricação de embalagens de leite que permitem armazenar o produto em temperatura ambiente.

prolactina Hormônio produzido pela glândula hipófise, que estimula a síntese de leite na mama.

protease Enzima produzida pelo estômago, intestino delgado e pâncreas, capaz de digerir proteínas.

proteína Alimentos e compostos corporais formados por aminoácidos. As proteínas contêm carbono, hidrogênio, oxigênio, nitrogênio e, às vezes, outros átomos, arranjados segundo uma configuração específica. O nitrogênio contido nas proteínas é a forma desse elemento químico mais facilmente utilizável pelo corpo.

proteínas complementares Duas fontes de proteínas alimentares que compensam o suprimento carente de aminoácidos essenciais específicos uma da outra; juntas, elas geram uma quantidade suficiente de todos os nove aminoácidos, oferecendo, assim, uma proteína de alta qualidade (completa) para a dieta.

proteínas de alta qualidade (completas) Proteínas alimentares que contêm grandes quantidades de todos os nove aminoácidos essenciais.

proteínas de baixo valor (incompletas) Proteínas alimentares que têm baixo teor ou ausência de um ou mais aminoácidos essenciais.

protozoários Animais unicelulares mais complexos do que as bactérias. Os protozoários causadores de doenças podem se disseminar por meio de alimentos e da água.

pró-vitamina/precursor Substância que pode ser transformada em uma vitamina, dependendo da necessidade do organismo.

quebra de cadeia Quebra do elo entre dois ou mais comportamentos que incentivam a superalimentação, como comer enquanto assiste televisão.

quelantes Compostos que se ligam a íons metálicos livres. Essa ligação diminui a capacidade dos íons de tornar rançosa a gordura dos alimentos.

quelantes Compostos que atraem íons metálicos livres, evitando que esses íons causem deterioração da gordura contida nos alimentos.

quilocaloria (kcal) Energia térmica necessária para elevar em 1 °C (1 grau Celsius) a temperatura de 1.000 g (1 L) de água; também denominada simplesmente caloria.

quilomícron Lipoproteína composta por gorduras de origem alimentar envolvidas por uma membrana de colesterol, fosfolipídeos e proteína. Os quilomícrons se formam nas células absortivas do intestino delgado depois da absorção das gorduras e são levados pelo sistema linfático até a corrente sanguínea.

quimo Mistura de secreções do estômago e alimentos parcialmente digeridos.

radiação Literalmente, o termo significa energia radiante, ou seja, emitida de uma fonte em várias direções. Os tipos de energia radiante incluem os raios X e os raios ultravioleta da luz solar.

radical metila CH_3

rançoso Caraterística de produtos que contêm ácidos graxos decompostos, que têm odor e sabor desagradáveis.

raquitismo Doença caracterizada por uma deficiência de mineralização do osso recém-formado, decorrente da falta de cálcio. A carência surge no período de lactente ou na infância e decorre da falta de vitamina D no organismo.

reação química Interação entre duas substâncias químicas que modifica ambos os compostos.

receptor Local da célula ao qual se ligam algumas substâncias (como hormônios). As células que possuem receptores para um composto específico são parcialmente controladas, por esse composto.

reestruturação cognitiva Mudança da estrutura mental da pessoa a respeito da alimentação – por exemplo, em vez de usar um dia difícil como desculpa para comer demais, substituir por outros prazeres, como uma caminhada relaxante com um amigo.

reflexo de descida do leite Reflexo estimulado pela sucção do bebê, que causa a liberação (ejeção) do leite dos ductos lactíferos nas mamas da mãe; também denominado reflexo de ejeção do leite.

refluxo gastresofágico (RGE) Doença que resulta do retorno do conteúdo ácido do estômago para dentro do esôfago. O ácido irrita a mucosa do esôfago e causa dor.

reserva orgânica Capacidade que um órgão tem de conservar suas funções normais em casos de diminuição do número de células ou da atividade das células que o compõem.

retículo endoplasmático (RE) Organela localizada no citoplasma e composta por uma rede de canais que atravessam o interior da célula. Parte do retículo endoplasmático contém ribossomos.

retinoides Formas químicas de precursores e metabólitos da vitamina A presentes nos alimentos de origem animal.

reto Porção terminal do intestino grosso.

revolução verde Termo que se refere ao aumento do rendimento das lavouras resultante da introdução de novas tecnologias agrícolas em países menos desenvolvidos a partir dos anos 1960. As tecnologias em questão envolvem o uso de variedades de arroz, trigo e milho de alto rendimento e resistentes a pragas, aumento do uso de fertilizantes e água e melhores práticas de cultivo.

ribossomos Partículas citoplasmáticas responsáveis pela ligação de aminoácidos para formar proteínas; podem existir livremente no citoplasma ou ligados ao retículo endoplasmático.

sacarase Enzima produzida pelas células absortivas do intestino delgado. Digere a sacarose, dando origem à glicose e à frutose.

sacarina Edulcorante alternativo que não fornece energia, é cerca de 300 vezes mais doce do que a sacarose.

sacarose Glicose ligada à frutose; conhecida como açúcar de mesa.

saciedade Estado em que não há desejo de comer; sensação de satisfação ou plenitude gástrica.

sal Composto formado por sódio e cloreto, na proporção 40:60.

saliva Secreção aquosa produzida pelas glândulas salivares da boca, que contém lubrificantes, enzimas e outras substâncias.

sarcopenia Em geral, designa a perda de tecido muscular. Em indivíduos idosos, a perda de massa magra aumenta muito o risco de doença e morte.

sensibilidade alimentar Reação leve a alguma substância presente no alimento. Pode se manifestar como um discreto prurido ou vermelhidão da pele.

serotonina Neurotransmissor sintetizado a partir do aminoácido triptofano e que influencia o estado de humor, o comportamento e o apetite, além de induzir o sono.

sinapse Espaço entre um neurônio e outro (ou outra célula).

síndrome alcoólica fetal (SAF) Grupo de anomalias físicas e mentais irreversíveis no bebê decorrentes do consumo de álcool pela mãe durante a gravidez.

síndrome de imunodeficiência adquirida (Aids) Doença na qual um vírus (vírus da imunodeficiência humana [HIV]) infecta certos tipos específicos de células do sistema imune. As funções imunológicas do paciente se reduzem, e ele se torna indefeso contra diversos agentes infecciosos; em geral, a doença leva o indivíduo à morte.

síndrome do comer noturno Ingestão de grande quantidade de alimento muito tarde da noite ou ato de levantar no meio da noite para comer.

síndrome metabólica Combinação de mau controle da glicemia, hipertensão, aumento dos triglicerídeos no sangue e outros problemas de saúde. Geralmente, o quadro é acompanhado de obesidade, diminuição da atividade física e dieta rica em carboidratos refinados. Também conhecida como Síndrome X.

sintoma Alteração do estado de saúde sentida pelo paciente, por exemplo, dor no estômago.

sistema (de órgãos) Conjunto de órgãos que trabalham juntos para executar uma função completa.

sistema cardiovascular Sistema corporal formado por coração, vasos sanguíneos e sangue. Transporta nutrientes, resíduos, gases e hormônios por todo o corpo e desempenha um papel importante na resposta imunológica e na regulação da temperatura corporal.

sistema digestório Sistema corporal formado pelo trato gastrintestinal e por estruturas acessórias, como fígado, vesícula biliar e pâncreas. Esse sistema executa os processos mecânicos e químicos de digestão, absorção de nutrientes e eliminação de resíduos.

sistema endócrino Sistema do corpo composto por várias glândulas e pelos hormônios que essas glândulas secretam. Tem importantes funções reguladoras no organismo, como a reprodução e o metabolismo celular.

sistema imune Sistema do corpo que compreende os leucócitos do sangue, os gânglios e vasos linfáticos e vários outros tecidos do corpo. O sistema imune protege o organismo contra invasores externos, principalmente por meio da ação de vários tipos de células sanguíneas.

sistema linfático Sistema composto por vasos e linfa para o qual é drenado o líquido que envolve as células, além de grandes partículas, como produtos da absorção das gorduras. Posteriormente, a linfa deixa o sistema linfático e passa para a corrente sanguínea.

sistema nervoso Sistema do corpo que compreende cérebro, medula espinal, nervos e receptores sensoriais. Esse sistema detecta sensações, direciona os movimentos e controla as funções fisiológicas e intelectuais.

sistema urinário Sistema de órgãos formado por rins, bexiga urinária e dutos que transportam urina. Esse sistema remove resíduos do sistema circulatório e regula o equilíbrio ácidobase, a química de todo o organismo e o balanço hídrico do corpo.

solvente Líquido utilizado para dissolver outras substâncias.

sorbitol Álcool derivado da glicose que gera 3 kcal/g, mas é absorvido lentamente no intestino delgado. É usado em alguns alimentos dietéticos.

subclínico Estágio de uma doença ou distúrbio que não são suficientemente graves para produzirem sintomas que possam ser detectados ou diagnosticados.

subnutrição Comprometimento da saúde em consequência de um período prolongado de ingestão alimentar insuficiente para suprir as necessidades.

sucralose Edulcorante alternativo derivado da sacarose, no qual três radicais hidroxila (-OH) foram substituídos por átomos de cloro. É 600 vezes mais doce do que a sacarose.

superalimentação Estado em que a ingestão de nutrientes excede, em muito, as necessidades do organismo.

tampões Substâncias responsáveis por fazer uma solução resistir a mudanças nas condições ácido-base.

tecido adiposo Conjunto de células que armazenam gordura.

tecido adiposo marrom Uma forma especializada de tecido adiposo que produz grandes quantidades de calor, ao metabolizar nutrientes energéticos sem, no entanto, sintetizar muita energia útil para o corpo. A energia não utilizada é liberada na forma de calor.

tecido conectivo Tecido constituído basicamente de proteínas, que tem a função de manter unidas diferentes estruturas do corpo. Algumas estruturas são compostas por tecido conectivo, por exemplo, tendões e cartilagens. O tecido conectivo também faz parte dos ossos e das estruturas não musculares das artérias e veias.

tecido epitelial Conjunto de células que revestem a superfície externa do corpo e todos os órgãos internos que têm passagens para o exterior.

tecido muscular Tipo de tecido que se contrai produzindo movimento.

tecido nervoso Tecido formado por células muito ramificadas, alongadas, que transportam impulsos nervosos de uma parte do corpo para outra.

tecidos Conjuntos de células adaptados para executar uma função específica.

tecnologia de DNA recombinante Tecnologia usada no tubo de ensaio para rearranjar as sequências de DNA de um organismo, cortando, adicionando, deletando e juntando sequências de DNA com a ajuda de diversas enzimas.

tempo de vida Idade máxima a que uma pessoa consegue chegar.

teoria Explicação para um fenômeno que tem comprovação em várias evidências.

terapia cognitivo-comportamental Terapia psicológica em que os conceitos do indivíduo sobre alimentação, peso corporal e questões correlatas são questionados. Exploram-se novas formas de pensar que devem, em seguida, ser colocadas em prática pelo indivíduo. Dessa forma, procura-se orientar a pessoa a controlar seu transtorno alimentar e o estresse associado a ele.

teratógeno Uma substância que pode causar ou aumentar o risco de um defeito congênito. A exposição a um teratógeno nem sempre leva a um defeito congênito; seus efeitos no feto dependem da dose, da época e da duração da exposição.

termogênese Esse termo abrange a capacidade dos humanos de regular a temperatura corporal dentro de limites estreitos (termorregulação). Dois exemplos visíveis de termogênese são tremores e calafrios durante o frio.

tetania Afecção corporal marcada pela contração intensa dos músculos e incapacidade de relaxar depois; geralmente causada pelo metabolismo anormal do cálcio.

tocoferóis Nome químico de algumas formas de vitamina E. O alfa-tocoferol é a forma mais potente.

toxinas Substâncias nocivas (venenosas) produzidas por organismos capazes de causar doenças.

tradução Utilização das informações contidas no RNA para determinar os aminoácidos que farão parte de uma proteína.

transcrição Processo em que as informações contidas no DNA e necessárias para a síntese de uma proteína são copiadas para o RNA.

transgênico Organismo que contém genes originalmente presentes em outro organismo.

transtorno alimentar Alteração grave do padrão alimentar associada a problemas fisiológicos. Os problemas associados são restrição alimentar, compulsão alimentar, vômitos forçados e variação do peso. Esses transtornos também envolvem várias alterações cognitivas e emocionais que afetam o modo como a pessoa percebe e vivencia seu corpo.

transtorno da compulsão alimentar periódica Transtorno alimentar que se caracteriza por compulsão alimentar e sentimento de perda de controle do impulso alimentar, com duração superior a seis meses. Os episódios de compulsão alimentar podem ser desencadeados por raiva, depressão, ansiedade, permissão para comer alimentos proibidos e fome excessiva.

trato gastrintestinal (GI) Principal conjunto de órgãos do corpo responsável pela digestão e absorção dos nutrientes. É formado por boca, esôfago, estômago, intestino delgado, intestino grosso, reto e ânus. Também chamado como trato digestório.

tríade da mulher atleta Síndrome caracterizada por distúrbio alimentar, ausência de menstruação (amenorreia) e osteoporose.

trifosfato de adenosina (ATP) Principal composto usado para troca de energia nas células. A energia do ATP é utilizada para bombeamento de íons para a atividade enzimática e para a contração muscular.

triglicerídeo Principal forma dos lipídeos presentes no corpo e nos alimentos. É composto por três ácidos graxos ligados a uma molécula de glicerol.

trimestres Períodos de 13 a 14 semanas que marcam as etapas da gestação (a duração total de uma gravidez normal é de aproximadamente 40 semanas, contadas a partir do primeiro dia da última menstruação da mulher); trata-se de uma divisão um pouco arbitrária que visa sistematizar a discussão e a análise. O desenvolvimento do feto, no entanto, é um processo contínuo, que se desenrola ao longo da gravidez, sem indicadores específicos da transição de um trimestre para outro.

tripsina Enzima secretada pelo pâncreas, que digere proteínas no intestino delgado.

tumor Massa de células que crescem anormalmente. Pode ser maligno (câncer) ou benigno.

***turnover* proteico** Termo usado para descrever o processo em que as células fragmentam proteínas velhas para sintetizar novas proteínas, de modo que a célula sempre tenha as proteínas de que necessita em cada momento.

úlcera Erosão de um tecido que reveste a cavidade do estômago (úlcera gástrica) ou da porção superior do intestino (úlcera duodenal). Essas doenças são denominadas, coletivamente, úlceras pépticas.

umami Sabor suculento, semelhante ao da carne, presente em alguns alimentos. O glutamato monossódico realça esse sabor quando adicionado aos alimentos.

unidade internacional (UI) Medida bruta da atividade da vitamina, com frequência que se baseia na taxa de crescimento dos animais em resposta à vitamina. As UIs atuais foram em grande parte substituídas por medidas mais precisas em miligramas (mg) ou microgramas (μg).

ureia Resíduo nitrogenado do metabolismo das proteínas; principal origem do nitrogênio eliminado pela urina.

ureter Tubo que transporta urina do rim até a bexiga urinária.

uretra Tubo que transporta urina da bexiga até o exterior do corpo.

uso abusivo de álcool Consumo excessivo de bebida alcoólica, que leva a graves problemas de saúde, além de outros problemas, como mal-estar constante, incapacidade de cumprir obrigações, situações de risco (como dirigir alcoolizado), problemas de ordem legal e dificuldades de relacionamento social e interpessoal.

válvula ileocecal Anel de músculo liso que fica entre a extremidade final do intestino delgado e o início do intestino grosso.

varredura óssea por absorciometria com raio X de dupla energia (DEXA) Método para medir a densidade óssea que utiliza pequenas quantidades de radiação por raio X. A capacidade do osso de bloquear a trilha de radiação é usada como uma medida da densidade naquele sítio ósseo.

vegetariano Indivíduo que só se alimenta de vegetais.

veia Vaso sanguíneo que leva sangue ao coração.

veia porta Grande veia que leva o sangue do intestino e do estômago até o fígado.

vesícula biliar órgão colado à face inferior do fígado, que armazena, concentra e, eventualmente, secreta a bile.

vesículas secretoras Gotículas delimitadas por uma membrana, produzidas pelo aparelho de Golgi; contêm proteína e outros compostos a serem secretados pela célula.

vilosidades Saliências digitiformes da parede do intestino delgado que participam da digestão e absorção dos alimentos.

vírus Menor agente infeccioso conhecido; capaz de causar doenças no ser humano. Um vírus é, essencialmente, um fragmento de material genético envolvido por uma capa de proteína. Os vírus não são capazes de metabolizar, crescer ou se movimentar sozinhos. Só se reproduzem com a ajuda de uma célula viva hospedeira.

vírus da imunodeficiência humana (HIV) Vírus causador da síndrome de imunodeficiência adquirida (Aids).

vitamina Composto que deve estar presente na dieta em pequenas quantidades para ajudar a regular e sustentar reações e processos químicos do corpo.

vitaminas hidrossolúveis Vitaminas que se dissolvem em água. Essas vitaminas são as do complexo B e a vitamina C.

vitaminas lipossolúveis Vitaminas que se dissolvem em gordura e em substâncias como éter e benzeno, mas não facilmente em água. Essas vitaminas são A, D, E e K.

xeroftalmia Literalmente "olho seco". É uma causa de cegueira que resulta de uma deficiência de vitamina A. Uma carência de produção de muco pelo olho, colocando-o em maior risco de sofrer danos por sujeira e bactérias na superfície.

xilitol Derivado alcoólico do monossacarídeo de cinco carbonos denominado xilose.

zigoto Óvulo fertilizado. Célula resultante da união do óvulo com o espermatozoide antes do início das divisões celulares.

CRÉDITOS FOTOGRÁFICOS

Elementos de design

Parte 1(apple), 2(peaches), 3(peas): C Squared Studios / Getty Images; 4(banana): © Stockdisc/ PunchStock; 5(broccoli), 6(pear): C Squared Studios/ Getty Images; "Nutrição e Saúde"(various berries): © David Cook/blueshiftstudios/Alamy; "Resumo" (guy looking at book): © Polka Dot Images/Jupiterimages/ RF; "Questões para estudo" (young girl): © SW Productions/Brand X Pictures/Getty Images; "Teste seus Conhecimentos" (young guy): Doug Menuez/ Getty Images; "Leituras Complementares" (blond girl with blue shirt): © Alloy Photography/Veer/RF; "Avalie sua refeição" (salad): © Photodisc

Capítulo 1

Opener: © Don Smetzer/Alamy; p. 5: © Imagestate Media (John Foxx)/Imagestate RF; p. 6: Digital Vision/Getty Images RF; Table 1-3(bread): © Corbis/ Vol. 83 RF; (potato, apples): © Corbis/Vol. 83 RF; (oil): © PhotoDisc/EO006 RF; (steak, eggs, beans): © Corbis/Vol. 83 RF; (water): © PhotoDisc/Vol. 30 RF; (juice): John A. Rizzo/Getty Images RF; (broccoli, strawberries): © Corbis/Vol. 83 RF; (lettuce): © Corbis/RF website; (milk): © Corbis/Vol. 83 RF; (cereal): © Corbis/RF website; (bananas): © Corbis/ Vol. 83 RF; (tofu): © PhotoDisc/OS49 RF; (salmon): © Corbis/Vol. 83 RF; (nuts): © PhotoDisc/OS49 RF; p. 10: © Royalty Free/Corbis; p. 12(fruit, vegetables & beans): Reproduction with permission. © Culinary Hearts Kitchen; (cherries): © Stockbyte/Punchstock/ RF; Fig 1-1(potato): The McGraw-Hill Companies, Inc./Christopher Kerrigan, photographer; (steak): RF Comstock Images; (healthy man & woman): RF/Getty Images; p. 15(hamburger, Pina Colada): Brand X RF; p. 17(top): Steve Cole/Getty Images RF; (bottom): RF/Getty Images; p. 18: © Digital Vision/ PunchStock RF; p. 19: © Stockbyte/Punchstock RF; Fig 1-4: © BananaStock/PunchStock RF; p. 24: Punchstock RF; p. 25: Steve Mason/Getty Images RF; p. 26: © PhotoAlto/PunchStock RF; p.28: "Case Study" (guy on phone looking at watch): © Corbis/ Vol. 589

Capítulo 2

Opener: Getty Images/Photodisc RF; p. 36: The McGraw-Hill Companies, Inc./Ken Karp, -photographer; p. 38: Courtesy of U.S. Rice Federation; p. 39: © Comstock/PunchStock RF; p. 40: © Photodisc/Vol. 67 RF; p. 41: Steve Allen/Getty Images RF; p. 42: The McGraw-Hill Companies, Inc./ Lars A. Niki, -photographer; p. 44(Anthropometric): -The -McGraw-Hill Companies, Inc./Lars A. Niki, photographer; (Biochemical): © Photodisc/Vol. 29 RF; (Clinical): © Photodisc website; (Dietary): © Corbis/Vol. 102 RF; (Environmental): © Comstock/ PunchStock RF; p. 45: © Corbis/Vol. 154 RF; p. 46: Mypyramid.gov; p. 48: Karl Weatherly/Getty Images RF; p. 49: Steve Cole/Getty Images RF; Fig 2-7(golf ball): © Corbis/Vol. 127 RF; (tennis ball): © PhotoDisc/OS25 RF; (cards): The McGraw-Hill Companies, Inc./Jacques Cornell, -photographer; (baseball): © PhotoDisc/OS25 RF; p. 50: Getty Images/Jonelle Weaver RF; p. 51(top): Mitch Hrdlicka/Getty Images RF; (middle): Getty Images RF; (bottom): C Squared Studios/Getty Images RF; p. 52: © Creatas/PunchStock RF; p. 56(top): RF Getty Images; (middle): David Buffington/Getty Images RF; (bottom): © BananaStock/PunchStock RF; p. 57(top): RF/Getty Images; (middle): © Photodisc/ Getty Images RF; (bottom); © Comstock/Corbis RF; p. 58(top): RF Getty Images; (middle, bottom): RF/Corbis; p. 59(top): © Peter Cade/Getty Images RF; (-bottom): © Comstock/PunchStock RF; p. 60(left): Office of Disease Prevention and Health Promotion, U.S. Department of Health and Human Services; (right): © Digital Vision/PunchStock RF; p. 61: © Corbis/Vol. 130 RF; p. 65: © Digital Vision/ PunchStock RF; p. 66: Ryan McVay/Getty Images RF; p. 69: © The McGraw-Hill Companies, Inc./Jill Braaten, photographer; p. 70: © The McGraw-Hills Companies, Inc./Jill Braaten, -photographer; p. 73(top): © liquidlibrary/PictureQuest RF; (bottom): © Royalty Free/Corbis

Capítulo 3

Opener: © Royalty Free/Corbis; p. 86: © Corbis/ CDRPHOTO; p. 89: © Photodisc RF; p. 99: Mitch Hrdlicka/Getty Images RF; p. 107: © PhotoDisc/ Vol. 83 RF; p. 109: Royalty Free/Corbis; p. 110: Rob Meinychuk/Getty Images RF; Fig 3-23b: © J. James/ Photo Researchers, Inc.; p. 115: C Squared Studios/ Getty Images RF; p. 117(top): © Gladden Willis, M.D./Visuals Unlimited; (bottom): © Stockdisc/ Becky Denzin RF

Capítulo 4

Opener: © PhotoAlto/Punchstock RF; p. 125: © Imagestate media (John Foxx)/Imagestate RF; p. 128: C Squared Studios/Getty Images RF; p. 131: © Jupiterimages/ImageSource RF; p. 132:USDA; p. 133, 134(top): © BananaStock/PunchStock RF; (bottom): Ryan McVay/Getty Images RF; p. 135: Nancy R. Cohen/Getty Images RF; p. 136(top): © The McGraw-Hill Companies, Inc./Jill Braaten, photographer; (bottom): Burke/Triolo Productions/ Getty Images RF; p. 139(top): © PhotoDisc/Vol. 49 RF; (bottom): Beano is a registered trademark of AkPharma Inc.; p. 140: PhotoDisc/Getty Images RF; p. 142: Royalty Free/Corbis; p. 143: © BananaStock/ PunchStock RF; p. 145(top): © John A. Rizzo/Getty Images RF; (bottom): Nancy R. Cohen/Getty Images RF; p. 146: Getty Images; p. 147: Nancy R. Cohen/ Getty Images RF; p. 148: © Brand X/Punchstock RF; p. 149: © BananaStock/PunchStock RF; Table 4-5(cart): © Photodisc/Getty Images RF; (kitchen utensils): © CMCD/Getty Images RF; (silverware): © The McGraw-Hill Companies, Inc./Jack Holtel photographer; p. 153: © Stockdisc/PunchStock RF; p. 154: Ryan McVay/Getty Images RF; p. 155: Dynamic Graphics/ JupiterImages RF; p. 157: © Getty Images/Eyewire RF; Table 4-7(breakfast): © Image Source/Corbis RF (lunch): © BananaStock/PunchStock RF(dinner): © Getty Images/Jonelle Weaver RF

Capítulo 5

Opener: Ryan McVay/Getty Images RF; p. 167: Tetra Images/Getty Images RF; p. 169: © The McGraw-Hill Companies, Inc./Elite Images; p. 172: Allan Rosenberg/Cole Group/Getty Images RF; p. 173(peanuts): Burke/Tiolo Productions/Getty Images; p. 176(top): © D. Hurst/Alamy RF; (bottom): The McGraw-Hill Companies Inc./Ken Cavanagh, photographer; p. 177: © Ingram Publishing/Alamy RF; p. 179: Getty Images/Digital Vision RF; p. 186: Courtesy National Fisheries Institute; p. 187: Jack Star/PhotoLink/Getty Images RF; p. 188: SW Productions/Getty Images RF; p. 190: Royalty Free/ Corbis; p. 192: Digital Vision/Getty Images RF; p. 193: RF/Getty Images; p. 194(top): © John A. Rizzo/ Getty Images RF; (bottom): Royalty Free/Corbis; p. 196: © image100/PunchStock RF; p. 197: © The McGraw-Hill Companies, Inc./Photo by Erick Misko, Elite Images Photography; p. 198: © The McGraw-Hill Companies, Inc./Gary He, -photographer; p. 200: The McGraw-Hill Companies, Inc./Mark Dierker, photographer; p. 201: trbfoto/Brand X Pictures/ Jupiterimages RF; p. 205(donut): © Jules Frazier/ Getty Images RF; (bagel): © Ingram Publishing/ Alamy RF

Capítulo 6

Opener: Royalty Free/Corbis; p. 212: PhotoLink/ Getty Images RF; p. 213: Corbis/PictureQuest RF; p. 214: © Comstock/Jupiterimages RF; Fig 6-3: © Dr. Stanley Flegler/Visuals Unlimited; p. 216: © Creatas/Punchstock RF; Fig 6-6: © Corbis/Vol. 130 RF; p. 221: Dynamic Graphics/JupiterImages RF; Fig 6-11a: Photodisc RF; Fig 6-11b: Stockbyte/ Punchstock Images RF; Fig 6-11c: Dynamic Graphics/ JupiterImages RF; Table 6-2(breakfast): © Image Source/Corbis RF; (lunch): © John A. Rizzo/ Getty Images RF; (dinner): Kevin Sanchez/Cole Group/Getty Images RF; (snack): © Comstock/ Punchstock RF; p. 227: © The Ohio State University Communications Photo Service; Fig 6.12(left): © Kevin Fleming/Corbis; (right): © Peter Turnley/ Corbis; p. 229: © The McGraw-Hill Companies/Barr Barker, -photographer; p. 231: Getty Images/Jonelle Weaver RF; p. 233(top): Walnut Marketing Board; (bottom): © Getty Images/Vol. 49 RF; p. 234: © Gregg Kidd and Joanne Scott; p. 235: Getty Images/Jonelle Weaver RF; p. 236: Image Source/JupiterImages RF; p. 241: Ryan McVay/Getty Images RF

Capítulo 7

Opener: Duncan Smith/Getty Images RF; p. 247: Mitch Hrdlicka/Getty Images RF; p. 249: © Corbis/ Vol. 130 RF; Fig 7-5: © Samuel Ashfield/SPL/ Photo Researchers, Inc.; p. 252: Steve Mason/Getty Images RF; p. 254: © The McGraw-Hill Companies/ Jill Braaton, -photographer; Fig 7-9: Paul Efland University of Georgia; Fig 7-10: Courtesy of Life Measurement Inc.; Fig 7-11: FotoSearch Stock Photography RF; Fig 7-12: Maltron International Ltd. www.maltronint.com; Fig 7-13: DEXA; p. 258: © Corbis/RF website; p. 260(top): © The Ohio State University Communcations Photo Service, Jodi Miller; (bottom): Jack Hollingsworth/Getty Images RF; p. 261: Getty Images/SW Productions RF; p. 262: © PhotoDisc/Getty Images RF; Fig 7-16(1): © Digital Vision RF; (2): Ryan McVay/Getty Images RF; (3): JupiterImages RF; p. 263: © PhotoDisc/Vol. 76 RF; p. 265: © PhotoDisc/Vol. 76 RF; p. 266: © PhotoDisc/ Vol. 20 RF; p. 268: © PhotoDisc/Vol. 20 RF; p. 269: © Royalty Free/Corbis Vol. 306; p. 270: Dynamic Graphics/JupiterImages RF; p. 274: Keith Brofsky/ Getty Images RF; p. 277: Ernie Friedlander/Cole Group/Getty Images RF; p. 278: Ryan McVay/Getty Images RF

Capítulo 8

Opener: © BananaStock/PunchStock RF; p. 291: © Liquid library/Picture Quest RF; p. 292: PhotoLink/ Getty Images RF; p. 293: © PhotoDisc/OS49 RF; Fig 8-1: A Colour Atlas and Text of Nutritional Disorders by Dr. Donald D. McLaren/Mosby-Wolfe Europe Ltd.; Fig 8-2: National Eye Institute, National

Institute of Health; p. 295: Getty Images RF; p. 297: Kevin Sanchez/Cole Group/Getty Images RF; p. 298: © Royalty Free/Corbis; Fig 8-6: © Jeffrey L. Rotman/ Corbis; p. 301: © Gregg Kidd and Joanne Scott; p. 303: C Squared Studios/Getty Images RF; p. 305: Visuals Unlimited; p. 306: © Royalty Free/Corbis; p. 310: D. Fischer and Pl. Lyos/Cole Group/Getty Images RF; Fig 8-18(top): A Colour Atlas and Text of Nutritional Disorders by Dr. Donald D. McLaren/ Mosby-Wolfe Europe Ltd.; (bottom): Dr. P. Marazzi/ Science Photo Library/Photo Researchers, Inc.; Fig 8-20(left): Dr. M.A. Ansary/Photo Researchers, Inc.; (right): © Lester V. Bergman/Corbis; p. 314: Getty Images/Jonelle Weaver RF; p. 318: © Corbis/ Vol. 130 RF; p. 320: C Squared Studios/Getty Images RF; Fig 8-26(top): Michael Abbey/Photo Researchers, Inc.; (bottom): Biophoto Associates/SPL/Photo Researchers, Inc.; p. 323: Photodisc/PunchStock RF; p. 324: © Peter Cade/Getty Images RF; p. 325: Royalty Free/Corbis; p. 327: David Buffington/Getty Images RF; Fig 8-31(both): Dr. P. Marazzi/Photo Researchers, Inc.; p. 330(top): Royalty Free/Corbis; (bottom): Michael Matisse/Getty Images RF; p. 331: C Squared Studios/Getty Images RF; p. 334: © Digital Vision RF; p. 336: © The Ohio State University Communications Photo Service, Jodi Miller; p. 337: © PhotoDisc/ Vol. 67 RF; Fig 8-38(salad): © PhotoDisc/OS49 RF; (orange juice): © Corbis/Vol. 83 RF; p. 338: Photodisc Collection/Getty Images RF; p. 339: Adam Crowley/Getty Images RF; p. 344: © Image Source/ PunchStock RF

Capítulo 9

Opener: © Photodisc Collection/Getty Images RF; p. 350, 352: © Royalty-Free/Corbis; p. 354: Getty Images; p. 355: © Corbis/Vol. 83 RF; p. 357, 358, 359: MHHE Image Library; p. 360: © Corbis/Vol. 43 RF; p. 362: C Squared Studios/Getty Images RF; p. 364: © Stockdisc/PunchStock RF; p. 365: MHHE Image Library; p. 367: McGraw-Hill Companies, Inc./Andrew Resek, photographer; p. 369: © Corbis/ Vol. 43 RF; p. 372(top): © Corbis/RF website; (bottom): Michael Lamotte/Cole Group/Getty Images RF; p. 374: © Royalty Free/Corbis; p. 375: Courtesy National Cattlemen's Beef Associations; p. 378(top): Keith Brofsky/Getty Images RF; (bottom): Photo courtesy of Harold H. Sandstead, M.D.; p. 379: © Corbis/Vol. 130 RF; p. 381: © Corbis/Vol. 43 RF; p. 382: A Colour Atlas and Text of Nutritional Disorders by Dr. Donald D. McLaren/Mosby-Wolfe Europe Ltd.; p. 384: Courtesy of Fishery Products International, Denver, MA; p. 386(top): © Paul Casamassimo, DDS, MS; (bottom): © PhotoDisc/Vol. 02 RF; p. 387(top): © Corbis/RF website; (bottom): C Squared Studios/Getty Images RF; Fig 9-23: Ryan McVay/Getty Images RF; p. 392(left): © PhotoDisc/ Vol. 40 RF; (right): Rob Melnychuk/Getty Images RF; p. 393: Ryan McVay/Getty Images RF; p. 396: Yoav Levy/Phototake; p. 398: © Royalty Free/Corbis; p. 399: © Royalty Free/Corbis

Capítulo 10

Opener: © Getty Images; p. 409: The McGraw-Hill Companies, Inc./Lars A. Niki, photographer; p. 411: JupiterImages RF; p. 412: © Getty Images/Vol. 67 RF; p. 413: © PhotoDisc/Sports Metaphors RF; p. 414: Royalty Free/Corbis; p. 416: JupiterImages RF; p. 417: © Corbis/Vol. 20 RF; p. 418: © James Mulligan; p. 419: © Corbis/RF website; p. 422(top): © IngramPublishing/SuperStock RF; (bottom): Royalty Free/Corbis; p. 423(top): © Gordon Wardlaw; (bottom): RF/Corbis; p. 425: © PhotoDisc/Vol. 51 RF; p. 426: © Corbis/Vol. 103 RF; p. 428(top): © Getty Images/Vol. 1/Photolink RF; (bottom): © John A. Rizzo/Getty Images RF; p. 429: PhotoDisc/Vol. 51 RF; p. 434(top): © Corbis/Vol. 20 RF; (bottom): Royalty Free/Corbis; p. 438: JupiterImages RF

Capítulo 11

Opener: © Corbis/Vol. 75 RF; p. 447: © The McGraw-Hill Companies, Inc./Lars A. Niki, -photographer; p. 448: © Photodisc website RF; p. 449: © Royalty Free/Corbis; p. 450: Mark Andersen/Getty Images RF; p. 451: Ryan McVay/Getty Images RF; p. 452: © PhotoDisc website RF; Fig 11-1(potato): -The McGraw-Hill Companies, Inc./Christopher Kerrigan, -photographer; (steak): RF Comstock Images; (healthy man & woman): RF/Getty Images; p. 455: © Tom Stewart Photography/Corbis; p. 456: JupiterImages RF; p. 457: © Brand X Pictures/ PunchStock RF; Fig 11-3: © Paul Casamassimo, DDS, MS; p. 458: Royalty Free/Corbis; p. 459: © PhotoDisc website RF; p. 460: Jack Star/PhotoLink/ Getty Images RF; p. 461: © BananaStock/PunchStock RF; Fig 11-4: © Photodisc/Vol. 45 RF; p. 463: The McGraw-Hill Companies, Inc./Lars A. Niki, -photographer; p. 464: © PhotoDisc website RF; p. 465: © PhotoDisc/Vol. 95 RF; p. 466: © Corbis/RF website; p. 467: © BananaStock/PunchStock RF; p. 471: © Digital Vision/PunchStock RF

Capítulo 12

Opener: © Dr. Parvinder Sethi; p. 474: © Corbis/ RF website; p. 478: USDA photo by Peter Manzelli; p. 480: © Royalty Free/Corbis; p. 481: © PhotoDisc/ Vol. 25 RF; p. 483: The McGraw-Hill Companies, Inc./Barry Barker, photographer; p. 484: Getty Images/Digital Vision RF; p. 485: The McGraw-Hill Companies, Inc./Barry Barker, photographer; p. 486(both): © The Ohio State University Communications Photo Service; p. 487: © Corbis/RF website; p. 489: © Corbis/Vol. 25 RF; p. 491: MHHE Image Library; p. 494: © Corbis/Vol. 609 RF; p. 495: © The Ohio State University Communications Photo Service, Jodi Miller; Fig 12-7(top,left): © Corbis/ RF website; (all others): AP Wide World Photos; p. 498: Corbis/RF website; p. 499: John Wang/Getty Images RF

Capítulo 13

Opener: Creatas Images/JupiterImages RF; p. 507: Royalty Free/Corbis; p. 508: © The Ohio State University Communications Photo Service; p. 511: © John A. Rizzo/Getty Images RF; Table 13-3 (egg): © Photodisc/Getty Images RF; (chicken): © I. Rozenbaum/F. Cirou/Photo Alto RF; (hamburger): © John A. Rizzo/Getty Images RF; (-washing hands): © Comstock Images/PictureQuest RF; (whisk/ bowl): Michael Lamotte/Cole Group/Getty Images RF; (ladel): © Ingram Publishing/Fotosearch RF; (cheese): Digital Vision/Getty Images RF; (beans): Photo provided by Jarden Home Brands, -marketers of Ball[[reg]] and Kerr[[reg]] fresh preserving -products. Jarden Home Brands is a division of Jarden Corporation (NYSE: JAH); (oysters): © I. Rozenbaum/F. Cirou/Photo Alto RF; (steak): © Foodcollection/Getty Images RF; p. 514(top): Royalty Free/Corbis; (bottom): © Image Source/ Corbis RF; Table 13-5(bacon): © Ingram Publishing/ Alamy RF; (fish): © Image Source/Corbis RF; (beef): © I. Rozenbaum/F. Cirou/Photo Alto RF; (hamburger): © The Ohio State University Communications Photo Service; (tap water): © Don Farrall/Getty Images RF; (glass of water): © John A. Rizzo/Getty Images RF; p. 517: © Corbis/Vol. 83 RF; p. 518: © Corbis/ Vol. 192 RF; p. 520: Bob Montesciaros/Cole Group/ Getty Images RF; p. 521(top): Rob Melnychuk/Getty Images RF; (bottom): © The Ohio State University Communications Photo Service; p. 522: © Image Source/Corbis RF; p. 523: © Corbis/Vol. 43 RF; p. 525: © The Ohio State University Communications Photo Service; p. 526: © PhotoDisc website RF; p. 527(top): © Corbis/Vol. 49 RF; (-bottom): © Comstock Images/PictureQuest RF; (USDA label): USDA; p. 528: C Squared Studios/Getty Images RF; p. 529: McGraw-Hill Companies, Inc./Christopher Kerrigan, photographer; p. 530: © Iconotec.com RF; p. 532(food safety logo): USDA; p. 532: © Greg Wolff; p. 533: © PhotoDisc/Vol. 48 RF; p. 535: © PhotoDisc/Vol. 58 RF; p. 538: Jess Alford/Getty Images RF; p. 539(top): Digital Vision/Getty Images RF; (bottom): David Buffington/Getty Images RF

Capítulo 14

Opener: Royalty Free/Corbis; p. 543: © BananaStock/ PunchStock RF; p. 546: © Gordon Wardlaw, -photographer Greg Wolff; p. 547: Blend Images/ Getty Images RF; p. 549: USDA; p. 550: Keith Brofsky/Getty Images RF; p. 552: Duncan Smith/ Getty Images RF; p. 554: Photodisc Collection/Getty Images RF; p. 556: © Corbis/RF website; p. 558: © Corbis/Vol. 83 RF; p. 560: Getty Images; p. 563: Scott T. Baxter/Getty Images RF; p. 564: © PhotoDisc/ Vol. 192 RF; p. 565: © PhotoDisc/EP039 RF; p. 566: Spike Mafford/Getty Images RF; p. 567: © Corbis/ Vol. 52 RF; p. 569: Getty Images RF; p. 572: © Digital Vision/PunchStock RF; p. 577: Andersen Ross/Getty Images RF

Capítulo 15

Opener: Comstock/Febienne Dudognon RF; p. 583(top): World Health Organization; (bottom): © PhotoDisc/Vol. 113 RF; p. 584: © Corbis/Vol. 135 RF; p. 589(top): © PhotoDisc/Vol. 58 RF; (bottom): Corbis/PictureQuest RF; p. 591: © PhotoDisc/ Vol. 113 RF; p. 592(top): Corbis/PictureQuest RF; (bottom): © Paul Casamassimo, DDS, MS; p. 593: © Corbis/Vol. 9 RF; p. 594: © Corbis/Vol. 552 RF; p. 595: Joanne Scott; p. 597: USDA Photo by Ken Hammond; p. 598: Ablestock/Alamy RF; p. 600: Blend Images/Alamy RF; p. 602: © Corbis/Vol. 552 RF; p. 603: C Squared Studios/Getty Images RF; p. 604: © Gregg Kidd and Joanne Scott; p. 605: Corbis/ RF website; p. 606: © PhotoDisc/Vol. 95 RF; p. 607: © Corbis/Vol. 124 RF; p. 609: © Gregg Kidd and Joanne Scott; p. 611: © PhotoDisc/Vol. 61 RF; p. 615: The McGraw-Hill Companies, Inc./Jill Braaten, photographer

Capítulo 16

Opener: Dynamic Graphics/JupiterImages RF; p. 621: © Corbis/RF website; p. 622: © Corbis/RF website; p. 627: © Digital Vision/PunchStock RF; p. 628: Steve Mason/Getty Images RF; p. 629: Mitch Hrdlicka/ Getty Images RF; p. 632(top): © PhotoDisc Vol. 15 RF; (-bottom): © Stockbyte/Punchstock RF; p. 635: © Gordon Wardlaw; p. 638(top): PhotoDisc/ Vol. 20 RF; (bottom): © Corbis/Vol. 192 RF; p. 639: © PhotoDisc website RF; p. 642(both): Arthur Glauberman/Photo Researchers, Inc.; p. 643: PhotoDisc/Vol. 48 RF; p. 644: © RF/Corbis; p. 646: © PhotoDisc/OS49 RF; p. 650: © PhotoDisc website RF; p. 654: © RF/Corbis; p. 655: © PhotoDisc/SS45 RF

Apêndice

(grapes): © Burke Triolo Productions/Getty Images; Fig D-1(all): Greg Kidd & Joanne Scott

ÍNDICE

A

B

C

D

E

F

G

H

I

J

K

L

M

N

O

P

Q

R

S

T

U

V

W

X

Y

Z

Ingestões dietéticas de referência (DRIs): ingestão individual recomendada, vitaminas

Food and Nutrition Board, Institute of Medicine, National Academies

Fase da vida Grupo	Vitamina A (μg/d)[a]	Vitamina C (mg/d)	Vitamina D (μg/d)[b,c]	Vitamina E (mg/d)[d]	Vitamina K (μg/d)	Tiamina (mg/d)	Riboflavina (mg/d)	Niacina (mg/d)[e]	Vitamina B_6 (mg/d)	Folato (μg/d)[f]	Vitamina B12 (μg/d)	Ácido pantotênico (mg/d)	Biotina (μg/d)	Colina (mg/d)[g]
Bebês														
0–6 m	400*	40*	**	4*	2*	0,2*	0,3*	2*	0,1*	65*	0,4*	1,7*	5*	125*
7–12 m	500*	50*	**	5*	2,5*	0,3*	0,4*	4*	0,3*	80*	0,5*	1,8*	6*	150*
Crianças														
1–3 a	**300**	**15**	**15**	**6**	30*	**0,5**	**0,5**	**6**	**0,5**	**150**	**0,9**	2*	8*	200*
4–8 a	**400**	**25**	**15**	**7**	55*	**0,6**	**0,6**	**8**	**0,6**	**200**	**1,2**	3*	12*	250*
Sexo masculino														
9–13 a	**600**	**45**	**15**	**11**	60*	**0,9**	**0,9**	**12**	**1**	**300**	**1,8**	4*	20*	375*
14–18 a	**900**	**75**	**15**	**15**	75*	**1,2**	**1,3**	**16**	**1,3**	**400**	**2,4**	5*	25*	550*
19–30 a	**900**	**90**	**15**	**15**	120*	**1,2**	**1,3**	**16**	**1,3**	**400**	**2,4**	5*	30*	550*
31–50 a	**900**	**90**	**15**	**15**	120*	**1,2**	**1,3**	**16**	**1,3**	**400**	**2,4**	5*	30*	550*
51–70 a	**900**	**90**	**15**	**15**	120*	**1,2**	**1,3**	**16**	**1,7**	**400**	**2,4**[h]	5*	30*	550*
> 70 a	**900**	**90**	**20**	**15**	120*	**1,2**	**1,3**	**16**	**1,7**	**400**	**2,4**[h]	5*	30*	550*
Sexo feminino														
9–13 a	**600**	**45**	**15**	**11**	60*	**0,9**	**0,9**	**12**	**1**	**300**	**1,8**	4*	20*	375*
14–18 a	**700**	**65**	**15**	**15**	75*	**1**	**1**	**14**	**1,2**	**400**[i]	**2,4**	5*	25*	400*
19–30 a	**700**	**75**	**15**	**15**	90*	**1,1**	**1,1**	**14**	**1,3**	**400**[i]	**2,4**	5*	30*	425*
31–50 a	**700**	**75**	**15**	**15**	90*	**1,1**	**1,1**	**14**	**1,3**	**400**[i]	**2,4**	5*	30*	425*
51–70 a	**700**	**75**	**15**	**15**	90*	**1,1**	**1,1**	**14**	**1,5**	**400**	**2,4**[h]	5*	30*	425*
,> 70 a	**700**	**75**	**20**	**15**	90*	**1,1**	**1,1**	**14**	**1,5**	**400**	**2,4**[h]	5*	30*	425*
Gravidez														
≤18 a	**750**	**80**	**15**	**15**	75*	**1,4**	**1,4**	**18**	**1,9**	**600**[j]	**2,6**	6*	30*	450*
19–30 a	**770**	**85**	**15**	**15**	90*	**1,4**	**1,4**	**18**	**1,9**	**600**[j]	**2,6**	6*	30*	450*
31–50 a	**770**	**85**	**15**	**15**	90*	**1,4**	**1,4**	**18**	**1,9**	**600**[j]	**2,6**	6*	30*	450*
Lactação														
≤18 a	**1.200**	**115**	**15**	**19**	75*	**1,4**	**1,6**	**17**	**2**	**500**	**2,8**	7*	35*	550*
19–30 a	**1.300**	**120**	**15**	**19**	90*	**1,4**	**1,6**	**17**	**2**	**500**	**2,8**	7*	35*	550*
31–50 a	**1.300**	**120**	**15**	**19**	90*	**1,4**	**1,6**	**17**	**2**	**500**	**2,8**	7*	35*	550*

mg = miligrama, μg = micrograma

NOTA: Esta tabela (extraída dos relatórios de DRI em www.nap.edu) apresenta a ingestão dietética recomendada (RDA) em **negrito** e a ingestão adequada (AI) em fonte regular seguida de asterisco (*). A RDA e a AI podem, ambas, ser tomadas como metas de ingestão individual. A RDA atende às necessidades de quase todos (97-98%) os indivíduos de um grupo. Para lactentes sadios alimentados ao seio, a AI é a ingestão média. A AI para outros grupos (sexo e estágio da vida) supostamente cobre as necessidades de todos os indivíduos do grupo, mas a falta de dados ou a incerteza quanto aos dados não permite que se especifique, com confiança, o percentual de indivíduos abrangido por esse valor.

** A Ingestão Adequada (AI) de Vitamina D para as crianças de 0-6 meses de idade é 10 (μg/d), para as de 6 a 12 meses de idade 10 (μg/d).

[a] Sob a forma de equivalentes de atividade de retinol (EARs). 1 EAR = 1 μg retinol, 12 μg betacaroteno, 24 μg alfacaroteno ou 24 μg β-criptoxantina. Para calcular os EARs com base nos REs de carotenoides de provitamina A nos alimentos, divide-se os REs por 2. No caso de vitamina A pré-formada presente nos alimentos ou suplementos, e no caso dos carotenoides de provitamina A em suplementos, 1 RE = 1 EAR.

[b] colecalciferol. 1 μg de colecalciferol = 40 UI de vitamina D.

[c] Na falta de exposição adequada à luz solar.

[d] Sob a foma de alfatocoferol. Alfatocoferol inclui *RRR*-alfatocoferol, única forma de alfatocoferol presente naturalmente nos alimentos, e os estereoisômeros *2R* do alfatocoferol (*RRR-, RSR-, RRS- e RSS-* alfatocoferol) presentes em alimentos enriquecidos e suplementos. Não inclui os estereoisômeros 2S do alfatocoferol (*SRR-, SSR-, SRS-* e *SSS-* alfatocoferol), também presentes em alimentos enriquecidos e suplementos.

[e] Sob a forma de equivalentes de niacina (EN). 1 mg de niacina = 60 mg de triptofano; 0–6 meses = niacina pré-formada (não NE).

[f] Sob a forma de equivalentes de folato (DFE). 1 DFE = 1 μg de folato alimentar = 0,6 μg de ácido fólico presente em alimentos enriquecidos ou em suplementos consumidos com alimento = 0,5 μg de um suplemento ingerido com estômago vazio.

[g] Embora existam valores de AI estabelecidos para colina, há poucos dados para se avaliar se é necessário suprir colina na dieta em todas as fases da vida, já que as necessidades de colina podem ser atendidas pela síntese endógena em algumas dessas fases.

[h] Como 10 a 30% das pessoas com mais idade têm má-absorção da vitamina B12 dos alimentos, é aconselhável, para atender as necessidades diárias acima dos 50 anos, consumir alimentos enriquecidos com vitamina B12 ou suplementos de vitamina B12.

[i] Considerando as evidências de associação entre a falta de ingestão de folato e defeitos do tubo neural no feto, recomenda-se que as mulheres com potencial para engravidar consumam 400 μg sob a forma de suplementos ou alimentos enriquecidos, além da ingestão de folato na dieta variada.

[j] Pressupõe que as mulheres continuem consumindo 400 μg sob a forma de suplementos ou alimentos enriquecidos até que a gravidez seja confirmada e o pré-natal comece, o que geralmente ocorre ao final do período periconcepcional – momento crítico para a formação do tubo neural.

Adaptado de Dietary Reference Intakes series, National Academies Press. Copyright 1997, 1998, 2000, 2001, 2010, National Academy of Sciences. Dados completos disponíveis na página da National Academies Press: www.nap.edu.

N. de R.T.: Em 2010, o Institute of Medicine (IOM) recomendou novo valores de referência para a vitamina D, estabelecendo valores para a Necessidade Média Estimada (EAR) e para a Ingestão Dietética Recomendada (RDA).

B

Ingestões dietéticas de referência (DRIs): ingestão individual recomendada, minerais

Food and Nutrition Board, Institute of Medicine, National Academies

Fase da vida Grupo	Cálcio (mg/d)	Cromo (μg/d)	Cobre (μg/d)	Flúor (mg/d)	Iodo (μg/d)	Ferro (mg/d)	Magnésio (mg/d)	Manganês (mg/d)	Molibdênio (μg/d)	Fósforo (mg/d)	Selênio (μg/d)	Zinco (mg/d)
Bebês												
0–6 m	*	0,2*	200*	0,01*	110*	0,27*	30*	0,003*	2*	100*	15*	2*
7–12 m	*	5,5*	220*	0,5*	130*	**11**	75*	0,6*	3*	275*	20*	**3**
Crianças												
1–3 a	**700**	11*	**340**	0,7*	**90**	**7**	**80**	1,2*	**17**	**460**	**20**	**3**
4–8 a	**1.000**	15*	**440**	1*	**90**	**10**	**130**	1,5*	**22**	500	30	**5**
Sexo masculino												
9–13 a	**1.300**	25*	**700**	2*	**120**	**8**	**240**	1,9*	**34**	**1.250**	**40**	**8**
14–18 a	**1.300**	35*	**890**	3*	**150**	**11**	**410**	2,2*	**43**	**1.250**	**55**	**11**
19–30 a	**1.000**	35*	**900**	4*	**150**	**8**	**400**	2,3*	**45**	**700**	**55**	**11**
31–50 a	**1.000**	35*	**900**	4*	**150**	**8**	**420**	2,3*	**45**	**700**	**55**	**11**
51–70 a	**1.000**	30*	**900**	4*	**150**	**8**	**420**	2,3*	**45**	**700**	**55**	**11**
>70 a	**1.200**	30*	**900**	4*	**150**	**8**	**420**	2,3*	**45**	**700**	**55**	**11**
Sexo feminino												
9–13 a	**1.000**	21*	**700**	2*	**120**	**8**	**240**	1,6*	**34**	**1.250**	**40**	**8**
14–18 a	**1.000**	24*	**890**	3*	**150**	**15**	**360**	1,6*	**43**	**1.250**	**55**	**9**
19–30 a	**1.000**	25*	**900**	3*	**150**	**18**	**310**	1,8*	**45**	**700**	**55**	**8**
31–50 a	**1.000**	25*	**900**	3*	**150**	**18**	**320**	1,8*	**45**	**700**	**55**	**8**
51–70 a	**1.200**	20*	**900**	3*	**150**	**8**	**320**	1,8*	**45**	**700**	**55**	**8**
>70 a	**1.200**	20*	**900**	3*	**150**	**8**	**320**	1,8*	**45**	**700**	**55**	**8**
Gravidez												
≤18 a	**1.300**	29*	**1.000**	3*	**220**	**27**	**400**	2*	**50**	**1.250**	**60**	**12**
19–30 a	**1.000**	30*	**1.000**	3*	**220**	**27**	**350**	2*	**50**	**700**	**60**	**11**
31–50 a	**1.000**	30*	**1.000**	3*	**220**	**27**	**360**	2*	**50**	**700**	**60**	**11**
Lactação												
≤18 a	**1.300**	44*	**1.300**	3*	**290**	**10**	**360**	2,6*	**50**	**1.250**	**70**	**13**
19–30 a	**1.000**	45*	**1.300**	3*	**290**	**9**	**310**	2,6*	**50**	**700**	**70**	**12**
31–50 a	**1.000**	45*	**1.300**	3*	**290**	**9**	**320**	2,6*	**50**	**700**	**70**	**12**

NOTA: Esta tabela apresenta a ingestão dietética recomendada (RDA) em **negrito** e a ingestão adequada (AI) em fonte regular seguida de asterisco (*). A RDA e a AI podem, ambas, ser tomadas como metas de ingestão individual. A RDA atende às necessidades de quase todos (97-98%) os indivíduos de um grupo. Para lactentes sadios alimentados ao seio, a AI é a ingestão média. A AI para outros grupos (sexo e estágio da vida) supostamente cobre as necessidades de todos os indivíduos do grupo, mas a falta de dados ou a incerteza quanto aos dados não permite que se especifique, com confiança, o percentual de indivíduos abrangido por esse valor.

* A Ingestão Adequada (AI) de Cálcio para as crianças de para 0-6 meses de idade é 200 mg/d, para as de 6 a 12 meses de idade 260 mg/d.

FONTES: DRI de fósforo, magnésio e flúor (1997); DRI de tiamina, riboflavina, niacina, vitamina B6, folato, vitamina B12, ácido pantotênico, biotina e colina (1998); DRI de vitamina C, vitamina E, selênio e carotenoides (2000) e DRI de vitamina A, vitamina K, arsênico, boro, cromo, cobre, iodo, ferro, manganês, molibdênio, níquel, silício, vanádio e zinco (2001). DRI de cálcio e vitamina D (2010) Esses dados podem ser acessados na página www.nap.edu.

 Dados completos disponíveis na página da National Academies Press: www.nap.edu.

N. de R.T.: Em 2010, o Institute of Medicine (IOM) recomendou novos valores de referência para cálcio, estabelecendo valores para a Necessidade Média Estimada (EAR) e para a Ingestão Dietética Recomendada (RDA).

Ingestões dietéticas de referência (DRIs): ingestão individual recomendada, macronutrientes
Food and Nutrition Board, Institute of Medicine, National Academies

Fase da vida Grupo	Carboidratos (g/d)	Fibra total (g/d)	Gordura (g/d)	Ácido linoleico (g/d)	Ácido alfa-linolênico (g/d)	Proteína[a] (g/d)
Bebês						
0–6 m	60*	ND	31*	4,4*	0,5*	9,1*
7–12 m	95*	ND	30*	4,6*	0,5*	**13,5**
Crianças						
1–3 a	**130**	19*	ND[b]	7*	0,7*	**13**
4–8 a	**130**	25*	ND	10*	0,9*	**19**
Sexo masculino						
9–13 a	**130**	31*	ND	12*	1,2*	**34**
14–18 a	**130**	38*	ND	16*	1,6*	**52**
19–30 a	**130**	38*	ND	17*	1,6*	**56**
31–50 a	**130**	38*	ND	17*	1,6*	**56**
51–70 a	**130**	30*	ND	14*	1,6*	**56**
>70 a	**130**	30*	ND	14*	1,6*	**56**
Sexo feminino						
9–13 a	**130**	26*	ND	10*	1*	**34**
14–18 a	**130**	26*	ND	11*	1,1*	**46**
19–30 a	**130**	25*	ND	12*	1,1*	**46**
31–50 a	**130**	25*	ND	12*	1,1*	**46**
51–70 a	**130**	21*	ND	11*	1,1*	**46**
>70 a	**130**	21*	ND	11*	1,1*	**46**
Gravidez						
14–18 a	**175**	28*	ND	13*	1,4*	**71**
19–30 a	**175**	28*	ND	13*	1,4*	**71**
31–50 a	**175**	28*	ND	13*	1,4*	**71**
Lactação						
14–18 a	**210**	29*	ND	13*	1,3*	**71**
19–30 a	**210**	29*	ND	13*	1,3*	**71**
31–50 a	**210**	29*	ND	13*	1,3*	**71**

NOTA: Esta tabela apresenta a ingestão dietética recomendada (RDA) em **negrito** e a ingestão adequada (AI) em fonte regular seguida de asterisco (*). A RDA e a AI podem, ambas, ser tomadas como metas de ingestão individual. A RDA atende às necessidades de quase todos (97-98%) os indivíduos de um grupo. Para lactentes sadios alimentados ao seio, a AI é a ingestão média. A AI para outros grupos (sexo e estágio da vida) supostamente cobre as necessidades de todos os indivíduos do grupo, mas a falta de dados ou a incerteza quanto aos dados não permite que se especifique, com confiança, o percentual de indivíduos abrangido por esse valor.

[a]Com base em 0,8g de proteína/kg de peso corporal para o peso corporal de referência.

[b]ND = não determinável no momento

FONTES: DRIs de calorias, carboidratos, fibra, gordura, ácidos graxos, colesterol, proteína e aminoácidos (2002). Esses dados estão disponíveis na página www.nap.edu.

D

Ingestões dietéticas de referência (DRIs): ingestão individual recomendada, eletrólitos e água
Food and Nutrition Board, Institute of Medicine, National Academies

Fase da vida Grupo	Sódio (mg/d)	Potássio (mg/d)	Cloro (mg/d)	Água (L/d)
Bebês				
0–6 m	120*	400*	180*	0,7*
7–12 m	370*	700*	570*	0,8*
Crianças				
1–3 a	1.000*	3.000*	1.500*	1,3*
4–8 a	1.200*	3.800*	1.900*	1,7*
Sexo masculino				
9–13 a	1.500*	4.500*	2.300*	2,4*
14–18 a	1.500*	4.700*	2.300*	3,3*
19–30 a	1.500*	4.700*	2.300*	3,7*
31–50 a	1.500*	4.700*	2.300*	3,7*
51–70 a	1.300*	4.700*	2.000*	3,7*
>70 a	1.200*	4.700*	1.800*	3,7*
Sexo feminino				
9–13 a	1.500*	4.500*	2.300*	2,1*
14–18 a	1.500*	4.700*	2.300*	2,3*
19–30 a	1.500*	4.700*	2.300*	2,7*
31–50 a	1.500*	4.700*	2.300*	2,7*
51–70 a	1.300*	4.700*	2.000*	2,7*
>70 a	1.200*	4.700*	1.800*	2,7*
Gravidez				
14–18 a	1.500*	4.700*	2.300*	3*
19–50 a	1.500*	4.700*	2.300*	3*
Lactação				
14–18 a	1.500*	5.100*	2.300*	3,8*
19–50 a	1.500*	5.100*	2.300*	3,8*

NOTA: A tabela foi adaptada dos relatórios de DRI. Visite a página www.nap.edu. A ingestão adequada (AI) é seguida de um asterisco (*). Esses valores podem ser tomados como meta de ingestão individual. Para lactentes sadios alimentados ao seio, a AI é a ingestão média. A AI para outros grupos (sexo e estágio da vida) supostamente cobre as necessidades de todos os indivíduos do grupo, mas a falta de dados ou a incerteza quanto aos dados impede que se especifique, com confiança, o percentual de indivíduos abrangido por esse valor; por isso, não foi estabelecida uma ingestão dietética recomendada (RDA).

FONTE: DRIs de água, potássio, sódio, cloro e sulfato. Dados disponíveis na página www.nap.edu.

Faixas de distribuição aceitável de macronutrientes

	Faixa (percentual das calorias)		
Macronutriente	**Crianças, 1–3 a**	**Crianças, 4–18 a**	**Adultos**
Gordura	30–40	25–35	20–35
Gorduras poli-insaturadas ômega-6 (ácido linoleico)	5–10	5–10	5–10
gorduras poli-insaturadas ômega-3[a] (ácido alfa-linolênico)	0,6–1,2	0,6–1,2	0,6–1,2
Carboidratos	45–65	45–65	45–65
Proteína	5–20	10–30	10–35

[a]Aproximadamente 10% do total podem ser provenientes de ácidos graxos n-3 de cadeia mais longa.

FONTE: DRIs de calorias, carboidratos, fibra, gordura, ácidos graxos, colesterol, proteína e aminoácidos (2002). Esses dados estão disponíveis na página www.nap.edu.

Ingestões dietéticas de referência (DRIs): níveis máximos toleráveis de ingestão (UL[a]), vitaminas

Food and Nutrition Board, Institute of Medicine, National Academies

Fase da vida Grupo	Vitamina A (μg/d)[b]	Vitamina C (mg/d)	Vitamina D (μg/d)	Vitamina E (mg/d)[c,d]	Vitamina K	Tiamina	Riboflavina	Niacina (mg/d)[d]	Vitamina B-6 (mg/d)	Folato (μg/d)[d]	Vitamina B12	Ácido pantotênico	Biotina	Colina (g/d)	Carotenoides[e]
Bebês															
0–6 m	600	ND	25	ND	ND	ND	ND	ND	ND	ND	ND	ND	ND	ND	ND
7–12 m	600	ND	37,5	ND	ND	ND	ND	ND	ND	ND	ND	ND	ND	ND	ND
Crianças															
1–3 a	600	400	62,5	200	ND	ND	ND	10	30	300	ND	ND	ND	1	ND
4–8 a	900	650	75	300	ND	ND	ND	15	40	400	ND	ND	ND	1	ND
Masculino, feminino															
9–13 a	1.700	1.200	100	600	ND	ND	ND	20	60	600	ND	ND	ND	2	ND
14–18 a	2.800	1.800	100	800	ND	ND	ND	30	80	800	ND	ND	ND	3	ND
19–70 a	3.000	2.000	100	1.000	ND	ND	ND	35	100	1.000	ND	ND	ND	3,5	ND
>70 a	3.000	2.000	100	1.000	ND	ND	ND	35	100	1.000	ND	ND	ND	3,5	ND
Gravidez															
≤ 18 a	2.800	1.800	100	800	ND	ND	ND	30	80	800	ND	ND	ND	3	ND
19–50 a	3.000	2.000	100	1.000	ND	ND	ND	35	100	1.000	ND	ND	ND	3,5	ND
Lactação															
≤18 a	2.800	1.800	100	800	ND	ND	ND	30	80	800	ND	ND	ND	3	ND
19–50 a	3.000	2.000	100	1.000	ND	ND	ND	35	100	1.000	ND	ND	ND	3,5	ND

[a]UL = Nível máximo de ingestão tolerável do nutriente que provavelmente não acarreta risco de efeitos adversos. Salvo menção contrária, o UL representa a ingestão total, proveniente de alimentos, água e suplementos. Devido à falta de dados adequados, os ULs de vitamina K, tiamina, riboflavina, vitamina B12, ácido pantotênico, biotina e carotenoides não puderam ser estabelecidos. Na falta de informação sobre ULs, recomenda-se cautela adicional ao consumir níveis acima dos recomendados.

[b]Somente na forma de vitamina A pré-formada.

[c]Na forma de alfatocoferol; aplica-se a qualquer forma de alfatocoferol suplementar.

[d] Os ULs de vitamina E, niacina e folato se aplicam às formas sintéticas presentes em suplementos, alimentos enriquecidos ou ambos.

[e]Suplementos de betacaroteno só devem ser usados como fonte de provitamina A por indivíduos sob risco de carência de vitamina A.

[f] ND = não determinável por falta de dados sobre efeitos adversos nessa faixa etária e preocupações com a incapacidade de lidar com quantidades excessivas. A fonte deve ser apenas alimentar, para evitar ingestão excessiva.

** A Ingestão Adequada de Vitamina D para as crianças de 0-6 meses de idade é 10 (μg/d), para as de 6 a 12 meses de idade 10 (μg/d).

Fonte: Dietary Reference Intakes for Calcium and Vitamin D. Institute Of Medicine. Novembro de 2010.

FONTES: DRIs, fósforo, magnésio, e flúor (1997); DRIs de tiamina, riboflavina, niacina, vitamina B6, folato, vitamina B12, ácido pantotênico, biotina e colina (1998); DRIs de vitamina C, vitamina E, selênio e carotenoides (2000) e DRIs de vitamina A, vitamina K, arsênico, boro, cromo, cobre, iodo, ferro, manganês, molibdênio, níquel, silício, vanádio e zinco (2001) DRIs de cálcio e vitamina D (2010). Esses dados podem ser acessados na página www.nap.edu.

Adaptado de Dietary Reference Intakes series, National Academies Press. Copyright 1997, 1998, 2000, 2001, National Academy of Sciences. Dados completos disponíveis na página da National Academies Press: www.nap.edu.

F

Ingestão Dietética de Referência (DRI): Níveis máximos de ingestão toleráveis (UL), Oligoelementos e eletrólitos

Food and Nutrition Board, Institute of Medicine, National Academies

Fase da vida Grupo	Arsênico[b] ND	Boro (mg/d)	Cálcio (g/d)	Cobre (μg/d)	Flúor (mg/d)	Iodo (μg/d)	Ferro (mg/d)	Magnésio (mg/d)[d]	Manganês (mg/d)	Molibdênio (μg/d)[d]	Níquel (mg/d)	Fósforo (g/d)	Selênio (μg/d)	Vanádio (mg/d)[e]	Zinco (mg/d)	Sódio (mg/d)	Cloreto (mg/d)
Bebês																	
0–6 m	ND	ND	1,0	ND	0,7	ND	40	ND	ND	ND	ND	ND	45	ND	4	ND	ND
7–12 m	ND	ND	1,5	ND	0,9	ND	40	ND	ND	ND	ND	ND	60	ND	5	ND	ND
Crianças																	
1–3 a	ND	3	2,5	1000	1,3	200	40	65	2	300	0,2	3	90	ND	7	1500	2300
4–8 a	ND	6	2,5	3000	2,2	300	40	110	3	600	0,3	3	150	ND	12	1900	2900
Masculino, feminino																	
9–13 a	ND	11	3,0	5000	10	600	40	350	6	1100	0,6	4	280	ND	23	2200	3400
14–18 a	ND	17	3,0	8000	10	900	45	350	9	1700	1,0	4	400	ND	34	2300	3600
19–70 a	ND	20	2,5	10000	10	1100	45	350	11	2000	1,0	4	400		40	2300	3600
>70 a	ND	20	2,0	10000	10	1100	45	350	11	2000	1,0	3	400		40	2300	3600
Gravidez																	
≤ 18 a	ND	17	3,0	8000	10	900	45	350	9	1700	1,0	3,5	400	ND	34	2300	3600
19–50 a	ND	20	2,5	10000	10	1100	45	350	11	2000	1,0	3,5	400	ND	40	2300	3600
Lactação																	
≤ 18 a	ND	17	3,0	8000	10	900	45	350	9	1700	1,0	4	400	ND	34	2300	3600
19–50 a	ND	20	2,5	10000	10	1100	45	350	11	2000	1,0	4	400	ND	40	2300	3600

[a]UL = Nível máximo de ingestão tolerável do nutriente que provavelmente não acarreta risco de efeitos adversos. Salvo menção contrária, o UL representa a ingestão total, proveniente de alimentos, água e suplementos. Devido à falta de dados adequados, os ULs de arsênico, cromo e silício não puderam ser estabelecidos. Na falta de informação sobre ULs, recomenda-se cautela adicional ao se consumir níveis acima dos recomendados.

[b]Embora não tenha sido estabelecido o UL do arsênico, não há justificativa para se adicionar arsênico a alimentos ou suplementos.

[c]Embora não tenha sido demonstrado efeito adverso do silício no homem, não há justificativa para se adicionar silício a alimentos ou suplementos.

[d] Os ULs de magnésio representam apenas a ingestão em agentes farmacológicos e não incluem a ingestão na água ou alimentos.

[e] Embora não tenha sido demonstrado efeito adverso do vanádio alimentar no homem, não há justificativa para se adicionar vanádio a alimentos e suplementos de vanádio devem ser usados com cautela. Os ULs se baseiam nos efeitos adversos em animais de laboratório e os dados poderiam ser usados para estabelecer um UL para adultos, mas não para crianças e adolescentes.

[f] ND = não determinável por falta de dados sobre efeitos adversos nessa faixa etária e preocupações com a incapacidade de lidar com quantidades excessivas. A fonte deve ser apenas alimentar, para evitar ingestão excessiva.

FONTES: DRI de cálcio, fósforo, magnésio, vitamina D e flúor (1997); DRI de tiamina, riboflavina, niacina, vitamina B6, folato, vitamina B12, ácido pantotênico, biotina e colina (1998); DRI de vitamina C, vitamina E, selênio e carotenoides (2000); DRI de vitamina A, vitamina K, arsênico, boro, cromo, cobre, iodo, ferro, manganês, molibdênio, níquel, silício, vanádio e zinco (2001); e DRI de cálcio (2010). Esses dados podem ser acessados na página www.nap.edu.